DICTIONNAIRE

CLASSIQUE

D'HISTOIRE NATURELLE.

Liste des lettres initiales adoptées par les auteurs.

MM.

AD. B.   Adolphe Brongniart.
A. D. J.   Adrien de Jussieu.
A. D..NS.   Antoine Desmoulins.
A. R.   Achille Richard.
AUD.   Audouin.
B.   Bory de Saint-Vincent.
C. P.   Constant Prévost.
D.   Dumas.
D. C..E.   De Candolle.
D..H.   Deshayes.
DR..Z.   Drapiez.
E.   Edwards.

MM.

F.   Daudebard de Férussac.
FL..S.   Flourens.
G.   Guérin.
G. DEL.   Gabriel Delafosse.
GEOF. ST.-H.   Geoffroy de St.-Hilaire.
G..N.   Guillemin.
ISID. B.   Isidor Bourdon.
K.   Kunth.
LAM..X.   Lamouroux.
LAT.   Latreille.
LUC.   Lucas.

La grande division à laquelle appartient chaque article , est indiquée par l'une des abréviations suivantes , qu'on trouve immédiatement après son titre.

ACAL.   Acalèphes.
ANNEL.   Annelides.
ARACHN.   Arachnides.
BOT.   Botanique.
CRUST.   Crustacés.
CRYPT.   Cryptogamie.
ECHIN.   Echinodermes.
FOSS.   Fossiles.
GÉOL.   Géologie.
INF.   Infusoires.
INS.   Insectes.
INT.   Intestinaux.

MAM.   Mammifères.
MIN.   Minéralogie.
MOLL.   Mollusques.
OIS.   Oiseaux.
PHAN.   Phanerogamie.
POIS.   Poissons.
POLYP.   Polypes.
REPT. BAT.   Reptiles Batraciens.
— CHEL.   — Chéloniens.
— OPH.   — Ophidiens.
— SAUR.   — Sauriens.
ZOOL.   Zoologie.

DICTIONNAIRE

CLASSIQUE

D'HISTOIRE NATURELLE,

PAR MESSIEURS

AUDOUIN, Isid. BOURDON, Ad. BRONGNIART, DE CANDOLLE, DAUDEBARD DE FÉRUSSAC, DESHAYES, A. DESMOULINS, DRAPIEZ, DUMAS, EDWARDS, FLOURENS, GEOFFROY DE SAINT-HILAIRE, GUÉRIN, GUILLEMIN, A. DE JUSSIEU, KUNTH, G. DE LAFOSSE, LAMOUROUX, LATREILLE, LUCAS, C. PRÉVOST, A. RICHARD, et BORY DE SAINT-VINCENT.

Ouvrage dirigé par ce dernier collaborateur, et dans lequel on a ajouté, pour le porter au niveau de la science, un grand nombre de mots qui n'avaient pu faire partie de la plupart des Dictionnaires antérieurs.

TOME QUATRIÈME.

CHI-COZ.

PARIS.

REY et GRAVIER, LIBRAIRES-ÉDITEURS,
Quai des Augustins, n° 55;

BAUDOUIN FRÈRES, LIBRAIRES-ÉDITEURS,
Rue de Vaugirard, n° 36.

1823.

DICTIONNAIRE

CLASSIQUE

D'HISTOIRE NATURELLE.

CHIEN. *Canis.* Linné. MAM. Genre de Carnassiers digitigrades , ayant trois fausses molaires en haut, quatre en bas , et deux tuberculeuses derrière chaque carnassière ; la carnassière inférieure n'a qu'un petit tubercule en dedans , mais l'inférieure a la pointe postérieure tout-à-fait tuberculeuse ; en tout, trente-huit dents. — Ce caractère, pris du nombre et de la figure des dents en général, convient à toutes les espèces de ce genre, comme aussi celui d'avoir quatre doigts derrière et cinq devant, dont l'interne est d'autant plus rudimentaire et situé plus haut, que les espèces sont plus actives et plus légères à la course. Tous ces Animaux sont remarquables par le grand développement de l'appareil olfactif, source pour eux des impressions les plus déterminantes ; par la douceur de leur langue où le volume proportionnel du nerf lingual annonce un sens délicat , mais surtout par la structure de la verge chez les mâles, structure dont le mécanisme nécessite la prolongation de l'accouplement, même après la consommation de l'acte générateur. Comme dans des espèces fort différentes cette prolongation de l'accouplement est constante , ainsi que

le rapportent G. Gmelin de l'Isatis , Guldœnstædt du Chacal, Aristote , *lib.* 5, *cap.* 2, *Hist. Anim.*, et Gilibert du Loup, il est à peu près certain que la même disposition appartient à toutes les autres. Et comme cette disposition devient un caractère fort important de ce genre, sa description , encore inédite , est , comme on va voir, aussi précieuse pour la zoologie que pour la physiologie générale. Nous en devons à l'amitié de Magendie le précis suivant :

« Le centre de la verge est formé par un os cannelé dont la cavité contient l'urètre ; autour de cet os se trouvent trois parties caverneuses ou érectiles distinctes : l'une appartient au corps de la verge, elle est peu susceptible d'extension ; la seconde qui forme le gland et l'urètre en avant, peut acquérir une dimension considérable durant l'érection ; la troisième est ce qu'on nomme le *nœud de la verge.* Elle se gonfle durant le coït, de manière à ce que son diamètre surpasse au moins trois fois celui du reste de l'organe , et s'oppose à la sortie de la verge du vagin. Ces divers tissus communiquent visiblement avec les veines , et leur gonflement tient à ce que les veines qui en sortent subissent des compressions fortes durant l'érection, et surtout durant le coït. » (Voyez Journal de physiologie expérimentale, t. 4.)

Le naturel de toutes ces espèces présente aussi un grand nombre de conformités : elles vivent en troupes plus ou moins nombreuses, s'assujettissent à des règles fixes, soit pour l'attaque et la défense, soit pour la chasse des bêtes fauves. La voix de toutes les espèces sauvages est une sorte de hurlement susceptible de modifications nombreuses par l'apprivoisement et la domesticité, suivant le degré de perfection acquise ou progressive de chacun de ces deux états. Toutes ont la queue droite, ne descendant jamais jusqu'à terre, et constamment pourvue de poils plus longs que sur le reste du corps. Les deux sortes de poils existent simultanément chez les Chiens dans des proportions très-variées ; mais les poils laineux, quoiqu'en proportion moindre, se trouvent aussi bien chez les espèces des contrées équatoriales que chez celles des contrées tempérées. —C'est sur de mauvais renseignemens que Buffon a dit que les Chiens perdaient le poil avec la voix dans les contrées chaudes. Cette assertion, quant au poil, fondée seulement sur la variété de Chien domestique connue sous le nom de Chien turc, qui serait originaire de la Barbarie, si cette variété est identique avec celle qu'Aldrovande vit en Italie au seizième siècle, n'a rien de concluant. Car cette alopécie, purement accidentelle dans un assez grand nombre d'espèces de Mammifères, comme l'a observé entre autres Azzara, aura été perpétuée par un caprice de mode, en croisant les individus qui la présentaient.

L'expérience de tous les jours et de tous les pays n'a pas cessé de réfuter les erreurs de Buffon (T. v, p. 208), que tous les Chiens, de quelque race et de quelque pays qu'ils soient, perdent leur voix dans les pays extrêmement chauds; qu'ils ne conservent auss que dans les climats tempérés leur ardeur, leur cou-

rage, leur sagacité et les autres talens qui leur sont naturels ; que, par compensation, dans ces mêmes pays où les Chiens perdent leur aptitude aux usages auxquels nous les employons, on les recherche pour la table. Tout ici est faux ou confus : quant aux Chiens domestiques d'Europe transportés sous l'équateur, ils y conservent toutes leurs facultés, souvent exaltées même par l'influence d'un climat nouveau, et Buffon, à cet égard, aurait dû se souvenir des récits du Milanais Pietro Martire (*Raccolta delle navigaz. e viag.*, *Venezia*, *1563 à 1565*, *da Ramusio*, tome III, pages 29 et 31, verso) sur les terribles auxiliaires que se firent les Espagnols dans ces Dogues affamés qui traquaient et dévoraient les Américains. Quant aux Chiens indigènes ou de race anciennement importée dans les contrées équatoriales, leur infériorité, sous le rapport de l'audace et de la vigueur, n'est qu'une conjecture mal fondée. Les Chiens de la Nouvelle-Hollande, ceux de la Nouvelle-Guinée et de Waigiou, situés sous l'équateur même, soit libres dans les forêts, soit à demi-domestiques, sont justement les plus intrépides et les plus vigoureux à proportion de tout le genre. En outre leur poil est aussi fourni, et leur voix aussi forte et aussi fréquente que dans leurs congénères sauvages du nord de l'Amérique et de l'Asie. Enfin il n'y a que ceux des îles océaniques, dégradés par un abrutissement particulier, qui soient aussi paresseux et aussi timides que des Brebis. Or, à cet égard, les Chiens de la Nouvelle-Zélande, sous un climat fort tempéré, ne diffèrent pas de ceux des Marquises et de Taïti, parce qu'ils ont été soumis à la même influence d'un régime d'abâtardissement. Il résulte de ces éclaircissemens que, dans la recherche de la patrie et de l'espèce primitive du Chien domestique, l'on ne doit pas se borner aux espèces boréales, comme l'impliquait le système exposé par Buffon. Ce qu'il dit ensuite (même

T. v) de l'incompatibilité de nature, quant à la génération, du Chien domestique avec le Loup et le Renard, n'est pas mieux fondé, comme lui-même l'a reconnu T. vii de son Supplément. Il suit donc de la production de métis féconds jusqu'à la quatrième génération, sans que rien prouvât l'impuissance de cette dernière, que rien n'implique l'unité d'origine de toutes nos variétés domestiques. Et comme dans l'Amérique, dans la Nouvelle-Hollande, avant la découverte par les Européens, il existait et des Chiens domestiques et des Chiens sauvages, et comme ces derniers y étaient évidemment indigènes, il suit encore que rien n'implique que ces Chiens domestiques ne provenaient pas des espèces sauvages du pays. Il résulte donc de cette double considération que les variétés si nombreuses de Chiens domestiques ou demi-domestiques, suivant la civilisation de chaque peuple, ne doivent pas être rattachées à un seul et même type primitif, modifié seulement par les influences des climats, de la domesticité, etc., mais doivent être rapportées, chacune dans sa contrée, à diverses espèces sauvages. Néanmoins les migrations, à la suite de l'Homme, de chacune de ces espèces de Chiens devenues domestiques, auront amené entre elles des croisemens d'une espèce domestique à l'autre, croisemens dont les produits, modifiés tantôt avec une espèce sauvage, tantôt avec une autre, comme nous l'avons déjà montré pour les espèces du genre Chèvre d'après Pallas, auront amené les diversités si nombreuses que nous voyons aujourd'hui pour la taille, la figure et la qualité des poils; à quoi auront concouru aussi les influences du climat et du régime. Ces dernières influences, quand leur mode et leur durée persévèrent assez longtemps, peuvent amener un raccourcissement et un changement de figure du tube intestinal plus considérable d'une variété domestique à une autre, que d'un genre à l'autre dans le reste des Carnassiers.

Il en résulte que les diversités si nombreuses que nous présentent les races domestiques du Chien, ne peuvent être ramenées à une seule souche sauvage, et qu'à plus forte raison plusieurs des espèces actuellement sauvages ne peuvent être considérées comme des transformations éventuelles et progressives d'un moindre nombre de types primitifs.

En Amérique et en plusieurs contrées de l'ancien continent, il existe des troupes de Chiens domestiques redevenus sauvages, connus sous le nom de Chiens marons. Tous ces Chiens vivent en troupes nombreuses, aguerries, soumises à une tactique régulière, comme on voit dans l'ancien continent les hordes de Chacals et de plusieurs autres espèces sauvages de *Canis*. Il serait bien étonnant que la souche sauvage de la pluralité de nos Chiens domestiques eût cessé d'exister indépendante, lorsque nous voyons toutes les espèces sauvages de nos autres Animaux domestiques herbivores, lesquels pour la plupart, eu égard à la nature de leur site natal et au petit nombre de leurs produits, n'ont jamais dû beaucoup multiplier, s'être conservées au milieu même des envahissemens de la civilisation en Europe et en Asie. Et cependant ces Animaux manquent de moyens de défense; la fuite est leur seule ressource, et ils subsistent même dans des îles assez petites, où leur race n'a pu être ni entretenue ni renouvelée par une émigration étrangère. Tels sont l'Ægagre, en Sardaigne et en Crète, le Mouflon, en Corse. Or, l'exemple des Chiens redevenus sauvages, qui subsistent au milieu des colonies européennes et embauchent les Chiens domestiques, malgré les efforts persévérans pour les détruire, prouve que dans l'enfance et les premiers progrès de la civilisation, l'espèce sauvage, libre de toute habitude d'assujettissement, n'aurait pu être ou tout entière asservie ou tout entière exterminée. Comme on sait d'ailleurs que l'ame de chaque espèce reste immuable sous toutes les influences physiques qu'elle subit en liberté, il est logiquement impossible que son naturel ait changé. Et puisqu'aucun témoignage ne dépose de l'extermination d'un Animal sauvage analogue au Chien, et que les anciens auteurs mentionnent toutes les espèces actuelles de ce genre dans les contrées où elles existent encore, il est évident que l'une ou plusieurs de ces espèces sauvages sont la source unique ou multiple de nos races domestiques mélangées ensuite comme nous l'avons déjà dit. Déjà Guldœnstædt (*Nov. Comm. Petrop.*, t. 20) a démontré, selon nous, cette descendance par rapport au Chacal. Mais il nous semble que la multiplicité de forme, de grandeur et de contrées des Chiens domestiques connus, nécessite une origine multiple. Ainsi, par exemple, il serait difficile de dériver du Chacal ces Chiens qui existaient dans les deux Amériques, et surtout dans les Antilles, avant l'arrivée de Colomb. Et puisqu'il y a au moins trois espèces sauvages de Chiens proprement dits, sur le continent de l'Amérique sud, savoir, le Loup rouge, le Loup gris du Paraguay et le Chien des bois de Cayenne, outre le Chien antarctique des Malouines, il est bien plus logique, au défaut de toute preuve physique, d'admettre que les Chiens domestiques du pays provenaient des espèces sauvages indigènes, que de les dériver d'une espèce sauvage de l'ancien continent, lorsque, d'une part, la persévérance à ne pas sortir du pays natal est bien établie chez les Animaux, et qu'ensuite il n'existe aucune preuve que les peuples, qui se servaient de ces Chiens, eurent jamais de relations avec l'ancien continent. L'une au moins de ces espèces, le Chien des bois de la Guiane, ne montre pas d'ailleurs aujourd'hui plus de répugnance que les Chiens marons eux-mêmes pour la société de l'Homme. Il nous semble donc hors de toute vraisemblance que les Chiens dont parle Pierre Martire dans les petites Antilles, et Oviédo dans les mêmes Antilles et chez les Caraïbes de la

Terre-Ferme, provinssent d'espèces étrangères à l'Amérique. Or, il fallait que leur domesticité fût déjà bien ancienne, car ces deux auteurs espagnols, contemporains et témoins de la découverte et de la conquête, disent que, soit dans les îles, soit sur la Terre-Ferme, ces Chiens indiens étaient de toute nature et couleur de poil, la plupart pourtant l'ayant entre le lisse et le laineux, ce qui, pour le dire en passant, réfute péremptoirement l'opinion que les Chiens perdent le poil sous la Zône-Torride. A la vérité, tous étaient muets, c'est-à-dire n'aboyaient pas; mais nos races civilisées elles-mêmes (car nos Chiens, chacun selon le degré de civilisation de leurs maîtres, le sont eux-mêmes plus ou moins) sont d'autant plus silencieuses, que la société où elles vivent est moins perfectionnée. Et à cet égard les Chiens de nos bergers ne font guère plus entendre de voix que ceux des sauvages, soit des zônes polaires, soit des zônes intertropicales. L'aboiement du Chien, comme Guldœnstædt (*loc. cit.*) l'a déjà dit, n'est donc pas une faculté innée, mais une habitude acquise; et de ce que telle ou telle espèce sauvage n'aboie pas, ce n'est pas à dire qu'elle ne soit la souche des races les plus aboyantes, puisque, redevenues sauvages, ces races reperdent l'aboiement, et ne conservent qu'un hurlement commun à la grande pluralité des espèces. Et comme, d'après les expériences de Buffon (rapportées Suppl., T. VII), les métis du Chien Braque et du Loup sont indéfiniment féconds, et comme il en est très-probablement de même de ceux du Chien et du Chacal, et des métis entre eux ou avec les types primitifs, nous pensons que, dans chaque continent, les Chiens domestiques y proviennent des espèces qui y vivent sauvages, sauf le cas d'importation évidente, comme cela est arrivé pour les Chiens domestiques dans toutes les colonies européennes.

Guldœnstædt (*loc. cit.*) a le premier indiqué les différences qui séparent, quant à la figure des incisives, le sous-genre des Renards de celui des Chiens et Chacals proprement dits. Dans ces derniers , les incisives sout très-profondément, les supérieures trilobées, et les inférieures bilobées, tandis que , dans les Renards, ces dents ont le tranchant presque rectiligne, du moins les découpures de leurs bords sont bien moins profondes qu'aux Chiens. Il a signalé aussi les disproportions de longueur d'intestin entre les espèces du Chien , du Loup et du Chacal d'une part, et le Renard d'autre part; car dans le Renard, l'intestin grêle est à la longueur du tronc , depuis le museau jusqu'à l'origine de la queue, comme trois et demi est à un , dans le Chien comme quatre et demi est à un, dans le Loup comme quatre est à un , dans le Chacal comme cinq est à un.

Une autre différence sépare encore les Renards des Chiens, c'est la proportion plus grande des poils laineux aux poils soyeux chez les Renards , ainsi que la supériorité de finesse et de longueur des poils soyeux , surtout à la queue , dernier caractère exprimé par le nom de *queue de Renard*. Eufin, et ce qui est le plus décisif, à cause des différences qui en résultent pour les habitudes et le genre de vie , c'est l'allongement vertical des pupilles , d'où résulte pour eux la nécessité d'une existence nocturne. Ajoutez à cela que Cuvier a trouvé sur le crâne un caractère ostéologique qui distingue les Chiens des Renards (Oss. Foss., T. iv, pag. 464). Dans les Chacals de l'Inde , du Sénégal et du Cap, dit-il, comme dans les Loups et les Chiens, le front est transversalement d'une convexité uniforme entre les deux apophyses post-orbitaires qui descendent un peu , et n'ont point de fossette ni d'arêtes saillantes dans leur voisinage, si ce n'est les arêtes temporales qui s'unissent promptement en une seule sagittale. Dans les Renards, continue-t-il, il y a une fossette ou un creux en dedans, et un peu en avant de chaque apophyse post-orbitaire du frontal ; les arêtes se rap-

prochent, mais la crête sagittale demeure long-temps une bande étroite plutôt qu'une vraie crête. D'après ces caractères , on ne pourrait aucunement confondre les frontaux de ces Animaux. Quant au reste des os de ces Animaux , il reconnaît que , sans une comparaison immédiate, il est difficile d'en exprimer et d'en saisir les différences qui ne portent que sur la grandeur et un peu sur les proportions.

Les Chiens proprement dits sont généralement d'une taille supérieure aux Renards ; et même les espèces boréales des deux continens acquièrent des dimensions qui les rapprochent de quelques grands Felis. Gilibert (*Obs. phitolog. zool.*) dit qu'en Lithuanie les Loups ont cinq pieds du museau à l'origine de la queue, et qu'au Nord il y en a encore de plus grands. En outre la partie antérieure du corps est forte et ramassée, surtout aux épaules et à l'encolure. La partie postérieure est svelte et légère et un peu plus élevée; tous sont remarquables par l'obliquité de leur marche.

Dans les Renards, plus bas sur jambes à proportion de la taille, le corps plus allongé, la tête plus pointue et plus fine, les formes plus arrondies, annoncent plus de souplesse et de légèreté que de force. Aussi sont-ils, plus tôt que les Loups, forcés à la chasse. C'est peut-être au sentiment de leur infériorité sous ce rapport qu'ils doivent leur instinct fouisseur pour se creuser des retraites, quoique les espèces boréales le fassent aussi dans des contrées où la nature du sol et les circonstances du climat sembleraient devoir les en détourner. Il résulte encore de cet instinct particulier aux Renards une conséquence importante pour leurs mœurs. Elles sont plus solitaires et restreintes à la vie de famille. Dans cette sorte d'existence, chaque individu ne compte à peu près que sur lui-même; et l'espèce ne gagne rien à la mise en commun des forces, des ruses et de l'expérience des individus. Les Chiens proprement dits ont au contraire un instinct d'association que les inspirations du besoin out souvent rendu redoutable à l'Homme et à ses troupeaux. Malgré leur petit nombre actuel en Europe, les Loups, dans les cantons où ils sont un peu moins rares, se réunissent, au moins en hiver, par troupes qui combinent leurs mouvemens d'attaque, de défense et de fuite avec un ensemble de prévoyance et de ruse, dans lequel on ne peut méconnaître les perfectionnemens de l'instinct par l'expérience. L'on sait que cet instinct d'association, commun à toutes les espèces sauvages de *Canis* proprement dits, survit en domesticité à la perte de plusieurs facultés natives. Dans les villes de Turquie, les Chiens indépendans de chaque quartier sont formés en troupes qui, d'un commun accord, sont convenues de leurs limites, et entre lesquelles la guerre se déclare quand ces limites sont transgressées.

Ce genre est le plus cosmopolite de tous les Carnassiers par sa distribution géographique. Ses espèces, surtout celles qui appartiennent aux vrais *Canis*, se trouvent sauvages ou domestiques sur presque tous les points du globe. Toutes les îles de l'Océanique, excepté quelques-unes solitairement situées, sont peuplées de nombreuses variétés de Chiens domestiques. La Nouvelle-Hollande et les archipels des Papous, qui lient ce continent à l'Asie par l'archipel Indien, ont des Chiens sauvages que rien ne porte à considérer comme échappés à une ancienne domesticité. Les Chacals occupent une zône oblique à l'équateur depuis la Perse et l'Inde jusqu'au cap de Bonne-Espérance. Sur cette même zône se trouvent échelonnés le Renard commun, le Renard Corsac, Adive de Buffon, et le *Canis megalotis* du Cap. Le Loup ordinaire répandu, avec le Renard noir ou argenté, le Renard croisé, le Renard fauve et le Renard tricolore, sur le nord des deux continens, s'avance sur chacun d'eux plus ou moins vers les tropiques, suivant les longitudes. L'Amérique du nord possède

au moins une espèce de Loup particulière, celui du Mexique; l'Amérique sud a le Loup rouge, le Loup gris, le Chien Crabier et le Chien antarctique. Toutes ces espèces n'habitent pas les mêmes sites, et chacune reste constamment dans le sien, excepté les espèces voyageuses du pôle boréal.

Toutes ces espèces de Chiens et de Renards sont sujettes à blanchir en hiver dans les zônes tempérées, et à rester perpétuellement blanches sous les zônes polaires. Chez toutes aussi, chez les Renards seulement à un degré supérieur, la proportion des poils laineux aux poils soyeux augmente, et la finesse des deux pelages devient plus grande chez toutes les espèces des zônes froides et tempérées, à mesure que les climats deviennent plus froids. Néanmoins il ne faut pas trop multiplier les espèces sur les couleurs. Car, ainsi que Gilibert l'observe, par rapport au Loup, et Gmelin, par rapport à l'Isatis, dans la même portée, il se trouve des individus blancs, cendrés ou bleus tirant sur le noir. (*V.* ces aut. *loc. cit.*)

Toutes ces espèces ont à l'anus, au temps du rut, des suintemens ou même des sécrétions crypteuses, dont les organes ne paraissent se développer qu'à ces époques. Les odeurs qui en émanent sont plus fortes chez les Renards que chez les Chiens; elles le sont davantage au temps du rut que dans les intervalles, et s'anéantissent même probablement chez les espèces boréales; car Gmelin (*Nov. Comm. Petr.*, t. 5) n'a pas trouvé le moindre vestige, ni d'odeur, ni de follicule odorant à l'anus de l'Isatis. La variabilité de cette particularité d'organisation chez les espèces de ce genre doit donc empêcher qu'on ne la prenne en considération pour les distinguer entre elles, ainsi qu'on l'a fait récemment pour tracer entre le Chien domestique et le Chacal une séparation qui n'est pas mieux fondée que celle qui porte sur l'aboiement.

Ce qu'il y a de bien remarquable, c'est, malgré la différence de leurs climats, de leurs tempéramens et de leur stature, l'uniformité presque absolue de l'époque et de la durée de la gestation et du rut chez toutes les espèces qui vivent au nord de l'équateur. Le rut vient en décembre, et dure quinze jours ou trois semaines ; la gestation ne se prolonge pas au-delà de neuf semaines. Frédéric Cuvier a vu que la Louve, à qui l'on avait assigné une portée de trois mois et demi, ne diffère pas de ses congénères à cet égard, quoi qu'en ait dit un observateur d'ailleurs exact (Gilibert, *loc. cit.*). Le nombre des petits varie de sept à vingt. Ce dernier nombre est assigné par Gmelin à l'Isatis. Les femelles n'ont pourtant pas plus de dix mamelles dont le nombre n'est pas toujours symétrique des deux côtés. Comme dans le genre Felis, elles ont pour leurs petits une sollicitude extrême qui se précautionne même contre leur père. La moindre atteinte à leur sécurité les alarme au point qu'elles donnent la mort à leurs petits, sans doute par peur de se les voir enlever, quel que soit le motif de cette peur. S'il est vrai, comme dit Frédéric Cuvier, que ce risque de mort pour les petits soit plus imminent à la première portée que dans les suivantes, et si dans le cas même d'une première portée, la mère ne tue jamais ceux des petits qui ont commencé de teter, n'est-ce pas que la sensation du plaisir d'allaiter (sensation qui peut aller jusqu'à la volupté, et attache si puissamment toutes les mères à leurs enfans) balance l'instinct de la liberté, et que dans les portées subséquentes, les femelles sont plus patientes contre les importunités, parce que leur mémoire leur rappelant les plaisirs de l'allaitement leur en montre encore la jouissance prochaine ? C'est ainsi que partout les fondemens de l'ordre moral s'enracinent dans l'organisation.

Ier Sous-Genre. — Les Chiens proprement dits, savoir : les *Canis* à pupille circulaire, à crâne caractérisé, comme nous avons dit ci-dessus, et à queue jamais touffue comme celle des Renards.

1. Loup, *Canis-Lupus*, Buff. *Wolf* des Germains, *Wilk* des Polonais, *Wolk* des Russes, *Ulf*, *Warg* des Suédois, *Graben* des Danois, *Boijuku* des Tungousses, *Schonu* des Bourates, *Kuorcha* au Kamtschatka, *Zeeb* des Hébreux, *Gmeli* des Géorgiens. Buffon, T. vii, pl. 1, Schreb. pl. 88.—Grande espèce à queue droite, dit Cuvier, à pelage gris, fauve, avec une raie noire sur les jambes. C'est le plus grand et le plus nuisible des Carnassiers de nos contrées. Par la synonymie que nous en donnons, on voit qu'il habite depuis l'Egypte jusqu'aux deux extrémités est et ouest de la zône boréale de l'ancien continent, et du Kamtschatka, par les glaces et les chaînes des îles Aléutiennes, il aura passé en Amérique dont il habite aussi la zône boréale.

La taille de cette espèce varie beaucoup suivant les climats. Le froid lui est bien plus favorable, et il semble par-là qu'il est aborigène de la zône boréale de notre continent où il a toujours été aussi plus nombreux. Gilibert dit qu'en Lithuanie il a ordinairement cinq pieds de long, du museau à l'origine de la queue ; mais qu'il est encore plus grand dans les forêts plus septentrionales. En Espagne et en Italie, ils ont à peine trois pieds dans cette dimension. Buffon (*loc. cit.*) dit, d'après une assez mauvaise autorité, qu'il y en a en Afrique, et que les Loups du Sénégal ressemblent à ceux de France, quoiqu'un peu plus gros et beaucoup plus cruels ; mais outre que des assertions vagues de ressemblance ou de différence ne sont pas concluantes, même sous la plume de Buffon, comme il est bien certain par l'observation immédiate de naturalistes de profession que la taille du Loup diminue à mesure que l'on s'éloigne du Nord, il est évident que ces prétendus Loups du Sénégal ne peuvent être que des Hyènes ; d'ailleurs, on a pu prendre aussi au Sénégal le Chacal pour le Loup.

La couleur et le poil de cet Animal changent dans les différens climats, et varient quelquefois dans le même pays. En Lithuanie, les jeunes ont le poil glacé de blanc, et jaunissent en été; les vieux grisonnent en hiver; quelques-uns sont glacés de noir; mais plus au nord, on en trouve de tout noirs ou de tout blancs. Buffon dit que ces derniers sont plus grands et plus forts que les autres. On en dit autant de l'espèce suivante. Ne seraient-elles pas identiques?

Buffon, et depuis Gilibert, admettent que la Louve porte trois mois et demi, et Buffon, intéressé par système à séparer le Chien du Loup (*loc. cit.*, pag. 43), a insisté sur cette différence, comme péremptoire dans la question; mais F. Cuvier (Mamm. lith.) s'est assuré que dans cette espèce, comme dans tous ses congénères observés, la gestation n'est que de deux mois et quelques jours. Le Loup, qui est deux ou trois ans à croître, vit quinze à vingt ans, est en état d'engendrer entre deux ou trois; les femelles, quoique plus précoces, ne le deviennent qu'après leur second hiver. La chaleur ne dure que douze ou quinze jours, commence par les vieilles Louves et finit par les jeunes; le temps du rut est moins marqué chez les mâles; ainsi ils ont des vieilles dès la fin de décembre et finissent par les jeunes en février et en mars. Aussi trouve-t-on des Louveteaux nouveau-nés depuis la fin de mars jusqu'en juin. A la veille de mettre bas, la Louve se prépare, dans un fourré bien épais au fond d'un bois, une sorte de tanière où elle dispose, avec de la mousse et des feuilles, un lit commode pour ses petits. Le nombre ordinaire en est de six à neuf, jamais moins de trois. Ils naissent les yeux fermés : pendant les premiers jours, elle ne les quitte pas, et le mâle lui apporte à manger. Elle allaite deux mois; mais dès la cinquième ou sixième semaine, elle leur dégorge de la viande à demi-digérée, et bientôt leur apprend à tuer de petits Animaux qu'elle leur apporte. Jamais ces petits ne restent seuls, le père et la mère se relèvent auprès d'eux; au bout de deux mois, elle les promène, et bientôt leur apprend à chasser. En novembre ou décembre, les jeunes commencent à vaguer seuls; mais, pendant cinq ou six mois, ils continuent de se réunir en famille.

Tout ce qu'a dit Buffon de l'indomptable férocité du Loup est faux ou exagéré. F. Cuvier vient de tracer l'histoire de deux Loups encore existans à la Ménagerie, et qui ont donné l'exemple d'un attachement pour leur maître aussi passionné, en même temps que réfléchi, et aussi persévérant que jamais Chien l'ait pu éprouver. Une jeune Louve, prise au piége, est si sensible aux caresses, qu'elle s'en pâme de plaisir, au point de lâcher son urine; et ce besoin de caresses, elle l'éprouve de la part du premier venu, malgré la flétrissure que l'esclavage doit imprimer à son naturel. Il cite encore (*ibid.*) une autre Louve prise au piége, étant déjà adulte, vivant familièrement avec des Chiens qui lui avaient appris à aboyer contre les étrangers, et devenue si douce et si docile, que, sans son goût irrésistible pour la volaille, on l'eût laissée en liberté. Voilà donc trois exemples presque simultanés de Loups que domine le besoin d'aimer l'Homme et d'être aimés par lui. Et tout en reconnaissant, ainsi que nous l'avons déjà fait, que dans les Animaux, le caractère varie par nuances souvent assez fortes, d'un individu à l'autre, on ne peut voir, dans ces trois exemples, autant d'exceptions à la règle de l'espèce. Cette férocité des Loups de nos contrées ne tient donc qu'à l'instinct de conservation et de vengeance trop souvent irrité, tout comme aujourd'hui au cap de Bonne-Espérance les malheureux Boschismens traqués comme des bêtes par les colons, de pacifiques qu'ils étaient, sont devenus des agresseurs pleins d'une rage atroce et toujours active contre les ennemis qui ont lassé leur patience(*V.* Barrow. Voyag.).

En parlant du Chien domestique, nous dirons, d'après Buffon lui-même, Supp. T. VII, quelles alliances fécondes peuvent s'établir entre lui et le Loup.

Comme les autres espèces de ce genre, les Loups chassent, attaquent et se défendent avec une tactique combinée sur la nature du terrain, du gibier et de l'ennemi. Mais l'expédition terminée, ils se séparent. La vigueur de cet Animal est extrême, il peut emporter un Mouton, et quand on le chasse, il perce droit en avant et court tout un jour sans être rendu. Il évente le gibier de plus d'un quart de lieue, quand il en est sous le vent. En général tous les Chiens ont de la répugnance pour le Loup, et se rabattent froidement. De son côté, il attaque les Chiens avec ardeur; Héarne dit qu'il tue les Chiens eskimaux qu'il trouve chargés et restés en arrière dans les marches.

2. Loup noir, *Canis Lycaon*, L., *Tscherno-Burvï* des Russes, *Vulpes nigra*, Gesner, Quadr., p. 967, Buff., t. 9, pl. 41, Schreb., pl. 89. Habite aussi en Europe et se trouve même accidentellement en France. Ne diffère du précédent que par son noir profond et uniforme, et plus de férocité. La Ménagerie a possédé ensemble un mâle et une femelle pris dans les Pyrénées. Chaque année, dit F. Cuvier, ils firent des petits presque aussi défians et aussi féroces que leurs parens, mais qui n'avaient ordinairement ni les mêmes traits, ni le même pelage. On les eût crus d'une autre espèce ou de quelque variété du Chien domestique. Il lui paraît assez probable que ces Loups n'étaient pas de race pure, et qu'ils étaient métis de quelque Chien : l'état sauvage où on les prit n'est pas une objection, car il n'est pas rare de voir dans les pays de forêts des Chiennes couvertes par des Loups, et nous allons exposer, d'après Buffon lui-même, une suite de générations fécondes malgré l'esclavage, et provenues d'un Chien et d'une Louve.

Gmelin le nomenclateur a confondu cette variété du Loup, ou, si l'on veut, cette espèce, avec le Renard noir ou argenté (*Can. argentatus* de Penn.).

3. Le Chacal ou Loup doré, *Canis aureus*, L., *Schakall* des Tatares, des Turcs, des Perses et des Russes; *Deeb* et *Dib* des Barbaresques; *Waui* des Arabes; *Adive* ou *Adibe* des Portugais de l'Inde; *Gôlá* des Indous, *Nari* à la côte de Coromandel; *Tura* en Géorgie; *Mebbia* en Abyssinie. C'est aussi le *Thoës* de Pline (*lib.* 8, *cap.* 34), figuré par Guldœnstædt (*Nov. Com. Petrop.*, t. 20, p. 449 et pl. 11; son crâne, pl. 12; Schreber, pl. 74; Encycl. pl. 107, f. 3). Il ne faut pas confondre avec lui le *Tulki* des Turcs, qui, d'après Guldœnstædt, est le Renard ordinaire, ni le *Tschakal* de l'Ukraine, qui n'est autre chose que le Loup.

Guldœnstædt (*loc. cit.*) n'a rien laissé à désirer sur l'histoire de cette espèce. Tout ce que nous allons dire en est extrait : il a établi entre cette espèce, le Loup et le Renard, les différences que nous avons énoncées dans les généralités de cet article, tant à l'égard des proportions de longueur et de figure d'intestin que de la figure des dents. Il a montré que, sous ces rapports, il y avait identité parfaite entre le Chacal et le Chien domestique; il a figuré, pl. 10, le cœcum du Chacal, qui ne diffère nullement de celui du Chien représenté (Buff., pl. 46, t. 8), tandis que celui du Loup (fig. *ibid.*, T. VII, pl. 2) en diffère beaucoup sans se rapprocher de celui du Renard (*ibid.* pl. 5), qui en diffère encore plus; le crâne qu'il a représenté (*Nov. Com. Petrop.*, t. 20, pl. 12), et qui l'est aussi, pl. 16, f. 19, 20, 21 et 22, T. IV des Oss. Foss. de Cuvier, offre avec le Renard (représenté pl. 13 par Guldœnstædt) les différences générales que ci-dessus, d'après Cuvier, nous avons dit exister entre les vrais Loups et les Renards. Il a (*loc. cit.*, p. 474 et suiv.) donné le détail comparatif de ces différences, ainsi que de celles qui distinguent leur dentition, différences dont la plus remarquable est que dans les Canis les rangées dentaires sont continues, tandis que dans les Renards les trois premières molaires ne se touchent pas, et que surtout il reste un large intervalle entre la canine et la première molaire. Guldœnstædt observe même que la bosse pariétale, déjà plus développée dans le Renard que dans le Loup, l'est davantage dans le Chacal que dans le Renard, et que ces proportions correspondent avec le degré de ruse qui distingue ces espèces. La comparaison la plus attentive, dit Guldœnstædt (p. 471), n'offre pas de différences sensibles entre l'organisation intérieure du Chacal et celle du Chien de berger. Cependant, ajoute-t-il, j'ai vu en Russie des Chiens à poil fauve brun, oreilles droites, museau pointu, de la taille du Chacal, et qui lui ressemblaient tout-à-fait.

Il observe en outre que le Chacal a de tout temps été extrêmement nombreux dans les montagnes de l'Asie-Mineure où toutes les théogonies d'Occident placent le berceau de notre espèce; que nos Chèvres et nos Moutons, ces premiers bestiaux de l'Homme, y vivent encore à l'état sauvage; que partout le Chien, dont la domesticité est, sinon antérieure, au moins de la même date, doit avoir vécu sauvage dans la même contrée; qu'aujourd'hui, comme depuis les temps historiques, cette contrée n'offre que quatre espèces sauvages, savoir : l'Hyène, le Loup, le Renard et le Chacal. Il aurait dû ajouter (comme nous avons dit aux généralités) que l'anéantissement de l'espèce sauvage du Chien (quelle que cette espèce pût être), soit par l'asservissement domestique, soit par l'extermination, est physiquement impossible, comme le prouve l'existence actuelle des Chiens redevenus sauvages, et les espèces toujours subsistantes de l'Ægagre et du Mouflon. Considérant enfin qu'anatomiquement le Chien domestique diffère du Loup et du Renard; que l'Hyène n'est pas seulement du même genre; que le Chacal, préférant les sites montueux, a été plus à la portée des premiers Hommes, que le Loup et le Renard; qu'aujourd'hui les troupes de Chacals s'approchent avec sécurité soit des caravanes en marche, soit des tentes dressées pour la nuit; que sa taille est moyenne entre celle des plus grands et des plus petits Chiens; que ses poils sont plus durs que chez aucun Chien, et d'une longueur moyenne entre les Chiens où ils sont plus ras et ceux où ils sont plus longs; que les mœurs sont encore plus conformes que l'organisation; que ses manières en domesticité sont les mêmes que celles du Chien; qu'il pisse de côté, dort couché en rond comme lui, va lui flairer au derrière amicalement; que son odeur, beaucoup moindre qu'on ne l'a dit, est à peine plus forte que celle du Chien à l'approche de l'orage; que tous les Chiens n'ont pas la queue recourbée; que le Chien de berger la porte pendante comme le Chacal; que d'ailleurs, comme le prouvent les Moutons et les variétés même des Chiens, la queue est un organe très-variable par la domesticité; il conclut que tous ces rapports (p. 462) non-seulement autorisent, mais nécessitent de regarder le Chacal comme le vrai Chien sauvage et la souche de toutes les variétés de Chiens domestiques.

Cette seconde conclusion me semble trop générale. Je crois que les nombreuses variétés du Chien de notre ancien continent sont le produit de nombreuses combinaisons avec le Loup, puis des nouveaux métis, soit avec la race domestique pure, soit avec le Chacal ou Chien sauvage. Ces alliances auront multiplié, bien plus qu'on ne croit, des types indépendans, quant à l'origine, de ceux que l'influence de la domesticité et du régime alimentaire ont pu produire d'ailleurs. Nous ajoutons enfin que Pallas (*Not. ad Fascic.* 15) avait, avant Guldœnstædt, regardé le Chacal comme la souche sauvage et toujours subsistante du Chien domestique; les raisons qu'il en donne sont à peu près les mêmes que celles de Guldœnstædt, à quoi il ajoute que les Chiens des Kalmoucks lui ressemblent tout-à-fait.

Le Chacal, dit Cuvier (Oss. Foss. T. iv), se distingue à l'extérieur de tous les Renards, par sa queue assez grêle et qui n'atteint que le talon, par ses yeux diurnes et par sa tête de Loup : du reste, il lui paraît y en avoir deux espèces ou du moins deux races fort distinctes, le Chacal de l'Inde qui est beaucoup plus noirâtre (fig. Mamm. lith.), et celui du Sénégal qui est plus pâle (fig. *ibidem.*) Tous deux ont les extrémités fauves. C'est ce dernier pour lequel F. Cuvier a proposé le nom spécifique d'*Anthus*; il a aussi reconnu que son odeur était beaucoup moins forte que celle du Chacal de l'Inde. Aristote distinguait déjà (*Hist. Anim. lib.* 9, *cap.* 44) deux espèces ou variétés de Chacal sous le nom de *Thos*, donné aussi par Homère à un Carnassier qui vit en troupes pour chasser, et qui, attendu les pays connus d'Homère, ne peut être que le Chacal.

Ces deux espèces ou variétés de Chacal ont produit ensemble à la Ménagerie : ce fait prouve d'abord que Buffon se trompait en admettant que la domesticité, au moins de la part de l'une des deux, était nécessaire pour que des espèces différentes pussent se croiser. F. Cuvier en conclut que si la domesticité n'est pas une condition, au moins la privation de liberté est indispensable.

Il y avait six mois que ces deux Chacals étaient dans la même cage ; la femelle, du Sénégal, fut couverte, le 26 décembre, avec toutes les circonstances de l'accouplement des Chiens, et mit bas, le premier mars, cinq petits qui avaient sept pouces du museau à la queue, longue elle-même de deux pouces et demi. Les yeux étaient fermés, la conque de l'oreille était repliée sur elle-même, de manière que ses saillies et ses creux s'engrenaient ensemble et en fermaient complètement l'ouverture. Les yeux furent ouverts le dixième jour ; le pelage était laineux au corps, soyeux à la tête ; couleur générale gris d'ardoise en dessus avec une teinte fauve, et gris pâle en dessous au quarante-neu-

vième jour ; et à la fin du troisième mois, la couleur générale était un fauve brun, avec du blanc autour de l'œil et aux joues ; deux seulement ont vécu avec des différences très-prononcées dans le caractère.

Les Chacals vivent en troupes nombreuses, associées pour la chasse, l'attaque et la défense. Ils déterrent les cadavres, et quoiqu'ils aient, comme le Loup, une pupille diurne, c'est surtout la nuit qu'ils chassent et vont à la maraude.

4. CHACAL A DOS NOIR DU CAP, *Canis mesomelas*, Schreber (pl. 95, Encycl., pl. 107, f. 4), *Tenlie* ou *Kenlie* des Hottentots. Cet Animal, dit Cuvier (Oss. Foss. T. iv, p. 463), confondu mal à propos avec l'Adive de Buffon, n'a pas les yeux nocturnes, et doit être, malgré la longueur de sa queue, rapproché, par ses yeux et par sa tête, des Chacals plutôt que des Renards. C'est du reste une belle et grande espèce très-distincte, fauve sur les flancs, ayant sur le dos une sorte de manteau noir ondé de blanc et finissant en pointe sur la croupe : la tête est d'un cendré jaunâtre, le museau roux ainsi que les pates ; la queue noire à la pointe a sur son tiers postérieur deux ou trois anneaux noirs. Très-commun au cap de Bonne-Espérance. Kolb (Descript. du Cap) n'a donné que peu de détails sur ses habitudes.

5. LOUP DE JAVA. D'après F. Cuvier (Dict. des Sc. nat.), il existerait à Java, d'où l'Eschenault l'a rapporté, un Loup de la taille et des proportions du Loup commun, à oreilles seulement plus petites, et d'un brun fauve noirâtre sur le dos, aux pates et à la queue. Mais Cuvier n'en parle pas dans son Précis sur le genre Canis (Oss. Foss. T. iv, chap. 6).

Canis du nouveau continent.

6. Le LOUP DU MEXIQUE, *Canis mexicanus*, Lin. Séba (*Thes.* T. i, tab. 42, f. 2). A taille peu inférieure à celle du Loup ordinaire, d'un gris roussâtre, par-ci par-là mêlé d'un peu de noirâtre ; tour du museau, dessous

du corps et pieds blanchâtres. Cuvier (Oss. Foss. T. IV, p. 464) le distingue pour la première fois du suivant.

7. Le Loup rouge du Paraguay, *Aguara-Guazou* d'Azzara, qui le décrit ainsi : couleur générale d'un roux foncé, très-clair dans les parties inférieures, et presque blanc à la queue et dans l'intérieur des oreilles ; pieds, museau et bout de la queue noirs ; de la nuque jusque derrière l'épaule une crinière dont la moitié terminale des poils est noire ; de la taille d'un grand Loup : la femelle est tout-à-fait semblable au mâle, a six mamelles, et met bas vers le mois d'août trois ou quatre petits. Cette espèce habite les marécages et les esters fluviatiles, vit solitaire, quête la nuit, nage bien et est pleine de courage. Il répète plusieurs fois de suite, et en les traînant, les sons *goua-a-a*, qu'il fait entendre de très-loin.

8. Le Loup ou Renard gris du Paraguay, Guaracha du Brésil, probablement l'Aguarachay d'Azzara, dit Cuvier (Oss. Foss. *loc. cit.* T. IV). Il est d'un gris brunâtre, à museau et pieds brun noirâtre, à queue longue et touffue, noire dessus et au bout ; rapporté du Brésil par Auguste Saint-Hilaire ; mal à propos représenté dans l'Atlas d'Azzara sous la figure du Renard tricolore, qui n'existe pas dans l'Amérique sud. Il est un peu plus grand qu'un Chacal.

9. Chien des bois de Cayenne, ou Chien Crabier, *Canis Thous*, *Lin. Syst.* p. 60, n. 9. Buff. Supp. T. VII, pl. 58. Très-semblable au précédent, dit Cuvier, mais un peu plus petit, à queue grêle. Sa tête est plus courte, à grosseur égale ; un peu plus grand et à pelage plus noirâtre que le Chacal ; de deux pieds quatre pouces de long ; tête de six pouces neuf lignes ; à corps plus gros, à jambes et queue plus petites à proportion qu'au Chien de berger ; bord des paupières noir, ainsi que le museau ; joues rayées de deux petits traits noirs ; pelage d'un gris fauve. Le gris domine sur le corps, le fauve à la tête

et aux jambes. Les oreilles droites et courtes ont deux pouces de haut sur quatorze lignes de largeur à la base, et sont garnies à l'entrée de poils blancs jaunâtres, et sur leur convexité d'un poil court, roux, mêlé de brun, qui va jusque sur le cou. Les poils les plus longs ont deux pouces cinq lignes. La queue qui a onze pouces de long est couverte d'un poil ras, jaunâtre, tirant sur le gris, nuancée de brun en dessus et noire au bout. Il y en a une autre espèce ou variété un peu plus petite, à tête plus grosse et museau plus allongé, dont le poil est noir et fort long.

Ces Chiens chassent les Agoutis, les Pacas, etc.; ils mangent aussi des fruits, vont en troupes de six ou sept, s'accouplent et produisent avec les Chiens domestiques. Les Sauvages élèvent ceux de la petite espèce pour chasser les Agoutis et Akoukis. Les métis de ces petits Chiens et de ceux d'Europe sont réputés les meilleurs pour la chasse.

10. Le Chien antarctique, *Canis antarcticus*, Pennant. Gris, à jambes fauves ; bout de la queue blanc ; plus grand que le Chacal. Un individu a été apporté par Bougainville. On en tua un pendant la relâche de Freycinet à la baie française aux Malouines. Il fut le seul qu'on y vit. On ne connaît pas la forme de sa pupille. Bougainville dit qu'il se creuse un terrier dans les dunes, qu'il aboie comme le Chien ordinaire. Cuvier (Oss. Foss. *loc. cit.*) l'admet comme espèce distincte.

11. Chien fossile, Cuvier (Oss. Foss. T. IV, p. 458 et suiv. et pl. 37) a décrit et figuré une tête, plusieurs mâchoires inférieures, des dents et autres ossemens trouvés principalement dans les cavernes de Gaylenreuth, de Kirkdale en Yorckshyre, d'Oreston près de Plymouth, et dans des couches où l'on trouva des os d'Éléphans à Romagnano, et des os d'Hyènes près d'Aischstædt. Sur la tête représentée, pl. 57, fig. 1, la face est plus longue à proportion du crâne que dans le Loup commun ; le mu-

seau serait aussi plus mince. Sur une autre tête, la seule vue par Cuvier, le museau est au contraire sensiblement plus court, à proportion du crâne, que dans le Loup ordinaire. Quant aux mâchoires, fig. 2, 3, 4, 5, lesquelles viennent toutes de Gaylenreuth, elles sont si semblables à leurs analogues dans les Loups et les grands Chiens, qu'on y reconnaît à peine des différences individuelles. Mais, dit Cuvier, ces caractères et même ceux que l'on pourrait tirer des proportions de la tête sont si faibles, qu'on n'oserait les proposer comme distinctifs, si l'analogie des autres Animaux fossiles ne nous autorisait à croire qu'il y avait aussi pour celui-ci des différences spécifiques. Au reste, si ces différences ne sont pas suffisamment prouvées, l'identité d'espèce ne l'est pas non plus par cette ressemblance de quelques parties. Or, ajoute-t-il, tous ces os étant dans le même état que ceux d'Ours, de Felis et d'Hyène, tout annonce qu'ils furent contemporains d'existence et de destruction.

12. Chien domestique, *Canis familiaris*, Lin. Nous avons, aux généralités de cet article et dans une note lue, le 9 août 1825, à la Soc. philom., exposé nos motifs de ne pas admettre une espèce primitive de Chien, qui serait actuellement anéantie à l'état sauvage. Buffon lui-même, qui avait d'abord si ingénieusement établi le système de l'unité d'origine du Chien domestique, sur l'impossibilité présumée de son croisement avec d'autres espèces du même genre, s'est réfuté lui-même le premier (T. VII de son Supplément). Il donne le tableau successif des résultats obtenus d'abord par le croisement d'un Chien Braque et d'une Louve, et ensuite par les accouplemens des métis, soit entre eux, soit avec leurs parens métis jusqu'à la quatrième génération. Le mâle et la femelle métis nés de la Louve, et gravés (*ibid.* pl. 44 et 45), produisirent quatre petits, deux mâles et deux femelles, à queue très-courte, avec du blanc à la

gorge et aux pates de devant. L'un des mâles d'un brun presque noir ressemblait plus à un Chien qu'à un Loup, et était cependant le plus farouche des quatre. Un mâle et une femelle furent enfermés dans une cour solitaire; ils y prirent un caractère plus farouche, dont le degré diminua lorsqu'on les eut tenus quelque temps en liberté.

Un mâle et une femelle nés des deux précédens, par conséquent métis de deuxième génération, et représentés (*loc. cit.*, pl. 46 et 47), restèrent deux ans dans une grande cour en assez bonne intelligence. Ils s'accouplèrent à deux ans dix mois, âge adulte du Loup, celui du Chien étant d'un an et quelques mois. Le 4 mars, la femelle mit bas sept petits, de couleur de Louveteaux, qu'elle avait portés soixante-trois jours. Elle les soigna d'abord tendrement, en tint le mâle éloigné; mais quelques heures après la naissance, quelqu'un ayant voulu les toucher, elle les tua et les mangea tous excepté un auquel on n'avait pas touché : c'était une femelle. La mère lui fut ensuite très-attachée, et ne permit au mâle de se mêler de son éducation qu'au bout de plusieurs semaines.

Cette jeune femelle de troisième génération, figurée (*ibid.* pl. 48), ne reçut qu'une éducation demi-domestique. Élevée dans un caveau, d'où elle n'allait que de temps en temps prendre l'air dans une grande cour avec ses parens, elle était très-sauvage, mais pas méchante. Douce et paisible, à vingt-un mois elle aimait à jouer avec les Chiens; mais ceux-ci n'en approchaient *qu'avec répugnance*, dit Buffon. Elle ne mangeait pas quand on la regardait, léchait les mains quand on les tenait derrière le dos; mais si l'on se retournait, elle s'éloignait et allait se tapir à terre, en suivant des yeux la personne qui pouvait s'en approcher et la toucher. Mise en liberté, on la rattrapait difficilement; mais, une fois prise, elle cédait sans résistance. En somme, elle ressemblait plus au Loup qu'au Chien, hurlait, n'aboyait pas; ses oreilles dessinées, rabattues comme aux deux générations précédentes, se redressèrent quand elle fut adulte; sa queue était longue et traînante comme au Loup.

Cette femelle, couverte par son père, mit bas quatre petits dont deux furent dévorés en naissant. Les deux autres, mâle et femelle (*ibid.* pl. 49 et 50), devinrent doux et caressans, mais rien ne pouvait les empêcher d'attaquer la volaille. Le mâle à physionomie et allure de Loup, à oreilles larges et droites, avait à un an deux pieds huit pouces du nez à l'anus en ligne droite, et près de trois pieds cinq pouces en suivant les courbures. La queue était longue de neuf pouces et demi, pendante, à poil touffu, mais assez court, noirâtre dessus, jaunâtre dessous. Elle était noire au bout; il y avait du blanc aux joues, à la poitrine et à la face interne des membres.

La femelle de cette quatrième génération était plus douce que son mâle.

Cette expérience, dirigée avec autant de précaution que de persévérance par Buffon lui-même, est une réfutation péremptoire du principe sur lequel on établissait la définition de l'idée d'espèce en zoologie.

Buffon (*ibid.*) cite encore deux exemples de Louves sauvages couvertes par des Chiens domestiques.

Il est évident que ces métis féconds entre eux n'eussent pas manqué de l'être avec chacune de leurs souches. Quelle que soit donc la tige sauvage du Chien domestique en Europe, il est impossible que l'événement réalisé spontanément, pour ainsi dire à la même époque dans deux des trois cas précédens, ne se soit pas renouvelé un grand nombre de fois depuis la domesticité des Chiens. Il est donc évident que le sang du Loup est mélangé avec celui de nos grandes races de Chiens en Europe.

A la Nouvelle-Hollande et à la Nouvelle-Guinée, il existe en même temps et des Chiens domestiques et des Chiens sauvages. La ressemblance trouvée par F. Cuvier entre leurs crânes et ceux de nos Mâtins, n'est pas moindre avec les crânes de Loups. Or, comme le dit Cuvier (passage cité plus haut), au sujet du Chien fossile, l'identité d'espèce n'est pas prouvée par cette ressemblance de quelques parties, et comme, ainsi que nous l'avons déjà dit ailleurs, la patrie est aussi un motif de détermination, et puisqu'il n'y a pas de motif de ne pas supposer ces Chiens sauvages indigènes, les Chiens domestiques du continent australasien et de ses îles ne peuvent donc être ramenés à l'unité avec aucun des nôtres. Ces Chiens de la Nouvelle-Guinée, d'après le docteur Quoy, médecin de l'*Uranie*, ressemblent, et pour la physionomie et pour le caractère, à ceux de la Nouvelle-Hollande, dont le commodore Philippe a donné la figure. (Voyage à la Nouvelle-Galles du sud, in-4.)

Il a moins de deux pieds de haut, est long de deux pieds et demi; la figure de la tête tient le milieu entre celle du Renard et du Loup. Oreilles courtes et droites, moustaches d'un à deux pouces de long; couleur brun pâle s'éclaircissant sous le ventre; jambes de devant blanches en arrière ainsi que les quatre pieds; la queue, un peu moins touffue que celle d'un Renard, est représentée un peu courbée vers les jambes. Si la figure est exacte, le redressement de la queue, dont on a voulu faire un caractère, excluait donc ce Chien de l'espèce des nôtres. D'ailleurs, quoi qu'on en ait dit, les Loups aussi portent la queue recourbée en haut. L'individu décrit par Philippe vivait en Angleterre chez la marquise de Salisbury; c'était une femelle; elle lechait comme les autres Chiens, n'aboyait ni ne grondait, même quand on la tourmentait; le Chien de Waigiou que le docteur Quoy a gardé jusqu'au naufrage de l'*Uranie*, ne savait aussi que hurler. Il apprit, mais imparfaitement, à aboyer avec une Chienne française. Sans être méchant pour l'Homme, il tuait tout et attaquait avec une indomptable colère même les plus grands Chiens dont il venait à bout à force d'opiniâtreté. Philippe en dit autant de la Chienne qu'il a décrite. Celui de Quoy, d'un poil roux, avait les dents usées, parce qu'il vivait de Bernard-l'Hermite à Waigiou où la nuit les forêts retentissent des hurlemens de ceux qui sont tout-à-fait sauvages. Quoy a vu à la baie des Chiens-Marins un Chien sauvage qui lui a semblé pareil au sien. Celui-ci s'accoupla inutilement avec une Chienne française.

Lors de la découverte de l'Amérique, il existait aux Antilles et sur le continent, chez les Caraïbes, plusieurs races de Chiens domestiques, de toute nature et de toute couleur de poil, dit Oviédo, lib. 12 et 13 (*Raccolta da Ramusio*, t. 3); mais ils sont muets, dit-il, d'ailleurs caressans, quoiqu'un peu moins domestiques que les nôtres. Pierre Martire dit aussi (*ibid.*) de ceux qu'on trouva sur une petite île voisine de la côte de Cumana, qu'ils avaient l'air très-sauvage (*brutissimo*), qu'ils n'aboyaient pas, qu'ils vivaient d'une espèce de Canard et d'une espèce de Rongeur. Or, Oviédo reparle d'une race de ces Chiens qui servaient aux indigènes des Antilles à chasser l'Hutia, espèce de Rongeur à queue de Rat, figuré et décrit pas Catesby (Hist. natur. de la Caroline, T. II, pl. 79) sous le nom de Lapin de Bahama, et qu'on vient de publier sous le nom de Capromis (*V.* ce mot). Comme (d'après Humboldt) les Caraïbes à cette époque formaient, le long des bords de l'Orénoque et de ses affluens, une nation puissante, aussi bien que dans les petites Antilles, et comme il existe à la Guiane au moins une espèce de Canis, le Chien des bois (*Can. Thoüs*), que les indigènes, encore aujourd'hui, dressent à la chasse des petits Rongeurs, il nous paraît que c'est à cette espèce américaine ou bien au Loup gris du Paraguay, qu'il faut rattacher ces Chiens domestiques, aux Antilles et sur la Terre-Ferme avant la découverte. D'ailleurs

il paraît bien que ces Chiens domestiques des Antilles et de Saint-Domingue n'y avaient pas de type sauvage, et qu'ils avaient été importés du continent ; car, suivant Oviédo (liv. 12, p. 154, *loc. cit.*), de son temps, les Chiens domestiques n'existaient plus à Saint-Domingue, où, dans une disette, lors du second voyage de Colomb, ils avaient été détruits pour servir de nourriture. Or Oviédo, à cette même époque, dit qu'ils étaient très-nombreux à la Terre-Ferme. Il en faut dire autant de l'Alco du Pérou. Séba (*Thesaurus*) a donné une figure d'un Chien sauvage qu'il dit pris à Saint-Domingue. Mais l'Animal a été défiguré par l'empailleur ou le dessinateur. D'ailleurs, comme on vient de voir, d'après Oviédo, il est plus que douteux qu'il existât un Canis sauvage à Saint-Domingue, et Séba n'est pas une autorité quand il s'agit de la patrie des Animaux qu'il décrit.

Voilà donc au moins quatre espèces sauvages, savoir : dans l'ancien continent, le Chacal et le Loup, en Amérique le Chien des bois et peut-être un des autres Canis du Paraguay, dans l'Australasie le Chien Papou, auxquelles se rattache l'ensemble des Chiens actuellement domestiques.

Ces Chiens de la côte nord-ouest d'Amérique, que les indigènes tondent comme des Moutons, et auxquels Van-Couver a trouvé à l'entrée de l'Amirauté, sous le soixantième parallèle, des toisons si compactes, qu'on en peut soulever de grosses masses par un coin sans que leur feutre se sépare ; ceux que le capitaine Ross a trouvés chez les Eskimaux, et qui ont les pieds palmés jusqu'aux ongles, et un instinct aquatique presque semblable à celui des Loutres et des Castors (fig. Mamm. lithograph.); ces Chiens kamtschadales et tungousses qui tirent des traîneaux, et dont Marc Paul a parlé le premier (*lib.* 3, *cap.* 43, *ap. Ramusio*, t. 1, qui les a pris pour des Rennes dans une note marginale); ceux qu'a vus Héarne à l'ouest de la baie d'Hudson chez les Eskimaux qui les chargent sur le dos comme des bêtes de somme, et que les Loups attaquent avec tant de fureur, sont-ils d'une origine commune ou différente? Et dans le cas de communauté, cette origine se rattache-t-elle à l'une de nos races domestiques? Comme tous ces Chiens sont domestiques au service de ces Eskimaux qui peuplent les côtes polaires de nos deux continens, où ils passent encore aujourd'hui de l'un à l'autre, cette dernière opinion nous semble vraisemblable.

Buffon (T. v) a dressé une généalogie des Chiens rattachés à trois souches, savoir : le Mâtin, le Chien de berger et le Dogue. Il a groupé autour de ces trois points une quarantaine de races dont les unes sont restées isolées, et dont les autres, par des alliances simples ou multiples, ont formé d'autres races secondaires plus ou moins nombreuses. Il ne nous semble pas possible, dans l'état actuel, non pas seulement de nos connaissances sur ces races, mais de ces races elles-mêmes, de rattacher ces trois groupes à des points quelconques de la filiation que nous avons exposée dans cet article.

La distinction de ces races entre elles est plutôt un sujet d'économie que de zoologie : nous renvoyons, pour leur description, à l'ouvrage de Buffon, et, pour leurs rapports d'organisation, au Mémoire de F. Cuvier sur l'ostéologie des variétés domestiques (Ann. du Mus.).

II° Sous-Genre. — Les Renards.

Ils se distinguent des Canis proprement dits par une queue plus longue et plus touffue, caractérisée par le nom de queue de Renard, par un museau plus pointu, des pupilles nocturnes ou allongées verticalement, et des incisives supérieures moins échancrées ou même rectilignes sur leur bord horizontal : ils ont en général une odeur fétide, se creusent des terriers et n'attaquent que des Animaux faibles. Les Renards sont moins répandus que les Chiens : on n'en

connaît pas encore dans les archipels d'Asie ni dans la Nouvelle-Hollande.

Renards de l'ancien continent.

13. Renard commun, *Canis Vulpes*, Lin. Buff. l. 7, pl. 6, Schreb. pl. 90. *Vos* des Germains; *Fox* des Anglais; *Llwynog* des Bretons; *Raf* des Suédois; *Zorra* des Espagnols; *Rapoza* des Portugais; *Lis*, *Liszka* des Polonais; *Lisitza* des Russes; *Tulki* des Perses et des Turcs; *Schulack* des Tungousses; *Schual* des Hébreux; *Taaleb*, *Doren* des Arabes; *Nari* sur les côtes de l'Indostan.

Plus ou moins roux, le bout de la queue blanc, répandu en latitude depuis la Suède jusqu'en Égypte et dans l'Inde; d'après les récits des voyageurs, il appartient également au nord des deux continens.

Buffon a essayé inutilement de l'accoupler avec l'espèce du Chien; mais ses premiers essais sur le Loup avaient aussi été infructueux. Daubenton (Buff. T. v) pensait que l'odeur du Renard sauvage était la seule cause de l'antipathie des Chiens pour lui; que cette odeur changerait par les alimens et par le repos dans le Renard devenu domestique après une longue suite de générations, qu'alors les Chiens pourraient s'accoupler avec les Renards, et produire par ce mélange des métis semblables aux Chiens de Laconie dont Aristote fait mention (*De Anim.* lib. 8, cap. 28). Or, il y a quelque raison de croire que le Renard était effectivement domestique en Laconie.

Buffon (T. vii) croyait que tous les Renards, de quelque couleur et de quelque pays qu'ils fussent, n'étaient que des variétés d'une espèce unique, et bien qu'il en restreignît la limite la plus méridionale à l'Égypte et à l'Inde, néanmoins il admettait, par une singulière contradiction, que ceux du pôle antarctique étaient identiques avec ceux du pôle arctique. Il réforma dans la suite ces idées exclusives, en reconnaissant d'abord l'Isatis, puis le Renard du Spitzberg; Schreber,

T. II, p. 358 et pl. 91, a décrit et figuré sous le nom de *Canis Alopex*, Brand-Raf des Suédois, une variété de cette espèce, dont les pieds et le bout de la queue sont noirs. C'est le Renard Charbonnier de France.

14. CORSAC, *Canis Corsac*, Pallas, second Voyage; Schreb., pl. 91, B; Adive de Buffon, Chien du Bengale de Pennant, suivant Cuvier (Oss. Fos. T. IV, p. 463).— Petit Renard de l'Inde et de la Tartarie, à peu près de la couleur du Chacal, mais à queue longue, touffue et noire au bout, comme une queue de Renard; une raie brune de chaque côté de la tête, qui va de l'œil au museau. Il vit en grand nombre dans des terriers, par tous les steppes de la Tartarie. Les Kirguis, qui lui ont donné ce nom de Corsac, distinguent par le nom de Karagan (Schreb., T. II, p. 359) un autre Renard, à couleur de Loup, et dont ils portent une grande quantité de peaux à Orenbourg. Cette diversité de noms donnés à deux Animaux par un peuple chasseur, naturellement bon observateur, est une grande présomption de diversité spécifique. Le Corsac passe pour ne boire jamais. Cuvier (*loc. cit.*) doute de l'authenticité de l'Adive de Buffon (Sup. 3, pl. 16). L'Animal que Buffon décrit (*ibid.*) sous le nom d'Isatis, et dont il dit que les Tartares portent annuellement 50,000 peaux à Orenbourg, est le Corsac d'après sa description même, et surtout le pays qu'il lui assigne. C'est à tort qu'il en conclut que c'est l'Isatis de Gmelin, et qu'il intitule de ce nom la figure 17.

15. RENARD BLEU ou ISATIS, *Canis lagopus*, Gmelin, Schreber, pl. 93, copié Encyclop., pl. 107, f. 2; *Fiallracka* des Suédois, *Pesez* des Russes.

Gmelin (*Nov. Comm. Petrop.*, T. V) a donné une bonne description de l'Isatis et son histoire naturelle.

Le dessous des doigts garni de poils; pelage très-fourré, très-moelleux, presque semblable à de la laine, mais point crépu; presque long de deux pouces sur tout le corps, ex-

cepté à la tête et aux pates où il est presque ras; le tour des narines et la pointe de la mâchoire inférieure nus et à peau noire; ongles de tous les pieds noirs à la base et blanchissant à la pointe; le cinquième doigt des pieds de devant presque aussi fort que les autres, un peu plus court seulement, et son ongle plus recourbé. On avait jusqu'à Gmelin reconnu deux variétés dans cette espèce. Mais par la concordance de renseignemens exacts que lui fournirent deux chasseurs expérimentés, l'un d'Iakutsk, l'autre de Jenisseik, il a constaté que des femelles, soit blanches, soit cendrées, étaient presque toujours suivies de petits dont les uns sont blancs et les autres cendrés; que néanmoins la couleur grise est plus rare que la blanche dans une même portée, et que sur trois portées, qui sont quelquefois de vingt petits chacune, il n'y a souvent qu'un individu cendré, tandis qu'il n'arrive jamais que tous les petits d'une portée soient de cette couleur. Il s'ensuit donc que la différence de couleur ne constitue pas une variété permanente, mais est purement accidentelle. L'uniformité de couleur n'est donc pas une nécessité de l'état sauvage.

L'Isatis entre en chaleur, dit Gmelin, vers la fête de l'Annonciation de la Sainte-Vierge; pendant cet état qui dure environ trois semaines, ils restent hors de leurs terriers. La femelle porte à peu près neuf semaines, et met bas vers la fin du carême de sept à vingt-cinq petits. Ceux d'une mère blanche sont d'un gris-roux en naissant; ceux d'une mère cendrée sont presque noirs. Pendant les cinq à six premières semaines la mère sort peu du terrier. Vers le milieu d'août elle les mène promener. Leur poil alors a un peu plus d'un demi-pouce de long; les individus blancs ont déjà une raie brune-cendrée sur le dos; les individus cendrés sont tout noirs, et ne subissent plus aucune variation que dans la longueur et le reflet du pelage. Dès le milieu de septembre les blancs sont d'un blanc pur, excepté la raie du dos et une barre sur les épaules qui noircissent, et les font alors nommer croisés (*Kresto-wiki*); le noir des épaules disparaît tout-à-fait, et bientôt aussi celui de l'échine, et, en novembre, l'Isatis blanc est parfait et se nomme *Nedo-Pesez*. En décembre, les poils ont acquis toute leur longueur; la mue commence au milieu de mai, et finit en juillet. A cette époque les adultes ont la même livrée que les nouveau-nés de leur couleur, et parcourent comme eux toutes les phases de la coloration. Le poil est d'autant plus adhérent que l'Animal est plus jeune, et que la saison est plus froide.

L'Isatis est indigène de tout le littoral de la mer Glaciale et des fleuves qui s'y jettent, partout où le pays est déboisé et découvert, et au nord du soixante-neuvième degré de latitude. Ce n'est que sur les montagnes nues qu'il descend davantage vers le sud. Quoique, dans ses émigrations, on le voie souvent au sud de ce parallèle, jamais il ne s'y arrête, et surtout n'y creuse de terrier. Ces terriers sont toujours pratiqués sur des hauteurs. Il passe rarement plus d'une année dans la même contrée. Ses émigrations, nécessitées par l'épuisement du gibier, se règlent en général sur celle des Lemmings et aussi du *Lepus Tolaï*, dit Gmelin. En général ces émigrations se font au solstice d'hiver. Ils sont de retour au bout de trois ou quatre ans. Néanmoins chaque contrée n'en est jamais absolument déserte.

L'Isatis est de plus grande taille vers l'embouchure du Jenisseik et du Chatanga que vers la Léna, et à la Léna qu'à la Kolyma. Cette contrée paraît plus favorable au développement des Animaux que le reste de la Sibérie : au moins, dit Gmelin, les Lièvres, les Loups, les Ours blancs, y sont plus grands que partout ailleurs.

Le Renard du Spitzberg, décrit et figuré par Phipps (*Voyage au Spitz-berg*), et reproduit par Buffon (Supplém. 7, et Encyclop., pl. 106,

f. 3), a bien, comme l'Isatis, la tête et les pates à poils ras; mais la figure de la tête en diffère beaucoup par la distance aux oreilles des yeux rapprochés du museau : Phipps lui a trouvé fort peu d'odeur, comme Gmelin à l'Isatis.

Renard de Lalande, *Canis La-landi. V.* sa figure dans les planches de notre Dictionnaire. *Canis megalatis* de la Mammalogie Encyclopédique. — Plus haut sur jambes que notre Renard, dit Cuvier (Ossem. Fossiles, *loc. cit.*) sa tête est plus petite, sa queue encore plus fournie; mais surtout les oreilles beaucoup plus grandes, égalant presque la tête, et remarquables encore par un double rebord à leur bord inférieur et externe; son pelage est gris-brun, fauve-pâle et plus laineux en dessous; le devant de ses quatre pieds brun-noirâtre, le dessus et le bout de la queue noirs; tout le pelage de cet Animal est plus laineux et crépu que celui d'aucun autre Renard. Le poil même des pates est comme crépu. Découvert en Cafrerie, et rapporté par De Lalande.

Renards propres à l'Amérique.

16. Renard noir, *Canis argentatus*, Penn., F. Cuvier (Mamm. lith., livraison 5e). Confondu avec le Loup noir, *Canis Lycaon*, par Gmelin (*Systema Naturæ*). Noir, à reflet argenté partout, excepté aux oreilles, aux épaules et à la queue où il est d'un noir pur; le bout de la queue est blanc, ainsi que le dedans de l'oreille et le dessus des sourcils; museau et tour de l'œil gris; iris jaune.

Longueur entre tête et queue, un pied cinq pouces; de la tête, six pouces; queue, onze pouces; hauteur au garrot, un pied un pouce; à la croupe, un pied deux pouces. — Il a vécu à la Ménagerie. Conformé comme le Renard ordinaire, il en a aussi les allures : il marche, comme lui, la tête et la queue basses. Il était très-doux et bien apprivoisé, grognait comme un Chien quand quelque chose lui déplaisait. En été il souffrait beaucoup de la chaleur ; son odeur est désagréable, mais différente de celle du Renard ordinaire. Le Renard noir est du nord de l'Amérique; mais, d'après Lesseps et Krakenninikoff, il se trouve aussi au Kamstchatka, quoiqu'il y soit rare.

17. RENARD TRICOLORE, *Canis cinereo-argenteus*, Schreb., F. Cuvier (Mam. lith., livraison 23), mal figuré pl. 92, par Schreber, qui, dans le texte, le nomme *Gris-Fuchs*, copié dans l'Encycl., pl. 106, f. 4.—Noir, glacé de gris dessus; tout le dessus du corps et la face interne des membres d'un fauve plus éclatant vers les flancs, plus pâle sous le ventre et la poitrine. La ligne de séparation des couleurs du dessus et du dessous est droite sur les flancs; et le fauve y est d'un beau roux cannelle; la tête sur le chanfrein autour des yeux, et de-là jusqu'au bord interne des oreilles, d'un gris roussâtre; le reste du museau blanc et noir. La partie postérieure des joues d'un fauve clair, et l'intérieur de l'oreille blanc. Les ongles et les parties nues de la peau sont noirs; l'iris d'un brun roux; les poils soyeux, blancs à la racine, ensuite annelés de noir, puis de blanc, sont noirs à la pointe. La bourre laineuse est en très-grande quantité, d'un gris pâle, avec la pointe rousse dans les parties fauves. Celui qui a vécu à la Ménagerie venait de New-Yorck. Il n'était pas familier, sans être pourtant méchant. Il exhalait déjà une mauvaise odeur, quoique sa seconde dentition ne fût pas terminée. Des zônes froides et tempérées de l'Amérique nord.

Cuvier (Ossem. Fossil. T. IV, p. 463) ne pense pas que le Grey-Fox, *Canis virginianus* de Catesby (Hist. Nat. de la Carol. t. 2, pl. 78, et Schreb. pl. 92, B), diffère du Renard tricolore.

18. RENARD CROISÉ, *Canis decussatus*, Geoff., *Can. cruciger*, Schreber, pl. 91, A. Cette espèce, que Cuvier (Règn. An. T. I) réunissait au Renard ordinaire, est admise au-jourd'hui par lui comme distincte (Ossem. Foss. T. IV, p. 463). Elle est de la taille du Renard ordinaire. Tout le corps et surtout l'échine, la queue, les pates et les épaules d'un gris noirâtre, provenant des poils annelés de noir et de blanc, plus foncé vers les épaules. Une grande plaque fauve de l'épaule jusqu'à la tête, et une autre de même couleur sur le côté de la poitrine, dont le roux est exagéré sur la figure de Schreber, où la queue est aussi toute noire, quoique l'extrémité en soit blanche. Les reflets du noir de ce Renard et ses ongles rappellent ceux du Renard argenté; mais l'iris de celui-ci est jaune, et il serait bleu sur le *C. cruciger*, d'après la figure de Schreber.—Le Renard croisé est du nord de l'Amérique; Krakenninikoff parle aussi de Renards à croix noire au Kamstchatka. Mais, ainsi que nous l'avons déjà dit ailleurs, les deux bords du détroit de Béering, réunis par des chaînes d'îles ou des continens de glace au moins temporaires, ont en commun les mêmes Animaux.

19. Le RENARD FAUVE DE VIRGINIE (Dict. des Sc. Nat. T. VIII) n'est pas admis par Cuvier dans le précis qu'il vient de donner du genre Chien (Oss. Foss. T. IV). Voici les différences de sa tête et de celle du Renard ordinaire, d'après F. Cuvier. Les crêtes osseuses d'insertion du muscle temporal, au lieu de se rapprocher, à partir de l'angle postérieur de l'orbite, comme dans le Renard commun, restent parallèles jusqu'au milieu des pariétaux, où elles commencent à se courber, pour ne se réunir que vers la crête occipitale, de sorte qu'au sommet de la tête, elles sont distantes de plus d'un pouce. Du reste, cette tête a exactement les proportions de celle du Renard.

D'ailleurs le Renard fauve d'Europe est commun au nord des deux continens. Il paraît même que, comme en Russie et en Sibérie, il est plus grand en Amérique qu'en Europe.

Renards fossiles.

20. Cuvier (Oss. Foss. T. IV, pl. 52) a représenté, fig. 1 à 18, des dents, des phalanges et plusieurs autres débris d'un Chien fort voisin du Renard, si ce n'est pas le Renard lui-même. « Il faut, dit-il, que ces os de Renard soient communs à Gaylenreuth, car j'ai tiré tous ceux dont je parle d'un bloc de quelques pouces de diamètre, composé en grande partie d'os d'Ours et d'Hyène. Il est donc très-probable que ce Renard était contemporain de ces derniers Fossiles, car la substance osseuse n'en est pas moins altérée ; à moins toutefois que la Stalactite n'ait enveloppé des os récens, en même temps qu'elle incrustait d'anciens ossemens, comme il arrive dans les brèches osseuses de Nice. » (A.D..NS)

CHIEN DE MER. POIS. Nom que les pêcheurs donnent presque partout aux Poissons du genre Squale. *V.* ce mot. (B.)

CHIENDENT. BOT. PHAN. Désignation vulgaire de plusieurs Graminées traçantes, dont les racines de deux espèces, le *Triticum repens* et le *Digitaria stolonifera*, sont employées en médecine. L'on distingue sous les noms de

CHIENDENT AQUATIQUE, le *Festuca fluitans*.

CHIENDENT A BOSSETTES, le *Dactylis glomerata*, L.

CHIENDENT MARIN, l'*Arundo arenaria*, L. On a étendu ce nom à des Fucus et même à des Zostères.

* CHIENDENT MUSQUÉ, l'*Andropogon Schœnanthus* dans quelques colonies.

CHIENDENT QUEUE DE RAT, l'*Alopecurus agrestis*.

CHIENDENT RUBAN, l'*Arundo Donax* et le *Phalaris arundinacea* à feuilles variées.

CHIENDENT A VERGETTES, l'*Andropogon digitatum*. (B.)

CHIENDENT FOSSILE. MIN. L'un des noms vulgaires de l'Asbeste flexible. *V.* ASBESTE. (LUC.)

CHIENGTUENDEN. MAM. L'un

des noms persans du Rhinocéros. (B.)

CHIERSSY. BOT. PHAN. Syn. de Cerisier en Épire. (B.)

CHIETOTOTL. OIS. Espèce indéterminée d'Étourneau du Mexique. (DR..Z.)

* CHIETSE - VISCH. POIS. Syn. hollandais de Duc, espèce du genre Holacanthe. *V.* ce mot. (B.)

CHIGOMIER. BOT. Nom adopté comme français par quelques botanistes, pour désigner les Arbres du genre Combretum. *V.* ce mot. Il vient du galibi *Chigouma* qui désigne les mêmes Végétaux. (B.)

* CHIGUÈRE. MAM. *V.* CABIAI.

* CHIHI. OIS. Espèce du genre Courlis, *Numenius Chihi*, Vieill. *V.* COURLIS. (DR..Z.)

CHIHUCHINÉ. BOT. PHAN. Syn. de *Bromelia Karatas*, à Cumana. (B.)

CHII. OIS. Espèce du genre Pitpit, *Anthus Chii*, Vieill. Du Paraguay. *V.* PITPIT. (DR..Z.)

* CHIJAR - SCHARABAR. BOT. PHAN. (Forskalh.) *V.* CHAIAR-XAMBAR et CHIAR.

CHIKAL. MAM. Pour Chacal. *V.* CHIEN.

CHI-KEU. BOT. PHAN. Syn. chinois de *Citrus fulca*, Lour. *V.* CITRONNIER. (B.)

CHIKOURGEH. BOT. PHAN. Pour Chicourgeh. *V.* ce mot. (G..N.)

* CHI-KU. BOT. PHAN. Même chose que CHICOY. *V.* ce mot. (B.)

CHILBY. POIS. (Sonnini.) Syn. arabe de *Silurus mystus*. *V.* SILURE. (B.)

CHILCA. BOT. PHAN. C'est dans Feuillée (t. 37) le *Baccharis Ivœ-folia*. Ce nom est étendu au Pérou aux espèces du genre *Molina*. *V.* ce mot. (B.)

* CHILCOQUIPALBOTOTL. OIS. (Hernandez.) D'où par contraction Chiltototl. *V.* ce mot. (B.)

* CHILDARIUM. bot. crypt. Syn. de Fougère dans Avicène. (b.)

CHILEANAUHTLI. ois. (Hernandez.) Syn. mexicain de la Sarcelle rousse à longue queue, *Anas dominica*, L. *V*. Canard. (dr..z.)

CHILER. rept. saur. Syn. turc de Caméléon. *V*. ce mot. (b.)

* CHILI ou THILI. ois. D'où Tilly de Buffon. Syn. de *Turdus plumbeus*, Gmel., au Chili. *V*. Merle. (dr..z.)

CHILIBUÈQUE. mam. Syn. de Llama au Chili. *V*. Chameau. (b.)

*CHILIMOLIA. bot. phan. (Humboldt et Bonpland.) Syn. d'*Anara Humboldtii*, Cand. (b.)

CHILIODYNAMIS. bot. phan. Vieux nom grec du *Cucubalus behen* et du *Gentiana cruciata*. *V*. Cucubale et Gentiane. (b.)

CHILIOPHYLLON. bot. phan. C'est-à-dire *Mille feuilles*. Syn. d'Achilière et de Renoùée chez les Grecs. (b.)

CHILIOTRICHUM. bot. phan. Genre nouveau établi par H. Cassini, dans la famille des Synanthérées, et qu'il place dans sa tribu des Astérées. L'ayant formé aux dépens du genre *Amellus*, il s'est cru obligé de donner de nouveaux caractères à celui-ci, après avoir examiné avec plus de soin que les autres botanistes antérieurs les fleurs de deux espèces d'Amelles. Pour faire ressortir les différences que présentent les deux genres, il a donc tracé les caractères de l'un et de l'autre. Nous nous bornerons à un abrégé de ceux du Chiliotrichum : involucre cylindroïde, imbriqué ; réceptacle garni de paillettes linéaires et frangées ; fleurs radiées ; celles du disque à cinq lobes longs et linéaires, à anthères incluses ; style divisé en deux branches exsertes ; akènes cylindracés, parsemés de glandes, et surmontés d'aigrettes longues, filiformes, rougeâtres, très-faiblement ciliées, en tout semblables à celles des demi-fleurons de la cou-

ronne. *V*. le mot Amelle (dont les caractères sont exposés d'une manière concordante avec ceux donnés par Cassini) afin d'en faire la comparaison avec le nouveau genre en question, lequel d'ailleurs ne renferme qu'une seule espèce, le *Chiliotrichum amelloïdeum*, *Amellus diffusus*, Willd., Arbuste du détroit de Magellan. (g..n.)

* CHILLA. mam. Selon Molina, synonyme de Renard au Chili où il est peu croyable que se trouve l'espèce européenne. (b.)

CHILLI. bot. phan. Syn. mexicain de Piment et de Gingembre. *V*. ces mots. (b.)

* CHILOB. mam. (Erxleben.) Syn. buratte de Polatouche. (a. d..ns.)

CHILOCHLOE. *Chilochloa*. bot. phan. Ce nouveau genre de la famille des Graminées, proposé par Palisot de Beauvois dans son Agrostographie, est formé aux dépens des genres *Phalaris* et *Phleum*. Beauvois y a rapporté les espèces suivantes : *Phalaris cuspidata*, *paniculata*, *Phleum arenarium*, *asperum*, *Bœhmerii*, L. Il se distingue : 1° des *Phalaris* par ses fleurs en épis, par les écailles de sa lépicène allongées, subulées, et par le rudiment filiforme d'une seconde fleur, qui existe sur l'un des côtés seulement de sa glume ; 2° des *Phleum* par l'absence des arêtes sur les valves de sa lépicène, par la présence du rudiment d'une seconde fleur. (a. r.)

CHILODIE. *Chilodia*. bot. phan. Famille des Labiées, Didynamie Gymnospermie de Linné. Ce genre, dont on doit la connaissance à R. Brown (*Prod. Flor. Novæ-Holl.*, p. 507), est ainsi caractérisé : deux bractées supportent un calice bilabié dont le tube est strié ; la lèvre supérieure entière portant à l'intérieur une côte transversale ; l'inférieure bifide ; corolle oblique, ayant la lèvre supérieure entière et en forme de casque ; l'inférieure partagée en trois lanières, dont la médiane est plus grande et bilobée ; les anthères sont mutiques et sagittées. Brown n'en a décrit qu'une seule espèce, le *Chilodia Scutellarioïdes*, indigène du port Jackson, et qui a ses feuilles entières, linéaires et roulées sur leurs bords. Il observe que ce genre tient le milieu entre les Scutellaires et les Prostanthères dont il a le port, mais dont il diffère par des caractères faciles à saisir. (G..N.)

CHILOGLOTTE. *Chiloglottis*. BOT. PHAN. Genre nouveau établi par R. Brown dans la famille des Orchidées. Ce savant botaniste le caractérise ainsi : périanthe bilabié dont les divisions extérieures latérales sont canaliculées et comme roulées en cornet au sommet. Le labelle est onguiculé, ayant un disque glanduleux sur son limbe, et à sa base un appendice en languette ; le gynostème ou la colonne est bifide à son sommet, où se trouve une anthère terminale à loges rapprochées l'une de l'autre, dans chacune desquelles il y a deux masses polliniques comprimées et pulvérulentes. Ce genre, qui a beaucoup d'affinité avec le *Cyrtostylis* et *Pterostylis* du même auteur, ne se compose que d'une seule espèce, *Chiloglottis diphylla*, Br., indigène du port Jackson de la Nouvelle-Hollande. C'est une Plante herbacée, glabre, bulbeuse, munie de deux feuilles radicales, rapprochées, ovales et marquées de plusieurs nervures. Sa hampe, qui n'a vers le milieu qu'une seule bractée ou feuille dégénérée, ne porte aussi qu'une seule fleur de couleur rousse. (G..N.)

CHILOGNATHES. *Chilognatha*. INS. Première famille de l'ordre des Myriapodes, établie par Latreille (Règn. An. de Cuv.) et convertie en un ordre par Leach (*Linn. Soc. Trans.* T. XI, p. 376). *V.* MYRIAPODES. (AUD.)

CHILOPODES. *Chilopoda*. INS. Deuxième famille de l'ordre des Myriapodes, établie par Latreille (Règn. An. de Cuv.). *V.* MYRIAPODES. (AUD.)

CHILPANXOCHITL. BOT. PHAN. (Hernandez.) Probablement le *Lobe-*

lia acuminata chez les Mexicains. (B.)

CHILTOTOTL. OIS. Syn. mexicain du Tangara scarlatte, *Tanagra rubra*, var., Lath. *V.* TANGARA. (DR..Z.)

CHIMACHIMA. OIS. Espèce de Faucon du Paraguay, du nombre de ceux que Vieillot place dans son genre Caracara. *V.* FAUCON. (DR..Z.)

CHIMÆRA. MOLL. En donnant le nom de *Chimœra* à l'Animal qui se trouve dans la Pinne marine, Poli (Test. des Deux-Siciles) n'a eu probablement en vue que l'Animal seul. Il n'est pourtant pas possible de séparer ainsi et de comprendre sous deux noms et la Coquille et l'Animal qui l'habite. *V.* PINNE. (D..H.)

*CHIMÆRE. POIS. Pour Chimère. *V.* ce mot. (B.)

CHIMALATL. BOT. PHAN. Syn. mexicain d'*Helianthus amœnus*, L. *V.* HÉLIANTHE. (B.)

CHIMALOÜBA. BOT. PHAN. Syn. caraïbe de *Switenia*. (B.)

CHIMANGO. OIS. Espèce de Faucon du Paraguay, du nombre de ceux que Vieillot place dans son genre Caracara. *V.* FAUCON. (DR..Z.)

CHIMAPHILE. *Chimaphila*. BOT. PHAN. Dans la Flore de l'Amérique septentrionale de Michaux, le professeur Richard avait déjà observé que les *Pyrola maculata* et *umbellata* pouvaient former un genre distinct des vrais Pyroles, par leur port, leur stigmate sessile et indivis, par leurs anthères s'ouvrant au moyen de deux petites valves. Ce genre a été définitivement établi par Pursh dans sa Flore de l'Amérique du nord, publiée à Londres en 1814, et ce voyageur lui a donné le nom de *Chimaphila*. Il ne comprend que les deux espèces que nous venons de mentionner, savoir, le *Chimaphila umbellata* ou *Pyrola umbellata*, L., Plante vivace qui croît en Europe et jusque dans l'Amérique septentrionale, et le *Chimaphila maculata*, Pursh (*Pyrola maculata*, L.), originaire des États-Unis, et différant surtout de l'espèce précédeute, dont elle a le port , par ses filamens velus , ses feuilles lancéolées et non cunéiformes , et marquées d'une bande blanche. (A. R.)

CHIMARRHIS. BOT. PHAN. Sous ce nom , Jacquin (*Pl. amer.* p. 61) a constitué un genre appartenant à la famille des Rubiacées et à la Pentandrie Monogynie de Linné , et qui offre pour caractères : un calice adhérent dont les bords sont entiers ; une corolle infundibuliforme, ayant le tube court et les cinq divisions du limbe étalées , velues extérieurement jusqu'à leur milieu ; les filets des étamines hérissés à leur base ; un style et un stigmate bifides ; capsule biloculaire , chaque loge monosperme. Le *Chimarrhis cymosa*, Jacq., est l'unique espèce de ce genre. On l'appelle vulgairement à la Martinique dont il est indigène, *Bois de rivière*, ce que signifie aussi en grec le nom imposé au genre par Jacquin. C'est un Arbre élevé , dont les feuilles opposées et ovales , et les branches glabres et nombreuses forment une cime très-élégante. Les fleurs , de même que celles de la plupart des Rubiacées , sont petites et disposées en grappes axillaires ou terminales. (G..N.)

CHIM-CHIM-NHA. BOT. PHAN. Probablement l'*Aralia octophylla*, cultivé en Cochinchine. *V.* ARALIE. (B.)

CHIM-CHIM-RUNG. BOT. PHAN. Syn. cochinchinois de *Sterculia fœtida. V.* STERCULIE. (B.)

CHIMERE. *Chimœra.* POIS. Genre de l'ordre des Chondroptérygiens à branchies fixes , établi par Linné , et subdivisé depuis en plusieurs sous-genres , de telle sorte que le genre des Chimères proprement dites , *Chimœra*, Cuv. (Règn. Anim. , T. III, p. 140) , ne renferme plus que l'espèce qui a pour caractères : un museau simplement conique ; la deuxième dorsale commençant immédiatement derrière la première, s'étendant jusqu'à sur le bout de la queue, qui se prolonge en un long filament, et garnie en dessous d'une

autre nageoire semblable à la caudale des Squales. Ainsi caractérisé , ce genre ne comprend que la Chimère arctique , *Chim. monstrosa*, Linn. , vulgairement le Roi des Harengs. La femelle a été figurée par Bloch (124) et Lacépède (1, XIX, 1). Cette espèce habite les mers de l'Océan, et suit les Poissons voyageurs. Sa longueur est de deux ou trois pieds, sa figure fort extraordinaire et sa couleur argentée. Les Norwégiens mangent ses œufs et son foie. (B.)

CHIMERE ANTARCTIQUE. POIS. *V.* CALLORHYNQUE.

* **CHIMICHICUNA.** BOT. PHAN. L'un des noms de pays du *Nycterisium* de la Flore du Pérou. *V.* ce mot. (B.)

CHIMIDIA. BOT. PHAN. Syn. galibi d'*Himenœa. V.* ce mot. (B.)

CHIM MI VU. BOT. PHAN. Syn. chinois d'*Arum cuculatum*, Lour. *V.* GOUET. (B.)

* **CHIMONANTHUS.** BOT. PHAN. Lindley a fait un genre du *Calycanthus prœcox* auquel il a donné le nom de *Chimonanthus.* Loiseleur Deslongchamps nomme ce genre *Meratia.* Il se distingue surtout des Calycanthus par ses étamines toutes égales, dont les cinq externes sont fertiles, persistantes , se soudant par leur base de manière à boucher entièrement la gorge du calice. Le *Chimonanthus prœcox*, Lindley, est un Arbuste originaire du Japon, ayant ses rameaux effilés, des fleurs jaunes axillaires et solitaires. On le cultive dans les jardins. (A. R.)

CHIMONICHA ET **CHIMONIKA.** BOT. PHAN. Syn. de Pastèque chez les Grecs modernes. (B.)

* **CHIMORUR.** ZOOL. (Gaimard.) Syn. de Cheveux bouclés aux îles Carolines. (B.)

CHIMPANZÉE ET **CHINPENZÉE.** MAM. Pour Champanzée. *V.* ce mot. (B.)

* **CHIN.** OIS. Syn. grec d'Oie sauvage que les Grecs modernes nomment China. (DR..Z.)

* **CHINA.** BOT. PHAN. Ce nom désigne , dans la droguerie et chez les

Espagnols, diverses parties des Végétaux suivans :

CHINA CHACHA, le *Byttneria ovata*.

CHINA CORTES, le Quina des boutiques.

CHINA RABIEZ, la Squine. (B.)

CHINA. MIN. Nom vulgaire que donnent, à Almaden del Azogue, les ouvriers au Minerai inférieur dont on extrait le Mercure. (LUC.)

* CHINAOUN. BOT. PHAN. (Gaimard.) Syn. chamorre d'une variété du Vaquois, *V*. ce mot, à l'île de Guam, dans l'Archipel des Marianes. (B.)

* CHINA-PAYA. BOT. PHAN. Nom vulgaire du *Vermifuga* de la Flore du Pérou au Chili. (B.)

CHINARS ET CIACAS. BOT. PHAN. Syn. arabe de Hêtre. (B.)

* CHINGAPALONES. BOT. PHAN. (L'Écluse.) Même chose que Chinkapalones. *V*. ce mot. (B.)

CHINCAPIN. BOT. PHAN. Nom de pays du *Fagus pumila* ou Châtaignier de Virginie et espèce de Chêne de Michaux. (B.)

* CHINCHA. INS. Syn. espagnol de Punaise, dont *Chincha de ayua*, Punaise aquatique. Syn. de Notonecte. *V*. ce mot. (B.)

CHINCHE. MAM. Espèce du genre Moufette. *V*. ce mot. (B.)

* CHINCHELCOMA. BOT. PHAN. Syn du *Salvia oppositifolia* de la Flore du Pérou. (B.)

* CHINCHI. MAM. Même chose que Chinche. *V*. ce mot.

* CHINCHI. BOT. PHAN. (Dombey.) Syn. péruvien de *Tagetes minuta*. (B.)

CHINCHILCULMA ET CHINCHINCULMA. BOT. PHAN. Nom de pays du *Mutisia acuminata* de la Flore du Pérou. *V*. MUTISE. (B.)

CHINCHILE. MAM. L'Animal désigné sous ce nom est probablement le Chinchilla. (B.)

CHINCHILLA. MAM. On désigne sous ce nom, au Pérou et dans le commerce, la fourrure d'un Animal très-mal connu et qu'on s'accorde à rapporter au même genre que le Hamster. *V*. ce mot. (G.)

CHINCHIMALI. BOT. PHAN. (Ca-

vanilles.) Syn. péruvien de *Tagetes tenuifolia*. (B.)

CHINCHIN. MAM. (Sonnini.) Probablement pour Sin-Sin. Syn. arabe de Pithèque. (A. D..NS.)

CHINCHINCULMA. BOT. PHAN. *V*. CHINCHILCULMA.

CHINCO. MAM. Même chose que Chinche. *V*. ce mot.

CHINCOU. OIS. Espèce du genre Vautour, *Vultur ginginianus*, Gmel. *V*. VAUTOUR. (DR..Z.)

* CHINE-CHINE OU SIN-SIN. MAM. Espèce indéterminée de grand Singe de Tartarie et de la Chine. (B.)

* CHINÉE. INS. (Geoffroy.) Syn. de *Bombyx Hera*, L. *V*. PHALÈNE.

* CHINÉESCHE-BILANG. POIS. (Ruysch.) Sorte de Carpe indéterminée d'Amboine. (B.)

* CHINESISCHER AAL. POIS. Syn. allemand de *Trichiurus lepturus*. *V*. TRICHIURE. (B.)

CHINET ET CHINETTO. BOT. PHAN. Variété de Bigarade à Nice et en Provence. (B.)

CHINGOLO. OIS. Nom que l'on donne dans l'Amérique méridionale à une espèce de Gros-Bec qui, d'après la description d'Azzara, doit avoir beaucoup de ressemblance avec le Moineau domestique. *V*. MOINEAU. (DR..Z.)

CHINGUIS OU CHINQUIS. OIS. *Pavo tibetanius*, Lath. *V*. ÉPERONNIER. (DR..Z.)

* CHINGULAIS. MOLL. Espèce du genre Cône, *Conus Ceylanensis*. *V*. CÔNE. (B.)

CHIN-HIAM. BOT. PHAN. Syn. cochinchinois d'Aloexyle. (B.)

CHINKA. OIS. Syn. chinois de la Poule sultane, *Fulica Porphyrio*, L. *V*. TALÈVE. (DR..Z.)

CHINNE. MAM. Même chose que Chinche.

CHINOI. OIS. Syn. d'Oie en grec moderne. (B.)

* CHINOIS. POIS. Nom spécifique de plusieurs Poissons appartenant à différens genres. (B.)

CHINONES. BOT. PHAN. (Gouan.) L'un des noms de l'Oranger aux environs de Montpellier. (B.)

CHINORODON. bot. phan. Pour Cynorodòn. *V.* ce mot. (b.)

CHINOTTO. bot. phan. *V.* Chinet.

CHINQUAPINE. bot. phan. Même chose que Chincapin. *V.* ce mot. (b.)

CHINQUIES, CHIQUIES et CHIT-SE. bot. phan. Probablement la même chose que Chicoy, *V.* ce mot, espèce de Diospyros de la Chine, dont les fruits se mangent secs, et qui paraît être le Figocaque des Portugais. (b.)

CHINQUIS. ois. *V.* Chinguis.

* CHINTACH. bot. phan. Syn. hébreu de Blé. *V.* ce mot. (b.)

* CHINTA-NAGOU. rept. oph. (Russel.) Nom indien d'une variété du Naja. *V.* ce mot. (b.)

CHIN-TCHIEN-KHI. ois. Même chose que Chinguis. *V.* ce mot. (b.)

CHIOCOAR. bot. phan. Sorte de bière qui se fait dans l'Amérique méridionale avec la graine du Maïs. (b.)

* CHIOC-ROYA et EKME. bot. phan. Sorte de Garence très-employée dans la teinture aux environs de Smyrne. (b.)

CHIOCOQUE. *Chiococca.* bot. phan. Genre de la famille des Rubiacées et de la Pentandrie Monogynie de Linné, fondé par ce célèbre naturaliste et caractérisé ainsi : calice adhérent à l'ovaire, présentant un limbe libre urcéolé à cinq dents ; une corolle infundibuliforme, quinquéfide, régulière, dont les découpures sont réfléchies et l'entrée du tube barbue ; cinq étamines insérées à la base de la corolle et non saillantes hors de celle-ci ; style unique et stigmate indivis ; drupe ou baie à deux noyaux, suborbiculée, comprimée, couronnée par le calice persistant ; chaque noyau, d'une consistance coriace et chartacée, ne renferme qu'une seule graine. Les Plantes de ce genre sont des Arbres ou des Arbrisseaux, le plus souvent grimpans, à feuilles opposées, très-entières, à stipules placées entre les pétioles, et à fleurs en grappes axillaires.

La vaste famille des Rubiacées ayant été partagée en plusieurs sections naturelles ou tribus, le genre qui nous occupe a été placé par Kunth (*Nov. Gen. et Species Plant. œquinoct.*, 3, p. 352) dans la tribu des Cofféacées à côté du nouveau genre Declieuxia, qui n'en diffère que par le nombre, diminué d'une unité, des parties de la fleur, et par ses étamines exsertes. Deux ou trois espèces seulement de Chiocoques ont été décrites dans les auteurs, car d'après les observations de Swartz, rapportées dans le Mémoire publié récemment par de Jussieu sur les Rubiacées, une espèce à panicule terminale appartiendrait au genre *Psychotria.* Le *Chiococca racemosa*, L., est un Arbre de huit à dix mètres de hauteur selon Bonpland, dont les feuilles sont ovales ou elliptiques, acuminées, presque coriaces, les grappes de fleurs tournées et penchées du même côté. Il croît aux Antilles, et principalement à la Jamaïque. C'est une variété de cette espèce, que Browne a le premier fait connaître sous le nom de *Chiococco scandens.* Kunth (*loc. cit.*) en indique deux autres variétés ; l'une à pédoncules et à pédicelles glabres, l'autre ayant ces organes pubescens, et qui ont été rapportées de la Havane, ainsi que de Cumana en Amérique méridionale, par Humboldt et Bonpland. (g..n.)

*CHIODA. bot. phan. (Gaimard.) Syn. de Bananier à l'île de Guam, dans l'archipel des Mariancs. (b.)

*CHIODECTON. bot. crypt. (*Lichens.*) Acharius a établi ce genre dans son *Synopsis Lichenum*, p. 108 ; il avait auparavant placé les deux espèces qu'il y rapporte dans le genre *Trypethelium*, dont il ne nous paraît pas différer sensiblement, et auquel nous croyons qu'on devrait le réunir. Nous allons néanmoins rapporter le caractère assigné par Acharius à ce genre : « Réceptacle général » (fronde) crustacé, cartilagineux, » uniformément étendu, adhérent ; » réceptacle partiel en forme de ver-

» rue , composé d'une substance pro-
» pre colorée (blanche) ; apothécies
» presque globuleuses, pulvérulentes,
» noires , homogènes intérieurement ,
» réunies plusieurs dans l'intérieur
» d'une même verrue , et se faisant
» remarquer à leur surface par des
» points saillans. »

Les deux seules espèces connues de ce genre croissent dans l'Amérique méridionale sur l'écorce du Quinquina jaune et de l'Angusture, *Cusparia febrifuga*. (AD. B.)

CHIO-HAU. BOT. PHAN. Syn. chinois de Rhinchosie. *V.* ce mot. (B.)

CHIOMA DI GIOVE. BOT. PHAN. Syn. italien de *Dryas octopetala.* (B.)

CHIONANTHE. *Chionanthus.* BOT. PHAN. On appelle ainsi un genre de Plantes de la famille des Jasminées et de la Diandrie Monogynie, qui se compose d'un petit nombre d'espèces originaires de l'Amérique septentrionale et méridionale, de Ceylan et de la Nouvelle-Hollande. Ce genre offre les caractères suivans : ses fleurs, généralement blanches , forment des espèces de grappes qui terminent les ramifications de la tige, ou des épis placés à l'aisselle des feuilles supérieures ; elles se composent chacune d'un calice régulier à quatre divisions plus ou moins profondes ; d'une corolle de quatre pétales linéaires très-longs, quelquefois, mais rarement, soudés par leur base de deux étamines presque sessiles (rarement il en existe trois ou même quatre) ; le pistil offre un ovaire globuleux à deux loges contenant chacune deux ovules ; le style est simple , terminé par un stigmate bilobé ; le fruit est une drupe peu charnue, ovoïde, allongée, souvent terminée en pointe , contenant un noyau osseux à une ou à deux loges monospermes. Les espèces de ce genre sont des Arbrisseaux élégans , portant pour la plupart de grandes et belles feuilles opposées, simples, caduques ou persistantes.

On doit réunir à ce genre le *Thoniania* de Thunberg et de Linné fils ; le *Linaciera* de Swartz , auquel cet auteur donne pour caractères : une corolle de quatre pétales et une baie biloculaire. En effet nous avons trouvé que plusieurs espèces de Chionanthes, telles que *Chionanthus compacta*, Sw., et *Chionanthus acuminata*, avaient presque constamment une corolle formée de quatre pétales distincts. En second lieu le nombre des loges et des graines observé dans le fruit mûr , est un des caractères les moins importans dans la famille des Jasminées, à cause de son extrême variabilité dans les espèces du même genre ; et comme l'ovaire est constamment à deux loges dans tous les genres de cette famille à l'époque de la fécondation , il n'y a rien de surprenant que le fruit offre également deux loges dans quelques espèces du genre Chionanthe.

Peut-être devra-t-on également réunir au genre qui nous occupe ici le *Magepea Guyanensis* d'Aublet (*Guy.* p. 81, t. 31), malgré ses fleurs tétrandres. En effet tous les autres caractères le rapprochent du *Chionanthus.*

L'une des espèces de ce genre est cultivée dans les jardins où on la connaît sous le nom d'*Arbre de neige*, à cause de la belle couleur blanche de ses fleurs ; c'est le *Chionanthus virginiana*, L., Arbrisseau de neuf à dix pieds, qui est originaire de l'Amérique septentrionale. Il recherche les lieux humides, le bord des ruisseaux, et y forme des buissons épais. Ses feuilles sont opposées, ovales, aiguës, d'un beau vert ; ses fleurs forment des espèces de grappes axillaires. On le multiplie, soit par le moyen de graines, soit par marcottes, soit enfin en le greffant sur le Frêne.

Le CHIONANTHE DES ANTILLES , *Chionanthus Caribæa*, Jacq. Coll. 2, p. 110, t. 6, f. 1. Ce bel Arbrisseau, dont les feuilles sont coriaces et persistantes, ovales, acuminées, les grappes de fleurs terminales , porte aux Antilles , et surtout à la Martinique, le nom de *Bois de fer*, à cause de son extrême dureté. (A. R.)

*CHIONE. *Chiona.* MOLL. Genre de l'ordre des Acéphales testacés, établi par Megerle (Nouveau Système de Conchyliologie) aux dépens de celui des Vénus de Linné, et ayant, suivant lui, pour caractères : coquille presque équivalve, un peu cordiforme, dentelée sur ses bords; la vulve et l'anus manifestes; les lèvres inclinées en avant; la charnière presque médiane, à quatre dents, sans aucune autre latérale.

Poli a décrit sous le nom de Calliste l'Animal de ces Coquilles. Megerle rapporte à ce genre vingt-une espèces rangées dans les deux sections suivantes :

† Coquilles épineuses ou aiguillonnées en avant.

La *Chiona dysera*, *Venus dysera*, L., peut être considérée comme le type de cette division. Cette Coquille vient d'Amérique. Elle a été figurée par Chemnitz (*Conch.* 6, tab. 98, fig. 287—290).

†† Coquilles non épineuses.

Ici vient se placer la *Chiona gallica*, *Venus gallica*, L., figurée par Chemnitz (*loc. cit.*, tab. 30, fig. 308—310). Cette espèce vit dans les mers de l'Europe et de l'Amérique.   (AUD.)

*CHIONILLE. MIN. (Pinkerton.) Syn. de *Flos-Ferri.* V. CHAUX CARBONATÉE CONCRÉTIONNÉE.   (B.)

CHIONIS. OIS. Genre de l'ordre des Palmipèdes, d'abord établi par Forster. Caractères : bec dur, gros, conico - convexe, comprimé, fléchi vers la pointe; base de la mandibule supérieure recouverte par un fourreau de substance cornée, découpé par-devant, garni de sillons longitudinaux; mandibule inférieure lisse, formant un angle ouvert; narines marginales, placées au milieu du bec, sur le bord de la substance cornée; pieds médiocres; une très-grande partie du tibia emplumée; doigts bordés d'un rudiment de membrane, celui du milieu et l'extérieur demi-palmés; l'intérieur uni seulement vers la base à celui du milieu; ailes médiocres; deuxième rémige la plus longue; poignet tuberculé.

Une seule espèce compose ce genre, et encore se trouve-t-elle assez rarement dans les collections, quoique l'Oiseau vivant se rencontre fréquemment sur les rives de l'Océanie, où plusieurs individus, rassemblés en petites troupes, emploient paisiblement la majeure partie de leur existence à chercher dans le sable les petits Animaux marins que laisse la marée en se retirant, ou qu'y lancent les vagues. Les observations sur les mœurs et les habitudes particulières du Bec-en-fourreau sont encore trop bornées pour que l'on puisse donner de cet Oiseau une description complète; on ignore également tout ce qui, chez lui, a rapport à la reproduction. Forster a le premier fait connaître le Bec-en-fourreau qu'il a nommé *Chionis;* Latham en a depuis formé un genre auquel il a donné le nom de *Vaginal;* il l'a, ainsi que plusieurs autres ornithologistes, placé dans l'ordre des Echassiers; mais celui des Palmipèdes le réclame, quoique les membranes qui unissent les doigts ne soient pas pleines et uniformes.

BEC-EN-FOURREAU NÉCROPHAGE, *Vaginalis Chionis*, Lath., *Chionis necrophagus*, Vieill., *Chionis Novæ-Hollandiæ*, Temm. Tout le plumage blanc; joues nues ou garnies de petites verrues jaunes ou orangées; une grosse verrue brune au-dessus des yeux; gaîne cornée du bec jaune ou noire; tubercule du poignet noir. Longueur, seize à dix-huit pouces.   (DR..Z.)

CHIOZZO. POIS. Syn. italien de Goujon.   (B.)

* CHIPA. BOT. PHAN. Syn. galibi d'*Icica decandra.* V. ICIQUIER. (B.)

CHIPEAU. OIS. Espèce du genre Canard. V. ce mot.   (B.)

CHIPITIBA. BOT. PHAN. (Surian.) Syn. caraïbe de *Sapindus venosus*, Rich. V. SAVONNIER.   (B.)

CHIPIU. OIS. Nom donné à une petite famille d'Oiseaux granivores du Paraguay, et qui fait partie du genre Gros-Bec. *V*. ce mot. (DR..Z.)

CHIPOLIN ou CIPOLIN. géol. *V*. Marbre et Stéatite verte.

CHIPU. bot. phan. Du Dictionnaire de Déterville. Pour Chipa. *V*. ce mot.   (b.)

CHIQET ou CHIQUET. ois. Syn. languedocien de Grillon. *V*. ce mot.   (b.)

CHIQUAHOHOHL. ins. Du Dictionnaire de Déterville. Pour Chiquatototl. *V*. ce mot.   (b.)

CHIQUAQUATLI. ois. Même chose que Chiquatototl. *V*. ce mot.

CHIQUATOTOTL. ois. (Hernandez.) Et non *Chiquahohohl*. Espèce de Barge du Mexique imparfaitement connue.   (b.)

CHIQUE. ins. On désigne sous ce nom un petit Insecte très-commun aux Antilles et dans l'Amérique méridionale. Les Brésiliens lui donnent le nom de *Bicho*, appliqué aussi à d'autres Insectes. Cet Insecte est le *Pulex penetrans* de Linné ; il pourrait bien appartenir plutôt au genre Acarus qu'à celui des Puces. Quoi qu'il en soit, il est fort incommode à Rio-Janeiro : il pénètre dans le tissu de la peau de la plante des pieds, s'y nourrit et y dépose ses œufs. Son introduction a lieu sans aucune sensation douloureuse et sans changement de couleur à la peau. En peu de jours, la Chique commence à se développer et à se rendre sensible par une démangeaison, d'abord légère, plus vive ensuite, et qui finit par devenir insupportable. On ne voit, dès le commencement, qu'un petit point noir sur la partie qui sert de retraite à cet Insecte parasite. Il arrive souvent que la démangeaison se fait sentir au côté opposé à celui où la Chique a manifesté sa présence. Au point noir succède une petite tumeur rougeâtre, ou bien de la couleur de la peau, lorsque l'Insecte est situé profondément. Elle acquiert en peu de temps le volume d'un pois, si on ne se hâte d'extraire la Chique. En

perçant la peau qui recouvre cette petite tumeur, on reconnaît facilement une espèce de sac ou de globe, pareil à un kyste, d'une couleur noire ou brunâtre, et contenant un pus sanieux et un nombre infini de globules blancs, ovales-oblongs, qui ne sont autre chose que les œufs de l'Insecte.

Lorsque, par négligence, on laisse séjourner long-temps ce kyste, il s'ouvre spontanément, et donne lieu à une plaie sur laquelle les œufs se répandent. De nouveaux insectes ne tardent pas à se manifester dans les parties voisines, et il se forme de nouveaux ulcères dont la guérison est très-difficile, et quelquefois même impossible. On observe que les personnes, qui ont déjà eu cette incommodité, sont plus disposées à l'éprouver de nouveau. Ceux qui transpirent beaucoup des pieds y sont moins sujets. Il est constant que cet Insecte préfère l'épiderme endurci de la plante des pieds et le voisinage des ongles; il est excessivement rare de le voir aux mains et à la face dorsale des pieds, à moins de la plus grande insouciance. Dans ces cas, les ulcères ne font que précéder la carie des os et la chute des orteils.

Le traitement consiste à déloger l'Insecte : on se sert d'une épingle pour ouvrir la peau, mettre le sac à découvert, et le cerner soigneusement, en évitant de le percer. Le seul moyen de détruire la Chique est d'emporter tout le sac. S'il ne restait aucun œuf dans la plaie, la présence seule du kyste ou de ses débris suffirait pour exciter une inflammation érysipélateuse, et donner lieu à des ulcères de mauvaise nature. Les Nègres sont très-adroits dans cette opération, qui peut être faite par le malade, et que les chirurgiens du pays ne pratiquent jamais. Après l'extraction, on applique sur la petite plaie du tabac en poudre, de l'onguent basilic, de la pommade mercurielle, de l'onguent gris, du Muriate mercuriel doux et même du plâtre. On peut, assure-t-on, au moyen de l'onguent basilic, faire mourir et dessécher l'Insecte sans causer aucune suppuration; mais il faut, pour cela, avoir soin d'employer ce remède de très-bonne heure. On préconise aussi l'eau mercurielle ou Nitrate de Mercure dissous dans l'eau. On conseille dans ce cas de percer le sac avec une aiguille trempée dans cette dissolution.

Gaimard, jeune médecin très-distingué, et qui a eu la bonté de nous transmettre plusieurs renseignemens sur l'Animal curieux dont il est question, a vu à bord de *l'Uranie*, en rade de Rio-Janeiro, et quelques jours après le départ (janvier 1818), plusieurs personnes affectées de Chiques. Le kyste, de la grosseur d'un petit pois, était blanchâtre et arrondi; les œufs qu'il contenait étaient agglomérés, ovales-oblongs et visibles à l'œil nu. Un des officiers eut des Chiques sans éprouver aucune espèce de démangeaison; mais co cas est rare. *V*. Puce. (AUD.)

CHIQUERA. ois. Pour Chicquera. *V*. ce mot.

* CHIQUICHIKITI. bot. phan. (Surian.) Syn. caraïbe de *Cacalia porophyllum*. (B.)

CHIQUICHIQUI. bot. phan. Nom de pays d'un Palmier indéterminé d'Amérique. (B.)

CHIR. bot. phan. (Menzel.) Syn. grec de *Dipsacus fullonum*. *V*. Cardère. (B.)

CHIRADOLÉTRON. bot. phan. (Dioscoride.) Syn. de Xanthium. (B.)

CHIRANTHODENDRON. bot. phan. (Lescalier.) Syn. de Chairostemon. *V*. ce mot. (B.)

CHIRAYITA. bot. phan. Nom de pays d'une Gentiane indéterminée d'Amérique, employée comme fébrifuge par les naturels du pays. (B.)

* CHIRBAZ. bot. phan. L'un des noms arabes de la Pastèque. (B.)

* CHIRETTA. bot. phan. Nom d'une substance ligneuse que les Indiens de Calcutta emploient comme fébrifuge, et qui paraît être produite

par un sous–Arbrisseau. Cette substance est jaunâtre, recouverte d'un épiderme brunâtre; elle est fortement amère. Son analyse chimique, faite par Lassaigne et Boissel, leur a donné: 1° une résine; 2° une matière amère, jaune foncé; 5° une matière colorante, jaune brunâtre; 4° de la gomme; 5° de l'Acide malique; 6° des Chlorures de Potassium, Sulfate de Potasse et Phosphate de Chaux; 7° de la Silice; 8° des traces de Fer. (DR..Z.)

CHIRI. mam. Mot malabare qui a été mal à propos donné comme celui de la Mangouste. *V*. ce mot. (B.)

CHIRICOTE. ois. (Azzara.) Espèce du genre Râle, *Rallus Chiricote*, Vieill. *V*. Râle. (DR..Z.)

CHIRIMOYA. bot. phan. Syn. péruvien de Corossol, par corruption de Chirimolia. *V*. ce mot. (B.)

CHIRIPA. bot. phan. Palmier épineux des bords de l'Orénoque qui pourrait bien appartenir au genre Cuphane ou Bactris. *V*. ces mots. (B.)

CHIRIPÉPÉ. ois. Et non *Chiripède*. Espèce du genre Perroquet, *Psittacus Chiripepe*, Vieill. *V*. Perroquet. (DR..Z.)

* CHIRIPIBA. bot. phan. (Surian.) Non caraïbe d'un Croton indéterminé. (B.)

CHIRIRI. ois. Espèce du genre Coua, *Carcyzus Chiriri*, Vieill. *V*. Coua. (DR..Z.)

CHIRIRIA. ois. Pour Chirivia. *V*. ce mot.

* CHIRIST. ois. Syn. vulgaire du Guignard, *Charadrius morinellus*, L. *V*. Pluvier. (DR..Z.)

CHIRITES. min. Stalactites qui affectent la forme d'une main. (B.)

CHIRIVIA. ois. Et non *Chiriria*. Syn. espagnol de Bergeronnette. *V*. ce mot. (DR..Z.)

CHIRIVIA. bot. phan. *V*. Canoira. C'est aussi un synonyme espagnol de Panais. (B.)

CHIRL ou SCHIRL. min. Pour Schorl. *V*. ce mot.

CHIROCENTRE. *Chirocentrus.*
POIS. Genre établi par Cuvier, à la
suite de la famille des Clupées, dans
l'ordre des Malacoptérygiens abdominaux, et qui rentre dans la famille
des Siagnotes de Duméril. Les Chirocentres, dit Cuvier (Règn. Anim., T.
II, p. 178), ont, comme les Harengs,
le bord de la mâchoire supérieure
formé au milieu par les intermaxillaires, sur les côtes par les maxillaires qui leur sont unis ; les uns et les
autres sont garnis, ainsi que la mâchoire inférieure, d'une rangée de
fortes dents coniques, dont les deux
du milieu d'en haut et toutes celles
d'en bas sont extraordinairement longues ; leur langue et leurs arcs branchiaux sont hérissés de dents en car-
des, mais ils n'en ont point aux palatins ni au vomer. Au-dessus de chaque
pectorale est une longue écaille pointue, et les rayons pectoraux sont fort
durs ; leur corps est allongé, comprimé, tranchant en dessous ; leurs
ventrales extrêmement petites, et
leur dorsale plus courte que l'anale
vis-à-vis de laquelle elle est placée ;
l'estomac est un long sac grêle et
pointu ; le pilore près du cardia ; la
vessie natatoire longue et étroite. L'on
n'a pas observé de cœcum. Une seule
espèce constitue jusqu'ici le genre
qui nous occupe, c'est le Sabran de
Commerson. Elle a été distraite du
genre Ésoce où Lacépède l'avait placée, en la mentionnant sous le nom
d'Ésoce Chirocentre (Pois., T. v, p.
517). Elle était le *Clupea Dorab* de
Forskalh (*Faun. Arab.* n° 108) et de
Gmelin (*Syst. Nat.*, T. 1, 1406). Le
Chirocentre est un Poisson de la mer
Rouge et des mers de l'Inde, de forme linéaire, revêtu d'écailles entières
qui se détachent aisément, dont le
dos est d'un bleu brunâtre. Le vertex est plane, l'iris argentée, la ligne
latérale droite, la caudale bifide jusqu'à sa base, D. 17, P. 14, V. 7, A. 34.
(B.)

+CHIROCÉPHALE. CRUST. Genre
établi par Bénédict Prévost (Journal
de physique, T. LVII, juillet 1803, p.

37—54 et 89—117) sur une espèce de
Branchiopode à laquelle il a cru reconnaître des caractères propres, et
qui en présente, il est vrai, d'assez singuliers. Nous rapportons cette espèce
au genre Branchipe, *V.* ce mot, et
nous la croyons la même que le Branchipe paludeux, *Cancer paludosus*
de Müller.   (AUD.)

CHIROCÈRE. *Chirocera.* INS.
Genre de l'ordre des Hyménoptères,
section des Térébrans, famille des
Pupivores, tribu des Chalcidies, établi par Latreille (2ᵉ édit. du Nouv.
Dict. d'hist. nat. T. VI, p. 544) sur
une espèce trouvée par Léon Dufour
aux îles d'Hyères. Ce nouveau genre
est très-voisin de celui des Chalcis et
n'en diffère que par ses antennes dont
les sept derniers articles, à partir du
troisième, se prolongent d'un côté
en forme de rameau ou en manière
de peigne. L'espèce rapportée par
Dufour ressemble beaucoup au *Chalcis rufipes* d'Olivier (Encycl. méthod.)
(AUD.)

CHIROMYS. MAM. Pour Cheiro-
mis. *V.* ce mot.

CHIRONE. *Chironia.* BOT. PHAN.
Genre de la famille des Gentianées et
de la Pentandrie Monogynie de Linné. Ce célèbre naturaliste ayant désigné sous ce nom générique un
groupe de Plantes indigènes, pour la
plupart, du cap de Bonne-Espérance, et lui ayant assigné, parmi ses
caractères, celui d'avoir les anthères
roulées en spirale après la floraison,
presque tous les auteurs, s'arrêtant à
cette seule considération, ont placé
dans le genre *Chironia* des Plantes
qui se rapportent à d'autres genres
connus, ou qui en forment de particuliers. Dans le petit nombre de Chirones décrites par Linné, il en est
même qui sont susceptibles d'en être
détachées pour être réunies à d'autres
genres. Tous les botanistes conviennent que la présence d'un seul caractère ne suffit pas pour autoriser à
placer une Plante dans tel genre connu, puisqu'il faut en outre des rela-

tions plus prononcées dans toutes ses parties, avec celles du genre où on veut l'intercaler. Ainsi, les *Gentiana Centaurium*, *G. spicata*, *G. maritima*, L., que Smith et De Candolle ont placées parmi les Chirones, forment un petit genre très-naturel, indiqué anciennement par Reneaume sous le nom d'*Erythræa*, et bien caractérisé par le professeur Richard, dans le *Synopsis* de Persoon, mais où se trouvent décrites des espèces appartenant à d'autres genres. *V.* à ce sujet le mot ÉRYTHRÉE. Toutes les Chirones de l'Amérique septentrionale, décrites par Michaux, appartiennent au genre *Sabbatia* que Pursh et Nuttall ont établi et caractérisé d'après les indications d'Adanson. Les *Sabbatia*, par leurs affinités avec les *Chlora*, les *Chironia* et les *Erythræa*, réunissent intimement ces divers genres en une section de la famille des Gentianées. Le *Chironia trinervis*, Lin. (Zeyl., p. 90), nous paraît devoir être rapporté au genre *Sebœa* de Brown, composé des *Exacum albens, cordatum*, etc. Il a le port de ces dernières Plantes, et les sépales du calice ailés. Cette Plante, de l'île de Ceylan, est figurée dans Burmann (Zeyl., t.67) et conservée dans son herbier, que possède à Paris M. Benj. Delessert, sous le nom de *Lysimachia folio sinuato calyce carinato*, etc. Enfin le fruit du *Chironia baccifera* étant, comme l'indique le nom spécifique, une baie au lieu d'être une capsule, et cette Plante présentant en outre des différences d'avec les Chirones dans son calice et son stigmate, Mœnch a proposé d'en faire le type d'un nouveau genre auquel il donne le nom de *Rœslinia*.

Si nous adoptons les principaux retranchemens que nous venons d'indiquer, le genre *Chironia* se trouve réduit à un petit nombre d'espèces, tel, à peu d'exceptions près, que l'avait constitué Linné. Il se reconnaîtra aux caractères suivans : calice à cinq sépales ovales et arrondis à leur sommet, terminés par une pointe courte, et soudés jusqu'à la moitié de leur hauteur ; corolle à cinq pétales, soudés inférieurement en un tube court presque cylindrique, et appliqué sur l'ovaire, séparés supérieurement, et s'évasant en un limbe très-grand, à divisions arrondies, obtuses et vivement colorées ; cinq étamines alternes avec les pétales, insérées à l'angle de division de ceux-ci, dont les filets sont courts et les anthères, d'abord adnées, beaucoup plus longues que les filets, à quatre valves biloculaires, s'ouvrant par deux sutures latérales, se roulent en spirale après la floraison ; ovaire ovoïde surmonté par un style décliné assez long et par un stigmate capité ; capsule ovée, formée de deux valves dont les bords sont tellement rentrans à l'intérieur dans quelques espèces, qu'ils partagent le fruit en deux ou quatre loges ; c'est en ce sens qu'il faut entendre l'expression de *Pericarpium 4-loculare*, assignée par Persoon comme caractère des *Chironia*. D'après Gaertner, le fruit du *Chironia frutescens*, L., est une baie de même que celle du *Ch. baccifera*, seulement un peu plus petite. Si la consistance du fruit se trouve la même dans deux Plantes supposées de genres distincts, elle ne peut servir de caractère générique, et, en conséquence, le genre *Rœslinia* de Mœnch deviendrait inadmissible.

Les Chirones habitent la partie la plus australe de l'Afrique, depuis le cap de Bonne-Espérance jusqu'au nord du pays des Hottentots. Il paraît que, de même que nos Gentianes européennes, elles se plaisent dans les pâturages élevés des montagnes. On donne en effet pour stations à certaines espèces le sommet de la montagne de la Table, les montagnes des Hottentots, les collines du Cap, etc. Un petit nombre d'espèces ont été transportées dans les jardins d'Europe où leurs fleurs, d'un rose vif, imitent celles de la Pervenche rose de Madagascar. Elles exigent une terre légère, comme le terreau de bruyère ; une chaleur pas trop élevée, mais pas non plus au-dessous de celle des serres tempérées ou de l'orangerie. Leur culture n'est pas facile, et, en général, il est difficile de les conserver long-temps, parce qu'il leur faut, avec une chaleur moyenne, beaucoup d'air et de lumière. Elles ne peuvent en effet supporter l'air stagnant des serres ordinaires. Les arrosemens doivent être peu fréquens, et leurs semis demandent une attention soutenue pour qu'ils réussissent. Malgré l'embarras que causent tous ces soins, les *Chironia frutescens* et *linoïdes*, L., sont assez répandues, et leur prix est peu élevé comparativement à celui de Plantes infiniment moins agréables. La première est un sous-Arbrisseau à feuilles pubescentes, ainsi que toutes les parties de la Plante. Ventenat a décrit et figuré (*Hort. Cels.*, T. 51), sous le nom de *Chironia decussata*, une espèce plus belle encore que le *Chironia frutescens*, et tellement semblable à cette dernière Plante dans toutes ses parties, que nous avons peine encore à ne pas la considérer comme une simple variété. Dans ces deux Plantes, l'estimable botaniste iconographe Turpin a signalé un nouvel organe, auquel il donne le nom de phycostème, et qui nous paraît être un disque glanduleux, répandu sur le calice, ayant de l'analogie avec celui qu'on remarque à l'intérieur du calice des Rosacées. (G..N.)

CHIRONECTE. *Chironectes.* MAM. Genre carnassier de la famille des Marsupiaux, établi par Illiger sur une espèce de Didelphe aquatique, dont on a fait aussi une Loutre.

Cette espèce a dix incisives en haut, huit en bas, deux canines à chaque mâchoire; nombre indéterminé de molaires; le museau est pointu; les yeux tournés de côté; oreilles nues et membraneuses; tous les pieds ont cinq doigts, les postérieurs seuls sont palmés avec le pouce sans ongle; la plante du pied porte à terre dans la marche; tous les autres doigts ont des ongles aigus et recourbés. La queue est cylindrique, écailleuse;

longue et préhensible. Les femelles ont une poche abdominale qui manque aux mâles.

On en connaît une seule espèce.

Le CHIRONECTE YAPOK, petite Loutre de la Guiane, Buff., Supp., T. III, pl. 22; *Lutra minima*, Zimm., *Didelphis palmata*, Geoff. D'à peu près un pied de long; la queue a six ou sept pouces; la tête est pointue, le museau fin, oreilles grandes et nues; la queue est nue, la peau en est ridée comme du chagrin; elle est plate en dessous; six grandes taches symétriques d'un brun noirâtre règnent le long du dessus du corps, sur un fond gris-jaunâtre: de ces taches, trois se succèdent depuis le museau jusqu'à l'épaule, les deux autres flanquent le dos, la sixième est sur la croupe, et s'étend jusqu'à la base de la queue et sur le dehors des cuisses; une tache blanche derrière chaque œil; tout le dessous du corps blanc; pelage doux, laineux près du corps, et traversé par des soies assez roides.

D'après une note de Langsdorff (*Mammal.*, p. 262), ce savant Russe a trouvé près de Rio-Janeiro un Chironecte de deux pouces de long, chez qui le pouce de derrière était compris dans la palmure, à queue velue et non prenante, à pelage très-doux et d'un gris uniforme, marqué de deux bandes en travers des lombes. Il vivait au bord des ruisseaux dans les forêts, et nageait bien. (A. D..NS.)

CHIRONECTE. POIS. Sous-genre de Lophies. *V.* ce mot. (B.)

CHIRONOME. *Chironomus.* INS. Genre de l'ordre des Diptères établi par Meigen aux dépens des Tipules, et réuni par Latreille (Règn. Anim. de Cuv.) aux Tanypes. L'auteur du genre (Descript. syst. des Diptères d'Europe, T. 1er, p. 18) décrit soixante-quinze espèces. Parmi elles, nous citerons les Chironomes plumeux, *Chir. plumosus*, Fabr.; annulaire, *Tipula annularia*, Degéer, Bosc; bossu, *Tipula gibba*, Fabr., ou la *Corethra gibba* de Latreille (Considér. génér.). Meigen (*loc. cit.* t. 2, fig. 6) en donne une bonne figure ; *V.*, pour quelques autres espèces et pour la description générique, le mot TANYPE. (AUD.)

CHIRONIUM. BOT. PHAN. Deux *Laserpitium* et un Panais ont été regardés comme la Plante qui porte ce nom dans Dioscoride et dans Théophraste. Il a aussi été étendu à l'*Inula Helenium* ainsi qu'à un Hélianthème.   (B.)

* CHIRONS-NATTER ou COULEUVRE CHIRON. REPT. OPH. Syn. de *Coluber fuscus*.   (B.)

CHIROPTÈRES. MAM. Pour Cheiroptères. *V.* ce mot.

CHIROSCÈLE. *Chiroscelis.* INS. Genre de l'ordre des Coléoptères, section des Hétéromères, famille des Mélasomes, établi par Lamarck (Ann. du Mus. d'hist. nat. T. III, p. 260) sur un Insecte rapporté de la Nouvelle-Hollande et ayant, suivant lui, pour caractères : antennes moniliformes, composées de onze articles, le dernier plus gros et en bouton ; lèvre supérieure plate, saillante, arrondie, entière ; le dernier article des palpes antérieurs plus grand et sécuriforme. Menton très-grand, en cœur, fortement échancré, cachant la base des palpes ; corselet bordé, tronqué aux deux extrémités et séparé des élytres par un étranglement ; élytres connées. La forme générale du corps rapproche les Chiroscèles du genre Ténébrion, mais ils s'en distinguent par les antennes et par les deux jambes antérieures qui offrent des dentelures au côté externe ; sous ce dernier rapport, ils avoisinent les Erodies dont ils diffèrent cependant par leur corps étroit et allongé. L'espèce décrite par Lamarck, et qu'il a figurée (*loc. cit.*, pl. 22, fig. 2), est encore remarquable par deux taches rousses, formant comme deux lacunes particulières, situées, une de chaque côté, sur le second anneau de l'abdomen. Ces taches sont ovales, et la peau dans cet endroit paraît membraneuse plutôt que coriace ou cornée ;

l'une et l'autre sont couvertes d'un duvet très-fin ; et comme elles ne consistent pas en une seule différence de coloration, mais qu'elles ont une nature toute particulière, ne ressemblant en rien à celle des tégumens, Lamarck pense qu'elles servent à quelques fonctions de l'Animal, peut-être bien à la transmission d'une lumière phosphorique. Cette espèce porte, à cause de cette particularité, le nom de Chiroscèle à deux lacunes, *Ch. bifenestrata*, Lam.

Fabricius a décrit, sous le nom de *Tenebrio digitatus*, un Insecte de la côte d'Angola et de la Guinée, qui, suivant Latreille, doit être rapporté au genre Chiroscèle. Cette espèce faisait partie de la collection de Dufresne.   (AUD.)

CHIROTE. *Chirotes.* REPT. SAUR. Ce nom, formé d'abord par le savant Duméril pour désigner, dans ses Leçons, un genre de Saurien que caractérisent deux membres antérieurs seulement, doit être préféré à celui de Bimane qu'ont donné d'autres naturalistes au même Animal. La qualification de Bimane suppose deux mains : or, les organes de la locomotion dans un Lézard ne sauraient être des mains, dans le sens rigoureux qu'on attache à ce mot, et qui emporte avec lui l'idée du principal moyen par lequel le tact s'exerce. Les vrais Bimanes composent d'ailleurs un ordre de Mammifères dont il a déjà été question, et dans lequel l'Homme marche en tête des autres Animaux, non comme roi, non comme but de la création, mais comme plus compliqué dans son organisation. Schneider avait désigné l'Animal qui nous occupe par le nom de *Chamesaura*, qui n'est pas moins vicieux que Bimane. Les caractères du genre Chirote consistent dans une tête ronde, obtuse, à peine distinguée du corps par une simple ride, ayant des écailles polygonales, grandes, peu nombreuses ; narines et yeux peu prononcés ; les mâchoires presque égales ; corps long, cylindrique, revêtu de grandes écailles verticillées, quadrilatères, semblables sur le dos et sous le ventre ; deux pates antérieures seulement, très-rapprochées de la tête, épaisses, garnies de cinq doigts ongulés et distincts ; queue obtuse. Cuvier place le genre Chirote dans la famille des Scincoïdiens et le dernier de tous. En effet ce n'est presque plus un Lézard, et dans le temps où les formes extérieures suffisaient pour déterminer, aux yeux des naturalistes superficiels, le rang qu'occupe chaque être dans l'ordre de la nature, il n'y avait pas plus de raison pour faire du Chirote un Lézard qu'un Serpent. Quoi qu'il en soit, Oppel, en adoptant ce genre, l'a placé parmi les Chalcidiens, petite famille qui renferme les derniers Scincoïdiens, ou ceux qui n'ont qu'une paire de pates, soit antérieures, soit postérieures.

Une seule espèce de Chirote, *Chirotes mexicanus*, Dumér., nous est jusqu'ici connue. Lacépède la décrivit le premier sous le nom de Cannelée (Ovip., p. 61, 5, pl. 41). La figure qu'il en donna est reproduite dans l'Encyclopédie par ordre de matières : c'est le *Lacerta lumbricoïdes* de Shaw, le Bipède cannelé de Daudin, enfin le *Chamesaura propus* de Schneider. Cet Animal se trouve au Mexique. Mociño en rapporta de fort beaux individus dont il donna plusieurs à Duméril, et dont il nous avait enrichi nous-même quand nous connûmes cet aimable et respectable savant à Madrid. Le Chirote du Mexique a huit à dix pouces de longueur ; sa grosseur n'excède pas celle du petit doigt ; il est revêtu d'environ deux cent vingt anneaux, ou plutôt demi-anneaux qui, se joignant sur les côtes fort exactement, y forment deux lignes longitudinales. Deux lignes de pores règnent au-devant de l'anus ; la langue peu extensible est terminée par deux petites pointes cornées. Le tympan, invisible au dehors, est recouvert par la peau. Sa couleur, qui est celle de la chair, sa forme, son aspect, un seul grand poumon comme les Serpens, en feraient un Amphis-

bène en diminutif, si la nature ne lui eût accordé deux pates. (B.)

CHIROTHECA. POLYP. Rumph a décrit sous ce nom le *Spongia villosa* de Pallas ou Éponge épineuse de Bosc. (LAM..X.)

CHIRPUIS. BOT. PHAN. Syn. de *Sium sisarum*, L., selon le Dictionnaire de Déterville. *V.* CHERVI. (B.)

CHIRQUINCHUM, CIRQUINSON ET CIRCUINÇA. MAM. Syn. du Tatou à six bandes ou Encoubert. (B.)

CHIRRI ou CHIRIRI. OIS. Espèce du genre Coua, *Coccisus Chirri*, Vieill. *V.* COUA. (DR..Z.)

CHIRURGIEN. OIS. (Brisson.) Syn. de Sucana. *V.* ce mot. (DR..Z.)

CHIRURGIEN. POIS. Espèce d'Acanthure. *V.* ce mot. (B.)

CHISMOBRANCHES. MOLL. Ordre établi par Blainville, et dont les caractères sont d'avoir une cavité respiratoire contenant des organes de la respiration non symétriques, et communiquant avec le fluide ambiant par une simple fente placée entre le bord antérieur du manteau et la partie supérieure du dos de l'Animal. Cet ordre comprend quatre familles désignées sous les noms de Mégastomes, Hémicyclostomes, Cyclostomes et Gonioctomes. (AUD.)

CHISMOPNES. POIS. Duméril (Zool. anal., p. 105) donne ce nom, qui signifie *respirant par une fente*, à sa troisième famille des Poissons, qui constitue en même temps le second ordre qu'il établit dans la classe des Poissons ; il la caractérise ainsi : Poissons cartilagineux, sans opercule, mais à membrane aux branchies ; ouverture des branchies en fente sur les bords du cou ; quatre nageoires paires. Les Baudroies que l'auteur sépare des Lophies, celles-ci, les Balistes et les Chimères, parmi lesquelles Duméril comprenait encore le genre Callorhynque, constituent la famille des Chismopnes qui rentre tout entière parmi les Plectognathes

et les Acanthoptérygiens de Cuvier.
(B.)

* CHISSIPHUINAC ET HACCHI-QUIS. BOT. PHAN. Nom de pays du *Monnina salicifolia* de la Flore du Pérou. (B.)

CHITAN. BOT. PHAN. Syn. espagnol de Fraxinelle. (B.)

*CHITINE. CHIM. Substance nouvelle découverte par Auguste Odier (Mém. de la Soc. d'hist. nat. de Paris, T. 1er, p. 29) dans les élytres et autres parties solides des Insectes. Elle constitue la base et environ le quart de ces enveloppes qu'on avait considérées jusqu'à ce jour comme analogues à la matière cornée des Animaux vertébrés. On l'obtient en traitant les élytres par la Potasse à chaud ; elle est par conséquent insoluble dans cet agent qui ne fait que la priver des autres matières animales qui l'accompagnent. C'est là un premier caractère qui permet de la distinguer de beaucoup d'autres corps, tels que la corne, les cheveux, l'épiderme, lesquels sont solubles dans la Potasse. La Chitine offre encore pour caractères, d'être soluble dans l'Acide sulfurique à chaud, de ne point jaunir dans l'Acide nitrique, de brûler sans se fondre, c'est-à-dire en laissant un charbon qui conserve la forme de l'organe dont il provient ; enfin de ne point contenir d'Azote. Par ce dernier caractère, elle se rapproche des substances végétales, et l'auteur la compare sous ce rapport au Ligneux.

Les membranes des ailes ne sont formées que de Chitine, et les nervures qui sont plus solides sont de la même nature que les élytres, c'est-à-dire qu'elles contiennent, outre la Chitine, 1° de l'Albumine ; 2° une matière extractive soluble dans l'eau ; 3° une substance animale brune, soluble dans la Potasse et insoluble dans l'Alcohol ; 4° une huile colorée soluble dans l'Alcohol ; 5° enfin, trois sels qui sont le sous-Carbonate de Potasse, le Phosphate de Chaux et le Phosphate de Fer.

Thouvenel, Beaupoil et Robiquet ont trouvé, dans leur analyse des Cantharides, une matière parenchymateuse. Elle n'est autre chose que la Chitine.

Auguste Odier a retrouvé la Chitine dans la carapace des Crustacés, et il se propose de la rechercher dans l'enveloppe des Mollusques et des Zoophytes. (AUD.)

* CHITINI. BOT. PHAN. Même chose que Chatini. *V*. ce mot. (B.)

CHITINN. MIN. On soupçonne que la pierre qui portait ce nom chez les anciens était le Péridot. *V*. ce mot. (B.)

* CHITISA. BOT. PHAN. *V*. CHA-THETH.

CHITNIK ou SHITNIK. MAM. Syn. russe de Hamster. (A. D..NS.)

CHITON. MOLL. *V*. OSCABRION.

CHITONIER. MOLL. Animal de l'Oscabrion. *V*. ce mot. (B.)

CHITOTE. MAM. (Barbot.) Quadrumane d'Angole, qui est probablement un Maki. (B.)

CHITRATIA ET CHYTRACULIA. BOT. PHAN. *V*. CALYPTRANTHES.

* CHITRAM ou KITRAN. BOT. PHAN. Syn. arabe de Cèdre. *V*. ce mot et MÉLÈSE. (B.)

CHIT-SÉ. BOT. PHAN. *V*. CHIN-QUIES.

CHIU ou CHUY. OIS. Syn. du Guirnegat, *Emberiza brasiliensis*, L., au Paraguay. *V*. GROS-BEC. (DR..Z.)

CHIUCUMPA. BOT. PHAN. Même chose que Chinchilculma. *V*. ce mot. (B.)

* CHIULO. OIS. Syn. italien de la Maubèche, *Tringa Canutus*, Gmel. *V*. BÉCASSEAU. (DR..Z.)

CHIURE DE PUCE. MOLL. Nom vulgaire et marchand d'une Auricule de Lamarck. (B.)

* CHIURE DE MOUCHE. MOLL. Coquille du genre Olive. *V*. ce mot. (B.)

5*

CHIVAFOU. bot. phan. Vieux nom français du *Berberis vulgaris*. (b.)

CHIVEF. bot. phan. Syn. persan de Figuier, étendu par quelques botanistes anciens à un Arbre qui pourrait bien être le Papayer. *V.* ce mot. (b.)

CHIVES. bot. phan. Même chose que Cives. *V.* ce mot. (b.)

* CHIVI. ois. Espèce du genre Sylvie. *V.* ce mot. (dr..z.)

CHIVIN. ois. Syn. vulgaire du Bec-Fin Passerinette, *Motacilla Passerina*, L. *V.* Sylvie. (dr..z.)

* CHIVINO. ois. Syn. italien du Scops, *Strix Scops*, L. *V.* Chouette. (dr..z.)

* CHI-XAC et CAY-BAON. bot. phan. Même chose que Chi-ken chez les Cochinchinois. *V.* Chi-ken. (b.)

* CHLAEN. ois. Syn. helvétien de la Sittelle, *Sitta europœa*, L. *V.* Sittelle. (dr..z.)

CHLÆNIE. *Chlænius.* ins. Genre de l'ordre des Coléoptères, section des Pentamères, établi par Bonelli dans ses Observations entomologiques (Mém. de l'Acad. des sc. de Turin), adopté par Latreille qui le place (Règn. An. de Cuv.) dans la famille des Carnassiers, tribu des Carabiques, section des Féronies, entre les genres Epomis et Oode. Les Chlænies ont les palpes extérieurs filiformes, le dernier des maxillaires cylindrique et le même des labiaux en cône renversé. Les Insectes propres à ce genre ont tous, dans le sexe mâle, les articles dilatés des tarses antérieurs garnis, en dessous, d'une brosse très-serrée et sans vide. Par-là ils se rapprochent des Callistes, des Epomis, des Dinodes et des Oodes, et s'éloignent au contraire des genres Dolique, Platyne, Anchomène et Agone. On peut rapporter à ce genre les Carabes *festivus* de Fabricius, figuré par Panzer (*Fauna Ins. Germ.* fasc. xxx, fig. 15), *spoliatus*, Fabr. et Panzer (*loc. cit.* fasc. xxxi, fig. 6), *zonatus*, Panzer (*loc. cit.* fasc. xxxi, fig. 7, et *Krit revis.* fasc. i, fig. 59), *vestitus*, Fabr. et Panzer (*loc. cit.* fasc. xxxi, fig. 5), *holosericeus*, Fabr. et Panzer (*loc. cit.* fasc. xi, fig. 9), enfin le *Carabus cinctus*, Fabr., représenté par Herbst (Arch., p. 155, n° 26, tab. 29, fig. 7) et qu'il ne faut pas confondre avec le *Carabus cinctus* de Rossi. (aud.)

CHLAMYDE. *Chlamys.* ins. Genre de l'ordre des Coléoptères, section des Tétramères, établi par Knoch (*Neue Betrage zur insectenkunde*, p. 122) aux dépens des Clythres de Fabricius, et adopté ensuite par Olivier et Latreille. Ce dernier entomologiste (Consid. génér., p. 258) le range dans la famille des Chrysomelines, et lui assigne pour caractères : antennes en scie, courtes, se logeant dans des rainures de la poitrine; palpes labiaux fourchus. Les Chlamydes appartiennent (Règn. Anim. de Cuv.) à la famille des Cycliques, tribu des Chrysomelines, et sont placées à côté des Clythres dont elles diffèrent par leurs palpes labiaux qui paraissent fourchus à cause du prolongement de l'extrémité du second article formant saillie au-delà de l'origine de l'article suivant. Elles ressemblent aussi aux Gribouris sous plusieurs rapports, et s'en distinguent cependant par leurs antennes courtes et en scie. Du reste, leur corps est raboteux, raccourci et couvert de tubérosités : il offre le plus souvent des couleurs métalliques très-brillantes; la tête est enfoncée dans le prothorax, et les yeux sont, comme ceux des Gribouris, réniformes ou marqués antérieurement d'une entaille assez profonde; le prothorax est court, presque aussi large que les élytres, et muni d'un petit rebord latéral; l'écusson est petit, et paraît carré ou même un peu plus large à son extrémité qu'à sa base; les élytres embrassent l'abdomen par les côtés, et sont coupées comme lui carrément en arrière; les pates sont courtes, et se replient dans les enfoncemens qui se trouvent de chaque côté de la poitrine et du corselet; le pénultième article des tarses est bilobé. On ne connaît ni la manière de vivre, ni les métamorphoses de ces Insectes-qui sont très-recherchés par les collecteurs, et qui sont tous originaires de l'Amérique.

Knoch (*loc. cit.*) a décrit et figuré deux espèces : la *Chl. tuberosa* (tab. 4, fig. 1, 2), et la *Chl. foveolata* (tab. 4, fig. 9). Olivier (Coléopt., T. v, p. 875) en mentionne et en représente quatre sous les noms de *monstrosa*, *plicata*, *gibbera* et *difformis*. Ces espèces, à l'exception de la dernière, avaient été rapportées par Fabricius au genre Clythre. On peut y ajouter encore son *Clythra cristata*. Kirby (*Linn. Soc. Trans.*, T. xii, p. 446) a décrit, sous le nom de *Chl. Bacca*, une espèce nouvelle trouvée au Brésil.

(AUD.)

* CHLAMYDIA. bot. phan. Sous le nom de *Chlamydia tenacissima*, Gaertner a décrit et figuré le fruit du Lin de la Nouvelle-Zélande, *Phormium tenax* de Forster. Cette seconde dénomination n'ayant pas prévalu, ce genre sera décrit sous son nom antérieur. *V.* Phormion.   (G..N.)

CHLAMYS. ins. *V.* Chlamyde.

* CHLAMYSPORUM. bot. phan. Ce genre, établi par Salisbury, est le même que le *Thysanothus* de R. Brown, qui, dans le *Prodrom. Floræ Nov.-Hollandiæ*, en a décrit dix-neuf espèces et donné d'excellens caractères génériques. *V.* Thysanothe.   (C..N.)

* CHLÉDIPOLE. bot. crypt. Pour Chlépidole. *V.* ce mot.

(LAM..X.)

CHLEDRISTOME. *Chledristomus*. moll. Rafinesque établit sous ce nom un genre voisin des Ascidies, que caractérise un corps plane à quatre bouches supérieures saillantes, ridées en étoiles. Il n'en mentionne qu'une espèce des mers de la Sicile.   (B.)

CHLÉNACÉES. *Chlænaceæ*. bot. phan. Dans son Histoire des Végétaux recueillis aux îles australes d'Afri-

que, Aubert Du Petit-Thouars a proposé d'établir une famille particulière pour quatre genres nouveaux qu'il a observés, et auxquels il a donné les noms de *Sarcolæna*, *Schizolæna*, *Leptolæna* et *Rhodolæna*. L'un des caractères les plus saillans de cette nouvelle famille, consiste dans un involucre contenant une ou plusieurs fleurs. Chacune d'elles offre un calice persistant à trois divisions très-profondes, une corolle formée de cinq pétales, quelquefois réunis et soudés par leur base en un tube, de manière à former une corolle monopétale. Les étamines sont tantôt déterminées, au nombre de dix, tantôt indéterminées. Leurs filets sont grêles et naissent d'une sorte de godet qui embrasse la base du pistil. Celui-ci offre un ovaire libre, surmonté d'un style et d'un stigmate trilobé. Le fruit est toujours une capsule plus ou moins globuleuse, enveloppée dans l'involucre qui devient épais. Cette capsule présente trois loges contenant chacune une ou deux graines ; elle s'ouvre en trois valves septifères ; rarement elle ne présente qu'une seule loge et qu'une seule graine par suite d'avortement. Ces graines sont renversées ; elles contiennent un embryon à cotylédons foliacés et un peu ondulés, renfermé dans un endosperme corné.

Les Végétaux, qui forment cette petite famille, sont des Arbrisseaux ou des Arbustes, portant des feuilles alternes, simples, entières et munies de stipules. Leurs fleurs, quelquefois très-grandes et fort élégantes, sont réunies à la partie supérieure des rameaux.

Ces quatre genres, dit Du Petit-Thouars, entrent bien dans la Monadelphie du système de Linné ; mais le Leptolæna appartient à la Décandrie, et les trois autres à la Polyandrie. Ce caractère de Monadelphie appartient à plusieurs familles ; la plus remarquable est celle des Malvacées, et ces nouveaux genres paraissent s'en rapprocher. Leur involucre peut être comparé au calicule qu'on observe dans beaucoup de genres de cette famille; la réunion des étamines n'est pas exactement semblable, car dans le plus grand nombre des Malvacées, les filamens même sont réunis en tube, au lieu qu'ici ils partent d'un tube distinct. La forme de la capsule s'accorde assez, mais la position des graines est différente. Elles sont en général redressées dans les Malvacées, et renversées dans les Chlénacées, qui, par ce caractère, se rapprochent des Tiliacées.

Jussieu ne partage pas entièrement l'opinion du savant Du Petit-Thouars relativement aux affinités de cette nouvelle famille. Il lui trouve beaucoup plus d'analogie avec les Ébénacées et en particulier avec la nouvelle famille des Styracinées, établie par Richard, dont elle ne diffère essentiellement que par la présence de l'involucre.

Cette famille n'est, ainsi que nous l'avons dit précédemment, composée que de quatre genres, savoir :

Étamines au nombre de dix.
Leptolœna, Du Petit-Thouars.

Étamines nombreuses.
Sarcolœna, Id. — *Schizolœna*, Id. — *Rhodolœna*, Id.   (A. R.)

* CHLÉPIDOLE. *Chlepidola*. BOT. CRYPT. (*Chaodinées?*) Genre de Plantes marines, proposé par Rafinesque qui lui donne pour caractères : corps gélatineux de formes diverses, offrant à sa surface des rides ou sillons fructifères épars. — Nous ne connaissons aucune production marine parmi les espèces végétales à laquelle ce caractère puisse se rapporter ; nous ne le trouvons que dans quelques Alcyons desséchés et informes, de sorte que l'on est forcé de s'en rapporter à Rafinesque pour ce genre comme pour tant d'autres qu'il a décrits un peu trop laconiquement. Ce naturaliste indique deux espèces de Chlépidoles : la première le Chlépidole tubuleux, la seconde le Chlépidole lobé. L'un et l'autre sont des côtes de Sicile.
       (LAM..X.)

* CHLIDONIE. *Chlidonia*. INF.

Savigny donne ce nom à un Animal qu'il regarde comme un Polypier, et qui nous semble le *Vorticella Polypina* des auteurs ; il est figuré dans le grand ouvrage sur l'Égypte. Bory de Saint-Vincent le rapporte à sa classe des Psychodiaires. *V.* ce mot.
    (LAM..X.)

CHLOANTHE. *Chloanthus*. BOT. PHAN. Robert Brown appelle ainsi un genre nouveau de la famille des Verbénacées, auquel il assigne les caractères suivans : calice campanulé, à cinq divisions égales et foliacées ; corolle tubuleuse à deux lèvres, ayant la gorge dilatée, la lèvre supérieure bifide, l'inférieure à trois lobes, dont le plus grand est celui du milieu ; quatre étamines didynames, saillantes ; un stigmate à deux divisions aiguës, et pour fruit une drupe contenant deux noyaux à trois loges monospermes, celle du milieu étant vide.

Ce genre se compose de deux espèces originaires du port Jackson à la Nouvelle-Hollande. Ce sont deux petits Arbustes pubescens, ayant des feuilles opposées, simples, décurrentes et linéaires. Les fleurs sont jaunes, portées sur des pédoncules solitaires et axillaires.   (A.R.)

* CHLOÉ. *Chloeïa*. ANN. Genre de l'ordre des Néréidées, famille des Amphinomes, fondé par Savigny (Syst. des Annelides, p. 14 et 58), et ayant pour caractères distinctifs : branchies supérieures en forme de feuilles tripinnatifides, écartées de la base des rames, existant sans interruption à tous les pieds ; cirres existant aussi à tous les pieds, et en outre un cirre surnuméraire aux rames supérieures des quatre à cinq premières paires de pieds ; antennes extérieures et mitoyennes subulées, l'impaire de même ; point de mâchoires ; trompe pourvue d'un double palais inférieur et de stries dentelées.

Les Chloés ont le corps plutôt oblong que linéaire, déprimé et formé de segmens médiocrement nombreux. La tête est bifide en dessous, et garnie en dessus d'une caroncule verticale, comprimée, libre et élevée à son extrémité postérieure; la bouche se compose d'une trompe pourvue à son orifice de deux doubles lèvres charnues, et, plus intérieurement, d'une sorte de palais inférieur, ou de langue épaisse, susceptible de se plier longitudinalement, et marquée de stries saillantes, obliques, finement ondulées. Les yeux sont distincts, au nombre de deux, séparés par la base antérieure de la caroncule. Il existe des antennes complètes, divisées en mitoyennes, impaires et extérieures. Les mitoyennes paraissent très-rapprochées, placées sous l'antenne impaire et composées de deux articles, le premier très-court, le second allongé, subulé. L'antenne impaire et les antennes extérieures sont en tout semblables aux mitoyennes. Les pieds sont à rames peu saillantes, la rame dorsale étant pourvue de soies simplement aiguës, et la rame ventrale de soies terminées par une pointe distincte. On remarque des cirres très-longs, déliés à la pointe, peu inégaux; le supérieur sortant d'un article cylindrique; l'inférieur d'un article globuleux; ce dernier plus court. Enfin, comme nous l'avons dit aux caractères génériques, il existe un petit cirre surnuméraire.

La dernière paire de pieds consiste en deux gros styles cylindriques, terminaux. Les branchies se trouvent être insérées sur les côtés du dos près de la base supérieure des rames dorsales, et elles consistent chacune en une feuille tripinnatifide inclinée en arrière.

Les Chloés se rapprochent des Pleiones et des Euphrosynes par l'existence des branchies et cirres supérieurs sans interruption à tous les pieds, ainsi que par l'absence des mâchoires. Elles diffèrent cependant des premières par la forme des branchies et par la présence du cirre surnuméraire. On ne les confondra pas non plus avec les secondes à cause de la composition de leur trompe, et aussi à cause des antennes, des branchies et

du nombre des cirres surnuméraires.

Ce genre ne se compose encore que d'une seule espèce, la Chloé chevelue, *Chl. capillata*, Sav., Lamk., ou l'*Aphrodita flava* de Pallas (*Misc. zool.*, p. 97, tab. 8, fig. 7-11), *Amphinoma capillata*, Brug. (Encycl. méth. Dict. des Vers, T. I, p. 45, n° 1, et pl. 60, fig. 1, 5), *Terebella flava* de Gmelin (*Syst. Nat.* T. I, part. 6, p. 3114, n° 7), et Amphinome jaune ou chevelue, Cuv. (Dict. des Sc. nat. T. II, p. 71, et Règn. Anim. T. II, p. 527). Cette belle espèce a été rapportée des mers de l'Inde. (AUD.)

CHLOÉNIE. INS. *V.* CHLÆNIE.

CHLONION. BOT. PHAN. (Dioscoride.) Probablement l'*Eryngium campestre. V.* PANICAUT. (B.)

CHLORANTHE. *Chloranthus.* BOT. PHAN. Un petit Arbuste originaire de la Chine et du Japon, ayant à peu près le port du Thé, a été nommé *Chloranthus inconspicuus* par Swartz dans les Actes de la Société Linnéenne de Londres, année 1787, à cause de la couleur verte de ses fleurs qui sont fort petites. L'Héritier en a publié une description et une fort belle figure dans son *Sertum anglicum*, T. II. Sa tige est faible, rameuse et presque stolonifère. Elle est ornée de feuilles opposées, oblongues, ovales, aiguës, dentées en scie, très-glabres et persistantes; entre chaque paire de feuilles, on trouve de chaque côté deux stipules subulées et persistantes.

Les fleurs forment des espèces de panicules terminales; chacune d'elles est environnée d'une bractée squammiforme, lancéolée, aiguë; le calice adhère par sa base avec l'ovaire qui est séminifère; il est sous la forme d'une écaille latérale aiguë; la corolle est formée par un seul pétale latéral, trilobé, auquel sont insérées quatre étamines sessiles; leur fruit est une baie ovoïde, terminée en pointe et à une seule loge.

Il est fort difficile d'assigner d'une manière positive la place de ce genre dans la série des ordres naturels. Il paraît avoir quelques rapports avec les Rubiacées. (A.R.)

* **CHLORATES.** MIN. Résultats de la combinaison de l'Acide chlorique avec les bases salifiables. La plupart de ces sels jouissent de la propriété extraordinaire de détonner par le choc d'un corps dur. La détonnation est due à la facilité et à la rapidité avec lesquelles le Chlore se gazifie; elle dépend aussi de la résistance qu'oppose au développement subit du gaz, l'air qui environne la portion de Chlorate soumise au choc ou à la percussion. Quelques Chlorates se décomposent très-brusquement aussi, et avec production de chaleur capable d'enflammer les corps qui se trouvent au contact, par la présence d'un peu d'Acides sulfurique, nitrique, etc. Cette production de chaleur paraît avoir pour cause le prompt passage de l'état de Chlorate à celui de Chlorure; on a profité de cette propriété pour construire des allumettes très-commodes : elles consistent en une petite esquille de Sapin garnie à l'une de ses extrémités d'un mélange de Soufre et de Chlorate de Potasse ; on trempe légèrement cette extrémité dans de l'Acide sulfurique; le mélange s'enflamme et communique l'ignition au bois. Il n'existe point de Chlorates dans la nature. (DR..Z.)

CHLORE. *Chlora.* BOT. PHAN. Famille des Gentianées, Octandrie Monogynie, L. D'abord confondu par Linné avec les Gentianes proprement dites, ce genre en a été séparé par Adanson, Linné lui-même, Jussieu et Lamarck, qui lui ont donné le nom sous lequel Reneaume l'avait anciennement indiqué. Moins exact dans ses rapprochemens, Tournefort l'avait placé au milieu de son *Centaurium minus*, genre monstrueux où nous trouvons des espèces appartenant à quatre groupes bien distincts. En admettant le *Chlora perfoliata* comme type de celui dont il s'agit, nous y observons les caractères génériques suivans :

calice à huit divisions très-profondes ou à huit sépales linéaires, légèrement soudés par leur base; corolle hypocratériforme, dont le tube est très-court et le limbe étalé, à huit lobes; étamines également au nombre de huit, insérées à l'entrée du tube, très-courtes; anthères non spirales après la fécondation, mais éprouvant une simple torsion ou renversement en arrière par la contraction de la partie dorsale des loges; ovaire surmonté d'un style unique et de deux stigmates qui ont chacun la forme d'un croissant ou d'un fer à cheval renversé, ce qui a fait dire que le stigmate est quadrilobé; capsule uniloculaire, ovoïde, recouverte par le tube marcescent de la corolle : graines disposées, sur deux rangées longitudinales, insérées aux bords épaissis des valves.

On ne connaît qu'un petit nombre d'espèces de Chlora, qui ont toutes un aspect fort remarquable par la largeur et la couleur glauque de leurs organes foliacés. La plus commune en Europe est la Chlore perfoliée, *Chlora perfoliata*, L., Plante qui s'élève souvent au-delà de trois décimètres. Elle est fort reconnaissable à ses feuilles ovales, pointues, embrassantes, opposées, soudées par la base de manière à simuler une feuille unique traversée par la tige, très-lisses, blanchâtres ou d'une couleur glauque. La tige est rameuse au sommet, et elle porte des fleurs terminales d'un jaune doré très-agréable. On la trouve en abondance sur le bord des fossés à Meudon et à Sénart dans les environs de Paris. Cette Plante a été décrite par Hudson (Angl. 1 ; p. 146) sous le nom générique de *Blackstonia* qui n'a pas été adopté. La France méridionale et particulièrement les environs de Marseille nourrissent encore une autre espèce bien distincte. C'est le *Chlora sessilifolia*, Desv., *Chlora imperfoliata* de Linné fils, Plante en général exiguë comparativement à la précédente, et qui s'en distingue par ses feuilles simplement rapprochées, et par sa corolle beaucoup plus grande.

Le *Chlora dodecandra*, L., ou *Chironia Chloroides*, Michx., appartient au genre Sabbatia d'Adanson. *V.* SABBATIE. Les rapports nombreux de structure que cette Plante offre avec les Chloies et les Chirones, établissent un lien qui unit ces trois genres en un groupe très-naturel. (G..N.)

* CHLORE. CHIM. Substance gazeuse, verdâtre, d'une odeur très-pénétrante et fortement irritante ; d'une densité de 2,47 ; inaltérable par la chaleur ; acquérant les propriétés acides les plus marquées par le simple contact de l'eau (ou d'un corps humide), que le Chlore décompose en s'emparant de son hydrogène pour se convertir en Acide hydrochlorique, et dont l'Oxigène, se portant sur les corps exposés à la double action du Chlore et de l'Eau, devient la principale cause de leur altération presque subite. Le Chlore est le seul gaz simple qui, ainsi que l'Oxigène, dégage de la lumière par une compression forte et rapide ; il paraît ne se combiner avec quelques corps qu'autant qu'il y soit aidé par la présence de l'Eau. On l'obtient, avec toutes les précautions possibles de dessiccation, dans les vaisseaux où on doit le recueillir, en distillant dans une sorte d'appareil de Woulff cinq parties d'Acide hydrochlorique concentré sur une partie de Péroxide de Manganèse, pulvérisé. Schèele découvrit le Chlore en 1777 ; Berthollet le soumit aux plus brillantes, aux plus utiles applications de 1785 à 1788 ; Davy, ainsi que Thénard et Gay-Lussac, chacun de leur côté, donnèrent à la fois en 1809 des vues nouvelles sur le Chlore que bientôt après Ampère qualifia de ce nom. (DR..Z.)

* CHLORIODIQUE (ACIDE). MIN. Chevreul nomme ainsi la combinaison de l'Iode avec le Chlore qui, en effet, jouit de propriétés acides particulières. (DR..Z.)

* CHLORIDIUM BOT. CRYPT. (*Mucédinées*.) Link a fondé ce genre dans ses Observations mycologiques (*Berl. Magaz.* vol. 3, p. 13). Il lui a donné le caractère suivant : « filamens » simples ou peu rameux, droits, non » cloisonnés ; sporidies insérées irré- » gulièrement sur toute la surface. » Ce genre est très-voisin des Botrytes qui n'en diffèrent qu'en ce que leurs sporidies sont toutes réunies au sommet des filamens qui sont cloisonnés. Cependant Persoon, à cause de ces caractères, a cru devoir le réunir aux Dematium ; mais nous devons observer ici que les Dematium de Link et ceux de Persoon sont très-différens. Dans les premiers, les filamens sont décumbens et dépourvus de sporules. On ne peut les confondre avec le genre qui nous occupe. Dans les seconds, les filamens sont droits, couverts de sporules, et différens par conséquent très-peu des Chloridium. La seule espèce connue de ce dernier genre croît sur les herbes qui se pourrissent ; elle est composée de filamens courts, roides, opaques, peu rameux, à divisions redressées ; les sporidies sont vertes, réunies en petits groupes épars sur les filamens. Elle a été figurée par Link, tab. 1, fig. 16. (AD.B.)

* CHLORIME. *Chlorima*. INS. Genre de l'ordre des Coléoptères, section des Tétramères, établi par Germar aux dépens du genre Brachyrhine de Latreille, et adopté par Dejean (Catal. des Coléopt., p. 92) qui ne fait pas connaître ses caractères. Il en possède trente-cinq espèces dont trois seulement appartiennent à l'Europe. Ce sont le *Brachyrhinus viridis*, Lat. (*Gener. Crust. et Ins.* T. II, p. 255), qui se trouve en France, et les Charansons *Fallax*, Illig., et *Pollinosa* Fabr., dont l'un est de Hongrie et l'autre d'Autriche. (AUD.)

CHLORION. OIS. (Aristote.) Syn. présumé du Loriot, *Oriolus Galbula*, L. (DR..Z.)

CHLORION. *Chlorion* INS. Genre de l'ordre des Hyménoptères, section des Porte-Aiguillons, établi par Latreille qui le range (Règn. An. de Cuv.) dans la famille des Fouisseurs. Ses caractères sont : mandibules unidentées au côté interne; antennes insérées près de la bouche à la base d'un chaperon très-court et fort large; palpes maxillaires filiformes, guère plus longs que les labiaux; lobe terminal des mâchoires court et arrondi; languette à trois divisions courtes, celle du milieu échancrée. Les Chlorions ont plusieurs points de ressemblance avec les Sphex, les Pronées et les Dolichures; ils diffèrent des premiers par l'insertion des antennes, et des seconds par le lobe terminal des mâchoires ainsi que par la languette; enfin ils se distinguent des Dolichures par la longueur relative des palpes maxillaires et labiaux. Les Insectes propres au genre que nous décrivons sont tous exotiques; leur corps brille d'une couleur verte métallique. On possède quelques détails sur leurs habitudes. Le Chlorion comprimé, *Chlorion compressum* de Fabricius, très-commun aux îles de France et de Bourbon, a été observé par Cossigny, et Réaumur a consigné ces observations dans ses Mémoires sur les Insectes (T. VI, p. 280). Quoique la description qu'il en fait ait été rapportée plusieurs fois, nous croyons utile de la reproduire par ce seul motif qu'elle a pour objet une espèce étrangère, et que déjà peu instruits sur les mœurs des Insectes indigènes, nous ne savons presque rien sur ceux des contrées exotiques.

« Ces Mouches, dit Réaumur, d'après le rapport de Cossigny, assez rares dans l'île de Bourbon, sont très-communes dans l'île de France. Elles volent avec agilité. Ce sont des guerrières qui ne nous craignent pas; elles entrent volontiers dans les maisons, elles volent sur les rideaux des fenêtres, pénètrent dans leurs plis et en ressortent : lorsqu'elles y sont posées, elles sont aisées à prendre… La piqûre de leur aiguillon est plus à redouter que celle des aiguillons des Abeilles et des Guêpes ordinaires; cette Guêpe-Ichneumon darde le sien bien plus loin hors de son corps que ces autres Mouches ne peuvent darder le leur…. Cossigny n'a pas eu occasion d'observer si ces Guêpes-Ichneumons, d'une couleur si belle et si éclatante, en voulaient aux Abeilles; mais il leur a vu livrer des combats dont il ne pouvait que leur savoir gré: c'était à des Insectes qui leur sont fort supérieurs en grandeur, et sur lesquels néanmoins elles remportaient une pleine victoire. Tous ceux qui ont voyagé dans nos îles, connaissent les Kakerlagues (*Blatta amer.*); souvent même ils les ont connues avant que d'y être arrivés; nos vaisseaux n'en sont que trop fréquemment infectés… Dans nos îles, elles s'introduisent partout, elles hachent tout, elles n'épargnent ni habits ni linge. On doit donc aimer des Mouches qui, comme les Guêpes-Ichneumons dont il s'agit actuellement, attaquent ces Insectes destructeurs et les mettent à mort. Cossigny, qui a été témoin de quelques-uns de leurs combats, les a très-bien décrits. Voici ce qu'il a vu · Quand la Mouche, après avoir rôdé de différens côtés, soit en volant, soit en marchant, comme pour découvrir du gibier, aperçoit une Kakerlague, elle s'arrête un instant, pendant lequel les Insectes semblent se regarder; mais, sans tarder davantage, l'Ichneumon s'élance sur l'autre, dont elle saisit le museau ou le bout de la tête avec ses mandibules; elle se replie ensuite sous le ventre de la Kakerlague, pour le percer de son aiguillon. Dès qu'elle est sûre de l'avoir fait pénétrer dans le corps de son ennemie, et d'y avoir répandu un poison fatal, elle semble savoir quel doit être l'effet de ce poison; elle abandonne la Kakerlague, elle s'en éloigne, soit en volant, soit en marchant; mais après avoir fait divers tours, elle revient la chercher, bien certaine de la trouver où elle l'a laissée. La Kakerlague, naturellement peu courageuse, a alors perdu ses forces, elle est hors d'état de résister à la Guêpe-Ichneumon, qui la saisit par la tête, et, marchant à reculons, la traîne jusqu'à ce qu'elle l'ait conduite à un trou de mur dans lequel elle se propose de la faire entrer. La route est quelquefois longue , et trop longue pour être faite d'une traite ; la Guêpe-Ichneumon , pour prendre haleine , laisse son fardeau et va faire quelques tours, peut-être pour mieux examiner le chemin ; après quoi , elle vient reprendre sa proie , et ainsi , à différentes reprises , elle la conduit au terme....

» Quand la Guêpe - Ichneumon était parvenue à la traîner jusqu'où elle le voulait, le fort du travail restait souvent à faire ; l'ouverture du trou était trop petite pour laisser passer librement une grosse Kakerlague; la Mouche, entrée à reculons, redoublait quelquefois ses efforts inutiles pour l'y faire entrer ; le parti qu'elle prenait alors était de sortir et de couper les élytres de l'Insecte mort ou mourant, quelquefois même elle lui arrachait quelques jambes ; elle rentrait ensuite dans le trou , toujours à reculons , et , par des efforts plus efficaces que les premiers, elle faisait, pour ainsi dire, passer le corps de la Kakerlague à la filière et la conduisait au fond du trou. Il n'y a pas d'apparence; ajoute Réaumur, que la Guêpe-Ichneumon prenne tant de peine pour manger dans un trou une Kakerlague qu'elle mangerait tout aussi bien dehors. Il est plus probable qu'elle est déterminée à soutenir toute cette fatigue pour une raison plus intéressante, et que c'est pour donner une bonne nourriture à quelqu'une de ses larves.» Jurine a fait du Chlorion le type de son genre Ampulex. *V.* ce mot. Son *Ampulex fasciata*, qui est indigène, a beaucoup de rapports avec le genre Chlorion.

Une autre espèce, appartenant très-certainement à ce genre et originaire du Bengale, a reçu le nom de Chlorion lobé, *Chl. lobatum*, Latr. (AUD.)

*CHLORIQUE. MIN. *V.* ACIDE CHLORIQUE.

CHLORIS. OIS. Nom latin du Verdier, *Loxia Chloris,* L. *V.* GROS-BEC. (DR..Z.)

CHLORIS. *Chloris.* BOT. PHAN. Genre de la famille naturelle des Gra-

minées et de la Triandrie Digynie, remarquable par ses fleurs disposées en épis unilatéraux et généralement fasciculés au sommet de la tige. Les épillets contiennent de deux à quatre fleurs , dont l'inférieure est seule fertile ; les autres sont mâles, neutres ou simplement rudimentaires. La lépicène se compose de deux valves lancéolées, inégales, terminées en pointe à leur sommet. La glume, dans la fleur hermaphrodite, est formée de deux écailles, dont l'externe, qui est plus ou moins convexe en dehors, porte à son sommet une, deux ou trois arêtes dressées, souvent denticulées sur leurs parties latérales ; l'écaille interne est mince, plane, et mutique ; la fleur, qui surmonte immédiatement la fleur hermaphrodite, présente la même structure dans sa glume ; la troisième et la quatrième sont rudimentaires, pédicellées et mutiques. Dans la fleur inférieure, les étamines sont au nombre de trois ; l'ovaire est surmonté de deux styles portant chacun un stigmate plumeux. Le fruit est nu, c'est-à-dire non enveloppé dans les écailles florales.

Tel que nous venons d'en tracer le caractère, le genre *Chloris* des auteurs modernes diffère sensiblement du genre Chloris de Swartz. En effet plusieurs espèces qui y avaient été successivement ajoutées, ont été rangées dans d'autres genres ou en ont formé de nouveaux. Ainsi la *Chloris curtipendula* de Michaux a été placée dans le genre *Dinoeba* de Delille; les *Chloris falcata* de Swartz et *monostachya* de Michaux ont formé le genre *Campulosus* de Desvaux ; les *Chloris cruciata, Chloris virgata* de Swartz et *Chloris mucronata* de Michaux sont devenues les types du genre *Rhabdochloa* de Beauvois. *V.* CAMPULOSUS, RHABDOCHLOA , DINOBEA.

Toutes les espèces du genre Chloris sont exotiques; elles croissent également dans l'ancien et le nouveau Continent , dans l'Amérique méridionale, les Etats-Unis, les Indes-Orientales et le cap de Bonne-Espérance. Elles sont en général d'un as-

pect agréable et d'un port élégant.
(A.R.)

CHLORITE. MIN. Talc Chlorit, Haüy ; la Chlorite, Broch. Ce nom, qui signifie Matière verte, a été donné à une Pierre ordinairement friable ou du moins facile à pulvériser, qui est composée d'une multitude de petites paillettes ou de petits grains luisans, s'égrénant avec facilité sous la pression des doigts, et donnant une poussière assez douce au toucher.

Sa couleur, qui varie du vert-bouteille foncé au vert-jaunâtre, paraît être due à une grande quantité de Fer qui lui donne la propriété de se fondre, au chalumeau, en une scorie noire, plus attirable à l'Aimant que la Chlorite dans son état naturel. L'humidité lui fait répandre une odeur argileuse. Les minéralogistes ont établi trois variétés de cette espèce :

1. La CHLORITE COMMUNE, *Gemeiner Chlorit*, et *Chloriterde*, la Chlorite terreuse, Broch.

Elle est en masse plus ou moins solide, même terreuse et friable ; quelquefois composée d'un grand nombre de petits prismes hexaèdres ; ses couleurs varient du vert foncé, quelquefois même du brun jusqu'au jaune-roussâtre. L'analyse qu'en a fait Vauquelin a produit : Silice, 26 ; Magnésie, 8 ; Alumine, 18,5 ; Oxide de Fer, 43 ; Muriate de Soude ou de Potasse, 2 ; Eau, 2. Total, 99, 5.

Vauquelin a fait aussi l'analyse d'une autre variété de Chlorite qui se trouve à l'Oisans, département de l'Isère ; elle est d'un blanc d'argent nacré, et se fond au chalumeau en un émail blanc-verdâtre.

La Chlorite commune se trouve dans les filons des roches primitives ; elle pénètre et colore souvent les Cristaux dans lesquels elle est toujours mêlée, surtout ceux de Quarz, d'Axinite, etc. On la rencontre dans presque toutes les chaînes de montagnes primitives. On en cite en Saxe, en Suède, etc.

2. La CHLORITE SCHISTEUSE, *Chlo-*

ritchiefer ; la Chlorite schisteuse, Broch. Sa couleur est le vert foncé presque noir ; elle a une structure schisteuse, et ses feuillets sont courbes. On la trouve en masses assez solides. Elle se rencontre surtout en Corse, en Suède, en Norwège, etc.

D'Aubuisson en a décrit une variété que l'on trouve à Saint-Marcel-de-Tenis en Piémont ; elle a assez de dureté pour être employée à la fabrication des meules de moulin. (Journal des Min., T. XXIX).

3. La CHLORITE BALDOGÉE, *Grunerde*; la Terre verte, Broch; Talc zoographique, Haüy; Baldogée, Saussure. Elle est d'un vert assez pur, sa cassure est terreuse, à grains fins, et elle est facile à pulvériser.

On la trouve en rognons, dans les cavités des roches à pâtes, telles que les Basaltes, certaines laves, etc. Saussure l'a observée sur le chemin de Nice à Fréjus ; Brongniart et Cuvier (Ossem. Foss., T. II, p. 267) disent qu'elle se trouve dans le calcaire grossier des environs de Paris. Enfin, on l'exploite à Bentonico près de Vérone, et elle est connue dans le commerce sous le nom de Terre de Vérone ; elle est employée comme matière colorante dans la peinture à l'huile et dans le Stuc. *V*. TALC. (G.)

* CHLOROCYANIQUE (ACIDE). MIN. Gay-Lussac a ainsi nommé la combinaison du Chlore avec le Cyanogène que Berthollet, à qui la découverte en est due, considérait comme une Acide prussique oxigéné.
(DR..Z.)

CHLOROMYRON. BOT. PHAN. Ruiz et Pavon avaient décrit, dans la Flore du Pérou, un nouveau genre auquel ils avaient donné le nom de *Verticillaria*; ce nom a été changé en celui de *Chloromyron* dans le *Synopsis* de Persoon, et c'est sous celui-ci qu'il a été depuis généralement désigné. Il paraît qu'on a ignoré pendant long-temps ses affinités, puisque, dans le Supplément de l'Encyclopédie, il est dit que ce genre a des rapports avec les Liliacées ; un travail récent de

Choisy de Genève sur les Guttifères (*V*. Mémoires de la Société d'histoire naturelle de Paris, 1er vol., 2e partie) le fait entrer dans cette dernière famille. C'est le cinquième genre ou le second de la tribu des Garciniées, avec les genres desquelles, et notamment avec l'*Ochrocarpos* de Du Petit-Thouars, il a beaucoup de rapports, et dont il ne diffère que par le nombre trois des parties du fruit. Choisy lui assigne les caractères suivans : calice à deux sépales; corolle à quatre pétales; point de styles; stigmate sessile, concave et à trois lobes ; capsule triloculaire.

Le *Chloromyron verticillatum* de Persoon est figuré sous le nom de *Verticillaria acuminata* dans le Prodrome de la Flore du Pérou, t. 15. C'est un Arbre à feuilles oblongues, acuminées, entières, et à rameaux presque verticillés, qui s'élève à plus de vingt mètres, et dont le tronc droit et épais laisse suinter, à travers les incisions de son écorce, une résine verdâtre, très-abondante, surtout dans le temps des pluies, que les habitans de Pozuzo, au Pérou, recueillent avec soin et à laquelle ils donnent le nom de Baume ou Huile de Sainte-Marie.

(G..N.)

CHLOROMYS ou **AGOUTI.** *Dasyprocta*. MAM. Genre de Rongeurs caractérisé par quatre molaires partout, dont la construction encore peu observée sépare tout-à-fait ce genre des Cabiais et des Cochons d'Inde auxquels on l'avait réuni. Ces molaires sont formées d'un tube d'émail qui se plisse une ou deux fois aux intermédiaires de chaque rangée, en bas sur le côté externe, en haut sur l'interne. Ce repli de l'émail ne descend que jusqu'à la gencive. Au-delà le tube est cylindrique jusqu'au fond de l'alvéole, où il est tronqué horizontalement. Dans cette troncature se voient les sommets mousses de quatre, cinq ou six petits tubes d'émail, les uns cylindriques, les autres elliptiques; pour peu que la couronne de la dent soit usée, on y aperçoit la coupe de chacun de ces tubes séparés les uns des autres par un cément contenu dans le tube général ; leur cavité est aussi remplie de ce cément; quand la couronne n'est pas encore commencée de s'user, elle est striée transversalement par cinq ou six collines que forment autant de replis du fond du tube extérieur d'émail. En consultant les articles Cabiai et Cobaie, on verra combien la structure de leurs dents diffère de celle-ci. Les incisives sont plus arquées que dans la plupart des autres Rongeurs, surtout les supérieures dont la courbure excède un demi-cercle. Il n'y a pas de gorge profonde en dehors de la rangée dentaire inférieure comme dans les Cobaies et les Cabiais. L'os de la cuisse est aussi renflé que dans les Cobaies, et le rocher est creusé comme chez eux d'une cavité où se loge un prolongement particulier du cervelet. L'aire transversale de la fosse ethmoïdale est égale au trou occipital; mais l'amplitude de cette fosse est supérieure à proportion à celle qui existe chez les Cobaies. Aussi les cornets de l'ethmoïde et maxillaires y occupent les deux tiers de la longueur de la tête. Il n'y a que les Cochons où l'organe de l'odorat soit plus développé. Le trou sous-orbitaire est fort grand ; mais comme dans la plupart des Rongeurs, il ne donne pas seulement passage aux nerfs sous-orbitaires , une partie du masséter le traverse pour s'insérer sur la face antérieure du maxillaire. Les yeux sont gros et saillans ; les pates sont grêles et sèches: celles de devant ont quatre doigts distincts et un tubercule court et renflé en place de pouce; celles de derrière, d'une longueur disproportionnée, n'ont que trois doigts armés de forts ongles. La plante en est nue et calleuse, état qui se prolonge un peu sur la partie postérieure du métatarse. La queue n'est pas apparente extérieurement ou très-courte. Elle a de cinq à sept vertèbres. Le nombre des mamelles varie d'une espèce à l'autre. Il n'y en aurait que deux paires dans l'Agouti patagonien suivant Azzara, et cinq ou six dans l'Agouti ordinaire suivant Daubenton. Ni l'un ni l'autre n'aurait non plus de scrotum selon les mêmes observateurs. Chez toutes ces espèces aussi, les femelles ont l'anus et la vulve débouchant dans une seule et même fente de la peau. Le poil varie en longueur depuis le ras jusqu'à trois pouces. Chez tous, il est roide, fort droit, et se détache facilement par l'horripilation comme chez plusieurs espèces de Cerfs.

Aucun de ces Animaux ne creuse de terrier; ils vivent sous les arbres abattus ou dans les cavités de leurs troncs. Ils se nichent même quelquefois dans des trous assez élevés; leur œil est très-développé. On n'en connaît pas encore l'anatomie. Mais d'après Azzara et Moreau de Saint-Méry, ils voient mieux la nuit que le jour, et les Chiens les attrapent bien plus aisément de jour.

Il y en a quatre espèces assez bien déterminées, à quoi il faudra peut-être en ajouter une cinquième, à laquelle se rapporte vraisemblablement l'Animal figuré pl. 18 du Supplément de Catesby (Histoire naturelle de la Caroline, t. 2). De ces quatre espèces, deux seulement sont communes aux îles de l'archipel Mexicain et à l'Amérique méridionale. L'Akouki huppé est propre à la Guiane, et paraît limité par l'Orénoque et l'Amazone. L'Agouti patagonien ne se trouve pas au nord de Buenos-Ayres.

Ces Animaux sont omnivores, par conséquent n'ont pas besoin de faire de provisions. C'est par erreur que Buffon leur attribua cette habitude. Ils ne font annuellement qu'une seule portée.

1. AGOUTI ACUTI, *Chloromys acuti*, Buffon, T. VIII, pl. 50; Azzara, T. II, p. 26 (Quadr. du Paraguay). C'est le *Cotia* des Portugais.

Long de vingt pouces, haut de neuf à dix pouces aux épaules, d'un pied à la croupe; tête assez semblable à celle du Lapin, mais à physionomie caractérisée par ses yeux saillans et ses oreilles demi-circulaires, nues

et hautes d'un pouce et demi seulement; la lèvre supérieure fendue : le pelage est d'un jaune verdâtre, parce que chaque poil, généralement jaune, est annelé de deux ou trois cercles noirs; le jaune domine tout le long du dessus du corps; tout le dessus et la face externe des membres sont nuancés de vert, nuance d'où F. Cuvier a fait le nom *Chloromys*. Les poils de la croupe ont jusqu'à quatre pouces de long, les autres n'en ont guère plus d'un. Comme les Lapins, il soutient, en mangeant, ses alimens avec les pates de devant, mais ne les porte pas à la bouche. Il fait, en octobre, deux petits, et a trois paires de mamelles d'après Azzara. Mais il paraît qu'il a un plus grand nombre de tubercules qui en ont imposé à Daubenton.

Il ne se trouve pas au sud du Paraguay. Il est devenu rare aux Antilles.

2. AKOUKI, *Chloromys Akuschi*, Buff., Suppl. T. III, pl. 36; Schreb. pl. 171, B. A poil brun piqueté de fauve, avec une sorte de manteau noir qui commence derrière l'épaule et s'élargit beaucoup sur la croupe. A peu près de la taille du précédent. Les poils du dos sont plus doux et plus soyeux que dans l'Agouti proprement dit; aux pates, le poil est ras. La queue est très-mince et double en longueur de celle de l'Agouti. Azzara a douté de l'existence de cette espèce parce qu'elle ne paraît pas habiter au sud de l'Amazone. On dit qu'elle se trouve aussi à Sainte-Lucie où, néanmoins, les Colons ne distinguent pas deux espèces.

3. L'AGOUTI HUPPÉ, *Chloromys cristata*, F. Cuvier; *Cavia cristata*, Geoff. (Ménag. natur. du Muséum, pl. 3, 5e livraison).

Le noir, dans l'Agouti huppé, domine autant que le jaune dans l'Agouti ordinaire dont il a la taille, de sorte que sa teinte est d'un vert beaucoup plus foncé; le dessus de la tête, le cou et les pates entièrement noirs; depuis l'intervalle des yeux jusqu'au milieu du cou, les poils sont relevés en forme de crête ou de larmier. En outre son chanfrein est droit au lieu d'être busqué comme dans la première espèce.

4. AGOUTI PATAGONIEN, *Chloromys patagonicus*, Penn. (*loc. cit.*) pl. 39, Shaw. *Gener. zool.* T. II, p. 165; Lièvre Pampa d'Azzara (Quadrup. T. II, p. 51). A poil gris-fauve piqueté de blanc au dos, passant au noir sur la croupe où tranche fortement une bande blanche qui, en passant près de la naissance de la queue, va d'une hanche à l'autre. Tout le ventre et le dessous de la poitrine sont également blancs; les poils en sont assez solides pour faire des tapis de sa peau : il n'existe pas au Paraguay, commence d'être nombreux au sud de Buenos-Ayres entre les trente-quatrième et trente-cinquième degrés de latitude, dans les Pampas où il s'étend jusqu'au détroit de Magellan; vit constamment avec une femelle : ils courent de compagnie quand on les chasse, mais ils sont bientôt las. La nuit, ils font entendre une voix aiguë et forte qui articule *o, o, o, y*. Il répète ce cri quand on le prend ou le tourmente : pris jeune, il s'apprivoise aisément ainsi que ses congénères. Azzara ne l'a jamais vu se réfugier dans les Viczachères ou terriers des Viczaches, sorte de Rongeur qui semble faire le type d'un genre particulier. *V.* ce mot. L'oreille a plus de trois pouces de hauteur et deux pouces de large; elle est bordée de poils qui la dépassent d'un demi-pouce; l'intérieur est garni de poils blancs, l'extérieur de poils bruns. Azzara n'a trouvé que deux paires de mamelles à la femelle qui ne porte aussi que deux petits comme celle de l'Agouti ordinaire. Les Indiens non-soumis et les journaliers mangent sa chair qui est blanche. On la trouve inférieure à celle de la plupart des espèces de Tatous. Azzara (*loc cit.*) a le premier rattaché cette espèce au genre Agouti.

Desmarest (Mammalogie, p. 361) dit que le prince Maximilien de Neuwied a établi une cinquième espèce d'Agouti, qui, d'après le site qu'indique son nom, différerait des précédentes; c'est le *Cavia rupestris*; mais il dit ne la pas connaître. Nous ne la connaissons pas non plus.

(A. D..NS.)

CHLOROPHANE. MIN. Variété de Chaux fluatée de Sibérie, compacte et violette, qui brûle en donnant une belle lumière verte. *V.* CHAUX FLUATÉE.   (LUC.)

CHLOROPHOSPHORIQUE (ACIDE). MIN. Nom que Davy a donné à la combinaison du Phosphore avec le Chlore jusqu'à saturation. Cette combinaison, qui présente des propriétés acides particulières, fut l'un des résultats des importans travaux du chimiste anglais.   (DR..Z.)

CHLOROPHYTE. *Chlorophytum.* BOT. PHAN. Ce genre a d'abord été constitué par Ker dans le *Botanical Register;* mais c'est à R. Brown, qui eu a rapporté une espèce de la Nouvelle-Hollande, que nous emprunterons ses caractères génériques : un périanthe à six divisions profondes, étalées, égales et persistantes, renferme six étamines dont les filets sont glabres et filiformes; l'ovaire, divisé en trois loges polyspermes, est surmonté d'un style grêle et d'un stigmate; à cet ovaire succède une capsule triloculaire, trivalve, et qui présente trois lobes comprimés et marqués de veines; les semences peu nombreuses, comprimées, ont leur ombilic parfaitement nu.

Ces caractères, et surtout ceux du périanthe persistant et de la structure de la capsule, suffisent pour faire distinguer ce genre du *Phalangium* de Jussieu dont il est d'ailleurs très-voisin. R. Brown (*Prodr. Flor. Nov.-Hol.*, p. 277) y rapporte l'*Anthericum elatum, Hort. Kew*, une espèce non décrite du Cap, et la Plante qu'il a trouvée sur les côtes intra-tropicales de la Nouvelle-Hollande et qu'il a nommée *Chlorophytum laxum.* Ces Plantes appartiennent à la famille des Asphodélées et à l'Hexandrie Monogynie de Linné. Leurs racines sont fasciculées, leurs feuilles radicales linéaires ou quelquefois un peu élargies, et elles possèdent des fleurs blanches, disposées en grappes et portées sur des pédicelles articulés dans leur partie moyenne. (G..N.)

CHLOROPTÈRE. POIS. (Lacépède.) Espèce du genre Spare. (B.)

* CHLOROPUS. OIS. Nom latin de la Poule d'eau, *Fulica Chloropus*, L. *V*. POULE D'EAU. (DR..Z.)

CHLOROSAURA. REPT. SAUR. Syn. de Lézard verd chez les Grecs modernes. (B.)

CHLOROSE. BOT. PHAN. *V*. MALADIES DES ARBRES.

*CHLOROXICARBONIQUE (ACIDE). CHIM. On a donné ce nom à la combinaison du Chlore avec le gaz oxide de Carbone, que Davy, à qui la connaissance en est due, avait nommée Phosgène. Quelques-unes de ses propriétés acides ont été reconnues par différens chimistes. (DR..Z.)

CHLOROXYLON. BOT. PHAN. Browne (*Jamaïc.*, 187, t. 7, f. 1) a décrit et figuré sous ce nom une Plante que Linné a rapportée aux Lauriers, en lui donnant pour nom spécifique celui dont Browne s'était d'abord servi pour le faire connaître. (G..N.)

* CHLORURES. CHIM. Combinaisons du Chlore avec différens corps simples ou composés, tels que l'Oxigène, l'Azote, le Soufre, le Phosphore et quelques bases métalliques. Les propriétés de plusieurs Chlorures qui, tous, sont des produits de l'art, commencent à être bien connues. (DR..Z.)

CHLOVOLOUCH. BOT. PHAN. Vieux nom teutonique de l'Ail cultivé. (B.)

CHLUNES. MAM. L'un des noms grecs du Sanglier.

CHMEL ET CHMIEL. BOT. PHAN.

Syn. de Houblon dans les dialectes sclavons. (B.)

* CHNEES. POIS. Nom que porte aux Moluques le Chironecte de Cuvier. *V*. LOPHIE. (B.)

CHNOUS. BOT. PHAN. Syn. égyptien de Séclolyme, d'après Adanson. (B.)

CHO. OIS. Syn. languedocien de Chevêche, *Strix passerina*, L. *V*. CHOUETTE. (DR..Z.)

CHOA. MAM. Syn. d'Éléphant chez les Hottentots. (B.)

CHO-AA. MAM. (Kolb.) Syn. hottentot de Chat. (B.)

CHOAGH. OIS. Et non *Chaugh*, qui est autre chose. Syn. anglais du Choucas, *Corvus Monedula*, L. *V*. CORBEAU. (DR..Z.)

CHO-AKA-MMA ou CHOAKKAUMA. MAM. Noms que les Hottentots donnent, suivant Kolb, à une espèce de Babouin que l'on croit être le Babouin noir, *Simia porcaria*. (G.)

CHOANA. POLYP. Polypier figuré par Gualtieri, tab. 42, *in vers.*; qui semble se rapprocher du *Madrepora infundibuliformis* de Bosc. – (LAM..X)

CHOASPITES. MIN. (Valmont de Bomare.) Syn. de Chrysobéril. *V*. ce mot et CYMOPHANE.

CHOAUNE. BOT. PHAN. (Prosper Alpin.) Syn. turc de Café. *V*. ce mot. (B.)

CHOB. POIS. Espèce du genre Cyprin. *V*. ce mot.

CHOBA ou CHOVA. OIS. Syn. espagnol du Choucas, *Corvus Monedula*, L. *V*. CORBEAU. (DR..Z.)

CHOBÆS ou CHOBAZ. BOT. PHAN. Syn. arabe d'*Hibiscus purpurœus*. *V*. KETMIE. (B.)

* CHOBAR ou CHABAZA. BOT. PHAN. Syn. arabe de *Sida hirta*. *V*. SIDA. (B.)

CHOBBEIZE. BOT. PHAN. (Forskalh.) Syn. arabe de *Malva rotundi-folia*. (B.)

* CHOBS-EL-OKEB. BOT. PHAN. (Forskalh.) Syn. arabe de *Campanula edulis*. Espèce de Campanule dont la racine, plus grosse que celle de la Rapuncule, est mangeable comme elle. (B.)

* CHOCARD. OIS. (Cuvier.) *V.* PYRRHOCORAX.

CHOCAS, CHOUCA ET CHUCAS. OIS. Syn. de Choucas. *V.* CORBEAU.

* CHOCH. BOT. PHAN. (Forskalh.) Syn. égyptien de Pêcher. *V.* ce mot. (B.)

CHOCHA. OIS. Que l'on prononce *Tchotcha*. Syn. espagnol de Bécasse, *Scolopax rusticola*, L. *V.* BÉCASSE. (B.)

CHOCHA-PERDIZ. POIS. C'est-à-dire *Bécasse-Perdrix*. Syn. espagnol de Centrisque-Bécasse, qu'on nomme aussi en Galice *Chocha marina*, Bécasse de mer. *V.* CENTRISQUE. (B.)

* CHOCHE-PIERRE. OIS. Syn. vulgaire du Gros-Bec, *Loxia Coccothraustes*, L. *V.* GROS-BEC. (DR..Z.)

* CHOCHE-POULE. OIS. Syn. vulgaire du Milan, *Falco Milvus*, L. *V.* FAUCON. (DR..Z.)

CHOCHI. OIS. Espèce du genre Coua, *Cocyzus Chochi*, Vieill. *V.* COUA. (DR..Z.)

CHOCHINA. OIS. C'est-à-dire *petite Bécasse*, et qu'on prononce *Tchotchina*. Syn. espagnol de la Bécassine, *Scolopax Gallinula*, L. *V.* BÉCASSE. (DR..Z.)

CHOCHO. BOT. PHAN. (Adanson.) Syn. de *Sechium. V.* ce mot.

CHOCHOL OU CHOCHUT. MAM. Syn. russes de Desman. (B.)

CHOCHOPITLI. OIS. Syn. mexicain de l'Ibis blanc d'Amérique, *Tantalus albus*, Lat. *V.* IBIS. (DR..Z.)

CHOCOTTE. OIS. Syn. vulgaire

TOME IV.

du Choucas, *Corvus Monedula*, L. *V.* CORBEAU. (DR..Z.)

CHOCOTUN. OIS. Syn. russe de la Mouette rieuse, *Larus ridibundus*, L. *V.* MAUVE. (DR..Z.)

* CHOCPADA. BOT. PHAN. Même chose que Champada. *V.* ce mot.

* CHODA. BOT. PHAN. (Forskalh.) Syn. arabe de Mouron à large feuille. Espèce du genre Anagallide. *V.* ce mot. (B.)

* CHODARA. BOT. PHAN. L'un des noms arabes de la Valériane grimpante de Forskalh. (B.)

* CHODARDAR. BOT. PHAN. (Forskalh.) Syn. arabe de *Cotyledon orbiculata. V.* COTYLET. (B.)

CHODEIRA. BOT. PHAN. (Forskalh.) Syn. arabe de *Bunias orientalis*. (B.)

CHODIE. BOT. PHAN. Syn. arabe de *Justicia triflora*, espèce de Carmantine. (B.)

* CHODRAB. BOT. PHAN. (Forskalh.) Syn. arabe de *Senecio hadiensis. V.* SENEÇON. (B.)

CHOECHENNIVO. BOT. PHAN. Syn. japon de Linaigrette. *V.* ce mot. (B.)

CHOEL. MOLL. Et non *Joyel*. Nom vulgaire de l'Haliothide sur les côtes océaniques d'Espagne. (B.)

CHOELOPUS. MAM. Illiger propose de former sous ce nom un genre de l'Unau. *V.* BRADYPE. (B.)

* CHOENOMÈLES. BOT. PHAN. J. Lindley, dans son travail sur les Pomacées (*Trans. Soc. Lin. Lond.* 13, p. 97), nomme ainsi un genre qu'il propose d'établir pour le *Pyrus japonica* de Thunberg. Le caractère distinctif de ce genre consiste principalement dans son fruit qui s'ouvre naturellement en cinq valves à l'époque de sa maturité. (A. R.

CHOERL. MIN. Pour *Schorl. V.* ce mot.

* CHOERORYNQUE. pois. *V*. SPARE.

CHOETODIPTÈRE. pois. Sous-genre de Chœtodon. *V*. ce mot. (B.)

CHOETODON. *Chœtodon*. pois. Ce nom fut premièrement créé par Séba , à qui Artedi conseilla de l'employer pour caractériser des Poissons dont les dents, allongées en forme de crin , flexibles et serrées, donnaient à une partie de leur bouche l'air d'être garnie d'une étoffe , ce que Cuvier a désigné par *dents en velours*. Linné , ayant moins égard à cette étymologie qu'à l'aspect général d'une famille nombreuse de ses Poissons thoraciques, appliqua le nom de Chœtodon à l'un des genres les plus étendus qu'il ait institués, et dont les naturalistes sentirent bientôt la nécessité de reporter les espèces dans divers genres nouveaux. Lacépède, restreignant le nom de Chœtodon aux espèces qui ont réellement les dents en velours, les sous-répartit encore dans les genres Acanthinion,Chœtodiptère,Pomacentre , Holacanthe et Enoplose. Il renvoya aux genres Glyphisodon, Acanthure, Aspisure, Acanthopode et Chevalier (*V*. tous ces mots), les espèces dont les dents ne sont pas soyeuses. Le genre Chœtodon, tel qu'il était autrefois, forme presqu'en entier avec les Zées la viugt-deuxième famille de Duméril, que ce savant nomme des Leptosomes , et celle des Squammipennes de Cuvier, la sixième de l'ordre des Acanthoptérygiens.

Les véritables Chœtodons ont , selon l'auteur de l'excellente histoire du Règne Animal, les dents semblables à des crins par leur finesse et par leur longueur, et rassemblées sur plusieurs rangs serrés , comme les poils d'une brosse; le corps très-comprimé, élevé verticalement, et les nageoires dorsale et anale tellement couvertes d'écailles pareilles à celles du dos , qu'on a peine à distinguer l'endroit où elles commencent; leurs opercules n'ont ni dentelures ni épines. Ces Poissons , très-nombreux dans les mers des pays chauds, y sont peints des plus belles couleurs ; la nature semble avoir voulu épuiser sur leurs écailles polies tout l'éclat de ses richesses métalliques; le noir mat de l'Anthracite s'y mêle à l'Or , au Bronze, au Lapis-Lazuli , aux reflets de l'Argent poli, ou à la blancheur de l'Argent mat. Des taches et surtout des bandes tranchées , élégamment disposées , mettent ces diverses couleurs dans les rapports qui en peuvent le mieux faire ressortir le luxe : aussi les Chœtodons sont-ils fort recherchés dans les collections , où leur forme et la consistance de leurs écailles permettent de les conserver aisément , sans qu'ils deviennent méconnaissables. Les iconographes se sont plus à en enrichir leurs ouvrages , et les gourmets en recherchent la chair blanche, délicate et savoureuse. Tous habitent les mers des pays chauds , et s'élèvent peu vers les tropiques. Ils ne sont guère connus que depuis la découverte de l'Amérique, ou depuis que les Portugais commencèrent à explorer les côtes de l'Inde , après avoir doublé le cap de Bonne-Espérance. L'antiquité les ignora complètement. Si l'on considère la bizarrerie de leur forme et le luxe de leur parure, on est tenté de considérer les Chœtodons comme occupant parmi les habitans des eaux le rang que les Perroquets occupent parmi les hôtes de l'air. Ils vivent au voisinage des côtes, se plaisent entre les rochers où , s'élevant à la surface des eaux , en réfléchissant les feux du jour , ils ressemblent à des pierres précieuses que les efforts de la vague arracheraient de l'abîme pour les jeter au rivage. Il nous est quelquefois arrivé d'en tuer à coups de fusil au milieu de l'écume des flots. Les intestins des Chœtodons sont longs et amples ; leurs cœcums grêles et nombreux; ils ont une grande et forte vessie aérienne.

Tout restreint qu'il est, le genre Chœtodon est encore l'un des plus nombreux de l'ichtyologie; Cuvier, qui n'a pas cru devoir adopter comme genres toutes les coupures qu'on y a faites, y conserve néanmoins la plupart de ces coupures comme sous-genres , ainsi qu'il suit :

† Chœtodons proprement dits.

Corps ovale ayant des epines dorsa-les qui se suivent longitudinalement sans trop se dépasser.

La plupart des espèces de ce sous-genre sont des mers d'Orient ; les principales sont :

Le Zèbre , qu'il ne faut pas con-fondre avec l'Acanthure qui porte le même nom spécifique , *Chœtodon striatus* , L. , Gmel. , *Syst. Nat.* , I , P. II , p. 1249 ; Bloch , pl. 205, f. 1. Il a la tête et les opercules couverts d'écailles semblables à celles du dos ; deux orifices à chaque narine ; l'anus plus près de la tête que de la caudale ; celle-ci est arrondie ; sa couleur géné-rale est d'un beau jaune , avec quatre ou cinq bandes transverses brunes. Les pectorales sont noirâtres. Ce Poisson , l'un des plus grands de ce genre , habite l'Inde où sa chair est fort estimée. D. 10/32 , P. 14—19, V. 1/6, A. 3/22, C. 17—18.

La Tache noire , *Chœtodon uni-maculatus* , L. , Gmel. , *loc. cit.* , 1258 ; Bloch , pl. 201, f. 1 ; Encyc. , Pois. pl. 94 , f. 387. Cette espèce , dont la queue est en croissant , est remar-quable par une large bande noire qui passe de la nuque à la base des oper-cules , en comprenant les yeux , et par la grande tache qu'il porte de chaque côté du dos. Il habite les mers du Japon. D. 12/15, P. 14, V. 6 , A. 1/33, C. 16.

Le Bridé , *Chœtodon capistratus* , L. , Gmelin, *loc. cit.* , 1250 ; Bloch, pl. 205, f. 2 ; Encyc. , Pois. , pl. 47, f. 168 ; Séba , III , tab. 35, f. 16. Il dif-fère du précédent, avec lequel il pré-sente plus d'un rapport , par sa cau-dale arrondie, par la ligne noire trans-verse qu'il porte sur la tête, qui est bien plus étroite. Sa tache noire en-tourée de blanc est située sur les deux côtes de l'origine de la queue , au lieu de l'être sur le dos. D. 12/33, P. 14, V. 1/6, A. 3/77, C. 16.

Les Chœtodons Collier, *C. Collare* ,

L. , Gmel. , *loc. cit.* , p. 1265 ; Bloch , pl. 216, f. 1. — A huit bandes , *C. oc-tofasciatus* , L. , Gmel. , 1262, Bloch. , 215, f. 1. — Vagabond, *C. vagabun-dus* , L. , Gmel. , 1251 ; Bloch , 204, f. 2. — Occellé , *C. occellatus* , L. , Gmel. , 1260 ; Bloch, 211 , f. 3. — Bi-maculé , *C. bimaculatus* , Bloch , pl. 219, f. 1. — Faucille , *C. Falcula* , Bloch , p. 246 , f. 2. — De Klein , *C. Kleinii* , Bloch , pl. 218 , f. 2, et peut-être le Baro de Renard , pl. 20 , f. 109, sont les autres espèces connues du sous-genre qui vient de nous occuper.

†† Sétons.

Les rayons mous de la dorsale prolon-gés dans les mâles en longs filets.

Le Séton , *Chœtodon setifer* , Bloch, pl. 426 , f. 1 ; Pomacentre filament , Lac., Pois. p. 512. Des dentelures, mal à propos marquées à l'opercule dans la figure de Bloch , ont fait rapporter cette espèce par Lacépède à un genre auquel elle n'appartient pas. Sa cau-dale est arrondie. Une tache noire bor-dée de blanc se voit sur la dorsale avec un bandeau pareil sur les yeux, et des raies rangées sur le corps, dont le fond et jaunâtre.

Le Cocher , *Chœtodon Auriga* , Forsk. , *Faun. Arab.* , n° 81, Gmel., *loc. cit.* , 1266. Poisson presque rhom-boïdal , long de cinq pouces environ, d'un bleu pâle, avec seize fascies bru-nes parallèles sur le corps. La cau-dale est tronquée , et l'anale variée de lignes de diverses couleurs. D. 13/36, P. 16, V. 1/6, A. 3/24, C. 17.

††† Chelmons.

Museau saillant, s'allongeant au point de former un bec étroit qui donne au Poisson la figure d'un soufflet.

Le Bec allongé , *Chœtodon rostra-tus* , L. , Gmel. , *loc. cit.* , 1244 ; Bloch , pl. 202, f. 1 ; Encyc. , Pois. , pl. 45, f. 170 ; Séba , III , pl. 25, f. 17. Ce Pois-son , l'un des plus remarquables du genre par sa forme étrange et la viva-cité de ses couleurs , porte une tache noire entourée de blanc à l'angle que forme sa dorsale. L'Or et l'Argent brillent sur sa robe avec quatre fascies transversales et une vingtaine de raies longitudinales de la même couleur dans sa partie postérieure. Le Bec-Allongé se nourrit d'Insectes ; comme les Poissons du genre Toxote, il connaît l'art de faire la chasse à ceux-ci en leur lançant de l'eau qui les noie et les fait tomber à la mer : de-là l'usage indien d'en nourrir dans des vases comme nous entretenons des Dorades de la Chine dans nos appartemens. D. 5/40, P. 12—15, V. 1/6, A. 3/24, C. 14—15.

Le SOUFFLET, *Chœtodon longirostris*, Broussonet, *Icht. Déc.*, pl. 7 ; Encycl., Pois., pl. 47, f. 176. Ce Poisson vient de la mer du sud, et Broussonet, qui l'a fait connaître, ne l'a pas trouvé dans les eaux du grand Océan. Sa couleur générale est celle du Citron, avec une tache noire ronde à l'anale, vers la caudale. D. 11/35, P. 15, V. 1/6, A. 3/52, C. 3/23.

†††† PLATAX.

Le corps beaucoup plus haut que long, le museau obtus, les épines dorsales cachées dans les bords de la nageoire.

A. Les Platax rhomboïdaux.

Le TEIRA, *Chœtodon Teïra*, Gmel, *loc. cit.*, 1265 ; Bloch, pl. 199, f. 1 ; Encycl., pl. 43, fig. 187. *Chœtodon pinnatus*, L., Gmel., *loc cit.*, 1241. C'est le *Daakar* des Arabes qui en recherchent la chair savoureuse. Cependant la figure de l'Encyclopédie (pl. 95, f. 389) paraît fort différente de celle que le même ouvrage donne du Teïra. Il habite indifféremment la mer Rouge, les Indes-Orientales, et même l'Amérique. D. 5/34, P. 11—17, V. 1/6, A. 3/26, C. 17.

Le VESPERTILION, *Chœtodon Vespertilio*, Gmel., *loc. cit.* ; Bloch, pl. 199, f. 2 ; Chœtodon à larges nageoires, Encycl., Pois., pl. 95, f. 388. Cette espèce, des mers de l'Inde, se singularise parmi ses brillantes congénères par la teinte sombre de sa robe. Ses écailles sont fort petites. D. 5/41, P. 18, V. 6, A. 3/53, C. 17.

B. Les Platax orbiculaires.

Le PENTACANTHE, Lac., Pois. p. 476, pl. 11, f. 2, dont la Galline du même auteur paraît être un double emploi. Cette espèce n'est connue que par le dessin de Commerson qu'a reproduit Lacépède, et par une description très-insuffisante. Elle est des mers de l'Inde.

L'ORBICULAIRE, *Chœtodon orbicularis*, Forskalh, *Faun. Arab.*, n° 73, Gmel., *loc. cit.*, 1265, dont le *Chœtodon arthrithicus* de Schneider paraît être tout au plus une variété. Cette espèce, qui atteint à un pied de longueur, rappelle un peu la forme des Pleuronectes. Il habite les rescifs de la côte arabique.

††††† HÉNIOCHUS.

Les premières épines dorsales très-prolongées et formant comme un fouet, derrière lesquelles viennent des épines courtes.

La GRANDE ÉCAILLE, *Chœtodon macrolepidotus*, L., Gmel., *loc. cit.*, 1247 ; Bloch, p. 200, f. 1 ; Encycl., Pois., pl. 46, f. 175. La brièveté des descriptions de Lacépède, le peu de rapport qui existe entre le texte et les planches de son grand ouvrage sur les Poissons, ne permettent pas de décider si les deux figures qu'il donne (T. IV, pl. 11, f. 3, et pl. 12, fig. 1) comme seconde et troisième variétés de la Grande Écaille, sont réellement des variétés ou des espèces distinctes. Nous y voyons trop de différences pour pouvoir prononcer, outre que ces figures représentent les objets disproportionnés avec ce qui les environne, et doués de caractères fort différens de ceux qui semblent appartenir au Chœtodon qui nous occupe. Celui-ci acquiert jusqu'à vingt-cinq livres de pesanteur. Sa chair est délicieuse, sa couleur est argentée et resplendissante, avec deux fascies brunes transverses sur le corps. D. 11/37, P. 2/18, V. 1/6, A. 3/23, C. 17.

Le CORNU, *Chœtodon cornutus*, *loc. cit.*, 1241, Bloch, t. 200, f. 2, Encycl. pl. 44, fig. 168. La figure donnée par Lacépède, T. iv, pl. 11 , nous laisse encore dans l'incertitude; il est difficile qu'elle puisse convenir au Poisson de Bloch et de Bonnaterre. La disposition de ses bandes noires , les lignes blanches qui s'y mêlent , la tache caudale , la forme générale, semblent indiquer un Animal fort différent. Le *Chœtodon canescens* de Séba, T. iii, t. 25 , f. 7 , nous jette dans les mêmes doutes, et quoique Gmelin (*loc. cit.*, 1240) l'ait pris pour une espèce , il est possible que ce ne soit que la figure d'un individu dont les couleurs avaient été altérées. D. 7/46, P. 18, V. 1/6, A. 3/56, C. 16.

†††††† Ephippus.

Une échancrure entre la partie épineuse et la partie molle de la nageoire.

L'Argus, *Chœtodon Argus*, L. , Gmel., *loc. cit.* , 1248, Bloch , pl. 204, f. 1, Encycl. , pl. 94 , f. 386. Ce Poisson est presque gravé , violâtre en dessus, blanc en dessous, décoré de taches brunes, avec l'iris couleur d'or; il vit d'Insectes et habite non-seulement les rivages de la mer , mais encore les marais voisins où il passe pour rechercher les excrémens humains. Sa chair est savoureuse. D. 11/28, P. 18, V. 1/6, A. 4/18, C. 14.

L'Orbe, *Chœtodon Orbis*, Gmel., *loc. cit.* , 2244, Bloch , t. 102 , f. 2, Encycl., pl. 95 , f. 390. Cette espèce, de forme orbiculaire et de couleur bleuâtre , a l'iris couleur d'Or , et se trouve dans les mers de l'Inde. D. 9/28, P. 18, V. 1/6, A. 3/19, c. 16.

Le Forgeron, *Chœtodon Faber* , Bloch , p. 215, f. 2. — Le Tétracanthe, *C. Tetracanthus*, Lac. , T. iii, p. 25, f. 2. — Le Chœtodon en faux, *C. falcatus*, Lac., *punctatus*, Gmel., *loc. cit.* , p. 1240. — Et le Bicorne, *C. bicornis* , Cuv. , sont les autres espèces de ce sous-genre.

†††††† Chœtodiptères.

Deux dorsales.

Le Plumerien, *Chœtodon Plumerii* , Gmel., *loc. cit.* , 1260, Bloch ,

pl. 211 , f. 1 ; Chœtodiptère de Plumier, Lac., Pois. T. iv , p. 504. Cette espèce est de forme oblongue, recouverte de très-petites écailles , brunâtre en dessus , de couleur cendrée sur les flancs , blanche en dessous et décorée de six fascies ou bandes verdâtres. Elle habite les recifs des Antilles où sa chair est fort estimée. D. 5/35, P. 14, V. 1/5, A. 2/25, C. 12.

Le Terla de la côte de Coromandel (Russ. *Corom.* T. 1, p. 81) appartient au sous-genre des Chœtodiptères.

Nous ne réunirons pas aux Chœtodons , avec l'illustre Cuvier, les Holacanthes et les Pomacanthes (écrit mal à propos *Pocamanthes*) de Lacépède, les dentelures ou les piquans des opercules qui caractérisent ces genres autorisant à les tenir séparés.

Les Chœtodons, quoique restreints aujourd'hui dans les mers équinoxiales, ont été autrefois répandus sur d'autres parties de la surface du globe ; plusieurs de leurs espèces , le Teïra et le Vespertilion particulièrement, sont parfaitement reconnaissables dans les empreintes du mont Bolca et prouvent que, parmi ce grand nombre d'Animaux fossiles contemporains d'un vieux monde, s'il est des races qui aient disparu, il en est qui se sont perpétuées jusqu'à nous.   (B.)

* **CHOFAR – ERROBAD.** BOT. PHAN. (Forskalh.) Syn. arabe d'*Ornitogallum flavum. V.* ORNITOGALLE.   (B.)

CHOFTI. OIS. (Belon.) Syn. vulgaire du Pouillot, *Motacilla Trochilus*, L. *V.* BEC-FIN.   (DR..Z.)

CHOIN. *Schœnus.* BOT. PHAN. Genre de la famille des Cypéracées et de la Triandrie Monogynie de Linné, fondé par ce savant naturaliste et présentant les caractères suivans : fleurs glumacées, peu nombreuses, disposées en épis ; écailles ou paillettes fasciculées, conniventes et se recouvrant mutuellement; les inférieures vides; les supérieures renfermant trois étamines à filets capillaires et un ovaire surmonté d'un style caduc, à stigmate trifide, auquel succède une caryopse lenticulaire ou trigone, luisante, n'ayant aucune soie à sa base. C'est par l'absence de soies hypogynes seulement que ce genre diffère des *Chœtospora* de Brown. Ce caractère serait néanmoins de peu de valeur, si l'on admettait avec le professeur De Candolle (Fl. fr. 3ᵉ édit.) que les *Schœnus nigricans*, *Sch. ferrugineus*, *Sch. albus* et *Sch. fuscus*, ont leurs fruits munis de trois soies hypogynes.

Tous les *Schœnus* de Linné ne présentent pas les notes distinctives que nous venons de tracer. Il en est dont le port particulier indique aussi des différences dans les organes de la fructification ; cependant ces différences se sont trouvées si faibles, quand les Plantes ont été bien examinées, que beaucoup d'auteurs n'ont pas admis leur distinction générique. R. Brown a défini le genre *Schœnus* à peu près comme nous l'avons exposé ; il a principalement insisté sur l'absence des soies hypogynes par opposition des caractères qu'il a assignés aux Chætospores ; Kunth (*in Humboldt et Bonpland Nova Genera et Spec. Pl. Americ. œquinoct.*) a caractérisé aussi à peu près de même le genre *Schœnus ;* cependant il a réuni aux *Chœtospora* de Brown plusieurs *Schœnus* de Linné et les *Rhynchospora* de Vahl. *V.* ces divers mots. Sous le nom générique de *Cladium* proposé autrefois par Browne (*Jamaïc.* p. 114), l'auteur du Prodrome de la Flore de la Nouvelle-Hollande a décrit une quinzaine d'espèces dont quelques-unes appartenaient aux *Schœnus* de Linné et de Labillardière. Tels sont les *Schœnus mariscus*, L., *Schœnus filum* et *Sch. acutus*, Labill. Au reste, le genre Choin est très-voisin des Scirpes dont il ne diffère réellement que par la vacuité ou la stérilité de ses fleurs inférieures. La faible importance de ce caractère avait été bien sentie par De Candolle qui, dans la 3ᵉ édit. de la Flore française, incline vers l'opinion de Haller, lequel a placé parmi les

Scirpes tous les *Schœnus* dont les fruits sont munis à leur base de ces poils qu'il faut se garder de confondre avec les débris des filets des étamines. Cette affinité des genres *Schœnus* et *Scirpus* a occasioné de la confusion dans les espèces décrites par les auteurs. Ainsi les *Schœnus junceus*, Willd., *Sch. radiatus*, L., etc., sont rapportés aux *Scirpus* par Vahl qui a fait un travail particulier sur ces Plantes, et réciproquement ce botaniste place dans les *Schœnus* le *Scirpus trigynus* de Linné. Ce serait outrepasser les bornes de ce Dictionnaire que de vouloir faire connaître les erreurs et doubles emplois commis par les auteurs relativement aux *Schœnus*. Nous ne parlerons pas non plus des nouveaux genres formés avec les démembremens de celui-ci, tels que les *Dichromena*, *Mariscus*, *Melancranis*, *Rhynchospora* et *Machœrina*. Sous chacun de ces mots il sera parlé des Choins qui ont servi à les établir.

Les Choins sont des Plantes herbacées marécageuses, répandues sur tous les points de l'ancien et du nouvel hémisphère, plus nombreuses néanmoins dans les régions équinoxiales. On en compte plus de cinquante, dont un petit nombre habite la France. Car si on retire de ce genre le *Sch. Mariscus* qui, comme nous l'avons dit plus haut, est une espèce de *Cladium*, on ne rencontre chez nous que les *Sch. nigricans*, *Sch. ferrugineus*, *Sch. albus*, *Sch. fuscus* et *Sch. mucronatus*. Ce sont des Herbes fort peu importantes à connaître sous le rapport de l'utilité et de l'agrément. Nous n'en donnerons donc pas de description détaillée. (G..N.)

Les Kalmoulcks donnent le nom de Choin à la Fraise. (B.)

CHOIN (PIERRE DE). MIN. Nom vulgaire sous lequel on désigne un calcaire coquillier de transition qui se trouve aux environs de Lyon, et avec lequel sont bâties plusieurs constructions importantes de cette ville.

(G.)

CHOIN JALMA. mam. Syn. kalmouck de *Mus jaculus*, Pall. *V.* Gerboise.   (b.)

CHOINA ou CHOYKA. bot. phan. Syn polonais de *Pinus sylvestris*. *V.* Pin.   (b.)

CHOINE. bot. phan. (L'Ecluse.) Syn. présumé d'*Anona muricata*, L. *V.* Anone.   (b.)

CHOIRADOLETRON. bot. phan. (Dioscoride.) Syn. de *Xantium*. *V.* Lampourde.   (b.)

* CHOISYE. *Choisya*. bot. phan. Kunth, dans le sixième volume des *Nova Genera et Spec. Pl. Am. œquin.*, vient de proposer ce nouveau genre de Plantes, qu'il range dans la famille des Diosmées ou Rutacées de Jussieu. Il lui assigne pour caractères : des fleurs hermaphrodites, ayant un calice formé de cinq sépales caducs ; une corolle de cinq pétales hypogynes, onguiculés à leur base, également caducs. Les étamines, au nombre de dix, dont cinq alternes avec les pétales sont plus longues, s'insèrent sous l'ovaire. Les filets sont libres et non soudés ; les anthères cordiformes, à deux loges qui s'ouvrent par une fente longitudinale. L'ovaire est sessile, à cinq loges contenant chacune deux ovules superposés et fixés à l'axe central. Il n'y a pas de disque. Le style se termine par un stigmate capitulé et à cinq lobes. Le fruit est une capsule ovoïde, à cinq côtes et à cinq cornes à son sommet. Elle offre cinq loges.

Ce genre est voisin du Zanthoxylum, mais en diffère par ses fleurs hermaphrodites, par son calice grand et caduc, par ses étamines au nombre de dix, par son ovaire simple, son style unique et la structure de son fruit.

Le *Choisya ternata*, Kunth (*loc. cit.*, p. 6, t. 513), est un Arbuste très-rameux, portant des feuilles opposées, composées de trois folioles très-entières, ponctuées et glanduleuses. Ses fleurs sont blanches, pédicillées,

réunies à l'aisselle des feuilles supérieures. On le cultive à Mexico.

Kunth pense que le *Fagara capensis* de Thunberg appartient probablement à ce genre, dont il forme une seconde espèce.   (a. r.)

* CHOLEOS. ois. (Belon.) Syn. ancien du Geai, *Corvus glandarius*, L. *V.* Corbeau.   (dr..z.)

* CHOLESTERINE. chim. Substance particulière que l'on obtient des calculs biliaires humains en les traitant par l'Alcohol bouillant et en abandonnant à la cristallisation la liqueur suffisamment filtrée et évaporée. La matière cristalline qui en résulte est blanche, brillante, insipide, fusible à une température de cent trente-sept degrés. Passé cette élévation, elle se décompose en laissant un résidu charbonneux.   (dr..z.)

CHOLÈVE. *Choleva*. ins. Genre de l'ordre des Coléoptères, section des Pentamères, établi par Latreille (*Gener. Crust. et Insect.*, T. ii, p. 26) et ayant pour caractères : palpes maxillaires terminés brusquement en alène ; les deux premiers articles des antennes peu différens des suivans en grosseur et par la forme. Les Cholèves, qui appartiennent (Régn. Anim. de Cuv.) à la grande famille des Clavicornes, ont, de même que les Nitidules et les Scaphidies, des mandibules comprimées et échancrées au bout ; mais elles diffèrent de ces deux genres par leurs palpes maxillaires et par leurs antennes qui grossissent insensiblement, ou forment peu à peu une massue très-allongée et composée d'articles lenticulaires où en forme de toupie. Ces Insectes ont le corps ovale, élevé, convexe en dessus avec la tête penchée ; ils sont très-agiles et vivent sous les écorces des vieux Arbres, dans les Champignons pourris. Nous ne connaissons rien de leurs mœurs.

Ce genre comprend les Catops de Fabricius et de Paykull. Il correspond à celui des Ptomaphages de Knoch et d'Illiger ; on pourrait aussi lui réunir les Milœques de Latreille.

Le genre Cholève renferme un assez grand nombre d'espèces; Spence (*Linn. Societ. Trans.* T. xi, p. 123) en a donné une très-bonne monographie. Il en décrit jusqu'à dix-huit, qu'il range dans trois sections basées sur la forme des antennes et du thorax. Parmi ces espèces, nous en citerons quelques-unes pour la synonymie, et nous les choisirons dans chaque section.

La Cholève oblongue, *Ch. oblonga*, Latr., Spence, ou le *Catops elongatus* de Paykull (*Fauna Suecica*, T. 1, p. 345, 3) et de Gyllenhal (*Ins. Suec.*, T. 1er, p. 281, 6), qui est la même espèce que la *Cistela augustata* de Fabricius, le *Carabus rufescens* d'Herbst (*Arch.* v, 159, 40?) et le *Luperus cisteloïdes* de Frolich (*Natur. Forsch.* T. xxviii, p. 25, 3, t. 1, fig. 15).

La Cholève triste, *Chol. tristis*, Latr., Spence, ou le *Dermestes fornicatus* de Rossi (*Fauna Etrusca*, 352, 31?), qui ne diffère pas de la *Cistela ovata* d'Olivier, de l'*Helops tristis* de Panzer (*Faun. Ins. Germ.*, T. viii, 1) et du *Tritoma Morio* de Fabr. (*Entom. Syst.*) ou de son *Catops Morio* (*Syst. Eleuther.*).

La Cholève veloutée, *Ch. villosa*, Latr., Spence, ou le *Bouclier brun velouté* de Geoffroy (Hist. des Ins. T. 1er, p. 123), qui est la même que le *Peltis villosa* de Fourcroy (*Hist. Ins. Par.*), ou le *Catops truncatus* de Gyllenhal (*loc. cit.* T. 1er, p. 279, 3). Cette espèce se rencontre aux environs de Paris.

Spence (*loc. cit.* p. 158) place dans ce genre, sous le nom de Cholève brune, *Ch. brunnea*, le *Mylæchus brunneus* de Latreille (*Gener. Crust. et Ins.*, t. 8, fig. 11) ou l'*Hallominus testaceus* de Panzer (*Faun. Ins. Germ.* fasc. lvii, 23). (AUD.)

CHOLIBA. ois. Espèce du genre Chouette, *Strix Choliba*, Vieill. *V.* CHOUETTE. (DR..Z.)

CHOLODOK. bot. phan. Syn. russe de *Rubus fruticosus. V.* RONCE. (B.)

CHOLSA. bot. phan. Syn. persan de *Portulaca oleracea*, L. *V.* POURPIER. (B.)

* CHOMAESCH. bot. phan. (Forskalh.) Nom arabe d'une variété d'Oranger. (B.)

* CHOMAH. bot. phan. (Forskalh.) Syn. arabe de *Ruellia hispida. V.* RUELLIE. (B.)

CHOMAK. mam. Syn. russe de Hamster. *V.* ce mot. (B.)

CHOMEITAH. ois. (Savigny.) Syn. égyptien de l'Orfraie, *Falco Ossifragus*, L. *V.* AIGLE. (DR..Z.)

CHOMÉLIE. *Chomelia.* bot. phan. Genre de la famille des Rubiacées et de la Tétrandrie Monogynie de Linné, établi par Jacquin et adopté par Jussieu, qui le caractérise ainsi : calice turbiné, court, à quatre divisions; corolle dont le tube long et étroit est terminé par un limbe aussi à quatre divisions. Fruit drupacé, soudé avec le calice, contenant une noix biloculaire et disperme.

Une seule espèce, *Chomelia spinosa* (*Jacq. Plant. Amer.* 18, t. 13) compose ce genre. C'est un petit Arbuste indigène des forêts de Carthagène en Amérique, très-rameux et armé d'épines nombreuses placées dans les aisselles des ramuscules; ses feuilles sont terminales au sommet des branches, et ses pédoncules sont axillaires et solitaires. Chacun de ceux-ci porte ordinairement trois fleurs.

Lamarck (Encycl. méthod.) prétend que ce genre est identique avec l'*Ixora*. Swartz (*Flor. Amer. Occid.*) y réunit encore une espèce, le *Chomelia fasciculata*, qui, selon Willdenow, appartient également aux *Ixora*. Le *Chomelia* de Linné (*Genera*, 2e édit.) doit être distingué du genre dont nous traitons ici. Linné lui-même l'a placé depuis parmi les *Rondeletia*, et A.-L. de Jussieu (Mém. sur les Rubiacées, Mém. du Mus. d'Hist. Nat., vol. vi, année 1820) doute s'il doit rester dans ce dernier genre. Cet Arbuste, appelé *Cupi* par Rhéede et Adanson, est le *Canthium* de Lamarck ou le *Webera* de Willdenow. S'il a pour fruit une baie polysperme, comme l'assurent Rhéede et Gaertner fils, on doit le distinguer génériquement du *Canthium*, et alors en reconstituer le genre *Webera*. *V.* ce mot. Au surplus, le nombre cinq de ses étamines ne permet aucunement de le confondre avec le genre *Chomelia* de Jacquin. Par la simple citation des noms imposés à ces Plantes, on peut juger combien leur connaissance, pour être parfaite, laisse encore à désirer. (G..N.)

CHOMET. ois. *V.* Chaumeret.

CHOMET. rept. oph. Syn. hébreu d'*Anguis fragilis*. *V.* Orvet.
(B.)

CHOMEYTAH-EL-KEBYR. ois. Syn. arabe du grand Vautour barbu, *Phene gigantea*, Savig. *V.* Vautour.
(DR..Z.)

CHON. ois. Syn. du Coucou gris, *Cuculus canorus*, L., chez les Tartares. *V.* Coucou.   (DR..Z.)

* CHON-AMBASA. mam. (Salt.) Syn. abyssinien de *Caracal*. Espèce du genre Chat. *V.* ce mot.   (B.)

CHONDODENDRON. bot. phan. Ruiz et Pavon, dans leur Flore du Pérou, ont institué ce genre nouveau de la famille des Ménispermées et de la Diœcie Hexandrie pour une Plante sarmenteuse, grimpante, ayant les feuilles cordiformes, acuminées, crenelées et tomenteuses à leur face inférieure. Cette espèce, dont l'écorce est très-amère, et dont on ne connaît que les fleurs mâles, a été rapportée par Persoon (*Synops. Plant.*) au genre *Epibaterium* de Forster, et plus récemment, le professeur De Candolle (*Syst. Nat. Véget.*) en a fait une espèce de son genre *Cocculus* sous le nom de *Cocculus Chondodendron*. *V.* Cocculus.   (A. R.)

CHONDRACANTHE. *Chondracanthus.* crust? Genre de la famille des Épizoaires de Lamarck (Anim. sans vert. T. III, p. 225), établi par De-

laroche (Nouv. Bull. des sciences, T. II, p. 270, pl. 2, fig. 2). Les caractères qu'il lui a assignés sont : corps ovale, inarticulé, couvert d'épines cornées, dirigées en arrière ; tête armée de deux pinces cornées et de deux tentacules courts ; col court aplati ; ovaire externe, ovale, recourbé entre les épines postérieures.

Delaroche a caractérisé ce genre d'après une espèce qu'il a observée sur les branchies du Poisson Saint-Pierre (*Zeus Faber*, L.) Depuis, Blainville lui a donné les caractères suivans : corps symétrique pair, subarticulé, recouvert d'une peau comme cartilagineuse, assez dure, partagé en thorax et abdomen ; le premier formant une sorte de tête bien distincte, avec la bouche armée d'espèces de palpes ; le second pourvu de chaque côté d'un certain nombre d'appendices pairs, divisés en plusieurs lobules ; rudimens de membres et branchies terminés en arrière par deux ovaires de forme un peu variable.

Ce genre se rapproche beaucoup des Lernées et des Caliges par sa manière de vivre ; mais il se distingue des premiers par ses tentacules non en forme de bras, par son corps court, ovale et chargé d'épines cartilagineuses, et des seconds, par l'absence des pieds.

Ces Animaux sont parasites et vivent sur les branchies des Poissons. La seule espèce bien connue est le Chondracanthe du Poisson Saint-Pierre, *Chondracanthus Zei* (Delar.) Il est le même que celui décrit par Blainville sur un individu envoyé par Leach et trouvé sur un Thon. La description de Blainville étant plus étendue, nous en donnerons l'extrait : ce que Delaroche a nommé la tête lui semble devoir être regardé comme le thorax ; il est convexe en dessus et concave en dessous ; de chaque côté de la ligne médiane et au bord antérieur du thorax est un tubercule ovalaire placé de champ. Sa base est en dedans, et il est séparé de celui qui lui est opposé par une rainure assez profonde qui se prolonge en dehors par un petit tentacule conique collé contre le bord antérieur du thorax. Cette espèce de thorax a sa partie supérieure occupée par une sorte de bouclier corné sous la peau ; de chaque côté est un bourrelet charnu qui donne à ce thorax l'apparence d'une ventouse. Dans son milieu et antérieurement, est une paire d'organes légèrement cornés, recourbés en dedans ; au-dessus, est évidemment la bouche qui paraît oblique.

Le rétrécissement qui suit le thorax a de l'analogie avec l'espace qui, dans le Cyame, porte les fausses pates ; on y distingue trois articulations dont la première plus courte sans appendice, et les deux autres portant chacune une paire latérale à trois rameaux.

L'abdomen, beaucoup plus large en avant, se rétrécit vers l'arrière ; on n'y distingue que deux anneaux ; l'antérieur, qui est le plus large, porte une paire d'appendices divisés en trois rameaux coniques recourbés en dedans. Le dernier anneau offre également une paire d'appendices, mais les trois branches sont subdivisées.

On doit peut-être encore regarder comme un anneau une espèce de queue qui termine le corps, recouvre la base des ovaires, et est composée de deux cornes. Enfin, l'abdomen est terminé par une bande transverse au-delà de laquelle on voit deux tubercules d'où dépendent les sacs des ovaires, et une autre paire de petits corps cylindriques renflés à leur extrémité au milieu desquels est l'anneau.

Il serait possible que plusieurs Lernées appartinssent à ce genre. Cuvier (Règn. Anim., pl. 15, fig. 3, 4 et 5) en rapproche trois espèces qui lui paraissent avoir quelques caractères propres à ce genre ; mais comme il n'a pas accompagné ses figures de descriptions, il est difficile de l'assurer. (G.)

CHONDRACHNE. *Chondrachne.*

BOT. PHAN. Le *Restio articulatus* de Retz (Obs. 4, p. 15) est devenu le type de ce nouveau genre que R. Brown a proposé d'établir et qu'il place dans la famille des Cypéracées. Il lui donne pour caractères : des fleurs disposées en épi, dont les écailles sont cartilagineuses et imbriquées de tous côtés ; à la base de chaque écaille existe un épillet multiflore androgyn, formé de paillettes fasciculées, dont les extérieures constituent autant de fleurs mâles et monandres, au centre desquelles existe un ovaire comprimé surmonté d'un style bifide. Il n'y a point de soies hypogynes.

Le célèbre auteur du *Prodromus Floræ Novæ-Hollandiæ* dit que ce genre, qui a le port des *Chorizandra*, pourrait bien être le même que le professeur Richard avait précédemment établi dans le *Synopsis* de Persoon, sous le nom de *Lepironia*. Mais tout en convenant de l'affinité de ces deux genres, nous ne partageons pas entièrement l'opinion de R. Brown. En effet, dans le *Lepironia*, à la base de chaque écaille on trouve un épillet hermaphrodite et uniflore, formé d'un grand nombre d'écailles, dont les deux plus externes, qui sont plus carénées, constituent une sorte de glume bivalve. On trouve à leur intérieur quinze ou seize écailles plus étroites et comme lancéolées, de quatre à six étamines, dont les anthères sont linéaires, et un pistil surmonté d'un style biparti. *V.* LÉPIRONIE. (A. R.)

CHONDRE. *Chondrus.* BOT. CRYPT. (*Hydrophytes.*) Genre de la famille des Floridées ; il offre pour caractères des tubercules hémisphériques ou ovales, situés sur la surface des feuilles ou des frondes, jamais sur les bords ni aux extrémités, et ne formant saillie que d'un seul côté ; feuilles planes et rameuses. Stackhouse, dans son ouvrage sur les Fucus, intitulé : *Nereis britannica*, etc., a proposé ce genre que nous adoptons, mais en changeant les caractères, à cause des nouvelles espèces que nous avons ajoutées. Ce savant botaniste le définit ainsi : *pericarpium ovatum, immersum, utrinque proeminens; seminulis intùs in muco pellucido.* Les espèces ou les individus dans lesquels le même tubercule est saillant des deux côtés, sont si rares que nous n'en avons pas encore vu. Ces tubercules, assez nombreux, hémisphériques ou ovales, plus ou moins allongés, ont dans certaines espèces deux à trois millimètres de largeur; ordinairement ils sont plus petits. Nous n'avons jamais trouvé de double fructification sur les Plantes de ce genre. L'organisation paraît formée d'un tissu cellulaire plus égal et beaucoup plus solide que celui des Delesseries; elle résiste plus long-temps aux fluides atmosphériques, et semble braver la fureur des vagues. Les feuilles diffèrent entièrement de celles des Delesseries de la première section, et un peu moins des feuilles des espèces du même genre, classées dans la troisième section ; de même que ces dernières, elles sont dépourvues de nervures. On pourrait les considérer comme une dilatation de la tige qui se divise en de nombreuses dichotomies : ces feuilles sont quelquefois mamillaires ou prolifères. La couleur ne présente point les brillantes nuances des Plantes du genre Delesserie; il semble que le violet et le pourpre foncé soient l'apanage de celui-ci, tandis que le rouge décore les feuilles des Delesseries : quelquefois une légère teinte de vert se mêle à ces couleurs. Les *Chondrus* périssent à l'époque de la maturité des graines; quelques espèces, des régions tempérées ou équatoriales, paraissent bisannuelles.

Les *Chondrus* sont rarement parasites, et se plaisent davantage sur les roches calcaires, argileuses ou schisteuses, que sur les Granits et les Quarz. Ce genre est composé de plusieurs espèces sujettes à beaucoup de variations ; nous avons nommé la première *Chondrus polymorphus*, à cause de ses innombrables variétés ;

le *Ch. norvegicus* se trouve également sur les côtes de France et d'Angleterre; le *Ch. Agathoïcus* est consacré à Bonnemaison, notre ami, botaniste distingué par ses travaux sur les Hydrophytes. Il en existe encore plusieurs espèces qu'il serait trop long de mentionner. (LAM..X.)

CHONDRIE. *Chondria.* BOT. CRYPT. (*Hydrophytes.*) Agardh, dans son *Synopsis Algarum Scandinaviæ,* propose sous ce nom un genre d'Hydrophytes dans lequel se trouvent réunis nos genres Chondrus, Acanthophores, Bryopsis, Furcellaria, ainsi que plusieurs espèces de Laurencies et de Gigartines ; ces rapprochemens nous empêchent d'adopter le genre Chondrie. (LAM..X.)

CHONDRILLE. *Chondrilla.* BOT. PHAN. Genre de la famille des Synanthérées, tribu des Chicoracées et de la Syngénésie égale de Linné.

Il ne diffère du *Prenanthes* que par ses aigrettes pédicellées, tandis qu'elles sont sessiles dans ce dernier genre : aussi Lamarck (Encyc. méthod.) n'hésite-t-il pas à les réunir, trouvant ce caractère insuffisant pour en autoriser la distinction. Néanmoins, quelque peu tranchée que soit leur différence, la plupart des auteurs ont continué de les distinguer. Gaertner, analysant les fruits de deux espèces qui croissent en Europe, les a comprises dans son genre *Chondrilla*, qui ensuite a été adopté sans changemens par les auteurs de la Flore française, 3e édition. A.-L. de Jussieu avait aussi distingué, dans son *Genera Plantarum*, le *Chondrilla* du *Prenanthes*, en observant toutefois leur faible distinction ; quand on considère, en effet, l'intimité des rapports du *Chondrilla muralis*, D. C., avec les *Prenanthes*, on est bien tenté de faire abstraction du petit pédicelle de son aigrette et de le faire rentrer dans ce genre. Alors le *Chondrilla juncea* resterait seul dans le genre, si celui-ci devait continuer à être séparé. Quoi qu'il en soit, voici les caractères qu'on lui a généralement assignés : involucre cylindrique, resserré au sommet après la fécondation, composé de folioles disposées sur deux rangs, huit antérieures conniventes, et les extérieures formant une sorte de calicule à l'involucre ; demi-fleurons au nombre de dix à douze dans la Calathide ; akènes surmontés d'aigrettes capillaires stipitées.

La CHONDRILLE EFFILÉE, *Chondrilla juncea*, L., croît sur le bord des champs et des vignes dans toute la France méridionale et jusqu'aux environs de Paris ; sa tige, qui s'élève à huit décimètres, est rameuse, dure et hispide inférieurement ; elle porte des feuilles radicales, longues et demi-pinnatifides, et des feuilles caulinaires tellement étroites, que la tige semble nue et prend l'apparence de celle de certains Joncs, ce qui lui a valu son nom spécifique. Quant aux autres Chondrilles, c'est-à-dire aux Chicoracées que l'on a associées avec la précédente, nous avons exprimé notre manière de voir sur les rapports plus marqués qu'elles offrent avec les *Prenanthes*, et quoique le nom de *Chondrilla* soit plus ancien et qu'il ait été uniquement employé par Lamarck, c'est sous le nom de *Prenanthes* que nous mentionnerons les espèces remarquables appelées Chondrilles par quelques auteurs. *V*. PRÉNANTHES.   (G..N.)

* CHONDRIS. BOT. PHAN. (Pline.) Syn. présumé de *Marrubium Pseudo-dictamnus*. *V*. MARRUBE.   (B.)

CHONDROPETALUM. BOT. PHAN. (Rottboll.) Syn. de Restio. *V*. ce mot.   (B.)

CHONDROPTÉRYGIENS ou CARTILAGINEUX. *Chondropterygii*. POIS. Artedi le premier, distinguant avec sagacité la différence qu'établit entre les Poissons la nature du squelette, forma l'ordre des Chondroptérygiens. Induit en erreur par une observation superficielle des organes respiratoires, Linné, dans les premières éditions de son immortel

Systema Naturæ, transporta, pour en former un ordre, les Chondroptérygiens dans la troisième classe du Règne Animal sous le nom de Reptiles nageans. Il est inexact de dire que, depuis, Lacépède particulièrement a détruit cet ordre ; Linné lui-même avait reconnu son erreur, et l'on trouve dans Gmelin les Chondroptérygiens replacés à la suite des Poissons dont ils sont le sixième et dernier ordre. Les genres *Acipenser*, *Chimæra*, *Squalus*, *Raia* et *Petromyzon* l'y constituent.

Etendant outre mesure le nom de Cartilagineux, H. Cloquet, dans un très-savant article du Dictionnaire de Levrault, y joint, à l'exemple de Duméril, ce que Linné, d'après Artedi, appelait les Branchiostèges. Nous les en séparons avec Cuvier, parce que ces Branchiostèges, qui sont devenus en partie les Plectognathes du Règne Animal (T. II, p. 144), et qui, pour avoir quelques rapports avec les Chondroptérygiens par l'imperfection de leurs mâchoires ou l'endurcissement tardif de leur squelette, n'en finissent pas moins par l'état fibreux de ce même squelette, présentent en général toute la structure des Poissons osseux. Rentré dans ses anciennes limites, soit qu'on les place à la tête ou à la fin de la classe des Poissons, l'ordre des Chondroptérygiens est fort naturel, il se fait remarquer par une singulière combinaison d'organisation. Le squelette y demeure toujours mou, cartilagineux, sans qu'il s'y développe jamais de fibre osseuse ; le peu de matière calcaire, quand il s'en dépose en quelques parties, s'y dispose par grains épars et sans ordre : de-là vient que le crâne, tout d'une pièce, ne présente pas de sutures, quoiqu'on y distingue imparfaitement les parties qui constituent le crâne des autres Poissons. Les articulations de la colonne vertébrale disparaissent même dans certains genres, et cette disparution est graduelle, car elle n'est pas complète chez les Raies, tandis que dans la Lamproie il reste à peine des traces annulaires qui indiquent l'état rudimentaire des vertèbres, de sorte que, par ce passage, on arrive insensiblement des Poissons aux Invertébrés. Cependant le système nerveux et tout ce qui appartient à la nutrition, est aussi complet dans les Chondroptérygiens que dans les autres Poissons, et l'appareil générateur, s'y trouvant en général plus perfectionné, rapproche entièrement ces Animaux des Reptiles les mieux pourvus sous ce rapport. Cuvier remarque comme le caractère le plus positif des Chondroptérygiens, l'absence des os maxillaires et intermaxillaires qui portent ordinairement les dents, et dont les fonctions sont ici remplies par les analogues des palatins et quelquefois du vomer.

Deux sous-ordres sont fort naturellement établis parmi les Chondroptérygiens. Le premier comprend ceux qui ont les branchies fixes, le second ceux qui les ont libres.

Les Chondroptérygiens à branchies fixes, au lieu que ces organes ouvrent tous leurs intervalles dans une large fosse commune, comme la chose arrive généralement, les ont au contraire adhérens à la peau par le bord externe, en sorte que les branchies, ainsi disposées, laissent échapper l'eau par autant de trous percés dans cette peau qu'il y a d'intervalles entre elles. Ce premier sous-ordre renferme deux familles, celle des Cyclostomes ou Suceurs qui contient les genres Lamproie, Ammocète et Myxine, et celle des Sélaciens qui contient les genres Squale, Squatine, Scie, Raie, Chimère et Callorynque.

Les Chondroptérygiens à branchies libres ont celles-ci très-fendues, garnies d'un opercule, mais sans rayons à la membrane. Une seule famille, celle des Sturioniens, compose ce sous-ordre et renferme les deux genres Esturgeon et Polyodon. *V*. tous ces mots.   (B.)

CHONDROSION. BOT. PHAN. Pour *Chondrosum*. *V*. ce mot.

CHONDROSUM. BOT. PHAN. Genre de la famille des Graminées, proposé par Desvaux, adopté par Beauvois dans son Agrostographie et par Kunth dans les *Nova Genera et Species Americ*. de Humboldt. Il se compose de quatre à cinq petites Plantes ayant les chaumes simples ou rameux à la base et réunis en touffe ; les feuilles planes et linéaires ; les épis terminaux, solitaires ou géminés. Leurs épillets sont unilatéraux et contiennent deux fleurs, l'une hermaphrodite, l'autre stérile, portant trois arêtes ; la lépicène est bivalve : la glume de la fleur hermaphrodite est également à deux valves, l'inférieure à cinq dents, dont trois se terminent en pointe aristée à leur sommet. Les étamines sont au nombre de trois ; l'ovaire est surmonté de deux styles et de deux stigmates en forme de pinceau. Le fruit est nu.

Toutes les espèces de ce genre sont originaires du continent de l'Amérique méridionale.   (A. R.)

CHONDRUS. BOT. CRYPT. *V*. CHONDRE.

CHONGOR-GALU. OIS. Syn. indien du Cygne de Guinée, *Anas cygnoides*, L. *V*. CANARD.   (DR..Z.)

* **CHONIDETROS.** BOT. PHAN. (Daléchamp.) Sorte de gomme peu connue de Bernéo, employée, dit-on, pour la sophistication du Succin. (B.)

CHONIN. BOT. PHAN. Dans les dialectes tartares ce mot désigne les Geneviers, et l'on nomme CHONIN-ATZA le *Juniperus lycia*, et CHONIN-ARTCHAN la Sabine. *V*. GENEVRIER. (B.)

CHON-KUI. OIS. Il paraît que c'est un Oiseau de proie dressé pour la chasse, que certaines hordes tartares sont dans l'usage d'offrir en hommage aux souverains, qui ont bien soin d'exiger que ces Oiseaux soient ornés de colliers en pierres précieuses. L'espèce n'en est pas déterminée. Quelques-uns ont cru que les Chon-kuis étaient des Butores.   (B.)

* **CHONTA.** BOT. PHAN. Syn. péruvien du *Martineria* de la Flore du Pérou. *V*. ce mot.   (B.)

* CHO-O. bot. phan. (Gaimard.) Syn. de Coco aux îles Carolines. (g.)

* CHOOMPACO. bot. phan. Syn. malais de Michelia. *V*. ce mot. (b.)

CHOOPADA. bot. phan. Même chose à Sumatra que le Champadaha des Malais. *V*. ce mot. (b.)

CHOPA. pois. Même chose que Chepa. *V*. ce mot.

CHOPART ou CHOPPARD. ois. (Salerne.) Syn. de Bouvreuil en Picardie. (b.)

CHOPERA. bot. phan. Syn. espagnol de Bourdaine. (b.)

CHOPI. ois. Espèce du genre Troupiale du Paraguay. *V*. Troupiale. (dr..z.)

CHOQUART. ois. Même chose que Choard. *V*. Pyrrhocorax.

* CHORAGUE. *Choragus*. ins. Genre de l'ordre des Coléoptères, section des Tétramères, établi par Kirby (*Linn. Societ. Trans.* T. xii, p. 447), et ayant, suivant lui, pour caractères: palpes presque soyeux, avec le dernier article aigu; antennes de onze articles, les deux de la base plus gros et les trois derniers en massue; corps cylindrique; tête fléchie en dessous, avec un chaperon allongé. L'espèce qui a servi à l'établissement de ce nouveau genre, a tout au plus une demi-ligne de longueur. Elle se rapproche des Cis et des Gribouris; Kirby la désigne sous le nom de Chorague de Sheppard, *Chor. Sheppardi*, en l'honneur d'un ami de ce nom qui a trouvé cet Insecte rare en Angleterre près d'Offton. Il saute très-vivement. Kirby (*loc. cit.* pl. 22, fig. 14) l'a représenté avec beaucoup de soin. (aud.)

* CHORAM. pois. *V*. Scombresoce.

CHORAS. mam. Syn. de Mandril.

CHORBA. pois. Syn. kalmouck d'*Acipenser Uso. V*. Esturgeon. (b.)

CHORDE. *Chorda*. bot. crypt.(*Hy-*drophytes.) Genre de la famille des Fucacées, ayant pour caractères d'avoir une tige simple, cylindrique, cloisonnée intérieurement. Stackhouse a donné le nom de *Chorda* que nous avons adopté à un groupe de Thalassiophytes dans lequel il réunit les *Fucus filum, flagelliformis* et *thrix*. Ce dernier est évidemment le premier dans son enfance, et le second appartient au genre *Gigartina*, jusqu'à ce que sa fructification soit connue. L'auteur de la Néréide britannique ne l'avait placé qu'avec doute à côté du *F. filum*. Son caractère générique est fondé sur la fructification; il dit : *Granula seminifera suborbicularia, adnata vel immersa, sessilia vel pedunculata*. Cette phrase est trop générale, surtout pour une Plante dont la fructification n'a pas été bien observée. Roth la place dans une capsule en forme de glande, solitaire, située à l'extrémité de la Plante. Stackhouse prétend que cette fructification est ordinairement renfermée dans la tige, sous forme de petits grains nus et adhérens aux parois. Nous avons examiné une grande quantité de *F. filum*; jamais nous n'y avons trouvé la glande terminale de Roth, et nous n'osons regarder les petits grains de Stackhouse comme des corpuscules reproductifs. La fructification ne serait-elle pas plutôt sous forme d'excroissances tuberculeuses que l'on observe quelquefois sur la partie inférieure de la tige tout près de la racine?

La tige des Chorda est constamment simple, sans feuilles et sans rameaux. L'intérieur est partagé par des cloisons horizontales, entières ou perforées au centre, et qui paraissent former une spirale lorsque la Plante se tord, ce qui lui arrive en vieillissant.—La couleur est olive foncée, prenant les nuances des autres Fucacées par l'exposition à l'air et à la lumière.—La durée de la vie de ces Plantes varie suivant les espèces et peut-être suivant la latitude où on les trouve.

Nous avons placé le genre Chorda

avec les Fucacées, parce qu'il s'éloigne de toutes les autres familles de Thalassiophytes par ses caractères, et qu'il se rapproche de celles-ci par la couleur, les changemens que l'action de l'air et de la lumière lui font éprouver, et les poils que l'on observe sur sa surface à certaines époques de l'année. Le genre Chorda ne serait-il pas aux autres Fucacées ce que sont peut-être les Conferves marines colorées en rouge aux Thalassiophytes de l'ordre des Floridées?—Il n'est encore composé que de trois à quatre espèces, une seule est connue des botanistes sous le nom de *Fucus filum*.

(LAM..X.)

* CHORDARIE. *Chordaria*. BOT. CRYPT. (*Hydrophytes*.) Agardh, dans le *Synopsis Algarum Scandinaviæ*, a établi, d'après Link, un genre d'Hydrophytes inarticulées sous le nom de *Chordaria*. Nous ne croyons pas devoir l'adopter, parce qu'il comprend des espèces qui n'ont entre elles aucun rapport d'organisation et de reproduction, telles sont par exemple les *Fuc. rotundus* et *filum* de Gmelin, les *Fuc. flagelliformis* et *Cabrera* de Turner.

(LAM..X.)

CHORDONES. BOT. PHAN. Syn. espagnol de Framboisier. *V.* RONCE.

(B.)

CHORDOSTYLUM. BOT. CRYPT. (*Champignons*.) Gmelin a proposé de faire un genre distinct des *Clavaria filiformis* et *Clavaria pennicillata*. Mais ce genre n'a pas été adopté. *V.* CLAVAIRE.

(A.R.)

CHORECHOIBI. ARACHN. Desmarest donne ce nom kalmouck comme synonyme de Galéode.

(G.)

CHORÈTRE. *Choretrum*. BOT. PHAN. Ce genre dont R. Brown est l'auteur fait partie de la nouvelle famille des Santalacées. Très-voisin de son autre genre *Leptomeria*, il est reconnaissable aux caractères suivans, lesquels sont très-difficiles à vérifier vu l'exiguité des parties de la fructi-

fication : périanthe à cinq divisions profondes, coloré et persistant ; les divisions concaves et en forme de carène. A la base du périanthe est une sorte de calicule extrêmement petit et muni de cinq dents ; étamines incluses ; anthères à quatre loges et à quatre valves ; stigmate étoilé. On ignore la structure de l'ovaire et la consistance du fruit.

Malgré l'existence d'un calicule au périanthe, R. Brown ne regarde pas celui-ci comme une corolle. Cette distinction lui a semblé importante, parce qu'ayant divisé la famille des Elæagnées de Jussieu en deux autres, dont l'une (celle des Combrétacées) va se placer parmi les Polypétales, il a laissé dans les Apétales, le *Thesium*, le *Fusanus* et tous les genres où la corolle manque. Le *Choretrum* fait donc partie de ce dernier groupe ; il se compose d'Arbustes dont les tiges sont élancées et très-rameuses, couvertes de feuilles éparses, petites et placées seulement près des ramuscules et des fleurs. Celles-ci sont aussi petites, blanches, axillaires ou terminales, solitaires ou agrégées et accompagnées de quatre bractées. Les deux espèces de Chorètre, *Choretrum lateriflorum* et *Choretrum glomeratum*, ont été trouvées par R. Brown sur les côtes méridionales de la Nouvelle-Hollande.

(G..N.)

* CHORI-BORI. BOT. PHAN. Syn. indou de *Celtis orientalis*, selon feu L.-C. Richard.

(B.)

* CHORION. ZOOL. L'une des membranes qui entourent le fœtus. *V.* ARRIÈRE-FAIX.

On donne également ce nom à la couche profonde de la peau. *V.* DERME.

(B.)

* CHORISOLEPIDE. BOT. PHAN. H. Cassini appelle ainsi l'involucre des Synanthérées, lorsqu'il est composé d'écailles distinctes les unes des autres. Cette expression s'emploie par opposition à celle de *Plécolepide* qu'il donne à cet organe, quand il est formé d'écailles soudées à leur base, et

semblant former un involucre monophylle. *V.* INVOLUCRE. (A.R.)

*CHORISPERME. *Chorispermum.* BOT. PHAN. Le genre de la famille des Crucifères que Brown a ainsi nommé dans la seconde édition du Jardin de Kew, a été appelé *Chorispora* par De Candolle, à cause de sa trop grande ressemblance avec celui de *Corispermum* qui désigne un genre de la famille des Chénopodées. *V.* CHORISPORE. (A.R.)

* CHORISPORE. *Chorispora.* BOT. PHAN. R. Brown, dans la seconde édition du Jardin de Kew, a séparé du genre Raifort (*Raphanus*) quelques espèces, et entre autres le *Raphanus tenellus* de Pallas, dont il a fait un genre nouveau sous le nom de *Chorispermum.* Mais ce nom rappelant trop celui d'un autre genre qui fait partie de la famille des Chénopodées, De Candolle lui a substitué celui de *Chorispora.* Voici les caractères de ce nouveau genre de la famille des Crucifères et de la Tétradynamie siliqueuse : ses sépales sont dressés et égaux. Ses étamines ont leurs filets dépourvus de dents. La silique est allongée, indéhiscente, à deux loges, et se sépare en plusieurs segmens monospermes. Le style est long et persistant; les graines sont comprimées, pendantes; les cotylédons sont planes et la radicule accombante.

Ce genre se compose de quatre espèces originaires d'Asie. Ce sont des Plantes grêles et annuelles, ayant la tige rameuse, les feuilles entières ou pinnatifides, les fleurs violettes ou jaunes, formant de longs épis opposés aux feuilles. Il diffère surtout des Raiforts par ses cotylédons accombans, des *Cheiranthus* et des *Malcomia* par son calice égal, son stigmate simple et sa silique qui se rompt en plusieurs segmens. (A.R.)

CHORISTÉE. *Choristea.* BOT. PHAN. Selon Jussieu, Solander avait donné ce nom, resté inédit, au genre *Favonium* de Gaertner, qui appartient à la famille des Synanthérées. Thunberg nommait ainsi la Plante publiée par L'Héritier sous le nom de Didelta. *V.* ce mot. (A.R.)

CHORIZANDRE. *Chorizandra.* BOT. PHAN. Deux petites Plantes de la famille des Cypéracées, trouvées sur les côtes de la Nouvelle-Hollande par R. Brown, forment ce genre qui est très-voisin des *Chrysitrix* et des *Chondrachne.* Elles ont le port du Jonc congloméré, et croissent comme lui dans les lieux humides et inondés. Leur chaume est simple, cylindrique et marqué de nodosités intérieures, nues supérieurement, portant à leur base quelques feuilles engaînantes, canaliculées et presque cylindriques. Les fleurs forment un capitule sessile, naissant latéralement au-dessous du sommet du chaume et composé d'un grand nombre d'épillets agglomérés.

Ceux-ci sont nus et multiflores. Entre chacune des écailles qui sont fasciculées, on trouve une seule étamine. Le pistil naît du centre de l'assemblage des écailles. Il est terminé par un style bifide, et n'est point accompagné de soies hypogynes. (A.R.)

CHORIZÈME. *Chorizema.* BOT. PHAN. Dans son Voyage à la recherche de La Peyrouse, Labillardière a décrit et figuré sous le nom de *Chorisema ilicifolia*, t. 21, une petite Plante qu'il a observée sur les côtes de la Nouvelle-Hollande, et qui est fort remarquable par ses feuilles alternes allongées, munies d'épines à leur contour et semblables à celles du Houx, mais beaucoup plus petites. Ses fleurs sont disposées en petites grappes axillaires ou terminales d'une couleur jaune.

Ce genre de la famille naturelle des Légumineuses et de la Décandrie Monogynie a beaucoup de rapports avec le genre *Podalyra*, à côté duquel il vient se placer. Il s'en distingue par son calice à cinq divisions bilabiées; par sa corolle papilionacée, dont la carène est renflée et plus courte que les ailes. Son style est petit et en forme de crochet; sa gousse renflée et polysperme.

Outre l'espèce décrite par Labillardière, ce genre en renferme encore deux autres également originaires des côtes de la Nouvelle-Hollande, savoir: *Chorizema nana*, Sims. *Bot. Mag.* 1032; et *Chorizema rombea*, Brow. *Hort. Kew.* 3, p. 9. Quant au *Chorizema trilobum* de Smith, il forme le genre *Podolobium* de R. Brown. (A.R.)

CHORLITE. ois. Nom appliqué par Vieillot à un genre d'Oiseaux échassiers, que, dans sa Méthode, Temminck a nommé Rhynchée. *V.* ce mot. (DR..Z.)

CHORLITO. ois. (Azzara.) Espèce d'Échassier du Paraguay, qui a beaucoup de rapports avec les Chevaliers, et dont Vieillot a fait le type de son genre Steganope. (DR..Z.)

CHORN. BOT. PHAN. Syn. tartare de Bouleau. (B.)

CHORO. MAM. *V.* SAPAJOU.

CHORODAMON. BOT. PHAN. (Dioscoride.) Syn. de Berce. *V.* ce mot. (B.)

* CHOROI. ois. (Molina.) Espèce du genre Perroquet, *Psittacus Choraeus*, Gmel. *V.* PERROQUET. (DR..Z.)

* CHOROIDE. ZOOL. Membrane vasculaire qui tapisse le fond de l'œil dans tous les Animaux. C'est pour imiter son usage dans la vision, que l'on noircit l'intérieur de tous les instrumens d'optique. *V.* ŒIL. (B.)

CHOROIDIENNE (GLANDE). POIS. C'est un corps musculeux pour certains anatomistes, glanduleux pour d'autres, qui s'observe entre les membranes ruyschienne et choroïdienne. *V.* ŒIL. (AUD.)

CHOROK. MAM. (Erxleben.) Syn. de *Mustela siberica*. *V.* MARTE. (B.)

CHORORO. ois. L'individu auquel Azzara a donné ce nom a été tué dans une forêt du Paraguay où son espèce paraît être très-rare. Cette espèce dont les caractères n'ont pas encore été suffisamment déterminés se rapproche des Tinamons, à la suite desquels l'auteur espagnol l'a placée. (DR..Z.)

CHORRAESCH. BOT. PHAN. Nom arabe d'une petite variété de l'*Euphorbia antiquorum*, L. (B.)

CHORS. MAM. (Erxleben.) Syn. persan d'Ours brun. (B.)

* CHORTINON. BOT. PHAN. (Pline.) L'huile retirée de la graine de Raifort. (B.)

CHORTO-KADIPHE. BOT. PHAN. Syn. de *Buphthalmum maritimum* chez les Grecs modernes. (B.)

CHORYZÈME. BOT. PHAN. Pour Chorizème. *V.* ce mot.

CHOSCHI. BOT. PHAN. Syn. mongol de *Pinus Cembro*, L. *V.* PIN. (B.)

* CHOSJÆIN. BOT. PHAN. Ce nom arabe désigne plusieurs espèces de Cistes. *V.* ce mot. (B.)

CHOSTERET. BOT. PHAN. Syn. tartare de Noyer. (B.)

CHOTIN. MOLL. Nom sous lequel Adanson a désigné une espèce du genre Cône. *V.* ce mot. (G.)

* CHOTRONISSE. ois. Syn. vulgaire en Italie de la Bartavelle, *Tetrao rufus*. *V.* PERDRIX. (DR..Z.)

CHOTUBRE. POIS. Syn. kalmouck de Lote. *V.* GADE. (B.)

CHOU. *Brassica*. BOT. PHAN. Ce genre, si l'on considère le grand nombre d'espèces utiles qu'il fournit, est certainement un des plus intéressans de la famille des Crucifères et de la Tétradynamie siliqueuse. Ses caractères consistent en un calice dressé, égal, ou rarement à demientr'ouvert. Les quatre pétales sont entiers et obovales. La silique est allongée, presque cylindrique ou un peu comprimée, terminée à son sommet par une petite pointe formée par le style persistant, qui renferme quelquefois à sa base une graine. Cette silique, qui est biloculaire, s'ouvre en deux valves légèrement carenées sur leur face externe, et contient un assez grand nombre de graines globuleuses ayant la radicule reçue dans une gouttière qu'offrent les deux cotylédons sur l'une de leurs faces.

On connaît aujourd'hui environ une trentaine d'espèces de Choux, qui sont des Végétaux herbacés, bisannuels ou vivaces, rarement sousfrutescens à leur base. Dans l'état sauvage, leur racine est grêle et sèche, elle devient souvent épaisse et charnue par suite de la culture. Leurs feuilles radicales sont quelquefois très-nombreuses et très-serrées, lyrées ou plus ou moins profondément pinnatifides; celles qui naissent sur la tige sont sessiles et souvent amplexicaules. Les fleurs sont jaunes ou blanches, disposées en longues grappes dressées et rameuses.

Dans le second volume de son *Systema Vegetabilium*, De Candolle a retiré du genre *Brassica* plusieurs espèces qu'il a placées dans les genres *Moricandia*, *Diplotaxis*, *Eruca*, etc. Il a groupé les vingt-neuf espèces qu'il décrit en trois sections qu'il nomme : 1° *Brassica*; silique sessile, point de bec au sommet; 2° *Erucastrum*; silique sessile terminée par un bec contenant une graine; 3° *Micropodium*; silique légèrement stipitée.

Le genre *Brassica* a les plus grands rapports avec les *Sinapis*, dont il diffère seulement par son calice connivent et dressé et par sa silique presque cylindrique. Du reste, les espèces de ces deux genres ont entre elles une grande affinité.

Plusieurs espèces de Choux sont cultivées dans les jardins potagers ou dans les champs, soit pour la nourriture de l'Homme et des bestiaux, soit pour récolter leurs graines qui contiennent un quantité considérable d'huile grasse, employée surtout pour l'usage des lampes. Ces espèces sont particulièrement le Colza, *Brassica campestris*, le Chou commun, *Brassica oleracea*, le Chou - Rave,

Brassica-Rapa, le Navet, *Brassica-Napus*, et le Chou précoce, *Brassica præcox*. Ce sont ces cinq espèces et leurs nombreuses variétés que nous allons rapidement décrire dans cet article. On doit à Duchesne de Versailles, et plus récemment au professeur De Candolle, d'excellens Mémoires sur les espèces et variétés de Choux cultivés en Europe. C'est le travail de ce dernier qui nous servira spécialement de guide.

CHOU - COLZA, *Brassica campestris*, L. Cette espèce offre une tige dure et fusiforme, une tige dressée, rameuse, cylindrique, glabre et glauque, haute d'un pied à un pied et demi. Ses feuilles radicales sont lyrées, un peu hispides ou ciliées, glauques, légèrement charnues; les caulinaires sont glabres, cordiformes et amplexicaules. Elle se distingue du Chou cultivé et du Navet par ses feuilles inférieures hispides, de la Rave par ses feuilles glauques et par celles de sa tige qui sont glabres. Le Colza est fort rare à l'état sauvage. On l'indique en Angleterre, en Ecosse, en Espagne, en Transylvanie, etc.

De Candolle distingue trois races particulières dans cette espèce, savoir : le Chou oléifère ou vrai Colza, le Chou à faucher et le Chou-Navet.

1°. Le Colza ou Chou oléifère, *Brassica campestris oleifera*. C'est cette espèce que l'on cultive en abondance en Belgique, en Alsace et dans plusieurs autres parties de la France, pour extraire l'huile grasse que contiennent ses graines. Il paraît que, sous ce rapport, c'est l'espèce qui de toutes les Crucifères mérite la préférence. On confond quelquefois avec elle une variété de Navet, qui a en effet beaucoup de rapports, et qu'on cultive en grand pour récolter ses graines. Mais cette dernière qui est la Navette, s'en distingue par ses feuilles radicales inférieures entièrement glabres. La distinction entre ces deux espèces est importante à faire, puisque, selon les expériences de Gaujac, un hectare de terrain cultivé en vrai Colza rapporte neuf cent cinquante-cinq kilogrammes d'huile , tandis que le même espace cultivé en Navette n'en rapporte que sept cents.

Le Colza demande une terre substantielle , convenablement préparée par des labours et du fumier. On en distingue deux variétés : l'une, hâtive, se sème au printemps et se récolte en automne ; la seconde se sème ordinairement à la mi-juin en pépinière , passe l'hiver sans fleurir et se récolte à la fin du printemps suivant. On doit le repiquer dans les champs qui lui sont destinés. Cette opération se fait communément vers le mois d'octobre. Cependant dans beaucoup de cantons on le sème à la volée.

2°. Le Chou à faucher, *Brassica campestris pabularia*, vulgairement Chou à Vache. Il tient le milieu entre le Colza et le Chou-Navet, dont il semble être un hybride. Sa racine est extrêmement longue , fusiforme et perpendiculaire ; sa tige courte comme dans le Chou - Navet, mais moins épaisse ; ses feuilles sont larges , épaisses, légèrement hérissées à leur face inférieure. On peut couper ces feuilles plusieurs fois dans l'année pour la nourriture des bestiaux.

3°. Le Chou-Navet, *Brass. campestris napo-brassica*. Plusieurs auteurs ont rapporté cette variété au Chou cultivé, mais elle appartient certainement au Colza, par ses feuilles inférieures qui sont rudes et hérissées, caractère qui la distingue surtout du Chou-Rave avec lequel on la confond communément. Le Chou-Navet offre une racine épaisse, renflée près de son collet en un gros tubercule irrégulièrement arrondi. Il offre deux variétés principales : le vrai Chou-Navet dont le tubercule est irrégulier, de couleur blanche ou rouge, mais jamais jaune ; et le *Rutabaga*, Chou de Laponie ou Chou de Suède, dont la racine est arrondie , toujours de couleur jaune à l'extérieur comme à l'intérieur. Le Chou-Navet et le Rutabaga sont deux Plantes potagères fort utiles. On mange leurs feuilles et leurs racines , qui forment aussi un fourrage excellent pour les bestiaux.

Il est bisannuel et doit être repiqué dans des champs convenablement préparés.

CHOU CULTIVÉ , *Brassica oleracea*, L. Cette espèce , la plus intéressante du genre, se distingue à sa tige herbacée et bisannuelle , à ses feuilles entièrement glabres, glauques et jamais découpées jusqu'à la nervure médiane. Il offre six races principales qui sont :

1°. Le Chou sauvage, *Brass. oleracea sylvestris*. Indigène du nord de l'Europe, ce Chou a été trouvé à l'état sauvage dans différentes contrées, particulièrement au voisinage de la mer , en France , en Angleterre, etc. Cette espèce est certainement la souche des nombreuses variétés que la culture a développées dans le Chou ordinaire.

2°. Le Chou - Cavalier, *Brassica oleracea acephala*, ou Chou vert, est remarquable par la hauteur de sa tige, qui dure quelquefois deux ou trois ans et acquiert une hauteur de quatre à cinq pieds , et par ses feuilles écartées ne se réunissant pas en tête, comme dans les Choux cabus. Cette race présente cinq variétés principales que nous allons énumérer rapidement. La première est le Chou en Arbre ou Cavalier branchu qui se distingue par la hauteur de sa tige et le nombre de ses ramifications. La seconde est le Chou-Cavalier ordinaire, dont la tige, aussi haute, reste presque constamment simple. On le cultive surtout dans la partie occidentale de l'Europe tempérée, soit pour la nourriture de l'Homme, soit pour celle des bestiaux. Sa tige tend sans cesse à s'accroître, à mesure qu'on retranche ses feuilles inférieures. C'est à cette variété que l'on donne les noms de Chou vivace , grand Chou vert de Touraine, etc. Le Chou à feuilles de Chêne constitue la troisième variété du Chou-Cavalier, et se reconnaît à ses feuilles vertes et pâles, découpées en lobes profonds, planes, entiers , larges et oblongs. Dans le Chou frangé, qui forme la quatrième variété , les lobes sont sinueux, déchiquetés à leur contour : les feuilles sont tantôt vertes, tantôt pourpres et variées de blanc, ce qui leur donne un aspect extrêmement agréable, et les place, en automne, au rang des Plantes d'ornement. On mange les feuilles du Chou frangé, qui forment aussi un très-bon fourrage. Ses graines contiennent une telle quantité d'huile, qu'on le cultive fréquemment en grand, comme Plante oléifère. Enfin on appelle Chou-Palmier la cinquième variété du Chou-Cavalier, dont les feuilles sont allongées, peu découpées, irrégulièrement bullées et réunies à la partie supérieure de la tige.

De Candolle rapproche des Choux-Cavaliers le Chou à grosses côtes, *Brassica costata*, que l'on cultive dans plusieurs provinces de la France sous les noms de Chou de Beauvais, Chou à grosses ou à larges côtes, etc. Il se fait remarquer par sa tige qui est courte et par l'épaisseur et la largeur considérables de ses côtes.

3°. Les Choux de Milan ou Choux bullés, *Brass. oleracea bullata*, sont faciles à reconnaître à leurs feuilles bullées, c'est-à-dire irrégulièrement bosselées et sinueuses, réunies en tête, surtout dans les jeunes individus. On en distingue plusieurs sous-variétés : telles sont le Choux de Milan hâtif, le doré, le nain, etc.

4°. Chou cabu ou pommé, *Brassica oleracea capitata*. Cette race est une de celles que l'on cultive le plus pour la nourriture de l'Homme. Elle se distingue facilement à ses feuilles non bullées, ni crépues, réunies en tête fort grosse et très-compacte, de manière que les plus intérieures sont pâles et étiolées, ce qui rend leur saveur plus douce et plus sucrée. Les variétés principales sont fondées sur la forme de la tête et sur la couleur des feuilles : de-là les noms de Chou déprimé ou aplati, de Chou sphérique, de Chou ové, de Chou ellipsoïde, de Chou conique, etc. Ces diverses variétés peuvent conserver leur couleur verte ; elles peuvent être blanches ou enfin rouges ; cette dernière

couleur appartient plus particulièrement au Chou sphérique.

5°. Chou-Rave, *Brassica oleracea caulo-rapa*. Dans cette race, la tige se renfle au-dessus du collet de la racine, et forme un tubercule arrondi d'où naissent les feuilles. C'est ce tubercule qui sert à la nourriture de l'Homme ; les feuilles sont abandonnées aux bestiaux. Linné donnait à cette variété le nom de *Brassica gongyloïdes*. On distingue deux sous-variétés dans le Chou-Rave, celle à feuilles planes, et celle à feuilles crépues. Il ne faut pas confondre le *Chou-Rave*, dont il est ici question, et la Rave ou Chou-Rave qui est une autre espèce du même genre (*Brassica asperifolia*), et qui en diffère surtout par ses feuilles hérissées. La tige renflée du Chou-Rave a une saveur agréable, qui tient le milieu entre celle du Navet et celle des Choux-Fleurs.

6°. Pour terminer l'examen des six races du Chou cultivé, il nous reste encore à parler du Chou Botrytis, *Brassica oleracea Botrytis*. Dans les cinq races précédentes ce sont les feuilles, les racines ou les tiges renflées, que l'on emploie comme aliment ; ici ce sont les pédoncules développés et chargés de fleurs avortées. Ces pédoncules se soudent, s'entregreffent et forment dans leur ensemble une sorte de corymbe assez régulier, dont les diverses parties sont tantôt rapprochées, tantôt plus ou moins écartées, ce qui constitue deux variétés principales, savoir : le Chou-Fleur et le Broccoli.

1°. Le Chou-Fleur, *Brassica cauliflora*, porte sur une tige courte des feuilles oblongues, ayant les côtes blanches et très-prononcées. Ses pédoncules floraux, réunis en corymbe serré à la partie supérieure de la tige, sont épais, charnus, blancs et entregreffés. Les fleurs qui les terminent sont blanches, petites et en général avortées. On distingue trois sortes principales de Choux-Fleurs, que l'on nomme Choux-Fleurs tendres ou hâtifs, demi-durs et durs. Ces trois variétés, semées à la même époque, se succèderont dans leurs produits. Cette variété est une des meilleures et une des plus recherchées.

2°. Le Broccoli, *Brassica asparagoïdes*, diffère du Chou-Fleur par ses pédoncules moins épais, plus allongés et plus écartés, de manière à ne pas former de tête convexe, comme dans le Chou-Fleur, et que chacun d'eux ressemble en quelque sorte à un gros turion d'Asperge. Il est aussi fort recherché comme aliment.

La RAVE, *Brassica Rapa*, L., *Br. asperifolia*, Lamck., se distingue facilement de l'espèce précédente par ses feuilles non glauques, hérissées de poils nombreux, et par son calice étalé, caractère qui la rapproche singulièrement du genre *Sinapis*, dans lequel Lamarck l'avait ensuite placée sous le nom de *Sinapis tuberosa*. La Rave ne diffère du Navet que par ses feuilles hérissées et son calice étalé. Du reste, elle offre comme lui une racine tubéreuse renflée au-dessous du collet, qui acquiert parfois une grosseur extraordinaire. Mathiole en cite une qui pesait trente livres. Sa forme et sa couleur varient suivant les variétés. Il y en a d'aplaties ou de déprimées, d'autres sont oblongues. Les unes sont blanches, celles-ci jaunâtres, etc.

On cultive la Rave comme Plante potagère et comme fourrage. Sa saveur et ses autres propriétés sont les mêmes que celles du Navet. La Rave sauvage ou Ravette, qui paraît être le type de l'espèce sauvage, a sa racine grêle et non charnue. On la cultive dans plusieurs provinces pour extraire l'huile de ses graines.

Le NAVET, *Brassica Napus*, L. Des feuilles glauques et entièrement glabres, en général découpées jusqu'à leur côte moyenne, une racine épaisse, un calice et des siliques étalés, forment les caractères distinctifs de cette espèce connue et abondamment cultivée sous le nom de Navet. Elle offre beaucoup d'analogie avec le Chou cultivé par ses feuilles glau-

ques et glabres, et avec la Rave par son calice étalé et sa racine tubéreuse.

Nous distinguerons deux races dans le Navet, savoir : le Navet ordinaire ou comestible et la Navette.

1°. Le Navet comestible, *Brassica Napus esculenta*, se reconnaît à sa racine épaisse, charnue, globuleuse, ovoïde ou allongée. On le cultive dans les champs ou les jardins potagers. Les espèces les plus recherchées sont celles qui viennent dans des terrains légers et sablonneux : telles sont le Freneuse, qui est petit et presque conique, le Navet de Meaux, qui est très-allongé et en forme de Carotte, le Saulieu, qui est noirâtre, etc.

On sème les Navets depuis la fin de juin jusqu'à la moitié d'août. On les récolte à la fin de l'automne.

2°. La Navette, *Brassica Napus oleifera*, ou Navet oléifère, se distingue par une racine grêle et non charnue. Ses graines se sèment en général après la moisson, et l'on récolte les graines mûres au printemps suivant. Quelques cultivateurs font leurs semis au printemps, afin d'avoir leurs graines mûres en automne. Ces graines fournissent beaucoup d'huile grasse, mais cependant moins que le véritable Colza.

Enfin l'on cultive dans l'est de la France, sous le nom de Navette d'été, le *Brassica præcox* de Waldstein et Kitaibel. Elle est annuelle, se sème au printemps et mûrit ses graines avant la fin de l'automne. On la distingue du Navet oléifère à ses siliques dressées contre la tige et non étalées. Comme ses graines sont beaucoup plus petites, elle n'est pas aussi productive que la Navette d'hiver ou Navet oléifère.

Dans le langage vulgaire, on a étendu le nom de Chou à plusieurs Plantes de genres et de familles différens ; tels sont :

CHOU BATARD. On nomme ainsi l'*Arabis turrita*. *V.* ARABETTE.

CHOU CARAÏBE. Dans les Antilles, ce nom s'applique à l'*Arum esculentum* et *Arum sagittæfolium* de Linné, dont on mange quelquefois les feuilles comme celles du Chou, mais plus ordinairement les racines. Ces deux espèces font partie du genre Caladium de Ventenat.

CHOU DE CHIEN. On désigne quelquefois sous ce nom la Mercuriale.

CHOU DE CHINE. *V*. BRÈDES.

CHOU DE MER. Nom vulgaire du Liseron Soldanelle. *V*. LISERON.

CHOU MARIN. C'est le *Crambe maritima*. *V*. CRAMBE.

CHOU PALMISTE. Dans l'Inde et en Amérique, on appelle ainsi le bourgeon qui termine le stipe des Palmiers et que l'on mange cru ou apprêté de diverses manières. *V*. ARÉC.

CHOU POIVRE. Nom du Gouet commun. (A. R.)

CHOU-FLEUR. BOT. PHAN. *V*. CHOU.

*CHOU-FLEUR DE MER. POLYP. Nom marchand du Pocillopore corne de Daim. *V*. ce mot. (LAM..X.)

CHOUAN. POIS. Syn. de Chevanne, espèce d'Able. *V*. ce mot.

CHOUAN. BOT. PHAN. Plante du Levant employée dans la teinture. C'est, selon Bosc, le Fenu-grec, et, suivant Desvaux, un Anabasis.

CHOUANA - MANDARA. BOT. PHAN. (Rumph.) Syn. de Bauhinie pourprée. (B.)

CHOUANT. OIS. Syn. vulgaire du moyen Duc, *Strix Otus*, L. *V*. CHOUETTE. (DR..Z.)

CHOUART. OIS. Syn. vulgaire de l'Effraie, *Strix flammea*, L. *V*. CHOUETTE. (DR..Z.)

CHOUC ET CHOUCA. OIS. Syn. de Choucas, *Corvus Monedula*, L. *V*. CORBEAU. (DR..Z.)

CHOUCADOR. OIS. Espèce du genre Merle, *Sturnus ornatus*, Daud., Levail., Oiseaux d'Afrique, pl. 86. *V*. MERLE. (DR..Z.)

CHOUCALLE BOT. PHAN. Syn. de *Calla palustris*, dont on mange les racines dans le Nord en guise de Chou. (B.)

CHOUCARIS. OIS. Nom d'un sous-genre des Pie-Grièches de Cuvier, dans lequel ce naturaliste a groupé autour du Choucari et du Choucas de la Nouvelle-Guinée, de Buffon, quelques espèces qui font partie des Échenilleurs de Temminck. *V*. ÉCHENILLEUR. (DR..Z.)

CHOUCAS. OIS. (Buffon.) Espèce du genre Corbeau, *Corvus Monedula*, L. *V*. CORBEAU.

On a étendu ce nom de Choucas avec quelque épithète à d'autres Oiseaux, tels que les suivans :

CHOUCAS DES ALPES. (Buffon.) Syn. du Pyrrhocorax-Choquard. *V*. PYRRHOCORAX.

CHOUCAS A BEC ET PIEDS ROUGES. Syn. de Coracias, *Corvus Graculus*, L. *V*. PYRRHOCORAX.

CHOUCAS CHAUVE. (Buffon.) Syn. de Coracine chauve ou gymnocéphale, *Corvus calvus*, L. *V*. CORACINE.

CHOUCAS DE LA JAMAÏQUE. Syn. de Quiscale, *Gracula Quiscala*, L. *V*. TROUPIALE.

CHOUCAS DE LA MER DU SUD. Syn. de Coracine à front blanc, *Corvus pacificus*, L. *V*. CORACINE.

CHOUCAS DE LA NOUVELLE-GUINÉE. (Buffon.) Syn. d'Échenilleur à ventre rayé, *Corvus Novæ-Guineæ*, Lath. *V*. ÉCHENILLEUR.

CHOUCAS D'OWIHÉE. Syn. de Cassican noir, *Corvus tropicus*, Lath. *V*. CASSICAN.

CHOUCAS DES PHILIPPINES. (Buffon.) Syn. de Drongo Balicasse, *Corvus Balicassius*, L. *V*. DRONGO. (DR..Z.)

CHOUCE. OIS. Syn. indien de la Cresserelle, *Falco Tinnunculus*, L. *V*. FAUCON. (DR..Z.)

CHOUCHETTE. OIS. Syn. vulgaire du Choucas, *Corvus Monedula*, L. *V*. CORBEAU. (DR..Z.)

CHOUCHOU. OIS. (Levaillant.) Ois. d'Afrique, pl. 38.) Syn. de la Chouette-Accipitre Caparacoch, *Strix hudsonica*, L. *V*. CHOUETTE. (DR..Z.)

* CHOUCHOUKOU. OIS. (Gaimard.) Syn. de Héron dans les îles

Marianes en langue chamorre, d'où :

Снóuсноuкои apaka , c'est-à-dire Héron blanc , l'*Ardea æquinoxialis*, L.

Снouсноuкои atoulou, c'est-à-dire Héron noir, l'*Ardea Carolina*.

(G.)

CHOUCHUÉ ou **CHOUROUCOULIHUÉ**. bot. phan. (Surian.) Syn. caraïbe de Rocou, *Bixa Orellana*.

(B.)

CHOUCOU. ois. Espèce du genre Chouette, *Strix Choucou*, Lath. *V.* Сноuettе.

CHOUCOUHOU. ois. Espèce du genre Chouette, *Strix Niduella*, Levaillant, Ois. d'Afrique, pl. 59. *V.* Сноuettе.   (DR..z.)

CHOUCOUROU. bot. phan. (Surian.) Syn. caraïbe d'*Hibiscus tiliaceus. V.* Ketmie.   (B.)

CHOUDET. ois. L'un des noms vulgaires du Hibou commun, *Strix Otus*, L. *V.* Сноuettе.   (DR..z.)

CHOUE. ois. Désignation vulgaire des Chouettes. *V.* ce mot. (DR..z.)

CHOUETTE. *Strix.* ois. Genre de l'ordre des Rapaces. Caractères : bec courbé , comprimé avec la base entourée d'une cire que couvrent des poils roides ou des plumes sétacées dirigées en avant ; narines percées latéralement sur le bord intérieur de la cire, arrondies, ouvertes , cachées en tout ou en partie sous les poils ; tête volumineuse ; yeux très-grands , placés dans de larges orbites garnies de plumes roides; une membrane clignotante ; oreilles grandes ; bouche très-fendue ; col fort court ; pieds simplement couverts de plumes, souvent jusqu'aux ongles ; trois doigts devant et un derrière, entièrement divisés; l'extérieur reversible; ailes un peu pointues avec les rémiges primaires dentelées sur leur bord extérieur ; première rémige la plus courte ; deuxième n'atteignant point l'extrémité de la troisième qui est la plus longue.

Ce grand genre se compose d'es-pèces qui toutes ont un air de famille si bien caractérisé , que , malgré les tentatives souvent renouvelées pour le diviser , on n'y a encore réussi qu'imparfaitement; l'on a même dû se borner à l'indication de quelques sections ou sous-genres que chaque auteur a plus ou moins multipliés. Savigny et Cuvier en ont porté le nombre à huit, et ils ont pris pour bases principales de leurs coupes la présence ou l'absence des aigrettes dont la tête, chez quelques espèces, se trouve ornée , l'étendue et la position de ces aigrettes ainsi que des oreilles. , le diamètre du cercle radié qui entoure l'œil, etc. On sent qu'il est difficile d'établir nettement des limites aussi nombreuses , lorsqu'elles reposent sur des caractères aussi versatiles , et peut-être serait-il préférable de n'admettre qu'une seule division qui ne ferait que séparer les espèces à aigrettes de celles qui en sont dépourvues. La nature n'a point établi parmi les Chouettes seulement une analogie de formes et de couleurs ; elle étend cette analogie aux mœurs et aux habitudes de ces Oiseaux : à tous elle a rendu l'organe de la vue extrêmement sensible; ils ne sauraient supporter impunément la vive clarté du jour , puisque tous en sont offusqués, et la fuient retirés dans d'obscurs réduits. C'est dans des trous caverneux, au sein des ruines ou des édifices isolés , à côté de la cloche funéraire ou dans le tronc décrépit d'un Arbre plus que centenaire , qu'ils passent les heures que d'autres consacrent à l'activité , au plaisir ; ils y attendent tristement que le crépuscule, ne frappant que d'une lumière expirante leur énorme pupille, leur permette de distinguer parfaitement les objets que les autres Animaux ne pourraient plus apercevoir. Alors , moins hardis , mais non moins sanguinaires que les Oiseaux de proie diurnes , profitant du demi-jour propice qui livre à leurs regards sinistres de petits Oiseaux endormis , et surtout la confiante couveuse , ils les enlèvent silencieusement, leur brisent la tête d'un coup de bec, et les engloutissent entiers, à l'aide de la mobilité de leurs mandibules, dans leur ample jabot. Si, par une circonstance imprévue, ils sont forcés de quitter en plein jour leur réduit, ils errent incertains, d'un vol court et déconcerté, en poussant des cris de détresse ; aussitôt les timides habitans des bocages dont les Chouettes sont la terreur vers les deux extrémités du jour, connaissant les avantages passagers que leur procure l'éclat du soleil, se rassemblent autour d'elles, les harcèlent, les poursuivent en les frappant à coups de bec accompagnés de huées. Les petits Oiseaux ne sont pas uniquement la nourriture de ces rapaces lucifuges ; les Rats, les Souris, les Mulots, les Taupes sont par eux recherchés aussi ardemment et chassés avec plus d'adresse que ne le font les Chats. C'est probablement de cette habitude assez extraordinaire, autant que de la ressemblance physique que l'on trouve dans leur tête ronde aplatie sur le sommet, qu'est venu le surnom de Chat-Volant ou Chat-Huant, donné dans les campagnes à ces Oiseaux que, dans certains cantons, l'on élève en remplacement des Chats, et auxquels ils sont préférés dans les soins de purger les greniers et le potager des petits Quadrupèdes rongeurs. Les momens que les Chouettes ont à donner à la recherche de leur nourriture sont assez courts ; l'on n'a jamais observé qu'elles chassassent encore lorsque l'obscurité dominait complètement. Il est probable que la délicatesse de leur organe n'est pas assez grande pour percer les profondes ténèbres, et que, si elles persistent à veiller, c'est dans le repos, et parce que déjà le jour est pour elles une nuit assez longue. L'habitude d'accumuler promptement les proies est favorisée par l'extrême dilatabilité de l'estomac ; c'est dans ce foyer que, par un mécanisme particulier à l'organisation de ces Oiseaux, les parties dures des Animaux qu'ils ont avalés sont séparées des parties digestives, enveloppées

et roulées dans la peau, puis rejetées sans efforts sous forme de petites pelottes. Il est cependant quelques espèces, mais en petit nombre, qui jouissent de la faculté de chasser en plein jour. Celles-ci, surnommées Chouettes Accipitres, se rapprochent davantage des Oiseaux de proie diurnes par une taille plus svelte et par une plus grande étendue des ailes et de la queue.

Par la consommation considérable que ces Oiseaux font de Mulots et de Souris, ils rendent réellement des services essentiels à l'agriculture ; cependant ils sont assez généralement un sujet d'effroi pour le campagnard ignorant et superstitieux, et l'on peut aisément se rendre raison de l'impression que la présence des Oiseaux de nuit peut produire sur le vulgaire. En effet, qui pourrait affirmer n'avoir jamais éprouvé quelque atteinte de frayeur, lorsque, au milieu des nuits, dans le voisinage de lieux susceptibles de réveiller des affections douloureuses, dans le silence, tout-à-coup une voix aigre, entrecoupée d'un bruissement réitéré, se fait entendre ? Ce n'est cependant que le cri habituel et peut-être amoureux du paisible Oiseau des nuits ; mais l'imagination frappée a rendu ce cri redoutable ; elle l'a présenté au vulgaire comme un présage malheureux, et sans doute ce préjugé, dont l'origine est fort ancienne, a donné lieu au nom d'Effraie dérivé d'Effroi, donné à l'espèce la plus commune et la plus bizarre par sa physionomie. Outre ces cris qui leur sont particuliers, les Chouettes font encore entendre un claquement de mâchoires occasioné par un échappement de leurs mandibules qui sont mobiles. C'est surtout dans les instans de crainte ou de colère qu'elles redoublent ce claquement ; alors aussi leurs plumes en général douces, épaisses et duveteuses, se hérissent, et leurs ailes s'étendent, comme pour leur donner un aspect plus singulier.

Les soins de l'incubation paraissent occuper peu les Chouettes ; la plupart d'entre elles déposent leurs œufs arrondis, dont le nombre, suivant les espèces, est de deux à cinq, dans la poussière qui garnit les trous de murailles, les anfractures des rochers, les vieilles poutres, les entablemens des colonnades, les clochers, les troncs cariés des grands Arbres, enfin dans quelques nids abandonnés dont elles s'emparent. En revanche, elles ont la tendresse la plus grande pour leurs petits; elles ne les quittent que lorsqu'elles les croient à l'abri de tout danger. Ceux-ci, dans leur premier âge et de la physionomie la plus effrayante ou la plus ridicule, sont enveloppés d'un duvet épais qui ne disparaît que lorsque l'unique mue à laquelle ils soient assujettis leur donne ce plumage fin, léger et soyeux, au moyen duquel ils exécutent leur vol sans aucun bruit, et cessent de ressembler à des spectres pour prendre la figure d'Oiseaux.

Nous diviserons les Chouettes en plusieurs sous-genres.

† CHOUETTES-HIBOUX.

Deux petits bouquets de plumes ou aigrettes sur le front.

CHOUETTE-HIBOU AFRICAIN, *Strix africana*, Temm., pl. color. 5o. Parties supérieures brunes variées de noir; front et sommet de la tête bruns, avec l'extrémité de chaque plume tachée de blanc; aigrettes terminées de noir à l'extérieur; face grisâtre, entourée d'un double cercle blanc et noirâtre; sabot d'un fauve foncé, rayé transversalement de noirâtre, et terminé par un hausse-col blanc; parties inférieures brunes, rayées transversalement de noirâtre avec des taches de cette couleur sur les côtés de la poitrine et du ventre; quelques taches blanches au poignet; rectrices rayées de gris fauve et de noir, terminées inférieurement par des petits traits noirs; jambes emplumées avec des zig-zags noirs; bec noirâtre; iris orangé. Longueur, quatorze pouces six lignes. Du cap de Bonne-Espérance.

CHOUETTE-HIBOU A AIGRETTES COUCHÉES, *Strix griseæta*, Lath., Chouette à aigrette blanche, Levail.,

Ois. d'Afr. pl. 43. Parties supérieures roussâtres, finement rayées de brun et tâchetées de blanc; aigrettes composées de plumes longues, flexibles, insérées près de la base du bec, et qui retombent de chaque côté de la tête; parties inférieures d'un blanc roussâtre avec des stries brunes, très-fines sur la poitrine; bec jaune; pieds emplumés jusqu'aux premières phalanges. Longueur, treize pouces. De la Guiane.

CHOUETTE-HIBOU A AIGRETTES COURTES. *V*. CHOUETTE-HIBOU BRACHYOTE.

CHOUETTE-HIBOU A JOUES BLANCHES, *Strix leucotis*, Temm., pl. color. 16. Parties supérieures d'un gris fauve, avec la tige des plumes et de fines stries transversales noires; rémiges et rectrices rayées transversalement de noir; sommet de la tête fauve, strié de brun foncé; aigrettes striées et bordées de noirâtre à l'extérieur; cercle radié des joues, blanc, entouré de noir; parties inférieures fauves, striées comme les supérieures; abdomen blanchâtre; pieds emplumés jusqu'aux ongles, grisâtres, tachetés de noir; bec jaune, caché dans des soies blanches, dirigées en avant. Taille, neuf pouces. Du Sénégal.

CHOUETTE-HIBOU D'AMÉRIQUE, *Strix americana*, Gmel., *Asio americanus*, *Asio mexicanus*, Briss., Ois. de l'Amérique sept. pl. 3. Parties supérieures rousses, tachetées longitudinalement et pointillées de noir; face blanchâtre; collerette bordée de roussâtre et de noirâtre; aigrettes noirâtres; gorge variée de blanc et de roux avec la tige des plumes noire; tectrices alaires rayées transversalement et en zig-zags, de noirâtre et de cendré; rectrices rayées irrégulièrement de brun foncé; parties inférieures mélangées de blanc, de roux et de noir; jambes et doigts couverts d'un duvet roussâtre; bec jaune. Longueur, quatorze pouces. La femelle a les taches brunes au lieu d'être noires, et les parties inférieures d'un brun ferrugineux tacheté. C'est alors le Hibou du Mexique.

Chouette-Hibou Ascalaphe, *Strix Ascalaphus,* Savig., Temm., pl. color. 57. Parties supérieures fauves, marquées de traits vermiculés bruns; aigrettes courtes, formées de beaucoup de plumes; parties inférieures blanchâtres, rayées transversalement de traits bruns; bec noirâtre. Longueur, seize pouces. D'Égypte.

Chouette-Hibou Asio, *Strix Asio,* Gmel., Lath., Ois. de l'Amér. sept. pl. 21, Temm., pl. color. 80. Parties supérieures rousses, variées de lignes noires; milieu de la face roussâtre, entouré de cercles alternativement blancs, noirs et roux; rectrices mélangées de raies transversales brunes, peu marquées; parties inférieures blanchâtres, avec la poitrine brune, rayée et tachetée de blanc; pieds et doigts emplumés, roux en devant, et blancs derrière; bec noirâtre. Longueur, neuf pouces. La femelle a les couleurs moins vives. De la Caroline.

Chouette-Hibou Bakkamuna, Lath., *Strix indica,* Gm. Parties supérieures d'un brun très-foncé, tachetées de roux clair; aigrettes fort touffues, d'un roux foncé; face d'un cendré clair; collerette bordée de noir; tectrices alaires grises, avec quelques traits noirs; rémiges rayées alternativement de noir et de blanc; parties inférieures d'un roux cendré, avec des taches noires en fer de lance sur la poitrine; pieds en partie emplumés; doigts velus; bec noirâtre. Longueur, six pouces. De Ceylan.

Chouette - Hibou blanc. *V.* **Chouette Harfang.**

Chouette-Hibou blanc d'Islande. *V.* **Chouette Harfang.**

Chouette-Hibou Brachyote, *Strix Brachyotos,* Lath., *Strix Ulula,* Gmel., *Strix arctica,* Sparm., *Strix tripennis,* Schranks, *Strix palustris,* Smies, *Strix brachyura,* Nils., grande Chevêche, Buff., pl. enl. 438. Parties supérieures d'un brun noirâtre, avec les plumes bordées de jaune d'Ocre; aigrettes courtes, peu apparentes; face blanchâtre, avec le tour des yeux noirâtre; rectrices roussâtres, rayées trans-

versalement de brun, et terminées de blanc; parties inférieures roussâtres, tachetées longitudinalement de brun noirâtre; bec noir; pieds et doigts emplumés; iris jaune. Longueur, treize pouces. La femelle a les couleurs plus ternes. Les jeunes ont la face noirâtre. Du nord des deux continens.

Chouette-Hibou du Brésil ou Hibou Caburé, *Strix brasiliana,* Gmel., Lath., *Asio brasiliensis,* Briss. Parties supérieures d'un brun clair varié de taches blanches, beaucoup plus grandes sur le dos et les ailes; aigrettes assez longues, se relevant facilement; parties inférieures cendrées, tachetées de brun; rectrices roussâtres rayées de zig-zags blancs, pieds et doigts emplumés, jaunâtres; iris jaune; bec jaunâtre. Longueur, sept pouces. De l'Amérique méridionale.

Chouette-Hibou bruyant, *Strix strepitans,* Temm., pl. color. 174. Parties supérieures d'un brun noirâtre, traversé de zig-zags roux; aigrettes partant de l'angle postérieur des yeux, étalées de côté et retournées vers le haut, composées de longues plumes noires, recouvertes de plus courtes; rayées de blanc et de brun; face blanchâtre, rayée de noirâtre; rémiges et rectrices brunes, traversées par des bandes plus pâles, les dernières terminées et bordées extérieurement de blanc; parties inférieures blanches, rayées transversalement de brun; poitrine et flancs roussâtres; bec et ongles d'un blanc jaunâtre; doigts jaunes. Taille, dix-neuf pouces. De Sumatra.

Chouette-Hibou de la Carniole, *Strix carniolica,* Gmel. *V.* **Chouette-Hibou Petit-Duc.**

Chouette-Hibou de la Chine, *Strix sinensis.* Parties supérieures brunes, variées de noir et de roussâtre, avec des zig-zags d'un brun très-foncé; quatre bandes transversales d'un roux clair, tacheté de brunâtre et de blanchâtre sur les rémiges; plumes des aigrettes assez courtes; front blanchâtre; face et gorge rousses, avec des traits noirs en forme de triangle;

parties inférieures rousses, avec une bande noire longitudinale , qui est coupée transversalement par d'autres bandes blanches; bec et pieds noirs. Longueur, treize pouces.

CHOUETTE - HIBOU CHAPERONNÉ , *Strix atricapilla*, Natt.,Temm.,pl. color. 145. Parties supérieures mélangées de jaunâtre, de brun et de noir; sommet de la tête noir, de même qu'un trait derrière chaque œil; occiput blanchâtre, parsemé de zig-zags noirs; aigrettes noires, avec des traits jaunâtres en avant; un demi-collier roussâtre, varié de noir; plumes de la face grisâtres, encadrées et striées de noir; quelques maculatures blanches sur les ailes; parties inférieures blanches et grisâtres avec des traits lancéolés noirs; rectrices tachetées de brun, de fauve et de noir; iris, bec et pieds jaunes. Taille, neuf pouces trois lignes. Du Brésil.

CHOUETTE-HIBOU CHOLIBA , *Strix Choliba*, Vieill. Toute la robe d'un brun clair, avec le centre des plumes noir , et l'extrémité pointillée de la même couleur; une grande tache noire en croissant, qui s'étend depuis la base des aigrettes jusqu'au bas de l'angle de jonction des mandibules; une rangée de plumes blanches, terminées de noir sur les scapulaires; bec bleuâtre à sa base, jaunâtre vers l'extrémité. Longueur, huit pouces. De l'Amérique méridionale.

CHOUETTE-HIBOU DE CLOCHER. *V.* CHOUETTE-EFFRAIE.

CHOUETTE - HIBOU COMMUN , *Strix Otus*, L., le moyen Duc, Buff., pl. enl. 29. Parties supérieures d'un roux clair, parsemées de taches brunes et de gris cendré; aigrettes composées de six à huit plumes étagées, noirâtres, bordées de brunâtre et de blanchâtre; parties inférieures roussâtres , avec des taches oblongues brunes; bec noir ; iris d'un jaune rougeâtre; yeux entourés d'un cercle de plumes frisées , blanchâtres, bordées de noir ; pieds et doigts couverts d'un duvet roux. Longueur, treize pouces. La femelle a la gorge blanche , et tout le plumage tirant sur le grisâtre. Les jeunes sont d'un roux blanchâtre , marqués de lignes transversales noirâtres; ils ont les ailes et la queue grises , pointillées de brun, toute la face d'un brun noirâtre, et l'iris jaune. D'Europe et d'Afrique.

CHOUETTE-HIBOU DE COROMANDEL, *Strix coromanda*, Lath. Parties supérieures fauves , tachetées de blanc et de roux ; grandes rémiges brunes , avec des taches rondes , blanchâtres sur leur bord extérieur; trois bandes transversales sur les intermédiaires, ainsi que sur les rectrices; parties inférieures d'un fauve rougeâtre, traversées de bandes demi-circulaires noires; pieds et doigts emplumés, rougeâtres; bec noir. Longueur, neuf pouces.

CHOUETTE-HIBOU CORNU D'ATHÈNES , *Strix atheniensis*. *V.* GRAND-DUC.

CHOUETTE - HIBOU COURONNÉ , *Strix virginiana*, Lath., Ois. de l'Amér. sept. pl. 2. Parties supérieures variées de roux et de brun , tachetées et pointillées de noirâtre ; face mélangée de blanc , de roux et de noir ; plumes de la collerette noires , rousses à leur base; cou varié de roux et de blanc , avec la gorge blanche ; les deux premières rémiges crenelées à leur bord extérieur ; rectrices latérales rayées de noir; parties inférieures mélangées de blanc , de roussâtre , rayées transversalement de noirâtre , et pointillées vers la poitrine; pieds et doigts emplumés, d'un blanc roussâtre; bec brun; iris jaune orangé. Longueur, dix-huit pouces. Des forêts de Sapins de l'Amérique septentrionale où il niche.

CHOUETTE - HIBOU A CRAVATE BLANCHE , *Strix albicollis*, variété de la Chouette-Hibou commun.

CHOUETTE - HIBOU CRIARD. *V.* CHOUETTE-HIBOU D'AMÉRIQUE.

CHOUETTE-HIBOU DUC A COURTES OREILLES. *V.* CHOUETTE-HIBOU BRACHYOTE.

CHOUETTE-HIBOU D'ÉGYPTE. *V.* CHOUETTE - HIBOU ASCALAPHE.

CHOUETTE-HIBOU A FRONT BLANC, *Strix albifrons*, Lath., Shaw, Nat.

Misc., pl, 171. Parties supérieures noirâtres, avec le front blanc; les inférieures d'un jaune fauve, avec la poitrine traversée par des bandes brunes; quelque taches blanches sur les ailes; bec noir. Longueur, sept pouces. La femelle est un peu plus grande; elle a les aigrettes, déjà très-courtes chez le mâle, à peine visibles; les plumes de la face frangées de blanc, et les parties supérieures brunes. De l'Amérique septentrionale.

CHOUETTE - HIBOU GENTIL, *Strix pulchella*, L. Parties supérieures cendrées, tachetées de brun et pointillées de blanc, avec de grandes taches de cette couleur sur les ailes; rectrices fauves, rayées et pointillées de brun; parties inférieures blanchâtres, tachetées de noirâtre; jambes couvertes d'un duvet marqueté. Longueur, neuf pouces. De Sibérie. On le regarde comme une variété du petit Duc.

CHOUETTE - HIBOU GRAND-DUC, *Strix Bubo*, L., Buff., pl. enl. 455. Parties supérieures variées de noir et de jaune roussâtre; plumes de la face mélangées de cendré, de roux et de noir; gorge blanchâtre; devant du cou et poitrine variés de noirâtre et de roux; ventre rayé longitudinalement et traversé de noirâtre; pieds et doigts couverts de plumes rousses, rayés de zig-zags bruns. Longueur, vingt-deux pouces. La femelle est plus grande, elle a le plumage d'une teinte plus claire, et n'a point de blanc à la gorge. Des grandes forêts d'Europe, d'Afrique et d'Amérique, où il joint à sa nourriture habituelle les Lapins, les Lièvres, et même les jeunes Chevreuils qu'il peut surprendre.

CHOUETTE - HIBOU GRAND - DUC BLANC SANS AIGRETTES. *V.* CHOUETTE HARFANG.

CHOUETTE-HIBOU GRAND-DUC DE CEYLAN, *Strix ceylanensis*, Lath., *Strix zeilanensis*, Gmel., Brown, Illust., pl. 4, Temm., pl. color. 74. Parties supérieures d'un fauve rougeâtre, rayé de noir; aigrettes courtes, droites et pointues; rémiges et rectrices rayées de blanc, de noir et de rougeâtre; pieds nus jusqu'aux genoux. Longueur, vingt-trois pouces.

CHOUETTE-HIBOU GRAND - DUC A HUPPES COURTES. *V.* CHOUETTE-HIBOU ASCALAPHE.

CHOUETTE-HIBOU GRANDE CHEVÈCHE. *V.* CHOUETTE - HIBOU BRACHYOTE.

CHOUETTE - HIBOU A GROS BEC, *Strix crassirostris*, Vieill., *Strix Machrorynchus*, Temm., pl. color. 62. Parties supérieures blanchâtres, rayées transversalement de brun; les inférieures blanchâtres, avec quelques bandelettes transversales brunes; aigrettes noires; collerette grisâtre, bordée de noir; bec gros, fort et brun; pieds et doigts garnis de duvet. Longueur, dix-huit pouces. Patrie inconnue.

CHOUETTE - HIBOU D'ITALIE. *V.* CHOUETTE-HIBOU COMMUN.

CHOUETTE - HIBOU JACUTURU. *V.* CHOUETTE-HIBOU NACUTURU.

CHOUETTE - HIBOU KETUPA. *V.* CHOUETTE-HIBOU GRAND-DUC DE CEYLAN.

CHOUETTE - HIBOU LACTÉ, *Strix lactea*, Temm., pl. color. 4. Parties supérieures d'un roux fauve, finement striées et pointillées de noir; aigrettes petites; un trait demi-circulaire, noir au-dessus de l'œil; face d'un gris blanchâtre, finement striée de noir, et bordée de cette couleur; rectrices inférieures d'un cendré rougeâtre, rayées de noirâtre; parties inférieures d'un cendré jaunâtre, finement striées de noirâtre, qui est aussi la couleur des tiges des plumes; pieds emplumés jusqu'aux doigts, blanchâtres; doigts bleuâtres; bec noirâtre; iris orangé. Taille, vingt-cinq pouces. Du Sénégal.

CHOUETTE - HIBOU DE LAPONIE, *Strix scandiaca*, Gmel. Variété accidentelle et presque blanche du Grand-Duc, selon quelques auteurs, et de la Chouette Harfang dont on aurait redressé quelques plumes, selon d'autres.

CHOUETTE-HIBOU LESCHENAULT, *Strix Leschenaulti*, Temminck, pl.

col. 20. Parties supérieures d'un brun
fauve, avec le milieu des plumes noirâtre; tête, aigrettes, cou et parties
inférieures d'un fauve brunâtie, avec
la tige des plumes noire et des stries
transversales brunes; moyennes tectrices alaires striées de noir, les grandes d'un fauve cendré, frangées de
brun; rémiges et rectrices brunes,
rayées de fauve; face roussâtre; aréole
des yeux blanchâtre; gorge blanche,
rayée longitudinalement de noir; tectrices caudales inférieures cendrées,
avec des traits lancéolés noirs; bec
d'un jaune verdâtre entouré de soies
à sa base; iris orangé; pieds d'un
gris bleuâtre. Taille, dix-neuf pouces.
De l'Inde.

CHOUETTE-HIBOU DE LA LOUISIA-
NE, *Strix ludovicianus*, Daud. Ne
diffère du Grand-Duc que par une
taille un peu moins grande.

CHOUETTE-HIBOU DU MEXIQUE. *V*.
CHOUETTE-HIBOU D'AMÉRIQUE.

CHOUETTE-HIBOU MOUCHETÉ, *Strix
maculosa*, Vieill. Parties supérieures
mouchetées de brun et de blanc; tête
rayée transversalement de brun; aigrettes larges; rectrices traversées de
sept bandes alternativement brunes
et blanches; parties inférieures blanches rayées transversalement de
brun; abdomen entièrement blanc,
ainsi que les pieds. Longueur, quinze
pouces. Du cap de Bonne-Espérance.

CHOUETTE-HIBOU MOYEN DUC. *V*.
CHOUETTE-HIBOU COMMUN.

CHOUETTE-HIBOU NACUTURU, *Strix
Nacuturu*, Vieill., *Strix magellanicus*, Gmel., Buff., pl. enl. 385. Parties supérieures noirâtres, rayées en
zig-zags et pointillées de brun et de
roux; aigrettes très-longues; la plume antérieure noire, bordée de roux;
un croissant noir qui part du derrière
de l'œil et entoure la face; un trait
noir sur le sourcil; collerette brune,
mélangée de roux; rémiges et rectrices fauves, traversées de bandes brunes, tachetées de roux et pointillées
de noir; parties inférieures rayées de
brun et de blanc; bec noirâtre. Lon-

gueur, dix-sept pouces. De l'Amérique méridionale.

CHOUETTE-HIBOU NAIN, *Strix minuta*. Cette espèce, que Pallas a vue
aux monts Oural, est très en petit
l'image du Grand-Duc. Il serait possible que ce fût le Scops.

CHOUETTE-HIBOU NOCTULE, *Strix
Noctula*, Rheinwardt, Temm., pl. color. 99. Parties supérieures fauves,
variées de teintes plus claires et de
noirâtre; rémiges et rectrices rayées
de fauve clair; petites plumes de l'aigrette brunes, bordées de fauve, les
grandes fauves, striées de brun; cercle radié des yeux finement strié de
noirâtre; parties inférieures d'un fauve clair avec des stries noirâtres; quelques taches longitudinales doublement traversées ornent ces parties;
bec jaune; iris orangé; pieds gris tachetés, emplumés jusqu'aux doigts
qui sont jaunes. Taille, six pouces six
lignes. De Java.

CHOUETTE-HIBOU NUDIPÈDE, *Strix
psilopoda*, Vieill., Oiseaux de l'Amérique septentrionale, pl. 22. Parties
supérieures variées de taches blanchâtres et de raies noirâtres; rémiges
et rectrices tachetées de blanc roussâtre; parties inférieures rayées de noirâtre; devant du cou et poitrine d'un
brun foncé, pointillés de roux; pieds
et doigts dénués de plumes jaunâtres;
bec noirâtre. Longueur, huit pouces.
Des Antilles.

CHOUETTE-HIBOU OUROUCOUCOU.
(Stedeman.) Espèce douteuse.

CHOUETTE-HIBOU (PETITE) DE LA
CÔTE DE COROMANDEL. *V*. CHOUETTE-
HIBOU DE COROMANDEL.

CHOUETTE-HIBOU PETIT-DUC, *Strix
Scops*, L., *Strix Zorca*, *Strix Carniolica*, Gmel., Buff., pl. enl. 456. Parties supérieures d'un cendré roussâtre, marquées d'ondulations et de taches irrégulières noires et brunes,
avec des raies longitudinales noires,
traversées par de petits traits de même
couleur; aigrettes composées de six
à huit petites plumes qui se relèvent
en faisceaux; parties inférieures semblables aux supérieures, mais d'une
teinte plus claire; pieds couverts de

plumes roussâtres , striées de noir; doigts nus; bec noir ; iris jaune. Longueur, sept pouces. D'Europe et d'Afrique.

CHOUETTE-HIBOU DES PINS. *V.* CHOUETTE-HIBOU COURONNÉ.

CHOUETTE-HIBOU RAYÉ , *Strix lineata*, Vieill. Parties supérieures traversées de bandes étroites, blanchâtres , jaunâtres et noires; aigrettes courtes; face rousse, variée de points noirs ; rémiges brunes; parties inférieures d'un blanc roussâtre , rayé transversalement de noir et de roux ; pieds emplumés, roux ; bec blanchâtre. Longueur , huit pouces. De l'Amérique septentrionale.

CHOUETTE-HIBOU SANS CORNES. *V.* CHOUETTE-HULOTTE.

CHOUELTE – HIBOU SCOPS. *V.* CHOUETTE-HIBOU PETIT-DUC.

CHOUETTE-HIBOU TACHETÉ , *Strix maculata* , Vieill., Nacuturu tacheté, Azzara. Parties supérieures d'un blanc jaunâtre , avec les plumes zonées et pointillées de noirâtre ; celles du sommet de la tête sont noires , bordées de fauve; aigrettes noires en dedans et blanches en dehors; un trait noirâtre veinulé de chaque côté de la tête, se rejoignant par derrière; menton blanc; parties inférieures d'un blanc jaunâtre, marquées de taches noires , allongées ; bec noir ; pieds emplumés , roussâtres. Longueur, quatorze pouces. De l'Amérique méridionale.

CHOUETTE – HIBOU DES TERRES MAGELLANIQUES. *V.* CHOUETTE-HIBOU NACUTURU.

CHOUETTE – HIBOU ZORCA. *V.* CHOUETTE-HIBOU PETIT-DUC.

†† CHOUETTES PROPREMENT DITES.

Point d'aigrette sur le front.

CHOUETTE D'ACADIE. *V.* CHOUETTE-CHEVÊCHETTE.

CHOUETTE A AILES ET QUEUE FASCIÉES , *Strix fasciata* , Vieill. Parties supérieures , gorge et poitrine brunes , rayées en zig-zags de rouge jaunâtre; tectrices alaires brunes; rémiges rayées de brun et de blanc; rectrices d'un brun zoné , terminées de

cendré ; parties inférieures roussâtres, tachetées longitudinalement de brun rougeâtre ; jambes duveteuses, rousses ; doigts nus et jaunes. Longueur, quatorze pouces. Des Antilles.

CHOUETTE ARCTIQUE, *Strix arctica*, Sparm. *V.* CHOUETTE-HIBOU BRACHYOTE.

CHOUETTE BARIOLÉE. *V.* CHOUETTE CENDRÉE.

CHOUETTE BLANCHE, Levaill., Ois. d'Afrique, pl. 45. *V.* CHOUETTE HARFANG.

CHOUETTE BLANCHE A AIGRETTE. *V.* CHOUETTE-HIBOU A AIGRETTES COUCHÉES.

CHOUETTE BLANCHE TACHETÉE , *Strix alba* , L. *V.* CHOUETTE HARFANG.

CHOUETTE BOOBOOK , *Strix Boobook* , Lath. Parties supérieures d'un cendré brunâtre, tachetées de jaune, avec la tête rayée de la même couleur; parties inférieures brunes, irrégulièrement tachetées de fauve; gorge jaune , rayée et tachetée de jaune ; bec petit, brun; pieds emplumés, bruns, variés de noir. Longueur, neuf pouces. De la Nouvelle-Hollande.

CHOUETTE BRAME, *Strix Brama* , Temm. , pl. color. 68. Parties supérieures brunes, régulièrement mouchetées de cendré; rémiges et rectrices rayées de la même couleur; un large collier formé de plumes blanches bordées de brun ; joues garnies de plumes brunes, bordées de blanc; aréole de l'œil brunâtre; gorge et haut du cou blancs; parties inférieures blanchâtres, parsemées de taches rhomboïdales brunes; bec jaune, avec la base entourée de longues soies noirâtres; iris jaune ; pieds garnis jusqu'aux ongles d'un duvet blanc. Taille, sept pouces. Des Indes.

CHOUETTE BRUNE , *Strix fusca* , Vieill. Parties supérieures brunes , tachetées de blanchâtre sur les ailes ; collerette d'un gris blanchâtre ; rectrices brunes , les latérales tachetées de blanc en dehors, et blanches avec de larges bandes transversales brunes en dedans ; parties inférieures blanches, tachetées de brun; bec noirâtre; pieds et doigts velus, brunâtres. Longueur, huit pouces. Des Antilles.

Chouette cabourée, *Strix pumilla*, Illig. *V.* **Chouette féroce.**

Chouette du Canada, Buffon. *V.* **Chouette Caparacoch.**

Chouette du Canada, Cuvier. *V.* **Chouette nébuleuse.**

Chouette Caparacoch, *Strix funereá*, Gmel., Lath., *Strix canadensis*, Briss., *Strix hudsonia*, Gmel., *Strix Ulula*, L., *Strix nisoria*, Meyer, Chouette Épervière, Chouette à longue queue de Sibérie, Buff., pl. enl. 463. Parties supérieures obscures, tachetées irrégulièrement de blanc et de brun; front pointillé de blanc et de brun; une bande noire de chaque côté, partant de l'œil, descendant sur le cou; une grande tache brune, noirâtre à la naissance des ailes; rectrices cendrées avec des bandes brunes en zig-zags, distantes les unes des autres; parties inférieures blanches, rayées transversalement de brun cendré, avec la gorge blanchâtre; bec jaune, ordinairement tacheté de noir; pieds et doigts emplumés, blanchâtres, rayés de brun. Longueur, quatorze pouces; la queue en a six et demi. Du nord des deux continens.

Chouette de Cayenne, *Strix cayanensis*, Math., Buff., pl. enl. 442. Parties supérieures rousses avec des lignes transversales brunes, étroites; parties inférieures semblables, mais d'une teinte un peu plus claire; plumes de la collerette blanchâtres, avec la tige noire; bec rougeâtre; pieds et doigts duveteux. Longueur, quatorze pouces.

Chouette Caspienne, *Strix Ulula*, Lath. *V.* **Chouette-Hibou Brachyote.**

Chouette cendrée, *Strix cinerea*, Lath. Parties supérieures d'un cendré brun, mélange de noir; collerette blanchâtre, entourée de jaunâtre, avec les cercles des yeux alternativement noirs et roussâtres; parties inférieures cendrées, variées de noir; une bande privée de plumes,

depuis la gorge jusqu'à la queue. Longueur, dix-huit pouces. De l'Amérique septentrionale.

Chouette Chat-Huant, *Strix Stridula*, Lath. Parties supérieures rousses, variées de noirâtre, de teintes brunâtres, en zig-zags transversaux, tachetées de blanc sur la tête, les scapulaires et l'extrémité des grandes tectrices alaires; rectrices et rémiges rayées alternativement de brun et de roux; parties inférieures variées de blanc, de noirâtre et de roux, avec des lignes en zig-zags; pieds et doigts emplumés, blanchâtres; bec jaunâtre. Longueur, quatorze pouces. D'Europe. On regarde cette espèce comme la femelle de la Chouette-Hulotte.

Chouette Chevêche, *Strix Passerina*, L., Gmel., Lath., *Strix Noctua*, Retz, *Strix nudipes*, Nils., Buff., pl. enl. 439. Parties supérieures d'un gris brun, marquées de grandes taches irrégulières blanches; tête brune, avec une bande longitudinale blanche sur chaque plume; poitrine blanche; parties inférieures d'un blanc roussâtre, tacheté d'un brun olivâtre; iris jaune; pieds et doigts clairement emplumés, blanchâtres. Longueur, neuf pouces. La femelle a les couleurs moins vives, et des taches roussâtres sur le cou. Commune en Europe.

Chouette Chevêchette, *Strix acadica*, L., *Strix acadiensis*, Lath., *Strix Passerina*, Retz, *Strix Tengalmi*, Var., Lath., *Strix pusilla*, Daud., *Strix pygmæa*, Bechst., Levaill., Oïs. d'Afr., pl. 46. Parties supérieures brunes, tachetées et pointillées de blanc; de grandes taches blanches sur les côtés du cou et sur la gorge; quatre bandes étroites, blanches sur les rémiges; parties inférieures blanches, tachetées longitudinalement de brun et transversalement sur les flancs; pieds et doigts abondamment emplumés. Longueur, six pouces. La femelle a les teintes plus brunes et les taches blanches variées de jaune.

Chouette Chevêchette perlée, *Strix perlata*, Vieill., Levaill., Oïs.

d'Afr., pl. 284. Parties supérieures roussâtres, tachetées de blanc longitudinalement sur les ailes et la queue; rémiges noirâtres, terminées par un liséré blanc; parties inférieures blanches, nuancées de roux; joues et gorge blanchâtres avec un collier varié de noir; poitrine rousse, nuancée de brun et de noir. Bec jaunâtre; pieds emplumés, jaunâtres. Longueur, six pouces.

CHOUETTE CHICHICTTI, *Strix Chichictti*, Lath. Tout le plumage varié de fauve, de brun et de noir; yeux noirs avec les paupières bleues. Du Mexique.

CHOUETTE CHOUCOU, *Strix Choucou*, Lath., Levaill., Ois. d'Afr., pl. 58. Parties supérieures d'un gris roussâtre avec des taches blanches sur les tectrices alaires et un liséré de la même couleur aux rémiges; les deux rectrices intermédiaires grises, les dix autres blanches avec les barbes extérieures rayées; parties inférieures d'un blanc pur. Bec noir très-court; pieds et doigts emplumés, blancs et très-petits; queue étagée, assez longue. Longueur, douze à treize pouces. Du cap de Bonne-Espérance.

CHOUETTE CHOCQUHOU, *Strix Niduella*, Lath., Levaill., Ois. d'Afr., pl. 59. Parties supérieures d'un gris brun, varié de blanc; les inférieures un peu plus pâles; une plaque blanche en forme de collier à la gorge; rectrices rayées de brun noirâtre en dessus et de roussâtre en dessous; bec noir, iris d'un fauve clair; pieds et doigts emplumés, d'un gris blanchâtre, soyeux. Longueur, treize pouces. Du sud de l'Afrique.

CHOUETTE DES CLOCHERS. *V.* CHOUETTTE EFFRAIE.

CHOUETTE A COLLIER, *Strix torquata*, Daud., *Strix perspicillata*, Var., Lath., Levaill., Oiseau d'Afrique, pl. 42. Parties supérieures d'un brun foncé; sommet de la tête et face noirs; sourcils blancs; un large collier noirâtre qui remonte vers la nuque; gorge blanche; parties inférieures d'un blanc roussâtre; rectrices inférieures rayées de blanc et de brun. Bec noirâtre; iris jaune; pieds et doigts emplumés, blanchâtres. Longueur, dix-sept pouces. Les jeunes ont les parties supérieures brunes mêlées de noirâtre, les inférieures roussâtres, la tête d'un gris brun avec le front noir; le cercle noir des yeux entouré d'un autre cercle blanc qui aboutit à une bande qui descend sur le bec. D'Afrique et de l'Amérique méridionale

CHOUETTE DE COQUIMBO. *V.* CHOUETTE A TERRIER.

CHOUETTE ÉCHASSE, *Strix grallaria*, Temm., pl. color. 146. Parties supérieures d'un gris brun, marquées de tâches arrondies et grisâtres; sommet de la tête brun, tacheté de roux; rémiges brunes, régulièrement tachetées de roux qui y forme vers l'extrémité quatre ou cinq bandes; plumes de la face d'un fauve roussâtre; un hausse-col grisâtre; rectrices rousses, traversées de quatre bandes plus pâles; parties inférieures d'un gris roussâtre clair, marquées de taches transversales plus foncées; tarses élevés, fauves; bec et iris jaunes. Taille, neuf pouces. Du Brésil.

CHOUETTE EFFRAIE, *Strix flammea*, L., Buff., pl. enl. 440. Parties supérieures d'un fauve clair, variées de zig-zags gris et bruns, et pointillées de blanchâtre; face blanche avec l'extrémité des plumes qui sont extrêmement fines et effilées, variées de roux et de brun, formant un grand cercle coloré; parties inférieures blanches avec quelques petits points noirs; quelquefois elles sont entièrement blanches et d'autres fois roussâtres ainsi que la face. Bec blanc à la base et noir à l'extrémité; iris jaune; pieds et doigts duveteux, blanchâtres. Longueur, treize pouces. La femelle a les teintes claires et mieux prononcées. Des quatre parties du monde. Très-commun en Europe.

CHOUETTE EPERVIER. *V.* CHOUETTE CAPURACOCH.

CHOUETTE FAUVE, *Strix fulva*, Lath. Parties supérieures d'un fauve brunâtre, tachetées de blanc; les inférieures d'un fauve clair, avec des taches très-pâles ainsi que sur la face; bec noirâtre. Longueur, neuf pouces. De l'Australasie.

CHOUETTE FÉROCE, *Strix pumila*, Illig., Temm., pl. color. 39. Parties supérieures brunes; sommet de la tête, nuque et cou supérieur brunâtres, tiquetés de blanc; quelques taches blanches formant un demi-collier; tectrices alaires supérieures noirâtres, avec une tache blanche à l'extrémité de chaque plume; rémiges et rectrices rayées de jaunâtre; joues d'un blanc jaunâtre, avec deux ou trois demi-cercles de taches noirâtres; gorge brunâtre; milieu de la poitrine, du ventre et de l'abdomen blanchâtres; flancs roussâtres; des lignes longitudinales brunes sur les parties inférieures; bec et iris jaunes, le premier garni à sa base de soies dirigées en avant; pieds emplumés jusqu'aux doigts blanchâtres, tiquetés de brun. Longueur, six pouces. De l'Amérique méridionale.

CHOUETTE FERRUGINEUSE, *Strix rufa*, Lath. *V*. CHOUETTE HULOTTE.

CHOUETTE FRESAIE, Buff. *V*. CHOUETTE EFFRAIE.

CHOUETTE DE GÉORGIE, *Strix Georgica*, Lath. Parties supérieures brunes ondées de jaunâtre, avec les ailes et la queue rayées de blanchâtre; parties inférieures blanchâtres rayées longitudinalement de brun rougeâtre; bec jaune; pieds et doigts emplumés, blancs avec des points noirs; Longueur, quinze pouces. Amérique septentrionale.

CHOUETTE GRISE, *Strix Littura*, Retz. *V*. CHOUETTE DE L'OURAL.

CHOUETTE GRISE DE SUÉDE (grande). *V*. CHOUETTE LAPONNE.

CHOUETTE HARFANG, *Strix nictea*, L., *Strix candida*, Lath., *Strix nivea*, D., Buff., pl. enl. 458. Parties supérieures blanches avec des taches et des raies transverses brunes, moins nombreuses sur les parties inférieures; tête petite; bec noir, caché dans les poils qui l'entourent; iris jaune; pieds et doigts duveteux. Longueur, deux pieds. Les jeunes ont les taches brunes très-abondantes; les individus

très-vieux sont entièrement blancs. Des parties les plus septentrionales des deux continens.

CHOUETTE HUHUL, *Strix Huhula*, Lath., Levaill., Ois. d'Afrique, pl. 41. Parties supérieures d'un brun foncé, tachetées de blanc; les taches en lunules sont très-petites sur la tête et très-larges aux parties inférieures; tectrices alaires terminées par des lunules blanches; rémiges brunes, bordées de blanc; rectrices étagées, brunes, variées de trois bandes irrégulières blanches; bec noirâtre; pieds duveteux, noirâtres, tachetés de blanc; doigts nus, jaunes. Longueur, treize à quatorze pouces. De l'Amérique méridionale.

CHOUETTE HULOTTE, *Strix Aluco*, Gmel., Buff., pl. enl. 441. Parties supérieures d'un brun cendré, variées de grandes taches brunes et de petites rousses et blanches; tête grande, aplatie sur le sommet; rémiges et rectrices rayées alternativement de noirâtre et de roux cendré; parties inférieures d'un blanc roussâtre, avec des raies transversales brunes traversées elles-mêmes par un trait brun qui suit la direction de la tige des plumes; bec brun; iris d'un bleu noirâtre; pieds et doigts emplumés, roussâtres. Longueur, quinze pouces. La femelle, ainsi que les jeunes, ont le plumage en général plus roux, les raies transversales des rémiges et des rectrices alternativement rousses et brunes, etc., etc. On trouve quelquefois des variétés accidentelles blanches, tachetées de noir. Habite les grandes forêts de l'Europe où elle niche ordinairement dans les nids abandonnés par les Corneilles.

CHOUETTE DE L'ILE DE LA TRINITÉ, *Strix phalenoïdes*, Lath. Ois. de l'Amérique septentrionale, pl. 9. Parties supérieures fauves, tachetées de blanc sur les tectrices alaires; face et parties inférieures variées de roux et de blanc; bec noir; pieds et doigts emplumés, roussâtres. Longueur, six pouces.

CHOUETTE A LONGUE QUEUE DE SIBÉRIE. *V*. CHOUETTE DE L'OURAL.

CHOUETTE DE JAVA , *Strix javanica*, Lath. Parties supérieures cendrées, nuancées de roussâtre, tachetées de blanc et de noir ; parties inférieures d'un blanc jaunâtre, tachetées de noir, avec les flancs d'une teinte plus obscure.

CHOUETTE JOUGAU , *Strix sinensis* , Lath. Parties supérieures d'un roux brun avec des taches blanches sur la tête et le cou, et des raies transversales de la même couleur sur le dos et les ailes ; rémiges et rectrices brunes ; face rousse ; parties inférieures blanchâtres avec chaque plume marquée transversalement de quatre traits noirs ; bec noir ; pieds duveteux, roux ; moitié des doigts nue et jaune. Longueur, seize pouces. Des Moluques.

CHOUETTE LAPIN. *V.* CHOUETTE A TERRIER.

CHOUETTE LAPONNE, *Strix laponica*, Retz. Parties supérieures grises, couvertes de taches et de zig-zags bruns; tête très-grande ; face large, formée d'un disque radié, gris, avec des rayons bruns ; un large cercle de plumes contournées noires et blanches, entoure le disque ; rémiges et rectrices brunes, ornées de bandes en zig-zags , noirâtres ; parties inférieures blanchâtres , parsemées de taches allongées , brunes ; tectrices caudales, cuisses, pieds et doigts rayés de zig-zags blancs et bruns ; bec jaune, caché dans les plumes et les soies qui l'entourent ; pieds très–emplumés. Longueur, deux pieds. La femelle est un tiers plus grande. Des parties les plus septentrionales de l'Europe où elle paraît être fort rare.

CHOUETTE A LUNETTE , *Strix perspicillata* , Lath., Syn., pl. 57. Parties supérieures rousses , brunâtres , avec le sommet de la tête et le dessus du cou blancs et cotonneux ; face noirâtre ; rémiges et rectrices brunes , rayées transversalement de fauve et terminées de blanc ; parties inférieures d'un blanc roussâtre avec une bande marron sur la poitrine ; bec jaune entouré de soies noires ; pieds et doigts emplumés , jaunâtres. Longueur, dix–neuf

pouces. De l'Amérique méridionale.

La CHOUETTE A MASQUE NOIR , Levaill. , Ois. d'Afrique, pl. 44, est considérée par Latham comme une variété de la précédente ; elle a le plumage blanc , à l'exception des plumes de la face qui sont noires, et des scapulaires qui sont tachetés de noir ; les ailes et la queue ont une teinte brune assez foncée ; les pieds sont emplumés et noirâtres.

CHOUETTE MAUGÉ , *Strix Maugei*, Tem., pl. color. 46. Parties supérieures d'un brun fauve , avec une tache blanche à l'extrémité des tectrices alaires ; plumes de la face roussâtres , variées de blanc ; rémiges d'un brun noirâtre , rayées à d'assez grandes distances de lignes transversales fauves ; rectrices brunes, ondulées de brun clair ; parties inférieures variées de cendré et de fauve avec des taches brunes allongées sur la poitrine , et des taches blanches arrondies sur les flancs ; bec jaune , entouré de poils noirs ; iris jaune ; pieds et doigts emplumés , variés de blanchâtre et de fauve. Longueur, dix pouces. Des Antilles.

CHOUETTE DE LA MER CASPIENNE , *Strix accipitrina* , Pall. *V.* CHOUETTE-HIBOU BRACHYOTE.

CHOUETTE DU MEXIQUE, *Strix Tolchiquatli* , Lath. Plumage extrêmement épais , varié de blanc , de fauve et de noir ; le fauve domine sur le dos ; les ailes sont noirâtres ; parties inférieures blanches ; bec noirâtre ; iris jaune ; pieds emplumés d'un blanc roussâtre. Longueur, quatorze pouces.

CHOUETTE MONTAGNARDE , *Strix barbata* , Lath. Plumage généralement cendré, avec la face et la gorge noires ; bec et iris jaunes. De la Sibérie.

CHOUETTE NÉBULEUSE, *Strix nebulosa* , L. , Chouette du Canada , Cuv. Parties supérieures d'un brun cendré, rayées transversalement de blanchâtre et de jaunâtre avec un grand nombre de taches blanches sur les tectrices alaires ; face cendrée ; devant du cou et poitrine blanchâtres , rayés transversalement de brun clair ; parties inférieures blànchâtres avec des taches allongées brunes, qui suivent la direction de la tige des plumes; pieds et moitié des doigts emplumés, le reste couvert d'écailles jusqu'aux ongles; bec jaune; iris brun Longueur, vingt pouces. La femelle est un peu plus grande, et l'on remarque plus de taches blanches sur les parties supérieures. Les jeunes ont au contraire des teintes plus foncées. Du nord des deux continens.

Chouette Noctuelle, *Strix Noctua*, Lath., Var. *V*. Chouette Hulotte.

Chouette de la Nouvelle-Zélande. *V*. Chouette fauve.

Chouette nudipède, *Strix nudipes*, Lath., Ois. de l'Amérique septentrionale, pl. 16. Parties supérieures brunâtres, avec le front et les petites tectrices alaires tachetées de blanc; parties inférieures d'un blanc sale, parsemées de taches brunes en forme de lyres; gorge grise; pieds nus et bruns; bec noirâtre. Longueur, sept pouces six lignes. Des Antilles.

Chouette occipitale, *Strix occipitalis*, Temm., pl. color. 34. Parties supérieures d'un brun fauve, parsemées de petites taches rondes et de grandes taches ovalaires d'un blanc cendré; sommet de la tête d'un roux brunâtre, tacheté de blanc; une grande plaque blanche tachetée de brun, de chaque côté à l'occiput; rémiges et rectrices brunes, rayées de jaune d'ocre; joues cendrées; parties inférieures blanchâtres, avec de larges traits longitudinaux, d'un brun roussâtre; une double rangée de taches semblables, mais plus arrondies sous le cou; bec jaune; quelques poils courts à sa base; iris orangé; pieds blanchâtres, variés de roux, couverts de duvet jusqu'aux ongles. Longueur, sept à huit pouces. Du Sénégal.

Chouette ondulée, *Strix undulata*, Lath. Parties supérieures d'un brun noirâtre, avec le bord des plumes fauve; tectrices alaires tachetées de blanc à leur extrémité; tête, gorge et parties inférieures ondulées de blanc; bec cendré; pieds emplu-

més, jaunâtres; doigts nus. Longueur, douze pouces. De l'île de Norfolk.

Chouette de l'Oural, *Strix uralensis*, Pallas, *Strix Littura*, Retz, Temm., pl. color. 27. Parties supérieures blanchâtres, marquées de grandes taches longitudinales brunes; tête grande; face large, très-emplumée, d'un gris blanchâtre, garnie de poils noirs et entourée d'un cercle noir et blanc; rémiges et rectrices rayées alternativement de bandes brunes et blanchâtres; parties inférieures blanchâtres, avec le milieu de chaque plume marqué d'une raie longitudinale brune; queue étagée, beaucoup plus longue que les ailes; bec jaune, caché dans les poils; iris brun; pieds et doigts emplumés, blancs, tachetés; ongles longs, jaunâtres. Longueur, deux pieds. Les jeunes ont les parties supérieures tachées irrégulièrement de brun, de roux et de blanc, les ailes et la queue rayées transversalement de gris; c'est alors : *Strix Macroura*, Meyer, Chouette des monts Ourals, Sonn.

Chouette petite. *V*. Chouette Chevêche.

Chouette petite Chevêche d'Upplande. *V*. Chouette Tengmalm.

Chouette phalénoïde. *V*. Chouette de l'île de la Trinité.

Chouette de Porto-Ricco. *V*. Chouette nudipède.

Chouette rayée de la Chine. *V*. Chouette Joucou.

Chouette rouge-brun. *V*. Chouette Chevéchette.

Chouette de Saint-Domingue, *Strix Dominicensis*, Lath. *V*. Chouette Suinda.

Chouette de Sologne, *Strix soloniensis*, Lath. *V*. Chouette Hulotte.

Chouette Sonnerat, *Strix Sonnerati*, Temm., pl. color. 21. Parties supérieures d'un brun roux, avec des points blancs sur la tête et les scapulaires, des taches blanchâtres sur l'extrémité des tectrices alaires; rémiges bordées de brunâtre, tachetées régulièrement de cendré; face composée de plumes radiées, blanchâtres, nuancées de roux et entremêlées de soies noires ; parties inférieures d'un blanc sale, rayées transversalement de traits bruns bordés de noirâtre, avec la tige des plumes noires; bec jaune; iris verdâtre; pieds et doigts emplumés, fauves; ongles jaunes. Longueur, dix à onze pouces. De l'Inde.

CHOUETTE A SOURCILS BLANCS, *Strix superciliaris*, Vieill. La description que donne Vieillot de cet Oiseau, se rapporte entièrement à celle du précédent, et comme il ne parle pas de la patrie de la Chouette à sourcils blancs, qu'il se borne à dire qu'elle existe au Muséum d'Histoire Naturelle de Paris, il est probable que Vieillot aura décrit sous ce nom l'espèce figurée sous un autre par Laugier et Temminck.

CHOUETTE SPADICÉE, *Strix spadicea*, Rheinwardt, pl. color. 98. Parties supérieures d'un roux foncé; tête, nuque, cou, poitrine et joues d'un brun noirâtre, finement striés en travers de fauve; petites et grandes tectrices alaires terminées de blanc, ce qui forme sur les ailes deux bandes de cette couleur; rémiges et rectrices rayées de jaune ochracé; gorge blanche; parties inférieures blanchâtres, variées de brun rougeâtre; bec d'un gris jaunâtre, entouré à sa base de poils dirigés en avant; iris jaune; pieds emplumés, gris et bruns, avec les doigts couverts de poils. Longueur, sept pouces. De Java.

CHOUETTE SUINDA, *Strix Suinda*, Vieill. Parties supérieures noirâtres, variées de brun et tachetées de roussâtre; collerette noirâtre variée de brun, de roussâtre et de gris, avec l'angle antérieur de l'œil blanc; gorge brune, avec le bord des plumes roussâtre; poitrine fauve, rayée longitudinalement de brun; ventre et abdomen d'un gris roussâtre. Longueur, quatorze à quinze pouces. De l'Amérique méridionale.

CHOUETTE TENGMALM, *Strix Tengmalmi*, L., *Strix Dasypus*, Bechst, *Strix Noctua*, Tengm. Parties supérieures noirâtres variées de roussâtre, avec des petites taches blanches sur la

tête et la nuque; les parties inférieures sont d'une teinte un peu moins foncée; bec et iris jaunes; pieds et doigts duveteux, blanchâtres. Longueur, huit pouces quatre lignes. La femelle est un peu plus grande; elle a les taches blanches plus nombreuses, et elles s'étendent jusque sur les tectrices alaires; les parties inférieures sont variées de blanc. Du nord de l'Europe.

CHOUETTE A TERRIER, *Strix cunicularia*, Vieill. Parties supérieures variées de gris fauve et de brun, tachetées de brun; un double cercle blanc et gris forme la face; une bande blanche au-dessus des yeux; parties inférieures blanchâtres, roussâtres vers les flancs, et tachetées de brun; bec verdâtre, noir sur les côtés; iris jaune; pieds et doigts duveteux, gris. Longueur, neuf à dix pouces. De l'Amérique méridionale dont elle habite les savanes; elle y creuse à quelques pieds sous terre, son nid où elle dépose une douzaine d'œufs blancs presque ronds.

CHOUETTE TOLCHIQUATLI. *V.* CHOUETTE DU MEXIQUE.

CHOUETTE URUCURU, Azzara. *V.* CHOUETTE A TERRIER.

CHOUETTE WAPACUTHU, *Strix Wapacuthu*, Lath. Parties supérieures blanches, rayées transversalement et tachetées de brun rougeâtre; rémiges et rectrices rayées de noir et de rougeâtre; extrémité des plumes de la tête, noire; face, joues et gorge blanches; parties inférieures blanches; bec noir; iris jaune; pieds et doigts emplumés, blanchâtres. Longueur, dix-huit pouces. Des rives de la baie d'Hudson.

CHOUETTE AUX YEUX VERTS, *Strix sylvestris*, Lath. Espèce douteuse que l'on présume être une variété de la Chouette Hulotte. (DR..Z.)

CHOUETTE. INS. Nom vulgaire d'un Lépidoptère, *Noctua sponsa*, Latr., et de la Chenille du Seneçon, décrite par Godart. (AUD.)

CHOUETTE DE MER. POIS. Syn. de Lump. *V.* CYCLOPTÈRE.

CHOUETTE ROUGE. ois. Nom vulgaire du Choquard. *V.* PYRRHO-CORAX. (DR..Z.)

CHOUGH. ois. Syn. anglais du Corracias, *Corvus Graculus*, L. *V.* PYRRHOCORAX. (DR..Z.)

* CHOUGOU NIDJIOU. BOT. PHAN. Syn. d'Eau de Coco, aux îles Marianes, suivant Gaimard. (B.)

CHOUHAK. BOT. PHAN. (Delille.) Nom de pays du *Spartium thebaicum*, décrit dans le grand ouvrage sur l'Egypte. (B.)

CHOUK. BOT. PHAN. Ce nom arabe qui, selon Delille, signifie épine, a été donné à diverses Plantes piquantes, telles que l'*Asparagus horridus* et le *Carduus syriacus*, tels sont encore :

CHOUK-AAGOUL, l'*Asparagus aphyllus*.

CHOUK-EL-GEMEL, c'est-à-dire Epine ou Chardon du Chameau, l'*Echinops spinosus*, etc. (B.)

CHOULAN, KHOULAN ou KOULAN. MAM. Syn. kalmoucks d'Onagre. *V.* CHEVAL. (B.)

* CHOUPA. POIS. *V.* CHEPA.

CHOUQUETTE. ois. Syn. vulgaire du Choucas, *Corvus Monedula*, L. *V.* CORBEAU. (DR..Z.)

CHOURLES ou CHURLES. BOT. PHAN. Vieux noms français des Ornithogales, particulièrement de celle qu'on nomme vulgairement *Dame de onze heures*. (B.)

CHOVA. ois. *V.* CHOBA.

CHOVANNA-MAUDARU. BOT. PHAN. Syn. malabare de Bauhinie. *V.* ce mot. (B.)

CHOYKA. BOT. PHAN. *V.* CHOINA.

CHOYNE. BOT. PHAN. (J. Bauhin.) Syn. présumé de *Crescentia*. (B.)

* CHOZAM. BOT. PHAN. (Forskalh.) Syn. arabe de *Cleome ornithopodioides*, L. (B.)

CHRACHOLEK. ois. Syn. polonais du Cormoran, *Pelecanus Carbo*, L. *V.* CORMORAN. (DR..Z.)

CHRÆSI. BOT. PHAN. Syn. arabe de *Zygophyllum album*, L., et, selon Forskalh, de Salicorne. (B.)

* CHREEK-WILL'S-WIDOW. ois. Syn. américain de l'Engoulevent roux. *V.* ENGOULEVENT. (DR..Z.)

* CHREMIS. POIS. Nom grec d'un Poisson qu'on ne saurait reconnaître sur le peu qu'on en a dit. (B.)

CHRISAORE. ACAL. et MOLL. *V.* CHRYSAORE.

CHRISTE-MARINE. BOT. PHAN. Selon les différens pays maritimes de la France, on donne ce nom à la Salicorne herbacée, à l'Inule et au Chrithme maritimes, dont les feuilles se confisent au vinaigre ou à la saumure, comme les Cornichons, et se mangent sur les meilleures tables. (B.)

CHRISTIE. *Christia*. BOT. PHAN. Mœnch appelle ainsi le genre *Lourea* de Necker, que ce dernier a établi pour l'*Hedysarum vespertilionis*, L.; le nom de Necker étant plus ancien, doit être conservé. *V.* LOUREA. (A. R.)

CHRISTOKN. BOT. PHAN. Le Houx dans les langues du Nord. (B.)

CHRISTOPHORIANA. BOT. PHAN. Nom de l'*Actœa spicata* chez les anciens botanistes, donné aussi à des Aralies et à l'Adonis du Cap. (B.)

* CHRISTOPHORON. POIS. Syn. de *Zeus Faber*, chez les Grecs modernes. *V.* ZÉE. (B.)

* CHRITHARI. BOT. PHAN. Syn. d'Orge chez les Candiotes. (B.)

CHRITHMON. BOT. PHAN. Syn. de Salicorne chez les Grecs modernes. (B.)

CHROKIEL. ois. Syn. polonais de la Caille, *Perdix Cothurnix*, L. *V.* PERDRIX, division des Cailles. (DR..Z.)

CHROMATES. MIN. Résultats de la combinaison de l'Acide chrômique avec les bases salifiables. Jusqu'ici on n'a encore rencontré à l'état natif que deux de ces combinaisons. *V.* FER et PLOMB CHROMATÉS. (DR..Z.)

CHROMIQUE. MIN. *V.* ACIDE CHROMIQUE.

CHROME. **min.** Nom donné par Haüy au Métal découvert par Vauquelin dans le Plomb rouge de Sibérie, et qui fait allusion aux propriétés éminemment colorantes de ce Métal, dont l'Acide est d'une belle couleur rouge, et dont l'Oxide est d'un vert d'Émeraude très-pur : aussi cette précieuse substance est-elle aujourd'hui d'un grand usage dans la peinture sur Porcelaine et dans l'art de colorer le verre. Les Minéraux qui la renferment peuvent être divisés en deux classes : la première est composée de ceux dans lesquels le Chrôme entre essentiellement, tels que le Plomb chrômaté, le Plomb chrômé ou la Vauquelinite, et le Fer chrômaté. La seconde classe est composée des substances qui n'offrent le Chrôme que comme principe accidentel ou comme principe colorant. Elles sont au nombre de six. La première, qui est le Spinelle, doit sa belle couleur rouge à l'Acide chrômique. Les cinq autres empruntent leur couleur verte de l'Oxide de Chrôme. Ce sont l'Émeraude du Pérou, la Diallage verte, l'Amphibole dite Actinote, le Pyroxène (Coccolite et Therrolite), et l'Anagénite ou Brèche ancienne, qui forme le sommet de la montagne des Écouchets, entre le Creusot et Couches, département de Saône-et-Loire. L'Oxide de Chrôme existe en veines minces dans cette Brèche composée de fragmens de Feldspath rougeâtre et de Quarz gris, avec quelques parcelles de Mica noir. La substance nommée Calcédoine du Creusot, que Leschevin a retrouvée dans le même endroit, n'est, suivant lui, qu'un Quarz hyalin translucide pénétré d'Oxide de Chrôme. Enfin, ce Métal existe aussi, mais d'une manière invisible, dans les Aréolithes où il a été découvert par Laugier. (G. DEL.)

CHROMIS. *Chromis.* **pois.** Genre formé par Cuvier (Règn. An., p. 266) aux dépens des Labres, des Spares et même des Chœtodons, dans l'ordre des Acanthoptérygiens, famille des Labroïdes. Ses caractères sont : os intermaxillaires protractiles, une seule dorsale avec des filamens ; dents en velours aux mâchoires et au palais ; ligne latérale interrompue, les ventrales prolongées en longs filets ; point de molaires ; l'estomac en cul de sac et sans cœcum. Les Chromis ont la figure des Labres. On en connaît plusieurs espèces.

Le CASTAGNEAU ou PETIT CASTAGNEAU, Rond., liv. v, p. 152, *Chromis mediterranea*, Cuv.; *Sparus Chromis*, L., Gmel., *Syst. Nat.*, T. XIII, t. 1, part. 2, p. 1274 ; le Marron, Encycl. Pois., qui donne, pl. 49, f. 187, un dessin qui ne convient pas à la description, puisqu'on n'y voit pas le prolongement en forme de filament du second rayon des ventrales. On pêche ce Poisson par milliers dans la Méditerranée.

Le BOLTI ou BOLTY, Sonnini, pl. 28, f. 1, *Chromis nilotica*, Cuv., *Labrus niloticus*, L., Gmel., *loc. cit.*, 1299. C'est d'après Hasselquitz que ce Poisson a été premièrement décrit comme se trouvant en Egypte, dans les eaux douces. Il s'y nourrit d'Insectes et de Vers; sa chair est exquise.

Les autres espèces connues du genre qui nous occupe sont : le Saxatile, *Sparus saxatilis*, L., Gmel., *loc. cit.*, 1271, *Perca saxatilis*, Bloch, pl. 309 ; — le Ponctué, *Labrus punctatus*, Bloch, pl. 295, f. 1, auquel on doit rapporter le Poisson que Lacépède, T. IV, pl. 2, f. 1, regarde comme une variété du Sparaillon ; — le Filamenteux, Lacép., T. III, pl. 28, f. 2 ; — le Labre à quinze épines, Lac., T. III, pl. 25, f. 1 ; — le *Sparus surinamensis*, Bloch, pl. 277, f. 2, et le *Chœtodon suratensis*, Bloch, pl. 217.

Cuvier propose de former dans le genre Chromis, un sous-genre pour renfermer les espèces dont la tête est très-comprimée, les yeux fort rapprochés, et dont les ventrales sont fort longues. Cette division serait désignée par le nom de PLESIOPS. (B.)

CHROSCIEL. **ois.** Syn. polonais de la Gallinule de Genêt, *Rallus Crex*, L. *V.* GALLINULE. (DR..Z.)

* **CHRYPHIOSPERME.** *Cryphio-spermum.* BOT. PHAN. Sous le nom de *Cryphiospermum repens*, Palisot de Beauvois a décrit et figuré (*Fl. Ow. et Ben.*, T. II, p. 25, t. 74) une Plante rampante de la famille des Synanthérées, à laquelle il donne pour caractères : un involucre triphylle, des demi-fleurons portés sur un réceptacle paléacé, une corolle cuculliforme tubuleuse à cinq dents, des fruits triangulaires, couronnés par une membrane quinquéfide, et cachés dans deux écailles intimement rapprochées.

Cette Plante dont la tige est rampante, les feuilles opposées lancéolées, un peu dentées, les capitules axillaires, croît sur les bords du fleuve Formose. C'est une de celles dont les naturels du pays font usage pour la guérison des plaies.   (A. R.)

CHRYSA. BOT. PHAN. Dans le Journal de Botanique pour 1808, vol. 2, p. 170, Rafinesque Schmaltz a donné ce nom au genre déjà connu sous celui de *Coptis* que lui a imposé Salisbury, et qui a pour type l'*Helleborus trifolius*, L. Le *Chrysa borealis*, Raf., doit donc être rapporté au *Coptis trifolia*, Salisb. et D. C. *V.* COPTIS.   (G..N.)

* **CHRYSÆA.** BOT. PHAN. (Daléchamp.) Syn. d'*Impatiens Noli-me-tangere*, L. *V.* BALSAMINE.   (B.)

CHRYSAETOS. OIS. (Linné.) Syn. de l'Aigle royal, *Falco fulvus*, L. *V.* AIGLE.   (DR..Z.)

CHRYSALIDE. INS. On désigne généralement sous ce nom, et plus improprement encore sous celui de *Fève dorée*, la nymphe des Lépidoptères. Cet état intermédiaire de la métamorphose perdrait beaucoup de l'intérêt qu'il offre, si on ne l'envisageait pas en même temps dans toutes les classes : c'est pour ce motif que nous renvoyons l'étude des Chrysalides au mot NYMPHE.   (AUD.)

CHRYSALITE. FOSS. Sous ce nom Mercator (*Metal.*, p. 511) a désigné une espèce d'Ammonite dont la sur-face ressemble à celle d'une Chrysalide. *V.* AMMONITE.   (D..H.)

CHRYSAMMONITE. FOSS. Les anciens orychtographes, comparant l'éclat de certaines chrysalides de Papillons diurnes au brillant métallique qui se remarque sur la plupart des Ammonites dont le test est conservé, avaient consacré ce rapprochement dans la coloration par cette dénomination qui n'est plus usitée.

(D..H.)

CHRYSANTHELLE. *Chrysanthellum.* BOT. PHAN. Dans le *Synopsis* de Persoon, le professeur Richard père a établi ce genre de la famille des Synanthérées et de la Syngénésie superflue de Linné. Il lui a donné les caractères suivans : involucre cylindrique, d'une longueur presque égale à celle des fleurons, muni d'écailles à la base ; réceptacle couvert de paillettes planes ; fleurs de la circonférence très-nombreuses, à corolles linéaires, courtes et bidentées ; celles du centre en petit nombre et dont la plupart sont stériles : akènes légèrement sillonnés et cylindriques, entremêlés d'autres plus comprimés, à bord entier.

La seule espèce dont se compose ce genre, faisait autrefois partie du genre *Verbesina* de Linné, et ne présente pas de caractères différentiels fort notables ; il a donc fallu que son auteur, qui en a bien apprécié la distinction, suppléât à ce défaut de notes caractéristiques bien tranchées par un ensemble de caractères plus détaillés. Les Verbésines néanmoins s'en distinguent assez par la présence d'une aigrette aristée, c'est-à-dire formée d'écailles filiformes et scarieuses. — Le *Chrysanthellum procumbens*, Rich., *Verbesina mutica*, L., est une Plante des pâturages humides de l'Amérique, dont les feuilles sont alternes et tripartites, les pédoncules allongés et uniflores, et la tige couchée. Elle est figurée dans Lamarck, Illustrat. T. 686, f. 2.   (G..N.)

CHRYSANTHÊME. *Chrysanthemum.* BOT. PHAN. On nomme ainsi un genre de Plantes de la famille naturelle des Corymbifères et de la Syngénésie Polygamie superflue. Il se compose d'un assez grand nombre d'espèces herbacées, annuelles ou vivaces, portant des feuilles alternes simples, plus ou moins profondément dentées, et des capitules de fleurs tantôt entièrement jaunes, tantôt jaunes au centre et blancs à la circonférence. Chaque capitule offre un involucre hémisphérique, composé d'écailles imbriquées, minces et scarieuses sur les bords; un réceptacle presque plane, nu ou offrant parfois des paillettes dans quelques espèces cultivées. Les fleurons sont réguliers et hermaphrodites; les demi-fleurons placés à la circonférence sont femelles et très-nombreux. Le fruit est ovoïde, comprimé, strié longitudinalement, dépourvu entièrement d'aigrette et de rebord membraneux.

A l'exemple de Haller, de Gaertner et de De Candolle, on doit extraire du genre Chrysanthème les espèces dont le fruit est surmonté d'un rebord membraneux en forme de couronne, et les placer dans le genre Pyrèthre. Ce caractère, nous en convenons, n'est pas d'une très-haute importance; mais comme les espèces de Chrysanthème sont fort nombreuses, nous avons cru devoir l'admettre pour en faciliter l'étude.

L'une des espèces les plus communes de ce genre est le Chrysanthème des prés, ou Grande Marguerite, *Chrysanthemum Leucanthemum*, L., Plante vivace, excessivement commune dans les prairies de la plus grande partie de la France. Sa tige haute d'un pied et demi à deux pieds, hispide à sa partie inférieure, porte des feuilles pétiolées, spathulées, oblongues, obtuses et crenelées; celles de la tige sont sessiles et presque amplexicaules. Les fleurs sont grandes, placées au sommet des ramifications de la tige. Les fleurons qui garnissent le disque sont d'un jaune doré; les demi-fleurons de la circonférence sont d'un blanc pur.

Le Chrysanthème des Indes, *Chry-*

santhemum indicum, L. L'une des espèces les plus belles et les plus utiles pour l'ornement des parterres. Elle fleurit, en effet, à l'époque où presque toutes les autres Plantes ont cessé de végéter, c'est-à-dire d'octobre en décembre. Elle présente un phénomène extrêmement remarquable, et qui l'a fait alternativement placer parmi les Chrysanthèmes et parmi les Camomilles. Dans les individus sauvages ou à fleurs simples, le réceptacle est nu et privé de paillettes, ce qui forme le caractère de vrais Chrysanthèmes; au contraire, dans cette foule de variétés, qui font en automne l'ornement de nos parterres, et où les fleurons sont sous la forme de longs tubes cylindriques, d'une belle couleur violette, jaune, blanche ou pourpre, le réceptacle est chargé d'écailles comme dans les *Anthemis*. Aussi à l'époque où cette belle Plante fut introduite en France, Ramatuelle la décrivit-il sous le nom d'*Anthemis grandiflora*, en la regardant comme distincte spécifiquement et génériquement du Chrysanthème des Indes de Linné. Cependant il est certain que ces deux Plantes appartiennent à la même espèce, qui offre ainsi des paillettes dans les individus cultivés, et en est privée dans ceux qui sont sauvages ou à fleurs simples. *V*. Camomille.

C'est Blanchard, négociant à Marseille, qui, le premier, introduisit cette Plante en France, dans l'année 1789. Il l'avait rapportée de la Chine. En 1790, elle fut cultivée au Jardin du roi, et depuis cette époque, elle s'est répandue et, en quelque sorte, naturalisée dans tous les jardins de l'Europe.

Le Chrysanthème des Indes est un Arbuste touffu, dont la tige sous-frutescente à sa base est haute de trois à quatre pieds. Ses feuilles, blanchâtres en dessous, sont profondément lobées. Ses fleurs sont grandes, réunies au sommet des ramifications de la tige où elles forment une sorte de panicule. Leurs fleurons sont allongés, stériles, tubuleux et varient de nuances. Il en existe des variétés, blanche, rouge, jaune, violette, pourpre ou panachée. Cette belle Plante est vivace et se cultive en pleine terre. Elle résiste à nos froids les plus rigoureux. On la multiplie en séparant les drageons, ou par boutures. On trouve des détails très-étendus sur sa culture et ses variétés dans un Mémoire intéressant de Joseph Sabine, imprimé dans le 4ᵉ volume des Transactions de la Société horticulturale de Londres. *V.* PYRÈTHRE. (A.R.)

CHRYSANTHÉMOIDES. BOT. PHAN. Dans les botanistes antérieurs à Linné, ce mot est syn. d'*Osteospermum.* (B.)

CHRYSAORE. *Chrysaora.* MOLL. FOSS. Ce genre de Montfort (T. I, pl. 178), ainsi que quelques autres qui s'en rapprochent, comme l'Acheloïte et le Callirhoé, ont été faits sur des caractères assez vagues, et appartiennent plutôt au genre Bélemnite. *V.* ce mot. (D..H.)

CHRYSAORE. *Chrysaora.* ACAL. Genre de l'ordre des Acalèphes libres (Règn. Anim. de Cuv.), établi par Péron et Lesueur dans leur Histoire générale des Méduses (Ann. du Mus. d'Hist. Nat.). Cuvier (*loc. cit.* T. IV, p. 56) rapporte à son genre Cyanée les Chrysaores de Péron, en faisant observer que la plupart des espèces ne sont que des variétés de la Cyanée Chrysaore, *Cyanæa Chrysaora. V.* CYANÉE. (AUD.)

*CHRYSAORE. *Chrysaora.* POLYP. Genre de Polypiers fossiles de l'ordre des Milléporées, dans la division des Polypiers entièrement pierreux. Il est ainsi caractérisé : Polypier fossile rameux, couvert de côtes ou lignes saillantes, à peine visibles à l'œil nu, rameuses, anastomosées ou se croisant entre elles, et se dirigeant dans tous les sens; pores visibles à la loupe, ronds, épars, situés dans les intervalles des côtes, jamais sur leur tranchant, et rarement sur leurs pentes. Ce genre ne se distingue des Millépores que par les côtes ou lignes saillantes dont le Polypier est couvert. Ce caractère est si singulier, qu'il est impossible de ne pas faire un groupe particulier de ces Zoophytes de l'ancien monde. Leurs ramifications diffèrent de celles des Millépores : elles ont une fascie qui leur est propre; les côtes semblent partir de l'extrémité des pointes ou des aspérités qui les couvrent et qui les terminent. D'abord elles sont droites et se dirigent ensuite dans tous les sens; souvent elles sont visibles à l'œil nu; les pores ou cellules n'offrent rien de remarquable. Les Milléporées vivantes ne nous ont encore offert aucune espèce voisine des Chrysaores ; néanmoins il est possible que des analogues existent dans les mers australes, et que leur petitesse ou leur rareté les aient dérobées aux recherches des naturalistes. Nous avons donné à ce genre le nom de Chrysaore, quoique Péron et Lesueur en aient fait usage pour un groupe de Méduses que Cuvier et Lamarck ont réuni aux Cyanées.

CHRYSAORE ÉPINEUSE, *Chrysaora spinosa,* Lamx., Gen. Polyp. p. 83, tab. 81, fig. 6, 7. Elle est simple, presque cylindrique, couverte d'aspérités coniques, aiguës, nombreuses et couvertes de côtes flexueuses, formant sur leur surface un réseau irrégulier. Ce Fossile très-rare se trouve dans le calcaire à Polypiers des environs de Caen.

CHRYSAORE CORNE DE DAIM, *Chrysaora Damæcornis,* Lamx., Gen. Polyp., p. 83, tab. 81, fig. 8, 9. Elle diffère de la précédente par ses divisions droites, comprimées ou subpalmées, et par les côtes en général longitudinales, peu flexueuses et saillantes ; elle est aussi rare et se trouve dans les mêmes lieux que la précédente,

   (LAM..X.)

CHRYSEIS. BOT. PHAN. Henri Cassini propose sous ce nom un genre nouveau pour la *Centaurea Amberboï* de Linné, qui diffère des autres Centaurées par son aigrette simple, composée de petites écailles glabres. *V.* CENTAURÉE. (A.R.)

CHRYSÉLECTRE. MIN. (Pline.) On ne sait si c'est l'Hyacinthe ou le Succin. (LUC.)

CHRYSÈNE. BOT. PHAN. Quelques botanistes français ont proposé ce nom pour désigner les Chrysanthèmes. (B.)

CHRYSEOS. MAM. (Oppien.) Probablement le Chacal. *V.* CHIEN. (B.)

CHRYSIDES. *Chrysidides.* INS. Famille de l'ordre des Hyménoptères établie par Latreille (*Gener. Crust. et Ins.,* T. IV, p. 41) qui l'a convertie depuis (Règn. Anim. de Cuv.) en une tribu de la famille des Pupivores, section des Térébrans. Cette tribu a pour caractères : ailes inférieures sans nervures ; tarière de la femelle composée des derniers anneaux de l'abdomen, rétractile à la manière des tubes d'une lunette, terminée par un petit aiguillon ; abdomen des individus du même sexe n'ayant, le plus souvent, que trois à quatre anneaux extérieurs, plat ou voûté en dessous, et pouvant se replier contre la poitrine ; corps ayant alors la forme d'une boule.

Cette tribu correspond au grand genre *Chrysis* de Linné, et comprend aussi le genre *Chrysis* de Jurine, à l'exception de celui des Cleptes. Les Insectes appartenant à cette division sont parés des couleurs métalliques les plus brillantes et les plus variées ; leur vivacité est inconcevable, et ils agitent perpétuellement leurs antennes et toutes les parties de leur corps. Ils fréquentent les lieux sablonneux, les murs et les vieux bois exposés au soleil, et déposent leurs œufs dans les nids de plusieurs Hyménoptères, et entre autres dans ceux des Tenthrèdes et des Apiaires solitaires maçonnes. Les larves qui en naissent vivent aux dépens des larves de celles-ci. Les Chrysides ont en général une tête petite, des antennes brisées, filiformes, vibratiles, composées de treize anneaux, dans l'un et l'autre sexe ; des mandibules pointues au sommet ; des palpes maxillaires presque toujours de cinq articles, généralement plus longs que les labiaux qui en ont seulement

trois ; une languette ordinairement échancrée. Le thorax est demi-cylindrique, et supporte les ailes ; la paire antérieure présente une cellule radiale et une cellule cubitale allongée, incomplète, recevant une nervure récurrente très-distante du bout de l'aile ; l'abdomen est composé, dans le plus grand nombre, de trois segmens emboîtant tous les autres ; il est convexe supérieurement et concave en dessous ; le dernier anneau, visible à l'extérieur, offre dans la plupart des points enfoncés ; son bord supérieur est libre et terminé par des dentelures. Les Chrysides que Geoffroy (Hist. des Ins.) n'a pas distinguées des Guêpes et qu'on nomme aussi vulgairement Guêpes dorées, ont été subdivisées par Latreille en plusieurs genres qu'il a rangés de la manière suivante :

† Mâchoires et lèvre très-allongées, formant une sorte de trompe fléchie en dessous le long de la poitrine ; palpes très-petits de deux articles. Genre : PARNOPÈS.

†† Mâchoires et lèvres courtes ou peu allongées, et ne formant point de trompe fléchie en dessous ; palpes maxillaires de cinq articles ; les labiaux de trois.

1. Abdomen demi-cylindrique ou presque demi-circulaire, voûté, n'ayant que trois segmens apparens.

A. Mandibules sans dentelures, ou unidentées, au plus, au côté interne ; dernier segment extérieur de l'abdomen ayant, soit un cordon élevé, soit une rangée transverse de gros points enfoncés, et le plus souvent dentelé au bout.

Genres : STILBE, EUCHRÉE, CHRYSIS.

B. Mandibules ayant deux dentelures ou davantage, au côté interne ; abdomen uni et sans dentelures. Genres : HÉDICHRE, ELAMPE.

2. Abdomen presque ovoïde, non voûté, ayant quatre à cinq segmens apparens, toujours uni et sans dentelures au bout. Genre : CLEPTE.

V. ces mots. (AUD.)

CHRYSIDIDES. *Chrysidides.* INS.
V. CHRYSIDES.

CHRYSIDIFORME. INS. En-
gramelle (Pap. d'Europe) a désigné
sous ce nom un Insecte lépidoptère
de la division des Crépusculaires qui
appartient au genre Sésie, *Sesia
Chrysidiformis* d'Ochsenheimer (*die
Schmetterlinge von Europa*). (AUD.)

* CHRYSIPPEA. BOT. PHAN.
(Pline.) Syn. présumé de Scrophulaire.　　　　　(B.)

CHRYSIS. BOT. PHAN. (Reneaume.) Syn. d'Hélianthe annuel.　(B.)

CHRYSIS. *Chrysis.* INS. Genre de
l'ordre des Hyménoptères, section
des Térébrans, très-anciennement
admis, et ne comprenant aujourd'hui,
suivant Latreille et le plus grand
nombre des entomologistes, que les
espèces qui offrent pour caractères :
mandibules n'ayant qu'une seule
dent ou crénelure au côté interne ;
palpes maxillaires sensiblement plus
longs que les labiaux, de cinq articles;
languette entière et arrondie. Ce genre, qui appartenait d'abord (Consid.
génér., p. 510) à la famille des Chrysidides, a été depuis rangé par Latreille (Règn. An. de Cuv.) dans la
famille des Pupivores, tribu des
Chrysides. Plusieurs des caractères
assignés à cette tribu conviennent
parfaitement aux Chrysis proprement
dits : aussi ne parlerons-nous que de
ce que celles-ci offrent de particulier.
Outre la dent unique qu'on voit au
côté interne des mandibules, elles
ont un abdomen en demi-ovale, assez allongé, tronqué au bout et offrant souvent près de cette extrémité
une rangée transverse de gros points
enfoncés. Ce genre diffère de celui
des Parnopès par des mâchoires et
des lèvres non prolongées en une sorte
de trompe et par le nombre d'articles
des palpes maxillaires; il s'éloigne
des Cleptes par le nombre des segmens
visibles à l'abdomen et par la forme
de cette partie; il ne pourra être confondu avec les Hédichres et les Elam-
pes à cause de ses mandibules uni-

dentées. Enfin, quoique très-voisin
des Stilbes et des Euchrées, auxquels
Latreille (Règn. Anim. de Cuv.) l'a
réuni, il se distinguera du premier
de ces genres, parce qu'il n'existe pas
de pointe ou prolongement scutelli-
forme à la partie postérieure du thorax, et du second par l'absence d'un
cordon élevé ou bourrelet traversant
brusquement le segment terminal de
l'abdomen.

Les Chrysis sont de petits Insectes
très-agiles, très-vifs, se roulant en
boule lorsqu'on les saisit, et qui d'ailleurs sont très-remarquables par les
couleurs brillantes à reflets métalliques de leurs corps. On les trouve
quelquefois sur les fleurs, les murailles, les vieux bois, les bords élevés
des chemins; elles fréquentent les
lieux exposés au midi, et paraissent
en grand nombre lorsque le soleil
brille. Elles répandent une odeur assez forte et peu agréable. On ne connaît pas leurs métamorphoses, mais
on présume que leurs larves sont parasites et qu'elles se nourrissent aux dépens de celles de plusieurs Hyménoptères. Les femelles sont remarquables
par les anneaux rentrans de l'abdomen au bout desquels on voit un petit
aiguillon. Degéer (Mém. sur les Ins.,
T. II, p. 834, pl. 28) a décrit avec
soin les détails curieux de ces parties.
Pelletier de Saint-Fargeau a donné
(Ann. du Mus. d'Hist. Nat., T. VII,
p. 115) une Monographie de la tribu
des Chrysides; elle est accompagnée
de bonnes figures. Cet auteur décrit
vingt-neuf espèces appartenant au
genre Chrysis de Latreille; nous
n'en citerons qu'une seule qui peut
être considérée comme le type du
genre, le Chrysis enflammé, *Chr.
ignita*, L., Fabr., Latr., ou la Guêpe
dorée à ventre cramoisi de Degéer
(*loc. cit.*), qui est la même que la
Guêpe dorée à corselet vert et derniers anneaux du ventre épineux, de
Geoffroy (Hist. des Ins. T. II, p. 382,
n. 20). Elle a été représentée par Panzer (*Faun. Ins. Germ.*, fasc. 5, tab.
22), et se trouve très-communément
aux environs de Paris. *V.*, pour les

autres espèces de Chrysis, Linné et Fabricius, dans leurs différens ouvrages; Latreille (*Genera Crust. et Ins.* T. IV, p. 50), Panzer (*loc. cit.*), Jurine (*Classif. des Hyménopt.*, p. 292), et Pelletier de Saint-Fargeau (*loc. cit.*). (AUD.)

CHRYSITE. MIN. L'un des noms de la Pierre de touche chez les anciens. (LUC.)

CHRYSITIS. BOT. PHAN. Chez les anciens, ce nom désigne quelques espèces de Gnaphalium, particulièrement le Stœchas. (B.)

CHRYSITRIX. BOT. PHAN. Ce genre, de la famille des Cypéracées et de la Polygamie Monœcie de Linné, a été établi par cet illustre naturaliste sur une Plante du Cap, qui offre les caractères suivans : fleurs disposées en épi très-dense ovale et cylindrique, composé d'écailles spathacées coriaces et concaves, renfermant un faisceau de paillettes lancéolées cartilagineuses, entre chacune desquelles est située une étamine de même longueur à filets capillaires et à anthères adnées; un seul ovaire placé au centre du faisceau de paillettes, oblong et obtus, supportant un style de la longueur des étamines et divisé en trois stigmates saillans et hérissés de papilles. Les auteurs, et Lamarck lui-même (*Encycl. méth.*), décrivent ce stigmate comme simple; cependant la figure donnée par ce dernier botaniste (*Illustr.*, 842, f. 4) le représente tel que nous l'avons décrit. On a voulu rapporter à ce genre le *Chondrachne* de R. Brown qui présente des caractères très-analogues; cependant le style bifide de ce dernier genre, et la différence que cet auteur mentionne entre le *Chorizandra* (genre voisin du Chondrachne), et le Chrysitrix, ne permettent pas de supposer que Brown se soit mépris à cet égard.

Le *Chrysitrix capensis*, L., unique espèce du genre, est une Plante qui, par ses feuilles ensiformes et engaînantes, a le port des Iridées. Elle croît au cap de Bonne-Espérance. (G..N.)

CHRYSOBALANE. *Chrysobalanus.* BOT. PHAN. Ce genre, que l'on désigne également sous le nom d'Icaquier, fait partie de la section des Drupacées dans la famille des Rosacées. Il se compose de deux ou trois espèces américaines qui sont des Arbrisseaux à feuilles alternes et entières, dépourvues de stipules, ayant les fleurs assez petites, hermaphrodites, disposées en grappes courtes et pédonculées, à l'aisselle des feuilles supérieures; leur calice est tuberculeux, campanulé, persistant, à cinq divisions égales; les pétales, au nombre de cinq, sont insérés à la partie supérieure du calice, ainsi que les étamines dont le nombre est d'une quinzaine à peu près. L'ovaire est globuleux, sessile au fond du calice; de sa base part latéralement un style allongé qui se termine par un stigmate évasé et simple. Le fruit est une drupe ovoïde environnée à sa base par le calice qui est persistant, et contenant un noyau uniloculaire à deux graines.

L'espèce la plus intéressante de ce genre est le Chrysobalane Icaquier, *Chrysobalanus Icaco*, L., Arbrisseau de dix à douze pieds d'élévation, croissant aux Antilles, à Saint-Domingue, à Cayenne; j'en possède également un échantillon recueilli en Afrique : ses feuilles sont alternes, à peine pétiolées, obovales, arrondies, entières, glabres, luisantes et un peu coriaces. Les fleurs forment de petites grappes à l'aisselle des feuilles supérieures et au sommet des ramifications de la tige. Elles sont portées sur des pédoncules courts, articulés, di ou trichotomes; ces pédoncules, ainsi que le calice, sont recouverts d'un duvet court, soyeux et très-abondant. Les fruits sont ovoïdes, de la grosseur d'une moyenne Prune; leur couleur est fort variable; ils sont jaunes ou rougeâtres; leur chair est pulpeuse, d'une saveur douce et légèrement âpre, mais agréable; on les mange dans les contrées où cet Arbre croît naturellement , et on les appelle Icaques ou Prunes-Coton.

Une seconde espèce de ce genre est le Chrysobalane à feuilles longues , *Chrysobalanus oblongifolius* , Michaux. Elle croît dans les lieux sablonneux et boisés de la Géorgie et de la Caroline. Ses feuilles , presque lancéolées , aiguës, ses fruits en forme d'olive, la distinguent nettement de l'espèce précédente.   (A. R.)

CHRYSOBALANOS. BOT. PHAN. La Muscade chez les anciens. D'où *Chrysobalanus,* syn. d'Icaquier chez les modernes. *V.* CHRYSOBALANE. (B.)

CHRYSOBATE. MIN. C'est-à-dire *Buisson d'or.* Végétation d'or artificielle et opérée par le feu.   (B.)

CHRYSO-BÉRYL. MIN. *V.* CYMOPHANE.

CHRYSOCALIS. BOT. PHAN. (Dioscoride.) Syn. présumé de Matricaire.   (B.)

CHRYSOCANTHARUS. INS. Syn. de Cétoine dorée chez les anciens. (B.)

CHRYSOCARPOS. BOT. PHAN. Syn. présumé de Lierre à feuilles lobées.   (B.)

CHRYSOCHLORE. *Chrysochloris.* MAM. (Lacépède.) Genre de Carnassiers insectivores caractérisé par vingt dents à chaque mâchoire , disposées comme il suit : en haut deux grandes incisives, droites et verticales comme à la Taupe, suivies de chaque côté de neuf molaires, dont les quatre premières à simple triangle sont suivies de cinq autres comprimées d'avant en arrière, et présentant de front trois pointes dont l'intermédiaire est la plus haute ; en bas quatre incisives dont les deux intermédiaires sont rudimentaires comme dans plusieurs Chauve-Souris, suivies de huit molaires de chaque côté, dont les trois premières à simple triangle, et les cinq autres comprimées comme celles d'en haut, ne présentent de front que deux pointes en arrière de l'intérieure. Il en résulte que la série de ces molaires présente inférieurement une et supérieurement deux rainures. Ces rainures et les rangs de pointes collatérales s'engrènent réciproquement. Il n'y a que trois doigts aux pieds de devant, et cinq de grandeur à peu près uniforme à ceux de derrière. Au pied de devant, l'ongle externe est triple du suivant, l'interne est le plus petit ; ces trois doigts et surtout leurs ongles sont courbés en dedans. Il y a un petit ergot corné sessile sur le carpe et sans phalanges, en dessous du doigt externe.

La mécanique osseuse de la Chrysochlore est précisément inverse de la Taupe à qui on l'a tant comparée. La première côte y est presque carrée ; elle est au contraire aussi grêle que les suivantes dans la Taupe, dont la clavicule est au contraire cubique , tandis que la clavicule de la Chrysochlore est aussi mince et arquée qu'une côte dorsale et presqu'aussi longue. Elle y surpasse l'humérus qui est trois fois plus long qu'elle dans la Taupe. Le scapulum de la Taupe aussi peu développé à proportion que dans les Ruminans, c'est-à-dire là où les mouvemens de l'épaule sont moins nombreux et plus bornés, est au contraire plus compliqué dans la Chrysochlore que chez tous les autres Mammifères. L'acromion y est énorme, et surtout l'épine qui forme au-dessus de la moitié inférieure du scapulum une longue et large voûte terminée en avant par une apophyse très-saillante. Il en résulte que les muscles surépineux et surtout les sous-épineux y sont plus développés que partout ailleurs. Le cubitus, presqu'aussi fort que dans la Taupe, a un énorme olécrane qui manque à celle-ci , et se dirige en dehors. En dedans une tubérosité radiale considérable aussi arquée forme, dans le prolongement de la courbe de l'olécrane , une grande arcade osseuse, qui sert de point fixe aux muscles adducteurs de la main et des doigts , comme l'olécrane est le point mobile des muscles huméro-scapulaires postérieurs. Nous ajouterons que l'épisternal caréné inférieurement et excavé supérieurement a à peine le tiers du développement qu'il a dans la Taupe. Il en résulte que dans la Chrysochlore, les mouvemens du bras ont leurs points d'appui sur le scapulum, tandis qu'au contraire le point d'appui des mouvemens dans la Taupe est sur le sternum par les clavicules cubiques qui servent d'arcs-boutans. Enfin la Chrysochlore a dix-neuf paires de côtes; la Taupe n'en a que douze. D'ailleurs le bassin et le pubis, écartés comme dans la Taupe, s'y ressemblent ainsi que les membres postérieurs.

Le volume proportionnel du cerveau est très-grand. Le diamètre bipariétal est un septième de la longueur du corps. L'aire de la fosse ethmoïdale peu profonde n'est guère moins que le tiers de celle du crâne dans le plan passant verticalement par le diamètre indiqué. Les cornets ethmoïdaux sont développés en proportion; le trou optique est à peine visible; la caisse est fort petite; l'odorat est évidemment le plus actif de ses sens.

L'apophyse coronoïde, si proéminente dans la Taupe, est nulle ici où le condyle est au contraire bien plus saillant. L'on voit donc que la Chrysochlore est au moins aussi éloignée de la Taupe par l'organisation que par la contrée qu'elle habite; et ces différences, lorsque le genre est le même, ne peuvent être attribuées à aucune influence éventuelle. Tout est ici primitif.

Chrysochlore du Cap ou Taupe dorée. Wosmaer(Description d'un Recueil exquis d'Animaux rares, pl. 20) la représente sous le nom de *Groen Glanzige*. Déjà figurée et mal coloriée par Séba (*Thes.* t. 1, pl. 52, n. 4 et 5), sous le nom de Taupe de Sibérie. C'est la *Talpa asiatica* de Linné. Un peu plus petite que notre Taupe, dit Wosmaer qui l'a décrite (*loc. cit.*), son poil est aussi plus fin et doux au toucher comme du velours. Ses reflets d'un beau vert doré sont chatoyans et métalliques comme ceux des Colibris. Celle décrite par

Wosmaer était femelle. Elle avait deux mamelles inguinales. Le museau couleur de chair et sans poil est tronqué comme dans les Cochons, et déborde la mâchoire inférieure comme un boutoir, au centre duquel s'ouvrent les narines. Le contour du boutoir est festonné par huit découpures bien représentées dans la figure citée; mais Wosmaer indique mal, d'après Sparmann, le nombre des dents. Les yeux et les oreilles sont imperceptibles. On les distingue pourtant, dit Sparmann, quand l'Animal est dépouillé. Si cet Animal n'entend pas aussi mal qu'il voit, au moins peut-on conclure que son ouïe doit être bien faible, fait assez contradictoire pour la philosophie des causes finales dans un Animal souterrain. Il n'y a pas de queue visible extérieurement, bien qu'il y ait quatre ou cinq vertèbres coccygiennes.

Wosmaer(*loc. cit.*) dit que Gordon parle d'une autre espèce beaucoup plus petite et de couleur d'acier, qui vit fort loin dans l'intérieur du Cap.

La Chrysochlore est assez nombreuse dans les jardins du Cap, où elle cause autant de dégât que les Taupes en Europe. Il paraît que leurs beaux reflets ne se manifestent pas aussi bien sur l'Animal vivant que lorsqu'il est dans la liqueur. La Taupe du Cap de Buffon, Suppl. T.III, pl. 35, n'est même pas de l'ordre des Insectivores. C'est un Rongeur du genre Oryctère ou Rat-Taupe du Cap. *V.* ces mots.

Une autre espèce qui porte le nom de Taupe rouge d'Amérique, *Talpa rubra*, Lin., Séba, *Thes.* t. 1, pl. 52, fig. 1, appartient probablement à ce genre; car des trois doigts des pieds de devant, l'externe est bien plus grand que le second qui lui-même est supérieur au suivant. Séba ne lui donne que quatre doigts derrière, mais il n'en donne pas non plus davantage à la Chrysochlore du Cap. Il lui attribue une queue, mais ne lui donne pas sa grandeur. Comme presque toutes les indications de pays sont fautives dans l'auteur cité, il n'est pas bien sûr qu'elle soit d'Amérique. Séba la dit rouge tirant sur le cendré clair. Si cette espèce était réellement américaine , elle deviendrait un des exemples les plus péremptoires de ces lois que nous avons exposées dans notre Mémoire sur la distribution géographique des Anim. (Journ. de Phys. , février, 1821.)

(A.D..NS.)

CHRYSOCOLLE. MIN. *V*. AMPHITANE.

CHRYSOCOME. *Chrysocoma*. BOT. PHAN. Genre de la famille des Synanthérées , tribu des Corymbifères de Jussieu et de la Syngénésie égale de Linné. Il offre les caractères suivans : involucre conique , imbriqué de folioles pointues, plus ou moins rapprochées ; capitule composé de fleurons nombreux , tous hermaphrodites et fertiles, dont le tube est un peu renflé à sa partie supérieure , et le limbe divisé en cinq lobes aigus , étroits et égaux ; réceptacle nu ; akènes oblongs, comprimés, velus, d'une grandeur moindre que celle du tube de la corolle, couronnés par une aigrette sessile formée de poils courts, nombreux, roussâtres, simples ou munis de villosités presqu'imperceptibles à l'œil nu. Les Chrysocomes sont des Plantes herbacées ou arborescentes , d'un aspect extrêmement agréable, et qui ont de grands rapports avec les genres *Conyza*, *Baccharis* et *Erigeron*. Dioscoride et Pline ont donné le beau nom de *Chrysocome* (chevelure dorée) à l'espèce européenne qui a servi de type au genre. Cette Plante, en effet, possède, ainsi que ses congénères, des capitules très-denses, d'un jaune d'or éclatant. Son élégance est même remarquable entre toutes les autres Plantes de la belle tribu des Corymbifères, dont l'inflorescence est si riche de formes et de couleurs.

Les Chrysocomes , au nombre de vingt environ, ont été partagées en deux sections : 1° celles dont la tige est frutescente ; 2ª et les C. herbacées. La plupart des premières habitent le cap de Bonne-Espérance, les secondes sont indigènes de l'Europe et de la Sibérie. Celles-ci peuvent se cultiver en pleine terre dans nos jardins où elles exigent seulement une terre un peu légère et une bonne exposition ; les autres sont des Arbustes d'orangerie qui demandent une exposition à la vive lumière et une terre consistante, pour qu'elles s'effilent moins et deviennent plus vigoureuses. Parmi celles qui se cultivent le plus habituellement, et dont le feuillage toujours vert contribue à varier l'aspect des serres pendant la mauvaise saison, on remarque les *Chrysocoma coma aurea*, L., *C. cernua* et *C. ciliata*. L'amertume de leur écorce est assez intense. On se sert aux Canaries de l'une d'elles (*Chrysocoma sericea*) pour arrêter le mal de dents ; peutêtre est-elle sialagogue comme la racine de Pyrèthre.

L'Europe tempérée nourrit l'espèce la plus intéressante des Chrysocomes herbacées. Cette Plante que l'on nomme CHRYSOCOME LINIÈRE, *Chrysocoma Linosyris*, L., était connue autrefois sous les noms de *Chrysocome* , *Osyris* , *Linosyris* et *Heliochrysos* , et avait été placée dans le genre *Conyza* par Tournefort. Elle est haute de quatre à cinq décimètres ; ses tiges presque simples , effilées et ramifiées au sommet, portent des feuilles linéaires , pointues , glabres, vertes, éparses et très-nombreuses. Ces feuilles garnissent la tige dans toute sa longueur jusqu'au capitule des fleurs où elles se confondent avec les folioles de l'involucre.

Labillardière a ajouté aux espèces cidessus mentionnées trois belles Chrysocomes qu'il a décrites et figurées (*Novæ-Holland. Plant. Specim.* vol. 2, tab. 82 , 83 et 84). Deux sont arborescentes : *Chrysocoma cinerea* et *Chrysocoma reticulata*. La troisième, *Chrysocoma squamata*, est herbacée. La *Chrysocoma reticulata*, dont l'aigrette plumeuse est terminée par une houppe de poils, appartient-elle réellement à ce genre?   (G..N.)

CHRYSODON. ANNEL. Nom donné par Linné (*Syst. Nat.* éd. 12, T. 1, part. 2, p. 1269, n° 813) à une espèce qu'il rapportait à son genre Sabelle : cette espèce est l'Amphitrite du Cap, de Bruguière et de Cuvier, ou l'Amphictène du Cap, de Savigny. *V*. AMPHICTÈNE. (AUD.)

** CHRYSODRABA. BOT. PHAN. Nom donné par De Candolle à la seconde des sections qu'il a établies dans le genre Draba, section qu'il caractérise ainsi : style très-court; stigmate capité ou bilobé; pétales émarginés; silicule ovale-oblongue. Elle comprend onze espèces qui sont des Plantes herbacées vivaces, à feuilles oblongues et planes, couvertes de poils rarement simples, à fleurs jaunes portées sur des hampes ou pédoncules allongés. Ces Plantes habitent les montagnes du nord de l'Europe et celles de l'Asie orientale, à l'exception des deux espèces que Humboldt et Bonpland ont trouvées, l'une sur le volcan de Jorullo, et l'autre près de la ville de Toluzca au Mexique. (G..N.)

CHRYSOGASTRE. *Chrysogaster.* INS. Genre de l'ordre des Diptères établi par Meigen aux dépens du genre Syrphe, et que Latreille réunit (Règn. Anim. de Cuv.) au genre Milésie. *V*. ce mot. (AUD.)

CHRYSOGONE. *Chrysogonum.* BOT. PHAN. Famille des Corymbifères, Syngénésie Polygamie nécessaire. Une petite Plante herbacée, qui croît dans l'Amérique septentrionale et en particulier dans la Virginie, forme le type de ce genre, qui ne se compose encore que de cette seule espèce. Le Chrysogone de Virginie, *Chrysogonum virginianum*, L., est herbacé vivace; sa tige presque simple est lanugineuse, haute de quatre à six pouces. Ses feuilles sont pétiolées, spathulées, tantôt obtuses, tantôt terminées en pointe, très-velues et irrégulièrement crenelées; celles de la tige sont opposées. Les capitules sont d'un jaune doré, naissant plusieurs ensemble du sommet de la tige qu'ils semblent terminer, et de l'aisselle des feuilles. Tous sont portés sur des pédoncules d'un à deux pouces de longueur. Leur involucre est hémisphérique, composé de dix écailles foliacées, velues, dont cinq extérieures, un peu plus larges. Le réceptacle est légèrement convexe, portant de petites écailles étroites, obtuses et ciliées. Les fleurons du centre sont mâles et stériles; leur corolle est allongée, à cinq divisions étroites. Les étamines sont légèrement saillantes. Les demi-fleurons de la circonférence, au nombre de cinq, sont femelles et fertiles. Leur ovaire est ovoïde, comprimé, surmonté d'un rebord membraneux, unilatéral et denté. La corolle a un tube court; son limbe est très-large et tridenté à son sommet.

Le fruit est ovoïde, allongé, comprimé; sa face externe est marquée de cinq côtes longitudinales, légèrement saillantes. L'aigrette est membraneuse.

Ce genre offre des rapports avec le *Parthenium.* (A. R.)

CHRYSOLACHANON. BOT. PHAN. Syn. présumé d'Arroche, de Bon-Henri et de Lampsane. (B.)

CHRYSOLAMPE. *Chrysolampus.* INS. Genre de l'ordre des Hyménoptères, de la section des Térébrans, fondé par Maximilien Spinola (Ann. du Mus. d'Hist. Nat.), et ayant pour caractères : antennes de douze articles, abdomen attaché à l'extrémité postérieure et inférieure du métathorax, de sept anneaux dans les mâles et de six dans les femelles; tarière de ces dernières horizontale et inférieure; premier article des antennes logé dans une fossette du front, et inséré à son milieu; cuisses postérieures simples; abdomen pétiolé. Ce genre, auquel Spinola rapporte son *Diplolepis splendidula* (*Insect. Liguriæ Species novæ*, fasc., 4, pag. 225), appartient à la famille des Pupivores, et peut être rangé dans la tribu des Chalcidies (Règn. Anim. de Cuv.). (AUD.)

CHRYSOLAMPIS. MIN. Les anciens donnaient ce nom à une Pierre

d'un vert jaunâtre, qui était probablement une variété de Péridot.

(G.DEL.)

CHRYSOLE. *Chrysolus.* MOLL. Ce
genre, de Montfort (T. 1, p. 27), a
pour caractères essentiels : coquille
nautiliacée sans ombilic, le dernier
tour renfermant tous les autres ;
bouche triangulaire, fermée par un
diaphragme sans siphon, crenclé
contre le retour de la spire. Cette petite Coquille, que l'on trouve vivante
dans les sables de Livourne, est rose
dans l'état frais, brillante et nacrée
dans l'état fossile. Elle est figurée,
sous le nom de *Nautilus Crepidula*,
par von Fichtel (Test. microscop., p.
107, t. 19, fig. g, h, i) et sous le
nom de *Nautilus lituitatus* dans Soldani (*Test.* T. 1, p. 64, t. 58, fig, 66).

(D..H.)

CHRYSOLITHE. *Chrysolitha.* FOSS.
Nom sous lequel Denis de Montfort
a désigné des Coquilles fossiles du
genre Ammonite. *V.* ce mot. (G.)

CHRYSOLITHE. MIN. Ce nom,
dans le langage des lapidaires, a désigné d'abord toute Pierre d'une couleur jaune verdâtre, qui avait un certain éclat, et le terme de Péridot s'appliquait plus particulièrement aux
Pierres dont la couleur était d'un ton
plus faible. Romé-de-l'Isle est le premier minéralogiste qui ait donné le
nom de CHRYSOLYTHE ORDINAIRE à
des Cristaux de la substance nommée
Spargelstein par Werner, et trouvés
en Espagne, quoiqu'ils fussent assez
tendres et rebelles au poli. Vauquelin, par l'analyse qu'il en a faite, et
Haüy, par l'étude de leurs formes, ont
prouvé, presqu'en même temps, que
ces Cristaux n'étaient qu'une variété
pyramidée de Phosphate de Chaux.
Romé-de-l'Isle a aussi appliqué le nom
de Chrysolithe de Saxe à une variété
verdâtre de Topaze du même pays.
Werner a restreint la dénomination
de Chrysolithe aux variétés cristalli-
sées du Péridot, dont il a séparé la
variété granuliforme déjà connue sous
le nom de Chrysolithe des volcans.

TOME IV.

CHRYSOLITHE D'ESPAGNE. *V.*
CHAUX PHOSPHATÉE.

CHRYS. DU BRÉSIL. *V.* CYMO-
PHANE.

CHRYS. DU CAP. *V.* PRÉHNITE.

CHRYS. ORDINAIRE. *V.* CHAUX
PHOSPHATÉE.

CHRYS. CHATOYANTE. *V.* CYMO-
PHANE.

CHRYS. ORIENTALE. *V.* CORINDON
et CYMOPHANE.

CHRYS. OPALISANTE. *V.* CYMO-
PHANE.

CHRYS. DE SAXE. Variété de Topaze
verdâtre.

CHRYS. DE SIBÉRIE. Variété d'Aigue-Marine.

CHRYS. DES VOLCANS. Péridot granuliforme (Olivine de Werner). *V.*
PÉRIDOT.

CHRYS. DU VÉSUVE. *V.* IDOCRASE.

(G.DEL.)

Le nom de Chrysolithe avait aussi
été étendu, par d'anciens oryctographes, aux Ammonites pyritisés et au
Fer sulfuré. (B.)

* CHRYSOLOPE. *Chrysolo-
pus.* INS. Genre de l'ordre des Coléoptères établi par Germar aux dépens des Charansons de Fabricius,
et adopté par Dejean (Catal. des
Coléoptères, p. 88) qui en possède
quatre espèces, parmi lesquelles on
remarque le *Curculio spectabilis* et
le *Curculio bicristatus* de Fabricius.
Nous ne connaissons pas les caractères de ce nouveau genre que nous
croyons inédit. (AUD.)

* CHRYSOMALLE. *Chryso-
mallum.* BOT. PHAN. Genre établi
par Aubert Du Petit-Thouars (*Genera nova Madagasc.*) sur une
Plante décrite par Lamarck (Encycl.
méthod.) sous le nom de Bignone
à grappes, *Bignonia racemosa*, et
qui diffère des Bignones non-seulement par le genre, mais encore
par la famille où elle doit être rapportée. Voici les caractères que lui
a assignés son auteur : calice monophylle, urcéolé, à cinq dents ; corolle
irrégulière, tubuleuse, courbée,
soyeuse, dont le limbe est étalé et à

7

cinq divisions ; quatre étamines plus longues que la corolle ; style de la longueur des étamines, terminé par deux stigmates. Le fruit est une drupe ovée, recouverte par le calice persistant. Elle renferme un noyau osseux à quatre loges monospermes. Ce genre, que Du Petit-Thouars place dans la famille des Verbénacées, est composé d'une seule espèce indigène de l'île de Madagascar, à laquelle ce savant botaniste donne pour synonyme la Bignone de Madagascar de Lamarck. C'est un élégant Arbrisseau à feuilles verticillées, ternées ou pinnées, et dont les fleurs sont disposées en corymbes dichotomes et placées dans les aisselles supérieures des feuilles. (G..N.)

CHRYSOMELA. BOT. PHAN. (Athénée.) C'est-à-dire *Pomme d'or*. Syn. de Citron. (Columelle.) Synonyme de Coignassier. (B.)

* **CHRYSOMELANE.** POIS. (Plumier.) Espèce du genre Spare. *V.* ce mot. (B.)

CHRYSOMÈLE. *Chrysomela.* INS. Genre de l'ordre des Coléoptères, section des Tétramères, établi par Linné et subdivisé depuis lui en un grand nombre de genres par Geoffroy, Laichard, Fabricius, Olivier et Latreille. Ce dernier entomologiste ne comprend aujourd'hui, sous le nom générique de Chrysomèle, que les espèces qui ont pour caractères propres : palpes maxillaires terminés par deux articles presque d'égale longueur, avec le terminal en ovoïde tronqué ou presque cylindrique. A l'aide de ces caractères et de quelques autres qui vont suivre, on distinguera facilement les Chrysomèles de tous les autres genres. Ces Insectes ont des antennes moniliformes insérées entre les yeux, près de la bouche, plus longues que le prothorax, plus courtes que le corps, composées de onze articles dont le premier est un peu renflé, et le dernier presque globuleux ou en forme de toupie. Leur bouche présente une lèvre su-

périeure de consistance cornée ; des mandibules courtes, obtuses, voûtées, tranchantes ; des mâchoires bifides, supportant une paire de palpes de quatre articles ; une lèvre inférieure cornée, légèrement échancrée et ciliée antérieurement, munie de deux palpes plus courts que les maxillaires et composés seulement de trois articles insérés à sa partie antérieure. Leur corps est hémisphérique ou en ovale court, avec le prothorax transversal.

Les Chrysomèles ont quelque ressemblance avec les Coccinelles, mais elles s'en éloignent par le nombre des articles des tarses ; elles ressemblent encore aux Galéruques, aux Altises, aux Adories, aux Lupères, et en diffèrent cependant par l'insertion de leurs antennes ; elles avoisinent aussi singulièrement les genres Paropside et Doryphore, et ne s'en éloignent guère que par la forme et le développement des palpes maxillaires ; enfin elles ne laissent pas d'avoir quelques rapports avec les Prasocures, les Colaspes, les Eumolpes, les Gribouris, les Clythres et les Clamydes. Les Chrysomèles sont en général des Insectes petits, à corps lisse, orné le plus souvent de couleurs métalliques très-brillantes, variant entre le bleu, le violet, le rouge d'écarlate et le vert doré. Elles vivent sur diverses Plantes, et font quelquefois des ravages tels que des sociétés savantes ont cru rendre un grand service à l'agriculture en proposant pour prix l'histoire naturelle bien détaillée de ces Insectes, et l'indication des moyens pour prévenir les ravages qu'ils occasionent dans les champs et les jardins. Lorsqu'on saisit ces Insectes, ils feignent d'être morts, et replient leurs jambes sur leurs cuisses et celles-ci contre le thorax ; ils laissent aussi échapper de leurs différentes articulations un liquide coloré et odorant.

Une espèce de ce genre, la Chrysomèle Ténébrion, a, suivant Léon Dufour, un tube intestinal sans jabot, trois fois plus long que le corps. L'estomac ne présente pas de papilles sensibles, il est long et se replie une

fois sur lui-même. On y remarque à
peine quelques bandelettes muscu-
leuses, transversales. Cet estomac est
suivi d'un intestin filiforme, puis d'un
cœcum oblong, aboutissant à un rectum assez gros. Dans une autre espèce que notre savant ami a soumise à
son scalpel, le canal intestinal est en
tout semblable à celui que nous venons de décrire, à la seule exception
qu'il a moins de longueur; les six insertions gastriques des vaisseaux biliaires sont simples et isolées; deux
des canaux hépatiques, sensiblement
moins longs et plus grêles que les quatre autres, s'implantent d'une part
à la face supérieure du bourrelet de
l'estomac, de l'autre, et toujours isolément, à la face correspondante du cœcum. Cette dernière insertion a lieu
pour les autres canaux par deux conduits bifides.

Les femelles de ces Insectes paraissent très-fécondes; souvent leur abdomen est tellement gonflé par les
masses d'œufs qu'il contient, que les
anneaux s'en distendent outre mesure
et dépassent de beaucoup les élytres
qui, avant cet état, les recouvraient
complètement. Leurs œufs sont déposés sur les feuilles des Plantes dont
se nourrit l'Insecte parfait; les larves
qui en naissent ont en général six pates écailleuses, un corps allongé, garni de verrues et de tubercules laissant
exhaler une humeur vireuse; postérieurement il est terminé par un mamelon sécrétant une liqueur gluante,
et au moyen duquel elles se fixent en
marchant ou lorsqu'elles doivent se
transformer en nymphes. Cette transformation a lieu ordinairement à l'air
libre; dans ce cas, l'enveloppe extérieure se durcit et protège l'Animal.
Au bout de quelques semaines ou
seulement de quelques jours, on voit
éclore l'Insecte parfait. Les espèces
propres au genre dont il est question sont très-nombreuses. Olivier
(Entom. T. V, p. 91) en décrit cent
vingt espèces; parmi elles nous en
citerons quelques-unes assez bien
observées.

La CHRYSOMÈLE TÉNÉBRION,

Chrysomela Tenebricosa, Fabr., ou
la Chrysomèle à un seul étui, de
Geoffroy (Hist. des Ins. T. I, p. 265,
n⁰ 19), qui est la même que la
Chrysomela caraboides de Fourcroy
(*Entom. Par.* T. I, p. 151, n. 19).
Elle a été figurée par Olivier (*loc.
cit.*, n⁰ 91, pl. 1, fig. 11, A, B)
et par Panzer (*Fauna Ins. Germ.*
fasc. 44, tab. 1). Cette espèce varie
beaucoup pour la grandeur. La larve
se métamorphose dans la terre et se
nourrit de plusieurs Plantes rubiacées, particulièrement de celle connue vulgairement sous le nom de
Caille-Lait, *Galium verum*, L. On la
trouve très-communément, ainsi que
l'Insecte parfait, sur la terre, dans les
gazons.

La CHRYSOMÈLE DU GRAMEN,
Chrysomela Graminis, Fabr., ou la
grande Vertu-Bleue de Geoffroy (*loc.
cit.* T. I, p. 260, n⁰ 10), figurée
par Olivier (*loc. cit.*, pl. 1, fig. 3).
Cette jolie espèce, d'un vert doré
brillant ou d'un vert bleuâtre, se
trouve en Europe sur les Graminées
et plusieurs Plantes labiées.

La CHRYSOMÈLE HÉMOPTÈRE,
Chrysomela hœmoptera, Fabricius et
Laich., ou la Chrysomèle violette
de Geoffroy (*loc. cit.* T. I, p. 258,
n. 5), qui est la même que la *Chrysomela Hyperici* de Degéer (Mém.
sur les Ins. T. V, p. 312, n. 20).
La larve de cette espèce se trouve,
vers le mois de juin, sur le Millepertuis (*Hypericum perforatum*).
Elle entre en terre à peu de distance
de la surface, et y subit, dans l'espace de quelques jours, ses métamorphoses.

La CHRYSOMÈLE DE PEUPLIER,
Chrysomela Populi, L. et Fabr., espèce très-connue et très-commune,
désignée par Geoffroy (*loc. cit.* T.
I, p. 257) sous le nom ou plutôt par la phrase descriptive de petite Chrysomèle rouge à corselet
bleu. Sa larve vit en très-grand
nombre sur les Saules et les Trem-
bles dont elles mangent les feuilles. Pour se métamorphoser en nymphe, elle se colle avec le mame-

lon de derrière, et sa dépouille reste attachée à l'extrémité du corps.

V., pour les autres espèces, Olivier, *loc. cit.*, et Encyclopédie méthodique ; le Catal. de Dejean, p. 122; Kirby (*Linn. Societ. Trans. T.* XII, p. 475, pl. 23, fig. 12) qui en décrit et représente une espèce de la Nouvelle-Hollande, sous le nom de *Chrys. Curtisii*, et Schonherr (*Syn. Insect.* T. II, pag. 237.) (AUD.)

CHRYSOMÉLINES. *Chrysomelinæ.* INS. Famille de l'ordre des Coléoptères, section des Tétramères, fondée par Latreille (*Gener. Crust. et Ins.* et Considér. génér., p. 154), et ayant, suivant lui, pour caractères propres : lèvre non cordiforme ; division extérieure des mâchoires ressemblant à un palpe biarticulé ; corps plus ou moins ovoïde ou ovale ; corselet transversal, ou du moins n'étant pas plus long que large, ni sensiblement plus étroit à son extrémité postérieure, lorsqu'il n'est pas transversal. — Cette famille correspond au grand genre Chrysomèle de Linné, et Latreille en a fait (Règn. Anim. de Cuv.) une section ou tribu de sa famille des Cycliques, en lui assignant pour caractères : antennes rapprochées ou peu éloignées de la bouche, insérées au devant des yeux ou dans l'espace qui les sépare. La position des antennes éloigne les Chrysomèles de la division des Hispes et de celle des Cycliques.

On peut rapporter à la famille des Chrysomélines ou au genre Chrysomèle de Linné plusieurs genres qui en ont été démembrés et que l'on rangera de la manière suivante :

† Antennes insérées au-devant des yeux.

Genres : CLYTHRE, CHLAMYDE, GRIBOURI, EUMOLPE, COLASPE, PAROPSIDE, DORYPHORE, CHRYSOMÈLE, PRASOCURE.

†† Antennes insérées entre les yeux.

Genres : ADORIE, GALLERUQUE, ALTISE. *V.* ces mots. (AUD.)

* CHRYSOMELON. BOT. PHAN.

L'Abricotier a été quelquefois désigné sous ce nom par les anciens. (B.)

CHRYSOMITRIS. OIS. (Aristote.) Syn. présumé de Chardonneret, *Fringilla Carduelis*, L. *V.* GROS-BEC. (B.)

CHRYSOPALE. MIN. *V.* CYMOPHANE.

* CHRYSOPHORE. *Chrysophora.* INS. Genre de l'ordre des Coléoptères, section des Pentamères, établi par Dejean (Catal. des Coléopt. p. 60) aux dépens du genre Hanneton de Latreille, et dont nous ignorons les caractères.

Dejean n'en possède qu'une espèce, le Chrysophore Chrysochlore, *Melolontha Chrysochlora* de Latreille (Zoologie du Voyage de Humboldt et Bonpland). Elle est originaire du Pérou. (AUD.)

CHRYSOPHRYS. POIS. C'est-à-dire *Sourcil d'or.* Syn. de Centrolophe nègre. (B.)

CHRYSOPHYLLE ou CAIMITIER. *Chrysophyllum.* BOT. PHAN. Ce genre, de la famille des Sapotées de Jussieu et que Plumier avait nommé *Caïnito*, parce que l'espèce la plus généralement répandue porte ce nom dans les Antilles, est facile à reconnaître à son calice quinquéparti ; à sa corolle monopétale, régulière, à cinq lobes ; à ses étamines au nombre de cinq, insérées à la corolle et opposées à ses lobes dans le plus grand nombre des espèces ; à son style terminé par un stigmate à cinq divisions ; et enfin à son fruit qui est une baie à dix loges, dans chacune desquelles est une seule graine comprimée latéralement et luisante. On compte aujourd'hui environ quinze ou seize espèces de Caïmitiers ; car c'est ainsi qu'on désigne vulgairement ce genre. Ce sont des Arbres souvent très-élevés, d'un feuillage élégant, qui croissent généralement dans les contrées chaudes du nouveau continent. Leurs feuilles ont ordinairement la face inférieure couverte d'un duvet soyeux et d'un jaune doré (de-là le nom de *Chrysophyllum* qui signifie *Feuille dorée*). Cependant une espèce ayant ce duvet d'un blanc d'argent, a reçu de Jacquin les noms de *Chrysophyllum argenteum*, dénomination ridicule, qui prouve que les noms génériques ne devraient jamais être tirés des modifications accidentelles que présentent les organes accessoires.

L'espèce la plus intéressante est le CAÏMITIER-POMME ou *Chrysophyllum Caïnito*, L. C'est un grand et bel Arbre qui croît naturellement aux Antilles, et que l'on cultive fréquemment dans nos serres. Ses feuilles sont alternes, entières, elliptiques, acuminées, vertes en dessus, couvertes à leur face inférieure d'un duvet court, doré et luisant. Ses fruits sont globuleux et de la grosseur d'une Pomme de reinette, tantôt verts, tantôt rouges, selon les variétés. Leur pulpe est douce et agréable, et fait rechercher ces fruits par les voyageurs et les habitans des Antilles, où on les mange et préfère quelquefois aux Sapotes.

Une seconde espèce est fort remarquable par son fruit ovoïde, qui ne renferme jamais qu'un seul noyau monosperme par l'avortement constant des autres graines; c'est le *Chrysophyllum monopyrenum* de Swartz ou *Chrysophyllum oliviforme* de Lamarck. Il est plus petit que le précédent. Son fruit, deux fois plus gros qu'une Olive, est d'une belle teinte violette; il renferme un seul noyau irrégulier. Sa pulpe a une saveur vineuse assez agréable. Il croît communément dans les forêts de Saint-Domingue. Son bois, qui est d'un jaune de Buis, est employé dans les ouvrages de charpente. (A. R.)

CHRYSOPHYS. POIS. Syn. de Dorade, espèce du genre Spare. *V.* ce mot. (B.)

CHRYSOPHYS. MIN. (Pline.) Syn. de Topaze. *V.* ce mot. (B.)

CHRYSOPIE. *Chrysopia*. BOT. PHAN. Le genre décrit par Du Petit-Thouars sous le nom de Chrysopie paraît être le même que le *Vismia* de Vandelli qui fait partie de la famille des Hypéricées. *V.* VISMIE. (A. R.)

CHRYSOPRASE ou PRASE. MIN. Variété du Quarz-Agathe d'un vert-pomme ou d'un vert blanchâtre, ordinairement translucide, et qui doit sa couleur à l'Oxide de Nickel. *V.* QUARZ-AGATHE. On ne la trouve qu'en fragmens irréguliers et non cristallisés, en quoi elle diffère du Prasem des Allemands, qui n'est qu'un Cristal de Quarz coloré par l'Amphibole vert. Son principal gissement est dans un terrain de Serpentine, aux environs de Kosemütz en Silésie. Elle est fort recherchée en bijouterie; malheureusement les plus beaux morceaux de cette Pierre sont toujours d'un très-petit volume.

On donne aussi le nom de CHRYSOPRASE D'ORIENT à une variété de Topaze d'un jaune verdâtre. (G. DEL.)

CHRYSOPS. *Chrysops*. INS. Genre de l'ordre des Diptères, famille des Tanystomes, tribu des Taoniens (Règn. Anim. de Cuv.), fondé par Meigen aux dépens du genre Taon, et adopté depuis par Fabricius et Latreille; ce dernier entomologiste a réuni (*loc. cit.*) aux Chrysops les genres Hæmatopote et Heptatome de Meigen, qu'il en avait distingués dans ses Considérations générales. Le genre Chrysops ainsi étendu correspond à celui de Chrysopside de Duméril, et présente pour caractères : antennes sensiblement plus longues que la tête, presque cylindriques, avec les deux premiers articles presqu'également longs, et le dernier aussi long que les précédens réunis, en forme de cône allongé, et paraissant divisé en cinq anneaux. A l'aide de ces caractères tirés des antennes, on distinguera facilement les Chrysops des Taons. On pourrait aussi à la rigueur les séparer des Hæmatopotes et des Heptatomes; mais alors il faudrait restreindre les caractères précédemment cités et les remplacer par ceux-ci : antennes notablement plus longues que la tête ; les deux premiers articles presqu'également longs ; le dernier de la longueur des deux précédens, cylindrico - conique. On trouverait alors, dans la longueur relative de ces articles, des différences assez sensibles pour éloigner dès Chrysops les deux genres précédemment cités.

Ces Insectes, à l'état de larve, paraissent vivre dans la terre et y subir leurs métamorphoses ; lorsqu'ils sont devenus parfaits, ils se nourrissent du sang des Animaux qu'ils piquent assez fortement, et se posent même quelquefois sur l'Homme. On connaît plusieurs espèces propres à ce genre ; parmi elles nous en citerons trois : le Chrysops aveuglant, *Chrys. cœcutiens*, Meig., Latr., ou le *Tabanus cœcutiens* de Linné qui est le même que son *Tabanus lugubris* (*Fauna suec.*). Meigen (Desc. Syst. des Dipt. d'Europe, T. II, tab. 14, fig. 6) a représenté le mâle. — Le Chrysops délaissé, *Chrys. relictus*, Meig., ou le *Chrys. viduatus* de Fallèn (*Dipt. suec.*), qui est le même que le *Tabanus cœcutiens* représenté par Panzer (*Faun. Ins. Germ.* fasc. XIII, fig. 24), et que Geoffroy (Hist. des Ins. T. II, p. 463, 8) a décrit sous la dénomination de Taon brun à côtés du ventre jaunes, et ailes tachetées de noir. — Le Chrysops marbré, *Chrys. marmoratus* de Rossi, ou le Taon à une seule bande noire panachée, de Geoffroy (*loc. cit.* p. 464, 11). *V.* HÆMATOPOTE et HEPTATOME.   (AUD.)

CHRYSOPSIDE. *Chrysopsis.* INS. (Duméril.) Syn. de Chrysops. *V.* ce mot.

*CHRYSOPTÈRE. OIS. Espèce du genre Gros-Bec, *Fringilla Chrysoptera*, Vieill. C'est aussi un synonyme de la Sylvie aux ailes dorées, *Sylvia flavifrons*, Lath. *V.* GROS-BEC et SYLVIE.   (DR..Z.)

CHRYSOPTÈRE. POIS. C'est-à-dire *nageoire dorée.* Espèce du genre Cheilodiptère.   (B.)

CHRYSOPTÈRE ou CHRYSOP-

TERON. MIN. Syn. de Chrysoprase. *V.* ce mot.

CHRYSORRHÆA. INS. Nom spécifique d'un Lépidoptère du genre Arctie. *V.* ce mot.

CHRYSOSPERMUM. BOT. PHAN. Syn. grec de Chrysocome et Gnaphalie. *V.* ces mots.   (B.)

CHRYSOSPLENIUM. BOT. PHAN. *V.* DORINE.

CHRYSOSTOSE. POIS. Pour Chrysotose. *V.* ce mot.

CHRYSOSTROME. POIS. (Lacépède.) *V.* FIATOLE.

* CHRYSOTHALES. BOT. PHAN. (Daléchamp.) Syn. de *Sedum reflexum.*   (B.)

CHRYSOTOSE. POIS. Et non *Chrysostose.* Genre de l'ordre des Acanthoptérygiens, famille des Scombéroïdes de Cuvier, l'un des Thoraciques de Linné ou des Leptosomes de Duméril, établi par Lacépède (T. IV, p. 586), et dont les caractères consistent : dans l'absence des dents ; une seule nageoire dorsale dépourvue d'aiguillons ; la compression du corps, la petitesse des écailles et la disposition latérale des yeux. La place assignée par l'illustre Cuvier au genre qui nous occupe le rapproche de celui des Coryphènes qui sont, avec le Chrysotose, les plus beaux Poissons de la mer. La nature semble avoir, pour cet habitant des eaux, voulu épuiser tous les trésors de sa riche palette. Elle n'a point laissé tomber les couleurs sur quelque objet chétif dont tout le mérite eût consisté dans un vain éclat ; elle les a répandues sur un être que sa forme et sa grande taille rendaient déjà remarquable. En effet, le Chrysotose acquiert jusqu'à cinq pieds de longueur ; sa figure est presque orbiculaire ; sa caudale est fourchue et blanche ; la dorsale en forme de faux. Toutes ses autres nageoires sont du plus beau rouge ; son dos est d'un bleu foncé, tacheté d'argent; le reste du corps paraît d'or poli et reflette mille nuances éclatantes. La seule espèce qui nous soit connue habite les côtes de la Manche, surtout vers l'Angleterre; elle y est fort rare. Pennant prétend qu'on n'en avait pas observé dix individus de son temps. On ne se souvient à Dieppe que d'en avoir pris un. Celui-ci fit l'admiration des pêcheurs qui l'appelaient un grand seigneur de la cour de Neptune en habit de gala. Sa chair a, dit-on, le goût de celle du Bœuf. C'est le *Zeus Luna*, L., Gmel., *Syst. Nat.*, XIII, 1, part. 2, p. 1225; Poisson royal de l'Encyclopédie, pl. 39, f. 155; le Lampris de Retzius, vulgairement l'Opha ou Poisson-Lune. Il a été pris pour un Cyprin par Viviani, et pour un Scombre par Gunner et Schneider.

(B.)

CHRYSOTOXE. *Chrysotoxum.* INS. Genre de l'ordre des Diptères établi par Meigen, et adopté par Latreille qui le place (Considér. génér. p. 396) dans la famille des Syrphies, et lui assigne pour caractères : antennes notablement plus longues que la tête, presque cylindriques, insérées sur une élévation commune du front, dont le troisième et dernier article porte une soie simple à sa base; une proéminence sur l'avancement antérieur et en forme de museau de la tête; ailes écartées. La longueur des antennes empêche de confondre les Chrysotoxes avec les Psares, les Paragues, les Syrphes, etc. Ce caractère les rapproche au contraire des genres Callicère et Cérie; mais ils diffèrent de l'un et de l'autre par la forme des antennes. Les Callicères, les Mérodons et Milésies dont les antennes sont notablement plus longues que la tête, s'éloignent des Chrysotoxes par l'absence des proéminences sur le nez. Latreille (Règn. Anim. de Cuv.) place le genre que nous décrivons dans la famille des Athéricères, et le réunit à celui des Céries de Fabricius.

Les Chrysotoxes ressemblent à des Guêpes; leur corps est noir, avec des taches jaunes. Ils ont le vol rapide, et planent sur les fleurs où on les voit se poser souvent pour se nourrir de leur suc mielleux.

On peut considérer comme type de ce genre le Chrysotoxe à deux bandes, *Chrys. bicinctum*, *Musca bicincta* de Linné, et *Mulio bicinctus* de Fabricius. Cette espèce est rare aux environs de Paris. On doit rapporter aussi à ce genre la *Musca fasciolata* de Degéer (Mém. sur les Ins. T. VI, pl. 7, fig. 14), et la *Musca arcuata* de Linné. Cette espèce est souvent confondue avec la précédente. (AUD.)

* CHRYSTALLION. BOT. PHAN. Un des noms anciens de la Pulicaire. *V*. ce mot. (A. R.)

CHRYSTE-MARINE. BOT. PHAN. Pour Christe-Marine. *V*. ce mot.

CHRYSURE. *Chrysurus.* BOT. PHAN. Ce genre de la famille des Graminées et de la Triandrie Digynie a été proposé par Persoon pour quelques espèces de Cynosures que Mœnch et Kœler en avaient également retirées pour en former un genre sous le nom de *Lamarckia*; mais, comme il existait précédemment un autre genre dans la famille des Solanées, dédié par L.-C. Richard à l'auteur de la Flore Française et du Dictionnaire de Botanique de l'Encyclopédie, le nom de *Chrysurus* a été adopté.

Les fleurs, dans ce genre, forment des panicules serrées, spiciformes, unilatérales, composées d'epillets fasciculés et dissemblables. Les uns sont neutres, stériles, plus nombreux, et ont été considérés comme un involucre entourant l'épillet ou les épillets fertiles. Les premiers sont formés d'écailles disposées symétriquement des deux côtés d'un axe commun; tantôt elles sont subulées, terminées par une longue pointe, et toutes semblables; tantôt les deux inférieures sont pointues, tandis que toutes les autres sont obtuses et denticulées à leur sommet. Leur nombre varie de huit à douze. Dans chaque fascicule on trouve un ou deux épillets fertiles, qui sont bi ou triflores. Leur lépicène est formée de deux valves lancéolées, aiguës, carénées et denticulées. Lorsqu'elle est biflore, l'une des fleurs est hermaphrodite; la seconde est rudimentaire, neutre et pédicellée; si elle renferme trois fleurs, les deux inférieures sont hermaphrodites; la troisième est neutre. Le *Chrysurus aureus* est dans le premier cas, le *Chrysurus echinatus* est dans le second. Dans chaque fleur hermaphrodite on trouve une glume bivalve. La valve externe, un peu plus longue, est carénée et striée longitudinalement. Elle offre une arête dont la position n'est pas la même dans les deux espèces de ce genre que nous venons de mentionner tout-à-l'heure: ainsi elle est terminale dans le *Chrysurus echinatus*, et subapicellaire dans le *Chrysurus aureus*, c'est-à-dire placée manifestement au-dessous du sommet. Les étamines sont au nombre de trois. L'ovaire est surmonté de deux stigmates plumeux et accompagné latéralement à sa base de deux paléoles beaucoup plus courtes que lui. La caryopse est enveloppée par la glume.

Outre les deux espèces dénommées plus haut, et qui l'une et l'autre croissent dans les départemens méridionaux de la France, on peut encore rapporter à ce genre plusieurs autres Cynosures; tels sont le *Cynosurus elegans*, Desf., Fl. atl., I, p. 82, t. 17, et quelques autres. (A. R.)

*CHRYSURE. POIS. (Commerson.) C'est-à-dire *Queue dorée*. Espèce du genre Coryphène. *V*. ce mot. (B.)

CHRYZA. BOT. PHAN. Pour Chrysa. *V*. ce mot.

CHTENI ET KALAGRIOCHTENI. MOLL. Noms sous lesquels on désigne, sur les côtes de la Grèce, selon Forskalh, une Coquille bivalve du genre Peigne, et qui paraît être le Peigne pointillé, *Pecten varius*. (G.)

* CHTHONIE. *Chthonia* BOT. PHAN. Ce nom un peu dur a été imposé par H. Cassini à un genre de la famille des Synanthérées, très-voisin

des *Pectis*, dont il ne diffère, de l'aveu même de l'auteur, que par la structure de l'aigrette, celle des vrais *Pectis* étant composée de squammellules subtriquêtres, subulées, cornées et parfaitement lisses, tandis que dans les Chthonies, les squammelles ont leur partie inférieure laminée, paléiforme, membraneuse, irrégulièrement dentée ou laciniée, et leur partie supérieure filiforme, épaisse et barbellulée.

Outre l'espèce nouvelle décrite par l'auteur sous le nom de *Chthonia glaucescens*, il y rapporte aussi les *Pectis humifusa*, *prostrata*, et peut-être le *ciliaris*. *V*. PECTIS. (A. R.)

CHU. BOT. PHAN. Syn. samoïède de Bouleau; les Chinois donnent ce nom à une espèce de Chêne, le *Quercus cornea* de Loureiro. (B.)

CHUA. BOT. PHAN. Ce mot paraît signifier Oxalide à la Cochinchine, où l'on nomme

CHUA-ME-BA-CHIR, l'*Oxalis corniculata*, L.

CHUA-ME-LA-ME, l'*Oxalis sensitiva*. (B.)

CHUB. POIS. Espèce du genre Able. *V*. ce mot. On donne aussi ce nom au *Perca philadelphica*. *V*. PERCHE. (B.)

CHUBAS ET CHUBÈSE. BOT. PHAN. (Daléchamp.) Même chose que Chobbeize. *V*. ce mot. (B.)

CHUCAS. OIS. Syn. vulgaire du Choucas, *Corvus Monedula*, L. *V*. CORBEAU. (DR..Z.)

CHUCHIE. MAM. (Oviédo.) Syn. de Pécari dans l'Amérique méridionale. (B.)

CHUCHIM. OIS. Syn. hébreu du Paon, *Pavo cristatus*, L. *V*. PAON.

CHUCHU. BOT. PHAN. Suivant le père Féuillée, on donne ce nom au Lupin dans le Pérou. (A. R.)

CHUCIA ou CHIURGA. MAM. *V*. SARIGUE.

CHUCK-WILL'S WIDOW. OIS. Espèce du genre Engoulevent, *Ca-*

primulgus popetus, Vieill. *V*. Engoulevent. (dr..z.)

* CHUCLADIT. pois. Qu'on prononce *Tchoucladit*. Syn. de *Lepado-
gaster Gouani*, Lac., aux îles Baléares, *V*. Lépadogastre, et du *Petromyzon marinum*, selon Delaroche. *V*.
Lamproie. (b.)

* CHUCLET. pois. (Delaroche.)
Syn. d'*Atherina Hepsetus*, L., aux
îles Baléares. *V*. Athérine. (b.)

CHUCUTO. mam. Qui nous paraît être une prononciation vicieuse
du diminutif espagnol *chiquito* (petit). Nom du Saki Cacajo de Humboldt dans les Missions du Cassi-
caire. (b.)

CHUE. ois. *V*. Caue.

CHUETTE. ois. Syn. vulgaire de
la Chevêche, *Strix Passerina*, L. *V*.
Chouette. (dr..z.)

* CHUGUETTE. bot. phan. Syn.
de Mâche ou Valérianelle à Montpellier, selon Gouan. (b.)

CHU-HOA-MU. bot. phan. Syn.
chinois de *Pteronia tomentosa* de
Loureiro. (b.)

CHULAN. mam. Pour Choulan.
V. ce mot.

CHULDRY. bot. phan. Syn. tartare d'Hièble. *V*. Sureau. (b.)

CHULEM. bot. phan. Syn. présu-
mé de *Poa pratensis*, *V*. Paturin, et,
selon d'autres, de la racine d'Acore.
(b.)

CHULLOT et HULLET. bot.
phan. Syn. arabes de Chêne. (b.)

CHULON ou GHELASON. mam.
Syn. présumé de Lynx dans les langues tartares. (b.)

* CHUMAR ou CURMA. bot.
phan. (Ruell.) Syn. africain de Rue.
V. ce mot. (b.)

* CHUMO. bot. phan. (L'Ecluse.)
Nom donné dans l'Amérique méridionale au pain préparé avec la racine
de Pomme de terre. (b.)

CHUMPI. min. Syn. de Platine.

CHUNCHOA. bot. phan. Ce gen-
re établi par Pavon, et dont le nom a
été changé en celui de *Gimbernàtia*,
dans la Flore du Pérou et du Chili,
avait été placé d'abord dans la famille
des Eléagnées de Jussieu. R. Brown,
reprenant l'examen des genres qui
constituaient cette famille, en a séparé tous ceux qu'un calice coloré co-
rolloïde et d'autres caractères placent
parmi les Polypétales, et en a constitué la nouvelle famille des Combrétacées. C'est dans celle-ci qu'il a réuni
le *Chuncoa* avec le *Bucida*, le *Terminalia* et les autres genres dont Jussieu
avait déjà indiqué les affinités avec le
Combretum et les Myrtacées décan-
dres. Ce genre est ainsi caractérisé :
calice à cinq divisions, campanulé,
supère, à limbe étalé et caduc; dix
étamines ; fruit drupacé, monosperme, non couronné, à cinq angles ailés dont deux opposés et plus grands
que les autres. Les deux espèces décrites dans la Flore du Pérou sont
des Arbres à feuilles alternes et éparses, portant des fleurs en épis et axillaires, dont les unes, situées à la partie
inférieure des épis, sont hermaphrodites, et celles du sommet sont mâles
par avortement. Le nom de Chunchoa a été tiré de celui de *Chuncho
du Maragnon* que ces Arbres portent
dans le pays. (g..n.)

CHUNCHU (areol del). bot.
phan. *V*. Chunchoa.

CHUNDA ou SCHUNDA. bot.
phan. Syn. malabare de *Solanum
undatum*, espèce du genre Morelle.
(b.)

CHUNDALI. bot. phan. Syn. indien d'*Hedysarum gyrans*, L. *V*.
Sainfoin. (b.)

CHUNDRA. bot. phan. Espèce
du genre Acacie de la côte de Coromandel. (b.)

CHUNGAR. ois. Nom tartare que
l'on présume devoir s'appliquer à un
Ibis. (dr.,z.)

CHUNNO. bot. phan. Même chose
que Chumo en Virginie.

CHUNSCHUT et KUNSCHUT. bot. phan. Syn. de Sésame oriental. (b.)

* CHUO. ois. (Azzara.) Espèce du genre Gros-Bec. *V*. ce mot. (b.)

CHUOI. bot. phan. Syn. cochinchinois de Bananier. *V*. ce mot. (b.)

CHUPALON. bot. phan. Suivant Jussieu, c'est ainsi qu'on appelle au Pérou un Arbrisseau voisin du Vaccinium et dont le célèbre La Condamine envoya un dessin et une description lors de son séjour dans cette partie de l'Amérique. Jussieu pense que le Chupalon est une espèce du genre *Ceratostema*. (A. R.)

CHUPALULONES. bot. phan. Selon Jussieu, ce nom s'applique également au Chupalon. *V*. ce mot. Selon Bosc, ce serait l'*Hibiscus coccineus*. (A. R.)

CHUPAMEL. bot. phan. Syn. portugais d'Orobanche. (b.)

* CHUPIRI. bot. phan. Ce nom est cité dans la détestable compilation de voyages publiée sous le nom de Laharpe, comme appartenant à une Plante du Mexique qu'il est impossible de reconnaître sur ce qu'on en rapporte, et qui est emprunté de Hernandez. (b.)

CHUQUETTES. bot. phan. Syn. vulgaire de Mâche. *V*. VALÉRIANELLE. (b.)

CHUQUIRAGA. bot. phan. Famille des Synanthérées corymbifères de Jussieu, tribu des Carduacées de Kunth, et Syngénésie égale de Linné. Ce genre établi dans le *Genera Plantarum* de Jussieu sur une Plante du Pérou, a été nommé ensuite *Johannia* par Willdenow. Rétabli sous son nom primitif par Humboldt, Bonpland et Kunth, qui lui ont ajouté deux espèces, il a reçu les caractères suivans : involucre turbiné, composé de folioles serrées, imbriquées, nombreuses et mucronées, les extérieures sensiblement plus courtes ; calathide formée de fleurons nombreux, tous hermaphrodites ; corolle tubuleuse à cinq dents ; filets libres ; anthères longues munies de deux soies à leur base ; aigrette plumeuse ; réceptacle garni de villosités. Les Plantes de ce genre sont des Arbustes rameux, à feuilles coriaces, alternes, dentées, roides, piquantes, imbriquées et très-rapprochées ; celles de l'espèce sur laquelle le genre a été fondé ressemblent aux feuilles des Ruscus. Elles croissent dans le royaume de Quito au Pérou. En donnant les descriptions, faites par Bonpland, des deux nouvelles espèces, Kunth exprime son doute sur leur différence réelle d'avec le *Chuquiraga insignis*, Juss., ou *Johannia insignis*, Willd., espèce primitive. Le Chuquiraga a des affinités très-prononcées avec le Mutisia, et a été placé par Cassini dans sa tribu des Mutisiées. (G..N.)

CHURAH. ois. Syn. indien de Pie-Grièche rousse du Bengale, *Lanius cristatus*, Lath. *V*. PIE-GRIÈCHE. (DR..z.)

CHURGE. ois. Espèce du genre Outarde, *Otis bengalensis*, L. Du Bengale. *V*. OUTARDE. (DR..z.)

CHURI. ois. Syn. du Nandu, *Struthio Rhea*, L., au Paraguay. *V*. RHEA. (DR..z.)

CHURIGATU. ois. Syn. d'Engoulevent chez les Burattes. (DR..z.)

CHURLEAU. bot. phan. Syn. de Panais sauvage en quelques lieux de Picardie. (b.)

CHURLES, CHURLI et CHURLO. bot. phan. Même chose que Chourle. *V*. ce mot. (b.)

* CHURN-OWL. ois. Syn. américain de l'Engoulevent, *Caprimulgus europæus*, L. *V*. ENGOULEVENT. (DR..z.)

CHURRINCHE. ois. Syn. du Gobe-Mouche huppé de la rivière des Amazones, *Muscicapa coronata*, L. (DR..z.)

* CHURTAL. bot. phan. (Daléchamp.) Syn. arabe d'Avoine. (b.)

* CHURUMAYA. bot. phan. Es-

pèce du genre Poivre dans la Flore du Pérou.   (B.)

CHURZETA. BOT. PHAN. (Ruell.) Syn. africain de Chrysanthème. (B.)

CHUSITE. MIN. Nom donné par Saussure à un Minéral d'un jaune verdâtre, disséminé en petits mamelons dans les cavités d'un Basalte porphyrique de la colline de Limbourg. Il est translucide et tendre; sa cassure est lisse, et son éclat un peu gras. Il est insoluble dans les Acides, et se fond au chalumeau en un émail blanc jaunâtre. Cette substance paraît appartenir au Péridot, ainsi que la Limbilithe du même auteur. *V*. PÉRIDOT.
       (G. DEL.)

*CHUSQUE. *Chusquea.* BOT. PHAN. A l'article BAMBOU (*V.* T. II de ce Dictionnaire) Kunth a proposé la formation de ce genre nouveau dont le *Nastus Chusque* (*Humb. et Bonpl. Pl. æquin.,* 1, p. 281) est le type. Ce genre offre les caractères suivans : épillets cylindriques lancéolés, uniflores, composés de plusieurs écailles imbriquées, distiques, renfermant une fleur hermaphrodite qui a trois étamines et un style biparti.

Ce genre se distingue du *Nastus* de Jussieu, par ses étamines au nombre de trois seulement et non de six, par son style biparti et non triparti. Il se compose de deux espèces seulement, le *Chusquea scandens*, Kunth, *Synops.*, 1, p. 254. Superbe Graminée, grimpante autour du tronc des Arbres voisins, et pouvant ainsi s'élever à une hauteur plus ou moins considérable. Ses fleurs forment des panicules terminales et rameuses.

Kunth rapporte à ce genre comme seconde espèce l'*Arundo Quila* de Poiret, fort différente de l'*Arundo Quila* de Molina, qui appartient à un autre genre ayant les épillets triflores.
       (A. R.)

CHUSSA. BOT. PHAN. Syn. mongole de Bambou.   (B.)

*CHUTASLIUM. BOT. PHAN. Syn. péruvien de Nunnezharia. *V*. ce mot.
       (B.)

CHUTSCHI. BOT. PHAN. L'un des noms tartares du *Pinus Cembro*. *V*. PIN.   (B.)

CHU-TSÉ. BOT. PHAN. Nom chinois du bois de Bambou dont on a peut-être emprunté le nom de Chusque. *V*. ce mot.   (B.)

CHUTUN. OIS. Syn. kalmouck de la Demoiselle de Numidie, *Ardea Virgo*, L. *V*. GRUE.   (DR..Z.)

CHU-TZAO. BOT. PHAN. Syn. chinois de Chanvre.   (B.)

CHUVA. MAM. Nom de pays de l'*Ateles marginatus*, Geoff. *V*. SAPAJOUS.   (B.)

*CHUXTAID. BOT. PHAN. Daléchamp dit qu'on appelle ainsi l'Ananas en Arabie.   (A. R.)

CHUY. OIS. Syn. brésilien du Guirnégat, *Emberiza brasiliensis*. *V*. GROS-BEC.   (DR..Z.)

CHWEDER. OIS. Syn. vulgaire de l'Alouette, *Alauda arvensis*, L. *V*. ALOUETTE.   (DR..Z.)

CHWOSTCH. BOT. CRYPT. Syn. russe de Prêle.   (B)

* CHYCALLE. POIS. (Bonnaterré.) Espèce de Salmone. *V*. ce mot. (B.)

* CHYDORE. *Chydorus.* CRUST. Genre de l'ordre des Branchiopodes et de la section des Lophyropes de Latreille (Règn. Anim. de Cuv.), établi par Leach (Dict. des Sc. natur. T. XIV, p. 540), et ayant, suivant lui, pour caractères distinctifs : deux yeux; deux antennes capillaires. Ce nouveau genre, sur la valeur duquel il serait bien difficile de prononcer, d'après le peu de mots que l'auteur en dit, paraît être formé aux dépens des Lyncés de Müller, et a pour type son *Lynceus Sphærius*. Leach ne cite que cette espèce qu'il nomme Chydoré de Müller, *Chydorus Mulleri*. Elle habite les mares d'eau stagnante.
       (AUD.)

CHYEH. BOT. PHAN. Syn. arabe d'*Artemisia jamaïca*, L., espèce orientale du genre Armoise. *V*. ce mot.   (B.)

* **CHYLDN.** BOT. PHAN. (Murray.) Racine que les Chinois mâchent comme le Betel, et qui appartient à quelque Plante encore inconnue des botanistes. (B.)

* **CHYLE.** ZOOL. L'un des produits immédiats de la digestion. Cette substance, presque toujours unie à d'autres humeurs, est sous forme d'un liquide assez épais, ordinairement blanc, rarement transparent, inodore, légèrement salé. Son siége est le canal thorachique. Abandonné au repos, il se sépare en deux parties dont une coagulée, formée d'un mélange de fibrine et de matière grasse ; l'autre liquide, absolument analogue au serum. On obtient, par la distillation du Chyle, de l'Eau, du Carbonate d'Ammoniaque et de l'Huile. Le résidu est composé de Charbon contenant en outre un peu de principes fixes. *V.* CIRCULATION. (DR..Z.)

* **CHYLINE.** BOT. PHAN. (Mentzel.) Syn. grec de Cyclamen. (B.)

CHYM ET **CHYMCHYMKA.** MAM. Syn. de Zibeline. *V.* MARTE.

* **CHYME.** ZOOL. L'un des produits immédiats de la digestion ; il est ordinairement sous forme pulpeuse, d'une couleur brune plus ou moins foncée ; d'une odeur particulière ; il passe promptement à la fermentation putride, se dissout en entier dans l'Acide nitrique, etc. *V.* CIRCULATION. (DR..Z.)

* **CHYPKEFA.** BOT. PHAN. (L'Écluse.) L'un des noms hongrois de la Ronce. (B.)

* **CHYROUIS.** BOT. PHAN. (Chomel.) Vieux nom français de la Carotte sauvage. (B.)

* **CHYRRHABUS.** OIS. (Hésygius et Varinus.) Syn. du *Pelecanus Carbo*, L. *V.* CORMORAN. (DR..Z)

CHYSTE ET **CHYTE.** MIN. Pour Schiste. *V.* ce mot.

CHYTRACULIE. *Chytraculia.* BOT. PHAN. Le genre ainsi nommé par Browne (*Jamaïc.*) a été placé par

Swartz dans son genre *Calyptranthes.* *V.* CALYPTRANTHE. (A. R.)

* **CHY-WA-LY-GU.** POIS. Espèce indéterminée de Cyprin qui se pêche dans certains endroits de la Chine, et dont la chair, très-délicate, est fort estimée. (B.)

CHYYTA. MAM. Le Loup en Sibérie. (B.)

CIA. OIS. Espèce du genre Bruant. *V.* ce mot. (B.)

* **CIACAMPELON.** BOT. PHAN. *V.* CHINKAPALONES.

CIA-CIAC. OIS. Syn. piémontais du Merle à plastron blanc, *Turdus torquatus*, L. (DR..Z.)

CIA-CIAT. OIS. Syn. piémontais de la Mésange à longue queue, *Parus caudatus*, L. *V.* MÉSANGE. (DR..Z.)

CIACOL ET **CIACOLA.** OIS. Syn. italien de la Corneille mantelée, *Corvus Cornix*, L. *V.* CORBEAU. (DR..Z.)

CIAFFEU ET **CIAFFO.** OIS. Syn. piémontais du Pégot, *Motacilla alpina*, L. *V.* ACCENTEUR. (DR..Z.)

CIAGULA. OIS. Syn. italien du Choucas, *Corvus Monedula*, L. *V.* CORBEAU. (DR..Z.)

CIAMBAU, CODDA-PAIL, CODO-PAIL ET **KIAMBEAU.** BOT. PHAN. Syn. de Pistia. *V.* ce mot. (B.)

CIAMBETTA. POIS. (Salvien.) Le Squale Marteau sur quelques côtes de la Méditerranée. (B.)

CIA-MEGLIARINA. OIS. Syn. italien de Bruant commun, *Emberiza citrinella*, L. *V.* BRUANT. (DR..Z.)

CIA-MONTANA ET **CIA-SELVATICA.** OIS. Syn. génois du Bruant fou, *Emberiza Cia*, L. *V.* BRUANT. (DR..Z.)

CIAMPTAL ou **KIAMPTAL.** BOT. PHAN. Espèce de Galéga de la côte de Guinée. (B.)

CIANO. BOT. PHAN. Du latin *Cyanus.* Le Bluet dans plusieurs dialectes du midi de l'Europe. (B.)

* **CIARDOUSSE.** BOT. PHAN. *V.* CHARDOUSSE.

* CIARLOTTO. ois. Syn. romain du grand Courlis cendré, *Scolopax arquata*, L. *V*. Courlis. (DR..Z.)

CIA-SELVATICA. ois. *V*. Cia-Montana.

CIATI ou KIATI. bot. phan. Syn. javan de Tek. *V*. ce mot. (B.)

CIAUCIN. ois. Syn. piémontais du Pouillot, *Motacilla Trochylus*, L. *V*. Sylvie. (DR..Z.)

CIAVA. ois. Syn piémontais du Coracias, *Corvus Graculus*, L. *V*. Pyrrhocorax. (DR..Z.)

* CIBAGÉ. bot. phan. On lit dans Jean Bauhin qu'une graine envoyée sous ce nom du Levant avait donné une Plante qui ressemblait à un Pin. On ne sait à quoi la rapporter. (B.)

* CIBAIRES. ins. Cette expression a été employée par quelques entomologistes pour désigner collectivement les diverses parties de la bouche; elle est une traduction de ce que Fabricius comprend sous le nom d'*Instrumenta cibaria*. *V*. Bouche. (AUD.)

CIBIBI. ois. Syn. piémontais de la Mésange charbonnière, *Parus major*, L. *V*. Mésange. (DR..Z.)

CIBICIDE. *Cibicides*. moll. Dans ses Polythalames, Soldani a figuré (tab. 46, vas. 170, n, n, o, o) une Coquille fort singulière avec laquelle Montfort (T. 1, pag. 122) a fait un genre particulier, dont les caractères essentiels sont : coquille libre, univalve, cloisonnée, à base aplatie; bouche linéaire, de toute la hauteur de la coquille; cloisons unies, sans siphon apparent. La forme générale de la coquille est pyramidale. On la trouve vivante à Livourne, et fossile à Sienne. Dans l'état frais elle est irisée et nacrée. On ne connaît qu'une seule espèce de ce genre, le Cibicide glacé, *Cibicides refulgens*, qui n'a pas plus d'un huitième de ligne de diamètre. (D..H.)

* CIBLIA. pois. Syn. suédois de Morue. *V*. Gade. (B.)

* CIBORIUM. bot. phan. *V*. Cyamos.

CIBOULE. bot. phan. Espèce du genre Ail, *Allium fistulosum*, L. *V*. ce mot.

CIBOULETTE. bot. phan. Syn. d'*Allium Schœnoprasum*. *V*. Ail.

* CIBU. ois. (Chezy.) Syn. présumé de *Loxia pensilis*, L. *V*. Tisserin. (DR..Z.)

* CIBUS-SATURNI. bot. crypt. C'est-à-dire *Manger de Saturne*. Syn. d'*Equisetum*. *V*. Prêle. (B.)

CICA. bot. phan. Pour Cicca. *V*. ce mot.

CICADA. ins. *V*. Cigale.

CICADAIRES. *Cicadariæ*. ins. Famille de l'ordre des Hémiptères, section des Homoptères, établie par Latreille (Considér. génér. p. 252, et Règn. Anim. de Cuv.) qui lui assigne pour caractères : antennes ordinairement très-petites, coniques ou en forme d'alène de trois à six pièces, avec une soie très-fine au bout de la dernière; tarses à trois articles. Cette famille curieuse comprend les grands genres *Cicada* et *Fulgora* de Linné. Tous les Insectes qui la composent ne se nourrissent que du suc des Végétaux. Les femelles ont une tarière écailleuse qui leur sert à déposer dans les Plantes le produit de la fécondation. Les mâles sont quelquefois pourvus d'un organe, au moyen duquel ils produisent un bruit particulier, désigné sous le nom de chant.

Les Cicadaires peuvent être divisés en plusieurs genres de la manière suivante :

† Antennes de six articles distincts; trois petits yeux lisses.

Genre : Cigale.

Ce genre embrasse la division des Cigales porte-mannes de Linné, et le genre des Tettigonies de Fabricius. Stoll appelle ces Insectes Cigales chanteuses, à cause de l'organe sonore dont est pourvu le mâle.

†† Antennes de trois articles ; deux petits yeux lisses.

On a nommé Cigales muettes les Insectes appartenant à cette division.

I. Antennes insérées immédiatement sous les yeux ; front souvent prolongé en forme de museau, de figure variable, selon les espèces : c'est la division des Fulgorelles, *Fulgorellæ*.

Genres : FULGORE, ASIRAQUE, DELPHAX, TETTIGOMÈTRE. Latreille réunit aux Fulgores ses Ixies et les petits genres *Lystra*, *Flata*, *Issus*, *Derba* de Fabricius.

II. Antennes insérées entre les yeux. Cette division a pris le nom de Cicadelles, *Cicadellæ*, ou les Cigales ranatres de Linné.

Genres : ÆTALION, LÈDRE, MEMBRACE, CERCOPE, TETTIGONE ; les Membraces embrassent les genres *Centrotus* et *Darnis* de Fabricius ; les Tettigones comprennent les genres *Cicada* et *Jassus* de Fabricius. *V.* ces mots.

Pour peu que l'on jette un coup-d'œil sur la famille dont il est question, on est frappé de la diversité très-grande des êtres qui s'y trouvent réunis ; tandis qu'ailleurs les distinctions génériques sont quelquefois assez nuancées pour qu'on puisse passer d'un groupe à l'autre sans aucune transition sensible. Ici, les caractères sont tellement tranchés que les liens naturels qui doivent réunir les genres, semblent, dans bien des cas, difficiles à saisir. Cette observation que tout entomologiste est à même de faire, conduit assez naturellement à penser qu'il existe dans la famille des Cicadaires, et entre certains genres, plusieurs lacunes que de nouvelles découvertes nous permettront tôt ou tard de remplir ; c'est d'ailleurs ce qui vient d'être récemment démontré par le fait.

Kirby, savant entomologiste anglais, a décrit récemment (*Linn. Soc. Trans.* T. XIII) deux nouveaux genres voisins de celui des Fulgores, et auxquels il a donné les noms d'Otiocère et d'Anotie. Nous traiterons le premier à son ordre alphabétique ; mais la connaissance du second nous étant parvenue postérieurement à la publication de notre premier volume, nous dirons ici ce qu'il offre de plus remarquable.

Les Anoties sont intermédiaires aux Otiocères et aux Delphax ; mais elles en diffèrent par certains caractères. Elles se distinguent des premiers par le manque d'appendices à la base des antennes, par une plus grande brièveté du bec, par des yeux sémilunaires et très-proéminens, par le plus grand allongement du nez et par la différence qui s'observe dans la disposition des nervures des élytres, ainsi que par la dent angulaire de leur base antérieure. Elles s'éloignent des seconds par une tête comprimée à deux carènes, prolongée légèrement en bec, par la longueur comparative des articles des antennes, le premier étant très-court, par l'absence de l'éperon très-remarquable qui arme les jambes postérieures des Delphax, par la manière différente dont les élytres sont veinées et par leur forme, par l'absence des yeux lisses, enfin par les appendices de l'anus qui, dans les Delphax, ressemblent davantage à ceux des Cigales de Latreille. Kirby décrit une seule espèce ; l'individu sur lequel il la fonde est une femelle dont les organes copulateurs externes ressemblent à ceux des Otiocères. L'espèce unique qu'il possède porte le nom d'*Anotia Bonnetii*. Elle est de Géorgie. Kirby en donne une excellente figure.

Les Anoties et les Otiocères ont leurs antennes insérées immédiatement sous les yeux, et appartiennent par conséquent à la division des Fulgorelles ; mais ils n'ont pas d'yeux lisses, et doivent, à cause de cette particularité remarquable, former une section nouvelle. *V.* OTIOCÈRE.

(AUD.)

CICADELLE. *Cicadella.* INS. Duméril avait désigné sous ce nom (Zool. anal.) un genre d'Insectes de l'ordre des Hémiptères, qui correspond aux genres Lystre, Cigale et Jasse de Fabricius, ou à celui des Tettigones d'Olivier et de Latreille. Lamarck (Syst. des Anim. sans vert.) avait aussi imposé ce nom à un genre d'Insectes du même ordre, comprenant les Cigales, les Cercopes et les Membraces de Fabricius; mais depuis (Hist. des Anim. sans vert. T. iii, p. 472), il l'a appliqué à une division de la famille des Cicadaires. Latreille (Règn. Anim. de Cuv.) donne aussi le nom de Cicadelle à une section. *V*. Cicadaires.

(AUD.)

CICATRICULE. ois. *V*. OEuf.

CICATRICULE. bot. phan. *V*. Hile.

CICCA. bot. phan. Genre de la famille des Euphorbiacées, connu vulgairement sous le nom de Chéramelier, tiré de celui de *Cheramela* qu'il porte dans Rumph (*Herb. amboin*. T. vii, t. 33). Ses fleurs sont monoïques ou dioïques; leur calice à quatre divisions porte à l'intérieur quatre petites glandes alternes avec elles, ou un disque glanduleux. Les fleurs mâles ont quatre étamines à filets libres, au sommet desquels sont appliquées les anthères qui regardent en dehors. Les femelles offrent quatre ou cinq styles réfléchis, bifides, surmontant un ovaire charnu, creusé d'autant de loges, dont chacune contient deux ovules. Le fruit, sous une enveloppe plus ou moins charnue, présente quatre ou cinq coques dispermes. — Ce genre assez voisin du Phyllanthus, auquel il avait même été réuni autrefois, renferme des Arbres ou des Arbrisseaux dont les feuilles munies de stipules alternes, petites, entières, glabres, sont disposées, sur les rameaux, de manière à simuler les folioles d'une feuille pennée. Les fleurs forment des fascicules axillaires et accompagnés de bractées nombreuses. Aux trois anciennes espèces originaires d'Asie vient s'en réunir une quatrième des Antilles. Dans deux d'entr'elles, l'enveloppe charnue du fruit ou sarcocarpe, d'une saveur légèrement acide, offre une nourriture saine et agréable; ce dont on pourrait s'étonner dans une famille où les propriétés délétères sont si généralement répandues, si l'on ne savait quelle inégalité existe sous ce rapport entre les différentes parties même contiguës du même Végétal.

(A. D. J.)

* CICCADA. ois. (Gesner.) Nom d'une Chouette dont on n'a pu déterminer l'espèce. (DR..Z.)

* CICCARA. bot. phan. Même chose que Cachi. *V*. ce mot.

CICCLIDOTUS. bot. crypt. *V*. Cancellaire.

* CICCUM. bot. phan. Les cloisons du fruit du Grenadier chez les anciens. (B.)

* CICCUS. ois. (Aldrovande.) Nom d'une Oie qui ne paraît pas bien déterminée. (DR..Z.)

CICENDIE. *Cicendia*. bot. phan. Adanson a le premier proposé d'établir un genre distinct sous le nom de *Cicendia* pour la *Gentiana filiformis* de Linné, que plus tard on a nommé *Exacum*. Le nom d'Adanson devrait être adopté par antériorité, si l'usage n'avait consacré celui d'*Exacum*. *V*. ce mot. (A.R.)

CICER. bot. phan. *V*. Chiche.

CICERA. bot. phan. Espèce du genre Gesse dont Mœnch a fait le type de son genre Cicercula. *V*. ce mot. (B.)

CICERBITA. bot. phan. (Pline.) Syn. de *Sonchus arvensis*, demeuré en Italie le nom vulgaire de cette Plante. (B.)

CICERCHIA. bot. phan. Vieux nom italien de la Gesse.

CICERCULA. bot. phan. Mœnch a proposé de séparer du genre *Lathyrus*, et d'en former un genre nouveau, les espèces dont la suture supérieure a les bords saillans en forme d'ailés :

tels sont les *Lathyrus sativus*, *Lathyr. Cicera*, etc. *V*. GESSE. (A.R.)

CICÉROLE. BOT. PHAN. Même chose que Cicer et Chiche. *V*. ce dernier mot. (B.)

CICH-CIEH. OIS. Syn. piémontais du Gobe-Mouche gris, *Muscicapa Grisola*, L. *V*. GOBE-MOUCHE. (DR..Z.)

CICHE. BOT. PHAN. *V*. CHICHE.

CICHLE. *Cichla.* POIS. Genre formé par Schneider aux dépens des Labres, adopté par Cuvier qui le place dans la famille des Percoïdes, ordre des Acanthoptérygiens, et dont les caractères sont : dents en velours; une seule dorsale; opercules mutiques; bouche un peu protractile et bien fendue. Les Cichles diffèrent des Labres qui ont la lèvre double, et n'ont pas leurs dents en velours; des Canthères qui ont la bouche peu fendue et peu protractile ; des Pristipomes qui ont leurs opercules dentés, et des Spares qui ont deux dorsales. Les Cichles sont des Poissons dont la chair est assez bonne; on en trouve des espèces de mer et d'autres d'eau douce. Lesueur (*Journ. of. the acad. of nat. sc. of Phil.* vol. II, n. 7, juin 1822) vient d'ajouter cinq espèces nouvelles à ce genre qui est composé des suivantes : 1° Cichle occellaire, *Cichla occellaris*, Sch. t. 66. Des mers des Indes-Orientales.—2° La Fourche, *Labrus Furca*, Lacépède, dont le Caranxomore sacristain du même auteur est un double emploi.—3° L'Hololépidote, *Labrus Hololepidotus*, Lac., découvert par Commerson dans l'océan Équatorial. —4° Le Chrysoptère, *Perca Chrysoptera*, Catesb. De la Caroline. — 5° *Cichla ænea*, Lesueur. Du lac Érié. —6° *Cichla fasciata*, Lesueur. Du même lac.—7° *Cichla ohioensis*, Lesueur. De l'Ohio.—8° *Cichla floridada*, Lesueur. De la Floride orientale,—9° *Cichla minima*, Lesueur, très-petite espèce qui n'a guère que neuf lignes de longueur; cette dernière vit dans les affluens du lac Érié. (B.)

CICHORÉE. BOT. PHAN. De *Cichorium* ou *Cicorium*. Vieux nom français de la Chicorée. *V*. ce mot. (B.)

CICI. OIS. (Moreau de Jonnès.) Nom d'un Bruant ou d'un Gros-Bec des Antilles, dont la synonymie n'est pas encore bien établie. (DR..Z.)

CICI ou KIKI. BOT. PHAN. (Dioscoride.) Syn. de Ricin. (B.)

* **CICIDA.** OIS. Vieux nom de la Mésange charbonnière, *Parus major*, L. (B.)

CICIGNA. REPT. OPH. Même chose que Cecella et que l'Orvet fragile.

CICINDÈLE. *Cicindela.* INS. Genre de l'ordre des Coléoptères, section des Pentamères, famille des Carnassiers, tribu des Cicindelètes (Règn. An. de Cuv.), fondé originairement par Linné et appliqué depuis, mais à tort, à des Insectes de genres très-différens. Le grand genre *Cicindela* de Linné a été subdivisé (*V*. CICINDELÈTES), et on ne réunit plus aujourd'hui sous ce nom que les espèces offrant pour caractères : les trois premiers articles des tarses antérieurs des mâles dilatés, presqu'en forme de triangle renversé, placés bout à bout, point ou guère plus avancés par devant que par derrière; palpes labiaux ordinairement plus courts que les maxillaires extérieurs, avec les deux premiers articles fort courts ; l'extrémité supérieure du radical ne dépassant point celle de l'échancrure du menton.

Ce genre se distingue des Tricondyles et des Colliures par la forme du pénultième article des palpes labiaux, qui est long et presque cylindrique, ainsi que par la largeur du corps ; il partage ce caractère avec les Thérates, et n'en diffère que par la présence d'une dent au milieu du bord supérieur du menton, dans son échancrure, et par des palpes maxillaires internes très-distincts. Enfin, sous tous ces rapports, il ressemble aux Manticores, aux Cténostomes, au Mégacéphales ; mais il diffère du premier et du second de ces genres par la dilatation des trois premiers articles des tarses antérieurs dans le mâle, et du troisième par le développement des palpes labiaux.

Les Cicindèles ont le corps orné le plus souvent de couleurs métalliques très-brillantes, tirant en général sur le vert; leur tête est forte, plus large que le prothorax; elle supporte de gros yeux et des antennes presque filiformes; leur bouche présente des mandibules allongées, fortes, terminées par un crochet et munies de quatre dents au côté interne. Les palpes, au nombre de six, sont velus; des élytres coriaces recouvrent des ailes membraneuses existant chez presque tous; les pates sont grêles et longues avec des tarses très-déliés.

Ces Insectes sont carnassiers et voraces; on les rencontre dans les lieux sablonneux exposés au soleil, où ils cherchent leur proie; leur démarche est vive et précipitée, leur vol est court et rapide; lorsqu'on les saisit, ils exhalent une odeur souvent agréable, musquée et comparable à celle que répand la Rose. Suivant les observations de Dufour, leur canal digestif est assez analogue, pour la forme générale, à celui des Carabiques; sa longueur n'excède que fort peu celle du corps de l'Insecte; le gésier est plus oblong, garni intérieurement de quatre pointes cornées, conniventes, et les papilles de l'estomac qui le suit sont un peu moins prononcées et plus obtuses que dans les Carabes. Les vaisseaux biliaires et les organes mâles ont aussi la plus grande ressemblance avec les mêmes parties dans les Carabiques.

Desmarest (Ancien Bulletin des Sciences par la Société philomatique, T. III, p. 197, et pl. 24, fig. 2, 3 et 4) nous a transmis, sur la larve d'une espèce que Latreille croit être la Cicindèle hybride, des détails curieux que nous lui emprunterons. Cette larve, déjà décrite imparfaitement par Geoffroy (Hist. des Ins. T. I, p. 140), est longue de vingt-deux à vingt-sept centimètres, lorsqu'elle a pris tout son accroissement. Son corps est allongé, linéaire, formé de douze an-

neaux; il est mou et d'un blanc sale; la tête, le premier anneau du corps ou le prothorax, et les six pates ont seuls une consistance de corne; la tête est beaucoup plus large que le corps: elle a la forme d'un trapèze dont le côté le plus large est placé en arrière; en dessus les parties latérales et postérieures sont rebordées; en dessous elle est renflée postérieurement et partagée en deux lobes par un sillon longitudinal. Il y a six yeux lisses très-visibles, trois de chaque côté; les quatre plus gros sont situés à la partie supérieure et postérieure; les deux autres, beaucoup plus petits et à peine saillans, sont placés sur la partie latérale; tous ces yeux sont noirs. On voit deux antennes insérées de chaque côté, entre les yeux et la bouche; elles sont très-courtes et composées de quatre articles cylindriques, dont les deux premiers sont les plus gros. La bouche, placée à la partie antérieure de la tête, est formée, 1º d'une lèvre supérieure, petite, demi-circulaire, ne couvrant pas la base des mâchoires; 2º de deux mandibules très-longues et très-aiguës, dont la base est armée du côté interne d'une très-forte dent; ces mandibules sont recourbées vers le haut; elles servent à l'Animal pour saisir sa proie; 3º de deux mâchoires insérées au-dessous des mandibules, et aussi peu couvertes par la languette que par la lèvre supérieure. Ces mâchoires consistent en une pièce cornée, un peu comprimée et légèrement fourchue à son extrémité: chacune des branches de cette extrémité donne attache à un petit palpe composé de deux ou trois articles; 4º d'une languette très-petite, supportant deux très-petits palpes formés de deux articles.

Les trois premiers anneaux du corps donnent attache aux pates; ils sont dépourvus de stigmates. Le premier anneau, ou le prothorax, est très-remarquable; sa forme est celle d'un bouclier grec; il est plus large que la tête et légèrement rebordé; sa couleur est d'un vert métallique assez brillant. Le second anneau et le troisième sont beaucoup plus étroits; ils sont d'un blanc sale comme ceux qui viennent après eux. Les quatre anneaux qui suivent les trois premiers ne sont guère plus larges que le second. On remarque sur chacun, ainsi que sur les cinq qui restent à la partie supérieure, et de chaque côté, une tache lisse et de couleur brunâtre, au milieu de laquelle on aperçoit le stigmate.

Le huitième anneau, en comptant après la tête, est beaucoup plus renflé que les autres. Il présente à sa partie supérieure un organe fort singulier, consistant en deux tubercules charnus, dont le sommet est couvert de poils roides, de couleur roussâtre, au milieu desquels on voit, sur chaque tubercule, un petit crochet corné, dirigé en avant et recourbé légèrement en dehors. C'est à l'aide de ces deux crochets que la larve de la Cicindèle prend du repos, et s'arrête à l'endroit qu'elle désire, dans le long conduit perpendiculaire et souterrain qu'elle habite; ce sont, pour ainsi dire, les ancres dont elle se sert pour se fixer. Cette saillie du huitième anneau donne au corps de cette larve la forme d'un Z, parce qu'elle en relève le milieu, et cette courbure du corps procure à l'Animal la faculté de monter dans son puits avec la plus grande facilité; le dernier segment du corps est très-petit et terminé par un léger prolongement qui présente l'ouverture du canal intestinal. Les pates sont courtes et faibles; les tarses sont formés de deux articles et terminés par deux petits crochets.

Telle est l'organisation bien remarquable de cette larve non moins curieuse par ses habitudes. En effet, elle pratique des trous verticaux dans le sable et place sa large tête près de l'embouchure, de manière à la masquer. Un Insecte vient-il à passer sur cette sorte de pont, il manque tout-à-coup sous les pates. La larve de la Cicindèle monte et descend sans peine dans son trou en augmentant et diminuant alternativement le repli que son corps forme vers son milieu, et elle s'arrête en abaissant contre les parois de son puits les deux crochets dont son huitième anneau est muni.

L'organisation et les mœurs des diverses larves de Cicindèles sont sans doute plus ou moins analogues à celle qui vient d'être décrite. Miger a eu occasion d'observer la larve de la Cicindèle champêtre, et ses observations se lient parfaitement à celles de Desmarest. La tête, outre l'usage important que nous avons indiqué, sert encore à l'Animal à déblayer son trou, ce qu'il exécute en chargeant le dessus de particules de sable qui sont rejetées en dehors de l'orifice du trou. Si ces larves sont trop à l'étroit ou que la nature du terrain ne leur convienne pas, elles abandonnent leur demeure pour s'en construire une autre : elles sont très-voraces et n'épargnent même pas les larves de leur espèce; lorsque l'époque de la métamorphose en nymphe est arrivée, elles bouchent l'ouverture de leur trou.

Ce genre est assez nombreux en espèces. Latreille et Dejean (Hist. Nat. et Iconogr. des Coléopt.) en ont donné une excellente monographie, accompagnée de jolies figures qui représentent toutes les espèces particulières à l'Europe, parmi lesquelles nous citerons :

La CICINDÈLE CHAMPÊTRE, *Cic. campestris* des auteurs, ou le Bupreste velours vert à douze points blancs de Geoffroy (Hist. des Ins. T. 1, p. 153, n° 27). Elle est commune dans presque toute l'Europe et habite les lieux secs et sablonneux; ses couleurs varient beaucoup. Dejean (*loc. cit.*) admet comme une simple variété de cette espèce, la *Cic. Maroccana*, Fabr., qu'on trouve en Espagne et sur la côte de Barbarie.

La CICINDÈLE SYLVATIQUE, *Cic. sylvatica* des auteurs. On la rencontre dans les endroits secs et sablonneux de la France et de l'Allemagne. Elle n'est pas très-rare à Fontainebleau.

CICINDÈLE HYBRIDE, *Cic. hybrida* des auteurs ou le Bupreste à broderie blanche de Geoffroy (*loc. cit.*, p. 155, n° 28). On la trouve dans presque toute l'Europe; elle varie pour les couleurs.

CICINDÈLE LITTORALE, *Cic. littoralis*, Fabr., qui est la même que la *Cic. nemoralis* d'Olivier ou la *Cic. discors* de Megerle. Elle se trouve principalement sur les bords de la mer, dans le midi de la France.

V., pour les autres espèces, Latreille et Dejean (*loc. cit.*), Olivier (Encycl. méth. et Hist. des Coléopt.), Léon Dufour qui a donné des observations sur quelques Cicindelètes et Carabiques observés en Espagne (Annales génér. des Sc. phys. T. VI), Fischer (Entomogr. de la Russie, T. 1er), Kirby (*Linn. Societ. Trans.* T. XII). *V.* aussi le tome cinq des Mémoires de la Société impériale des naturalistes de Moskou, etc.   (AUD.)

* CICINDÈLES A COCARDES. INS. Nom que Réaumur et Geoffroy ont donné à des Insectes coléoptères dont le thorax et l'abdomen sont munis latéralement d'appendices colorés qu'ils font sortir à volonté. Ces Insectes appartiennent au genre Malachie. *V.* ce mot.   (AUD.)

CICINDELÈTES. *Cicindeletæ.* INS. Famille de l'ordre des Coléoptères, section des Pentamères, établie par Latreille, et convertie par lui (Règn. Anim. de Cuv.) en une tribu qui correspond au grand genre *Cicindela* de Linné, et a pour caractères : mâchoires terminées par un onglet; languette très-petite, cachée par le menton; palpes à quatre articles distincts, le premier étant dégagé. Suivant Latreille (Hist. Natur. et Iconograph. des Coléopt. d'Europe, T. I, p. 28), les Cicindelètes sont généralement distinguées des autres Coléoptères carnassiers par leurs mandibules robustes, armées de fortes dents, et très-croisées; leurs antennes filiformes ou sétacées et menues; leurs yeux grands et saillans; leur tête grosse et plus large que le corselet; leurs palpes labiaux très-poilus et terminés, ainsi que les maxillaires extérieurs, par un article en forme de cône renversé, allongé et comprimé ou presque triangulaire; leurs pieds longs et grêles. Le côté interne de leurs jambes antérieures n'offre jamais cette échancrure qui caractérise le plus grand nombre des Insectes de la tribu des Carabiques, et les crochets des tarses ne sont jamais dentés. L'extrémité postérieure des élytres est souvent très-obtuse ou tronquée; leurs couleurs et particulièrement celles du dessous du corps sont métalliques et très-brillantes; des taches, des lignes et des points blancs ou d'un blanc jaunâtre, dont leurs élytres sont souvent parsemées, forment des dessins agréables, et ajoutent à ces ornemens. Le labre est très-souvent dentelé et autrement coloré que la tête; il est ordinairement blanchâtre.

A l'aide de ces caractères, on distingue facilement les Cicindelètes des Carabiques avec lesquels elles ont cependant les plus grands rapports, tant par leurs formes extérieures que par les mœurs et l'organisation. Ces Insectes sont voraces dans tous leurs états; ils aiment les lieux sablonneux exposés au soleil. Quelques espèces habitent les bords des étangs et les rivages de la mer.

Leur larve a été observée dans le genre Cicindèle.

Latreille, dans le dernier ouvrage cité, distribue les genres propres à cette tribu de la manière suivante :

† Pénultième article des palpes labiaux presque cylindrique et long (corps très-rarement étroit et allongé; palpes alors fort longs).

I. Une dent au milieu du bord supérieur du menton, dans son échancrure; palpes maxillaires internes très-distincts et de deux articles, recouvrant, comme de coutume, l'extrémité supérieure des mâchoires.

Genres : MANTICORE, CTÉNOSTOME, MÉGACÉPHALE, CICINDÈLE.

II. Point de dents au milieu du bord supérieur du menton; palpes maxillaires internes très-petits, peu distincts, et d'un seul article.

Genre : THÉRATE.

†† Pénultième article des palpes labiaux dilaté du côté de la tête, com-

primé, soit presque lunulé, soit en triangle renversé ou en forme de hache (corps toujours étroit et allongé, avec le corselet long, presque globuleux ou conico-cylindrique).

Genres: TRYCONDYLE, COLLIURE.

On pourrait, en prenant pour première base des divisions la forme du corps et celle du corselet ensuite, arriver à une distribution plus simple, mais qui, suivant Latreille, serait moins naturelle. *V.* tous les mots cités.   (AUD.)

CICINNURUS. OIS. *V.* MANUCODE.

* CICIOLO. BOT. CRYPT. Probablement l'*Agaricus Eryngii* en Italie.   (B.)

CICLA. BOT. PHAN. Syn. de Poirée, espèce du genre Bette. *V.* ce mot.   (B.)

* CICLÆ. OIS. (Belon.) Désignation grecque des Grives suivant Aristote.   (DR..Z.)

CICLE. POIS. Pour Cichle. *V.* ce mot.

CICLOPHORE. MOLL. Pour Cyclophore. *V.* ce mot.

CICLOSTME. MOLL. Pour Cyclostome. *V.* ce mot.

*CICOGNE, CICOIGNE ET CICONGNE. OIS. Vieille orthographe française du mot Cigogne, du latin *Ciconia.*   (B.)

CICUMA. OIS. Ancien syn. latin de la Chouette Caparacoch, *Strix Ulula*, L. *V.* CHOUETTE.   (DR..Z.)

* CICUNIA. OIS. (Belon.) Syn. de la Hulotte, *Strix Aluco*, L. *V.* CHOUETTE.   (DR..Z.)

CICUTA. BOT. PHAN. *V.* CIGUE.

CICUTAIRE. *Cicutaria.* BOT. PHAN. Lamarck et Jussieu appellent ainsi le genre *Cicuta* de Linné qui appartient à la famille naturelle des Ombellifères et à la Pentandrie Digynie. Il est caractérisé par son involucre composé généralement d'une seule foliole, qui manque cependant quelquefois, par

ses involucelles, de trois à cinq folioles linéaires étalées. Les pétales sont cordiformes, presqu'égaux. Le fruit est globuleux, presque didyme, offrant cinq côtes simples sur chaque moitié, et couronné par cinq dents très-courtes. Les fleurs sont blanches. Ce genre a des rapports marqués avec les genres *Conium* et *Æthusa*. Il se distingue du premier par son involucre d'une seule foliole ou nul, par son fruit dont les côtes sont simples, unies et non crenelées. Quant à l'Ethuse ou petite Ciguë, ses fruits plus allongés, l'absence d'involucre, ses pétales inégaux, la caractérisent suffisamment.

Le genre Cicutaire se compose de trois espèces herbacées, vivaces, croissant dans les marécages et les lieux humides, une en Europe et deux dans l'Amérique septentrionale. Celle d'Europe, la CICUTAIRE AQUATIQUE, *Cicutaria aquatica*, Lamk., est plus connue sous le nom de Ciguë vireuse, *Cicuta virosa*, L. Elle croît en France, particulièrement dans le Nord. Sa racine est charnue, blanche, renflée, offrant des cavités irrégulières pleines d'un suc laiteux et jaunâtre, très-âcre. Il en naît une tige cylindrique, dressée, rameuse, haute de deux à trois pieds, garnie de feuilles très-grandes, décomposées en un très-grand nombre de folioles lancéolées, glabres, dentées en scie; les supérieures sont rapprochées trois par trois inférieurement, de manière à simuler en quelque sorte une feuille profondément tripartite. Le pétiole commun est creux et cylindrique. Les fleurs sont blanches et disposées en ombelles au sommet de chaque ramification de la tige.

Cette Plante est fort vénéneuse. Toutes ses parties sont âcres et nauséeuses; la racine surtout est très-dangereuse à cause de sa ressemblance avec le Panais sauvage, méprise qui a parfois causé les accidens les plus graves. Les moyens d'y remédier étant les mêmes que pour la grande Ciguë, nous renvoyons à ce mot. On l'a aussi employée en médecine, particulièrement comme narcotique;

mais aujourd'hui on lui préfère la grande Ciguë.

Une seconde espèce est la CICUTAIRE MACULÉE, *Cicutaria maculata*, L., qui croît dans l'Amérique septentrionale, et qui a été figurée par Bulliard sous le faux nom de *Cicuta virosa*. Ses folioles sont beaucoup plus larges, cordiformes et moins nombreuses. Elle jouit des mêmes propriétés que la précédente.   (A. R.)

* CICYMUS. ois. Même chose que Ciccada. *V.* ce mot.

* CIDARES. ÉCHIN. Nom donné par Klein à la première section des Anocytes dans la famille des Oursins ou Echinodermes.   (LAM..X.)

* CIDARIS. ÉCHIN. Ce nom a été donné, pour la première fois, par Klein, à un groupe d'Oursins de forme hémisphérique ou sphéroïdale, ayant l'anus dorsal et vertical opposé à la bouche. Il comprend les genres Oursin et Cidarite de Lamarck.
       (LAM..X.)

CIDARITE. *Cidarites.* ÉCHIN. Genre établi par Lamarck dans la deuxième section de ses Radiaires échinodermes ou échinides. Adopté maintenant par les naturalistes, il offre pour caractères : corps régulier, sphéroïde ou orbiculaire, déprimé, très-hérissé; à peau interne solide, testacée ou crustacée, garnie de tubercules perforés au sommet, sur lesquels s'articulent des épines mobiles, caduques, dont les plus grandes sont bacilliformes ; cinq ambulacres complets qui s'étendent en rayonnant du sommet jusqu'à la bouche, et bordés chacun de deux bandes multipores, presque parallèles ; bouche inférieure, centrale, armée de cinq pièces osseuses, surcomposée postérieurement; anus supérieur vertical. Sans doute les Cidarites sont très-voisines des Oursins par leurs rapports ; comme eux, elles ont l'anus vertical, cinq ambulacres complets et dix bandelettes multipores qui, deux à deux, bordent chaque ambulacre. Les Echinides néan-

moins sont très-distinctes des Oursins, non-seulement par leur aspect particulier, les caractères de leurs ambulacres et de leurs épines ; mais en outre par une particularité très-remarquable de leur organisation. Ici, en effet, la nature emploie un moyen particulier et nouveau pour mouvoir les épines, souvent fort longues, dont ces Animaux sont hérissés. Elle a percé de part en part le test et les gros tubercules solides dont il est chargé, ce qu'elle n'a fait nulle part dans les autres Echinides; et, au moyen d'un cordonnet musculaire traversant le test et le tubercule qui y correspond, elle exécute, avec ou sans l'aide de la peau, les mouvemens dont ces épines doivent jouir. Ainsi, les tubercules du test des Cidarites, surtout les principaux, étant constamment perforés, ce que l'inspection de leur sommet montre facilement, offrent une distinction tranchée qui les sépare des Oursins et de tous les autres Echinides. Les Cidarites d'ailleurs se font toutes remarquer par leurs ambulacres plus étroits que ceux des Oursins, plus réguliers, plus semblables à des allées de jardin ; les bandelettes poreuses qui les bordent étant plus rapprochées et moins divergentes. Elles sont aussi remarquables par plusieurs sortes d'épines : les unes grandes, soit bacillaires, tronquées au bout, soit en massue ou digitiformes ; les autres fort petites et nombreuses, d'une forme différente de celle des bacillaires, et qui recouvrent les ambulacres, ou qui souvent entourent la base des grandes épines, leur formant une collerette courte et vaginiforme. Enfin aucune Cidarite connue n'a toutes ses épines aciculaires, comme on le voit dans la plupart des Oursins et dans toutes les autres Echinides.

Il est difficile de déterminer les espèces du genre Oursin de Linné, à cause de la confusion qui règne dans la nomenclature des parties du test; on ne sait pas toujours distinguer les ambulacres des bandelettes, les bandelettes des sillons ; et cependant ce sont les parties qui fournissent ordinairement les caractères des espèces. Sans de bonnes figures, il est impossible de ne pas commettre des erreurs et de ne pas confondre les unes avec les autres.

On distingue, parmi les Cidarites, deux groupes particuliers qui semblent deux familles assez remarquables : le premier embrasse les vrais Turbans; dans le second sont renfermés les Diadèmes. Les uns et les autres ont les tubercules du test perforés, et néanmoins fournissent dans le genre deux sections bien distinctes.

† TURBANS à test enflé, subsphéroïde, à ambulacres ondés.

CIDARITE IMPÉRIALE, *Cidarites imperialis*, Lamk., Anim. sans vert. T. III, p. 54, n. 1. Encycl. méth., pl. 136, fig. 8. Très-belle espèce confondue avec l'*Echinus mamillatus*. Son test est orbiculaire avec les ambulacres d'un violet pourpre ainsi que les petites épines ; les grandes sont annelées de blanc, un peu ventrues et striées. Elle habite la mer Rouge et la Méditerranée.

CIDARITE PORC-EPIC, *Cidarites Hystrix*, Lamk., p. 55, n. 5. Encycl. méth., pl. 136, fig. 6, 7. Corps orbiculaire un peu comprimé, avec des ambulacres larges, partagés par une ligne flexueuse. Les grandes épines sont très-longues et striées. Habite l'Océan d'Europe et la Méditerranée. Elle a les plus grands rapports avec la précédente.

CIDARITE PORTE-QUILLE, *Cidarites Metullaria*, Lamk., Anim. sans vert. T. III, p. 35, n. 7. Encycl. méth., pl. 134, fig. 8. Corps globuleux un peu déprimé, à grandes épines cylindriques, granulées, avec le sommet tronqué et le bord crenelé. Il en existe une variété plus petite à épines plus courtes. L'une et l'autre habitent la mer des Indes, l'Ile-de-France et Saint-Domingue. La dernière localité nous semble un peu hasardée.

A cette section appartiennent encore les Cidarite pistillaire de Lamk., Encycl. méth., pl. 137, fig.

1, 2, A, B. De l'Ile-de-France. — Cidarite bâtons rudes, Lamk. Ile de Mascareigne. — Cidar. bec de Grue, Lamk., Encycl. méth., pl. 136, fig. 1. Indes-Orientales. — Cidar. tribuloïde de Lamk., Leske. ap. Klein, tab. 37, fig. 3. Mer des Indes. — Cidar. verticillée, Lamk., Encycl. méth., pl. 136, fig. 2, 3. Habitation inconnue. — Cidar. porte-trompette, Lamk., p. 57, n. 9. Mers de l'Australasie.— Cidar. biépineuse, Lamk., p. 57, n. 10. Mers de l'Australasie.— Cidar. annulifère, Lamk., p. 57, n. 11. Ile des Kanguroos dans l'Australasie.

†† DIADÈMES à test orbiculaire déprimé, avec des ambulacres droits.

CIDARITE PORTE-CHAUME, *Cidarites calamaria*, Lamk., Encycl. méth., pl. 134, fig. 9, 10, 11; *Echinus calamarius*, Gmel., *Syst. Nat.*, p. 3173, n. 27. Cette espèce est une des plus élégantes par ses épines fistuleuses, tronquées, cylindriques, annelées de vert et de blanc, rudes et striées transversalement; elle habite la mer des Indes.

CIDARITE DIADÈME, *Cidarites Diadema*, Lamk., Encycl. méth., p. 133, fig. 10; Cidarite à test hémisphérique, déprimé, offrant cinq ambulacres verruqueux avec des épines longues, soyeuses, presque fistuleuses et rudes ; elle habite l'Océan des Grandes-Indes.

CIDARITE RAYONNÉE, *Cidarites radiata*, Lamk., Encycl. méth., pl. 140, fig. 5, 6; *Echinus radiatus*, Gmel., *Syst. Nat.*, p. 3174, n. 30. Belle, rare et grande Echinide à test orbiculaire, très-large, comprimé, un peu épais, avec les aréoles des ambulacres un peu élevés en côtes; les bandelettes sont formées de quatre rangs de pores.

Cette section renferme encore les Cidarite grand Hérisson, Lamk., p. 58, n. 12. — Cidarite Subulaire, Lamk., p. 58, n. 14. De l'Ile-de-France. — Cidarite crénulaire, Lamk., p. 59, n. 16; Fossile de la Suisse. — Cidarite faux Diadème, Lamk., p. 59, n. 17; Fossile dont

on ignore la localité. — Cidar. pul-
vinée, Lamk., p. 59, n. 18. Mers de
l'Asie. Il existe un grand nombre de
Cidarites inédites dans les collections,
les unes fossiles, les autres vivantes ;
il y en a plusieurs de figurées dans
l'Encyclopédie méthodique, ainsi que
dans quelques autres ouvrages.

(LAM..X.)

CIDAROLLE. *Cidarollus.* MOLL.
Sous ce nom générique, Montfort
(T. I, p. 110) a désigné une Coquille
polythalame, figurée dans Soldani
(Test. micros. T. I, part. I, tab. 36,
vas. 160, s.); il lui a assigné les caractères suivans : coquille libre, univalve, cloisonnée, en disque, à spire
éminente et base aplatie, roulée et
cordelée en forme de turban ; bouche
ouverte ; cloisons unies ; siphon inconnu. L'espèce qui fait le type du
genre est le Cidarolle étoffé, *Cidarollus plicatus*, qui est surtout remarquable par ses loges triangulaires
et renflées.   (D..H.)

CIDROMELA. BOT. PHAN. Dans
Lobel, c'est le Citronnier ; chez les
Italiens, une variété de cet Arbre. (B.)

* **CIEBOUL** ou **KÉBOUL**. BOT.
PHAN. (Adanson.) Syn. d'Aristide. *V.*
ce mot.   (B.)

CIECA. BOT. PHAN. (Adanson.) *V.*
CROTON. Medicus et Mœnch avaient,
sous le même nom qui n'a pas été
adopté, formé, aux dépens des Passi-
flores, un genre correspondant à celui
que nous avons proposé (Annales gén.
des Sciences phys. T. II, p. 158) sous
le nom de *Monactinerma. V.* PASSI-
FLORE.   (B.)

CIÉCÉE-ETE ou **SCIÉCHÉE-
CHETE.** CRUST. On désigne sous ce
nom, dans l'Amérique, une espèce
de Crabe des rivières salées, dont on
fait usage au Brésil, soit comme aliment, soit comme remède. Bosc qui
l'a rapportée de la Caroline où elle est
très-commune, croit que c'est l'Ocypode combattant. *V.* OCYPODE. (AUD.)

CIE-LITSU. BOT. PHAN. Syn. chinois de *Tribulus lanuginosus*, L., espèce du genre Herse. *V.* ce mot. (B.)

CIENFUEGOSIE. *Cienfuegosia.*
BOT. PHAN. Le genre décrit sous ce
nom par Cavanilles, a été appelé
Fuengosia par Jussieu. *V.* FUENGOSIE.

(A. R.)

CIEN-KAM-XU. BOT. PHAN. Syn.
chinois du *Sebifera glutinosa* de Loureiro. *V.* SÉBIFÈRE.   (B.)

CIEN-SEU-SAT. BOT. PHAN. Syn.
chinois du *Cacalia procumbens*, Lour.

(B.)

CIENTOPIES. CRUST. Syn. espagnol de Cloporte.   (B.)

CIERGE ou **CACTIER.** *Cactus.* BOT. PHAN. Parmi les Végétaux
dicotylédonés, il est peu de genres
dont le port soit aussi singulier,
aussi remarquable que celui des Cactiers, et dont les espèces offrent des
formes aussi bizarres et aussi variées.
En général leur tige est charnue,
tantôt globuleuse et simple, relevée
de côtes et en forme de Melon, tantôt
allongée, cylindrique, cannelée, rameuse, dépourvue de feuilles qui
sont remplacées par des épines courtes et disposées en faisceaux, du milieu desquelles naissent les fleurs ;
tantôt elle se compose de pièces épaisses, ovales et articulées, que l'on
considérait autrefois comme les feuilles. Les Cactiers sont tous exotiques et
croissent dans les contrées chaudes de
l'ancien et du nouveau continent. Les
uns peuplent les solitudes des déserts
de l'Afrique où leurs fruits pulpeux
et aigrelets offrent au voyageur un
rafraîchissement salutaire et inespéré.
Les autres couvrent de leurs tiges
irrégulières et épineuses les rochers
nus du Nouveau-Monde ; ceux-ci enfin vivent en parasites, et s'enlaçant
autour des Arbres voisins, parviennent avec eux à une hauteur considérable.

Les fleurs de ces Végétaux ne sont
pas moins dignes d'admiration. Elles
sont, dans la plupart des espèces,
d'une grandeur étonnante, peintes
de couleurs riches et brillantes, et
répandent souvent une odeur des
plus suaves. On est frappé d'étonnement en voyant des fleurs aussi gran-

des , aussi belles , sortir de Végétaux d'un aspect aussi ingrat. Mais leur éclat est passager. Quelques heures suffisent pour ternir ces couleurs brillantes , et les fleurs des Cactiers ne tardent pas à se flétrir.

L'organisation des fleurs , dans ce genre , présente quelques particularités remarquables. Elles sont solitaires et naissent communément du centre des faisceaux d'épines. Leur calice est adhérent par sa base avec l'ovaire qui est infère. Tantôt il forme un tube quelquefois fort long , tantôt son limbe commence immédiatement au-dessus de l'ovaire. Dans tous les cas, il est épais et charnu; le limbe se compose d'un nombre variable de segmens inégaux, épais, disposés sur plusieurs rangées dont les plus intérieures sont colorées, minces , pétaloïdes, et se confondent insensiblement avec les pétales. Ceux-ci sont en général fort nombreux , inégaux, disposés sur plusieurs rangs en dedans des divisions calicinales. Le nombre des étamines est communément très-considérable. Dans le *Cactus pendulus* de Swartz, L., qui forme le genre *Rhipsalis* de Gaertner, on ne compte qu'environ une vingtaine d'étamines. Leurs filets sont longs et grêles ; leurs anthères sont à deux loges. Ces étamines sont attachées à la paroi interne du tube du calice, qui est tapissée d'une substance glanduleuse et jaunâtre.

L'ovaire , ainsi que nous l'avons dit , est constamment infère et à une seule loge. Il contient un nombre très-considérable d'ovules attachés à des trophospermes pariétaux, dont le nombre est généralement égal à celui des divisions du stigmate. Un seul style surmonte l'ovaire ; il est épais et renflé dans sa partie inférieure , à peu près de la même longueur que les étamines. Le stigmate est terminal , et offre de trois à vingt et même trente divisions glanduleuses et rayonnantes.

Le fruit est une baie uniloculaire, dont la forme et la grosseur sont fort variables. Tantôt elle est lisse , tantôt elle est comme écailleuse ou présente de petits faisceaux d'épines. Elle est toujours déprimée et ombiliquée à son sommet qui offre une cicatrice provenant des organes floraux qui s'en sont détachés. Sa cavité contient un grand nombre de graines sessiles sur les parois de la loge ou supportées par des podospermes filiformes plus ou moins longs. Les graines sont placées au milieu d'une pulpe épaisse, qui remplit toute la loge et paraît être fournie à la fois par la paroi interne de l'ovaire, la surface de la graine et même les podospermes. Elles offrent deux tégumens, l'un extérieur , épais et comme charnu , l'autre intérieur , plus mince. Sous ces tégumens, on trouve un embryon nu , dressé , cylindrique , quelquefois légèrement recourbé, offrant deux cotylédons épais.

Le nombre des espèces de Cierges est fort considérable. Beaucoup d'entre elles sont cultivées dans nos serres, où elles se font remarquer par l'originalité de leurs formes ou l'éclat et la suavité de leurs fleurs. Ces espèces présentent, dans leurs formes et la structure de leurs fleurs, des différences assez tranchées pour que plusieurs auteurs y aient formé des groupes que quelques-uns considèrent comme des genres distincts. Ainsi Haworth , dans son Traité des Plantes grasses , divise les *Cactus* de Linné en sept genres , qui sont :

1°. Cactus. Il comprend les espèces globuleuses et meloniformes , privées d'axe ligneux et de feuilles, portant des épines disposées en faisceaux sur les angles saillans , dont leur tige est relevée. Les fleurs naissent d'un renflement tomenteux qui termine la tige ; leur calice est à six divisions minces et colorées; leur corolle formée de six pétales. Leur stigmate a cinq divisions rayonnantes. Tels sont: *Cactus Melocactus*, *C. depressus*, *C. gibbosus*, *nobilis*, etc.

2°. Mammillaria. Les espèces de ce genre ont la même forme que les précédentes ; mais elles sont lactescentes et recouvertes d'un grand nombre de petits mamelons épineux. Le *Cactus mammillaris* et ses variétés viennent s'y ranger.

5º. CEREUS. Ce sont les Cierges proprement dits, Arbustes ou Arbrisseaux à tige cylindrique ou anguleuse relevée de côtes longitudinales portant des épines fasciculées, d'où naissent les fleurs. Leur calice et leur corolle se composent d'un très-grand nombre de folioles colorées, disposées sur plusieurs rangs. Le stigmate présente de vingt à trente divisions rayonnantes. Ici se rapportent les *Cactus hexagonus, peruvianus, triangularis, grandiflorus, flagelliformis*, etc., etc.

4º. RHIPSALIS. Ce genre, établi par Gaertner, a pour type le *Cactus pendulus* de Swartz. Son calice et sa corolle n'ont chacun qu'une seule rangée ; ses étamines sont au nombre de vingt environ ; son stigmate est triparti ; ses fleurs sont petites. Deux ou trois espèces parasites composent ce genre ; leur tige est cylindrique, rameuse.

5º. OPUNTIA. Les espèces de ce genre portent le nom vulgaire de *Raquettes*. Leur tige est charnue, composée de pièces articulées, comprimées, d'une forme variable, ayant un axe central ligneux. Le calice est écailleux, sans tube ; la corolle est polypétale. Les fleurs sont généralement grandes. A ce genre se rapportent les *Cactus Opuntia, cochenillifer*, etc.

6º. EPIPHYLLUM. Ce genre, qui a le port des Opuntia, s'en distingue par la longueur excessive de son tube, qui est de près d'un pied. On y rapporte le *Cactus phyllanthus* de Linné et le *Cactus alatus* de Swartz.

7º. PERESKIA. Les espèces réunies ici sont faciles à distinguer à leurs rameaux cylindriques portant des feuilles charnues, et à leurs fleurs disposées en panicule ; tels sont les *Cactus Pereskia*, L., *Cactus portulacæfolius*, etc.

Après avoir fait connaître d'une manière générale la structure des Cactiers, avoir indiqué les caractères des groupes principaux qui ont été établis dans ce genre, nous allons décrire quelques-unes des espèces les plus re-

marquables par leur beauté ou leurs usages.

CACTIER MELONIFORME, *Cactus Melocactus*, L., De Candolle, Plant. grass., t. 114. Originaire des contrées les plus chaudes de l'Amérique méridionale, cette espèce est globuleuse, relevée de quatorze côtes saillantes, armées d'épines disposées en faisceaux. Ses fleurs sont d'un beau rouge, et naissent d'un renflement tuberculiforme qui termine la Plante à son sommet.

CACTIER ou CIERGE A GRANDES FLEURS, *C. grandiflorus*, L., D. C., Plant. gr., t. 52. L'une des espèces les plus belles du genre, par la grandeur de ses fleurs et l'odeur suave qu'elles répandent. Les tiges sont cylindriques, à cinq angles obtus, armées de petites épines. Ses fleurs sont très-grandes. Les divisions extérieures de leur périanthe sont jaunes et les intérieures sont blanches. Ces fleurs, dans les individus cultivés à Paris, commencent à s'ouvrir sur les cinq ou six heures de l'après-midi, sont entièrement épanouies sur les neuf heures, et vers onze heures ou minuit, elles se ferment pour ne plus se rouvrir. Elles exhalent une odeur suave d'Acide benzoïque et de Vanille. Leur longueur totale est d'environ neuf à dix pouces, et leur largeur, quand elles sont bien ouvertes, est d'environ six pouces. Cette espèce n'est pas rare dans les serres ; elle vient de la Jamaïque et des côtes du Mexique. Elle est en fleurs vers les mois de juillet et d'août.

CACTIER ou CIERGE DU PÉROU, *Cactus peruvianus*, L., D.C., Pl. gr., t. 58. Ses tiges sont de la grosseur de la cuisse, ramifiées, ordinairement à huit angles obtus, chargés d'aiguillons ; elles peuvent acquérir une longueur de quarante à cinquante pieds. Ses fleurs sont fort grandes, naissant des faisceaux d'épines ; leur couleur est blanchâtre et peu brillante. Il en existe au Jardin du Roi à Paris un individu colossal, qui y fut planté en 1700. Il a poussé avec tant de vigueur, que l'on a élevé une partie de la serre, en forme de cage vitrée, dans laquelle on le conserve ; il fleurit tous les ans. Cet Arbrisseau présente un phénomène de végétation extrêmement remarquable , et qui s'applique également à toutes les Plantes grasses en général ; ses racines sont courtes , fibreuses et enfermées dans une caisse contenant à peine deux ou trois pieds cubes d'une terre que l'on ne renouvelle et n'arrose presque jamais. Ce fait prouve d'une manière incontestable que les Plantes grasses ne tirent presque aucune nourriture de leurs racines , et que c'est par la surface de leurs tiges qu'elles absorbent dans l'atmosphère les fluides qui doivent servir à leur nutrition et à leur accroissement.

Cactier flagelliforme , *Cactus flagelliformis* , L. Vulgairement Serpentin , Queue - de - Souris. Ses tiges sont cylindriques , rampantes , rameuses , de la grosseur du doigt, ordinairement à dix côtes épineuses. Ses fleurs sont nombreuses et d'une belle couleur rose. Cette espèce, qui vient de l'Amérique méridionale , et, selon quelques auteurs, de l'Arabie déserte, est fort commune dans les jardins. Elle ne craint pas le froid autant que les autres espèces, et elle peut très-facilement passer l'hiver dans la serre tempérée.

Cactier Opontie, *Cactus Opuntia* , L. Le port de cette espèce , que l'on désigne sous les noms vulgaires de *Raquette* , de *Semelle du pape* , etc., est fort différent de celui des autres espèces dont nous venons de parler. Sa tige , dont la hauteur est de quatre à six pieds , se compose d'un grand nombre de pièces ovales , articulées, portant des épines sétacées et grêles , disposées par petits bouquets. Les fleurs sont jaunes , sessiles , solitaires , et naissent sur le bord des articulations supérieures. Le calice n'a pas de tube. Le fruit est ovoïde , ombiliqué , offrant quelques faisceaux de poils épineux ; sa grosseur est à peu près celle d'une Figue ordinaire. Il est charnu et rempli d'une pulpe aqueuse et rouge. Les graines sont nom-

breuses et réniformes. Ces fruits ont une saveur aigrelette et rafraîchissante. On prétend que leur usage communique aux urines une teinte rouge de sang , sans cependant être aucunement nuisible.

Ce Cactier croît sur les rochers dans l'Amérique méridionale et dans les sables arides de la Barbarie ainsi qu'aux Canaries. On le trouve même sauvage dans l'Europe méridionale , en Espagne et jusqu'en France sur les bords de la Méditerranée. Nous l'avons vu sur les rochers des environs de Villefranche près Nice, avec le *Chamærops humilis* et l'*Agave americana*. On s'en sert pour former autour des habitations des haies impénétrables à cause des épines nombreuses dont elles sont armées. Les jeunes rameaux servent de nourriture pour les bestiaux , et les vieux troncs desséchés sont employés pour chauffer les fours.

Cactier élégant, *Cactus speciosus*. Bonpland a décrit et figuré sous ce nom, dans le Jardin de la Malmaison, planche 3 , une belle espèce qu'il avait trouvée avec l'illustre de Humboldt près du petit village de Turbaco, à quelques lieues au sud de Carthagène. Elle a fleuri, pour la première fois, dans les serres de la Malmaison, en l'année 1811. Depuis cette époque, elle est devenue assez commune et elle n'est pas rare en fleur. Dans son état sauvage , elle vit en parasite sur le tronc des vieux Arbres. Sa tige se compose d'articulations très - comprimées, allongées, obtuses , denses latéralement, glabres et dépourvues d'épines. Les fleurs sont d'un beau rose, plus grandes que celles du Cactier flagelliforme. Elles naissent seule à seule des angles rentrans qui occupent le bord supérieur des articulations de la tige.

Cactier a fleurs pourpres, *Cactus speciosissimus*. C'est le professeur Desfontaines qui a , le premier, décrit et figuré cette magnifique espèce , dans le troisième volume des Mémoires du Muséum de Paris, planche 9. Ses tiges sont dressées , triangulaires, charnues ; les trois angles sont saillans ; les faces légèrement creusées en gouttière ; les faisceaux d'épines naissent sur les angles, ainsi que les fleurs qui sont très-grandes, solitaires, d'un beau rouge pourpre, avec des reflets violets en dedans. Ce qui donne plus d'intérêt à cette magnifique espèce, c'est que ses fleurs restent épanouies pendant plusieurs jours avant de se faner ; mais elles sont inodores. On ne sait pas positivement la patrie de ce Cactier, qu'on croit généralement originaire du Mexique. Il est assez commun aujourd'hui ; on le cultive dans la serre chaude.

CACTIER COCHENILLIFÈRE, *Cactus cochenillifer*, L. Cette espèce ressemble beaucoup à l'Opuntia ; mais ses articulations sont plus allongées et presque entièrement dépourvues d'épines. Sa hauteur est d'environ six à huit pieds. Ses fleurs sont rouges et remplacées par des fruits de même couleur. C'est au Mexique et à la Jamaïque que croît naturellement ce Cactier auquel on donne plus spécialement le nom de Nopal. Sa culture a été introduite dans plusieurs des Antilles, et en particulier à Saint-Domingue, par les soins de l'infatigable Thierry de Ménonville, qui le premier alla chercher le Nopal à Guaxaca dans le Mexique, pour le transporter à Saint-Domingue. On appelle Nopaleries les plantations de Cactiers Nopals, sur lesquels on élève la Cochenille, *Coccus Cacti*, Insecte de l'ordre des Hémiptères et de la famille des Gallinsectes. *V.* COCHENILLE. C'est dans l'ouvrage que Thierry de Ménonville a publié sous le titre de Traité de la culture du Nopal et de l'éducation de la Cochenille dans les colonies françaises de l'Amérique, qu'il faut puiser les détails sur cette partie importante de l'agriculture coloniale.

Il paraît, d'après l'ouvrage que nous venons de citer, que plusieurs autres espèces peuvent également servir à l'éducation de la Cochenille ; tels sont le Cactier splendide ; *Cactus splendidus*, le Cactier de Campêche, *Cactus campechianus*, etc.

De la culture et des moyens de multiplication des Cactiers en général.

A l'exception du Cactier à raquettes (*Cactus Opuntia*, L.), toutes les autres espèces étant exotiques et croissant dans des régions plus ou moins voisines des tropiques, ne peuvent être cultivées en pleine terre sous le climat de Paris. On peut laisser dans la serre tempérée les *Cactus Opuntia*, *C. flagelliformis* et *C. peruvianus* ; mais les autres espèces demandent à être placées dans une serre très-chaude et bien éclairée ; autrement elles ne fleurissent pas.

Rien de plus facile à multiplier que les Cactiers, et en général que toutes les Plantes grasses. Le premier moyen consiste à semer leurs graines, quand on peut les obtenir bien mûres. Dans le second, qui est le plus fréquemment employé, on sépare un rejet ou une des articulations dans la section des Oponties ; on le laisse sécher pendant une quinzaine de jours, après quoi on le plante dans une terre légèrement humide, un peu sablonneuse, et la jeune bouture n'exige plus aucun soin ; elle prend racine avec la plus grande facilité.

Les Plantes grasses, ainsi que nous l'avons dit, vivant au moyen des fluides qu'elles absorbent dans l'atmosphère, ne demandent ni qu'on renouvelle leur terre, ni qu'on les arrose. On peut les laisser pendant plusieurs années sans leur donner aucun soin ; pourvu qu'on les garantisse du vent et du froid et qu'on les place dans une bonne serre, on les verra infailliblement fleurir. (A. R.)

Ce nom de Cierge a été étendu à d'autres Plantes, ainsi l'on a nommé :

CIERGE LAITEUX OU AMER, les *Euphorbia canariensis* et *antiquorum*. *V.* EUPHORBE.

CIERGE MAUDIT, le *Verbascum nigrum*, L.

CIERGE DE NOTRE-DAME, le *Verbascum Thapsus*. *V.* MOLÈNE.   (B.)

CIERGE. POLYP. Espèce du genre Cellaire. *V*. ce mot. (B.)

CIERGE PASCAL. MOLL. Nom vulgaire et marchand du *Conus Virgo*, espèce du genre Cône. *V*. ce mot. (B.)

CIERGES. *Cacti.* BOT. PHAN. On désigne quelquefois sous ce nom vulgaire la famille des Nopalées, dont le genre *Cactus* forme le type. *V*. CACTÉES et NOPALÉES. (A. R.)

CIERGES FOSSILES. BOT. FOS. Knorr et quelques autres auteurs ont donné ce nom à des tiges fossiles trouvées dans les terrains houilliers, qu'ils ont comparées à celles des Cactes, opinion que nous sommes loin d'adopter. Ces tiges, dont on peut voir des exemples dans Knorr, tab. 10, A B C, appartiennent au genre *Syringodendron* de Sternberg. *V*. ce mot et VÉGÉTAUX FOSSILES. (AD. B.)

CIETRZEW. OIS. Syn. polonais du petit Tétras, *Tetrao Tetrix*, L. *V*. TÉTRAS. (DR..Z.)

* **CIEU-CO.** BOT. PHAN. (Boym.) Syn. chinois de *Psidium piriferum*. *V*. GOUYAVIER. (B.)

* **CIFÉ.** BOT. PHAN. *V*. CYTÉ.

CIFOLOTTO. OIS. (Olina.) Syn. italien du Bouvreuil commun, *Loxia Pyrrhula*, L. *V*. BOUVREUIL. (DR..Z.)

CIFOULOT. OIS. Syn. piémontais du Bouvreuil, *Loxia Pyrrhula*, L. *V*. BOUVREUIL. (DR..Z.)

CIGALE. *Cicada.* INS. Genre de l'ordre des Hémiptères, section des Homoptères, famille des Cicadaires, établi par Linné, et subdivisé depuis par Olivier, Fabricius et Latreille en un assez grand nombre de genres très-naturels. Ce dernier entomologiste lui assigne pour caractères essentiels : antennes de six articles distincts ; trois petits yeux lisses. Ainsi caractérisé, le genre Cigale se distingue très-aisément de tous ceux de la même famille, et il comprend la division des Cigales porte-mannes, *Manniferæ* de Linné, ou les Cigales chanteuses de Stoll. Ces Insectes sont encore remarquables sous plusieurs rapports : leur tête est courte, large ou très-étendue transversalement, et terminée dans ce sens par des yeux globuleux et saillans. Le vertex présente trois yeux lisses disposés en triangle ; les antennes sont sétacées, ordinairement plus courtes que la tête, insérées à sa partie antérieure entre les yeux; le front est convexe et ordinairement ridé en travers ; le bec est allongé et appliqué contre la poitrine lorsque l'Insecte n'en fait pas usage; il a une composition analogue à celle du bec des autres Hémiptères; on peut y reconnaître une lèvre supérieure ou labre, une langue, deux soies latérales extérieures ou les mandibules de Savigny ; deux autres soies intermédiaires ou les mâchoires, suivant le même auteur; enfin une gaîne tubuleuse recelant les soies, et qui correspond à la lèvre inférieure. Le prothorax est large, sa face supérieure offre plusieurs impressions; il reçoit la tête, et embrasse postérieurement le bord antérieur du mésothorax ; celui-ci présente un écu, *scutum*, très-développé, et un écusson, *scutellum*, très-petit, mais saillant et relevé à son milieu ; les ailes antérieures, qui sont les analogues des élytres, ne diffèrent des postérieures que par un plus grand développement ; elles sont plus longues que l'abdomen, inclinées en manière de toit, et présentent un grand nombre de nervures formant des cellules complètes qui n'atteignent pas le bord postérieur de l'aile, et sont toutes fermées vers ce point ; le métathorax est supérieurement caché en partie par le mésothorax ; il donne insertion à la seconde paire d'ailes, et est uni intimement avec l'abdomen ; les pates, fixées à chaque segment du thorax, ont une longueur moyenne; les antérieures sont remarquables par des cuisses plus grosses et dentées dans un assez grand nombre d'espèces ; l'abdomen est renflé, conique et remarquable par son premier anneau qui contient un appareil sonore très-développé dans le mâle, et dont nous donnerons ici la description d'après Réaumur.

Quand on observe du côté du ventre un mâle de Cigale, on y remarque bientôt deux assez grandes plaques écailleuses; leur figure arrondie approche de celle d'un demi-ovale coupé sur son petit axe, c'est-à-dire que chaque plaque a un côté qui est en ligne droite, et que le reste de son contour est arrondi. C'est par le côté qui est en ligne droite que chaque plaque est arrêtée fixement sans aucune articulation sur le métathorax dont elles ne sont qu'un prolongement. La largeur de chacune de ces pièces est plus grande que celle de la moitié du ventre. Posées à côté l'une de l'autre comme elles le sont, non-seulement elles cachent en entier la partie qui leur correspond, mais elles sont encore un peu en recouvrement l'une sur l'autre, un peu plus longues que larges; elles atteignent presque le troisième anneau par leur bout arrondi. Lorsqu'on soulève ces plaques, on découvre une cavité pratiquée dans le ventre; cette cavité est partagée en deux loges principales par une pièce triangulaire cornée dont la base est du côté du corselet; sur ce même triangle s'élève une arête qui est une sorte de cloison divisant la cavité en deux jusqu'au niveau des anneaux ou à peu près. Au fond de chacune des loges est une membrane transparente comme du verre, que Réaumur compare à des miroirs, et que plusieurs auteurs ont considérée comme des tambours principalement destinés à produire les sons. Cependant aucune des parties qui vient d'être décrite ne paraît être essentiellement propre au chant, et le véritable appareil existe ailleurs. Dans la grande cavité dont il vient d'être question, on en trouve une autre de chaque côté qui est formée par une cloison solide et écailleuse. C'est dans ces deux cavités que sont les organes sonores : en ouvrant l'une d'elles, on trouve une membrane plissée en forme de timbale, et, au-dessus, deux muscles compo-

sés d'un nombre prodigieux de fibres droites : ces fibres se terminent à une plaque presque circulaire d'où partent plusieurs filets ou tendons qui s'attachent à la surface concave de la timbale; par ce moyen les muscles, en se contractant ou en se relâchant alternativement avec vitesse, rendent convexe la partie concave de la timbale, et lui laissent ensuite reprendre sa convexité. C'est ce qui donne lieu, suivant Réaumur, au chant, ou plutôt au bruit que font entendre les Cigales. Tel est l'appareil du chant ou de la voix des Cigales, considéré d'une manière générale. La description qui vient d'en être donnée est exacte, mais on peut y ajouter quelques détails pour la compléter. C'est ainsi que Chabrier a fait connaître un stigmate inaperçu par Réaumur à la jonction inférieure du mésothorax et du métathorax, et que Latreille a reconnu à la partie postérieure des timbales un trou bien distinct qui a pareillement échappé aux investigations de Réaumur, et qu'il présume servir à la sortie de l'air. Chabrier pense au contraire que l'air s'échappe par les deux stigmates situés à la base des opercules. Quoi qu'il en soit, on peut étudier l'appareil sonore sous un autre point de vue non moins important, c'est-à-dire le comparer avec ce qui existe de plus ou moins analogue dans les autres Insectes, et arriver ainsi à cette conséquence bien remarquable, qu'il n'est pas tellement propre aux Cigales qu'on n'en distingue aucune trace ailleurs. Latreille a entrepris des recherches de ce genre, et il a retrouvé, d'abord dans les Cigales femelles et ensuite dans les Criquets et les Truxales, tous les analogues des pièces principales. Ne pouvant entrer, à cet égard, dans aucun détail, nous renvoyons au travail de notre savant professeur. Nous nous contenterons d'ajouter que les volets ne sont autre chose que les épimères du métathorax prolongés outre mesure, et qu'en dernière analyse, l'étude approfondie de toutes les parties contenues dans le premier anneau abdominal offre une telle ressemblance avec les pièces propres à chaque segment du thorax, qu'on peut considérer cet anneau comme un segment du thorax simplement ébauché, ayant tous les élémens nécessaires à sa composition, et auquel il ne manque qu'un plus grand développement pour le constituer. Nous donnerons ailleurs des preuves nombreuses à l'appui de cette assertion.

L'extrémité de l'abdomen est terminée par l'appareil copulateur. Réaumur a décrit avec assez de détails les organes des mâles; mais il s'est attaché plus spécialement à l'examen de la tarière dans la femelle; cette tarière, très-développée, a une composition analogue à celle des mêmes parties dans les Insectes qui en sont pourvus. *V*. TARIÈRE et AIGUILLON.

C'est à l'aide de cet appareil très-compliqué que les Cigales femelles font des entailles dans les branches mortes et sèches de différens Arbres, et y déposent leurs œufs. Les branches ainsi attaquées sont aisées à reconnaître. On y remarque de petites inégalités formées par une portion du bois qui a été soulevée; ces élévations sont à la suite les unes des autres et sur le même côté du brin de bois. Les différens trous ont des diamètres à peu près égaux; leur profondeur est de trois lignes et demie, et quelquefois de près de quatre lignes; le commencement du trou est dirigé obliquement, mais dès qu'il est parvenu à la moelle, il prend une direction qui s'approche peu à peu du parallélisme du brin de bois. La tarière ne perce plus alors que la moelle; et dès qu'elle l'a atteinte, elle n'entame pas le bois qui est au-delà. Le nombre des œufs placés dans ces trous varie dans chacun de dix à quatre; ils sont blancs, oblongs, pointus par les deux bouts; il en naît des larves blanches, hexapodes, qui abandonnent bientôt leur nid pour s'enfoncer dans la terre où elles croissent en se nourrissant des racines des Plantes et subissent ensuite leur métamor-

phose en nymphes. Ces nymphes, d'un blanc sale, sont principalement remarquables par les jambes antérieures très-courtes, très-renflées, dentées et en pinces, et qui leur servent à pénétrer dans la terre. Après avoir vécu un an environ en cet état, et lorsque la saison chaude se fait sentir, cette nymphe sort de dessous terre, grimpe sur les Arbres, et sa peau durcie ne tarde pas à se fendre sur la ligne moyenne du dos et de la tête. L'Insecte parfait qui en sort est d'abord très-mou et de couleur verte; peu à peu, les diverses parties se colorent et prennent de la consistance.

Aristote avait observé les nymphes des Cigales; il les nommait *Tettigomètres* ou mères des Cigales; l'Insecte parfait était aussi très-connu des Grecs et des Romains, et son chant a été célébré de toute antiquité par les poëtes.

Ce chant est monotone et fatigant; les mâles le font entendre une partie de l'été. Ces Insectes se tiennent sur plusieurs Arbres, et sucent, à l'aide de leur bec, la sève des Arbres et des Arbrisseaux. On en connaît un grand nombre d'espèces qui presque toutes sont étrangères à l'Europe. Stoll a donné une monographie de ce genre, accompagnée d'un grand nombre de figures. Olivier (Encycl. méth. T. v, p. 742) en décrit soixante-six; parmi elles nous citerons:

La CIGALE PLÉBÉIENNE, *Cic. plebeia*, L., ou la Cigale à bordure jaune de Geoffroy (Hist. des Ins. T. i, p. 429, n° 1), qui est la même que la grande Cigale européenne de Stoll (*Cicad.*, pl. 24. fig. 13, femelle; et pl. 25, fig. 139, mâle). C'est sur cette espèce que Réaumur a fait toutes ses observations; il l'a figurée (*loc. cit.*, pl. 16, fig. 1-6). Elle est la plus grande des espèces d'Europe et peut être considérée comme le type du genre. On la trouve communément, dans les provinces méridionales de la France, sur les Arbres. Son chant est fort et très-aigu.

La CIGALE HÉMATODE, *Cic. hœma-*

todes, Oliv., ou la *Tettigonia hœma-todes* de Fabricius, et la Cigale à anneaux rouges de Stoll (*loc. cit.*, pl. 2, fig. 11). Son chant n'est pas aussi aigu que celui de la plébéienne; elle se trouve dans les provinces méridionales de la France et dans le midi de l'Europe. On la rencontre aussi à quelque distance de Paris.

La Cigale de l'Orme, *Cic. Orni*, Oliv., *Tettigonia Orni*, Fabr., ou la Cigale panachée de Geoffroy (*loc. cit.* T. I, p. 429, n° 2) qui est la même que la Cigale ordinaire d'Europe de Stoll (*loc. cit.*, pl. 22, fig. 33). Réaumur en parle dans ses Mémoires, et la représente (*loc. cit.*, pl. 16, fig. 7). Elle se trouve sur les Arbres dans le midi de la France, mais pas aussi communément que les espèces précédentes; son chant est comme enroué et ne se fait pas entendre à une très-grande distance.

Parmi les espèces exotiques, nous citerons la Cigale Tibicen, *Cic. Tibicen*, L., ou la Cigale Vielleuse, *Cic. Lyricen* de Degéer (Mém. sur les Ins. T. III, p. 212, n° 14, t. 22, fig. 23), figurée par Mérian (Ins. de Surinam, pl. 49), et par Stoll (*loc. cit.*, pl. 33, fig. 126-127). Le chant de cette espèce est très-bruyant; on la trouve en grande abondance à Surinam dans les plants de Café, auxquels elle fait les plus grands torts.   (AUD.)

CIGELOS. ois. Syn. grec du Bécasseau, *Totanus ochropus*, L. *V.* Chevalier.   (DR..Z.)

CIGNE. ois. Pour Cygne. *V.* Canard.

CIGNI ou CINI. ois. Espèce du genre Gros-Bec, *Fringilla Serinus*, L. *V.* Gros-Bec.   (DR..Z.)

CIGOGNE. *Ciconia*. ois. Genre de l'ordre des Gralles de la seconde division. Caractères : bec long, droit, cylindrico-conique, pointu, tranchant, comprimé latéralement, d'égale hauteur avec la tête, quelquefois un peu courbé en haut; mandibule superieure à crête arrondie, à sillons oblitérés; narines longitudinales, linéai-res, placées près de la base du bec; yeux entourés d'un espace nu qui s'étend quelquefois sur la face, sans cependant communiquer avec le bec; pieds longs; quatre doigts, trois devant réunis par une membrane jusqu'à la première articulation, un derrière, portant à terre sur plusieurs phalanges; ongles courts, déprimés, sans dentelures; ailes médiocres; la deuxième rémige plus longue que la première et plus courte que les troisième, quatrième et cinquième qui sont les plus longues.

Les Cigognes que Linné a considérées comme congénères des Grues et des Hérons, sont des Oiseaux de grand vol, susceptibles d'entreprendre des voyages de long cours; aussi en rencontre-t-on dans toutes les contrées où les Reptiles peuvent leur offrir une nourriture abondante. Le besoin de cette nourriture les transporte à deux époques de l'année vers des lieux opposés; par ces émigrations périodiques, ils se font une température presque constamment égale, afin d'éviter la saison où les Reptiles, frappés de léthargie, demeurent engourdis et cachés une partie de l'année. C'est aussi cette nourriture et la grande consommation qu'ils en font, qui leur a valu chez tous les peuples, non-seulement une simple affection, mais une protection religieuse. Les nations les plus égoïstes comme les plus généreuses, les plus sauvages comme les plus civilisées, obéissant à la voix de l'intérêt, ou à celle de la reconnaissance, ont sanctionné par l'usage, souvent même par des articles de leurs codes, l'accueil protecteur fait à des Oiseaux auxquels elles sont redevables du service de purger leur sol de cette immense quantité de Reptiles qui menaçait de le couvrir entièrement par leur facile reproduction et leur longévité. La bienveillance que l'on accorde généralement aux Cigognes, jointe à la douceur naturelle de leur caractère, ont rendu ces Oiseaux presque familiers; l'instinct qui les dirige dans leurs voyages, les ramène périodiquement au gîte dont on leur a en quelque sorte favorisé l'usurpation ; souvent même ce gîte est rendu plus commode, est embelli par la main des hommes ; en Hollande surtout, on provoque l'établissement des Cigognes en construisant à l'avance, en planches ou en maçonnerie, des aires au-dessus des cheminées, sur les parties élevées des édifices. Dans certaines villes, ainsi que dans les campagnes, on rencontre, presque à chaque pas, de ces aires spacieuses où, de temps immémorial, des couples fidèles viennent, à chaque printemps, renouveler de douces démonstrations d'amour conjugal et de tendresse maternelle. Loin des villes et des habitations, et pour les espèces moins sociables, de grands Arbres élevés, souvent au sein des forêts, reçoivent dans la bifurcation des plus fortes branches, le nid que les époux érigent avec beaucoup d'activité, au moyen de buchettes entrelacées et liées par des brins de Joncs et de Gramens. La ponte consiste en deux, trois ou quatre œufs jaunâtres ou verdâtres, quelquefois légèrement tachetés de brun, que la femelle couve avec une constance à toute épreuve ; car, selon les chroniques du temps, on a vu, dans l'incendie de Delft, un de ces Oiseaux se laisser dévorer par les flammes, plutôt que d'abandonner le nid où reposait sa famille nouvellement éclose. A cette constance dans l'incubation, succèdent des soins infinis pour l'éducation des petits ; jusqu'à ce qu'ils puissent faire usage de leurs ailes, jamais ils n'échappent à l'œil attentif des parens ; et tandis que l'un de ces derniers est à la recherche de la nourriture, l'autre, aux aguets, veille pour écarter tout danger et opposer une résistance salutaire aux attaques de l'Oiseau de proie. Sont-ils prêts à sortir du nid, le père et la mère semblent unir leurs efforts pour les aider, les soutenir même, et l'inquiétude des parens ne cesse que lorsqu'ils ont vu leur progéniture s'essayer d'un vol assuré. La famille continue à vivre en communauté jusqu'au départ. Il paraît qu'à l'époque où les frimats glacent les mois de décembre et de janvier, les Cigognes habitent les régions orientales ; c'est alors qu'on les trouve eu troupes innombrables sur les rives du Nil, les bords de la mer Rouge, etc. Les Cigognes sont rigoureusement silencieuses ; le seul bruit qu'elles fassent entendre est celui qui résulte d'un battement des mandibules l'une contre l'autre ; ce battement est plus fort à mesure que l'Oiseau étend davantage le cou sur le dos, ce qui souvent indique chez lui un mouvement de colère et d'agitation. Dans le vol, elles tiennent le cou tendu en avant et les jambes roides en arrière.

En réunissant les Cigognes aux Grues et aux Hérons, Linné en a éloigné les Myctéries ou Jabirus qui ne diffèrent des premiers que parce qu'ils ont le bec légèrement recourbé en haut ; mais la Cigogne Maguari forme, par une courbure presque semblable, le passage d'un genre à l'autre, et dès-lors la réunion des Cigognes et des Jabirus, qui fut pressentie par Illiger dans son *Prodromus Systematis Avium*, devient convenable.

CIGOGNE ARGALA, *Ardea Argala*, L., *Mycteria Argala*, Vieill. Parties supérieures cendrées ; les plumes qui les garnissent sont roides et dures ; parties inférieures blanches, à plumes longues ; tête et cou nus, parsemés de poils sur une peau rouge et calleuse : une longue membrane conique, couverte d'un léger duvet, pend du milieu du cou ; douze rectrices brunes ainsi que les rémiges ; tectrices caudales inférieures duveteuses ; bec cendré, très-épais à sa base ; ouverture de la bouche très-large ; corps très-gros. Longueur, de six à sept pieds. De l'Afrique ou de l'Inde, où il fait une très-grande consommation de Reptiles, d'Oiseaux, et même de Quadrupèdes. Facile à amener à l'état de domesticité.

CIGOGNE BLANCHE, *Ciconia alba*, Belon, Briss. ; *Ardea Ciconia*, L., Buff., pl. enl. 866. Cette espèce, la plus répandue et la plus généralement connue en Europe, est blanche à l'exception des scapulaires et des ailes qui sont noires; le bec est parfaitement droit, rouge ainsi que les pieds; l'espace nu des joues est très-petit et rouge; l'iris brun. Longueur, trois pieds six pouces. Les jeunes ont les ailes d'un noir brun, le bec noirâtre.

CIGOGNE BRUNE. *V.* CIGOGNE NOIRE.

CIGOGNE DES INDES, *Mycteria asiatica*, Lath. Blanche avec une bande de chaque côté de la tête, le croupion, les ailes et la queue noirs; bec corné avec une espèce de protubérance en dessus et un renflement en dessous; pieds rouges.

CIGOGNE JABIRU, *Mycteria americana*, Lath., Buff., pl. enl. 817. Entièrement blanche, avec le cou nu et noir; la peau qui recouvre cette partie est flasque et ridée, garnie sur le front de quelques barbes; une tache près de l'occiput et un large collier rouges; pieds noirs. Longueur, de cinq à six pieds. Les jeunes ont le plumage d'abord d'un gris clair, qui passe au rosé, et n'est entièrement blanc qu'à la troisième année; ils ont aussi une plus grande partie du cou emplumée et le bec presque droit. De l'Amérique méridionale.

CIGOGNE MAGUARI, *Ciconia americana*, Briss., *Ardea Maguari*, Gmel. Blanche à l'exception des ailes et des tectrices caudales supérieures qui sont noirâtres, irisées; partie inférieure du cou garnie de plumes longues et pendantes; un grand espace nu, rouge et susceptible de dilatation au-dessous de la gorge; bec bleuâtre, verdâtre à sa base; iris blanc; pieds rouges. Longueur, trois pieds. D'Amérique. Paraît rarement en Europe.

CIGOGNE NOIRE, *Ciconia nigra*, Belon, *Ardea nigra*, L., *Ciconia fusca*, Briss., Buff., pl. enl. 599. Parties supérieures noirâtres, irisées; partie inférieure de la poitrine et ventre blancs; bec, espace nu des yeux et de la gorge d'un rouge cramoisi; pieds d'un rouge foncé. Longueur, trois pieds. Les jeunes ont les parties

supérieures d'un brun noirâtre, irisé; des plumes brunes bordées de roussâtre à la tête et au cou; le bec, l'espace nu des yeux et de la gorge ainsi que les pieds d'un vert olivâtre. D'Europe.

CIGOGNE DE LA NOUVELLE-HOLLANDE, *Mycteria australis*, Lath., Gen. syn., pl. 158. Parties supérieures noires; tête et cou garnis de plumes d'un vert noirâtre; portion de la gorge nue et rouge; parties inférieures blanches; bec noir; pieds rouges. Longueur, cinq pieds. Les jeunes ont le plumage varié de blanc, de brun et de noirâtre; ils n'ont pas d'espace nu à la gorge.

CIGOGNE A SAC, *Ardea dubia*, Cuv., Gmel. Même chose que Cigogne Argala. *V.* ce mot.

CIGOGNE DU SÉNÉGAL, *Mycteria senegalensis*, Lath. Blanche avec les scapulaires, le cou et les rectrices; pieds noirs; bec blanchâtre à sa base; une bande noire, puis l'extrémité rouge. Longueur, six pieds. Les jeunes ont toutes les parties supérieures d'un cendré noirâtre, avec un large collier un peu plus clair.   (DR..z.)

CIGUE. *Cicuta*. BOT. PHAN. Le genre d'Ombellifères nommé *Cicuta* par Tournefort, Lamarck, Jussieu et Gaertner, a reçu de Linné le nom de *Conium*. Il se distingue par ses fleurs blanches et ses pétales cordiformes et un peu inégaux, par son fruit globuleux, didyme, relevé de côtes crenelées en forme de petits tubercules. Son involucre se compose de plusieurs folioles linéaires étalées en tous sens; ses involucelles sont formés de trois folioles étalées du côté externe. Les Cigues sont en général des Plantes herbacées annuelles ou vivaces.

La plus remarquable est sans contredit la GRANDE CIGUE, *Cicuta major* de Lamarck ou *Conium maculatum* de Linné, qui est bisannuelle et croît dans les terrains pierreux, près des vieilles habitations, dans les cours, sur le bord des chemins et des haies. Sa racine est blanche et perpendiculaire, fusiforme; la tige qui en naît s'élève à une hauteur de trois à quatre pieds; elle est cylindrique, striée longitudinalement, rameuse, creuse intérieurement, marquée dans sa partie inférieure de taches irrégulières d'une teinte pourpre livide, que l'on observe également sur les feuilles. Celles-ci sont très-grandes, pétiolées, trois fois ailées, d'un vert très-foncé et un peu luisantes : leurs folioles sont ovales, aiguës, incisées profondément et comme pinnatifides. Les fleurs sont blanches, et forment de vastes ombelles étalées au sommet des ramifications de la tige. La grande Ciguë fleurit aux mois de juin et de juillet dans les environs de Paris où elle est fort commune.

La Ciguë est une Plante que la mort de Socrate et de Phocion a rendue célèbre dans l'antiquité; car presque tous les botanistes modernes s'accordent à considérer notre grande Ciguë comme le *Coneron* des Grecs et le *Cicuta* des Latins. La Plante que nous avons décrite s'accorde en effet parfaitement avec la Ciguë des anciens sous le rapport de l'intensité de ses propriétés délétères. Toutes ses parties, surtout ses feuilles, froissées entre les doigts, répandent une odeur vireuse et désagréable. C'est à l'époque où les fruits approchent de leur maturité que la grande Ciguë jouit des propriétés les plus énergiques et les plus délétères. Les symptômes principaux de l'empoisonnement par cette substance, sont : une douleur à l'épigastre, des vomissemens, des spasmes, un état de narcotisme plus ou moins violent. Pour y remédier, on doit, si le poison n'a pas encore été vomi, administrer l'émétique à la dose de trois à quatre grains; s'il y a déjà long-temps que le poison a été avalé, on fera usage des purgatifs, et en particulier des sels neutres, tels que le sulfate de Soude, le phosphate de Magnésie, etc. Si, après avoir évacué par haut et par bas, le malade paraissait fortement assoupi, et comme dans un état voisin de l'apoplexie, on pratiquerait une saignée au bras,

ou de préférence à la veine jugulaire. On pourrait alors administrer l'eau étendue de vinaigre; mais ce remède serait essentiellement nuisible, s'il était donné avant que le poison n'ait été expulsé par l'émétique ou les purgatifs. On appliquerait au contraire douze sangsues au ventre, si les douleurs d'entrailles étaient vives. Dans ce cas on ferait usage de l'eau sucrée et des boissons émollientes. Ces sages préceptes sont extraits des ouvrages du professeur Orfila.

Malgré cette action délétère de la grande Ciguë, plusieurs médecins en ont recommandé l'usage contre un grand nombre de maladies. C'est surtout Stoërck qui lui a prodigué les éloges les plus fastueux. La maladie contre laquelle il a le plus vanté les bons effets de la Ciguë est le cancer. Selon lui, cette redoutable affection, qui exerce tant de ravages chez l'Homme où elle n'épargne aucun de ses organes, pouvait toujours être guérie par l'usage de cette Plante administrée soit en poudre, soit sous la forme d'extraits. Malheureusement pour l'humanité, les essais multipliés tentés par les modernes n'ont pas justifié les éloges prodigués par le médecin de Vienne à la grande Ciguë, et l'on a reconnu qu'elle échouait toutes les fois que le cancer était réellement déclaré. Cependant elle peut être utile pour résoudre les indurations glanduleuses qui, souvent négligées, pourraient plus tard se changer en cancers.

Dans les *Nova Genera et Species* de Humboldt et Bonpland, on trouve une nouvelle espèce de Ciguë que Kunth décrit et figure, vol. v, p. 14, t. 420, sous le nom de *Conium moschatum*; cette belle Plante qui croît auprès de Teindala, dans la province de *Los Pastos* de l'Amérique méridionale, ne nous paraît pas devoir faire partie du genre Ciguë, étant privée de ces crénelures qui existent sur le fruit de toutes les autres espèces. Peut-être serait-elle mieux placée parmi les *Apium*.

Gaertner a fait du *Conium africa-*

num son genre Capnophyllum. *V.* ce mot.

On a improprement appelé CIGUE AQUATIQUE l'*Œnanthe crocata* et le *Phellandrium aquaticum*, et étendu ce nom à plusieurs autres Ombellifères des Marais. (A. R.)

CIHUATOTOLIN. OIS. *V.* CHICIATÓTOLIN.

CIJEUA. POIS. Syn. espagnol de Squale Marteau. *V.* SQUALE. (B.)

* CILIAIRE. *Blepharis.* POIS. Sous-genre de Gastérostées. *V.* ce mot. (B.)

CILIARE. BOT. CRYPT. (Palisot-Beauvois.) Et non *Ciliaire*. Syn. de *Trichostomum*, mal à propos écrit *Trichosêmum* dans Déterville. *V.* TRICHOSTOME. (AD. B.)

* CILICÉE. *Ciliœæa.* CRUST. Genre de la famille des Cymothoadées, établi par le docteur Leach (Dict. des Sc. nat. T. XII, p. 542), et pouvant être classé dans l'ordre des Isopodes et dans la section des Ptérygibranches de Latreille (Règn. An. de Cuv.) en le réunissant aux Sphéromes de cet auteur. Le genre Cilicée a pour caractères : abdomen ayant les premier et deuxième articles très-courts, soudés au troisième qui est grand ; le dernier échancré à son extrémité, ayant une petite saillie à son échancrure. Le docteur Leach en cite une seule espèce, le Cilicée de Latreille, *Cil. Latreillii*, dont le dernier article de l'abdomen a deux élévations en bosse : la première (dans le mâle) prolongée et pointue ; la petite lame caudale extérieure ayant ses extrémités échancrées postérieurement. La localité de cette espèce est inconnue, et les caractères donnés par Leach sont si vagues, qu'on ne peut guère se prononcer sur la valeur de ce nouveau genre qu'on devra sans doute réunir aux Sphéromes. (AUD.)

* CILIÉ. *Ciliatus.* BOT. PHAN. Cette expression s'emploie en botanique pour désigner un organe quelconque offrant des poils disposés régu-lièrement, par rangées, et comme les cils des yeux dans les Animaux. (A. R.)

CILIÉ, CILIÉE ET CILIER. POIS. Espèces des genres Holocentre, Centronote et Holacanthe. *V.* ces mots. (B.)

CILINDRE. MOLL. *V.* CYLINDRE.

* CILLACH–VONDOH. MAM. (Dapper.) Probablement quelque Antilope. (B.)

CILLERCOA. BOT. CRYPT. Desmarest donne ce nom comme un synonyme espagnol de Mousseron, espèce du genre Agaric. *V.* ce mot. (B.)

* CILS. ZOOL. Ce nom a été donné aux poils qui garnissent les yeux de tous les Mammifères et qui contribuent à les garantir des petits corps qui voltigent dans l'air.

Dans les Oiseaux, plusieurs espèces ont les paupières bordées de Cils ; ils sont très-longs dans certaines espèces, telles que l'Autruche, le Calao d'Abyssinie, etc. ; dans d'autres, ils sont élargis à la base et creusés en gouttière concave en dessous et convexe en dessus. On remarque cette forme dans le Messager secrétaire. On voit, dans la partie moyenne de la paupière supérieure du Casoar, un rang de petits Cils noirs qui s'arrondissent en forme de sourcils. Dans la Pintade, les Cils sont relevés en haut.

Dans les Insectes, ce nom désigne les poils roides qui garnissent les bords de certains organes, tels que les ailes, les pates, les mâchoires, le labre, etc. C'est ainsi qu'on a dit : pates ciliées, mâchoires ciliées. Plusieurs espèces tirent aussi de-là leur nom. (G.)

Dans les Animaux rayonnés l'on donne ce nom à tous les appendices analogues par leur forme aux poils qui bordent les paupières de la plupart des Mammifères ; ils sont situés sur le bord du corps, ou des parties du corps, ou des organes particuliers de ces Animaux. Ils sont rares dans les Echinodermes, principalement parmi les Pédicellés. Les

Vers intestinaux en offrent , mais en très - petite quantité ; ils mérite-raient le nom de crochets plutôt que celui de Cils : les uns sont placés sur la tête , les autres sur les différentes par-ties du corps. Dans les Acalèphes , ces appendices se confondent avec les ten-tacules dont ils ne diffèrent souvent que par leur longueur. Les Cils des Polypes et des Polypiers varient pro-digieusement dans leur situation et dans leur forme ; il en existe sur le Po-lypier , sur les cellules et sur leur bord , sur les ovaires , à leur ouvertu-re et souvent autour des anneaux que certains possèdent. Les tentacules des Animaux , le tour de leur bouche , leur corps, etc., en sont quelquefois ornés ; dans tous ces organes, ces Cils ne dif-fèrent presque jamais des dentelures qu'ils présentent si souvent. Quelque-fois, principalement dans le Polype , ils sont destinés à des fonctions parti-culières en raison de leur situation. Ce que nous disons des Polypes peut s'appliquer aux Infusoires. Donnera-t-on des noms différens à chacun de ces appendices, suivant leurs situa-tions diverses , ou leurs fonctions ? Ce serait plus exact sans doute ; mais de combien de noms nouveaux la science déjà si vaste ne serait-elle pas embar-rassée ! Le temps se passerait à étu-dier cette langue nouvelle , em-ployons-le plutôt à connaître les cho-ses.   (LAM..X.)

CILS. bot. crypt. (*Mousses.*) On nomme ainsi, dans les Mousses, les dents plus ou moins nombreuses et de figure très-variée qui forment le pé-ristome intérieur. *V.* Péristome.
    (A. R.)

CIMBALAIRE ou CYMBALAIRE. *Cymbalaria.* bot. phan. Espèce du genre Antirrhinum. *V.* ce mot. (B.)

* **CIMBALO.** bot. crypt. On ne sait quelles espèces d'Agarics on nom-me ainsi aux environs de Florence.
    (AD. B.)

CIMBÈCE. ins. *V.* Cimbex.

CIMBER. moll. Nom latin que Montfort (T. 11, p. 82) donne à son genre Cambry. *V.* ce mot.   (D..H.)

CIMBEX. *Cimbex.* ins. Genre de l'ordre des Hyménoptères , section des Térébrans , fondé par Olivier aux dépens du genre Tenthrède de Linné , ayant, suivant lui, pour caractères : antennes courtes, terminées en masse ovale, composées de sept articles , le premier un peu gros , le second très-allongé ; bouche composée d'une lè-vre supérieure, cornée ; de deux man-dibules cornées , arquées , dentées ; d'une trompe très-courte, trifide , et de quatre antennules filiformes ; an-tennules antérieures plus longues , composées de six articles presque égaux, les trois premiers cylindriques, les trois derniers amincis à leur base, les postérieures composées de quatre articles cylindriques , égaux ; abdo-men uni au corselet ; aiguillon court, dentelé.

Ce genre , adopté par Fabricius , Latreille , Pelletier de Saint-Fargeau et un grand nombre d'entomologistes, correspond à celui de Frelon, *Crabro* de Geoffroy et Schœffer, ou au genre Tenthrède de Jurine. Il appartient (Règn. An. de Cuv.) à la famille des Porte-Scies , *Securifera* , à la tribu des Tenthrédines , et on peut y réu-nir les genres *Trichiostoma* , *Cla-vellaria* , *Zarœa* , *Abia* et *Amasis* , établis récemment par Leach (*Zool. Miscell.* T. III). Les Cimbex, outre les caractères indiqués, ont , suivant La-treille et Jurine , des antennes com-posées de cinq, six et sept articles , terminées en une masse épaisse et presque ovoïde ; le labre saillant et très-apparent ; les mandibules for-tes, pointues , avec deux dents ai-guës au côté interne. Jurine (Classif. des Hyménoptères, p. 45) dit qu'el-les sont tridentées, parce qu'il consi-dère à tort comme une dent le sommet aigu et terminal de la mandibule. Les palpes maxillaires sont filiformes et guère plus longs que les labiaux. Les ailes ont deux cellules radiales, allon-gées, presque égales, et trois cellules cubitales ; dans un cas, la première cellule, qui est resserrée, reçoit les deux nervures récurrentes, et la troi-sième atteint le bout de l'aile ; dans l'autre cas, la première cellule reçoit la première nervure récurrente, et la deuxième cellule la seconde nervure. Cette différence, jointe à quelques autres, fournit à Jurine le type de deux divisions. Plusieurs espèces de Cimbex ont les cuisses postérieures renflées dans les mâles ; l'abdomen est assez court et large.

Les Cimbex diffèrent des genres Mégalodontes, Pamphilie, Céphus, Xiphydrie, par leur labre apparent et par la tête qui, vue en dessous, paraît plus large que longue, ou transverse ; ils partagent ces caractères avec les autres genres de la tribu, mais ils se distinguent de tous par le nombre des articles des antennes et par la forme de ces appendices. Ces Insectes ont quelque ressemblance, pour le *facies*, avec les Abeilles ; ils font entendre un léger bourdonnement. On les rencontre sur les fleurs, près des murs, dans les chemins. La femelle est pourvue d'une tarière dont les pièces, très-développées, ont été décrites avec assez de soin par Olivier (*Encycl. méthod.* T. v, p. 761). A l'aide de cet appareil, elle entaille l'écorce ou le bois des Arbres et y dépose ses œufs ; les larves qui naissent de ceux-ci appartiennent à la nombreuse division des fausses Chenilles. Elles ont vingt-deux pates dont les six premières sont écailleuses. Leur corps est ras et présente des lignes ou bandes longitudinales. On les trouve sur les feuilles du Saule, de l'Osier, du Bouleau, de l'Aulne et de quelques autres Arbres ; dans l'état de repos, elles sont roulées en spirale ; plusieurs d'entre elles jouissent de la faculté de lancer par un jet continu, et lorsqu'on les inquiète, un liquide transparent de couleur verdâtre. Cette humeur sort de chaque côté du corps et par des ouvertures situées au-dessous de chaque stigmate. Lorsque la larve a acquis tout son accroissement, elle se file une coque qu'elle attache aux feuilles, aux branches ou à quelque haie. D'autres fois, et c'est le cas le plus commun, elle s'enfonce dans le terreau qui se forme au pied des vieux Arbres, se construit aussi une coque d'une soie grossière et imperméable à l'humidité ; elle reste ainsi à l'état de larve une partie de la saison rigoureuse, se métamorphose en nymphe à l'approche du printemps ou de l'été, et ne tarde pas ensuite à devenir Insecte parfait.

Les espèces propres à ce genre sont assez nombreuses ; Olivier (*loc. cit.*) en décrit seize ; mais ce nombre est porté au-delà de trente dans la Monographie des Tenthrédines de Pelletier de Saint-Fargeau. Parmi elles nous citerons, à cause de la synonymie : le Cimbex fémoral, *Cimb. femorata*, Oliv., ou le *Tenthredo femorata* de Linné, qui est le même que le Frelon noir à échancrure de Geoffroy (Hist. des Ins. T. ii, p. 263, 3). On trouve cette espèce dans toute l'Europe ; sa larve se nourrit indistinctement des feuilles de l'Aulne et du Saule. C'est principalement à elle que se rapportent les habitudes singulières dont il a été question plus haut.

Le Cimbex du Saule, *Cimb. Amerïnæ*, ou la *Clavellaria Amerïnæ* de Leach, ou bien encore la Mouche à scie, *Frelon rousse* de Degéer (Mém. sur les Ins. T. ii, p. 948, et pl. 33, fig. 17-23).

V., pour les autres espèces, Olivier (*loc. cit.*), Jurine (*loc. cit.*) et Pelletier de Saint-Fargeau (*Monogr. Tenthredinetarum Synonymia extricata*, p. 25).   (AUD.)

* **CIMBRARERA.** BOT. PHAN. (Jacquin.) Syn. espagnol en Amérique d'*Eugenia carthaginensis*.   (B.)

CIMBRE. POIS. Espèce du genre Gade. *V.* ce mot.   (B.)

CIME. BOT. PHAN. *V.* CYME.

* **CIMENT.** GÉOL. On appelle ainsi tout mélange ou combinaison servant à unir les masses entre elles et à intercepter le passage des matières gazeuses ou liquides. Il en est de naturel, celui qui unit les parties des brèches et de certains agglomérats, et d'artificiel dont l'Homme a trouvé l'idée dans les rochers.   (DR..z.)

CIMEX. ins. Ce nom latin, qui signifie Punaise, formait, dans la méthode de Linné, de Geoffroy et de Scopoli, un très-grand genre qui correspond à la famille des Géocorises de Latreille. Ce genre a été considérablement subdivisé. *V*. Punaise. (aud.)

CIMICAIRE. *Cimicifuga*. bot. phan. Linné (*Amœnitates Acad.*, vol. vii, t. 6, f. 1) a séparé du genre *Actæa* les espèces qui présentent plusieurs ovaires déhiscens par leur angle interne, et en a constitué le genre *Cimicifuga*. Ce changement a été adopté par Lamarck (Encycl. méth.), Gaertner, Willdenow, etc. Mais, d'après les observations de feu le professeur Richard, dans la Flore de Michaux, De Candolle (*Syst. Veget. Nat.* T. 1, p. 285) est revenu au premier sentiment de Linné qui d'abord n'avait pas séparé les *Cimicifuga* des *Actæa*; il se fonde principalement sur ce que les *Actæa racemosa* et *japonica* ont un seul ovaire en tout parfaitement semblable à ceux des *Cimicifuga*, de sorte qu'il ne serait pas plus conséquent d'éloigner ces Plantes qu'il ne l'aurait été de séparer le *Delphinium Consolida* où l'ovaire est simple, des autres *Delphinium* où il est multiple.

Le genre *Cimicifuga* de Linné ne forme donc plus qu'une section dans les *Actæa*. Elle comprend quatre espèces, dont trois sont indigènes de l'Amérique septentrionale et une habite aussi le nord de l'Europe et la Sibérie orientale. Cette dernière est l'*Actæa Cimicifuga*, D. C., ou *Cimicifuga fœtida*, L., que son odeur insupportable fait employer avec succès en Sibérie pour chasser les Punaises. Sous le nom de *Cimicifuga americana*, est décrite, dans la Flore de l'Amérique du nord de Michaux, une belle Plante des montagnes de la Caroline, nommée *Actæa podocarpa* par De Candolle, et figurée dans le premier volume, tab. 66, des *Icones selectæ* de Benjamin Delessert. (g. n.)

CIMICIDES. *Cimicides*. ins. Famille de l'ordre des Hémiptères, section des Hétéroptères, établie par La-

treille (*Gener. Crust et Ins.* et Consid. génér., p. 251) aux dépens du grand genre *Cimex* de Linné, et présentant pour caractères : antennes découvertes ou apparentes, insérées devant les yeux ; bec n'ayant que trois ou deux articles distincts et apparens, à partir de l'extrémité de la saillie recevant le labre ; labre court, point ou peu prolongé au-delà du museau ou de l'origine de la partie saillante du bec; tarses du plus grand nombre ayant le premier ou les deux premiers articles très-courts.

La famille des Cimicides correspond (Règn. An. de Cuv.) à la seconde division de la famille des Géocorises. *V*. ce mot. (aud.)

CIMICIOTTUM. bot. phan. (Cœsalpin.) Syn. de *Ballota nigra*. *V*. Ballote. (b.)

CIMINALIS. bot. phan. Genre formé par Adanson et renouvelé par Borckausen, aux dépens des Gentianes pour les espèces qui, telles que l'*Acaulis*, le *Pneumonanthe*, etc., ont leurs anthères réunies. (b.)

CIMOLITHE. min. Espèce d'Argile. *V*. ce mot.

CINABRE. *Cinabaris*. min. Les anciens donnaient ce nom au suc du sang Dragon ou autres Végétaux dont les femmes se servaient pour embellir leur teint. Il est exclusivement passé depuis dans la minéralogie où il désigne le Sulfure de Mercure. *V*. Mercure. (b.)

CINÆDIA. min. *V*. Cinædus.

CINÆDUS. pois. Espèce du genre Labre. On croit que c'est ce Poisson mentionné par Pline qui rapporte qu'on trouvait dans sa cervelle une pierre appelée, par cette raison, *Cinædia*. (b.)

* CINAMITE. min. *V*. Kannelstein.

CINARE ou CYNARE. *Cinara*. bot. phan. Ce genre de la famille des Synanthérées et de la Syngénésie égale de Linné, est un des plus remarquables de la tribu des Cinarocéphales à laquelle il a donné son nom. Celui qui le premier a su décrire avec précision les genres, c'est-à-dire grouper et circonscrire les espèces dans leurs limites naturelles, Tournefort lui a conservé le nom de *Cinara*, sous lequel Lobel et les anciens botanistes avaient fait connaître les principales espèces; Linné et ses disciples ont autrement orthographié ce mot, qui a été rétabli par Jussieu et les botanistes nos contemporains, tel qu'il était écrit autrefois. Ses caractères sont : involucre très-grand, renflé et ventru, formé d'écailles imbriquées, charnues à la base, terminées supérieurement par une pointe épineuse; tous les fleurons réguliers et hermaphrodites; réceptacle large, charnu et garni de paillettes en forme de soies; akènes couronnés de longues aigrettes plumeuses.

Le feuillage des Cinares, vulgairement nommés Artichauts et Cardons, est en rapport avec les dimensions gigantesques des capitules de leurs fleurs et de leurs organes accessoires. De même que ceux-ci, elles sont d'une grandeur prodigieuse, pinnatifides et épineuses, ce qui leur donne de la ressemblance avec celles de l'Acanthe, si célèbres par l'imitation que les architectes en ont faite dans les ornemens des colonnes.

Les espèces d'Artichauts sont peu nombreuses, surtout si, comme l'indique Jussieu dans le *Genera Plantarum*, on en sépare le *Cinara humilis*, dont les fleurs sont radicales et les écailles de l'involucre inermes et ciliées sur leurs bords près du sommet, de même que dans plusieurs Centaurées. Persoon n'en mentionne que huit, parmi lesquelles il en est même quelques-unes présentées comme douteuses. Celles qui méritent toute notre attention, tant à cause de leur utilité comme substances alimentaires, que parce qu'elles sont les types du genre, sont les suivantes :

L'Artichaut Cardon, *Cinara Cardunculus*, L., a une tige qui s'élève à plus d'un mètre; ses feuilles, grandes, vertes-blanchâtres en dessus, cotonneuses en dessous, sont décurrentes, pinnatifides, à lobes étroits et formant des ailes sur le pétiole où elles sont hérissées de fortes épines; il porte des fleurs d'un bleu violet, grandes et terminales, entourées d'un involucre composé de folioles lancéolées, très-larges à la base et terminées par une pointe qui dégénère en épine. L'Artichaut Cardon croît naturellement en France, près de Montpellier; c'est cette Plante à l'état sauvage que Lamarck (Dictionn. encycl.) nomme *Cinara sylvestris*. Cultivée dans les jardins, ses formes se modifient, et elle devient une variété que les auteurs ont fait connaître sous le nom de *Cinara Cardunculus hortensis*. On en mange les pétioles et les côtes longitudinales après les avoir fait étioler, soit en les enveloppant de paille, soit en les couvrant de terre, soit enfin en les liant ensemble comme les feuilles de Chicorée Endive. Ce mode de culture leur fait acquérir une saveur plus douce et une consistance moins coriace; alors on donne à la Plante les noms de *Carde* et de *Cardon d'Espagne*.

L'Artichaut commun, *Cinara Scolymus*, L., pourrait n'être considéré, selon De Candolle, que comme une variété de la précédente espèce, si l'on s'en rapportait à l'expérience de J. Bauhin, qui a fait naître des pieds de Cardon par des semis de graines d'Artichaut. L'auteur de la Flore Française ajoute que l'absence de cette Plante à l'état sauvage confirme assez une pareille opinion. La culture de chacune de ces deux Cinarocéphales étant essentiellement différente, puisque l'une a pour but de développer considérablement les organes de la végétation, et que par l'autre on se propose de faire porter l'accroissement sur les fleurs, il pourrait se faire que l'identité d'espèce nous fût masquée par cette seule cause. Il n'y a point en effet de caractères bien tranchés qui puissent les distinguer; l'Artichaut commun est moins épineux dans toutes ses parties, et ses feuilles sont moins découpées. Cependant plusieurs auteurs lui assignent pour patrie les contrées méridionales de l'Europe, l'Italie, le Portugal, etc., et dans l'aperçu de son Voyage au Brésil, Auguste de Saint-Hilaire nous a tout récemment appris que l'Artichaut, importé d'Europe à Monte-Video, y a tellement multiplié, qu'il infeste maintenant les environs de cette ville, surtout depuis que l'on a donné la chasse aux grands Animaux qui en faisaient leur pâture. Tout le monde sait que c'est seulement le réceptacle des fleurs d'Artichaut que l'on mange; soit cru avec de l'huile et du vinaigre, soit cuit et préparé de diverses manières. (G..N.)

CINAROCÉPHALES. *Cinarocephalæ.* BOT. PHAN. La famille appelée ainsi par Jussieu, et qui correspond aux Flosculeuses de Tournefort, est plus généralement connue aujourd'hui sous le nom de Carduacées. *V.* ce mot. (A. R.)

CINAROIDES. BOT. PHAN. (Plukenet.) Espèce du genre *Protea. V.* ce mot. (B.)

*** CINCAMPALON.** BOT. PHAN. (Scaliger.) Même chose que Chinkapalones. *V.* ce mot. (B.)

CINCHONA. BOT. PHAN. *V.* QUINQUINA.

CINCINNALIS. BOT. CRYPT. (*Fougères.*) Desvaux a repris ce nom déjà employé par Gleditsh, pour désigner le genre de Fougères nommé *Notholæna* par R. Brown. Comme ce dernier nom est généralement adopté, et que le genre de Gleditsh, quoique plus ancien, était vaguement indiqué et n'avait été conservé par aucun auteur postérieur, nous renverrons au mot *Notholæna*; Desvaux a décrit, sous le nom de *Cincinnalis* (*Berl. Mag.*, 1811, p. 514), douze espèces de ce genre, dont plusieurs nouvelles. *V.* NOTHOLÆNA. (AD. B.)

CINCINPOTOLA. OIS. Syn. toscan de la Mésange charbonnière, *Parus major*, L. *V.* MÉSANGE. (DR..Z.)

CINCIRROUS. POIS. Nom vulgaire

donné à l'Ile-de-France au Cirrhite tacheté. *V.* CIRRITHE. (B.)

*** CINCLE.** *Cinclus.* OIS. Genre de l'ordre des Insectivores. Caractères : bec médiocre, droit, comprimé, tranchant et arrondi vers l'extrémité; mandibule supérieure élevée avec la pointe recourbée sur l'inférieure; narines placées à la base du bec et sur les côtés, dans une fente longitudinale, recouvertes par une membrane; tête petite, étroite au sommet, avec le front allongé et venant aboutir aux narines; quatre doigts, trois en avant, l'intérieur plus grand que les latéraux qui sont égaux, et soudé à l'extérieur vers la base; un situé par derrière, libre; tarse plus long que le doigt intermédiaire; première rémige très-courte, les troisième et quatrième les plus longues.

Les Cincles que certains auteurs ont associés à différens genres d'Échassiers, que d'autres ont placés parmi les Merles, ont été particulièrement étudiés par Bechstein, qui leur a trouvé des caractères assez particuliers pour constituer un genre qui fut ensuite adopté par Cuvier et Temminck. Sans pouvoir être spécialement qualifiés d'Oiseaux aquatiques, les Cincles ne se plaisent bien que sur les bords des ruisseaux; c'est là qu'ils cherchent leur pâture, consistant dans les petits Insectes aquatiques qui se trouvent particulièrement sur le gravier des sources vives ou dans le lit sur lequel roulent des filets d'eau courante. L'eau n'est pas pour eux un obstacle à la poursuite de ces petites proies; l'Oiseau y entre, s'en laisse même submerger sans paraître nullement changer sa contenance; on a observé que seulement il ne faisait à l'instant même que déployer un peu les ailes, et qu'il les tenait dans cette position pendant tout le temps qu'il restait sous l'eau : or, comme l'on sait que les ailes enduites d'une matière huileuse, sont alors imperméables à l'air comme à l'eau, il est à présumer que le Cincle établit par cette manœuvre un petit réservoir d'air sous la partie concave de chaque aile, et que c'est dans ces réservoirs qu'il puise de quoi alimenter la respiration. Le Cincle vit solitaire et retiré dans les montagnes ; il s'apparie dans la saison des amours ; il construit un nid formé et entièrement recouvert de brins d'herbe et de mousse entrelacés d'une manière admirable. La femelle y pond de quatre à six œufs parfaitement blancs. Lorsque les petits sont en état de voler, chacun se sépare, et sans doute pour ne se reconnaître jamais.

Cincle plongeur, *Cinclus aquaticus*, Bechst., *Sturnus Cinclus*, Gmel., *Turdus Cinclus*, L., Merle d'eau, Buff. pl. enl. 852. Parties supérieures brunes, noirâtres, nuancées de cendré ; gorge, devant du cou et poitrine blancs ; ventre roux ; bec noirâtre ; iris gris. Longueur, sept pouces. La femelle a les teintes plus pâles, le sommet de la tête et la partie postérieure du cou d'un cendré foncé. Les jeunes ont les plumes frangées de noirâtre, l'extrémité des ailes et le milieu du ventre blanchâtres, mais avec les plumes bordées de roussâtre. D'Europe.

Cincle Pallas, *Cinclus Pallasii*, Tem. Entièrement d'un brun rougeâtre très-foncé, semblable du reste, pour la forme et la taille, au Cincle plongeur. De Crimée.   (DR..Z.)

CINCLIDIUM. BOT. CRYPT. (*Mousses.*) Ce genre découvert par Swartz dans les marais des environs d'Upsal a été établi par lui dans le Journal de botanique de Schrader (1801) et adopté par la plupart des auteurs. Il est très-voisin des *Meesia*, auxquelles Bridel l'avait d'abord réuni. Il est ainsi caractérisé : péristome double ; l'extérieur composé de seize dents libres, aiguës, recourbées en dedans ; l'intérieur formé par une membrane convexe, fermée au sommet, présentant seize stries rayonnantes, et percée de seize trous opposés aux dents du péristome externe ; les fleurs sont terminales et la coiffe se fend latéralement.

La seule espèce connue de ce genre, le *Cinclidium stygium*, Swartz (Sch-

wœgrichen, Suppl. 1, pars 2, p. 85, tab. 67), découverte d'abord en Suède, a été retrouvée depuis dans quelques parties de l'Allemagne. On ne l'a pas observée en France, ni en Angleterre. Elle a le port des *Bryum ligulatum* et *cuspidatum*, et, comme la plupart des Mousses qui croissent dans les marais, sa tige qui est droite et rameuse est enveloppée d'une sorte de bourre laineuse brune, qui cache en partie les feuilles. Celles-ci sont arrondies, entières, plus épaisses sur les bords, traversées par une nervure moyenne, qui forme une petite pointe au sommet de la feuille. Les fleurs sont en disques terminaux et hermaphrodites, suivant le système d'Hedwig. Les capsules isolées ou quelquefois au nombre de deux à l'extrémité de la même tige sont portées sur un long pédicelle rouge orangé, recourbé au sommet. La capsule est pendante, oblongue et renflée, lisse ; l'opercule est convexe, avec un léger mamelon au sommet ; la coiffe presqu'égale à la capsule se fend latéralement.

Ce genre diffère des *Meesia* par son péristome interne formé d'une membrane entière et non de cils réunis simplement par des filamens latéraux.

(AD. B.)

CINCLUS. OIS. Nom appliqué par Aristote, Aldrovande, etc., à des petits Oiseaux de rivages, tels que le Tourne-Pierre, la Bécassine, les Bécasseaux, etc., restreint aujourd'hui comme générique au Merle d'eau. *V.* Cincle.   (DR..Z.)

CINCO-CHAGOS. BOT. PHAN. Syn. portugais de *Tropæolum minus*. *V.* Capucine.   (B.)

CINDERS NATUREL. MIN. Bronguiart rapporte ce nom à l'Anthracite trouvée dans les environs de Roanne.
(B.)

CINE ou LINE. BOT. PHAN. (Dioscoride.) Syn. de Fragon. *V.* ce mot.
(B.)

CINÉRAIRE. *Cineraria*. BOT. PHAN. Famille des Synanthérées, tribu des Corymbifères de Jussieu, Syngénésie superflue de Linné. Ce genre établi par ce dernier naturaliste faisait partie du *Jacobæa* de Tournefort. La plupart des espèces de celui-ci constituant la section des Seneçons à fleurs radiées, il doit y avoir beaucoup d'analogie entre les Cinéraires et cette section. On ne trouve en effet entre les deux genres d'autre différence bien prononcée que l'absence du calicule à la base de l'involucre chez les Cinéraires, et encore a-t-on placé parmi celles-ci des Plantes qui étaient munies de deux ou trois écailles, organisation qui se rapproche beaucoup de celle d'un calicule ou d'une rangée isopérimétrique de folioles. Quoi qu'il en soit, voici les caractères du genre *Cineraria* : involucre composé de plusieurs folioles égales et disposées sur un même rang, sou ées à leur partie inférieure; réceptacle nu; calathides radiées; les fleurons du disque tubuleux et hermaphrodites, ceux de la circonférence ligulés, femelles et fertiles; anthères nues à la base; aigrettes poilues, simples et sessiles.

Les Cinéraires dont il faut retrancher toutes les espèces sans rayons, telles que, par exemple, la première section de ce genre établie dans le *Synopsis* de Persoon, qui constituait le genre *Doria* de Thunberg, les Cinéraires sont des Plantes répandues par toute la terre, néanmoins plus abondantes dans les climats tropiques, ainsi qu'on l'observe sur la plus grande partie des Synanthérées. Un grand nombre d'entre elles sont des Plantes herbacées; quelques-unes ont des tiges ligneuses, et sont ainsi des sous-Arbrisseaux dont les feuilles opposées ou alternes affectent une grande variété de formes. On en cultive plusieurs dans les jardins comme Plantes d'ornement. De ce nombre sont les *Cineraria aurita* et *amelloïdes*, L.; mais cette dernière espèce, d'après les indications du *Genera Plantarum* de Jussieu, a été séparée des Cinéraires par Cassini qui en a fait le type de son genre *Agathæa. V.* ce mot.

Huit espèces de Cinéraires sont in-digènes de la France ; une seule croît naturellement aux environs de la capitale, dans la forêt de Montmorency. Cette Plante qui fleurit au mois de mai est la Cinéraire des Champs, *Cineraria campestris*, Retz. Dans plusieurs Flores des environs de Paris , on l'a confondue avec la *Cineraria integrifolia*, qui est une Plante des Alpes et des Pyrénées, et dont elle diffère beaucoup. Sa tige droite, simple et cannelée, s'élève à cinq décimètres; elle porte des feuilles entières, sessiles, lancéolées, pointues et couvertes d'un duvet cotonneux. Au bas de la tige est une touffe de feuilles radicales pétiolées, ovales et crenelées. Les fleurs d'un beau jaune doré sont disposées en corymbe.

Les autres Cinéraires françaises, à l'exception de la *Cineraria maritima*, L., dont nous donnerons plus bas une courte description, habitent les Alpes et les pâturages élevés des pays montueux de l'intérieur. La plus belle et la plus rare est la Cinéraire orangée, *Cineraria aurantiaca*, L. Autour des chalets des Hautes-Alpes, on rencontre fréquemment la Cinéraire a feuilles cordées, *Cineraria cordifolia*, L.

La Cinéraire maritime, *Cineraria maritima*, L., a servi de type au genre entier. Cette belle Plante est couverte sur toutes ses parties d'un duvet cotonneux très-serré et si court qu'elle a un aspect blanchâtre et cendré. Sa tige d'un demi-mètre environ de hauteur est un peu ligneuse à sa base, cylindrique, branchue. Elle porte des feuilles pinnatifides, dont les lobes sont obtus et terminés par trois sinuosités. Les fleurs en corymbes d'une fort belle couleur jaune sont à peu près hémisphériques, entourées d'un involucre cotonneux ; leurs rayons sont notablement plus grands que ceux des autres Cinéraires. Elle abonde sur les rochers exposés au soleil dans les départemens baignés par la Méditerranée. On ne la cultive guère que dans les jardins de botanique, et cependant la beauté de cette Plante mériterait qu'on en ornât les parterres où sa culture ne serait pas très-difficile.   (G..N.)

*CINÉRAS. MOLL. C'est un genre d'Anatife membraneuse dont les caractères sont : Animal semblable à celui des Cirrhopodes, enveloppé par un manteau pédonculé, se terminant graduellement en massue, sans appendices auriformes, et dans les parois duquel se développent cinq petites pièces calcaires. Leach, dans le Supplément à l'Encyclopédie d'Édimbourg, propose de le séparer du genre Otion du professeur Ocken, dans lequel cet auteur l'a confondu ; il en connaît trois espèces dont l'une est figurée dans l'ouvrage cité plus haut, sous le nom de Cineras à bandes, *Cineras vittatus*.   (G.)

* CINÉRIDES. *Cineridea*. MOLL. Nom d'une famille établie par Leach dans la classe des Mollusques cirrhopodes, comprenant les Anatifes membraneuses, et correspondant au genre Otion d'Ocken. Cette famille appartient, dans la nouvelle classification du zoologiste anglais, à la famille des Campylosomates, et ses caractères sont : d'avoir des pièces calcaires fort petites, et le corps assez comprimé supérieurement. Elle comprend les genres Otion et Cineras. *V*. ces mots.   (G.)

CINÈTE. *Cinetus*. INS. Genre de l'ordre des Hyménoptères, section des Térébrans, fondé par Jurine (Class. des Hyménopt., p. 310) et ayant suivant lui pour caractères : une cellule radiale, petite et pointue ; point de cellule cubitale ; mandibules légèrement bidentées ; antennes filiformes composées de quinze anneaux dans les femelles, dont le premier long, et de quatorze dans les mâles avec le troisième arqué. Les Cinètes appartiennent (Règn. Anim. de Cuv. T. III, p. 658) à la famille des Pupivores et à la tribu des Oxyures ; ils ont les antennes coudées, le premier article étant fort long ; ce qui les distingue des Codres et des Hélores. Ce caractère les rapproche au contraire des Belytes et des Diaprées de La-

treille ; mais ils diffèrent des premiers par leurs antennes filiformes, et des seconds par les nervures de leurs ailes. Jurine observe que la cellule radiale des Cinètes forme un petit triangle scalène, dont le sommet est tourné vers le bout de l'aile, et que la nervure qui le dessine se contourne dans le disque de l'aile, comme chez les Codres. Il fait remarquer aussi que le point de l'aile est à peine visible, n'étant formé que par un léger renflement de la nervure. Le thorax des Cinètes n'est pas prolongé postérieurement, comme celui des Codres, et il est armé de deux petites épines. Leur ventre est un peu aplati, mais moins que celui des Belytes, et il est porté par un long pétiole sillonné en dessus, velu et quelquefois arqué. Ce genre, établi sur l'inspection d'une femelle et de deux mâles, est composé de petites espèces très - négligées jusqu'à présent par les naturalistes. Jurine aurait pu les faire sortir de cet oubli, mais malheureusement il n'a décrit ou figuré aucune espèce, et le genre Cinète, malgré les caractères détaillés que nous nous sommes fait un scrupule de transcrire exactement, reste encore très-incertain.   (AUD.)

* CINGALLÈGRE. OIS. (Cetti.) Syn. sarde de la Mésange bleue, *Parus cœruleus*, L. *V*. MÉSANGE. (DR..Z.)

CINGLE. POIS. (*Zingel*.) Sous-genre de Sciènes. *V*. ce mot.   (B.)

CINGULARIA. BOT. CRYPT. (Lemery.) Syn. polonais de Lycopode.   (B.)

CINGULATA. MAM. (Illiger.) Syn. de Tatou. *V*. ce mot.   (B.)

* CINIANEL. INS. (Gaimard.) Syn. de Cigale, *Cicada*, L., à l'île de Guébé, dans l'archipel des Moluques.   (G.)

CINIPS. INS. Pour Cynips. *V*. ce mot.

CINIPSÈRES. INS. *V*. CYNIPSÈRES.

CINNA. BOT. PHAN. Ce genre, de la famille des Graminées et de la Monandrie Digynie de Linné, présente les caractères suivans : fleurs en panicules, composées; chaque fleur soutenue par un pédicelle , et renfermée dans une lépicène à deux valves inégales plus courtes que celles de la glume; celles-ci, au nombre de deux , dont l'inférieure plus grande, bifide à son sommet et munie d'une soie courte dorsale, la supérieure entière; deux petites écailles à la base de l'ovaire, lancéolées, entières, glabres, ovales et resserrées au-dessous de leur milieu; étamine solitaire; style court bipartite; stigmates velus; caryopse non strié et libre.

L'unité d'étamine que l'on observe constamment dans le Cinna ainsi que dans quelques autres Graminées, est une de ces aberrations qui ont le plus contrarié Linné pour l'arrangement des genres selon son système sexuel. Il était tellement frappé des rapports naturels qui lient toutes les Graminées entr'elles, qu'il lui répugnait d'en disséminer les genres dans les diverses classes de sa méthode. Ainsi, quoique plusieurs *Agrostis*, *Festuca*, etc., eussent un nombre anomal d'étamines, il a préféré les laisser avec les autres dans la Triandrie; mais lorsque tout le genre présentait constamment ce nombre anomal, il lui a bien été nécessaire de l'éloigner et de le placer où le nombre l'indiquait. C'est ce qu'il a fait ici pour le Cinna, c'est ce qu'il a encore fait pour l'*Oryza*, l'*Anthoxanthum*, le *Pharus*, etc.

Le mot de Cinna ou Kinna était employé par Dioscoride pour désigner une Graminée dont il n'est pas facile de donner la synonymie. Linné l'a appliqué au genre qui nous occupe, et qu'Adanson, de son côté, a nommé *Abola*. Il se compose d'une espèce, le *Cinna arundinacea*, L., indigène du Canada. On y a joint l'*Agrostis mexicana* de Willdenow.
(G..N.)

CINNABARIS. BOT. PHAN. (Dioscoride.) Peut-être la Garance. *V*. CINABRE.
(B.)

* CINNAMOLOGUS, CINNAMO-

MUS ou CINNAMOGLUS. OIS. Dans les anciens, ces noms désignent un Oiseau qu'il est difficile de reconnaître malgré ce qu'en ont dit Gesner et Aldrovande.
(B.)

CINNAMOME. *Cinnamomum*. BOT. PHAN. Ancien nom de divers Lauriers de l'Inde, devenu spécifique pour désigner le Cannelier. *V*. ce mot.
(B.)

CINNAMON. OIS. Espèce du genre Grimpeur ou *Certhia Cinnamonea*, Gmel., qui n'est probablement pas le Cinnamomus des anciens, malgré le rapport des noms. *V*. CINNAMOLOGUS.
(B.)

* CINNAMUM. BOT. PHAN. Avant même l'époque où vivait Pline, un parfum qui venait du pays des Troglodites ou d'Éthiopie était célèbre sous ce nom chez les anciens. On ne sait s'il était le produit de quelque espèce du genre Amyris ou du Cannelier dont il est difficile de supposer que les Éthiopiens aient eu connaissance, et qui s'appelle encore Cinnamome. On nommait aussi Caryopon l'Arbre qui produisait le Cinnamum ou Cinnamon.
(B.)

CINNANA. OIS. Syn. arabe du Cygne; *Anas Cycnus*. *V*. CANARD.
(DR..Z.)

CINNYRIS. OIS. Nom grec d'un petit Oiseau inconnu, et que Cuvier a appliqué à une division de son genre Souï-Manga.
(DR..Z.)

CINOGLOSSE. BOT. PHAN. Pour Cynoglosse. *V*. ce mot.

CINOIRAS. BOT. PHAN. Divers ouvrages d'Histoire Naturelle donnent ce nom, qu'ils écrivent aussi *Cenoira*, *Cinoura*, *Senouira* et *Senoura*, pour synonyme portugais de Caïotte.
(B.)

*CINTE. BOT. PHAN. (Commerson.) Syn. de *Rhamnus circumcissus*, espèce de Nerprun.
(B.)

CIOCOQUE. *Chiococca*. BOT. PHAN. *V*. CHIOCOQUE.

* CIOJA. OIS. Syn. piémontais du CHOQUARD, *Corvus Pyrrhocorax*, L. *V*. PYRRHOCORAX.
(DR..Z.)

* CION. OIS. Syn. italien du Mau-

vis, *Turdus iliacus*, L. *V.* MERLE.
(DR..Z.)

CIONE. *Cionus.* INS. Genre de l'ordre des Coléoptères, section des Tétramères, fondé par Clairville (Entomol. helvétique) aux dépens des Charansons. Il appartient (Règn. Anim. de Cuv.) à la famille des Rhinchophores ou Porte-Becs, et a pour caractères : antennes insérées près du milieu d'une trompe ordinairement longue et menue, coudées, de dix articles, et dont les quatre derniers en massue; cuisses postérieures impropres au saut. Les Insectes appartenant à ce genre ont le corps très-court, presque globuleux, avec la trompe longue et courbée. Ils vivent, ainsi que leurs larves, sur les Scrophulaires et les Verbascum. L'espèce la plus commune et servant de type, est le Cione de la Scrophulaire, *C. Scrophulariæ* ou le *Rhynchænus Scrophulariæ* de Fabricius (*Syst. Eleuth.*) qui, suivant Latreille, a décrit sous le nom de *Rhynch. Verbasci* (*loc. cit.*) une variété de la même espèce ; c'est encore le Charanson à losange de la Scrophulaire de Geoffroy (Hist. des Ins. T. 1, p. 296). *V.* Dejean (Catal. des Coléopt., p. 85) qui en mentionne six espèces. (AUD.)

* CIONIUM. BOT. CRYPT. (*Lycoperdacées.*) Ce genre, établi par Link dans sa première dissertation sur les Champignons (*Berl. Mag.*, 1809, p. 28), a été réuni depuis par lui aux *Didymium. V.* ce mot. Il était ainsi caractérisé : peridium globuleux ou irrégulier, simple, membraneux, s'ouvrant supérieurement, et se détruisant presque entièrement sous forme d'écailles; filamens insérés vers la base; columelle renfermée dans le peridium; sporules agglomérées.

Link rapporte à ce genre les espèces suivantes : *Didymium complanatum*, *farinaceum* et *tigrinum* de Schrader. Le *Physarum farinaceum* d'Albertini et Schweinitz ne doit pas être confondu avec l'espèce du même nom que nous venons de citer : c'est un véritable *Physarum* dépourvu de columelle. Deux espèces nouvelles de ce genre ont été parfaitement figurées par Dittmar dans la Flore d'Allemagne de Sturm sous les noms de *Cionium Iridis*, Dittmar, *Fung. Germ.* fasc. 1, t. 7, *Cionium xanthopus*, Dittmar (*loc. cit.*, fasc. 3, t. 45). Ces deux espèces nous paraissent extrêmement voisines, et ne sont très-probablement que des variétés l'une de l'autre. (AD. B.)

CIOTA ET CIOUTA. BOT. PHAN. Variété de Raisin.

* CIOTOLONE. BOT. CRYPT. Syn. de *Peziza capsularis* aux environs de Florence, si tant est que le vulgaire ait distingué cette espèce de ses congénères. (B.)

* CIOTTOLARA. BOT. CRYPT. (*Lichens.*) On présume que le Lichen désigné sous ce nom et comme une Mousse dans Imperato, est le *Phycia ciliaris*, qui, au temps de ce botaniste, était employé dans la parfumerie pour donner du corps aux poudres de senteur. (B.)

CIOUC. OIS. Syn. piémontais du Scops, *Strix Scops*, L. *V.* CHOUETTE. (DR..Z.)

CIPA, CIPE, CIPEL. BOT. PHAN. Évidemment dérivés du latin *Cepa*. Noms de l'Oignon dans les langues d'origine saxonne, telles que l'anglais et le frison. (B.)

* CIPARISOFIQUE. *Ciparisoficus.* BOT. CRYPT. (Donati.) Syn. présumé des *Fucus discors* ou *sedoïdes*, avec lesquels les pêcheurs de Naples environnent le Poisson pour le conserver. (B.)

* CIPERINA. OIS. Syn. italien du Cochevis, *Alauda cristata*, L. *V.* ALOUETTE. (DR..Z.)

CIPIPA. BOT. PHAN. Aublet dit qu'on appelle ainsi la fécule amylacée qu'on retire de la racine de Manioc, et à laquelle on donne également le nom de *Tapioka. V.* MANIOC et TAPIOKA. (A. R.)

CIPO DE COBRA. BOT. PHAN. Même chose que Caapeba. *V.* ce mot. (B.)

CIPOLIN. MIN. *V.* MARBRE CIPOLIN.

CIPOLLA, CIPOLLETTA ET CIPOLLINO. BOT. PHAN. La Ciboule

dans les langues méridionales, d'où l'on nomme *Cipolla canina* (Ciboule de Chien) l'*Hyacinthus comosus* dans quelques cantons de l'Italie.   (B.)

CIPONE ou CIPONIME. *Ciponima.* BOT. PHAN. Aublet a décrit sous ce nom (Plantes de la Guiane, Ier vol., p. 567 et t. 226) un genre qui appartient à la Polyandrie Monogynie de Linné, et qui a pour caractères : un calice monosépale, velu, à cinq dents; une corolle hypogyne, monopétale, tubuleuse, à limbe étalé, divisé en cinq lobes oblongs et concaves ; des étamines en nombre indéfini (trente et plus) insérées sur l'entrée du tube de la corolle et disposées sur deux rangs, à filets inégaux légèrement réunis à leur base., et à anthères arrondies. L'ovaire est libre et surmonté d'un style velu que termine un stigmate capité. Il lui succède une baie noire pisiforme, saillante hors du calice persistant, renfermant un noyau dur et ligneux à cinq loges et à cinq graines selon Jussieu, à quatre loges d'après Aublet. Chaque loge contient plusieurs graines, dont une seule subsiste; leur embryon filiforme, à radicule très-longue, est renfermé dans le centre d'un albumen charnu, d'après l'observation du professeur Richard père, faite à Cayenne sur la Plante vivante. On ne connaît qu'une seule espèce de ce genre, le *Ciponima guianensis*, Aublet, Arbre dont le tronc, couvert d'une écorce grise et composé d'un bois blanc assez compacte, s'élève à environ deux mètres et demi. Les branches qui naissent au sommet se partagent en rameaux nombreux, velus, alternes et divariqués. Les jeunes feuilles sont velues; plus tard elles deviennent lisses, vertes, ovales, mucronées et alternes sur les rameaux; dans les aisselles de ces feuilles, les fleurs naissent par bouquets garnis à leur base de quatre ou cinq petites écailles bordées de poils roses.

Ce genre a été placé par Jussieu dans la deuxième section de la famille des Plaquemiuiers ou Ébénacées; mais cet illustre botaniste a en même temps indiqué les rapports que cette seconde section offre avec des familles polypétales très-éloignées, comme par exemple les Méliacées. De son côté, Lamarck (Encycl. méthod.) lui a trouvé de l'affinité avec le genre *Ternstroemia*. Il l'a réuni ensuite au genre *Symplocos* (Illustr. t. 255); mais cette association ne dérange en rien les rapports que nous recherchons en ce moment, puisque le Symplocos faisait comme lui partie de la famille des Ébénacées.

Dans un travail subséquent (Ann. du Mus. d'Hist. Nat. vol. V, p. 420), Jussieu croit que la seconde section des Ébénacées doit former une nouvelle famille qui a du rapport soit avec les Myrtacées à feuilles alternes, soit avec la dernière section des Hespéridées, mais dont elle se distingue facilement.

Le professeur Richard père avait formé, en réunissant le *Ciponima*, le *Symplocos*, le *Styrax* et l'*Halesia*, une petite famille à laquelle il donnait le nom de Styracinées et que Kunth a adoptée dans son grand ouvrage sur les Plantes équinoxiales d'Amérique. Ce savant botaniste réunit au Symplocos, le Ciponima, ainsi que les genres *Hopea*, L., et *Alstonia* de Mutis. *V.* SYMPLOQUE.   (G..N.)

* CIPPER. OIS. (Buffon.) Syn. italien de Mauvis, *Turdus iliacus.* (B.)

CIPRE. BOT. PHAN. (Duhamel.) Pin indéterminé du Canada, qui n'est peut-être qu'une variété du *Pinus Tœda.* On donne ce nom au cône du Cyprès dans le Midi.   (B.)

CIPRÈS. BOT. PHAN. Pour Cyprès. *V.* ce mot.

CIPRESSENMOS. BOT. CRYPT. Syn. teuton de Lycopode des Alpes. (B.)

CIPSELUS. OIS. *V.* CYPSELUS.

CIPULAZZA. POIS. Syn. maltais de Scorpène.   (B.)

CIPURE. *Cipura.* BOT. PHAN. Genre de la famille des Iridées et de la Triandrie Monogynie de Linné, fondé par Aublet qui lui donne les caractères suivans : spathe membraneuse, oblongue et aiguë, enveloppant la fleur ; périanthe tubuleux à la base et adhérent à l'ovaire, divisé supérieurement en six parties, dont trois intérieures trois fois plus petites que les extérieures avec lesquelles elles sont alternes ; trois étamines à filets très-courts insérées sur le tube de la corolle ; style épaissi, charnu, triangulaire, terminé par un stigmate partagé en trois feuillets bleuâtres.

La Plante sur laquelle ce genre a été établi, fleurit au mois d'août, dans les savannes humides qui sont au pied de la montagne de Courou dans la Guiane. Elle a une tige herbacée, et sa racine est un bulbe charnu, couvert de plusieurs tuniques comme celui du Safran. Aublet lui a donné le nom de Cipure des Marais, *Cipura paludosa*, et l'a figuré (Plantes de la Guiane, T. XIII).

Le nom de *Cipura* a été changé, on ne sait trop pourquoi, par Schreber et Willdenow, en celui de *Marica*; les caractères que ces auteurs en ont donnés étant copiés sur ceux du *Cipura* d'Aublet. (G..N.)

CIQUE. BOT. PHAN. Nom de pays du Laurier vulgairement nommé Bois Amande. (B.)

CIRCA - DAVETHA. BOT. PHAN. Nom que les Portugais de l'Inde donnent au Tali de Rhéede. *V.* ce mot.
(B.)

CIRCAÈTE. OIS. (Vieillot.) Genre de la méthode de Vieillot, qui a pour type l'Aigle Jean-le-Blanc, *Falco gallicus*, L. *V.* AIGLE. (DR..Z.)

* CIRCANEA. OIS. Syn. présumé de la Soubuse (Busard Saint-Martin femelle), *Falco Pygargus*, L. *V.* FAUCON, division des Busards.
(DR..Z.)

CIRCÉE. *Circæa*. BOT. PHAN. Famille des Onagraires, Diandrie Monogynie de Linné. Ce genre, fondé par Tournefort et admis par tous les auteurs qui l'ont suivi, est ainsi caractérisé : calice adhérent à l'ovaire, présentant un limbe court, caduc et diphylle; pétales et étamines aussi au nombre de deux; stigmate émarginé ; capsule pyriforme, hérissée de poils écailleux à deux loges

dispermes et indéhiscentes. Les Circées sont des Plantes herbacées, voisines du genre *Lopezia* de Cavanilles; elles habitent les forêts et les lieux ombragés et montueux de l'hémisphère boréal. Les deux ou trois espèces connues jusqu'à présent se trouvent en Europe. La plus remarquable et la plus commune est la CIRCÉE DE PARIS, *Circæa lutetiana*, L., nommée ainsi parce que les premiers auteurs qui l'ont décrite, tels que Lobel et les Bauhins, l'ont rencontrée près de la capitale de la France. Cette Plante néanmoins abonde presque partout, et n'aurait par conséquent pas dû recevoir pour nom spécifique celui d'une localité spéciale. Elle a une tige droite, rameuse supérieurement, et haute de cinq décimètres ; ses feuilles sont opposées, pétiolées, ovales, pointues et à peine dentées sur leurs bords. Elle porte au sommet de la tige et des ramuscules de petites fleurs, tantôt blanches, tantôt légèrement rouges, disposées en grappes simples et allongées. On la nomme vulgairement en France Herbe de Saint - Étienne. Dans les Alpes on rencontre la Circée alpine, *Circæa alpina*, L., qui diffère de la précédente, surtout par ses feuilles cordiformes et dentées. La Circée intermédiaire, *Circæa intermedia*, Persoon, est regardée par De Candolle comme une variété de celle-ci. Le nom de Circée qui rappelle celui de la plus fameuse enchanteresse de la mythologie, indique que cette Plante était autrefois employée à des usages superstitieux. Elle est aussi vulgairement nommée Herbe aux Magiciennes. Les anciens botanistes l'appelaient également *Solanifolia* et *Ocymastrum*. (G..N.)

CIRCELLE. OIS. Syn. vulgaire de Sarcelle. *V.* CANARD.

CIRCIA. OIS. Syn. latin de la Sarcelle d'été, *Anas Circia*, L. *V.* CANARD.
(DR..Z.)

* CIRCINARIA. BOT. CRYPT. (*Lichens.*) Link et Achar ont, chacun de leur côté, constitué sous ce

nom un genre dans la famille des Lichens. Celui du premier a pour type l'*Urceolaria Hoffmanni* Ach., et présente pour caractères principaux : un conceptacle globuleux pellucide, et un thallus crustacé vésiculeux. Le groupe de Lichens institué par Acharius, est une division de son genre PARMÉLIE. *V.* ce mot. (AD. B.)

* CIRCINÉ ou CIRCINAL. *Circinalis.* BOT. On dit des feuilles qu'elles sont circinées, circinales ou roulées en crosse, quand elles sont roulées sur elles-mêmes de haut en bas. Cette circonstance s'observe dans toutes les Plantes de la famille des Fougères, et en forme un des caractères les plus tranchés. On trouve aussi des exemples de feuilles circinées dans les Droseracées. (A. R.)

*CIRCINOTRICHUM. BOT. CRYPT. (*Mucédinées.*) Ce genre, fondé par Nées (*Syst. der Schw.*, pars 2, p. 18), ne renferme encore qu'une seule espèce de moisissure extrêmement petite, venant sur les feuilles sèches de Chênes. Il nous paraît très-voisin du genre *Fusisporium* du même auteur, avec lequel on doit peut-être le réunir. Il n'en diffère que par ses filamens plus solides, recourbés et entrecroisés. Nées l'a ainsi caractérisé : filamens décumbens, très-fins, recourbés et entrecroisés, opaques ; sporules éparses, très-fugaces, fusiformes, transparentes.

Le *Circinotrichum maculiforme* forme sur les feuilles de Chênes tombées et à demi-pourries de petites taches d'un noir verdâtre. (AD. B.)

CIRCONSCRIPTION. *Circumscriptio.* BOT. En botanique on se sert de cette expression pour exprimer la figure ou la forme générale d'un corps ou d'un organe. La circonscription d'une feuille, par exemple, est la ligne qui passe sur le sommet de tous les points proéminens de son contour, abstraction faite des sinus plus ou moins profonds que les angles de cette feuille laissent entre eux. C'est ainsi que l'on dit de la feuille du Chêne qu'elle est obovale, en négligeant les sinuosités que présente son bord. (A. R.)

CIRCOS. OIS. Syn. grec du Busard Harpaye, *Falco rufus*, L. *V.* FAUCON, division des Busards. (DR..Z.)

CIRCOS. ÉCHIN. Quelques oryctographes ont donné ce nom, par lequel Pline avait mentionné une pierre impossible à reconnaître, à des pointes ou épines d'Oursins fossiles faites en forme de Poire. On les regarde en général comme appartenant à des espèces du genre Cidarites de Lamarck. (LAM..X.)

CIRCULATION. ZOOL. On appelle ainsi tout mouvement progressif imprimé dans un système de vaisseaux circulaire ou non, à tout fluide provenant, soit des produits de la digestion des Animaux, soit de la décomposition de leurs tissus. Le mot Circulation ne suppose donc pas que le mouvement des fluides accomplisse nécessairement une révolution complète. On va voir aussi que les fluides ne restent pas identiques sur tous les points des distances qu'ils parcourent. Ce sont ces transmutations subies par les fluides en mouvement qui ont fait distinguer plusieurs Circulations. Cette distinction est plausible dans les Mammifères et quelques Reptiles, pourvu qu'on l'applique autrement qu'on ne l'a fait jusqu'ici ; mais, dans les Oiseaux, les Poissons et le reste des Animaux, il n'y a qu'une seule Circulation, eu égard, soit à la nature des fluides, soit à la continuité circulaire des vaisseaux.

Dans les Mammifères, le système des vaisseaux circulatoires est le plus compliqué. Il se compose de quatre systèmes secondaires : 1° les vaisseaux lactés ou chyleux, 2° les vaisseaux lymphatiques, 3° les veines, 4° les artères. Les deux premiers systèmes, considérés sous le rapport de l'origine et de la terminaison du cours de leurs fluides, ont une projection rectiligne et ne sont parcourus qu'une fois par les mêmes molécules. Les deux derniers, continus l'un à l'autre par leurs deux extrémités, forment réellement un seul système circulaire qu'un mouvement révolutif fait parcourir un nombre de fois indéterminé et nécessairement variable, par les fluides qui y sont contenus. Ce mouvement révolutif constitue réellement et uniquement la Circulation ; car les molécules, parties d'un point donné, y reviennent nécessairement par l'effet du mouvement imprimé aux fluides dont elles font partie. Or, ce qu'on appelait autrefois grande et petite Circulation n'était qu'une division idéale de ce mouvement révolutif en deux arcs inégaux, l'un répondant au poumon, l'autre à tout le corps.

A l'exemple de Magendie qui va nous servir de guide dans cet article, nous reconnaissons, eu égard à la différence des fluides et de leur origine, des vaisseaux où ces fluides circulent, et des forces motrices qui les animent, trois Circulations : celle du chyle, celle de la lymphe et celle du sang.

1°. *De la Circulation ou mouvement progressif du chyle.*

Tout le long des surfaces intestinales, naissent, par des orifices imperceptibles, des vaisseaux très-nombreux et très-déliés, transparens dès qu'on peut les reconnaître, communiquant fréquemment entre eux, en formant des réseaux à mailles assez fines, grossissant et diminuant de nombre, en s'éloignant de l'intestin, finissant par constituer des troncs isolés, contigus aux artères, et quelquefois projetés dans les intervalles qui les séparent. Ces vaisseaux parviennent ainsi aux glandes mésentériques, petits corps lenticulaires d'autant moins volumineux et plus nombreux qu'ils sont situés plus près de l'intestin, entre les lames du péritoine constituant les mésentères. La structure de ces glandes est peu connue ; elles reçoivent beaucoup de vaisseaux sanguins eu égard à leur volume, et sont douées d'une assez vive sensibilité. Leur parenchyme, peu consistant, paraît ré-

sulter de l'entrelacement des vaisseaux sanguins et chyleux qui y pénètrent dans un état de ténuité extrême. Tout ce que l'on sait de cet entrelacement, c'est qu'il n'empêche pas les injections poussées dans les uns comme dans les autres de traverser facilement la glande. Il sort de ces glandes des vaisseaux plus gros que ceux qui y arrivent des intestins, mais qui semblent de même structure. Ces vaisseaux, dirigés vers la colonne vertébrale, fréquemment anastomosés et accolés aux artères et aux veines, se terminent tous au canal thorachique qui, étendu du bassin jusqu'à la veine sous-clavière, passe entre les piliers du diaphragme à côté de l'aorte. On y observe des valvules disposées de manière à s'opposer au mouvement rétrograde du fluide. Tous ces canaux sont formés de deux membranes dont l'extérieure semble fibreuse, et est douée d'une résistance bien disproportionnée à son épaisseur.

Quoi qu'il en soit du mécanisme par lequel le chyle passe de l'intestin dans les vaisseaux chyleux, il est certain que ce mécanisme continue encore d'agir après la mort, comme l'a observé Magendie. Une fois dans les vaisseaux chyleux, les causes de son mouvement progressif sont : 1° l'effet préparé de la cause qui l'a introduit dans les vaisseaux, 2° la contractilité des parois qui tendent à revenir sur l'axe des vaisseaux, 3° la pression des muscles abdominaux et du diaphragme, et celle des artères dilatés dans leur diastole. On reconnaît l'effet de ces dernières causes en voyant le cours du chyle s'accélérer dans le canal thorachique ouvert lors de l'expiration de l'Animal, ou lorsqu'on lui comprime le ventre avec la main. On voit en même temps que la vitesse du courant est bien moindre que celle du sang des veines. Magendie a observé que cette vitesse croît en proportion de la quantité de chyle qui se forme dans l'intestin pour un temps donné. Il a vu sur un Chien d'une taille ordinaire, durant une digestion de matières animales prises à discrétion, l'incision du canal thorachique verser une demi-once de liquide en cinq minutes; or cet écoulement continue tant que dure la formation du chyle, c'est-à-dire pendant plusieurs heures : il entre donc six onces de chyle par heure dans le système veineux d'un Chien de moyenne taille.

La quantité de chyle et sa vitesse doivent donc croître en raison de la vitesse de la digestion et de la grandeur de l'Animal.

On ignore l'influence des glandes mésentériques sur le cours du chyle. Nous croyons inutile d'énoncer ici toutes les questions, toutes les suppositions que les physiologistes spéculatifs ont accumulées au sujet de la Circulation du chyle. Néanmoins il paraît, d'après des expériences de Tiedmann et Gmelin, qu'au-delà des glandes mésentériques le chyle offre une couleur rougeâtre, se coagule entièrement, et laisse déposer un cruor d'un rouge écarlate, tandis qu'en-deçà il ne rougissait pas, ne se congelait pas, et ne laissait déposer qu'une petite pellicule jaunâtre.

Le canal thorachique est la seule route par laquelle le chyle pénètre dans les veines; mais ce canal s'y ouvre souvent par plusieurs branches; ce qui explique comment des Animaux ont pu survivre à la ligature du canal thorachique présumé unique. Dupuytren a vu en effet que dans les Chevaux qui avaient survécu à cette expérience, le canal thorachique subissait une ou plusieurs divisions au-dessus de la ligature.

Magendie a prouvé que les vaisseaux chylifères transportaient uniquement le chyle, et que les boissons et autres matières passaient directement par les veines.

2°. *Du mouvement progressif de la lymphe.*

Tout ce qu'on sait de l'origine des vaisseaux lymphatiques, c'est qu'ils naissent par des racines très-déliées dans l'épaisseur des membranes et du tissu cellulaire, ainsi que dans le parenchyme des organes où on peut supposer qu'ils se continuent avec les extrémités des artères; car il arrive quelquefois qu'une injection poussée par une artère passe dans les lymphatiques de la partie où elle se distribue. Ces vaisseaux sont garnis de valvules ou soupapes qui font obstacle au mouvement rétrograde du courant de leurs fluides, comme nous l'avons déjà observé dans les vaisseaux chyleux dont ils ont aussi la structure. Ils existent dans presque tous les organes, excepté dans le système cérébro-spinal et ses enveloppes. On n'en a pu découvrir non plus dans l'œil ni dans l'oreille interne.

Aux membres ces vaisseaux forment deux plans, l'un superficiel, l'autre profond. Celui-ci règne surtout entre les muscles autour des nerfs et des gros vaisseaux. Tous se dirigent vers la partie supérieure des membres, en diminuant de nombre, augmentant de volume, et s'engagent dans les glandes axillaires et inguinales, avant de pénétrer, soit dans la poitrine, soit dans l'abdomen. Tous les vaisseaux lymphatiques du tronc et des membres aboutissent au canal thorachique; il n'y a que ceux de l'extérieur de la tête et du cou qui se terminent, chacun de leur côté, par un vaisseau assez volumineux, dans la veine sous-clavière correspondante. Les glandes ou ganglions qui interceptent les vaisseaux lymphatiques sur leur longueur ont la même structure que les glandes mésentériques.

Avant la découverte des vaisseaux lymphatiques, on croyait que les veines étaient partout les organes de l'absorption. G. Hunter, l'un des anatomistes qui a le plus découvert de ces vaisseaux, a surtout contribué à établir la doctrine que les lymphatiques étaient les organes de l'absorption; et cette doctrine a été admise jusqu'à Magendie. Voici comment celui-ci en a démontré la fausseté : et d'abord, quant aux vaisseaux chyleux, il a prouvé qu'aucune parcelle des matières colorantes, odorantes ou vénéneuses, ne pouvait être retrouvée dans le canal thorachique des Animaux à qui l'on avait fait avaler de ces substances, tandis qu'elles existaient dans le sang ou même dans les fluides formés par le sang; que les poisons agissaient aussi bien quand le canal thorachique était lié que quand il ne l'était pas; qu'une anse d'intestin ne tenant plus au corps que par une artère et une veine dont on avait même, par surcroît de précaution, enlevé la tunique celluleuse, l'absorption d'un poison qu'on y avait introduit y était aussi rapide qu'à l'ordinaire; que les matières colorantes injectées dans le péritoine ne passaient pas non plus par les vaisseaux lymphatiques. Or, déjà l'on aurait pu en conclure que les vaisseaux lymphatiques ne sont pas les organes de l'absorption, puisque ce phénomène s'opère dans le système cérébro-spinal et les membranes où ces vaisseaux n'existent pas. Voici comment il a prouvé que les lymphatiques des membres n'étaient pas non plus les organes de l'absorption. Il a séparé sur un Chien, après des ligatures convenables sur les vaisseaux sanguins, la cuisse d'avec le corps, en ne les laissant communiquer que par l'artère et la veine crurale, dont il avait enlevé la tunique celluleuse pour que l'on ne pût croire qu'il y subsistât le moindre vaisseau lymphatique. Il a enfoncé dans la pate quelques grains d'Upas-tieuté; l'Animal est mort aussi vite que si la cuisse avait été dans son intégrité. Il fit plus; il interrompit la continuité des parois artérielle et veineuse par un tube de verre substitué à un tronçon d'artère et de veine qu'il avait coupé, et l'empoisonnement se fit aussi promptement que si toutes les communications vasculaires et nerveuses du membre avec le tronc avaient été dans leur état naturel.

Or, en considérant, 1° la nature de la lymphe qui a la plus grande analogie avec le sang; 2° la communication que l'anatomie démontre entre la terminaison des artères et les racines des lymphatiques; et 3° la prompte et facile pénétration des substances colorantes et salines dans les vaisseaux lymphatiques, il semble très-probable à Magendie que la lymphe est une partie du sang. Il observe enfin que les vaisseaux lymphatiques sont loin de contenir toujours de la lymphe; que ceux de l'abdomen en contiennent plus souvent que les autres; qu'enfin le canal thorachique en contient constamment; qu'à mesure que l'abstinence se prolonge chez un Chien, la lymphe devient de plus en plus rouge; qu'après un jeûne de huit jours, elle a presque la couleur du sang, et qu'alors aussi elle est plus abondante; qu'elle marche très-lentement dans ses vaisseaux; que si en le comprimant, on en a vidé un, il faut quelquefois plus d'une demi-heure avant qu'il se remplisse de nouveau, et que souvent il reste vide; que néanmoins ces vaisseaux sont contractiles; que cette contractilité est cause qu'on les trouve presque toujours vides peu de temps après la mort. Cette contractilité et les pressions qui résultent de la contraction des muscles et du battement des artères, enfin un reste d'impulsion communiquée et par le cœur et par l'élasticité des artères, puisque la communication de celles-ci avec les radicules lymphatiques est démontrée, telles nous paraissent être les causes de la progression de la lymphe. D'après le petit nombre et le peu de certitude de nos connaissances sur l'origine et le cours de la lymphe, on peut juger quel degré de confiance est dû à ces théories médicales qui supposent que la lymphe est épaissie, obstruée, et qui opèrent en conséquence.

Et la lymphe et le chyle ne subissent donc pas un mouvement révolutif. Parvenus dans la veine sous-clavière, ils se mêlent avec le sang qui seul subit une véritable Circulation parmi les fluides animaux. Dès l'instant de leur pénétration dans le système veineux, il n'y a plus qu'un seul fluide assujetti dans son cours à deux ordres de causes, les unes purement mécaniques et qui résultent de la construction même des canaux qu'il parcourt, les autres vitales et qui résultent des élaborations imprimées au sang dans les différens organes qu'il traverse. Ce n'est que des premières que nous allons traiter ici : pour les autres, *V*. NUTRITION et SÉCRÉTIONS.

Le système veineux naît dans tous les organes par des petits tuyaux extrêmement ténus lorsqu'ils deviennent sensibles, et formant de nombreux réseaux. Ces petits tuyaux vont en augmentant de volume et diminuant de nombre, dans un rapport tel que la capacité du système diminue d'autant plus que les tuyaux grossissent. Or, d'après ce principe que, lorsqu'un liquide coule à plein tuyau, la quantité de ce liquide qui dans un instant donné traverse les différentes sections du tuyau, doit être partout la même, et que lorsque le tuyau va en s'élargissant, la vitesse diminue, qu'elle s'accroît quand le tuyau va en se rétrécissant, il suit que la vitesse du courant veineux croît d'autant plus que la distance à l'origine du système est plus grande, et comme l'introduction du sang dans les veines se fait d'une manière certaine, il suit que le mouvement circulatoire serait très-uniforme, s'il n'y avait d'autre cause du mouvement que la force qui détermine l'introduction du sang, et que celle qui résulte de la diminution d'espace dans les tuyaux parcourus. Voici les causes auxiliaires de la Circulation veineuse :

1°. Les parois des veines sont très-peu élastiques. Elles ne sont pas contractiles comme on l'avait cru ; mais leur élasticité n'est pas assez grande pour qu'elles puissent se vider, et ensuite il y en a dont les parois sont adhérentes, telles que celles des os, de la dure-mère, du testicule, etc. Il est évident que l'élasticité est d'autant plus grande que les parois sont plus épaisses. Or, l'épaisseur est d'autant

plus grande que les veines sont plus superficielles.

2°. Les pressions exercées sur les veines par les diverses membranes, les aponévroses et même par la peau ; par les muscles, lors de leurs contractions ; par l'ampliation de la poitrine, lors de l'inspiration ; par le battement même des artères collatérales, et comme il y a presque toujours plus de la moitié des tuyaux veineux dans lesquels le sang doit marcher contre sa propre pesanteur, quel que soit le mode de station des Animaux, les veines où cela doit avoir lieu sont munies, de distance en distance, de petites soupapes formées par le plissement de la membrane interne, et dont le plan est incliné en bas à partir de leur bord libre. Ces soupapes se nomment valvules et résistent à la gravité de la colonne de liquide superposée qu'elles empêchent de presser sur les colonnes inférieures.

D'après les nombreuses combinaisons des deux ordres de causes variables dont il vient d'être question, on voit que la vitesse du cours du sang doit être fort inégale dans les différentes régions du corps ; à quoi il faut ajouter que des organes entiers presque uniquement composés de veines, tels que la rate, les corps caverneux et la glande choroïdienne des Poissons, etc., paraissent calculés pour le plus grand ralentissement possible du sang. Quoi qu'il en soit, le sang provenant de tous les organes se rend par deux grandes veines appelées Caves dans l'oreillette du cœur pulmonaire chez tous les Animaux vertébrés (*V.* CŒUR). Les mouvemens de cette oreillette, dont les parois ont constamment chez tous les Animaux une épaisseur bien moindre que celle du ventricule, sont inverses de ceux du ventricule. Elle se dilate quand celui-ci se resserre, et réciproquement ; et comme cette dilatation est active et se continue long-temps même après l'extraction de l'organe, et lorsqu'il est tout-à-fait vide, ainsi que nous l'avons observé sur des Vertébrés de toutes les classes, il suit que le vide formé au moment de la dilatation doit être encore compté parmi les causes auxiliaires du mouvement progressif du sang. Si la dilatation des cavités du cœur est active, la contraction l'est à plus forte raison : aussi ce double mouvement, dont l'impulsion est tout-à-fait indépendante et du liquide circulant et des chocs du voisinage, forme-t-il la cause initiale de la Circulation. L'oreillette étant contractée, le sang n'y peut pénétrer, et comme son courant dans les veines est continu, l'obstacle de l'oreillette fermée le fait refluer plus ou moins loin dans les veines en surmontant leur élasticité. En outre même que l'oreillette se contracte, une partie du sang qu'elle contient est projetée en arrière, et cette onde rétrograde et le reflux du sang qui arrive après la contraction déterminent, à des distances variables, des ondulations que, dans l'Homme, on appelle pouls veineux. C'est dans les Mammifères plongeurs que ce pouls ou reflux veineux est porté au plus haut degré. Comme, pendant tout le temps que l'Animal est sous l'eau, le sang ne peut passer par le poumon, et par conséquent par l'artère pulmonaire ou le ventricule correspondant, ou, du moins, comme il n'y en passe qu'une très-petite partie, le sang acculé à l'oreillette actuellement fermée, recule et refoule des ondes de liquide sur une distance rétrograde d'autant plus grande que la respiration est plus long-temps suspendue. Il existe en outre dans les Cétacés, pour suffire à ce refoulement, d'immenses réservoirs veineux tout le long de la cavité du canal vertébral. Ces canaux ou sinus veineux sont pleins d'anastomoses : c'est à eux qu'est réservé l'excès d'amplitude du canal vertébral qui, dans tous ces Animaux, est loin de représenter une mesure proportionnelle du volume de la moelle épinière.

A l'instant où l'oreillette se dilate, le ventricule se contracte et presse concentriquement le sang qui n'a que deux issues ; la postérieure lui est fermée par l'abaissement de trois grandes soupapes appelées valvules triglochines : l'abaissement de ces soupapes est borné par des cordes tendineuses fixées d'une part à leur sommet, et de l'autre à des piliers charnus, saillans du pourtour du ventricule ; mais, en s'abaissant, tout le sang contenu dans l'espace conique, qu'interceptent les trois soupapes, est refoulé dans l'oreillette ; tout le sang qui se trouvait adossé aux surfaces ventriculaires des soupapes est alors chassé directement, ou réfléchi par la surface de ces soupapes dans l'artère pulmonaire, en soulevant trois autres petites soupapes (valvules sigmoïdes) qui servaient d'adossement à la colonne sur laquelle réagissait l'élasticité de cette artère.

Outre qu'une partie du sang contenu au moment de la dilatation, soit dans l'oreillette, soit dans le ventricule, reflue en arrière, tout l'excédant de ce reflux n'est pas encore projeté en avant ; presque jamais la cavité ne se vide entièrement ; on voit donc que l'ondée projetée par le ventricule est assez petite. Il en résulte que chaque ondée sortante a subi plusieurs fois la contraction de chaque cavité, et que le mélange de ses molécules a pu se faire d'une manière bien plus intime. Il est probable que les piliers charnus qui traversent le ventricule contribuent surtout à ce mélange, à ce battement du sang.

A l'instant où l'ondée a été projetée du ventricule dans l'artère pulmonaire, l'élasticité des parois de ce vaisseau réagit vers l'axe, et le sang tend à s'échapper, soit vers le ventricule, soit vers le poumon. L'orifice cardiaque, étant très-large, donnerait passage à la plus grande partie sans l'abaissement des petites soupapes semi-lunaires dites valvules sigmoïdes, qui, en chevauchant l'une sur l'autre, forment un obstacle complet au moindre reflux ; et comme, tout ténus qu'ils sont, les petits tuyaux qui terminent l'artère pulmonaire, ont une capacité bien inférieure à celle de cette artère, le sang, y trouvant plus d'espace, coule avec facilité. À la vitesse initiale imprimée par la contraction du ventricule, s'ajoute donc, pour faire passer le sang dans les veines pulmonaires à travers les capillaires du poumon, l'élasticité des parois de l'artère. Ce mouvement initial s'affaiblit en s'éloignant de son point de départ : aussi, lorsqu'on ouvre loin du cœur une petite division de l'artère pulmonaire, le jet de sang est continu ; si l'ouverture est faite plus près et sur un plus gros vaisseau, le jet est saccadé, et d'autant plus que la distance est moindre. Nous avertissons que la réaction des parois artérielles est purement physique, comme celle des veines, et n'a rien de vital ni de comparable à la contractilité musculaire. Tout ce que l'on a dit de l'action des capillaires du poumon est aussi conjectural que ce qu'on a dit de celle des capillaires généraux. Personne n'en a jamais rien vu. Nous n'en parlerons donc pas.

Le mécanisme du passage du sang des extrémités de l'artère pulmonaire jusqu'à l'artère aorte, est le même que celui qui vient d'être exposé pour le sang veineux, depuis les origines des veines jusqu'à l'artère pulmonaire ; seulement la vitesse du courant est plus grande dans les veines pulmonaires que dans les veines générales, parce que la distance parcourue par la vitesse initiale est infiniment plus courte, et que les résistances sont beaucoup moindres. Le sang n'est pas non plus autant battu dans le ventricule aortique que dans le pulmonaire : aussi le premier manque-t-il des piliers charnus qui traversent le second. L'excès d'épaisseur de ses parois, ainsi que l'élasticité bien supérieure des artères comparée à l'élasticité de l'artère pulmonaire, répondent aussi à la distance plus grande que le sang artériel doit parcourir.

On peut se faire une idée de la force de pression avec laquelle l'élasticité des artères chasse le sang en mettant à découvert une grosse artère sur un Animal vivant, et y serrant une ligature. L'impulsion du cœur est ainsi supprimée. Or, l'artère finit pourtant par se vider tout-à-fait, et cela assez promptement : c'est le mouvement du cœur qui met en jeu l'élasticité des artères; le cours du sang est continu ; le mouvement du cœur est intermittent, et comme le trajet des artères aux différens organes est infiniment varié pour la longueur et pour la direction; comme la direction peut subir des courbures ou des flexions angulaires de toute grandeur, et qu'en conséquence il est impossible que tous les organes reçoivent du sang avec la même vitesse, et conséquemment en proportion uniforme pour un temps donné, il s'ensuit la réalisation, dans la mécanique animale, d'un problème d'hydraulique très-compliqué, savoir la distribution continue et très-variée, pour la quantité et la vitesse, d'un même fluide contenu dans un seul système de tuyaux dont les parties sont de capacité et de longueur très-inégales, au moyen d'un seul agent d'impulsion alternative. Nous avons déjà cité un exemple remarquable de ces appareils de ralentissement de la vitesse du sang dans la glande choroïdienne des Poissons ; c'est un pelotonnement, un entrelacement extrêmement fin de terminaisons artérielles et d'origines veineuses. L'objet de ce mécanisme est, comme nous l'avons exposé ailleurs, de mettre une plus grande quantité de sang en contact avec la rétine, et en même temps d'en atténuer, autant que possible, le choc contre cette membrane. Il y en a un autre exemple dans la membrane pie-mère qui enveloppe toutes les surfaces du système cérébro-spinal de tous les Vertébrés et surtout des Mammifères, et parmi ceux-ci, en particulier chez les Ruminans, dans le *rete admirabile* (réseau admirable) que forment les artères carotides et vertébrales à leur entrée dans le crâne

(*V.* Ruminans). L'objet de cette atténuation si grande du courant sanguin, dû au nombre presque infini de petits filets presque capillaires, recourbés ou fléchis angulairement sur eux-mêmes dans toutes sortes de directions, et, de plus, anastomosés presque à chaque instant, de manière à ce que les vitesses s'usent en se rencontrant l'une contre l'autre ; cet objet, disons-nous, est évidemment d'empêcher le choc trop violent que des courans rectilignes et d'un plus gros calibre imprimeraient à des organes aussi délicats et aussi fragiles que les membranes nerveuses de l'œil et du système cérébro-spinal.

Tel est le mécanisme de la Circulation dans les Mammifères où l'on pourrait encore distinguer une Circulation veineuse particulière, savoir celle du sang qui revient de tous les organes digestifs, et qui se fait par les veines affluentes au tronc de la veine-porte ; au lieu que le sang de ce système parcoure des espaces progressivement rétrécis, il rentre, au-delà du tronc de la veine-porte proprement dite, dans des ramifications qui reproduisent celles qu'il avait déjà parcourues en-deçà de ce tronc. Le tronc de la veine-porte ainsi placé entre deux ordres de tuyaux ramifiés, et dépourvu d'agent d'impulsion, représente assez bien dans les Mammifères le mécanisme de la Circulation artérielle des Poissons : aussi la vitesse du courant est-elle moindre dans le système de la veine-porte que dans tous les autres. Car ici le fluide passe d'un espace plus petit dans un espace plus grand, mais où les frottemens et les résistances sont plus multipliés. Il paraît que ce ralentissement du cours du sang veineux intestinal a pour objet le mélange plus intime de tous les matériaux que l'absorption veineuse intestinale y a introduits ; car l'injection de la bile poussée brusquement dans la veine crurale d'un Chien fait périr l'Animal en peu d'instans. Cette injection ne cause aucune gêne, si elle est poussée dans un tronc de la veine-porte.

Elle est aussi d'autant plus exempte d'inconvéniens qu'on la pousse plus doucement dans la veine crurale. Quoi qu'il en soit, la Circulation de la veine-porte ne diffère mécaniquement de celle des autres veines que par le ralentissement qui résulte de la multiplication des obstacles.

Dans les Oiseaux, de même que dans les Poissons, il n'y a point de Circulation ni de la lymphe ni du chyle, ni même aucun vestige de systèmes chyleux et lymphatique. Les absorptions chyleuses et lymphatiques sont donc dans ces classes opérées par les extrémités veineuses : ce qui était une raison de croire que l'absorption et la Circulation de la lymphe ne sont pas continuelles là où il existe des vaisseaux lymphatiques, et que toutes les absorptions intestinales ne se font pas par les vaisseaux chyleux là où ces vaisseaux existent, puisque les fonctions dont ils sont supposés être les agens uniques, ne s'en font pas moins bien là où ces agens n'existent pas.

Dans les Poissons, soit osseux, soit cartilagineux, il n'y a pas de cœur aortique ; mais le cœur pulmonaire y est doué d'un excès de volume et de contractilité, bien supérieur à ce qui existe dans les Mammifères et les Oiseaux. En outre, l'élasticité de l'artère branchiale ou pulmonaire, dont le jeu entretenu par l'action du cœur rend continue l'impulsion donnée par les contractions alternatives du cœur, acquiert un degré supérieur à ce qui existe dans tous les tissus que nous connaissons. Nous avons, sur des Baudroies et des Tétradons, longtemps après la mort, doublé toutes les dimensions du bulbe de l'artère branchiale, et comme cet appareil d'une pression si énergique est placé tout près des obstacles, la force ne subit d'autres pertes que celles qui résultent de l'insertion angulaire des divisions du tronc branchial. Le sang qui a traversé les branchies du Poisson a donc bien moins perdu de sa vitesse initiale que celui qui a traversé les poumons d'un Mammifère ou d'un Oiseau : or, cette vitesse initiale est de beaucoup plus grande dans le Poisson. Cet excès de vitesse est employé à donner au sang une impulsion capable de lui faire parcourir toutes les divisions de l'aorte. A la vérité, la projection rectiligne de ce vaisseau, tout le long du corps du Poisson, évite les ralentissemens ; mais, comme nous l'observions à l'occasion de la veine-porte, le sinus de l'artère aorte des Poissons étant intermédiaire à deux systèmes de ramifications, l'espace que parcourt au-delà du sinus le sang qui vient des branchies, allant toujours en augmentant en même temps que les résistances à son cours, sa vitesse serait peut-être insuffisante sans le supplément d'impulsion qu'il reçoit par la compression des branchies entre l'opercule et la surface de la grande clavicule. Cette compression qui agit sur l'origine et les premières divisions des veines branchiales est une cause d'impulsion dont il nous semble qu'on n'avait pas tenu compte jusqu'ici. Enfin, dans les Poissons, les divers états d'amplitude de la vessie aérienne, et surtout les contractions des muscles abdominaux qui agissent librement sur les veines caves et sur l'aorte, puisque ces vaisseaux n'ont un canal osseux commun que derrière l'abdomen, dans ce qu'on nomme la queue, sont encore des causes accessoires de leur Circulation.

Dans les Reptiles, il n'y a aussi qu'un seul cœur, mais il est à la fois aortique et pulmonaire. La veine pulmonaire et les veines caves qui rapportent le sang de tout le corps, s'ouvrent dans la même oreillette. Les deux sangs se mélangent dans cette oreillette et dans le ventricule dont la masse est à proportion bien moindre que dans les Poissons. Cuvier a fait voir que le degré d'énergie musculaire des Animaux de cette classe était en raison inverse de la quantité de sang veineux qui passait dans leur aorte pour un temps donné ; et comme l'artère unique qui sort du cœur se divise en deux troncs, l'un pour le

poumon, l'autre pour l'aorte, plus l'aire de la section du tronc pulmonaire grandit, plus la quantité de respiration augmente, de sorte que le rapport des aires de section des deux troncs de l'aorte peut servir de mesure à cette énergie. A quoi il faut ajouter que chez les Sauriens, l'oreillette et le ventricule sont divisés par des cloisons dont l'effet est de diriger plus ou moins isolément les deux sortes de sang, chacun vers le tuyau transcardiaque correspondant. Dans ce cas aussi le tronc unique qui sort du cœur se divise plus près du ventricule, ou même si près qu'il y a, pour ainsi dire, deux troncs qui en naissent.

Dans les Mollusques pulmonés ou branchifères, il n'y a aussi qu'un cœur ; mais il est aortique et imprime l'impulsion à tout le sang qui revient des branchies ou des poumons. Tous ces Animaux ont des agens d'impulsion supplémentaire dans les contractions de leurs muscles, ou même dans les compressions qu'exerce le rapprochement des valves. Il n'y a que les Céphalopodes qui présentent un mécanisme particulier. Le cœur aortique n'y est pas adossé et adhérent au cœur branchial, et, de plus, il y a deux vrais cœurs branchiaux écartés l'un de l'autre, et dans l'intervalle desquels, mais un peu en avant, se trouve le cœur aortique. Il y a donc réellement dans les Céphalopodes deux cercles artériels et veineux, un pour chaque côté du corps. Le point de tangence de ces deux cercles est au cœur aortique (*V.* Cuvier, Mém. sur les Moll. céphal. pl. 2, 3 et 4).

Dans les Crustacés, le mécanisme est à peu près le même que chez les Mollusques non céphalopodes, par la position du cœur entre les ramifications qui apportent le sang de l'organe respiratoire, et les ramifications qui le distribuent au corps.

Dans les Arachnides et les Vers, il n'y a plus de cœur sur aucun point de la longueur des veines ou des artères. Le mouvement progressif est alors beaucoup plus lent, et paraît dépendre de la pression des origines capillaires sur les fluides absorbés, tout comme nous l'avons vu pour la Circulation du chyle dans les Mammifères.

Dans les Insectes, il n'y a plus de tuyaux ramifiés dont les extrémités seules dispensent les molécules nutritives aux organes. Tout le long du dos de l'Animal règne un vaisseau fusiforme, plein de liquide entretenu dans une oscillation continuelle, mais susceptible d'accélération et de ralentissement, par les contractions de ses parois, suivant l'axe, mais surtout suivant les diamètres du vaisseau. Ce vaisseau paraît être le réservoir du fluide nutritif qui n'y arrive peut-être que par imbibition. L'oscillation continuelle du fluide, à en juger d'après ce qui se passe dans le cœur des Animaux vertébrés, a peut-être pour objet d'entretenir le mélange des molécules du fluide, et de s'opposer à leur précipitation. Marcel de Serres (Mém. du Muséum) a donné une description fort étendue du grand vaisseau dorsal des Insectes, malgré laquelle on ne connaît pas encore bien les usages de ce vaisseau et du liquide qu'il contient (*V.* Insectes et Nutrition).

Le sang est rouge dans tous les Vertébrés, mais sa température est loin d'être uniforme dans toutes leurs classes. Il est rouge aussi dans la plupart des Annelides, mais sa température n'y est pas supérieure à celle du milieu dans lequel existe l'Animal, non plus que chez les Mollusques où il n'est jamais rouge, où il n'est pas non plus blanc, mais d'un blanc passant au bleuâtre, au verdâtre, etc. *V.* Mammifères, Oiseaux, Reptiles, Poissons, Mollusques, Annelides, Respiration et Sang.

(A.D..NS.)

Dans les Animaux rayonnés, on ne peut nier l'existence d'une Circulation; cependant les fluides ne se bornent pas à aller du centre à la circonférence, ils reviennent au centre pour se porter de nouveau dans toutes les parties du corps. Cette Circulation peut être prouvée, 1º par les mouvemens de contraction et de dilatation que presque tous les Zoophytes possèdent lorsqu'ils s'agitent : des naturalistes célèbres l'ont considérée comme le produit d'une sorte de respiration; 2º par l'existence d'organes particuliers qui ne sont ni tentaculaires, ni propres à la digestion ou à la reproduction; 3º enfin, par la nécessité absolue de l'absorption de l'Oxigène, soit de l'Eau, soit de l'Air, qui ne peut provenir que de la décomposition de l'un de ces deux fluides; absorption indispensable à l'entretien de la vie, et qui exige un appareil d'organes particulier. Ainsi, il doit exister, dans les Animaux rayonnés, une Circulation dans les fluides que l'on ne peut comparer à celle des Animaux des classes supérieures, mais qui n'en existe pas moins, que la nature a chargée des mêmes fonctions, et que l'on pourrait nommer, à cause du voile qui en couvre les agens, fausse Circulation, *Pseudo-Circulatio.*

Dans les Hydrophytes. Quelques auteurs ont nommé Circulation les mouvemens des fluides dans les Plantes terrestres; ces mouvemens sont encore peu connus : il n'y en a que deux qui soient bien déterminés; celui de la sève ascendante, qui se répand également du centre à la circonférence, et celui du cambium et des sucs propres, qui semble se diriger de haut en bas; les autres sont plus ou moins hypothétiques. Existe-t-il quelque chose d'analogue dans les Plantes marines? La réponse sera affirmative pour les Fucacées, les Floridées et les Dictyotées, mais non pour les Ulvacées, ni pour la plupart des Hydrophytes que Linné regardait comme des Conferves. Il ne faut qu'observer la position des fructifications, la végétation des feuilles, et surtout celle des petites feuilles qui poussent à l'extrémité des nervures d'une grande feuille que l'on coupe, pour se convaincre de l'existence d'un système vasculaire dans les

Plantes marines, et d'une sorte de Circulation qui est à celle des Plantes terrestres ce qu'est peut-être celle d'un Polype à celle d'un Mammifère. Ce qu'il y a de certain, c'est la nécessité d'un mouvement particulier des fluides, par une route déterminée, pour expliquer les phénomènes que présentent les organes de la fructification et le développement des feuilles dans un grand nombre d'Hydrophytes. (LAM..X.)

CIRCUM-AXILLES (NERVULES). BOT. PHAN. Mirbel applique cette épithète aux vaisseaux du trophosperme, qu'il nomme NERVULES lorsqu'ils sont appliqués contre l'axe du fruit, et qu'ils s'en séparent à l'époque de la déhiscence. On en a des exemples dans l'Epilobe et l'Onagre. (A. R.)

CIRCURI. OIS. Syn. sarde de la Caille, *Tetra Coturnix*, L. *V*. PERDRIX. (DR..Z.)

CIRCUS. OIS. Nom latin donné par Cuvier à un sous-genre qui comprend les Busards. *V*. cette division au mot FAUCON. (DR..Z.)

CIRE. OIS. Nom donné à la membrane épaisse et charnue qui entoure la base du bec de certains Oiseaux et particulièrement des Accipitres. (DR..Z.)

CIRE. ZOOL. et BOT. Substance immédiate fournie par les deux règnes, et tellement répandue dans les parties des Végétaux, qu'on a cru pendant long-temps qu'elle était seulement transportée par les organes des Animaux pour être appropriée à leurs divers usages. En effet, la Cire des Plantes est, chimiquement parlant, identique avec celle des Abeilles. Elle forme la principale partie constituante du pollen ou des globules fécondateurs des anthères ; la poussière glauque qui recouvre un grand nombre de fruits, celle qui enduit la surface supérieure des feuilles de plusieurs Arbres, la fécule verte ou le parenchyme des Plantes herbacées, contiennent cette substance qu'il est facile d'extraire par des lavages successifs à l'Eau et à l'Alcohol, par l'addition de l'Ammoniaque, et par la précipitation qu'un Acide faible détermine dans ces liqueurs. Malgré cette abondance de la Cire dans les organes des Végétaux où les Insectes vont puiser toute leur nourriture, abondance qui avait conduit naturellement à penser que la Cire produite par ces Animaux était uniquement d'origine végétale, nous préférons nous en rapporter aux observations d'Huber et de Latreille, lesquelles constatent d'une manière péremptoire que cette substance est une véritable sécrétion animale d'autant plus abondante que les Plantes sur lesquelles les Abeilles vont butiner sont plus riches en matières sucrées. *V*. à ce sujet les preuves de cette opinion présentées avec tant de clarté à l'article ABEILLE.

Avant que de parler des différens états sous lesquels cette production naturelle nous est présentée, et de ses usages dans les arts, il convient d'examiner la composition chimique et les propriétés de la Cire. A l'état de pureté, elle est solide, cassante, blanche ou même translucide, insipide et presque inodore ; sa pesanteur spécifique, d'après Bostock, est de 0,96, comparée à celle de l'Eau distillée. Fusible à 68° environ, elle se décompose à un degré supérieur, et brûle en donnant une flamme blanche et brillante. Son insolubilité dans l'Eau est absolue ; l'Alcohol et l'Ether n'en dissolvent à chaud qu'une légère quantité. Ses véritables dissolvans ne sont que les Huiles fixes et volatiles. Traitée par la Soude et la Potasse, elle se saponifie, c'est-à-dire qu'elle est transformée en Margarates de ces bases. Thénard et Gay-Lussac qui l'ont analysée (Recherches physico-chimiques), ont déterminé ainsi sa composition : Carbone 81,784, Hydrogène 12,672, Oxigène 5,544. La Cire pure, vu sa solidité, paraît être formée en grande partie de Stéarine ou de la matière consistante, un des élémens principaux des corps gras, découverts par Chevreul.

Le pollen des fleurs, la poussière glauque ou le vernis des fruits et des feuilles, quoique presque entièrement formés de Cire, ne sont point employés à son extraction ; ces matières sont toujours en trop petite quantité pour qu'il y ait quelque avantage à les exploiter sous ce rapport ; et d'ailleurs, dans nos climats, la Cire des Abeilles est un produit si commun, qu'on ne s'avise pas d'en aller chercher ailleurs. Mais, en Amérique, deux Arbres la fournissent en aussi grande quantité que les Abeilles en Europe. Nous voulons parler du *Myrica cerifera* et du *Ceroxylon andicola*. Le premier, qui est très-abondant aux États-Unis, a ses baies toutes recouvertes par une Cire d'une blancheur éclatante, et en donnant à peu près le quart de leur poids ; on les fait bouillir dans l'eau, en ayant soin de les frotter contre les parois de la chaudière. On enlève la Cire qui s'est rassemblée à la surface du bain, on la passe à travers un linge et on la fond de nouveau. Cette Cire est verte, couleur qu'elle doit à une matière étrangère et qu'on peut lui enlever par l'Éther. D'autres *Myrica* produisent également de la Cire, mais en moindre quantité. *V.* le mot MYRICA, ainsi que le Mémoire de Cadet, publié dans les Annales de Chimie, T. XLIV, p. 140. Nous avons parlé de la Cire fournie par le *Ceroxylon andicola*, Humb. et Bonpl., de sa nature et de ses usages. *V.* le mot CÉROXYLE. Le professeur Delille de Montpellier a lu dernièrement à l'Institut une Note sur le *Benincasa cerifera*, nouveau genre de Cucurbitacées, qui donne aussi une proportion considérable de cette substance.

La Plante dont Humboldt et Bonpland ont parlé dans leur Voyage, sous le nom d'ARBRE DE LA VACHE, *Arbol della Vacca* des indigènes de l'Amérique du sud, contient un suc laiteux qui paraît être une véritable émulsion cireuse. Sans parler en ce moment des autres matériaux singuliers qui composent ce lait, et dont l'analyse vient d'être faite sur les lieux par Boussingault et Rivero, il nous suffira d'annoncer que la Cire est le principe constituant le plus remarquable de ce lait, et qu'on peut l'en extraire par des procédés faciles. Les jeunes naturalistes qui ont transmis ces renseignemens à l'Académie des sciences, assurent qu'ils se sont éclairés avec des bougies composées de cette Cire.

Les rayons ou gâteaux de Cire, extraits des ruches des Abeilles, sont d'abord coupés par tranches que l'on met égoutter sur des claies et que l'on a soin de retourner de temps en temps. On la fait chauffer ensuite avec de l'eau, et on la soumet à l'action de la presse dans des sacs de toile. La Cire est de nouveau fondue avec de l'eau, puis coulée dans des terrines de grès. Elle se fige à la surface de l'eau, et prend alors la forme de pains de Cire jaune, sous laquelle elle se vend ordinairement dans le commerce. L'odeur de la Cire brute, ainsi que sa couleur jaune, lui sont étrangères ; elle les perd en effet lorsqu'on la blanchit par le procédé suivant : aplatie et mise en rubans au moyen d'un cylindre de bois que l'on fait mouvoir horizontalement sur elle dans une grande cuve d'eau, on l'expose à l'action combinée de l'air humide et de la vive lumière, en prenant les précautions convenables pour que le sol ne puisse la souiller ; bientôt ses surfaces acquièrent de la blancheur ; on les renouvelle en la fondant et la coulant de nouveau en rubans, et par des répétitions fréquentes de cette manipulation, on arrive à la priver complètement de son odeur et de sa couleur. Ce procédé, encore généralement usité, a l'inconvénient d'apporter de longs délais pour cette importante opération. On lui a substitué avec avantage le blanchiment par le Chlore. L'immersion des rubans dans cette substance en dissolution, ou leur exposition à l'action immédiate du Chlore gazeux, produisent en peu de temps ce que l'exposition sur le pré ne donne qu'à la longue. On pourrait accélérer le blanchiment en passant les rubans successivement dans une eau alkaline et dans le Chlore liquide, ou en se servant d'un Chlorure de Soude ou de Potasse.

Les usages de la Cire sont très-multipliés : l'éclairage le plus brillant, le moins incommode, est donné par cette substance. La lumière des bougies est si belle, qu'elle rivalise avec celle du Gaz hydrogène le plus riche en Carbone ; on a perfectionné leur fabrication en ces derniers temps, tellement que, sans perdre de leurs qualités comme combustibles lumineux, elles ont une élégance extérieure qui les fait servir d'ornement dans les salons. D'une translucidité parfaite, elles semblent être fabriquées avec l'Albâtre le plus pur ; mais peut-être la Cire n'est-elle pas l'unique élément de ces bougies, d'autres substances grasses et très-blanches ; le blanc de Baleine, par exemple, pouvant lui être associées sans lui faire perdre de ses qualités. On se sert de la Cire pour mouler une foule d'objets, pour imiter surtout les diverses pièces d'anatomie ; sa facilité à se combiner avec les couleurs et à se teindre de toutes les nuances, sa mollesse et sa ductilité la rendent très-précieuse sous ce rapport. Enfin les pharmaciens en font un usage fort considérable, soit pour durcir leurs masses emplastiques, soit pour la préparation des pommades et cérats.   (G..N.)

* CIRHUELA. bot. phan. Syn. espagnol de Prune, d'où le nom de *Cirhuela de Frayle* (Prune de Moine) donné dans les Antilles espagnoles à un *Malpighia*.   (b.)

* CIRI. bot. phan. (Gaimard.) Synonyme timorien du Poivre Bétel, *Piper Betel*, L.   (g.)

CIRIAPODA. crust. Nom brésilien qu'on a rapporté, sans fondement, au *Cancer Mœnas*.   (b.)

* CIRICH. ois. Syn. piémontais du Friquet, *Fringilla montana*, L. *V*. Gros-Bec.   (DR..Z.)

CIRIER. bot. phan. Nom vulgaire d'un Myrica. *V*. ce mot.   (b.)

CIRIER. bot. crypt. Nom vulgaire de diverses espèces de Champignons qui ont la couleur de la Cire, tels qu'une Pezize et que l'*Agaricus cereaceus* de Jacquin.   (b.)

* CIRIGOGNA. bot. phan. (Séguier.) Syn. de Chélidoine dans certains cantons de l'Italie, particulièrement dans le Véronais.   (b.)

* CIRITA-MARI. bot. phan. (Rhéede.) Syn. indou de *Volkameria inermis*. *V*. Clérodendron.   (b.)

CIRLO. ois. Syn. italien du Bruant des haies, *Emberiza Cirlus*, L. *V*. Bruant.   (DR..Z.)

CIRLO-MATTO. ois. Syn. italien du Bruant des prés, *Emberiza Cia*, L. *V*. Bruant.   (DR..Z.)

CIRLURE. ois. *V*. Zizi.

* CIRMÈTRE. bot. phan. (Daléchamp.) Syn. arabe de Poire.   (b.)

* CIROLANE. *Cirolana*. crust. Genre de l'ordre des Isopodes, section des Ptérygibranches, établi par le docteur Leach, et ayant pour caractères propres : abdomen composé de six articles ; yeux granulés. Ce genre appartient, suivant lui (Dict. des Sc. natur. T. XII, p. 347), à la troisième race de sa famille des Cymothoadées. Il ne comprend qu'une espèce, le Cirolane de Cranch, *Cir. Cranchii*. Son corps est lisse, ponctué ; le dernier article de l'abdomen est triangulaire et arrondi à son extrémité ; il habite les côtes occidentales de la Grande-Bretagne, et a été découvert par Cranch. Ce genre, qui est voisin des Eurydices, pourrait peut-être bien être réuni aux Cimothoés. *V*. ce mot.   (AUD.)

CIRON. *Scirus*. arachn. Genre de l'ordre des Trachéennes, établi par Hermann (Mém. aptérologique, p. 12, 15, 60), et correspondant au genre désigné par Latreille sous le nom de Bdelle. *V*. ce mot.

Le mot *Ciron*, appliqué vulgairement à de très-petits Insectes du genre *Acarus* de Linné, paraît dériver du mot latin *Siro*, et devrait par conséquent s'écrire Siron. Latreille adopte cette orthographe, et il établit, sous le nom de Siron, *Siro*, un genre particulier d'Arachnides que nous décrirons à son ordre alphabétique. *V.* SIRON.   (AUD.)

CIRQUINCHUM ET CIRQUINÇA. MAM. *V.* CHIRQUINCHUM.

*CIRRATULE. *Cirratulus.* ANNEL. Genre établi par Lamarck (Hist. Nat. des Anim. sans-vert. T. v. p. 300) dans sa famille des Échiurées, et ayant, suivant lui, pour caractères : corps allongé, cylindrique, annelé, garni, sur les côtés du dos, d'une rangée de cirres sétacés, très-longs, étendus, presque dorsaux, et de deux rangées d'épines courtes, situées au-dessous; deux faisceaux de cirres aussi très-longs, opposés, avancés et insérés au-dessous du segment antérieur; bouche sous l'extrémité antérieure, avec un opercule arrondi; des yeux aux extrémités d'une ligne en croissant, située sur le segment capitiforme. Lamarck rapporte à ce genre, sous le nom de Cirratule boréal, *Cir. borealis*, le *Lumbricus cirratus* d'Othon Fabricius (*Fauna Groenland*, p. 281, fig. 5). Cette espèce habite les mers du Nord; on la trouve dans le sable. Savigny (Syst. des Annelides, p. 104) propose pour cette espèce, à laquelle il en associe plusieurs autres, l'établissement d'un nouveau genre de sa famille des Lombrics, sous le nom de *Clitellio. V.* ce mot. (AUD.)

* CIRRE. *Cirrus.* ANNEL. Nom employé par Savigny (Syst. des Annelides, p. 8) pour désigner des appendices qui accompagnent souvent les rames des pieds dans les Annelides, surtout dans l'ordre des Néréidées. Les Cirres sont des filets tubuleux, subarticulés, communément rétractiles, fort analogues aux antennes. Ce sont, dit Savigny, les antennes du corps. Cette comparaison est pleine de justesse; et nos propres travaux sur la nature des appendices du corps des Animaux articulés la confirment parfaitement (*V.* quelques-unes des propositions générales qui font suite à l'article AILE). Les Cirres des rames dorsales ou Cirres supérieurs sont assez constamment plus longs que les Cirres inférieurs. Dans la famille des Aphrodites, les Cirres supérieurs sont nuls à la seconde paire de pieds, à la quatrième et à la cinquième; nuls encore à la septième, la neuvième, la onzième, et ainsi de suite jusqu'à la vingt-troisième ou même la vingt-cinquième inclusivement; au contraire, dans la famille des Néréides, les Cirres supérieurs existent à tous les pieds sans interruption. Il en est de même dans la famille des Eunices et dans celle des Amphinomes; dans deux genres de cette famille, les Chloés et les Pleiones, il existe des Cirres surnuméraires; chez les premiers, un Cirre surnuméraire se voit aux rames supérieures des quatre à cinq premières paires de pieds, et chez les seconds, chaque rame supérieure en a un.

Dans le second ordre, celui des Serpulées, les Cirres manquent en tout ou en partie; lorsqu'ils existent, on n'en trouve qu'un à chaque pied; c'est ordinairement le Cirre supérieur.

Dans l'ordre des Lombricines, il n'existe pas de pieds, et par conséquent plus de Cirres. Il en est de même du quatrième ordre ou celui des Hirudinées.   (AUD.)

*CIRRÉS. POLYP. Et non *Cirrhes*. Péron a nommé ainsi des tentacules très-longs de plusieurs Méduses, ainsi que leurs divisions ou appendices. Bory de Saint-Vincent l'étend aux espèces de cils qu'on suppose garnir les organes rotatoires ou quelques autres parties de certains Infusoires.   (LAM..X.)

*CIRRHES. OIS. On donne ce nom à des plumes longues et assez roides, qui, chez quelques Oiseaux, garnissent les paupières et descendent le long du cou. Illiger étend cette qualification à toute tige très-longue, garnie ou non de barbes en forme de crins.   (DR..Z.)

CIRRHES. *Cirrhi.* BOT. PHAN. On désigne sous ce nom ainsi que sous celui de *Vrilles* et de *Mains*, des appendices filamenteux, simples ou rameux, en général tordus en spirale, et qui servent de support à certaines Plantes grimpantes. Les Cirrhes ne sont jamais que d'autres organes avortés, dont la position sert en général à reconnaître la nature. Ainsi dans les Gesces, les Orobes, ils terminent la feuille et ne sont qu'un prolongement du pétiole commun; dans la Vigne, au contraire, ils naissent constamment en face de la feuille et sont les pédoncules d'une grappe dont les fleurs ont avorté. Dans certaines espèces de Smilax, ils paraissent dus au développement considérable que prennent les stipules. En un mot, les Cirrhes ne sont pas un organe particulier, mais proviennent constamment d'un autre organe dégénéré ou accru. (A. R.)

* **CIRRHEUX.** *Cirrhosus.* BOT. PHAN. Ce mot s'emploie pour désigner les organes ou les Végétaux munis de Cirrhes. (A. R.)

CIRRHINE. POIS. (Cuvier.) Sousgenre de Cyprins. *V.* ce mot. Il n'a nul rapport avec les Esoces, comme on l'a dit quelque part. (B.)

CIRRHIPÈDE. *Cirrhipeda.* MOLL. Les Cirrhipèdes dont Blainville a fait ses *Mollucarticulés* ou *Malakentomozoaires* ont été placés par lui et Lamarck comme intermédiaires entre la grande série des Animaux articulés et des Mollusques conchifères (Acéphales, Cuv.). De tous les Animaux, ce sont ceux de cette classe qui ont le plus varié et dans la dénomination et dans la place qu'ils ont occupées. Linné, les plaçant avec les Oscabrioces et les Pholades, en a fait sa famille des Multivalves divisée en *Chiton*, *Lepas* et *Pholas*. Bruguière sépare le genre Lépas de Linné en deux autres, le *Balanus* et l'*Anatifa*, et établit ainsi deux coupes qui sont admises encore aujourd'hui, mais comme ordres. *V.* BALANE et ANATIFE.

Poli, qui après Bosc nous a donné la description anatomique des Animaux qui habitent les Lépas de Linné, les a placés parmi les Sèches, en leur conservant la dénomination de Linné; il n'a pas admis la division de Bruguière, ayant trouvé les Animaux qui présentaient le même ensemble d'organisation. Cuvier (Règn. Anim. T. II, p. 504) en a fait son sixième ordre de Mollusques, les rapprochant des Brachiopodes avec lesquels il leur a trouvé des rapports; en effet, le manteau, les bras cirreux, un pédicule dans la plupart (les Anatifes de Bruguière) étaient des traits de ressemblance assez grands pour les mettre à côté des Térébratules, des Lingules et des Orbicules.

Cette incertitude que l'on a eue pour placer convenablement dans la série des êtres ceux de cette classe, fait voir qu'on en avait mal saisi les rapports. Ce sont les travaux de Blainville, du docteur Leach et de Lamark, qui doivent nous fixer à cet égard, et ce sera d'après eux que nous en présenterons les caractères et les divisions.

Caractères. — Corps symétrique, subglobuleux, conique, recourbé sur lui-même, terminé postérieurement par une sorte de queue conique, articulée, pourvue de chaque côté d'appendices en forme de cirres fort longs, cornés, articulés et servant comme de tentacules; tête non distincte, sans yeux ni tentacules; bouche inférieure pourvue d'appendices latéraux (mâchoires) pairs, articulés, ciliés; organes de la respiration branchiaux, pairs, latéraux et en nombre variable; des appendices à la base de quelques-uns; une moelle longitudinale noueuse; circulation par un cœur et des vaisseaux; anus médian terminal à la base d'un long tube, terminant les organes de la génération, munis d'un manteau ou enveloppe charnue, fendue postérieurement et inférieurement, solidifiée par un plus ou moins grand nombre de pièces calcaires tantôt soudées entre elles, tantôt mobiles.

D'après ces caractères, il est impossible de placer ces Animaux, soit parmi les Articulés, comme Lamarck l'avait d'abord fait en formant avec eux le premier ordre des Crustacés, sous le nom de Crustacés aveugles, soit avec les Annelides, puisqu'ils sont dépourvus d'anneaux transverses et de soies, soit avec les Mollusques conchifères, puisqu'ils n'en ont ni les deux valves articulées à charnière, ni les mâchoires, ni le système nerveux. Comme ils ne pouvaient entrer dans aucune de ces trois classes, il a fallu en faire une particulière qui est intermédiaire, comme nous l'avons déjà dit, entre la série des Animaux articulés et celle des Mollusques.

Le système nerveux de Cirrhipèdes est composé d'une moelle noueuse dont la structure est semblable à celle des Animaux articulés; leur cœur est très-distinct, Poli l'a vu battre; leur foie et leurs branchies sont hors de l'abdomen, fixés sous le manteau. Le manteau revêt ordinairement la plus grande partie du corps, et fournit le pédicule de ceux qui ne sont pas immédiatement fixés.

Tous les Cirrhipèdes sont fixés aux corps marins, soit par l'intermédiaire d'un tube plus ou moins long (les Cirrhipèdes pédonculés, Lamk.; les Campilozomates, Leach), soit sans aucun intermédiaire (les Cirrhipèdes sessiles, Lamk.; les Acamptozomates, Leach). C'est dans son épaisseur que se développent les pièces calcaires qui protègent l'Animal; il n'est jamais séparé en deux lobes, il se trouve seulement percé pour le passage des bras; ceux-ci varient quant à leur nombre: il y en a jusqu'à douze paires, six de chaque côté; ils sont inégaux, les supérieurs les plus longs, les inférieurs qui se rapprochent le plus de la bouche, les plus courts. Ses bras sont ciliés et formés de petites articulations cornées qui portent chacune un petit faisceau de cils. Ceux de ces Animaux qui sont immédiatement fixés paraissent avoir une coquille d'une seule pièce, quoique réellement elle soit composée de plusieurs parties réunies dans ces mêmes coquilles; deux ou quatre petites valves ferment à la volonté de l'Ani-

mal l'ouverture supérieure par laquelle il fait sortir ses bras; ces valves se nomment operculaires.

Lamarck (Anim. sans vert. T. v, p. 382) divise les Cirrhipèdes en deux ordres, les Cirrhipèdes sessiles et les Cirrhipèdes pédonculés. Il divise ensuite les Cirrhipèdes-sessiles en deux familles: 1° ceux qui ont un opercule quadrivalve, qui renferment les genres Tubicinelle, Coronulle, Balane et Acaste; 2° ceux qui ont un opercule bivalve, qui ne comprennent que deux genres, Pyrgome et Creusie.

Le deuxième ordre, les Cirrhipèdes pédonculés, sont également divisés en deux familles: 1° ceux qui ont le corps incomplètement enveloppé par le manteau, et dont les pièces de la coquille sont contiguës; cette première famille est composée de deux genres, l'Anatife et le Pouce-Pied; 2° ceux qui ont le corps complètement enveloppé par le manteau qui offre une ouverture antérieure; les pièces de la coquille sont séparées. Ils ne comprennent que deux genres, Cineras et Otion. Leach a proposé la division suivante dont les coupes principales reposent sur les mêmes caractères, mais qui admet un plus grand nombre de genres que de nouvelles observations rendaient nécessaires:

I. Les Campylozomates, *Campylozomata* (Cirrhipèdes pédonculés, Lamk.), divisés en deux familles.

† Les Cinérides, *Cineridea*. Pièces calcaires petites, le corps peu comprimé supérieurement. Elle renferme les genres Otion et Cineras. *V*. ces mots.

†† Les Pollicipèdes, *Pollicipèdea*. Corps comprimé en dessus, couvert de pièces calcaires.

Genres: Pentalasnie, Scalpelle, Pouce-Pied et Pollicipe.

II. Les Acamptozomates, *Acamptozomata* (Cirrhipèdes sessiles, Lamk.), divisés en deux familles

† Les Coronulides, *Coronulidea*. Opercule quadrivalve; coquille de

six pièces. Elle comprend les trois genres Tubicinelle, Coronulle, Chélonobie.

†† Les Balanides, *Balanidea.* Coquille terminée inférieurement par une base calcaire ; opercule bivalve. Cette famille est divisée en deux sections.

I. Coquille dont la base est infundibuliforme.

Genres : Pyrgome, Creusie, Acaste.

II. Coquille dont la base est variable dans la forme.

Genres : Balane, Conie, Clysie. *V.* ces mots.

Férussac, à l'article Balane de ce Dictionnaire, n'a établi qu'une seule division des Cirrhipèdes sessiles qui nous paraît préférable aux premières. Il y propose deux nouveaux genres, le Polytrème parmi les Coronulides, et le genre Boscie parmi les Balanides. *V.* tous ces mots. (D..H.)

CIRRHIS. pois. Il est difficile de reconnaître à quel Poisson les anciens donnèrent ce nom ; il pourrait bien n'être pas le même que leur Céris. *V.* ce nom. Il vit parmi les pierres des rivages.　(B.)

CIRRHITE. *Cirrhites.* pois. Genre de l'ordre des Acanthoptérygiens, famille des Percoïdes de Cuvier, placé par Duméril dans les Dimérèdes de sa Zoologie analytique. Il fut d'abord formé par Commerson, et Lacépède, qui le trouva dans ses dessins, l'ayant conservé, il a été adopté depuis. Ses caractères consistent dans une seule dorsale ; les rayons inférieurs des pectorales sont plus gros et plus longs que les autres, et non fourchus quoiqu'articulés ; ils sont aussi libres à leur extrémité ; leurs ventrales sont un peu plus en arrière que dans les autres Percoïdes. Leurs préopercules finement dentés, la disposition de leurs mâchoires et de leurs dents les rapprochent des Lutjans.

La mer des Indes nourrit plusieurs espèces de ce genre, entre lesquelles on distingue :

Le Tacheté, *Cirrithes maculatus,* Lac., Poisson brunâtre orné de grandes taches blanches et de petites taches noires, ayant la caudale arrondie.

Le Panthérin, *Cirrithes Panthérinus,* que Lacépède avait décrit comme un Spare, mais que Duméril a remis à sa place. Il n'a que des taches noires, particulièrement sur la tête, à la disposition desquelles ce Poisson doit le nom qu'il porte.　(B.)

*CIRRHOPODES. moll. Nom que Cuvier (Règn. Anim. T. II, p. 504) a employé pour les corps organisés renfermés dans le genre *Lepas* de Linné. On se sert plus ordinairement, d'après Lamarck, du nom de Cirrhipèdes. *V.* ce mot.　(D..H.)

* CIRRHULOS. pois. (Varinus.) Même chose que Cirrhis. *V.* ce mot.　(B.)

* CIRRIS. ois. (Virgile.) Syn. présumé du Bihoreau, *Ardea Nycticorax,* L. *V.* Héron.　(DR..Z.)

CIRRITES. ois. et min. Les anciens donnaient ce nom à des pierres qu'ils disaient se trouver dans l'estomac de l'Épervier, et auxquelles on attribuait des vertus médicales.　(B.)

* CIRROLUS. bot. crypt. (*Lycoperdacées.*) Martius a décrit sous ce nom (*Nova Acta Leopold. Carol.,* X, p. 511) un petit Champignon qu'il a observé au Brésil sur les bois pourris. Il le caractérise ainsi : péridium simple, globuleux, membraneux, s'ouvrant irrégulièrement vers le sommet ; columelle contournée en spirale, sortant avec élasticité du péridium, et recouverte de sporules globuleuses très-petites. On ne connaît qu'une seule espèce de ce genre qui paraît parfaitement distinct de tous ceux observés en Europe. Martius l'a nommé *Cirrolus flavus.* Son péridium est jaune et sa columelle d'un rose foncé. Il en est donné une bonne figure dans l'ouvrage cité ci-dessus.

(AD..B.)

* CIRRONIUS. pois. Syn. de Cirrhite tacheté. *V.* Cirrhite.   (b.)

* CIRRUS. moll. Ce genre, établi par Sowerby (*Mineral Conchy.*) pour quelques Troques fossiles entièrement dépourvus d'ombilic , est ainsi caractérisé : coquille univalve en spirale , conique , sans columelle , formant en dessous un entonnoir dont les tours sont joints. Trois espèces seulement sont connues : le *Cirrus acutus*, le *Cirrus nodosus* et le *Cirrus plicatus*, qui sont figurées planche 141. Elles n'ont encore été trouvées qu'en Angleterre , dans le Derbyshire. (d..h.)

CIRSE. *Cirsium.* bot. phan. Famille des Synanthérées , tribu des Cinarocéphales de Jussieu ou Carduacées de Richard , Syngénésie égale, L. En établissant ce genre, Tournefort lui donna des caractères tout différens de ceux qui lui ont été imposés ensuite par Gaertner et De Candolle , et dont nous allons faire mention. Cependant la plupart des espèces qu'il y avait fait entrer se sont trouvées appartenir au *Cirsium* des auteurs modernes, et cette concordance surprend d'autant plus que le genre de Tournefort était fondé sur un caractère vague et arbitraire, celui d'avoir les folioles de l'involucre écailleuses et non épineuses. Une telle organisation, outre qu'il est très-facile de démontrer qu'elle n'existe pas dans plusieurs Cirses de Tournefort, est fort ambiguë pour la plupart des espèces, car il est souvent impossible de fixer la ligne de démarcation entre la structure écailleuse de l'involucre et sa dégénérescence épineuse. Linné n'adopta point le genre Cirse, quoiqu'il constituât sous le nom de *Cnicus* un groupe d'espèces qui s'en rapprochait beaucoup. Willdenow a depuis réformé ce genre, de manière que son *Cnicus* correspond parfaitement avec le *Cirsium* dont nous allons parler. Ce fut Gaertner , qui , dans son immortel ouvrage sur les fruits, fixa positivement la note caractéristique de ce genre, en séparant des *Carduus* de Linné toutes les Plantes dont l'aigrette est plumeuse. Ce changement a été adopté par l'auteur de la seconde édition de la Flore Française ; et la série des Cinarocéphales qui sont décrites sous le nom de Cirses dans cet ouvrage, forme un groupe assez naturel, quoiqu'à la vérité son caractère ne soit pas fort rigoureux ; l'aigrette de quelques vrais *Carduus* étant légèrement plumeuse, mais jamais aussi évidemment que dans les Cirses. Voici les caractères assignés à ceux-ci : involucre ventru ou cylindrique , composé d'écailles imbriquées, terminées en pointes acérées ou épineuses ; tous les fleurons hermaphrodites ; réceptacle couvert de paillettes ; aigrette composée de poils plumeux , égaux et réunis en anneau par leur base.

Si l'on compare ce caractère générique avec celui des Chardons, on voit que ces deux genres ne diffèrent entre eux que par leur aigrette, plumeuse dans les premiers, et simplement poilue dans les seconds. Malgré que cette différence ne soit pas d'une réalité absolue, on ne peut s'empêcher néanmoins de reconnaître la liaison des espèces de Cirses entre elles ; c'est peut-être ce qui a fait que Tournefort , quoique n'ayant pas aperçu leur signe le plus distinctif, les a groupées très-heureusement. Les Cirses sont des Herbes caulescentes, armées de feuilles fort épineuses , et qui habitent généralement les lieux incultes et montueux de l'hémisphère boréal.

On a partagé ce genre en trois sections d'après la décurrence des feuilles sur la tige et les couleurs jaunes ou purpurines des fleurs.

Nous pourrions en citer quelques espèces remarquables par leur port et la vivacité des couleurs de leurs fleurs et de leur tige. Tout hérissées qu'elles sont d'épines roides et piquantes, elles n'en produisent pas pour cela un effet désagréable à la vue ; telles sont les *Cirsium Acarna*, *C. ferox*, *C. eriophorum*, etc. Les réceptacles de plusieurs espèces sont assez charnus pour être mangés, en quelques pays, comme les Artichauts dans le nôtre.

Le *Cirsium arvense*, De Cand., *Serratula arvensis*, L., Plante connue sous le nom vulgaire de Chardon hémorrhoïdal, a fait l'objet d'un Mémoire publié récemment par Cassini, où ce savant botaniste prétend que ses fleurs sont constamment dioïques, c'est-à-dire qu'elle ne possède que des fleurs mâles par avortement. Cette assertion avait été produite d'un autre côté par Smith dans les Transactions de la Société Linnéenne de Londres, vol. XIII, 2e partie; mais nous avons pu nous convaincre que l'organisation anomale de cette espèce, quoique la plus fréquente, était loin d'être constante. Nous avons, en effet, rencontré plusieurs fois dans les environs de Paris le *C. arvense* avec des fleurs hermaphrodites, et c'est même en cet état que Richard père, ce célèbre et très-exact observateur, les a figurées dans un dessin que son fils possède actuellement.

Dans le supplément de la Flore Française, le *Cirsium alpinum* a été séparé pour constituer un nouveau genre nommé *Saussurea* en l'honneur des deux illustres naturalistes de Saussure père et fils, et la variété de cette Plante, si remarquable par la blancheur de la surface inférieure des feuilles qui contraste avec la verdure de la partie supérieure, a formé une espèce sous le nom de *Saussurea discolor. V.* SAUSSURÉE. (G..N.)

CIRSÉLE. *Cirsellium.* BOT. PHAN. Ce genre, établi par Gaertner (*de Fructib.* 2, 8, p. 454, t. 163), est un démembrement de l'*Atractylis* de Linné. Comme il n'en diffère que par un caractère d'une faible importance, et qui consiste dans ses aigrettes longues et plumeuses, le *Cirsellium* n'a pas été généralement adopté. Gaertner en a décrit deux espèces, le *Cirsellium cancellatum* et le *C. humile. V.* ATRACTYLIS. Il y réunit aussi quelques Carthames de Linné, à aigrettes paléacées. Lamarck a aussi figuré l'*Atractylis cancellata*, L., sous le nom de *Cirsellium cancellatum* (Illust. t. 662). (G..N.)

CIRTODAIRE. MOLL. Daudin avait appliqué ce nom aux Coquilles dont Lamarck a fait son genre Glycimère. *V.* ce mot. (D..H.)

CIRUELA. BOT. PHAN. Pour Cirhuela. *V.* ce mot.

* CIRULUS. OIS. Syn. d'*Emberiza Cirlus*, L. *V.* BRUANT. (DR..Z.)

CIS. *Cis.* INS. Genre de l'ordre des Coléoptères, section des Tétramères, famille des Xylophages, établi par Latreille aux dépens des Dermestes et Vrillettes, avec lesquels tous les auteurs l'avaient confondu. Ce genre a pour caractères : antennes plus longues que la tête, de dix articles apparens, terminées en une massue perfoliée; palpes maxillaires beaucoup plus grands que les labiaux et plus gros à leur extrémité; ceux-ci presque sétacés; corps ovale, rebordé et toujours déprimé. Ces Insectes sont encore remarquables par deux petites éminences situées sur la tête, et qui sont propres aux mâles. La tête est enfoncée en partie dans le prothorax; celui-ci est large; les pates sont courtes, et les trois premiers articles des tarses sont égaux et velus. Sous tous ces rapports les Cis diffèrent des autres genres de la même famille; leurs habitudes sont aussi très-différentes de celles des Vrillettes et des Dermestes. En effet, ils vivent en société dans les Agarics et les Bolets desséchés des Arbres; ils se tiennent de préférence à la partie inférieure, et au moindre danger, ils replient leurs antennes et leurs pates contre le corps, et se laissent tomber. Ces Insectes sont très-petits; on les rencontre principalement au printemps, et on en connaît un assez grand nombre d'espèces. Dejean (Catal. des Coléopt. p. 101) en mentionne seize. Parmi elles, quelques-unes se trouvent aux environs de Paris. L'espèce suivante est la plus commune, et peut être considérée comme type du genre. Le CIS DU BOLET, *Cis Boleti* ou le *Dermestes Boleti* de Scopoli (*Entom. carn.*

p. 17, n. 44), qui est le même que l'*Anobium Boleti* de Fabricius, ne diffère pas de la Vrillette bidentée d'Olivier (*Entom.* T. II, n. 16, pl. 2, fig. 5, A, B, C). *V*.; pour les autres espèces, Dejean (*loc. cit.*) et Latreille (*Gener. Crust. et Ins.* T. III, p. 11).

(AUD.)

CIS. BOT. PHAN. Syn. polonais de *Taxus baccata. V*. IF. (B.)

CIS ou **CISTRÉ.** GÉOL. Le Granite calciné, ou les débris de cette roche réduite en gravois dont on se sert, en Languedoc, pour amender les terres. (B.)

CISANO. OIS. Syn. italien du Cygne, *Anas Cycnus*, L. *V*. CANARD. (DR..Z.)

CISERRE. OIS. Syn. vulgaire de la Draine, *Turdus viscivorus*, L. *V*. MERLE. (DR..Z.)

CISIOLA. OIS. Syn. vénitien d'Hirondelle. (DR..Z.)

CISNE. OIS. Syn. espagnol du Cygne, *Anas Cycnus*, L. *V*. CANARD. (DR..Z.)

CISSA. OIS. Syn. grec de la Pie, *Corvus Pica*, L. *V*. CORBEAU. (DR..Z.)

CISSAMPELOS. BOT. PHAN. Plumier décrivit le premier, comme appartenant à un nouveau genre, une Plante de Saint-Domingue, à laquelle il donna le nom de *Caapeba*. En lui ajoutant une seconde espèce, Linné constitua le genre Cissampelos qu'ont adopté Jussieu, Lamarck, Swartz, Du Petit-Thouars et tous les botanistes modernes. Ce genre a été placé par Jussieu à côté du *Menispermum*, dont ce savant a fait remarquer l'identité d'organisation dans le fruit et la ressemblance du port avec celui des Cissampelos; les auteurs qui ont observé de nouveau ces genres avec soin, ont confirmé ce rapprochement. Selon Du Petit-Thouars, chaque fleur du *Menispermum* pourrait être considérée comme formée par la réunion de plusieurs fleurs de Cissam-

pelos, de sorte que la plus grande affinité existe entre ces deux genres, et que leur classification ne saurait être douteuse. Dans l'ouvrage le plus récent que nous ayons sur ce genre et dont la science est redevable au professur De Candolle, il continue donc de faire partie de la famille des Ménispermées ou Ménispermacées. Voici les caractères qui lui sont assignés par l'illustre botaniste que nous venons de citer : Plantes dioïques; les fleurs mâles ont un calice composé de quatre sépales ouverts et disposés en croix; point de corolle; des étamines monadelphes et formant une colonne, à quatre anthères (uniloculaires?) extrorses dans les individus observés. Les fleurs femelles n'ont qu'un sépale situé latéralement, devant lequel on aperçoit un seul pétale hypogyne. Leur ovaire est unique, en forme d'œuf, et portant trois stigmates. Le fruit est une sorte de drupe ou de baie monosperme, réniforme ou ovée obliquement, c'est-à-dire que les stigmates, par suite de la courbure du fruit, sont très-rapprochés de sa base. Il n'y a point d'albumen dans la graine dont l'embryon est long, cylindrique et disposé circulairement; sa radicule est supérieure, ou, en d'autres termes, elle est dirigée vers la base des stigmates.

Les Cissampelos sont des Arbrisseaux sarmenteux à feuilles simples, pétiolées, orbiculées, ovales, cordiformes ou peltées, de différentes formes selon qu'elles se trouvent sur un individu mâle ou sur un individu femelle. Leur inflorescence est en grappes axillaires : celle des mâles offre le plus souvent la disposition en corymbes ou en grappes trichotomes, portant plusieurs petites fleurs au sommet des pédicelles, sans bractées ou pourvues de bractées très-petites. Chez les femelles, au contraire, on observe de larges bractées foliacées et alternes, dans l'aisselle de chacune desquelles se trouve un faisceau de pédicelles qui portent des fleurs dont la forme générale est celle de grappes simples et allongées. Le seul *Cissam-*

pelos andromorpha, D. C., a ses fleurs femelles disposées de même que les mâles; mais cette Plante pourra faire un genre à part, lorsque dans la suite on en connaîtra mieux l'organisation; du moins telle est l'opinion de De Candolle. Dans le *Syst. Regni Vegetabilis naturale*, T. I, p. 532, cet auteur décrit vingt-une espèces de Cissampelos qu'il divise en trois sections : la première se compose des espèces à fleurs femelles, munies de bractées et à feuilles peltées. On y remarque surtout le *C. tropæolifolia*, D. C., Plante de l'Amérique méridionale, rapportée par Dombey et figurée, planche 98, dans le 1er volume des *Icones selectæ* de M. Benjamin Delessert.

Le *Cissampelos Pareira*, Lamk., est une autre espèce de la même section. Cette Plante étant digne d'attention en raison d'un produit utile qu'elle fournit à la médecine, nous allons en faire connaître la phrase caractéristique : ses feuilles sont peltées presqu'en cœur, ovales, orbiculées, pubescentes, soyeuses sur leur surface inférieure; les grappes femelles sont plus longues que la feuille et les baies hérissées de longs poils épars. Elle habite les bois peu élevés des Antilles, du Brésil et de la république de Colombie. Pison assure que, dans le Brésil, on emploie avec beaucoup de succès le suc du *Cissampelos Pareira* contre la morsure des Serpens venimeux; mais sa racine, connue dans les pharmacies sous le nom de *Pareira brava*, lui donne beaucoup plus d'importance à nos yeux, quoiqu'elle soit aujourd'hui presque entièrement tombée en désuétude. Une de ses qualités physiques, sa saveur amère, puis douceâtre, et l'expérience qui prouvait son action diurétique et tonique, l'ont fait beaucoup employer autrefois dans la dysurie, la néphrite calculeuse, la goutte, etc. Si l'on n'accorde pas trop de confiance à ce remède, nous croyons qu'il peut être un adjuvant très-utile dans ces maladies contre lesquelles l'art médical a ordinairement si peu de succès. Cette racine n'est pas tellement caractérisée, qu'on puisse la distinguer facilement de celles mélangées avec elle dans le commerce; mais comme celles-ci appartiennent, d'après les conjectures de De Candolle, à d'autres Ménispermacées, la sophistication ne nous semble ni dangereuse ni susceptible de diminuer l'efficacité du remède.

Dans la seconde section des Cissampelos, qui comprend les espèces à fleurs femelles munies de bractées et à feuilles non peltées, se trouve le *C. Caapeba* de Linné, la plus ancienne espèce du genre. De Candolle y réunit quelques Cissampelos de l'Encyclopédie méthodique, qui appartiennent peut-être à d'autres genres.

Enfin la troisième section ne contient qu'une seule Plante, le *C. andromorpha*, D. C., dont les fleurs femelles n'ont point de bractées, et qui formera probablement un genre particulier lorsque les fleurs mâles seront connues. Elle est figurée dans les *Icones selectæ* de M. Benjamin Delessert, 1er vol., pl. 99. Les Cissampelos sont tous indigènes des contrées équinoxiales de l'ancien et du nouveau monde.   (G..N.)

CISSANTHEMON. BOT. PHAN. (Dioscoride.) L'un des noms du *Cyclamen europæum*, L.   (B.)

CISSAPHYLLUM. BOT. PHAN. C'est-à-dire *feuille de Lierre*. (Dioscoride.) Probablement le *Cyclamen hederifolium*.   (B.)

CISSARON. BOT. PHAN. (Dioscoride.) Un Ciste, selon Adanson; le Lierre, selon d'autres.   (B.)

CISSION. BOT. PHAN. (Dioscoride.) Syn. d'Asclépiade.   (B.)

CISSITE. *Cissites.* INS. Genre de l'ordre des Coléoptères et de la famille des Horiales, établi par Latreille (Nouv. Dict. d'Hist. Nat., 1re édit. T. I, tab. 1, p. 154) et converti depuis (*Genera Crust. et Ins.* T. II, p. 212) en une division du genre Horie. Cette division comprend les Hories dont la tête est plus étroite que le corselet;

Latreille y rapporte l'*Horia testacea* de Fabricius. *V.* Horie.   (G.)

CISSITIS. min. Pline désigne sous ce nom une pierre qu'on appelait aussi Cittites et Ciytes, parce qu'on croyait y distinguer des empreintes semblables à des feuilles de Lierre. On ne sait ce dont il a voulu parler.
                       (LUC.)

CISSOPIS. ois. *V.* Pillurion.

CISSUS. bot. phan. Genre de la famille des Sarmentacées ou Vignes de Jussieu, et de la Tétrandrie Monogynie, L. Les espèces de ce genre ont été confondues avec les Vignes proprement dites par Tournefort. Linné commença le premier à les distinguer en un genre particulier admis ensuite par Jussieu, Lamarck et les botanistes nos contemporains, avec les caractères suivans : calice très-petit et à quatre divisions si courtes et si peu apparentes, que les bords paraissent entiers ; corolle à quatre pétales un peu concaves ; quatre étamines insérées sur un petit disque dans lequel l'ovaire est à moitié plongé ; celui-ci est libre et surmonté d'un seul style de la longueur des étamines, et d'un stigmate aigu ; baie arrondie, qui contient le plus souvent une, mais quelquefois plusieurs semences rondes ou anguleuses.

On a décrit un grand nombre d'espèces de *Cissus* ; mais comme ce genre est très-rapproché du *Vitis* par ses caractères, les auteurs ont commis souvent des erreurs en transportant d'un genre à l'autre les espèces ambiguës. Le nombre des divisions de la fleur ayant servi de caractère essentiel, on a dû séparer des Cissus les Plantes qui offrent une corolle à cinq pétales, comme dans les Vignes, mais qui s'en distinguent en ce que leurs pétales ne sont pas réunis en forme de coiffe avant l'anthèse ; c'est ce qu'a fait feu Richard père en établissant le genre *Ampelopsis* dont les caractères tiennent parfaitement le milieu entre les *Vitis* et les *Cissus*. L'unité ou le nombre toujours très-petit de graines que l'on a cru observer dans ces der-

niers dépend d'un avortement constant, puisque, selon les observations de Richard (*in Michx. Fl. Bor. Amer.* T. 1, p. 159), leur ovaire est toujours biloculaire et que chaque loge renferme deux ovules. Les différences tirées du fruit, dont on s'est servi pour établir une distinction entre les *Vitis* et les *Cissus*, ne sont donc pas fondées sur des bases fixes, et c'est ce qui a introduit tant de confusion dans les espèces, en faisant regarder par un auteur telle Plante comme un Cissus, et par un autre comme une Vigne, selon l'importance qu'ils attachaient au nombre des graines dans le fruit. Néanmoins, à l'égard de celui-ci, Lamarck observe qu'il se termine en pointe et qu'il a un petit collet à sa base, structure un peu différente de la baie des Vignes. Le port des Cissus, nommés aussi vulgairement Achits, ainsi que de l'Ampelopsis, est le même que celui des Vignes. Comme elles, ce sont des Plantes volubiles et sarmenteuses dont les feuilles sont tantôt simples, tantôt ternées ou digitées ; les fleurs sont disposées en ombelles ou en corymbe. Richard (*loc. cit.*) fait remarquer qu'en général les Cissus ont leurs articulations plus cassantes, et conséquemment que leurs feuilles sont plus caduques que dans les Vignes.

Les cinquante espèces environ de Cissus, décrites par les auteurs, habitent les contrées intra-tropicales. La plus grande partie se trouve dans les Indes-Orientales ; quelques-unes sont indigènes de l'Arabie ; et ce sont elles dont Forskahl a constitué son genre *Sœlanthus*. Enfin il y en a un certain nombre qui ont pour patrie les Antilles et l'Amérique méridionale. On en cultive communément une espèce sous le nom de Vigne-Vierge dans les jardins, particulièrement dans ceux des villes où elle cache les murs. La couleur de sang que prennent ses feuilles vers l'arrière-saison la rend très-remarquable et d'un bel effet dans les massifs et sur les tourelles.   (G..N.)

CISTE. *Cistus.* bot. phan. Genre de Plantes qui a donné son nom à la famille des Cistées, et qui fait partie de la Polyandrie Monogynie. Il se compose d'un grand nombre d'espèces qui, pour la plupart, sont des Arbustes touffus, peu élevés, portant des feuilles opposées et simples. Les fleurs dont les pétales sont extrêmement caducs et fugaces, sont assez grandes, élégantes, jaunes, roses ou blanches ; tantôt formant des épis ou grappes terminales, tantôt solitaires ou diversement groupées à l'extrémité des rameaux. Leur calice est fendu jusqu'à sa base en cinq segmens généralement égaux, étalés au moment de l'épanouissement de la fleur, persistans et redressés contre le fruit. Quelquefois trois des segmens sont un peu plus grands, et recouvrent les deux intérieurs. La corolle est rosacée et se compose de cinq pétales étalés, très-larges, minces. Les étamines insérées sous l'ovaire sont en très-grand nombre, entièrement libres et distinctes les unes des autres. L'ovaire est en général globuleux, supère, à cinq, très-rarement à dix loges, contenant chacune un assez grand nombre d'ovules attachés sur le bord interne des cloisons. Le style est court ; le stigmate est simple ; le fruit est une capsule toujours enveloppée par le calice, à cinq ou dix loges polyspermes, s'ouvrant en autant de valves septifères sur le milieu de leur face interne.

Les Cistes croissent presque tous dans le midi de l'Europe, l'Afrique septentrionale et l'Orient. L'Espagne est, sans contredit, le pays où on en trouve le plus grand nombre d'espèces ; des parties considérables de terrain en sont entièrement couvertes. Bory de Saint-Vincent compare le rôle que jouent les buissons formés en Estramadure et en Andalousie par les Cistes et les Hélianthèmes, à celui que trois ou quatre bruyères jouent dans les landes aquitaniques. On en chauffe les fours, et leur bois sert à faire du petit charbon pour chauffer les appartemens, et qu'on appelle *sisca*.

Linné avait réuni en un seul les deux genres *Cistus* et *Helianthemum*

de Tournefort ; mais Jussieu, et à son exemple la plupart des auteurs modernes, ont de nouveau séparé les Cistes des Hélianthèmes. Dans ce dernier genre, en effet, la capsule est à trois ou simplement à une seule loge, et s'ouvre en trois valves ; le calice se compose de cinq segmens très-inégaux, dont deux externes sont petits, étroits, et quelquefois à peine marqués.

1°. *Fleurs roses ou purpurines.*

1. CISTE COTONNEUX, *Cistus albidus*, L. Cette belle espèce, qui est extrêmement commune dans les provinces méridionales de la France, est un Arbuste de trois à quatre pieds de hauteur, rameux et touffu. Ses feuilles sont blanches et tomenteuses des deux côtés, sessiles, ovales, oblongues, planes ; les fleurs sont grandes, purpurines, portées sur des pédoncules cotonneux et terminaux ; la capsule est ovoïde, pubescente, à cinq loges et à cinq valves. On cultive quelquefois ce Ciste dans les jardins d'agrément ; il doit être abrité dans la serre tempérée pendant l'hiver.

2. CISTE CRÉPU, *Cistus crispus*, L. Moins élevé que le précédent, il croît dans les mêmes contrées. Son écorce est brune ; ses jeunes rameaux sont velus et blanchâtres, et portent des feuilles lancéolées, crépues sur les bords, également blanchâtres et tomenteuses des deux côtés ; ses fleurs sont purpurines, placées au sommet des rameaux, presque sessiles et environnées de bractées ; ses pétales sont légèrement échancrés en cœur.

3. CISTE DE CRÈTE, *Cistus Creticus*, L. Dans cette espèce les tiges sont un peu étalées à leur base, rameuses, et forment un Arbuste très-touffu ; les feuilles sont obovales, très-obtuses et comme spathulées, velues et crispées ; elles sont recouvertes d'une substance résineuse fort odorante ; les fleurs n'ont pas moins de deux pouces de diamètre ; leurs pétales sont d'une teinte purpurine très-vive ; leurs étamines d'un beau jaune doré. Ces

fleurs naissent au sommet des rameaux, et sont portées sur des pédoncules assez courts. Cette belle espèce est fort commune dans l'île de Crète, et en général dans presque toutes les autres îles de l'Archipel.

2°. *Fleurs jaunes ou blanches.*

4. Ciste Lédon, *Cistus Ledon*, Lamk., Dict. Ce petit Arbuste se distingue par ses feuilles opposées, lancéolées, d'un vert foncé en dessus, blanchâtres en dessous, recouvertes d'un enduit résineux et aromatique. Ses fleurs, d'un jaune pâle, presque blanches, sont disposées en une sorte de corymbe au sommet des ramifications de la tige. On trouve cet Arbuste aux environs de Montpellier, de Narbonne, dans la Provence, etc.

5. Ciste ladanifère, *Cistus ladaniferus*, L. Cet Arbuste élégant peut acquérir une hauteur de cinq à six pieds. Ses rameaux élancés sont ornés de feuilles opposées lancéolées, étroites, aiguës, vertes en dessus, un peu blanchâtres à leur face inférieure, enduites d'une matière visqueuse, mais glabres, d'une odeur aromatique. Les fleurs sont très-grandes, blanches; leurs pétales sont souvent marqués à leur base d'une tache purpurine. Elles sont solitaires au sommet de pédoncules chargés d'un grand nombre de bractées blanchâtres et concaves. Le Ciste ladanifère croît en Orient, dans les îles de la Grèce, en Espagne, et même en Provence où il a été récemment découvert. C'est sur cette Plante et quelques autres du même genre, que l'on recueille la substance résineuse et balsamique connue dans le commerce sous le nom de *Ladanum*, et dont on faisait jadis un emploi très-fréquent en médecine. Du temps de Dioscoride, on se procurait le Ladanum en l'enlevant de la barbe des Boucs et des Chèvres qui s'en étaient chargés en broutant au milieu des Cistes. Mais aujourd'hui on se sert d'une sorte de râteau portant un grand nombre de lanières de cuir que l'on promène sur les Arbustes; on enlève ensuite le Ladanum en raclant ces lanières. Cette substance est si abondante dans les grandes chaleurs, que Bory de Saint-Vincent l'a vue tomber à terre par gouttes découlant de chaque feuille, et parfumant les déserts de l'Estramadure. Il est des cantons de cette province où le Ciste ladanifère est si fréquent, que les genoux des cavaliers étaient couverts d'un enduit de Ladanum après de longues marches dans la guerre d'Espagne, où notre confrère a recueilli sa part de gloire militaire. (A. R.)

CISTÉES ou CISTINÉES. *Cisteæ.* bot. phan. C'est une petite famille naturelle de Plantes dicotylédones, polypétales et hypogynes, uniquement composée aujourd'hui des genres Ciste et Hélianthème. Jussieu y avait d'abord réuni le genre *Viola* et trois genres d'Aublet, savoir : *Piriqueta*, *Piparea* et *Tachibota*; mais Ventenat, et depuis lui tous les botanistes modernes, en ont séparé ces quatre derniers genres, pour n'y laisser que les *Cistus* et les *Helianthemum*. Ce sont tantôt des Plantes herbacées, annuelles ou vivaces; tantôt des Arbustes rampans ou dressés, portant des feuilles généralement opposées, entières, souvent munies de deux stipules. Les fleurs sont disposées en épis, en grappes, ou en sertules ou ombelles simples; elles sont quelquefois axillaires, terminales ou solitaires; leur calice est à cinq ou trois divisions très-profondes, tantôt égales, tantôt inégales; la corolle se compose toujours de cinq pétales minces, très-caducs, étalés en rose, dépourvus d'onglet; les étamines sont fort nombreuses; leurs filets sont libres, grêles, et s'insèrent immédiatement au-dessous de l'ovaire. Le pistil est supère; l'ovaire est globuleux, rarement à une seule loge, plus souvent à trois, à cinq ou même à dix loges. Dans l'ovaire uniloculaire, les ovules sont attachés à trois trophospermes pariétaux ou longitudinaux, légèrement saillans.

Lorsqu'il y a plusieurs loges, les ovules s'insèrent au bord interne des cloisons, surtout vers leur partie inférieure. Le style est simple et souvent très-court, le stigmate est indivis. Le fruit est une capsule ovoïde ou globuleuse, enveloppée dans le calice qui est persistant. Elle offre tantôt une, tantôt trois, cinq ou même dix loges. A l'époque de sa maturité, elle s'ouvre naturellement en trois, cinq ou dix valves, chacune portant une des cloisons sur le milieu de sa face interne. Les graines sont assez nombreuses dans chaque loge, et fréquemment supportées par un podosperme filiforme. L'embryon est plus ou moins recourbé, quelquefois roulé en spirale, et contenu au centre d'un endosperme quelquefois très-mince.

Cette petite famille a de tels rapports avec les Tiliacées, que peut-être un jour on jugera convenable de les réunir. (A. R.)

CISTÈLE. *Cistela.* Genre de l'ordre des Coléoptères, section des Hétéromères, établi par Fabricius, et rangé par Latreille (Règn. Anim. de Cuv.) dans la famille des Sténélytres. Geoffroy (Hist. des Ins. T. 1, p. 115) avait appliqué ce nom à des Insectes dont Linné avait fait son genre Byrrhe. Mais cette dénomination impropre n'a pas prévalu, et le genre Cistèle, dont il est ici question, ne correspond nullement à celui de Geoffroy. Latreille assigne pour caractères aux Cistèles : tarses à articles simples ou non bilobés; mandibules sans fissure ou échancrure à leur extrémité, ou terminées par une seule dent formant la pointe. Les Cistèles confondues avec les Ténébrions, les Mordèles et les Chrysomèles, en sont distinguées suffisamment par les antennes filiformes et le nombre des articles des tarses; l'absence d'une échancrure au sommet des mandibules empêche de les confondre avec les Hallomènes, les Pythes, les Nilions, et surtout avec les Hélops auxquels elles ressemblent beaucoup.

Fabricius et Paykull, prenant en considération l'insertion des antennes sur la tête, ont démembré du genre Cistèle celui des Allécules; mais les caractères qu'ils ont assignés à ce nouveau genre ne sont pas assez tranchés pour autoriser une distinction.

Les Cistèles ont, suivant la description d'Olivier, la tête petite, plus étroite que le corselet, et supportant des antennes filiformes ordinairement de la longueur de la moitié du corps, composées de onze articles, dont le premier peu allongé, le second très-court, les autres presque coniques. La bouche présente une lèvre supérieure cornée, légèrement échancrée et ciliée antérieurement; des mandibules cornées, pointues, simples; des mâchoires avancées, membraneuses, bifides, supportant une paire de palpes filiformes de quatre articles, dont le dernier est ovale, un peu tronqué; enfin une lèvre inférieure cornée, terminée par deux pièces distantes et membraneuses à la base latérale desquelles s'insèrent les deux palpes postérieurs qui sont courts, filiformes et composés d'articles presque égaux. Le corselet est légèrement rebordé, un peu plus étroit que les élytres; celles-ci sont coriaces, aussi longues que l'abdomen, légèrement convexes. Il existe deux ailes membraneuses au métathorax; les pates sont de longueur moyenne. Le corps tout entier est peu convexe et allongé.

Les Cistèles volent avec assez de facilité; on les trouve sur les fleurs; leurs larves ne sont pas connues. Ces espèces sont assez nombreuses. Dejean (Catal. des Coléopt., p. 71) en mentionne dix-sept; parmi elles on remarque :

La CISTÈLE CÉRAMBOÏDE, *Cistela ceramboïdes*, Fabr., ou la Mordelle à étuis jaunes striés, de Geoffroy (Hist. des Ins. T. 1, p. 354, n° 3).

La CISTÈLE SULFUREUSE, *Cistela sulfurea*, Fabr., ou le Ténébrion jaune de Geoffroy (*loc. cit.*, p. 351, n° 11). Cette espèce peut être considérée comme le type du genre. Elle se trouve, ainsi que la précédente, aux environs de Paris où elle est très-commune.   (AUD.)

CISTÉLÉNIES. *Cisteleniæ.* INS. Famille de l'ordre des Coléoptères, section des Hétéromères, établie par Latreille (*Gener. Crust. et Ins.* T. II, p. 143 et 225); rangée ensuite (Consid. génér., p. 148 et 205) avec celle des Ténébrionites, et réunie plus tard (Règn. Anim. de Cuv.) à celle des Sténélytres. Telle qu'elle avait été originairement fondée, la famille des Cistélénies comprenait les genres Cistèle, OEdemère, Rhinomacer et Rhinosime. *V.* STÉNÉLYTRES.   (AUD.)

* CISTÈNE. *Cistena.* ANNEL. Genre de l'ordre des Serpulées et de la famille des Amphitrites, établi par le docteur Leach (*Encycl. Brit. suppl.* T. I, p. 452), et dont Savigny (Syst. des Annélides, p. 89) a fait la première tribu de son genre Amphictène. *V.* ce mot. Leach mentionne une espèce sous le nom de *Cistena Pallasii*, et il en donne une figure (*loc. cit.*, tab. 26) dans laquelle Savigny a cru reconnaître l'Amphictène doré, *Amphictena auricoma.* Ce nouveau genre et l'espèce unique qu'il renferme ne doivent par conséquent pas être adoptés.   (AUD.)

CISTES. BOT. PHAN. Même chose que Cistées. *V.* ce mot.

CISTICAPNOS. BOT. PHAN. Pour Cysticapnos. *V.* ce mot.

CISTICERQUE. INTEST. Pour Cysticerque. *V.* ce mot.

*CISTICOLE. OIS. Espèce du genre Sylvie, *Sylvia Cisticola*, Temm., pl. color. 6. *V.* SYLVIE.   (DR.-Z.)

CISTINÉES. BOT. PHAN. *V.* CISTÉES.

CISTOIDES. BOT. PHAN. Même chose que Cistées. *V.* ce mot.

* CISTOMORPHA. BOT. PHAN. De Candolle (*Syst. Nat. Veget.* I, p. 427) cite ce nom comme synonyme d'une espèce d'*Hibbertia* originaire de la Nouvelle-Hollande, et qu'il appelle *Hibbertia saligna*, d'après R. Brown. *V.* HIBBERTIE.   (A. R.)

*CISTOPTERIS. BOT. CRYPT. (*Fougères.*) Bernhardi avait donné ce nom à un genre de Fougères qui appartient, ainsi que le genre *Odontopteris* du même auteur, aux *Lygodium* de Swartz. *V.* ce mot. Depuis, Desvaux a désigné sous ce nom, dans l'Herbier du Muséum d'Histoire Naturelle de Paris, sans l'avoir, croyons-nous, publié, un genre séparé des *Aspidium* de Swartz et qui correspond au genre *Aspidium* tel que De Candolle l'avait limité dans la Flore Française; mais le nom d'*Aspidium* devant plutôt être appliqué aux espèces dont le caractère est le plus en rapport avec la signification de ce nom, il nous paraît plus convenable, si on divise les Aspidium de Swartz en plusieurs genres, de réserver ce nom, comme R. Brown l'a fait, aux espèces à tégument rond et pelté, et de donner aux espèces dont De Candolle formait son genre Aspidium, le nom proposé par Desvaux. *V.* à ce sujet l'article ASPIDIUM.

Le genre Cistopteris serait ainsi caractérisé : capsules réunies en groupes arrondis, recouverts par un tégument lancéolé ou sétacé, inséré par sa base à la partie inférieure du groupe de capsules sur le dos même de la nervure, et transversalement à cette nervure, et s'étendant au-delà de ce groupe vers le sommet de la fronde dans le même sens que la nervure qui porte le groupe de capsules.

Les espèces qui appartiennent à ce genre sont la plupart d'Europe ou des pays tempérés. Nous citerons particulièrement les *Aspidium fragile, montanum, Rhœticum, regium, alpinum* et *bulbiferum* de Willdenow, comme servant de type à ce genre.

La forme et la direction du tégument éloignent beaucoup ce genre des vrais Aspidium et des Athyrium, et les rapprochent plus des Dicksonia que de tout autre genre. Ces derniers n'en diffèrent réellement que par leurs groupes de capsules insérés à l'extrémité des nervures sur le bord de la fronde, et non vers le milieu de cette nervure; du reste, le mode d'insertion et la direction du tégument sont les mêmes. La forme générale des frondes des Cistopteris confirme cette analogie ; elle se rapproche beaucoup de celle des Dicksonia, mais elles sont toujours plus plus petites et plus délicates. Ce sont pour ainsi dire les représentans, dans les climats tempérés, de ce genre presque exclusivement propre aux régions équinoxiales.

(AD. B.)

CISTRAS. MIN. Syn. de Marne en plusieurs lieux de la France. (LUC.)

CISTRÉ. BOT. PHAN. L'*Æthusa Meum* dans quelques cantons de la Provence. (B.)

CISTULE. *Cistula.* BOT. CRYPT. (*Lichens.*) Willdenow a désigné sous ce nom une des diverses formes des apothécies des Lichens, qui consiste en un tubercule ou conceptacle d'abord fermé, presque globuleux, renfermant dans son intérieur des séminules entremêlées de filamens qui se répandent au dehors par la destruction de l'épiderme. Le genre *Sphærophore* fournit un exemple de ce mode de fructification. (AD. B.)

* CITA-MATAKI. BOT. PHAN. (Rhéede.) Syn. indou de Rondelétie asiatique. (B.)

CITAMBEL. BOT. PHAN. (Rhéede.) Syn. de *Nymphæa cœrulea* ou *stellata* à la côte de Malabar. (B.)

CITA-MERDU. BOT. PHAN. (Rhéede.) Syn. malabare de *Menisper-mum cordifolium.* (B.)

* CITARELLE. MOLL. Coquille du genre Cancellaire de Lamarck. (B.)

* CITAVANACU. BOT. PHAN. *V.* AVANACOE.

CITELLUS ou CITILLUS. MAM. Vieux nom du Souslic, et devenu scientifique pour désigner cet Animal. *V.* MARMOTTE. (B.)

CITHAREXYLON. *Citharexylum.* BOT. PHAN. Ce genre, de la famille des Verbénacées et de la Didynamie Angiospermie, a été établi par Linné qui l'a caractérisé ainsi : calice campanulé à cinq dents, ou tronqué à son bord, et persistant ; corolle mono-

pétale infundibuliforme, dont le tube plus long que le calice est évasé supérieurement en un limbe à cinq lobes oblongs, presque égaux et velus en dessus ; quatre étamines non saillantes hors du tube de la corolle, dont les anthères sont dressées. D'après Linné, on trouve en outre le filet d'une cinquième étamine rudimentaire ; ovaire libre surmonté d'un style court et d'un stigmate capité ; baie ovale contenant deux noyaux chacun à deux loges dispermes ou monospermes par avortement.

Ce genre, figuré par Lamarck (Illustr., t. 545), a de grands rapports avec les *Duranta* et les *Wolkameria* ; il ne diffère même des premiers que par le nombre des noyaux, qui, dans le fruit de ceux-ci, est double de celui des Citharexylons. Il se compose de petits Arbres qui croissent presque tous aux Antilles où on les nomme vulgairement CÔTELET, GUITARIN et BOIS DE GUITARE, dont le mot *Citharexylon* est la traduction grecque. Aux trois espèces que Linné a décrites sous les noms de *Citharexylum cinereum*, *C. caudatum* et *C. quadrangulare*, les botanistes en ont ajouté une douzaine de nouvelles parmi lesquelles il règne un peu de confusion. Ainsi, Swartz a nommé *C. caudatum* le *C. quadrangulare* de Linné. Ce dernier nom a été donné par l'auteur du Catalogue du Jardin de Madrid au *C. pulverulentum* de Persoon, etc. Kunth (*in Humb. et Bonpl. Nov. Gener. et Spec. Amer. æquinoct.*) en a publié quatre espèces nouvelles indigènes de l'Amérique méridionale. (G..N.)

CITHARINE. *Citharinus.* POIS. Sous-genre de Saumon. *V.* ce mot. (B.)

* CITHARON. BOT. PHAN. Même chose que Cissaron. *V.* ce mot.

* CITHARUS. POIS. (Belon.) Syn. de Limande, espèce du genre Pleuronecte. *V.* ce mot. (B.)

* CITIGRADES. INS. Section établie par Latreille dans la famille des Fileuses. *V.* ce mot. (AUD.)

* CITILLUS. mam. *V.* Citellus.

CITLI. mam. (Hernandez.) Syn. de *Lepus brasiliensis. V.* Lièvre. (b.)

* CIT - NAGUARI. bot. phan. (Rhéede.) Syn. indou de *Melastoma aspera.* (b.)

*CIT-OBTI. bot. phan. (Rhéede.) Syn. indou de Calophylle. *V.* ce mot. (b.)

CITRAC et CITRACCA. bot. crypt. *V.* Cetracca.

CITRAGO. bot. phan. (Gesner.) Syn. de Mélisse. (b.)

CITRANGULA. bot. phan. Variété de Citron dont le jus est âcre, selon Cœsalpin. (b.)

* CITRATES. min. Sels résultans de la combinaison de l'Acide citrique avec les bases salifiables. Les Citrates de Chaux et de Potasse font partie constituante de plusieurs matières végétales. (dr..z.)

* CITRE. bot. phan. (Olivier De Serres.) Variété de Citrouille de qualité inférieure , cultivée seulement pour la nourriture des Pourceaux. (b.)

CITREOLUS. bot. phan. Une variété de Melon , le Concombre ordinaire et une variété de ce dernier fruit. (b.)

CITREUM et CITRIA. bot. phan. Syn. de Citronier et de Cidratier. (b.)

CITRIL. ois. Syn. vulgaire du Venturon , *Fringilla Citrinella* , L. *V.* Gros-Bec. (dr..z.)

* CITRINA. ois. (Schwenefeld.) Syn. du Tarin, *Fringilla Spinus*, L. *V.* Gros-Bec. (dr..z.)

CITRINELLE. *Citrinella.* ois. (Sibbald.) Nom scientifique d'une espèce du genre Bruant. (Vieillot.) Espèce du genre Guêpier. *V.* ce mot. (dr..z.)

* CITRINUOLO. bot. phan. *V.* Cedriuolo.

* CITRIQUE. min. *V.* Acide.

CITRO. bot. phan. Probablement la même chose que Citre. *V.* ce mot. (b.)

CITROBALANUS. bot. phan. (Daléchamp.) Syn. de Mirobolan Citrin. (b.)

CITRON. ins. Nom vulgaire sous lequel Geoffroy a désigné une espèce de Lépidoptère qui est le *Papilio Rhamni* de Linné ou le Coliade Citron. *V.* Coliade. (aud.)

* CITRON. bot. phan. Fruit du Citronier. Selon les remarques judicieuses de Risso, on appelle ainsi à Paris le fruit et l'Arbre que, dans le reste de l'Europe, on nomme Limon et Limonier ; et les Parisiens donnent le nom de Citron au fruit avec lequel ils préparent la limonade. Il est donc plus rationnel de ne traiter du Citronier qu'au mot Limonier ou Oranger. *V.* ces mots. (a. r.)

CITRON. bot. crypt. (*Champignons.*) On appelle ainsi un petit Agaric qui croît aux environs de Paris, et que Bulliard nomme *Agaricus sulfureus.* Paulet, qui le considère comme suspect, l'a figuré pl. 85, fig. 3 et 4 de son Traité. (a. r.)

CITRONADE et CITRONELLE. bot. phan. On donne vulgairement ce nom à des Plantes qui exhalent l'odeur du Citron ; telles que la Mélisse officinale , l'Abrotanum et le Goyavier aromatique. (b.)

CITRONELLE ROUILLÉE. ins. Nom vulgaire sous lequel Geoffroy (Hist. des Ins. T. ii, p. 139, n. 59) désigne un Insecte lépidoptère du genre Phalène ; c'est la *Phalena Cratægata* de Linné. (aud.)

CITRONIER. bot. phan. *V.* Limonier et Oranger. (a. r.)

CITROSMA. bot. phan. Ruiz et Pavon , dans leur Flore du Pérou et du Chili, ont appelé ainsi un genre nouveau uniquement composé d'espèces américaines , et que Jussieu a placé dans sa nouvelle famille des Monimiées. On compte aujourd'hui dix-huit espèces de ce genre, savoir : sept décrites par Ruiz et Pavon, dans l'ouvrage que nous venons de citer, et onze dans le *Nova Genera et Species* de Humboldt et Kunth. Ce sont tous des Arbrisseaux qui exhalent une odeur agréable de Citron. Leurs tiges sont cylindriques, dressées ; leurs rameaux portent des feuilles opposées ou verticillées, entières ou dentées. Leurs fleurs sont petites, dioïques, disposées en grappes courtes, axillaires et souvent géminées. Chacune d'elles offre un involucre caliciforme, renflé inférieurement, rétréci vers son ouverture et présentant quatre ou huit divisions à son limbe. Dans les fleurs mâles, on trouve de quatre à soixante étamines dont les filets sont planes et comme pétaloïdes. Les fleurs femelles offrent de trois à vingt pistils renfermés dans l'involucre ; chacun d'eux est surmonté d'un long style et d'un stigmate simple. Le fruit se compose de l'involucre devenu épais, charnu, et contenant intérieurement autant d'akènes durs, osseux, anguleux, qu'il y avait de pistils.

Aucune espèce de ce genre n'est cultivée dans les jardins. Le genre *Siparuna* d'Aublet paraît avoir les plus grands rapports avec celui dont il s'agit, qui peut-être devra lui être réuni. *V*. SIPARUNA.   (A. R.)

CITROUILLE. *Citrullus*. BOT. PHAN. L'un des noms vulgaires de la Courge. *V*. COURGE.   (A. R.)

* CITRYNLE. OIS. Même chose que Citril. *V*. ce mot.

CITTA. MAM. Syn. de Chat en Arménie.   (B.)

CITTA. BOT. PHAN. Loureiro a fait sous ce nom un genre particulier du *Dolichos urens*, L. Adanson, avant lui, l'avait nommé *Mucuna*. (A. R.)

CITTAMETHON ET CITTAMPELOS. BOT. PHAN. *V*. HELXINE.

CITTITES. MIN. *V*. CISSITIS.

CITTOS. BOT. PHAN. *V*. CISSUS.

CITT-RANA-NIMBA. BOT. Nom

brame du *Limonia acidissima*. *V*. LIMONIER.   (B.)

* CITULA. POIS. Syn. de *Zeus Faber* dans quelques parties de l'Italie, notamment dans les Etats romains. (B.)

CITULE. *Citula*. POIS. Sous-genre de Scombres. *V*. ce mot.   (B.)

* CITUS. POIS. (Willughby.) Syn. de *Cottus Gobius*. *V*. COTTE.   (B.)

CIUFOLOTTO. OIS. Syn. italien du Bouvreuil commun, *Loxia Pyrrhula*, L. *V*. BOUVREUIL.   (DR..Z.)

CIURO. MAM. Du latin *Sciurus*. L'Ecureuil dans plusieurs dialectes du Midi.   (B.)

CIUS. OIS. Syn. vulgaire en Piémont de la Hulotte, *Strix Aluco*, L., et du petit Duc, *Strix Scops*, L. *V*. CHOUETTE.   (DR..Z.)

CIVADA. BOT. PHAN. L'Avoine dans quelques dialectes méridionaux. (B.)

CIVE OU CIVETTE. BOT. Nom vulgaire de l'*Allium Schœnoprassum*, L., qu'on nomme *Cives* et *Chives* en anglais.   (B.)

CIVELLE. POIS. Nom vulgaire de l'Ammocète Lamprillon sur les bords de la Loire.   (B.)

CIVETTA. OIS. Syn. romain de la Chouette Chevêchette, *Strix Acadica*, L. *V*. CHOUETTE.   (DR..Z.)

CIVETTE. *Viverra*. MAM. Genre de Carnassiers digitigrades caractérisé par trois fausses molaires en haut, quatre en bas, dont l'extérieure est souvent caduque ; deux tuberculeuses assez grandes en haut, une seule en bas : en tout quarante dents. Les deux tuberculeuses d'en haut sont à peu près quadrilatères, transversalement étendues ; la carnassière y a son axe oblique d'arrière en avant et de dehors en dedans. Elle a trois pointes sur une même ligne. La pointe ou le tranchant intermédiaire est de beaucoup plus grande que les deux autres, et a un petit talon à son côté interne : des trois fausses molaires, la première est conique, les deux autres à simple triangle en bas ; la tuberculeuse est carrée , moitié plus petite que la carnassière qui a deux tranchans à son côté interne, un autre sur son bord antérieur , le reste de cette dent étant plus ou moins tuberculeux. La première fausse molaire a son bord postérieur dentelé et un talon en arrière , ce qui, dans l'état de ces individus, lui donne l'air de la carnassière dont les tranchans sont alors usés. Les autres fausses molaires ressemblent à leurs correspondantes d'en haut. Le nombre des mamelles varie d'une espèce à l'autre.

La tête osseuse des espèces de ce genre diffère beaucoup de celle des genres voisins : il n'y a pas de fosse ptérigoïde , l'une des ailes de l'apophyse de ce nom étant seule développée ; cet effacement de la fosse ptérigoïde est combiné pour la direction et l'application du mouvement latéral à la mâchoire inférieure avec l'absence de rebord antérieur à la fosse glénoïde du temporal , ce qui permet aux condyles de la mâchoire des mouvemens de latéralité tout-à-fait impossibles dans les genres voisins. L'os de la caisse très-bombé annonce une ouïe très-fine. La fosse ethmoïdale est très-profonde, et son aire transversale surpasse le trou occipital ; l'odorat y est donc aussi fort actif. La langue hérissée de papilles rudes et aiguës, à peu près comme celles des Chats , doit être le siége d'un goût obtus : les yeux ont une pupille verticale, ce qui en fait des Animaux nocturnes : tous les pieds ont cinq doigts dont les ongles sont à demi-rétractiles. La queue est longue ; il y a entre l'anus et la vulve chez les femelles, et l'orifice correspondant chez les mâles , une troisième ouverture aussi grande que l'anus , et placée à peu près à égale distance de l'un et de l'autre. C'est l'embouchure d'une cavité d'une longueur variable, suivant les espèces , et étendue entre le vagin et le rectum. Au fond de cette cavité s'ouvrent deux poches à parois glanduleuses , bosselées extérieurement , et dont chaque bosselure répond à une sorte de follicule ou petit

sac sécrétoire d'une liqueur huileuse : ces petits follicules communiquent l'un avec l'autre, en ont de plus petits dans leur propre épaisseur, qui dégorgent, soit directement, soit par l'intermédiaire des premiers , dans la cavité générale où la liqueur s'épaissit et prend la consistance de pommade (Perrault, Mém. anat. pour servir à l'hist. des Anim., in-f°, 1670).

Dans les Mangoustes, d'après Geoffroy (Description de l'Égypte , Hist. Nat. T. II , p. 140), les poches sont situées au-dessus de l'anus ; l'Animal ouvre et ferme à volonté le sac ou vestibule qui les précède ; ce qu'il paraît faire avec grand plaisir, car il le met en contact avec tous les corps froids et saillans qu'il rencontre : dans les Mangoustes, ainsi que dans les Civettes, outre l'écoulement successif de cette humeur hors des follicules , à mesure qu'elle est exhalée, chaque poche est enveloppée par un muscle qui vient du pubis , et dont la contraction , en comprimant tout l'appareil, débarrasse l'Animal du superflu de son parfum. Les organes mâles ne sont pas extérieurs ; ces poches ont donné lieu sans doute aux fables dont l'Hyène a été l'objet.

Dans ce genre, au moins dans les trois espèces du premier sous-genre , les anfractuosités du cerveau sont longitudinales comme dans les *Felis*. Comme chez ces derniers aussi, la verge se dirige en arrière dans l'état de repos. Tous ces Animaux, surtout les Mangoustes, à cause de la brièveté de leurs pates, ont le port et la démarche des Furets et des Martes ; ils ne marchent que sur les doigts ; le talon ne pose que pour prendre du repos ou se dresser sur les pieds de derrière quand ils reconnaissent le pays autour d'eux. Ils habitent les zônes intertropicales ou voisines des tropiques dans l'ancien continent. Une seule espèce, la Genette, habite le midi de l'Europe et celui de la France. Comme on avait d'abord confondu plusieurs de ces espèces, on avait assigné à chacune de celles du petit nombre admis une patrie fort étendue. Des deux espèces de Civettes, la Civette proprement dite paraît seule commune à l'Asie et à l'Afrique. Le Zibeth est asiatique; la Genette commune habite depuis la France jusqu'au cap de Bonne-Espérance. Selon Poivre (*V.* Buff. T. XIII), la Fouine serait commune à Madagascar, à l'Indo-Chine et aux Philippines; deux Civettes seraient du continent de l'Inde; une autre aurait Java pour patrie.

Des neuf espèces de Mangoustes décrites par Geoffroy (*loc. cit.*), quatre sont de l'Inde ou de l'archipel Indien, une de Madagascar, deux de patrie indéterminée, la neuvième du nord-est de l'Afrique. L'existence de la Genette depuis la France jusqu'au cap de Bonne-Espérance s'explique par l'ancienne continuité de l'Espagne avec la Barbarie, continuité dont dépose, indépendamment des Magots qui habitent encore aujourd'hui le rocher de Gibraltar, l'ensemble de la zoologie du sud-est de l'Espagne (*V.* Bory de Saint-Vincent, Guide du Voyageur en Espagne). L'Amérique ne possède donc aucune espèce de ce genre. Buffon reconnut, T. III de son Supplément, que c'était à tort qu'il avait cru le Suricate de la Guiane.

Nous séparons des Civettes, pour en former un genre à part, les Suricates qui n'ont que quatre doigts à tous les pieds comme les Hyènes.

Ier SOUS-GENRE. — Les CIVETTES PROPREMENT DITES, *Viverra* (Cuv. Régn. Anim. T. I, p. 156), où la poche est profonde, divisée en deux sacs et remplie d'une pommade abondante, d'une forte odeur musquée.

La CIVETTE, *Viverra Civetta*, L., Buff. T. IX, pl. 34; Encycl., pl. 87, fig. 3, et Schreb. T. II, pl. III; *Gato de Algalia* des Espagnols, *Nzime*, *Nzfusi* au Congo, *Kaukau* en Ethiopie, *Kastor* en Guinée.

Espèce d'environ deux pieds trois ou quatre pouces de long du museau à la queue, et haute de dix à douze pouces au garrot; à museau un peu moins pointu que celui du Renard; oreilles courtes et arrondies; poil long et grossier; celui qui règne tout le long de l'échine, depuis le cou jusques et compris la partie supérieure de la queue, forme une sorte de crinière qui se redresse dans la colère; la couleur générale est d'un gris brun foncé, varié de taches et de bandes d'un brun noirâtre; toute l'échine est d'un noir brun; les flancs tachetés irrégulièrement de même couleur; ces taches s'allongent en rayures noires sur les fesses, tout le poitrail et les épaules; deux bandes obliques également noires de chaque côté du cou et séparées par un espace gris blanc; la tête est aussi blanchâtre, excepté le tour des yeux, les joues et le menton qui sont bruns, ainsi que les quatre pates et la moitié postérieure de la queue, qui a trois ou quatre anneaux plus clairs vers la base. Outre l'organe odorifère dont nous avons parlé aux généralités du genre, la Civette a de plus de chaque côté de l'anus un petit trou d'où suinte une humeur noirâtre très-puante. Elle n'a que quatre mamelles; elle passe pour avoir deux dents de plus que le Zibeth, parce que la première fausse molaire lui tombe moins souvent qu'à ce dernier. Sa queue a vingt-cinq vertèbres. Les Civettes, quoique farouches, s'apprivoisent aisément. Agiles et souples, malgré l'épaisseur apparente que leur donne leur fourrure droite et grossière, elles sautent comme les Chats et peuvent courir comme les Chiens. Leurs yeux brillans dans l'obscurité leur permettent de chasser de nuit les Oiseaux et les petits Quadrupèdes. Au défaut de gibier et de maraude dans les basse-cours, elles se rabattent sur les fruits et les racines qu'il leur est facile de broyer avec leurs larges molaires tuberculeuses, au moyen des mouvemens que permet en avant et de côté une construction de l'articulation maxillaire. On en élève beaucoup en domesticité pour recueillir leur parfum. La Civette boit peu, habite les plaines et les montagnes arides. Avec leurs quatre mamelles, elles ne peuvent guère porter que deux ou trois petits. On ignore encore le nombre de chaque portée. Ainsi que nous l'avons déjà dit, c'est à la Civette que se rapportent la plupart des fables dont la Hyène était le sujet chez les anciens.

Le ZIBETH, *Viverra Zibetta*, L., Buff. T. IX, pl. 31, Encycl. pl. 88, f. 2, Schreb. T. II, pl. 112; *Qott* et *Baar* des Arabes, *Sawadu Pûnée* des Malabares. Sans crinière; fond du pelage d'un gris jaunâtre, avec de nombreuses taches noires pleines, et quelquefois assez rapprochées pour former des lignes continues; ce qui arrive surtout au train d'arrière. Ces taches ne sont pas dans la même série plus distantes l'une de l'autre que de la longueur de leur diamètre. La queue est noire en dessus de toute sa longueur, mais annelée de noir et de blanc sur ses côtés seulement, car le noir ne se prolonge pas dessus. Le ventre est gris; mais c'est au cou que se trouve la livrée la plus caractéristique du Zibeth après la queue. Une bande noire naissant derrière la partie supérieure de l'oreille décrit un arc de cercle jusqu'au devant du bras, et forme la bordure de la robe tachetée qu'elle sépare du blanc pur des côtés et du dessous du cou. Une autre bande un peu plus large, naissant derrière le bas de l'oreille, et régulièrement concentrique à l'autre dont elle est séparée par un arc blanc de la même largeur, se réunit sous le cou à celle du côté opposé. Une troisième descend verticalement d'un peu au-dessous de l'oreille; enfin une quatrième, séparant le gris des joues du blanc du cou, correspond à la branche montante de la mâchoire. Les moustaches sont entremêlées de barbes noires et blanches. Les figures de Schreber et de l'Encyclopédie copiées sur celle de Buffon sont donc inexactes. On n'y voit pas surtout les taches rondes pleines en séries horizontales, ni la couverture toute noire de la queue. F. Cuvier vient d'en donner la première bonne figure (Mamm. lithog.)

d'où nous avons tiré notre description. Longueur du museau à l'anus, douze ou quinze pouces; hauteur au garrot, un pied; à la croupe, treize pouces. Le Zibeth a vingt-deux vertèbres à la queue, trois de moins que la Civette dont la queue est pourtant bien plus courte. Il voit mal le jour, n'est actif que la nuit; il aime les fruits, et son régime paraît omnivore. Il est généralement silencieux. Dans la colère, il hérisse les poils de l'échine. Celui qu'a observé F. Cuvier venait des Philippines. On n'a pas d'autre indication authentique de la patrie de cet Animal qu'auparavant on croyait africain.

IIᵉ SOUS-GENRE.—Les GENETTES ou, dit Cuvier, la poche se réduit à un enfoncement léger, formé sur la saillie des glandes, et presque sans excrétion sensible, quoiqu'il y ait une odeur très-manifeste. Néanmoins Daubenton (Buff. T. IX, p. 35 et 352) en donne une idée un peu différente (*V.* aussi sa figure n. 2, pl. 37).

La GENETTE COMMUNE, *Viverra Genetta*, L., Buff. T. IX, pl. 36, Encycl. pl. 88, fig. 3, Schr. T. II, pl. 115. Identique avec la Genette du Cap de Buff., Sup. T. VII, la *Viverra malaccensis* de Gmelin, le Chat Bizaam de Wosmaer, t. 8, et le Chat du Cap de Forster, *Trans. Phil.* t. 71. *V.* une bonne figure dans Cuvier et Geoffroy. (Mammif. lithog.)

A peu près de la longueur, de la grosseur et de la figure de la Fouine, mais à tête plus étroite, museau plus effilé, oreilles plus grandes, plus minces et plus nues; pates moins grosses et queue plus longue. (Elle a vingt-huit vertèbres.) La Genette a la pupille tout-à-fait pareille à celle du Chat; elle est tachée de noir sur un fond mêlé de gris et de roux; elle a deux sortes de poils, le plus long n'a guère pourtant qu'un demi-pouce de long sur le corps, et un pouce à la queue; l'extrémité des deux pelages est noire, grise ou rousse; la queue a quinze anneaux alternativement noirs et blanchâtres avec des teintes de roux. Les anneaux noirs augmentent de largeur à mesure qu'ils sont plus voisins du bout de la queue; toute la tête est roussâtre, avec quelques teintes de noir et de gris. Les taches des flancs sont disposées par séries assez régulières. Elle n'a que quatre mamelles qui sont ventrales. Daubenton (*loc. cit.*) lui a trouvé sous l'anus les poches ordinaires des Civettes transformées par l'épaisseur de leurs parois crypteuses en deux glandes de dix lignes de longueur et cinq d'épaisseur. Les saillies que forment ces deux glandes sont jointes du côté de l'anus par une bride de la peau qui donne à cette partie l'apparence d'une poche. La cavité de ces glandes était pleine d'huile jaunâtre et odorante qu'y versaient les cryptes (fig. 2, pl. 57, t. 9), et Buffon le premier en a fait connaître l'existence en France (Sup. T. III, p. 256 et 257); mais la figure annexée (*loc. cit.*) à sa description, pl. 47, sous le nom de Genette de France, appartient à une espèce étrangère de patrie inconnue. La Genette en France ou en Espagne habite les endroits humides et le bord des ruisseaux. On avait dit à Buffon qu'en Rouergue la Genette se retire pendant l'hiver dans des terriers. Son site paraît le même depuis le cap de Bonne-Espérance jusqu'en Barbarie. Quoique vivant de proie, son naturel est doux; elle s'apprivoise aisément, et chasse les Rats et les Souris. Deux Genettes envoyées de Tunis ont vécu à la Ménagerie. Elles étaient tristes et taciturnes, dormaient tout le jour enroulées l'une sur l'autre, s'agitaient et couraient toute la nuit. Elles s'accouplèrent à la manière des Chats. La durée de la gestation ne put être fixée, on la crut de quatre mois. Il naquit un seul petit marqué comme ses parens.— Les anciens ne paraissent pas avoir connu la Genette. Isidore de Séville en a parlé le premier (Encycl. pl. 89, fig. 1).

La Genette du Cap de Buff. T. VII, pl. 58, et la *Viverra malaccensis*, Enc. pl. 88, f. 1, et Schreb. pl. 11, 12, B, ne sont, d'après Cuvier, que le Chat Bi-zaam du Cap (Encycl. pl. 89, f. 5, et Schreb. pl. 115, sous le nom de *Viverra tigrina*), et tous deux sont identiques avec la Genette. Déjà Kolbe, T. II, pag. 180, avait observé que la peau du Chat musqué (Bizaam Kalte) est recherchée à cause de son odeur agréable de musc. Wosmaer qui a décrit cet Animal (fascic. 8) le rapprochait du Margay, tout en lui trouvant le museau bien plus pointu et plus effilé; ce qu'il dit de sa couleur se rapporte assez bien à la Genette dont il a surtout la longue queue annelée de blanc et de noir. Le Chat du Cap de Forster ne diffère pas du Chat Bizaam, et par conséquent de la Genette, d'après Cuvier (Ménag. du Muséum et Règne Animal).

La GENETTE A QUEUE NOIRE, Buff., Sup. T. III, sous le nom de Genette de France. Cuvier (Ménag. du Mus.) pense que cette Genette est une espèce distincte. Elle avait vingt pouces de longueur sur sept de haut; tout le poil plus long qu'à la Genette, surtout sur le cou; il n'y a d'anneaux distincts qu'au premier tiers de la queue, les deux autres tiers sont tout noirs; elle a seize pouces de long; le dessus du dos rayé et moucheté de noir sur un fond gris mêlé de grands poils noirs à reflets ondoyans; le dessous du corps blanc; les jambes et les cuisses noires; l'œil était grand, la pupille étroite, les oreilles rondes. C'était un Animal toujours en mouvement et qui ne se reposait que pour dormir; il avait été acheté à Londres; on ignorait sa patrie.

La CIVETTE A BANDEAU, *Viv. fasciata*, Geoff. Grande comme une Fouine, à série de taches d'un brun marron le long du dos et des flancs sur un fond jaune clair, ayant le bout du museau, la mâchoire inférieure et le front blanc jaunâtre, tout le dessous du corps d'un gris fauve uniforme, l'extrémité de la queue et les pates brun foncé, elle pourrait bien être identique avec la Genette à queue noire. Nous en disons autant de la grande Civette de Java, qui n'est qu'un peu plus petite, et qui a noir ce qui est brun dans la *Viverra fasciata* dont on ne connaît pas la patrie. Ces deux derniers Animaux sont au Muséum d'Histoire Naturelle. La figure donnée par Schreber sous le nom de *Viv. fasciata* a sur le dos et les fesses de grandes bandes noires imaginaires.

La FOSSANE DE MADAGASCAR, *Viverra Fossa*, Buff. T. XIII, pl. 20; Encycl., pl. 89, fig. 2; Schreb. T. II, pl. 114. Poivre, dans une notice adressée à Buffon (*loc. cit.*), donne les seuls renseignemens qu'on ait sur cette espèce dont Daubenton n'a vu que la peau bourrée. Il n'est donc pas certain que la Fossane n'ait pas de bourse subanale. Poivre dit ne lui en avoir pas trouvé sur trois individus qu'il a examinés : l'un de Madagascar, un autre de la Cochinchine, et l'autre des Philippines; d'ailleurs très-semblable, pour la figure, le fond et la distribution des couleurs, à la Genette; seulement les taches, disposées plus régulièrement encore, forment trois lignes parallèles le long de chaque flanc. La queue n'a que des demi-anneaux étroits et de couleur rousse, qui ne s'étendent pas sur le côté inférieur, lequel est d'une couleur mêlée de roux, de gris et de blanc sale, ainsi que la face extérieure de la cuisse; tout le dessous du corps est blanchâtre. Ceux que Poivre éleva fort jeunes conservaient un air et un caractère de férocité, contraste remarquable dans un Animal qui préférait les fruits à la chair. — Le Barbé de Guinée (Bosmann, Voy. p. 256, fig. n° 1) doit plutôt être une Genette qu'une Fossane.

CIVETTE DE L'INDE, *Viv. indica*, Geoff. Grande comme une Genette, mais plus allongée, plus haute sur jambes, avec la queue plus courte; huit bandes brunes sur le dos et confondues au cou, se détachant d'un fond blanc jaunâtre; trois ou quatre lignes de points bruns parallèles sur les flancs; tour des yeux brun; lèvre et menton blancs; queue annelée de brun et de blanc jaunâtre. Il y en a un autre individu plus petit, marqué de même, sous le nom de Petite Genette

de Java. Toutes deux sont au Muséum.

PUTOIS RAYÉ DE L'INDE, *Viv. fasciata*, Gmel.; Schreb. 114, B, figure qui diffère beaucoup de celle de l'Encyclopédie, pl. 90, fig. 2; Buff., Suppl. T. VII, pl. 57. Semblable au Putois pour la taille, la forme du corps et des oreilles; tête et queue d'un brun fauve, plus pâle autour des yeux, aux joues et sous la mâchoire. Six larges bandes noires et cinq blanchâtres plus étroites le long du dos et des flancs. Sonnerat l'a trouvé à la côte de Coromandel. — La *Viverra hermaphrodita* de Pallas (*V.* Schreb. T. II, p. 426), à museau, gorge, moustaches et pieds noirs; une tache blanche sous les yeux; poil cendré à la base, noir à la pointe; trois bandes noires le long du dos; queue un peu plus longue que le corps, et noire à l'extrémité. Elle est certainement de ce genre, car elle a une poche entre l'anus et l'ouverture de la génération. Elle venait de Barbarie.

III° SOUS-GENRE. — Les MANGOUSTES, Cuv., *Herpestes*, Illig.; Ichneumon, Geoff., Description d'Égypte, Hist. Nat. T. II, p. 138 et suiv. — Cuvier (Règn. Anim.) les caractérise par une poche volumineuse, simple, ayant l'anus percé dans sa profondeur. Toutes les Mangoustes, dit Geoffroy (*loc. cit.*), ont le poil court sur la tête et les pates, et les doigts à demi-palmés : aussi s'éloignent-elles peu des rivières.

La MANGOUSTE DE L'INDE, *Viv. Mungo*, L. et Kœmpfer, Buff. T. XIII, pl. 19; Schreb. T. II, pl. 116, p. 430; Encycl., pl. 84, fig. 4; et Wosmaer, pl. et fasc. 11, 1773. Wosmaer l'a aussi confondue avec l'Ichneumon et avec la Mangouste de Java. C'est à cette dernière que se rapporte sa figure. *Gagarangan* des Javans; *Chiré, Kirpelé* au Malabar; *Sunsa* au Bengale. A peu près de la taille de la Fouine; mais sa queue, bien moins touffue à l'extrémité que celle de la Fouine, va au contraire en grossissant de la pointe vers la racine comme une queue de Kanguroo. Cette queue

est un peu moins longue que le corps;
sur le dos, vingt-six à trente bandes
transversales, alternativement rousses et noirâtres, d'autant plus longues qu'elles sont postérieures; dessous de la mâchoire fauve; pieds
noirs, et la queue d'un brun noirâtre
uniforme. Buffon (*loc. cit.*) l'a confondue avec l'Ichneumon, et comme la
Mangouste est juste moitié plus petite, « il lui paraît seulement qu'en
Égypte, où les Mangoustes sont pour
ainsi dire domestiques, elles sont
plus grandes qu'aux Indes où elles
sont sauvages. » Dans ce moment-là,
Buffon ne croyait pas apparemment
que la domesticité détériore ces Animaux. Le fait est que la Mangouste
n'existe pas en Égypte. Kœmpfer et le
P. Vincent - Marie disent qu'elle fait
aux Serpens une guerre implacable.
Elle habite le continent de l'Inde et
les îles de la Sonde. Wosmaer en a vu,
dit-il, trois variétés, toutes des Indes.
L'une d'elles était friande de fruits,
d'œufs, et buvait beaucoup, se rou-
lait en boule comme un Hérisson
pour dormir, était très-propre et aimait à clapoter dans l'eau. Les yeux
sont bleus avec un cercle de couleur
d'orange; les testicules sont fort gros
à proportion de la verge.

L'ICHNEUMON INDIEN d'Edwards
(Ois., pl. 199). Museau brun rougeâtre; tout le dos et la queue annelés de brun sur un fond olivâtre; c'est
la seule Mangouste, avec la suivante,
qui ait les ongles noirs. Elle venait
des Indes-Orientales.

La MANGOUSTE NEMS, Buff., Sup.
T. III, pl. 27. D'un cinquième plus
grande que la *Viv. Mungo*; sa queue
se termine aussi en pointe. C'est elle
que Daubenton a décrite (T. XIII, p.
160) sous le nom de Mangouste. Elle
avait vingt-deux pouces du museau
à l'anus, et la queue longue de vingt
pouces; le pelage est plus clair qu'à
la Mangouste, et d'une couleur uniforme au dos et aux pates; le poil est
dur, redressé comme à l'Ichneumon;
le blanchâtre et le noirâtre s'y succèdent quatre ou cinq fois en anneaux;

la teinte générale est jaune paille; l'i-
ris est d'un fauve foncé.

Le VANSIRRE, *Vohang-Spira* à Madagascar, Buff. T. XIII, pl. 21; Enc.,
pl. 80, fig. 5. Geoffroy s'est assuré sur
deux individus vivans à la Ménagerie, que c'est une Mangouste. Plus
petit que le Mungos, son poil est
gris brun, pointillé de jaunâtre, et
les pates brunes; son crâne diffère
de celui de l'Ichneumon, parce que
l'orbite n'est pas fermée en arrière.
Vit à Madagascar, d'où elle a passé à
l'Ile-de-France.

La MANGOUSTE DE MALACCA,
Ichneumon malaccensis. F. Cuv.
(Mamm. lith.) a figuré et décrit sous
ce nom une Mangouste longue de
onze pouces, dont la queue a un
pied, où la distance du museau à
l'oreille est de deux pouces six lignes, et la plus grande hauteur de
cinq pouces quatre lignes. La pupille est allongée horizontalement;
il n'y a pas de paupière clignotante;
la couleur générale est d'un gris sale,
parce que les poils sont annelés de
noir et de blanc sur leur longueur;
le tour de l'œil, l'oreille et le bout du
museau sont nus et violâtres; le poil
est très-rude, entremêlé d'un lainage
rare à sa base; la queue, conique
comme dans la Mangouste à bandes,
acquiert dans la colère un énorme
volume par le hérissement des poils
redressés perpendiculairement; son
attitude ordinaire est celle des Foui-
nes; elle peut s'étendre à quatorze
pouces et se réduire à huit. Elle était
très-apprivoisée, aimait les caresses
quoique très-féroce pour tout Animal
susceptible de devenir sa proie; elle re-
cherchait surtout les Oiseaux, et les
prenait dans sa grande cage avec une
rapidité de mouvement extraordinaire.
F. Cuvier dit que les organes génitaux et l'anus s'ouvrent dans la poche
glanduleuse. Il ne faut pas confondre
cette espèce avec la Civette de Malacca, qui n'est que la Genette. N'est-ce
pas en la confondant avec la Mangouste à bandes, que Leschenault
dit qu'elle se nomme *Keripoulle* au
Malabar? car c'est le nom qu'y porte

aussi cette dernière. Ce voyageur dit qu'elle habite les trous de muraille et les petits terriers voisins des habitations qu'elle ravage comme le Putois chez nous.

La MANGOUSTE DE JAVA. F. Cuv. (Mamm. lith., liv. 26) vient d'en donner une figure toute semblable à celle de Wosmaer qui l'a décrite sous le nom d'Ichneumon indien, et à la fig. 116 de Schreber. Elle était privée comme un Chat domestique. Diard l'avait envoyée de Java. Il y en a aussi sur le continent. Sans doute le *Koger-Augan* de Java, Séba, vol. 1, pag. 77, pl. 48, fig. 4, ressemble par la taille, et à peu près par les couleurs, au Vansirre; seulement il a en marron ce qui est en brun dans l'autre. La queue se termine aussi en pointe.

La MANGOUSTE ROUGE, *Ichneumon ruber*, Geoff. (Patrie inconnue.) Pelage d'un rouge ferrugineux très-éclatant; poils annelés de roux et de fauve, rouge cannelle sur la tête et les épaules; surpasse d'un cinquième le Mungos, et a la queue encore plus épaisse et plus longue.

La GRANDE MANGOUSTE, *Ichneumon major*, Geoff., Buff., Suppl. T. III, pl. 26. Poil annelé de fauve et de marron; mais les anneaux fauves sont si étroits, que l'autre couleur domine partout; la queue plus hérissée et plus longue que le corps, terminée en pointe, y prend une couleur plus foncée; les doigts couverts de poils ras et serrés, comme chez les Animaux aquatiques; double du Mungos, c'est la plus grande des Mangoustes. On ignore son pays; Geoffroy la croit rapportée par Sonnerat.

L'ICHNEUMON, *Viverra Ichneumon*, L., *Ichneumon Pharaonis*, Geoff., *Nems* des Arabes, *Tezerdea* des Barbaresques; Schreber, pl. 115, B; Encycl., pl. 84, fig. 5; Descrip. d'Egypte, Hist. Nat., Mamm. planch. 6. Buffon n'a pas connu l'Ichneumon; il a pris pour lui le Mungos à qui il a appliqué tous les récits qui concer-

nent l'Ichneumon. Plus petit d'un sixième que l'espèce précédente; à queue aussi longue que le corps, et terminée par une touffe de très-longs poils noirs étalés en éventail, et dont la couleur se détache fortement de la teinte fauve marron uniforme de tout le corps; le poil est plus gros, plus sec et plus cassant que dans aucun de ses congénères; l'orbite est complet. L'Ichneumon est d'une timidité extrême; il se glisse toujours à l'abri de quelque sillon; il ne lui suffit pas de ne rien voir de suspect, il n'est tranquille et ne continue sa route qu'après avoir flairé tout ce qui est à sa portée: l'odorat est son guide suprême; même quand il est apprivoisé, il va sans cesse flairant, remuant continuellement ses naseaux avec un petit bruit qui imite le souffle d'un Animal haletant après une longue course. Il est d'une très-grande douceur, caressant, vient à la voix de son maître. En Egypte, il se nourrit de Rats, de Serpens, d'Oiseaux et d'œufs. Lors de l'inondation, il se retire près des villages et dévaste les basse-cours; mais resserré alors avec les Renards et les Chacals, il devient en grande partie leur proie. Dans le Saïd il a pour ennemi le Tupinambis qui a les mêmes habitudes et se tient dans les mêmes sites. Il détruit tous les œufs qu'il rencontre, et conséquemment ceux du Crocodile; mais il est absurde de supposer qu'il attaque l'Animal. Son utilité par la destruction des œufs de ce Reptile était sans doute le seul motif du culte que lui rendirent les Egyptiens. Aristote et Strabon disent qu'on ne le trouve qu'en Egypte; nous avons cité un nom barbaresque qui porte à croire qu'on le trouverait aussi au moins dans l'est de la Barbarie. Le nom *Ichneumon* est grec et significatif des habitudes de l'Animal. Hérodote l'a employé le premier. L'Ichneumon n'a jamais été domestique en Egypte, l'espèce y vit partout sauvage; on n'en apporte de jeunes aux marchés que lorsqu'on en trouve par hasard d'égarés dans les champs.　　(A. D..NS.)

*** CIVETTE**. pois. On dit que l'on donne ce nom sur les bords de la Loire à de petites Anguilles qu'on y prend en quantité. Ce nom est peut-être un double emploi de Civelle. *V.* ce mot. (B.)

CIVICH. ois. Syn. piémontais du Friquet, *Fringilla montana*, L. *V.* Gros-Bec. (DR..Z.)

CIVIÈRE. ois. L'un des noms vulgaires du Bouvreuil, *Loxia Pyrrhula*. *V.* Bouvreuil. (DR..Z.)

CIXIE. *Cixius*. ins. Genre de l'ordre des Hémiptères établi par Latreille (*Gener. Crust. et Ins.* T. III, p. 166), et réuni depuis au genre Fulgore. *V.* ce mot. (AUD.)

CIYTES. min. *V.* Cissitis.

CLABAUD. mam. Race de Chiens courans à oreilles pendantes, et peu estimés. L'importunité de leurs cris, passée dans le langage familier, est l'étymologie de clabaudage, clabaudeurs, etc. (B.)

CLA-CLA. ois. *V.* Cha-Cha.

*** CLADANTHE**. *Cladanthus*. bot. phan. Famille des Synanthérées corymbifères de Jussieu, Syngénésie Polygamie frustranée, L. Genre fondé par H. Cassini et placé dans la tribu des Anthémidées. Il est ainsi caractérisé : calathide radiée ; fleurons du centre nombreux, réguliers et hermaphrodites ; demi-fleurons de la circonférence disposés sur un seul rang, ligulés et stériles ; involucre formé d'écailles ovales, scarieuses et comme frangées à leur sommet ; réceptacle conique, allongé, couvert de petites écailles et de petits organes que Cassini nomme fimbrilles, filiformes et membraneux ; akènes ovales, striés, glabres et sans aigrettes. Ce genre, dont Cassini a exprimé les caractères avec plus de détails (Bull. de la Soc. philom., déc. 1816), n'est composé que d'une seule espèce, le Cladanthe d'Arabie, *Cladanthus arabicus*, Cass., ou *Anthemis arabica*, L. Les Arabes lui donnent le nom de *Crassas*. Cette jolie Plante annuelle

croît naturellement en Arabie et sur les côtes septentrionales de l'Afrique. Elle pourrait être cultivée facilement en pleine terre dans les jardins de France, car elle fleurit au Jardin des Plantes de Paris depuis juillet jusqu'en septembre. Sa hauteur est de trois décimètres ; les rameaux nombreux qu'elle étale autour d'elle sont grêles, ligneux et disposés en verticilles, au milieu desquels est une calathide sessile, solitaire et d'un beau jaune orangé. Chaque ramuscule est aussi terminé par un verticille de branches plus petites, qui contiennent également une calathide au milieu d'elles. (G..N.)

*** CLADIE**. *Cladius*. ins. Genre de l'ordre des Hyménoptères, section des Térébrans, famille des Porte-Scies, tribu des Tenthrédines, établi par Klug et adopté par Latreille (Consid. génér., p. 294) qui lui assigne pour caractères : antennes de neuf articles, rameuses dans les mâles, simples dans les femelles ; mandibules tridentées. Ce genre, très-voisin des Lophyres, s'en distingue par les antennes rameuses et non pennées, ainsi que par les mandibules tridentées. La composition des antennes empêche de le confondre avec les Tenthrèdes, les Dolères, les Nemates et les Pristiphores qui ont les appendices simples dans les deux sexes.

Pelletier de Saint-Fargeau (*Monogr. Tenthredin.*, p. 57) rapporte à ce genre cinq espèces dont la plupart sont nouvelles. Le Cladie difforme, *Cl. difformis*, Latr., ou le *Pteronus difformis* de Jurine (Class. des Hym., p. 64), représenté par Pelletier de Saint-Fargeau, dans la Faune Française (pl. 12, fig. 4), peut être considéré comme le type du genre.

V., pour les autres espèces, Pelletier de Saint-Fargeau (*loc. cit.*). (AUD.)

CLADIUM. bot. phan. Ce genre, de la famille des Cypéracées, est un démembrement des *Schœnus* de Linné. Browne (*Jam.*, p. 114) lui imposa ce nom et le constitua avec une Plante des Antilles, évidemment congénère de notre *Cladium Mariscus*, si même elle ne lui est pas identique. Schrader adopta ensuite le genre proposé, et R. Brown (*Prodr. Flor. Nov.-Holl.*, p. 236) en fit mieux connaître les caractères qu'il définit de la manière suivante : épillets à une ou deux fleurs, composés d'écailles imbriquées, dont les extérieures sont vides ; style caduc inarticulé avec l'ovaire ; point de soies ou de squammules hypogynes. Le fruit est une espèce de noix glabre renfermant un petit noyau lisse. De tels caractères sont, il faut l'avouer, bien analogues à ceux des *Schœnus*. C'est plutôt par leur port que les *Cladium* diffèrent un peu de ce dernier genre. Ce sont des Plantes herbacées plus grandes et plus consistantes, dont les chaumes sont garnis de feuilles très-longues, souvent dentées en scie et engaînantes. R. Brown en a décrit treize espèces indigènes de la Nouvelle - Hollande, parmi lesquelles il indique le *Cladium Mariscus* ou *Schœnus Mariscus* de Linné, qui croît aussi en Europe et dans les environs de Paris. Schrader regarde l'espèce exotique comme distincte de l'européenne, et il les désigne, l'une sous le nom de *Cl. occidentale*, et l'autre sous celui de *Cl. germanicum*. Labillardière (*Nov.-Holl.* T. I, p. 18, t. 19) a figuré une espèce de Cladium en lui conservant l'ancien nom générique de *Schœnus*; c'est son *Sch. filum*. *V.* CHOIN. (G..N.)

***CLADOBOTRYUM.** BOT. CRYPT. (*Mucédinées.*) Ce genre, établi par Nées (*Syst. der Schwamme*, p. 15, tab. 4, fig. 54), est un de ceux qui nous semblent fondés sur des caractères tout au plus spécifiques. Il nous paraîtrait devoir être réuni en un seul genre avec les *Stachylidium*, *Verticillium*, *Botrytis* et *Virgaria*, qui conserverait le nom de *Botrytis*. C'est ce que Persoon a fait dans sa Mycologie européenne. *V.* BOTRYTIS.

Le genre Cladobotryum était ainsi caractérisé par Nées : filamens ascendans, divisés dès leur base en

forme de corymbe; sporules oblongues, éparses vers l'extrémité des rameaux. Il ne renfermait qu'une espèce, le *Cladobotryum varium* (*Botrytis macrospora*, Link, Dittmar, Persoon, *Myc. eur.* T. I, p. 34). Il vient sur les bois et sur les feuilles de Chênes pourris.   (AD. B.)

*** CLADOCÈRE.** *Cladocerus.* POLYP. Genre de Polypiers fossiles dont Raffinesque n'a pu déterminer la famille, ayant pour caractère d'offrir un corps pierreux, rameux, comprimé, à écorce distincte, couverte de petites lignes ridées ; les pores sont nuls ou invisibles. Ce genre est composé de plusieurs espèces : *C. Alcides*, *armatus*, *clavatus*, etc. *V.* le Journ. de Phys., 1819, T. LXXXVIII, p. 429.   (LAM..X.)

CLADODES. BOT. PHAN. Loureiro (*Fl. Cochinch.*, ed. *Willd.*, p. 703) a donné ce nom à un nouveau genre qu'il caractérise ainsi : fleurs monoïques ; les mâles, comme les femelles, munies d'un calice quadriparti et dépourvues de pétales. Les premières ont huit étamines dont les filets sont courts et membraneux ; les anthères arrondies. Les secondes n'ont point de style. Leur ovaire trigone porte trois stigmates oblongs, réfléchis, et devient une capsule à peu près globuleuse, trilobée, à trois loges monospermes et s'ouvrant par trois valves.

A ces caractères on reconnaît que ce genre doit appartenir à la famille des Euphorbiacées ; mais le défaut de renseignemens ultérieurs nous rend fort réservés sur son adoption, car il est malheureusement arrivé trop souvent que dans l'établissement de ses nouveaux genres Loureiro n'a fait que décrire des Plantes de genres déjà si connus, qu'on ne conçoit pas comment cet auteur a pu faire de pareilles méprises. Au surplus, une seule espèce constitue ce nouveau genre : c'est le *Cladodes rugosa*, nommé *Cay Môt* en Cochinchine, Arbrisseau des forêts de ce pays, dont les branches extrêmement nombreuses portent des feuilles lancéolées dentées en scie, glabres, rugueuses et alternes. Les fleurs sont terminales et très-petites, disposées en grappes lâches qui se terminent en épis. (A. D. J.)

CLADONIE. *Cladonia.* BOT. CRYPT. (*Lichens.*) Ce genre, fondé par Hoffmann et adopté par De Candolle dans la Flore Française, correspond à une partie du genre *Cenomyce* d'Acharius. Nous croyons, vu le passage insensible qui existe entre ce genre et les *Scyphophorus* par l'intermédiaire des *Helopodium*, devoir adopter l'opinion du lichenographe suédois, suivie en grande partie par Dufour dans la monographie de ces genres, et selon laquelle ces trois genres réunis ne forment qu'un seul et même genre sous le nom de *Cenomyce.* *V.* CENOMYCE.

(AD. B.)

*CLADORA. BOT. CRYPT. (*Lichens.*) Genre formé par Adanson qui le rapportait (*Fam. Plant.* T. II, p. 6) à sa seconde section des Champignons, et qui rentre dans le genre *Cladonia*, tel que l'ont adopté les botanistes. (B.)

*CLADORYNCHUS. OIS. (Gesner.) Syn. présumé du Pluvier à collier d'Egypte, *Charadrius ægyptius*, L. *V.* PLUVIER. (DR..Z.)

* CLADOSPORUM. BOT. CRYPT. (*Mucédinées.*) Link, qui a établi ce genre, l'a ainsi caractérisé : filamens rapprochés, droits, simples ou peu rameux, dont les extrémités se séparent pour former les sporules; sporules ovales d'abord continues avec le sommet des rameaux, s'en détachant plus tard. Les espèces qui servent de type à ce genre faisaient partie du genre *Dematium* de Persoon, qui les y a rapportées de nouveau dans sa *Mycologia europæa.* *V.* ce mot. Link en a décrit quatre espèces sous les noms de *Cladosporum herbarum* (*Dematium herbarum*, Pers., *Syn. Fung.*); *Cladosporum abietinum* (*Dematium abietinum*, Pers., *ibid.*); *Cladosporum atrum*; *Cladosporum aureum.* Les trois premiers croissent sur les écorces ou sur les

feuilles et les tiges des Plantes sèches. Le dernier, qui vient sur les rochers, n'appartient probablement pas à ce genre. (AD. B.)

* CLADOSTÈME. *Cladostema.* POLYP. Genre de Polypiers fossiles de l'ordre des Encrines, dont les caractères sont ainsi fixés par Raffinesque : base branchue; bouches terminales aréolées; articulations à circonférence lisse; centre tubuleux semi-radié autour du creux. Les *C. flexuosa*, *leioperis*, etc., appartiennent à ce genre; elles se trouvent aux Etats-Unis. *V.* Journ. de Phys., 1819, T. LXXXVIII, p. 429. (LAM..X.)

* CLADOSTEPHE. *Cladostephus.* BOT. CRYPT. (*Chaodinées.*) Genre établi par Agardh, adopté par Lyngbye, et que nous plaçons parmi les Chaodinées dont il se rapproche par la grande analogie que présente son organisation avec celle des Thorées et des Draparnaldes; mais qui, lorsque sa fructification sera connue, pourra bien passer aux Céramiaires. Ici nous arrivons à la fin d'une famille dont les genres se sont compliqués graduellement, et les deux derniers que nous y rattachons commencent à moins y convenir. Cependant le genre *Cladostephus* conserve encore une sorte de mucosité extérieure, du moins vers les extrémités de ses rameaux, et les Lémanes, *V.* ce mot, semblent conserver cette mucosité dans leur intérieur. Les caractères du genre dont il est question sont : filamens ronds, articulés, rameux, chargés de ramules également articulées par sections transversales, simples ou légèrement divisées, disposées en verticilles simples autour des articulations des rameaux principaux, comme les feuilles d'un Hypuris le sont autour des tiges. L'espèce qui sert de type à ce genre est le *Cladostephus Myriophyllum* ; N., *Cladostephus verticillatus*, Agardh, *Syn*, Lyngbye, *Tent.*, p. 102, pl. 30., *Ceramium verticillatum*, D. C., Flor. Fr. T. II, p. 39. Cette Plante abonde dans les mers d'Europe, et son

port est assez élégant. Elle n'adhère pas au papier sur lequel on la prépare, ce qui indique déjà qu'elle s'éloigne des autres Chaodinées qui toutes ont éminemment cette propriété. (B.)

CLADOSTYLES. BOT. PHAN. Famille des Convolvulacées, Pentandrie Digynie, L. Ce genre a été établi sur une Plante nouvelle rapportée de l'Amérique méridionale par Humboldt et Bonpland. Ils l'ont publiée dans le premier volume de leurs Plantes équinoxiales, en fixant ainsi ses caractères génériques : calice divisé en cinq parties profondes ; corolle campanulée très-ouverte, dont le limbe est à cinq divisions ; deux styles fourchus (d'où le nom grec du genre); stigmates simples ; capsule uniloculaire, monosperme, indéhiscente. Selon Bonpland, à qui on doit la description précédente faite sur la Plante vivante, cette graine n'est unique dans la capsule que par l'avortement constant d'une ou de plusieurs autres graines ; mais Kunth (*Synopsis Plantarum œquinoct. orbis novi*, T. II, p. 230) suppose en outre, avec plus de vraisemblance, que l'ovaire (qui n'a pas été observé par Bonpland) est biloculaire, et que chacune de ses loges est disperme. Si cela était ainsi, le genre *Cladostyles* ne différerait de l'*Evolvulus* que par la capsule dépourvue de valves, et aux yeux de l'auteur que nous venons de citer, cette différence est bien faible pour la distinction d'un genre.

Le *Cladostyles paniculata*, H., B. et Kth., est la seule espèce connue. C'est une Plante herbacée, droite, à feuilles alternes et entières, dont les fleurs sont terminales, blanches et disposées en panicules. Elle fleurit en juin près de Turbaco dans le royaume de la Nouvelle-Grenade. Humboldt et Bonpland en ont publié une très-belle figure (Plantes équinoxiales, 1er vol., tab 57). (G..N.)

* **CLAIKGEES, CLAIKS, CLAKGUSE** ET **CLAKIS.** OIS. Syn. vulgaires en Ecosse de la Bernache, *Anas erythropus*, L. V. CANARD. (DR..Z.)

CLAIRETTE. BOT. PHAN. L'un des noms vulgaires de la Mâche. V. VALÉRIANELLE. (B.)

* **CLAIRIDES.** *Cleridæ.* INS. Tribu établie par Kirby, correspondant à celle des Clairons. V. ce mot. (AUD.)

CLAIRON. *Clerus.* INS. Genre de l'ordre des Coléoptères, section des Pentamères, famille des Clavicornes, tribu des Clairones, établi originairement par Geoffroy (Hist. des Ins. T. I, p. 305) qui lui assignait pour caractères : antennes en masse, composée de trois articles posés sur sa tête ; point de trompe ; corselet presque cylindrique sans rebords ; tarses garnis de pelottes. Les Clairons confondus par Linné avec les Attelabes, ont, pour la plupart, le premier article des tarses très-court ; cette particularité en avait imposé à Geoffroy qui, ne voyant que quatre divisions aux tarses, les avait rangés parmi les Tétramères. Le fait est qu'ils en ont cinq, et qu'avec quelque attention, on parvient toujours à distinguer l'article rudimentaire. Le genre Clairon n'a pas seulement subi des changemens dans ses limites; mais il a été complètement bouleversé par Fabricius. Cét entomologiste, par une manie qui lui était trop commune, a établi un genre Clairon, qui ne comprend aucune des espèces décrites par Geoffroy, et il a créé, pour celles-ci, la dénomination de TRICHODE, *Trichödes.* Olivier, (Hist. des Coléopt.) accorde au genre Clairon une acception très-étendue, qui comprend sous le nom de section les genres Notoxe, Clairon, Trichode de Fabricius. Enfin Latreille, rendant à chacun ce qui lui est dû, rejette les dénominations abusives de Fabricius, et adopte le genre Clairon de Geoffroy, qui, à raison des changemens utiles qu'il a subis, correspond aujourd'hui à une famille ou tribu désignée sous le nom de Clairons, V. ce mot, et comprend plusieurs sous-genres qui en ont été démembrés. Parmi eux, celui des Clairons proprement dits, dont il est ici question, offre pour caractères : tarses vus en dessus, ne paraissant avoir que quatre articles ; l'avant-dernier aussi grand que le précédent, et pareillement bilobé ; antennes à articles intermédiaires très-courts, les trois derniers transversaux, formant une massue presque triangulaire, tronquée obliquement au bout, et pointue à l'angle interne du sommet ; dernier article des palpes maxillaires un peu plus grand, en forme de triangle renversé, allongé ; le même des labiaux beaucoup plus grand, ayant la figure d'une hache.

Ces Insectes ont le corps allongé, presque cylindrique, plus étroit en devant. La tête est assez large, inclinée et enfoncée postérieurement dans le prothorax ; les yeux sont ovales, peu saillans, souvent échancrés au côté interne. Les antennes ont la longueur du prothorax ; celui-ci est allongé et plus étroit que les élytres ; l'écusson est très-petit, arrondi postérieurement. Les élytres sont étroites, surtout en avant, et de la longueur de l'abdomen ; elles recouvrent deux ailes membraneuses. Les pates sont de longueur moyenne ; les deux postérieures ont, dans les mâles de quelques espèces, des cuisses assez fortes ; les articles intermédiaires des tarses sont larges, bilobés et garnis inférieurement de pelottes.

Les Clairons diffèrent des Cylydres et des Tilles, par les articles des tarses, n'étant pas tous très-distincts ; ils s'éloignent des Nécrobies et des Enoplies, par les articles intermédiaires des tarses bilobés, par la forme de la massue et par celle du corselet. Enfin ils ont de tels rapports avec les Notoxes, les Trichodes et les Corynètes de Fabricius, que Latreille (Règn. Anim. de Cuv.) leur réunit ces trois genres.

Les Clairons ont, en général, le corps hérissé d'un duvet poilu, et orné de couleurs vives et variées, disposées par bandes transversales sur les élytres. On les rencontre souvent sur les fleurs, ils volent avec facilité. Lorsqu'on les prend, ils n'ont d'autre moyen de défense qu'une ruse commune à un grand nombre d'In-

sectes ; ils contrefont les morts, inclinent leur tête et replient leurs pates contre leur poitrine. — Léon Dufour a étudié anatomiquement les Clairons, et voici les principaux résultats de son travail qui est encore manuscrit : l'œsophage est gros, proportionnellement à celui de la plupart des autres Insectes ; les parois sont épaisses et charnues. Parvenu dans la poitrine, il se renfle, mais insensiblement, en un estomac cylindroïde, flexueux, à la surface duquel la loupe découvre de fort petites papilles, en forme de points saillans. Après cet estomac, dont la terminaison est marquée par un léger bourrelet, où se fait l'insertion antérieure des vaisseaux hépatiques, on trouve une portion intestinale fort courte, puis un cœcum allongé, renfermant une pulpe excrémentitielle blanche. Quant aux vaisseaux hépatiques, ils sont au nombre de six, et ont leurs insertions sur deux points éloignés du tube alimentaire ; la première de ces insertions, ou l'antérieure, a lieu autour du bourrelet qui termine l'estomac par six conduits distincts et isolés ; l'autre, ou la postérieure, se fait à l'origine du renflement intestinal qui précède le rectum par deux vaisseaux seulement ; mais chacun de ceux-ci est trifide.

Les larves des Clairons, connues des anciens, se nourrissent de celles des autres Insectes, particulièrement des Hyménoptères ; on les rencontre dans leurs nids. — Ce genre est assez nombreux en espèces dont plusieurs se trouvent dans nos environs.

Le CLAIRON DES RUCHES, *Clerus alvearius*, Latr., ou le *Trichodes alvearius* de Fabricius, peut être considéré comme le type du genre. La larve se rencontre dans les ruches des Abeilles domestiques. Elle y fait un grand tort en détruisant leurs nymphes et leurs larves. Panzer (*Faun. Insect. Germ.* fasc. 31. fig. 14) en a donné la figure.

Le CLAIRON APIVORE, *Clerus apiarius* d'Olivier (Hist. des Coléopt. T. IV, nᵒ 76, pl. 1, fig. 5-6), ou le *Tri-*

chodes apiarius, a été confondu quelquefois avec le genre précédent. On le trouve dans les mêmes lieux ; mais sa larve s'introduit dans les nids des Mégachiles des murs. Panzer (*loc. cit.* fasc. 31 , fig. 15) l'a aussi représenté.

Comme on n'a pas encore observé l'Insecte parfait cherchant à s'introduire dans les ruches d'Hyménoptères, et qu'il n'est d'ailleurs doué d'aucun moyen très-efficace pour se garantir de la piqûre de l'aiguillon , on suppose que les œufs sont d'abord pondus sur les fleurs , et que les Abeilles ou les Mégachiles les transportent dans leurs nids avec le pollen de ces fleurs. Cette opinion ne nous paraît guère admissible ; car elle supposerait la perte d'un grand nombre d'œufs , et ne nous expliquerait pas comment l'Insecte , devenu parfait , pourrait rencontrer moins de danger, pour sortir de la ruche ou du nid, que pour s'y introduire ; attendons que l'observation vienne encore dévoiler ce mystère. Les hypothèses, quelque vraisemblables qu'elles paraissent, ne doivent jamais être admises que comme de simples conjectures ; autrement elles nuisent à la science, parce que le doute seul engage à la recherche de la vérité.   (AUD.)

CLAIRONS. *Clerii.* INS. Famille de l'ordre des Coléoptères, section des Pentamères , établie par Latreille (*Géner. Crust. et Ins.* T. 1, p. 238 et 269) et correspondant au grand genre Clairon de Geoffroy. Cette famille a été convertie (*Règn. Anim.* de Cuv.) en une tribu de la famille des Clavicornes. Ses caractères sont : antennes grossissant insensiblement ou terminées en massue, pectinées dans les uns, presque filiformes et presque entièrement en scie dans les autres ; corps allongé, cylindroïde , plus étroit en devant ; abdomen mou en carré plus ou moins allongé, recouvert par les élytres ; articles intermédiaires des tarses bilobés et membraneux en dessous ; palpes maxillaires très-avancés , aussi longs que la tête ; les labiaux aussi longs ou plus saillans que les précédens , terminés par un article grand , en hache ou en cône très-allongé. Les Clairons se trouvent ordinairement sur les fleurs , quelquefois dans les matières animales en putréfaction ou dans les bois pourris. A l'état de larves , elles se nourrissent de matières animales ; celles de quelques espèces de Clairons proprement dits, se rencontrent souvent dans les ruches des Abeilles où elles dévorent les larves. — Latreille divise cette tribu ou famille de la manière suivante :

I. Tarses ayant cinq articles très-distincts , tant en dessus qu'en dessous.

Genres : CYLYDRE , TILLE.

II. Tarses ne paraissant avoir , vus en dessus , que quatre ou même que trois articles bien distincts.

† Le quatrième ou l'avant-dernier article des tarses aussi grand que le précédent , pareillement bilobé et très-distinct.

Genres : THANASIME , OPILE , CLAIRON.

†† Avant-dernier article des tarses , ou le quatrième , beaucoup plus petit que le précédent , caché entre ses lobes et peu apparent dans quelques-uns , entier.

Genres : ENOPLIE , NÉCROBIE.

V. ces différens mots.

Latreille (*Règn. Anim.*) comprend aussi dans cette tribu les genres Mastige et Scydmène ; mais dans le tableau que nous avons donné et qui est extrait du nouveau Dictionnaire d'Histoire Naturelle, il ne les mentionne plus.

Kirby (*Linn. Soc. Trans.* T. XII) a donné la division suivante de la tribu des Clairons, qu'il nomme en latin *Cleridæ* ; il en exclut les genres Mastige et Scydmène.

I. Antennes dentelées (*Serricornes*).

Genres : EURYPE , TILLE , AXINE , PRIOCÈRE. Les trois nouveaux genres qu'on remarque ici ont été établis aux dépens du genre Tille.

II. Antennes renflées.

Genres : ENOPLIE, CLAIRON.

V. ces mots.   (AUD.)

CLAITONIA. BOT. PHAN. Pour *Claytonia. V.* CLAYTONE.

CLAMATORIA. OIS. (Pline.) Syn. présumé de la Sittelle, *Sitta europœa,* L. SITTELLE.   (DR..Z.)

CLANCULUS. MOLL. Nom scientifique que Montfort donne à son genre Bouton, qui n'est fondé sur aucun caractère générique, et qui doit se rapporter au genre Monodonte. *V.* ce mot et BOUTON.   (D..H.)

* CLANDESTINARIA. BOT. PHAN. Nom de la troisième section établie par De Candolle dans son genre *Nasturtium.* Elle est ainsi caractérisée : pétales blancs très-petits ou quelquefois nuls; siliques un peu cylindriques. Cette section, aux yeux de l'auteur lui-même, est douteuse; elle se compose d'espèces qui, par leurs caractères génériques encore trop peu connus, pourraient être rapportées, les unes aux *Arabis,* les autres aux *Sisymbrium.* Elles habitent les Indes-Orientales et le Brésil. C'est à cette section qu'appartient le *Sisymbrium indicum,* L.   (G..N.)

CLANDESTINE. *Lathrœa.* BOT. PHAN. Genre très-voisin des Orobanches et faisant partie de la Didynamie Angiospermie. Linné avait réuni sous le nom de *Lathrœa* les genres *Clandestina, Phelippœa* et *Amblatum,* de Tournefort, que les botanistes modernes ont avec raison séparés de nouveau, en sorte qu'aujourd'hui ce genre ne se compose que de deux espèces qui croissent en France. Ces deux Plantes ont, non-seulement la même organisation intérieure que les Orobanches, mais elles rappellent encore ces singuliers Végétaux par leur port. Elles sont herbacées, parasites, et vivent sur la racine d'autres Plantes dans les lieux couverts et humides. Leur racine est implantée

sur celle de quelque autre Arbrisseau; leur tige est horizontale, souterraine, et forme une souche, donnant naissance, dans sa partie supérieure, à quelques ramifications dressées, portant, ainsi que la souche, des écailles au lieu de feuilles. Les fleurs sont assez grandes, groupées en une sorte d'épi à la partie supérieure des ramifications de la tige. Leur calice est tubuleux, un peu comprimé latéralement, à quatre lobes peu profonds et inégaux. La corolle est monopétale, irrégulière, à deux lèvres; la supérieure est concave, entière; l'inférieure est à trois lobes peu marqués. Chaque fleur contient quatre étamines didynames, placées sous la lèvre supérieure; les anthères sont à deux loges et velues. L'ovaire est allongé, marqué de deux sillons longitudinaux. Coupé transversalement, il présente une seule loge contenant un très-grand nombre d'ovules insérés à deux trophospermes pariétaux, épais et légèrement bipartis. A la base de l'ovaire et antérieurement existe un petit corps glanduleux, en forme de languette; c'est un véritable disque hypogyné. Le style est plus ou moins allongé, terminé par un stigmate divisé en deux lèvres inégales et obtuses.

Le fruit est une capsule un peu comprimée, uniloculaire, s'ouvrant en deux valves, qui chacune entraînent avec elles un des trophospermes sur le milieu de leur face interne.

La CLANDESTINE ÉCAILLEUSE, *Lathrœa squamaria,* L.; *Clandestina penduliflora,* Lamk., Flor. Fr., est vivace et croît dans les lieux ombragés et humides. On la trouve aux environs de Paris, dans le parc de Gesvres près Meaux. Sa souche est horizontale, rameuse, entièrement couverte d'écailles charnues, imbriquées; elle donne naissance par son extrémité supérieure à deux ou trois rameaux dressés, hauts de six à huit pouces, portant quelques écailles écartées, et terminés par un épi de fleurs blanchâtres et purpurines, pendantes, portées chacune sur un pédicelle qui naît de l'aisselle d'une écaille. Leur calice est comprimé, poilu, à quatre lobes aigus et inégaux. La corolle, deux fois plus longue que le calice, est à deux lèvres; la supérieure entière et obtuse, l'inférieure à peine trilobée; le style et le stigmate dépassent la lèvre supérieure.

La CLANDESTINE ORDINAIRE, *Lathræa Clandestina*, L.; *Clandestina rectiflora*, Lamk., Fl. Fr. La souche est très-courte et munie d'écailles blanchâtres et imbriquées. Elle est horizontale et cachée sous la mousse dans les lieux humides, au milieu des pierres qui garnissent les ruisseaux. De l'extrémité supérieure de sa souche, naissent plusieurs grandes fleurs violettes et dressées qui sont la seule partie de la Plante saillante au-dessus du sol. La Clandestine croît dans le centre et le midi de la France. Daléchamp regarde cette Plante comme douée d'une propriété merveilleuse. Il dit qu'elle a rendu fécondes des femmes jusque-là stériles.   (A. R.)

* CLANGA. ois. (F. Cuvier.) Syn. présumé de l'Orfraie, *Falco Ossifragus*, L. *V.* AIGLE.   (DR..Z.)

CLANGULA. ois. (Gesner.) Syn. de Garrat. *V.* CANARD.   (DR..Z.)

* CLAPALOU. BOT. PHAN. Syn. de Carissa à la côte de Coromandel.   (B.)

* CLAPAS. BOT. PHAN. (Gaimard.) Syn. de Cocotier à Timor.   (B.)

CLAPIER. ZOOL. Retraite du Lapin. Ce nom a été étendu aux abris où on élève de ces Animaux.   (B.)

* CLAQUE. ois. Syn. vulgaire de la Grive Litorne, *Turdus pilaris*, L. *V.* MERLE.   (DR..Z.)

CLAQUETTE DE LADRES ou DE LEPREUX. MOLL. Nom vulgaire et marchand du *Spondylus gædcropus* dont la charnière est disposée de façon à ce que les deux valves, tombant l'une sur l'autre sans se désunir après la mort de l'Animal, imitent l'effet de ces espèces de castagnettes dont on obligeait autrefois les lépreux à faire usage dans certaines villes de Hollande pour annoncer leur contagieuse présence.   (B.)

CLARCKIE. *Clarckia*. BOT. PHAN. Pursh (*Flora Americæ septentrionalis*, vol. 1, p. 260) décrit une Plante sous ce nouveau nom de genre qu'il avait précédemment établi dans les Transactions de la Société Linnéenne de Londres. Ce genre appartient à la famille des Onagraires et à l'Octandrie Monogynie, L. Il est ainsi caractérisé : calice tubuleux à quatre segmens, comme dans le genre *Œnothera*; corolle composée de quatre pétales disposés en croix, rétrécis à leur base en un onglet très-mince, ayant un limbe trilobé; huit étamines, dont quatre munies d'anthères linéaires; les quatre autres de moitié moins longues et supportant des anthères arrondies, ne sont que des étamines avortées; stigmate quadripartite et pelté; capsule à quatre loges.

La seule espèce que l'on connaisse de ce genre, est figurée dans Pursh (*loc. cit.*) sous le nom de *Clarckia pulchella*, que Poiret, dans le Dictionnaire encyclopédique, a changé en celui de *C. elegans*. C'est une Plante herbacée, à feuilles alternes et dont les fleurs ont une belle couleur rose ou pourpre. Elle a été trouvée par Lewis, gouverneur de la Californie septentrionale, sur le banc formé par le Kooskoosky et la rivière de Clarck, deux des branches principales du fleuve Columbia.   (G..N.)

CLARIA. POIS. (Belon.) Probablement la Lotte. *V.* GADE.   (B.)

CLARIAS. POIS. (Gronou.) Syn. de Silure anguillaire.   (B.)

* CLARIONÉE. *Clarionea*. BOT. PHAN. Genre de la famille des Synanthérées, section des Labiatiflores de De Candolle, Syngénésie égale, L., extrait des *Perdicium* par Lagasca, et que De Candolle a adopté dans son troisième Mémoire sur les Labiati-

flores, inséré dans les Annales du Muséum d'Histoire Naturelle, vol. 19, p. 65. Ce dernier auteur a fait figurer l'analyse des fleurs du *Clarionea magellanica* ou *Perdicium magellanicum*, Willd., et a donné à ce genre les caractères suivans : involucre oblong, imbriqué, composé de folioles membraneuses ou scarieuses sur leurs bords ; fleurons extérieurs plus grands que les autres, et simulant les rayons des fleurs radiées, tous, sans exception, bilabiés, hermaphrodites ; la lèvre intérieure formée de deux lanières très-étroites et roulées ensemble en spirale ; réceptacle ponctué, nu, ou, selon Lagasca, cilié dans quelques espèces sur le bord des points ; aigrette sessile, poilue et couverte de dents très-fines et nombreuses.

Les Clarionées sont des Plantes herbacées ou sous-frutescentes, à feuilles entières ou pinnatifides. Lagasca en cite plusieurs espèces sans description. La seule authentique est donc celle qui a servi à l'établissement du caractère générique par De Candolle, ou le *Cl. magellanica*. Depuis la publication du Mémoire de De Candolle, Lagasca a changé le nom de *Clarionea* qu'il avait lui-même donné au genre dont il s'agit, en celui de *Perezia*. Nous ne pensons pas qu'on doive se soumettre à une pareille fluctuation, et nous ne parlerons du *Perezia* que comme synonyme. (G..N.)

CLARIONIE. BOT. PHAN. Pour Clarionée. *V*. ce mot. (G..N.)

CLARISIA. BOT. PHAN. Genre fondé par Ruiz et Pavon dans la Flore du Pérou, et auquel ils assignent les caractères suivans : Arbres dioïques ; fleurs mâles disposées en chatons filiformes, n'ayant pour calice qu'une très-petite écaille ; fleurs femelles possédant un périanthe particulier composé de quatre à six écailles peltées, et deux styles réunis par la base. Le fruit est une drupe monosperme. Les auteurs de ce genre l'ont placé dans la Diœcie Diandrie, et, d'après l'exposition de ses caractères, il paraît appartenir à la famille des Amentacées de Jussieu ou à celle des Myricées de Richard, qui en est un démembrement.

Aucune nouvelle espèce n'a été ajoutée aux deux premières dont la description est due à Ruiz et Pavon. Celles-ci sont des Arbres indigènes des forêts du Pérou, possédant un bois dur qui exsude un suc laiteux. L'un d'eux (*Clarisia racemosa*) a l'écorce intérieure rouge. L'autre (*Clarisia biflora*) a cette écorce blanche ; sa station particulière est le bord des eaux. (G..N.)

CLARKIE. BOT. PHAN. Pour Clarckie. *V*. ce mot. (B.)

CLARY. BOT. PHAN. Syn. de Sauge des prés en Angleterre. (B.)

CLASSES. HIST. NAT. GÉN. On appelle ainsi les grandes divisions établies dans les trois règnes de la nature pour rassembler les différens êtres qui les composent. Ce mot n'ayant point un sens rigoureux et absolu, mais son acception variant suivant les diverses espèces de classifications et même les branches de l'histoire naturelle, dans lesquelles on s'en sert, nous en traiterons aux mots MÉTHODES et SYSTÈMES. (A.R.)

CLASSIFICATION. HIST. NAT GÉN. Le nombre des êtres dont s'occupe chaque branche de l'histoire naturelle est tellement grand, que pour arriver à la connaissance de chacun d'eux, ou en retrouver un en particulier, les naturalistes ont de bonne heure senti la nécessité de les grouper dans un ordre quelconque, soit d'après des considérations étrangères à ces corps, soit d'après des caractères tirés d'eux-mêmes. C'est à ces arrangemens que l'on a donné le nom de *Classifications*. Les aspects sous lesquels les corps peuvent être envisagés, sont tellement nombreux, qu'il est fort difficile de déterminer le nombre des Classifications qui ont été proposées par les divers naturalistes. Cependant, en les considérant d'une manière générale, il existe deux séries principales de Classifications, les Classifications empiriques et les Classifications méthodiques. Dans les premières, les êtres sont groupés d'après des considérations qui leur sont étrangères : tel est, par exemple, l'ordre alphabétique qui ne peut être employé que pour des êtres qui tous sont déjà connus, au moins de nom. Les secondes, au contraire, sont fondées sur les caractères tirés d'un ou de plusieurs organes. Dans le premier cas, elles ont reçu le nom de Classifications *artificielles* ; on les nomme Classifications ou *méthodes naturelles* dans le second cas. Mais cette dernière expression nous paraît tout-à-fait impropre. En effet il n'existe pas, il ne peut pas exister de *méthode naturelle*. Aucune Classification n'est dans la nature ; toutes sont le résultat de l'observation et des combinaisons de l'Homme. Il existe des groupes plus ou moins naturels de Végétaux ou d'Animaux, c'est-à-dire que la nature leur a donné une forme, une organisation tellement analogue, que leur ressemblance peut être facilement appréciée par tous les Hommes. C'est à ces groupes que l'on a donné le nom de *familles naturelles* (*V.* ce mot). Mais, nous le répétons, il n'existe pas de méthode naturelle. Au lieu d'employer les mots d'*artificielles* et de *naturelles*, pour désigner les deux espèces de Classification que nous avons établies, nous préférons employer les mots de *système* et de *méthode*. Un *système* est une classification dans laquelle les caractères des classes sont tirés d'un seul organe. Ainsi, en botanique, Tournefort a établi un système d'après la forme de la corolle, Linné d'après les organes sexuels, etc. Dans une méthode, au contraire, on fait concourir à la formation des classes, l'ensemble des caractères tirés d'un grand nombre d'organes. Nous développerons ces idées fondamentales aux articles MÉTHODES et SYSTÈMES. (A. R.)

CLASTA. BOT. PHAN. Nom générique donné par Commerson à une espèce de Caséarie, *Casearia fragilis*, Ventenat. Ce genre n'ayant pas été adopté, *V.* CASÉARIE et SAMYDÉES.
(G..N.)

* CLATHRAIRE. *Clathraria*. BOT. FOSS. Nous avons désigné sous ce nom (*V.* Classif. des Végétaux fossiles, Mém. Mus. T. VIII) un genre de tiges fossiles caractérisé par des mamelons disposés en quinconce, et séparés par des sillons formant une sorte de réseaux dont les intervalles sont plus larges que hauts ; les mamelons portent une impression de base pétiolaire en forme de disque plus large que haute, ordinairement échancrée supérieurement et présentant vers son milieu deux ou trois petits points qui indiquent l'insertion des faisceaux vasculaires du pétiole. Ces Fossiles sont propres aux terrains houilliers. Nous n'en avons vu jusqu'à présent que des échantillons peu étendus. Ces Végétaux fossiles paraissent assez rares, puisqu'aucun auteur n'en avait encore figuré. Nous en connaissons cependant trois ou quatre espèces, et nous pensons qu'elles peuvent se rapporter à des tiges de Fougères arborescentes. (AD. B.)

CLATHRE. *Clathrus*. BOT. CRYPT. (*Champignons.*) Ce genre, l'un des plus remarquables parmi les Champignons, a été établi et parfaitement caractérisé par Micheli (*Nov. Gen.* p. 213, t. 93) qui en a donné une description meilleure que celle d'aucun des auteurs plus récens. Linné, en y réunissant les genres *Clathroides* et *Clathroidastrum* de Micheli, en avait fait un genre composé des Plantes les plus disparates. Les botanistes modernes sont revenus au genre de Micheli, qui est ainsi caractérisé : Champignon presque globuleux, entièrement renfermé dans sa jeunesse dans une volva charnue, persistante, formé d'une partie creuse et percée de trous, renfermant dans son intérieur une matière farineuse, blanchâtre, et dans son centre une substance gélatineuse. Ces deux matières se résolvent, lors du développement complet de la Plante, en un liquide épais et fétide, qui sort par les trous du Champignon. Ce genre, voisin surtout des *Phallus*, forme avec ce genre et quelques autres le petit groupe des Clathroïdées, rapporté tantôt aux Champignons proprement dits ou Gymnocarpes, tantôt aux Angiocarpes. *V.* CLATHROÏDÉES.

Les espèces du genre *Clathrus* sont peu nombreuses ; deux habitent l'Europe : ce sont les *Clathrus ruber* et *Clathrus flavescens* de Persoon; peut-être ce dernier qu'aucun auteur moderne n'a observé, et qui n'est figuré que par Barrelier (*Plant. Icon.* 1265) n'est-il qu'une variété du premier.

Le *Clathrus ruber* qui est assez commun dans le midi de l'Europe, est un des plus beaux Champignons connus. Lorsqu'il est parvenu à son état parfait, d'une volva d'un blanc jaunâtre, et divisée en trois ou quatre lobes, il sort une tête arrondie d'un beau rouge orangé, composée de branches anastomosées, et renfermant une matière noirâtre produite par les séminules mêlées à un fluide gélatineux. Cette matière qui devient de plus en plus liquide, et qui sort par les trous que présente le corps du Champignon, répand une odeur très-fétide qu'on observe dans presque toutes les Plantes de ce genre, ainsi que dans les *Phallus*.

Deux espèces de *Clathrus* croissent en Amérique : le *Clathrus crispus* de Turpin (Atlas du Dict. des Sc. Nat. ; Plumier, *Fung.* t. 167, H), et le *Clathrus columnatus* de Bosc.

Turpin a figuré dans le Dict. des Sc. Nat., comme un genre particulier, sous le nom de *Laternea triscapa*, un Champignon qui se rapproche par plusieurs caractères des *Clathrus*, et surtout de la dernière espèce que nous venons de citer, mais qui mérite cependant d'en être distingué. *V.* LANTERNE, *Laternea*.

Raffinesque avait aussi formé du *Clathrus columnatus* un genre particulier sous le nom de *Columnaria*. Mais cette distinction ne nous paraît pas fondée sur des caractères suffisans pour être adoptée.

Le *Clathrus Campana* de Loureiro n'appartient certainement pas à ce genre ; il paraît même, d'après la description assez incomplète de cet auteur, devoir faire un genre nouveau, très-voisin des *Phallus*. Sa description lui donne surtout la plus grande analogie avec le *Phallus indusiatus* de Ventenat; mais Loureiro ne parle pas de la volva, et dit au contraire que le pédicule est nu, caractère qui seul paraîtrait propre à distinguer cette Plante des *Phallus*, ou plutôt du genre *Hymenophallus*, auquel appartient le *Phallus indusiatus*, si toutefois il a été bien observé.   (AD. B.)

*** CLATHROIDASTRUM.** BOT. CRYPT. (*Lycoperdacées.*) Le genre fondé par Micheli sous ce nom avait été confondu par Linné avec les *Clathrus* dont il diffère cependant beaucoup. Il correspond exactement au genre *Stemonitis* de Persoon, mais non aux Stemonitis de Gmelin et de Toentepohl, qui comprennent les genres *Arcyria*, *Stemonitis* et *Trichia* de Persoon. *V.* STEMONITIS.   (AD. B.)

*** CLATHROIDES.** BOT. CRYPT. (*Lycoperdacées.*) Micheli avait établi sous ce nom un genre que Linné a réuni aux *Clathrus*, quoiqu'il en différât extrêmement. Persoon l'a rétabli sous le nom d'*Arcyria*. *V.* ce mot.

                (AD. B.)

*** CLATHROIDÉES.** BOT. CRYPT. (*Champignons.*) Nous désignerons sous ce nom un groupe de Champignons désignés successivement par les noms de *Lytothecii* par Persoon, de *Rhantispori* par Link, de *Fungi Pistillares* par Nées, groupe assez naturel, mais dont la position est très-difficile à fixer, et dont on sera peut-être obligé de former une famille particulière.

Fries et Link les placent parmi les Champignons, à séminules renfermées dans un péridium ou angiocarpes; Persoon et Nées les rangent au contraire parmi les vrais Champignons, opinion qui nous paraît plus exacte; mais il est certain qu'ils présentent des points d'analogie avec ces deux familles, et qu'ils forment entre elles un passage assez naturel.

Ainsi la volva qui enveloppe le Champignon dans sa jeunesse a plus d'analogie avec la volva des Agarics ou d'autres Champignons, qu'avec le péridium des Lycoperdacées ; la partie centrale qui sert de support aux séminules est charnue et non pas filamenteuse comme dans toutes les Lycoperdacées ; enfin la disposition des séminules elles-mêmes, quoique différant beaucoup de celles des vrais Champignons, se rapproche encore davantage de celle de quelques genres de cette famille, tels que les Agarics déliquescens de la section des Coprinus, que de celle des Lycoperdons ou autres Champignons angiocarpes. L'absence de volva dans quelques genres encore peu connus, s'ils appartiennent bien à cette famille, prouverait d'une manière évidente que ce n'est pas un péridium. Ce caractère est indiqué dans le genre *Œdycia* de Raffinesque et dans le *Clathrus campana* de Loureiro. Dans tous les genres bien connus, il existe une volva charnue et en partie mucilagineuse, du centre de laquelle s'élève ou un pédicule creux portant à son sommet un chapeau dont la surface extérieure est couverte de cellules remplies de sporules mêlées à une matière mucilagineuse, ou un corps central creux, charnu, composé de branches diversement anastomosées, et renfermant entre elles des sporules mêlées également avec une substance mucilagineuse. Le caractère essentiel de cette famille consiste donc dans la manière dont les sporules sont mêlées avec une matière muqueuse qui les entraîne sous forme d'un liquide d'une odeur en général très-fétide.

Les genres de cette section sont les suivans :

* PHALLOÏDES.

Battarea, Pers. (*Dendromyces*? Libosch.) — *Phallus*, Pers., *Hymenophallus*, Nées. — *Œdycia*, Raff.

** CLATHROÏDES.

Clathrus, Pers. (*Colonnaria*, Raff.) — *Laternea*, Turp. *V.* ces mots. (AD. B.)

CLATHRUS. MOLL. Ocken a désigné sous ce nom le Scalaire. *V.* ce mot.   (D..H.)

CLATTER-GOOSE. OIS. Syn. anglais du Cravant, *Anas Bernicla. V.* CANARD.   (DR..Z.)

*CLAUCENA ET CLAUSENA. BOT. PHAN. Ce genre a été proposé par N.-L. Burmann (*Flora Indica*, p. 87) pour une Plante indigène de l'île de Java, dont il a donné la description suivante : calice monophylle à quatre dents courtes et planes ; corolle formée de quatre pétales arrondis et sans onglet ; huit étamines plus courtes que la corolle, à filets subulés et réunis à leur base en un urcéole entourant l'ovaire ; style plus petit que les étamines, surmonté par un stigmate simple. L'unique espèce (*Claucena excavata*) dont se compose ce genre, est un Arbre dont les feuilles sont alternes et pinnées ; chaque foliole est pétiolée, oblongue, presque entière et pubescente. Les fleurs sont disposées en grappes.

La description précédente a sans doute paru trop incomplète à A.-L. de Jussieu, pour qu'il pût établir les rapports du *Claucena* avec d'autres genres connus ; il l'a en conséquence placé parmi les genres *incertæ sedis*, à la fin du *Genera Plantarum*. Lamarck (*Dict. Encycl.*) lui a reconnu des affinités avec certaines Térébinthacées, et notamment avec le *Brucea*. Il l'a figuré dans les Illustrations des genres, t. 310.   (G..N.)

CLAUDÉE. *Claudea.* (*Hydrophytes.*) Thalassiophyte de la classe des Floridées dont le caractère est d'avoir des tubercules en forme de silique allongée, attachés aux nervures par les deux extrémités. L'on ne connaît point de production marine, soit Plante, soit Polypier, dont l'aspect soit aussi singulier que celui de cette Thalassiophyte, et qui réunisse au même degré la variété dans les couleurs, la grâce dans le port, et la délicatesse dans l'organisation. C'est sur les côtes de la Nouvelle-Hollande que Péron a trouvé cette brillante production, aussi extraordinaire par sa forme que par la manière dont la fructification est fixée aux feuilles.

D'un petit empatement qui sert de racine s'élève une tige rameuse et garnie de feuilles qui émettent sur un seul côté une membrane invisible à l'œil nu dans l'état de dessiccation, à bords échancrés comme les ailes des Chauve-Souris, et se courbant presqu'en demi-cercle. Cette membrane est soutenue par des nervures qui partent de la principale : rapprochées à leur origine, elles s'éloignent en divergeant vers les bords, et se courbent légèrement au sommet des feuilles. Elles sont liées entre elles par d'autres petites nervures parallèles, et réunies les unes aux autres par de petites fibres parallèles également entre elles, et aux nervures rayonnantes, de sorte que ces feuilles sont ornées de quatre ordres de nervures, se croisant presqu'à angle droit, et diminuant de grosseur en diminuant de grandeur ; la membrane paraît séparée de la nervure principale qui n'est qu'un prolongement de la tige ou des rameaux. Dans la partie moyenne des feuilles, présentant une courbure presque parallèle à leurs bords, se trouve une grande quantité de fructifications formées par la réunion des petites fibres et des petites nervures, et par la destruction de la membrane. Ce sont des tubercules en forme de silique, atténués aux deux extrémités, et fixés par elles aux nervures rayonnantes. On trouve quelquefois jusqu'à douze de ces tubercules parallèles les uns aux autres, et situés entre les mêmes nervures ; ils sont remplis de capsules granifères presque visibles à l'œil nu. La grandeur des *Claudea* varie d'un à deux décimètres.

Ne les ayant jamais vues vivantes, nous ne pouvons rien dire de la durée de leur vie ni de leur couleur lorsqu'elles sont fraîches ; desséchées, elles offrent des nuances rouges, vertes, jaunes, violettes, qui se fondent les unes dans les autres de la manière la plus gracieuse. On ne connaît

encore qu'une seule espèce de ce genre, le *Claudea elegans*, ainsi nommé à cause de sa beauté. (LAM..X.)

CLAUJOT. BOT. PHAN. L'un des noms vulgaires de l'*Arum maculatum*. *V.* GOUET. (B.)

CLAUSÈNE. *Clausena.* BOT. PHAN. *V.* CLAUCENA

CLAUSILIE. *Clausilia.* MOLL. Tous les auteurs avant Linné, et même ceux qui l'ont suivi jusqu'à Draparnaud, ont confondu les Coquilles de ce genre, tantôt avec une famille, tantôt avec une autre. C'est ainsi que Lister (Anim. Angl. T. II, fig. 6 et 82) les a désignées sous le nom de Buccin, ce qui est synonyme pour lui de Coquille allongée. Bonanni (Récré., 3e partie, fig. 41) et Müller (*Zool. Danica*, vol. 3, t. 102, fig. 1, 2 et 3) en font des Turbots, comme Chemnitz (*Conch.* 9, t. 123, fig. 76, n. 1-2) et Linné, après eux, l'ont également admis. Geoffroy (Traité sommaire des Coquil. terr. et fluv. des environs de Paris, p. 63), divisant les Coquilles terrestres en globuleuses et en allongées, a subdivisé ces dernières en deux paragraphes, celles qui tournent à droite et celles qui tournent à gauche, et, sous la dénomination de *Nompareille*, il est le premier qui ait indiqué une séparation entre deux genres, quoi qu'il n'ait pas fait mention des caractères essentiels. Dargenville (*Conch.*, 2e part., pag. 85, pl. 9, fig. 13-14), suivant la dénomination de Lister, leur conserve le nom de Buccin. Après lui, Bruguière (Encycl. méth.), établissant des coupes plus naturelles, les a rapprochés, dans son genre Bulime, des Maillots, des Ampullaires, des Lymnées ; et Olivier (Voyage au Levant, T. 1er, p. 297 et 416), suivant les préceptes de son ami, décrit également sous le nom de Bulime les nouvelles espèces qu'il découvrit dans le cours de son voyage. Enfin, Draparnaud auquel nous devons des recherches intéressantes sur les Mollusques terrestres et fluviatiles de France, est le premier qui ait fait le genre Clausilie, et qui lui ait donné ses caractères (Hist. des Moll. terr. et fluv. de France, p. 44). Tout en les séparant du genre Bulime de Bruguière, il les a pourtant placés près de ces derniers et du genre Maillot qui en a été également extrait. Cuvier (Règn. Anim. T. II, p. 409) admet le genre de Draparnaud, et, comme lui, le place auprès des Hélices, après les sous-genres Bulime, Maillot, etc. Férussac (Syst. des Anim. Moll., p. 32, n° 14 et pag. 62) admet aussi le genre des Clausilies, mais comme quatrième groupe de son sous-genre Cochlodine, leur conservant les caractères suivans qui sont ceux de Draparnaud : bouche armée ; des lames, dont une en opercule élastique.

Lamarck (Anim. sans vert. T. VI, p. 3) circonscrit le genre Clausilie, en n'admettant que les Coquilles qui ont le péristome continu, ne regardant pas comme essentiel le caractère de la lame operculaire élastique, puisque tantôt elle existe, et que tantôt elle n'est que rudimentaire ou qu'elle ne se rencontre pas du tout. On pourrait pourtant observer que parmi les espèces citées par Lamarck, deux seulement ne rentrent pas dans le groupe de Férussac, et cette circonstance ne nous paraît pas suffisante pour détruire le caractère donné par Draparnaud, puisque, dans ses Prodromes, Férussac en cite trente-une espèces qui sont toutes pourvues de cette lame élastique. Quoi qu'il en soit, voici les caractères qu'il convient de donner à ce genre : Animal à corps grêle, semblable à celui des Hélices, seulement plus allongé ; trachée saillante en tube conique et court, reçue dans la gouttière de la columelle ; coquille fusiforme, à sommet grêle et obtus ; ouverture arrondie, ovale, présentant un sinus pour le passage de la trachée ; à bords partout réunis, libres, réfléchis en dehors. Parmi les espèces qui sont connues, nous citerons de préférence celles qui se rencontrent en France et qui ont été décrites par Draparnaud, ainsi que

quelques-unes des belles espèces rapportées par Olivier de son voyage au Levant.

La CLAUSILIE COL-TORS, *Clausilia torticolis*, Lamk. (Anim. sans vert. T. VI, p. 115, n° 1). Jolie Coquille tournant à gauche, cylindrique et tronquée. Elle est d'un jaune ferrugineux ; ses stries sont droites et élégantes ; son col est rétréci, anguleux et courbé ; sa bouche sans dents. C'est l'*Helix Cochlodina torticolis* de Férussac(Tab. des Moll. p. 62, n° 513), qui est très-bien figurée dans le Voyage au Levant d'Olivier, sous le nom de *Bulimus torticolis* (pl. 17, fig. 4, A, B). Elle habite Standié.

La CLAUSILIE LISSE, *Clausilia bidens*, Drap. (p. 68, n° 1, pl. 4, fig. 5, 6 et 7), est une Coquille répandue dans toute l'Europe, nommée *Helix bidens* par Müller (*Histor. Verm.*, pl. 2, pag. 116, n° 315), *Turbo bidens* par Linné (p. 3609, n° 87), *Helix Cochlodina derugata* par Férussac (Tab. des Moll., p. 63, n° 529). Elle est figurée dans Favanne (*Conch.*, p. 65, fig. E, 11) et dans Martini (*Conch.*, t. 112, fig. 960, no 1). Elle se distingue par sa forme allongée, un peu ventrue, sa couleur cornée claire et ses surfaces lisses, très-légèrement striées, transparentes, luisantes ; son ouverture est ovale, munie de deux gros plis sur la columelle, et de deux autres plus petits et plus enfoncés sur l'autre côté. Elle présente toujours à l'état adulte le petit osselet élastique.

La CLAUSILIE PAPILLEUSE, *Clausilia papillaris*, Drap. (Hist. des Moll. terr. de France, p. 71, n. 5, pl. 4, fig. 13), Lamk. (Anim. sans vert. T. IV, p. 115, n. 110); *Bulimus papillaris*, Bruguière (Encycl., p. 353, n. 94); *Helix papillaris*, Müller (*Hist. Verm.*, part. 2, p. 120, n. 317); figurée par Favanne (*Conch.*, t. 65, fig. E, 9) et par Martini sous le nom de *Turbo papillaris* (*Conch.*, t. 9, part. 1, p. 121, t. 112, fig. 963-964); *Helix Cochlodina papillaris*, Férussac(Tabl. systém. des Moll., p. 62 n. 528). Cette jolie espèce est remar quable surtout par ses sutures couronnées de petits tubercules blancs ; la coquille est diaphane, brun pâle ou cendré ; les stries longitudinales sont bien apparentes ; la spire est composée de dix à douze tours ; l'ouverture est ovale. Elle offre sur la columelle deux plis blancs et un troisième transversal plus enfoncé ; le bord est blanc, très-évasé, détaché ; l'osselet élastique se rencontre toujours dans cette espèce. Toute la Coquille est longue de huit lignes environ. Elle habite la France septentrionale.

La CLAUSILIE VENTRUE, *Clausilia ventricosa*, Drap. (Hist. des Moll. terres. de France, p. 71, n. 6, pl. 4, fig. 14). C'est l'*Helix perversa* de Sturmer, et le *Turbo biplicatus* de Montagu (*Test. Britan.*, t. 11, fig. 5); *Helix Cochlodina ventriculosa* de Férussac (Tab. syst. des Moll., p. 63, n. 531). Cette Clausilie est fusiforme, ventrue, transparente, brune, striée ; ses stries sont saillantes ; sa spire composée de onze à douze tours ; ouverture ovale bidentée ; péristome blanc peu réfléchi. Elle habite la Bresse, la Lorraine où nous l'avons trouvée en juin 1823, la Suisse, l'Allemagne et l'Angleterre.

Nous pourrions donner un plus grand nombre d'espèces ; mais ne voulant pas passer les limites qui nous sont tracées, nous renvoyons à l'ouvrage de Draparnaud (*loc. cit.*) pour les espèces de France ; à celui d'Olivier pour les espèces du Levant, et à celui de Férussac pour un grand nombre d'autres espèces de tous les pays.
(D..H.)

* CLAUSS-RAPP. ois. Nom allemand d'une espèce de Coracias que Buffon a surnommée Sonneur, et que Linné a décrite sous le nom de *Corvus eremita* d'après Gesner qui paraît ne l'avoir pas vue.
(DR..Z.)

CLAUSULIE. *Clausulus*. MOLL. Le Clausulie de Montfort (T. 1, p. 178) et la Mélanie de Lamarck (Anim. sans vert. T. VII, pag. 615) sont deux genres établis pour le même être ; c'est le *Nautilus Melo* de von Fichtel

(Test. microsc., p. 118, fig. A, B, C, D, E, F). *V.* MÉLONIE.   (D..H.)

CLAVA. POLYP. *V.* CLAVÉE.

* CLAVAGELLE. *Clavagella*. MOLL. Ce genre, établi par Lamarck (Anim. sans vert. T. v, p. 430) pour former le passage de l'Arrosoir à la Fistulane, présente des particularités assez remarquables. Si nous le considérons dans ses rapports avec les autres genres de la même famille (les Tubicolées), nous le verrons former une transition naturelle et fort singulière. Dans l'Arrosoir, deux valves ouvertes, fixées et faisant partie du tube, se remarquent à sa face postérieure au-dessous de la corolle spinifère. Dans la Clavagelle, une massue également spinifère offre à l'un de ses côtés une seule valve enchâssée dans son épaisseur, tandis que l'autre reste libre sur la charnière dans l'intérieur du tube. La Fistulane, enfin, présente un tube qui n'est plus spinifère, et dont les deux valves sont libres dans le fourreau. La Clavagelle se trouve donc placée naturellement entre les deux genres qui ont avec elle le plus de rapport, et forme ainsi dans cette famille si bien réunie dans ses élémens, le passage insensible d'un genre à son suivant. Voici les caractères que Lamarck a donnés à celui dont il s'agit : fourreau tubuleux, testacé, atténué et ouvert antérieurement, terminé en arrière par une massue ovale, subcomprimée, hérissée de tubes spiniformes ; massue offrant d'un côté une valve découverte, enchâssée dans la paroi ; l'autre valve libre dans le fourreau. Outre ces caractères, nous pouvons en ajouter deux qui sont particuliers à notre observation : 1° c'est que la valve libre, rapprochée de celle qui est fixée, laisse des deux côtés un bâillement assez notable, quoique celle-ci, à l'endroit de son insertion dans le tube, fasse un léger bourrelet qui correspond entièrement aux contours de l'autre valve ; 2° la charnière est munie le plus ordinairement d'une dent lamelleuse courbée, laissant der-

rière elle une petite cavité pour l'insertion du ligament. Jusqu'à présent, on n'a connu de Clavagelles qu'à l'état fossile. Lamarck en a décrit trois espèces des environs de Paris, et Brocchi en a fait connaître une quatrième d'Italie sous le nom de *Teredo echinata*; enfin, dans nos recherches aux environs de Paris, nous en avons trouvé une cinquième sur laquelle nous avons fait les observations précédentes, et que nous avons décrite dans les Mémoires de la Société d'Histoire Naturelle sous le nom de *Clavagella Brongnartii* (*V*. la 2ᵉ part. de ces Mémoires, 1823). La Clavagelle hérissée, *Clavagella echinata*, Lamk. (Anim. sans vert. T. v, p. 432) a été décrite par cet auteur sous le nom de *Fistulana echinata* dans les Ann. du Mus. (vol. 7, p. 429, n. 5) où elle est très-bien figurée (vol. 12, pl. 43, fig. 9). Elle est fossile à Grignon.

La CLAVAGELLE A CRÊTE, *Clavagella cristata*, également fossile à Grignon, n'a été connue que par la phrase caractéristique que Lamarck (*loc. cit.*) en a donnée; elle n'a pas encore été figurée. Il n'en est pas ainsi de la troisième espèce, Clavagelle tibiale, *Clavagella tibialis*, fort bien figurée dans les Ann. du Mus. (vol. 12, pl. 43, fig. 8) et décrite avec précision sous le nom de *Fistulana tibialis* (p. 428, n. 2 du 7ᵉ vol. du même Recueil).

Enfin, la quatrième espèce à laquelle l'auteur des Anim. sans vert. a donné le nom de *Brocchi*, est celle que le conchyliologue italien avait nommée *Teredo echinata* sur laquelle il a fait plusieurs observations intéressantes auxquelles nous renvoyons, ainsi qu'à la figure de Brocchi (*Conch.*, vol. 2, p. 270, t. 15, fig. 1). (D..H.)

CLAVAIRE. *Clavaria*. BOT. CRYPT. (*Champignons.*) Ce genre, d'abord fondé par Linné, a depuis été limité à une partie seulement des espèces que ce naturaliste y avait placées. Malgré ces séparations nombreuses, Fries en compte encore cin-

quante - sept espèces, et Persoon, qui laisse parmi elles plusieurs des genres de Fries, en énumère, dans sa *Mycologia europæa*, quatre-vingt-cinq. Plusieurs des Clavaires de Linné, qui présentaient des loges ou conceptacles distincts, ont été rangées parmi les Sphéries; tel est le *Clavaria hypoxylon*, Bull. D'autres espèces sont devenues le type des genres *Geoglossum*, *Sparassis*, *Spathularia*, *Pistillaria*, *Typhula*, *Phacorrhiza*, *Mitrula*, etc., de sorte que l'ancien genre Clavaire correspond maintenant à la section entière des Clavariées. Le genre Clavaire proprement dit, ainsi que Fries l'a limité dans son *Systema mycologicum*, est ainsi caractérisé : Champignon charnu, simple, en forme de massue, ou rameux à branches redressées, sans pédicule distinct; membrane séminifère, lisse, couvrant toute sa surface, mais ne présentant de capsules (*thecæ*) que vers la partie supérieure.

Les formes très-différentes de ces Champignons les ont fait séparer en deux sections considérées même par quelques auteurs comme deux genres sous les noms de *Ramaria* et de *Clavaria*. Les premières forment des sortes de buissons composés d'une tige plus ou moins grosse et courte, divisée en un grand nombre de rameaux comprimés, rapprochés, fastigiés et en général d'une longueur à peu près égale. Les espèces de cette section sont très-nombreuses, plusieurs sont bonnes à manger, et comme elles atteignent une taille assez considérable, qu'elles croissent généralement en grande quantité dans un même lieu, et que les espèces bonnes à manger sont faciles à reconnaître, elles peuvent être d'une grande ressource pour les gens pauvres pendant l'automne. Les meilleures sont les suivantes :

CLAVAIRE FAUVE, *Clavaria flava*, Fries, *Clavaria Coralloides*, Bull., t. 222. Sa tige, grosse d'un pouce environ, est blanchâtre. Ses rameaux, simples inférieurement, se divisent supérieurement; ils sont égaux, fastigiés, et forment une tête arrondie de trois à quatre pouces, d'un jaune plus ou moins foncé.

CLAVAIRE CORALLOÏDE, *Clavaria Coralloides*, L. Ne diffère de la précédente que par sa couleur toute blanche et par ses rameaux de longueur inégale et moins fastigiés.

C. CENDRÉE, *Clavaria cinerea*, Bull., t. 354. Cette espèce est toute grise, à rameaux serrés, sinueux, presque dentelés sur leurs bords, tronqués au sommet; c'est une des plus communes aux environs de Paris.

Il paraît que les autres espèces de cette section des Clavaires, et probablement même que toutes les Plantes de ce genre peuvent être mangées sans danger: mais quelques-unes sont ou trop coriaces, ou d'un goût amer qui empêche qu'elles soient comestibles; les précédentes sont les plus recherchées. — La singulière espèce que Bory de Saint-Vincent a découverte sur les troncs des vieux Lauriers aux îles Canaries et qu'il a figurée dans ses Essais sur les îles Fortunées, paraît être intermédiaire entre les deux sections de ce genre, si elle n'en forme un nouveau.

La seconde section de ce genre renferme les espèces simples en forme de massue, tantôt très-renflée, comme dans le *Clavaria pistillaris*, Bull., t. 244, tantôt presque cylindrique, comme dans les *Clavaria cylindrica*, Bull., t. 465, fig. 1, et *C. fistulosa*, Bull., t. 465, fig. 2. Aucune de ces espèces, dont un grand nombre croissent sur les feuilles mortes ou sur les bois pourris, n'est bonne à manger.

Fries a réuni à la fin du genre Clavaire, sous le nom de *Calocera*, quelques petites espèces remarquables par leur nature presque gélatineuse ou cornée, simples ou rameuses, mais sans pédicule distinct du reste de la Plante; ces Champignons sont jaunes ou orangés, et croissent sur les bois pourris. Les espèces les plus connues de ce genre sont:

CALOCÈRE VISQUEUSE, *Calocera viscosa* (*Clavaria viscosa*, Pers.); elle est rameuse à rameaux divisés et aigus; sa couleur est d'un beau jaune;

elle atteint jusqu'à plus d'un pouce.

CALOCÈRE CORNÉE, *Calocera cornea* (*Clavaria aculeiformis*, Bull., t. 463, fig. 4). Elle forme sur les bois morts des petites pointes simples ou peu rameuses, presque coniques, aiguës, d'un jaune orangé. Elle est commune aux environs de Paris.   (AD. B.)

CLAVALIER. BOT. PHAN. *V.* ZANTHOXYLE.

CLAVARIE. *Clavaria.* BOT. CRYPT. (*Hydrophytes.*) Stackhouse, dans la deuxième édition de sa Néréide Britannique, donne le nom de Clavarie à son trentième genre, composé d'une seule espèce, le *Fucus clavatus*, Lamx., Dissert., appartenant maintenant au genre Gélidie. *V.* ce mot.

(LAM..X.)

CLAVARIÉES. *Fungi clavati.* BOT. CRYPT. (*Champignons.*) On désigne sous ce nom une des sections de la famille des Champignons, qui renferme toutes les espèces dont la membrane fructifère recouvre entièrement ou en grande partie la substance charnue du Champignon, lequel n'offre pas de chapeau distinct, mais qui a la forme d'une massue simple, ou qui est irrégulièrement divisé, à rameaux redressés; de manière que dans ces Plantes, la membrane fructifère est en même temps supérieure et latérale, et forme ainsi un passage entre les vrais Champignons à membrane séminifère inférieure et ceux à membrane supérieure, tels que les Helvelles, les Pezizes, etc. Les genres *Leotia* et *Morchella*, dans cette dernière section, se rapprochent même beaucoup des Clavariées, tandis que les *Hericium*, parmi les premiers, ressemblent beaucoup à quelques Clavaires. *V.* ces mots et CHAMPIGNONS. Le genre Merisma de Persoon, quoique placé par la plupart des auteurs auprès des Théléphores et réparti même par Fries dans ce genre et dans les Hydnum, nous paraîtrait avoir plus d'analogie avec les Clavaires. Les genres de cette tribu sont les suivans:

Sparassis, Fries; *Clavaria*, Fries; *Geoglossum*, Pers.; *Pistillaria*, Fries,

Crinula, Fries ; *Typhula*, Fries ; *Phacorrhiza*, Pers. ; *Mitrula*, Fries.

(AD. B.)

*CLAVATELLE. *Clavatella*. BOT. CRYPT. (*Chaodinées.*) Il est difficile de concevoir comment Lyngbye, observateur exact, a pu confondre avec ses Chœtophores une Plante d'une organisation aussi différente que l'est celle de son *Chœtophora marina*, qui deviendra le type de notre genre Clavatelle ; les caractères de ce genre consistent en des filamens qui se développent du centre à la circonférence, des globules, des mucosités, qui deviennent bientôt de petites expansions membraneuses, globuleuses, vides, élastiques, coriaces, imbriquées. Ces filamens sont articulés par sections transverses, et non par globules, comme dans les Chœtophores ; ils sont entièrement hyalins sans contenir de matière colorante, et se terminent en massue, au moyen de renflemens dus au développement de la fructification qui est parfaitement sensible.

Nous connaissons deux espèces fort remarquables dans ce genre : 1° *Clavatella Nostoc marina*, N. (*V.* planches de ce Dict.), *Chœtophora marina*, Lyngbye, *Tent.*, p. 196, pl. 65 (figure imparfaite), *Ulva Nostoc*, De Cand., Fl. Fr., Suppl. Elle a l'aspect d'un petit Nostoc ordinaire, mais sa consistance est plus membraneuse et sa couleur d'un brun jaunâtre. Elle abonde sur les rochers, parmi les Fucus, à Saint-Jean-de-Luz, à Biarritz, flotte dans le bassin d'Arcachon, et se retrouve dans le Nord. 2° *Clavatella viridissima*, N., *Ulva bullata*, De Cand., Flor. Fr., Supplém. Croît aux mêmes lieux que la précédente en membranes qui ont un peu la consistance du cuir et se contractent avec élasticité. Elles sont du plus beau vert, tirant sur le bleu dans leur transparence.

(B.)

CLAVATULE. *Clavatula*, Lamk., *Clavus*, Montfort. MOLL. Dénomination d'un genre de Coquille réuni à celui de Pleurotome. *V.* ce mot.

(D..H.)

CLAVE. BOT. PHAN. L'un des synonymes vulgaires de Trèfle. *V.* ce mot.

(B.)

*CLAVÉE. *Clavea*. POLYP. Genre de l'ordre des Tubulariées, dans la division des Polypiers flexibles, établi par Ocken pour un petit Animal que Müller a figuré dans la Zoologie du Danemarck ; il lui donne pour caractères : Animal contenu dans une enveloppe gélatineuse, gélatineux lui-même, à corps allongé, terminé en massue et couronné par douze tentacules. Une seule espèce compose ce genre ; on la nomme la Clavée gélatineuse, *Clavea gelatinosa*, Ocken, *Hydra gelatinosa*, Gmel., *Syst. Nat.*, p. 3869, n. 16.

Nous regardons cet Animal comme intermédiaire entre les Tubulaires d'eau douce et celles de mer. Il se trouve réuni en famille sur les Hydrophytes. Cuvier, Lamarck et Schweigger ne font aucune mention du genre Clavée. De Blainville, dans le Dictionnaire des Sciences Naturelles, est le seul qui le cite au mot CLAVA.

(LAM..X.)

CLAVEL. BOT. PHAN. Syn. d'Œillet chez les Espagnols qui nomment *Clavel de Muerto* (Œillet de Mort) le Tagétès que nous nommons ordinairement Œillet d'Inde, et au Chili *Clavel de campo* le *Mutisia subulata* de Ruiz et Pavon.

Les Espagnols nomment encore le Girofle *Clavel*, ce qui signifie proprement Clou par excellence.

(B.)

CLAVEL, CLAVELADA, CLAVELADE ET CLAVELADO. POIS. Syn. de Raie bouclée dans la mer de Nice.

(B.)

CLAVELLAIRE. *Clavellaria* et *Clavellarius*. INS. Olivier a le premier employé ce nom et l'a remplacé ensuite par celui de Cimbex. Lamarck (Anim. sans vertèbres, T. IV, p. 175) a fait un mélange des deux dénominations en se servant en français du mot Clavellaire, et le remplaçant en latin par celui de *Cimbex*. Enfin Leach a appliqué ce nom de Clavellaire, *Clavellaria*, à un genre démembré de celui des Cimbex et comprenant les *Cimbex Amerinæ* et *marginata* de Fabricius. *V.* CIMBEX. (AUD.)

* CLAVELLE. *Clavella.* ANNEL. Ocken a établi ce genre aux dépens de la famille des Lernées, et lui a donné pour caractères : corps mou, blanc, en forme de massue, terminé en arrière par deux ovaires entre lesquels est l'anus ; point de bras ni de crochets ; sang rouge. Ce genre comprend les *Lernea clavata* et *uncinata* de Müller. *V.* LERNÉE. (G.)

* CLAVELON DE SERRANIAS. BOT. PHAN. C'est-à-dire *petit Clou de montagne.* On appelle ainsi au Pérou la *Bacasia spinosa* de Ruiz et Pavon. (A. R.)

CLAVER-APPELKINS. BOT. PHAN. Rhéede dit qu'on appelle ainsi, en Belgique, le *Limonia acidissima. V.* LIMONIER. (A. R.)

CLAVICÈRE. INS. Nom générique d'abord adopté par Latreille et remplacé ensuite par celui de Cératine. *V.* ce mot. (AUD.)

CLAVICORNES. *Clavicornes.* INS. Grande famille de l'ordre des Coléoptères, section des Pentamères, fondée par Latreille (Règn. Anim. de Cuv.) et comprenant, sous la dénomination de tribu, plusieurs familles établies dans ses précédens ouvrages. La famille des Clavicornes a pour caractères : quatre palpes ; élytres recouvrant entièrement la majeure partie du dessus de l'abdomen ; antennes grossissant insensiblement vers leur extrémité, ou terminées en massue de formes diverses, perfoliée ou solide, et toujours sensiblement plus longues que les palpes maxillaires, avec la base nue ou à peine recouverte. Les Clavicornes se nourrissent, au moins dans leur premier état, de matières animales. Cette famille a été divisée par Latreille (Nouv. Dict. d'Hist. Natur., seconde édit. T. VII, p. 182) de la manière suivante :

I. Palpes maxillaires longs et avancés dans les uns ; les labiaux plus grands ou aussi grands que les précédens, et terminés en massue dans les autres ; corps allongé ; tête et corselet plus étroits que les élytres.

† Tête dégagée ; palpes maxillaires longs ; abdomen ovoïde, embrassé par les élytres ; tarses à articles simples.

TRIBU I. Les PALPEURS.

†† Tête s'enfonçant postérieurement dans le corselet ; palpes maxillaires à peine plus longs que les labiaux ; abdomen en carré long ou cylindracé ; pénultième article des tarses bilobé.

TRIBU II. Les CLAIRONS.

II. Palpes maxillaires courts ou de longueur moyenne, et plus grands que les labiaux ; corps ovale ou arrondi dans les uns, oblong dans les autres, avec le corselet de la largeur des élytres, du moins à sa base.

† Mandibules aussi longues au moins que la tête ; antennes très-coudées (toujours courtes et en massue solide) ; les quatre derniers pieds plus écartés entre eux à leur naissance que les deux antérieurs. Latreille observe qu'ici le corps est presque carré, et la tête reçue dans une échancrure du prothorax ; les élytres sont tronquées, les pieds contractiles et les jambes dentées.

TRIBU III. Les HISTÉRIDES.

†† Mandibules plus courtes que la tête, droites ou peu coudées ; tous les pieds séparés à leur naissance par des intervalles égaux.

I. Antennes plus longues que la tête de dix à onze articles distincts, grossissant insensiblement vers leur extrémité, ou terminées en une massue, soit solide, soit perfoliée, d'un à cinq articles.

TRIBU IV. Les PELTOÏDES.
TRIBU V. Les NITIDULAIRES.
TRIBU VI. Les DERMESTINS.
TRIBU VII. Les BYRRHIENS.

II. Antennes plus courtes ou guère plus longues que la tête, de six à sept articles dans les uns, en ayant davantage dans les autres, mais formant depuis la troisième une massue dentelée en scie ou en fuseau.

TRIBU VIII. Les MACRODACTYLES.

Ces tribus n'ont pas été ainsi établies dans le T. III du Règn. Animal; mais elles correspondent à autant de grands genres qui les représentent. C'est ainsi que les Palpeurs et les Clairons sont compris dans le genre Clairon de Geoffroy, les Histérides dans celui des Escarbots ou Histers de Linné, les Peltoïdes dans celui des Boucliers ou Silphes du même auteur, etc. *V.* tous les mots de tribus. (AUD.)

CLAVICULE. ZOOL. *V.* SQUELETTE.

CLAVICULE. *Clavicula.* MOLL. Les anciens conchyliologues ou oryctographes entendaient par ce mot la columelle des Coquilles spirales qui ressemblaient plus ou moins aux vrilles que la Vigne produit pour s'accrocher. (D..H.)

CLAVIÈRE ou CLAVIERS. POIS. Syn. de Labre varié et une espèce de Spare sur certaines côtes de la Méditerranée. (B.)

*CLAVIFORME. *Claviformis.* ZOOL. et BOT. Cette épithète s'emploie pour caractériser les différentes parties des êtres organisés qui ont plus ou moins la forme d'une massue, c'est-à-dire qui sont ovoïdes, allongés dans leur partie supérieure, et minces inférieurement. Parmi les Plantes, le spadice de l'*Arum vulgare* offre un exemple de cette forme. (A. R.)

CLAVIGÈRE. *Claviger.* INS. Genre de l'ordre des Coléoptères établi par Preysler (*Werzeichnis Boehmischer Insecten*, p. 68, tab. 3, fig. 5, A, B), et ayant pour caractères: tarses terminés par un seul crochet; antennes grossissant insensiblement, vers leur extrémité, de six articles, dont les derniers perfoliés; bouche simplement composée de deux très-petites mâchoires portant chacune un palpe très-court de deux à trois articles.

Ce genre singulier, rangé par Latreille (*Gener. Crust. et Ins.* T. III, p. 78) dans la famille des Psélaphiens, appartient (*Règn. Anim. de Cuv.*) à la section des Dimères et à une famille de même nom. Il se compose d'une seule espèce, le Clavigère testacé, *Clav. testaceus* de Preysler (*loc. cit.*). Il a été rencontré en Allemagne. Panzer (*Fauna Ins. German.*, fasc. 59, fig. 3) l'a représenté avec assez d'exactitude. (AUD.)

CLAVIJE. *Clavija.* BOT. PHAN. Genre établi par Ruiz et Pavon (*Prod. Fl. Peruv.*, p. 142) pour quatre Arbrisseaux du Pérou, dont ils n'ont pas décrit les caractères spécifiques, et qui, selon Robert Brown (*Observ. on Botany of Congo*, p. 46), appartiennent aux *Theophrasta* de Linné. Cet auteur les place dans la quatrième section de la famille des Myrtinées à côté du *Jacquinia*. Nous passerons sous silence l'exposition du caractère générique donné par les auteurs de la Flore du Pérou, puisqu'étant fondé sur des Plantes inédites, cette description ne serait d'aucune utilité. (G..N.)

CLAVIPALPES. *Clavipalpata.* INS. Famille de l'ordre des Coléoptères, section des Tétramères, fondée par Latreille (*Règn. Anim. de Cuv.*), et ayant, suivant lui, pour caractères: premiers articles des tarses garnis de brosses en dessous; le pénultième bifide; antennes terminées en massue perfoliée; mâchoires ayant au côté interne un crochet écailleux. Les Clavipalpes se distinguent des autres familles de la même section par leurs antennes et surtout par la dent cornée dont le côté interne de leurs mâchoires est armé. Leurs antennes ont moins de longueur que le corps; les mandibules sont échancrées ou dentées à leur sommet; les palpes sont terminés par un article plus gros que ceux qui précèdent; le dernier des maxillaires est très-grand, transversal, comprimé presqu'en croissant; enfin le corps est arrondi, souvent même bombé et hémisphérique.

Les Insectes appartenant à cette famille se rencontrent dans les Bolets qui croissent sur les troncs d'Arbres, ou se trouvent sous les écorces et dans les bois pourris. On pourrait les réunir tous dans le grand genre

Érotyle de Fabricius. Latreille divise de la manière suivante les genres de la famille des Clavipalpes :

I. Dernier article des palpes maxillaires transversal presqu'en forme de croissant ou en hache.

Genres : ÉROTYLE, ÆGITHE , TRITOME.

II. Dernier article des palpes maxillaires allongé et plus ou moins ovalaire.

Genres : LANGURIE , PHALACRE. *V*. ces mots. (AUD.)

CLAVUS. MOLL. *V*. CLAVATULE.

CLAYTONIE. *Claytonia.* BOT. PHAN. Genre de la famille naturelle des Portulacées et de la Pentandrie Monogynie, qui a pour caractères distinctifs : un calice monosépale à deux divisions très-profondes ; cinq pétales soudés par leur base en une corolle monopétale régulière et comme campanulée ; cinq étamines libres dressées , opposées aux pétales, c'est-à-dire placées en face de leur lame interne, et insérées à leur base, caractère qui dénote une corolle monopétale. Ces étamines ont leurs anthères à deux loges tournées en dehors ; l'ovaire est libre et supère, à une seule loge, contenant de trois à six ovules dressés , insérés à un trophosperme charnu qui forme un tubercule lobé au fond de la loge. Du sommet de l'ovaire naît un style simple , cylindrique , qui se termine par un stigmate à trois divisions étroites. Le fruit est une capsule globuleuse ou à trois angles , offrant une seule loge intérieurement, qui contient ordinairement trois graines ovoïdes dressées , attachées au fond de la cavité. Cette capsule s'ouvre naturellement en trois valves à l'époque de sa maturité. Les graines renferment sous leur tégument propre un embryon cylindrique roulé circulairement autour d'un endosperme charnu.

Ce genre se compose d'environ une douzaine d'espèces qui toutes sont des Herbes annuelles , à feuilles un peu épaisses et charnues, à fleurs en grappes ou en sertules, qui ne croissent pas

naturellement en Europe. Nous distinguerons les suivantes :

La CLAYTONIE DE CUBA, *Claytonia cubensis*, Humboldt et Bonpl., *Pl. Æq:* 1 , 91, t. 26. Cette belle espèce, qui a été trouvée par Humboldt et Bonpland à l'île de Cuba , dans les lieux inondés, sur les plages maritimes , près du port de Batabano , est annuelle ; ses feuilles radicales sont longuement pétiolées , rhomboïdales et comme spathulées ; ses tiges sont nombreuses, dressées, cylindriques , munies vers la partie supérieure d'une feuille perfoliée, creuse et marquée à son bord de deux ou trois petites dents ; les fleurs sont petites et blanches ; les unes disposées en grappes unilatérales ; les autres pédicellées , partant de la feuille perfoliée, et formant une petite ombelle simple. Cette espèce ressemble beaucoup au *Claytonia perfoliata* de Jacquin, dont elle diffère surtout per ses feuilles entièrement perfoliées et ses pétales échancrés en cœur. On la mange comme Plante potagère.

La CLAYTONIE DE VIRGINIE, *Claytonia virginiana*, L. , Lamk. Ill., t. 144, f. 1. Elle est vivace. Sa racine est tuberculeuse, charnue ; ses feuilles radicales sont étroites, lancéolées, aiguës ; sa tige est dressée, cylindrique , haute de six à huit pouces, portant vers sa partie supérieure deux feuilles opposées semblables à celles qui naissent de la racine ; les fleurs sont assez grandes , roses, formant une sorte de sertule ou ombelle simple au sommet de la tige. Cette espèce, que l'on cultive dans les jardins, est originaire de l'Amérique septentrionale. (A. R.)

CLEF-DE-MONTRE. BOT. PHAN. L'un des noms vulgaires de la Lunaire commune, justifié par la forme de la silicule. (B.)

CLEMA. BOT. PHAN. Syn. d'*Euphorbia Esula. V*. EUPHORBE. (B.)

* **CLÉMATIDÉES.** *Clematideæ.* BOT. PHAN. Nom donné par De Candolle à la première tribu qu'il a établie dans les Renonculacées ; et à la-

quelle il assigne les caractères suivans : estivation du calice valvaire ou
induplicative; pétales planes ou n'existant pas ; anthères linéaires extrorses;
carpelles monospermes indéhiscens,
se terminant en une queue plumeuse
par l'accroissement du style après la
fécondation ; graine pendante dans le
péricarpe, et ayant par conséquent un
embryon très—petit à radicule supérieure. Les tiges des Clématidées sont
sarmenteuses, rarement droites et
herbacées; leurs racines sont annuelles et fibreuses ; enfin leurs feuilles
caulinaires sont constamment opposées.

Deux genres seulement composent
cette tribu : le premier, *Clematis*,
D. C., est formé de la réunion des
Clematis et des *Atragene* de Linné; le
second avait été proposé autrefois par
Adanson, et a été adopté par De
Candolle qui l'a fait connaître sous
le nom de *Naravelia. V.* ces mots.

(G..N.)

CLÉMATITE. *Clematis.* BOT. PHAN.
Famille des Renonculacées, Polyandrie Polygynie, L. Ce genre, un
des plus nombreux en espèces et le
type d'une tribu de la famille où on
l'a placé, présente les caractères suivans : involucre nul, ou, lorsqu'il en
existe un, il est placé sous la fleur et a
la forme d'un calice ; quatre à huit sépales colorés dont l'estivation est valvaire ou induplicative; corolle nulle
ou composée de pétales plus courts
que le calice ; caryopses nombreuses
sans pédicelles particuliers, et terminées par une queue le plus souvent
plumeuse. Les racines des Clématites
sont fibreuses et vivaces, et leurs tiges annuelles ou persistantes le plus
souvent sarmenteuses et grimpantes.
Elles portent des feuilles opposées,
pétiolées, simples, entières ou lobées.
Les pétioles quelquefois prennent la
forme de vrilles. Les pédoncules tantôt axillaires, tantôt terminaux, sont
les uns disposés en panicules rameux,
les autres triflores; d'autres enfin sont
solitaires et uniflores. Dans quelques
espèces, deux bractéoles opposées, libres ou réunies en forme d'involu-

cre, accompagnent les pédicelles. Les
fleurs ou plutôt les calices, le plus souvent blanchâtres, sont quelquefois
bleus ou jaunâtres. La prolixité de
l'exposition des caractères que nous
venons de tracer, d'après le *Systema
Vegetabilium* de De Candolle, prouve que le genre Clématite est composé de Plantes qui, quoiqu'ayant
des affinités tellement prononcées
qu'elles ne peuvent cesser de faire
partie d'un seul et même groupe,
offrent cependant assez de diversités
dans leur organisation pour former
des coupes considérées maintenant,
à la vérité, comme de simples sections, mais qui, aux yeux de certaines personnes, pourraient passer pour
de véritables genres. Cette dernière
manière de voir n'est point celle du
professeur De Candolle. Il fait observer (*Syst. Regn. Veget.* vol. 1, p.
132) que les caractères des sections
sont combinés de telle sorte qu'ils
enchaînent ces sections, et empêchent que leur distinction soit bien
tranchée.

Dans l'ouvrage précité, quatre-
vingt—six espèces ont été décrites. Elles sont répandues sur tout
le globe avec assez d'uniformité, eu
égard néanmoins à la nature et à l'é-
lévation du sol ; car en parlant de
chaque section, nous ferons remarquer les stations qu'elles préfèrent.
Ainsi, l'Amérique, l'Europe et les Indes-Orientales en nourrissent beaucoup plus que l'Afrique, l'Australasie, etc. Mais il faut observer que
ces dernières contrées étant les moins
connues, on ne peut pas comparer
exactement le nombre de leurs Végétaux avec celui des autres pays.

D'après les formes du fruit, celles
des feuilles et l'inflorescence, De Candolle a établi quatre sections dans le
genre Clématite. La première qu'il
nomme *Flammula* n'a ni involucre
ni pétales, et ses caryopses sont terminées par des queues barbues et plumeuses. Elle comprend plus des quatre cinquièmes de la totalité des espèces du genre, c'est-à-dire environ
soixante-dix, sous-divisées en cinq

groupes fondés sur l'inflorescence. L'estivation du calice des *Flammula* est valvaire, tandis qu'elle est plus ou moins induplicative dans les autres sections. Ces Plantes habitent plus particulièrement les plaines que les autres Clématites. Parmi les espèces les plus intéressantes qu'elle nous offre, nous mentionnerons :

La CLÉMATITE FLAMMULE, *Clematis Flammula*, L. Sous-Arbrisseau de l'Europe méridionale et de l'Afrique méditerranéenne, dont les tiges grimpantes sont chargées de feuilles découpées à segmens glabres, entiers ou trilobés de diverses manières, et de fleurs blanches très-nombreuses. Une variété à feuilles découpées en segmens linéaires, indigène des lieux maritimes près de Montpellier, est cultivée dans les jardins où elle répand l'odeur la plus suave au mois d'août, époque de sa floraison. De toutes les Clématites européennes, c'est la moins dangereuse. Lorsque cette Plante est desséchée, les Animaux et les Hommes eux-mêmes, après l'avoir fait cuire dans l'eau, peuvent la manger impunément.

La CLÉMATITE DES HAIES, *Clematis Vitalba*, L. Espèce la plus commune de l'Europe moyenne et australe, à tige grimpante et à feuilles découpées en segmens ovales lancéolés, dentés et acuminés. Les pédoncules sont plus courts que la feuille. Elle est connue vulgairement sous le nom d'Herbe aux Gueux, parce que son suc est tellement caustique, qu'il fait naître sur la peau des ulcères d'une grande surface et peu profonds, par conséquent aussi dégoûtans que peu douloureux.

La CLÉMATITE A FEUILLES ENTIÈRES, *Cl. integrifolia*, L., remarquable par ses pédoncules uniflores, ses belles fleurs penchées et ses feuilles entières, ovales, lancéolées, est cultivée dans les jardins comme Plante d'ornement. Elle est indigène de Hongrie et des contrées orientales. Les *Clematis brasillana*, *Cl. mauritiana*, *Cl. lineariloba*, *Cl. diversifolia* et *Cl. gentianoides*, D. C., figurées t. 1, 2, 3, 4 et 5

des *Icones selectæ* de M. Benjamin Delessert, appartiennent encore à la section des Flammules.

La seconde section qui porte le nom de *Viticella* n'a, de même que la précédente, point d'involucre ni de corolle ; mais elle s'en distingue par la brièveté des queues qui terminent les caryopses et leur surface glabre ou simplement pubescente. On en compte quatre espèces dont une, *Clematis Viticella*, L., croît dans les haies et les buissons des parties australes de l'Europe. Les Viticelles se plaisent dans les collines et les lieux boisés et humides.

Dans la troisième section (*Cheiropsis*, D. C., *Muralta*, Adanson, *Viorna*, Pers.), on observe un involucre caliciforme, situé au sommet du pédicelle, et formé par l'intime réunion de deux bractées. L'estivation des sépales est presque induplicative. Il n'y a point de corolle, et les caryopses sont prolongées en queues barbues. Cinq espèces, dont le *Clematis cirrhosa*, L., est le type, constituent cette section. Ce sont des Plantes indigènes des pays montueux et chauds de l'Europe méridionale et des Indes-Orientales.

Enfin, la quatrième section, à laquelle De Candolle conserve le nom d'*Atragene*, que Linné lui avait imposé lorsqu'il la considérait comme un genre particulier, se reconnaît aux caractères suivans : involucre nul ; quatre sépales dont l'estivation est induplicative ; un grand nombre de pétales planes et de la moitié plus petits que les sépales ; caryopses terminées par des queues barbues. Les Atragènes ont des tiges sarmenteuses et grimpantes, des feuilles en faisceaux et divisées en segmens tridentés, et des pédoncules uniflores qui naissent en même temps que les feuilles. On n'en a décrit que quatre espèces qui habitent les montagnes pierreuses et froides de l'Europe, de la Sibérie et de l'Amérique du nord. L'*Atragene alpina*, L., *Clematis alpina*, D. C., est une fort belle Plante à fleurs d'un bleu foncé, qui croît dans les Alpes et les Pyrénées, mais que l'on ne trouve qu'en certaines localités particulières.

Les Clématites, si ressemblantes aux autres Renonculacées par les caractères ci-dessus exposés, s'en rapprochent aussi beaucoup par leurs propriétés. Leurs diverses parties (mais surtout la substance herbacée, lorsqu'elle est verte), appliquées sur la peau, sont des rubéfians et même des vésicatoires assez actifs. Ces qualités s'évanouissent par la dessiccation ou la coction dans l'eau, ce qui porte à croire que le principe corrosif est volatil de sa nature. (G..N.)

CLEMATITIS. BOT. PHAN. Ce nom, dérivé de celui qui désignait la Vigne chez les Grecs, a été imposé comme spécifique à plusieurs Plantes de genres très-différens, par les anciens botanistes. Le *Clematis Vitalba*, des *Paullinia*, des *Bauhinia*, un *Banisteria*, des *Lygodium*, le *Fumaria claviculata*, un *Eupatorium*, etc., l'ont porté; une Aristoloche le porte encore. (B.)

CLEMENTEA. BOT. CRYPT. (*Fougères*.) Cavanilles a donné ce nom au genre décrit quelques années avant, par Hoffmann, sous le nom d'*Angiopteris*. *V*, ce mot. (AD. B.)

CLÉNACÉES. BOT. PHAN. *V.* CHLÉNACÉES.

CLÉODOAR. MOLL. (Ocken.) Pour Cléodore. *V.* ce mot.

CLÉODORE. *Cleodora.* MOLL. Linné (p. 3148) plaça parmi les Clios des Mollusques qui, quoiqu'ayant bien des rapports avec elles, présentent pourtant assez de différences pour être séparés en deux genres distincts, mais voisins. Browne lui-même (Hist. Nat. de la Jamaïque, p. 386) avait antérieurement établi le genre Clio pour les Animaux dont Péron et Lesueur ont fait ensuite le genre Cléodore, changeant ainsi la dénomination primitive pour l'appliquer à d'autres êtres. Ainsi le nom de Cléodore désigna les anciennes Clios de Browne, et le nom de Clio fut réservé à des Mollusques qu'il n'avait pas connus. Ce genre

a pour caractères : corps oblong, gélatineux, contractile, à deux ailes, ayant une tête à sa partie antérieure, et contenue postérieurement dans une coquille ; tête saillante, très-distincte, arrondie, munie de deux yeux et d'une bouche en petit bec; point de tentacules (du moins, ils ne sont point encore connus) ; deux ailes opposées, membraneuses, transparentes, échancrées en cœur, insérées à la base du cou; coquille gélatinoso-cartilagineuse, transparente, en pyramide renversée ou en forme de lance, tronquée ou ouverte supérieurement, au fond de laquelle l'Animal est fixé ; Lamk. (Anim. sans vert. T. VI, p. 288).

On avait placé parmi les Hyales quelques Coquilles qui paraissent plutôt devoir appartenir aux Cléodores: aussi Blainville les y plaça (Dict. des Sc. Natur., art. CLÉODORE), et nous pensons qu'on pourrait y ajouter un petit corps fossile qui se rencontre en abondance aux environs de Bordeaux, qui a tous les caractères des coquilles des Cléodores, si ce n'est qu'il est calcaire. Il est à remarquer que le corps des Cléodores, quoique très-saillant ordinairement hors de la coquille, est tellement contractile qu'il peut y entrer tout entier avec les deux nageoires.

CLÉODORE PYRAMIDALE, Blainv. (Dict. des Sc. Nat.); Cléodore en pyramide, *Cleodora pyramidata*, Lamk. (Anim. sans vert. T. VI, p. 288, n. 1); *Cleodora pyramidata*, Péron (Ann. du Mus., t. 15, pl. 2, fig. 14); *Clio pyramidata*, L. (p. 3148, n. 2). Browne lui avait donné le même nom bien antérieurement, en 1756, dans son Hist. Nat. de la Jamaïque (p. 386, t. 43, fig. 1). Cette espèce est longue d'un pouce environ; son corps est opaque; sa tête arrondie est garnie d'un petit bec pointu et de deux yeux d'un beau vert. La coquille est longue de huit lignes environ; elle est transparente, assez solide, et présente une carène saillante; l'ouverture est coupée obliquement.

CLÉODORE A QUEUE, *Cleodora cau-*

data, Lamk. (*loc. cit.*). Celle-ci est encore une Clio de Browne (Hist. Nat. de la Jam., p. 386, n. 2), ainsi que de Linné (p. 3148, n. 1); mais Lesueur (Nouv. Bullet. des Sc., mai 1813, n. 69) la range avec doute parmi les Hyales. Blainville (Dict. des Sc. Natur.) n'hésite pas de la placer parmi les Cléodores, et nous pensons comme lui que c'est la seule place qu'elle doive occuper. L'Animal de cette espèce est en tout semblable à celui de la précédente ; il n'en diffère que par la coquille qui est toujours plus grande (un pouce environ), plus comprimée et terminée par une pointe.

CLÉODORE RÉTUSE, *Cleodora retusa*, Blainv. (Dict. des Sc. Nat.); Clio n. 3, Browne (Hist. Nat. de la Jam.); *Clio retusa*, Linné (p. 3148 , n. 3); *Clio vaginâ triquetâ, ore horizontali*, Müller (*Zool. Dan. prodr.* 2742). La Cléodore rétuse est encore plus grande que les précédentes, et peut-être n'est-ce que la Cléodore pyramidale, car elle n'en diffère essentiellement que par l'ouverture qui est horizontale au lieu d'être oblique. D'après la phrase de Linné, il semblerait que cette espèce a deux tentacules ; mais ce fait demande à être vérifié.

CLÉODORE ÉTRANGLÉE, *Cleodora strangulata?* N. Cette espèce, qui n'a encore été décrite nulle part, du moins à ce que nous sachions, doit faire partie du genre Cléodore puisqu'elle en a tous les caractères, si ce n'est qu'elle offre un test calcaire quand les autres n'ont qu'une coquille cornée. L'ouverture de celle-ci est comprimée transversalement, ce qui lui produit deux angles ; l'ouverture est séparée du reste par un rétrécissement, après lequel la coquille s'enfle, devient presque globuleuse, et se termine par une pointe courte mais aiguë.   (D..H.)

CLÉOMÉ. *Cleome*. BOT. PHAN. Famille des Capparidées, Hexandrie Monogynie, L. Tournefort avait institué ce genre sous le nom de *Sinapis-trum* que Linné, pour se conformer à ses propres principes, changea en celui qu'il a toujours porté depuis. On l'a aussi désigné en français sous le nom de Mozambé ; mais ce mot, non technique, est très-rarement employé, tandis que celui de Cléomé l'est dans toutes les langues. Quelle que soit la dénomination usitée pour exprimer le genre dont il est ici question, il nous semble plus important de rechercher quel est ce groupe de Plantes et d'en définir les caractères. Les auteurs, en effet, ont placé parmi les Cléomés, des Plantes appartenant non-seulement à d'autres genres de Capparidées, mais encore à des genres de familles différentes. Ainsi plusieurs Cléomés de Burmann sont des Héliophiles dont la place est fixée parmi les Crucifères, et réciproquement quelques *Raphanus* et autres Crucifères dans Willdenow appartiennent au genre que nous traitons ici. En outre, l'anomalie de formes dans certains Cléomés a décidé le professeur De Candolle à les séparer du genre Cléomé et à en constituer plusieurs genres partiels qui, par leur intime connexion, forment une tribu dans la famille des Capparidées, et à laquelle il donne le nom de Cléomées. *V.* ce mot. Cette tribu est donc l'ancien genre Cléomé de Linné. Les principales différences qui ont engagé De Candolle à établir ses nouveaux genres, consistent dans la soudure des filets des étamines avec le torus qui porte l'ovaire, et dans la forme des siliques. Nous ferons connaître les diversités de cette organisation en traitant des genres *Cleomella*, *Gynandropsis* et *Peritoma*, noms que leur a imposés leur auteur dans le *Prodr. Syst. universalis Regn. Veget.*, vol. 1, p. 237.

Voici les caractères du genre Cléomé ainsi réformé, tels qu'ils sont exposés dans l'important ouvrage que nous venons de citer : calice à quatre sépales, étalé, presque régulier ; quatre pétales ; torus presque hémisphérique ; étamines le plus souvent au nombre de six, rarement quatre ; silique déhiscente stipitée dans le calice ou quelquefois sessile.

Ce genre est partagé en deux sections : la première, qui porte le nom de *Pedicellaria*, contient seize espèces. Elle se distingue par son torus charnu presque globuleux, et par son thécaphore allongé. Toutes les Plantes de cette section sont indigènes de l'Amérique méridionale. Quelques-unes sont arborescentes. La seconde section est appelée *Siliquaria*, nom générique donné antérieurement par Forskahl à plusieurs Plantes de ce groupe, et que Jussieu (*Gener. Plant.*, pl. 243) avait déjà reconnu pour être congénère du Cléomé. Dans cette section, le torus est petit, ainsi que le thécaphore qui quelquefois n'existe pas. Elle est très-nombreuse, car sur les cinquante espèces bien connues de Cléomés, elle en renferme trente-quatre. Aussi, pour faciliter la recherche de chacune, De Candolle a sous-divisé la section en deux groupes : le premier se compose des espèces à feuilles simples, le second de celles dont les feuilles sont à trois, cinq ou sept folioles. Les Plantes de la section des *Siliquaria* sont indigènes des climats tempérés et tropiques, et se trouvent répandues sur toute la terre entre certaines latitudes. Aucune n'est remarquable par les usages ou l'agrément de ses fleurs.

De toutes les Capparidées, le genre Cléomé est celui qui offre le plus de rapports avec les Crucifères. En ne voyant que les siliques, on s'y tromperait très-facilement ; mais l'organisation du reste de la fleur, et même celle des organes de la végétation et surtout des feuilles, suffisent pour éloigner de cette famille le genre en question. On ne cultive que pour le seul motif de la curiosité, plusieurs espèces de Cléomés, et encore demandent-elles quelques soins pour réussir. Celles que l'on rencontre le plus communément dans les jardins de botanique et dont les fleurs ont une élégance toute particulière, n'appartiennent plus à ce genre. Elles

constituent le genre *Gynandropsis* de De Candolle. *V.* ce mot.　　(G..N.)

* CLÉOMÉES. *Cleomeœ*. BOT. PHAN. De Candolle appelle ainsi la première tribu de la famille des Capparidées, qui se compose du genre *Cleome* de Linné, lequel a été divisé en plusieurs genres distincts par les auteurs modernes, et entre autres par De Candolle. Le caractère principal de cette tribu consiste surtout dans son fruit sec, s'ouvrant naturellement en plusieurs valves membraneuses. Ce sont des Herbes ou des Arbrisseaux à feuilles généralement composées et recouvertes d'un duvet visqueux et glanduleux.　　　　(A. R.)

* CLÉOMELLE. *Cleomella*. BOT. PHAN. De Candolle a donné ce nom à un nouveau genre de la tribu des Cléomées dans la famille des Capparidées, qui offre pour caractères : un calice de quatre sépales étalés ; une corolle de quatre pétales ; six étamines ; et pour fruit une capsule siliculiforme stipitée, plus courte que le calice qui l'enveloppe.

Ce genre, qui ne comprend qu'une seule espèce originaire du Mexique, portant des feuilles glabres et composées de trois folioles, et dont les fleurs sont jaunes, se distingue des autres genres de la même tribu par son fruit très-court.　　(A. R.)

CLEONICON. BOT. PHAN. (Dioscoride.) Syn. de Clinopode vulgaire.
　　　　　　　　　(B.)

CLÉONIE. *Cleonia*. BOT. PHAN. Famille des Labiées et Didynamie Gymnospermie, L. Ce genre, établi par Linné, n'a pas semblé à Lamarck et à Jussieu être fondé sur des caractères assez importans pour mériter d'être conservé. Il ne diffère effectivement du genre *Brunella* ou *Prunella* que par son stigmate quadrilobé, par ses bractées laciniées, et surtout par la touffe de poils qui ferment l'entrée de son calice pendant la maturation des graines. Il existe en outre quelques légères différences dans les formes des deux lèvres de la corolle. Du reste, la forme du calice, celle des étamines sont exactement les mêmes que dans les Brunelles. Cependant, malgré cette condamnation du genre Cléonie, on le trouve conservé dans les ouvrages postérieurs à l'Encyclopédie et au *Genera Plantarum*. Le *Synopsis* de Persoon et la Flore Française de De Candolle donnent l'exposition de ses caractères, et la description de l'unique espèce dont il se compose.

La CLÉONIE DE PORTUGAL, *Cleonia lusitanica*, L.; *Prunella odorata*, Lamk., est une petite Plante de Barbarie, de la péninsule espagnole et des environs de Carcassonne en France, dont les tiges sont très-velues et branchues vers leur sommet; les feuilles pétiolées, obtuses et dentées; les bractées à pinnules, linéaires, aiguës et ciliées. Les fleurs, de grandes dimensions, sont violettes ou bleuâtres, un peu tachées de blanc et disposées en épi terminal. Le nom de Cléonie a été donné originairement par les anciens, si l'on s'en rapporte à Adanson, à un *Helianthus* que ce savant appelait Vosacan (G..N.)

* CLÉONIS. *Cleonis*. INS. Genre de l'ordre des Coléoptères, section des Tétramères, famille des Rhinchophores de Latreille, établi par Megerle aux dépens du genre Lixe d'Olivier, adopté par Dejean (Catal. de Coléopt., p. 96), et dont nous ignorons les caractères. Dejean en mentionne trente espèces. Nous n'en citerons que deux d'Europe, ce sont les *Lixus plicatus* et *alternans* d'Olivier. *V*. LIXE. (G.)

CLÉONYME. *Cleonymus*. INS. Genre de l'ordre des Hyménoptères, section des Pupivores, tribu des Chalcidites, établi par Latreille (*Genera Crust. et Ins.* T. IV, p. 29), et ayant, suivant lui, pour caractères : segment antérieur du corselet resserré ou aminci vers la tête; mandibules bidentées à leur extrémité; antennes insérées vers le milieu de la face de la tête; abdomen en forme de triangle allongé, déprimé, avec la coulisse servant à loger la tarière, étendue dans toute la longueur du ventre. — Les Cléonymes, qu'on pourrait réu-

nir aux Ptéromales de Swederus, et que Latreille avait rangés (*loc. cit.*) dans la famille des Cynipsères, se rapprochent des Spalangies par la forme du corselet et les divisions des mandibules, et n'en diffèrent que par l'insertion des antennes. Tous les caractères cités plus haut empêchent de les confondre avec les autres genres de la famille.

Latreille considère comme type le Cléonyme déprimé, *C. depressus*, *Diplolepsis depressa*, Fabr., figuré par A. Coquebert (*Illustr. Icon. Insect. dec.* 1. tab. 5, fig. 5). On trouve cette espèce en France sur les troncs d'Ormes. (AUD.)

* CLÉOPE. *Cleopus*. INS. Genre de l'ordre des Coléoptères, section des Tétramères, famille des Rhinchophores de Latreille, établi par Megerle aux dépens des Charansons, adopté par Dejean (Catal. de Coléopt., p. 83), et dont les caractères nous sont inconnus. Il en mentionne quarante-neuf espèces, presque toutes d'Europe. *V*. CHARANSON. (G.)

CLÉOPHORE. *Cleophora*. BOT. PHAN. Les fleurs mâles de ce genre, de la famille des Palmiers, avaient d'abord été décrites par Commerson et Jussieu sous le nom de *Latania*, mot latinisé du nom vulgaire LATANIER que ce Palmier porte à l'île Bourbon. Cette dénomination doit être conservée, parce qu'elle est plus ancienne que celle que Gaertner lui a substituée, sans qu'on sache pourquoi. Néanmoins nous parlerons ici du fruit, parce que l'auteur de la Carpologie l'a décrit et figuré (Gaertn. *de Fruct.* p. 185 et t. 120) sous le nom de *Cleophora lontaroides*. Voici un extrait de sa description : fruit rond, un peu trigone, glabre et uniloculaire; épicarpe coriace devenant à la longue fragile et comme crustacé; sarcocarpe pulpeux, succulent, qui se dessèche promptement et se résout en membranes adhérentes aux noyaux. Ceux-ci, au nombre de trois, sont crustacés, minces, striés, anguleux sur le coté interne, très-glabres et monospermes ; semences uniques dans chaque noyau et ayant une forme semblable et comme moulée dans celui-ci , munies d'un albumen corné transparent près des bords et très-dur. L'embryon est conique, plus large à sa base et placé sur le côté de la graine en dehors de l'albumen.

Quant aux détails génériques tirés des autres organes , *V*. le mot LATANIER.   (G..N.)

* **CLEPSINE**. *Clepsina*. ANNEL. Genre établi par Savigny (Syst. des Annelides, p. 107) aux dépens des Sangsues, et ayant , suivant lui, pour caractères distinctifs : ventouse orale peu concave, à lèvre supérieure avancée en demi-ellipse ; mâchoires réduites à trois plis saillans ; deux yeux ou quatre à six disposés sur deux lignes longitudinales ; ventouse anale exactement inférieure. Ce nouveau genre appartient, dans la Méthode de Savigny, à l'ordre des Annelides Hirudinées et à la troisième section de la famille des Sangsues. Il se distingue des Sangsues , des Bdelles, des Hœmopis, par l'état des mâchoires , la position de la ventouse anale et surtout par le nombre des yeux. Ce dernier caractère empêche de le confondre avec les Néphelis qui s'en rapprochent par les trois plis saillans des mâchoires.

Les Clepsines ont le corps légèrement crustacé, sans branchies, déprimé, un peu convexe dessus, exactement plat en dessous, rétréci insensiblement et acuminé en devant, très-extensible , susceptible, en se contractant, de se rouler en boule ou en cylindre, composé de segmens ternés, c'est-à-dire ordonnés trois par trois , courts et égaux ; les vingt-quatre ou vingt-cinquième et vingt-sept ou vingt-huitième portant les orifices de la génération. Les yeux très-distincts, au nombre de deux ou bien de quatre à six, sont, comme nous l'avons dit , disposés sur deux lignes longitudinales ; la ventouse orale est formée de plusieurs segmens non séparés du corps , et peu concave ; l'ouverture transverse a deux lèvres ; la lèvre supérieure est avancée en demi-ellipse et formée de trois premiers segmens , dont le terminal est plus grand et obtus ; la lèvre inférieure est rétuse. La bouche est grande relativement à la ventouse orale, et munie intérieurement d'une sorte de trompe exertile, tubuleuse , cylindrique, très-simple. L'existence de cette trompe paraît être constante, c'est-à-dire qu'on la retrouve dans toutes les espèces. Müller en a cependant nié l'existence. C'est Bergmann qui l'a aperçue le premier dans l'*Hirudo complanata*. Kirby l'a représentée dans la même espèce, et Savigny l'a aperçue dans une autre. Les Clepsines ont une ventouse anale de médiocre grandeur, débordée des deux côtés par les derniers segmens, et tout-à-fait inférieure. Ces Annelides se trouvent dans les eaux douces.—Savigny divise le genre en deux tribus : la première, *Clepsinœ Illyrinœ*, a pour caractères : deux yeux situés sur le second segment, un peu écartés ; corps étroit. Elle comprend la CLEPSINE BIOCULÉE, *Clepsina bioculata*, Sav. , ou l'*Hirudo bioculata* de Bergmann (*Act. Stockh.* Ann 1757, n. 4, t. 6, fig. 9-11), qui est la même que celle de Bruguière (Encycl. Méthod. Helm. pl. 51, fig. 9-11), de Müller (*Hist. Verm.* T. 1, part. 2 , p. 41, n. 171) et de Gmelin (*Syst. Nat.* T. 1, part. 6, p. 3096, n. 5.) Cette espèce ne diffère pas non plus de l'*Erpobdella bioculata* de Lamarck (Hist. des Anim. sans vert. T. v, p. 296, n. 2). Elle est commune dans les ruisseaux de Gentilly près Paris. Elle se tient fortement appliquée contre les pierres , au fond de l'eau, et les parcourt à la manière des Chenilles arpenteuses, en formant des anneaux complets. Elle ne s'expose jamais entièrement à l'air sec ; mais souvent elle monte à fleur d'eau, pour s'y placer dans une position renversée, et se promène ainsi à sa surface, à l'aide de ses ventouses. Des individus observés au commencement de juillet portaient chacun, sous la partie moyenne du corps, dilatée et courbée en voûte , quinze à vingt petits qui se tenaient fixés par leur disque postérieur ; ces petits sont entièrement blancs.

Savigny croit que l'*Hirudo pulligera* de Daudin (Recueil de Mémoires et de Notes, p. 19, pl. 1, fig. 1, 3) pourrait être rapportée à cette espèce. La seconde tribu, *Clepsinœ simplices*, est caractérisée par six yeux rapprochés, placés sur les trois premiers segmens, et par un corps large ; elle renferme une espèce, la Clepsine aplatie, *Cl. complanata*, Sav., ou l'*Hirudo complanata* de Linné (*Faüna Suec.* édit. 11, n. 2082, et *Syst. Natur.* édit. 12, T. 1, part. 2, p. 1079, n. 6), de Müller (*loc. cit.* pl. 47, n. 175), de Gmelin (*loc. cit.* p. 5097, n. 6) et de Hyac. Carena (*Monogr.* du genre *Hirudo, Mem. della R. Accad. dell Sc. di Torino*, T. XXV, p. 273). Cette espèce est la même que l'*Hirudo sexoculata* de Bergmann (*loc. cit.* p. 313, t. 6, fig. 12-14), ou l'*Hirudo crenata* de Kirby (*Trans. Linn. Soc.* T. 11, p. 318, t. 29). Elle appartient au genre Erpobdelle de Lamarck (*loc. cit.*). On la trouve dans les mêmes lieux que la précédente. Elle y est aussi commune et à les mêmes allures.

Savigny pense que l'*Hirudo hyalina* de Müller pourrait bien être une Clepsine. Ses *Hirudo marginata* et *H. Tessulata* n'en sont pas non plus éloignées. On doit peut-être rapporter encore à ce genre l'*Hirudo cephalota* de Carena, dont le disque peut adhérer à la surface de l'eau, et qui, de même que la Clepsine bioculée, marche à la renverse contre la surface du liquide, en y appliquant alternativement sa bouche et son disque. Cette espèce a quelque analogie avec la Clepsine aplatie ; mais elle est très-remarquable par l'existence d'un col bien marqué, supportant une tête très-distincte, au sommet de laquelle on aperçoit quatre yeux. Elle ne nage pas, enroule légèrement son corps, et se laisse tomber au fond de l'eau lorsqu'on la détache ; elle est vivipare. Carena l'a rencontrée en Piémont dans les lacs d'Avigliana et du Canavais. L'*Hirudo trioculata* de Carena ressemble beaucoup pour la couleur à la

Clepsine bioculée ; mais elle s'en distingue par une taille moindre et par le nombre des yeux qui est constamment de trois placés en triangle, et formés par des lignes allongées plutôt que par des points longs. Si on rangeait ces deux espèces avec les Clepsines, il faudrait modifier légèrement les caractères du genre et des tribus.

(AUD.)

CLEPTE. *Cleptes.* INS. Genre de l'ordre des Hyménoptères, section des Térébrans, famille des Pupivores, tribu des Chrysides, fondé par Latreille et adopté par la plupart des entomologistes. Ses caractères sont : mandibules courtes et dentelées ; languette entière ; corselet rétréci en avant ; abdomen sans crénelures terminales, presque ovoïde, non excave en dessous, composé de quatre à cinq anneaux, suivant le sexe. Sous tous ces rapports, les Cleptes diffèrent des autres genres de la tribu. Ils ont, suivant Jurine (Class. des Hyménopt., p. 298), des antennes brisées, fusiformes, composées de treize anneaux dans la femelle comme dans le mâle ; les ailes antérieures offrent une cellule radiale demi-circulaire et une cellule cubitale allongée, incomplète, qui reçoit une nervure récurrente et qui est très-distante du bout de l'aile. Sous le rapport des ailes, ces Insectes ressemblent beaucoup aux Chrysis ; en effet, la différence ne consiste que dans la figure demi-circulaire de la cellule radiale, et dans l'insertion de la nervure récurrente plus près de la base de la cellule cubitale. Il sera donc plus aisé, d'après l'aveu de Jurine lui-même, de les en distinguer par les caractères tirés des autres parties. Les Cleptes, confondus par Geoffroy avec les Guêpes, et par Linné avec les Ichneumons, sont des Insectes assez petits, très-agiles, ornés de couleurs métalliques variables, suivant les sexes. On les rencontre sur les feuilles de différentes Plantes. Fabricius en a décrit un assez grand nombre d'espèces, parmi lesquelles plusieurs appartiennent à la tribu des Chalcidites. Telles sont les Cleptes *stigma, fulgens, coccorum, larvarum, muscarum.* Le Clepte demi-doré, *C. semiaurata* de Fabricius qui, suivant Latreille et Jurine, a décrit le mâle sous le nom de *C. splendens,* figuré par Panzer (*Fauna Ins. Germ.* , fasc. 5, tab. 2, *mas; ibid.* , fasc. 52, tab. 1, *fœm.*), peut être considéré comme le type du genre. Il se trouve aux environs de Paris. *V.* , pour les autres espèces, Latreille (*loc. cit.*), Pelletier de Saint-Fargeau (Ann. du Mus. d'Hist. Natur. T. VIII, p. 113), Max. Spinola (*Ins. Ligur.*), Jurine (*loc. cit.*), A. Coquebert (*loc. cit.*) , Panzer (*loc. cit.*)   (AUD.)

CLEPTIOSES. *Cleptiosa.* INS. C'est le nom d'une famille de l'ordre des Hyménoptères établie par Latreille (Hist. Génér. des Crust. et des Ins. T. III, et 1re édit. du Dict. d'Hist. Natur.), et qui est venue se fondre (Règn. Anim. de Cuv.) dans la tribu des Chrysides et dans celle des Oxyures. *V.* ces mots. Cette famille comprenait les genres Béthyle, Sparasion et Clepte.   (AUD.)

* CLERKIA. BOT. PHAN. Ce nouveau nom de genre a été proposé par Necker pour le *Tabernœmontana grandiflora* de Linné; mais, ainsi que la plupart des innovations de cet auteur, il n'a pas été adopté.   (G..N.)

CLÉRODENDRON. *Clerodendrum.* BOT. PHAN. Ce genre, de la famille des Verbénacées et de la Didynamie Angiospermie, L., a des rapports si intimes avec le *Volkameria,* qu'il serait convenable de les réunir en un seul. Le défaut absolu de caractères précis et tranchés a fait transporter tour à tour de l'un à l'autre genre leurs diverses espèces par les auteurs, et il s'en est suivi une confusion qui ne sera pas facile à débrouiller tant qu'on ne détruira pas le genre le moins anciennement connu. En exposant le caractère du *Clerodendrum,* le savant R. Brown dit (*Prodrom. Florœ Nov.-Holland.* , p. 510) que la plupart des *Volkameria* doivent y rentrer; il ajoute même avec doute que toutes les espèces de ce dernier genre sont des Clérodendrons, et il y réunit aussi le genre *Ovieda* de Linné. A cette opinion s'est déjà rangé l'auteur des *Nova Genera et Species Plant. Amer. œquin.* Kunth, en effet, décrit deux nouveaux Clérodendrons et adopte la fusion de la plupart des espèces de ces deux genres. L'analyse de leurs fruits a fourni, il est vrai, à Gaertner un moyen de distinction qui semble d'abord avoir assez d'importance. La baie des Volkaméries renferme deux noyaux biloculaires, tandis que celle des Clérodendrons est à quatre osselets uniloculaires; mais chacun de ces deux noyaux biloculaires des Volkaméries, à en juger par la figure même donnée pas Gaertner (*de Fruct.* t. 56), nous paraît être l'union de deux osselets plutôt qu'un osselet unique à deux loges, et dès-lors une soudure plus ou moins complète serait la seule différence entre les deux fruits; or on convient que, dans ce cas, une pareille soudure ne peut offrir assez de valeur pour opérer une distinction générique. Autrement ce serait absolument de même que si on voulait éloigner génériquement le *Mespilus Oxyacanthoides,* D. C. , du *M. Oxyacantha,* à cause de la liberté de ses deux noyaux. On s'est encore servi de la forme du style et du stigmate pour différencier les deux genres dont il est question; Gaertner a dit que les Volkaméries ont le stigmate bifide; Poiret (Dict. Encycl.) ajoute que les Clérodendrons ont, par opposition, un stigmate simple, et nous trouvons dans le caractère du Clérodendron exposé par R. Brown et Kunth que le stigmate est bifide. Toutes ces assertions sont vraies, quoique contradictoires en apparence; il y a des Clérodendrons à stigmate simple, ou si peu échancré qu'on peut le régarder comme simple; il existe aussi des Clérodendrons à stigmate bifide : telles sont les espèces décrites par Brown et Kunth. Cette diversité de formes dans le stigmate ne doit pas être un motif pour désunir les Clérodendrons d'avec les Volkaméries ; elle nécessite seulement un léger changement dans les caractères du genre Clérodendron, dont voici l'énoncé : calice campanulé à cinq divisions ou à cinq dents; corolle dont le tube est cylindrique, ordinairement très-allongé, le limbe à cinq divisions égales ; quatre étamines didynames, exertes et déclinées du même côté ; ovaire quadriloculaire, à loges monospermes ; stigmate bifide, quelquefois simple ou légèrement échrancré ; baie souvent entourée par le calice qui s'est accru pendant la maturation, à quatre noyaux soudés par paire dans quelques espèces.

Les Clérodendrons sont de beaux Arbres et Arbustes indigènes des climats tropicaux ; les feuilles sont opposées, simples, indivises ou quelquefois lobées. Ils portent des fleurs disposées en corymbes trichotomes, axillaires ou terminales. Les auteurs en ont décrit une trentaine d'espèces, dont quelques-unes sont cultivées dans les jardins d'Europe. Nous n'en citerons qu'une seule de bien remarquable sous ce rapport : c'est le CLÉRODENDRON SANS AIGUILLONS, *Clerodendrum inerme*, Gaertn., *Volkameria inermis*, L. Ce charmant Arbuste a une tige droite, un peu rameuse, qui s'élève à deux ou trois mètres. Ses rameaux sont droits et opposés. Ses feuilles sont opposées, pétiolées, lancéolées, oblongues, vertes et d'une consistance assez forte. Les fleurs d'un blanc lacté, quelquefois nuancé de rose, naissent de l'aisselle des feuilles par trois à la fois. Il est originaire des Indes-Orientales et de la Nouvelle-Hollande ; néanmoins il n'est pas très-délicat, car, quoique de serre chaude, il peut passer tout l'été dehors, pourvu qu'on le place à une bonne exposition. On le multiplie très-facilement par boutures faites en pot sur couche ombragée ou dans la tannée, et ensuite on le place dans une terre substantielle, en ayant soin de l'arroser souvent, surtout au moment où la végétation devient plus active. C'est ainsi qu'on le cultive au Jardin du Roi à Paris, où il en existe de fort beaux individus.

Parmi les autres Clérodendrons non cultivés et décrits par Linné avec son exactitude accoutumée, on distingue les *Clerodendrum fortunatum*, *Cl. infortunatum* et *Cl. calamitosum*, Plantes des Indes-Orientales que les anciens auteurs avaient déjà fait connaître sous différens noms. Ces épithètes paraîtraient singulières, si on n'y reconnaissait pas la brillante imagination du naturaliste suédois qui se plaisait à répandre la vie et la sensibilité sur toutes les productions de la nature. Que d'allusions fines, ingénieuses et touchantes ne rencontrons-nous pas à chaque instant dans ses écrits ! Que de souvenirs mythologiques ne réveille-t-il pas, comme pour soulager notre mémoire fatiguée par l'aridité des détails ! Mais, il faut en convenir, l'esprit est ici choqué du contresens des expressions : Clérodendron est un mot grec qui signifie *Arbre heureux*; or, dire qu'un Arbre heureux est en même temps infortuné ou calamiteux, nous semble une façon de parler un peu bizarre. Le genre *Clerodendrum* a été désigné vulgairement sous le nom de *Péragu*, mot barbare que nous n'adoptons pas, et auquel nous substituons la dénomination gréco-latine francisée.

Palisot de Beauvois a publié et figuré deux nouvelles espèces de *Clerodendrum* dans la Flore d'Oware et de Benin. L'une, qu'il nomme *Cl. volubile*, a des fleurs petites dont le limbe de la corolle est manifestement bilabié; l'autre (*Cl. scandens*) a de plus grandes fleurs, et sa corolle offre la même disposition ; mais comme les fleurs du *Cl. infortunatum*, L., tendent aussi à l'irrégularité, cette modification n'est pas suffisante pour constituer avec ces espèces un nouveau genre. — Ventenat a figuré et décrit, dans le magnifique ouvrage intitulé Jardin de la Malmaison, une espèce qui a fleuri dans les serres de ce jardin et qui est évidemment le Péragu de Rhéede (*Hort. Malab.* vol. II, p. 41, pl. 25). Mais Linné ayant donné à son *Clerodendrum infortunatum* pour synonymes le Péragu de

Rhède et le *Cl. folio lato et acuminato* de Burmann, lequel est une Plante essentiellement différente, Ventenat a nommé sa nouvelle espèce *Clerodendrum viscosum*. Cette Plante est le *Volkameria laurifolia* des jardiniers.   (G..N.)

CLERUS. INS. Nom sous lequel les Latins désignaient une espèce de larve, et que Geoffroy (Hist. des Ins. T. I, p. 303) a appliqué à un genre d'Insectes de l'ordre des Coléoptères. *V.* CLAIRON.   (AUD.)

CLÈTHRE. *Clethra.* BOT. PHAN. C'est à la famille des Ericinées et à la Décandrie Monogynie qu'appartient ce genre composé d'Arbrisseaux élégans qui, pour la plupart, habitent les contrées américaines, et sont cultivés dans nos jardins d'agrément. Leurs feuilles sont alternes et simples ; leurs fleurs, élégamment disposées en grappes, axillaires ou terminales, sont quelquefois réunies en forme de panicule ; leur calice est à cinq divisions très-profondes ; leur corolle est campanulée, à cinq lobes tellement profonds qu'elle semble formée de cinq pétales soudés par la base ; dix étamines incluses sont insérées à la partie inférieure de la corolle, dressées et rapprochées les unes contre les autres ; leurs anthères, d'abord tournées en dehors et par conséquent extrorses, se renversent en dedans quand la fleur est épanouie, de manière que le sommet qui est terminé en pointe, devient la base ; elles sont bifides inférieurement et s'ouvrent par deux fentes ovales : l'ovaire est à trois loges multiovulées ; le style est court, terminé par un stigmate trilobé ; la capsule est enveloppée dans le calice qui est persistant ; elle offre trois loges et s'ouvre en trois valves septifères sur le milieu de leur face interne.

Parmi les espèces de ce genre qui sont cultivées dans les jardins, nous citerons les suivantes :

CLÈTHRE A FEUILLES D'AULNE, *Clethra alnifolia*, L. Joli Arbuste de cinq à six pieds d'élévation, ayant des tiges rameuses ornées de feuilles alternes ovales, dentées, pubescentes en dessous ; des fleurs blanches disposées en épis terminaux. Il est originaire des lieux humides de l'Amérique du nord. On le cultive en pleine terre dans les plate-bandes de terre de bruyère. Il se multiplie de semences et de marcottes.

CLÈTHRE TOMENTEUX, *Clethra tomentosa*, Lamk. Originaire des mêmes contrées, cette espèce demande les mêmes soins que la précédente. Elle s'en distingue surtout par ses rameaux et ses feuilles blanchâtres en dessous.

CLÈTHRE EN ARBRE, *Clethra arborea*, Aiton, Kew ; Ventenat, Jard. Malm. t. 40. Cette belle espèce, originaire de l'île de Madère, a le port de l'*Arbutus Andrachne*, L. Elle est plus grande que les deux précédentes ; sa tige ligneuse se divise en branches dont les extrémités sont rougeâtres ; ses feuilles sont pétiolées, persistantes, un peu coriaces, lisses, ovales, lancéolées, dentées ; ses fleurs d'une teinte rose pâle et d'une odeur suave, forment à l'aisselle des feuilles supérieures, des épis solitaires et unilatéraux. On la cultive en orangerie.

On cultive encore quelquefois dans les jardins le *Clethra acuminata* de Michaux et le *Clethra paniculata* d'Aiton, qui viennent de l'Amérique du nord.

Dans le troisième volume des *Nova Genera et Species* de Humboldt et Bonpland, publiés par Kunth, on trouve décrites trois nouvelles espèces de *Clethra* arborescentes sous les noms de *Clethra fagifolia*, *Cleth. bicolor* et *Cleth. fimbriata*. Cette dernière, remarquable par sa corolle dont les lobes sont échancrés en cœur et fimbriés sur leur bord, est figurée pl. 264 du même ouvrage. Kunth réunit au *Clethra* le genre *Cueillaria* de Ruiz et Pavon, qui, en effet, ne présente aucune différence bien notable.   (A. R.)

Chez les anciens, particulièrement dans Théophraste, le nom de CLETHRA désignait l'Aulne.   (B.)

CLETHRIA. BOT. CRYPT. (Hill.) Pour Clathre. *V.* ce mot. (B.)

CLÉTRITE. BOT. FOSS. On a donné ce nom à du bois pétrifié que l'on croyait être celui de l'Aulne, nommé Clethra par les anciens. (B.)

CLETTE. OIS. Syn. vulgaire de l'Avocette, *Recurvirostra Avocetta*, L. *V.* AVOCETTE. (DR..Z.)

* CLEVEN-RAY. POIS. Syn. de Centropome à onze rayons, à la Jamaïque. (B.)

CLÉYÈRE. *Cleyera*. BOT. PHAN. Sous ce nom, Thunberg (*Fl. Japon.*, p. 12 et 224) a décrit un genre de la Polyandrie Monogynie, L., que Jussieu n'a rapproché d'aucune famille, si ce n'est en indiquant d'une manière dubitative ses affinités avec le *Camellia*, et qu'il a rejeté dans les *Genera incertæ sedis*. Ses caractères sont : calice persistant à cinq divisions obtuses ; cinq pétales ; environ trente étamines courtes, insérées sur les côtés de l'ovaire, à filets adhérens entre eux à leur base, et à anthères didymes ; ovaire libre ; style unique, filiforme ; stigmate échancré ; capsule pisiforme, entourée inférieurement par le calice biloculaire et bivalve. L'unique espèce de ce genre incertain (*Cleyera Japonica*, Th.) croît près de Nagasaki au Japon. C'est un Arbre glabre dont les rameaux et ramuscules sont verticillés ; les feuilles sont aussi en verticilles ou fasciculées au sommet des branches ; leur consistance est charnue et elles sont toujours vertes. Les fleurs sont solitaires sur des pédoncules axillaires. Cette Plante est voisine du *Vateria indica*, L., genre placé à la suite des Guttifères par Jussieu, mais que ses feuilles alternes et plusieurs points de son organisation font aller près des *Camellia* dans les Hespéridées. Thunberg lui donne pour synonyme la Plante désignée et figurée par Kœmpfer (*Amœn. exot.*, p. 873 et 874) sous le nom japonais de *Mokokf* ou *Mukokf*, mais Jussieu regarde ce rapprochement comme douteux.

Adanson a donné le nom de *Cleyera* à un genre de Plantes de la famille des Scrophularinées, et que Linné avait déjà nommé *Polypremum*. N'ayant pas justifié ce changement de mots, nous ne l'adoptons pas et nous renvoyons à POLYPRÈME pour sa description. (G..N.)

* CLEYRIA. BOT. PHAN. (Necker.) *V.* AROUNIER.

* CLIAMONNONE. BOT. PHAN. Syn. de *Jatropha gossypiifolia* à la côte de Coromandel. (B.)

CLIBADE. *Clibadium*. BOT. PHAN. Genre de la Monœcie Pentandrie, L., ainsi caractérisé : fleurs flosculeuses réunies en tête ; celles du centre mâles et pédicellées ; celles de la circonférence au nombre de trois à quatre femelles et sessiles ; involucre imbriqué, devenant violet par la maturité ; fruits drupacés, ombiliqués, monospermes. A.-L. de Jussieu, qui a donné les caractères précédens d'après Linné et Allamand, place ce genre parmi les Corymbifères anomales à côté de l'*Iva* et du *Parthenium*. Desfontaines le renvoie aux Urticées, à cause de ses étamines libres et de ses fruits drupacés. Comme il a, selon Lamarck, quelques rapports avec le *Bailliera*, affinité déjà pressentie par Jussieu, et que ce dernier genre appartient aux Corymbifères, on serait tenté de laisser les genres précités à la suite des Composées, au lieu de les rejeter dans une autre famille éloignée.

On ne connaît que l'espèce décrite par Linné, *Clibadium surinamense*. C'est une Plante à feuilles opposées et raboteuses, dont les pédoncules sont aussi opposés et les corolles blanches. Les drupes ont une couleur verte et sont pleines d'un suc jaune et visqueux. (G..N.)

CLIBADION. BOT. PHAN. (Dioscoride.) Syn. présumé de Pariétaire. (B.)

CLICHE-FALSA. BOT. Syn. de *Guilandina axillaris*, Lamk. (B.)

* CLIDEMIE. *Clidemia*. BOT. PHAN. Genre de la famille des Mélastomacées, établi par David Don dans

un Mémoire sur les Plantes de cette famille, publié récemment parmi ceux de la Société Wernérienne d'Edimbourg (vol. IV, 2e partie, p. 284), et auquel son auteur donne pour caractères : calice oblong, nu à sa base ou muni d'écailles, à limbe quinquédenté, persistant ; cinq pétales ; anthères à deux oreillettes, plus étroites à la base ; stigmate ne formant qu'un petit point papillaire ; baie capsulaire à cinq loges.

Ce genre, consacré à la mémoire de Clidemius, botaniste de l'ancienne Grèce cité par Théophraste, se compose de dix-neuf espèces, toutes indigènes de l'Amérique méridionale. Ce sont des sous-Arbrisseaux très-hérissés, à branches tétragones et à feuilles crénées, pétiolées, à trois ou cinq nervures ; leurs baies de couleur pourpre ou écarlate ont une saveur douce, agréable, et par conséquent sont comestibles. La plupart de ces espèces sont nouvelles, ou étaient inédites dans les herbiers sous le nom de *Melastoma*. Quelques-unes ont été décrites par Aublet (Guian., p. 425 et 427). Ce sont les *Melastoma agrestis* et *M. elegans* de cet auteur. Richard et Bonpland en avaient aussi fait connaître deux espèces : *Melastoma rubra*, Rich., ou *Clidemia heteromalla*, D., et *Melast. capitellata*, Boupl., ou *Cl. capitellata*, D.   (G..N.)

CLIFFORTIE. *Cliffortia.* BOT. PHAN. Genre de la Diœcie Polyandrie, L., établi par l'illustre naturaliste suédois en l'honneur du protecteur éclairé chez lequel il composa ses premiers ouvrages, et placé par Jussieu dans la troisième tribu de la famille des Rosacées à laquelle il a donné le nom de *Sanguisorbées*. Il présente les caractères suivans : Plante dioïque ; calice à trois divisions profondes ; corolle nulle. Dans les fleurs mâles, on trouve environ trente étamines dont les anthères sont didymes. Les fleurs femelles ont deux ovaires surmontés de deux styles et de deux stigmates. Les petits fruits sont aussi au nombre de deux et renfermés dans l'intérieur du calice qui s'est changé en une capsule biloculaire. Toutes les Clifforties sont de petits Arbrisseaux indigènes du cap de Bonne-Espérance, à feuilles simples ou ternées, tantôt alternes, tantôt opposées, engaînantes et stipulées à leur base ; leurs fleurs sont presque sessiles dans les aisselles des feuilles. Une trentaine d'espèces ont été décrites par les auteurs ; aucune ne mérite de fixer l'attention sous les rapports de l'utilité ou de l'agrément. Une d'entre elles est seulement remarquable en ce qu'elle porte sur ses rameaux des excroissances strobiliformes, qui ne sont que des galles d'Insectes, d'où son nom spécifique *Cl. strobilifera*, L. L'amplitude des stipules de cette Plante, ainsi que ces sortes de galles, lui donnent un air si particulier que Jussieu se demande si elle est bien véritablement congénère du *Cliffortia*. D'un autre côté, il rapporte à ce genre, mais avec doute, l'*Empetrum pinnatum* de Lamarck.

La place du genre Cliffortie est-elle bien fixée parmi les Sanguisorbées ? C'est encore une question présentée par le savant auteur du *Genera Plantarum*, et qui ne sera éclaircie qu'après un mûr examen de la famille des Rosacées.   (G..N.)

CLIFTONIA. BOT. PHAN. Banks a donné ce nom générique au *Mylocaryum* de Willdenow, qui avait déjà pour synonyme le *Waltheriana* de Fraser. *V.* ces mots.   (G..N.)

CLIGNOT. OIS. Espèce du genre Traquet, *Motacilla perspicillata*, L. *V.* TRAQUET.   (DR..Z.)

CLIMACIUM. BOT. CRYPT. (*Mousses.*) Weber et Mohr ont établi sous ce nom un genre de Mousses qui ne renfermait que l'*Hypnum dendroides* de Smith. Cette Plante, successivement placée parmi les *Leskea* par Hedwig et parmi les *Neckera* par Swartz et par Bridel, a été remise de nouveau au nombre des vrais Hypnum par Hooker. La forme de son péristome intérieur paraît cependant assez particulière pour en faire un genre distinct ainsi caractérisé : capsule latérale ; péristome double : l'externe à seize dents simples, lancéolées, courbées en dedans ; l'interne composé de seize lanières subulées, percées d'une série de trous dans leur milieu et unies à leur base par une membrane très-courte ; coiffe se fendant latéralement.

Chacune des lanières du péristome interne paraît formée de deux cils rapprochés, unis par leur sommet et dont l'intervalle serait traversé, par des filamens transversaux qui forment une sorte de grillage ; cette structure est très-différente de celle des *Hypnum*, des *Neckera* et des *Leskea*, et ce genre qui, par son port, s'éloigne assez des autres Hypnum, paraît mériter d'être conservé. La seule espèce qu'il renferme se trouve dans les grands bois ; elle est rare en fructification ; sa tige est rameuse, assez élevée, à rameaux redressés ; ses feuilles sont insérées tout autour de la tige, lâchement imbriquées, ovales, lancéolées, dentelées au sommet ; sa capsule est droite, cylindroïde, à opercule conique aigu. Bridel a séparé comme une espèce distincte celle qui croît dans l'Amérique septentrionale, et que Michaux avait décrite sous le nom de *Leskea dendroides* ; peut-être n'est-elle qu'une variété de la précédente ; le véritable *Climacium dendroides* croît aussi en Amérique et, à ce qu'on assure, au Japon. (AD. B.)

*CLIMACTERIS. OIS.(Temminck.) *V.* ECHELET.

* CLIMBING-VOIE. BOT. Syn. de *Psychotria parasitica* dans l'île de Montférat, l'une des Antilles. (B.)

CLINANTHE. *Clinanthium.* BOT. PHAN. C'est le nom que l'on donne au réceptacle commun sur lequel sont placées les fleurs dans les Plantes de la famille des Synanthérées. Il est tantôt épais et charnu, tantôt plane, tantôt concave ou convexe ; quelquefois il porte, outre les fleurs, des poils, des soies, des paillettes ou des alvéoles. Ces diverses modifications servent à caractériser les genres nombreux de la famille des Synanthérées. (A. R.)

CLINCHE MAM. Même chose que Chinche. *V.* ce mot. (B.)

* CLINCHIN ET CLINCLIN. BOT. PHAN. (Feuillée.) Nom d'une espèce du genre Polygale au Pérou. *V.* CLINCLINIA. (B.)

* CLIN-CLIN. OIS. Petit Echassier que l'on trouve en abondance à Saint-Domingue, et que l'on rapporte à la Guignette, *Tringa hypoleucos*, L. *V.* CHEVALIER. (DR..Z.)

* CLINCLINIA. BOT. PHAN. Nom donné par De Candolle à la quatrième section du genre *Polygala* (*Prodrom. System. Univ.*, 1, p. 327), qui comprend trois sous-Arbrisseaux américains dont le plus remarquable est le *Polygala thesioides*, Willd., figuré et décrit par le P. Feuillée sous le nom de *Clinclin*. *V.* POLYGALL.(G..N.)

CLINE. POIS. Pour Clinus. *V.* ce mot. (B.)

CLINOCÈRE. *Clinocera.* INS. Genre de l'ordre des Diptères, famille des Tanystomes, tribu ou sous-famille des Rhagionides de Latreille (Règn. An. de Cuv.), établi par Meigen, et ayant, suivant lui (Descript. systém. des Diptères d'Europe, T. II, p. 113), pour caractères : antennes avancées, portées en dehors, de trois articles dont les deux premiers sphéroïdaux, le troisième conique avec une soie terminale courbée ; trois yeux lisses frontaux ; ailes parallèles couchées sur le corps. La forme des antennes rapproche le genre Clinocère de celui des *Leptis* de Fabricius, et principalement du *Leptis vermileo*, dont les ailes sont également croisées sur le corps, ce qui pourrait donner lieu à une division dans laquelle on rangerait cette espèce avec la Clinocère noire, *Clinocera nigra*, qui est jusqu'à présent la seule propre au genre dont il est question. Meigen l'a figurée (*loc. cit.*, tab. 16, fig. 4). (AUD.)

CLINOPODE. *Clinopodium.* BOT. PHAN. Genre de la famille des Labiées et de la Didynamie Gymnospermie, L., dont les caractères sont : limbe du calice divisé supérieurement en trois parties et inférieurement en deux ; gorge de la corolle sensiblement évasée ; la lèvre supérieure droite émarginée, l'inférieure trifide, ayant son lobe du milieu plus grand et échancré.

Les Clinopodes sont des Plantes herbacées, à fleurs axillaires, verticillées et munies de plusieurs bractées soyeuses. Elles sont en petit nombre, et habitent les climats tempérés de l'un et l'autre hémisphère. La seule espèce indigène de la France est le CLINOPODE COMMUN, *Clinopodium vulgare*, L., très-abondant, vers la fin de l'été, dans les bois et près des haies. Il a une tige haute de cinq à six décimètres, velue et ordinairement simple. Ses fleurs sont disposées en verticilles au sommet de la Plante, et sont le plus souvent de couleur rose; mais cette couleur varie quelquefois et passe au blanc. Les propriétés toniques et céphaliques qu'on lui a attribuées sont moins exaltées dans cette Plante que dans les autres Labiées, attendu la petite quantité d'huile volatile et de principe amer qu'elle renferme. — Une belle espèce a été décrite et figurée sous le nom de *Clinopodium origanifolium* par Labillardière (*Decad. Syriac.* 4, p. 24, t. 9). Ce naturaliste l'avait trouvée sur le mont Liban. Les diverses espèces arborescentes décrites comme Clinopodes dans quelques auteurs, appartiennent aux genres *Phlomis*, *Hyptis* et *Pycnanthemum*. *V*. ces mots. (G..N.)

CLINOTROCHOS. BOT. PHAN. (Théophraste.) Syn. d'Érable. (B.)

CLINUS. POIS. Syn. de Blennies en général chez les Grecs modernes, et l'une des divisions de ce genre dans le Règne Animal de Cuvier. *V*. BLENNIE. (B.)

CLIO. *Clio*. MOLL. Ce genre indiqué par Browne (*Historia Natur. Jam.* p. 386) pour les Animaux auxquels Péron a donné le nom de Cléodore, fut établi postérieurement par Pallas sous le nom de Clione; et quoique Martens l'ait fait figurer dans son Voyage au Spitzberg, Linné néanmoins ne commença à en parler qu'à sa douzième édition, en y comprenant, ainsi que dans les suivantes,

et la Clio figurée par Martens et celles indiquées par Browne. Cuvier, dans un Mémoire inséré dans le premier volume des Annales du Muséum, donna sur l'Animal de la Clio des détails anatomiques fort curieux, et fit pour ce genre, ainsi que pour quelques autres avoisinans, la seconde classe des Mollusques, les PTÉROPODES. *V*. ce mot. Les Clios ne renfermant plus que des Animaux mous, peuvent être génériquement caractérisées de la manière suivante : corps nu, gélatineux, libre, plus ou moins allongé, un peu déprimé; une tête distincte, surmontée de six tentacules rétractiles, longs et coniques, séparés en deux faisceaux de trois chaque, qui rendent la tête bilobée lorsqu'ils sont contractés, et peuvent être entièrement cachés dans une sorte de prépuce, portant lui-même un petit tentacule à son côté externe; deux yeux à la partie supérieure de la tête ; bouche terminale, verticale ; deux nageoires opposées, branchiales, insérées de chaque côté à la base du cou; une sorte de ventouse sous le cou; l'anus et l'orifice pour la génération s'ouvrant au côté droit près du cou, sous la nageoire.

Le système nerveux est composé d'un cerveau bilobé, duquel partent deux filets qui aboutissent sous l'œsophage où ils se renflent en ganglions. Ces ganglions fournissent eux-mêmes deux autres filets, lesquels donnent encore un ganglion chaque, qui se réunissent au-dessus de l'œsophage par un filet intermédiaire; les nerfs des autres organes partent en rayonnant de ces divers ganglions. La respiration est branchiale ; ses organes font partie des nageoires; c'est pour cela que Blainville propose le nom de PTÉRODIBRANCHE. De chaque branchie naît un vaisseau qui se réunit à son congénère au-dessus du cœur, pour donner naissance à un tronc unique, lequel se rend directement à cet organe. *V*., pour d'autres détails anatomiques, le Mémoire de Cuvier (Ann. du Mus. T. I, p. 242, pl. 17). Tous les organes internes des Clios sont enveloppés d'une tunique musculaire, recouverte elle-même par une peau transparente à travers laquelle on voit la direction des fibres musculaires. Le nombre des espèces de ce genre est fort limité. Une seule était connue autrefois. Bruguière en a décrit une nouvelle dans l'Encyclopédie. Nous allons faire connaître l'une et l'autre.

Clio boréale, *Clio borealis*, L. (p. 3148, n. 4); *Clione borealis*, Pallas (*Spic. Zool.* 10, pag. 28, tab. 1, fig. 18, 19); *Clio retusa*, Fabricius (*Faun. Groenl.*, p.334, n.324), Müller (*Zool. Dan. Prodr.* p. 226, n. 2742); *Clio limacina*, Phip. Ellis (*Zooph.* pl. 15, f. 9, 10); *Clio borealis*, Bruguière (Encycl. n. 1, pl. 75, fig. 3, 4), Lamarck et Cuvier. Cet Animal est long d'un pouce et demi environ, gélatineux, pellucide, ayant les nageoires presque triangulaires, le corps terminé en pointe postérieurement. Il se trouve en très-grande quantité dans les mers du Nord, où on assure qu'il sert de pâture aux Baleines. Il nage très-vite, se montrant souvent à la surface de l'eau pour redescendre vers le fond.

Clio australe, *Clio australis*, Bruguière(Encycl. n. 2, pl. 75, f. 1, 2). Cette seconde espèce que Bruguière rencontra en grand nombre auprès de Madagascar, est plus ventrue, plus charnue, moins transparente que l'autre. Elle est d'ailleurs plus grosse, longue de deux pouces environ; elle est rose; les nageoires sont lancéolées; la queue est comprimée et à deux lobes.   (D..H.)

* CLIONE. moll. (Pallas.) *V.* Clio.

* CLIPEI. échin. Nom latin donné à la deuxième section des Anocystes par Klein, dans son ouvrage sur les Échinodermes.   (LAM..X.)

CLIQUETTE DE LAZARE. moll. Nom donné à une espèce de Came fossile de la Suisse. Knorr, dans ses Pétrifications, l'a figurée vol. 2, part. 1re, pl. 6, 11, comme ayant été trouvée en Amérique. *V.* Came. (D..H.)

CLISIPHONTE. *Clisiphontes*. moll. (Montfort.) *V.* Sphinctérulés. (AUD.)

CLITELLAIRE. *Clitellaria*. ins.

Nom sous lequel Meigen a désigné, dans l'ordre des Diptères, le genre Ephippie de Latreille (*V.* Ephippie) pour y ranger deux espèces, le *Lumbricus arenarius* d'Othon Fabricius (*Faun. Groenl.*, n° 264), et son *Lumbricus minutus* (n° 265, fig. 4). Ils n'ont que deux rangs de soies, et ce caractère seul paraît suffisant à l'auteur pour établir une distinction générique. Il leur adjoint provisoirement le *Lumbricus vermicularis* du même (*loc. cit.*, n° 259), quoiqu'il manque de ceinture. *V.* Lombric.   (AUD.)

* CLITELLIO. *Clitellio*. annel. Genre de l'ordre des Lombricines, famille des Lombrics, proposé par Savigny (Syst. des Annelides, p. 104).   (AUD.)

CLITHON. *Clithon*. moll. Montfort (*Conch. Syst.* T. II, p. 326), considérant les épines qui arment une espèce de Néritine comme suffisantes pour la séparer et en faire un genre, avait proposé ce nom qui n'est pas employé par les conchyliologues d'aujourd'hui. *V.* Néritine et Nérite.   (D..H.)

* CLITHRIS. bot. crypt. (*Champignons.*) Fries a donné ce nom, dans le second volume de son *Systema Mycologicum*, à un sous-genre des *Cenangium* que Persoon a réuni aux *Triblidium*. Le genre *Cenangium* lui-même n'ayant été publié que depuis l'impression du Dictionnaire, nous le traiterons au mot *Scleroderris*, nom sous lequel Persoon l'avait désigné comme sous-genre des *Pezizes* dans sa *Mycologia europæa*, et que Fries a donné au principal sous-genre des *Cenangium*.

Les Clithris diffèrent des *Cenangium* proprement dits ou *Scleroderris* par la cupule qui, d'abord exactement fermée comme dans toutes les espèces de ce genre, s'ouvre ensuite par une fente longitudinale, au lieu de se développer circulairement comme dans les *Scleroderris*, ou en plusieurs valves comme dans les *Triblidium*. Ces petits Champignons se rapprochent par ce caractère des *Hyste-*

rium dont ils ont l'aspect et avec lesquels ils avaient été long-temps confondus; mais ils en diffèrent par leur membrane fructifère, organisée comme dans les vrais Champignons, caractère qui les rapproche des Pezizes, auprès desquelles on doit les placer dans une classification naturelle.

Les espèces encore peu nombreuses de ce sous-genre croissent sur les rameaux morts de différens Arbres, tels que les Pins, les Chênes, les Bruyères, etc. Les espèces les plus anciennement connues sont les *Cenangium ferruginosum*, Fries (*Peziza Abietis*, Pers. *Syn.* 671, *Triblidium pineum*, Pers. *Myc. Europ.* 552), et *Cenangium quercinum* (*Hysterium quercinum*, Pers. *Syn.* 100, *Triblidium quercinum*, Pers. *Myc. Europ.* 533).

(AD. B.)

CLITORE. *Clitoria.* BOT. PHAN. Famille des Légumineuses, Diadelphie Décandrie, L. Ce genre, décrit sous le nom de *Ternatea* par Tournefort, et constitué de nouveau par Linné sous celui qu'il porte aujourd'hui, comprenait des Plantes dont une organisation différente a nécessité la séparation comme genre particulier. Ainsi les espèces à calice muni de deux bractées et à légumes cylindriques en ont été retirées pour former le genre *Galactia.* *V.* ce mot. Ce retranchement opéré, les Clitores doivent être ainsi caractérisées : calice tubuleux, campanulé, à cinq divisions dont la plus inférieure offre souvent la forme d'une faux; corolle renversée; l'étendard très-grand et écarté, recouvrant néanmoins les ailes et la carène qui sont fort petites; légume linéaire, très-long et se terminant en pointe. Les Clitores sont des Plantes herbacées grimpantes, ayant beaucoup de rapports avec les *Glycine*, à feuilles ternées ou rarement imparipennées, à folioles articulées comme celles des Dolics et munies de deux stipules barbues à leur base ; les pédoncules des fleurs sont axillaires à une ou deux fleurs, ou quelquefois multiflores et en épis.

Quinze espèces environ de *Clitores* ont été décrites dans les divers auteurs. A l'exception de la plus anciennement connue (que Tournefort a fait connaître sous le nom générique de *Ternatea* parce qu'elle croît à Ternate et dans les Indes-Orientales) et d'une seconde espèce décrite par Lamarck et Ventenat, les autres Clitores sont toutes indigènes du Nouveau-Monde. La plupart habitent le Brésil et les Antilles, et deux croissent dans l'Amérique septentrionale. Leurs fleurs sont en général d'un aspect fort agréable, mais comme ces Plantes de serre chaude exigent trop de soins pour leur culture, elles sont rares dans les jardins, ou du moins il n'en existe que deux ou trois espèces cultivées dans les jardins de botanique; telles sont les *Clitoria Ternatea*, L.; *C. virginiana*, L., et *C. heterophylla*, Lamk. et Ventenat. Nous lisons, dans la Relation du voyage de Bory de Saint-Vincent aux principales îles des mers d'Afrique, une singulière remarque faite par ce savant sur le *Clitoria Ternatea* qu'il a trouvé en abondance aux îles de France et de Mascareigne; c'est que dans l'une de ces îles, les fleurs sont constamment blanches, et dans l'autre toujours bleues. (G. N.)

CLITORIS. ANAT. Ce nom, d'origine grecque, est dérivé d'un verbe pouvant se traduire par *titiller avec volupté* : tel est aussi le sens des deux autres synonymes latins, *œstus veneris, amoris dulcedo*. L'exquise sensibilité du Clitoris, comme si c'en était la seule considération importante, fut ce qui fixa d'abord sur lui l'attention : cependant on ne tarda pas à juger de ses rapports avec une partie du sexe mâle, d'où on lui donna de plus le nom de *Penis muliebris.* Cette vue, d'une justesse parfaite suivant nous, est encore regardée aujourd'hui par quelques anatomistes comme une hardiesse plus instinctive que raisonnée. En effet, la Philosophie actuelle des écoles, basant tout sur la considération des formes, n'ose déclarer identique ce qu'elle aperçoit dissemblable. Bien qu'on ait vu le pénis des mâles et le Clitoris des femelles constitués par deux corps caverneux d'un tissu semblable, terminés par un gland qu'un même capuchon ou prépuce coiffe également, enveloppés par un même système dermoïque, nourris par de semblables rameaux vasculaires, et cédant à la même excitation nerveuse, on crut procéder avec une plus grande exactitude en regardant ces deux organes comme distincts et en effet comme assez dissemblables, pour ne devoir point être confondus sous le même nom. Trois circonstances motivèrent cette manière de voir. On se refusa à admettre comme semblable, ce qui, chez l'un, est d'un si grand volume quand il est chez l'autre d'une si extrême petitesse, ce qui est là prolongé et entièrement dégagé, et ici, au contraire, à moitié rentré et enveloppé, et, chose plus remarquable, ce qui dans l'un admet en dedans de soi le tube terminal d'un autre appareil, et ce qui, dans l'autre, est soustrait à ce mélange.

Ces idées particulières résultent des observations usuelles. Mais vous arrive-t-il d'agrandir votre champ d'observations et de passer des Mammifères aux Oiseaux, ou même, sans quitter les premiers, de passer des faits normaux aux cas irréguliers, les plus grandes de ces différences s'effacent, et l'identité des pénis et des Clitoris, déjà si fortement réclamée par les faits précédemment rapportés, devient enfin une conséquence absolument obligée. Il n'est plus chez les Oiseaux (*V*. les Mém. du Mus. d'Hist. Nat. T. ix, p. 439), entre le pénis et le Clitoris, de différence, que celle qui résulte de leur volume respectif : et encore, dans quelques-uns, cette différence est peu sensible. Le pénis est imperforé aussi bien chez les mâles que chez les femelles ; et, chez les uns comme chez les autres, il est réduit au seul gland, unique portion qui soit dégagée des tégumens communs. C'est la même chose dans les monstruosités dites

Hypospadias : le méat urinaire est ouvert en dessous du pénis chez les Mammifères mâles viciés par cette anomalie ; leur gland est de même imperforé, et il n'y a guère aussi que cette partie qui se voit extérieurement. Ainsi ce qui est un cas pathologique chez les Mammifères devient de règle chez les Oiseaux.

Au total, le Clitoris des premiers doit être considéré comme un organe rudimentaire, tenant ce caractère d'un défaut de développement et le justifiant par une très-grande susceptibilité à la variation. (GEOF. ST.-H.)

CLIVINE. *Clivina.* INS. Genre de l'ordre des Coléoptères, section des Pentamères, famille des Carnassiers, tribu des Carabiques bipartis, établi par Latreille, et dont les caractères sont : palpes extérieurs terminés par un article de la grosseur du précédent ou plus épais ; languette saillante, droite ou obtuse à son sommet, avec une oreillette de chaque côté ; labre membraneux ou coriace, sans dents ; mandibules sans dentelures notables, plus courtes que la tête ; antennes en forme de chapelet, avec les second et troisième articles presque égaux ; jambes antérieures échancrées, dentées au côté extérieur ou terminées par deux pointes très-fortes et longues, dont l'intérieure articulée à sa base.

Ce genre a été confondu avec les Ténébrions par Linné. Fabricius et les auteurs, jusqu'à Latreille, l'ont laissé dans le genre Scarite, qui en diffère essentiellement par le labre, par la longueur de ses mandibules et par le corps qui est toujours plus aplati. Les Clivines vivent dans le sable mouillé, au bord des rivières ou sous les racines des Arbres, au lieu que les Scarites ne se rencontrent que dans les lieux secs et arides exposés à l'ardeur du soleil.

On peut diviser ce genre en deux petits groupes, d'après l'organisation des jambes antérieures : le premier comprend les Clivines dont les deux premières jambes sont dentées au côté extérieur. Dans cette division se range la Clivine arénaire, *Scarites arenarius*, Fab., Oliv. Elle varie du fauve au noirâtre ; le corselet est presque carré ; les élytres sont striées à stries ponctuées. Le second groupe comprend celles qui ont les jambes antérieures terminées par deux pointes très-fortes et longues, dont l'intérieure articulée à sa base ou en forme d'épine. C'est le genre Dischirié de Bonelli. Il renferme les *Scarites thoracicus* et *gibbus* de Fabr. *V.* Dischirie. (G.)

* CLIVINIA. ois. *V.* Clamatoria.

*CLOAQUE. anat. Terme dont on a fait l'application à un réceptacle commun supposé existant chez des Animaux avec une seule issue pour la sortie des produits stercoraires, urinaires et génitaux : ces Animaux sont les Oiseaux et quelques Reptiles. Il est certain qu'on a imaginé plutôt qu'aperçu une poche ayant cette destination ; car il n'y a nulle part entassement de plusieurs appareils et semblable communauté de fonctions. La différence, sous ce rapport, des Oiseaux à l'égard des Mammifères, tient uniquement à ce que le rectum débouche dans la vessie urinaire : et dans ce cas, c'est une suite de compartimens qui, pour être en ligne, ne se distinguent pas moins les uns des autres. Ce sont autant de segmens d'un long intestin, autant de tronçons dont les nodosités sont opérées par des étranglemens valvulaires ou par des sphincters avec muscles.

Le rectum s'évase en une très-large cellule, Vestibule Rectal, où séjournent les fèces : au-delà est un autre compartiment rarement aussi considérable que dans l'Autruche ; le plus souvent petit et rudimentaire (la vessie urinaire) : arrivé ensuite une poche annulaire (le canal urétro-sexuel) dans laquelle débouchent les uretères et les oviductus. Le dernier des compartimens

est une poche fort considérable, théâtre de la copulation des sexes, fournie en abondance de nerfs et de vaisseaux, et bordée par les parties sexuelles externes, où les organes excitateurs. Elle est analogue au capuchon qui couvre le gland des pénis ou des clitoris. Elle en remplit là même les fonctions : aussi l'ayons-nous nommée Bourse du Prépuce. *V.* notre second volume de Philosophie anatomique.

Ce dernier compartiment se retourne sur lui-même comme le capuchon qui coiffe le gland pénial chez les Mammifères, et se renversant comme un doigt de gant, il met le canal urétro-sexuel en mesure de se prolonger dehors ; mais c'est alternativement que les orifices des uretères ou ceux des oviductus y arrivent. Ces orifices, fidèles à des devoirs différens, ne se nuisent jamais dans leurs évolutions. La production des uns n'est possible qu'en contraignant les autres au repos ou même à une retraite intérieure. Chaque système vaque à ses fonctions, à des momens marqués, et le plus grand ordre règne au milieu de ce qui avait apparu dans une extrême confusion. Quand le système urinaire abandonne ses produits, le rectum le suit de près ; il porte en avant son orifice et il vient lancer dehors les fèces. Il n'arrive donc jamais à la dernière poche réservée au mélange des sexes et à toutes les excitations amoureuses d'être heurtée ou salie par quoi que ce soit, venant à la traverser.

Des préjugés nous avaient donc abusés : plus de récipient unique, plus de Cloaque dans le sens d'une sentine commune, organisation toute d'imagination et supposée sur la considération d'un seul passage praticable pour les produits génitaux, urinaires et intestinaux. (Geof. St.-H.)

CLOCHE et CLOCHETTE. bot. On donne vulgairement ce nom à plusieurs Plantes, telles que des Liserons, des Campanules, des Muguets ou des Narcisses, dont les corolles imitent plus ou moins la forme d'une cloche. Paulet n'a pas manqué, ces noms dans sa barbare nomenclature, pour désigner quelques Champignons du genre Agaric. (B.)

CLOCHER CHINOIS. MOLL. Le Cérite Obélisque, élégamment étagé par un rang de tubercules qui dessinent la spire, a été vulgairement nommé ainsi à cause de cette disposition. *V.* CÉRITE. (D..H.)

CLOCHETTE. MOLL. Nom vulgaire de quelques espèces de Balanes, *Balanus balanoides*, et surtout d'une espèce de Calyptrée, *Calyptrea equestris.* (D..H.)

* **CLOFYF.** OIS. (Dapper.) Nom d'un Oiseau de mauvais augure pour les superstitieux Africains, et que l'on n'a encore pu déterminer exactement. (DR..Z.)

CLOISON. *Dissepimentum.* BOT. PHAN. On nomme ainsi les lames, ordinairement verticales, qui partagent la cavité générale d'un fruit en plusieurs autres cavités partielles ou loges. Dans presque tous les fruits, les Cloisons sont placées verticalement; très-rarement elles sont horizontales, comme on l'observe par exemple dans le fruit des diverses espèces de Casses. Il est important de ne pas confondre les véritables Cloisons avec les lames saillantes que l'on trouve dans l'intérieur de quelques péricarpes. Les vraies Cloisons ont toutes une même organisation; elles sont formées d'une petite portion du sarcocarpe qui constitue leur partie centrale, recouverte des deux côtés par l'endocarpe ou membrane qui tapisse la paroi interne du péricarpe. Les fausses Cloisons au contraire ne sont pas recouvertes par cette membrane interne du péricarpe. Ainsi dans la capsule du Pavot on trouve un nombre plus ou moins considérable de lames saillantes sur la paroi interne du péricarpe, libres par leur côté intérieur, et recouvertes par les graines qui s'y attachent. Ces lames ont été généralement considérées comme des Cloisons, mais n'en sont pas dans la réalité : 1° elles ne sont pas formées, comme les vraies Cloisons, d'une saillie du sarcocarpe revêtue des deux côtés par la membrane pariétale interne du fruit; 2° elles donnent immédiatement attache aux graines. Ce sont des placentas ou trophospermes.

Il est encore une autre distinction à faire dans les Cloisons, ce sont les Cloisons complètes et les Cloisons incomplètes. Les premières s'étendent depuis la base jusqu'au sommet de la cavité, sans laisser aucune communication entre les deux loges qu'elles séparent. Les secondes ne s'élèvent pas jusqu'au sommet du péricarpe, en sorte qu'il y a une communication entre les deux loges contiguës. Le fruit de la Pomme épineuse (*Datura Stramonium*, L.) offre à la fois des exemples de ces deux espèces de Cloisons. Il est partagé en quatre loges par quatre lames verticales ou Cloisons dont deux sont complètes et deux n'atteignent pas jusqu'au sommet du péricarpe, en sorte qu'il existe un vide, et que les loges communiquent ensemble deux par deux.

La position des Cloisons relativement aux valves n'est pas moins importante à étudier, et fournit des caractères souvent mis à contribution pour grouper les genres en familles naturelles. En effet, tantôt les Cloisons correspondent aux sutures par lesquelles s'ouvre la capsule, tantôt elles sont placées sur le milieu de la face interne des valves, tantôt enfin chaque Cloison semble formée par les bords rentrans des valves, et se sépare en deux feuillets à l'époque de la déhiscence. Ces trois modes principaux servent de caractères, d'ordres et de genres. *V.* FRUIT et PÉRICARPE. (A. R.)

CLOMENA. BOT. PHAN. Palisot de Beauvois, dans son Agrostographie, a établi sous ce nom un genre nouveau dans la famille des Graminées pour une Plante originaire du Pérou, et ayant, pour le port, beaucoup de ressemblance avec nos Agrostis. Ses fleurs forment une panicule presque simple; leur lépicène est à peu près de la même longueur que la glume dont la valve supérieure est tridentée, et l'inférieure est entière; la paillette inférieure de la glume est bifide à son sommet, et porte une petite soie qui naît de cette échancrure. Ces derniers caractères distinguent parfaitement le genre Clomena de tous ceux avec lesquels on pourrait le confondre.

(A. R.)

*CLOMÉNOCOME. *Clomenocoma.* BOT. PHAN. Genre nouveau de la famille des Synanthérées, tribu des Hélianthées de Cassini, et de la Syngénésie superflue de Linné. H. Cassini qui l'a fondé (Bull. Soc. Philom. déc. 1816) lui donne les caractères suivans : calathide radiée, composée de fleurons nombreux, réguliers, fertiles, et de rayons ligulés femelles, disposés sur un rang unique; involucre formé d'écailles imbriquées, allongées, linéaires et aiguës, glandulifères sur leur côté extérieur et supérieur; réceptacle garni d'aspérités fimbrillées; akènes grêles, striés et surmontés d'une aigrette composée d'environ dix petites lanières écailleuses, unisériées, dont chacune, indivise à sa base, est partagée supérieurement d'abord en trois branches, puis en cinq. C'est cette singularité de l'aigrette, ainsi que les glandes de l'involucre, qui ont engagé Cassini à établir ce genre, lequel d'ailleurs ne renferme qu'une seule espèce dont cet auteur ne connaît pas l'origine, l'ayant trouvée sans indication dans l'Herbier de Jussieu. Il présume cependant que c'est l'*Aster aurantius* de Linné, et il l'a nommée *Clomenocoma aurantia*. — Kunth (*Synopsis Plant. Æquinoct. orbis novi*, T. II, p. 462) réunit ce genre au *Bæbera* de Willdenow. Les akènes des deux espèces qu'il décrit ont, en effet, comme dans le Clomenocoma, des aigrettes formées de poils fasciculés et réunis en forme

de fouet (*Pili subflabellato-fasciculati*).   (G..N.)

CLOMIUM. BOT. PHAN. Pour Klomium. *V.* ce mot.   (B.)

CLOMPAN. *Clompanus.* BOT. PHAN. Aublet (Plantes de la Guiane, p. 773) appelle ainsi, d'après Rumph, une Plante de la famille des Légumineuses et de la Diadelphie Décandrie, L., dont les fleurs sont pourpres et paniculées; les petites branches grimpantes; les feuilles alternes et formées de folioles opposées, ovales, glabres et très-entières. Cette Liane croît dans la Guiane, au bord de la crique Saint-Régis. Suivant Aublet (*loc. cit.*), le *Clompanus funicularis* ou le *Tali bocompol mera* de Rumph (*Herb. Amb.* T. V, p. 70, t. 37), est identique avec son *Clompanus paniculata*. Cette Plante est assez bien figurée dans ce dernier ouvrage. Le genre *Clompanus* se rapproche, selon Lamarck, des genres *Galedupa* et *Pterocarpus*.   (G..N.)

CLONISSE. MOLL. C'est le nom qu'Adanson (Voy. au Sénég., pl. 16, n° 1) donne à la *Venus verrucosa* de Gmelin, nom qui est également employé vulgairement à Marseille, d'après Rondelet, pour désigner la même Coquille.   (D..H.)

CLOPORTE. *Oniscus.* CRUST. Genre de l'ordre des Isopodes, établi originairement par Linné et subdivisé en plusieurs sous-genres. *V.* CLOPORTIDES. Les Cloportes proprement dits appartiennent (Règn. An. de Cuv.) à la section des Ptérygibranches, et ont pour caractères, suivant Latreille : quatre antennes dont les latérales seules, bien apparentes, de huit articles et recouvertes à leur base par les bords latéraux de la tête; branchies renfermées dans les premières écailles placées sous la queue; appendices du bout de la queue d'inégale longueur, les deux latéraux étant beaucoup plus grands que les intermédiaires. Les Cloportes diffèrent de tous les genres de la section à laquelle ils appartiennent par la composition et le recouvrement de leurs antennes. Ce sont de petits Crustacés qui fuient la lumière et recherchent les endroits humides. On les trouve dans les caves, sous les pierres ; leur démarche est assez vive lorsqu'on les inquiète. Ils se nourrissent de matières végétales ; ils s'entredévorent même quelquefois. Ils sont vivipares. Nous reviendrons sur les particularités de leur organisation et sur les fonctions propres au sexe femelle, au genre Porcellion. *V.* ce mot. — Le CLOPORTE ORDINAIRE, *Oniscus Asellus* de Linné et de tous les auteurs, doit être considéré comme le type du genre. Il est très-commun.

(AUD.)

CLOPORTE DE MER. CRUST. et MOLL. On a désigné sous ce nom vulgaire des petits Crustacés appartenant aux genres Ligie et Sphérome ; on a appliqué aussi ce nom aux Oscabrions. D'Argenville nomme Cloporte une espèce de Porcelaine, *Cypræa staphylæa.* (AUD.)

CLOPORTES CHENILLES. INS. On nomme ainsi les chenilles de plusieurs Papillons de la division des Plébéïens urbicoles de Linné. (AUD.)

CLOPORTIDES. *Oniscides.* CRUST. Famille établie par Latreille (*Gener. Crust. et Ins.* T. 1, p. 62, 67) dans l'ordre des Tétracères, et correspondant au grand genre *Oniscus* de Linné, qui depuis a été subdivisé par les entomologistes. Cette famille appartient (Règn. Anim. de Cuv.) à l'ordre des Crustacés isopodes, et est comprise dans la tribu des Ptérygibranches. Ses caractères sont : deux antennes apparentes, les mitoyennes étant fort courtes, cachées ou n'existant pas ; corps ovale, plat en dessous, convexe en dessus, susceptible de contraction, et composé d'une tête et de treize anneaux ; les sept premiers portant chacun une paire de pates simples et terminées par un onglet ; les six derniers anneaux formant une sorte de queue, garnie en dessous de cinq paires d'écailles ou de fausses pates sous-caudales, imbriquées graduellement sur deux rangées longitudina-

les ; les premières ou les plus voisines des pates proprement dites renfermant dans leur intérieur les organes de la respiration, et étant le siége des organes sexuels.

Les Cloportides ont une tête transverse plus étroite que le corps, et reçue dans une échancrure du premier anneau ; de chaque côté des yeux gros et réticulés. La bouche se compose d'un labre recouvrant une sorte d'épiglotte ; de deux mandibules cornées, dentelées irrégulièrement, épaisses à leur base, très-comprimées et crochues à leur sommet ; de deux paires de mâchoires en recouvrement, de manière que la plus reculée ou l'inférieure sert de gaîne à la paire supérieure ; celle-ci est finement dentelée à l'extrémité. Enfin il existe en arrière de toutes ces parties une sorte de lèvre inférieure composée de deux pièces extérieures s'appliquant sur toutes les autres en forme de feuillets contigus au bord interne, et terminés par une saillie conique ou triangulaire, offrant quelques articulations et semblable à un palpe. On peut considérer ces deux pièces comme des premières mâchoires auxiliaires. Ces caractères joints à ceux du genre que nous avons présentés d'après Latreille, donnent une idée assez complète de l'organisation extérieure de ces Crustacés. Quant à l'organisation interne, nous en parlerons au genre Porcellion qui a été étudié d'une manière spéciale par Treviranus, et nous rapporterons à ce sujet les travaux importans de Cuvier et des autres observateurs. — Les Cloportides attaquent différentes matières végétales ; ils se nourrissent même de substances animales ; la plupart sont terrestres et habitent les lieux humides. Cette famille comprend les genres Ligie, Philoscie, Cloporte, Porcellion et Armadille. *V.* ces mots. (AUD.)

CLOR ET CYLOR. BOT. PHAN. Noms gallois du *Bunium Bulbocastanum.* (B.)

* CLORIS. REPT. OPH. (Daudin.) Espèce d'Hydrus du sous-genre Hydrophis. *V.* HYDRUS. (B.)

*CLOSCUAU. ois. Belon donne ce nom à l'Oiseau le dernier éclos de la couvée. (DR..Z.)

*CLOSIROSPERMUM. BOT. PHAN. Quoiqu'antérieur de quelques années au *Barckausia* de Mœnch, ce genre était si obscurément caractérisé par Necker, que la plupart des botanistes l'ont méconnu. Nous pensons avec Cassini que le genre de Mœnch lui est identique et doit lui être préféré, tant à cause de la clarté de son exposition que parce qu'il a été adopté par plusieurs auteurs, et notamment par De Candolle dans la Flore Française, deuxième édition. *V.* BARCKAUSIE et CRÉPIDE. (G..N.)

CLOSTÉROCÈRES. INS. Famille de l'ordre des Lépidoptères, établie par Duméril, et dont les caractères essentiels sont tirés de la forme particulière de leurs antennes qui sont prismatiques et plus grosses au milieu qu'aux extrémités. Cette famille correspond à celle des Crépusculaires de Latreille. *V.* CRÉPUSCULAIRES. (AUD.)

CLOTHO. MOLL. Sous cette dénomination, Faujas (Ann. du Mus. T. XI, p. 384, pl. 40) propose un nouveau genre de Conchifères qui ont la particularité remarquable de vivre dans l'intérieur des Coquilles perforantes. Celles dont il est ici question furent trouvées à l'état fossile dans un bloc de Calcaire enterré à soixante pieds de profondeur dans une couche de Marne argileuse, encore tout rempli de Cardites qui l'avaient percé de toutes parts, et dont vingt sur trente renfermaient de ces Coquilles parasites.

Cette observation n'est pas la seule qu'on puisse citer d'Animaux parasites dans la série des Coquilles perforantes ; dernièrement nous eûmes occasion de nous procurer une pierre très-dure, criblée de trous de Fistulanes non fossiles. Quelques-unes y étaient encore entières ; nous cassâmes cette pierre, et ce ne fut pas sans étonnement que du même trou nous retirâmes les deux valves entières d'une Fistulane et celles d'une autre

Coquille que nous ne pûmes rapporter à aucun genre connu, pas même à celui qui nous occupe dans ce moment ; nous nous proposons par la suite de faire connaître cette Coquille.

Voici les caractères génériques que Faujas a donnés à la Coquille qu'il a observée : coquille bivalve, équivalve, presque équilatérale, striée transversalement ; charnière à une dent bifide un peu comprimée, recourbée en crochet sur chaque valve, une dent plus large que l'autre ; deux impressions musculaires ; ligament intérieur. Nous proposons de lui donner le nom de l'illustre naturaliste qui l'a fait connaître, Clotho de Faujas, *Clotho Faujasii.* (D..H.)

CLOTHO. *Clotho.* ARACHN. Genre de l'ordre des Pulmonaires, famille des Aranéides ou des Fileuses, section des Tubitèles, établi par Latreille (*Genera Crust. et Ins.* T. IV, *Addenda*, p. 370) sur des dessins et des notes communiqués par Walckenaer, et ayant pour caractères : huit yeux ; les deux filières supérieures beaucoup plus longues que les autres ; pieds presque égaux ; la quatrième paire, ensuite la seconde, puis la troisième, un peu plus longues ; mâchoires inclinées sur la lèvre, dont la forme est triangulaire. Ce genre qui se rapproche des Thomises par la forme générale du corps, et des Clubiones par la disposition des yeux, a été étudié d'une manière toute spéciale par notre savant ami, Léon Dufour, qui en a parfaitement circonscrit les caractères, et lui a assigné le nom d'Uroctée, *Uroctea* (Annales générales des Sc. phys. T. V, p. 198). Celui de Clotho, imposé par Latreille et Walckenaer, nous paraît devoir conserver la priorité, à moins qu'on ne croie utile de le supprimer à cause du mot employé pour désigner un genre de Mollusque. — Nous transcrirons ici les observations importantes de Dufour. Le corselet des Clothos est à peu près orbiculaire, déprimé ou à peine convexe. On y remarque, entre les yeux et l'origine des mandibules, une portion remarquable de front tombant verticalement. Les yeux, placés sur deux lignes transversales, sont disposés de manière que les intermédiaires des deux séries forment entre eux un quadrilatère bien plus ouvert en arrière qu'en avant. Ces yeux sont arrondis, cristallins dans l'Animal vivant, et ceux du centre de la ligne antérieure sont un peu plus grands et plus saillans que les autres. Les mandibules, pressées l'une contre l'autre, verticales, oblongues, cylindroïdes et faibles, s'appuient par leurs extrémités sur la lèvre, et par conséquent ne dépassent point cette dernière. Elles sont dépourvues de dents à leur bord interne, et ne paraissent point susceptibles d'un grand écartement; elles sont même contiguës de telle sorte, près du milieu de leur face interne, qu'on les croirait soudées vers ce point, disposition analogue à celle du genre Filistate de Latreille. Leur crochet est fort petit. Les mâchoires, inclinées sur la lèvre, conniventes, courtes, très-obtuses, ne sont point garnies de soies particulières à leur bord interne, mais elles sont velues surtout en dehors. La lèvre qui se trouve entre elles est presque arrondie. Les palpes, presque de même grosseur que les pates, ne s'insèrent point, comme c'est l'ordinaire, dans un sinus du bord externe de la mâchoire, mais bien au-dessus de ce bord, et en quelque sorte sur la surface supérieure de l'organe maxillaire. Leur second article est assez gros, comme cambré et habituellement dirigé en avant. Le dernier se termine par un ongle ou crochet dans la femelle, tandis qu'il est inerme dans le mâle, et concave en dessous pour abriter en partie l'organe copulateur. Celui-ci est un gros bourrelet orbiculaire, sessile, glabre, solide, dont le centre plus saillant est armé en dessous de deux crochets sétacés un peu contournés en spirale. La poitrine est cordiforme; les pates ont une longueur moyenne; les ongles sont pectinés. L'abdomen est ovale, comme tronqué à sa base, légèrement dépri-

mé à sa région dorsale qui est marquée de quatre paires de points ombilicaux, dont les postérieurs sont peu sensibles. Les filières (quoique cette dénomination soit sans doute impropre pour les appendices anales du Clotho) sont au nombre de deux paires apparentes : l'une, fort courte et ne semblant exister que comme des vestiges ou des rudimens, est plus antérieure et tout-à-fait cachée sous le ventre. L'autre est saillante et formée d'un article principal allongé, conoïde, légèrement arqué et velu surtout en dehors. Elle paraît borgne, c'est-à-dire imperforée à sa pointe. Entre ces derniers appendices se rencontre un appareil qui paraît propre au genre Clotho; il consiste en un pinceau de poils implantés sur deux lignes opposées, de manière à former deux espèces de valves pectiniformes qui s'ouvrent et se ferment au gré de l'Animal. Dufour présume que les véritables filières sont placées entre ces valves, et que celles-ci servent de peigne ou de carde pour enchevêtrer les fils dont l'Araignée fabrique sa demeure. C'est de la présence de ces deux valves pectiniformes, situées à l'extrémité de l'anus, qu'a été tiré le nom d'*Uroctea*, ou plutôt *Uroctena*, dont les racines grecques signifient *queue* et *peigne*. On peut ajouter à tous les caractères qui viennent d'être développés, que les Clothos ont une paire de bourses pulmonaires. On ne connaît encore qu'une espèce propre au genre que nous décrivons ; Latreille et Walckenaer lui donnent le nom de Clotho de Durand, *Cl. Durandii*, en l'honneur de la personne qui la leur a fait connaître. Cette espèce est la même que l'Uroctée à cinq taches, *Uroctea quinquemaculata* de Dufour (*loc. cit.* pl. 76, fig. 1, *a-f*), trouvée dans les rochers de la Catalogne, principalement aux environs de Barcelone et de Girone, dans les montagnes de Narbonne, et dans les Pyrénées, près de Saint-Sauveur. Elle établit, à la surface inférieure des grosses pierres, ou dans les fentes des rochers, une coque en forme de calotte ou de patelle, d'un bon pouce de diamètre. Son contour présente sept à huit échancrures dont les angles seuls sont fixés sur la pierre, au moyen de faisceaux de fils, tandis que les bords sont libres. Cette singulière tente est d'une admirable texture. L'extérieur ressemble à un taffetas des plus fins, formé, suivant l'âge de l'ouvrière, d'un plus ou moins grand nombre de doublures. Ainsi, lorsque l'Araignée, encore jeune, commence à établir sa retraite, elle ne fabrique que deux toiles entre lesquelles elle se tient à l'abri. Par la suite et à chaque mue, selon Dufour, elle ajoute un certain nombre de doublures. Enfin, lorsque l'époque marquée pour la reproduction arrive, elle tisse un appartement tout exprès, plus duveté, plus moelleux, où doivent être renfermés et les sacs des œufs et les petits récemment éclos. Quoique la calotte extérieure ou le pavillon soit, à dessein sans doute, plus ou moins sali par des corps étrangers qui servent à en masquer la présence, l'appartement de l'industrieuse fabricante est toujours d'une propreté recherchée. Les poches ou sachets, qui renferment les œufs, sont au nombre de quatre, de cinq ou même de six pour chaque habitation qui n'a cependant qu'une seule habitante. Ces poches ont une forme lenticulaire, et ont plus de quatre lignes de diamètre. Elles sont d'un taffetas blanc comme la neige, et fournies intérieurement d'un édredon des plus fins. Ce n'est que dans les derniers jours de décembre ou au mois de janvier que la ponte des œufs a lieu. Il fallait prémunir la progéniture contre la rigueur de la saison et les incursions ennemies ; tout a été prévu. Le réceptacle de ce précieux dépôt est séparé de la toile immédiatement appliquée sur la pierre par un duvet moelleux, et de la calotte extérieure par les divers étages dont il a été parlé. Parmi les échancrures qui bordent le pavillon, les unes sont tout-à-fait closes par la continuité de l'étoffe, les autres ont leurs bords simplement superposés, de manière que l'Animal,

soulevant ceux-ci, peut à son gré sortir de sa tente et y rentrer. Lorsqu'elle quitte son domicile pour aller à la chasse, elle a peu à redouter sa violation, car elle seule a le secret des échancrures impénétrables, et la clef de celles où l'on peut s'introduire. Lorsque les petits sont en état de se passer des soins maternels, ils prennent leur essor et vont établir ailleurs leurs logemens particuliers, tandis que la mère vient mourir dans son pavillon. Ainsi ce dernier est en même temps le berceau et le tombeau du Clotho. Ces détails sont si intéressans, que nous avons cru devoir n'en rien omettre.   (AUD.)

CLOTHONIE. REPT. OPH. Le genre formé sous ce nom par Daudin du *Boa anguiformis* de Schneider, n'a pas été adopté.   (B.)

CLOU. BOT. CRYPT. On a vulgairement donné ce nom à divers Champignons. Paulet l'a adopté en y ajoutant l'épithète de *Tête de Crapaud*, qui n'est ni plus exacte ni plus heureuse. Il a aussi nommé *Clous dorés* l'un de ses genres si bizarrement établis. (B.)

* CLOU-A-PORTE. CRUST. Pour Cloporte. *V*. ce mot.

CLOU DE DIEU. BOT. PHAN. Nom vulgaire du *Sparganium erectum*.   (B.)

CLOUDET. OIS. Syn. vulgaire du Hibou, *Strix Otus*, L. *V*. CHOUETTE.   (DR..Z.)

CLOUS. MOLL. On entend vulgairement, par le mot Clous, des Coquilles allongées et turriculées des genres Cérithe, Vis, Turritelle, etc. Lamarck (Mémoires sur les Fossiles des environs de Paris, p. 85, n° 21) a donné le nom de Clou, *Clavus*, à une Coquille fossile du genre Cérithe. (D..H.)

CLOUVA. OIS. Syn. indien du Cormoran, *Pelecanus Carbo*, L. *V*. CORMORAN.   (DR..Z.)

*CLOVISSE. MOLL. *V*. BIVERONE.

CLUACINA. BOT. PHAN. (Pline.) Syn. de Myrte.   (B.)

CLUBIONE. *Clubiona*. ARACHN.

Genre de l'ordre des Pulmonaires, famille des Aranéïdes, section des Tubitèles, établi par Latreille, et ayant, suivant lui, pour caractères : huit yeux ; filières extérieures presque également longues; mâchoires droites, élargies à leur base extérieure pour l'insertion des palpes, et arrondies à son extrémité; lèvre en carré long. Les Clubiones diffèrent des Ségestries et des Dysdères par le nombre des yeux ; des Clothos et des Araignées propres par la longueur semblable des filières ; des Filistales et des Drasses par leurs mâchoires droites ; enfin, quoique très-voisines des Argyronètes, elles s'en éloignent par la forme de l'extrémité des mâchoires et par celle de la lèvre. Ces Arachnides sont voraces; elles épient leur proie et courent après ; on les voit tendre autour des chambres des fils de soie fine et blanche, qu'elles emploient aussi à s'envelopper dans l'intérieur des feuilles et les cavités des murailles. Leurs yeux sont différemment placés au-devant du corselet sur deux lignes transversales. Walckenaer (Tableau des Aranéïdes, pl. 5, fig. 42, 44, 45 et 48) représente leurs diverses positions. Leur lèvre est allongée, coupée en ligne droite à son extrémité; les pates sont propres à la course, et varient respectivement de longueur; la première paire et ensuite la quatrième sont en général les plus grandes; mais dans certaines espèces, cette dernière, et ensuite la première ou la seconde, dépassent les autres. Les caractères tirés de ce degré de développement, joints à quelques autres, ont fourni à Walckenaer (*loc. cit.*, p. 41) des bases pour l'établissement des cinq sections suivantes auxquelles il donne le nom de familles :

Iʳᵉ Section. — Les DRYADES, *Dryades*. La quatrième paire de pates plus longue que les autres ; la seconde sensiblement plus longue que la première; la troisième la plus courte ; yeux sur deux lignes parallèles, droites ; mandibules dirigées en avant. — Les Arachnides de ce grou-

pe se renferment dans des feuilles ou derrière l'écorce des Arbres ; leur cocon est aplati. Walckenaer décrit deux espèces ; nous citerons sa CLUBIONE SOYEUSE, *Cl. holosericea*, figurée par Clerck sous le nom d'*Aranea pallidulus* (tab. 7 , fig. 1 et 2), et par Walckenaer (Hist. des Aran. , fasc. 4, tab. 3, la femelle) qui a aussi figuré la disposition des yeux (Tabl. des Aranéïd., pl. 5, fig. 45). Latreille ne pense pas que l'Araignée figurée par Lister (tab. 23, fig. 23) puisse être rapportée à cette espèce. On la trouve communément.

IIᵉ Section. — Les HAMADRYADES, *Hamadryades*. Première paire de pates la plus longue, la quatrième ensuite, la troisième la plus courte ; yeux ramassés en demi-cercle ; corselet pointu à sa partie antérieure ; mâchoires courtes, peu dilatées à leur extrémité ; lèvre légèrement échancrée à son extrémité ; mandibules verticales. — Ces Aranéïdes se renferment ou se tiennent dans des feuilles sèches. Walckenaer n'en cite qu'une espèce, la CLUBIONE ACCENTUÉE, *Cl. accentuata*, Walck. (Faune Paris. T. II, p. 226, n° 75).

IIIᵉ Section. — Les NYMPHES, *Nymphæ*. Première paire de pates la plus longue, la quatrième ensuite, celle-ci surpassant un peu la seconde; la troisième la plus courte ; lèvre légèrement échancrée à son extrémité; yeux latéraux rapprochés ; mandibules verticales. Les espèces de ce groupe se renferment entre des feuilles qu'elles rapprochent. Walckenaer mentionne six espèces ; parmi elles nous remarquerons la CLUBIONE NOURRICE, *Cl. nutrix*, Latr. Ses yeux, sa lèvre, ses mâchoires et ses mandibules sont représentées par Walckenaer dans son Tableau des Aranéïdes (pl. 5, fig. 43 et 44). On la rencontre vers la fin de l'été sur le Panicaut des champs ou Chardon Roland dont elle plie les feuilles pour s'en faire un nid.

IVᵉ Section. — Les PARQUES, *Parcæ*. La première paire de pates plus longue que les autres, la quatrième ensuite, la troisième la plus courte ; yeux latéraux rapprochés ; corselet très-bombé à sa partie antérieure ; lèvre coupée en ligne droite , et légèrement échancrée à son extrémité. Les Aranéïdes de cette division se renferment dans une toile fine pratiquée dans les cavités des murs , les caves et les lieux obscurs. Walckenaer cite deux espèces ; la plus remarquable est la CLUBIONE ATROCE, *Cl. atrox*, Latr. , Walck., représentée par Dégeer (Hist. des Ins. T. VII, pag. 253 , nᵒ 15 , pl. 14 , fig. 24 et 25), par Albin (pl. 2 , fig. 9 et 10), et par Lister (p. 68, tit. 21, fig. 21).

Vᵉ Section. — Les FURIES, *Furiæ*. La quatrième paire de pates plus longue que les précédentes , la première ensuite , la troisième la plus courte ; mâchoires bombées à leur base et vers leur extrémité ; lèvre allongée , coupée en ligne droite à son extrémité ; yeux sur deux lignes courbées, parallèles ; les latéraux disjoints et écartés. Ici sont rangées les Aranéïdes construisant leur demeure sous des pierres , et dont le cocon est globuleux. On n'en connaît qu'une espèce, la CLUBIONE LAPIDICOLE, *Cl. lapidicolens* de Walckenaer (Faune Paris. T. II, p. 222 , n. 70) qui représente les yeux au trait (Tab. des Aran., pl. 5, fig. 48).   (AUD.)

* CLUB-RUSH. BOT. PHAN. *V.* BULL-RUSH.

* CLUGNIA. BOT. PHAN. (Commerson.) *V.* BARHARA.

* CLUK-NOCNY. OIS. Syn. polonais du Cormoran, *Pelecanus Carbo*, L. *V.* CORMORAN.   (DR..Z.)

* CLUNAU ou CLUNEAU. Nom vulgaire de l'Agaric élevé dans le midi de la France. On l'appelle Cluseau dans d'autres provinces.   (B.)

CLUNIPÈDES. Oiseaux dont les pieds, en partie retirés dans l'abdomen , sont placés très-en arrière. Leur station est droite, dans un équilibre parfait.   (DR..Z.)

CLUPANODON. POIS. Genre établi par Lacépède aux dépens du genre Clupe, et fondé sur l'absence des dents. Il n'a pas été conservé par Cuvier , même comme sous-genre , tant les passages aux véritables Harengs sont insensibles. *V.* CLUPE.   (B.)

CLUPE. *Clupea*. POIS. Genre nombreux en espèces , et fort important à connaître par l'utilité que retire l'Homme de plusieurs d'entre celles-ci. Formé premièrement par Artedi , il a été conservé par tous les ichtyologistes à peu de changemens près , et se range dans l'ordre des Abdominaux de Linné. Il appartient à celui des Malacoptérygiens abdominaux de Cuvier, où il sert de type à la famille très-naturelle des Clupes ou Clupées. Duméril le place parmi ses Gymnopomes. Ses caractères sont : plus de trois rayons à la membrane des branchies; une seule dorsale; l'anale libre; le ventre fort aminci en carène, et inférieurement comme denté en scie. Le Dictionnaire de Levrault répète textuellement d'après Cuvier : que les Poissons de ce genre ont encore deux caractères bien marqués dans leurs intermaxillaires , étroits et courts , qui ne font qu'une petite partie de la mâchoire supérieure dont les maxillaires complètent les côtés, en sorte que ces côtés seuls sont protractiles ; et dans le bord inférieur de leur corps qui est comprimé, et dont les écailles forment une dentelure. Les maxillaires se divisent en outre en trois pièces ; les ouïes sont très-fendues : aussi dit-on que ces Poissons meurent à l'instant où on les retire de l'eau. Les arceaux de leurs branchies sont garnis, du côté de la bouche , de longues dents comme des peignes ; l'estomac est un sac allongé; la vessie natatoire longue et pointue; les cœcums nombreux. Ce sont de tous les Poissons ceux qui ont le plus d'arêtes très-fines. Le savant auteur du Règne Animal a réparti les Clupes dans sept sous-genres , ainsi qu'il suit , sans tenir compte du genre Clupanodon qui , dans Lacépède, renfermait les espèces totalement dépourvues de dents aux mâchoires.

‡ *Munis de ventrales.*

I. Les Harengs, *Clupeæ*, dont les os maxillaires sont arqués en avant, divisibles longitudinalement en plusieurs pièces ayant l'ouverture de la bouche médiocre, non entièrement garnie de dents, souvent même entièrement édentée; la dorsale située au-dessus des ventrales. Les espèces de ce sous-genre, toutes argentées et se ressemblant beaucoup, sont assez difficiles à distinguer; nous citerons entre elles:

Le Hareng commun, *Clupea Harengus*, L., Bloch, tab. 29, fig. 1 ; Encyc. Pois. pl. 75, f. 310. Trop connu pour qu'il soit nécessaire de le décrire, nous nous bornerons, pour caractériser ce Poisson précieux, au nombre des rayons qui supportent ses nageoires. D. 18–19, P. 15–18, V. 8-9, A. 16-17, C. 18. « Honneur aux peuples de l'Europe qui virent, dit l'éloquent Lacépède, dans les légions innombrables de Harengs que chaque année amène auprès de leurs rivages, un don précieux de la nature! Honneur à l'industrie éclairée qui a su, par des procédés aussi faciles que sûrs, prolonger la durée de cette faveur maritime, et l'étendre jusqu'au centre des plus vastes continens! Honneur au chef des nations dont la toute-puissance s'est inclinée devant les heureux inventeurs qui ont perfectionné l'usage de ce bienfait annuel!» Le savant continuateur de Buffon rappelle qu'un empereur victorieux voulut saluer le tombeau de Guillaume Deukalzoon, pêcheur hollandais, qui, trouvant le moyen de saler et de conserver le Hareng, ouvrit à son pays l'une des principales sources de sa prospérité; «et nous, Français, s'écrie-t-il, n'oublions pas que si un pêcheur de Biervliet a trouvé la véritable manière de saler et d'encaquer le Hareng, c'est à nos compatriotes, les habitans de Dieppe, que l'on doit un art plus utile à la partie la plus nombreuse et la moins fortunée de l'espèce humaine, celui de le fumer. Le Hareng est une de ces productions naturelles dont l'emploi décide de la destinée

des empires. La graine du Caféier, la feuille du Thé, les épices de la Zône-Torride, le Ver qui file la soie, ont moins influé sur la richesse des nations que le Hareng de l'océan Atlantique ; le luxe ou le caprice demandent les premiers, le besoin réclame l'autre. Le Batave en a porté la pêche au plus haut degré : ce peuple qui avait été forcé de créer un asile pour sa liberté, n'aurait trouvé que de faibles ressources sur son territoire factice; mais la mer lui a ouvert ses trésors.... Il a chaque année fait partir des flottes nombreuses pour aller les recueillir; il a vu dans la pêche du Hareng la plus importante des expéditions maritimes; il l'a surnommée la grande pêche; il l'a regardée comme ses mines d'or.... La chair de ce Poisson est imprégnée d'une sorte de graisse qui lui donne un goût très-agréable, et qui la rend aussi plus propre à répandre dans l'obscurité une lueur phosphorique. La nourriture à laquelle il doit ses qualités consiste communément en œufs de petits Poissons, en petits Crabes et en Vers....On a cru pendant long-temps que les Harengs se retiraient périodiquement dans les régions des cercles polaires; que n'y trouvant pas une nourriture proportionnée à leur nombre prodigieux, ils envoyaient au commencement de chaque printemps des colonies nombreuses vers les rivages plus méridionaux de l'Europe et de l'Amérique. On a tracé la route de ces légions errantes; on a pensé que l'une de ces grandes colonnes se pressait autour des côtes d'Islande, et, se répandant sur le banc de Terre-Neuve, allait remplir les golfes et les baies du continent américain. L'autre, descendant le long de la Norwège, pénètre dans la Baltique en faisant le tour des Orcades et de l'Irlande, et, cinglant vers le midi de la Grande-Bretagne, elle inonde les côtes de France et d'Espagne. »

Ces migrations sont réputées impossibles selon plusieurs observateurs qui remarquent que le retour des Harengs n'est pas constant sur certaines côtes où elles les ramèneraient. Chaque année voit cependant arriver les Harengs en certains lieux, soit afin d'y déposer leurs œufs, soit pour y rechercher une nourriture préférée. Quoi qu'il en soit, les Harengs naviguent par bancs épais et innombrables; à leur approche la mer est couverte d'une matière épaisse, visqueuse, et qu'on assure être phosphorique durant la nuit. Les Oiseaux ichtyophages, les Squales, les Cétacés, se réunissent autour de ces amas d'émigrans, et les pêcheurs, préparant leurs filets, viennent concourir à une destruction qui n'influe jamais sur l'espèce. Les filets dont se servent les Hollandais pour les détruire n'ont pas moins de six à huit cents toises de longueur; on les fait avec une soie grossière venue de Perse, qu'on enduit de fumée huileuse pour les garantir de l'humidité et les soustraire à la vue du Hareng qui s'y laisse prendre. La grande pêche a lieu depuis la fin de juin jusqu'au commencement de janvier. On est parvenu à attirer les Harengs sur des rivages qu'ils ne fréquentaient pas; c'est surtout en Suède qu'on les a appelés sur des plages où jamais on ne les avait vus, et dans cette Amérique septentrionale où le commerce et l'industrie sont les fruits de la véritable liberté, on a fait éclore les œufs du Hareng vers l'embouchure de fleuves où les individus sortis de ces œufs ont contracté l'habitude de revenir avec de nouvelles progénitures. On cite des baies dans le Nord où plus de vingt millions de Harengs sont devenus la capture des pêcheurs. Il est peu d'années où l'on ne prenne dans la Baltique seule plus de quatre cent millions de ces Animaux. Bloch prétend qu'aux environs de Gottembourg on en a pêché annuellement plus de sept cent millions d'individus.

On prépare les Harengs de plusieurs manières : on les sale en pleine mer, et lorsqu'ils sont le résultat de la pêche du printemps ou de l'été, on les nomme nouveaux ou verds. Pris dans l'arrière-saison ou en hiver, ce sont les Harengs *pecs* ou *pekels*; fumés, on les appelle *saures* ou *saurets*; dans la saumure, *aines*. Nos marchés sont remplis de ces diverses qualités de Harengs, et les frais y sont fort recherchés. Noël a donné sur ces Animaux, leur pêche et leurs préparations, un traité justement estimé.

Le Pilchard, *Clupea Pilchardus*, Bloch, pl. 406; *Clupanodon*, Lacép. T. V, p. 472; vulgairement le Célan. A mâchoire inférieure plus avancée que la supérieure, pointue et courbée vers le haut, avec une fossette sur le vertex et la ligne latérale droite. La taille de ce Poisson, mal à propos confondu avec le Hareng, est pareille; mais ses écailles sont plus grandes. L'anale a un ou deux rayons de plus. On le pêche surtout vers la fin de juillet par troupes innombrables sur les côtes du pays de Cornouailles. L'arrivée du Pilchard est soigneusement guettée par des pêcheurs nommés *huers*, qui en ont pris jusqu'à un milliard dans une saison. L'Angleterre en tire une grande ressource.

La Sardine, *Clupea Sprattus*, L., Gmel. T. xiii, p. 1, pars 2, p. 1405; Bloch, t. 50, f. 2; Encycl., pl. 75, f. 511. Cette espèce est plus petite et plus étroite que le Hareng; sa chair est plus délicate. On la pêche surtout dans le golfe de Gascogne depuis l'embouchure de la Loire jusqu'en Galice où elle est une source incalculable de richesses. Le bassin d'Arcachon en produit une variété dont la chair est exquise et qui se recherche à Bordeaux sous le nom de *Royan*. D. 17, P. 16–17, V. 6–7, A. 19, C. 18.

L'Alose, *Clupea Alosa*, L., Gmel., *loc. cit.*, p. 1404; Bloch, t. 50, f. 1; Encycl. Pois., pl. 75, f. 312, n'étant pas moins connue que le Hareng et la Sardine, nous n'en donnerons pas plus la description. Plus grande que les espèces précédentes, elle atteint jusqu'à trois pieds de longueur, et remonte les rivières. On la trouve jusque dans la mer Caspienne; sa chair est délicate, mais son goût est moins savoureux quand on la prend dans la mer. Les Russes, qui n'en apprécient pas la saveur, croient ce Poisson malsain et le rejettent de leurs filets. D. 18-19, P. 15, V. 8-9, A. 18-21, C. 18-26.

La FEINTE, *Clupea fallax*, Lacép., T. V, p. 352. Cette espèce, qui a été souvent confondue avec l'Alose, est commune à l'embouchure de la Seine. On doit lui ajouter, pour compléter le sous-genre dont il est question, la Rousse, *Clupea rufa*, avec les *Clupea chinensis*, Lacép. T. V, pl. 11, f. 2, *Cl. africana* de Bloch, et le Clupanodon, Jussieu, Lacép. T. V, pl. 11, f. 5. Les *Clupea Dorab* et *Dentex* des auteurs sont des Chirocentres. Les pêcheurs de la Manche distinguent sous les noms d'Eprot et de Blanquets deux Poissons qui, mieux examinés, pourront, avec la Nadelle de Méditerranée, grossir le nombre des Clupes proprement dits.

II. MÉGALOPES, *Megalops*. Ils ont le dernier rayon de la dorsale prolongé en un long filament. Lacépède institua le premier un genre sous ce nom; mais il ne pouvait être conservé que comme une simple division.

MÉGALOPE FILAMENT, *Megalops filamentosus*, Lacép., Pois. T. V, p. 290, qui en a fait un double emploi sous le nom de Clupea Apalike, *ibid.*, p. 461, pl. 13, f. 3; l'Apalike, Encycl. Pois., p. 187, pl. 75, f. 314; d'après Broussonet, *Clupea cyprinoides*, L., Gmel., *Syst. Nat.* T. XIII, 1, pars 2, 1407; Bloch, pl. 403. C'est probablement le *Camari-Puguacu* de Marcgraaff et de Pison. Ce Poisson acquiert une fort grande taille, et jusqu'à douze pieds de longueur. Il a été observé dans la mer du Sud, dans celle de l'Inde, sur les côtes de Madagascar et du Brésil, dans les fleuves de ce pays et même dans un lac de l'île de Tanna. Ces divers habitats et quelques différences dans les proportions, selon les descriptions qu'on en a données, pourraient indiquer que plusieurs espèces ont été ici confondues. D. 22, D. 17, P. 15, V. 10, A. 25, C. 5-5/50.

Le CAILLEU-TASSART, Encycl. Pois., p. 186, pl. 76, fig. 315; Clupanodon, Lacép., Pois. T. V, p. 471; *Clupea Thrissa*, L., Gmel., *loc. cit.*, p. 1406; Bloch, pl. 404. Ce Clupe se trouve dans les mers de la Chine, du Japon, de la Caroline et des Antilles. Il acquiert un peu plus d'un pied de longueur, a la chair exquise, mais sujette à devenir vénéneuse. Cette espèce est du nombre de celles qu'on appelait Poissons Bananes à Saint-Domingue. B. 5-7, D. 14-20, P. 16, V. 7-9, C. 21-25.

Le NASIQUE, *Clupea nasus*, Bloch, p. 429, Clupanodon, Lacép., Pois. T. V, p. 470, a les deux mâchoires également avancées, mais avec un museau plus saillant. Sa chair, qui passe pour être malsaine, est toute remplie de petites arêtes. On pêche ce Poisson vers l'embouchure des rivières de la côte de Malabar. B. 4, P. 13, C. 20.

III. ANCHOIS, *Engraulis*. Ils diffèrent des autres Clupes parce que leur ethmoïde et leurs nascaux forment une pointe saillante au-dessous de laquelle leurs petits intermaxillaires sont fixes, tandis que leurs maxillaires sont droits et très-longs, leur gueule très-fendue, leurs deux mâchoires bien garnies de dents, et leurs ouïes plus ouvertes encore.

L'ANCHOIS proprement dit, *Clupea Encrasicholus*, L., Gmel., *loc cit.*, p. 1805; Bloch, t. 30, f. 2; Encycl. Pois., pl. 75, f. 313. Ce Poisson est beaucoup plus connu, dit judicieusement Bonnaterre, par l'usage que l'on en fait pour l'assaisonnement de la table, que par la forme du corps qu'on est rarement à portée d'observer, parce qu'elle se trouve dénaturée par la préparation qu'on lui fait subir. L'Anchois est long, étroit, dépourvu d'écailles, remarquable par sa transparence qui n'est interrompue que vers l'épine du dos. Sa tête, dont le sommet est plat, se termine par une sorte de museau. Ses mâchoires sont luisantes et légèrement teintes de rouge; le dos est bleuâtre et le reste du corps argenté; sa taille s'étend de deux à cinq pouces. Le nom d'*Encrasicholus* donné par les anciens à l'Anchois, et qui lui a été conservé comme spécifique, signifie qui a le fiel dans le crâne, et vient du préjugé où l'on était à cet égard. Ce petit habitant des côtes de l'Océan et surtout de la Méditerranée, est encore une richesse pour les parages qu'il fréquente. On en pêche d'immenses quantités qui, préparées et mises dans de la saumure, sont répandues par le commerce au centre des continens. Il est peu de repas où l'Anchois ne soit honorablement servi. Nous en avons vu prendre plusieurs millions dans un seul coup de filet entre Malaga et Velez-Malaga, lieux renommés en Espagne pour ce genre de salaison. B. P2, D. 14, P. 15, V. 7, A. 18; C. 18.

Le Mélet ou Mélette, Duhamel, part. 2, pl. 3, f. 1; *Esox Hespetus*, L., Gmel., *loc. cit.*, p. 1392; *Atherina Brownii*, Gmel., *loc. cit.*, p. 1397 (par double emploi); Clupée-Raie d'argent, Lacépède, T. v, p. 416; Stoléphore commersonien, Lacép. T. v, p. 582, pl. 12, f. 1 (encore par double emploi); le Poisson d'argent, Encyc. Pois., pl. 73, f. 303, à laquelle cet ouvrage rapporte mal à propos la description et le nom d'*Atherina Menidia*, L. On voit que ce petit Poisson, qui se trouve dans la Méditerranée, l'Inde, les îles d'Afrique et le Brésil où Marcgraaff le mentionne sous le nom de Pittingua, a été désigné par ces mêmes auteurs sous des noms divers. C'est Cuvier qui a savamment rétabli sa synonymie. D. 14, P. 12, V. 6, A. 15, C. 14.

Les *Clupea Atherinoides* de Bloch, pl. 408, f. 1, et *Malabarica* du même auteur, appartiennent encore à ce sous-genre, en y formant une section dont les caractères consistent dans la position de la dorsale qui est placée plus en arrière de la ventrale, ou même vis-à-vis le commencement de l'anale qui est longue.

Cuvier (Règn. Anim. T. 11, p. 175) pense que le Poisson Banane des Antilles, qu'il regarde comme le même Poisson que le Clupe macrocéphale de Lacépède (Pois. T. v, pl. 14, f. 1), pourrait bien appartenir au sous-genre dont il est ici question. Ce savant a, comme on l'a vu à l'article ARGENTINE, rapporté ces synonymes à l'espèce que nous avons décrite sous le nom de *Glossodonte* ou *Bonuk*. Il paraît, d'après l'assertion de ce grand naturaliste, que le Synode Renard de Lacépède (Pois. T. v, pl. 8, f. 2) est le même Animal, ainsi que le Butirin du même auteur. De telles incertitudes prouvent assez combien il est dangereux d'établir, dans les ouvrages classiques, des espèces et surtout des genres sur des figures qu'accompagnent des descriptions imparfaites.

IV. Les Thrisses, *Thrissa*, ont pour caractères des os maxillaires bien dentés, se prolongeant en pointes libres au-delà de la mâchoire inférieure. L'espèce qui sert de type à ce sous-genre compose le genre Myste, *Mystus*, de Lacépède.

Le Myste; Lacép., Pois. T. v, pl. 467, Encyc. Pois. pl. 100, f. 401; *Clupea Mystus*, L., Gmel., *Syst. Nat.* XIII, 1, pars 2, pl. 1408. Ce Poisson est d'une forme très-singulière, fort aplati; on dirait une lame de couteau. Ses mâchoires surtout sont fort remarquables, ainsi que la longueur de l'anale et la rondeur de la caudale, fourchue dans la plupart des autres Clupes. Il nous paraît que le genre Myste pouvait être conservé, et que son nom même, ayant été consacré par l'antériorité, eût été préférable à celui de Thrisse appliqué déjà comme spécifique à un Mégalope. Quoi qu'il en soit, le Myste est un Poisson des mers de l'Inde qui n'atteint guère qu'un demi-pied de longueur. B. 10, D. 13, P. 17-18, V. 6-7, A. 84-86; C. 11-15.

Le Bœlam des Arabes, *Bœlama* de Forskalh, Bélam ou Bélame, Encyc. Pois. pl. 76, f. 316, et le *Clupea setirostris* de Broussonet, avec le *Clupea mystax* de Schneider, sont encore des Thrisses.

†† *Sans ventrales.*

V. Odontognathes, *Gnathobolus*,

Schn. On ne connaît qu'une espèce de ce sous-genre qu'a figuré Lacép. (Pois. T. II, p. 221, pl. 7, f. 2) sous le nom spécifique d'Aiguillonné, et qu'il a appelé Mucroné dans son texte. Comme elle n'a pas de ventrales et que la forme de ses mâchoires est fort étrange, on serait tenté non-seulement de conserver le genre de Lacépède, mais encore de l'éloigner de celui où l'historien du Règn. Anim. (T. II, p. 176) l'a placée. Venu de Cayenne dans de l'esprit de vin affaibli, l'individu qui a servi pour la description de Lacépède pourrait avoir été altéré, car sa tête n'a point un aspect naturel. P. 12, D. 6-7, A. 80, C. 19.

VI. Pristigastres, *Pristigaster.* Une seule espèce constitue encore ce sous-genre établi par Cuvier (Règn. Anim. T. II, p. 176), et figuré par le même auteur (*ibid.* T. IV, pl. 10, f. 2, de moitié nature); elle manque de ventrales, a son corps très-comprimé et élevé, à ventre saillant, fortement denté. La caudale est fourchue, et la moitié supérieure est plus grande que l'autre. Elle habite les mers d'Amérique. Il paraît que le nombre des rayons n'a pas été compté.

VII. Notoptères, *Notopterus.* Ce sous-genre avait été établi comme genre aux dépens des Gymnotes par Lacépède qui le compose de deux espèces, tandis que Cuvier affirme qu'il n'en existe qu'une. Le premier de ces savans remarque que lorsque toutes les Gymnotes sont américaines, les Notoptères sont asiatiques. Les opercules et les joues des Poissons dont il est question sont écailleux; les mâchoires sont armées de dents fines, tandis que la langue est couverte de dents fortes et crochues. L'anale est fort longue, et s'unit à la caudale. Le dos supporte une petite nageoire molle. Les espèces mentionnées par Lacépède sont :

Le Kapirat et non Capirat, comme l'écrit Cuvier, Lacép., Pois. T. II, p. 190, Encyc. Pois., p. 37, pl. 25, f. 85; *Tiaca marina* ou *Hippuris* de Bontius;

Clupea symira de Schneider; *Gymnotus Notopterus,* L., Gmel. *Syst. Nat.* XIII, 1, p. 1139. Ce Poisson, d'un aspect si différent des autres Clupes, n'a guère plus de huit pouces de longueur, et habite les mers d'Amboine. B. 6, D. 7, P. 13, A et C. 116.

L'Écailleux, Lacép., Pois. T. II, p. 193, *Gymnotus asiaticus,* L., Gmel. *loc. cit.* p. 1140. Ce nom a été mal à propos rapporté comme synonyme du précédent par Bonnaterre, puisque Lacépède, créateur du genre, y conserve cette seconde espèce qui paraît différer de la précédente par les barbillons tronqués qui se voient au-devant des narines. La dorsale est en outre très-considérable, et s'étend presque de la tête à la queue. La tête est revêtue de grandes écailles arrondies, qui ont déterminé le nom spécifique imposé à ce Poisson. L'Ecailleux devient plus grand que le Kapirat. (B.)

CLUPÉOIDE. POIS. Ce nom donné aux *Clupea Thrissa* et *Mystus* est encore celui d'un Saumon du sous-genre Ombre, et d'un Cyprin. *V.* ces mots. (B.)

CLUPES ou **CLUPÉES.** POIS. Famille fort naturelle de l'ordre des Malacoptérygiens abdominaux, formant le passage de celle des Salmones à celle des Ésoces, composée des genres Clupe, Elope, Chirocentre, Erythrine, Amie, Vastès, Lépidostée et Bichir. *V.* tous ces mots. Ses caractères généraux consistent dans l'absence d'adipocire; dans la présence d'écailles qui le plus souvent garnissent abondamment le corps; dans la forme de la mâchoire supérieure qui est composée comme dans les Truites, au milieu par des intermédiaires sans pédicules, et sur les côtés par les maxillaires. Les Clupées sont des Poissons oblongs, généralement comprimés, essentiellement munis de dorsale, ayant le ventre argenté et le dos bleuâtre; la chair délicate et grasse, souvent remplie d'arêtes; la vie fort délicate, et habitant le plus souvent les eaux de la mer, où quelques-uns voyagent en troupes innombrables, et fournissent à l'Homme qui les poursuit de grandes sources de richesses.   (B.)

CLUSIE. *Clusia.* BOT. PHAN. Famille des Guttifères, Polyandrie Monogynie, L. Ce genre, établi par Plumier et Linné et adopté par Jussieu, a été récemment l'objet des recherches de notre ami et collègue Choisy qui, dans un travail sur l'arrangement méthodique des genres de la famille des Crucifères (*V.* Mémoires de la Société d'Hist. Nat. de Paris, T. 1, 2ᵉ partie), assigné au *Clusia* les caractères suivans : calice à quatre ou huit sépales imbriqués et colorés; corolle à quatre ou huit pétales; étamines nombreuses, rarement en nombre défini; style nul; stigmate rayonné et pelté; fleurs ordinairement polygames; dans les femelles, l'ovaire est entouré par un urcéole entier ou lobé, qui représente la base monadelphe des filets des étamines, organe auquel on a donné le nom impropre et banal de Nectaire; fruit capsulaire, coriace, à cinq ou douze valves qui se séparent par le sommet; placentas triangulaires continus avec les valves rentrantes; semences tantôt fixées aux angles externes des placentas, tantôt placées dans les angles internes de ces placentas qui, réunis entre eux, forment une colonne angulaire centrale; cotylédons séparables du reste de la graine.

Ce genre, le plus considérable de la famille des Guttifères, en est en même temps un des plus singuliers. Outre l'organisation des fleurs que nous venons d'exposer, l'existence souvent parasite des Arbres qui le composent, leurs sucs jaunâtres et leurs tiges radicantes en font des Végétaux très-remarquables. Willdenow a distingué génériquement sous le nom de *Xanthe* quelques espèces de Clusies. Cette distinction n'est pas plus admise par Choisy que celle du *Quapoya* d'Aublet; son opinion à cet égard s'appuie sur celle de feu Richard père qui a observé cette Plante sur les lieux, et a vu que, dans les *Clusia*, la forme des

nectaires et le nombre des étamines sont très-variables. Conformément à ce principe, notre auteur s'est vu forcé de faire rentrer dans le *Clusia* le *Havetia* de Kunth, quoique l'organisation bizarre de ce genre en sollicitât la séparation. *V.* d'ailleurs les mots HAVÉTIE et QUAPOYA. Par l'addition de ces deux genres et de quelques espèces nouvelles, le Clusia qui, dans le *Synopsis* de Persoon, ne comprenait que quatre Plantes, se trouve maintenant composé de seize espèces partagées en deux sections : la première qui a pour type les *Clusia alba,* *Cl. rosea* et autres espèces linnéennes, en contient onze; la deuxième n'en a que trois seulement, savoir : les deux anciens *Quapoya* et l'*Havetia laurifolia,* Kth., ou *Clusia tetrandra,* Willd. Deux autres espèces sont trop peu connues pour que l'auteur ait pu les classer.

Il est à remarquer que toutes les Clusies sont indigènes de l'Amérique méridionale et des Antilles. Aucune n'est cultivée dans les jardins, et les échantillons que l'on en possède dans les herbiers sont en général très-incomplets, de sorte que leur histoire, ainsi que celle de la famille à laquelle elles appartiennent, laisse encore beaucoup à désirer.

Dans le Mémoire de Choisy, qui nous a fourni les principaux documens sur les Clusies, se trouve l'établissement d'un nouveau genre formé avec le *Clusia longifolia,* mentionné par Richard père dans les Actes de l'ancienne Société d'Histoire Naturelle de Paris, et rapporté de Cayenne par Leblond. Ce genre, que Choisy est parvenu à établir à l'aide des échantillons tirés des herbiers de Desfontaines, De Candolle, Kunth et Delessert, est décrit et figuré sous le nom de *Micranthera. V.* ce mot. (G..N.)

* CLUSIÉES. *Clusieæ.* BOT. PHAN. Nom donné par Choisy (Mém. de la Soc. d'Hist. Nat. de Paris, 1ᵉʳ vol., 2ᵉ part.) à la première tribu qu'il a établie dans la famille des Guttifères, et sur laquelle il s'exprime ainsi : fruit multi-

loculaire à loges polyspermes ; anthères introrses. Outre le *Clusia*, duquel
elle tire son nom, cette tribu renferme trois autres genres : *Mahurea*,
Marila et *Godoya*, qui, par leurs anthères allongées et adnées, vont très-
bien dans les Guttifères, mais qui se
rapprochent beaucoup des Hypéri-
cinées et surtout des genres *Eucry-
phia* et *Carpodontos* par d'autres
points de leur organisation, de sorte
que ces trois derniers genres forment
un groupe intermédiaire dont l'existence établit de grands rapports entre
les deux familles. * (G..N.)

CLUTELLE. *Cluitia.* BOT. PHAN.
V. **CLUYTIA.**

CLUYTIA. BOT. PHAN. Ce nom
désigne un genre de la famille des Euphorbiacées. On l'a substitué à celui
de *Clutia* adopté antérieurement,
mais qui présentait quelque inconvénient par sa grande ressemblance
avec le mot Clusia, nom d'un genre
de Guttifères. Les *Cluytia* présentent des fleurs dioïques ; leur calice
est partagé en cinq divisions, avec
lesquelles alternent autant de pétales
ou appendices pétaloïdes, tandis que
d'autres appendices beaucoup plus
courts, découpés et glanduleux au
sommet, leur sont opposés. Dans les
fleurs mâles, cinq étamines ont
leurs filets soudés inférieurement en
une colonne qu'entourent à sa base
cinq glandes simples ou bifides, et qui
porte supérieurement un petit rudiment de pistil. Dans les femelles on
observe trois styles réfléchis, bifides ;
un ovaire quelquefois pédicellé, à
trois loges contenant chacune un
ovule unique. Le fruit est une capsule à trois coques.

Les espèces de ce genre sont des Arbustes ou des Arbrisseaux à feuilles
alternes, souvent étroites, courtes et
roides, munies de stipules ; à fleurs
axillaires, solitaires ou fasciculées,
portées sur un court pédoncule et accompagnées de bractées. Elles sont
au nombre de quinze environ, originaires presque toutes du cap de Bonne-Espérance. Il paraît cependant

que ce genre se retrouve sur le continent de l'Amérique méridionale.
L'espèce la plus communément cultivée dans les jardins de botanique est
le *C. pulchella.*

Quant à plusieurs espèces qui habitent l'Asie, elles paraissent devoir
être séparées de ce genre pour augmenter celui que Willdenow a nommé *Briedelia. V.* ce mot. (A.D.J.)

★ **CLUZELLE.** *Cluzella.* BOT.
CRYPT. (*Chaodinées.*) Nous avons
dédié ce genre à Ducluseau qui,
le premier, publia la belle Plante
qui en deviendra le type. Cet observateur en fit une Batrachosperme, et
De Candolle (Fl. Fr., II, p. 591) la
nomma *Batrachospermum Myurus.* Ces
auteurs se fondaient sans doute, pour
un tel rapprochement, sur la consistance muqueuse du Végétal. C'est le
Tremella Myurus de la Flore Danoise, t. 1604, le *Palmella Myosurus* de
Lyngbye, *Tent.*, p. 203, pl. 68, E.
Les caractères du genre Cluzelle consistent dans l'allongement de sa substance muqueuse qui se ramifie à l'infini en expansions subulées, cylindriques, souvent assez épaisses vers leur
base. Les corpuscules colorans en
remplissent sans ordre la plus grande
étendue, mais tendent à se coordonner sérialement vers l'extrémité des
ramules. Les touffes que forme ce
singulier Végétal sont d'une couleur
sordide, d'une odeur particulière,
extrêmement flexibles, souvent considérables et de plusieurs pieds de longueur. Le *Cluzella Myosurus*, N.,
croît dans les ruisseaux des Vosges
et des Cévennes ; c'est particulièrement en hiver, ou du moins vers la
fin de cette saison, qu'il se montre
dans toute sa vigueur. L'*Ulva fœtida*
de Vaucher nous paraît devoir rentrer dans ce genre quand elle aura été
mieux examinée. (B.)

★ **CLYMÈNE.** *Clymene.* ANNEL.
Genre de l'ordre des Serpulées, famille des Maldanies, établi par Savigny (Système des Annelides, p. 70,
92), et ayant, suivant lui, pour ca-

ractères distinctifs : bouche inférieure ; point de tentacules ; rames ventrales portant toutes des soies à crochets ; premier segment dépourvu de soies, mais terminé par une surface operculaire. — Les Clymènes sont remarquables par leur bouche inférieure à deux lèvres transverses, saillantes et cannelées ; la lèvre supérieure est précédée d'une sorte de voile court, échancré, marqué postérieurement, depuis l'échancrure, d'un double sinus longitudinal ; la lèvre inférieure est plus ou moins avancée et renflée : cette bouche communique à un intestin grêle sans boursouflures sensibles, tout droit et dépourvu de cœcums. Le corps de ces Annelides est grêle, cylindrique, légèrement renflé dans sa partie moyenne, de même grosseur aux deux bouts, composé de segmens peu nombreux ; le premier segment est dilaté et tronqué obliquement d'avant en arrière pour servir d'opercule antérieur ; le dernier segment constitue un opercule postérieur, infundibuliforme, dentelé, marqué de rayons correspondans à ses dentelures, et saillans dans sa cavité, au fond de laquelle est l'anus entouré d'un cercle de papilles charnues : les pieds ou appendices du premier segment sont nuls, ou du moins, ne consistent qu'en une rangée supérieure et demi-circulaire de crénelures charnues qui rejoignent les bords latéraux du voile, et circonscrivent postérieurement la face operculaire du segment qu'elles occupent ; les pieds du second segment et de ceux qui suivent, jusques et compris le pénultième, sont ambulatoires et de trois sortes : 1° les premiers, seconds et troisièmes pieds ont une rame dorsale pourvue d'un faisceau de soies subulées, et point de rame ventrale ni de soies à crochets ; 2° les quatrièmes pieds et tous les suivans, ceux des trois dernières paires exceptés, présentent une rame dorsale portant de même un faisceau de soies subulées, et en outre une rame ventrale en forme de mamelon transverse, armé d'un rang de soies à cro-

chets ; 3° les pieds des trois dernières paires n'offrent aucune rame dorsale ; mais ils sont munis d'une rame ventrale semblable aux précédens, avec des soies peu visibles. Il existe des soies subulées tournées en dehors, terminées en pointe très-fine, et des soies à crochets minces, allongées, arquées et découpées à leur bout en trois dents inégales, dont la supérieure est plus courte. Ces Animaux sont contenus dans un tube fixé, membraneux, cylindrique, ouvert également aux deux extrémités.

Le genre Clymène comprend quelques espèces, la CLYMÈNE AMPHISTOME, *Cl. Amphistoma*, figurée par Savigny (pl. 1, fig. 1) sur un individu recueilli dans le golfe de Suez. Elle est indigène des côtes de la mer Rouge, et habite des tubes grêles, onduleux, fragiles, composés à l'extérieur de grains de sable et de fragmens de Coquilles, fixés dans les interstices des rochers, ou dans ceux des Madrépores et autres productions marines.

La CLYMÈNE URANTHE, *Cl. Uranthus*, espèce nouvelle des côtes de l'Océan, découverte par d'Orbigny.

La CLYMÈNE LOMBRICALE, *Cl. lumbricalis*, ou la *Sabella lumbricalis* d'Othon Fabricius (*Faun. Groenl.* pag. 374, n° 369). Savigny n'ose réunir cette espèce à la précédente, parce que la description d'Othon Fabricius, suffisante pour constater l'identité du genre, ne l'est pas pour constater celle de l'espèce ; elle se trouve sur les côtes de l'Océan septentrional.

Le *Lumbricus tubicola* de Müller (*Zool. Dan.* pl. 75), ou le *Tubifex marinus* de Lamarck ; le *Lumbricus sabellaris*, également de Müller (*loc. cit.* pl. 104, fig. 5), et le *Lumbricus capitatus* d'Othon Fabricius (*loc. cit.*, n° 263), paraissent avoisiner le genre Clymène, autant qu'on en peut juger du moins par ces figures qui représentent des individus incomplets.

Ocken (Nouv. Syst. de Zoologie) a établi sous le nom de Clymène un genre qu'il place dans la famille des Dentales, et auquel il assigne pour caractères : tubes entièrement calcaires, flexueux, s'entrelaçant les uns les autres, et contenant chacun un Animal dont le corps très-grêle n'a ni mamelons ni soies; tête épaisse, entourée de tentacules longs, mous et simples, sans massue operculaire. Ce genre ne correspond aucunement à celui de Savigny, et abstraction faite de son plus ou moins d'importance et de valeur, il doit être supprimé pour éviter la confusion qu'entraînerait l'identité du nom. L'une des espèces placées par Ocken dans les Clymènes, est la Serpule contournée, *Serpula contortuplicata* de Linné. Nous ne croyons pas utile de la distinguer du genre auquel on l'avait rapportée. Il en est sans doute de même de la Clymène *Filograna* ou *Serpula Filograna* de Gmelin, que nous ne connaissons pas. (AUD.)

CLYMENUM. BOT. PHAN. Nom employé dans Dioscoride, devenu celui d'un Lathyrus. (B.)

CLYPÉACÉS. CRUST. Même chose qu'Aspidiotes. *V.* ce mot.

CLYPEARIA. BOT. PHAN. (Rumph.) Syn. d'*Adenanthera falcata.* Ce nom s'applique aussi à un autre Arbre de l'Inde moins connu. (B.)

CLYPÉASTRE. *Clypeaster.* INS. Genre de l'ordre des Coléoptères, correspondant à celui des Lépadites. *V.* ce mot. (AUD.)

CLYPÉASTRE. *Clypeaster.* ÉCHIN. Genre établi par Lamarck dans la première section de ses Radiaires Échinodermes ou Échinides, adopté par Cuvier et par tous les naturalistes. Ses caractères sont : corps irrégulier, ovale ou elliptique, souvent renflé ou gibbeux, à bord épais ou arrondi, à disque inférieur concave au centre; épines très-petites; cinq ambulacres bornés, imitant une fleur à cinq pétales; bouche inférieure, centrale; anus près du bord ou dans le bord. Les Clypéastres avoisinent sans doute les Scutelles par leurs rapports; néanmoins on les en distingue facilement, non-seulement parce que leur corps

est en général renflé en dessus, que leur forme est elliptique ou ovale dans le plus grand nombre, mais surtout parce que leur bord est épais ou arrondi, et que leur disque inférieur est presque toujours concave au centre. C'est dans la cavité du disque inférieur des Clypéastres qu'est située leur bouche. Ces Échinides, plus épaisses, plus convexes ou plus renflées que les Scutelles, ont plus souvent l'anus dans le bord qu'au-dessous, et éloigné du bord et de leur bouche, comme bilobées postérieurement, et striées d'un côté par des lames étroites et transverses.

CLYPÉASTRE ROSACÉ, *Clypeaster rosaceus*, Lamk., Anim. sans vert. T. III, p. 14, n° 1.; Encycl. méth. pl. 145, fig. 1, 2, 5, 6; *Echinus rosaceus*, Gmel., *Syst. Nat.*, p. 3186, n° 14. Cette espèce, une des plus communes dans les collections, varie beaucoup dans sa forme; en général, elle est ovale, elliptique, pentagone, convexe en dessus, un peu concave en dessous, avec le bord postérieur émoussé; les ambulacres sont très-larges, et figurent une Rosacée à pétales ovoïdes. Elle habite les mers de l'Inde et de l'Amérique.

CLYPÉASTRE ÉLEVÉ, *Clypeaster altus*, Lamk., Anim. sans vert., p. 14, n° 2; Encycl. méth., pl. 146, fig. 1, 2; *Echinus altus*, Gmel., *Syst. Nat.*, p. 31-87, n° 61. On ne connaît encore cette petite espèce qu'à l'état fossile; elle est ovale, à sommet élevé, presque conique, avec cinq ambulacres allongés; le disque inférieur est concave au centre; l'anus est petit en dessous et près du bord. Ce Fossile se trouve en Languedoc, en Italie et à Malte.

CLYPÉASTRE EXCENTRIQUE, *Clypeaster excentricus*, Lamk., Anim. sans vert., p. 15, n° 6; Encycl. méth., pl. 144, f. 1, 2; *Echinus oviformis*, var. 7, Gmel., *Syst. Nat.*, p. 31 -87, n° 62. Espèce fossile, suborbiculaire, déprimée, un peu convexe, ornée de cinq ambulacres étroits qui partent du sommet, et qui semblent se perdre dans le bord. Elle se trouve à Chaumont, département de l'Oise.

CLYPÉASTRE SCUTIFORME, *Clypeaster scutiformis*, Lamk., Anim. sans vert. T. III, p. 14, n° 4; Encycl. méth., pl. 147, f. 3, 4. Espèce peu connue, à forme elliptique, assez plane en dessus, avec le bord un peu épais ; le disque inférieur est légèrement concave et marqué de cinq bandes rayonnantes, linéaires, presque lisses. On la croit originaire des mers de l'Inde.

Lamarck décrit encore les Clypéastre hémisphérique, Encycl. méth., pl. 144, fig. 3, 4, espèce fossile dont on ignore la localité. — Clyp. à large bord, Scill., Corp. mar., tab. 11. Environs de Dax.—Clyp. Beignet, *Echinus Laganum*, Gmel. On ne connaît point sa patrie. — Clyp. oviforme, *Echinus oviformis*, Gmel. Fossile des environs du Mans et de Valognes, rapportée des mers australes par Péron et Lesueur. — Clyp. uni. Fossile des environs de Sienne.—Clyp. stellifère de Lamk., à localité inconnue. Il existe dans les collections un grand nombre d'espèces inédites.—Le Clyp. tritolé de France doit probablement appartenir à un autre genre. (LAM..X.)

CLYPEI. OIS. Expression par laquelle Illiger désigne les écailles qui couvrent certaines parties des pieds de divers Oiseaux. (DR..Z.)

CLYPÉOLE. *Clypeola*. BOT. PHAN. Famille des Crucifères, Tétradynamie siliculeuse, L. Tournefort et Adanson avaient donné le nom de *Jonthlaspi* à ce genre que Linné a désigné ensuite sous celui qu'il porte aujourd'hui, en y introduisant des Plantes qui appartiennent à d'autres genres voisins, tels que l'*Alyssum*. Il fut réduit ensuite par Gaertner au seul *Clypeola Jonthlaspi*, et le professeur De Candolle a adopté ensuite cette réduction, en lui ajoutant deux nouvelles espèces. Cet illustre botaniste donne les caractères suivans au genre Clypéole : calice à sépales égaux à leur base ; pétales entiers ; filets des étamines munis de dents ; silicule orbiculaire, plane, un peu échancrée au sommet, indéhiscente, uniloculaire, monosperme ; stigmate sessile ; graine comprimée, centrale, fixée latéralement au moyen d'un funicule horizontal ; cotylédons ovales, planes et accombans. Ce genre a été placé par De Candolle (*Syst. Veg.* T. II, p. 326) dans la seconde tribu des Crucifères, à laquelle il a donné le nom d'Alyssinées ou Pleurorhizées latiseptées. Son port est celui des *Alyssum*, et il a presque tous les caractères des *Peltaria*. Une légère différence dans la silicule en fait toute la distinction.

La CLYPÉOLE JONTHLASPI est une petite Plante dont les tiges sont diffuses et ascendantes, qui croît sur les murs, dans les champs et les collines calcaires de l'Europe australe. Elle est assez abondante dans le Dauphiné et la plupart de nos pays méridionaux. Bory de Saint-Vincent l'a trouvée communément à Grenade sur les vieilles tours mauresques du célèbre palais de l'Alhambra. Parmi les nombreux synonymes que les auteurs ont, à l'envi les uns des autres, imposés à cette Plante, nous citerons le *Fosselinia* de Scopoli, Allioni et Medikus. Les deux nouvelles espèces décrites par De Candolle étaient les types de deux genres nouveaux proposés par Desvaux dans le Journal de botanique, 3ᵉ vol. p. 161 et 162. Ces genres ont été conservés comme de simples sections sous leurs noms d'*Orium* et de *Bergeretia*. La première, *Clypeola eriophora*, D. C., a la silicule lanugineuse et hérissée de poils mous et très-longs. Elle habite les collines d'Aranjuez en Espagne. La seconde croît en Orient et principalement en Perse ; c'est la *Clypeola echinata*, D. C., dont la silicule offre des soies roides sur l'un et l'autre disque. (G..N.)

CLYSIE. *Clysia*. MOLL. Dans la Zoologie Britannique de Pennant, on remarque le *Balanus striatus*, dont Leach a fait un genre en y joignant une autre espèce non décrite qu'il observa dans la collection de Savigny.

Ce genre a été caractérisé ainsi : enveloppe calcaire composée de quatre pièces, et fermée par un opercule dont les valves ne sont pas divisées.

(D..H.)

CLYTE. *Clytus.* INS. (Fabricius.) *V.* CALLIDIE.

CLYTHRE. *Clytra.* INS. Genre de l'ordre des Coléoptères, section des Tétramères, établi par Laicharting (*Verzeichniss der Tyroler Insecten*) et fondé antérieurement par Geoffroy (Hist. des Ins. T. 1, p. 195) sous le nom de Mélolonte, *Melolontha*, aux dépens des Chrysomèles de Linné. Il appartient (Consid. génér., p. 258) à la famille des Chrysomélines, et est rangé maintenant par Latreille (Règn. An.) dans celle des Cycliques. Ses caractères sont : antennes insérées au-devant des yeux et distantes l'une de l'autre, courtes et en scie ; tête verticale, entièrement enfoncée dans le corselet. Le point d'insertion et l'écartement des antennes à leur origine éloignent les Clythres des Galéruques et des Altises ; ce caractère les rapproche au contraire des genres Chrysomèle, Colaspe, Eumolpe, Gribouri et Chlamys ; elles ont surtout les plus grands rapports avec ce dernier groupe, mais elles s'en distinguent par le manque d'une rainure sur les côtés de la poitrine ; enfin elles diffèrent de tous par les antennes en scie et par quelques autres points de leur organisation. Elles ont une tête assez large reçue verticalement dans le prothorax, supportant des antennes plus courtes que la moitié du corps, de onze articles ; leur bouche présente un labre échancré, des mandibules arquées et bidentées, une paire de mâchoires cornées, courtes, dans lesquelles on distingue deux pièces principales, l'une intérieure, petite, presque cylindrique, l'autre extérieure, beaucoup plus grande et arquée ; ces mâchoires portent chacune un palpe plus épais au milieu, de quatre articles dont le dernier est conico-cylindrique ; enfin il existe une lèvre inférieure, simple, ayant aussi deux palpes de trois arti-

cles. Le prothorax est convexe, rebordé, presque aussi large que les élytres ; celles-ci sont dures, coriaces, aussi longues que l'abdomen ; elles recouvrent une paire d'ailes membraneuses. Les pates ont généralement une longueur moyenne ; dans quelques espèces, celles de devant sont très-allongées ; les tarses ont quatre articles dont le premier, le second et le troisième sont garnis de poils roides en forme de brosses ; celui-ci est bilobé, le quatrième mince, arqué, légèrement renflé à son extrémité et muni de deux crochets assez forts.

Ces Insectes sont assez petits, leur taille ne dépasse guère cinq à six lignes. Ils sont peu agiles et on les rencontre sur les fleurs, particulièrement sur celles du Chêne. Leur larve a été plusieurs fois observée. Les espèces propres à ce genre sont assez nombreuses ; le général Dejean (Catal. des Coléopt.) en mentionne cinquante-huit. Parmi elles nous citerons :

La CLYTHRE QUADRIPONCTUÉE ou QUADRILLE, *Cl. quadripunctata*, ou la *Chrysomela quadripunctata* de Linné, qui est la même que la Mélolonte quadrille à corselet noir de Geoffroy (*loc. cit.*, p. 195, pl. 5, fig. 4), ou la Chrysomèle cylindre à quatre points noirs de Degéer (*Mem. Ins.* T. V, p. 329, n° 32, pl. 10, fig. 7). Elle se trouve dans toute l'Europe sur diverses fleurs, et plus fréquemment sur celles du Chêne, de l'Aubépine, du Prunelier. Schall a décrit sa larve ; Vaudouer de Nantes a fait part à Latreille de ses observations ; suivant lui, cette larve se construit un fourreau d'une matière coriace, ridée extérieurement, presque cylindrique, fermé et arrondi postérieurement, ouvert à l'autre bout, et qu'elle traîne ainsi avec elle, comme le Limaçon sa coquille, mais sans laisser jamais sortir autre chose que ses pates et sa tête.

La CLYTHRE LONGIMANE, *Cl. longimana*, ou la Mélolonte Lisette de Geoffroy (*loc. cit.*, p. 196, n° 3), qui est la même que la *Melolontha pallida* de Fourcroy (*Entom. Paris.* T. 1, p. 72, n° 3). Elle se rencontre aux environs de Paris. Sa larve, dit Latreille (Hist. des Crust. et des Ins. T. xi, p. 556), est renfermée dans un fourreau de matière terreuse agglutinée.

La CLYTHRE TRIDENTÉE, *Cl. tridentata*, ou la *Chrys. tridentata* de Linné. Elle est la même que la Chrysomèle bleu verdâtre à étuis jaunes de Degéer (*loc. cit.*, p. 333, n° 36, pl. 10, fig. 10), et a été figurée par Schæffer (*Icon. Ins.* Tab. 77, fig. 5). Elle est très-commune sur les fleurs de Chêne dans le midi de la France.

La CLYTHRE PUBESCENTE, *Cl. pubescens*, dont la larve a été observée avec beaucoup de soin et figurée par Léon Dufour (Ann. des Sc. phys. T. vi, p. 307, et pl. 96, fig. 1, 2, 3). Il l'a rencontrée assez fréquemment, au mois de février, sous de grosses pierres, dans les montagnes de Gironne en Catalogne. Elle est blanchâtre, presque glabre, courbée sur elle-même, un peu ridée. Lorsque Dufour la prit, elle était immobile et paraissait en travail de métamorphose. Sa tête noire et chagrinée a deux petites antennes presque imperceptibles ; derrière elle se voit un segment noir, un peu corné, indice d'un futur corselet, et tout près de-là trois paires de pates courtes et pointues. Ces larves assez nombreuses ne se trouvaient pas à nu, mais elles étaient enveloppées chacune d'une coque de terre libre et isolée, oblongue, cylindroïde, brune, d'environ sept lignes de longueur sur près de trois d'épaisseur, obtuse et fermée aux deux bouts, et ne ressemblant pas mal au premier coup-d'œil à des crottes de Brebis un peu allongées ; ces coques, d'une terre homogène et fine, ont l'une de leurs extrémités obliquement tronquée, tantôt plane, tantôt un peu bombée; l'autre, qui se renfle à peine, se termine par deux mamelons peu remarquables séparés par une échancrure. Leur surface est lisse ou avec quelques légères aspérités. Leurs parois sont minces et fragiles. Dufour a conservé ces coques, et il a pu obtenir l'Insecte parfait. Ce n'est pas par le bout qui offre une troncature et la

trace d'un opercule que la Clythre exécute sa sortie; mais bien par le bout mamelonné qui part comme une calotte. Cette larve est certainement très-différente de celle décrite par Vaudouer. La coque de la Clythre pubescente est formée d'une matière assez friable, peu susceptible d'être transportée, et de plus elle est fermée aux deux bouts; mais ce dernier trait caractéristique est peut-être particulier à l'époque à laquelle Dufour a fait son observation; et on conçoit que la coque, d'abord ouverte à une extrémité, a pu être fermée lorsque la larve a été sur le point de subir ses métamorphoses.

V., pour les autres espèces, Olivier (Encycl. Méth. et Coléopt.), Latreille (*Genera Crust. et Ins.* T. iii, p. 55), Dejean (*loc. cit.*).   (AUD.)

CLYTIA. BOT. PHAN. (Camérarius.) Syn. de *Croton tinctorium.*   (B.)

CLYTIE. *Clytia.* POLYP. Genre de l'ordre des Sertulariées dans la division des Polypiers flexibles, établi aux dépens des Sertulaires de Linné. Lamarck lui a donné le nom de Campanulaire. Les Clyties sont des Polypiers phytoïdes, rameux, filiformes, volubiles ou grimpans, à cellules campanulées, pédicellées, avec des pedicelles longs, ordinairement contournés. Elles forment un groupe bien distinct dans l'ordre des Sertulariées; leurs Polypes, fixés dans des cellules campanulées, peuvent chercher leur nourriture à une petite distance de la ruche pélagienne, au moyen du long pédicelle qui supporte cette petite habitation. Ce pédicelle élastique transporte dans un cercle quelquefois de quatre à cinq millimètres de rayon le Polype qui, se contournant sur lui-même à la manière des Dendrelles de Bory, imprime à l'eau un mouvement de rotation nécessaire pour attirer les Animalcules qui lui servent de nourriture. Les Clyties n'ont aucun rapport avec les Cellariées, encore moins avec les Flustrées. Elles appartiennent aux Sertulariées pour la forme des tiges et celle des ovaires, et diffèrent des genres de cette famille par le long pédicelle qui supporte les cellules, et qui les rapproche des Psychodiées. *V.* ce mot. Les Sertulaires ovifère et rugueuse de Linné, que nous avons cru devoir placer parmi les Clyties, pourraient peut-être former un genre particulier; mais comme elles ont plus de rapport avec ces dernières qu'avec les autres Sertulariées, nous avons fait un seul groupe de tous ces Polypiers, afin de ne point nous attirer le reproche de trop multiplier les genres.

La substance des Clyties est cartilagineuse; leur couleur fauve jaunâtre varie peu. Elles sont extrêmement petites, quelquefois difficiles à voir à l'œil nu, et toujours parasites sur les Thalassiophytes des différentes mers du globe.

CLYTIE VERTICILLÉE, *Clytia verticillata*, Lamx., Hist. Polyp. p. 202, n. 539. — *Ellis Corral.* p. 39, n. 20, fig. a, A. — Petit Polypier un peu rameux, à cellules campanulées, dentées, droites, portées sur de longs pédoncules en partie contournés et au nombre de quatre ou cinq au plus à chaque verticille. Il n'est pas rare dans les mers d'Europe. Nous en avons reçu une variété des côtes du Groenland.

CLYTIE OLIVATRE, *Clytia olivacea*, Lamx., Gen. Polyp. p. 13, t. 97, fig. 1, 2. — Elle ressemble à un Arbrisseau touffu, couvert de cellules pédicellées, subverticillées, à bord entier. Les ovaires rétrécis à leur base se terminent en pointe aiguë. Habite sur le banc de Terre-Neuve. Ce Polypier, très-voisin du *Cl. verticillata*, devrait peut-être former avec lui un genre particulier facile à distinguer des Clyties et des Laomédées par la forme des tiges, des rameaux, des pédicelles et des ovaires.

CLYTIE VOLUBILE, *Clytia volubilis*, Lamx., Gen. Polyp. p. 13, t. 4, f. e, f, E, F. — *Ellis Corral.* p. 40, tab. 14, n. 21, fig. a, A. Sa tige est grimpante ou volubile, rameuse, couverte de cellules campanulées, dentées, éparses plutôt qu'alternes et portées sur

de longs pédoncules entièrement contournés. Espèce commune sur les Hydrophytes des mers d'Europe et sur celles de la mer des Indes, d'après Pallas.

Ce genre est encore composé des *Cl. syringa*, Lamx., Hist. Polyp. p. 202, n. 341. Des mers d'Europe. — Cl. urnigère, Lamx., p. 203, n. 342, pl. 5, fig. 6, A, B, C. Des mers de l'Australasie. — Cl. undulée et à grandes cellules, rapportées des mers australes par Quoy et Gaimard. — Cl. ovifère, Lamx., Hist. Polyp. p. 203, n. 343, et Cl. rugueuse, n. 344; ces dernières espèces sont placées dans ce genre à cause de leurs rapports avec les principales espèces. Quand ces Polypiers seront mieux connus, l'on trouvera peut-être dans la forme de leurs Animaux des caractères suffisans pour établir des genres particuliers. (LAM.-X.)

CNECUS. BOT. PHAN. (Gesner.) Syn. de Carthame des teinturiers. *V.* CARTHAME et CNIQUE. (B.)

CNEKION. BOT. PHAN. (Dioscoride.) Syn. présumé de Marjolaine. *V.* ORIGAN. (B.)

* CNEMIDIUM. OIS. (Illiger.) Partie inférieure dénuée de plumes de la jambe de certains Oiseaux. (DR..Z.)

CNÉMIDOTE. *Cnemidotus*. INS. Genre de l'ordre des Coléoptères, ainsi désigné par Illiger, et fondé par Latreille sous le nom d'HALIPLE. *V.* ce mot. (AUD.)

CNEORUM. BOT. PHAN. Ce nom scientifique du genre Camélée, *V.* ce mot, a été en outre donné comme spécifique à un Daphné et à un Liseron. Il paraît qu'il désigne le Romarin dans Théophraste. (B.)

CNEPOLOGOS. OIS. (Vieillot.) Syn. présumé de *Motacilla alba*. *V.* BERGERONNETTE. (DR..Z.)

CNESTE. *Cnestis*. BOT. PHAN. A. L. Jussieu en établissant ce genre l'a placé dans un groupe voisin de la famille des Térébinthacées, et qui a quelques affinités avec les Rhamnées. Il appartient à la Décandrie Pentagynie

L. Voici les caractères que lui a assignés son auteur (*Gener. Plant.* p. 374) : calice quinquépartite, cotonneux en dehors; cinq pétales; dix étamines insérées sur le réceptacle; cinq ovaires hérissés, surmontés d'autant de styles et de stigmates; à ces ovaires succèdent cinq capsules en forme de légumes, courtes, coriaces, bivalves, monospermes, garnies extérieurement et intérieurement de poils qui produisent sur la peau une vive démangeaison. Le nombre des capsules est variable par l'avortement de quelques-unes d'entre elles; souvent même une seule survit et existe à la maturité.

Dans ses observations sur la botanique du Congo, R. Brown place le genre *Cnestis* dans une nouvelle famille qu'il nomme CONNARACÉES, *Connaraceæ* (*V.* ce mot), et qui est un démembrement de celle des Térébinthacées. Plusieurs espèces nouvelles et encore inédites, recueillies par le professeur Christian Smith dans le voisinage du fleuve Zaïre, ont fourni à R. Brown l'occasion d'examiner avec plus d'attention les caractères génériques. Il y a trouvé cinq ovaires qui avortent fréquemment; la graine est formée en grande partie par l'albumen, et le calice a une estivation valvaire. Chacun de ces caractères pris isolément ne suffit certainement pas pour séparer le *Cnestis* du genre *Connarus*; mais c'est leur ensemble qui en fait la distinction, remarque assez fréquente en botanique, et de la plus grande importance sous le point de vue de la séparation des genres. R. Brown ajoute que le *Cnestis* a des affinités avec l'*Averrhoa* par son *habitus* et par quelques rapports de structure dans les fleurs et les graines; mais comme ce dernier genre va, selon notre auteur, se placer parmi les Oxalidées, il s'ensuit que le *Cnestis* est un lien qui établit le passage entre les Connaracées et cette dernière famille.

Les Plantes sur lesquelles Jussieu a établi ce genre sont deux Arbrisseaux rapportés, l'un de Madagascar et l'au-

tre de l'île Mascareigne par Commerson. Le premier, CNESTE A FEUILLES NOMBREUSES, *Cnestis polyphylla*, Lamk. (Encycl. et Illustr., t. 387; fig. 2), a des feuilles composées d'un grand nombre de folioles ovales et légèrement obtuses, un peu velues en dessous; ses fleurs sont disposées en grappes cotonneuses, longues d'un décimètre et plus; ses capsules sont veloutées, d'un brun roussâtre. La seconde espèce est le CNESTE GLABRE, *Cnestis glabra*, Lamk. (Encycl. et Illustr., t. 387, fig. 1). Ce petit Arbre a des feuilles ailées et composées d'une dixaine de folioles glabres, coriaces, entières, ovales, obtuses, portées par des pédicelles assez courts; ses petites fleurs, disposées en grappes fasciculées, ont la corolle rougeâtre, à peine plus longue que le calice. Les capsules sont roussâtres, courbées et couvertes d'un duvet épais qui excite sur la peau de vives démangeaisons, d'où le nom vulgaire de *Pois* ou *Poil à gratter* et celui de *Gratelier* que l'on donne aussi quelquefois à ces Plantes.

Outre ces espèces, on en trouve deux autres décrites par Lamarck dans l'Encyclopédie. Palisot-Beauvois, en publiant sa Flore d'Oware et de Benin, a encore ajouté à ce genre deux belles Plantes dont il a donné des figures (*loc. cit.*, t. 59 et 60) sous les noms de *Cnestis obliqua* et *Cnestis pinnata.* Leurs fruits ont des poils dépourvus de la propriété d'exciter ce prurit incommode qui caractérise les autres Cnestes. Une d'entre elles (*Cnestis pinnata*) a, comme le *Rourea* d'Aublet, deux bractées en dessous des corymbes de ses fleurs, ce qui, selon Palisot-Beauvois, doit confirmer le rapprochement de ce genre avec le *Cnestis*, indiqué par Jussieu. De la transmutation du nom de *Rourea* en celui de *Robergia* par Schreber, il s'en est suivi que plusieurs espèces de *Cnestis* ont été placées dans les *Robergia* par ceux qui ont adopté les innovations inutiles de ce dernier auteur.

(G..N.)

CNESTRON. BOT. PHAN. (Théophraste.) Syn. de *Cneorum. V.* ce mot et CAMÉLÉE.   (B.)

CNIC. BOT. PHAN. L'un des noms vulgaires du *Guillandina Bonduc.* (B.)

CNICUM. BOT. PHAN. Du Dictionnaire de Déterville. *V.* CNIDIUM.   (G..N.)

CNICUS. BOT. PHAN. Nom latin du Cnique. *V.* ce mot.   (B.)

CNIDE. BOT. PHAN. (Hippocrate.) Syn. d'Ortie selon Adanson.   (B.)

CNIDION. *Cnidium.* BOT. PHAN. Famille des Ombellifères, Pentandrie Digynie, L. Ce genre a d'abord été constitué par Cusson dans les Mémoires de la Société de Médecine de Paris pour 1782. Reproduit ensuite par Mœnch et Hoffmann, C. Sprengel, en ces derniers temps, l'a définitivement adopté et l'a caractérisé ainsi : involucre presque nul ou monophylle ; akènes ovés, solides, présentant cinq côtes aiguës, ailées et striées. A ce genre Sprengel rapporte des Ombellifères placées auparavant dans six genres distincts, savoir : le *Selinum Monnieri*, L., l'*Athamantha chinensis*, le *Ligusticum pyrenaicum*, Gouan ; le *Seseli aristatum*, Ait., les *Peucedanum Silaus* et *Alsaticum*, L. ; enfin le *Smyrnium atropurpureum*, Lamk. De telles mutations n'ont pas encore reçu la sanction de tous les botanistes ; on y est d'autant moins disposé, qu'on voit l'un des collaborateurs de Sprengel ne pas adopter toutes les vues de ce savant dans l'ouvrage même où celui-ci a publié ses Ombellifères (*V.* Rœm. et Schult. T. VI, p. 36). Les *Peucedanum Silaus* et *Alsaticum*, par exemple, ne doivent pas, aux yeux de Schultes, être réunis aux *Cnidium*, et seront placés plus convenablement, l'un parmi les *Oreoselinum*, et l'autre à part, devenant le type d'un genre particulier. Un monographe d'Ombellifères antérieur à Sprengel, Hoffmann, avait aussi admis le genre *Cnidium* en excluant toutefois les espèces de *Peucedanum* et de *Selinum* qu'on y avait fait entrer. Il l'avait restreint au *Cnidium apioides*, et avait formé avec les autres Plantes un genre qu'il nommait *Conioselinum*, et que Sprengel réunit à son *Cnidium.* Tant d'obscurités et d'incertitudes ne se dissiperont qu'après une étude approfondie de toute la famille, d'après les principes de la méthode naturelle. Les tribus proposées par Sprengel ont déjà cet avantage de réunir les Plantes d'un groupe très-vaste et très-naturel en petits groupes partiels qui faciliteront beaucoup la recherche de leurs affinités. C'est dans sa tribu des Pimpinellées qu'il a placé le genre *Cnidium.*   (G..N.)

CNIPA. BOT. PHAN. (Hermann.) Syn. de Savonnier. *V.* ce mot. (B.)

* CNIPOLOGOS. OIS. (Aristote.) Syn. présumé du Grimpereau, *Certhia familiaris*, L., ou du petit Épeiche, *Picus minor*, L. *V.* GRIMPEREAU et PIC.   (DR..Z.)

CNIQUE. *Cnicus.* BOT. PHAN. Le Carthame des teinturiers, *Carthamus tinctorius*, L., portait ce nom chez les auteurs grecs antérieurs à Pline. Tournefort le conserva en établissant un genre dans lequel il plaçait cette Plante ; mais Linné, ayant subdivisé le genre de Tournefort, réserva la dénomination de *Cnicus* au groupe dans lequel le Carthame ne se trouvait plus ; son genre *Cnicus* était composé de tous les Cirses qui ont de larges bractées à la base de l'involucre ; tels que les *Cnicus oleraceus*, *Cnicus ochroleucus*, etc. Willdenow donna ensuite ce nom à tous les Chardons à aigrette plumeuse ou au genre *Cirsium* de De Candolle. *V.* CIRSE. Enfin, Gaertner et Cassini, en rejetant tous les Cnicus des autres botanistes, ont appliqué ce mot à une seule Plante placée autrefois parmi les Centaurées. Voici un extrait des caractères donnés par Cassini : calathide composée de fleurons nombreux, égaux, presque réguliers, fertiles et entourés d'une série de fleurons neutres peu nombreux et petits ; involucre ovoïde formé d'écailles imbriquées, coriaces et garnies d'épines pennées à leur sommet, entouré de bractées foliiformes ; réceptacle fimbrillé ; aigrette double ; l'extérieure très-longue, composée de poils plumeux ; l'intérieure plus courte et formée de poils qui alternent avec ceux de l'extérieure.

Le Cnique Chardon béni, *Cnicus benedictus*, Gaertner ; *Centaurea benedicta*, L., croît dans l'Europe méridionale. Il a une tige droite, rameuse, laineuse, portant des feuilles oblongues, sinuées ou dentées et semi-décurrentes ; ses fleurs sont jaunes. Quelques médecins ont préconisé les fleurs de cette Plante, comme jouissant de propriétés toniques et sudorifiques très-actives. Le fait est qu'elles sont fort amères et douées par conséquent de propriétés énergiques que beaucoup d'autres Végétaux partagent, il est vrai, avec elles. (G..N.)

CNODALON. *Cnodalon*. INS. Genre de l'ordre des Coléoptères, établi par Latreille aux dépens des Hélops, et qu'il ne faut pas confondre avec le genre suivant de Fabricius. Celui des Cnodalons appartient à la section des Hétéromères, famille des Taxicornes, et a pour caractères : antennes insérées sous les bords latéraux de la tête, terminées par six articles plus grands, transversaux, comprimés et un peu dilatés en scie au côté interne ; palpes maxillaires plus grands que les labiaux, avec le dernier article en forme de hache ; corps ovale, très-convexe, l'avant-sternum prolongé en arrière, en forme de pointe. Ces Insectes diffèrent des Hélops par leurs antennes ; ils se distinguent aussi sous ce rapport des genres Diapère, Trachyscèle, Elédone et Epitrage. L'insertion des mêmes parties les éloigne des Léiodes, des Tétratomes, des Eustrophes et des Orchesies ; il existe aussi dans plusieurs autres parties de l'organisation des différences sensibles et qui confirment l'établissement de ce petit genre qui ne comprend encore que fort peu d'espèces. Latreille n'en comptait qu'une seule, le Cnodalon vert, *Cn. viride*, qui est peut-être bien l'*Helops morbillosus* de Fabri-

cius. Il en a donné une bonne figure (*Gener. Crust. et Ins.* T. 1, tab. 10, fig. 7). Cette espèce est originaire de Saint-Domingue d'où l'a rapportée Palisot de Beauvois. Dejean (Catalog. des Coléopt., p. 69) en mentionne quatre autres auxquelles il a donné les noms de *columbinum*, *atrum*, *cruentum* et *œneipenne*. Elles sont originaires de Cayenne. (AUD.)

CNODULON. *Cnodulon*. INS. Genre de l'ordre des Coléoptères établi par Fabricius et réuni par Latreille à celui des Hélops. *V.* ce mot. (AUD.)

CNOPODIUM. BOT. PHAN. (Dioscoride.) Probablement la Renouée aviculaire. (B.)

CO. BOT. PHAN. *V.* Ko.

COA. BOT. PHAN. (Plumier.) Syn. d'*Hippocratea volubilis*. *V.* Hippocratée. On donne le même nom en Chine au *Convolvulus Batatas*. *V.* Liseron. (B.)

* COACCIOU. OIS. Syn. sarde du jeune Grèbe cornu, *Colymbus obscurus*, L. *V.* Grèbe. (DR..Z.)

COACH. OIS. Flacourt, dans sa Relation de Madagascar, dit que c'est la Corneille ou Corbeau de ce pays, lequel est noir sur le dos et blanc sous le ventre. (B.)

COACTO ou QUATTO. MAM. (Wosmaer.) Syn. d'Atèle Coaïta. *V.* Sapajous. (B.)

*COAERICO. OIS. (Lachênaye-Desbois.) Syn. vulgaire du Faisan, *Phasianus colchicus*, L., aux Antilles où il a été transporté comme objet de luxe. (DR..Z.)

* COAG. BOT. PHAN. (Surian.) Syn. caraïbe de *Mammea americana*. (B.)

*COAGHEDDA. OIS. (Cetti.) Syn. sarde de la Mouette rieuse, *Larus cinerarius*, L., Buff., pl. enl. 969. *V.* Mauve, division des Mouettes. (DR..Z.)

*COAGULATION et COAGULUM. ZOOL. et BOT. Certains fluides organiques ont la propriété de se concréter instantanément et de changer toutes leurs qualités physiques, soit par un simple effet de température, soit par l'action chimique d'un agent particulier. On a donné le nom de Coagulation à ce phénomène, et celui de *Coagulum* à son résultat. Celui-ci se présente ordinairement sous la forme d'un caillot ou d'une gelée. C'est ainsi que le Lait et l'Albumine se solidifient; mais comment s'opère cette solidification, principalement dans ce dernier corps? La cause en est très-difficile à saisir, quoique les circonstances du phénomène aient été observées avec beaucoup d'attention, et que l'on ne manque ni de données exactes sur la composition de l'Albumine, ni de notions sur ses propriétés physiques avant et après la Coagulation. Thénard l'attribue à la force de cohésion des molécules de l'Albumine; et il pense qu'une cause analogue à celle qui détermine la solidité de certaines substances minérales, produit la concrétion des fluides *organiques*.

Nous lisons, dans un travail récemment publié sur le sang par Prévost et Dumas, qu'il est très-probable que l'Albumine du blanc d'œuf et des fluides animaux devant sa fluidité à la présence de la Soude caustique, celle-ci, lorsque la chaleur lui est appliquée, passe à l'état de Carbonate par suite de la décomposition d'une petite quantité de matières animales, et devient incapable de tenir l'Albumine en dissolution. Quoi qu'il en soit de cette explication hypothétique, ainsi que de la précédente, il est constant que l'Albumine animale se concrète à une chaleur de soixante-dix degrés centigrades, et qu'en cet état, vue au microscope, elle présente des globules blancs analogues à ceux dont le sang est en partie composé. Les mêmes savans expliquent la Coagulation de l'Albumine, que déterminent l'Alcohol et les Acides, par l'affinité de ces agens pour l'Alcali caustique; mais ceux-ci, outre leur propriété saturante, exercent encore sur elle un autre genre d'action; ils peuvent la dissoudre, et par conséquent n'occasioner aucun

précipité; c'est en effet ce qui arrive avec les Acides phosphorique et acétique.

Dans quelques opérations de chimie minérale, on observe également des phénomènes de Coagulation; ainsi, par exemple, lorsqu'on mélange deux solutions alcalines d'Alumine et de Silice, de l'Acide hydrochlorique et du Nitrate d'Argent liquide, il y a formation d'un précipité abondant cailleboté ou gélatineux; mais on dit qu'il y a Coagulation, seulement lorsque le précipité a toutes ses parties liées entre elles et ne formant qu'une seule masse; dans tout autre cas, c'est un précipité ordinaire. *V.* les mots PRÉCIPITATION et PRÉCIPITÉ.

(G..N.)

COAITA. MAM. Espèce du sousgenr Atèles. *V.* SAPAJOUS. (B.)

* COAK. OIS. (Gaimard.) Syn. timorien de Philédon Moine, Cuv., *Merops Monachus*, Lat. Cet Oiseau est ainsi nommé à cause de son cri; il est très-commun à Timor et à la Nouvelle-Galles du sud. (B.)

COAK. MIN. Nom que l'on donne en Angleterre à la Houille que l'on a dépouillée, par une sorte de distillation dans des fours appropriés, du Bitume et de toutes les matières volatiles qui font partie de sa composition. Parmi ces matières, l'une des plus abondantes est le Gaz hydrogène carboné dont on a fait une si heureuse application pour l'éclairage. (DR..Z.)

COAK-FISH. POIS. C'est-à-dire *Poisson charbonnier*. Synonyme anglais de *Gadus carbonarius*. *V.* GADE.

(B.)

COANENEPILLI ou CONTRAYERVA. BOT. PHAN. (Hernandez.) Espèce mal connue de Passiflore, mal à propos rapportée comme synonyme au *Passiflora normalis*, L., espèce qui paraît avoir été mal observée. Ce synonyme pourrait convenir au *Passiflora mexicana* de Jussieu. On a aussi donné le même nom à un Physalis. (B.)

COAPIA. BOT. PHAN. Nom brésilien

d'*Hypericum bacciferum*, espèce du genre Millepertuis. (B.)

COAPOIBA. BOT. PHAN. (Marcgraaff.) Syn. de Gomme gutte qu'on nomme aussi Caopia au Brésil. (B.)

COARH ET **COUARCH.** BOT. PHAN. Nom bas-breton du Chanvre, que les Gallois nomment Cowarch évidemment identique, ce qui prouve que le Chanvre est connu de la plus haute antiquité dans les deux pays. (B.)

COASE. MAM. *V.* MOUFETTE.

* **COASSA.** BOT. PHAN. *V.* TÉTRACÈRE.

COASSEMENT. REPT. BATR. Cris de la Grenouille et même des Crapauds qui respirent au moyen des muscles de la gorge et dont la voix se produit peu au dehors. Cette voix est le résultat du passage de l'air expiré et mis en vibration dans le larynx supérieur ainsi que dans des sacs qui ont leur entrée sous la gorge. (B.)

COATI. *Nasua.* MAM. (Storr.) Genre de Mammifères carnassiers plantigrades caractérisé par six incisives à chaque mâchoire, deux canines remarquables par leur excès relatif de grandeur, et par leur figure, non pas conique comme chez tous les autres Carnassiers, mais prismatiquement aplatie de dedans en dehors, de manière que ses bords, et surtout le postérieur, représentent deux tranchans; la face interne de la canine n'est relevée que par une arête très-peu saillante, de sorte que cette canine rappelle la figure d'une dent de Squale non dentelée sur ses bords; six molaires, dont les trois postérieures ont en haut trois tubercules pointus sur le bord externe et un seul au bord interne, excepté à la dernière; des trois fausses molaires, l'antérieure est conique en haut et en bas. Les trois tuberculeuses postérieures, quand elles sont un peu usées, ont la figure des correspondantes dans l'Ours; seulement la postérieure est plus longue à proportion chez le Coati. Mais le caractère le plus remarquable, c'est la longueur et la mo-

bilité de leur nez qui dépasse de plus d'un pouce l'arc des incisives : ce boutoir reçoit deux muscles plus forts à proportion que dans les Cochons; mais, dans le Coati, le sens du toucher ne réside pas au bout du grouin même, comme dans le Cochon. Des trois branches nerveuses qui sortent du trou sous-orbitaire, la plus volumineuse, égale au nerf médian d'un enfant de huit ou dix ans, se distribue en pate d'Oie dans la peau nue qui se trouve entre le bout du boutoir et la lèvre supérieure (2.° Mém. sur le Syst. nerv., Journ. de Phys., février, 1821).

Les Coatis ont cinq doigts à tous les pieds; les trois intermédiaires sont les plus longs, le pouce est le plus court de tous; ils ont à la plante des pieds des tubercules, dont un seul, très-grand, correspond aux trois doigts du milieu; une peau très-douce revêt ces tubercules ou pelotes. La pupille au soleil se rétrécit en une fente transversale; l'oreille est courte et arrondie; la cuisse est moins bombée qu'aux Civettes, mais la fosse ethmoïdale y est aussi ample; la langue est douce et fort extensible; le poil très-épais est partout de longueur uniforme. Avec les Ours, ce sont ceux des Carnassiers dont le régime est plus complètement omnivore. Leur corps est très-allongé eu égard à la brièveté des jambes. La queue, aussi longue que le corps et de grosseur presque égale sur toute sa longueur, est ordinairement redressée eu haut et droite comme celle de plusieurs Guenons. Leur tête est si longue, qu'en retranchant le boutoir au niveau des incisives, elle est encore aussi effilée que celle d'un Renard; la mobilité continuelle de leur boutoir, toujours fouissant, retournant ou touchant tout ce qui est à leur portée, donne à la physionomie de ces Animaux un caractère de turbulence tout particulier. C'est avec le boutoir qu'ils fouissent, et point avec les pieds : aussi ne creusent-ils pas de terriers, quoi qu'on en ait dit. Il paraît plutôt que dans les forêts ils nichent sur les Arbres. Si l'on y en surprend une troupe, dit Azzara, et que l'on fasse semblant de vouloir abattre l'Arbre, tous se laissent aussitôt tomber comme des masses. Ils y poursuivent les Oiseaux dont ils ravagent les nids. Ils descendent des Arbres la tête la première, au contraire de tous les autres Animaux. Ils le doivent peut-être à la faculté de retourner leurs pieds de derrière dont ils accrochent les ongles à l'écorce. Ils n'habitent que les forêts. L'expression *monte*, par laquelle on désigne une forêt en espagnol, a trompé ceux qui l'ont pris pour un Animal de montagne. Les Coatis vivent en petites troupes, plus nombreuses dans l'espèce brune. Il naît constamment, dans toutes les deux, plus de mâles que de femelles. Ces mâles, surnuméraires dans chaque troupe, sont obligés d'aller chercher fortune; ils rôdent ainsi seuls jusqu'à ce qu'ils en rencontrent une. Dans le pays, on appelle *Mondé* ou *Mondi* ces Coatis solitaires : ce nom, qui ne signifie qu'un accident de la vie de l'Animal, avait été pris pour spécifique avant Azzara. On les apprivoise aisément; ils aiment les caresses, mais sont incapables d'affection. Pleins de caprices dont les motifs ne peuvent être devinés, tout leur est suspect quand ils mangent. Ce ne sont pas des Animaux nocturnes: ils dorment toute la nuit, rarement le jour; vont flairer les excrémens qu'ils viennent de faire; ils lappent comme les Chiens, et en buvant retroussent leur groin de peur de le mouiller. Les femelles sont de quatre ou cinq pouces moins longues que les mâles. Ils portent leurs alimens à la bouche, non pas en les empoignant par une ou deux mains, mais en les enfilant avec leurs ongles qui leur servent aussi à déchirer la viande en petits morceaux avant de la manger. Les Coatis sont les plus opiniâtres de tous les Animaux; cette persévérance rend surtout leur curiosité fort incommode : il est impossible de les laisser libres quand ils sont apprivoisés; car ils sont sans cesse furetant, fouissant,

retournant, déplaçant tout ce qu'ils atteignent. Dans la colère ils font entendre un aboiement très-aigu; dans le contentement, un petit sifflement assez doux. Ils n'ont pas l'habitude de ronger leur queue, ainsi que Buffon l'a prétendu.

Les deux espèces connues, de ce genre, habitent les forêts de l'Amérique méridionale. Il n'y a entre elles d'autre différence apparente que la couleur; néanmoins les nuances sont très-multipliées dans l'espèce brune. Parmi les nombreux individus de cette dernière qui ont vécu à la Ménagerie, F. Cuvier n'en a pas vu deux se ressembler. Il en a figuré deux (Mammif. lith.) qui présentent les extrêmes des nuances dans l'espèce brune : l'un était brun, l'autre jaune piqueté de noir. Les uns avaient le museau absolument noir, les autres blanc; quelques-uns avaient la queue sans anneaux, d'autres enfin avaient le pelage gris blanchâtre. On voit donc que l'état sauvage et de liberté, sous un même climat, toujours uniforme, n'est pas une cause nécessaire de l'invariabilité des couleurs dans une espèce : l'espèce rousse paraît moins susceptible de ces variations; et quoiqu'il y ait quelquefois moins de différence apparente entre un Coati roux et un individu fauve de l'espèce brune, néanmoins une réciprocité d'antipathie manifeste bientôt des différences plus profondes. F. Cuvier mit ensemble un Coati roux et un Coati de l'espèce brune; quoique de sexes différens, ils cherchaient à se battre : mais un Coati brun et un Coati noir ont sympathisé dès qu'ils se sont aperçus, et ont vécu dans la meilleure intelligence, quoiqu'ils fussent du même sexe. D'après cette épreuve, F. Cuvier en fait deux espèces.

Le Coati roux, *Viverra Nasua*, L.; F. Cuv., Mammif. lith. livraison 1re. La figure de Schreber, pl. 118, qui est copiée sur le Coati noirâtre de Buffon, est par hasard assez bonne. Toutes les parties du corps, excepté le museau, les oreilles, les pates de devant et les taches de la queue, teintes d'un roux vif et brillant, un peu plus sombre seulement sur le dos où les poils ont du noir sur le milieu de leur longueur; museau noir grisâtre en dessus, et gris sur les côtés; un cercle blanc autour de l'œil; mais il n'y a pas la ligne nasale qui marque le Coati brun; oreilles noires, ainsi que le devant des pates antérieures; taches transversales marron sur le dessus de la queue, la divisant en huit ou dix anneaux. Comme ces anneaux sont complets dans le Coati brun, la figure de Schreber, qui n'est qu'un Coati noirâtre enluminé, manque de ce caractère. Le pelage est très-épais et dur, a deux sortes de poils : il répand une odeur forte et désagréable. Il ne porte que sur les doigts en marchant; sa queue alors est relevée droite, et est renversée sous son ventre quand il est en repos. F. Cuvier a jugé que le goût, la vue et l'ouïe étaient fort obtus dans cet Animal qui est toujours à consulter son nez pour toucher et flairer. Azzara donne cinq paires de mamelles à la femelle de cette espèce à qui il n'a trouvé que cinq petits.

Le COATI BRUN, *Viverra Narica*, L.; Buff., T. VIII, pl. 47 et 48; Encyc., pl. 85, fig. 2 et 3; Schreb., 118 et 119. Nous avons dit tout à l'heure combien variait la couleur de cette espèce dont F. Cuvier a fait représenter deux nuances extrêmes (Mammif. lith.) : les caractères les plus constans de cette espèce dans toutes les nuances, c'est d'abord les rubans blancs qui bordent le noir du museau, et s'étendent de l'angle des yeux jusqu'à la naissance du grouin; c'est encore d'avoir des anneaux complets à la queue, mais dont le nombre et la longueur varient beaucoup, comme le montrent les figures citées; ils s'effacent même tout-à-fait quelquefois, ainsi que le ruban blanc. Toutes ces combinaisons de couleurs ont déjà fait distinguer dans cette espèce quatre variétés qui ne sont peut-être, comme pour le Renard Isatis, etc.,

que des états individuels qui peuvent se rencontrer dans des Coatis d'une même portée, sans se transmettre par la génération. Cette espèce n'a que trois paires de mamelles, suivant Azzara qui ne lui a trouvé que quatre petits: le nombre des mamelles étant constant chez ces Animaux, on devrait donc plutôt distinguer ces espèces par ce caractère fixe, que par celui si variable du pelage.   (A. D..NS.)

COATLI. BOT. PHAN. (Hernandez.) Syn. de bois de Campêche, *Hæmatoxylum. V.* ce mot.   (B.)

* COAVE. BOT. PHAN. (Rumph.) Syn. de Manguier à Ternate.   (B.)

* COAXIHUITL. BOT. PHAN. (Hernandez.) Probablement le *Convolvulus corymbosus*, espèce de Liseron au Mexique.   (B.)

* COB-A-DEE-COOCH. OIS. Syn., à la baie d'Hudson, du *Strix Asio*, L. *V.* CHOUETTE.   (DR..Z.)

COBAIE ou COCHON D'INDE. *Anœma*, F. Cuvier; *Cavia*, Illig. Genre de Rongeurs caractérisé par la figure de ses quatre molaires qui ne ressemblent aucunement à celles des Cabiais et encore moins des Agoutis. La coupe en est assez bien représentée (Buffon, T. VIII, pl. 4, fig. 7 et 8). C'est un seul tube d'émail plissé sur son côté interne en haut et externe en bas, de manière à y présenter deux prismes verticaux. Le côté opposé, d'ailleurs rectiligne, est creusé d'une rainure qui répond au prisme postérieur. Ce plissement d'un seul tube d'émail rappelle celui des Campagnols. Mais chez ceux-ci, les prismes sont alternes sur les deux côtés de la dent; et ici il n'y a de prismes que sur un seul côté. En outre, toutes les molaires se ressemblent. La fosse ptérigoïde, nulle chez l'Agouti, est ici très-profonde et large. L'aire en égale presque celle des arrière-narines sur le squelette. Comme dans les Campagnols, une gorge profonde règne depuis le condyle jusqu'au bord postérieur de la première molaire. L'os de la caisse est très-renflé, et le rocher est creusé, au-dessus du trou d'entrée du nerf auditif, d'une petite cavité où se loge un petit prolongement du cervelet, comme dans l'Agouti. L'aire de la fosse ethmoïdale est égale à celle du trou occipital. Il n'y a pas de circonvolution au cerveau de cet Animal. Les organes génitaux dans les deux sexes s'ouvrent au fond d'une même fente de la peau avec l'anus. Ils ont quatre doigts devant et trois derrière, comme les Agoutis. La femelle n'a que deux mamelles comme le mâle. Cette disproportion avec le nombre des petits qu'ils produisent en domesticité, n'existe pas dans l'état sauvage où la femelle ne porte qu'une fois par an un ou deux petits, tandis qu'en domesticité, malgré l'inclémence apparente du climat de la France, comparativement à celui de la patrie de leur espèce, ils ont l'air d'automates montés seulement pour faire l'amour et propager leur espèce, sans pourtant se soucier de leur postérité; car les mères ne cherchent ni à les protéger, ni à les défendre. Elles ne les allaitent que quinze jours, les chassent pour se livrer aux ardeurs du mâle, et les tuent, ou leurs mâles, s'ils reviennent. Ils ne paraissent capables que d'un seul sentiment, celui de l'amour. Ils cherchent à jouir aussi souvent qu'à manger, et ils mangent à toute heure du jour et de la nuit. Au milieu de plusieurs femelles, les mâles se livrent entre eux à un libertinage qu'on a pris à tort pour une dépravation particulière à cette espèce. Nous avons comparé des crânes du Cobaie domestique à ceux du Cobaie sauvage, et nous n'y avons pas trouvé de différence entre eux. Par-là se trouve péremptoirement réfuté tout ce qu'a dit Gall sur la cause organique de cette activité génitale, dont les extrêmes ne sont nulle part plus tranchés qu'entre les deux états sauvage et domestique de cette espèce, soit sous le rapport de la fréquence des actes d'amour, soit sous le rapport du nombre des portées et de celui des petits.

On n'en connaît qu'une espèce indigène entre la Plata et l'Amazone : c'est l'Apéréa. Il abonde au Paraguay, et se trouve jusqu'à Buenos-Ayres. Il habite les broussailles et les pajonals (sortes de buissons du bord des eaux), sans entrer dans les bois, et sans creuser de terriers où il aime pourtant à se cacher. Le jour, il se tient caché, ne sort pour manger qu'au crépuscule du matin et du soir. En captivité, il devient très-familier, même sans qu'on fasse rien pour l'apprivoiser.

L'Apéréa, long d'environ dix pouces, n'a pas de queue, quoiqu'il ait six vertèbres coccigiennes. La lèvre supérieure est fendue verticalement. Il est de la même couleur que notre Rat commun : il est blanchâtre en dessous; il a deux sortes de poils; le soyeux, en le regardant bien, est un peu rougeâtre à la pointe de la racine de l'ongle du doigt intermédiaire; au pied de derrière saillent des poils roides plus longs que lui; il y en a aussi d'albinos. D'après Garcillasso, liv. 8, chap. 17, il paraît qu'il a existé domestique au Pérou. Tout le monde connaît celui qui est domestique en Europe; il peut s'accoupler à huit ou six semaines; on a vu des femelles mettre bas à deux mois; les premières portées ne sont que de quatre ou cinq; ensuite elles vont jusqu'à dix ou douze. Elles peuvent mettre bas tous les deux mois. Avec un seul couple, on pourrait en avoir un millier en un an. (A. D.... NS.)

COBALT. MIN. Métal d'un blanc d'Étain peu éclatant, à texture grenue, cassant et facile à pulvériser, possédant le magnétisme polaire, difficilement fusible, et soluble avec effervescence dans l'Acide nitrique. Sa pesanteur spécifique est de 8,5. Son Oxide colore en bleu le verre de Borax. Wenzel est le premier chimiste qui ait remarqué que les aiguilles de Cobalt pur se dirigeaient à la manière des aiguilles d'Acier. Tassaert, et ensuite Vauquelin, ont obtenu, par l'analyse du Cobalt de Tunaberg, des culots de ce Métal qui agissaient fortement sur le barreau aimanté. L'Oxide que l'on retire des minerais de Cobalt, est connu sous le nom de *Safre*. Cet Oxide, fondu avec la Silice et la Potasse, donne un verre bleu appelé *Smalt*, que l'on pulvérise pour en former la substance nommée *Bleu d'azur*, employée dans la coloration des pierres artificielles et dans la peinture sur porcelaine. L'empois bleu résulte du mélange de cette même substance avec l'Amidon. L'Oxide de Cobalt, dissous dans l'Acide hydro-chloro-nitrique, fournit une encre sympathique très-curieuse en ce que les caractères tracés avec cette encre disparaissent par le refroidissement, et redeviennent sensibles et d'une belle couleur bleue par la seule action de la chaleur. Le Cobalt n'a été trouvé jusqu'à présent qu'à l'état de combinaison avec l'Oxigène, l'Arsenic et le Soufre. On distingue ses minerais en quatre espèces, qui sont le Cobalt arséniaté, le Cobalt arsénical, le Cobalt gris et le Cobalt oxidé noir.

Cobalt arséniaté, *Rother Erdkobalt*, W. Substance en aiguilles ou en masses terreuses, d'un rouge violet tirant sur la couleur des fleurs de Pêcher, pesant spécifiquement 4,5. Exposée au feu du chalumeau, elle répand une odeur d'Arsenic, et colore en bleu le verre de Borax. Ses principales variétés sont le Cobalt arséniaté *aciculaire*, nommé par les Allemands *Kobaltblüthe* ou *Fleurs de Cobalt*, et le Cobalt *terreux* ou *pulvérulent*. On ne connaît pas encore d'une manière satisfaisante la composition de cette substance. Ses gisemens sont les mêmes que ceux de l'espèce suivante.

Cobalt arsénical, *Speiskobalt*, W. Substance d'un blanc argentin, aigre et cassante, à texture granulaire, dont les cristaux sont susceptibles d'être rapportés au cube. Sa pesanteur spécifique est de 7,72. Elle donne une odeur d'Ail par l'action du feu, colore en bleu le verre de Borax, et se dissout avec effervescence dans l'Acide nitrique. Le Cobalt arsénical de Riegelsdorf a donné à Stromeyer,

sur 100 parties, 74,22 d'Arsenic; Cobalt, 20,51; Fer, 5,42; Soufre, 0,89; Cuivre, 0,16. D'après cette analyse, le Cobalt arsénical serait un Biarséniure de Cobalt, mêlé d'un peu de Biarséniure de Fer, et sans Soufre. L'absence de ce dernier principe le distingue du Cobalt gris, dans lequel le Soufre est un des composans essentiels. Les variétés déterminables de Cobalt arsénical sont le cube, l'octaèdre, le cubo-octaèdre et le triforme, solide qui réunit le cube, l'octaèdre et le dodécaèdre rhomboïdal. Les autres variétés sont le Cobalt arsénical *concrétionné*, en masses mamelonnées et quelquefois radiées, le Cobalt arsénical *pseudomorphique filiciforme*, qui paraît devoir son origine à de l'Argent natif ramuleux, et le Cobalt arsénical *massif*, qui est tantôt d'un blanc argentin et dendritique, tantôt subluisant et d'un gris noirâtre.

Cette substance se trouve quelquefois en couches, mais le plus souvent en filons dans les terrains primitifs, tels que le Granite, le Gneiss, le Micaschiste et le Schiste argileux, dans les terrains de transition, et dans le Calcaire le plus ancien des terrains secondaires. On a un exemple de la première manière d'être à Wittichen en Souabe, où le Cobalt arsénical se trouve dans le même Granite qui renferme la Chaux arséniatée, et de la dernière à Sainte-Marie-aux-Mines et à Allemont en France, où le même Minéral est en cristaux cubo-octaèdres dans une Chaux carbonatée grano-lamellaire. Les substances qui accompagnent le plus ordinairement le Cobalt arsénical sont le Bismuth natif, le Nickel arsénical et la Baryte sulfatée.

Cobalt gris, *Glanzkobalt*, W. Minéral d'un blanc d'Etain, à texture très-lamelleuse, étincelant par le choc du briquet, donnant une odeur d'Ail par l'action du feu, colorant en bleu le verre de Borax, et soluble dans l'Acide nitrique. Pesanteur spécifique, 6,4. Son système de cristallisation est le même que celui du Fer sulfuré commun, c'est-à-dire que ses formes sont en rapport avec celles du dodécaèdre pentagonal et du cube. Il offre des joints très-sensibles parallèlement aux faces de ce dernier solide, que Haüy a adopté pour forme primitive. Le Cobalt gris de Skuterud en Norwège a donné à Stromeyer, sur 100 parties, 43,47 d'Arsenic, 33,10 de Cobalt, 20,68 de Soufre, et 3,23 de Fer. D'après cette analyse, Berzélius regarde cette substance comme formée d'un atome de Biarséniure de Cobalt et d'un atome de Bisulfure de Fer. Les formes régulières observées dans cette espèce sont le cube, l'octaèdre, le dodécaèdre pentagonal, l'icosaèdre et le cubo - icosaèdre. Ces cristaux sont remarquables par la netteté et le poli de leurs faces et par la grandeur du volume. Le Cobalt gris existe aussi en masse, mais c'est le cas le plus rare. On le trouve principalement dans la mine de Tunaberg, en Suède, où il est accompagné de Cuivre pyriteux et a pour gangue un Calcaire lamellaire.

COBALT OXIDÉ NOIR , *Schwarzer Erdkobalt*, W. Minéral d'un noir bleuâtre, qui devient assez éclatant lorsqu'on le frotte avec un corps dur, et qui colore en bleu le verre de Borax. On le trouve en masses ou en mamelons adhérens à la Chaux carbonatée et au Cuivre carbonaté bleu, à Kitzbüchel dans le Tyrol, à Saalfeld en Thuringe, à Schneeberg en Saxe, etc. Il est très-recherché pour la fabrication du bleu de Smalt.

COBALT ARSÉNIATÉ *terreux argentifère*, vulgairement *Mine d'Argent*, *merde d'Oie*. Masses terreuses composées d'Arséniate de Cobalt, d'Oxide de Cobalt, de Nickel et de Fer, et d'une certaine quantité d'Argent, et qui doivent leur nom vulgaire à la diversité des teintes de rouge, de vert et de brun qu'elles présentent. On a considéré ce mélange comme mine d'Argent dans quelques endroits où ce Métal y est en proportion sensible, comme à Schemnitz en Hongrie, et à Allemont en France, où la quantité d'Argent est quelquefois de treize parties pour cent.   (G. DEL.)

COBAYE. MAM. Pour Cobaie. *V.* ce mot.

COBBE ou KOBBOE. BOT. PHAN. Espèce de Sumac de Ceylan.   (B.)

COBE. BOT. PHAN. (Rumph.) Syn. malabare de *Bignonia grandis*.   (B.)

COBÉA. *Cobœa*. BOT. PHAN. La connaissance de ce genre est due à Cavanilles qui l'a établi sur une belle Plante indigène du Mexique, dont les caractères sont : calice très-grand à cinq divisions orbiculées, et qui, en se réunissant par leurs bords, forment des angles saillans; corolle campanulée dont le limbe est à cinq lobes un peu inégaux et réfléchis en dehors ; cinq étamines presque égales, déclinées et portant des anthères longues et oscillantes ; stigmate trifide ; capsule oblongue, trigone, couverte par le calice persistant, à trois valves et à trois loges séparées par une cloison triquètre dont les angles sont opposés aux valves ; semences disposées sur deux rangs, membraneuses et ailées, à radicule inférieure. Ce genre de la Pentandrie Monogynie, que l'on avait d'abord placé dans les Polémoniacées, en a été retiré par Kunth pour être rangé parmi les Bignoniacées.

On n'en a décrit qu'une seule espèce, le COBÉA GRIMPANT , *Cobœa scandens* (*Cav. Icon.*, I, p. 11, t. 16 et 17). Cette Plante, dont la connaissance ne remonte pas à plus de vingt années, est maintenant multipliée dans toute l'Europe, grâce à la facilité de sa culture. Elle décore, dans plusieurs villes, les murs et les fenêtres des plus humbles artisans, et ses fleurs, qui offrent le singulier phénomène de varier successivement de couleur, depuis le rouge brun jusqu'au violet intense, sont fort abondantes, et se succèdent pendant toute la belle saison. Son feuillage est aussi très-élégant, composé de folioles pari-pennées terminées par des vrilles. Il forme de beaux tapis de verdure qui s'étendent avec une prodigieuse rapidité, car l'accroissement des tiges est tel qu'on en a vu des jets atteindre, en quelques mois, jusqu'à quinze mètres de longueur.

(G..N.)

COBEL ou COBELLE. *Cobella.* REPT. OPH. Espèce du genre Couleuvre.

(B.)

COBILAR. OIS. Syn. de l'Épeiche, *Picus major*, L., en Ukraine. *V.* PIC.

(DR..Z.)

COBION ET COBIOS. BOT. PHAN. *Cobium* de Pline, d'où peut-être *Cobio* des Portugais, qui signifie la même chose. Syn. d'*Euphorbia Characias. V.* EUPHORBE. (B.)

COBITE. *Cobitis.* POIS. Genre de l'ordre des Abdominaux de Linné, de la famille des Cylindrosomes de Duméril, placé par Cuvier parmi les Malacoptérygiens abdominaux, famille des Cyprins. Il fut institué par Artedi qui lui imposa le nom grec d'un Poisson indéterminé. Adopté par Linné, il a été divisé depuis en quatre : Anableps, Cobite, Misgurnes et Fundule. Le second et le troisième paraissent ne pas différer suffisamment pour ne pas être confondus de nouveau, et Cuvier a cherché vainement les dents qu'on attribuait à l'un d'eux et qui avaient motivé une distinction que ne confirme pas l'observation. Les caractères du genre dont il est question sont : une seule dorsale ; bouche petite, garnie de barbillons et dépourvue de dents ; yeux rapprochés au sommet de la tête ; corps allongé, cylindracé, revêtu de très-petites écailles difficiles à voir, et d'une peau gluante. On en connaît quatre espèces indigènes de la France.

La LOCHE FRANCHE, *Cobitis Barbatula*, L., Gmel., *Syst. Nat.* T. XIII, 1, pars 2, p. 1348 ; Bloch, pl. 31, f. 3 ; Encycl. Pois., pl. 61, f. 241 (médiocre). Petit Poisson qui ne parvient guère qu'à quatre ou cinq pouces de longueur, et qui vit dans les ruisseaux où la bonté de sa chair le fait rechercher. Les eaux courantes lui conviennent seules ; il meurt dès qu'on l'en ôte, ou lorsqu'on le place dans des vases ; cependant, à force de précautions, un roi de Suède, Fré-

déric Ier, parvint à le faire transporter dans ses États où il a été naturalisé, non pour enrichir la Faune du pays, mais la table du souverain. Les dépouilles de la Loche franche sont du nombre de celles qu'on a distinctement reconnues dans les empreintes fossiles des Schistes d'Æningen près de Constance. L'espèce suivante s'y voit aussi. La Loche franche a le dos et la tête d'un brun livide, les nageoires grises, ornées de lignes et de petits points plus foncés ; le dessous est d'un blanc sale, la ligne latérale droite ; la tête lisse et aplatie est munie de six barbillons. B. 3, D. 8, P. 5-12, V. 7-3, A. 6-8, C. 16-17.

La LOCHE DE RIVIÈRE, *Cobitis Tænia*, L., Gmel., *loc. cit.*, p. 1349 ; Bloch, pl. 31, f. 2 ; Encycl., pl. 61, f. 242. La tête de ce Cobite est comme tronquée et penchée en avant, comprimée sur les côtés et marquée de lignes brunes. Elle est munie de six barbillons. La Loche de rivière, ornée de taches sur les nageoires, brune en dessus, jaunâtre sur les côtés du corps avec des marques noirâtres, acquiert jusqu'à six pouces de longueur ; une sorte d'aiguillon mobile et fourchu, placé en avant de l'œil, la caractérise. Elle habite entre les pierres et les cailloux au fond des rivières, et sa chair est peu estimée. B. 3, D. 7-10, P. 7-11, V. 7, A. 6-9, C. 16-18.

La LOCHE DES ÉTANGS, *Cobitis fossilis*, L., Gmel., *loc. cit.*, p. 1351, Bloch, pl. 31, f. 1 ; Misgurn fossile, Lacép., Pois. T. V, p. 17 ; Misgurne, Encycl. Pois., pl. 61, f. 243. Cette espèce habite les eaux tranquilles, les étangs, les grands fossés, dans la vase desquels elle s'enfonce profondément et vit très-long-temps, soit que leurs eaux se gèlent ou s'épuisent. Lorsqu'il doit faire de l'orage, elle vient s'agiter à la surface où ses couleurs, sa forme et son agilité la font remarquer. On peut la conserver très-long-temps dans des vases de cristal où elle forme un baromètre naturel. Trop de jour lui est contraire, elle craint moins le frais que la chaleur. Sa figure, légèrement anguilliforme, est rehaussée de couleurs dorées, élégamment réparties en bandes longitudinales parallèles, sur un fond brunâtre, très-foncé vers le dos. Dix barbillons, mollement agités, rayonnent autour de sa bouche en lui donnant un singulier aspect. Elle atteint jusqu'à un pied de long. Sa chair est médiocre et sent la vase; il y a des pays où l'on croit que cette chair est vénéneuse ou au moins malsaine. On prétend que le Cobite avale de l'air et qu'il le rend, par l'anus, échangé en Acide carbonique. Cette observation a été contestée. B. 3-4, D. 6-7, P. 9-11, V. 6-8, C. 15-16.

COBITE A TROIS BARBILLONS, *Cobitis tricirrhata*, Lacép., Pois. T. V, p. 15. Nous devons au citoyen Noël, dit le savant professeur, la connaissance de ce Cobite qui se plaît dans les ruisseaux d'eau courante et vive des environs de Rouen, et que l'on trouve, vers l'équinoxe du printemps, gros et plein d'œufs et de lait; sa partie supérieure est d'un roux brun et parsemé de taches arrondies; l'inférieure est d'un fauve clair, ainsi que les nageoires. La dorsale et la nageoire de la queue sont pointillées de noirâtre le long de leurs rayons dont Lacépède n'indique pas le nombre.

(B.)

COBOLT. MIN. Pour Cobalt. *V.* ce mot.

CO-BO-XIT. BOT. PHAN. Syn. cochinchinois de *Sphæranthus cochinchinensis*, Lour. Plante qui croît dans les jardins et dans les champs de la Chine. Son suc passe pour adoucissant.

(B.)

COBRA DE CHIAMETLA. REPT. OPH. *Chiametla* est le nom d'une montagne du Chili, *Cobra* une contraction de *Colebra*, Couleuvre. On désigne sous ce nom une espèce de Serpent indéterminé de l'Amérique méridionale, aussi appelé Vico de Chiametla. On appelle *Cobra de Capello* le Serpent Naja.

(B.)

COBRÉSIE. *Cobresia* et *Kobresia*. BOT. PHAN. Genre de la famille des Cypéracées et de la Monœcie Trian-

drie, L., établi par Willdenow qui lui a donné les caractères suivans : Plante monoïque; épi formé d'écailles imbriquées renfermant des fleurs mâles et femelles mélangées, et le plus souvent géminées sous une même écaille. Dans quelques fleurs femelles l'écaille est double; l'une plane, et l'autre intérieure et mutique, enveloppant l'ovaire; trois stigmates; cariopses triangulaires, dépourvues du godet qui entoure celles des Carex. *V.* LAICHE.

L'auteur de ce genre lui a rapporté trois espèces dont deux sont indigènes des Alpes et des Pyrénées. L'une, qui a reçu le nom de COBRÉSIE SCIRPE, *Cobresia scirpina*, Willd., est le *Carex Bellardi* de la Flore Française, 2e édition. Outre ce synonyme, cette Plante en a reçu un grand nombre d'autres que nous ne rapporterons pas ici, d'autant plus qu'on l'a promenée, pour ainsi dire, dans plusieurs genres de Cypéracées. Nous citerons cependant l'*Elyna spicata*, nom sous lequel Schrader et Gaudin ont parlé de cette Plante, et que Rœmer et Schultes ont adopté en la plaçant dans la Triandrie Monogynie. *V.* ÉLYNE. Elle se trouve dans les prés humides des Alpes depuis la Styrie et la Bavière jusqu'en Dauphiné.

LA COBRÉSIE CAREX, *Cobresia caricina*, Willd., resterait seule dans le genre, si on admettait l'*Elyna* de Schrader. C'est une petite Plante qui a tout l'aspect extérieur d'un Carex, dont les feuilles radicales sont très-étroites, roides et un peu glauques; la hampe terminée par deux ou trois épis très-rapprochés et qui sortent chacun d'une bractée ovale, membraneuse et roussâtre. Elle croît sur le Mont-Cenis près du lac.

L'espèce exotique que Willdenow a adjointe à son genre appartient aux *Elæocharis*, selon Rœmer et Schultes (*Syst. Veg.*, II, p. 156). C'était le *Carex hermaphrodita* de Jacquin; Plante qui habite les lieux humides près Caraccas.

(G. N.)

COCA. BOT. PHAN. Espèce fort im-

téressante du genre *Erythroxylum.*
V. ce mot. (B.)

COCAGNE. bot. phan. *V.* Pastel.

COCALIA. moll. Aristote (Hist.
des Animaux, liv. 4, ch. 4) désigne
sous ce nom une espèce de Mollusque à coquille qui paraît voisine du
Limaçon, mais qu'on ne saurait rapporter avec certitude à aucune espèce
connue. (G.)

COCARDE. *Tentaculum.* ins.
Nom donné par Geoffroy et quelques
entomologistes aux vésicules rouges
que font sortir des parties latérales
de leur corps certains Insectes du
genre Malachie. (AUD.)

COCARDE DE MER. échin.
Les pêcheurs des départemens de
l'ancienne Normandie donnent ce
nom aux Astéries plates, à bords
presque entiers, principalement à
l'*Asteria membranacea* de Linné.
(LAM..X.)

COCARDEAU. bot. phan. Variété
à très-grandes fleurs doubles de Ju-
lienne (B.)

COCASSE. bot. phan. Variété de
Laitue cultivée. (B.)

COCATRE. ois. Nom du Coq auquel on a retranché un testicule.
(DR..Z.)

* COCATTI COZTIC. bot. phan.
(Hernandez.) Syn. de Tagète. *V.* ce
mot. (B.)

* COCCALON. bot. phan. L'un
des noms que Daléchamp donne aux
cônes du Pin. (B.)

* COCCHOU. pois. (Rondelet.)
L'un des noms vulgaires du Rouget
sur les côtes des États romains. *V.*
Trigle. (B.)

COCCIGRUE. bot. crypt. Nom
vulgaire donné à diverses Pezizes, Helvelles, etc., et appliqué par Paulet à un
groupe de Champignons qui renferme les Plantes les plus différentes :
ainsi sous le nom de Coccigrues proprement dites, il réunit des Helvelles,
des Pezizes, des Mérules et le genre

Nidulaire de Bulliard (*Cyathus*, Pers.)
Les deux premiers appartiennent aux
Champignons à membrane fructifère
supérieure ; les Mérules ont cette
membrane en dessous, et les Nidu-
laires n'appartiennent même pas à la
vraie famille des Champignons, mais
aux Lycoperdacées. (AD. B.)

COCCIMELEA. bot. phan. Selon
Bauhin, c'est ainsi qu'on a désigné
le *Prunus amygdalina* cité par Pline,
lequel semble être une variété du
Prunus domestica, L. (B.)

COCCINELLE. *Coccinella.* ins.
Genre de l'ordre des Coléoptères, section des Trimères, établi par Frisch,
adopté ensuite par Linné, Geoffroy,
Fabricius et tous les entomologistes.
Latreille le plaça d'abord (*Gener.
Crust. et Ins.* T. III, p. 74, et Considér.
génér. p. 240) dans la famille des
Coccinellides, et le rangea plus tard
(Règn. Anim. de Cuv.) dans celle des
Aphidiphages, en lui assignant pour
caractères : tête petite et placée dans
une échancrure ou cavité ; antennes
courtes, composées de onze articles
dont le premier gros, les autres gre-
nus, les trois derniers un peu en massue ; bouche composée de deux lèvres
dont la supérieure arrondie, coriace,
et l'inférieure avancée, de deux mandibules courtes, cornées, simples, de
deux mâchoires cornées, ciliées, et de
quatre palpes inégaux, dont les maxillaires sont terminés par un article
très-grand, sécuriforme ; corselet convexe plus étroit que les élytres ; celles-
ci très-convexes, coriaces, légèrement rebordées et recouvrant deux
ailes membraneuses repliées ; trois articles aux tarses, dont les deux premiers en cœur et garnis de brosses ;
corps hémisphérique. — Ces Insectes
se distinguent essentiellement des
Chrysomèles et des Érotyles par le
nombre des articles des tarses, qui ne
s'élève pas au-delà des trois. Elles
partagent ce caractère avec les Eu-
morphes ; les Endomyques et les Da-
sycères, mais elles en diffèrent par la
brièveté de leurs antennes, par la
forme de leur corps et aussi par le

développement du dernier article des palpes maxillaires.

Ce que nous avons dit des caractères des Coccinelles a pu donner une idée de leur *facies* extérieur. Elles ont une forme hémisphérique, ce qui est dû à la convexité des élytres qui se joignent exactement par les bords en contact; au contraire la face inférieure de leur corps est exactement plane; les pates sont très-courtes et ne dépassent guère pendant la marche la circonférence du corps; dans le repos, elles se replient exactement contre le corps; si on les inquiète, elles laissent suinter par les articulations des pates une humeur jaunâtre, ressemblant au cérumen des oreilles par l'amertume, ainsi que par la couleur, et ayant une odeur spéciale assez semblable à celle de la Pomme de terre crue. Latreille suppose qu'il doit exister au-dedans de la jointure une ouverture pour la sortie de ce liquide. Cette présomption n'a pu être encore vérifiée. Nous devons à Léon Dufour des observations curieuses et très-exactes sur la composition anatomique de la Coccinelle. Ce savant entomologiste a découvert dans une espèce de ce genre (*Coccinella septempunctata*) un appareil salivaire composé de trois paires de vaisseaux diaphanes, d'une ténuité plus que capillaire, plus ou moins entortillés et se portant de l'arrière-bouche jusque dans l'abdomen où flottent leurs extrémités. Malgré toute l'attention et la patience dont nous le connaissons capable, il n'a pu y découvrir aucune grappe, aucune glande, aucun organe essentiellement sécréteur. Soumis à une forte lentille du microscope, ces tubes ou vaisseaux flottans présentent une structure très-analogue à celle des conduits salivaires des Hémiptères et des Diptères. Ainsi l'on aperçoit à travers les parois pellucides du vaisseau un axe tubuleux, linéaire, semblable à celui des sécrétions excrémentitielles des Carabiques. Le conduit digestif dépasse à peine la longueur du corps; il est par conséquent presque droit. L'œsophage est ren-

fermé dans la tête, de manière que pour le mettre en évidence, il faut tirailler en arrière le tube alimentaire. L'estomac n'est précédé d'aucun gésier ni jabot. Il est bilobé à son origine qui touche à la tête et reçoit l'œsophage dans l'échancrure formée par ces lobes. Plus long que tout le reste du tube, il est très-lisse et dilatable. Dufour l'a trouvé rempli d'une pulpe tantôt noirâtre, tantôt jaune. À l'endroit de sa terminaison, on voit des vaisseaux biliaires au nombre de six. Assez grosses, vu la petitesse de l'Insecte, leurs insertions à l'estomac comme au cœcum, sont toutes six distinctes et isolées. Ces vaisseaux d'un aspect très-variqueux ont toujours paru diaphanes. Après la première insertion des vaisseaux biliaires, qui indique la limite de l'estomac, on voit un intestin fort court suivi d'un cœcum légèrement renflé et d'un rectum bien marqué. Les larves des Coccinelles vivent de Pucerons. On les rencontre sur toutes les Plantes qui servent de nourriture à ces petits Animaux. A l'état parfait, elles passent l'hiver en se blottissant dans des fentes ou encoignures de murailles, et s'accouplent au printemps. Les mâles paraissent s'unir avec des femelles d'espèces différentes. On ne sait pas encore ce qui résulte de ces accouplemens, et s'il en naît des Hybrides. C'est un point de recherche qui ne laisserait pas que d'offrir quelque intérêt, et qui, s'il était convenablement examiné, conduirait certainement à d'importans résultats. Les œufs sont ordinairement jaunes, et répandent une odeur assez désagréable. Les Coccinelles les pondent indifféremment sur toutes les Plantes qu'elles habitent. Au bout de peu de temps, il en naît des larves que Réaumur (Mém. Ins. T. III, p. 594, tab. 31, fig. 14-19) a étudiées dans leurs métamorphoses. Nous emprunterons à ses Mémoires et à l'Encyclopédie méthodique (T. VI, p. 37) une partie des détails qui vont suivre. Les larves sont très-différentes de l'Insecte parfait, et ne ressemblent à rien moins qu'à une portion de sphère. Leur corps est plat, c'est-à-dire qu'il a bien plus de largeur que d'épaisseur. Sa partie postérieure le termine presqu'en pointe, et il en sort souvent un mamelon charnu et assez gros, que l'Animal appuie sur le plan de position, et qui lui sert de pate surnuméraire. On compte douze anneaux qui sont tantôt raboteux à cause des tubercules épineux qui les garnissent, tantôt simplement épineux, et d'autres fois tout-à-fait lisses. La tête munie de petites antennes présente une bouche composée de deux lèvres, de deux mâchoires et de quatre barbillons. Les pates, au nombre de six, sont assez rapprochées de la tête; elles sont très-remarquables, d'abord en ce que chacune est recourbée en arc dont le plan se trouve dans celui d'un anneau, la convexité étant en dehors du corps, et ensuite parce qu'elles offrent une organisation toute particulière. Elles ont trois articles : le premier ou celui de la base est court et gros; le second est long et cylindrique; le troisième est semblable au précédent en grosseur et à peu près en longueur. Le bout de la pate est aussi gros que le reste, et terminé par un crochet unique. Sur les second et troisième articles des pates, il y a plusieurs poils, les uns longs et les autres courts; et ce qu'il y a de très-remarquable, c'est que les petits poils qui se trouvent en grand nombre vers l'extrémité de la pate et à son côté interne, sont plus gros au bout que dans leur étendue, et qu'ils paraissent terminés en une petite masse allongée. Ces poils en massue servent sans doute à l'Animal pour se fixer; toujours est-il certain qu'il adhère très-fortement aux corps sur lesquels il marche. Les Pucerons sont l'unique nourriture des Coccinelles; elles les saisissent avec les deux pates antérieures, et les portent à la bouche. Lorsque les larves ont acquis leur grandeur, elles se collent par le derrière contre quelque feuille, se dépouillent et se transforment en une nymphe dont la figure est déjà plus raccourcie que n'était celle du Ver. L'extrémité de l'abdo-

men de cette nymphe reste ordinairement engagée dans la dépouille; enfin la nymphe se transforme au bout de six, huit, dix, quatorze et même quinze jours, en Insecte parfait. Toutes les parties du corps sont d'abord incolores, molles et flexibles, mais elles ne tardent pas à s'endurcir et à se colorer.

Les larves des Coccinelles sont très-communes et très-utiles à l'agriculture par la destruction prodigieuse qu'elles font des Pucerons. A l'état parfait, elles sont connues vulgairement sous le nom de *Bête à Dieu*, *Vache à Dieu*, *Bête de la Vierge*, etc. Elles ne vivent plus alors qu'aux dépens des feuilles des Plantes, et peuvent nuire, à raison de leur nombre, aux produits des récoltes. On cite comme dévorant quelquefois les Luzernes, celles à cinq points et à vingt points. Bosc a vu en Amérique la Coccinelle boréale ne laisser que les nervures des feuilles dans les plantations de Melons. Le nombre très-grand des espèces a engagé quelques auteurs à les grouper dans plusieurs divisions qui ont pour base la couleur des élytres ou la forme de tout le corps. Linné a établi trois sections : la première comprend les espèces qui ont les élytres rouges ou jaunes, sans taches ou avec des taches noires; la seconde embrasse toutes celles dont les élytres sont pareillement ou rouges ou jaunes, avec des taches blanches ou d'un jaune très-clair. Dans la troisième sont placées les espèces à élytres noires, sans taches ou avec des taches rouges, jaunes ou blanches.— Illiger établit quatre familles : 1° les *Scymnes* d'Herbst, dont les élytres sont velues et très-petites; 2° les *Oblongues* qui sont lisses, déprimées, avec le corset arrondi et plus étroit que les élytres ; 3° les *Hémisphériques* ou bombées, à côtés du corselet distincts du bord postérieur tronqué en travers; 4° les *Cassidées* qui sont lisses, dont le corselet est court, transverse, en croissant, et dont les élytres sont en cœur, non bordées et échancrées en devant, pour recevoir le corselet. Toutes ces divisions sont artificielles ; mais il faut avouer qu'elles sont très-utiles pour arriver à une prompte détermination. Nous nous bornerons à citer quelques espèces : la COCCINELLE BIPONCTUÉE, *Cocc. bipunctata* de Linné et de tous les auteurs , assez mal représentée par Réaumur (*loc. cit.* T. III, pl. 51, fig. 16).

La COCCINELLE CINQ POINTS , *Cocc. quinquepunctata* des auteurs, ou la Coccinelle rouge à cinq points noirs de Geoffroy (Hist. des Ins. T. I, p. 320, n° 2).

La COCCINELLE IMPONCTUÉE, *Cocc. impunctata* de Linné et Degéer (Mém. Ins. T. V, p. 379, n° 1).

V., pour les autres espèces, Fabricius, Olivier (Encycl. méthodique , T. VI, p. 40, et Hist. Nat. des Coléopt. T. VI, p. 990), Dejean (Catal. des Coléoptères, p. 130), Paykull (*Fauna Suec.* T. II), Illiger (*Ins. Pruss.*), Herbst (Coléopt. T. V), Panzer (*Fauna Ins. Germ.*), etc.   (AUD.)

COCCIS, BOT. PHAN. Trois Plantes portent vulgairement ce nom à Saint-Domingue où leur racine est employée comme vomitif. La plus commune paraît être le *Ruellia tuberosa.*   (B.)

COCCISUS. OIS. Pour Coccysus. *V.* ce mot.

COCCIX. ZOOL. *V.* QUEUE et SQUELETTE.

COCCO. POIS. (Rondelet.) Nom vulgaire du *Trigla Lucerna* sur quelques parties des côtes de la Méditerranée. *V.* TRIGLE.   (B.)

COCCO. BOT. PHAN. Syn. de Gouet à la Jamaïque.   (B.)

COCCOCYPSILE. *Coccocypsilum.* Et non *Cococipsilum.* BOT. PHAN. Famille des Rubiacées de Jussieu , Tétrandrie Monogynie , L. Ce genre a été fondé par P. Browne dans ses Plantes de la Jamaïque, et adopté par Linné, Jussieu, Swartz et tous les botanistes modernes. Les auteurs de la Flore du Pérou, Ruiz et Pavon, l'ont reproduit sous le nouveau nom de *Condalia*, qui a été

transporté à d'autres Plantes. Il faudrait aussi rapporter à ce genre le *Tontanea* d'Aublet, ou *Bellardia* de Schreber, ainsi que le *Lygistum* de Lamarck ; telle est , du moins , l'opinion de Kunth qui a décrit trois espèces de ce genre (*Humb.*, *Bonpl. et Kunth. Nov. Gener. Plant. æquin.*, 3, p. 405), et auquel nous emprunterons les caractères génériques subséquens. Dans un Mémoire récent sur la famille des Rubiacées, le professeur A.-L. de Jussieu n'adopte pas la réunion du *Tontanea*, et encore moins celle du *Fernelia*, Commers., proposée par Willdenow. En effet, ce dernier genre s'en distingue assez par la forme intérieure de son fruit, la grandeur de sa corolle et sa tige arborescente. Au surplus , nous allons exposer les caractères du *Coccocypsilum*, tels que Kunth les a exprimés ; par leur comparaison avec ceux des autres genres voisins, ils serviront à établir le jugement que l'on doit porter sur la validité de chacun d'eux, beaucoup mieux que ne le ferait la citation des opinions divergentes de tous les auteurs : calice adhérent, quadripartite et persistant ; corolle infundibuliforme ou hypocratériforme, à limbe quadrifide ; quatre étamines insérées sur la gorge de la corolle , et incluses ou à peine exertes. (C'est ici une des différences de ce genre avec le *Tontanea*; mais ne doit-on pas considérer, comme une inexactitude du peintre, l'exertion des étamines dans la figure qu'Aublet a donnée du *Tontanea guyannensis ?*) Style unique terminé par un stigmate bifide ; baie ovée couronnée par le calice persistant , de la grandeur d'un pois et de couleur bleue , biloculaire , à loges polyspermes ; semences non bordées, anguleuses ou lenticulaires.

Les Plantes de ce genre sont herbacées et rampantes. Elles ont des fleurs en capitules, axillaires ou terminales , involucrées et pédonculées. Elles sont indigènes de l'Amérique du sud , des Antilles , et principalement du Pérou. Aucune espèce ne se fait remarquer par ses usages ou par les agrémens qu'elle procure.   (G..N.)

COCCODÉE. *Coccodea.* BOT. CRYPT. (*Chaodinées.*) Beauvois désigna, sous ce nom, les premiers rudimens de la végétation, le premier des genres de la botanique que nous avons appelé CHAOS. *V.* ce mot. La Coccodée verte n'est que le mucus constitutif de notre genre, pénétré par la véritable matière verte de Priestley, que les uns ont pris pour une substance animale, et d'autres pour un Végétal. Ce point, déjà touché au mot CHAOS, sera éclairci au mot MATIÈRE.   (B.)

COCCOGNIDIUM. BOT. PHAN. Les baies du *Daphne Mezereum* qui sont un poison très-violent.   (B.)

COCCOLITHE. MIN. Nom donné par Abildgard à un Minéral verdâtre ou vert foncé, composé de grains quelquefois serrés, quelquefois n'ayant que peu d'adhérence entre eux. Quelques-uns de ces grains présentent l'apparence de cristaux dont les bords et les angles auraient été oblitérés. Haüy les a divisés mécaniquement, et en a retiré des prismes à quatre pans à peu près perpendiculaires entre eux, ce qui l'a déterminé à réunir ce Minéral au Pyroxène. Les caractères tirés de la structure, de la couleur, de la pesanteur et du gissement, confirment ce rapprochement. On le trouve dans les mines de Sudermanie en Suède, et dans celle d'Arendal en Norwège. *V.* PYROXÈNE.

La COCCOLITHE DE FINLANDE est un Minéral qui semble être une variété granatiforme de l'Amphibole Actinote, et qui se trouve à Pargas en Finlande.   (G.)

COCCOLOBA. BOT. PHAN. On appelle aussi ce genre *Raisinier*, à cause de la forme de ses fruits, et de la ressemblance qu'on a cru leur trouver avec ceux de la Vigne. C'est à la famille naturelle des Polygonées et à l'Octandrie Trigynie, L., qu'on doit le rapporter. Il se compose d'une trentaine d'espèces qui, toutes, sont des Arbrisseaux ou des Arbres à feuilles simples, alternes, quelquefois excessivement grandes, terminées à leur base par une gaîne membraneuse qui environne la tige. Leurs fleurs sont petites, disposées en épis ou en panicules. Toutes ces espèces croissent sous les tropiques, et la plupart en Amérique. Leur calice est monosépale, subcampanulé, à cinq divisions, persistant. Les étamines sont au nombre de huit, attachées sur le calice; on en compte quelquefois dix dans certaines fleurs. L'ovaire est triangulaire, à une seule loge et à un seul ovule. Il se termine à son sommet par trois styles portant chacun un stigmate, ou par un style simplement trifide à son sommet. Le fruit est composé du calice qui persiste, s'accroît et devient charnu, et recouvre un akène osseux, triangulaire ou ovoïde.

Parmi les espèces de ce genre on distingue les suivantes :

Le COCCOLOBA RAISINIER, *Coccoloba uvifera*, L., Lamk., Ill. t. 316, f. 2. Sur le continent américain et dans les Antilles, cette espèce est un Arbre assez élevé, dont le bois a une teinte rougeâtre intérieurement. Ses feuilles sont grandes, alternes, glabres, cordiformes, arrondies, entières, portées sur des pétioles très-courts, dilatés et membraneux à leur base. Les fleurs sont rougeâtres, petites, et forment, au sommet des rameaux, une longue grappe simple et pendante. Les fruits sont rouges, charnus, d'une saveur acidulé assez agréable. On le mange, et l'on en fait des boissons rafraîchissantes.

Le COCCOLOBA A GRANDES FEUILLES, *Coccoloba grandifolia*, Jacq., ou *Cocc. pubescens*, L., croît dans les forêts et sur les montagnes, dans les Antilles, et en particulier à la Martinique. Son tronc est ligneux et souvent fort élevé. Ses jeunes rameaux sont tomenteux. Ses feuilles ont deux pieds, ou même deux pieds et demi de diamètre; elles sont réniformes, arrondies, presque sessiles; leur surface est onduleuse, glabre supérieurement, finement pubescente inférieurement. Leurs fleurs forment de longs épis réunis en une sorte de panicule. On cultive cette espèce dans les serres chaudes. On la multiplie de boutures.

Le Coccoloba a fruits blancs, *Coccoloba nivea*, Jacq., Am., t. 78, croît également dans les Antilles. Il porte à la Martinique le nom vulgaire de Raisin-Coudre, à cause de sa ressemblance avec le Coudrier. Ses feuilles sont obovales, oblongues, pubescentes et un peu rudes. Ses fleurs jaunâtres produisent des fruits charnus, blanchâtres, d'une saveur aigrelette, et que l'on mange dans les Antilles. On le cultive également dans les serres chaudes. (A. R.)

COCCOLOBIS. bot. phan. Ce nom a été donné par P. Browne (*Plant. Jamaïc.*) au genre que Plumier avait déjà nommé *Guiabara*. Linné n'a fait que changer sa désinence en constituant le genre Coccoloba. *V.* ce mot. (G.'N.)

COCCONILEA. bot. phan. (Théophraste.) Syn. de *Rhus Cotinus*, vulgairement Fustet. (B.)

COCCOON. bot. phan. Syn., à la Jamaïque, de *Mimosa scandens*, espèce d'Acacie. (B.)

COCCOSCNIDIOS. bot. phan. (Dioscoride.) Syn. de Thymelée. (B.)

COCCOTHRAUSTES. ois. Nom scientifique des Gros-Becs dans divers auteurs. Il est demeuré au Gros-Bec proprement dit, *Loxia Coccothraustes*, L. *V.* Gros-Bec. (DR..Z.)

COCCU, COQU. ois. Syn. vulgaires du Coucou gris, *Cuculus Canorus*, L. *V.* Coucou. (DR..Z.)

COCCULUS. bot. phan. De Candolle (*Syst. Regn. Veget.* T. I, p. 515) a séparé des Ménispermes toutes les espèces qui ont six étamines, c'est-à-dire la plus grande partie, et il en a formé un genre distinct auquel il a donné le nom de *Cocculus* qu'employaient d'anciens auteurs pour désigner celle de ses espèces qui fournit la Coque du Levant. Ses caractères sont : des fleurs ordinairement dioïques, très-rarement monoïques ou presque complètement hermaphrodi-

tes ; un calice formé de six à neuf sépales disposés trois par trois sur des rangs concentriques ; six pétales sur un double rang. Dans les fleurs mâles, six étamines libres, opposées aux pétales ; les ovaires avortés ont disparu entièrement, ou l'on n'en trouve que des traces incomplètes. Dans les fleurs femelles, quelquefois six étamines stériles ; les ovaires, au nombre de trois ou six, portent chacun un style unique, souvent bifide à son sommet ; tantôt ils persistent tous, tantôt ils avortent en partie, de sorte qu'on trouve à la maturité, à la place de chaque fleur, un à six drupes obliques, réniformes, légèrement comprimés et monospermes. L'embryon est recourbé ; ses cotylédons sont écartés l'un de l'autre.

Les espèces de ce genre sont des Arbrisseaux grimpans, dont les pédoncules ordinairement axillaires portent peu de fleurs dans les femelles, un plus grand nombre dans les mâles ; elles sont ordinairement petites, accompagnées de bractées petites également ou nulles. Les feuilles sont alternes et plus ou moins longuement pétiolées.

C'est d'après leur forme que De Candolle divise les quarante-six espèces décrites dans son ouvrage, auxquelles on doit ajouter le *Menispermum virginicum*, L., ou du moins la Plante cultivée sous ce nom au Jardin du Roi à Paris : car elle ne diffère en rien d'un Cocculus. Des feuilles peltées caractérisent une première section ; dans une seconde, elles sont en cœur à la base ; dans une troisième, elliptiques, ovales ou oblongues. Deux espèces, dont les fleurs sont monoïques, sont rejetées dans une dernière section, et doivent former peut-être un genre séparé. On en connaît vingt-huit environ originaires d'Asie, savoir : trois du Japon, quatre de la Chine et de la Cochinchine, quinze des Indes et de Ceylan, cinq de Java, des Célèbes et des Moluques, une d'Arabie. L'Afrique en produit cinq, l'Amérique huit, Timor avec les îles de la mer du Sud, trois.

Plusieurs sont figurées dans les *Icones* de M. Delessert, pl. 93-97. *V.* aussi Gaertner, tab. 70.

Parmi ces différentes espèces, on doit remarquer celles dont le fruit, connu en Europe sous le nom de Coque du Levant, jouit de la propriété d'empoisonner ou d'enivrer le Poisson, lorsqu'on le mêle à l'eau, propriété qui a souvent été mise en usage, qui agit de même sur les autres Animaux, et paraît due à un principe de nature vénéneuse découvert par Boullay, et nommé par lui Picrotoxine. *V.* ce mot. Il est probable que la Coque du Levant du commerce est recueillie indistinctement sur plusieurs espèces, mais notamment du *Cocculus suberosus*, D. C. — Le *C. palmatus*, D. C., paraît fournir la racine signalée dans les ouvrages de matières médicales sous le nom de Columbo ou Colombo, et employée quelquefois comme amère et tonique. *V.* Columbo.

Les pièces disposées sur plusieurs rangs, qui forment les sépales et les pétales, n'ont pas été considérées sous le même point de vue par tous les auteurs. On a pu regarder les plus extérieures comme des bractées, ou bien les pétales, ordinairement beaucoup plus petits que les pièces du calice qui les cachent, comme de simples appendices. De-là sont résultés plusieurs genres qui doivent rentrer dans le *Cocculus*, dès qu'on a pris soin de désigner par les mêmes noms les organes analogues auxquels on en avait à tort donné de différens. Tels sont le *Chondodendron* de Ruiz et Pavon, le *Baumgartia* de Mœnch, l'*Androphylax* de Wendland, le *Cebatha* et le *Læœba* de Forskalh, le *Fitraurea* et le *Limacia* de Loureiro, et peut-être le *Nephroia* du même auteur, ainsi que l'*Epibaterium* de Forster, enfin le *Wendlandia* et le *Braunea* de Willdenow.

De Candolle ne paraît pas éloigné de conserver ce genre *Braunea*. Mais après avoir corrigé tant de méprises, comme nous venons de le voir, pourquoi a-t-il respecté celle-ci? En

effet, dans les deux espèces voisines qui formeraient ce genre, il décrit les pétales comme beaucoup plus grands que les divisions du calice, et ne parle pas de six appendices intérieurs plus petits, auxquels sont opposées les étamines. Or, d'après l'analogie, ce sont ces appendices qui sont les véritables pétales. Il est vrai qu'alors les sépales extérieurs ressemblent bien peu aux intérieurs. Mais n'en est-il pas de même dans la plupart des espèces? Toutes ces rangées, confondues sous le nom de calice, sont-elles toujours bien de la même nature? Ou enfin ce qu'on appelle pétales mérite-t-il bien véritablement ce nom? (A.D.J.)

COCCUS. ins. *V.* Cochenille.

*COCCYCÉPHALE. zool. *V.* Acéphale.

COCCYGRIA. bot. phan. (Théophraste.) Même chose que Cocconilea. *V.* ce mot. (B.)

COCCYMELEA. bot. phan. *V.* Coccimelea.

COCCYX. ois. Syn. grec de Coucou gris, *Cuculus Canorus*, L. *V.* Coucou. (DR..Z.)

*COCCYX. pois. (Rondelet.) Syn. de Malarmat. (B.)

COCCYZUS. ois. (Vieillot.) *V.* Coua.

COC DE VINDHOVER. ois. (Albin.) Syn. de Cresserelle, *Falco Tinnunculus*, L. *V.* Faucon. (DR..Z.)

COCHE ou COCHERELLE. bot. crypt. L'un des noms vulgaires de l'*Agaricus procerus* de De Candolle. (B.)

*COCHEHUE. bot. phan. L'un des noms américains du Rocou. (B.)

COCHELERIEU, COCHELIVIER. ois. Syn. vulgaires de Cujelier ou Alouette Lulu, *Alauda arborea*, L. *V.* Alouette. (DR..Z.)

COCHÈNE ou COCHESNE. bot. phan. Nom vulgaire du Sorbier sauvage dans quelques parties du centre de la France. (B.)

COCHENILLE. *Coccus.* ins. Grand genre de l'ordre des Hémiptères, section des Homoptères, famille des Gallinsectes, établi par Linné et adopté par Latreille (Règn. Anim. de Cuv.) qui lui donne pour caractères : tarses d'un article, terminés par un seul crochet; mâles dépourvus de bec, n'ayant que deux ailes qui se recouvrent horizontalement sur le corps, avec l'abdomen pourvu à son extrémité de deux soies; femelles aptères, munies d'un bec; antennes filiformes ou sétacées, composées de onze articles.

Geoffroy, Réaumur et Olivier, se basant sur ce que plusieurs individus femelles de ce genre perdent leur forme d'Insecte après s'être fixés, prennent celle d'une galle et ne présentent aucune apparence d'anneaux, ont établi, pour ces espèces, le genre Kermès que Réaumur désigne sous le nom de *Gallinsectes*, et ils ont rangé dans les Cochenilles proprement dites toutes les espèces dont les femelles, après s'être fixées et même après leur mort, ne ressemblent pas à des galles et conservent encore la forme d'Insectes. Réaumur a nommé celles-ci *Progallinsectes* ou *Faux Gallinsectes*. Il est possible qu'à l'aide de l'observation on parvienne à trouver des caractères propres à confirmer la division des Gallinsectes et des Progallinsectes; mais, jusqu'à présent, les différences entre ces deux genres n'étant tirées que des femelles, et les mâles étant absolument semblables, nous présenterons ce genre tel que Linné l'a établi, et tel qu'il a été adopté par Latreille, en considérant simplement comme deux divisions, et non comme deux genres, les Gallinsectes ou Kermès, et les Progallinsectes ou Cochenilles de cet auteur (*Gener. Crust. et Ins.* T. iii, p. 176).

D'après notre manière de voir, il eût été convenable de traiter ici les deux groupes; mais afin de ne pas donner trop d'étendue à cet article, et pour nous conformer en quelque sorte à l'usage, nous ne considére-rons ici que les Cochenilles proprement dites, et nous renverrons pour l'autre division au mot Kermès. Nous ferons aussi observer que les Insectes auxquels Geoffroy, Réaumur et Olivier ont donné le nom de *Kermes*, sont différens de ceux que Linné appelle *Chermes*. Ceux-ci sont, pour ces auteurs et pour Latreille, des Psylles. *V.* ce mot.

Les Cochenilles proprement dites ou Progallinsectes sont des Insectes aussi singuliers par leur forme et leurs habitudes, que difficiles à observer. Leur histoire a été long-temps inconnue, et l'on a d'abord cru que la Cochenille employée dans le commerce était une graine. Ce n'est qu'en 1692 que le P. Plumier reconnut que c'était un Insecte, et nous devons à Réaumur la connaissance précise de leurs métamorphoses et de leur génération.

Les larves des mâles et des femelles, au sortir de l'œuf, sont très-agiles, courent sur les branches et les feuilles de la Plante qu'elles habitent, et sont si petites qu'on ne peut guère les apercevoir qu'à l'aide d'une loupe. Elles sont plates, ovalaires, aptères, avec des antennes courtes, à articles peu distincts au nombre de onze. Les mâles n'ont point d'organes de la manducation : les femelles ont un petit bec presque conique, très-court, inséré entre les premières et secondes pates, presque perpendiculaire, formé d'une graine de quatre articles et d'un suçoir de trois soies. C'est avec cette trompe qu'elles pompent la sève des feuilles et des jeunes branches. Ces larves se fixent plusieurs fois pour changer de peau : lorsqu'elles ont pris un certain accroissement, elles se fixent définitivement et choisissent de préférence les bifurcations des branches où elles pratiquent un petit nid qu'elles tapissent d'un duvet cotonneux. Ces Cochenilles, arrivées alors à l'état d'Insectes parfaits, sont aptères et prennent un accroissement considérable; leur tête est un demi-cercle; leur bouche est toujours formée du bec qu'elles avaient à l'état de larves, et leurs yeux sont petits. On distingue difficilement un corselet appliqué contre l'abdomen qui est composé d'anneaux distincts ; on voit à la partie postérieure du dernier de ces anneaux une petite fente ouverte. Quand l'Insecte a terminé sa croissance, son abdomen se remplit d'œufs très-petits.

Les larves des mâles, beaucoup plus rares, mais encore fort nombreux, se fixent également sur les branches, sans prendre de nourriture ; leur peau se durcit et devient une coque dans laquelle s'opère la transformation en nymphes, lesquelles sont remarquables en ce que leurs pates antérieures, au lieu d'être dirigées en arrière, comme dans les chrysalides des autres Insectes, le sont en avant. Vers le commencement du printemps, la coque s'ouvre à sa partie postérieure, et l'on en voit sortir à reculons l'Insecte parfait : il est allongé ; sa tête ronde, avec deux petits yeux et deux antennes assez longues, composées de onze articles distincts ; il n'a aucun organe de la manducation ; son corselet est arrondi et sert d'attache à deux longues ailes couchées horizontalement l'une sur l'autre et ayant des nervures très-fines ; l'abdomen est sessile, conique, terminé par une pointe bivalve, renfermant l'organe générateur qui est un crochet recourbé ; le dernier anneau porte en outre deux filets longs et divergens. Le mâle est beaucoup plus petit que la femelle, assez agile, quoique faisant peu usage de ses ailes. Aussitôt qu'il est né, il cherche à s'accoupler : pour cela il monte sur la femelle, et s'y promène en cherchant l'ouverture postérieure dont nous avons parlé plus haut ; quand il l'a trouvée, il y introduit l'organe mâle, féconde les œufs renfermés dans le ventre volumineux de celle-ci, et meurt bientôt. La femelle ne tarde pas à pondre. Les œufs sortent du ventre et restent adhérens au-dessous de son corps ; elle ne change point de place, et cette ponte n'est point apparente extérieurement ; à mesure

que le ventre se vide, la paroi inférieure se rapproche de la supérieure, et forme sous le corps de la mère une cavité assez grande où sont reçus les œufs. Bientôt après elle meurt, son corps se dessèche, mais la peau coriace de son cadavre sert toujours de coque aux œufs fécondés ; ces œufs ne tardent point à éclore, et les larves sortent de dessous leur coque par l'ouverture postérieure.

Plusieurs Cochenilles rendent, lorsqu'on les écrase, un suc rouge ; nous allons parler de cette couleur en décrivant la Cochenille du Nopal. Il n'y a qu'une espèce de Cochenille employée dans les arts ; les autres ne sont que trop connues par le tort qu'elles font à plusieurs Végétaux utiles. Ce genre comprend environ trente espèces presque toutes propres à l'Europe. Les principales sont :

La Cochenille du Nopal, *Coccus Cacti*, L. (pl. B, 27, 9, mâle et femelle). Le mâle est très-petit ; ses antennes sont moins longues que le corps qui est d'un rouge foncé, allongé et terminé par deux soies divergentes et assez longues : les ailes sont grandes, blanches croisées et couchées sur l'abdomen ; les pates sont assez longues. La femelle est le double plus grosse que le mâle ; quand elle a pris tout son accroissement, elle est de la grosseur d'un petit pois et d'une couleur brune foncée, avec tout le corps couvert d'une poussière blanche. Les antennes sont courtes ; le corps est aplati en dessous, convexe en dessus, bordé, avec les anneaux assez visibles ; les pates sont courtes. Cette espèce, originaire du Mexique, sert à faire la belle teinture écarlate et le carmin si généralement employés dans les arts et la peinture. Elle était cultivée depuis long-temps par les Mexicains avant la conquête de leur pays. On en distingue deux espèces dans le commerce : la *Cochenille fine*, qui porte aussi le nom de *Mestèque*, parce qu'on la récolte à Métèques dans la province de Honduras, et la *Cochenille syl-*

vestre ou *sauvage*. On ignore encore si cette Cochenille est une espèce différente de la Mestèque.

On cultive la Cochenille fine seulement au Mexique ; la Plante sur laquelle on l'élève est le *Nopalli* des Indiens (*Cactus cochenilifer*, L.), et l'on attribue sa couleur rouge au suc de cette Plante. C'est surtout dans les campagnes d'Oxaca et de Guaxaca que les Indiens se livrent à la culture de ces Insectes. Ils font des plantations de Nopal dont les plus considérables n'ont pas plus d'un arpent et demi à deux arpens ; ils les nomment Nopaleries. Leur culture consiste à arracher les mauvaises herbes, et un seul homme peut en entretenir une en bon état. On sème la Cochenille vers le milieu d'octobre, temps du retour de la belle saison dans ce pays ; pour faire cette opération on prépare un petit nid avec une espèce de filasse tirée des pétioles du Palmier, ou avec une matière cotonneuse quelconque. On met huit à dix femelles dans chacun de ces nids ; on les place entre les feuilles du Nopal en les assujettissant aux épines dont elles sont armées, et l'on a soin de tourner le fond du nid vers le soleil levant, afin que les œufs éclosent promptement. Il sort bientôt de ces nids des milliers de petites Cochenilles de couleur rouge, et couvertes d'une poussière blanche. Si on détache les Cochenilles après qu'elles se sont fixées, elles périssent, parce que leur bec, qui est enfoncé dans la Plante, se rompt.

Les femelles ne vivent que deux mois, et les mâles la moitié moins. Les deux sexes ne restent que dix jours à l'état de larve et quinze à celui de nymphes. Les femelles vivent encore un mois après avoir été fécondées, prennent de l'accroissement pendant ce temps, et périssent bientôt après la ponte. Plusieurs auteurs s'accordent à dire que le nombre des récoltes est de trois par année. Thierry de Menonville (Traité de la culture du Nopal, 2 vol. in-8°, Paris, 1787), qui porta la Cochenille des Espagnols à Saint-Domingue où on l'a laissé périr faute de soin, dit qu'il y a six générations de ces Insectes par an, et qu'on pourrait les recueillir toutes si les pluies ne dérangeaient leur postérité. La première récolte se fait dans le milieu de décembre, la seconde au moment où les Cochenilles commencent à faire leurs petits, et la dernière le 13 mai. Pour faire tomber les Cochenilles on se sert d'un couteau dont le tranchant et la pointe sont émoussés, afin de ne point endommager la Plante. On fait périr ces Insectes de plusieurs manières : quelques Indiens les trempent dans l'eau bouillante après les avoir placés dans des paniers, et les font sécher au soleil. D'autres les mettent dans un four chaud ; d'autres enfin sur des plaques échauffées. Celles que l'on fait périr dans l'eau, ce qui est la meilleure manière, y perdent une portion de la poudre blanche dont elles sont couvertes, paraissent d'un brun rouge, et sont appelées *Ranagrida*. Celles qui périssent dans le four sont d'un gris cendré, et portent le nom de *Jarpeada* ; enfin celles que l'on fait mourir par la torréfaction sont noires, et s'appellent *Negra*. Les mères que l'on a détachées peuvent encore vivre plusieurs jours, et, si on ne les fait pas mourir, leurs petits peuvent se disperser et faire perdre une partie du poids de la Cochenille. Celles qui sont mortes et ont été retirées des nids ont moins de poids que celles qui ont été prises vivantes et pleines de petits.

On apporte la Cochenille en Europe sous la forme de petits grains irréguliers, convexes d'un côté, concaves de l'autre, et sur lesquels on voit encore quelques traces d'anneaux. La plus estimée est d'un gris ardoisé mêlé de rougeâtre. On doit à Pelletier et Caventou (Ann. de Ch. et de Phys. T. VIII) une analyse de la Cochenille, de laquelle il résulte qu'elle est composée : 1° d'une matière colorante différente de tout ce qui est connu, et que ces chimistes ont appelée Carmine ; 2° d'une matière animale particulière ; 3° d'une substance grasse, composée de Stéarine, d'Élaïne et d'un Acide odorant ; 4° et enfin de plusieurs Sels qui sont du Phosphate de Chaux, Carbonate de Chaux, Hydrochlorate de Potasse, Phosphate de Potasse, et de la Potasse unie avec un Acide organique. La Cochenille sylvestre, moins grosse que la fine, a le corps bordé de poils et tout couvert d'une matière cotonneuse qui adhère tellement sur la Plante, quand elle s'y est fixée définitivement, qu'il en reste une partie lorsqu'on veut en détacher l'Insecte. Les Indiens élèvent aussi cette Cochenille sur le Nopal des jardins, quoiqu'elle croisse naturellement sur un Cactier épineux, parce que la récolte en est plus facile, et qu'en un jour un seul homme peut en recueillir de quoi en faire trois livres quand elle est sèche, tandis que, sur un Cactier épineux, le meilleur ouvrier ne peut pas, dans le même temps, en faire plus de deux onces. On trouve encore un avantage à l'élever sur le Nopal des jardins, c'est qu'elle y parvient à la grosseur de la Cochenille fine. Cette espèce se trouve dans plusieurs cantons de nos colonies, et les espèces de Nopal dont nous venons de parler y croissent. Il serait fort à désirer que les colons se livrassent à sa culture, afin de se former une nouvelle branche de commerce.

La Cochenille du Figuier, *Coccus Ficûs Caricæ*, Oliv. (Encycl. méth.). Elle est cendrée, d'une forme ovale, convexe, et a sur le dos un cercle rayonné, noirâtre. Son mâle est inconnu. Ces Insectes vivent sur le Figuier dans le midi de l'Europe et dans tout le Levant, et sont appelés Pous par les gens de la campagne : ils multiplient d'une manière prodigieuse et affaiblissent tellement les Arbres qui en sont infestés, que ceux-ci finissent par périr. On a essayé plusieurs moyens pour s'en débarrasser ; mais jusqu'à présent ils ont tous été insuffisans. Quelques cultivateurs ont cru pouvoir les faire périr en frottant les branches avec un mélange de vinai-

gre et d'huile, mais ce moyen n'a pas eu de succès. Ce n'est qu'en hiver que l'on pourrait les détruire en faisant tomber les femelles remplies d'œufs, au moyen d'un grattoir en bois. Cette opération ne serait pas fort coûteuse, et serait alors plus facile, parce que la Cochenille tient peu à l'Arbre. Celles qui s'attachent aux Figues croissent plus rapidement que les autres.

La Cochenille de l'Oranger, *Coccus hesperidus*, L., Fabr., Geoff. Elles attaquent, dans nos jardins, les Orangers et les autres Arbres de cette famille, et leur nombre est quelquefois si considérable, qu'elles nuisent aux productions de ces Arbres.

La Cochenille de l'Olivier, *Coccus olea-olio*, Bern. Elle attaque l'Olivier, mais jamais le fruit. On n'a pas encore de bons moyens pour en détruire les trop nombreux individus. *V.*, pour les autres, Geoffroy, Réaumur, Olivier, Fabricius et Latreille, qui en décrivent un grand nombre d'espèces. On emploie dans les arts une autre Cochenille ; mais comme elle entre dans la division qui correspond au genre Kermès, nous y renverrons. *V.* ce mot. (G.)

COCHENILLE DE PROVENCE. INS. et BOT. PHAN. *V.* KERMÈS.

COCHENILLIER. BOT. PHAN. Nom vulgaire du Nopal qui nourrit la Cochenille. (B.)

COCHE-PIERRE. OIS. Syn. vulgaire du Gros-Bec, *Loxia Coccothraustes*, L. *V.* GROS-BEC. (DR..Z.)

COCHER. POIS. Espèce du genre Chœtodon. *V.* ce mot. (B.)

COCHEVIER. OIS. Même chose que Cochelerieu. *V.* ce mot. (DR..Z.)

COCHEVIS. OIS. Espèce du genre Alouette, *Alauda cristata*, L. *V.* ALOUETTE. (DR..Z.)

* COCHIBI. BOT. PHAN. (Surian.) Nom caraïbe du *Justicia laurina* de Richard. *V.* JUSTICIA. (B.)

COCHICAT. OIS. Par contraction de Cochitenacatl. *V.* ce mot. (DR..Z.)

* **COCHICATO**. POIS. Variété du *Sparus aurata*. *V*. SPARE. (B.)

COCHLITES ET **COCHLITES**. MOLL. FOSS. Nom maintenant inusité, par lequel d'anciens oryctographes ont désigné les Coquilles univales fossiles. (B.)

COCHIN. MAM. Variété du Chat domestique à Sumatra. (B.)

* **COCHINO**. POIS. (De Laroche.) Qui se prononce *Cotchino*, et qui signifie Cochon. Nom donné sur les marchés de Barcelone à une espèce de Squale indéterminée, et peut-être nouvelle, qui ne se pêche que dans les plus grandes profondeurs de la Méditerranée, et presque jamais au-dessus de trois ou quatre cents brasses. (B.)

COCHITENACATL. OIS. (Hernandez.) Syn. mexicain du Toucan à collier, *Ramphastos torquatus*, L. *V*. TOUCAN. (DR..Z.)

COCHITOTOTL. OIS. (Hernandez.) Syn. mexicain du Promerops orangé, *Upupa aurantia*, L. *V*. PROMEROPS. (DR..Z.)

* **COCHIZAPOTL**. BOT. PHAN. Arbre du Mexique dont on mauge les fruits, et qui paraît être un Diospyros. (B.)

COCHLE. *Cochlus*. INTEST. Ce genre, formé par Zeder aux dépens des Cucullans de Linné, a été rapporté par Rudolphi aux Liorinques. *V*. ce mot. (B.)

COCHLÉARÉES. *Cochleareæ*. BOT. PHAN. Salisbury a donné ce nom à la section des Crucifères qui correspond aux Siliculeuses de Linné (G..N.)

COCHLÉARIA. BOT. PHAN. Vulgairement CRANSON. Ce genre de la famille des Crucifères et de la Tétradynamie siliculeuse, L., a été fondé par Tournefort, et adopté, sans changement, par Linné et tous les botanistes qui l'ont suivi. Le professeur De Candolle, dans le second volume de son *Systema Vegetabilium naturale*, le caractérise ainsi : calice étalé, à sépales concaves et égaux à leur base; pétales dont le limbe est obtus et oboval; étamines sans appendices; silicule ovée ou oblongue, à mince cloison et à valves ventrues et très-épaisses; les loges sont le plus souvent polyspermes; semences non bordées, à cotylédons planes et accombans. Les Cochléarias sont des Plantes herbacées ou vivaces, souvent glabres et charnues, quelquefois couvertes d'un duvet formé de poils épars. Leurs feuilles ont des formes très-variées, les radicales sont souvent pétiolées, celles de la tige sagittées et auriculées. Les fleurs, de couleur lilas dans une seule espèce, sont blanches, en grappes terminales, et portées par des pédicelles filiformes et depourvus de bractées.

Ce genre ne diffère du *Draba*, près duquel De Candolle l'a placé dans la tribu des Alyssinées, que par les valves de la silicule plus convexes, quoique plusieurs Cochléarias aient des valves planes, et qu'une espèce de Draba ait sa silicule presque sphérique. Il n'y a donc pas entre eux de limites bien tranchées; le port seul peut servir à les distinguer. En effet, on reconnaîtra facilement un Cochléaria à ses fleurs qui ne sont jamais jaunes, et à ses feuilles plus ou moins charnues, et non couvertes de poils roides, comme ceux du *Draba aizoides*, ni de duvet velouté, comme dans les autres Draba.

Les espèces de ce genre, au nombre de trente, ont été distribuées par De Candolle (*loc. cit.* p. 359) dans quatre sections : la première, à laquelle il a donné le nom de *Kernera*, est caractérisée par sa silicule sphérique, à valves d'une rigidité remarquable. Elle renferme deux espèces, dont une était le *Myagrum saxatile*, L., Plante qui, par l'abondance et la blancheur de ses fleurs, orne les fissures des rochers des Alpes, du Jura et de la plupart des hautes montagnes de l'Europe.

La seconde section, nommée *Armoracia*, a la silicule ellipsoïde ou oblongue, le style filiforme et le stigmate capité. Des trois espèces décrites, nous ne mentionnerons que le *Cochlearia Armoracia*, L., Plante intéressante par ses usages pharmaceutiques, et qui croît naturellement dans les lieux aquatiques et montueux de l'Europe, depuis l'Angleterre jusque dans le midi de la France. Ses feuilles radicales sont très-grandes (semblables à celles de la Patience aquatique), oblongues et crénées, et celles de la tige sont lancéolées, dentées ou incisées. On la cultive dans les jardins potagers et médicaux, sous les noms de RAIFORT SAUVAGE, CRAN DE BRETAGNE, etc. Sa racine, qui est très-grosse et charnue, contient, en grande abondance, le principe volatil particulier aux Crucifères, et dans lequel résident toutes leurs vertus. Les pharmaciens l'emploient en grande quantité dans leurs préparations antiscorbutiques; ils en font la base du sirop antiscorbutique, de l'Alcohol ou esprit de Cochléaria, et de plusieurs teintures. C'est aussi un assaisonnement populaire, et un stimulant comme la Moutarde.

Dans la troisième section, la plus nombreuse de toutes, puisqu'elle renferme dix-huit espèces, se trouve le Cochléaria officinal. De Candolle lui a donné le nom de *Cochlearia*, en la caractérisant par sa silicule ovée ou oblongue, non échancrée au sommet, surmontée par le stigmate presque sessile. Le COCHLÉARIA OFFICINAL, *Cochlearia officinalis*, L., a les silicules ovées, de la moitié plus courtes que les pédicelles, les feuilles radicales pétiolées, cordées en forme de cuiller (d'où le nom d'HERBE AUX CUILLERS que porte vulgairement la Plante); celles de la tige sont ovales, dentées et anguleuses. Ces feuilles possèdent, au plus haut degré, les propriétés toniques et antiscorbutiques des Crucifères; elles sont sialagogues, et stimulent particulièrement la membrane muqueuse des organes gastriques. Cette Plante croît naturellement sur le littoral des mers de l'Europe septentrionale; on dit aussi qu'elle se trouve dans le Jura et sur les monts Crapacks. Malgré cette vulgarité du Cochléaria officinal, il n'est pas certain que nous ayons une description très-fidèle de son type; la culture de cette Plante pouvant bien, selon De Can-

dolle, avoir entraîné la confusion de plusieurs espèces voisines. Les autres Cochléarias de cette section, parmi lesquels nous ne ferons que nommer les *Cochléaria anglica*, *C. danica* et *C. pyrenaica*, indigènes de la France, sont répandus dans les contrées boréales de l'ancien continent, et principalement dans la Sibérie.

La quatrième section (*Ionopsis*,D.C.) ne renferme qu'une seule espèce, le *Cochlearia acaulis*, Desf., Plante dont la silicule est presque ronde et échancrée obtusément au sommet, et les fleurs de couleur rose lilas. Elle est fréquente en Portugal, près Lisbonne, et dans l'Afrique septentrionale. Cette section a des caractères qui rapprochent les Cochléarias des Thlaspi, et établissent ainsi un passage des Alyssinées aux Thlaspidées.

Enfin, De Candolle range les cinq espèces restantes à la fin du genre, parmi les Cochléarias trop peu connus pour être caractérisés.   (G..N.)

COCHLEARIUS. OIS. (Brisson.) Syn. de Savacou, *Cancroma Cochlearia*, L. *V.* SAVACOU.   (DR..Z.)

* COCHLIDIUM. BOT. CRYPT. (*Fougères*.) Kaulfuss a décrit sous ce nom, dans le Journal de Pharmacie de Berlin (*Berlin. Lehrbuch für pharmaz.* XX-XXI), un genre de Fougères. Nous ne connaissons ni ses caractères ni les Plantes qu'il renferme, n'ayant pas pu nous procurer cet ouvrage à Paris.   (AD. B.)

COCHLITES. MOLL. FOSS. *V.* COCHILITES.

* COCHLOHYDRE. *Cochlohydra*. MOLL. Lamarck, en établissant, pour l'*Helix pectris* de Linné et pour quelques autres espèces, son genre Amphibulime, avait bien senti les différences qui séparaient ces Coquilles des autres Hélices avec lesquelles on les avait confondues. Avant Linné, on les plaçait parmi les Buccins. C'est ainsi que Lister (*Anim. Ang.*, pag. 140, tab. 2, fig. 24) et Gualtieri (Ind., pag. et tab. 5, fig. 4) lui donnèrent d'abord cette dénomination. Linné, considérant sans doute la forme des tentacules et la manière de

vivre de l'Animal, les plaça dans le genre Hélix sous le nom d'*Helix pectris* (Lin., Gmel., p. 3659, n° 135). Müller (*Verm. terres. et fluv.*, pars 2, pag. 97, n° 296) la nomma *Helix succina*, et Geoffroy (Conchy. pag. 60, n° 22) lui donna le nom d'Amphibie ou d'Ambrée. Bruguière (Encycl., p. 508, n° 18) fut le premier qui les sépara du genre Hélix pour les placer dans son genre Bulime, où ils ne se trouvaient pas en rapport avec le plus grand nombre de Coquilles placées dans ce genre. Lamarck, avant de connaître le genre Amphibulime de Draparnaud, avait établi sous ce même nom le genre dont il s'agit pour l'abandonner plus tard (Anim. sans vert. T. VI, pars 2, p. 154) et adopter le nom générique d'Ambrette, *Succinea*, Drap. (*Hist. Moll. terr. et fluv.*, pag. 24 et 58). Férussac (Tab. Syst. des Moll., p. 26) remit les Ambrettes dans le genre Hélice pour en faire son sous-genre Cochlohydre qui peut être caractérisé ainsi : Animal plus gros que sa coquille, muni de quatre tentacules dont les supérieurs plus longs sont oculés au sommet; les inférieurs très-courts, à peine visibles; coquille ovale ou ovale-conique; ouverture ample, entière, plus longue que large, à bord droit, tranchant, non réfléchi, s'unissant inférieurement à une columelle lisse, amincie, tranchante en filet solide; point d'opercules.

Férussac (Hist. des Moll.) a fait connaître plusieurs espèces nouvelles qu'il a fait figurer avec une rare perfection, pl. XI, A, fig. 1, 4, 5, 6, et pl. XI, fig. 11, 12, sous les noms suivans : *Helix* (*Cochlohydra*) *tigrina*, *ovalis*, *australis*, *campestris*, *angularis*, *sulculosa*. Nous renvoyons à l'ouvrage même de ce savant pour toutes ces espèces, ne voulant en caractériser que trois dont deux se trouvent en France, et une autre plus généralement répandue dans les collections.

AMBRETTE AMPHIBIE, *Succinea amphibia*, *Helix pectris*, L., Gmel. (p. 3659, n. 135); l'Ambrée, Geoffroy

(Conchy. pag. 60, n. 22); *Bulimus succineus*, Brug. (Encycl., n. 18); *Helix pectris*, Férussac (Hist. des Moll., pl. 11, f. 4 à 10 et 13, et pl. 11, A, fig. 7 à 10). Draparnaud avait fait connaître seulement trois variétés de cette espèce; Férussac en a élevé le nombre à neuf qui sont toutes figurées dans son ouvrage, et qui viennent des différentes régions du globe. Malgré ces nombreuses variétés, on peut néanmoins distinguer cette espèce, car la coquille est ovale, oblongue, extrêmement mince, pellucide, d'une belle couleur ambrée; la spire est courte; de trois tours seulement; l'ouverture est presque verticale, élargie inférieurement; le péristome est simple; elle est longue de neuf lignes et quelquefois plus. On la trouve dans les lieux frais, au bord des eaux douces, dans presque toutes les parties d'Europe, l'Amérique septentrionale, le Tranquebar, etc., etc.

AMBRETTE OBLONGUE, *Succinea oblonga*. Cette espèce a été décrite pour la première fois par Draparnaud (Hist. des Moll., p. 59). Férussac (*loc. cit.*) l'a nommée *Helix oblonga*. Elle se distingue de la précédente par un tour de spire de plus, par ses sutures profondes, son ouverture ovale, ses stries longitudinales; elle est presque opaque dans toute son étendue, et d'un blanc grisâtre; l'Animal présente aussi la même couleur; le péristome est simple, quelquefois garni d'un petit bourrelet intérieur. Cette espèce, longue de onze lignes, se trouve au bord des fontaines et des ruisseaux, dans le midi de la France.

AMBRETTE CAPUCHON, *Succinea cucullata*. Cette espèce que Bruguière (Encycl., n. 15) avait déjà fait connaître sous le nom de *Bulimus patulus*, fut indiquée de nouveau par Lamarck (Ann. du Mus., vol. VI, pl. 55, fig. 1, a, b, c) sous le nom d'*Amphibulima cucullata*, et Férussac (Hist. des Moll., pl. XI, fig. 14 à 16, et pl. XI, A, fig. 12, 13, jeune) lui a rendu le nom spécifique de Bruguière, qui la mettant dans son genre Hélice, *Helix patula*. Coquille plus grande que les deux précédentes, ayant une ouverture très-grande et oblique, ornée de stries obliquement transverses; la spire est courte et rouge, le reste de la coquille est jaunâtre; péristome simple; elle est longue de quatorze lignes et large de neuf; ces dimensions donnent une idée de l'ampleur de l'ouverture. On la trouve à la Guadeloupe dans les lieux frais. (D..H.)

*COCHLOIDES. *Cochloides.* MOLL. Férussac divise le genre Hélix en deux parties bien distinctes. La première renferme toutes les Coquilles dont les tours sont enveloppans (*Volutatœ*), les HÉLICOÏDES; la seconde toutes celles dont la spire est plus ou moins allongée (*Evolutatœ*), les COCHLOÏDES qui comprennent:

Les COCHLOSTYLES, *Cochlostyla*, divisées en deux groupes: 1° le péristome réfléchi, les *Lomastomes* dont quelques espèces se rapportent au genre Maillot de Draparnaud et Bulime de Bruguière; 2° le péristome simple, les *Aplostomes* qui renferment également des espèces du genre Bulime de Bruguière.

Les COCHLITOMES, *Cochlitoma*, divisées en deux groupes: 1° les Rubans; 2° les Agathines qui sont composés des Bulimes de Brug. et des Agathines de Montf. et de Lamk.

Les COCHLICOPES, *Cochlicopa*, auxquelles il avait donné le nom de *Cecilioïdes*, et qui renferment dans deux groupes les *Polyphèmes* de Montf. (Bulimes de Brug.) et les *Styloïdes*, dont le *Bulimus acicula* fait partie.

Les COCHLICELLES, *Cochlicella*, qui renferment parmi les Bulimes de Brug. et de Draparn., les espèces dont le dernier tour est moins long que tous les autres réunis; tels sont les *Bulimus ventricosus, acutus, decollatus*, etc.

Les COCHLOGÈNES, *Cochlogena*, qui sont encore tirées des genres Bulime de Brug. et Auricule de Lamk.; distinguées des précédentes en ce que le dernier tour est plus grand que tous les autres réunis. Elles sont divisées en six groupes: les Ombiliquées, comme le *Bulimus Kambeul*; les Perfo-

rées, comme le *Bulimus guadalupensis*; les Lomastomes qui renferment plus particulièrement le genre Bulime de Lamk., comme les *Bulimus citrinus, inversus, Columba, interruptus*, etc.; les Hélictères qui sont presque toutes des espèces nouvelles rapportées des îles Sandwich; les Stomotoïdes qui renferment encore des Bulimes de Brug. et les Auricules de Lamk., comme le *Bulimus Auris Leporis, Auris Sileni*, etc.; enfin, les Dontostomes qui sont des Maillots de Draparn., des Bulimes de Brug., comme les *Bulimus Pupa, tridens, quadridens* de Brug. (*Pupa*, Drap., Lamk.).

Les COCHLODONTES, *Cochlodonta*. Les Coquilles de ce sous-genre se distinguent de celles du précédent par la forme de la bouche qui est généralement aussi haute que large, et par les dents ou lames qui sont placées sur son pourtour; le péristome non continu. Ces caractères conviennent aux Maillots de Lamk. qui y rentrent presque tous. Les Cochlodontes sont partagées en deux groupes, les Maillots et les Grenailles qui sont encore des Maillots dont la coquille est plus fusiforme.

Les COCHLODINES, *Cochlodina*. Ce quatorzième sous-genre est caractérisé surtout par une lame operculaire élastique, qui se trouve à l'intérieur de la coquille, fixée sur la columelle (*Clausilium*, Draparn.), ainsi que par les dents ou les lames qui sont à l'entrée de la bouche; le péristome est continu, bisinué dans la plupart, et toujours présentant un sinus soit supérieur soit inférieur. Ce sous-genre renferme quatre groupes: 1° les Pupoïdes; 2° les Trachéloïdes (Cyclostomes de Lamk.); 3° les Anomales dont le *Pupa fragilis* de Drap. fait partie; 4° les Clausilies où se rangent presque toutes les espèces données sous ce nom générique par Draparnaud et Lamarck. (D..H.)

COCHO. ois. (Hernandez.) Syn. de la Perruche jaune, Buff., *Psittacus Garouba*, L., et du Perroquet Crick à tête bleue, *Psittacus autumnalis*,

Gmel., au Mexique. *V.* Perroquet.
(DR..Z.)

COCHOLOTE. (Azzara.) Syn. de l'Ani Guiracantara, *Cuculus Guira*, Lath., au Paraguay. *V.* Ani. (DR..Z.)

COCHON. *Sus.* MAM. Genre de Pachydermes que Cuvier (Règn. Anim. T. I) caractérise ainsi : ils ont à tous leurs pieds deux doigts mitoyens grands et armés de forts sabots, et deux extérieurs beaucoup plus courts et ne touchant presque pas à terre; des incisives en nombre variable, mais dont les inférieures sont toujours couchées en avant; des canines sortant de la bouche et se recourbant l'une et l'autre en haut. La tête du Sanglier (Cuv., Ossem. Foss. T. II, pl. 1, fig. 1 et 2) représente presque une pyramide quadrangulaire dont la face palatine serait à peu près perpendiculaire à l'occiput pris pour base; la tempe est bien marquée par une crête pariétale à concavité extérieure telle que l'écartement, dans le même sens de l'arcade zygomatique, donne presque un tiers de la largeur de la tête à la fosse temporale, et mesure ainsi la force musculaire qui sert à mouvoir la mâchoire. L'aire de la coupe de la cavité cérébrale n'est que la moitié de celle du crâne, ce qui tient à l'écartement des deux tables de tous les os du crâne par d'immenses cellules où se propagent les sinus du frontal en haut et du sphénoïde en bas. Nous avons déjà, à l'article Bœuf, décrit une pareille structure en parlant du Buffle du Cap. L'aire de tout le crâne égale à peine celle de la face, et comme presque tout le volume de celle-ci est occupé par les cornets ethmoïdaux et maxillaires, on voit quelle est l'énorme prédominance de l'organe de l'odorat dans cet Animal. C'est effectivement l'Animal où il est le plus considérable, et où son énergie est plus active. Un autre indice de son développement, c'est la grandeur des os du nez qui occupent presque la moitié de la longueur de la tête, et dont la pointe est presque au niveau du sommet de l'arc des inter-maxil-

laires. Les seuls Rhinocéros offrent cette proéminence de l'os nasal, mais ils se portent moins en arrière; aussi chez eux, le développement de cet os est-il principalement relatif au support qu'il donne à la corne. L'os du boutoir repose inférieurement sur les inter-maxillaires au-devant des trous incisifs, et supérieurement il s'appuie, au moins par l'intermédiaire d'un cartilage, sur la pointe des nascaux; cet os supporte un appareil fibro-cartilagineux intérieurement et terminé en avant par une surface circulaire, nue, pleine de follicules crypteux, où le derme a ses mailles développées en une sorte de tissu érectile dans lequel se divisent et s'entrelacent une grande quantité de vaisseaux sanguins et de nerfs. L'on peut juger de l'énergie tactile de cet appareil par la proportion du volume de ces nerfs. À la sortie du trou sous-orbitaire, la deuxième branche de la cinquième paire, dans le Cochon de Siam, égale au moins le nerf sciatique de l'Homme à la sortie du bassin. Trois pouces plus loin, les six cordons de cette branche s'épanouissent dans un tissu presque pareil à celui du gland de la verge, sous une surface qui n'excède pas dix-huit lignes carrées (*V.* notre deuxième Mém. sur le Syst. nerv., Jour. de Phys., février, 1821, et Bullet. des Sc., par la Soc. Philom., décembre, 1820). Ce boutoir doit sa mobilité à deux gros muscles à peu près pyramidaux, implantés, le supérieur sous la ligne courbe qui borne la fosse canine en haut, l'inférieur occupant le reste de l'espace de cette fosse jusqu'au bord alvéolaire. Les tendons de ces muscles se terminent par un grand nombre de languettes dirigées dans tous les sens, insérées sous tous les angles, et dont quelques-unes contournent des arcs plus ou moins étendus. Ces languettes se fixent au tissu fibro-cartilagineux qui unit l'os du boutoir aux cartilages des ailes nasales, et lui donnent cette mobilité si variée qu'on lui connaît. Comme le museau n'est pas tronqué perpendiculairement à l'axe de la tête, mais obliquement en bas et en arrière, et comme il n'y a que l'arc supérieur du boutoir relevé en un gros bourrelet calleux qui ouvre et divise la terre sur laquelle le dessus du museau jusqu'au nez agit à la manière d'un soc de charrue, il en résulte, qu'en fouissant, les quatre cinquièmes au moins de la surface nue et humide du boutoir ne subissent pas de frottement et restent disponibles pour le toucher le plus délicat qui existe peut-être. L'ouïe, qui paraît le plus actif de leurs sens, après l'odorat et le toucher, ne doit pas être bien énergique, car la caisse n'est qu'un tubercule osseux fort saillant en pointe au-devant de l'apophyse mastoïde, dont la cavité est fort petite et dont le volume apparent ne répond qu'à un tissu celluleux osseux : d'après Cuvier (*loc. cit.*), la caisse est beaucoup plus grande dans le Babiroussa que dans ses congénères. — La figure des dents est plus constante que leur nombre dans les espèces de ce genre. Dans les Sangliers, la canine supérieure, grosse, conique et coudée, se recourbe en dehors et en dessus, en sorte qu'elle se tronque obliquement à sa face antérieure par le frottement contre celle d'en bas. Celle-ci, en forme de pyramide triangulaire à faces lisses, est aussi recourbée en dehors et en haut, mais aiguise sa pointe au lieu de l'émousser. Les fausses molaires sont toutes tranchantes, lobées et crénelées à la mâchoire inférieure; mais à la supérieure, la troisième et la quatrième sont larges et à trois collines crénelées. Les deux arrière-molaires en haut et en bas ont deux paires de collines et un petit talon ; les inférieures sont plus étroites, et la dernière d'entre celles-ci a une paire de collines de plus, comme son analogue dans le Mastodonte à dents étroites (*V.* Mastod. et Ossem. Foss. de Cuv. T. ii, d'où nous avons extrait ce qui concerne la dentition et l'ostéologie). Dans tous les Cochons, les six incisives d'en bas, dont la grandeur décroît à partir des intermédiaires, sont obliques en avant, mais beau-

coup plus inclinées que dans les Makis, etc. Les molaires en s'usant perdent leurs tubercules, et ne présentent plus, comme les dents de l'Homme, qu'une surface lisse où l'émail enveloppe la substance osseuse.

Chez toutes les espèces l'œil est relativement très-petit, la pupille circulaire; il n'y a pas de troisième paupière; il n'y a pas d'inter-pariétal distinct après la naissance. Or, Serres a montré, comme nous l'avons dit ailleurs, que la grandeur et la persistance de cet os en général, dans les Mammifères, sont en rapport direct avec le développement de l'appareil optique : aussi ces Animaux ne paraissent guère consulter l'œil. Tous ont la peau dure, épaisse ; le derme très-serré, recouvrant, comme chez les Cétacés et les Phoques, une épaisse couche adipeuse, appelée lard. Par compensation, il y a bien moins de tissu cellulaire graisseux dans les intervalles ou dans l'épaisseur même de leurs muscles que chez les autres Mammifères. Ils n'ont absolument qu'une seule sorte de poils, connue de tout le monde sous le nom de soie; ces soies sont plus longues et plus nombreuses le long de l'échine où elles sont récurrentes, et autour des oreilles où elles se redressent dans la colère. — Les pieds de devant ont quatre doigts dans toutes les espèces : les deux doigts postérieurs, quoique bien garnis de sabots, ne touchent pas à terre sur un plan uni, mais servent à l'Animal pour ne pas enfoncer dans la vase des marécages; il n'y a que trois doigts aux pieds de derrière des Pécaris. Le nombre des mamelles varie d'une à six paires.—Dans tous, excepté quelques races domestiques, les oreilles sont médiocres et droites. Leur tête longue et lourde, leur cou ramassé, épais et court, leur corps tout d'une venue, sur des jambes minces et courtes, caractérisent leur physionomie.

Dans les deux continens, ces Animaux habitent les forêts humides dans le voisinage des rivières et des marécages, ou des terres cultivées. Vivant de fruits et de racines, ils ne peuvent déterrer celles-ci que dans un sol meuble et humide. On a trouvé des Cochons partout, excepté dans le nord des deux continens et dans l'Australasie. Néanmoins les espèces de ce genre ne sont pas nombreuses; on n'en connaît positivement que cinq, car le Phacochœre (*V*. ce mot) nous paraît, par la figure et le nombre très-inférieur de ses dents, constituer un genre à part. De ces cinq espèces, deux sont particulières à l'Amérique méridionale au nord du Tropique. Les trois autres sont de l'ancien continent : l'une, propre à l'archipel Asiatique, l'autre à l'Afrique et à ses îles; la troisième, le Sanglier ordinaire, paraît commune à l'Europe, à l'Afrique, à l'Asie et à ses îles. Néanmoins, comme les Cochons domestiques, dans les diverses parties de l'ancien continent, sont très-dissemblables entre eux, et comme ces dissemblances persistent, même lorsque les races ont subi pendant une longue durée l'influence d'un climat et d'un régime nouveaux, il n'est pas invraisemblable que ces différences sont primitives. Il est donc probable que quand on aura pu comparer au nôtre les Sangliers ou Cochons sauvages de l'est et du midi de l'Asie, on trouvera que la même espèce n'est pas ainsi répandue d'une de ses extrémités à l'autre.

Les réflexions préliminaires à l'histoire du Cochon, dans Buffon, sont un prodige d'antithèses et de subtilités. Nous croyons devoir ici trancher le mot pour prémunir contre les erreurs que l'autorité de son nom ou le charme de son éloquence peut propager encore aujourd'hui. Par haine de toutes ces idées fausses, où conduisent le tiraillement et l'exagération de l'analogie, il s'était jeté dans un autre extrême. Il ne voyait plus d'analogie, il ne voyait que quelques identités peu nombreuses. Enfin, telle était l'aberration de Buffon, au sujet du Cochon, qu'il trouvait que par la fécondité et la structure des ovaires de la femelle, cet Animal semblait faire l'extrémité des espèces vivipares et s'approcher des ovipares. Pour en revenir aux réalités qui concernent ces Animaux, la considération, chez les Pécaris, de deux incisives de moins en haut, de deux molaires de moins à chaque mâchoire, de la soudure en un vrai canon des deux os métacarpiens et métatarsiens de chaque pied, de l'absence de doigt externe aux pieds de derrière, etc., sépare des Cochons, pour en faire un sous-genre, les deux espèces américaines.

Ier SOUS-GENRE. — Les Cochons proprement dits ont sept mâchelières partout, six incisives en haut et en bas; les deux doigts postérieurs de chaque pied ont des sabots bien détachés, et qui, en s'écartant en arrière, peuvent les soutenir dans la vase des marécages.

1. Le Sanglier commun, *Sus Scrofa*, L., Buff., T. v, pl. 14; F. Cuv., Mamm. lith. liv. 30; Encycl. pl. 37, f. 3 et 4; le Marcassin. — D'un noir brunâtre sur tout le corps, à soies dures et roides tout le long de l'échine; yeux très-petits; oreilles très-mobiles; ayant douze mamelles. Il met cinq ou six ans à croître : aussi parvient-il à une taille supérieure à celle de nos plus grands Cochons. Il vit une trentaine d'années; mais dès la fin de la première, commence le rut qui est bien établi à la seconde année, durant laquelle il peut engendrer. Les premières portées, à la vérité, sont moins nombreuses. Le rut vient en janvier et février. A cette époque, les troupes se dispersent; chaque mâle se retire dans quelque fourré bien épais avec la femelle qu'il s'est attachée de gré ou de force, et souvent après l'avoir disputée à des rivaux. Pendant environ trente jours, il ne la quitte pas. La femelle porte quatre mois, et met bas, selon l'âge, de quatre à dix Marcassins qu'elle soustrait, avec la plus grande précaution, à la connaissance des mâles, qu'elle nourrit pendant trois ou quatre mois, et que, long-temps après, elle guide, instruit et défend avec un courage intrépide. Ces petits restent fort

attachés à leur mère, ce qui implique une intelligence supérieure à celle qu'on a bien voulu leur reconnaître ; quelquefois une Laie est suivie par ses enfans de deux et trois ans. Ces jeunes Sangliers se nomment *Bêtes de compagnie.* Souvent plusieurs Laies se réunissent avec leurs familles de plusieurs années, et forment des troupes redoutables, soit par leur dévastation dans les champs, soit pour le chasseur surpris ou assaillant témérairement. Les vieux vont ordinairement seuls. Comme la vue est assez peu sûre et longue chez ces Animaux, et comme ils se guident surtout d'après les indices de l'odorat, c'est à la chute du jour et la nuit qu'ils vont fourrager. Pour faire face au danger, ils se forment en cercle, mettent les plus faibles au centre. Intrépides à se défendre, si quelque coup de feu atteint le Sanglier au milieu d'une meute qui le harcèle, il perce droit à travers, et, quelqu'éloigné que soit le chasseur, c'est sur lui qu'il fond aveuglément pour se venger. Certes, cette vengeance réfléchie suppose un jugement et une conscience morale, supérieure à l'abrutissement qu'on a attribué aux espèces de ce genre. F. Cuvier, qui en a observé un grand nombre, dit (*loc. cit.*) qu'ils s'apprivoisent aisément, aiment avec reconnaissance ceux qui les soignent, qu'ils savent apprendre des gesticulations grotesques, pour complaire et obtenir quelque friandise.

F. Cuvier a déjà énoncé le doute que tous les Cochons domestiques connus descendent d'une seule et même espèce sauvage. A la vérité, toutes les races domestiques d'Europe produisent avec le Sanglier, mais on sait d'ailleurs que ce n'est pas là une preuve d'unité d'espèce. L'un de ces Cochons domestiques qui autorisent principalement ce doute, c'est le Cochon de Chine (fig. Mam. lith. liv. 24). Son corps est épais ; son museau, raccourci et concave supérieurement, contraste avec son front bombé ; c'est presque comme chez le Dogue. Les poils sont soyeux, roides, très-frisés sur les joues et à la mâchoire infé-

rieure. Sous ces poils, la peau est noire, excepté au ventre, à la face interne des cuisses et à l'extrémité des pieds de devant, où elle est blanche. F. Cuvier a décrit et figuré (liv. 25) le Cochon du cap de Bonne-Espérance ; il n'est pas plus grand que notre Cochon d'un an : à poils noirs ou marron foncé, durs et rares ; ses oreilles sont droites, sa queue pendante et terminée, comme au précédent, par une mèche ou flocon de soies. Cette race est probablement la même que celle connue sous le nom de Cochon de Siam ou de Chine, aujourd'hui assez commun en France. Le Cochon de Siam paraît répandu sur tous les rivages méridionaux de l'ancien continent : mais il est douteux que ce Cochon soit le même qui existe sauvage, en si grande abondance, dans l'archipel des Papous, au nord des Moluques et à l'ouest de la Nouvelle-Guinée. Il paraît même qu'il en existe dans les îles Célèbes deux espèces sauvages, indépendamment du Babiroussa : l'une plus grande, propre aux grandes îles, *Babec-Ootan* des Malais ; l'autre plus petite, qui leur est commune avec l'archipel des Papous, et dont les troupes passent souvent à la nage de l'une à l'autre. Quoi qu'il en soit, il est bien plus plausible de faire dériver de l'espèce sauvage papoue, ces Cochons si nombreux par toute l'Océanique, que de les rattacher à une espèce du continent. Si donc, comme il est probable, on découvre dans l'Indo-Chine, une espèce particulière de Sanglier, qui soit la souche du Cochon de Siam et de celui de la Chine, y compris ces deux espèces indiquées par Forrest (Voyage à la Nouv.-Guinée), cela fera au moins trois espèces nouvelles à ajouter. En attendant, nous croyons pouvoir fixer à l'archipel des Papous, l'origine des Cochons sauvages de l'Océanique. Ces déterminations sont, certes, conjecturales, mais elles serviront à diriger les recherches ultérieures des voyageurs. Or, d'après ce que nous savons des lois de la distribution géographique des Vertébrés, nous ne doutons pas que ces conjec-

tures ne soient vérifiées , à quelques
degrés terrestres près , pour la limite
des régions que nous venons d'indiquer.

Nous ne décrirons pas les races
nombreuses de nos Porcs domestiques. Elles sont en général plus belles
dans les zônes tempérées , et le froid
leur est nuisible. C'est de ces races
que viennent ceux qui existent aujourd'hui domestiques ou redevenus
sauvages dans les deux Amériques.
Les Cochons sauvages de l'archipel
des Papous habitent les marécages et
les plages très-basses. On ne peut les
approcher à terre qu'en se glissant à
travers les roseaux ou en s'enveloppant de boue. Plus ordinairement on
les chasse en pirogue , et surtout dans
leurs traversées d'une île à l'autre.
(*V*. Forrest, Voyag.)

2. SANGLIER A MASQUE , *Sus lar-
vatus* , F. Cuv. , figuré par Samuel
Daniels (*Afric. Scenerys* , pl. 21).
A arcades zygomatiques plus convexes extérieurement que dans le
Sanglier; caractérisé surtout par une
grosse apophyse élevée au-dessus de
l'alvéole de la canine , et remontant
obliquement de manière à laisser un
canal entre elle et l'os maxillaire.
Cette apophyse se termine par un
gros tubercule raboteux ; de l'os du
nez, s'élève vis-à-vis un autre tubercule semblable : c'est sur ces deux
tubercules qu'adhère le mamelon qui
donne à cet Animal une figure si hi-
deuse. A peu près de la grandeur de
notre Sanglier, il en a toutes les proportions , et ne s'en distingue que par
les deux protubérances de sa face qui
lui forment une sorte de masque.
Commerson l'avait indiqué à Buffon ,
et Daubenton en a décrit la tête; mais
Buffon paraît l'avoir confondu avec
le Phacochœre. Il semblerait , par
la figure citée de Daniels , que ce Sanglier aurait encore sous les yeux deux
autres excroissances à surface rugueuse et irrégulière. Il paraît que
c'est un Animal sauvage et dangereux;
il n'a encore pour patrie authentique
que l'intérieur du Cap.

3. BABIROUSSA, *Sus Babyroussa*,

Babec-rosop des Malais, Valentyn ;
Descrip. des Ind.-Orient. T. III, partie première , pag. 268 : F. Cuv. ,
Buff. , Suppl. T. III, planch. 12. N'a
que quatre incisives, cinq molaires
en bas et six en haut; encore ce nombre est-il rarement complet dans les
adultes, dit Cuvier (Oss. Foss. T. II).
Les canines supérieures sortent d'un
alvéole ouvert sur le museau, et se
recourbent en demi-cercle vers les
yeux : les inférieures sont arquées ,
aiguës et triangulaires comme au Sanglier; d'ailleurs son crâne est plus
long encore à proportion du museau
que dans le Cochon de Chine. Ses pariétaux sont surtout plus étroits : l'os
de la caisse est aussi beaucoup plus
bombé. Pline , lib. 8, cap. 52, le
désigne assez obscurément : Cos-
mas Indicopleustes en parle plus
clairement sous le nom de Χοιρελαφος
ou Cochon Cerf, et dit l'avoir vu
et en avoir mangé. Valentyn , Bo-
tius et Séba l'ont successivement
figuré. Ses formes sont un peu
moins lourdes que celles de ses congénères ; sa couleur générale est un
cendré roussâtre ; son poil est court
et laineux ; sa peau est mince et
n'est pas doublée d'une couche de
lard ; son crâne n'est pas rempli de
sinus qui coiffent le cerveau comme
dans le Sanglier. Il en résulte que
l'encéphale du Babiroussa est presque double en volume de celui du
Sanglier. Il ne se mêle jamais avec les
Sangliers sauvages; ce qui confirme
l'existence d'espèces particulières à
cet archipel et autres que le Babiroussa, espèces dont nous avons parlé
ci-dessus. Il habite les îles Philippines, les Célèbes , Bornéo et sans
doute l'archipel des Papous. Pour-
suivi, il se jette à la mer et plonge fort
bien. Le Babiroussa s'apprivoise aisément. Valentyn dit qu'il ne fouille
pas , et qu'il se nourrit d'herbes et de
feuilles. Il n'est pas certain qu'il se
trouve sur le continent de l'Inde ;
mais ce qu'il y a de bien sûr, c'est
qu'il n'est pas la souche des Cochons
de l'Océanique.

IIe SOUS-GENRE. — Les PÉCARIS,

Dicotyles, outre les caractères par lesquels nous les avons déjà séparés des Cochons proprement dits, s'en distinguent extérieurement au premier coup-d'œil par l'absence du doigt interne au pied de derrière, et surtout par une poche à paroi glanduleuse, située sur l'échine au-dessus de la première ou deuxième vertèbre lombaire, et dont nous avons trouvé la structure pareille à celle du larmier des Cerfs; enfin par la brièveté de leur queue qui n'a pas un pouce de long, est large et plate. Le train de devant est à proportion plus gros que celui de derrière. Le crâne des Pécaris, pour sa brièveté, ressemble plus encore à celui du Babiroussa qu'à celui du Cochon de Siam; il en diffère en outre par un caractère auquel son influence sur le régime alimentaire donne une grande importance; c'est que la facette glénoïde du temporal est cernée devant et derrière par des saillies qui encastrent la tête du condyle, et ne permettent à la mâchoire que de très-obscurs mouvemens de latéralité, tandis que cette surface est plane dans les Cochons de l'ancien continent. Les six molaires des Pécaris sont aussi plus-semblables entre elles que dans les Cochons. Dès la première en haut et la seconde en bas, elles ont deux paires de collines mamelonnées. La dernière d'en bas a de plus un talon mamelonné. Le cubitus est aussi soudé au radius plus tôt et plus complètement que dans les Cochons. L'ensemble de ces caractères exclut donc toute vraisemblance d'unité d'origine entre les Pécaris et les Cochons. Les Pécaris sont propres au Nouveau-Monde entre les tropiques. Linné a confondu les deux espèces sous le nom de *Sus Tajussu*. Cette confusion a régné sous des noms différens dans chaque auteur jusqu'à Azzara.

4. Pécari à collier, *Sus Tajussu*, L.; *Pecari* de Buffon, *Taytetou* du Paraguay, Azzara (Quadrup., p. 51); Cuv. (Mam. lith. 5e livrais.). Long de deux pieds six pouces entre l'anus et le boutoir; hauteur au garrot; un pied six pouces; à la croupe, un pied huit pouces; à pupilles rondes. Les poils épais et roides, annelés alternativement de noir et de blanchâtre, lui donnent un fond tiqueté de ces deux couleurs; et, comme le blanc des anneaux domine au cou, il en résulte une sorte de collier. Les pieds sont tout-à-fait noirs; la peau est partout d'un blanc livide; cette espèce n'a que deux mamelles, presque pas de queue, et sa poche exhale une forte odeur d'ail. L'odorat est le plus actif de leurs sens; dans la peur, ils poussent un cri fort aigu; ils témoignent leur contentement par un grognement léger; ils redressent aussi les soies de l'échine dans la colère; ces soies sont plus serrées et plus rudes que dans l'espèce suivante. Azzara dit aussi que l'humeur de sa poche répand une odeur musquée qui manque à l'autre. Il est évident que la couleur des Pécaris ne tient pas au climat; car les Cochons européens du Paraguay sont aussi blancs qu'à leur arrivée, et au contraire, ils sont noirs à Buénos=Ayres. Buffon, trompé par le mot *monte*, par lequel, en Amérique, les Espagnols désignent les forêts, a dit que les Pécaris habitent les montagnes. Le fait est que ces Animaux habitent les forêts, quel qu'en soit le niveau. Laborde a désigné, et Buffon après lui, le Pécari à collier sous le nom de *Patira* de Cayenne, mais en lui supposant longitudinale sur le dos la bande qu'il a en travers du cou. Cette espèce vit par couple dans les bois. Ils s'apprivoisent aisément. Le gouverneur La Luzerne avait commencé de les naturaliser à Saint-Domingue avant la révolution. Ils s'étaient déjà multipliés à la Gonave.

5. Le Tagnicati (en Guarani, mâchoire blanche), *Dicotyles labiatus*, Cuv. (Mam. lith. 27e livraison). Plus grand que le précédent; à soies plus longues où les anneaux blancs sont beaucoup plus petits: aussi, excepté à la croupe, est-il d'un brun noirâtre pur; sa tête diffère de celle du Pécari par la concavité de son chaufrein; entre les oreilles, il a des

soies de quatre pouces et demi de long ; elles règnent tout le long de l'échine, en devenant de plus en plus longues ; elles ont six pouces et demi aux hanches et diminuent ensuite vers le bas de la croupe ; entre la tête et les épaules, elles forment une sorte de crête par leur verticalité. Toute la mâchoire inférieure est blanche, ainsi que les lèvres, dont la supérieure l'est d'une nuance plus pure. En naissant, le poil est noir à la racine, blanchissant vers la pointe; en grandissant, la couleur noire devient dominante, de sorte que, dans sa première année, le Tagnicati ressemble, pour la couleur, au Pécari. D'après Azzara, la femelle a deux mamelles de plus que dans le Pécari.

Sous le nom de Cochon marron, Buffon a pris cette espèce pour la postérité des Porcs européens naturalisés en Amérique par les Espagnols : les caractères, qu'il assigne à ces Cochons marrons, conviennent parfaitement au Tagnicati; c'est aussi à cette espèce que doit s'appliquer ce qu'il dit à tort des Pécaris, qu'ils vont par troupes ordinairement de deux ou trois cents, qu'ils se secourent mutuellement, et blessent souvent les Chiens et les chasseurs. A cet égard, Azzara observe, qu'en frappant avec les canines, ce n'est pas de bas en haut comme le Sanglier, mais par un mouvement contraire. D'ailleurs, les Pécaris ont la même démarche, les mêmes goûts, la même manière de manger, de boire et de fouir que les Cochons. Ils diffèrent tous deux du Sanglier par leur facilité à s'apprivoiser ; ils s'approchent des passans pour se faire gratter : quoique les deux espèces habitent les forêts, on ne les trouve jamais dans les mêmes bois ; et jamais on ne voit un individu ni une paire de Taytetous dans une troupe de Tagnicatis. Ceux-ci savent se défendre avec la même résolution que les Sangliers, et quoique plus petits, ils sont aussi dangereux par leur nombre.

On ne trouve déjà plus les espèces de ce sous-genre qu'en petit nombre dans les environs des lieux habités ; car, comme ils ravagent les plantations de Patates, de Manioc, de Maïs et de cannes à Sucre, on en détruit autant qu'on peut. Ces Animaux sont les Sangliers de Garcillasso, liv. 8, cap. 18.

On ne connaît pas d'espèce fossile de ce genre. Les débris de Sanglier qu'on a trouvés en différens endroits, par leur figure et leurs gissemens, appartiennent à notre Sanglier vivant. L'un de ces restes est une défense trouvée avec des ossemens de Chevaux, des débris de bateaux et d'autres objets travaillés, en creusant une des culées du pont d'Iéna. Cuvier (Ossem. Foss.) indique aussi une portion de mâchoire des tourbières du département de l'Oise. Il parle de deux autres morceaux, mais dont on ne donne pas les gissemens. L'un est une mâchoire inférieure d'un jeune individu, où la première arrière-molaire commence à paraître, et trouvée au val d'Arno ; l'autre est une moitié inférieure d'humérus, déterrée dans le Hartz. L'absence des Cochons dans les couches d'une formation antérieure à l'état actuel de nos continens, est extrêmement remarquable par son opposition avec le grand nombre de genres de Pachydermes voisins qui existaient à cette époque, et dont pas une espèce n'a survécu. (A. D..NS.)

On trouve dans diverses relations de voyages et dans plusieurs autres livres le nom de Cochon donné à des Animaux du genre qui vient de nous occuper, ou de genres différens, avec les épithètes suivantes :

Cochon d'Amérique, le Pécari.

Cochon bas, même chose que Cochon de Siam.

Cochon des Blés ou petit Cochon, le Hamster.

Cochon des bois, à la Guiane, le Pécari.

Cochon Cerf, le Babiroussa.

Cochon de Chine ou Chinois, le Babiroussa.

Cochon cornu, variété présumée du Cochon domestique.

Cochon cuirassé , le Tatou.

Cochon d'eau, le Cabiais.

Cochon de fer , le Porc-Épic.

Cochon de Guinée et Cochon d'Inde , le Cobaie.

Cochon des Indes , le Cochon de Siam.

Cochon de lait, le petit du Cochon domestique.

Cochon marin , le Lion marin , *Phoca Porcina* (Molina , Hist. Nat. du Chili).

Cochon marron , le Cochon domestique redevenu sauvage dans les bois des colonies européennes. Dans Buffon , c'est le Tagnicati.

Cochon de mer , le Cabiais et le Marsouin.

Cochon noir , le Pécari.

Cochon Roi , une race de Cochon domestique commun en Italie.

Cochon Sanglier , le Sanglier dans plusieurs provinces de France.

Cochon sauvage , le Cochon marron.

Cochon de Siam , une race de Cochon domestique particulière et fort estimée.

Cochon de terre , le Myrmécophage du Cap.   (b.)

COCHON MARIN ou COCHON DE MER. pois. Syn. de *Trigla Cuculus*, d'Ostracion trigone et de Centrine. *V*. ce mot, Ostracion et Trigle.   (b.)

*COCHOU. bot. phan. (Gaimard.) Nom d'une variété de *Dioscorea*, à l'île de Guam dans l'archipel des Marianes.   (g.)

COCHOUAN ou COCHUAN. ois. Syn. vulgaire de la Marouette, *Rallus Porzana* , L. *V*. Gallinule.

                   (dr..z.)

* COCIOLCOS. ois. (Buffon.) Espèce du genre Perdrix, *Perdix borealis*, L. *V*. Perdrix.   (dr..z.)

COCIPSILE. bot. phan. Ce mot a été formé par contraction de *Coccocypsilum*, la seule désignation légitime d'un genre de Rubiacées établi par P. Browne. Ce serait trop laisser à l'arbitraire que d'admettre une dénomination ainsi dénaturée sous le vain prétexte que celle de l'auteur est dis-

sonante ou même barbare pour nous autres Français. Nous nous croyons donc autorisés à rejeter la mutation du nom de *Coccocypsilum* , et nous n'en changeons que la terminaison. *V*. Coccocypsile.   (g..n.)

COCKADORE , COCKATOO et COCKATOU. ois. Syn. de Kakatoës. *V*. Perroquet.   (dr..z.)

COCKATRICE. rept. saur. Syn. de Basilic. *V*. ce mot.   (b.)

COCKRECOS. ois. (Dampier.) Nom brésilien d'un Râle qui n'a pas encore été parfaitement déterminé.

                   (dr..z.)

COCLEZ. bot. phan. Vieux nom français de l'*Anemone hortensis*. (b.)

COCLITES. moll. foss. Pour Cochilites. *V*. ce mot.

COCNOS. ois. Syn. persan du Courlis, *Scolopax arcuata*, Gmel. *V*. Courlis.   (dr..z.)

COCO. ois. Syn. syriaque du Coucou gris , *Cuculus Canorus* , L. *V*. Coucou.   (dr..z.)

COCO. pois. Syn. de Bagre Pimélode à Cayenne.   (b.)

COCO. *Cocos*. bot. phan. On appelle ainsi le fruit du Cocotier commun , *Cocos nucifera* , L. *V*. Cocotier. On donne aussi ce nom à une espèce de Tulipier.   (a. r.)

COCOCHATL. ois. (Hernandez.) Nom mexicain d'un Oiseau qui paraît être congénère du Chardonneret.   (dr..z.)

COCO DES MALDIVES. bot. phan. On a long-temps ignoré à quelle espèce de Palmier on devait rapporter ce fruit remarquable par sa forme et sa grosseur. Labillardière en a fait un genre nouveau qu'il a nommé *Lodoicea. V*. ce mot. (a.r.)

COCODRILLE. ois. Nom vulgaire donné au Proyer, *Emberiza miliaria*, L.   (g.)

COCOI. ois. Syn. brésilien de Héron huppé de Cayenne. (dr..z.)

COCOIN. ois. Même chose que Cochouan. *V*. ce mot.

*** COCOINÉES.** *Cocoinæ.* BOT. PHAN. Kunth (*Nov. Gener. et Species Orb. Nov.*, 1, p. 241) a donné ce nom à un groupe très-considérable de l'ordre des Palmiers, qui est caractérisé par un ovaire triloculaire, par ses loges monospermes dont deux avortent souvent, et par la superficie des fruits non couverts d'écailles imbriquées. Il y a placé les genres *Cocos*, L.; *Bactris*, Jacq.; *Kunthia*, Humb. et Bonpl.; *Aiphanes*, Willd.; *Oreodoxa*, Willd.; *Martinezia*, R. et Pav.; *Alphonsia*, Kunth; *Ceroxylon*, H., B.; *Jubœa*, Kth., et *Attalea*, Kth. D'un autre côté, R. Brown (*Botany of Congo*, p. 37) a restreint ce nom de *Cocoinæ* aux Palmiers dont le fruit, originairement triloculaire, a ses cellules, lorsqu'elles sont fertiles, percées dans le point opposé à la radicule de l'embryon; et quand il y en a d'avortées, elles sont indiquées par des trous qui ne traversent pas entièrement les parois du fruit (*foramina cœca*), ainsi qu'on peut l'observer dans la noix de Coco. (G..N.)

COCOJA. BOT. PHAN. (Rumph.) Nom de pays d'un Vaquois rampant des îles de Banda et de Ternate. (B.)

COCOLOBIS. BOT. PHAN. (Plinc.) Une variété de Raisin d'Espagne. (B.)

COCON, COUCON ou **COQUE.** On donne en général ce nom à l'enveloppe que se construisent certaines Chenilles du genre Bombyce, et qui leur sert de demeure pendant l'état de nymphe ou de chrysalide. Tout le monde connaît le Cocon du Bombyce du Mûrier, *Bombyx Mori*, qui fournit la soie. *V.* LARVES. Quelques Arachnides filent aussi une Coque; mais son usage est assez différent; elle contient les œufs et les abrite. (AUD.)

COCORLI. OIS. Espèce de Bécasseau. *V.* ce mot. (B.)

COCOSTOL. OIS. Pour Xochitol. *V.* ce mot. C'est aussi le nom mexicain de plusieurs Oiseaux qui appartiennent aux genres Gros-Bec et Troupiale. (DR..Z.)

COCOTIER. *Cocos.* BOT. PHAN. Parmi les genres qui composent la famille des Palmiers, le Cocotier est sans contredit un des plus intéressans, par la beauté des espèces qui le composent, les usages variés auxquels leurs diverses parties peuvent êtres employées et les services qu'elles rendent aux habitans des contrées tropicales. Les caractères auxquels on reconnaît ce genre sont : des fleurs unisexuées, c'est-à-dire mâles et femelles, portées sur un même régime, et sortant d'une vaste spathe monophylle, qui se fend latéralement et ne tarde point à tomber lorsque les fleurs sont épanouies; les fleurs mâles occupent la partie supérieure des ramifications du régime; elles sont beaucoup plus nombreuses que les femelles qui sont placées en dessous, position qui se rencontre presque constamment dans les Plantes monoïques, où elle favorise singulièrement la fécondation; les premières ont un calice régulier, un peu coriace, à six divisions très-profondes, dont trois intérieures plus minces et plus étroites sont considérées comme une corolle par quelques auteurs. Six étamines, dont les anthères sont à deux loges et sagittées, s'insèrent à la paroi interne du calice. Le centre de la fleur est occupé par un pistil rudimentaire et avorté. Dans les fleurs femelles, le calice est le même que dans les fleurs mâles; il est coriace et persistant. L'ovaire est sessile, globuleux ou à trois angles obtus, à trois loges contenant chacune un seul ovule dressé. De son sommet naît un style trifide dont chaque division porte un stigmate.

Les fruits varient beaucoup quant à leur forme, leur grosseur et leur couleur, suivant les diverses espèces. Ils sont en général assez gros, à trois angles peu marqués, accompagnés à leur base par le calice. Ils constituent une drupe ou noix plus ou moins sèche, contenant un noyau très-dur, uniloculaire et monosperme par suite d'un avortement constant. Ce noyau, qui est ovoïde, plus ou moins allongé, est percé à sa base de trois trous fermés par une membrane ; la graine qu'il renferme contient un endosperme charnu, très-volumineux, souvent creux à son intérieur qui est plein d'un liquide blanc et laiteux, d'une saveur douce et agréable. L'embryon est très-petit relativement à la masse de l'amande, et placé dans une petite cavité qui occupe la partie inférieure de l'endosperme.

Toutes les espèces de Cocotiers sont des Arbres plus ou moins élevés, dont le stipe ou tronc est simple, et couronné à son sommet d'une touffe de grandes feuilles palmées, du milieu desquelles naissent les régimes de fleurs. Toutes croissent sous les tropiques. Nous mentionnerons ici comme plus intéressantes :

Le COCOTIER ORDINAIRE ou COCOTIER DES INDES, *Cocos nucifera*, L., Jacq., *Amer*, t. 168. L'un des plus beaux et des plus intéressans de ce genre, ce Palmier, originaire des Indes-Orientales, est aujourd'hui naturalisé dans toutes les contrées équatoriales du nouveau continent. Il croît aussi en Afrique, et dans un grand nombre des îles éparses au milieu de l'océan Pacifique. Il joint l'élégance à la majesté : son tronc cylindrique, d'environ un pied et demi de diamètre, s'élève droit comme une colonne, marqué de cicatrices circulaires provenant de la chute des feuilles, et couronné à son sommet d'une douzaine de palmes dirigées dans tous les sens. Ces palmes ou feuilles ont quelquefois jusqu'à douze et quinze pieds de longueur sur une largeur d'environ trois pieds ; les folioles qui les composent sont placées des deux côtés du pétiole commun, qui est nu dans sa partie inférieure où il est élargi et membraneux. Au centre de ces feuilles on trouve sur le sommet du stipe un bourgeon énorme et conique qui porte le nom de CHOU-PALMISTE, et qui se compose de feuilles dont le développement doit s'opérer plus tard, à mesure que les inférieures se sèchent et tombent, en laissant sur le stipe les cicatrices circu-

laires que nous y avons fait remarquer. Les spathes naissent de l'aisselle des feuilles inférieures ; leur longueur est de quinze à vingt pouces ; elles sont comprimées, pointues à leurs deux extrémités, et s'ouvrent d'un seul côté par une fente longitudinale, pour laisser sortir les fleurs qu'elles renferment ; ces fleurs forment un régime ou spadice très-rameux qui s'allonge beaucoup lorsqu'il s'est dégagé de la spathe qui le recouvrait ; elles sont d'une couleur jaune terne ; aux fleurs femelles qui, moins nombreuses, occupent la partie inférieure des ramifications du spadice, succèdent des fruits globuleux, obscurément triangulaires, indéhiscens, ayant ou dépassant même le volume de la tête d'un homme, ombiliqués à leurs deux extrémités, dont l'inférieure, qui est plus grosse, est accompagnée du calice, tandis que la supérieure, en général plus ou moins pointue, offre une petite cicatrice provenant du style. La surface de ces fruits connus sous le nom de Cocos, est lisse, d'une teinte verdâtre ou violacée, qui, à l'époque de la parfaite maturité, devient d'un brun plus ou moins terne ; ces fruits sont de véritables noix ou drupes sèches, qui offrent la structure suivante : leur pellicule externe ou épicarpe est mince, sèche, très-résistante. Entre cette pellicule et le noyau osseux qui occupe le centre du fruit, se trouve une sorte de bourre ou de filasse formée de fibres très-dures, entrecroisées en tous sens, d'abord remplies de sucs qui s'évaporent et disparaissent à l'époque de la parfaite maturité. On fait des cordages et des toiles grossières avec cette filasse. Le noyau est plus ou moins volumineux, épais et d'une extrême dureté ; il offre trois lignes saillantes et longitudinales, et sa base est percée de trois trous qui sont fermés par une membrane noire ; dans son intérieur qui est uniloculaire, on trouve une seule graine dressée, remplissant exactement la cavité, et qui se compose d'un tégument propre, mince et parsemé de vaisseaux ramifiés, se détachant facilement lorsque le fruit est récent. L'endosperme est très-gros, charnu, blanc, creusé à son centre d'une grande cavité pleine d'une sorte d'émulsion blanche, douce, un peu sucrée et très-agréable. L'embryon est petit et placé dans une seconde cavité beaucoup plus petite, et occupant la partie inférieure de l'endosperme. Cette amande est la partie la plus précieuse du Cocotier. Elle sert de nourriture aux peuples qui habitent les contrées où croît ce bel Arbre. Sa saveur est douce, et ressemble beaucoup à celle des Amandes ou des Noisettes fraîches. Le lait que contient sa cavité est une boisson aussi saine qu'agréable, très-recherchée dans les climats brûlans où vivent les Cocotiers. Lorsque l'on coupe l'extrémité supérieure des spathes avant l'épanouissement des fleurs, il en sort en abondance un fluide aqueux et sucré que l'on recueille avec soin. Au bout de quelques heures, cette liqueur a pris une saveur légèrement aigrelette qui en fait une boisson délicieuse, et que l'on connaît sous le nom de *Souva* ou vin de Palmier. On peut par la distillation en retirer un Alcohol assez bon, ou, en le faisant réduire sur le feu et y ajoutant un peu de craie, obtenir une sorte de sirop ou de conserve qui se prend en masse et cristallise confusément. Les habitans peu fortunés s'en servent pour conserver toutes sortes de fruits.

Quelquefois on cueille les Cocos avant leur maturité : leur amande, qui est alors peu consistante, est plus délicate et plus recherchée; quand elle est parfaitement mûre, on peut en préparer des émulsions semblables à celles que l'on fait en Europe avec les Amandes douces ou les Noisettes. Si les Cocos ont été conservés pendant quelque temps, leur amande est moins agréable; elle devient rance à cause de la grande quantité d'huile qu'elle contient; cette huile que l'on obtient par expression est très-douce et fort recher-

ché dans l'Inde où on l'emploie à une foule d'usages domestiques.

Le bois du tronc est très-dur, très-résistant, et les constructions où on l'emploie sont extrêmement solides et durables; enfin leur noyau sert à faire différens vases et ustensiles de ménage. Il est d'une dureté extraordinaire, et susceptible du poli le plus fin.

Outre les avantages que nous venons d'énumérer rapidement, le Cocotier en présente un non moins précieux, celui de s'accommoder des terrains les plus maigres et les plus sablonneux, de ceux enfin où tout autre Végétal ne peut vivre. C'est surtout dans le voisinage de la mer, sur les plages basses et humides, que ce bel Arbre croît avec le plus de rapidité, et qu'il parvient à la hauteur la plus grande.

Le Cocotier du Brésil, *Cocos butyracea*, L., Suppl. Cette espèce est, selon plusieurs naturalistes voyageurs, plus belle et plus grande que la précédente. Elle croît dans diverses parties de l'Amérique méridionale, et principalement au Brésil. Son fruit est moins gros, plus succulent que celui du Cocotier des Indes; son noyau est simplement cartilagineux, et non dur et osseux; les habitans des régions où il croît écrasent les coques de ses fruits avec leurs amandes, les jettent dans des vases pleins d'eau, et en retirent, par ce procédé simple et peu dispendieux, une huile épaisse et ayant à peu près la consistance du beurre frais. Cette huile, très-douce lorsqu'elle est récente, est employée aux divers usages domestiques.

Gaertner a décrit et figuré (*de Fruct.* T. VI) une espèce de Cocotier qu'il nomme *Cocos lapidea*. On ne la connaît encore que par ses fruits qui sont moins gros que ceux du Cocotier commun, mais dont le noyau a les parois beaucoup plus épaisses et assez souvent à deux ou même à trois loges. On ignore sa patrie, quoiqu'on le trouve assez communément dans le commerce. Il est extrêmement probable qu'il vient de l'Inde. On fait avec son noyau de petits vases, des coquetiers, des pommes de cannes, des verres à liqueurs et divers ornemens. (A..R.)

COCOTIER DE MER. BOT. PHAN. Nom vulgaire du *Borassus flabelliformis*, L. *V*. BORASSUS. (B.)

COCOTLI. OIS. (Hernandez.) Syn. mexicain de la petite Tourterelle de Saint-Domingue, Buff., *Columba Passerina*, Gmel. *V*. PIGEON. (DR..Z.)

COCOTZIN. OIS. Qu'il ne faut pas confondre, comme on le fait dans le Dictionnaire de Déterville, avec Cocotli. Espèce du genre Pigeon, Tourterelle Cocotzin, *Columba Passerina*, Lath., Buff., pl. enl. 243. *V*. PIGEON. (DR..Z.)

COCOTZON. OIS. (Lachênaye-Desbois.) Pour Cocozton. *V*. ce mot. (B.)

COCOUAN. OIS. Syn. vulgaire de la Marouette, *Rallus Porzana*, L. *V*. GALLINULE. (DR..Z.)

COCOXUIHITL. BOT. PHAN. (Hernandez.) Syn. mexicain de Boccone frutescente. (B.)

COCOZTON. OIS. Hernandez donne ce nom à un petit Oiseau du Mexique, qu'il dit avoir quelque ressemblance avec le Chardonneret. (DR..Z.)

COCQ-LÉZARD. REPT. SAUR. On a quelquefois donné ce nom à l'Iguane. (B.)

* COCQUAR. BOT. PHAN. Variété de la Rose de Provins extrêmement doublée, dans le midi de la France. (B.)

COCQUARD ou COCQUAR. OIS. Nom donné au métis provenu du Faisan mâle avec la femelle du Coq. (DR..Z.)

COCRÈTE ET COCRISTE. BOT. PHAN. Syn. vulgaires des genres Alectorolophe et Rhinanthe. *V*. ces mots. (G..N.)

* COCROOTES. BOT. PHAN. Nom de pays du fruit du Bactris. (B.)

COCTANA. BOT. PHAN. (Pline.) Variété de Figues. (B.)

* COCTEN. BOT. PHAN. Syn. d'Æthuse. *V*. ce mot. (B.)

CO-CU. BOT. PHAN. Syn. cochinchinois de *Cyperus rotundus*, L. *V*. SOUCHET. (B.)

COCU. OIS. Vieux nom français du *Cuculus Canorus*, L. *V*. ce mot. (B.)

COCU ou COUCOU. BOT. PHAN. Le *Primula veris* dans quelques provinces de France. (B.)

COCUE. BOT. PHAN. Vieux nom français de la Ciguë. (B.)

COCUJUS. INS. (Mouffet.) Syn. d'*Elater noctilucus*, par corruption de *Cucujus*. (G.)

COCUT. OIS. Syn. catalan du Coucou gris, *Cuculus Canorus*, L. *V*. COUCOU. (DR..Z.)

CO-CUT-LON. BOT. PHAN. Nom du *Lamium garganicum* en Cochinchine. (B.)

* COD. POIS. Syn. de Cabillaud dans les langues d'origine saxonne, d'où *Cod-Fisch*, *Cod-Lingue*, etc., en anglais. (B.)

CODAGAM ou CODAGEN. BOT. PHAN. (Rhéede, *Mal.* 10, t. 46.) Syn. d'*Hydrocotyle asiatica*, L. (B.)

CODAGAPALA. BOT. PHAN. (Rhéede.) Aussi nommé Conossi. Syn. de *Nerium antidyssentericum*, L. *V*. WRIGHTIA. (B.)

CODAGEN. BOT. PHAN. *V*. CODAGAM.

* CODAIPILLOU. BOT. PHAN. Syn. d'Andropogon à la côte de Coromandel. (B.)

* CODALANCEA. OIS. Syn. romain du Pilet, *Anas acuta*, L. *V*. CANARD. (DR..Z.)

CODALIAN. BOT. PHAN. Syn. gallois d'*Atropa Belladona*. *V*. BELLADONE. (B.)

CODA-PAIL, CODO-PAIL ou CAPO-CAPO. BOT. PHAN. Syn. de *Pistia Stratiotes*, L. *V*. PISTIA. (B.)

CODA-PILAVA. BOT. PHAN. *V*. CADA-PILAVA.

* CODARI ou CODARION. *Codarium*. BOT. PHAN. Le genre *Dialium* de Willdenow comprenait une espèce qui, à la vérité, en présentait les caractères extérieurs, mais dont Vahl a reconnu la distinction générique. Ce nouveau genre, auquel il a donné le nom de *Codarium*, offre les caractères suivans : calice à cinq folioles; un seul pétale linéaire, lancéolé, inséré sur le tube du calice; deux étamines ayant la même insertion; style unique; gousse libre, pédicellée, uniloculaire, renfermant deux ou trois semences dans une pulpe farineuse. Si ces caractères sont exacts, c'est une singulière anomalie que cette corolle d'un seul pétale linéaire; nous ne savons pas si une pareille organisation a son analogue dans les autres Dicotylédones, à moins qu'on ne la compare à la corolle du Cissampelos femelle, cas pour lequel Link a créé le terme exact, quoique peu grammatical, de *Flos unipetalus* (*V.* D. C., Théor. élém., 2ᵉ édit., p. 128).

Ce genre appartient à la Diandrie Monogynie, L., mais sa place dans l'ordre naturel n'est pas encore déterminée. Il renferme deux espèces indigènes de la Guinée : le CODARION LUISANT, *Codarium nitidum*, Vahl; *Dialium guineense*, Willd.; et le CODARION A FEUILLES OBTUSES, *Codarium obtusifolium*, Vahl. Ce sont deux Arbres de grandeur médiocre, à feuilles ailées, et ne possédant qu'un petit nombre de fleurs. (G..N.)

CODA-TREMOLA. OIS. Syn. italien de la Lavandière, *Motacilla alba*, L. *V.* BERGERONNETTE. (DR..Z.)

CODDA - PANNA. BOT. PHAN. (Rhéede.) Syn. de *Corypha umbraculifera*, L. (B.)

CODDAM - PULLI. BOT. PHAN. (Rhéede.) Syn. de *Cambogia Gutta*. *V.* GUTTIER. (B.)

* CODDEL-CAUKA. OIS. (Petiver.) Syn. de Coupeur d'eau, *Rhynchops nigra*, L., à Madras. *V.* BEC-EN-CISEAU. (DR..Z.)

* CODDI-MODDY. OIS. Syn. vul-

gaire en Angleterre de Mouette d'hiver, Buff., *Larus hybernus*, L. *V.* MAUVE. (DR..Z.)

* CODETTA. OIS. Syn. romain de la Bergeronnette grise, *Motacilla alba*, L. On nomme *Codetta-gialla* la *Motacilla flava*. *V.* BERGERONNETTE. (DR..Z.)

CODIÆUM. BOT. PHAN. Le *Croton variegatum* de Linné a été séparé de ce genre par Loureiro qui l'a appelé *Phyllaurea*, à cause de ses feuilles panachées de jaune. Tout en conservant le genre de Loureiro, il semble qu'à son nom, d'étymologie moitié grecque, moitié latine, il convient de préférer celui de *Codiæum* cité plus anciennement par Rumph, pour désigner le même Végétal. Ses fleurs sont monoïques. Dans les mâles, le calice présente cinq divisions profondes et réfléchies, avec lesquelles alternent cinq écailles plus courtes, tandis que cinq glandes rangées sur un cercle encore plus intérieur leur sont opposées. Les filets nombreux s'insèrent au réceptacle, et leur sommet aplati et dilaté légèrement porte sur ses côtés les deux loges de l'anthère. Les fleurs femelles ont un calice quinquéfide, trois styles simples, allongés, réfléchis. L'ovaire qu'environnent cinq écailles à sa base est à trois loges contenant chacune un ovule unique. Le fruit légèrement charnu renferme trois coques.

Le *Codiæum variegatum* est un Arbre ou un Arbrisseau à feuilles alternes, entières, glabres, luisantes, à fleurs en épis axillaires ou terminaux, les uns entièrement mâles, les autres entièrement femelles. Il croît aux Indes, à la Cochinchine, dans les îles Moluques et dans celles du Japon. On se plaît à l'y multiplier à cause de l'élégance de son feuillage et de l'usage fréquent qu'on en fait dans les fêtes et les cérémonies : aussi en compte-t-on de nombreuses variétés.

On doit réunir à ce genre un Arbre ou Arbrisseau de Timor, qui en offre tous les caractères, si ce n'est que la consistance de son fruit est un peu plus sèche. (A. D. J.)

CODIA - MINUM ET **CODIA-NUM**. BOT. PHAN. (Pline.) Plante bulbeuse indéterminée qu'on a rapportée au Narcisse faux-Narcisse et au Colchique. (B.)

CODI - AVANACU. BOT. PHAN. Et non *Avenacu*. Syn. malabare de *Tragia Chamœlea*. (B.)

* **CODIBO**. BOT. PHAN. Même chose que *Codium*, *V*. ce mot, à Ternate. (B.)

* **CODIBUGNOLO**. OIS. Syn. italien de la Mésange à longue queue, *Parus caudatus*, L. *V*. MÉSANGE. (DR..Z.)

* **CODICE - KARANDEI**. BOT. PHAN. (Burmann.) Syn. de *Sphœranthus amaranthoides*. (B.)

CODIE. *Codia*. BOT. PHAN. Ce genre a été fondé par Forster (*Characteres Generum Plantarum*, p. 59, t. 50), et adopté ensuite par Linné fils et par Jussieu qui, sans déterminer ses affinités naturelles, ont ainsi exposé ses caractères : calice à quatre sépales elliptiques dressés ; corolle formée de quatre pétales linéaires, à onglets filiformes ; huit étamines insérées à leur base, du double plus longues que le calice, et à anthères globuleuses ; ovaire unique, petit, supère, velu, à quatre ovules surmontés de deux styles subulés, de la longueur des étamines et terminés par deux stigmates simples. Le fruit est inconnu ; les fleurs sont réunies dans un involucre commun composé de folioles oblongues. Elles ont une apparence globuleuse (d'où le nom générique qui en grec signifie globule), comme dans quelques espèces de *Brunia* avec lesquelles Jussieu compare ce genre, quoiqu'il l'ait relégué parmi les *incertæ sedis*. Cependant d'autres botanistes lui ont trouvé des rapports avec les *Weinmannia*, et le placent dans la famille des Cunoniacées.

La seule espèce de ce genre qui ait été publiée, est le *Codia montana*, Forst. et L. F., Arbrisseau de la Nouvelle-Écosse, à feuilles entières opposées et très-glabres, à

fleurs en capitules, axillaires ou terminales. (G..N.)

CODIGI. BOT. PHAN. La Plante de la Triandrie de Linné, que Rhéede décrit sous ce nom et comme une espèce de Pulmonaire, croît aux lieux sablonneux de la côte de Malabar, a ses feuilles en cœur, sa corolle tripétale, et n'est encore que trop imparfaitement connue pour qu'on puisse la classer. (B.)

* **CODIHO-TSJINA**. BOT. PHAN. (Rumph.) Espèce indéterminée du genre Nerium, originaire de la Chine, et cultivée dans les jardins à Amboine. (B.)

CODILE LAITEUSE. BOT. PHAN. L'un des noms vulgaires du *Tordylium latifolium*, L. (B.)

CODINHO. BOT. PHAN. L'un des noms vulgaires donnés à Ternate au *Croton variegatum* dont Loureiro a fait son genre *Phyllaurea*. *V*. CODIÆUM. (B.)

CODINZINZOLA. OIS. Syn. italien de la Lavandière, *Motacilla alba*, L. *V*. BERGERONNETTE. (DR..Z.)

CODION. BOT. PHAN. (Gesner.) Espèce de Campanule, selon Mentzel. (Dict. de Déterville.) *V*. CODIUM. Ruell donne ce nom comme celui de la fleur du *Codia-minum* de Pline. *V*. ce mot. (B.)

CODI-ROSSO. OIS. Syn. romain de Rossignol de murailles, *Motacilla Phœnicurus*, L. *V*. BEC-FIN.

CODIROSSO MAGGIORE. On appelle encore ainsi en Italie le Merle de roche, *Lanius infaustus*, L. *V*. MERLE. (DR..Z.)

* **CODISONA**. REPT. OPH. (Laurenti.) Syn. de Crotale. *V*. ce mot. (B.)

CODIUM. BOT. CRYPT. (*Hydrophytes*.) Stackhouse a donné ce nom à un genre encore mal connu, nommé *Lamarckea* par Olivi ; *Agardhia* par Cabrera ; *Spongodium* par Lamouroux. *V*. ce mot. Agardh a adopté le genre Codium dans son *Synopsis Algarum Scandina-*

viæ. Il n'est pas certain que le Codium de Beauvois soit celui dont il est ici question. Les caractères donnés par cet auteur pour les Cryptogames aquatiques sont si vagues qu'on n'y peut rien reconnaître. (B.)

CODJA-JANTI ou **COD-JANTI.** BOT. PHAN. *V.* GAJATI.

COD-LINGUE. POIS. *V.* COD.

* **CODO-BIANÇO.** OIS. Syn. romain du Motteux, *Motacilla Œnanthe,* L. *V.* TRAQUET. (DR..Z.)

* **CODOCAYPU.** BOT. PHAN. (Ruiz et Pavon.) Syn. chilien du Myoschilos de la Flore du Pérou. *V.* ce mot. (B.)

CODOCK. MOLL. Pour Codok. *V.* ce mot. (B.)

CODOK. MOLL. (Adanson, Hist. Natur. du Sénég. p. 223, pl. 16, 3.) Syn. de *Cytherea tigerina,* Lamk., *Venus tigerina,* L. *V.* CYTHÉRÉE. (D..H.)

CODOMALO. BOT. PHAN. (Belon.) Syn. de *Mespilus Amelanchier,* L. (B.)

CODON. *Codon.* BOT. PHAN. Une Plante du cap de Bonne-Espérance, figurée par Andrews (*Reposit.* t. 325) sous le nom de *Codon Royeni,* constitue ce genre dont on ignore la famille naturelle. Il appartient à la Décandrie Monogynie, L. Son calice est monosépale, persistant, à dix lanières très-étroites. Sa corolle est monopétale, régulière, campanulée, également à dix lobes. Le nombre des étamines est le même que celui des lobes de la corolle; à la base de chacune d'elles on trouve une écaille. Le fruit qui a été figuré par Gaertner (2, t. 95) est une capsule ovoïde à deux loges, contenant plusieurs graines anguleuses et hérissées, dont l'embryon est cylindrique et placé au centre d'un grand endosperme. Cette capsule s'ouvre en deux loges qui entraînent chacune avec elles la moitié de la cloison.

Le *Codon Royeni* est une Plante vivace dont les tiges sont cylindriques, rameuses, cotonneuses, d'un pied de hauteur, munies d'un grand nombre d'aiguillons et portant des feuilles alternes ovales, rudes au toucher, pétiolées. Les fleurs naissent solitaires un peu au-dessus de l'aisselle des feuilles.

Plusieurs caractères semblent rapprocher ce genre des Solanées. Jussieu pense que le *Thuraria* indiqué par Molina dans son Histoire Naturelle du Chili, doit être réuni à ce genre. (A.R.)

* **CODON.** BOT. PHAN. L'un des noms du Coing dans quelques parties méridionales de la France, qui de même que *Codonero* espagnol, signifiant le même fruit, vient évidemment du latin. (B.)

***CODONG-SERUNI.** BOT. PHAN. (Rumph.) Nom javanais d'une Plante qui paraît voisine du *Verbesina biflora,* si elle n'est la même. (B.)

CODONIUM. BOT. PHAN. Rohr et Vahl (*Act. Soc. Nat. Hafn.* T. II, p. 206; et *Symb.* 5, p. 56) ont ainsi nommé un nouveau genre que Schreber et Willdenow ont désigné ensuite sous le nom de *Schœpfia.* Les botanistes ayant adopté cette dernière dénomination, malgré sa postériorité, mais parce qu'ici la consonance du mot Codonium avec celui de *Codon,* genre précédemment établi, aurait pu faire commettre des erreurs, nous traiterons de ce genre au mot SCHOEPFIE. (G..N.)

CODOPAIL. BOT. PHAN. *V.* CIAMBAN et CODA-PAIL.

CODORNIZ. OIS. Syn. espagnol et portugais de la Caille, *Tetrao Coturnix,* L. *V.* PERDRIX. (DR..Z.)

* **CODOYONS.** BOT. PHAN. Même chose que Codon et Codonero. *V.* ces mots. (B.)

CODRE. *Codrus.* INS. Genre de l'ordre des Hyménoptères, section des Térébrans, famille des Pupivores, tribu des Oxyures (Règn. Anim. de Cuv.), établi par Jurine (Classif. des

Hyménoptères, p. 508), et correspondant au genre Proctotrupe de Latreille. *V*. ce mot. (AUD.)

*CODUCO-AMBADO. BOT. PHAN. Nom brame d'une espèce de *Spondias. V*. ce mot. (B.)

CODUVO. BOT. PHAN. (Burmann.) Syn. indien de Grenadier. (B.)

CODWARTH. BOT. PHAN. L'un des noms gallois de la Belladone. (B.)

CŒCILIE. *Cœcilia*. REPT. OPH. Genre fort singulier dont la place ne pourra être rigoureusement déterminée que lorsque les mœurs et le mode de génération des espèces qui le forment seront mieux connus. Cuvier en fit sa troisième et dernière famille des Serpens auxquels il donna l'épithète de nus. Oppel, sur l'indication de Duméril qui observa le premier combien les Cœcilies ont de rapports avec les Anoures, en a fait sa famille des Batraciens apodes. Linné avait d'abord décrit l'espèce qui sert de type au genre en plaçant celui-ci à la fin de ses *Amphybiæ Serpentes*. Si les Cœcilies éprouvent des métamorphoses, nul doute qu'elles ne doivent se ranger à la suite des Protées et des Syrènes. *V*. ces mots. Les caractères de ce genre consistent dans le corps qui est à peu près cylindrique, nu, dépourvu d'écailles, recouvert de glandes plus ou moins distinctes destinées à laisser transsuder une humeur visqueuse analogue à celle dont se recouvrent les Limaces et les Anguilles ; ayant les côtés transversalement plissés ; queue nulle ; tête peu distincte, conique en avant ; mâchoire supérieure un peu proéminente ; bouche peu fendue ; narines assez apparentes ; yeux à peine visibles cachés sous la peau.

Le nom de Cœcilie est celui que les anciens donnaient à l'Orvet, encore aujourd'hui appelé vulgairement aveugle, de l'idée où l'on était que l'Orvet n'avait pas d'yeux, encore qu'il en ait de fort beaux. Ce nom est ici mieux appliqué ; car les Animaux auxquels l'ont imposé les modernes paraissent n'y voir guère, ou du moins les organes de la vision sont chez eux peu développés.

Cuvier a donné sur les Cœcilies, jusqu'à lui peu connues, des détails anatomiques importans que nous croyons devoir transcrire : « L'anus est rond, situé vers l'extrémité du corps ; les côtes sont trop courtes pour entourer le tronc, et paraissent comme rudimentaires ; les vertèbres s'articulent par des facettes en cône creux rempli d'un cartilage gélatineux comme dans les Poissons ; le crâne s'unit à la première vertèbre par deux tubercules, comme il arrive dans les Batraciens et l'Amphisbène qui offre seul la même conformation parmi les Ophidiens ; les os maxillaires couvrent l'orbite qui n'y est percée que comme un très-petit trou, et ceux des tempes couvrent la fosse temporale, de sorte que la tête ne présente en dessus qu'un bouclier osseux continu ; les dents maxillaires et palatines sont aiguës et recourbées en arrière ; elles ressemblent cependant à celles des Serpens proprement dits ; mais la mâchoire inférieure n'a pas de pédicule mobile, attendu que l'os tympanique est enchâssé avec les autres os dans le bouclier du crâne. L'oreillette du cœur n'est pas divisée assez profondément pour être regardée comme double ; le deuxième poumon est fort petit. Il paraît que les Cœcilies pondent des œufs à écorce membraneuse et réunis en longues chaînes ; leurs oreilles n'ont pour tout osselet qu'une petite plaque sur la fenêtre ovale. »

D'après leurs rapports anatomiques, les Cœcilies sont donc placées par la nature au point de contact des Batraciens, des Sauriens, des Ophidiens et même des Poissons. Leurs espèces sont toutes du Nouveau-Monde, et même de la Guiane, quoique Séba en eût décrit une comme originaire de Ceylan. On en connaît quatre.

L'IBIARE, Encyc., Serp., pl. 54, f. 1 ; *Cœcilia Ibiara*, Daud., Buff., Rept. ; *Cœcilia tentaculata*, L., Gmel., *Syst. Nat.*, XIII, pars 2, pl. 1124 ; Lac.,

Serp. t. 21, f. 2. Cette espèce, qui atteint à plus d'un pied de longueur sur un pouce de diamètre, est noirâtre ; sa bouche, située transversalement sous le museau, l'a fait comparer à un Squale ; trente-cinq plis transversaux sur chaque côté la caractérisent, ainsi que deux verrues qu'on a comparées à des tentacules, et qui sont situées en avant des narines. L'Ibiare est assez commune à Surinam et au Brésil. Pison dit qu'on l'appelle Ibiaram dans cette dernière contrée.

Le VISQUEUX, Encycl., Serp., pl. 34, fig. 2 ; *Cœcilia gelatinosa*, L., Gmel., *loc. cit.*, p. 1125 ; *Serpens Cœcilia Ceylanica*, Séba, T. II, tab. 25, f. 2. Cette espèce fut la première connue et décrite par Linné dans le musée du prince Adolphe-Frédéric. Son corps est allongé, grêle, cylindrique, brunâtre, marqué d'une ligne latérale, un peu épaissi en arrière, avec trois cent quarante plis de chaque côté. Elle a plus d'un pied de longueur, et l'épaisseur du petit doigt. Sa patrie est l'Amérique méridionale, et non l'Inde, comme l'ont dit les auteurs induits en erreur par Séba.

Le VENTRE BLANC, *Cœcilia albiventris*, Daudin, T. VII, pl. 42, fig. 1. Cette singulière espèce, que Levaillant tenait de Surinam, a son anus entouré de plis rayonnés ; le corps grêle, cylindrique, noirâtre, avec l'abdomen tacheté de blanc ou de jaunâtre par grandes plaques irrégulières ; l'ouverture de la bouche est inférieure ; les dents sont très-courtes et très-aiguës.

Le LOMBRICOÏDE, *Cœcilia Lumbricoides*, Daud., *ibid.*, fig. 2 ; *Cœcilia gracilis*, Shaw. Le corps de cette Cœcilie est proportionnellement le plus long et le plus grêle ; sa couleur est noirâtre ; les tubercules de sa peau sont presque microscopiques ; l'anus est rayonné ; les narines sont lisses. Cet Animal atteint jusqu'à deux pieds de longueur sur quatre lignes de diamètre. On dirait un Dragonneau gigantesque. On dit qu'il habite les lieux humides à Surinam, et s'y creuse des trous en terre comme les Lombrics. Son *facies* nous semble indiquer un habitant des eaux. (B.)

COEFFE. ZOOL. et BOT. *V.* COIFFE.

COEG-BENNOG. POIS. Syn. gallois de Sardine. *V.* CLUPE. (B.)

COELACHNE. *Cœlachne*. BOT. PHAN. Une petite Plante de la famille des Graminées, ayant le port d'une *Briza* et qui croît à la Nouvelle-Hollande, forme ce genre auquel Robert Brown, son auteur, attribue les caractères suivans : la lépicène est biflore, composée de deux valves presque égales, obtuses et ventrues à leur partie inférieure. Les deux fleurs qu'elle renferme sont mutiques, l'inférieure est hermaphrodite, la supérieure est pédicellée, plus petite et femelle. Dans la fleur hermaphrodite, les étamines sont au nombre de trois ; l'ovaire est surmonté de deux styles qui se terminent par deux stigmates plumeux. Le fruit est allongé, cylindrique, terminé en pointe à ses deux extrémités, et non enveloppé dans les écailles florales.

La seule espèce de ce genre, *Cœlachne pulchella*, Brown, est une petite Graminée entièrement glabre, dont le chaume, rameux inférieurement, porte des feuilles planes, lancéolées, dépourvues de ligule. Les fleurs sont très-petites, disposées en une panicule étroite. (A. R.)

COELAT-SAGU. BOT. PHAN. Syn. malais de *Cyças circinalis*, L. (B.)

COELESTINE. MIN. Pour Célestine. *V.* STRONTIANE.

* COELESTINE. *Cœlestina*. BOT. PHAN. Famille des Synanthérées, tribu des Corymbifères de Jussieu, section des Eupatorées de Kunth, et Syngénésie égale, L. Ce genre a été établi par H. Cassini et adopté par Kunth qui, dans son *Synopsis Plant. Orb. Novi*, T. II, p. 458, en a ainsi modifié et exprimé les caractères : involucre cylindracé, hémisphérique, polyphylle et imbriqué ; réceptacle nu et convexe ; fleurons tubuleux, très-nombreux et tous hermaphrodites ; antennes in-

cluses ; stigmate saillant à deux branches très-longues et divariquées; akènes à cinq angles tronqués au sommet et couronnés d'un rebord membraneux. Séparé par son auteur du genre *Ageratum*, ce nouveau genre ne semble pas, aux yeux de Kunth, avoir une organisation bien différente. La structure de l'aigrette est le seul caractère qui l'en distingue , mais encore cette structure n'est-elle, ainsi que dans le *Stevia*, qu'une légère modification de celle de l'*Ageratum*; de sorte que si l'on accordait une grande valeur à un organe si susceptible de varier, pour la distinction des Synanthérées, on instituerait presque autant de genres qu'il y a d'espèces connues.

La COELESTINE AZURÉE, *Cœlestina cœrulea*, Cassini, *Ageratum cœlestinum*, Sims, Plante très – élégante à fleurs d'un bleu rougeâtre, nombreuses et disposées en corymbes, est maintenant cultivée en pleine terre et répandue dans les jardins de Paris. La Plante décrite par Kunth (*loc. cit.*) sous le nom de *Cœlestina ageratoides*, et qui habite la Nouvelle-Espagne, a les plus grands rapports avec la précédente.   (G..N.)

* COELIFLONUM, COELIFLOS ET COELIFOLIUM. BOT. CRYPT. *V*. NOSTOC.

COELIOXYDE. *Cœlioxys*. INS. Genre de l'ordre des Hyménoptères, section des Porte-Aiguillons, famille des Mellifères, tribu des Apiaires, *V*. ce mot, section des Dasygastres, établi par Latreille, et ayant, suivant lui (Mém. sur les Abeilles, Zool. du Voy. de Humboldt), pour caractères propres : palpes maxillaires de deux articles, dont le premier une fois au moins plus long que le second ; mandibules étroites et peu fortes dans les deux sexes (écusson épineux, abdomen conique, point ou peu soyeux en dessous.) ; les Cœlioxides se rapprochent beaucoup des Mégachiles, mais elles en diffèrent par la longueur relative des palpes, par la faiblesse des mandibules, et par l'abdomen peu ou point soyeux.

Ces Insectes déposent leurs œufs dans le nid des Abeilles maçonnes, qui sont des Apiaires solitaires. Eux-mêmes appartiennent à cette division, et ont par conséquent des pieds postérieurs, sans corbeille aux jambes ni brosse au côté interne du premier article des tarses. L'abdomen des femelles est plus long que celui des mâles, ce qui est dû au développement du dernier anneau prolongé en pointe. Cette différence est telle que la plupart des auteurs ont regardé chaque sexe comme des espèces distinctes. On peut considérer comme type du genre :

La COELIOXYDE CONIQUE, *Cœl. conica*, Latr., ou l'*Apis conica* et *quadridentata* de Linné et Fabricius. Le premier de ces noms appartient à la femelle et le second au mâle. Panzer (*Faun. Ins. Germ.*, fasc. 59, tab. 7) a représenté la femelle qu'il place à tort dans le genre Anthidie. On la trouve communément dans toute l'Europe.

La COELIOXYDE ACANTHURE, *Cœl. Acanthura* où l'*Acanthura* d'Illiger, dont le mâle paraît avoir été figuré par Panzer (*loc. cit.*, fasc., 55, fig. 13) sous le nom d'*Apis quadridentata*, se rencontre aussi en Europe.

La COELIOXYDE TRIDENTÉE, *Cœl. tridentata*, où l'Anthophore tridentée de Fabricius, est originaire des Antilles.   (AUD.)

COELIROSA. BOT. PHAN. Espèce du genre *Agrostemma*.   (B.)

* COELIT-PAPEDA. BOT. PHAN. Nom malais qui désigne probablement un *Weinmannia*. *V*. ce mot.   (B.)

* COELMAES. OIS. Syn. hollandais de la Mésange charbonnière, *Parus major*, L. *V*. MÉSANGE. (DR..Z.)

COELOGENUS. MAM. *V*. PACA.

* COELOMITRA ET COELOMORUM. BOT. CRYPT. C'est-à-dire *Mitre* et *Mûre creuse*. Noms proposés par Paulet pour désigner les Helvelles et les Morilles.   (B.)

COELORACHIS. BOT. PHAN. Espèce du genre *Rotboella* qui croît à Ternate. (B.)

* **COELORHINQUE.** *Cœlorhincus*. POIS. Espèce du genre *Lépidolèpre* de Risso. *V.* ce mot. (B.)

* **COELOSPORIUM.** BOT. CRYPT. (*Mucédinées.*) Link a proposé de séparer, sous ce nom, le *Dematium articulatum* qu'il avait rapporté avec quelques autres espèces au genre *Helmisporium.* Il croit avoir observé, dans cette espèce, que les sporules sont percées d'un petit trou assez distinct. *V.* HELMISPORIUM. (AD. B.)

* **COEMBURA.** BOT. PHAN. (Plukenet.) Syn. présumé d'*Heritiera* à Ceylan. (B.)

COENDOU. *Coendus.* MAM. Genre de l'ordre des Rongeurs, réuni par Cuvier aux Porc-Epics. *V.* ce mot. (B.)

* **COENOGONIUM.** BOT. CRYPT. (*Lichens.*) Ehrenberg a donné ce nom à un genre de Lichens qu'il a décrit dans les *Horæ Berolinenses*, p. 119, et caractérisé ainsi : fronde formée de fibres filiformes, cylindriques, rameuses, translucides et entrecroisées ; apothécies orbiculaires, portées sur un court pédicelle, entourées d'un rebord peu distinct, à disque coloré, convexe.

Ehrenberg a observé dans les apothécies de ce genre la même structure que dans la membrane fructifère des Pezizes et autres Champignons, c'est-à-dire que la surface des apothécies était formée par des capsules allongées, pédicellées, renfermant des sporules, et ne portait pas des sporules nues comme Acharius l'a prétendu. Il a observé cette même organisation dans d'autres Lichens et pense qu'elle est commune à toute cette famille ; la seule espèce connue du genre *Cœnogonium*, le *Cœnogonium Linkii*, croît sur l'écorce des Arbres à l'île Sainte-Catherine au Brésil ; sa fronde est plane, presque orbiculaire, d'un vert glauque. Son bord est frangé par les extrémités libres des filamens du thallus ; les apothécies sont d'un beau rouge. (AD. B.)

COENOMYIE. *Cœnomyia.* INS. Genre de l'ordre des Diptères, famille des Tanystomes, fondé par Latreille, et ayant, suivant lui, pour caractères : antennes de trois pièces, dont la dernière plus longue, conique, de huit anneaux ou petits articles ; trompe saillante, courte, terminée par deux grandes lèvres, renfermant un suçoir de quatre soies ; palpes extérieurs ; ailes couchées sur le corps ; écusson à deux épines. On peut ajouter comme un développement de ces caractères que les Cœnomyies ont une tête moins élevée et moins large que le thorax, supportant des yeux à facettes très-développés dans le mâle ; trois petits yeux lisses et des antennes rapprochées à leur origine, de trois articles, dont le premier est cylindrique, le second en cône renversé, et le troisième de huit petits articles qui vont en diminuant insensiblement de grosseur. La bouche consiste en une trompe membraneuse, avec deux grandes lèvres et deux palpes relevés. Les ailes, couchées parallèlement sur le corps, se rapprochent, par la disposition de leurs cellules, de celles des Taons, et les balanciers sont à découvert comme dans les Stratiomes. Les pates sont assez fortes, et il existe trois pelotes et deux crochets à l'extrémité des tarses ; le corps est ovale, oblong et pubescent. — Ce genre, que Fabricius a désigné sous le nom de Sique, *Sicus*, assez voisin des Taons et des Stratiomes, n'en diffère essentiellement que par la composition de la trompe.

On considère comme type du genre la COENOMYIE FERRUGINEUSE, *Cœn. ferruginea.* Elle varie beaucoup, et plusieurs auteurs, Fabricius en particulier, l'ont décrite sous des noms différens ; on en jugera par la synonymie suivante : *Tabanus bidentatus* de Linné et de Fabricius (*Spec. Insect.* T. II, p. 459). — *Tab. bispinosus* du même (*loc. cit.*, p. 459, n. 26). — *Stratiomys errans* du même (*Entom. Syst.* T. IV). — *Sicus ferrugineus, bicolor, errans,* du même (Suppl., p. 55, n. 2, 3, 4). — Mouche armée odorante de Latreille (Tabl. élém. de l'Hist. des Animaux). — *Stratiomys Macrotion* de Panzer (*Faun. Ins. Germ.* , fasc. 9, fig. 20).—*Stratiomys unguiculata* du même (*loc. cit.* fasc. 12, f. 22).—*Stratiomys errans* du même, fasc. 58, fig. 17). Meigen (Descrip. syst. des Dipt. d'Europe, T. ii, pag. 16) décrit cette seule Cœnomyie qu'on a connue sous un si grand nombre de noms, et y réunit une seconde espèce qu'il paraît avoir distinguée dans un précédent ouvrage, et que Latreille (Dict. d'Hist. Nat.) désigne encore sous le nom d'unicolore, *Cœn. unicolor.* On la trouve assez communément dans le département du Calvados. Elle répand une odeur de Mélilot très-prononcée. (AUD.)

COENOPTERIS. BOT. CRYPT.(*Fougères.*) Bergius a donné ce nom au genre de Fougère nommé *Darea* par Jussieu. Swartz et Thunberg ont adopté le nom de Bergius; depuis, R. Brown a réuni le genre *Darea* aux *Asplenium. V.* ces mots. (AD. B.)

COENURE. *Cœnurus.* INTEST. *V.* CÉNURE.

COERANDJE. BOT. PHAN. Syn. javanais de *Dialium. V.* ce mot. (B.)

COEREBA. OIS. (Marcgraaff.) Syn. brésilien de *Certhia cyanea.* Ce nom est devenu scientifique dans Vieillot pour désigner un démembrement du genre *Certhia,* dont cet auteur a fait son genre *Guit-Guit. V.* ce mot. (DR..Z.)

COERI-ULOSEN. BOT. PHAN. L'un des synonymes kalmoucks de *Populus nigra* (B.)

*COERULEUS. OIS. (Gesner.) Syn. présumé du Merle bleu, *Turdus Cyanus*, L. *V.* MERLE. (DR..Z.)

COESCOES ou CUSOS. MAM. Syn. de Phalanger. *V.* ce mot. (A.D..NS.)

COESDOES. MAM. On prononce Coudous. Espèce d'Antilope qu'on dit être la même que le Condoma. *V.* ANTILOPE. (B.)

COESIE. BOT. PHAN. Pour Cæsie. *V.* ce mot.

COESIOMORE. POIS. *V.* CÆSIO- MORE.

COESION. POIS. *V.* CÆSIO.

*COESPIPHYLIS. BOT. PHAN. Dans la nouvelle nomenclature de Du Petit-Thouars (Histoire des Orchidées des îles australes d'Afrique), c'est le nom d'une espèce de *Phyllorchis.* Il répond au *Bulbophyllum* ou *Cymbidium cœspitosum* de Swartz. Cette Plante est figurée pl. 102, dans l'ouvrage de Du Petit-Thouars. (G..N.)

* COESTICHIS. BOT. PHAN. Nom générico-spécifique proposé, dans la nouvelle nomenclature de Du Petit-Thouars (Hist. des Orchidées des îles australes d'Afrique), pour une Plante qui appartient au genre *Malaxis* de Swartz. C'est son *Stichorchis Cœstichis*, figuré pl. 89. (G..N.)

* COETY. BOT. PHAN. (Nicolson.) Espèce indéterminée d'Amaranthe épineuse de Saint-Domingue. (B.)

COEUR. ANAT. Vrai moteur du sang et l'un des rouages les plus indispensables à la vie, dans les organisations déjà compliquées, le Cœur n'existe pas chez tous les Animaux. Il se trouve placé, quand il existe, entre les vaisseaux veineux et artériels dont il forme la démarcation la plus précise. Il suppose toujours, non-seulement l'existence du sang et la présence d'un tube digestif où ce fluide a sa source, mais encore un organe spécial, des poumons ou des branchies, chargé de redonner au sang les qualités qu'il a perdues en parcourant la longue série des organes. Nous ne pouvons donner ni la description minutieuse du Cœur, organe si différent dans les diverses classes d'Animaux, ni l'histoire de ses mouvemens que beaucoup de circonstances font varier, et qui, à leur tour, modifient les principales fonctions de la vie. Il ne s'agit ici que d'une esquisse fort imparfaite.

Une masse charnue, extrêmement irritable, revêtue de membranes de tous les côtés, traversée par des nerfs, arrosée par des vaisseaux, protégée par une enveloppe ordinairement fort résistante, offrant à son centre des

excavations variables pour le nombre
et la configuration, communiquant
avec des vaisseaux de deux espèces
et des organes respiratoires circonscrits, envoyant du sang à toutes les
parties, leur fournissant à toutes les
principes nécessaires à la nutrition,
et présidant ainsi à toutes les fonctions : voilà quelles idées principales
on attache au Cœur, puissant agent
qui se trouve lié directement ou par
sympathie avec tout ce qu'il y a d'essentiel dans l'organisation; qui est
toujours insoumis à la volonté, et chez
lequel l'habitude ne détermine de modification d'aucun genre; organe enfin
qui agit sans repos depuis le commencement de l'existence, et qui souvent continue de battre long-temps
après qu'elle a totalement cessé.

Propre aux seuls Animaux, nous
avons dit que le Cœur n'existe pas
chez tous. Sa présence n'est constante,
et ses fonctions ne paraissent nécessaires que là où se trouvent des organes spécialement destinés à la respiration. Le Cœur ne paraît, dans les
êtres organisés, qu'à partir des Crustacés et des Araignées; il n'existe
d'aucune manière dans les Animaux
placés plus bas, de même aussi que
ces Animaux des classes inférieures ne
présentent point de sang proprement
dit : c'est que le même organe qui
nécessite un Cœur est aussi l'organe
qui compose du sang. Cette loi pourtant semble éprouver une exception
pour les Annelides, espèce de Vers
doués de branchies et pénétrés d'un
sang véritable, possédant des vaisseaux sanguins manifestement de
deux espèces, et qui, nonobstant
tout cela, sont néanmoins dépourvus
d'un Cœur.

Ni les Polypes, ni les êtres équivoques si bien décrits et figurés par Bory
de Saint-Vincent, ni les Annelides, ni
les Insectes, n'ont de Cœur véritable.
Ces derniers Animaux ont au lieu
de Cœur un grand vaisseau nommé
dorsal, espèce de canal central où du
sang imparfait séjourne presque immobile et toujours également coloré.
Aussi ces Animaux n'ont-ils ni pou-

mons, ni branchies, mais, au lieu
de ces organes, des espèces de canaux ou de trachées irrégulièrement
disséminées dans tout leur corps (*V.*
Latreille et Marcel de Serres). Le
Cœur dans les Annelides et les Crustacés est déjà très-sensible. Il a jusqu'à
trois portions séparées dans quelques
Mollusques, et il est très-compliqué
chez plusieurs autres. Il forme toujours au moins deux loges, un ventricule et une oreillette dans les Poissons et les Reptiles, et toujours sans
exception, quatre cavités, réduites à
trois dans le fœtus, chez les Oiseaux
et les Mammifères.

Ces quatre cavités du Cœur des
Mammifères et des Oiseaux agissent
alternativement deux par deux; les
deux oreillettes ensemble et de
même pour les deux ventricules.
Ces mouvemens du Cœur consistent à se laisser remplir et distendre
par le sang, et ensuite à envoyer ce
fluide à des destinations assignées
d'avance par la distribution naturelle
des vaisseaux qui en émanent. Et en
vertu de l'alternative dont nous avons
déjà fait mention, les deux ventricules
se dilatent et s'emplissent à l'instant
où les deux oreillettes se vident et se
contractent : merveilleuse association
de mouvemens sans laquelle la circulation du sang ne pourrait plus avoir
lieu.

Trois veines principales rapportent dans l'oreillette droite tout le
sang devenu inhabile à nourrir et à
exciter convenablement les organes :
ces vaisseaux, les deux veines caves
et la veine du Cœur, ont bientôt versé
dans cette oreillette assez de sang
pour la remplir et la dilater; ainsi
distendue, cette première cavité du
Cœur se resserre sur le sang qu'elle
contient et auquel une communication, alors entièrement libre, permet
d'aller remplir le ventricule droit qui,
se contractant à son tour, pousse avec
énergie dans l'artère pulmonaire un
sang qui va se répandre et se régénérer dans le tissu des poumons, où la
présence d'un air incessamment renouvelé et les mouvemens alternatifs

qu'il suppose, redonnent au sang toutes ses qualités vitales, et loin de le ralentir ne font qu'accélérer son cours. Il parvient donc ainsi dans les cavités gauches du Cœur ; et, par un mécanisme en tout semblable à celui des cavités droites, ce fluide se trouve porté et réparti, au moyen de l'aorte et de ses nombreuses divisions, dans les organes même les plus éloignés du Cœur, qui par-là sont vivement ébranlés en même temps qu'imprégnés de sucs nutritifs de vie et de chaleur.

Le Cœur n'est pas l'unique agent de la circulation : les artères et l'élasticité dont elles sont douées ; les veines et les valvules qu'elles présentent, les muscles et leurs contractions diverses, les mouvemens alternatifs, continuellement imprimés aux poumons ou aux branchies, sont autant d'auxiliaires du Cœur pour l'accomplissement de la circulation. Cette fonction n'est ni aussi compliquée, ni aussi parfaite dans les Reptiles et les Poissons, qu'elle l'est dans les Mammifères. Ces Animaux, en effet, ne possèdent qu'un ventricule et une oreillette où du sang noir et du sang rouge sont doublement mêlés et confondus ; car l'oreillette reçoit toutes les veines du corps en même temps que les veines des poumons, et le ventricule à son tour envoie du sang à la fois dans les poumons et dans la grande artère du corps. Du reste, le mécanisme du Cœur est toujours le même, à cela près de la complication des cavités et de leurs mouvemens (*V.* Haller, Cuvier, Blainville, Lesauvage).

On était persuadé jusqu'à ces derniers temps, que la diastole du Cœur était aussi bien active que la systole ; mais le docteur Vaust de Liége a démontré par des expériences intéressantes que la dilatation du Cœur était entièrement passive, et que l'erreur où l'on était tombé à ce sujet venait uniquement de ce que l'on avait confondu avec la diastole les effets naturels de la systole, prenant ainsi pour une vraie dilatation du Cœur le goufle

ment qui résulte toujours de sa contraction et de son resserrement. On croyait aussi, et l'on a cru fort longtemps que le Cœur recevait des nerfs le principe de ses mouvemens (Willis, etc.) ; voyant ensuite son action continuer après la section complète des nerfs, on annonça, en hésitant toutefois, que le Cœur avait en lui-même le principe de ses battemens, dont le sang était le stimulant nécessaire (Haller, Godwin) ; enfin, et toujours en procédant par des expériences, on décida que la moelle de l'épine recèle le principe des mouvemens du Cœur (Legallois). Mais où serait la source de cette action chez les Animaux qui manquent de moelle de l'épine? Et d'ailleurs, puisqu'on voit le Cœur continuer de palpiter après son entière séparation du corps, et alors même qu'il est totalement débarrassé du sang qui remplissait ses cavités, n'est-ce pas une preuve que le Cœur agit de lui-même, indépendamment du sang, des nerfs et de la moelle épinière?

Avec un Cœur se trouvent constamment un foie, des poumons ou des ouïes, des nerfs et de la chaleur ordinairement indépendante, surtout chez les Animaux dont le Cœur a quatre cavités bien séparées. L'entière soustraction du Cœur n'est suivie de la mort que chez les Animaux les plus parfaits et les plus achevés : la vie des Poissons et des Reptiles n'est pas dans une dépendance aussi grande de cet organe. Haller et Spallanzani ont vu vivre des Reptiles long-temps après avoir été privés du Cœur, et ils ont vu battre celui-ci de quarante à cinquante heures après sa séparation totale du corps. Mais toute vie disparaît chez les Oiseaux et les Mammifères après que cette séparation du Cœur a eu lieu : cependant Bacon et Haller ont cité des Hommes où la vie avait encore persisté après cette horrible opération ; Haller surtout parle, comme les ayant vus, de trois conspirateurs dont l'un continua de prier, le deuxième de contempler, et l'autre de parler après que le Cœur leur cut été arraché Mais sans récuser le moins du monde le témoignage de Haller, si respectable à nos yeux, nous croyons que l'autorité même de l'académie la plus célèbre ne pourrait dissiper tous les doutes qu'une pareille observation fait naître. Diémerbroëck, qui ne doute de rien, cite des observations encore plus extraordinaires.

Le Cœur est susceptible de s'ossifier, mais jamais dans toute son épaisseur ; après l'Homme, les Daims, devenus vieux, sont le plus souvent affectés de cette altération. La membrane interne et les portions fibreuses qui occupent les ouvertures du Cœur ou qui forment ses tendons, sont les seules parties aptes à se pénétrer de sels calcaires : on assure que le Cœur du pape Urbain VIII offrait un exemple de cette espèce d'ossification.

S'il nous eût été possible d'entrer dans quelques détails sur la structure du Cœur, nous n'aurions pas manqué de parler des travaux récens où Wolf de Saint-Pétersbourg et surtout le docteur Gerdy ont fort éclairé cette partie de son histoire ; nous aurions dû indiquer la durée et les limites de l'action du Cœur, ce qui l'excite, ce qu'elle exige, ce qui l'augmente ou l'entrave, et ce qui la peut faire cesser (*V.* nos Considérations physiologiques sur la vie et la mort). Nous aurions voulu pouvoir rappeler les expériences des Harvey, des Haller, des Spallanzani, des Bichat, celles des docteurs Legallois et Magendie, et celles qui nous sont personnelles sur la circulation. Nous aurions voulu examiner comment le Cœur agit sur les organes, comment les organes agissent sur lui ; comment de cette réciprocité d'action, toujours dans la même harmonie et le même équilibre, résultent la santé et la vie ; si le Cœur est le premier formé et le plus âgé des organes, s'il en est le plus important ; si c'est par lui que commence et que finit la vie ; s'il est plus essentiel au cerveau que le cerveau ne lui est nécessaire ; enfin s'il est le siège des passions, ou seulement s'il peut être ému et troublé par elles.

(ISID. B.)

Dans notre Histoire de la génération, nous avons eu l'occasion avec le docteur Prévost d'étudier la formation du Cœur. Vers la vingt-septième heure de l'incubation, on aperçoit dans le Poulet considéré par sa surface antérieure, et précisément au point où se termine la membrane qui vient se rabattre au-devant de la tête, un petit nuage transversal qui s'élargit à ses deux extrémités et va se perdre insensiblement sur l'aire transparente. Ce sont les premiers indices de l'auricule, et nous verrons plus tard les deux ailes de cet appareil se prolonger avec rapidité pour donner naissance aux vaisseaux qui ramènent au Cœur le sang qui vient de traverser l'aire veineuse. Trois heures plus tard, le centre de l'auricule se trouve surmonté d'un vaisseau droit qui se dirige vers la tête en passant au-dessus du repli antérieur. C'est le ventricule gauche du Cœur que l'on voit bientôt se partager, à son sommet, en deux ou trois petites ramifications fort déliées. Ce sont elles qui vont ensuite se réunir en un petit renflement duquel part l'aorte descendante. Au bout de trente-six heures, le fœtus commence à s'incliner et il ne tarde pas à se coucher sur le côté gauche. Pendant cet intervalle le Cœur s'est rétréci d'une manière remarquable, il s'est allongé et présente alors une courbe très-décidée. Un rétrécissement sépare l'auricule du ventricule gauche, c'est le canal auriculaire. Un autre distingue le bulbe de l'aorte de ce même ventricule, c'est le *Fretum* de Haller. Mais tous ces détails sont encore plus manifestes à la trente-neuvième heure, et la flexion du Cœur elle-même est plus prononcée. Sa convexité est tournée en avant, et l'auricule commence à remonter vers le sommet de l'appareil en glissant derrière le ventricule. A cette époque le Cœur bat, et la circulation se distingue sans la moindre difficulté. Le sang passe au travers du ventricule, arrive dans le bulbe de l'aorte qui le pousse à son tour et le force à pénétrer dans les deux ou trois divisions qui en partent. Celles-ci l'amènent au tronc de l'aorte descendante qui chemine vers la partie inférieure du fœtus, mais qui ne tarde pas à se partager en deux vaisseaux égaux qu'on voit à chaque côté de la colonne vertébrale. Vers le milieu de celle-ci ils se recourbent subitement à angle droit, sortent du corps du fœtus et se dirigent en se ramifiant vers l'aire veineuse à laquelle ils amènent le sang. Celui-ci parcourt le vaisseau circulaire terminal d'une manière assez singulière, puisque, si on le coupe par un diamètre perpendiculaire à la direction du fœtus, les points qui en seront traversés seront véritablement des parties dans lesquelles le sang hésite incertain du chemin qu'il préférera. Au-dessus, il se dirige en haut; au-dessous, il chemine vers la partie inférieure. Mais dans l'un et l'autre demi-cercle, à l'endroit où les courans droits et gauches viennent se rencontrer, il se trouve un vaisseau, quelquefois deux, qui reprennent le sang et le ramènent vers le Cœur. Ils passent en dehors du corps du fœtus jusqu'à l'endroit où ils atteignent l'auricule dans laquelle ils pénètrent, au moyen de deux embranchemens que nous avons reconnus dès les premiers instans de la formation du Cœur.

Rolando a commis une inadvertance relativement à la formation de l'aorte, et n'a pas vu les ramifications qui, partant du bulbe, se réunissent de nouveau pour former ce vaisseau, disposition extrêmement remarquable et qui jette le plus grand jour sur la manière dont se produit la veine-porte, seul exemple analogue que nous ayons d'une semblable division dans le trajet d'un vaisseau. A quarante-deux heures, l'on commence à remarquer sur le bord convexe du Cœur un point saillant, situé dans sa partie moyenne. Il formera un angle toujours plus prononcé, et ne tardera pas à devenir la pointe du Cœur. Les

rétrécissemens du bulbe de l'aorte et du canal auriculaire, loin de s'allonger, sont devenus plus courts. Les stries du sang deviennent d'un rouge plus vif, et désignent d'autant mieux la direction des artères du cercle veineux. A quarante-huit heures, le Cœur a continué à se développer; son bord convexe se prolonge en avant, le concave devient moins prononcé par l'ascension progressive de l'auricule et le raccourcissement des détroits auriculaire et aortique. Entre les troisième et quatrième jours, on distingue nettement le ventricule droit. Il se montre sous la forme d'une petite poche qui est placée en avant du ventricule gauche, et communique librement avec la cavité de l'auricule. A chaque contraction de celle-ci, une gouttelette de sang y est poussée, et l'on peut reconnaître, au moyen de cette injection passagère, le vaisseau qui en sort de l'autre côté, et qui deviendra plus tard l'artère pulmonaire. A l'époque où nous l'observons, le ventricule droit est lié d'une manière intime au gauche par les fibres musculaires qui les enveloppent tous deux; de telle sorte qu'on croirait qu'il s'est développé réellement entre ces mêmes fibres. Cependant il n'en est pas ainsi d'après Rolando. Le ventricule droit est d'abord un vaisseau délié qui part de la portion droite de l'auricule, et qu'on peut apercevoir, passant au-devant du ventricule gauche dès la cinquante-huitième heure. Ce vaisseau se soude avec lui au moyen des fibres musculaires qui les entourent. Sa partie moyenne se dilate et devient le ventricule droit, tandis que son extrémité effilée se dirige vers le lieu qu'occuperont les poumons. Dès le troisième jour, la cavité de l'auricule commence à se bilober d'une manière fort tranchée, et cette disposition résulte évidemment du tiraillement que lui font éprouver les veines qui s'y insèrent. Le pli moyen qui en est la conséquence, se rétrécit en forme d'anneau, et peu à peu divise la cavité en deux parties séparées. C'est à ce resserrement que l'on doit le développement du ventricule droit, à cause de la difficulté que le sang éprouve à passer de la partie droite, où il aborde, dans la gauche qui communique avec le ventricule correspondant. Au sixième jour, l'artère pulmonaire est divisée en deux rameaux, un pour chaque poumon, et ceux-ci se prolongent dans l'aorte descendante après avoir fourni la branche pulmonaire. Plus tard cette prolongation s'oblitère, et l'artère pulmonaire n'offre plus aucune division.

A cette époque, la circulation est parfaitement établie et ne variera plus pendant tout le reste de l'existence fœtale. En effet, les artères qui vont à l'aire veineuse donnent des rameaux plus nombreux et plus forts, et l'on aperçoit un second système de vaisseaux qui ramène le sang parallèlement à elles. Ce système est celui de la veine-porte, et il acquiert successivement une plus grande importance à mesure que le sinus terminal s'oblitère. Celui-ci disparaît peu à peu. Dès le huitième jour, il semble étranger au mouvement du sang, et vers le quinzième il devient presque impossible de le retrouver.

Après avoir décrit les organes de la circulation dans le fœtus, voyons comment le mouvement du sang s'y établit. C'est vers la trente-neuvième heure que le Cœur commence à battre. Il ne contient pas de sang alors, mais, comme toutes les cavités à cette époque, il est distendu par un sérum incolore. L'auricule se contracte, et l'on voit au même moment le canal qui forme le ventricule gauche du Cœur et le bulbe de l'aorte se distendre indubitablement par l'effet du liquide qui y est refoulé. A cette contraction succède celle du ventricule, et dans ce mouvement le liquide ne peut plus retourner en arrière au travers de l'auricule qui est contractée, et il est poussé dans le bulbe de l'aorte. Celui-ci se contracte à son tour, et chasse les liquides dans les vaisseaux qui lui font suite, d'où il gagne de proche en proche les divisions de l'artère mésentérique qui se portent au cercle veineux. Lorsque le bulbe de l'aorte a disparu, le mouvement du Cœur se simplifie, et nous ne voyons plus que les contractions alternatives de l'oreillette et du ventricule.

On n'aurait qu'une idée bien inexacte de tous ces phénomènes, si nous n'ajoutions à cette histoire du Cœur quelques mots relativement à la formation du sang lui-même, afin de fixer l'opinion sur la question si long-temps agitée de leur influence réciproque et de leurs droits à la priorité.

Le Cœur paraît le premier, si l'on considère comme Cœur la trace des auricules qui se peut distinguer à la vingt-septième heure de l'incubation. Mais déjà, dès la trentième et la trente-troisième heures, la membrane vasculaire commence à s'épaissir en certains points qui présentent d'abord une teinte d'un beau jaune. Bientôt cette couleur devient orangée, puis rouge pâle, et enfin, dès la quarantième heure, la circulation peut se suivre dans les plus petits détails, à cause du ton décidé qu'ont pris les globules sanguins. Mais il faut bien observer en ceci que le sang se crée indépendamment du Cœur, qu'il se montre loin de celui-ci fort avant l'époque où il commencera à battre, et que ce n'est point par conséquent le Cœur qui détermine la production du sang, ni le sang qui stimule le Cœur pour l'obliger à se contracter.

On peut faire à ce sujet une remarque assez singulière. Le système nerveux sous la forme de rudiment de la moelle épinière paraît le premier entre tous les organes du fœtus. Le Cœur vient beaucoup plus tard, mais il est de tous les muscles celui qui entre en fonction le premier, car à l'époque où il commence à battre, les irritations galvaniques ne produisent aucun effet sur l'Animal, ce qui prouve l'absence des muscles ou leur incapacité à se contracter. Quelle que soit l'opinion qu'on adopte, il est évident que le Cœur agit avant tous les autres sur les muscles, et que de toutes les parties qui le composent c'est l'auricule qui se met la première en mouvement. Observez-vous maintenant ce qui se passe aux approches de la mort. Toute action des muscles volontaires disparaît avant que le Cœur ait cessé de se contracter. L'auricule montre encore des pulsations évidentes bien long-temps après que celles des ventricules se sont arrêtées. Lorsqu'enfin ce pouvoir est entièrement éteint, le système nerveux reste encore susceptible d'éprouver et de manifester les effets d'une excitation étrangère, ce qui démontre assez que son organisation est la dernière qui soit altérée, et que la vie se réfugie en lui comme dans son extrême retranchement. Mais si le Cœur est étranger à la formation de sang, comme nous venons de le démontrer, quel est donc l'organe qui préside à cette création ? Nous allons discuter ce point avec quelque soin à cause de l'intérêt qu'il présente pour la physiologie générale. A l'époque où le liquide rouge orangé commence à se bien distinguer dans les isles de la membrane vasculaire, il est aisé de se convaincre qu'il n'existe encore aucun organe sécréteur propre à l'Animal adulte. Le Poulet ne se compose réellement que d'une moelle épinière emboîtée dans les membranes du canal rachidien, et terminée en avant par quelques renflemens vésiculaires qui correspondent aux diverses parties de l'encéphale. Le sang se sécrète cependant, et la circulation s'établit. Nous avons vu que ces phénomènes se passaient à une distance qui exclut toute influence particulière du Cœur, et que celui-ci ne présentait réellement aucun rapport apparent avec les places déterminées qui servent de point de ralliement aux premières gouttelettes sanguines. Nous avons d'ailleurs toute raison de penser qu'un organe musculaire comme le Cœur est incapable de produire une sécrétion aussi délicate que celle des globules du sang. Il est donc probable que le siége de la sécrétion se trouve alors

véritablement situé dans la membrane vasculaire même, et que cet appareil, tout transitif qu'il soit, doit être considéré comme l'agent de la sanguification. A cette époque, les globules du sang sont circulaires et aplatis ; leur centre est occupé par une sphère moins colorée que la zône extérieure, et par conséquent ils ressemblent en tout point à ceux qui caractérisent la classe des Mammifères. Ils diffèrent par cela même des globules propres aux Oiseaux et aux Animaux à sang froid dont nous avons soigneusement déterminé la forme dans nos Mémoires sur cet objet. Nous les avons toujours vus elliptiques, et la Poule est, parmi les Oiseaux que nous avons cités, l'un de ceux chez lesquels on remarque la différence la plus prononcée entre le petit diamètre et le grand. Nous possédons ainsi le moyen le plus net pour distinguer les globules du fœtus de ceux de l'adulte, et nous allons suivre pas à pas la marche de la sanguification, afin de saisir la liaison qui doit exister entre ces deux phases de la vie.

Au second jour, le sang est entièrement formé de globules circulaires. Il n'en contient pas d'autres aux troisième, quatrième et cinquième jours. Vers le sixième, on commence à rencontrer çà et là des globules elliptiques, et leur nombre augmente si rapidement pendant les septième et huitième jours, que le sang d'un Poulet du neuvième ne montre plus que des molécules elliptiques. Si l'on compare cette série avec les changemens survenus dans la membrane vasculaire du jaune, on voit qu'elle correspond précisément à l'époque où ses vaisseaux se sont oblitérés et où elle a perdu cette circulation riche et abondante qui montrait assez l'importance des fonctions dont elle était chargée. Mais quel est le nouvel organe dans lequel s'est transporté le siége de la sanguification ? Le Poulet en a formé plusieurs pendant l'intervalle que nous venons de parcourir. En effet, le Cœur a pris toutes les parties qui lui sont propres, et nous offre en petit l'organisation de l'adulte. Mais nous avons déjà montré que ce n'est pas lui qui forme les globules du sang, et nous sommes forcés de chercher ailleurs l'agent de cette métamorphose importante qu'éprouve la matière alimentaire. Serait-ce le poumon? mais les tubercules qui en sont les premiers rudimens ne sont encore doués d'aucune fonction respiratoire. Enfin, nous avons la membrane de la vésicule ombilicale, qui, dès le troisième jour, a commencé à paraître, et qui, vers le quatrième ou cinquième, a déjà pris une extension considérable et est devenue l'appareil manifeste de l'artérialisation. Elle a par conséquent remplacé sous ce rapport la membrane vasculaire du jaune qui remplissait auparavant cette fonction. Mais il est bien évident que l'apparition des globules elliptiques ne date pas de celle de la vésicule ombilicale, et qu'elle ne coïncide pas même avec le moment où elle commence à suffire toute seule aux besoins du jeune Animal. Il est donc peu probable que ce soit elle qui devienne le siége de la formation des nouveaux globules. Mais en même temps que le poumon s'est manifesté, le foie lui-même a commencé à paraître sous la forme d'un tubercule rougeâtre. Vers le cinquième jour, il a pris un développement notable, et dès les sixième et septième, ses fonctions ont pu s'apprécier distinctement. Il se trouve donc précisément dans les conditions correspondantes à la production des molécules elliptiques, et l'on ne peut s'empêcher de lui attribuer l'importante fonction de la sanguification chez l'adulte, puisqu'à dater de cet instant il continue à jouir des facultés qu'il montre à l'époque où nous l'examinons, et que la forme des globules reste la même pendant tout le cours de la vie de l'Animal. Il se produirait donc à la fois dans le même organe la matière rouge des molécules du sang et la substance verte qui caractérise la bile. Ces deux fonctions

seraient simultanées et probablement liées, de telle sorte que l'une d'elles serait la conséquence de l'autre.

Examinons si cette déduction est d'accord avec les autres phénomènes de la vie animale, et s'il nous sera possible de la corroborer par des observations d'un autre ordre. Nous observerons d'abord qu'en même temps que le sang se produit dans la membrane vasculaire, la couleur jaune du vitellus s'altère et qu'elle ne tarde pas à devenir verdâtre. Ce phénomène a frappé tous les observateurs qui se sont occupés de l'histoire des Poulets, sans qu'ils aient pu fixer leur opinion sur la cause à laquelle ils devaient l'attribuer. La même circonstance se retrouve avec plus d'évidence encore sur les fœtus de Mammifères, et tous les anatomistes ont remarqué l'abondante production de matière verte qui se dépose sur les membranes près des vaisseaux qui s'y viennent répandre. Il manquait, pour rattacher ce fait au précédent, un examen attentif des circonstances du phénomène, et nous en avons fait une étude spéciale. Les détails dans lesquels nous serions obligés d'entrer, nous interdisent une discussion qui serait ici déplacée, et nous nous bornerons à dire que parmi les membranes du fœtus mammifère, il en est une que sa position désigne comme l'analogue de la membrane vasculaire du Poulet, et qui reçoit précisément les mêmes vaisseaux. C'est sur elle, et d'abord dans les parties contiguës au placenta, que l'on voit paraître les premiers indices de la matière verte. Celle-ci ne tarde pas à devenir de plus en plus abondante, jusqu'au moment où le foie du fœtus entre lui-même en fonction. Alors elle disparaît successivement, et plus tard on n'en retrouve aucun indice. Il est probable qu'elle est absorbée par les vaisseaux de la mère. En plaçant dans le foie la fonction de l'hématose, nous avons réalisé les pressentimens de Bichat, qui ne pouvait se résoudre à penser que cet appareil énorme n'eût d'autre but que de sécréter la bile. Nous lui avons attribué d'ailleurs un emploi bien plus en harmonie avec la généralité de son existence dans tous les êtres qui possèdent du sang, et avec l'importance de son action pour l'entretien de la santé.

Cet article est extrait d'un ouvrage plus considérable qui nous est commun avec notre ami le docteur Prévost, et nous devons observer en outre, qu'en ce qui concerne les fonctions du foie, le docteur Edwards, que sa nouvelle Théorie de la respiration placerait à elle seule au premier rang parmi les physiologistes de notre époque, était parvenu de son côté, par d'autres considérations, au même résultat que nous. Lorsque nous lui avons fait connaître nos recherches, il nous a lui-même communiqué les vues ingénieuses par lesquelles il s'était dirigé. La sanction d'un homme aussi versé que lui dans l'étude de l'économie animale, donne le plus grand poids à l'opinion que nous avons émise, et permet de penser qu'elle sera bientôt justifiée par les nouvelles expériences que nous exécutons sur ce sujet. (D.)

COEUR. MOLL. Il a suffi qu'une Coquille bivalve ait les crochets proéminens et recourbés, et se rapprochât par cela même plus ou moins de la forme d'un cœur de carte à jouer, pour qu'on lui consacrât vulgairement ce nom et qu'il fût conservé par les marchands. C'est principalement parmi les espèces du genre Bucarde, qu'on a trouvé plus facilement à faire de ces applications : aussi le *Cardium Cardissa*, L., prit le nom de Cœur de Vénus; le *Cardium retusum*, celui de Cœur de Diane; le *Cardium hemicardium*, celui de Cœur en soufflet, de double Cœur de Vénus. Le *Cardium Isocardia* fut nommé le Cœur de Bœuf tuilé; le *Cardium echinatum*, Cœur épineux; le *Cardium ciliare*, Cœur armé de cils; le *Cardium tuberculatum*, Cœur de Bœuf à grosses stries ou Cœur de l'Homme; le *Cardium edule*, Cœur de Canard; le *Car-*

dium rusticum, Cœur de Marmara; le *Cardium pectinatum*, Cœur de Janus à deux faces; le *Cardium elongatum*, Cœur allongé de Carthagène; le *Cardium serratum*, Cœur d'Autruche ou Cœur allongé de la Méditerranée; le *Cardium lævigatum*, Cœur couleur d'Orange ou Cœur de Bélier; le *Cardium flavum*, Cœur de Mouton; le *Cardium muricatum*, Cœur de Cerf ou Cœur jaune; le *Cardium latum*, Cœur enflé. Dans d'autres genres, l'*Isocardia Cor* fut nommé Cœur de Bœuf ou Cœur à volutes; parmi les Arches, l'*Arca senilis*, Cœur de la Jamaïque; l'*Arca fusca*, Cœur des Indes; l'*Arca antiquata*, Cœur en arche, et l'*Arca Noe*, Cœur en carène. Enfin, parmi les Mactres, la *Mactra stultorum* fut nommée Cœur de Singe. (B.)

Les anciens conchyliologues ou oryctographes donnaient aussi généralement le nom de Cœur à tous les moules des Coquilles bivalves bombées; ils les nommaient aussi Boucardite. *V.* ce mot. (D..H.)

* COEUR D'ANGUILLE. ÉCHIN. Plusieurs Oursins portent ce nom dans les auteurs anciens. (LAM..X.)

COEUR DE BŒUF. BOT. PHAN. Fruit de l'*Anona glabra*, L., dans les colonies françaises. *V.* ANONE. (B.)

COEUR DEHORS. BOT. PHAN. (Préfontaine.) Arbre indéterminé de Cayenne qui est fort employé dans les constructions et pour l'usage de la ferme. (B.)

COEUR DE SAINT-THOMAS. BOT. PHAN. Les créoles des Antilles désignent sous ce nom ce que les Caraïbes appellent Calembeba. *V.* ce mot. (B.)

COEUR DES INDES. BOT. PHAN. Syn. de Cardiosperme. *V.* ce mot. (B.)

COEUR MARIN. ÉCHIN. L'*Echinus purpureus* de Linné, Spatangue Cœur de mer de Lamarck, porte ce nom dans le Catalogue de Davila. (LAM..X.)

COFAR. MOLL. Nom qu'Adanson (Histoire Naturelle du Sénég., p. 131, pl. 9, fig. 12) a donné à une grande Coquille de la mer du Sénégal qu'il a rangée parmi ses Pourpres, mais qui doit faire partie des Rochers proprement dits. Lamarck n'a pas probablement reconnu cette Coquille en la nommant Rocher angulaire, car il n'en donne la synonymie qu'avec doute; et, en effet, la Coquille d'Adanson a huit pouces de long, tandis que celle de Lamarck n'a que dix-neuf lignes. (D..H.)

COFASSUS. BOT. PHAN. (Rumph.) Probablement une Echite dont le bois jaune est employé aux Moluques dans diverses sortes d'ouvrages. (B.)

COFFEA. BOT. PHAN. *V*. CA-FÉIER.

COFFER. BOT. PHAN. (Lœfling.) Syn. de *Symplocos martinicensis*. (B.)

* COFFO. BOT. PHAN. Espèce ou variété de Bananier dont les feuilles donnent un fil très-fin et propre à confectionner des étoffes précieuses. Son fruit est fort aimé des Civettes et sert d'appât pour les prendre. Les habitans de Mandado tirent de la gaîne des feuilles un fil plus grossier et plus dur, dont ils font leurs hamacs. *V*. BANANIER. (B.)

* COFFOL. BOT. PHAN. (Daléchamp.) Syn. d'Arec. *V*. ce mot. (B.)

COFFRE. POIS. Nom vulgaire donné aux Poissons du genre Ostracion. *V*. ce mot. (B.)

COG. OIS. Syn. sarde du Coq, *Phasianus Gallus*, L. Le même nom s'applique en Norwège au *Cuculus Canorus*. *V*. COUCOU. (DR..Z.)

* COGADO D'AGOA. REPT. CHEL. Même chose que Gurura. *V*. ce mot. (B.)

COGGYGRIA. BOT. PHAN. Pour Coccygria. *V*. ce mot.

CO GOGO. OIS. (Azzara.) Nom donné au Paraguay à une espèce de Fauvette qui a de la ressemblance avec le Figuier à gorge noire, *Motacilla gularis*, L. (DR..Z.)

COGOIL. POIS. L'un des noms vulgaires du *Scomber Scolias* dans la Méditerranée. (B.)

* COGOLLOS. BOT. PHAN. Qu'on prononce Cogollos. Nom espagnol des ognons du *Scilla maritima*, dont

la quantité est si considérable sur une montagne des environs de Grenade, que celle-ci en a pris le nom de *Sierra de Cogollos*. (B.)

COGOMBRO, COHOMBRO ET PEPINO. BOT. PHAN. Syn. de Concombre chez les Espagnols, qui nomment, par diminutif, COGOMBRILLOS, le *Peganum Harmala* et le *Momordica Elaterium*. (B.)

COGSRAN. OIS. Syn. gallois du Choucas, *Corvus Monedula*, L. *V*. CORBEAU. (DR..Z.)

* COGSWELLIA. BOT. PHAN. Nom donné par Sprengel au genre *Lomatium* de Rafinesque. *V*. ce mot. (G..N.)

* COGUILLUOQUI, COGUIL-VOCHI. BOT. PHAN. (Ruiz et Pavon.) Noms de pays du genre Lardizabale; on trouve *Coguil-Boquil* dans l'Herbier de Dombey. (B.)

COGUJADA MARINA. POIS. La Coquillade sur les côtes d'Espagne. *V*. BLENNIE. (B.)

* COGUL. OIS. Syn. vulgaire, en Catalogne, du Coucou gris, *Cuculus Canorus*, L. *V*. COUCOU. (DR..Z.)

* COHAYELLI. BOT. PHAN. Même chose que Chichica-Hoatzou. *V*. ce mot. (B.)

* COHÉSION. Adhérence réciproque des molécules des corps. La force de Cohésion se mesure ordinairement par la difficulté que l'on éprouve à rompre l'agrégation des molécules, à opérer leur séparation. *V*. MATIÈRE. (DR..Z.)

COHINE. BOT. PHAN. L'un des synonymes vulgaires de Crescentie. *V*. ce mot. (B.)

COIATA. MAM. Même chose que Coaïta ou Atèle. *V*. SAPAJOU. (B.)

* COICLINAT. BOT. PHAN. Syn. d'*Angelica Archangelica* au pays de Cornouailles. *V*. ANGÉLIQUE. (B.)

COIFFE ou COEFFE. *Calyptra*, BOT. CRYPT. (*Mousses*.) On donne ce nom à une enveloppe membraneuse qui environne d'abord de toutes parts l'ovaire ou la capsule non développée des Mousses. Cette enveloppe, que Linné avait regardée comme un calice, se divise transversalement par suite de l'allongement de la capsule ; une partie reste à la base du pédicelle, et porte le nom de *Gaîne* ou de *Gaînule* (*Vagina*, *Vaginula*). L'autre est soulevée par la capsule, et persiste plus ou moins long-temps sur elle : c'est la *Coiffe*. Cette Coiffe présente plusieurs caractères propres à distinguer les divers genres de la famille des Mousses : ainsi, tantôt elle est tronquée à sa base comme un opercule ou une cloche, à bord entier ou lacinié ; c'est ce qu'on nomme Coiffe campanulée, *Calyptra mitriformis* ; et tantôt elle se fend latéralement et se détache obliquement ; on dit alors qu'elle est fendue latéralement, ou en forme de capuchon, *Calyptra cucullata*, *dimidiata*. Ce caractère sert à distinguer plusieurs genres, et donne des coupes en général très-naturelles. Ainsi le *Gymnostomum* et l'*Anictangium*, le *Weissia* et le *Grimmia*, le *Zygodon* et l'*Orthotrichum*, le *Neckera* et le *Daltonia*, le *Leskea* et le *Hookeria*, ne diffèrent l'un de l'autre, que par ce caractère ; les premiers de ces genres ont la Coiffe fendue latéralement, les seconds l'ont campanulée ; la grandeur même de la Coiffe a servi à établir quelques genres, tels que l'*Encalypta* et le *Voitia*. Enfin, on avait voulu employer comme caractère générique la présence ou l'absence des poils sur la Coiffe, dans les *Orthotrichum*, dans les *Polytrichum*, etc. Mais on a été obligé d'abandonner ces caractères qui ne diffèrent souvent que du plus au moins ; cependant cette singularité, d'avoir la Coiffe velue ou hérissée, est presque uniquement propre à ces deux genres, et s'il ne peut être employé en première ligne, il donne néanmoins un bon caractère secondaire pour certains genres. (AD. B.)

COIFFE DE CAMBRAI. MOLL. L'un des noms vulgaires et marchands de l'Argonaute papyracé. (B.)

COIFFE - JAUNE. OIS. (Buffon.) Nom donné à certains Troupiales qui ont la tête ou partie de la tête jaune. (DR. Z.)

COIFFE-NOIRE. OIS. (Buffon.) Espèce du genre Tangara, *Tanagra pileata*, L. *V.* TANGARA. (DR. Z.)

COIGNASSIER. *Cydonia*. BOT. PHAN. Famille des Rosacées, section des Pomacées. Ce genre établi par Tournefort avait été réuni par Linné au genre *Pyrus*, dont il ne diffère en effet que par le nombre des graines qu'il contient dans chacune des cinq loges de son fruit. Les auteurs modernes ont de nouveau distingué le genre Coignassier des véritables Poiriers. Voici quels sont ses caractères : un calice turbiné à sa base, divisé supérieurement en cinq lanières lancéolées ; une corolle de cinq pétales larges et obtus ; des étamines nombreuses, attachées à la gorge du calice, en dedans des pétales ; cinq styles distincts dans leur partie supérieure, soudés inférieurement. Le fruit est une Mélonide ordinairement pyriforme, quelquefois arrondie, à cinq loges, dont les parois sont cartilagineuses, et qui contiennent chacune de huit à dix graines ; tandis qu'il n'y en a jamais que deux dans toutes les espèces de Poiriers.

On compte aujourd'hui trois espèces dans ce genre ; ce sont des Arbrisseaux plus ou moins élevés, dont les feuilles sont simples et alternes. Les fleurs roses ou d'un rouge écarlate sont axillaires, solitaires ou diversement groupées. Les espèces sont :

Le COIGNASSIER COMMUN, *Cydonia vulgaris*, Lamk., *Pyrus Cydonia*, L. Arbrisseau dont la tige tortueuse s'élève à une hauteur de douze à quinze pieds, en se divisant en branches nombreuses. Ses feuilles alternes et simples sont ovales, pétiolées, entières, très-cotonneuses, surtout à leur face inférieure, et molles au toucher. Ses fleurs sont très-grandes, d'un blanc légèrement lavé de rose, placées seule à seule à l'extrémité des jeunes rameaux. Leur calice est très-cotonneux en dehors; les pétales sont arrondis, très-larges et un peu ondulés. Les fruits sont pyriformes, de la grosseur du poing et au-delà, ordinairement cotonneux, d'une couleur jaune claire. Leur chair est dure, très-âpre, même à l'époque de leur parfaite maturité; elle a une odeur aromatique extrêmement marquée. Les fruits sont mûrs vers la fin d'octobre. Le Coignassier est originaire de l'île de Crète et de l'Asie-Mineure. Il est aujourd'hui naturalisé dans toute l'Europe tempérée où on le cultive en pleine terre. On en distingue plusieurs variétés qui tiennent à la largeur des feuilles, à la forme et à la grosseur du fruit. La plus estimée est celle que l'on désigne sous le nom de COIGNASSIER A LARGES FEUILLES ou COIGNASSIER DE PORTUGAL. Ses fruits sont fort gros, relevés de côtes très-saillantes. On cultive peu le Coignassier dans les jardins fruitiers du nord de la France, parce que généralement ses fruits ne sont pas très-estimés; mais dans le midi c'est un Arbre fort répandu, parce qu'on en fait des marmelades, des gelées, des pâtes qui sont fort délicates. Dans le bassin de la Garonne particulièrement, les paysans aisés font du Coing ce qu'ils nomment *Cotignac* ou *Codognac*, qui est la confiture des campagnes. Les pharmaciens en préparent un sirop légèrement astringent, que l'on prescrit assez souvent dans les diarrhées rebelles. Ses pepins contiennent une très-grande quantité de mucilage, que l'on obtient par leur immersion dans l'eau. Aussi cette eau mucilagineuse est-elle employée comme émolliente, surtout dans l'inflammation des paupières ou de la conjonctive.

Les Coings, *Cydonia Mala*, étaient en honneur chez les anciens; ils les avaient consacrés à Vénus. Plusieurs auteurs pensent même que les fameuses Pommes du jardin des Hespérides, que l'on regarde généralement comme les fruits de l'Oranger, devaient être ceux du Coignassier, puisque selon Galesio, qui a récemment écrit un traité sur les Orangers, ces derniers Arbres étaient inconnus des Grecs, et que surtout ils ne croissaient pas naturellement dans les lieux où ils plaçaient le jardin des Hespérides.

Quoiqu'on rencontre assez rarement le Coignassier dans les jardins fruitiers des environs de Paris, cependant les pépiniéristes le cultivent en abondance. En effet, les jeunes individus de cet Arbre servent de sujets pour greffer toutes les variétés de Poiriers que l'on veut élever en quenouille, en espalier ou en buisson. L'amateur y trouve plusieurs avantages; d'abord, greffés ainsi sur Coignassier, les Poiriers peuvent porter du fruit au bout de deux à trois ans, tandis qu'il leur en faut dix lorsque la greffe a été faite sur Poirier; en second lieu le Coignassier croissant plus lentement et s'élevant moins haut, les sujets greffés sont plus faciles à conduire et à tailler. On multiplie le Coignassier par trois procédés différens : 1° par le moyen des graines; ce procédé est le plus long et le moins employé, puisqu'il faut au moins cinq à six ans pour que les individus soient bons à greffer; 2° par boutures : elles se font au mois de mars, dans une terre légère et un peu humide; on peut les enlever l'année suivante; 3° mais le procédé le plus fréquemment en usage consiste à séparer les rejetons des vieux pieds. Pour en obtenir un plus grand nombre, on coupe ras de terre quelques vieux individus. Il s'élève alors de la souche un grand nombre de rejetons, que l'on sépare à la fin de l'hiver et que l'on place en pépinière. Les pieds provenus de cette manière peuvent être greffés en écusson dès la fin de l'année suivante.

Le Coignassier n'est pas très-difficile sur la nature du terrain : cependant il pousse mieux et donne des fruits de meilleure qualité, dans une terre légère, un peu sablonneuse et humide. Dans un terrain sec, ses fruits sont petits, durs et coriaces;

mais il demande toujours une bonne exposition.

Le Coignassier de la Chine, *Cydonia sinensis*, Thouin, Ann. Mus. T. xix., p. 144, tab. 8 et 9. Cette belle espèce, originaire de la Chine, n'est guère connue que depuis une trentaine d'années, et ce n'est qu'en 1811 que cet Arbrisseau a fleuri à Paris pour la première fois. Il s'élève, comme le précédent, à une hauteur de quinze à vingt pieds, et porte des feuilles courtement pétiolées, ovales, allongées, terminées en pointe et finement dentées. Leurs deux surfaces sont d'un vert clair, glabres et entièrement lisses. Au sommet des jeunes ramifications de la tige naissent de grandes et belles fleurs roses dont les calices sont glabres. Les fruits sont pyriformes, semblables à ceux de l'espèce précédente pour la forme, la grosseur, la couleur et l'odeur. Leur chair est dure, grenue et presque sèche. Chaque loge contient une très-grande quantité de graines fort petites. Ce bel Arbrisseau commence à se répandre dans les jardins d'agrément, où on le cultive en pleine terre. Il résiste très-bien à un froid de neuf à dix degrés. Ses fruits n'ont point encore assez bien mûri, pour qu'on puisse en apprécier la qualité. Cependant ils paraissent avoir la plus grande analogie avec les Coings ordinaires. On le multiplie facilement de boutures et de marcottes, ou en le greffant sur Poirier ou sur le Coignassier commun.

Le Coignassier du Japon, *Cydonia japonica*, Pers., *Synops.*; Herb. Amat. 2, t. 73. Moins élevée que les deux autres, cette espèce a ses branches armées d'épines, ses jeunes rameaux tomenteux, garnis de feuilles oblongues pétiolées, finement dentées, glabres et luisantes à leur face supérieure. Les fleurs, d'un rouge écarlate ou blanches dans une variété, sont réunies plusieurs ensemble et forment un petit bouquet terminal; leur calice est glabre; les divisions de son limbe sont obtuses et ciliées; les

fleurs sont quelquefois semi-doubles. Cette espèce, introduite depuis peu d'années dans les jardins de Paris, y est encore assez rare. Elle se multiplie par les mêmes procédés que la précédente, et comme elle passe l'hiver en pleine terre. (A. R.)

COIGNIER. bot. phan. Même chose que Coignassier. *V*. ce mot.

COILANTHE. bot. phan. Sous-genre de Gentiane établi par Reneaulme, dont l'espèce appelée *purpurea* était le type. (B.)

COILOPHYLLUM. bot. phan. Morison nommait ainsi le genre de Plantes que plus tard Linné désigna sous le nom de *Sarracenia*. *V*. ce mot. (A. R.)

COILOTAPALUS. bot. phan. (Brown.) Syn. de *Cecropia peltata*. (B.)

COING. bot. phan. Fruit du Coignassier. *V*. ce mot. (B.)

COING DE MER ou COTOGNIA MARINA. polyp. L'*Alcyonium cydonium* est ainsi nommé par les Italiens. Ce Polypier appartient maintenant à l'ordre des Alcyonées de la division des Polypiers sarcoïdes. Lamarck le classe parmi les Lobulaires de Savigny sous le nom de *Lobularia conoidea;* est-ce bien le *Cotognia marina* des Italiens ? (LAM. X.)

COINS ou CROCHETS. mam. *V*. Dent.

COIPATLIS. bot. phan. (Hernandez.) Nom mexicain d'une Syngénèse qui paraît être une Santoline. (B.)

COIPOU ou COYPU. mam. Nom de pays d'une espèce du genre Hydromis de Geoffroy. (B.)

COIRCE. bot. phan. Nom gallois de l'Avoine. (B.)

* COIRON. bot. phan. (Nées.) Nom de pays du *Selinum spinosum* de Cavanilles. (B.)

COITE. bot. phan. (Dioscoride.) Syn. de Ciguë. *V*. ce mot. (B.)

COIWA. bot. phan. *V*. Koriva.

COIX. *Coix*. BOT. PHAN. L'organisation de ce genre de la famille des Graminées et de la Monœcie Triandrie, L., présente des particularités assez remarquables pour que nous croyons devoir la décrire avec quelques détails, d'autant plus qu'elle ne l'a été que d'une manière fort incomplète dans la plupart des ouvrages, même ceux d'agrostographie. Les fleurs sont constamment monoïques ; de la gaîne de chacune des feuilles supérieures naissent plusieurs pédoncules inégaux, dressés ou arqués, portant à leur sommet un involucre ovoïde épais, resserré à son sommet qui est percé d'une ouverture latérale. Il contient une fleur femelle, et de plus un petit rameau saillant couvert de fleurs mâles, et qui naît de son fond. Ce rameau porte trois ou quatre petits glomérules composés chacun de deux ou trois épillets. Chacun de ces derniers est biflore. La lépicène est formée de deux valves membraneuses un peu coriaces, concaves, dont l'externe, un peu plus grande, a son sommet tantôt entier, tantôt tridenté. Les deux fleurs sont sessiles ; l'externe est plus grande que l'interne. Les paillettes qui composent leur glume sont minces, lancéolées, un peu concaves, terminées en pointe. La glumelle consiste en deux paléoles charnues, épaisses, turbinées, tronquées et planes à leur sommet, immédiatement appliquées l'une contre l'autre par leur côté interne. Les filets des trois étamines naissent entre ces deux paléoles. L'involucre d'où naît le rameau portant les fleurs mâles est ovoïde, allongé, rétréci vers son sommet, qui quelquefois se prolonge en une languette plus ou moins longue. Il offre un sillon longitudinal peu profond, et contient intérieurement une fleur femelle et deux ou trois appendices claviformes, allongés, de la même hauteur que celle - ci, et quelquefois plus longs, naissant comme elle d'un petit support qui part du fond de l'involucre. Ces appendices nous paraissent être autant de fleurs avortées et réduites à l'état rudimentaire. La fleur fertile est sur l'un de ses côtés creusée d'un sillon longitudinal profond, dans lequel sont contenus les appendices et le pédoncule commun des fleurs mâles. Les écailles de la fleur femelle qui constituent la lépicène et la glume sont au nombre de cinq, allant en décroissant de grandeur depuis la première ou la plus externe jusqu'à la cinquième. Elles sont toutes glabres, très-concaves, arrondies, longuement acuminées à leur sommet qui est aigu. La plus intérieure de ces cinq écailles, qui est aussi la plus petite, pourrait être considérée comme une glumelle unipaléolée. Autour de l'ovaire on trouve trois étamines avortées, rudimentaires et à peine de la hauteur de cet organe. Celui-ci est sessile, arrondi, glabre, un peu comprimé sur ses faces. De son sommet naît un style court, cylindrique, qui bientôt se termine par deux stigmates très-longs, filiformes, poilus, glanduleux et saillans par l'ouverture de l'involucre. Le fruit se compose de l'involucre qui a pris un peu de développement, et qui est devenu dur, osseux, lisse, luisant, et d'une couleur gris de perle comme le fruit de certaines espèces de Lithospermes. Dans son intérieur on trouve les cinq écailles, au milieu desquelles est placée une cariopse irrégulièrement globuleuse, marquée sur un côté d'une gouttière profonde.

Les espèces de ce genre, au nombre de cinq seulement, sont originaires des Indes - Orientales. Leurs racines sont annuelles ou vivaces ; leurs chaumes fermes et assez élevés ; leurs feuilles plus ou moins larges. Le COIX LARME DE JOB, *Coix Lacryma*, L., Lamk. Ill. tab. 760, est une Plante annuelle. On la cultive dans les jardins. On fait avec ses fruits, de même qu'avec ceux des autres espèces, des bracelets, des colliers et d'autres ornemens. On prétend qu'ils contiennent une farine assez nutritive, et que dans les temps de disette on en a fait du pain en Espagne et en Portugal, où on la cultive plus fréquemment et où Bory de

Saint-Vincent l'a trouvée comme naturalisée.

Les anciens donnaient aussi le nom de Coix à un Palmier. (A. R.)

*COJACAI. ois. (Stedam.) Syn. surinamois du Toucan à gorge jaune du Brésil, *Rhamphastos Tucanus*, Lat. *V*. Toucan. (DR..z.)

* COJO. bot. phan. Syn. de Bananier à Ternate. (B.)

*COJOLT. mam. Le Mammifère carnassier de la Nouvelle-Espagne, désigné sous ce nom par Nieremberg, ne peut être reconnu. (B.)

COJUMERO. mam. Nom du Lamantin parmi les Espagnols de la Guiane. (B.)

* COK-BLACK. ois. Nom écossais du *Tetrao hybridus*, L. *V*. Tétras. (DR..z.)

COL. bot. phan. Syn. de *Gossypium indicum* en Syrie. *V*. Cotonnier. (B.)

COL. géol. *V*. Montagnes.

COLA et COLAC. pois. Et non *Coulac* ou *Coûlas*. Syn. d'Alose sur les rives de la Garonne et de la Dordogne. *V*. Clupe. (B.)

* COLA, COLES, KULA et GOLA. bot. phan. Fruit qui, dans les premiers voyages des Européens à la côte de Bénin, avait une certaine célébrité comme stomachique, et que Beauvois a reconnu provenir d'une espèce de Sterculier.

Selon R. Brown (*Botany of Congo*, p. 48), c'est la graine du *Sterculia acuminata* qui est désignée sous ce nom dans la narration des voyageurs au Congo; et il est à remarquer qu'on se sert de la même expression dans la Guinée, la Sierra-Leone et toute la côte ouest de l'Afrique. L'usage de ces graines est d'ailleurs très-général, et précieux pour ces climats brûlans, s'il est vrai qu'elles jouissent de la propriété de rendre potables les eaux les plus fétides. *V*. Beauvois, Fl. d'Oware, p. 43. (B.)

* COLADITI-MANOORA. bot. phan. Syn. d'*Hydrocotyle asiatica* à Ternate. (B.)

* COLAGUALA. bot. crypt. (Pernetty.) Pour Calaguala. *V*. ce mot. (B.)

*COLAHAUTHLI. ois. (Lachênaye-Desbois.) Pour Colcanauthli. *V*. ce mot. (DR..z.)

COLAPHONIA et COLOPHONION. bot. phan. (Dioscoride.) Syn. de Scamonée, espèce du genre Liseron. *V*. ce mot. (B.)

COLARIS. ois. L'espèce à laquelle Aristote a donné ce nom est un Passereau selon les uns, une Pie-Grièche selon d'autres. Cuvier a ainsi appelé scientifiquement le genre Rolle. *V*. ce mot. (B.)

COLAS. ois. Syn. vulgaire du Geai, *Corvus glandarius*, L., dans certains cantons, et de la Corbine, *Corvus Corone*, L., dans d'autres. *V*. Corbeau. (DR..z.)

COLASPE. *Colaspis*. ins. Genre de l'ordre des Coléoptères, section des Tétramères, établi par Fabricius et adopté par la plupart des entomologistes. Latreille le place (Règn. Anim. de Cuv.) dans la famille des Cycliques, et le rapporte à la division des Chrysomèles qui, dans les précédens ouvrages (*Gener. Crust.* et *Ins.* et Considér. génér.), formait une famille. Ses caractères sont : tête presque verticale; antennes insérées au-devant des yeux, plus longues que le prothorax, terminées par quatre à cinq articles plus allongés que les précédens et de forme un peu différente; mandibules subitement arquées et rétrécies vers l'extrémité, terminées par une pointe très-forte; palpes filiformes avec le dernier article presque conique; corps arrondi et court. Les Colaspes ont la plus grande analogie avec les Eumolpes, et ne s'en distinguent guère que par leurs palpes. Elles se rapprochent des Chrysomèles par la forme de leur corps; mais elles en diffèrent par leurs antennes et leurs mandibules. Enfin, sous plusieurs rapports, elles avoisinent les genres Galéruque, Altise, Criocère, Hispe et Casside, dont elles s'éloignent cependant par la position des antennes au-devant des yeux, Le genre Colaspe ou Colaspide de Duméril est très-nombreux en espèces. On ne possède aucune observation sur leurs mœurs; presque toutes sont originaires de l'Amérique. Dejean (*Catal. des Coléopt.* p. 124) en mentionne cinquante-huit. Parmi elles, nous citerons la Colaspe flavicorne, *Col. flavicornis* ou la *Chrysomela occidentalis* de Linné, décrite et figurée par Degéer (*Mém. sur les Ins.* T. v, p. 553, 7, t. 16, fig. 14) et par Olivier (*Coléopt.* T. v, p. 881, pl. 1, fig. 1, 5, A, B). Elle peut être considérée comme le type du genre; on la trouve à Cayenne. La Colaspe très-noire, *Col. atra*, Oliv. (*loc. cit.* p. 887, t. 2, fig. 22) ou la *Col. barbara* de Fabricius (*Syst. Eleuth.* T. 1, p. 415, 15). Elle est originaire de la Barbarie, du Portugal et de la France méridionale.

Fabricius a compris dans le genre Colaspe des espèces sauteuses qui appartiennent à celui des Altises. *V.* ce mot. (AUD.)

COLASSO. BOT. PHAN. Syn. indou de *Besleria longifolia*. (B.)

*COLBERTIE. *Colbertia*. BOT. PHAN. Un savant Anglais, Salisbury (*Paradis. Londin.*, n. 73), a acquitté la dette des botanistes français en dédiant ce genre à la mémoire de l'illustre Colbert, ministre dont toute l'ambition se partageait entre la gloire de bien servir son pays et celle de protéger les sciences, qui enrichit par ses bienfaits le Jardin du Roi à Paris, et lui-même y fit planter les espèces les plus rares à la place des Vignes dont ce terrain était couvert. Les caractères de ce genre consistent en un calice composé de cinq sépales persistans et presque arrondis; une corolle de cinq pétales caducs; étamines en nombre indéfini dont dix intérieures beaucoup plus longues que les autres, à anthères aussi très-longues; cinq ovaires réunis et se changeant en un péricarpe globuleux à cinq loges; cinq styles divergens, aigus selon Roxburgh, ou capités au sommet d'après R. Brown (*in Hort. Kew.*, éd. 2, v.

5, p. 328); un grand nombre de semences réniformes dans chaque loge, immergées dans une pulpe gélatineuse et transparente.

La Plante sur laquelle ce genre a été fondé est un Arbre des vallées de la côte de Coromandel, qui fleurit aux mois de mars et d'avril, dont les feuilles sont oblongues, acuminées, dentées en scie, à nervures pennées au nombre de trente et plus, et portées sur de courts pétioles; les pédicelles sont très-nombreux, uniflores, et sortent de bourgeons écailleux placés près des nœuds de l'année précédente; il n'y a point de stipules, et les fleurs sont jaunes. La Colbertie de Coromandel, *Colbertia coromandeliana*, D. C., est figurée sous le nom de *Dillenia pentagyna* dans Roxburgh (*Flor. Coromand.* 1, p. 21, t. 20). Elle appartient à la famille des Dilléniacées, tribu des Dillénées de De Candolle, et à la Polyandrie Polygynie, L. (G..N.)

* COLCA. OIS. (Sibbald.) Syn. écossais de l'Éider, *Anas mollissima*, L. *V.* CANARD. (DR..Z.)

COLCANAUTHLI. OIS. (Hernandez.) Syn. présumé de la Sarcelle rousse à longue queue, *Anas Dominica*, L., au Mexique. *V.* CANARD. (DR..Z.)

COLCANAUTHLICIOATL. OIS. (Hernandez.) Et non *Colçanauhtliciouht.* Espèce de Canard du Mexique, qui n'a pas encore été déterminée exactement. (DR..Z.)

COLCHICACÉES ou COLCHICÉES. *Colchicaceæ.* BOT. PHAN. Les genres qui composent cette famille avaient été placés autrefois parmi les Joncées dont ils s'éloignent par le port et par plusieurs caractères assez importans; Mirbel le premier les en a séparés, et en a formé un ordre distinct sous le nom de Mérendérées que De Candolle, dans la troisième édition de la Flore Française, a changé en celui de Colchicacées, rappelant le genre le plus notable de ce groupe. Enfin, c'est le même groupe pour lequel Robert Brown (*Prod. Fl. Nov.-Holland.*) a proposé la dénomination de Mélanthiacées.

La famille des Colchicacées fait partie de la classe des Monocotylédones dont les étamines sont périgynes. Elle se compose de Plantes herbacées dont la racine est fibreuse ou tubéririfère; leur tige est simple ou rameuse, portant des feuilles alternes, engaînantes par leur base, et dont la figure est très-variable; les fleurs sont terminales, hermaphrodites ou unisexuées et polygames ou dioïques; leur calice est coloré, pétaloïde, à six divisions égales, quelquefois assez profondes pour former six sépales distincts; d'autres fois ce calice se prolonge à sa base en un tube long et grêle. On compte constamment six étamines insérées soit au sommet du tube calicinal, soit à la base et en face de chaque sépale quand le calice est formé de pièces distinctes; leurs filets sont constamment opposés aux lobes ou aux sépales du périanthe; leurs anthères sont tournées en dehors. Les ovaires sont au nombre de trois dans chaque fleur; tantôt presque entièrement libres et distincts, tantôt plus ou moins intimement soudés entre eux de manière à former un ovaire à trois loges contenant chacune plusieurs graines attachées à l'angle interne de la loge, tantôt sur deux rangées longitudinales, tantôt confusément. Le sommet de chaque ovaire porte un style quelquefois très-long et très-grêle, qui se termine par un stigmate glanduleux. Dans quelques genres, les trois styles sont soudés par leur base, et constituent un style profondément triparti; d'autres fois enfin les trois stigmates sont sessiles sur le sommet de l'ovaire. Le fruit se compose de trois capsules uniloculaires, distinctes, s'ouvrant par une fente longitudinale et interne; d'autres fois ces trois capsules se soudent, et forment une capsule à trois loges simplement rapprochées ou intimement unies; dans ce cas la capsule, à l'époque de la maturité, se sépare en trois capsules uniloculaires, et la déhiscence des loges a lieu par une fente interne et longitudinale, comme dans le premier cas. Les graines sont plus ou moins nombreuses dans chaque loge, et attachées à un trophosperme sutural qui se sépare en deux lors de la déhiscence de la capsule. Elles ont un tégument propre, membraneux et quelquefois réticulé, surmonté vers le hile d'un tubercule plus ou moins volumineux, très-apparent, par exemple, dans le Colchique. Dans l'intérieur du tégument propre est un endosperme charnu qui contient un embryon très-petit, cylindrique, placé vers le point opposé au hile.

Cette famille est assez naturelle, quoique formée de genres dont le port soit loin d'être le même. En effet, il existe sous ce rapport une très-grande différence entre le genre Colchique, par exemple, qui a le calice longuement tubuleux à sa base, et les autres genres de cette famille où il est étalé et entièrement dépourvu de tube. Les Colchicacées tiennent le milieu entre les Joncées dont ils faisaient jadis partie, et les Asphodélées dont ils se rapprochent principalement par le port. Elles se distinguent surtout des Joncées par leur calice pétaloïde, leur capsule dont les valves ne portent jamais les cloisons sur le milieu de leur face interne. Ce dernier caractère distingue également la famille qui nous occupe de celle des Asphodélées; il faut y joindre aussi la nature du tégument propre de leur graine qui est membraneux, et les trois styles et les trois stigmates qui surmontent leur ovaire. Nous ne partageons donc pas l'opinion du célèbre Rob. Brown (*Prodr. Fl. Nov.-Holl.*) qui place dans cette famille les deux genres *Anguillaria* et *Schelhameria* dont la capsule est loculicide, c'est-à-dire s'ouvre en trois valves septifères sur leur face interne, ni celle du savant auteur du *Genera Plantarum*, qui pense que l'on doit faire entrer dans les Colchicacées le genre *Asselia* de Brown, dont l'ovaire offre trois trophospermes pariétaux, et dont le fruit est une baie.

Les Colchicacées nous paraissent être rigoureusement caractérisées par l'union de ces trois signes : 1° trois styles ou trois stigmates distincts ; 2° trois capsules libres s'ouvrant par le côté interne, ou une capsule à trois loges s'ouvrant en trois valves par la séparation des cloisons en deux lames ; 3° des graines attachées à l'angle interne de chaque loge, et recouvertes d'un tégument membraneux ni noir ni crustacé. Par ces trois caractères réunis, cette famille se distingue assez nettement des autres familles monocotylédones à étamines périgynes. Nous plaçons dans la famille des Colchicacées les genres suivans :

Colchicum, L. ; *Merendera*, Ramond ; *Xerophyllum*, Richard *in* Michx. ; *Helonias*, L. ; *Nolina*, Rich. ; *Narthecium*, Juss. ; *Veratrum*, L. ; *Zygadenus*, Rich. ; *Melanthium*, L. ; *Pleea*, Rich. ; *Burchardia*, R. Brown ; *Peliosanthes*, Andrews ; *Bulbocodium*, L.   (A. R.)

COLCHIQUE. *Colchicum*. BOT. PHAN. Ainsi que nous l'avons vu dans l'article précédent, ce genre fait partie de la famille des Colchicacées à laquelle il a donné son nom, et de l'Hexandrie Trigynie. Il est facile à reconnaître à sa racine surmontée d'un tubercule charnu ou bulbe solide, à ses fleurs dont le calice est terminé inférieurement par un tube très-long et très-grêle. Le limbe est campanulé à six segmens égaux ; les étamines insérées au haut du tube, ayant les anthères allongées et vacillantes ; les trois ovaires sont soudés par leur côté interne et inférieur, libres seulement du côté externe ; les trois styles sont grêles, et de la longueur du tube calicinal ; les stigmates sont pointus et recourbés en crochets ; la capsule est renflée, marquée de trois sillons longitudinaux très-profonds, tricorne à son sommet, à trois loges polyspermes, s'ouvrant par le côté interne. Dans toutes les espèces qui sont herbacées et vivaces, les fleurs généralement roses sont enveloppées avant leur épanouissement dans des espèces de gaînes ou de spathes membraneuses ; tantôt les fleurs se montrent avant les feuilles, et semblent naître immédiatement du bulbe ; tantôt elles se développent en même temps que la tige et que les feuilles. Nous distinguerons parmi les espèces de Colchique les suivantes :

Le COLCHIQUE D'AUTOMNE, *Colchicum autumnale*, L., Bull. Herb., t. 19, que l'on connaît sous les noms vulgaires de Safran bâtard, de Tue-Chien, de Veilleuse ou Veillote, etc. Il croît en abondance dans les prairies humides de presque toute la France où, dans l'automne, il attire les regards par ses longues fleurs qui sortent immédiatement de terre sans être accompagnées de feuilles. Ces fleurs, au nombre de quatre à cinq, sont environnées à la base de leur tube par des spathes membraneuses, et naissent d'un petit prolongement qui termine le jeune bulbe à son sommet, et doit devenir la tige en s'allongeant. Cette Plante présente dans le développement et le renouvellement annuel de son bulbe des particularités fort remarquables. Sur un des côtés, et à la partie inférieure du bulbe, qui l'année précédente a donné naissance aux feuilles, à la tige et aux fleurs, se développe un tubercule charnu, d'abord très-petit, recouvert extérieurement d'une gaîne d'abord close à son sommet, renfermant à son intérieur plusieurs autres gaînes emboîtées les unes dans les autres, et dont les plus internes sont les feuilles qui doivent se développer après l'évolution des fleurs. Celles-ci sont réunies au centre de ces feuilles, et naissent du sommet d'un petit prolongement du tubercule, et qui n'est rien autre chose que la tige en raccourci. Lorsque ces différentes parties commencent à se développer, la gaîne la plus externe dont nous avons parlé se fend à sa partie supérieure et latérale, pour laisser sortir les parties qu'elle contient. Bientôt les fleurs dont le tube s'allonge d'autant plus que le bulbe est plus profondément enfoncé dans la terre (ce qui a lieu graduellement chaque année, le nouveau bulbe se développant toujours un peu au-dessous de celui de l'année précédente); les fleurs, disons-nous, se montrent les premières au-dessus de la surface du sol. A la fin de l'automne elles se fanent, et au commencement du printemps suivant, la tige dont nous avons parlé s'allonge ainsi que les feuilles qui l'embrassent, et vient élever le jeune ovaire fécondé qui a passé l'hiver sous terre, et qui atteint alors sa maturité parfaite au-dessus du sol.

Les bulbes solides du Colchique sont blancs et presque entièrement composés d'amidon ; mais ils contiennent en outre une certaine quantité d'un suc laiteux excessivement âcre et vénéneux pour l'Homme et les Animaux, et pouvant occasioner les accidens les plus graves et même la mort. On remédie à ces accidens par l'usage des vomitifs administrés pour expulser la substance toxique, et ensuite par des adoucissans, des acidules ou des cordiaux, lorsque le poison est chassé hors du corps. La nature chimique du principe délétère des Colchiques a été déterminée par Pelletier et Caventou. Ces chimistes lui ont reconnu les caractères d'un Alcali végétal, pour lequel ils ont proposé le nom de VÉRATRINE, parce qu'ils l'ont trouvé en plus grande abondance dans le *Veratrum Sabadilla*. Malgré son action puissante et délétère, Stoerck a essayé d'introduire le Colchique dans la thérapeutique médicale. Il tenta sur lui-même ses premiers essais. Un des effets les plus constans de l'administration de ce remède, c'est l'activité qu'il communique aux organes sécréteurs de l'urine. Le Colchique est compté parmi les médicamens énergiquement diurétiques. Aussi est-ce contre les hydropisies passives qu'on l'a employé avec le plus de succès. Cependant on en fait fort rarement usage.

Quelques variétés de cette Plante sont cultivées dans les jardins. Il y en a une à feuilles panachées, une

autre à fleurs doubles, une troisième et une quatrième à fleurs blanches et à fleurs roses. On cultive également le COLCHIQUE PANACHÉ, *Colchicum variegatum*, L., figuré par Redouté dans ses Liliacées, pl. 238. Il croît naturellement dans l'Archipel de la Grèce, et se distingue par ses fleurs marquées de taches carrées analogues à un damier. Il demande l'orangerie, et ne peut passer l'hiver en pleine terre.

Outre le Colchique commun, on trouve encore en France deux autres espèces : le Colchique de montagne, *Colchicum montanum*, L., qui croît dans les Alpes, est plus petit de moitié que le Colchique d'automne, et pousse en même temps ses feuilles et ses fleurs, et le Colchique des Alpes, *Colchicum alpinum*, De Cand., Fl. Fr., dont le bulbe pousse une seule fleur d'un lilas tendre plus petite que celle du Tue-Chien, et au printemps suivant des feuilles linéaires. Cette dernière espèce, qu'on avait confondue avec le Colchique de montagne, et que De Candolle a le premier bien distinguée, est plus commune que ce dernier dans les Alpes de la Suisse et de l'Italie. (A. R.)

+ COLCHUS. INTEST. Nom donné par Zéder à un genre de Vers intestinaux, nommé depuis, par Rudolphi, Liorhynque. *V.* ce mot. Zéder l'avait proposé pour le *Cucullenus ascarioides* de Linné. (LAM..X.)

COLCOTAR FOSSILE. GÉOL. On donne ce nom à un Oxide de fer provenant de la décomposition de couches pyriteuses qui ont demeuré quelque temps exposées à l'air. (G.)

COLCUICUILTIC. OIS. (Hernandez.) Écrit *Colcuicuiltu* dans Déterville. Caille du Mexique qui paraît n'être qu'une variété d'âge du *Perdix borealis*, Temm. *V.* PERDRIX. (DR..Z.)

COLDÉNIE. *Coldenia*. BOT. PHAN. Genre de la famille des Borraginées et de la Pentandrie Monogynie de Linné, fondé par cet illustre naturaliste qui lui assigne pour caractères : calice quadripartite ; corolle infundibuliforme à limbe étalé ; quatre étamines ; ovaire quadrilobé, à quatre styles et à quatre stigmates ; fruit composé de quatre capsules hérissées, rapprochées, et monospermes. Ces caractères établis d'après l'inspection d'une seule Plante, avaient d'abord fait placer le genre dans la Tétrandrie Tétragynie ; cependant, comme rien n'est moins fixe que le nombre dans l'organisation des fleurs, il a bien fallu le reporter dans la Pentandrie, près des autres genres voisins de Borraginées, quand on eut découvert une autre espèce pentandre et monogyne. A.-L. de Jussieu avait déjà indiqué cette espèce comme congénère du Coldenia, et il en avait conclu qu'il serait plus rationnel de considérer ce genre comme appartenant à la Pentandrie. Lehmann, dans un travail sur les Aspérifoliées, a donc réformé le caractère générique du Coldenia, et n'a eu aucun égard au nombre des étamines. Le caractère qu'il lui donne, est une petite description des organes floraux, capable de le faire distinguer, soit des *Lithospermum*, soit des autres genres voisins. On n'a décrit que deux espèces de Coldénies : la plus anciennement connue est le *Coldenia procumbens*, L. ; Plante tétrandre indigène des Indes-Orientales. La seconde est le *Coldenia dichotoma*, Lehmann, qui constituait le genre *Tiquillia* de Persoon. Cette Plante habite le Pérou, où elle avait été trouvée par Dombey, et communiquée à Jussieu qui fit sur elle l'observation importante que nous venons de citer. Elle est figurée dans la Flore du Pérou (vol. 2, p. 5, t. III) sous le nom de *Lithospermum dichotomum.* (G..N.)

COL D'OR. ois. Espèce du genre Sylvie, *Sylvia auraticollis*, Levail., Ois. d'Afrique, pl. 119. *V.* SYLVIE. (DR..Z.)

COLÉ. bot. phan. Du Dict. de Déterville. *V.* COLEUS.

* COLÉANTHE. *Coleanthus*. bot. phan. C'est une opinion assez géné-

ralement répandue qu'il ne reste plus guère de formes nouvelles à connaître dans les organes reproducteurs des Plantes européennes, ou, en d'autres termes, que tous les jours l'espoir s'affaiblit de trouver en Europe des Plantes nouvelles constituant de nouveaux genres. Les cadres sont tracés à peu près tous, il n'y a plus qu'à les remplir, et c'est ce qui arrive encore assez fréquemment quand les botanistes qui se vouent à la connaissance des Végétaux de la Flore européenne découvrent de nouvelles espèces. On doit donc attacher une grande importance à la connaissance de ces Plantes, lorsqu'elles sont entièrement nouvelles sous l'un et l'autre point de vue. Le genre dont nous allons parler est du nombre de ceux qui ont échappé aux recherches de nos infatigables collecteurs, et pourtant c'est dans le centre de l'Europe, au milieu des marais de la Bohême, que Seidel et Presel en ont fait la découverte. Il appartient à la Triandrie Digynie, L., et sa place dans les familles naturelles n'est pas encore bien positivement déterminée, car il tient le milieu entre les Graminées et les Cypéracées. Néanmoins ses rapports avec les genres *Crypsis* et *Zoysia* le font davantage incliner vers les premières. Voici les caractères tracés sur le vivant par Seidel : lépicène bivalve, à valves inégales, l'extérieure plus grande, ovale, lancéolée, aristée au sommet, l'intérieure ovale, aiguë, hérissée sur le bord et extérieurement ; glume, univalve, ovale, aiguë et mutique ; trois étamines dont les filets capillaires sont plus longs que la glume, à anthères oblongues et légèrement bifides aux deux extrémités ; deux styles filiformes, de la longueur des étamines, à stigmates nus et simples, non plumeux comme dans la plupart des Graminées ; cariopse unique, ovale, oblongue, en partie recouverte par les organes accessoires persistans, et couronnée par les débris des styles.

Le COLÉANTHE EXIGU, *Coleanthus subtilis*, Seid., est une très-petite Herbe dont le chaume offre vers sa partie moyenne un renflement spathacé ; les feuilles sont plus courtes que le chaume. Les fleurs sont disposées en une panicule tellement serrée qu'elle a la forme d'un capitule ; leur axe est allongé et flexueux. Elle est fort abondante dans les étangs desséchés du domaine de Zbirow autour de Wosseck en Bohême. Trattinick, dans la Flore d'Autriche, fascic. 1, t. 451, a figuré cette Plante et l'a décrite sous le nom de *Schmidtia* ; mais cette dénomination a été rejetée par plusieurs botanistes allemands, à cause de la difficulté où ils sont de la distinguer dans la prononciation d'avec celle de *Smithia* très-anciennement admise pour un autre genre. D'ailleurs le nom de *Coleanthus* a été proposé par Seidel, celui auquel appartient tout l'honneur de la découverte. (G..N.)

COLEBRILLA. ANNEL. C'est-à-dire, en espagnol, *Petite Couleuvre*. Le Vers de Guinée à Curaçao. *V*. GORDIUS. (LAM..X.)

COLEBROOKÉE. *Colebrookea*. BOT. PHAN. Après avoir démontré que le genre *Colebrookia* de Donn devait être réuni au Globba, Smith a décrit, dans l'*Exotic Botany*, p. III, un genre nouveau qu'il a dédié à H. Thomas Colebrooke, magistrat respectable du Bengale, et l'un de ceux qui ont le plus éclairci l'histoire des Plantes de cette contrée. Ce genre, de la Didynamie Gymnospermie, L., appartient, selon Smith, à la 2ᵉ section des Verbénacées, où il le place à côté du genre *Selago*. Voici ses caractères essentiels : calice régulier à cinq petites dents qui, après la maturité, deviennent plumeuses, et forment une sorte d'ailes à la graine, destinées à son transport dans les lieux éloignés. Cette graine, ou plutôt ce fruit qui est enveloppé par la base du calice, est toujours solitaire. Le limbe de la corolle est à cinq lobes, dont un plus grand que les autres.

La COLÉBROOKÉE A FEUILLES OPPOSÉES, *Colebrookea oppositifolia*, est un Arbrisseau dont la tige est branchue et carrée, les feuilles aromatiques, elliptiques-lancéolées, pointues

et dentées en scie. Ses fleurs sont extrêmement petites et nombreuses, disposées en chatons dont le sommet est pendant. Ces chatons, composés de fleurs densement agglomérées, sont terminaux ou axillaires. Elle est figurée t. 115 de l'*Exotic Botany*, sous le nom de *Buchanania oppositifolia*, parce que Smith l'avait d'abord appelée ainsi en l'honneur du docteur Buchanan qui l'avait rapportée du Népaul. Dans le second supplément du Dictionnaire encyclopédique, Poiret affirme que le Colebrookea de Smith doit être rapporté au genre *Elsholtzia* de Willdenow. C'est probablement encore une erreur que cette rectification de la prétendue erreur de Smith, car il nous semble difficile de croire que cet auteur ait pu décrire une Labiée comme appartenant aux Verbénacées. (G..N.)

COLEBROOKIA. BOT. PHAN. Sous le nom de *Colebrookia bulbifera*, James Donn (*Hort. Cantabrig.*) avait décrit une superbe Plante, trouvée au Bengale par Roxburgh, et qui a fleuri dans les jardins d'Angleterre. Mais, d'après Smith (*Exot. Bot.* p. 85), cette Plante est une espèce du genre *Globba*, dont il donne une belle figure (*loc. cit.*, t. 105), et qu'il appelle *Globba marantina*. *V*. GLOBBA. (G..N.)

* COLEFISH. POIS. *V*. COAK-FISH.

COLEMEL, COLEMELLE ou COULEMELLE. BOT. CRYPT. Noms vulgaires de l'Agaric élevé. (B.)

COLEMOUSE. OIS. Syn. anglais de la petite Charbonnière, *Parus ater*, L. *V*. MÉSANGE. (DR..Z.)

COLENICUI. OIS. Syn. du Cocyalcas, *Perdix borealis*. *V*. PERDRIX. (DR..Z.)

COLENICUILTIC. OIS. (Hernandez.) Syn. présumé du Colin Hohoui, *Perdix mexicana*, L. *V*. PERDRIX. (DR..Z.)

COLÉOPTÈRES. INS. *Coleoptera*, L. ; *Eleutherata*, Fabr. Cinquième ordre de la classe des Insectes dans la méthode de Latreille (Règn. Anim. de Cuv.), ayant pour caractères essenticls : quatre ailes, dont les deux supérieures en forme d'étuis ; des mandibules ét des mâchoires ; ailes inférieures pliées seulement en travers ; étuis ou élytres crustacés et à suture droite. Ce petit nombre de caractères tranchés suffit pour distinguer les Coléoptères de tous les autres ordres. Personne ne les confondra avec les Névroptères, les Lépidoptères, les Hyménoptères et les Diptères ; ils ressemblent cependant sous plusieurs rapports aux Hémiptères et surtout aux Orthoptères que Linné leur avait associés, mais l'organisation de la bouche, plusieurs autres particularités et le mode de métamorphose détruisent ce rapprochement. Les Coléoptères forment un groupe très-naturel, et les individus qui le composent présentent tous une telle analogie dans le *facies*, qu'il devient très-aisé de les reconnaître, et qu'on pourrait supposer que rien n'est plus simple que d'embrasser ces Insectes dans une même pensée et de réduire à un petit nombre de propositions générales ce que l'on sait de leur organisation et de leurs habitudes. Ce résultat n'est cependant pas aussi facile à obtenir qu'on pourrait le croire. En effet, l'esquisse d'un semblable tableau ne saurait être tracée largement et à grands traits ; elle veut de nombreux détails, et nous n'en possédons encore que fort peu ; elle nécessite en outre une liaison étroite entre tous les faits, et la science nous les offre pour la plupart isolés. Nous croyons donc utile, malgré les observations que nous avons faites sur une multitude de genres, de restreindre provisoirement notre cadre et de n'aborder qu'avec réserve les généralités sur les Coléoptères. Ce n'est d'ailleurs ni le cas ni le lieu de présenter des observations nouvelles qu'on ne viendrait pas chercher ici et qui trouveront bien plus naturellement leur place dans des Mémoires spéciaux ou dans un ouvrage général.

Considérés à l'extérieur et dans l'état parfait, le corps des Coléoptères peut, comme celui de tout Insecte, être divisé en trois parties très-distinctes, la tête, le thorax et l'abdomen. — La tête, qui varie singulièrement par sa forme et son volume, supporte deux antennes de figure quelquefois semblable dans toute une famille, d'autres fois variables suivant les genres et même selon les sexes, mais généralement composées de onze articles ; elle n'offre jamais d'yeux lisses, mais constamment des yeux à facette, ovales, arrondis ou figurés en croissant, en général très-globuleux dans les espèces carnassières ; enfin, elle présente un chaperon ou épistome de Latreille, et une bouche proprement dite, formée d'un labre ou lèvre supérieure transversale, mobile, plus ou moins large et fixée à la partie antérieure de l'épistome : d'un sous-labre ou épipharynx constamment caché et constituant le palais de la cavité buccale : d'une paire de mandibules de consistance ordinairement cornée, mais quelquefois membraneuses et très-petites dans les espèces qui ne prennent aucune nourriture, qui vivent du suc des fleurs et sucent le liquide des matières animales excrémentitielles ou en putréfaction : d'une paire de mâchoires plutôt molles que coriaces, nues ou garnies tantôt de poils, tantôt de dents, presque toujours bifides, ou partagées en deux lobes dont l'extérieur, plus grand et terminal, est articulé à la mâchoire, près de l'origine des palpes, et dont l'intérieur solide a quelquefois la consistance d'une mandibule ; le lobe extérieur est susceptible de plusieurs modifications ; il est transformé dans plusieurs Insectes, tels que les Coléoptères carnassiers et lamellicornes, en un palpe de deux articles. L'autre palpe ou l'externe ne présente jamais plus de quatre articulations ; enfin, on observe à la bouche une lèvre inférieure divisée en deux parties, le menton et la languette, portant une paire de palpes de quatre articles ; mais dont le premier est généralement très-peu apparent.

Le thorax est divisible, de même

que celui des autres Insectes hexapodes, en trois segmens qui ont un degré de développement particulier. Le mésothorax est très-étroit tandis que le corselet ou prothorax et le métathorax ont un volume considérable ; c'est là un des caractères les plus importans que présente le squelette des Coléoptères. Le prothorax, toujours libre, exécute des mouvemens assez étendus ; les deux autres sont constamment unis entre eux et à peu près immobiles. Par cela même que le mésothorax est très-peu développé, toutes les pièces qui entrent dans sa composition sont restées rudimentaires ; cette particularité est principalement sensible dans l'écusson qui, bien que fort petit dans plusieurs cas, n'en existe pas moins, et est toujours composé de quatre pièces : l'écu antérieur, *præscutum*; l'écu, *scutum* ; l'écusson, *scutellum*; l'écusson postérieur, *postscutellum*. Ces élémens sont, à la vérité, réunis entièrement entre eux, mais dans certains genres, les soudures se voient parfaitement. Nous entrerons, au mot THORAX, dans quelques détails qui, si nous les placions ici, ne seraient pas compris. Le prothorax supporte seulement la première paire de pates ; le mésothorax la seconde et les élytres ; celles-ci sont plus ou moins consistantes et plus ou moins développées. Ordinairement, elles égalent l'abdomen en longueur, mais dans quelques espèces, elles sont excessivement courtes, et n'en recouvrent guère que le quart. En général elles sont libres et s'étendent dans l'action du vol ; quelquefois cependant elles sont soudées l'une à l'autre sur la ligne moyenne ; cet état particulier se trouve en rapport constant avec l'absence des secondes ailes ; le métathorax donne attache à la troisième paire de pates et aux ailes proprement dites ; celles-ci manquent lorsque les élytres sont soudées entre elles ; quand elles existent, elles sont repliées constamment sur elles-mêmes, et cette disposition est propre aux Insectes de cet ordre. Elles sont membraneuses et opèrent le vol presque seules, les élytres n'en étant que les agens secondaires. Les pates ont un développement variable ; les antérieures ou celles du prothorax sont très-souvent remarquables par quelques particularités propres aux mâles, et par la forme et le nombre différens des articles des tarses. On les avait crues composées de cinq pièces : la hanche, le trochanter, la cuisse, la jambe et le tarse. Nous avons démontré, dans notre travail sur le Thorax, qu'il existait une sixième pièce mobile très-importante, cachée constamment dans l'intérieur du thorax et qui sert à l'articulation de la hanche avec l'épimère. Nous avons appliqué à cette pièce, jusqu'ici inconnue, le nom de *Trochantin*, par opposition à Trochanter.

L'abdomen des Coléoptères se rétrécit rarement à la base, il est sessile, c'est-à-dire uni au métathorax par son plus grand diamètre transversal ; sa partie inférieure, ou le ventre proprement dit de quelques auteurs, est moins étendue dans le sens longitudinal que la supérieure, et cette différence est due au développement du sternum du métathorax qui se prolonge en arrière et envahit ainsi la place que l'abdomen devrait occuper. Cette disposition est surtout sensible dans les Copris, où les anneaux du ventre sont extrêmement refoulés les uns sur les autres. Dans quelques espèces, le premier anneau est divisé en deux parties par le sternum qui se place entre elles sur la ligne moyenne. Inférieurement l'abdomen a toujours une consistance cornée; à la partie supérieure il est toujours mou, lorsque les élytres existent; mais s'il arrive que celles-ci soient plus courtes que l'abdomen, ou qu'elles manquent complètement, la partie supérieure devient aussi solide que l'inférieure. Les Staphylins et plusieurs genres voisins peuvent être cités comme exemples.

L'anatomie interne des Coléoptères a été éclairée, dans ces derniers temps, par les travaux importans de

Ramdohr, et tout récemment par Léon Dufour qui a fait de cet ordre d'Insectes une étude toute spéciale. Il a passé en revue la plupart des familles, et il a déduit de ce travail, avec une sagacité admirable, quelques propositions générales très-satisfaisantes. Nous laissons à notre ami le plaisir de les publier lui-même; on pourra d'ailleurs, en recourant au mot CARABIQUE et à quelques genres de l'ordre dont il est question, prendre une idée de l'excellent esprit qui a présidé à ces recherches.

Les sexes, outre qu'ils sont distingués par les organes générateurs, présentent assez souvent des différences extérieures, soit dans les antennes, soit dans les pates ou dans quelques autres parties ; toutes ces différences, lorsqu'on les connaîtra, seront mentionnées à chaque genre en particulier. L'accouplement, dont la durée varie de quelques heures à un ou deux jours, ne paraît avoir lieu qu'une seule fois. La copulation achevée, le mâle ne tarde pas à périr, et la femelle meurt immédiatement après la ponte des œufs. Ces œufs, qui varient en volume, en forme, en couleur et en consistance, sont déposés dans des lieux et des substances très-différentes, suivant le genre de vie de la larve qui doit en naître. Quelques espèces les pondent dans les eaux tranquilles ; d'autres les placent sur certaines Plantes ; plusieurs les introduisent dans des matières animales, dans les cadavres en putréfaction, et un grand nombre les enfoncent dans la terre. Les larves qui en naissent diffèrent singulièrement entre elles ; en général elles ressemblent à un Ver mollasse ayant la tête et la partie supérieure des trois anneaux qui la suivent écailleuses, elles sont munies de six pates : les yeux, qui seront un jour à facettes, ne présentent encore que des petits corps granuliformes, souvent au nombre de six de chaque côté. Leur bouche est pourvue d'instrumens en rapport, pour la forme, le développement et la consistance, avec leur manière de vi-

vre ; les mandibules sont très-fortes et cornées dans les espèces qui rongent les substances ligneuses ; elles sont coriaces dans celles qui se nourrissent de feuilles, et presque membraneuses dans le grand nombre de larves qui vivent dans les matières cadavéreuses ou en putréfaction. Les antennes sont ordinairement très-courtes, cylindroïdes ou coniques, et composées d'un petit nombre d'articles. Il est impossible, dans l'état actuel de la science, de présenter des généralités plus complètes sur l'organisation des larves ; cependant on a observé quelques faits communs relatifs à leurs mœurs, et que nous transcrirons d'après Olivier et Latreille. Les Coléoptères vivent bien plus long-temps dans l'état de larve que dans celui d'Insecte parfait, et la durée de cette première forme varie singulièrement suivant les genres ; leur accroissement est d'ailleurs d'autant plus prompt que leur nourriture est plus abondante et que la température est plus élevée. Quelques-unes passent l'hiver sans presque manger et sans croître d'une manière sensible ; mais dès que la chaleur s'est fait sentir, elles se gorgent de nourriture et croissent rapidement. On a remarqué que les larves qui vivent de feuilles, telles que les Crioceres, les Altises, les Chrysoméles, ne restent guère plus d'un mois dans cet état, et qu'au contraire celles qui se nourrissent des racines des Plantes y demeurent deux, trois années et même plus. L'observation apprend encore que les Coléoptères qui passent l'hiver sous la forme d'œuf sont ceux qui vivent peu de temps à l'état de larve ; ils naissent, croissent, se reproduisent et périssent dans le courant de la belle saison, tandis que les Coléoptères qui passent l'hiver dans l'état de larve ou de nymphe, sont ceux qui vivent long-temps sous ces deux formes. — C'est principalement à l'état de larve que les Coléoptères font de grands torts à l'agriculture et l'industrie. Tout le monde connaît par leurs ravages celles des Bruches, des Charansons, des

Calandres, des Hannetons, des Cétoines, des Criocères, des Chrysomèles, des Clairons, des Anthrènes et des Dermestes. *V.* ces mots. Les larves des Coléoptères changent ordinairement trois fois de peau, et quelques - unes de celles qui vivent dans la terre construisent une sorte de coque dans laquelle elles se métamorphosent en nymphes; sous cette forme elles ne prennent aucune nourriture, ne manifestent aucun mouvement et restent plus ou moins long-temps dans cet état.

Linné, Fabricius, Geoffroy, Olivier, Latreille, Duméril, etc., ont établi dans l'ordre des Coléoptères des divisions plus ou moins naturelles. Geoffroy ayant observé que les Coléoptères d'un même genre, et d'une même famille ont toujours un nombre égal d'articles aux tarses, et que les différences que ces parties présentent sont constamment liées à quelques rapports généraux d'organisation, a eu l'heureuse idée de baser sur les caractères tirés des tarses les premières grandes divisions « ainsi il a partagé les Coléoptères en quatre sections de la manière suivante :

I. Cinq articles à tous les tarses. PENTAMÈRES.

II. Cinq articles aux quatre tarses antérieurs, quatre aux deux derniers. HÉTÉROMÈRES.

III. Quatre articles à tous les tarses. TÉTRAMÈRES.

IV. Trois articles à tous les tarses. TRIMÈRES.

Latreille n'ayant aperçu chez certains Insectes que deux articles à tous les tarses, les avait rapportés à une cinquième section qu'il nommait Dimères : depuis, il s'est convaincu que ce groupe rentrait dans celui des Trimères. Nous n'offrirons ici aucun autre détail sur la classification des Coléoptères ; elle sera exposée d'une manière générale à l'article ENTOMOLOGIE, et on trouvera les divisions secondaires à chacune des quatre sections. *V.* PENTAMÈRES, etc., etc.

Les Coléoptères se rencontrent sous les pierres, les écorces d'Arbres, les mousses, dans le tronc des Arbres morts ou vivans, dans les bois de construction, dans les cadavres en putréfaction, dans les fientes d'Animaux, sur les Fleurs, etc. Ils sont répandus sur toute la terre, mais non pas également. Latreille, qui le premier s'est occupé de la distribution géographique des Animaux articulés, nous a transmis sur ce sujet des observations importantes que nous croyons devoir faire connaître, parce qu'elles trouvent ici naturellement leur place. « Les Coléoptères d'Europe ont une grande affinité avec ceux de l'Asie occidentale et du nord de l'Afrique. Ces traits de parenté se prononcent d'autant plus que les qualités, l'exposition du sol et la température étant à peu près identiques, l'on se rapproche davantage du tropique boréal. C'est ainsi que, sous le quarante-quatrième degré de latitude, commencent à se montrer des espèces de quelques genres de la famille des Carnassiers, de celle des Lamellicornes, de la section des Hétéromères, et de la tribu des Charansonites propres aux climats chauds. Là apparaissent encore des espèces sensiblement plus grandes que leurs congénères observées plus au nord. Quelques genres ont disparu, et d'autres remplissent ces lacunes dans leurs familles respectives. La domination des Carabes proprement dits, si puissante dans les contrées septentrionales et tempérées de l'Europe et de la portion de l'Asie la plus occidentale, cesse vers le trente-cinquième degré de latitude nord. Les Anthies et les Graphiptères leur succèdent. Sous des rapports d'entomologie, l'Europe s'étend beaucoup plus à l'est que dans nos divisions géographiques, puisque les Insectes du Levant, et même de la Perse, ont une physionomie européenne. Aussi l'Autriche et la Hongrie, par leur situation plus centrale et d'autres circonstances locales, semblent-elles plus riches numériquement en espèces que les pays occidentaux de l'Europe. Ceux-ci néanmoins en possèdent qui leur sont exclusivement propres, et dont les races, peut-être à raison du voisinage de l'Océan et de son influence, se prolongent assez loin du nord au sud. L'Europe nous paraît offrir un mélange nombreux et varié de Coléoptères carnivores et herbivores. Les espèces de la famille des Carnassiers, de celle des Brachelytres et des Clavicornes, les Aphodies, les Méloës, les Callidies, les Leptures, les Chrysomèles, les Lixes, etc., y sont proportionnellement plus nombreuses que dans les autres parties du monde. Les Coléoptères herbivores dominent dans l'Amérique méridionale, mais les Oiseaux, les Reptiles, et même les Quadrupèdes insectivores, y abondent et rétablissent l'équilibre. Plusieurs espèces des contrées boréales du même continent se rapprochent beaucoup des nôtres; quelques-unes même sont communes aux deux hémisphères. Parmi celles-ci, il en est qui, habitant les climats les plus septentrionaux de la Suède, du Groenland et des îles adjacentes, ont pu gagner cette partie de l'Amérique. Les autres, étant presque toutes xylophages, ont pu y être transportées au moyen du bois employé à la construction des vaisseaux. Nonobstant ces rapports, les Coléoptères du nord du Nouveau-Monde ont plus d'affinité avec ceux de ses contrées méridionales qu'avec les nôtres. Nous n'avons point, par exemple, une seule espèce de Cétoine à corselet lobé postérieurement, de Galérite, de Tétraonix, de Parandre, etc., Insectes répandus dans toute l'Amérique; mais aussi on n'y a pas encore découvert d'espèces de certains genres dont nous sommes en possession. On remarque toutefois entre l'Amérique septentrionale et l'Europe cette conformité, qu'on y trouve aussi plusieurs Coléoptères de la famille des Carnassiers, inconnus dans les régions équatoriales, et que les proportions de grandeur des espèces analogues se maintiennent de part et d'autre dans les mêmes limites. »

L'ordre des Coléoptères est très-

nombreux; Dejean dont la collection est une des plus riches de notre époque, en possède six mille six cent quatre-vingt-douze espèces, suivant son catalogue imprimé en 1821. Ce nombre s'est depuis singulièrement accru. Aucun de ces Insectes n'est utile aux arts; la médecine n'emploie, jusqu'à présent, que la Cantharide vésicatoire et le Mylabre de la Chicorée qui, en Chine et dans tout le Levant, sert aux mêmes usages. Les Romains servaient sur leurs tables plusieurs larves de Coléoptères appartenant, à ce qu'on croit, aux genres Lucane et Capricorne; ils les nourrissaient avec de la farine. Les Indiens et les Américains mangent avec délice les larves du Charanson palmiste.　　　(AUD.)

COLÉOPTILE. *Coleoptila.* BOT. PHAN. Dans les Végétaux dicotylédons, on sait que la gemmule, c'est-à-dire le petit bourgeon qui renferme les premières feuilles de la Plante, est placée entre les deux cotylédons, et qu'on l'aperçoit facilement en écartant ces deux corps l'un de l'autre. Il n'en est pas ainsi dans les Plantes monocotylédones. Ici, en effet, la gemmule est toujours renfermée dans une sorte de gaîne ou d'étui parfaitement clos, qu'elle est obligée de percer pendant la germination pour pouvoir développer les feuilles qui la composent. C'est à cette espèce de gaîne que Mirbel donne le nom de Coléoptile. Mais nous avons observé que cette Coléoptile, considérée par cet habile observateur comme un organe particulier qui ne se rencontre que dans un certain nombre de Monocotylédons, leur appartient à tous, et qu'il n'est rien autre chose que le véritable cotylédon de ces Végétaux. *V.* EMBRYON.　　　(A. R.)

*COLÉOPTILÉS. BOT. PHAN. Mirbel nomme ainsi les embryons pourvus d'une coléoptile. *V.* ce mot.
　　　(A. R.)

COLÉORAMPHÉ. *Coleoramphis.* OIS. *V.* CHIONIS.

COLÉORHIZE. *Coleorhiza.* BOT. PHAN. De même que la coléoptile

(*V.* ce mot), la Coléorhize existe dans tous les embryons monocotylédons, et en forme un des caractères les plus tranchés, C'est une espèce de petite poche continue avec la masse de l'embryon, et recouvrant entièrement la radicule qui se trouve ainsi intérieure. Dans les Dicotylédons, au contraire, la radicule est toujours nue et dépourvue de Coléorhize. C'est d'après cette considération que le professeur Richard a divisé les Végétaux phanérogames en deux grandes sections ; les ENDORHIZES qui ont la radicule intérieure, c'est-à-dire recouverte par une Coléorhize qu'elle est obligée de percer pour se développer et devenir la racine, et les EXORHIZES dont la radicule est nue et sans enveloppe. La première de ces deux sections correspond exactement aux Monocotylédons, et la seconde aux Dicotylédons. Cette classification a sur l'autre l'avantage d'offrir moins d'exceptions. En effet on sait qu'il y a certains Végétaux dont le nombre des cotylédons n'est pas rigoureusement limité, et d'autres qui en présentent constamment plus de deux. La famille des Conifères en offre plusieurs exemples. Les objections faites contre cette classification sont peu fondées. Ainsi l'on a dit que la grande Capucine, qui est évidemment une Plante dicotylédone, avait sa radicule coléorhizée, et était par conséquent endorhize. Ce fait n'est pas exact. En effet dans la Capucine il n'y a pas de Coléorhize ; mais la radicule, peu de temps après son premier développement, se flétrit à son extrémité, tombe et pousse une nouvelle racine. Mais ici il n'y a pas d'étui renfermant la radicule avant la germination, et formant une véritable Coléorhize. Il en est de même de la graine des *Raphanus.* Henri Cassini a prétendu que les deux oreillettes que l'on remarque au collet de la racine dans les Raves, les Radis, étaient les débris de la Coléorhize qui enveloppait la radicule. Cette assertion est fausse. Nous avons étudié avec soin tous les degrés de germination des *Raphanus*, nous avons analysé leurs graines à l'état de repos, et elles ne nous ont offert aucune trace de Coléorhize. Les deux oreillettes ne se forment que long-temps après la germination et par une sorte de décortication qui sépare la partie corticale de la partie interne. Ainsi ces deux objections sont nulles contre la division des Végétaux en endorhizes et en exorhizes. (A. R.)

***COLÉOSANTHE.** *Coleosanthus.* BOT. PHAN. Ce genre de la famille des Synanthérées et de la Syngénésie égale, L., a été fondé par Cassini qui lui a assigné, entre autres caractères, les suivans : calathide sans rayons, composée de fleurons nombreux et fertiles ; involucre formé d'écailles un peu imbriquées, lancéolées, membraneuses sur leurs bords ; réceptacle plane, hérissé de poils courts ; ovaire cylindroïde, hispide, surmonté d'une aigrette plus longue que la corolle et légèrement plumeuse ; corolle à peu près cylindrique, rétrécie à sa partie supérieure ; une zône épaisse de poils laineux entoure la base du style. *V.* pour plus de détails le Bulletin de la Société Philomatique (avril 1817). Nous devons ici nous borner à dire que ce genre a été placé par son auteur dans la tribu des Eupatoriées et qu'il se compose d'une seule espèce, le *Coleosanthus Cavanillesii*, que Cassini a décrit d'après un échantillon envoyé à Jussieu par Cavanilles sans indication de localité, mais seulement avec une petite note dans laquelle on apprend que la Plante a six pieds de haut, que la tige est glabre, cylindrique, etc. (G..N.)

COLERETTE ou **COLLERETTE.** BOT. PHAN. Quelques auteurs appellent ainsi l'involucre qui accompagne l'ombelle dans les Plantes de la famille des Ombellifères. *V.* INVOLUCRE. (A. R.)

***COLES.** BOT. PHAN. *V.* COLA.

COLETTA VEETLA. BOT. PHAN. Syn. malabare de *Barleria Prionitis.* (B.)

COLEUS. BOT. PHAN. Ce genre

établi par Loureiro (*Fl. Cochinch.*, éd. Willd. 2, p. 451) a été réuni au *Plectranthus* de l'Héritier par Rob. Brown (*Prodr. Fl. Nov.-Holl.*, p. 506) dans ses annotations sur ce dernier genre. Il suffit, en effet, de jeter les yeux sur la figure de cette Plante donnée par Rumph (*Herb. Amboin.*, c. 8, t. 102) pour se convaincre de la réalité de ce rapprochement. Le caractère d'avoir les filets des étamines réunis en gaîne inférieurement, se trouve également dans le *Plectranthus ocymoides* et dans le *Plectranthus crassifolius* de Vahl ; dès-lors il ne peut servir comme distinction générique. *V.* PLECTRANTHE.

L'espèce qui a servi à constituer ce faux genre est une Plante indigène des îles de l'archipel Indien. Elle abonde surtout à Banda et à Amboine, où Rumph dit qu'on la sème sur les murs des édifices, moins peut-être comme Plante d'ornement que pour des usages superstitieux, comme, par exemple, pour les préserver des enchantemens que redoutent singulièrement les peuples de ces îles. On l'emploie aussi à des usages économiques. Ainsi les femmes mettent ses feuilles dans le linge pour lui donner une 'bonne odeur; on les fait cuire avec des feuilles de Laitue et de la viande de Chèvre, et de cette manière se compose un mets fort au goût des Indiens. Quant aux propriétés médicales, il est inutile de répéter ce qu'on a dit de ses vertus fébrifuges; de même que toutes les Labiées odoriférantes, elle peut être utile dans les maladies nerveuses, telles que les spasmes, les convulsions, l'asthme, etc.   (G..N.)

COLEUVRÉE. BOT. PHAN. Pour Couleuvrée. *V.* ce mot.   (B.)

COLFISH. POIS. C'est-à-dire *Poisson-Charbon*. Variété de Morue que sa préparation médiocre met à la portée des matelots et autres classes peu aisées de la population hollandaise et anglaise.   (B.)

COLGRAVE. OIS. Syn. vulgaire du Corbeau, *Corvus Corax*, L. *V.* CORBEAU.   (DR..Z.)

COLHERADO. OIS. (Marcgraaff.) Syn. portugais de la Spatule rose, *Platalea Ajaja*, L. *V.* SPATULE.   (DR..Z.)

* COLI. OIS. (Paulin.) Syn. vulgaire dans l'Inde de la femelle du Coq, élevée en domesticité. *V.* COQ.   (DR..Z.)

COLIADE. *Colias.* INS. Genre de l'ordre des Lépidoptères établi par Fabricius et rangé par Latreille (Règn. Anim. de Cuv.) dans la famille des Diurnes. Ses caractères sont : antennes courtes et finissant graduellement en une massue allongée et obconique ; palpes inférieurs très-comprimés ; leur dernier article beaucoup plus court que le précédent; ailes postérieures sans concavité et sans échancrure à leur bord interne, prolongées sous l'abdomen, et lui formant une gouttière; six pates propres à la marche dans les deux sexes; crochets des tarses unidentés ou bifides. Les Insectes de ce genre ont six pieds égaux, et avoisinent par-là les Papillons proprement dits, les Thaïs et les Parnassiens; ils s'en éloignent cependant par la disposition des ailes postérieures. Leurs palpes extérieurs velus et la saillie des crochets de leurs tarses, empêchent de les confondre avec les Polyommates et les Érycines. Enfin ils se distinguent des Piérides, auxquels on devrait rigoureusement les réunir, par leurs antennes et leurs palpes inférieurs. Le genre Coliade comprend la quatorzième famille des Papillons d'Ochsenheimer, celle qu'il nomme les *Danaïdes jaunes.* Les chenilles n'ont point de tentacules; elles sont cylindriques ou bien comprimées postérieurement. On remarque une raie longitudinale sur chaque côté de leur corps. Le dessous du ventre est plus pâle, et c'est à cause de cela que quelques auteurs les ont désignées sous le nom de Chenilles à ventre pâle (*Pallidi ventres*). Les chrysalides sont allongées, anguleuses, avec l'une et l'autre extrémité terminées en pointe.

Elles sont fixées à la manière de celles des Papillons. Ce genre est assez nombreux en espèces; parmi elles nous citerons : la COLIADE CITRON, *Papilio Rhamni* de Linné, ou le Citron de Geoffroy, (Hist. des Ins. T. II, p. 74), figuré par Engramelle (Pap. d'Europe, pl. 33, n. 10, A, c). Cette espèce qu'on peut considérer comme type du genre est remarquable par l'angle curviligne de chacune des ailes. Ce caractère spécifique a paru d'une grande valeur au docteur Leach qui a fondé pour cette espèce et quelques autres un nouveau genre qu'il a nommé *Gonopteryce*, c'est-à-dire ailes anguleuses. La chenille vit sur le Nerprun purgatif (*Rhamnus catharticus*) et la Bourdaine (*Rhamnus Frangula*.)

La COLIADE SOUCI, *Colias edusa* ou le *Papilio edusa* de Fabricius, décrit par Geoffroy (*loc. cit.* p. 75) sous le nom de Souci, variété A, B, figuré par Hubner sous le nom d'Hélice, et par Engramelle (*loc. cit.* pl. 54, n. 3, A, E, et pl. 79, Suppl. T. XXV, fig. 3, f, g). La chenille vit sur plusieurs espèces de Trèfles.   (AUD.)

COLIART. POIS. L'un des noms vulgaires du *Råya-Batis*. *V*. RAIE.
                              (B.)

COLIAS. POIS. Espèce du genre Scombre. *V*. ce mot.   (B.)

COLIAS. INS. *V*. COLIADE.

COLIBELLE. BOT. PHAN. (De Candolle.) Syn. de *Cucubalus Behen* dans les environs de Perpignan.   (B.)

COLIBRI. *Trochilus*. OIS. Genre de l'ordre des Anisodactyles. Caractères : bec plus long que la tête, grêle, droit chez un certain nombre d'espèces, arqué chez les autres, tubulé, déprimé à la base qui est de la largeur du front et où l'arête est distincte, acéré à la pointe; mandibule inférieure presque cachée par les bords de la supérieure; langue extensible, longue, cylindrique à la base, bifide à l'extrémité; narines placées près de la base du bec, marginales, couvertes par une membrane

arrondie, ouvertes en avant; pieds très-courts, impropres à la marche; quatre doigts presque entièrement divisés, dont un derrière; tarse plus court que le doigt intermédiaire; ailes longues; toutes les rémiges uniformément étagées; la première la plus longue.

Si la nature a départi à l'Aigle la force et la majesté, à l'Autruche une taille gigantesque avec la rapidité de la course, au Cygne l'élégance et la douceur, au Paon la richesse du plumage, elle a comblé d'autres bienfaits la famille nombreuse des plus petits êtres que l'on admire parmi les Oiseaux. Rien ne peut surpasser, en éclat et en magnificence, la robe qui pare la majeure partie des Colibris; l'or y semble répandu avec profusion; les reflets, que lance leur plumage, surpassent en pureté, en brillant l'étincelle furtive qui s'échappe de la pierre de Golconde. Chaque plume et même chacune de ses barbules sont autant de réflecteurs merveilleux, qui, suivant l'angle d'incidence sous lequel tombe la lumière, décomposent ce fluide et renvoient alternativement plusieurs de ses rayons colorés. Les Colibris habitent les contrées les plus chaudes du nouveau continent; quelques espèces voyageuses s'en éloignent au plus fort de l'été pour aller visiter diverses parties de l'Amérique septentrionale, mais elles y retournent aussitôt qu'elles sentent la température s'affaiblir. En vain a-t-on essayé mainte fois d'apporter vivans, en Europe, ces élégans Américains; la jouissance de posséder ces charmans Oiseaux, d'un caractère peu sauvage, très-susceptibles d'éducation, nous est refusée : quelques-uns y sont arrivés, ont langui quelques jours et sont morts de froid. Répandus en très-grand nombre dans leur pays natal, les Colibris y aiment le voisinage des habitations; ils sont presque constamment dans les jardins, voltigeant avec une rapidité incroyable de fleur en fleur et s'arrêtant ordinairement d'un vol stationnaire devant l'une d'elles, jusqu'à ce qu'ils aient trouvé la branche favorable sur laquelle ils puissent se poser, et d'où il leur soit facile d'élancer leur langue fourchue et effilée dans le nectaire où s'élabore le miel qui paraît être leur nourriture favorite. Ils sont peu défians, se laissent approcher très-près; mais ils partent comme un trait, et en jetant un cri, lorsqu'on fait mine de les vouloir saisir. Leurs petits pieds si grêles, si délicats, sont peu favorables à la marche; c'est sans doute pour cela qu'on ne les rencontre jamais à terre. Ils se battent avec acharnement entre eux. Ils sont courageux, audacieux même; quand il s'agit de défendre leur couvée, on les voit alors résister à des Oiseaux beaucoup supérieurs en taille et en force, et parvenir assez souvent à les mettre en fuite. Ce courage qu'ils montrent à protéger, à garantir leur famille naissante, est un gage de la tendresse qu'ils ont pour elle; en effet, cette tendresse éclate déjà dans les soins qu'ils apportent à préparer le berceau qui doit recevoir les fruits de leurs amours; les deux sexes s'en occupent avec une commune ardeur, et la délicatesse de sa construction rivalise avec sa solidité : c'est une espèce de feutre de soie et de coton artistement tissé et revêtu à l'extérieur de Lichens et de très-petites buchettes enduites de sucs gommeux. Ce nid a la forme d'une capsule qui serait suspendue à une branche, à une feuille et même souvent à un brin du chaume qui recouvre les habitations. La ponte est de deux œufs blancs, dont le volume quelquefois surpasse à peine celui d'un pois ordinaire; le mâle et la femelle les couvent avec beaucoup de constance pendant douze à treize jours; les petits, en naissant, ont à peu près la grosseur d'une Mouche commune; ils éprouvent, à mesure qu'ils avancent en âge, des mues successives, auxquelles il faut attribuer la confusion qui a long-temps régné dans la désignation des espèces du genre Colibri, et qui, peut-être, n'est pas encore entièrement dissipée. Les couvées se répètent, à ce que l'on assure, jusqu'à quatre fois dans l'année.

Plusieurs ornithologistes, d'après Lacépède, ont divisé les Colibris en deux genres, et ont placé dans le second, sous le nom d'Orthorynques ou Oiseaux-Mouches, les espèces qui ont le bec droit; mais, comme plusieurs d'entre elles forment une transition insensible du bec droit au bec arqué, il en est résulté qu'à cet égard la division devenait, pour ainsi dire, impossible. Or, il est préférable, ainsi que l'ont fait Vieillot et Temminck, de ne rendre la division que sectionnaire du genre; alors l'erreur, si on en commet, n'entraînera à aucune conséquence.

† *Bec arqué.* — COLIBRIS PROPREMENT DITS.

COLIBRI ACUTIPENNE, *Trochilus acaudacutus*, Vieill. Parties supérieures d'un vert doré; rémiges d'un noir bleuâtre; rectrices bleues à reflets verts, très-pointues, étagées, les intermédiaires plus courtes que les latérales qui sont fort étroites; gorge et haut du cou blancs, marqués de petits points noirs; bas du cou et poitrine bleus à reflets; bec noir. Longueur, cinq pouces quatre lignes. Du Paraguay.

COLIBRI D'AMBOINE. *V.* SOUÏMANGA D'AMBOINE.

COLIBRI ARLEQUIN, *Trochilus multicolor*, Lath., Vieill., Oiseaux dorés, pl. 69. Parties supérieures, gorge, devant du cou et poitrine verts; partie du dos et croupion bruns ou mélangés de brun; une bande bleue entre l'œil et la nuque, et plus bas une tache irrégulière noire; rémiges et rectrices d'un brun passant au violet; ventre et tectrices caudales inférieures rouges. Longueur, quatre pouces.

COLIBRI AZZARA, *Trochilus Azzara*, Vieill. Parties supérieures d'un vert bleuâtre à reflets dorés; sommet de la tête mordoré; les côtés bruns; les deux rectrices latérales terminées de blanc; devant du cou et poitrine d'un brun roussâtre avec un trait longitudinal blanc; des reflets dorés sur les côtés et les flancs. Longueur, quatre pouces cinq lignes. Du Paraguay.

Colibri a bande blanche. *V.* Colibri Azzara.

Colibri a bande noire, *Trochilus atricapillus*, Vieill. Parties supérieures d'un vert doré avec les plumes frangées de roussâtre ; celles de la tête sont noirâtres ; un point blanchâtre de chaque côté de la tête ; une bande d'un noir velouté bordée de blanc s'étend depuis le bec jusqu'à la queue ; rectrices intermédiaires vertes, les autres d'un violet rougeâtre, tachées de bleu vers l'extrémité qui est blanche ; bec assez gros et peu courbé. Longueur, quatre pouces quatre lignes. Du Paraguay.

Colibri bleu, *Trochilus Cyaneus*, Lath., *Trochilus venustissimus*, Gmel. *V.* Colibri Grenat.

Colibri bleu du Mexique. *V.* Guit-Guit.

Colibri du Brésil. *V.* Colibri aux pieds vêtus.

Colibri brin blanc, *Trochilus superciliosus*, L., Vieill., Oiseaux dorés, pl. 17 et 18 ; Colibri à longue queue de Cayenne, Buff., pl. enl. 600, f. 5. Parties supérieures d'un vert olive doré ; deux traits blancs de chaque côté de la tête ; rémiges et tectrices alaires d'un violet noirâtre ; les deux rectrices intermédiaires beaucoup plus longues que les autres qui sont étagées et toutes terminées de blanchâtre ; bec long et noir. Longueur, sept pouces. Les jeunes ont les plumes vertes bordées de gris. De la Guiane.

Colibri brin bleu, *Trochilus Cyanurus*, Gmel. Parties supérieures vertes ; sommet de la tête, poitrine et rectrices intermédiaires bleus ; parties inférieures grises. Longueur, huit pouces. Du Mexique. Espèce douteuse.

Colibri brun, *Trochilus fuscus*, Vieill. Parties supérieures brunes avec quelques reflets verts ; rémiges d'un violet sombre ; gorge noire entourée d'un trait brun qui part de la mandibule inférieure ; devant du cou et poitrine bruns ; partie inférieure blanche ainsi que la plupart des rectrices ;

bec noir ; jambes duveteuses. Longueur, quatre pouces trois lignes. Du Brésil.

Colibri a casque pourpré, *Trochilus galeritus*, Lath. Parties supérieures d'un vert doré ; tête ornée d'une huppe pourprée à reflets dorés ; rémiges et rectrices brunes ; parties inférieures d'un rouge doré. Du Chili.

Colibri cendré, *Trochilus cinereus*, Lath., Vieill., Oiseaux dorés, pl. 5. Parties supérieures vertes à reflets dorés ; une petite tache blanche à l'angle externe de l'œil ; rémiges d'un violet noirâtre ; rectrices étagées, les intermédiaires vertes, les deux suivantes vertes à la base, ensuite d'un noir bleuâtre, enfin blanches à l'extrémité ; les autres noires, frangées de blanc ; parties inférieures d'un gris cendré. Longueur, cinq pouces six lignes.

Colibri du Chili. *V.* Colibri a casque pourpré.

Colibri a collier bleu, *Trochilus torquatus*, Lath., *Trochilus purpuratus*, Gmel. Parties supérieures vertes avec les ailes et la queue qui est fourchue, d'un pourpre foncé ; un demi-collier d'un beau bleu ; gorge et poitrine vertes ; abdomen cendré.

Colibri a collier rouge, *Trochilus Leucurus*, L., Edw. ; Gmel., pl. 156, Buff., pl. enl. 600, f. 4. Parties supérieures, gorge, poitrine, petites tectrices alaires d'un vert brunâtre à reflets dorés ; rémiges pourprées ; les deux rectrices intermédiaires vertes, irisées ; les autres blanches, nuancées de brun à l'extrémité ; un demi-collier rouge ; parties inférieures d'un cendré blanchâtre ; bec noirâtre ; pieds blanchâtres. Longueur, quatre pouces six lignes. De Surinam.

Colibri a collier de Surinam. *V.* Colibri a collier rouge.

Colibri a cravate noire, *Trochilus nigricollis*, Vieill. Parties supérieures d'un vert doré ; rémiges et rectrices d'un brun violet ; gorge, devant du cou et milieu de la poitrine d'un noir velouté ; ventre vert. Longueur, quatre pouces. Du Brésil.

Colibri a cravate verte, *Tro-*

chilus maculatus, Gmel. , *Trochilus gularis*, Lath. Jeune Colibri à hausse-col vert qui prend son plumage d'adulte.

COLIBRI A FACE ORANGÉE, *Trochilus fulvifrons*, Latham. Parties supérieures noirâtres à reflets bleus; haut de la gorge, bords extérieurs des rémiges, tectrices caudales inférieures et une tache entre le bec et l'œil orangés; rectrices bleues; bec noir à la base, blanc à l'extrémité; pieds noirs. Longueur, trois pouces. Espèce douteuse. Patrie inconnue.

COLIBRI A FRONT JAUNE, *Trochilus flavifrons*, Lath. Parties supérieures vertes avec le front jaune; rémiges et rectrices noirâtres, Espèce douteuse.

COLIBRI A GORGE BLEUE, Vieill. , Oiseaux dorés, pl. 66. Parties supérieures d'un vert doré, noirâtre sur la tête et les côtés du cou; rémiges d'un violet noirâtre; rectrices vertes en dessus, d'un violet bronzé en dessous, avec une tache bleuâtre vers l'extrémité qui est blanche; parties inférieures blanches variées de bleu à la gorge et à la poitrine. Longueur, quatre pouces quatre lignes. Il paraît être une variété d'âge d'une autre espèce, peut-être du Colibri à ventre piqueté.

COLIBRI A GORGE ET CROUPION BLANCS. *V*. SOUÏMANGA JAUNATRÉ.

COLIBRI A GORGE CARMIN , *Trochilus gularis*, Lath. Jeune Colibri Grenat qui prend son plumage d'adulte.

COLIBRI A GORGE GRENAT. *V*. COLIBRI GRENAT.

COLIBRI A GORGE ROUGE. *V*. COLIBRI OISEAU-MOUCHE RUBIS.

COLIBRI A GORGE VERTE DE CAYENNE. *V*. COLIBRI HAUSSE-COL VERT, jeune âge.

COLIBRI (GRAND). *V*. COLIBRI GRENAT.

COLIBRI GRENAT, *Trochilus granatinus*, Lath., *Trochilus auratus*, Gmel., Vieill. , Oiseaux dorés, pl. 4, Edw. Glan. , pl. 266. Parties supérieures d'un noir bleuâtre; tectrices alaires et caudales d'un vert doré brillant; rectrices d'un vert noirâtre, gorge et devant du cou pourprés; le

reste des parties inférieures d'un noir bleuâtre; bec et pieds noirs. Longueur, quatre pouces six lignes. La femelle est moins brillante; elle a les parties inférieures et les ailes brunes.

COLIBRI HAUSSE-COL DORÉ , *Trochilus aurulentus*, Audeb. et Vieill., Oiseaux dorés , pl. 12 et 13. Parties supérieures d'un vert obscur doré; tectrices caudales vertes; rectrices d'un brun verdâtre; les latérales violettes, terminées de bleu; gorge d'un vert doré brillant, entourée d'un reflet bleu; poitrine noire; ventre brunâtre; flancs variés de vert doré et de noirâtre; bec et pieds noirs. Longueur, quatre pouces. La femelle a le sommet de la tête brun, les rectrices latérales d'un brun roussâtre à leur base, ensuite d'un noir violet terminé de blanchâtre, la gorge et la poitrine de couleur grisâtre, plus obscure sur le ventre. De Porto-Ricco.

COLIBRI HAUSSE-COL A QUEUE FOURCHUE, *Trochilus elegans*, Aud. et Vieill., Ois. dorés, pl. 14. Plumage vert plus brillant sur la gorge et les côtés du cou; poitrine et partie du ventre noires; rectrices d'un noir violet, les latérales plus longues; bec noir en dessus , jaunâtre en dessous; pieds emplumés blancs. Longueur, quatre pouces quatre lignes. Les jeunes ont la gorge et le cou grisâtres, les rémiges et les rectrices brunes. De Saint-Domingue.

COLIBRI HAUSSE-COL VERT, *Trochilus gramineus*, Gmel. , *Trochilus pectoralis*, Lath. Parties supérieures d'un vert obscur faiblement doré; rémiges et rectrices d'un noir violet; gorge et côtés du cou d'un vert foncé très-brillant; une plaque d'un noir velouté sur la poitrine; abdomen d'un vert noirâtre et quelquefois blanc; bec très-long, noir ainsi que les pieds. Longueur, quatre pouces six lignes.

COLIBRI HUPPÉ, *Trochilus paradiscus*, Lath. La majeure partie du plumage rouge; les ailes bleues; une huppe composée de plumes étroites retombe sur le cou; rectrices intermédiaires beaucoup plus longues que les autres. Longueur, huit pouces six lignes. Du Mexique. Espèce douteuse.

COLIBRI A HUPPE DORÉE, *Trochilus cristatellus*, Lath. Plumage vert ; tête garnie d'une huppe verte à reflets dorés très-brillans ; ailes et queue noires. Longueur, deux pouces six lignes. La femelle a les parties supérieures d'un brun verdâtre, les inférieures blanchâtres. Patrie inconnue.

COLIBRI DES INDES. *V.* SOUÏMANGA BLEU.

COLIBRI DE LA JAMAÏQUE, *Trochilus Mango*, L., Buff., pl. enl. 680, f. 3; Vieill., Ois. dorés, pl. 7. Parties supérieures d'un vert doré ; rectrices d'un brun pourpré irisé en violet ; gorge, devant du cou, poitrine d'un noir velouté, encadré de chaque côté par une bande bleue qui descend du bec. Longueur, quatre pouces. Des Antilles.

COLIBRI A LONGUE QUEUE. *V.* COLIBRI A BRIN BLANC.

COLIBRI A LONGUE QUEUE DU MEXIQUE. *V.* COLIBRI A BRIN BLEU.

COLIBRI DU MEXIQUE, *Trochilus holosericeus*, L., Buff., pl. enl. 680, fig. 1. Parties supérieures et gorge d'un vert doré, irisé ; une bande noire sur la poitrine ; tectrices alaires et caudales bleues ; rectrices noires irisées en violet ; parties inférieures d'un noir bronzé. Longueur, quatre pouces.

COLIBRI MULTICOLOR. *V.* COLIBRI ARLEQUIN.

COLIBRI PETIT (Dutertre). *V.* COLIBRI OISEAU-MOUCHE HUPPÉ.

COLIBRI (PETIT) DU BRÉSIL, *Trochilus Thaumantius*, Lath., Buff., pl. enl. 600, f. 1. Tout le plumage d'un vert doré, à l'exception des ailes qui sont d'un brun violet ; une petite tache blanche à l'abdomen ; rectrices bordées de blanc. Longueur, près de trois pouces. Du Brésil.

COLIBRI (PETIT) BRUN, Edwards. *V.* COLIBRI OISEAU-MOUCHE POURPRÉ.

COLIBRI (PETIT) DE LA GUIANE. *V.* PETIT COLIBRI DU BRÉSIL.

COLIBRI (PETIT) VIOLET, Buff. *V.* PETIT COLIBRI DU BRÉSIL.

COLIBRI PIQUETÉ. *V.* COLIBRI ZIT-ZIT.

COLIBRI A PIEDS VÊTUS, *Trochilus hirsutus*, Gm., Vieill., Ois. dorés, pl. 20. Parties supérieures d'un vert doré ainsi que les deux rectrices intermédiaires ; les trois latérales sont rousses avec une tache noire, terminée de blanc ; parties inférieures et gorge roussâtres. Bec noir avec la mandibule inférieure jaunâtre ; pieds emplumés jaunâtres avec les doigts et les ongles blancs. Longueur, quatre pouces six lignes. Le jeune, figuré pl. 68 des Ois. dorés, a le sommet de la tête, le cou et les tectrices alaires d'un brun bronzé. On observe encore quelques autres variations dans le reste du plumage. De l'Amérique méridionale.

COLIBRI A PLASTRON BLANC, *Trochilus margaritaceus*, Lath., Vieill., Ois. dorés, pl. 16. *V.* COLIBRI A HAUSSECOL VERT, jeune âge.

COLIBRI A PLASTRON NOIR. *V.* COLIBRI DE LA JAMAÏQUE.

COLIBRI A PLASTRON VIOLET, *Trochilus Mango*, Var. Lath., Vieill., Ois. dorés, pl. 7. Ne diffère du Colibri à hausse-col vert, dont Vieillot le croit une variété, que par la teinte violette de ses parties inférieures.

COLIBRI A POITRINE BLEUE (Azzara). *V.* COLIBRI QUADRICOLORE.

COLIBRI QUADRICOLORE, *Trochilus quadricolor*, Vieill. Parties supérieures d'un vert doré ; tête noirâtre ; rectrices violettes, terminées de noir ; devant du cou et poitrine d'un bleu foncé, bordés de chaque côté de bleu plus clair ; bec peu courbé. Longueur, quatre pouces cinq lignes. Du Paraguay.

COLIBRI A QUEUE BLANCHE ET VERTE, *Trochilus virescens*, Ois. dorés, pl. 41. Parties supérieures d'un vert doré ; sommet de la tête d'un brun verdâtre ; un trait blanc au-dessus de l'œil ; rémiges rousses ; gorge et poitrine d'un vert jaunâtre, brillant ; ventre vert doré ; abdomen gris, mélangé de vert ; rectrices arrondies, mélangées de vert et de blanc doré ; bec peu courbé, blanchâtre, noir en dessus et vers l'extrémité ; pieds jaunâtres. Longueur, quatre pouces six lignes. De l'île de la Trinité.

COLIBRI A QUEUE EN CISEAUX. *V.* COLIBRI ACUTIPENNE.

COLIBRI A QUEUE FOURCHUE. *V.* COLIBRI TOPAZE.

COLIBRI A QUEUE SINGULIÈRE, *Trochilus Erricurus*, Vieill., Temm., Ois. color. pl. 66, fig. 3. Parties supérieures d'un vert doré; rémiges brunes; rectrices singulièrement étagées, les latérales les plus longues; celles qui les suivent, plus courtes d'un tiers et toutes entièrement brunes; les intermédiaires très-courtes et bordées de vert; gorge d'un violet clair et pourpré; un demi-collier blanchâtre et jaune, couvrant presque toute la poitrine. Bec peu courbé noir ainsi que les pieds. Longueur, quatre pouces trois lignes. De l'île de la Trinité?

COLIBRI A QUEUE VIOLETTE, *Trochilus albus*, Gm., *Trochilus nitidus*, Lath., Ois. dorés, pl. 11. Jeune Colibri à hausse-col vert.

COLIBRI ROUGE HUPPÉ A LONGUE QUEUE DU MEXIQUE. *V.* COLIBRI HUPPÉ.

COLIBRI ROUGE A LONGUE QUEUE DE SURINAM. *V.* COLIBRI TOPAZE.

COLIBRI DE SAINT-DOMINGUE. *V.* COLIBRI A HAUSSE-COL VERT, jeune âge.

COLIBRI DE SURINAM. *V.* COLIBRI A COLLIER ROUGE.

COLIBRI TACHETÉ, *Trochilus Nævius*, Dumont. Parties supérieures d'un vert sombre faiblement doré; rémiges violettes; rectrices égales, les deux intermédiaires vertes, les deux latérales rousses, les autres progressivement partagées de roux et de vert; parties inférieures d'un blanc sale, tachetées longitudinalement de noir; gorge et devant du cou roux; bec d'un blanc jaunâtre, noir en dessus et à l'extrémité; pieds bruns. Longueur, quatre pouces six lignes. Du Brésil.

COLIBRI A TÊTE BLEUE, *Trochilus porficatus*, L., Edw. Glan. pl. 55; Schaw, Misc. p. 222., Ois. dorés, pl. 60. Plumage d'un vert doré, à l'exception de la tête qui est bleue, des rémiges qui sont d'un brun violet, et du ventre qui est blanchâtre; rectrices latérales très-longues, les autres diminuant progressivement jusqu'aux intermédiaires qui sont très courtes; bec peu arqué noir ainsi que les pieds. Longueur, de sept à huit pouces. De la Jamaïque.

COLIBRI A TÊTE, DEMI-COLLIER ET QUEUE POURPRÉS. *V.* COLIBRI A COLLIER BLEU.

COLIBRI A TÊTE NOIRÂTRE. *V.* COLIBRI A BANDE NOIRE.

COLIBRI A TÊTE NOIRE, *Trochilus polytmus*, Lath., Ois. dorés, pl. 67. Parties supérieures d'un vert doré; rémiges et rectrices d'un brun violet irisé; rectrices latérales très-longues, les autres beaucoup plus courtes et étagées; tête ornée de plumes longues, noires, à reflets bleuâtres; poignet blanc; parties inférieures vertes à reflets bleus; bec jaune; pieds noirs. Longueur, cinq pouces six lignes. La femelle a les parties inférieures, les côtés du cou et les rectrices variés de blanc, le sommet de la tête d'un brun noirâtre. De la Jamaïque.

COLIBRI A TÊTE NOIRE ET A LONGUE QUEUE. *V.* COLIBRI A TÊTE NOIRE.

COLIBRI A TÊTE ORANGÉE, *Trochilus aurantius*, Lath. Parties supérieures d'un brun foncé; rémiges pourprées; rectrices fauves; tête orangée; gorge et poitrine jaunes; ventre brun. Espèce douteuse.

COLIBRI TOPAZE, *Trochilus Pella*, L., Edw. Gla. pl. 52; Buff., pl. enl. 559; Schaw, Misc. p. 513; Ois. dorés, pl. 2 et 5. Parties supérieures d'un marron pourpré, qui passe au brun orangé vers le croupion; sommet de la tête d'un noir pourpré qui s'étend de chaque côté sur la gorge où il entoure une plaque verte à reflets très-brillans d'un jaune de topaze; rémiges brunes, irisées en violet; les deux rectrices intermédiaires très-longues, d'un noir violet; les autres courtes et rousses; bec noir; pieds blanchâtres. Longueur, sept pouces six lignes. La femelle a le plumage d'un vert cuivreux, les quatre rectrices intermédiaires d'un vert doré, les autres rousses et toutes d'égale longueur, la gorge d'un pourpre à reflets dorés. De la Guiane.

COLIBRI VARIÉ, *Trochilus exilis*, Lath. Plumage d'un brun verdâtre à reflets dorés pourprés ; sommet de la tête garni d'une huppe verte à sa base, à reflets dorés très-brillans vers l'extrémité ; rémiges et rectrices noires. Longueur, dix-huit lignes. Dé la Guiane.

COLIBRI A VENTRE BLANC. *V*. COLIBRI OISEAU-MOUCHE JACOBINE.

COLIBRI A VENTRE NOIR, *Trochilus atrigaster*, Vieill., Ois. dorés, pl. 65. Parties supérieures d'un vert doré ; rectrices et rémiges d'un violet noirâtre ; parties inférieures d'un noir pourpré avec l'abdomen blanc ; gorge verte ; bec et pieds noirs. Longueur, trois pouces neuf lignes. On la considère comme la femelle du Colibri du Mexique.

COLIBRI A VENTRE PIQUÉTÉ, *Trochilus punctatus*, Lath., Vieill., Ois. dorés, pl. 8. Parties supérieures vertes, faiblement dorées ; rémiges noirâtres, irisées en violet ; rectrices latérales noires, bordées et terminées de blanc ; parties inférieures d'un brun cendré, avec les plumes bordées de brun sur la poitrine et de blanc sur le reste ; bec et pieds noirâtres. Longueur, quatre pouces. Ce Colibri pourrait bien être une variété d'âge ou de sexe du Zit-Zit.

COLIBRI A VENTRE ROUSSATRE, *Trochilus Brasiliensis*, Lath., Vieill., Ois. dorés, pl. 19. Parties supérieures d'un vert olive doré ; un trait noir près de l'œil et un autre blanc en dessous ; rectrices étagées et pointues, d'un noir violet irisé, terminées de blanc : les deux intermédiaires les plus longues ; parties inférieures d'un cendré jaunâtre ; bec d'un blanc jaunâtre en dessous ; pieds emplumés. Longueur, quatre pouces. Du Brésil et de la Guiane.

COLIBRI VERT, *Trochilus viridis*, Vieill., Ois. dorés, pl. 15. Plumage d'un vert foncé, doré ; rémiges d'un brun violet ; rectrices bleues avec

l'extrémité des latérales frangées de blanc ; bec et pieds noirs. Longueur, quatre pouces. Des Antilles.

COLIBRI VERT ET BLEU d'Edwards. *V*. COLIBRI OISEAU-MOUCHE AMÉTHYSTE.

COLIBRI VERT A LONGUE QUEUE d'Edwards. *V*. COLIBRI OISEAU-MOUCHE A TÈTE BLEUE.

COLIBRI VERT ET NOIR. *V*. COLIBRI DU MEXIQUE.

COLIBRI VERT-PERLÉ, *Trochilus Dominicus*, Lath. *V*. COLIBRI HAUSSE-COL VERT, jeune âge.

COLIBRI VERT A VENTRE NOIR d'Edwards. *V*. COLIBRI DU MEXIQUE.

COLIBRI VIOLET, *Trochilus violaceus*, Lath., Buff., pl. enl. 600, f. 2. *V*. COLIBRI GRENAT.

COLIBRI VIOLET DE SURINAM. *V*. COLIBRI TOPAZE, femelle.

COLIBRI ZIT-ZIT, *Trochilus punctulatus*, Lath. Plumage d'un vert cuivreux, irisé ou pourpré ; rémiges d'un brun violet ; rectrices brunes, irisées en vert, terminées de blanc ; gorge, devant du cou et tectrices alaires tiquetés de blanc ; bec et pieds noirs. Longueur, cinq pouces six lignes. Du Mexique.

†† *Bec droit.* — COLIBRIS OISEAUX-MOUCHES.

COLIBRI OISEAU-MOUCHE AMÉTHYSTE, *Trochilus amethystinus*, Lath., Buff., pl. enl. 672, f. 2. Parties supérieures d'un vert doré ; rectrices latérales les plus longues ; gorge et devant du cou violets, changeant en pourpre doré ; parties inférieures variées de blanchâtre et de brun. Longueur, trois pouces. De la Guiane. On le considère comme une variété d'âge du Colibri Oiseau-Mouche Rubis.

COLIBRI OISEAU-MOUCHE BANCROST, *Trochilus Bancrosti*, Lath. *V*. COLIBRI GRENAT.

COLIBRI OISEAU-MOUCHE A BEC BLANC, *Trochilus albirostris*, Vieill., Ois. dorés, pl. 45. Parties supérieures d'un brun irisé de pourpre et d'or, avec les reflets plus vifs sur la tête ; rémiges brunes plus longues que les rec-

-trices qui sont roussâtres ; cou, gorge et poitrine d'un vert doré avec les plumes frangées de blanc ; abdomen brun irisé ; tectrices caudales inférieures blanches. Longueur, trois pouces trois lignes. De la Guiane. Présumé une variété de sexe d'une espèce décrite sous un autre nom.

COLIBRI OISEAU-MOUCHE A BEC EN SCIE, *Trochilus serrirostris*, Vieill. Parties supérieures vertes, dorées ; rémiges violettes ; gorge d'un bleu violet, doré et irisé de vert ; poitrine et ventre d'un brun violet ; abdomen blanc ; bec noir dentelé sur les bords de la mandibule supérieure. Longueur, trois pouces neuf lignes. Du Brésil.

COLIBRI OISEAU-MOUCHE BRUN-GRIS. *V.* COLIBRI OISEAU-MOUCHE A QUEUE ROUSSE, femelle.

COLIBRI OISEAU-MOUCHE DE CAYENNE. *V.* COLIBRI OISEAU-MOUCHE TOUT VERT, jeune âge.

COLIBRI OISEAU-MOUCHE A CALOTTE BRUNE, *Trochilus hypophœus*, Lath. *V.* COLIBRI OISEAU-MOUCHE RUBIS-TOPAZE, jeune âge.

COLIBRI OISEAU-MOUCHE CENDRÉ, *Trochilus cinereus*, Vieill. Parties supérieures d'un vert doré ; rémiges violettes ; rectrices étagées ; les intermédiaires vertes, terminées de bleu ; les autres bleues avec une tache blanche au bout des latérales ; gorge, devant du cou, poitrine et tectrices caudales inférieures d'un gris obscur ; ventre vert ; bec noir, rougeâtre à sa base. Longueur, trois pouces six lignes. Du Paraguay.

COLIBRI OISEAU-MOUCHE CHALYBÉE, *Trochilus Chalibœus*, Vieill., Temm., Ois. color., pl. 66, fig. 2. Parties supérieures d'un vert sombre, plus brillant et doré sur le sommet de la tête et les tectrices alaires ; front et joues ornés de plumes longues, étagées, d'un vert doré, terminées par une tache blanche ; croupion jaune ; rémiges violettes ; rectrices couleur de rouille foncée ; un large collier blanc varié de brun ; poitrine et parties inférieures d'un cendré brun varié de taches transversales

plus foncées ; bec et pieds noirs. Taille, trois pouces quatre lignes. Du Brésil.

COLIBRI OISEAU-MOUCHE A COLLIER, *Trochilus mellivorus*, Lath., Vieill., Ois. dorés, pl. 23. Parties supérieures d'un vert doré avec la tête bleue ainsi que la gorge ; rémiges d'un bleu violet ; rectrices blanches, terminées de noir ; poitrine d'un bleu verdâtre ; un demi-collier blanc ; ventre de cette dernière couleur ; bec et pieds noirs. Longueur, quatre pouces trois lignes.

COLIBRI OISEAU-MOUCHE A COU MOUCHETÉ, *Trochilus maculatus*, Lath., Vieill., Ois. dorés, pl. 33. Parties supérieures d'un vert brun faiblement doré ; une tache rouge de chaque côté de la gorge qui est blanchâtre ainsi que les parties inférieures ; rectrices latérales terminées de blanc. Longueur, trois pouces. Des Antilles. C'est le Colibri Oiseau-Mouche mâle, jeune âge.

COLIBRI OISEAU-MOUCHE A CRAVATE DORÉE DE CAYENNE, *Trochilus leucogaster*, Lath., Buff., pl. enlum. 672, fig. 3. C'est le Rubis-Topaze mâle, jeune âge.

COLIBRI OISEAU-MOUCHE A CROUPION, AILES ET QUEUE POURPRÉS, *Trochilus obscurus*, Lath. Sommet de la tête d'un vert obscur ; cou et partie antérieure du dos d'un bleu foncé ; le reste du dos et la queue d'un brun pourpré ; tectrices alaires d'un bleu pourpré, ainsi que la poitrine et le ventre ; gorge d'un vert brillant. Longueur, quatre pouces.

COLIBRI OISEAU-MOUCHE DELALANDE, *Trochilus Delalandi*, Vieill., Temm., pl. color. 18, fig. 1 et 2. Parties supérieures d'un vert doré ; sommet de la tête garnie d'une huppe verte, du milieu de laquelle s'élève une longue plume bleue ; une tache blanche à l'angle postérieur de l'œil ; rémiges d'un brun violet ; rectrices de la même couleur, égales, les latérales terminées de blanc ; gorge et côtés du cou d'un cendré bleuâtre ; poitrine et ventre d'un bleu d'acier bruni ; abdomen et tectrices caudales inférieures cendrés; bec et pieds noirs. Taille, trois pouces trois lignes. La femelle n'a point de huppe; elle a les sourcils blancs, les parties inférieures cendrées ainsi que la gorge et la poitrine; le bec jaune à sa base. Du Brésil.

Colibri Oiseau-Mouche a double huppe, *Trochilus bilophus*, Temm., pl. color., 18, fig. 3. Parties supérieures d'un vert doré; sommet de la tête d'un bleu d'azur entouré d'une teinte d'Aigue-Marine; de l'angle postérieur de l'œil s'élève une aigrette composée de plusieurs plumes d'un rouge cuivreux, bordées de jaune et terminées de vert; de longues plumes d'un violet noirâtre couvrent le menton et le haut de la gorge; poitrine et côtés du cou blancs; rémiges d'un gris violet; rectrices latérales graduellement plus courtes, blanches, les intermédiaires très-longues et vertes. Taille, quatre pouces. Du Brésil.

Colibri Oiseau-Mouche écaillé, *Trochilus squamosus*, Temm., pl. color. 213, fig. 1. Parties supérieures d'un vert métallique foncé; gorge et partie du devant du cou noires avec les plumes bordées de blanc; une bande et une tache blanches de chaque côté de la tête près des yeux; partie de la poitrine et abdomen blancs; rémiges et rectrices d'un noir violet irisé; une petite tache blanche en dessous des dix rectrices latérales; tectrices caudales blanches, bordées de cendré; queue assez courte, un peu fourchue; bec noir, long de quatorze lignes. Taille, quatre pouces. Du Brésil. La femelle a les couleurs un peu moins vives.

Colibri Oiseau-Mouche éclatant, *Trochilus splendidus*, Vieill. Parties supérieures d'un vert doré; rectrices bleues, les latérales plus longues; un point blanc derrière l'œil; gorge et devant du cou d'un bleu foncé; ventre blanc; bec rouge avec la tête noire. Longueur, trois pouces six lignes. Du Paraguay.

Colibri Oiseau-Mouche Émeraude-Améthyste, *Trochilus Ourissia*,

Lath., Buff., pl. enl. 227, fig. 5. Parties supérieures d'un bleu améthyste; bas du dos et croupion d'un brun irisé et doré; rémiges noirâtres; rectrices noires, les latérales les plus longues; gorge et devant du cou d'un vert doré; poitrine bleuâtre; ventre blanc. Longueur, quatre pouces. De la Guiane.

Colibri Oiseau-Mouche Escarboucle, *Trochilus Carbunculus*, Lath., Vieill., Ois. dorés, pl. 54. *V.* Colibri Oiseau-Mouche Rubis-Topaze.

Colibri Oiseau-Mouche a gorge blanche, *Trochilus albicollis*, Temm., Ois. color., pl. 203, fig. 2.

Colibri Oiseau-Mouche a gorge bleue, *Trochilus cœruleus*, Vieill.; Ois. dorés, pl. 40. Parties supérieures d'un vert cuivreux brillant; rémiges d'un noir violet; rectrices bleues, verdâtres; gorge bleue, changeant en brun pourpré; devant du cou, poitrine et ventre verts; bec noir, d'un brun jaunâtre en dessous; pieds noirs. Longueur, trois pouces six lignes. De la Guiane.

Colibri Oiseau-Mouche a gorge et poitrine vertes, *Trochilus maculatus*, Vieill., Ois. dorés, pl. 44. Parties supérieures d'un vert brunâtre, faiblement doré; gorge et poitrine d'un vert doré; un trait anguleux blanc sur toute la longueur du ventre va se réunir aux tectrices caudales inférieures qui sont d'un gris irisé; rectrices latérales bordées de roux; bec jaunâtre à sa base, noir à la pointe. Longueur, trois pouces huit lignes. De la Guiane.

Colibri Oiseau-Mouche a gorge dorée du Brésil. *V.* Oiseau-Mouche Rubis-Topaze.

Colibri Oiseau-Mouche a gorge rouge de la Caroline. *V.* Oiseau-Mouche Rubis.

Colibri Oiseau-Mouche a gorge rouge de Cayenne. *V.* Oiseau-Mouche Rubis.

Colibri Oiseau-Mouche a gorge rouge du Brésil. *V.* Oiseau-Mouche Rubis-Émeraude.

Colibri Oiseau-Mouche a gorge rousse, *Trochilus ruficollis*, Vieill. Parties supérieures d'un vert doré ; rectrices d'un fauve jaunâtre, brillant ; les deux intermédiaires et les deux latérales les plus courtes ; gorge rousse ; parties inférieures vertes, dorées, variées de brun ; bec rougeâtre, noir à la pointe. Longueur, quatre pouces. On regarde comme variété d'âge ou de sexe, les individus qui ont les rectrices dorées, avec une tache jaune à l'extrémité des trois latérales ; la gorge et la poitrine d'un brun de cannelle. Du Paraguay.

Colibri Oiseau-Mouche a gorge tachetée, *Trochilus fimbriatus*, Gmel., Vieill., Ois. dorés, pl. 22, *V*. Oiseau-Mouche a collier, jeune âge.

Colibri Oiseau-Mouche a gorge topaze ; d'Amérique, du Brésil et de Cayenne. *V*. Oiseau-Mouche Rubis-Topaze.

Colibri Oiseau-Mouche a gorge et ventre blancs, Vieill., Ois. dorés, pl. 43. Parties supérieures d'un vert brunâtre doré ; rémiges et rectrices latérales d'un vert noirâtre, iriséen violet ; gorge, côtés du cou et de la poitrine vert-dorés ; milieu de la poitrine et ventre blancs ; bec noir, blanchâtre en dessous ; pieds bruns. Longueur, quatre pouces. De Cayenne. Vieillot soupçonne que c'est une variété d'âge de l'Oiseau-Mouche tout vert.

Colibri Oiseau-Mouche a gorge verte, *Trochilus mellisugus*, Lath., Vieill., Ois. dorés, pl. 59. Parties supérieures d'un vert doré ; rémiges d'un noir violet ; rectrices d'un noir bleuâtre ; gorge et côtés du cou d'un vert irisé ; poitrine, ventre et flancs d'un vert jaunâtre, doré ; abdomen blanc ; pieds emplumés, noirs, ainsi que le bec. Taille, trois pouces. La femelle a les couleurs moins vives ; les jeunes ont le vert du plumage mélangé de brun, et le ventre brun. Des Antilles.

Colibri Oiseau-Mouche a gosier bleu. *V*. Oiseau-Mouche a gorge bleue.

Colibri Oiseau-Mouche a gosier doré, Vieill., Ois. dorés, pl. 46. *V*. Oiseau-Mouche Rubis-Topaze, mâle, jeune âge.

Colibri Oiseau-Mouche (grand) de Cayenne. *V*. Oiseau-Mouche a oreilles.

Colibri Oiseau-Mouche grand Rubis. *V*. Oiseau-Mouche a queue rousse.

Colibri Oiseau-Mouche (le plus grand), *Trochilus maximus*, Lath. Parties supérieures verdâtres, dorées ; sommet de la tête, rémiges et rectrices bleuâtres ; gorge blanche ; poitrine verte ; abdomen roux ; rectrices intermédiaires les plus longues. Longueur, huit pouces.

Colibri Oiseau-Mouche de la Guiane. *V*. Oiseau-Mouche vert et cramoisi.

Colibri Oiseau-Mouche Huppe-col, *Trochilus ornatus*, Lath., Vieill., Ois. dorés, pl. 49 et 50 ; Buff., pl. enl., 640, fig. 3. Parties supérieures d'un vert obscur, doré ; une huppe rousse sur la tête ; un bouquet de plumes étagées rousses, terminées par des reflets très-éclatans, s'élève de chaque côté du cou et se dirige en arrière ; croupion et tectrices caudales d'un roux foncé ; rémiges d'un brun violet ; rectrices brunes bordées de roux ; gorge et poitrine d'un vert obscur à reflets très-brillans ; abdomen cendré ; bec roux à sa base, noir à l'extrémité ; pieds noirâtres. Longueur, deux pouces sept lignes. La femelle n'a ni huppe ni aigrettes ; elle a le croupion d'un doré brillant, toutes les parties inférieures rousses, mélangées de vert ; les rectrices rousses à leur base et d'un vert noirâtre à l'extrémité. De la Guiane.

Colibri Oiseau-Mouche huppé, *Trochilus cristatus*, L., Vieill., Ois. dorés, pl. 47 et 48. Parties supérieures d'un vert brun doré ; tête ornée d'une huppe d'un vert très-brillant ; rémiges et rectrices d'un brun irisé en vert et en violet ; les deux rectrices intermédiaires d'un vert doré ; base du bec enveloppée de plumes vertes ; parties inférieures d'un vert noirâtre, peu doré, avec la gorge cendrée ; pieds emplumés bruns. Taille, trois pouces. La femelle est plus petite, elle est privée de huppe ; ses couleurs sont en général plus sombres, ses parties inférieures sont cendrées ; elle a les rectrices latérales terminées de blanc. Des Antilles.

COLIBRI OISEAU-MOUCHE A HUPPE BLEUE, *Trochilus pileatus*, Lath. ; *Trochilus puniceus*, Gmel., Vieill., Ois. dorés, pl. 63. Plumage entièrement d'un brun plus ou moins foncé sur diverses parties, à l'exception d'une huppe bleue éclatante qui garnit le sommet de la tête. Longueur, deux pouces six lignes. Vieillot le considère comme une variété accidentelle du précédent.

COLIBRI OISEAU-MOUCHE JACOBINE. *V.* OISEAU-MOUCHE A COLLIER.

COLIBRI OISEAU-MOUCHE LANGS-DORFF, *Trochilus Langsdorffi*, Vieill., Temm., Ois. color., pl. 66, fig. 1. Parties supérieures d'un vert doré brillant ; rémiges violettes ; rectrices étagées, les latérales les plus longues d'un gris violet, les six intermédiaires. progressivement beaucoup plus courtes et d'un bleu brillant ; gorge et haut de la poitrine d'un vert d'émeraude ; un demi-collier d'un pourpre doré sépare la poitrine du ventre qui est d'un noir velouté ; abdomen blanc ; bec noir ; pieds noirâtres ; jambes garnies de plumes blanches tachetées de noir. Taille, quatre pouces neuf lignes. Du Brésil.

COLIBRI OISEAU-MOUCHE A LAR-GES TUYAUX, *Trochilus latipennis*, Lath. ; *Trochilus campylopterus*, Gmel., Vieill., Ois. dorés, pl. 21 ; Buff., pl. enlum. 672, fig. 2. Parties supérieures vertes, faiblement dorées ; quelques-unes des grandes rémiges ayant leur tige dilatée, courbée vers le milieu, et garnie de barbes courtes et noirâtres ; rectrices latérales noires, terminées de blanc ; gorge et parties inférieures cendrées ; bec noir. Taille, quatre pouces huit lignes. De la Guiane.

COLIBRI OISEAU-MOUCHE A LONG BEC, *Trochilus longirostris*, Vieill.,

Ois. dorés, pl. 59. Parties supérieures d'un vert foncé, doré ; sommet de la tête bleu ; une bande noire suivie d'une autre blanche s'étend depuis l'angle du bec jusqu'au-delà de la nuque ; extrémité des rectrices latérales blanche ; gorge d'un rouge très-vif ; poitrine, côtés du cou et flancs verts ; le reste des parties inférieures blanchâtre ; bec très-long, noirâtre. Taille, quatre pouces trois lignes. De l'île de la Trinité.

COLIBRI OISEAU-MOUCHE A LON-GUE QUEUE COULEUR D'ACIER BRUNI, *Trochilus macrourus*, Lath. Parties supérieures vertes, dorées, très-brillantes ; tectrices alaires et rémiges d'un brun violet ; rectrices d'un bleu d'acier éclatant, les deux latérales les plus longues, les autres diminuant progressivement ; sommet de la tête, gorge et cou d'un bleu violet ; le reste des parties inférieures vert ; bec et pieds noirs. Longueur, six pouces. De la Guiane.

COLIBRI OISEAU-MOUCHE A LON-GUE QUEUE NOIRE. *V.* COLIBRI A TÊTE NOIRE.

COLIBRI OISEAU-MOUCHE A LONGUE QUEUE, OR, VERT ET BLEU. *V.* CO-LIBRI A TÊTE BLEUE.

COLIBRI OISEAU-MOUCHE MAGNI-FIQUE, *Trochilus magnificus*, Vieill. Parties supérieures d'un vert doré, très-brillant ; tête garnie d'une huppe orangée ; de longues plumes étagées, blanches, terminées de vert doré, forment de chaque côté du cou un bouquet qui se relève en arrière ; rectrices alaires lisérées d'orangé ; rémiges d'un noir violet ; rectrices inférieures brunâtres, bordées d'orangé ; parties inférieures d'un vert doré un peu moins brillant que le manteau ; un trait blanc au bas de la gorge ; bec brun ; pieds noirs. Longueur, deux pouces huit lignes. Du Brésil.

COLIBRI OISEAU-MOUCHE MARBRÉ, *Trochilus marmoratus*, Vieill. Parties supérieures vertes avec chaque plume bordée de roussâtre ; sommet de la tête blanc, entouré de roux foncé ; occiput varié de blanc, de roux et de brun ; un peu de blanc à l'angle postérieur de l'œil ; une bande blanche , longitudinale de chaque côté du corps ; parties inférieures variées de bleu noirâtre et de blanc ; bec et pieds noirâtres. Longueur, quatre pouces six lignes. Du Paraguay.

COLIBRI OISEAU-MOUCHE MAUGÉ, *Trochilus Maugœus*, Vieill., Ois. dorés , pl. 37 et 38. Parties supérieures d'un vert doré brillant , avec des reflets bleus et violets aux inférieures ; rémiges et rectrices d'un noir velouté, irisé en bleu violet ; les rectrices latérales les plus longues ; abdomen blanc ; bec noir, jaunâtre en dessous ; pieds noirs. Longueur, trois pouces sept lignes. La femelle est d'un vert moins brillant ; elle a les rémiges brunes , les rectrices latérales terminées de bleu , puis de blanc aux plus extérieures ; les parties inférieures tachetées de blanc avec la gorge de cette couleur. Des Antilles.

COLIBRI OISEAU-MOUCHE A OREILLES, *Trochilus auritus*, Vieill., Ois. dor. pl. 25 et 26. Parties supérieures d'un vert doré brillant ; un double bouquet vert et violet, d'assez longues plumes , à chaque côté du cou ; une bande d'un noir velouté sous l'œil ; rémiges noirâtres ; les quatre rectrices intermédiaires d'un noir bleuâtre , les latérales blanches, ainsi que la gorge et toutes les parties inférieures ; bec et pieds noirs. Longueur, quatre pouces six lignes. La femelle a les parties inférieures parsemées de quelques taches noirâtres, et seulement deux rectrices intermédiaires d'un bleu noirâtre. Souvent la bande du dessous de l'œil est plus large et d'un noir varié de bleu pourpré. Des Antilles et de l'Amérique méridionale.

COLIBRI OISEAU-MOUCHE OR-VERT, *Trochilus viridissimus* ; Lath. *V.* COLIBRI OISEAU-MOUCHE TOUT VERT.

COLIBRI OISEAU-MOUCHE PÉTASOPHORE, *Trochilus Petasophorus* , P. Max. , Tem. , Ois. col. pl. 203, f. 5 ; *Trochilus Janthinotus*, Natter. Parties supérieures d'un vert doré ; une large touffe de plumes violettes , irisées , formant de chaque côté du cou une

belle parure ; gorge d'un vert velouté, très-brillant, le reste des parties inférieures d'un vert plus sombre ; rémiges et rectrices d'un noirâtre bronzé ; les trois rectrices latérales finement bordées de blanchâtre, toutes très-larges et disposées de manière à faire paraître la queue un peu fourchue ; bec et pieds noirs. Taille, quatre pouces. Du Brésil.

COLIBRI OISEAU-MOUCHE (PETIT) A QUEUE FOURCHUE DE CAYENNE. *V.* COLIBRI OISEAU-MOUCHE AMÉTHYSTE.

COLIBRI OISEAU-MOUCHE LE PLUS PETIT, *Trochilus minimus*, L., Vieill., Ois. dor. pl. 64 ; Buff., pl. enl. 276, f. 1. Parties supérieures vertes, dorées , les inférieures d'un blanc sale ; rémiges d'un brun violet ; rectrices intermédiaires d'un noir bleuâtre, les latérales cendrées ; terminées de blanc ; bec noir ; pieds bruns. Longueur , seize lignes. La femelle est un peu plus petite, moins brillante, avec les parties inférieures d'un cendré obscur. De la Guiane et des Antilles.

COLIBRI OISEAU-MOUCHE A POITRINE BLEUE. *V.* COLIBRI OISEAU-MOUCHE EMERAUDE-AMÉTHYSTE.

COLIBRI OISEAU-MOUCHE A PLAQUE DORÉE SUR LA GORGE. *V.* COLIBRI OISEAU-MOUCHE RUBIS - TOPASE , jeune mâle.

COLIBRI OISEAU-MOUCHE POURPRÉ, *Trochilus ruber*, Lath. Parties supérieures brunes , variées de jaunâtre ; rémiges, rectrices latérales d'un violet pourpré ; parties inférieures d'un fauve éclatant, variées de rouge et de noir , irisées de pourpre ; bec noir, rougeâtre en dessus ; pieds noirs. Taille, trois pouces. De l'Amérique méridionale.

COLIBRI OISEAU-MOUCHE A QUEUE AZURÉE, *Trochilus Cyanurus*, Vieill. Parties supérieures vertes , dorées ; front noirâtre, à reflets dorés , très-brillans ; une tache noire de chaque côté de la tête ; rectrices à barbules épaisses , bleues ; les latérales plus longues, les autres progressivement plus courtes ; parties inférieures variées de brun et de blanchâtre. Longueur, trois pouces cinq lignes. La femelle a les couleurs moins vives et les tectrices caudales inférieures brunes, variées de blanchâtre. De l'Amérique méridionale.

COLIBRI OISEAU-MOUCHE A QUEUE FOURCHUE DU BRÉSIL , *Trochilus glaucopis*, Lath. Le plumage d'un vert doré brillant; sommet de la tête d'un bleu violet; grandes tectrices alaires d'un noir verdâtre; rémiges d'un brun violet; rectrices d'un brun violet; les extérieures les plus longues ; tectrices caudales inférieures blanches. Taille, quatre pouces six lignes.

COLIBRI OISEAU-MOUCHE A QUEUE FOURCHUE DE CAYENNE. *V.* COLIBRI OISEAU-MOUCHE A LONGUE QUEUE COULEUR D'ACIER BRUNI.

COLIBRI OISEAU-MOUCHE A QUEUE FOURCHUE DE LA JAMAÏQUE. *V.* COLIBRI A TÊTE NOIRE.

COLIBRI OISEAU-MOUCHE A QUEUE ROUSSE , *Trochilus ruficaudatus*, Vieill., Ois. dor. pl. 27 et 28. Parties supérieures d'un gris obscur, presque noir vers le croupion, et très-peu dorées ; tectrices alaires d'un brun rougeâtre doré ; rémiges brunes et rousses ; rectrices rousses , bordées de blanc; bas de la gorge d'un rouge de feu très-brillant; devant du cou et poitrine d'un vert irisé en bleu sur le reste des parties inférieures; bec et pieds noirs. Taille, quatre pouces trois lignes. La femelle a les parties supérieures brunes et les inférieures grises , les rectrices intermédiaires d'un vert brun, les autres rousses et noires, terminées de blanc. De la Guiane.

COLIBRI OISEAU-MOUCHE A RAQUETTES, *Trochilus platurus*, Lath.; *Trochilus longicaudus*, L., Vieill., Ois. dor. pl. 52. Parties supérieures d'un vert doré ; rémiges d'un brun violet; rectrices d'un brun verdâtre; les huit intermédiaires pointues, les deux latérales en raquettes, avec les tiges jaunâtres; gorge et poitrine d'un vert d'émeraude; ventre d'un noir brun; abdomen blanc. Longueur, quatre pouces. De la Guiane.

COLIBRI OISEAU-MOUCHE RAYÉ. *V.* COLIBRI OISEAU-MOUCHE A CALOTTE BRUNE.

COLIBRI OISEAU-MOUCHE RUBIS , *Trochilus Colubris*, L., Vieill., Ois. dor. pl. 31, 32 et 33. Parties supérieures d'un vert doré; rémiges brunes ; rectrices noires ; les intermédiaires vertes et plus courtes; gorge d'un rouge vif éclatant; parties inférieures cendrées , noirâtres vers l'abdomen; bec brunâtre, plus foncé vers la pointe. La femelle a les couleurs moins vives, la queue non fourchue, les rectrices latérales blanches à l'extrémité, toutes les parties inférieures et la gorge blanchâtres. Le mâle, dans son jeune âge, n'a que de petits points rouges sur la gorge. Taille, trois pouces quatre lignes. Des deux Amériques.

COLIBRI OISEAU - MOUCHE RUBIS-EMERAUDE, *Trochilus rubineus*, Lath., Buff., pl. enl. 276, fig. 4. Le plumage d'un vert doré brillant, avec les grandes tectrices alaires, les rémiges et les rectrices rousses, bordées de brun violâtre; petites tectrices alaires d'un bronzé cuivreux, ainsi que la gorge qui jette des reflets d'un vif éclat de rubis; bec et pieds noirs. Taille, quatre pouces quatre lignes. De la Guiane.

COLIBRI OISEAU-MOUCHE RUBIS-TOPAZE, *Trochilus Mosquitus*, Lath., Buff., pl. enl. 640, fig. 1, et pl. 227, fig. 2; Vieill., Ois. dor. pl. 54, 55 et 56. Parties supérieures d'un vert noirâtre; sommet de la tête d'un rouge pourpré obscur, changeant en belle couleur de rubis; rémiges d'un brun violet; rectrices d'un roux pourpré terminées de noir; gorge et devant du cou d'un vert obscur, changeant en couleur de topaze la plus éclatante; le reste des parties inférieures noir, avec quelques taches blanches et les tectrices caudales inférieures rousses. Taille, trois pouces neuf lignes. La femelle a les parties supérieures et le sommet de la tête d'un vert cuivreux, des reflets dorés sur les tectrices et les rectrices intermédiaires, la gorge comme les parties inférieures cendrées. C'est le *Trochilus Pegasus*, Lath. On reconnaît assez facilement les jeunes mâles qui commencent à prendre le plumage de l'adulte : les autres ressemblent aux femelles, mais les parties supérieures sont noirâtres. De l'Amérique méridionale.

Colibri Oiseau-Mouche de Saint-Domingue. *V.* Colibri Oiseau-Mouche Rubis-Topaze, femelle.

Colibri Oiseau-Mouche Saphir, *Trochilus saphirinus*, Lath., Vieill., Ois. dor. pl. 57 et 58. Parties supérieures d'un bronzé brillant; tectrices alaires brunes, dorées; rémiges brunes; rectrices d'un bleu d'acier bruni; sommet de la tête, gorge, devant du cou et poitrine d'un bleu foncé, irisé en violet; le reste des parties inférieures d'un noir verdâtre; bec blanchâtre, avec l'extrémité noire; pieds bruns. Taille, trois pouces six lignes. Les jeunes ont les parties supérieures d'un vert cuivreux, les inférieures variées de noir et de gris, et quelquefois de bleu; le haut de la gorge roux; les rectrices brunes, bordées de grisâtre. Lorsqu'ils sont plus avancés en âge, les parties supérieures prennent le vert doré brillant; les rectrices latérales sont d'un noir violet en dessus et rousses en dessous, de même que les tectrices caudales inférieures; parties inférieures vertes, avec la gorge rousse et la poitrine d'un bleu de saphir. De la Guiane.

Colibri Oiseau-Mouche Saphir-Émeraude, *Trochilus bicolor*, Lath., Vieill., Ois. dor. pl. 56. Parties supérieures vertes, dorées; les inférieures un peu moins éclatantes; sommet de la tête et gorge lançant des reflets bleus, très-brillans; scapulaires et tectrices d'un bleu violet; rémiges noires; rectrices d'un noir velouté, irisées en bleu violet; les latérales un peu plus longues; bec noir, jaunâtre dans une partie du dessous; pieds noirs. Taille, quatre pouces. Des Antilles.

Colibri Oiseau-Mouche Sasin, *Trochilus rufus*, Gm.; *Trochilus collaris*, Lath., Vieill., Ois. dor. pl. 61 et 62. Parties supérieures d'un brun

tirant sur le fauve; tête d'un vert roussâtre, doré, très-brillant; tectrices alaires vertes, dorées; rémiges d'un brun pourpré; rectrices brunes, larges et pointues; côtés du cou garnis de plumes un peu plus longues; gorge et poitrine supérieure d'un rouge brillant de rubis; bas de la poitrine et ventre blanchâtres, passant au brun vers l'abdomen; bec et pieds noirâtres. Longueur, trois pouces deux lignes. La femelle n'a point de longues plumes au cou; elle a la gorge blanchâtre, tachetée de roux, et les rectrices latérales terminées de blanc. De la baie de Nootka.

Colibri Oiseau-Mouche de Surinam. *V.* Colibri Oiseau-Mouche Pourpré.

Colibri Oiseau-Mouche de Tabago, *Trochilus Tabagensis*, L. *V.* Colibri Oiseau-Mouche Maugé.

Colibri Oiseau-Mouche tacheté de Cayenne. *V.* Colibri Oiseau-Mouche tout vert, jeune âge.

Colibri Oiseau-Mouche aux tempes blanches, *Trochilus leucocrotaphus*, Vieill. Parties supérieures vertes, dorées; deux bandelettes contiguës à l'angle postérieur de l'œil, l'une blanche, l'autre noirâtre; rectrices d'un bleu noir; les latérales terminées de blanc; parties inférieures, gorge et poitrine blanchâtres; bec rougeâtre à la base, noir vers l'extrémité. Taille, trois pouces cinq lignes. Du Paraguay.

Colibri Oiseau-Mouche a tête bleue, *Trochilus cyanocephalus*, Lath. Parties supérieures d'un vert doré; tête d'un bleu éclatant; rémiges et rectrices bleues, avec des reflets pourprés; parties inférieures orangées; queue trois fois plus longue que le corps; bec blanchâtre. Du Chili.

Colibri Oiseau-Mouche a tête obscure. *V.* Colibri Oiseau-Mouche a croupion, ailes et queue pourprés.

Colibri Oiseau-Mouche Tomineo. *V.* Colibri Oiseau-Mouche Rubis, femelle, jeune âge.

Colibri Oiseau-Mouche tout vert, *Trochilus viridissimus*, Gmel.

Lath., Vieill.; Ois. dor. pl. 42. Parties supérieures d'un vert doré, brillant; sommet de la tête d'un vert sombre ; rémiges d'un violet noirâtre ; gorge, poitrine et ventre d'un vert doré; abdomen et tectrices caudales inférieures d'un blanc mêlé de vert; bec brun, jaunâtre en dessous; pieds noirâtres. Taille, quatre pouces. De la Guiane.

COLIBRI OISEAU-MOUCHE A VENTRE BLANC. *V.* COLIBRI OISEAU-MOUCHE A GORGE ET VENTRE BLANCS.

COLIBRI OISEAU-MOUCHE A VENTRE GRIS DE CAYENNE, *Trochilus Pegasus,* Lath. *V.* COLIBRI OISEAU-MOUCHE RUBIS-TOPAZE, femelle, jeune âge.

COLIBRI OISEAU-MOUCHE VERT DORÉ. *V.* COLIBRI OISEAU-MOUCHE TOUT VERT, jeune âge.

COLIBRI OISEAU-MOUCHE VERT ET CRAMOISI, *Trochilus Guianensis,* Lath. Parties supérieures vertes, dorées; sommet de la tête orné d'une petite huppe rouge; rémiges et rectrices variées de vert, de rouge et de pourpre; poitrine rouge ; bec noir, long et grêle. Taille, deux pouces environ. De la Guiane. Espèce douteuse.

COLIBRI OISEAU-MOUCHE VIEILLOT. *V.* COLIBRI OISEAU-MOUCHE GRAND RUBIS.

COLIBRI OISEAU-MOUCHE VIOLET A QUEUE FOURCHUE, *Trochilus furcatus,* Gm., Lath., Vieill., Ois. dor. pl. 34. Parties supérieures d'un bleu violet doré, vertes aux ailes et à la queue; sommet de la tête d'un vert brun, irisé en vert doré; rectrices d'un bleu noir ; l'extérieure la plus longue ; les autres progressivement plus courtes ; gorge d'un vert doré, brillant ; poitrine et flancs d'un bleu violet doré; le reste des parties inférieures noirâtres; bec et pieds noirâtres. Taille, quatre pouces. De la Guiane. (DR..Z.)

* COLIER-FAUX ou MANGOSE. BOT. PHAN. (Adanson.) Syn. de *Sterculia cordifolia,* Cav., au Sénégal.
(B.)

* COLIMACÉES. MOLL. Sous ce nom, Lamarck (Anim. sans vert. T. VI, 2e partie, p. 57 et 61) établit une famille dans les Trachélipodes, où il comprend tous les genres de Mollusques qui habitent à la surface de la terre, et qui respirent l'air libre par une ouverture transmettant ce fluide sur le réseau vasculaire qui tapisse la cavité branchiale. La plupart des Animaux de cette famille cherchent les lieux frais et ombragés. Les Colimacées sont divisés en deux sections : la première renferme tous ceux qui ont quatre tentacules ; les deux plus grands étant oculés au sommet, et la seconde ceux qui n'ont que deux tentacules. Les genres de la première section sont : HÉLICE, CAROCOLLE, ANOSTOME, HÉLICINE, MAILLOT, CLAUSILIE, BULIME, AGATHINE, AMBRETTE; ceux de la seconde sont: AURICULE et CYCLOSTOME (*V.* ces mots). Prequc tous les Mollusques de cette famille sont dépourvus d'opercules ; quelques-uns pourtant en portent un sous le pied, mais la plupart d'entr'eux s'enferment pendant la mauvaise saison, au moyen d'une sorte de cloison calcaire qui ferme l'ouverture de la Coquille.   (D..H.)

COLIMAÇON. MOLL. Quelques auteurs d'histoire naturelle se sont servis de ce mot qui est synonyme d'Hélice, et qui ne s'emploie plus que vulgairement. *V.* HÉLICE. (D..H.)

* COLIMAÇON. BOT. CRYPT. (*Champignons.*) Paulet appelle ainsi une petite espèce d'Agaric dont le chapeau est contourné sur lui-même en forme d'Hélice.   (AD. B.)

* COLIMBE ou COLYMBE. OIS. Syn. francisé du nom générique latin *Colymbus. V.* PLONGEON.   (DR..Z.)

COLIN. OIS. (Belon.) Quelques espèces de Goëlands, *Larus,* L. *V.* MAUVE. On a aussi appelé COLIN NOIR la Poule d'eau, *Fulica Chloropus. V.* GALLINULE.   (DR..Z.)

COLIN ou MORUE NOIRE. POIS. Espèce du genre Gade. *V.* ce mot.
(B.)

COLINGA. ois. Pour Cotinga. *V.* ce mot.

COLINIANE. bot. phan. Syn. indou de Zérumbeth, espèce du genre Amome. *V.* ce mot. (B.)

COLINIL ou KOLINIL. bot. phan. Espèce indéterminée d'Indigo à la côte de Malabar. (B.)

* **COLINS.** ois. (Cuvier.) Sous-division du genre Perdrix, qui comprend les Perdrix et Cailles d'Amérique dont le bec est plus court, plus gros et plus bombé que dans les congénères. *V.* PERDRIX. (DR..Z.)

COLIOLE. bot. phan. *V.* COLLUS.

COLIOU. *Colius.* ois. (Gmelin.) Genre de l'ordre des Granivores. Caractères : bec gros, court, épais, convexe en dessus, aplati en dessous, un peu comprimé vers la pointe ; mandibule inférieure recouverte par les bords de la supérieure ; narines petites, placées à la base du bec, en partie recouvertes par les plumes qui l'entourent, et percées dans sa substance cornée, latérales, rondes ; pieds médiocres ; quatre doigts, trois devant, réunis jusqu'à la première articulation ; l'externe plus long que le tarse ; le doigt de derrière court et versatile ; ongles très-arqués ; ailes assez courtes ; la première rémige nulle ou presque nulle, la deuxième un peu plus courte que la troisième qui est la plus longue.

Concentrés dans les régions intertropicales de l'Afrique et de l'Asie, les Colious ont offert rarement l'occasion d'étudier leurs mœurs et leurs habitudes, qui étaient presque entièrement inconnues avant les intéressans voyages de Levaillant dans la partie la plus sauvage de l'ancien continent. C'est à ce hardi et zélé naturaliste que l'on est redevable d'observations précieuses sur les Oiseaux de ce genre : elles ont depuis été confirmées et enrichies par d'autres voyageurs qui ont visité l'Afrique et la Nouvelle-Hollande. Les Colious ont le vol très-court, difficile et pour ainsi dire embarrassé, ce que l'on pourrait attribuer à la faiblesse de leurs ailes, si ces Oiseaux montraient plus d'agilité dans le grimpement le long des branches à la manière des Pics et des Perroquets, ou dans la marche qu'ils semblent préférer au vol, et qu'ils exécutent presqu'en rampant. Essentiellement granivores, ils dédaignent les Insectes ; mais ils se jettent avec avidité sur les fruits et les tendres bourgeons dont en un instant ils dépouillent un Arbre ; ils sont à cause de cela un grand fléau dans les cantons cultivés. Ils vivent en société, et ne se séparent jamais, même au temps des amours ; la nidification se fait en commun sur un même buisson qu'ils choisissent bien touffu et garni d'épines, afin de mettre leurs jeunes familles à l'abri des regards et de l'atteinte des Oiseaux de proie contre lesquels ils ne sauraient apporter la moindre défense. On voit quelquefois cinq à six nids et plus presque contigus ; ils renferment chacun trois à quatre œufs teints de rose ou de brunâtre suivant les espèces. C'est aussi en société qu'ils se livrent au sommeil, et l'on prétend qu'ils dorment suspendus à l'extrémité des branches, la tête en bas, de manière qu'engourdis par le transport du sang vers cette partie, il devient très-aisé, le matin, de les décrocher et de les prendre l'un après l'autre, genre de chasse auquel, dit-on, se livrent les naturels qui trouvent dans ces Oiseaux un excellent gibier.

COLIOU DU CAP DE BONNE-ESPÉRANCE, *Colius Capensis,* L., Buff., pl. enl. 282, fig. 1 ; Levaill., Ois. d'Afr., pl. 237. Parties supérieures blanchâtres avec la tête ; le cou, les scapulaires et les tectrices alaires cendrés, ainsi que la gorge et la poitrine ; nuque garnie de plumes assez longues, se relevant en huppe ; une tache pourprée sur le croupion ; rectrices intermédiaires noires et les plus longues, les autres grises et diminuant progressivement de longueur jusqu'aux latérales qui n'ont guère plus de dix lignes ; parties inférieures d'un blanc teint de rougeâtre ; bec gris, noir à l'extrémité ; iris brun ; pieds rougeâtres. Longueur, dix pouces trois lignes.

COLIOU A CROUPION ROUGE, *Erythropygius*, Vieill. ; *Loxia cristata*, Gmel. Parties supérieures blanchâtres ; sommet de la tête garni d'une huppe rouge ; croupion et poitrine rouges ; rectrices cendrées, les intermédiaires les plus longues ; parties inférieures blanches ; bec noirâtre ; pieds rouges. Longueur, neuf à dix pouces. La femelle a la huppe et la poitrine blanchâtres. De la partie orientale de l'Afrique.

COLIOU A DOS BLANC, *Colius leuconotus*, Lath., *Colius Erythropus*, Gm. *V.* COLIOU DU CAP, dont il ne diffère qu'en ce qu'il a le dos pourpré et traversé par une bande blanche. Levaillant les regarde tous deux comme identiques.

COLIOU A GORGE NOIRE, *Colius nigricollis*, Vieill., Levaill., Ois. d'Afr., pl. 259. Parties supérieures brunes, avec les ailes noirâtres ; front noir ; sommet de la tête orné d'une huppe d'un cendré vineux ; cou, poitrine et flancs bruns, rayés transversalement de noir ; parties inférieures d'un fauve foncé ; bec jaunâtre ; pieds rouges. Longueur, quatorze pouces. De la côte d'Angole.

COLIOU HUPPÉ DU SÉNÉGAL, *Colius Senegalensis*, Lat., Buff., pl. enl. 282, fig. 2 ; Levaill., Ois. d'Afr., pl. 258. Parties supérieures d'un cendré bleuâtre, légèrement irisé en verdâtre ; front d'un brun roussâtre ; huppe grise bleuâtre ; aréole des yeux nue et rougeâtre ; rectrices longues et d'un gris bleuâtre ; gorge d'un blanc roussâtre ; poitrine nuancée de bleuâtre et de verdâtre ; parties inférieures rousses ; bec grisâtre, noir à l'extrémité ; pieds gris. Taille, douze pouces.

COLIOU DE L'ILE PANAY, *Colius Panayensis*, Lat. Parties supérieures grises, nuancées de lilas qui passe au rougeâtre vers le croupion ; huppe d'un cendré vineux ; gorge et poitrine brunâtres, rayées transversalement de brun ; parties inférieures roussâtres ; rectrices vertes, les intermé-

diaires plus longues ; bec noir en dessus, gris en dessous ; iris brun ; pieds d'un brun roussâtre. Longueur, treize pouces.

COLIOU DES INDES, *Colius indicus*, Lath. *V.* COLIOU HUPPÉ DU SÉNÉGAL.

COLIOU QUIRIWA, *Colius Quiriwa*, Dum. *V.* COLIOU HUPPÉ DU SÉNÉGAL.

COLIOU A JOUES ROUGES, *Colius Erythromelun*, Vieill. Cet Oiseau, dont Vieillot a fait une espèce particulière, paraît être le Coliou huppé du Sénégal avec quelques légères différences dépendantes de l'âge ou du sexe.

COLIOU RAYÉ, *Colius striatus*, Gm., Levaill., Ois. d'Afr., pl. 256. *V.* COLIOU DE L'ILE PANAY.

COLIOU VERT, *Colius viridis*, Lath. Plumage d'un vert éclatant, avec les ailes et la queue noirâtres ; front et paupières d'un noir vif ; rectrices intermédiaires les plus longues ; bec et pieds noirâtres. Taille, onze pouces. De la Nouvelle-Hollande.   (DR..Z.)

COLIROJO. OIS. Syn. espagnol du Rossignol de muraille, *Motacilla Phœnicurus*, L. *V.* SYLVIE.   (B.)

COLISAURA. REPT. SAUR. (Gesner.) Le Lézard vert chez les Grecs modernes.   (B.)

* COLITE. *Colites*. MOLL. FOSS. On a quelquefois donné ce nom aux Bélemnites. *V.* ce mot.   (B.)

COLIUS. OIS. (Linné.) *V.* COLIOU.

COLIVICOU. OIS. (Salerne.) Syn. vulgaire, aux Antilles, du Tacco, *Cuculus Vetula*, Gm. *V.* COUA. (DR..Z.)

COLJE. BOT. PHAN. Syn. timorien de *Borassus flabelliformis*.   (B.)

* COLLA. BOT. PHAN. Suc résineux employé dans l'Archipel pour coller les bois de marqueterie ; il provient des racines du *Carlina acaulis*, disent les uns, et du *Chondrilla juncea*, selon les autres.   (B.)

* COLLADI. BOT. PHAN. (Rhéede.) Syn. indou de *Bignonia bigemina*.   (B.)

COLLADOA. BOT. PHAN. Genre de la famille des Graminées établi par Cavanilles, et adopté par Persoon et

Beauvois. Il n'est pas différent de l'Andropogon. *V*. ce mot.   (A. R.)

* COLLANO. pois. L'*Accipenser Huso* dans quelques parties de l'Allemagne. *V*. Esturgeon.

* COLLARIUM. bot. crypt. (*Mucédinées*.) Link a créé ce genre dans ses Observations mycologiques (*Berl. Mag.*, 1809, p. 17). Il l'a caractérisé ainsi : filamens rapprochés, cloisonnés, rameux, décumbens ; sporules agglomérées en petits tas épars sur les filamens. Ce genre ne diffère des Sporatrichum, avec lesquels Persoon l'a réuni, que par ses sporules agglomérées. Link en a décrit deux espèces, le *Collarium nigrispermum*, qui vient sur la colle sèche, et le *Collarium fructigenum* qui croît sur les Pommes pourries. Le premier a les filamens jaunâtres et les sporules noires ; le second présente des filamens blancs et des sporules grises.   (AD. B.)

* COLLARONE. bot. crypt. (Micheli.) Nom collectif des Agarics munis d'un anneau.   (B.)

COLLARPOE. bot. phan. Syn. malabare d'*Achyranthes lanata*, L., Ouret d'Adanson.   (B.)

COLLE. zool. et bot. Les arts tirent des Animaux et de la farine des Frumentacées cette préparation fort employée. Celle qui provient de la farine, plus particulièrement appelée Colle, s'aigrit aisément, et c'est alors que s'y développent ces Infusoires dont l'étude occupa tant les naturalistes qui se servirent les premiers du microscope.   (B.)

* La Colle-forte est celle qui provient de la gélatine que l'on a fortement épaissie au feu, puis jetée dans des moules où elle se prend en tablettes dont on achève la dessiccation à l'air. Cette substance, transparente, blonde ou brune, se gonfle dans l'eau, se fond au feu, et sert alors, par son extrême adhérence, à réunir fortement toutes surfaces solides quelconques. On mêle aussi sa solution avec les couleurs en détrempe, pour leur donner de la fixité.

La Colle de Poisson est la gélatine produite par la membrane interne de la vessie natatoire de plusieurs Poissons, et principalement de l'Esturgeon, *Accipenser Sturio*, L. On lave cette membrane, on la découpe par lanières que l'on roule sur elles-mêmes. On donne au cylindre la forme d'un double crochet que l'on fait sécher fortement pour les livrer au commerce. Cette Colle, la plus solide de toutes, se fond comme la gélatine des autres Animaux ; on la préfère pour les ouvrages de prix, et même on l'emploie aux usages culinaires, parce qu'elle est blanche, inodore, et qu'elle n'offre rien de désagréable au goût.   (DR..Z.)

* COLLECHAIR. bot. phan. Même chose que Sarcocolle. *V*. ce mot.   (B.)

COLLECTEURS, bot. phan. H. Cassini appelle ainsi les poils, papilles ou aspérités qui se trouvent sur les styles des Synanthérées. Comme ils n'existent que dans les fleurs mâles et hermaphrodites, cet auteur pense que leur fonction est de balayer le pollen, lorsque le style traverse le tube des anthères, et, par un mouvement d'irritation communiqué à tous les organes sexuels, de le lancer sur les stigmates. La disposition de ces Collecteurs sur les branches du style des fleurs hermaphrodites, a fourni des caractères qui ont semblé excellens à Cassini pour la distinction de ses tribus. Leur nature varie aussi d'une tribu à l'autre : ainsi, dans les Lactucées ils sont piliformes, papilliformes dans les Carduacées, glanduliformes dans les Adénostylées, etc.   (G..N.)

*COLLECTIONS. zool. bot. min. Réunion des êtres dont la nature se compose, préparés de manière à se conserver le plus long-temps possible, à présenter les caractères qui les distinguent, et disposés selon une méthode ou un système propre à faciliter leur comparaison et leur étude. Sans le secours des Collections, il est presque impossible de s'occuper fructueusement d'histoire naturelle; mais les Collections sont longues, difficiles, et souvent dispendieuses à former. Il est impossible à un simple particulier d'en réunir qui offrent des richesses égales dans tous les genres. Les gouvernemens seuls y peuvent parvenir, et les Collections que possède la France dans son Muséum d'Histoire naturelle sont les plus belles de l'univers : aussi, c'est de ce foyer de science et de lumières que jaillirent le plus de découvertes utiles, et les grands travaux classiques par lesquels se sont illustrés, en éclairant l'Europe, les habiles professeurs de ce magnifique établissement. Les naturalistes qui, après avoir pris de ces grands maîtres, et dans les galeries qu'ils ont si bien disposées, des connaissances générales qu'il est indispensable aujourd'hui de porter à un certain point de profondeur pour réussir dans quelque branche que ce soit de la science, devront, en se consacrant à l'étude partielle qui leur sourira, former une Collection. Le botaniste se composera un Herbier. *V.* ce mot. Pour conserver les Animaux vertébrés, il faudra des soins plus considérables. *V.* Taxidermie. Au mot Entomologie, nous nous occuperons de l'art de donner la chasse aux Insectes et de les conserver. La plus grande partie des autres Animaux ne peut guère se garder que dans la liqueur, ou doit être imitée en cire. C'est au mot Préparations conservatrices que seront donnés les moyens de soustraire à la corruption les êtres qu'on voudrait conserver, et l'art de nettoyer les Coquilles.

Les Collections minéralogiques sont celles de toutes qui se conservent le mieux, et l'on peut même les regarder comme indestructibles, tandis que les autres sont sujettes à des dégradations continuelles. (B.)

COLLEMA. bot. crypt. (*Lichens.*) Ce genre, l'un des mieux caractérisés de la famille des Lichens, a été fondé par Hoffmann et adopté par tous les botanistes. On le distingue à sa fronde gélatineuse et trémelloïde lorsqu'elle est humide, homogène, devenant sèche et cassante par la dessiccation, de figure très-variable : ses apothécies sont en forme de scutelles sessiles ou quelquefois portées sur un court pédicelle, entourées par un rebord peu saillant, entièrement formées d'une substance semblable à celle de la fronde et ordinairement de même couleur qu'elle.

L'organisation de la fronde des Plantes de ce genre est tout-à-fait différente de celle des autres Lichens ; par son aspect extérieur, elle rappelle entièrement les Nostochs, les Trémelles, etc. : l'organisation intérieure confirme cette analogie. Bory de Saint-Vincent, auquel nous devons tant d'observations importantes sur l'organisation des Plantes cryptogames aquatiques, a reconnu dans la fronde des Collema la même organisation que dans certaines Plantes de la famille des Chaodinées. Quelques espèces de ce genre qui croissent dans l'eau et qui se rapprochent par-là de la nouvelle famille établie par notre savant collaborateur, méritent d'être étudiées de nouveau; cependant la présence de vraies scutelles range nécessairement ce genre parmi les Lichens. C'est ainsi qu'on trouve entre presque toutes les familles naturelles des points de contact et des genres intermédiaires. Acharius a décrit soixante-quatre espèces de Collema, presque toutes propres à l'Europe : il les a distribuées, d'après la forme de la fronde, dans sept sous-genres que nous allons faire connaître.

1. Placynthium. Fronde en forme de croute adhérente, à contour irrégulier. Le *Collema nigrum* appartient à ce sous-genre, il est assez commun sur les rochers calcaires.

2. Enchilium. Fronde presque orbiculaire, composée de petits lobes plissés et imbriqués, très-enflés par l'humidité. Parmi les espèces de cette section, la plus nombreuse de toutes, nous citerons les suivantes qui sont les plus communes : *Collema*

crispum, Ach., *Collema melæoum*, Ach., *Collema fasciculare*, Ach.

5. Scytinum. Fronde presque foliacée, irrégulière, formée de lobes distincts, nus, dilatés, épais et renflés. Nous citerons comme type de ce sous-genre le *Collema palmatum*, Ach.

4. Mallotium. Fronde foliacée; lobes arrondis, velus ou hérissés en dessous. Le *Collema saturninum*, l'une des espèces les plus communes de ce genre, appartient presque seul à ce sous-genre. Il croît sur les troncs d'Arbres et sur les pierres.

5. Lathagrium. Fronde foliacée, à lobes presque membraneux, lâches, nus, d'un vert foncé. Outre plusieurs espèces moins connues, ce sous-genre renferme les *Collema nigrescens* et *Collema fulvum* qui sont fort communs surtout sur les vieux troncs d'Arbre, et particulièrement sur le Peuplier d'Italie.

6. Leptogium. Fronde foliacée composée de lobes membraneux très-minces, arrondis, nus, presque transparens, d'un gris glauque; apothécies légèrement pédicellées. Presque toutes les espèces de ce sous-genre, qui mériterait peut-être d'être séparé des Collema, sont exotiques et des pays chauds. Elles croissent sur les Mousses : la seule espèce commune en Europe est le *Collema lacerum* qui est très-abondant parmi les grandes Mousses.

7. Polychidium. Fronde très-mince, finement découpée, ou formée de filamens cylindriques. Ce sous-genre devra peut-être également être séparé des Collema dont il diffère beaucoup par son aspect et par son organisation. Le *Collema muscicola* et le *Collema velutinum* sont les espèces les mieux connues de cette section.

On voit, par cette énumération, combien les formes de ce genre varient, et cependant, à l'exception des deux dernières sections, il est un des plus naturels de la famille des Lichens. (AD. B.)

COLLERETTE. BOT. *V.* COLERETTE.

COLLET. BOT. CRYPT. (*Champignons.*) *V.* ANNEAU.

COLLET. *Collum.* BOT. Les botanistes entendent par ce mot le plan intermédiaire entre la tige et la racine, la ligne de démarcation entre les fibres ascendantes et celles qui commencent à descendre. Ce n'est donc pas d'un organe dont on veut parler lorsqu'on emploie ce mot; c'est au contraire de l'absence des organes dans un point souvent difficile à apercevoir. Grew l'appelait *Goarcture*, Jungius *Limes communis* ou *Fundus Plantæ*, et Lamarck le considérant comme la partie la plus essentielle à l'existence du Végétal, à cause de sa position entre les deux organes les plus importans, c'est-à-dire la tigelle et la radicelle, l'a nommé *Nœud vital*. En ne se servant du mot de Collet que dans son véritable sens, on éviterait beaucoup d'ambiguités, et l'on ne désignerait pas sous ce nom tantôt le plateau ou la tige tout entière, réduite à son minimum, de certaines Liliacées, tantôt la partie supérieure de la racine, tantôt enfin l'organe que l'on a nommé Souche ou Caudex. *V.* ces mots. (G..N.)

COLLET DE NOTRE DAME. BOT. PHAN. Syn. de *Piper peltatum* aux Antilles. (D.)

COLLÈTE. *Colletes.* INS. Genre de l'ordre des Hyménoptères, section des Porte-Aiguillons, famille des Mellifères, tribu des Andrenètes, établi par Latreille (*Gener. Crust. et Ins.* T. IV, p. 148) et dont les caractères sont : languette courte, à trois lobes, évasée à son extrémité, le lobe du milieu plus large, divisé en deux; troisième article des antennes plus long que le second; une cellule radiale et trois cubitales dont la seconde, petite et presque carrée, reçoit la première nervure récurrente; et la troisième, plus grande et resserrée dans sa partie antérieure, reçoit la seconde récurrente. Jurine (Nouv.

Méthod. de Classif. des Hyménop.,
p. 227) range ces Insectes dans la
première division de la famille du
genre Andrène.

Les Collètes et les Prosopes de Jurine, ou Hylées de Latreille, forment,
dans la tribu des Andrenètes, une
section particulière et bien distincte
tant par la forme de leur languette
que par leurs antennes et leur abdomen. Les Collètes diffèrent des Prosopes par le nombre des cellules cubitales, par les antennes, par les
mandibules et par leur corps qui est
velu ; leurs mœurs sont aussi fort
différentes. Le mot Collète est tiré du
grec et correspond au mot français
Colleur.

Réaumur (Mém. pour servir à l'Hist.
des Ins. T. vi, p. 152), ayant observé les parties de la bouche d'une espèce de ce genre qu'il range parmi les
Abeilles qui font leur nid de membranes soyeuses, nous donne beaucoup
de détails sur la manière dont elles
le constituent dans des trous de murailles. Ce nid est une espèce de cylindre fait de plusieurs cellules mises
bout à bout, de sorte que le fond de
la seconde est logé dans l'entrée de la
première, et ainsi de suite. Ces cellules ont la forme d'un dé à coudre
et n'ont pas plus de deux lignes de
diamètre : elles sont composées de
plusieurs membranes excessivement
fines et appliquées l'une sur l'autre;
ces membranes ont l'apparence d'une
soie pure et blanche; mais vues au
microscope, on n'aperçoit aucune
apparence de fibres. Réaumur pense
que les Collètes font cette espèce de
soie avec une liqueur visqueuse
qu'elles rendent par la bouche et qui
se solidifie par le contact de l'air.
Les cellules ont assez de consistance
pour qu'on puisse les toucher sans
altérer leur forme. Elles renferment une matière solide, quelquefois un peu détrempée et qui a l'apparence de la Cire; cette matière
sert de nourriture à la larve qui est
blanche et ressemble à celle de l'A-
beille mellifère; cette larve, pour
conserver sa coque intacte, a soin de

consumer sa pâtée avec le plus grand
soin ; elle y pratique au milieu un
petit trou qu'elle agrandit journelle-
ment, de sorte que les parois de sa
cellule sont soutenues par un tuyau
de pâtée qui devient de plus en plus
mince, mais qui ne manque que
quand la larve a tout mangé et
qu'elle est prête à se transformer.
L'Insecte parfait éclot vers la fin de
juillet de l'année suivante.

La principale espèce et celle qui
sert de type au genre a reçu le nom
de COLLÈTE CEINTURÉE, *Coll. succincta*, Latr., *Andrena succincta*,
Fabr., la femelle; *Megilla calen-
darum*, Fabr., le mâle. Latreille
en figure une autre espèce (*Gener.
Crust. et Ins.* T. I, tab. 14, fig. 7)
sous le nom de *Colletes fodiens*. C'est
la *Melitta fodiens* de Kirby et de Panzer. (G.)

COLLÉTIE. *Colletia*. BOT. PHAN.
Genre de la famille des Rhamnées et
de la Pentandrie Monogynie, L.
Ce fut Commerson qui lui donna
ce nom en le distinguant bien comme
genre particulier, mais sans en publier les caractères. Dans son *Genera
Plantarum*, A.-L. Jussieu les traça
d'après les manuscrits et les échantillons rapportés du Brésil par Commerson, et du Pérou par J. Jussieu. Ventenat, en donnant la description des
Plantes rares du Jardin de Cels, exa-
mina ensuite sur le vivant quelques
espèces de *Colletia*, ce qui lui fournit
le moyen de rectifier le caractère générique, et de l'exposer de la manière
suivante : calice urcéolé, quinquéfide,
intérieurement velu à sa base ou muni de cinq plis en forme d'écailles;
cinq pétales très-petits, squammiformes, rarement nuls; cinq étamines
opposées aux pétales; ovaire trigone,
surmonté d'un style et d'un stigmate
tronqué, obscurément tridenté. Le
fruit est une baie sèche placée sur la
base persistante du calice, à trois coques déhiscentes et monospermes.
Ainsi défini, le genre Colletia diffère du *Rhamnus* par son fruit à trois
coques, et du *Ceanothus* avec lequel

il a beaucoup de rapports, par son calice velu intérieurement, par ses fleurs apétales ou pourvues de petits pétales sans onglets, par son style simple, son stigmate à trois dents peu apparentes, et surtout par son port. Selon Ventenat, quelques espèces de Colléties ne sont apétales que par avortement, comme dans le *Rhamnus alaternus*, L., et les cinq plis squammiformes qui se trouvent à la base du calice, pourraient représenter la corolle.

Les Colléties sont des Arbrisseaux à feuilles et à rameaux opposés. La plupart sont très-épineux et d'un aspect maigre et désagréable. Ils habitent tous l'Amérique méridionale et principalement le Pérou, où l'espèce sur laquelle le genre a été primitivement constitué, fut trouvée par J. Jussieu. Ventenat en a décrit et figuré plusieurs espèces dans l'ouvrage mentionné plus haut. (G..N.)

COLLETIER. BOT. PHAN. *V*. Collétie.

COLLETS. BOT. CRYPT. (*Champignons*.) Nom impropre, par lequel Paulet désigne diverses espèces d'Agarics dont le pédicule est entouré d'un collet ou anneau; il appelle :

COLLETS EN FAMILLE, certaines espèces d'Agarics croissant en touffe au pied des Arbres.

COLLETS SOLITAIRES. Le même auteur nomme ainsi une famille d'Agarics croissant isolément et dont le stipe est cylindrique et garni d'un anneau. *V*. AGARIC. (AD. B.)

COLLI ET HOLLI-RAY. BOT. PHAN. Syn. chinois d'*Aletris chinensis*. (B.)

COLLIBRANCHE. POIS. Syn. de Sphagébranche à museau pointu. *V*. SPHAGÉBRANCHE. (B.)

COLLIER. OIS. Nom que l'on donne à une bande de couleur tranchante qui ceint une partie du cou chez diverses espèces d'Oiseaux. Cette marque distinctive fournit assez souvent la dénomination spécifique. (DR..Z.)

COLLIER. *Collare*. POIS. Espèce du genre Chœtodon. *V*. ce mot.

COLLIER ARGENTÉ. INS. Nom vulgaire du *Papilio Euphrosine*, L., qui appartient aujourd'hui au genre Argyne. *V*. ce mot. (G.)

COLLIER. BOT. *V*. COLLET ET ANNEAU.

COLLIGUAY. *Colligaya*. BOT. PHAN. Molina, dans son Histoire Naturelle du Chili, cite sous ce nom un Arbrisseau qui, par ses caractères, tout incomplets qu'ils sont, semble appartenir à la famille des Euphorbiacées, où il prend sa place non loin du *Sapium* et du *Stillingia*. Ses fleurs monoïques offrent un calice quadrifide sans appendices pétaloïdes ou autres. On observe dans les mâles huit étamines; dans les femelles trois styles, une capsule trigone, renfermant trois graines et s'ouvrant avec élasticité. Les feuilles sont opposées, un peu épaisses, denticulées sur leur contour et glabres sur leurs surfaces. Les fleurs mâles sont disposées en chatons axillaires au-dessous desquels naissent les femelles. (A. D. J.)

COLLINARIA. BOT. PHAN. (Erhart.) Syn. de Kœleria. *V*. ce mot. (B.)

COLLINE. GÉOL. *V*. MONTAGNES

* COLLINIER. BOT. CRYPT. (Paulet.) Syn. de l'*Agaricus Collinus* de Scopoli. (AD. B.)

* COLLINSIE. *Collinsia*. BOT. PHAN. Nuttal appelle ainsi (*Genera of north Am. Plants*, T. II, p. 45) un genre nouveau de la famille des Antirrhinées, caractérisé par un calice quinquéfide, une corolle monopétale irrégulière, bilabiée et fermée à son orifice. La lèvre supérieure est bifide, l'inférieure a trois lobes dont le moyen est creux, caréné et recouvert par les étamines et le style qui sont déclinés. La capsule est globuleuse, ordinairement à une seule loge, qui s'ouvre incomplètement en quatre valves et contient deux ou trois graines ombiliquées. Ce genre, voisin des *Antirrhinum* et des *Gerardia*, se

compose d'une seule espèce, *Collinsia verna*. Elle a été figurée dans le premier volume du Journal de l'Académie des Sciences naturelles de Philadelphie, pl. 9. C'est une Plante annuelle qui croît sur les bords de l'Ohio et dans d'autres parties des Etats-Unis. Sa tige porte des feuilles entières opposées ou verticillées, et des pédoncules axillaires uniflores, aussi opposés ou verticillés.   (A. R.)

COLLINSONIE. *Collinsonia*. BOT. PHAN. Dans son *Hortus Cliffortianus*, p. 14, Linné a dédié ce genre à Collinson, Anglais auquel la botanique doit la propagation de plusieurs espèces américaines, et notamment de celle qui a été le type du genre dont il s'agit. Il appartient à la Diandrie Monogynie et à la famille des Labiées, où il se place près des Sauges et des Monardes, dans la section caractérisée par la présence de deux étamines seulement. Voici ses caractères : calice bilabié, dont le limbe supérieur est tridenté, l'inférieur bifide ; corolle irrégulière, ayant un tube beaucoup plus long que le calice ; un limbe à cinq lobes inégaux dont les quatre supérieurs ne sont que des dents peu saillantes ; l'inférieur est très-long, frangé en un grand nombre de découpures linéaires, inégales et aiguës. Des quatre akènes, trois avortent, et il n'en reste qu'une seule globuleuse à la maturité. Nuttal observe qu'une espèce, le *Collinsonia anisata*, Pursh, a quatre étamines, et qu'une autre possède deux filets avortés. Il ajoute qu'on a remarqué dans ce genre cette irritabilité des étamines qui les fait rapprocher alternativement du style à l'époque de la fécondation. Les Collinsonies sont des Plantes sous-frutescentes, toutes indigènes de l'Amérique du nord. Nuttal en mentionne sept espèces dont six ont été décrites avec soin par Linné, Pursh, Aiton et Walter. Nous ne citerons ici que les espèces cultivées dans les jardins d'Europe.

La COLLINSONIE DU CANADA, *Collinsonia canadensis*, L., est une Plante vivace haute de près d'un mètre ; ses feuilles sont aiguës, cordiformes, sessiles, dentées en scie, glabres et ridées. Elle porte des fleurs d'un jaune pâle et disposées en panicules trichotomes et terminales. Elle habite les forêts de la Virginie et du Canada. On la cultive en pleine terre et elle résiste aux hivers ordinaires, aussi bien à peu près que les Sauges dont la culture est si facile ; mais elle demande un terrain plus frais et d'un meilleur fond. Cette Plante contribuerait à l'ornement et à la variété des parterres, si elle fleurissait moins rarement.

La COLLINSONIE A TIGE RUDE, *Collinsonia scabriuscula*, Ait. *H. Kew.*, a ses feuilles et sa tige couvertes de poils denses et un peu rudes. Elle croît dans la Floride, et on la cultive chez nous dans l'orangerie. (G..N.)

COLLIROSTRES. INS. *V.* AUCHÉNORHYNQUES.

COLLIS. BOT. PHAN. Syn. chinois de *Dracæna terminalis*, L. *V.* DRAGONNIER.   (B.)

* COLLITORQUIS. OIS. (Cœlius.) Syn. du Torcol, *Yunx Torquilla*, L., appelé Collotorto en italien. *V.* TORCOL.   (DR..Z.)

COLLIURE. *Colliuris*. INS. Genre de l'ordre des Coléoptères, section des Pentamères, famille des Carnassiers, tribu des Cicindelètes. Degéer a donné ce nom à un genre qu'il a établi sur un Insecte qui, d'après Latreille, doit appartenir à la tribu des Carabiques et qui lui paraît devoir être réuni aux Agres de Fabricius. Latreille s'en sert pour désigner un genre dont les caractères sont : antennes sensiblement plus grosses vers le bout, avec le troisième article long, très-comprimé et courbé ; palpes labiaux plus grands ou aussi grands que les maxillaires extérieurs, avec le dernier article presque en forme de triangle renversé ; yeux très-élevés supérieurement, comme pédiculés ; point de dent au milieu de l'échancrure du menton ; corselet presque cylindrique, rétréci près de l'extrémité antérieure ; pénultième article de tous les tarses, dans les mâles,

prolongé antérieurement et obliquement en manière de lobe ou d'appendice ovale; abdomen allongé presque
cylindrique. Les Colliures sont des Insectes propres aux Indes-Orientales ,
dont on ne connaît encore ni les métamorphoses ni les mœurs : ils se distinguent facilement des autres genres
de Cicindelètes par leur forme allongée, par le corselet et par la dilatation
des tarses dans les mâles.

Fabricius , qui a substitué à la dénomination primitive de ce genre
celle de *Collyris*, en décrit trois espèces. La principale et la plus connue est le COLLIURE LONGICOLLE,
Colliuris longicollis, Fabr. On a reçu
de Java une nouvelle espèce très-voisine de celle-ci et que Latreille nomme
COLLIURE DE DIARD, *Colliuris Diar-
di*, en l'honneur du voyageur qui l'a
découverte. (G.)

COLLOCOCCUS. BOT. PHAN.
(Brown.) Deux espèces de *Cordia*. V.
SÉBESTIER , et non SESBAN , comme
l'indique le Dictionnaire de Déterville.
(B.)

* COLLOMIE. *Collomia*. BOT.
PHAN. Genre de la famille des Polémoniacées et de la Pentandrie Monogynie, L., établi par Nuttal (*Genera of
north Amer. Plants*) et dont le *Phlox
linearis* , Cav. (*Icon.* 6 , p. 17 ,
t. 527) est le type. Ses caractères consistent en un calice cyathiforme, large et à cinq dents aiguës; en une corolle infundibuliforme dont le limbe
est à cinq lobes ovales, oblongs ,
courts, et le tube étroit, long et grêle.
La capsule offre trois pointes à son
sommet. Elle est à trois loges monospermes et s'ouvre en trois valves ob-
cordiformes. Les graines sont oblongues , anguleuses , enveloppées d'une
couche de mucilage très-épais.

Ce genre tient le milieu entre les
Phlox et les *Polemonium*. (A. R.)

*COLLORED FALCON. OIS. (Pen-
nant.) Syn. du Gerfaut, *Falco islan-
dicus* , L. V. FAUCON. (DR..Z.)

* COLLO-ROSSO. OIS. Syn. vulgaire du Millouin, *Anas ferina*, L. V.
CANARD. (DR..Z.)

COLLOTORTO. OIS. V. COLLI-
TORQUIS.

COLLURIE. OIS. Syn. de Pie-
Grièche. V. ce mot. (DR..Z.)

COLLURIENS. OIS. Desmarest
a formé sous ce nom une division du
genre Tangara dont quelques espèces
se rapprochent des Pie-Grièches. V.
TANGARA. (DR..Z)

COLLURIO. OIS. Nom scientifique de l'Écorcheur. V. PIE-GRIÈCHE.
(DR..Z.)

COLLURIONS. *Colluriones*. OIS.
Nom donné par Vieillot à une famille
de l'ordre des Oiseaux sylvains, qui
comprend une partie des genres de
l'ordre des Insectivores de la méthode de Temminck. V. INSECTIVO-
RES. (DR..Z.)

COLLYBITE. OIS. Espèce du
genre Sylvie , *Motacilla rufa* , Gmel.
V. SYLVIE. (DR..Z.)

COLLYRION. OIS. Même chose
que Collurie. V. ce mot. (DR..Z.)

*COLLYRION. MIN. Nom sous le-
quel on connaissait la Terre ou Argile de Samos, dont Théophraste,
Pline et Dioscoride ont parlé ; on en
distinguait deux variétés sous les noms
d'*Aster* et de *Collyrion* proprement
dits. L'*Aster* était blanc , granuleux ,
et avait la densité d'une pierre à aiguiser ; le *Collyrion* était doux au toucher, happait à la langue, était mou et
friable, et, d'après Pline, il paraît qu'il
était cendré , tandis que l'*Aster* était
blanc. D'après ces caractères et ces propriétés , on est porté à croire que l'*Aster* avait des rapports avec les Argiles
Kaolin et Cimolithe , et que le *Collyrion* pouvait en avoir avec l'Argile
plastique. V. ces mots. (G.)

COLLYRIS. INS. V. COLLIURE.

* COLLYRITE ou KOLLYRIT.
MIN. Espèce d'Argile. V. ARGILE
COLLYRITE. (O.)

COLMA. OIS. Espèce du genre
Fourmilier, *Turdus Colma*, Lath. V.
FOURMILLIER. (DR..Z.)

* COLMELLE , COQUEMELLE ,
COUTEMELLE ET COUANELLE.
BOT. CRYPT. Noms vulgaires de l'*Aga-
ricus procerus* de De Candolle. (B.)

* COLMENILLAS. BOT. CRYPT.

Comme qui dirait *petites ruches.* Syn. de Morille en espagnol.   (B.)

COLNUD. ois. Espèce du genre Coracine, *Corvus nudus*, Gmel., *Gracula fœtida*, Lath. *V.* CORACINE.   (DR..Z.)

COLOBACHNE. BOT. PHAN. Beauvois a établi ce genre dans son Agrostographie pour le *Polypogon vaginatus* qui diffère du genre Polypogon par les deux valves de sa lépicène simplement aiguës et non sétifères, par la valve inférieure de sa glume qui est tronquée et trifide à son sommet, et qui porte une arête naissant un peu au-dessous du milieu de sa face externe.   (A. R.)

COLOBE. *Colobus.* MAM. (Illiger.) *V.* GUENON.

COLOBIQUE. *Colobicus.* INS. Genre de l'ordre des Coléoptères, section des Pentamères, famille des Clavicornes, tribu des Nitidulaires, établi par Latreille (Consid. génér., p. 177), et dont les caractères sont : antennes terminées en massue solide, orbiculaire, de deux articles ; bouche recouverte par un avancement arrondi et en forme de chaperon à l'extrémité antérieure de la tête ; corps ovale et déprimé ; élytres recouvrant entièrement le dessus de l'abdomen.

Ce genre se distingue des Nitidules et des *Peltis*, auxquels il ressemble beaucoup, par ses mandibules, et surtout par l'espèce de chaperon qui recouvre la tête. La seule espèce bien connue est le COLOBIQUE BORDÉ, *Colobicus marginatus* de Latreille, qui est figuré dans le *Genera Crust. et Ins.* de cet auteur, T. 1, pl. 16, f. 1. On le trouve aux environs de Paris, sous les écorces des Ormes. Rossi l'a décrit sous le nom de *Nitidula hirta* (*Faun. Etrusc.* T. 1, p. 59, t. 3, f. 9). Le *Dermeste lunulé* de Paykull et de Fabricius pourrait bien appartenir à ce genre.   (G.)

COLOBIUM. BOT. PHAN. Nom donné primitivement par Roth à un genre de Chicoracées, qu'il a depuis changé en celui de *Thrincia* adopté aujourd'hui par tous les botanistes. *V.* THRINCIE.   (G..N.)

*COLOBOTHÉE. *Colobothea.* INS. Genre de l'ordre des Coléoptères, section des Tétramères ; fondé par Dejean (Catal. des Coléopt., p. 108) aux dépens des Saperdes de Fabricius. Les caractères de ce nouveau genre sont encore inédits ; il comprend huit espèces originaires du Brésil ou de Cayenne.   (AUD.)

* COLOBRITGENS. ois. Syn. vulgaire des Colibris à Surinam.   (DR..Z.)

COLOCASIE. *Colocasia.* BOT. PHAN. Espèce du genre *Arum. V.* GOUET.   (B.)

COLOCHIERNI. BOT. PHAN. Syn. de Chardon dans l'île de Crète. (B.)

COLOCOLLA ou COLOCOLO. MAM. Espèce de Chat du Chili mentionnée par Molina, mais encore imparfaitement connue.   (B.)

COLOCOLO. ois. Syn. d'une espèce de Cormoran ou de Pélican des Philippines, qui paraît avoir beaucoup de ressemblance avec le grand Cormoran, *Pelecanus Carbo*, L.   (DR..Z.)

COLOCYNTIDA. BOT. PHAN. Ce nom désigne la Coloquinte dans la Bible ; *Colocynthis* des Grecs et des Latins, ou peut-être le *Cucurbita. lagenaria*, L.   (B.)

COLOETIA, COLOITIA ET COLYTEA. BOT. PHAN. D'où *Colutea.* Noms du Baguenaudier chez les Grecs.   (B.)

COLOMANDRA. BOT. *V.* DOUGLASSIA.

COLOMBADE. ois. Syn. provençal de Fauvette. *V.* ce mot. (DR..Z.)

COLOMBAR. ois. Nom donné par Levaillant et Temminck à une division des Pigeons dont Cuvier a fait un sous-genre. *V.* PIGEON.   (DR..Z.)

* COLOMBAR-COMMANDEUR. ois. (Temm.) Syn. du Pigeon vert de l'île Saint-Thomas, *Columba St.-Thomæ*, Lath. *V.* PIGEON. (DR..Z.)

COLOMBASSE. ois. Syn vulgaire de la Litorne ; *Turdus pilaris*, L. *V.* MERLE.   (DR..Z.)

*COLOMBATES. Résultats de la combinaison de l'Acide colombique avec les bases salifiables.   (DR..Z.)

* **COLOMBAUDE.** ois. (Buffon.) Syn. présumé de la Sylvie cendrée. *V*. Sylvie. (DR..Z.)

COLOMBE. *Columba*. ois. Syn. de Pigeon. *V*. ce mot.

* **COLOMBE DU GROENLAND.** ois. Syn. vulgaire du Guillemot à miroir blanc, *Colymbus Grylle*, L. *V*. GUILLEMOT. (DR..Z.)

* **COLOMBE-LARGUP.** ois. (Temm.) Syn. du Pigeon cendré ferrugineux, *Columba pacifica*, Lath. *V*. PIGEON. (DR..Z.)

***COLOMBE LUMACHELLE.** ois. (Temm.) Syn. du Pigeon aux ailes bronzées, *Columba chalcoptera*, Lath. *V*. PIGEON. (DR..Z.)

COLOMBEIN. ois. Syn. vulgaire du Tourne-Pierre, *Tringa interpres*, L. *V*. TOURNE-PIERRE. (DR..Z.)

COLOMBELLE. *Colombella*. MOLL. Le genre Colombelle, établi par Lamarck, le premier de ses Columellaires, aux dépens du genre immense des Volutes de Linné, est si naturel que tous les conchyliologues, après lui, l'ont admis, ou comme genre, ou comme sous-genre. Montfort (*Conchyl. Syst.* T. II, p. 591) et Férussac (Hist. des Moll. prod. p. XXXV) l'ont conservé comme genre, et lui ont laissé le même nom. Cuvier (Regn. Anim. T. II. p. 433) en fait un sous-genre de Volutes. Quoique ce genre n'ait pas été caractérisé plus tôt, cela n'empêche pas qu'antérieurement on n'ait connu plusieurs Coquilles qui y appartiennent ; mais répandues soit parmi les Buccins, soit parmi des Volutes ou d'autres genres, leurs caractères génériques avaient échappé ; il était pourtant facile de les réunir, car elles ont toutes un air de famille qui les fait distinguer au premier aspect. Caractères : Animal trachélipode, dont la tête est munie de deux tentacules, portant les yeux au-dessous de leur partie moyenne ; un siphon au-dessus de la tête pour la respiration; un petit opercule, trop petit pour fermer tout-à-fait la coquille, est attaché au pied; coquille ovale, à spire courte, à base de l'ouverture plus ou moins échancrée et sans canal ; des

plis sur la columelle ; un renflement à la partie interne du bord droit rétrécissant l'ouverture. Comme les espèces de ce genre sont nombreuses, il nous est impossible de les présenter toutes ; nous nous contenterons d'en choisir quelques-unes des mieux caractérisées.

COLOMBELLE ÉTOILÉE, *Colombella rustica*. C'est le Siger d'Adanson (Sénég. pl. 9, fig. 28) et la *Voluta rustica*, L. (p. 3447, n° 56), figurée dans Martini (*Conchyl.* t. 44, f. 470) et dans Knorr (*Verg.* 6, tab. 18, fig. 4). Elle est assez variable dans ses couleurs qui sont plus ou moins foncées, lisse, ovale et réticulée de rouge brun, à mailles plus ou moins grandes sur un fond blanc. Elle est ornée de taches blanches stellées irrégulièrement autour de la spire près des sutures. On la trouve très-communément dans la Méditerranée, l'océan Atlantique et celui des Antilles. Elle est longue de neuf à dix lignes.

COLOMBELLE RUBANÉE, *Colombella mendicaria*, *Voluta mendicaria*, Lin. (p. 3448, n° 38), très-bien figurée dans Knorr (*Verg.* 4, tab. 16, fig. 3) et dans l'Encycl. (pl. 375, fig. 10, A, B). Elle se reconnaît facilement par ses bandes alternatives blanches ou jaunes et noires, et son dernier tour subnoduleux strié à sa base.

COLOMBELLE TOURTERELLE, *Col. turturina*, Lamk. (Anim. sans vert. T. VII, p. 296, n° 15), Encycl. (pl. 374, fig. 2, A, B). Celle-ci, outre qu'elle n'est guère plus longue que large, est très-remarquable par l'épaisseur de sa lèvre droite, qui rétrécit singulièrement l'ouverture, laquelle est grimaçante et fortement plissée des deux côtés. La coquille est blanche, lisse supérieurement, striée à sa base et ornée de points ou de petites bandes irrégulières brunâtres.

COLOMBELLE COMMUNE, *Columbella mercatoria*, Lamk.(Anim. sans vert. T. VII, p. 294, n° 3), *Voluta mercatoria*, L. (p. 3446, n° 35), le Staron d'Adanson (Sénég. pl. 9, fig. 29), le Colombelle marchand de Montfort

(*Conch. Syst.* T. ii, p. 591), figurée dans Martini (*Conch.* 2, t. 44, fig. 452 à 458), et dans l'Encyclopédie (pl. 375, fig. 4, 4, b). Cette espèce est très-commune, marquée transversalement, dans toute son étendue, de sillons assez profonds; elle est ovale, épaisse; la lèvre droite est renflée et dentée. Pour d'autres espèces, nous renvoyons à l'ouvrage de Lamarck (*Anim. sans vert.* T. vii, p. 292).

(D..H.)

* COLOMBELLIER. moll. Animal de la Colombelle. *V.* ce mot. (b.)

COLOMBETTE. bot. crypt. (*Champignons.*) Nom vulgaire, dans la Franche-Comté et l'Alsace, d'un Agaric très-recherché et très-bon à manger. C'est l'*Agaricus Columbetta* de Fries qui regarde l'*Agaricus leucocephalus* de Bulliard, t. 428, fig. 1, tab. 536, comme une simple variété de cette espèce (AD. B.)

COLOMBIE. *Columbia.* bot. phan. Ce genre, que l'on rapporte à la famille des Tiliacées et à la Polyandrie Monogynie, L., avait d'abord reçu de Cavanilles le nom de *Colona.* Persoon l'a changé en celui de *Columbia*, tout en entrant, dit-il, dans les vues de Cavanilles qui voulait, par la dédicace d'une belle Plante, exprimer la reconnaissance que doit la botanique au célèbre Christophe Colomb, et qui, par son mot de *Colona*, n'était compris de personne. On lui a donné les caractères suivans : calice à cinq divisions intérieurement colorées et persistantes; corolle composée de cinq pétales, ayant à leur base une petite écaille; étamines nombreuses hypogynes; ovaire tétragone, surmonté d'un style et d'un stigmate; fruit capsulaire à quatre expansions membraneuses en forme d'ailes, et à quatre loges mono ou dispermes. Ce genre, ainsi caractérisé, ne diffère guère du Grewia que par les ailes de son fruit. L'espèce encore unique dont il se compose, *Columbia americana*, Pers., *Colona serratifolia*, Cav. (*Icon.* 4, p. 47, t. 370), est un Arbre de six à sept mètres, à rameaux nombreux et duvetés dans leur jeunesse, à

feuilles presque sessiles, très-grandes, rudes en dessous, ovales, lancéolées et dentées en scie. Les fleurs, environnées à leur base d'une espèce d'involucre à trois folioles, sont disposées en grappes axillaires. Cet Arbre croît près de Bannos, dans les îles Philippines ; Persoon a donc commis un contresens dans le nom spécifique qu'il lui a imposé. En conséquence, De Candolle (*Prodr. Syst. Veg.*, 1, p. 512) lui a restitué celui de *serratifolia.* (G..N.)

* COLOMBI-CAILLE. ois. Syn. de la Tourterelle hottentote, *Columba hottentota*, Temm., Levail. (Ois. d'Afrique, pl. 282). *V.* Pigeon. (DR..Z.)

COLOMBI-GALLINES. ois. Espèce de Pigeon, *Columba carunculata*, qui sert de type à une division de ce genre, indiquée par Levaillant et Temminck, adoptée comme sous-genre par Cuvier, et qui renferme les Pigeons Joura, Nicobar, etc. (DR..Z.)

COLOMBINA. ois. Syn. vulgaire de la Draine, *Turdus viscivorus*, L. *V.* Merle. (DR..Z.)

* COLOMBINA. pois. Nom sicilien d'une espèce de Squale peu connu, que Schneider a nommé *Squalus Vacca.* (B.)

COLOMBINE. zool. On désigne sous ce nom les excrémens des Pigeons et autres Gallinacées, qui sont considérés comme l'engrais le plus chaud et le plus actif. (DR..Z.)

COLOMBINE. bot. phan. Ce nom a été vulgairement appliqué à l'*Aquilegia vulgaris*, à une variété de l'Anémone orientale cultivée, et au *Thalictrum aquilegifolium.* (B.)

COLOMBINS. *Columbini.* ois. (Vieillot.) Famille de l'ordre des Oiseaux sylvains, qui comprend les genres Tréron, Pigeon et Goura, de la méthode de Vieillot. (DR..Z.)

* COLOMBIQUE. min. (Acide.) *V.* Acide.

COLOMBITE. min. Nom sous lequel Hatchet désigne un Métal dans lequel il avait cru voir un nouveau Métal qu'il appelait *Colombium.* Wollaston a reconnu que c'était le même

que celui du *Tantalite*. *V.* ce mot et
COLOMBIUM. (G. DEL.)

COLOMBIUM. MIN. Métal d'un
gris sombre, assez brillant, dur,
susceptible de rayer le verre ; fragile,
pulvérisable par la trituration ; peu
fusible, absorbant à une température élevée o , 04 à 5 d'Oxigène, et se
convertissant ainsi en Acide colombique. Il est presque insoluble dans
les Acides, etc., etc. Sa découverte,
qui date de 1801, fut le résultat de
l'analyse d'un Minéral de Massachu-
sett aux États-Unis, faite par le chimiste Hattchet. Ce Métal a depuis
fixé l'attention de divers chimistes
qui, en confirmant la découverte de
Hattchet, ont conservé au nouveau
Métal un nom qui vaut bien ceux em-
pruntés aux corps célestes, puisqu'il
consacre la mémoire de Christophe
Colomb. (DR..Z.)

COLOMBO. BOT. PHAN. Pour Columbo. *V.* ce mot.

* COLOMESTRUM. BOT. *V.* CY-
NOCTONUM.

* COLOMNAIRE. BOT. PHAN. Ce
mot, qui désigne un organe en forme
de colonne ou de cylindre, s'applique
spécialement à l'androphore des Malvacées. Dans celles-ci, une disposition si caractéristique des étamines
leur avait valu le nom collectif de
Colomnées (*Columnatæ*), donné par
Linné, dans ses ordres naturels, aux
Plantes de cette famille. *V.* ANDRO-
PHORE et MALVACÉES. (G..N.)

COLOMNÉE. *Columnea.* BOT.
PHAN. Genre de la famille des Gesné-
riées de Richard et de la Didynamie
Angiospermie, L., distingué par
les caractères suivans : son calice est
à cinq divisions profondes et un peu
inégales ; sa corolle est monopétale,
irrégulière et bilabiée, ayant son
tube bossu sur l'un des côtés de sa
base ; la lèvre supérieure est en voûte
à deux ou à quatre lobes ; dans ce dernier cas l'inférieure est formée d'un
seul lobe étroit ; dans le premier elle
est à trois divisions. Les étamines
sont au nombre de quatre et didynames, ayant les anthères rapprochées
et comme agglomérées ; l'ovaire est

libre et accompagné à sa base par un
disque hypogyne latéral et en forme
d'écusson ; coupé transversalement,
il offre une seule loge, aux parois de
laquelle sont attachés deux trophospermes d'abord simples, puis bipartis, recouverts d'une multitude d'o-
vules extrêmement petits ; du sommet de l'ovaire naît un long style qui
se termine par un stigmate simple et
concave. Le fruit est une capsule à
parois un peu charnues, enveloppée
dans le calice persistant, à une seule
loge contenant un grand nombre de
graines attachées à deux trophospermes pariétaux saillans et rapprochés
vers le milieu de la loge, de manière
à représenter en quelque sorte un
fruit biloculaire. Les Colomnées sont
des Plantes herbacées, ayant les feuilles opposées, la tige grimpante ou
étalée, et les fleurs grandes et généralement solitaires à l'aisselle des
feuilles.

On a retiré de ce genre les espèces
à corolle régulière pour en former le
genre *Cyrilla,* telle est surtout la *Co-*
lumnea erecta de Lamarck, qui est le
Cyrilla pulchella de l'Héritier. (*Stir-*
pes, tab. 71). (A. R.)

* COLON. ZOOL. *V.* INTESTINS.

COLON. OIS. (Azzara.) Espèce
du genre Moucherolle, *Muscicapa*
Colonus, Vieill. *V.* MOUCHEROLLE.
(DR..Z.)

COLONA. Et non *Colonie* ou *Colo-*
nia. BOT. PHAN. C'était le nom donné
primitivement au genre *Columbia* par
Cavanilles. (G..N.)

COLONIE. *Colonia.* BOT. PHAN.
Du Dictionnaire de Déterville. *V.* Co-
LONA et COLOMBIE.

* COLONNARIA. BOT. CRYPT.
(*Champignons.*) Genre fondé par Rafinesque, mais qui ne paraît devoir
former qu'une section des *Clathrus.*
Il en diffère par ses branches charnues qui, au lieu d'être anastomosées
comme dans les vrais Clathres, sont
simples et réunies au sommet, et portent les séminules sur leur bord. La
seule espèce connue est le *Clathrus*
columnatus, Bosc. Rafinesque en indique deux autres sous les noms de

Colonnaria urceolata et *truncata.*
(AD..B.)

COLONNE ARTICULÉE. MOLL. (Knorr.) *V.* TÉLEBNITE.

COLONNE TORSE. MOLL. C'est le nom qu'on donne vulgairement à une jolie Coquille très-rare, que Bruguière a nommée Bulime flambé, *Bulimus Columna,* et que Lamarck a placée parmi les Lymnées, mais à tort ; car cette Coquille est terrestre, et doit faire partie du genre Bulime. *V.* ce mot. (D..H.)

COLOOCE. BOT. PHAN. Marsden désigne sous ce nom une espèce d'Ortie employée à Sumatra pour faire du fil. (B.)

COLOPHANE. BOT. PHAN. Suc résineux des *Pinus sylvestris* et *maritima,* L., que l'on dessèche au feu dans des chaudières afin d'en chasser l'humidité et l'huile volatile de Térébenthine. On le coule bouillant dans des baquets où il se prend en masses solides par le refroidissement. La Colophane est brune, transparente, solide, légèrement amère, fusible, inflammable, brûlant en répandant une fumée épaisse et une odeur peu agréable. Elle est employée dans la confection de certains médicamens externes, à la fabrication des vernis communs, etc., etc. On en frotte l'archet des instrumens afin qu'il ne glisse pas sur les cordes, ce qui s'opposerait à leur vibration, conséquemment à la production des sons.

On donne aussi le nom de Colophane à diverses sortes de bois. *V.* COLOPHONIA et MARIGNIA. (DR..Z.)

COLOPHERME. *Colophermum.* BOT. CRYPT. Genre établi par Rafinesque et qui pourrait appartenir également à la famille des Confervées ou à celle des Céramiaires, d'après le peu qu'il en dit. Ses caractères sont : filamens cloisonnés ; gongyles terminaux et solitaires. La seule espèce de ce genre obscur est le *Colophermum floccosum* qui croît dans les mers de Sicile, et dont les tiges rameuses forment des flocons plus ou moins épais. (B.)

COLOPHON. OIS. (Lachênaye-Desbois.) Syn. péruvien d'un Oiseau pêcheur que l'on soupçonne être une espèce de Héron. (DR..Z.)

COLOPHONE. BOT. PHAN. Même chose que Colophane. *V.* ce mot. (B.)

***COLOPHONIA.** BOT. PHAN. Commerson avait nommé ainsi un Arbre résineux, connu à l'Ile-de-France sous le nom de *Bois de Colophane,* à feuilles pinnées, à fleurs dont le calice est trifide, la corolle tripétale, les étamines au nombre de trois, et l'ovaire avorté. Il est congénère du *Bursera,* selon Lamarck et Jussieu (*Genera Plantarum,* p. 372). *V.* GOMART. (G..N.)

COLOPHONITE. MIN. On donne ce nom à une variété de Grenat d'un jaune roussâtre, ayant un aspect analogue à celui de la Résine appelée Colophane. On la trouve en Suède, dans l'île de Ceylan et en Toscane. *V.* GRENAT RÉSINITE. (G. DEL.)

COLOQUINELLE. BOT. PHAN. (Duchesne.) Variété de Pépon. *V.* ce mot. (B.)

COLOQUINTE. BOT. PHAN. Espèce du genre Concombre. *V.* ce mot. (B.)

COLOS ou **COLUS.** MAM. (Strabon.) Syn. présumé de Saïga, espèce d'Antilope. *V.* ce mot. (B.)

COLOSTIS. BOT. PHAN. Syn. présumé de Pyrèthre. *V.* ce mot. (B.)

COLOSTOS. BOT. PHAN. Syn. de Costus. *V.* ce mot. (B.)

*** COLOSTRUM.** ZOOL. *V.* ALLAITEMENT.

COLOUASSE. OIS. *V.* CALOUASSE.

***COLPESCE.** POIS. L'un des noms italiens de l'*Accipenser Huso. V.* ESTURGEON. (B.)

*** COLPODIUM.** BOT. PHAN. Trinius, dans son ouvrage intitulé : *Fundamenta Agrostographiæ,* a établi sous ce nom un genre nouveau de la famille des Graminées, auquel il donne pour caractères : des fleurs disposées en panicule, ayant la lépicène à deux valves aiguës, plus courtes que celles de la glume qui sont allongées, résistantes, minces et transparentes à leur sommet où elles sont obtuses et érosées. La cariopse est allongée et non enveloppée dans les écailles florales.

Ce genre se compose de deux espèces : *Colpodium monandrum*, Trin., qui est originaire de l'Amérique septentrionale, et *Colpodium Steveni* ou l'*Agrostis versicolor* de Steven. Il se rapproche beaucoup du genre Agrostis, et en particulier des espèces qui forment le genre *Vilfa* d'Adanson et de Beauvois. (A. R.)

COLPOON. BOT. PHAN. Bergius a donné ce nom à un Arbrisseau du cap de Bonne-Espérance, que Linné a constitué, de son côté, en un genre particulier, nommé *Fusanus*, mais qui, selon son fils, rentre dans le genre *Thesium*. Néanmoins, Rob. Brown en a de nouveau rétabli la distinction. D'ailleurs, l'inspection seule de la Plante suffit pour se convaincre que ce ne peut être un *Thesium*. V. FUSANUS. (G..N.)

* **COLQUHOUNIE.** *Colquhounia.* BOT. PHAN. Le docteur Wallich, surintendant du magnifique jardin de Calcutta, a publié sous ce nom (*Trans. of Lin. Soc. of Lond.*, vol. 15, p. 608) un beau genre de la famille des Labiées, qui est voisin des genres *Leucas* de Burmann et *Dracocephalum*, mais qui s'en distingue par plusieurs caractères, et notamment par la forme et la grandeur de ses fruits.

Le *Colquhounia coccinea*, Wall., la seule espèce dont ce genre est composé, est un Arbuste volubile, légèrement tomenteux, portant des feuilles ovales, dentées en scie, un peu rudes, et de grandes fleurs rouges, axillaires, diversement disposées ; leur calice est cylindrique, à cinq dents égales, rapprochées après la floraison ; la corolle est à deux lèvres ; la supérieure concave et bidentée ; l'inférieure à trois lobes, celui du milieu plus petit et entier ; les quatre étamines didynames sont ascendantes ; le style est terminé par un stigmate à deux lobes inégaux ; les akènes sont très-grands et ailés ; chaque graine contient un embryon dressé

au milieu d'un grand endosperme. Cette belle Plante croît dans les montagnes du Napaul où elle a été découverte par Wallich. (A. R.)

COLSA. BOT. PHAN. Pour Colza. V. CHOU. (B.)

COLT. BOT. PHAN. V. CALAB.

* **COLTOTL.** OIS. (Hernandez.) Espèce du Mexique encore peu connue, et que l'on soupçonne appartenir au genre Gros-Bec. (DR..Z.)

COLTRAICHE. OIS. Syn. vulgaire en Angleterre du Pingouin macroptère, *Alca torda*, L. V. PINGOUIN. (DR..Z.)

* **COLTRICIONE.** BOT. PHAN. (Micheli.) Champignons que le même auteur nomme ailleurs *Polyporus alpinus*, tab. 71, f. 2. (B.)

COLTSFOOT. BOT. PHAN. Syn. d'Asaret en Virginie, et de *Tussilago Farfara* en Angleterre. (B.)

COLUBER. REPT. OPH. V. COULEUVRE.

* **COLUBRA DE MER.** POIS. (Delaroche.) C'est-à-dire *Couleuvre de mer*. Syn. d'*Ophisurus Serpens*, Lac., à Iviça. V. OPHISURE. (B.)

COLUBRI. OIS. (Salerne.) Syn. de Colibri. V. ce mot.

COLUBRIN. REPT. OPH. Espèce du genre Anguis ou Orvet. V. ce mot. (B.)

COLUBRINA. BOT. PHAN. Syn. italien de Bistorte. V. RENOUÉE. Nom espagnol de l'*Ophiorhiza Mungos*; et en vieux français l'*Arum Dracunculus*. (B.)

COLUBRINE. *Colubrina.* POIS. Ce genre, qui n'a pas même été mentionné par Cuvier, a été fondé par Lacépède d'après une peinture de la Chine, et pourrait être conséquemment d'une existence douteuse. Son inventeur lui assigne pour caractères : point de dorsale ; l'anale étroite et courte ; caudale fourchue ; tête et corps très-allongés ; crâne couvert de plaques comme dans les Serpens. Lacépède n'en cite qu'une espèce, qu'il dit être d'un bleu argenté sans aucune tache. (B.)

* **COLUBRINE.** BOT. PHAN. L'un des noms vulgaires de la Bryone. (B.)

COLUBRINE. MIN. *V*. SERPEN-
TINE.

* **COLUBRINS.** *Colubrini.* REPT.
OPH. Oppel désigne sous ce nom son
septième ordre des Ophidiens qui ont
pour caractères leur queue arrondie,
plus mince que le corps ; point de
crochets à venir, mais des plaques caudales, le plus souvent doubles.
(B.)

COLUDDLYS. BOT. PHAN. Syn.
gallois de Pouliot, espèce du genre
Menthe. *V*. ce mot. (B.)

* **COLUM.** BOT. PHAN. Salisbury a
créé ce mot en remplacement de pla-
centaire, ou de la partie du péricarpe
qui donne attache aux graines.
(G..N.)

COLUMBA. OIS. *V*. PIGEON.

COLUMBA. BOT. PHAN. L'un des
noms anciens du Grémil. (B.)

* **COLUMBAIRE.** *Columbaria.*
BOT. PHAN. Espèce du genre Scabieuse. Nous avons remarqué qu'en Espagne où la Scabieuse colombaire est
commune les Mérinos la recher-
chaient. (B.)

* **COLUMBARIS.** BOT. PHAN.
L'un des anciens noms de la Verveine. *V*. ce mot. (B.)

COLUMBASSE. OIS. *V*. COLOM-
BASSE.

COLUMBÉE. *Columbea.* BOT. PHAN.
Dans les Transactions de la Société
Linnéenne, v. 8, Salisbury a ainsi
nommé un genre identique avec le
Dombeya de Lamarck ou *Araucaria*
de Jussieu. *V*. ce dernier mot. D'ailleurs, le nom de *Columbea* ne saurait
être admis à cause de sa consonnance
avec le Columbia de Persoon. (G..N.)

COLUMBELELLIER. MOLL. Pour
Colombellier. *V*. ce mot.

COLUMBIA. OIS. Espèce du genre
Corbeau, *Corvus Columbina*, Wils.
De l'Amérique septentrionale. *V*.
CORBEAU. (DR..Z.)

COLUMBIE. BOT. PHAN. Pour Colombie. *V*. ce mot.

* **COLUMBIN.** BOT. PHAN. Espèce
du genre Géranier, *Geranium columbinum*, L., commun dans toute la
France

COLUMBITE ET COLUMBIUM.
MIN. Pour Colombite et Colombium.
V. COLOMBIUM et TANTALE.

COLUMBO. BOT. PHAN. Vers l'année 1697, François Rédi a, le premier, fait connaître les propriétés
médicales d'une racine apportée de
l'Inde et surtout de *Columbo*, ville de
Ceylan. Quoique la Plante qui la
produit ne fût pas originaire de cette
île, on lui avait donné le nom du
pays où elle était cultivée en quantité.
Long-temps après, les médecins anglais, et surtout le docteur Percival,
constatèrent par plusieurs expériences son efficacité comme tonique et
surtout comme médicament propre à
arrêter les diarrhées et les vomissemens opiniâtres. Ils ne manquèrent
pas d'en exagérer les vertus, ce qui explique la célébrité dont elle a joui il y
a cinquante ans, et l'oubli dans lequel
on la laisse aujourd'hui. Mais, quelle
que soit l'opinion qu'on se forme
sur ses propriétés, on ne peut lui re-
fuser une action bien prononcée, surtout en partant de la composition chimique donnée par Planche. Elle renferme environ un tiers d'amidon, une
substance azotée, une matière jaune
et amère, et des traces d'huile, de sel,
etc. Si on la fait bouillir, l'amidon se
dissout en même temps que la substance amère, et l'action du médicament est d'une toute autre nature que
si on en prépare une infusion qui contient seulement la matière amère.
Cette racine se vend dans le commerce sous la forme de rondelles jaunâtres ou d'un brun verdâtre, marquées de zônes concentriques ; elle a
une saveur amère et une odeur désagréable. La Plante d'où on la tire
est le *Cocculus palmatus*, D. C., Arbuste grimpant qui croît naturellement sur la côte de Mozambique, à
Madagascar et dans le continent de
l'Inde. (G..N.)

COLUMELLAIRES. MOLL. Famille
établie par Lamarck (Anim. sans vert.
T. VI, 2ᵉ part., p. 59 ; T. VII, p. 291), et
qui renferme tous les genres présentant les caractères suivans : point
de canal à la base de l'ouverture, mais
une échancrure subdorsale plus ou

moins distincte, et des plis sur la columelle. Cette famille a été faite parmi les Trachélipodes (*V.* ce mot) et aux dépens du genre Volute de Linné, et quoiqu'on ait ôté de ce genre immense toutes les Coquilles qui ont des plis à la columelle, mais dont l'ouverture est entière ou terminée par un canal plus ou moins long, cela n'empêche pas qu'elle ne reste formée de cinq genres qui tous sont généralement remarquables par le brillant des couleurs dont ils sont ornés. Cette famille nous semble fort naturelle ; elle se compose des genres COLOMBELLE, MITRE, VOLUTE, MARGINELLE et VOLVAIRE. *V.* ces mots.

(D..H.)

COLUMELLE. *Columella.* MOLL. Partie d'une Coquille spirivalve sur laquelle viennent s'enrouler tous les tours ; c'est l'axe sur lequel ces tours s'appuient. *V.* COQUILLE. (D..H.)

COLUMELLE. *Columella.* BOT. PHAN. Ce mot a été employé par divers auteurs pour désigner des genres de Plantes très-différens. Ainsi Loureiro a donné ce nom à un Arbrisseau grimpant qui diffère, dit-il, du genre *Cissus* par sa baie biloculaire, ses pétales aigus ; et surtout par l'insertion de ses étamines sur le bord du calice et non sur le nectaire. Ses autres caractères sont : calice monophylle, tronqué et persistant ; corolle de quatre pétales, un peu recourbée en dedans ; nectaire ou disque marqué de quatre sillons ; quatre étamines à filets subulés plus petits que la corolle ; baie arrondie renfermant deux graines rondes d'un côté et anguleuses de l'autre. Malgré la comparaison que Loureiro a faite de ce genre avec le *Cissus*, Rœmer et Schultes ont indiqué sa place dans la famille des Rhamnées, rapprochement que justifierait l'insertion des étamines, si, dans la recherche des affinités, on devait se contenter d'un seul caractère. Loureiro n'en a décrit qu'une espèce sous le nom de *Colum podata*, que les Cochinchinois appellent *Cây rat long.* L'impropriété du nom générique imposé par Loureiro

pouvant par la suite devenir une raison suffisante pour proposer son changement, Jussieu pense qu'il serait convenable de latiniser le nom de pays, et d'en former le mot *Cayratia.*

Dans la Flore du Pérou et du Chili, Ruiz et Pavon ont donné le nom de *Columella* à un genre que Vahl a changé en celui de *Columellia* à cause de l'existence antérieure du *Columella* de Loureiro. Les botanistes ont, en général, adopté ce changement, et on doit y applaudir encore pour un autre motif ; c'est que le mot *Columella*, étant employé pour désigner un organe des Végétaux, ne peut pas servir comme expression générique. *V.* COLUMELLIE. (G..N.)

COLUMELLE. *Columella* BOT. On appelle ainsi l'axe central qui existe dans l'intérieur de certains fruits secs, comme, par exemple, dans les Euphorbiacées, les Ombellifères. *V.* FRUIT, PÉRICARPE et AXE. (A. R.)

COLUMELLE. *Columella.* BOT. CRYPT. (*Mousses.*) On donne ce nom à l'axe central qui traverse la capsule des Mousses. Cet axe dont la longueur varie beaucoup, tantôt s'élève à peine au-dessus du fond de la capsule, et tantôt dépasse son orifice et s'applique contre l'opercule, comme on l'observe dans les *Splachnum*, dans le *Tayloria* et dans le *Systilium*, si bien décrit par Hornschuch. Elle offre même cette singularité, d'adhérer complètement à l'opercule qui est persistant. Palisot de Beauvois, dans son système sur le mode de reproduction des Mousses, regardait la Columelle comme l'organe femelle, et la poussière qui l'entoure comme le pollen ; mais il est bien prouvé que la Columelle n'est formée que d'une substance spongieuse et charnue qui ne se sépare jamais sous forme de séminules, tandis que les grains pulvérulens qui l'entourent donnent naissance à de nouvelles Plantes, et sont, par conséquent, de véritables séminules. *V.* MOUSSES. (AD. B.)

COLUMELLÉE. *Columellea.* BOT. PHAN. Jacquin, dans la description des Plantes rares du jardin de Schœnbrunn, a dédié ce genre à la mémoire du poëte-agriculteur Columelle, et lui a donné pour caractères : capitule radié, dont le disque contient des fleurons nombreux, réguliers et hermaphrodites ; fleurs de la circonférence en languettes et femelles ; involucre cylindrique composé d'écailles imbriquées , lancéolées et aiguës , les extérieures dressées, les intérieures étalées et scarieuses sur leurs bords ; réceptacle sans paillettes ; ovaire grêle surmonté d'une aigrette en forme de couronne et irrégulièrement dentée. Ce genre de la Syngénésie superflue de Linné, de la famille des Synanthérées , et placé par Cassini dans sa tribu des Inulées , est voisin de l'Amellus. La consonnance de son nom avec le *Columellia* de Vahl a déterminé Sprengel à le remplacer par celui de *Nestlera*.

La seule espèce connue, *Columellea biennis*, Jacquin , *Nestlera biennis* , Sprengel , croît au cap de Bonne-Espérance. C'est une Plante dont la tige branchue et cylindrique , haute de quatre à six décimètres, est garnie de feuilles linéaires obtuses, très-entières et cotonneuses. Ses fleurs sont jaunes et disposées au sommet des rameaux.

(G..N.)

* COLUMELLI. POLYP. Des Turbinolies , des Caryophyllites simples et cylindriques , ainsi que des débris de tiges de Crinoïdes ou d'Encrinites, ont été nommés *Columelli* par Luid, Plalt, Wolfart et d'autres naturalistes anciens. (LAM..X.)

COLUMELLIE. *Columellia*. BOT. PHAN. Sous le nom de *Columella* , Ruiz et Pavon ont décrit dans la Flore du Pérou un nouveau genre appartenant à la Diandrie Monogynie , L. Cette dénomination a été modifiée par Vahl en celle de *Columellia* qui a paru plus convenable. Elle a été adoptée, en effet, par la plupart des auteurs , et en particulier par Kunth qui a exprimé de la manière suivante les caractères génériques. : calice persistant, dont le limbe est libre et à cinq divisions profondes et égales ; corolle à tube très - court, à limbe

quinquéparti presque égal et étalé ; deux étamines insérées à la base du tube de la corolle ; les loges des anthères présentant des plis ondulés ; style court surmonté d'un stigmate capité et déprimé ; capsule recouverte par le calice , biloculaire et à deux valves bifides à leur sommet ; placentas adnés aux cloisons et portant des semences nombreuses. Aux deux espèces publiées et figurées par Ruiz et Pavon, sous les noms de *C. oblonga* et *C. obovata*, Kunth en a ajouté une troisième voisine de cette dernière, et qu'il nomme *C. sericea*. Elle habite, ainsi que les précédentes, le royaume de Quito au Pérou. Ce sont des Arbres ou Arbustes à branches et à feuilles opposées ; celles-ci sont simples et entières. Les pédoncules supportent deux ou plusieurs fleurs jaunes munies de bractées.

Ce genre, pour lequel A.-L. Jussieu avait proposé le nom d'*Uluxia*, dérivé de celui qu'une des espèces porte dans sa patrie, et dont il avait indiqué les affinités avec le genre *Calceolaria*, a été en effet placé par Kunth à la suite de celui-ci dans la famille des Scrophularinées. (G..N.)

* COLUMEN. BOT. PHAN. (Tournefort.) *V.* AXE.

COLUMESTRUM. BOT. PHAN. Syn. d'Aconit chez les Romains. (B.)

COLUMNEA. BOT. PHAN. *V.* COLOMNÉE.

CO-LUO-MEO. BOT. PHAN. Syn. cochinchinois du *Scabiosa cochinchinensis* de Loureiro. (B.)

COLUPPA. BOT. PHAN. Nom de pays de l'*Illecebrum sessile* à la côte de Malabar. (B.)

* COLURELLE. *Colurella*. INF. Genre de la seconde sous-famille des Brachionides, et qui a pour caractères : l'absence de tout organe biliaire ; un test bivalve, antérieurement tronqué ; deux tentacules et une queue terminale profondément bifide et articulée. Une seule espèce, que nous avons retrouvée dans l'eau des marais , y est jusqu'ici renfermée ; c'est le *Brachionus uncinatus* de Müller

(Inf., p. 35o, tab. 5o, f. 6-11 ; Encyc. Vers., pl. 28, f. 10-12). Sa forme, vue par le dos, est amygdaloïde, un peu atténuée postérieurement, et carrément tronquée en avant. Une ligne suturale, qui règne longitudinalement, indique l'union des deux valves. Le corps, qui semble composé de trois parties ovoïdes que séparent deux étranglemens, se contracte ou s'allonge dans la transparence du test ; lorsque celle qu'on peut considérer comme la tête, atteint par son allongement au bord antérieur, on la voit distinctement armée de deux tentacules uncinés, parfaitement mutiques, nus, fort courts et non contractiles. En profil, le dos est bombé, et la partie inférieure aplatie comme le plastron d'une Tortue. Cette espèce, que nous nommerons CODU-RELLE UNCINÉE, n'est pas rare parmi les Conferves et les Lenticules. (B.)

COLURNA. BOT. PHAN. Espèce du genre Noisetier.

COLUS. MAM. *V.* COLOS.

COLUTEA. BOT. PHAN. *V.* BAGUE-NAUDIER.

COLUTIA. BOT. PHAN. Mœnch a proposé ce nom générique pour distinguer le *Colutea frutescens*, L., espèce de Baguenaudier. *V.* ce mot.
(G..N.)

COLUVRINE DE VIRGINIE. BOT. PHAN. Syn. d'Aristoloche serpentaire.
(B.)

COLVERT. OIS. Syn. piémontais du Souchet, *Anas Clypeata*, L. *V.* CANARD. (DR..Z.)

COLYDIE. *Colydium.* INS. Genre de l'ordre des Coléoptères, section des Tétramères, ainsi nommé par Herbst, établi par Fabricius aux dépens du genre Ips d'Olivier, et rangé par Latreille (Règn. Anim. de Cuvier) dans la famille des Xylophages. Ses caractères sont : antennes guère plus longues que la tête, de onze articles distincts, dont les trois derniers forment une massue brusque et perfoliée ; palpes très-courts, terminés

par un article plus gros et tronqué ; corps ayant une forme presque linéaire ou cylindrique. Les Colydies diffèrent des Lyctes et des Ditomes par les articles composant la massue des antennes, au nombre de trois ; ils partagent ce caractère avec les Trogossites proprement dits ; mais ils en diffèrent cependant par une longueur moindre des antennes.

Ces Insectes, auxquels Fabricius (Actes de la Soc. d'Hist. Nat. de Paris, p. 31) avait appliqué le nom de *Cylonium*, ont un corps allongé très-étroit ; une tête obtuse en avant et comme tronquée, portant les antennes sur ses rebords latéraux ; un labre fort petit, apparent, linéaire et transversal ; des mandibules bifides à leur sommet ; des mâchoires bilobées avec la division intérieure petite et dentiforme ; des palpes terminés en massue ; une languette coriace, en carré transversal et entier ; un menton à peu près semblable ; un prothorax long et étroit, et des tarses à articles simples. On trouve ces Insectes sous les écorces des Arbres.

Le COLYDIE ALLONGÉ, *Col. elongatum*, Fabr., ou l'*Ips linearis* d'Olivier (Coléopt. T. II, n° 18, p. 5, pl. 2, fig. 17, A, B), peut être considéré comme le type du genre. Il est rare aux environs de Paris. *V.*, pour les autres espèces, Fabricius (*loc. cit.*) et Dejean (Catal. des Coléoptères, p. 103), qui en mentionnent trois espèces, dont deux parisiennes et l'autre de Dalmatie. (AUD.)

*COLYEUZ. OIS. (Albert-le-Grand.) Syn. de Hulotte, *Strix Aluco*. *V.* CHOUETTE. (B.)

*COLYMBADE. BOT. PHAN. (Dioscoride.) Espèce ou plutôt variété d'Olive, aujourd'hui indéterminée. (B.)

COLYMBE. OIS. *V.* COLIMBE.

COLYMBÈTE. *Colymbetes.* INS. (Clairville.) *V.* DYTIQUE.

* COLYMBIDA. OIS. (Athénée.) Nom sous lequel sont désignées dans plusieurs auteurs anciens quelques espèces du genre Grèbe. (DR..Z.)

COLYMBO CRISTATO. ois. Syn. italien du Grèbe huppé , *Podiceps cristatus*, Gmel. *V*. GRÈBE. (DR..Z.)

COLYMBUS. ois. *V*. PLONGEON.

COLYTEA. bot. phan. Pour Colutea. *V*. BAGUENAUDIER.

COLZA. bot. phan. Espèce du genre Chou. *V*. ce mot. (B.)

* COM. bot. (Gaimard.) Syn. timorien d'Épine. (B.)

COMA et COME. bot. phan. (Dioscoride.) Syn. de Salsifis. (B.)

COMA AUREA. bot. phan. *V*. CHRYSOCOME.

* COMAÇAI. bot. phan. (La Condamine.) Espèce de Figuier que Jussieu présume être le *Ficus citrifolia*. (B.)

COMACON. bot. phan. Pour Comakon. *V*. ce mot.

*COMAGÈNE. bot. phan. (Pline.) Plante de Syrie , sur laquelle l'antiquité ne nous a laissé aucune indication , sinon qu'elle entrait dans un emplâtre fait avec de la graisse et du Cinnamomum. (B.)

*COMAKA. bot. phan. (Nicolson.) Syn. caraïbe de *Bombax Ceiba*. *V*. FROMAGER. (B.)

COMAKON. bot. phan. (Théophraste.) Syn. de Muscadier. (B.)

COMALTECATL. ois. (Hernandez.) Syn. mexicain de l'Echasse , *Charadrius himantipus*, Gmel. *V*. ECHASSE. (DR..Z.)

COMAN. bot. phan. *V*. COMON.

COMANDA GUIRA. bot. phan. (Marcgraaff.) Syn. de Cajan. *V*. ce mot. (B.)

* COMANDRA. bot. phan. Le *Thesium umbellatum* de Linné a servi de type à ce genre proposé par Nuttal dans son *Genera* de l'Amérique du nord. La description que cet habile botaniste en donne , offre en effet des caractères fort différens de ceux du genre *Thesium ;* mais ayant analysé avec soin ces deux genres, nous n'avons pu saisir leur distinction. En

effet, ce que Nuttal décrit comme une corolle formée de cinq pétales dans son genre *Comandra*, n'est rien autre chose que le limbe du calice qui est à cinq divisions profondes. L'ovaire, contenant trois ovules pendans, est un caractère que présente également le genre *Thesium*, d'après l'observation d'Auguste St.-Hilaire, consignée dans le quatrième volume des Mémoires du Muséum. Nous pensons donc que le genre *Comandra* doit être réuni au *Thesium*. *V*. ce mot. (A. R.)

COMARET. *Comarum*. bot. phan. C'est dans la section des Fragariacées , de la famille des Rosacées , que vient se placer ce genre de Plantes composé d'une seule espèce qui a le port et les caractères des Potentilles ; aussi quelques auteurs, à l'exemple de Scopoli et du professeur Nestler de Strasbourg (*Monog. Potentill.*), ont-ils fait du genre Comaret une espèce de Potentille. En effet, le seul caractère que l'on donne pour distinguer ce genre des véritables Potentilles, c'est qu'après la fécondation, son réceptacle se gonfle un peu et devient spongieux ; mais cette différence mérite-t-elle que d'après elle seulement on établisse un genre distinct? Nous ne le pensons pas et nous nous rangeons de l'avis des auteurs cités précédemment, qui ont réuni aux Potentilles le *Comarum palustre*, L., sous le nom de *Potentilla Comarum*. Cette Plante est vivace et se plaît dans les marécages inondés. Elle porte des feuilles quelquefois pinnées et quelquefois digitées, et des fleurs d'un pourpre noirâtre. *V*. POTENTILLE. (A. R.)

COMAROIDES. bot. phan. Nom générique donné par Pontédéra aux Potentilles à feuilles ternées et à réceptacle des fruits non charnu, ayant pour type le *Fragaria sterilis*, L. Séguier le donne comme spécifique au *Potentilla nitida*. *V*. POTENTILLE. (B.)

COMARON. bot. phan. Ce nom , qui désignait la Fraise, avait, par l'analogie du fruit, été étendu à l'Arbousier, *Arbutus Unedo*. Les botanistes modernes en ont fait la base du mot *Comarum* qui, comme on vient de le voir, désigne une Plante que ses rapports naturels et systématiques rapprochent du Fraisier. (B.)

* **COMAROPSIDE.** *Comaropsis.* BOT. PHAN. Le professeur Nestler, ayant fait précéder sa Monographie des Potentilles par la revue des genres qui composent avec elles la tribu des Fragariacées, a établi, sous le nom de *Comaropsis*, un nouveau genre qu'il a ainsi caractérisé : calice sans bractéoles, dont le tube est turbiné et couronné par un appendice crénelé en forme d'anneau, et placé en dessous des étamines ; pétales non onguiculés ; étamines indéfinies ; deux à quatre ovaires supportés au fond du calice par de petites gynophores, et terminés par des styles allongés ; akènes non rétrécis à la base.

Ces caractères rapprochent singulièrement ce genre des *Waldsteinia*, et pour s'en convaincre, il suffit de jeter les yeux sur les figures comparatives faites par le professeur Richard père, et gravées en tête de l'ouvrage de Nestler. L'unique espèce dont il se compose avait été d'abord placée dans le genre *Dalibarda* (Rich., in *Michx. Fl. boreali-Amer.*, I, pag. 5oo, t. 28). C'est une petite Plante à souche rampante, à feuilles ternées, à pédoncules multiflores, et qui a le port de nos Fraisiers : aussi lui avait-on donné le nom spécifique de *fragarioides*. Elle croît dans l'Amérique du nord, et peut-être en Sibérie, si le synonyme de *Dryas triplicata*, Pallas, que lui donne Steudel, est bien exact. (G..N.)

* **COMASINE.** *Comasinus.* INS. Genre de l'ordre des Coléoptères, section des Tétramères, établi par Megerle aux dépens du genre Charanson, et adopté par Dejean (Catal. des Coléopt., p. 85) qui en mentionne trois espèces originaires d'Autriche. Nous ne pouvons prononcer sur la valeur de ce petit genre dont

nous ne connaissons pas les caractères. (AUD.)

* **COMATI.** BOT. PHAN. Syn. malabare de *Caturus spiciflorus*. (B.)

* **COMATEA ARDEA.** OIS. Syn. du Crabier jeune, *Ardea rulloides*, *Ardea Erythropus*, Gmel. *V*. HÉRON. (DR..Z.)

COMATULE. *Comatula.* ÉCHIN. Genre établi par Lamarck aux dépens des Astéries de Linné, et placé par lui dans la première section de ses Radiaires échinodermes. Ce genre a été nommé Alecto par Nodder et Leach, et Antedon par Fréminville. Lamarck donne aux Comatules le caractère générique suivant : corps orbiculaire, déprimé, rayonné, à rayons de deux sortes, dorsaux et marginaux, tous munis d'articulations calcaires ; rayons dorsaux très-simples, filiformes, cirreux, petits, rangés en couronne sur le dos du disque ; rayons marginaux toujours pinnés, beaucoup plus grands que les rayons simples ; leurs pinnules inférieures allongées, abaissées en dessous, entourant le disque ventral ; bouche inférieure, centrale, isolée, membraneuse, tubuleuse, saillante.

Les Comatules sont éminemment distinguées de toutes les autres Stellérides, non-seulement parce qu'elles ont deux sortes de rayons disposés comme sur deux rangs, mais en outre parce que leur bouche est saillante, membraneuse, et offre un tube en forme de sac ou de bourse, au centre du disque inférieur. Ces Stellérides ont d'ailleurs des habitudes qui leur sont particulières ; ce que nous a appris Péron, et ce que confirme l'ongle crochu et solide qui termine leurs rayons dorsaux. Elles doivent donc former un genre séparé des Euryales et des Ophiures, genre que nous énonçâmes dans nos leçons sous la dénomination de Comatule. Effectivement, les Comatules constituent parmi les Stellérides un genre non-seulement très-distinct, mais même singulier par ses caractères. Le corps de ces Radiaires est petit, orbiculaire, déprimé en dessus et en dessous, véritablement discoïde, éminemment rayonné, et en outre ayant des cirres ou des rayons simples, les uns sur le dos du disque, les autres abaissés sous le ventre, entourant la bouche et à quelque distance d'elle. Ces derniers ne sont que les pinnules inférieures des grands rayons, qui sont allongées et abaissées en dessous. Les rayons latéraux ou grands rayons sont constamment pinnés, et ont des articulations calcaires, recouvertes dans le vivant par une peau mince, transparente, qui disparaît dans les individus desséchés. Chacune des articulations de ces rayons est épaisse d'un côté et mince de l'autre. Par la disposition de ces articulations entre elles, les côtés épais alternent avec les côtés minces, en sorte que les sutures des articulations sont obliques et en zig-zag. Chaque articulation soutient une seule pinnule qui s'insère sur son côté épais, et il en résulte que les pinnules sont alternes. Ces pinnules sont linéaires, subulées, articulées comme les rayons et moins calcaires. On voit ici le contraire de ce qui a lieu dans les Ophiures; car le disque dorsal des Comatules est beaucoup plus petit que le disque ventral. Il soutient une rangée de rayons simples, cirreux, terminés chacun par un ongle ou un ergot crochu. Le disque inférieur ou ventral offre un plateau orbiculaire, plus large que le dorsal, entouré de rayons simples, cirreux. Près de la circonférence de ce plateau, on aperçoit un sillon irrégulièrement circulaire, qui s'ouvre sur la base des rayons pinnés, et se propage le long de leur face inférieure, ainsi que de celle des pinnules. Ce sillon, néanmoins, ne s'approche point de la bouche et ne vient point s'y réunir, comme cela a lieu pour la gouttière des rayons dans les Astéries. Au centre du disque inférieur ou ventral des Comatules, la bouche membraneuse, tubuleuse ou en forme de sac, fait une saillie plus ou moins considérable suivant les espèces. Ce caractère

singulier, qu'on ne rencontre jamais dans les Euryales ni dans les Ophiures, semble rapprocher les Comatules de certaines Médusaires. Quant aux habitudes particulières des Comatules, elles consistent en ce que ces Stellérides se servent de leurs rayons simples, dorsaux, pour s'accrocher et se suspendre soit aux Fucus, soit aux Polypiers rameux. Là, fixées, elles attendent leur proie, l'arrêtent avec leurs grands rayons pinnés, et l'amènent à la bouche avec leurs rayons simples inférieurs.

Les Ophiures et les Euryales, n'ayant point de rayons dorsaux, ne peuvent se suspendre comme les Comatules, mais seulement se traîner sur le sable ou sur les rochers, ou s'accrocher aux Plantes marines avec leurs rayons.

Le nombre naturel des grands rayons ou rayons pinnés des Comatules est de cinq; mais dans certaines espèces, ces rayons divisés, presque jusqu'à leur base, en deux, trois, quatre et quelquefois cinq branches soutenues sur un pédicule très-court, paraissent bien plus nombreux. Néanmoins les divisions de ces rayons ne forment point de dichotomie semblable à celle des Euryales. Les Comatules se rapprochent tellement des Encrinites que l'on pourrait presque regarder ces derniers Animaux comme des Comatules pédicellées. Il est difficile de ne pas les réunir dans la même classe, malgré le grand caractère que présente la faculté locomotrice qui manque aux Encrines. Ce rapprochement a déjà été fait par Miller et d'autres naturalistes. Les espèces de Comatules répandues dans les différentes mers du monde paraissent assez nombreuses; il en existe plusieurs d'inédites dans les collections, et beaucoup doivent avoir échappé aux recherches des naturalistes. Ces Échinodermes se plaisent dans les zônes chaudes; elles sont rares dans les tempérées, et n'ont pas encore été trouvées au-delà du quarante-cinquième degré de latitude.

COMATULE MULTIRAYONNÉE , *Comatula multiradiata*, Lamk. T. ii, p. 533, n. 2 ; Encycl. Méth. pl. 125, fig. 5. C'est de toutes les Comatules connues celle qui possède le plus de rayons pinnés ; d'abord au nombre de cinq, ils se divisent ensuite en douze branches pinnées et même davantage. Les pinnules sont un peu déprimées, avec des rayons dorsaux assez grands et crochus à la pointe. Elle habite l'océan Indien.

COMATULE FRANGÉE , *Comatula fimbriata*, Lamk. T. ii , p. 534, n. 4 ; Miller, Hist. Nat. Crinoïd. (frontisp.) Dans cette espèce confondue avec beaucoup d'autres sous le nom d'*Asterias pectinata*, les rayons pinnés, au nombre de douze à trente, sont grêles , à peine longs de trois pouces, et divisés jusqu'à la base en deux à cinq branches ; articulations à bords ciliés. Habite les mers de l'Inde.

COMATULE DE LA MÉDITERRANÉE , *Comatula mediterranea* , Lamk. T. ii , p. 555, n. 6 ; Encycl. Méth. pl. 124, fig. 6. Comatule à dix rayons pinnés avec des pinnules longues, subulées , et trente cirres dorsaux ou griffes. Cette espèce assez commune dans les mers d'Europe, principalement dans la Méditerranée, a été confondue par Gmelin avec la Comatule frangée.

Lamarck cite encore dans son ouvrage la Comatule solaire, originaire des mers Australes. — La Comat. rotatoire. De la Nouvelle-Hollande. — La Comat. carinée. De l'Ile - de-France. — La Comat. de l'Adéone. Des mers de l'Australasie. — Enfin la Comat. branchiolée, Lamk , *Asterias tenella* , Gmel. De l'océan Atlantique.   (LAM..X.)

CO-MAY. BOT. PHAN. Nom cochinchinois d'une Graminée qui croît sur les routes, dont la graine s'accroche aux habits, et que Loureiro regarde comme le *Cussu-Cussu* de Rumph. *V.* ce mot.   (B.)

* COMBA. BOT. PHAN. (Proyart.) Syn. de *Solanum Melongena*, L., sur les côtes d'Afrique au nord du Zaïre,

où les naturels se nourrissent des fruits de cette Plante.   (B.)

COMBA-SOU. OIS. Syn. de *Fringilla nitens*, L., Buff., pl. enl., 291, au Sénégal. *V.* GROS-BEC. (DR..Z.)

COMBATTANT. OIS. Une espèce du genre Turnix, *Hemipodius Pugnax*, Temm. , et un autre Oiseau qui sert de type au sous-genre des Combattans parmi les Bécasseaux, portent ce nom. *V.* BÉCASSEAU et TURNIX.

COMBÉBE. BOT. PHAN. Pour Cubèbe. *V.* ce mot et POIVRE.

* COMBER. POIS. *V.* COMBRE.

COMBILI. *Combilium*. BOT. PHAN. (Rumph, Amb. 9, t. 126.) Syn. de *Dioscorea aculeata*, L. *V.* DIOSCORÉE.   (B.)

COM-BIRD , COMMBIRD ou PEIGNE. OIS. Labat désigne sous ce nom un gros Oiseau du Sénégal qui ne peut être que l'Oiseau Royal ou la Grue de Numidie, et non l'Outarde.   (B.)

* COMBOU-NAGOU. REPT. OPH. Nom malabare d'une variété du *Coluber Naja*.   (B.)

* COMBRE. *Comber*. POIS. Espèce du genre Labre. *V.* ce mot.   (B.)

COMBRET. *Combretum*. BOT. PHAN. Vulgairement *Chigomier*. Ce genre , placé autrefois parmi les Onagraires, est devenu le type d'une famille nouvelle à laquelle il a donné son nom. Il a pour caractères : un calice adhérent à l'ovaire articulé avec lui, et au-dessus de cette articulation évasé en un entonnoir caduc, campaniforme, que terminent quatre ou cinq lobes égaux et dressés. Dans leurs intervalles s'insèrent autant de pétales égaux entre eux , ordinairement assez petits ; huit ou dix étamines s'insèrent également au calice : la moitié d'entre elles, presqu'à la même hauteur que les pétales auxquels elles sont opposées, l'autre moitié sur une ligne circulaire inférieure ; celles-ci alternent avec les premières. Les anthères à deux loges qui s'ouvrent longitudinalement, sont fixées par leur dos au filet sensiblement aminci à son extrémité, et vacillantes. Le style saillant se termine par un stigmate aigu. L'ovaire uniloculaire renferme de deux à cinq ovules, suspendus au sommet de la loge. Le péricarpe se réfléchit en dehors, de manière à former quatre ou cinq ailes ; il renferme une graine unique dans une loge indéhiscente. Cette graine, qui se moule plus ou moins sur la loge , est composée d'un tégument mince et membraneux, et d'un embryon à radicule supérieure, à cotylédons foliacés , qui tantôt s'enveloppent l'un l'autre en se contournant, tantôt, au contraire, se plient chacun en deux moitiés réfléchies extérieurement et divariquées. On doit remarquer que la première de ces deux dispositions s'observe dans les espèces à dix étamines, la seconde dans les espèces octandres.

Ce genre comprend des Arbres ou des Arbrisseaux à feuilles opposées, très-rarement ternées ou alternes, simples, très-entières, dépourvues de stipules. Les fleurs sont accompagnées de bractées , et disposées en épis terminaux ou axillaires, quelquefois paniculés. On en compte près de quinze espèces , toutes exotiques. L'une d'elles, le *C. coccineum*, est connue vulgairement sous le nom d'Aigrette de Madagascar; Commerson, dans ses manuscrits, l'appelle *Pevræa*; et Sonnerat *Cristaria*, dans son Voyage où il l'a figurée (T. II, tab. 140). Une autre, le *C. frangulæfolium*, l'a été récemment dans les *Nova Genera* de Kunth (T. VI, 108, t. 538) qui, en faisant connaître plusieurs autres espèces nouvelles, a développé et fixé les caractères génériques tels que nous les avons exposés ici. V. aussi Lamarck (Illustr. tab. 282), Roxburg (*Pl. Corom.* t. 59), Jacq. (*Amer.* tab. 176 et 260), Venten. (Choix de Pl. 58).

(A. D. J.)

COMBRÉTACÉES. *Combretaceæ.* BOT. PHAN. Le célèbre auteur du *Genera Plantarum*, Jussieu, avait réuni dans sa famille des Elæagnées des

---

genres dont la structure offre des différences extrêmement tranchées. C'est ainsi, par exemple, que les genres *Hippophae* et *Elæagnus* ont l'ovaire libre, uniloculaire et contenant un seul ovule ascendant ; que les genres *Thesium*, *Fusanus*, etc., ont l'ovaire infère à une seule loge contenant plusieurs ovules (2 ou 3) attachés à la partie supérieure d'un trophosperme ou placenta central; enfin dans les genres *Bucida*, *Terminalia*, *Chunchoa*, etc., l'ovaire est infère , et les ovules sont pendans au sommet de la loge, sans placenta central. Dans ces derniers genres , il n'y a pas d'endosperme , tandis que cet organe existe dans ceux que nous avons précédemment mentionnés. Plus tard, Jussieu sépara des Elæagnées les genres *Terminalia*, *Bucida*, *Chunchoa*, etc., et en fit une famille nouvelle qu'il nomma Myrobalanées ; enfin Robert Brown (*Prod. Fl. Nov.-Holl.*, et *General Remarcks*), reprenant les travaux de Jussieu, a formé trois familles des genres autrefois réunis sous le nom d'Elæagnées, savoir : 1° les Elæagnées qui se composent seulement des genres *Hippophae* et *Elæagnus* ; 2° Les Santalacées qui comprennent les genres *Santalum*, *Quinchamalium*, *Thesium*, *Leptomeria*, *Fusanus*, etc.; 3° enfin les Combrétacées, où il réunit les genres *Bucida*, *Terminalia*, *Chunchoa*, d'abord placés dans les Elæagnées, et les genres *Combretum*, *Cacoucia*, etc., qui faisaient partie des Onagraires.

Exposons maintenant les caractères distinctifs de cette famille que nous soumettron ensuite à un examen plus détaillé.

Les Combrétacées sont des Arbres, des Arbrisseaux ou même des Arbustes portant des feuilles opposées, alternes, éparses, entières et sans stipules ; des fleurs hermaphrodites ou polygames diversement disposées en épis axillaires ou terminaux ; leur calice est adhérent par sa base avec l'ovaire qui est infère. Son limbe est allongé ou campaniforme , à quatre ou à cinq lobes ; il est articulé avec la partie supérieure de l'ovaire, et s'en détache circulairement après la fécondation. La corolle manque dans plusieurs genres. Lorsqu'elle existe, elle se compose de quatre à cinq pétales insérés à la base et entre les lobes du calice. Le nombre des étamines est, en général, double de celui des pétales ou des divisions du calice dans les genres où la corolle manque ; cependant ce nombre n'est pas rigoureusement limité, et dans certaines espèces, on en trouve quatre, cinq, douze, quatorze et même quinze. Elles sont toujours insérées à la base du limbe calicinal ; leurs anthères sont à deux loges s'ouvrant longitudinalement. L'ovaire, avons-nous dit, est constamment infère, à une seule loge, contenant de deux à quatre ovules pendans, et attachés au sommet de la cavité par un petit prolongement filiforme plus ou moins allongé, sans aucune trace de trophosperme central. Du sommet de l'ovaire on voit s'élever un style long et grêle que termine un stigmate simple. Le fruit offre dans sa forme et sa consistance des différences assez tranchées ; il est toujours uniloculaire, monosperme par avortement, et reste constamment clos. Tantôt il est sec, et présente deux, trois ou cinq angles saillans, membraneux et en forme d'ailes ; tantôt il est ovoïde ou globuleux et charnu. La graine qu'il contient est suspendue au sommet de la loge, et offre à peu près la même forme que le péricarpe, c'est-à-dire qu'elle est anguleuse dans le premier cas et ovoïde allongée dans le second ; son épisperme ou tégument propre est simple et membraneux, et recouvre immédiatement l'embryon. Celui-ci a la même direction que la graine, c'est-à-dire que sa radicule correspond exactement à son point d'attache. Les cotylédons sont foliacés ; rarement ils sont planes, et plus souvent ils sont roulés sur eux-mêmes.

Cette famille ne paraît pas au premier abord réunir des genres ayant entre eux une très-grande affinité. En effet les uns sont pourvus de pétales, et les autres en manquent ; ceux-ci ont les cotylédons planes, et ceux-là les ont contournés et roulés sur eux-mêmes ; mais ces différences, ainsi que celles qui proviennent de la forme et de la consistance du péricarpe, ne sont pas d'une assez haute importance pour nécessiter leur désunion. Le caractère vraiment distinctif de cette famille consiste dans son ovaire uniloculaire contenant un ou plusieurs ovules attachés au sommet de la loge et pendans. Par ses genres apétales elle tient aux Santalacées qui s'en distinguent par la présence d'un endosperme et par leur placenta central. Par ses genres pétalés elle se rapproche beaucoup des Onagraires et des Myrtacées entre lesquelles elle vient se placer.

Les genres qui composent cette famille sont peu nombreux, et peuvent être partagés en deux sections ; dans la première on placera ceux qui sont dépourvus de corolle, tels que *Bucida*, L., *Terminalia*, L., auquel il faut réunir le *Tanibouca* et le *Pamea* d'Aublet ; *Chunchoa*, Pavon, *Conocarpus*, L., *Quisqualis*, L., à moins que l'on ne considère les cinq écailles qui garnissent l'intérieur de son calice comme une corolle polypétale, et dans ce cas il ferait partie de la seconde section. La seconde comprendra les genres qui ont une corolle polypétale régulière : tels sont *Laguncularia*, Gaertn. fils, *Combretum*, Lœfl., *Cacucia*, Aubl., et *Cestonia*, Roxburgh. (A. R.)

* COMBURENS (CORPS). On a qualifié ainsi les corps qui, dans la combustion, s'unissaient à d'autres corps dont ils changeaient ou modifiaient les propriétés. Long-temps on a cru que l'Oxigène était l'unique Comburent, que seul aussi il jouissait de la propriété de produire les Acides ; mais des travaux récens ont prouvé que plusieurs autres corps, placés même parmi les combustibles, étaient susceptibles de favoriser la combustion et de donner naissance à des Acides. En outre, on a découvert que l'Oxigène, en se combinant avec les

combustibles, communiquait aux uns l'acidité, aux autres l'alcalinité, et souvent aussi formait des produits absolument neutres. Dès-lors, il a été difficile d'attacher un véritable sens au mot Comburent, et de désigner clairement les corps qui jouissent exclusivement de cette propriété.

(DR..Z.)

* COMBUSTIBLES (CORPS). Qualification attachée aux corps qui jouissent de la propriété de dégager du feu, de la lumière, ou de la chaleur; de se combiner avec l'Oxigène, le Chlore, l'Iode et le Phtore; d'être transformés en Acides par la combustion, etc. Cette qualification est devenue assez inexacte depuis que l'on a vu des Combustibles remplir dans certaines circonstances le rôle de comburens. (DR..Z.)

* COMBUSTION. Phénomène que l'état actuel des connaissances ne permet pas de bien définir. Quand l'on admettait l'Oxigène comme seul comburent, on pouvait dire qu'il y avait Combustion lorsqu'il y avait fixation d'Oxigène dans un combustible quelconque, soit que le phénomène fût accompagné d'un dégagement apparent de feu, soit que ce dégagement ne fût point sensible à nos organes. Mais l'Oxigène n'est plus le seul comburent, et d'autres corps qui jouissent de cette propriété, peuvent, dans certains cas, se combiner avec les combustibles, sans qu'il y ait Combustion, et, de plus, devenir combustibles eux-mêmes. En attendant que les idées soient mieux fixées sur la Combustion, on pourrait se contenter d'appliquer ce nom au dégagement du feu produit par un échange de principes entre deux ou plusieurs corps, et donnant lieu à des combinaisons nouvelles dont la capacité à contenir la matière du feu serait moindre que celle des composans.

(DR..Z.)

* COME. POIS. Syn. japonais de Plie, espèce du genre Pleuronecte. V. ce mot. (B.)

* COME. BOT. PHAN. V. COMA et KOME.

* COME-GOMMI ET MANTÉES. BOT. PHAN. Syn. japonais de Sérissa. Thunberg l'écrit Komo-Gommi. (B.)

COMEPHORE. POIS. Sous-genre de Callionyme. V. ce mot.

COMESPERME. Comesperma. BOT. PHAN. Plusieurs Végétaux herbacés ou frutescens, tous originaires des côtes de la Nouvelle-Hollande, composent ce genre établi par Labillardière (Specim. Nov.-Holl.), et qui vient se ranger dans la nouvelle famille des Polygalées et dans la Diadelphie Octandrie, L. Ses caractères consistent dans un calice à cinq divisions ordinairement inégales, deux étant presque toujours plus grandes que les trois autres. La corolle est formée de cinq pétales irréguliers, inégaux, soudés ensemble par le moyen des filets staminaux, de manière à représenter une corolle monopétale irrégulière, à deux lèvres, l'une supérieure bifide, l'autre inférieure concave et à trois lobes. Les étamines sont au nombre de huit et diadelphes, comme dans le Polygala. Le stigmate est bifide. Le fruit est une capsule comprimée, en forme de spatule, à deux loges contenant chacune une graine couverte de poils renversés. Ces caractères, ainsi qu'il est facile de le voir, rapprochent singulièrement ce genre du Polygala, dont il diffère seulement par son calice caduc, sa capsule en forme de spatule, ses graines recouvertes de poils, et la caroncule linéaire qui règne sur l'un de ses côtés.

Dans son Specimen floræ Nov.-Hollandiæ, Labillardière décrit et figure cinq espèces de ce genre, savoir : Comesperma virgata, tab 159; Comesperma retusa, tab. 160; Comesperma conferta, t. 161; Comesperma calymega, t. 162; et Comesperma volubilis, t. 163. Ces cinq Plantes sont de petits Arbustes ou des Herbes vivaces, ayant des feuilles alternes, ordinairement étroites, et des fleurs assez petites qui forment un épi au sommet de la tige. (A. R.)

* COMETE. INF. Espèce du genre Trichode et du genre Cercaire. *V*. ces mots. (B.)

COMÉTÈS. BOT. PHAN. Une Plante de Surate, aux Indes-Orientales, avait reçu ce nom générique de Burmann (*Flora Indica*, p. 59); elle le devait à l'aspect de ses enveloppes florales hérissées de poils dont les faisceaux divergens simulaient la queue des comètes. Linné accueillit ce genre, et tous les auteurs d'ouvrages généraux l'ont ensuite adopté en copiant les caractères inexacts donnés par Burmann. Il n'est donc pas étonnant qu'on l'ait méconnu, et que Jussieu lui-même l'ait confiné parmi les *Genera incertæ sedis*. Lorsque M. Benjamin Delessert eut fait l'acquisition de l'herbier de Burmann, on s'est empressé de venir vérifier la Plante que celui-ci a décrite et figurée (*loc. cit.*, t. 15). Jussieu vit de suite que cette Plante était une Amaranthacée, et non pas une Euphorbiacée, comme avait semblé l'indiquer le faux caractère de capsule à trois coques donné par Burmann. De Candolle reconnut en elle le nouveau genre qu'il avait proposé sous le nom de *Desmochæta*, et dont il avait décrit six espèces dans le Catalogue du jardin de Montpellier, p. 101. Dans le second volume des Annales du Muséum, p. 132, Jussieu avait antérieurement fondé ce genre sur l'*Achyranthes lappacea*, L., Plante vivante au Jardin de Paris. Il lui avait imposé le nom de *Pupalia*, dérivé de *Pupal-valli*, donné par Rhéede (*Hort. Malab.*, v. 7, t. 44) à une Plante de l'Inde que Jussieu croyait identique avec l'*Achyranthes lappacea*, mais qui, selon De Candolle, ne lui est pas même congénère. Loureiro paraît aussi avoir eu en vue le genre dont nous traitons, en décrivant le *Cyathula* qui, selon Jussieu, se rapporte à l'*Achyranthes prostrata*, L. Les caractères tracés par Jussieu sont très-exacts; De Candolle les a déve-

loppés, et nous avons pu, de notre côté, en faire une description complète sur le vivant. Nous lui restituons le nom de Cométès, parce qu'il est le plus ancien, et qu'on serait indécis pour l'adoption de l'une des deux dénominations proposées par les botanistes modernes. C'est aussi l'avis de R. Brown dans une note manuscrite sur l'échantillon de Burmann. Voici ses caractères: fleurs ramassées en faisceaux, disposées le long d'un axe commun; chaque faisceau a deux bractées triflores; les deux fleurs latérales ont un calice à cinq sépales munis de deux bractéoles disposées à angles droits par rapport aux bractées de l'involucre; dans l'aisselle de chacune de ces bractéoles se trouve une masse de poils longs, roides et crochus comme des hameçons; la fleur du milieu n'a point d'appendices bractéiformes; elle est plus grande, à cinq sépales lancéolés, aigus, connivens, membraneux sur leurs bords, et très-laineux extérieurement; chaque fleur renferme cinq étamines dont les filets sont réunis à la base en un urcéole appliqué contre l'ovaire; les anthères sont globuleuses; l'ovaire est sphérique, divisible transversalement en deux parties, surmonté par un style de la longueur des étamines et par un stigmate glanduleux capité; toute sa capacité est remplie par un seul ovule scrotiforme ou, si l'on veut, globuleux, avec un appendice latéral très-grand, et tellement proéminent, qu'il lui donne la forme d'une cornue de chimiste.

Ce genre est bien suffisamment distinct de l'*Achyranthes* dont les fleurs sont séparées et accompagnées chacune de trois bractées, et les filets d'étamines réunis en un tube garni d'appendices intermédiaires. La place qu'il occupait dans le système sexuel ne lui convenait pas; car, au lieu d'appartenir à la Tétrandrie, il suit de la description précédente qu'on doit le placer dans la Pentandrie Monogynie.

Les Cométès sont des Plantes herbacées originaires des Indes-Orientales ou de l'Afrique et de l'Arabie. Elles se cultivent assez facilement ; mais leurs fleurs, sans éclat, ne peuvent intéresser que les botanistes. Parmi les six espèces décrites par De Candolle, trois avaient reçu de Linné le nom d'*Achyranthes*; ce sont ses *Achyr. lappacea*, *Ach. prostrata*, L., et *Ach. alternifolia*, L. Lamarck en avait nommé une autre *Achyr. styracifolia*. Le *Cometes alterniflora*, L., ou *Cometes suratensis*, Burm., paraît être la même espèce que le *Desmochæta alternifolia* de De Candolle. Le nom de Cométès désignait un Euphorbe dans Dioscoride. (G..N.)

COMÉTITE. *Cometites*. POLYP. Ce nom a été donné à des Polypiers fossiles du genre Astrée par plusieurs oryctographes. (LAM..X.)

*COMINHAM. BOT. PHAN. *V*. Cominian.

COMINIA. BOT. PHAN. Ce nom désigne l'Olive dans Pline. Brown l'avait appliqué à un genre qui se trouve avoir été réuni au Sumac. *V*. ce mot. (B.)

* COMINIAN ET COMINHAM. BOT. PHAN. (Rumph.) Nom du Benjoin à Sumatra. (B.)

COMMA. (Dapper.) Oiseau que l'on dit habiter la Nigritie, et que l'auteur de la Description de l'Afrique désigne seulement par ses couleurs. Il a le cou vert, les ailes rouges et la queue noire. (DR..Z.)

*COMMADU. BOT. PHAN. (Rhéede.) Syn. indou de *Menyanthes indica*. *V*. MÉNYANTHE. (B.)

COMMANDEUR. OIS. Espèce du genre Troupiale, *Icterus phœniceus*, L., Buff., pl. enl. 402. *V*. TROUPIALE. Espèce du genre Traquet, *Œnanthe nigra*, Levaill., Ois. d'Afrique, pl. 189, *V*. TRAQUET, et espèce de Bruant, *Emberiza gubernatrix*, Temmink, pl. col. 63 et 64. *V*. BRUANT. (DR..Z.)

*COMMBIRD. OIS. *V*. COM-BIRD.

COMMÉLINE. *Commelina*. BOT. PHAN. De jolies Plantes herbacées, annuelles ou vivaces, croissant dans les contrées chaudes de l'ancien et du nouveau continent, et même à la Nouvelle-Hollande et dans les archipels de l'océan Pacifique, composent ce genre de Plantes monocotylédones, d'abord placé par Jussieu dans sa famille des Joncs, mais qui aujourd'hui appartient à un ordre naturel distinct qui en a emprunté son nom. Les Commélines se reconnaissent à leur calice à six divisions profondes et inégales ; trois extérieures persistantes, vertes et caliciformes ; trois intérieures pétaloïdes onguiculées et caduques. Les étamines sont au nombre de six, dont quelques-unes sont rudimentaires et privées d'anthères. Les fleurs sont généralement bleues ou roses, réunies plusieurs ensemble dans un involucre monophylle, persistant, replié ou roulé en cornet. Les feuilles sont alternes, terminées à leur partie inférieure par une gaîne entière.

Plusieurs espèces, d'abord placées dans ce genre, en ont été retirées pour former des genres distincts. Ainsi le professeur Richard a fait du *Commelina Zanonia* de Linné le genre *Campelia*. *V*. ce mot. R. Brown, dans son Prodrome de la Nouvelle-Hollande, propose comme genre différent les espèces de Commélines qui sont dépourvues d'involucre. Il les nomme *Aneilema*. *V*. ce mot. Quoi qu'il en soit, le nombre des espèces qui restent parmi les Commélines est encore assez considérable et peut être évalué à une soixantaine environ.

Les espèces de ce genre méritent peu d'intérêt. Deux seulement sont quelquefois cultivées dans les jardins d'agrément, ce sont :

La COMMÉLINE VULGAIRE, *Commelina communis*, L., Lamk., Ill. t.35, f. 1. Elle croît naturellement en Amérique et peut-être même en Asie, puisque Thunberg et Kœmpfer l'ont trouvée au Japon. Cependant il serait très-possible que la Plante mentionnée par ces auteurs fût spécifiquement différente de celle d'Amérique. Quoi qu'il en soit, la Comméline commune offre une tige cylindrique, rameuse, un peu étalée, noueuse, portant des feuilles alternes, ovales, lancéolées, aiguës, entières, glabres, terminées à leur base par une gaîne entière un peu ciliée sur ses bords. Les fleurs sont d'un bleu tendre, réunies plusieurs ensemble dans une spathe formée par la feuille la plus supérieure de la tige.

La COMMÉLINE TUBÉREUSE, *Commelina tuberosa*, L., qui est originaire du Mexique, se cultive assez souvent dans nos serres tempérées. Elle est vivace. Sa racine est formée d'un ou de plusieurs tubercules charnus, d'où naissent plusieurs tiges articulées, cylindriques et grêles. Les feuilles sont cordiformes, allongées, sessiles, engaînantes, velues, quelquefois rougeâtres dans leur partie inférieure. Les fleurs sont d'un beau bleu, portées sur des pédoncules pourprés, et d'abord renfermées dans une spathe foliacée. On la multiplie de graines ou en séparant ses racines. (A. R.)

COMMÉLINÉES. *Commelineæ.* BOT. PHAN. R. Brown a formé cette petite famille de Plantes monocotylédones avec quelques genres de la famille des Joncées de Jussieu, et dont le *Commelina*, décrit précédemment, doit être considéré comme le type. Voici les caractères par lesquels se distingue cette nouvelle famille : les fleurs ont un calice ou périanthe simple, à six divisions profondes disposées sur deux rangées ; les trois extérieures, en général plus petites, sont vertes et calicinales, tandis que les trois intérieures sont minces, colorées et pétaloïdes. Tantôt elles sont munies d'un onglet, tantôt elles en sont dépourvues ; dans le premier cas, elles sont quelquefois réunies entre elles par la base de leurs onglets. Les étamines sont généralement au nombre de six ; cependant quelques-unes avortent parfois ou sont stériles et difformes par suite de l'imperfection de leurs anthères. Ces étamines sont toujours attachées sous l'ovaire ; elles ont des anthères à deux loges souvent écartées l'une de l'autre par le moyen

d'un connectif placé entre elles. L'ovaire, entièrement libre, offre trois loges contenant chacune un petit nombre d'ovules fixés à l'axe interne : il est surmonté par un style et un stigmate simple, et se change en une capsule globuleuse, trigone ou comprimée, à deux ou à trois loges, et s'ouvrant en autant de valves qui portent les cloisons sur le milieu de leur face interne. Les graines sont rarement au-delà de deux dans chaque loge. Outre leur tégument propre, elles se composent d'un endosperme dur et charnu, contenant un embryon en forme de poulie, placé dans une cavité opposée au point d'attache de la graine.

Toutes les Plantes qui composent la famille des Commélinées sont herbacées, tantôt annuelles, tantôt vivaces. Leur racine est fibreuse ou formée de tubercules charnus ; leurs feuilles sont alternes, simples et engaînantes à leur base. Leurs fleurs sont nues ou enveloppées dans une spathe foliacée.

Cette famille est fort différente des Joncées par son port, la structure de ses fleurs, sa capsule et ses graines. Elle se rapproche des Restiacées par ses feuilles engaînantes et la position de son embryon, dont la radicule est opposée au hile, mais s'en distingue par son périanthe et son embryon placé en dehors de l'endosperme.

Les genres qui entrent dans cette famille sont les suivans : *Commelina*, L., *Campelia*, Rich., *Aneilema*, R. Br., *Cartonema*, R. Br., *Tradescantia*, L., *Callisia* et probablement le *Malaca* d'Aublet. (A. R.)

* **COMMENDADOZA.** OIS. Syn. espagnol du Commandeur, *Icterus phœniceus*, L. *V.* TROUPIALE. (DR..Z.)

* **COMMERSIS.** BOT. PHAN. Nom donné par Du Petit-Thouars à une Plante de la famille des Orchidées (Hist. des Orchidées des îles australes d'Afrique), et qui constitue elle seule la section nommée *Commersorchis. V.* ce mot. (G..N.)

COMMERSONIE. *Commersonia.*

BOT. PHAN. Deux genres de Plantes ont successivement porté ce nom qui rappelle celui d'un des naturalistes français auxquels la botanique doit le plus grand nombre de découvertes, de Commerson qui accompagna Bougainville dans son voyage autour du monde. Forster, le premier, lui consacra une Plante observée par lui dans l'archipel des Amis, d'abord placée parmi les Tiliacées, puis enfin faisant partie de la nouvelle famille des Buttnériacées de Brown. Sonnerat fit également un genre *Commersonia* de la Plante désignée par Rumph sous le nom de *Butonica* et qui appartient à la famille des Myrtacées. Ce dernier genre doit être rejeté, et le *Commersonia* de Forster doit seul conserver ce nom. Ce genre offre pour caractères : des fleurs hermaphrodites dont le calice étalé et en forme d'étoile présente cinq divisions très-profondes, lancéolées et aiguës ; sa corolle se compose de cinq pétales dressés, plus courts que le calice, concaves à leur partie inférieure, qui est beaucoup plus large et offre deux lobes arrondis terminés en pointe à leur sommet ; étamines monadelphes par leur base seulement, au nombre de dix, dont cinq sont stériles et difformes par suite de l'avortement des anthères. Les filamens sont courts et les anthères sont à deux lobes et presque didymes dans les étamines fertiles qui sont placées en face des pétales. La plupart des auteurs ne donnent à ce genre que cinq étamines, considérant les cinq qui sont stériles comme un nectaire à cinq lobes velus. L'ovaire est libre, globuleux, à cinq côtes et à cinq loges, contenant chacune plusieurs ovules ; cinq styles grêles naissent du sommet de cet ovaire et se terminent par autant de petits stigmates simples. Le fruit est une capsule globuleuse, hérissée de pointes roides et plumeuses, à cinq loges contenant chacune deux graines.

Une seule espèce compose jusqu'à présent ce genre encore assez mal connu dans ses caractères ; c'est le *Commersonia echinata*, Forst., Gen.

p. 44, t. 22. Cet Arbre, qui ne s'élève qu'à une hauteur médiocre, est le *Restiaria alba* de Rumph (Amb. 3, t. 119). Il porte des feuilles alternes pétiolées, cordiformes, glabres, à l'aisselle desquelles existent des fleurs petites, portées sur des pédoncules grêles et rameux. Cet Arbre croît à Otaïti et dans les Moluques. Nous en possédons un échantillon recueilli à l'île de Java. (A. R.)

* **COMMERSONIEN**. POIS. Nom spécifique imposé à des Poissons de divers genres, tels qu'une Lophie, un Able, un Exocet, un Bogue, un Labre, etc., etc., en mémoire de Commerson, investigateur infatigable qui a laissé de précieux manuscrits où ces espèces ont été retrouvées. (B.)

***COMMERSOPHYLIS**. BOT. PHAN. Nom d'une Orchidée proposé par Du Petit-Thouars (Hist. des Orchidées des îles australes d'Afrique). C'est la quatrième espèce de la section des *Phyllorchis*. *V.* ce mot. Elle correspond au *Bulbophyllum Commersonii* des auteurs, et elle est figurée (*loc. cit.*, t. 96). (G. N.)

* **COMMERSORCHIS**. BOT. PHAN. Dans l'ouvrage de Du Petit-Thouars sur les Orchidées des îles australes d'Afrique, on trouve ainsi désignée une section de cette famille sur laquelle on n'a que peu de renseignemens : aussi est-elle placée à la fin du tableau, avec cette petite note, que la fleur seule est connue. (G. N.)

COMMIA. BOT. PHAN. Genre de la famille des Euphorbiacées établi par Loureiro. Les fleurs sont dioïques ; les mâles disposées en chatons courts et axillaires, dans lesquels les écailles imbriquées portent chacune un filet surmonté d'une anthère multiloculaire, ou plutôt de plusieurs anthères biloculaires accolées. Les femelles, disposées en grappes nombreuses, petites, presque terminales, présentent un calice triparti, court, persistant ; trois styles courts et réfléchis ; des stigmates légèrement épaissis ; une capsule trilobée, à trois loges monospermes, percées d'une ouverture de leur côté interne. On en cite une seule espèce; c'est un Arbuste de la Cochinchine, plein d'un suc résineux qui jouit de propriétés émétiques et purgatives. Ses feuilles sont alternes, très-entières et glabres.

(A. D. J.)

COMMIER. BOT. PHAN. Pour Commia et Gommier. *V*. ces mots. (B.)

COMMIPHORE. *Commiphora*. BOT. PHAN. Sous le nom de *Commiphora madagascariensis*, Jacquin (*Hort. Schœnbrunn*. 2, p. 66, t. 49) a décrit et figuré un Arbrisseau de Madagascar appartenant à la Diœcie Octandrie, L., mais dont les caractères incomplets ne permettent pas de déterminer la place dans les familles naturelles. Sa tige, droite et rameuse, s'élève à la hauteur d'un mètre et plus. Les branches, d'un brun cendré, sont très-étalées, garnies de feuilles alternes, pétiolées, glabres, oblongues, aiguës et dentées en scie; à la base de chaque feuille se trouvent deux folioles opposées et arrondies; fleurs dioïques; les mâles sont petites, jaunâtres, naissant avant les feuilles, agrégées et presque sessiles sur les rameaux; leur calice est campanulé, à quatre dents aiguës et étroites; la corolle à quatre pétales concaves, aigus et un peu réfléchis; huit étamines insérées sur le réceptacle, incluses et alternes avec les pétales, à filets subulés et à anthères oblongues et dressées. Les fleurs femelles sont inconnues. (G..N).

COMOCLADIE. *Comocladia*. BOT. PHAN. Les manuscrits de Plumier avaient fait connaître un genre de Plantes appelé *Pseudo-Brasilium*, composé de deux espèces; l'une glabre, l'autre hérissée de poils, toutes les deux à feuilles pinnées, à fleurs en panicules, ayant un fruit drupacé à un seul noyau, et pleines d'un suc qui noircit à l'air, etc. Ces caractères s'accordent parfaitement avec ceux donnés par Browne, Linné et Jac-

quin, pour le genre *Comocladia*. Il y a donc identité entre celui-ci et le *Pseudo-Brasilium* de Plumier, qu'il ne faut pas confondre avec un autre genre cultivé sous ce dernier nom dans le Jardin de Paris à l'époque de la publication du *Genera Plant*. de Jussieu. D'après Lamarck, on doit aussi rapporter ici le *Tariri*, Arbrisseau tinctorial figuré par Aublet (*Plantes de la Guiane*, tab. 390).

Le *Comocladia* est du petit nombre des genres de Dicotylédones qui se placent dans la Triandrie Monogynie. Jussieu l'a rangé dans la seconde section des Térébinthacées près des genres *Cneorum*, *Rumphia* et *Canarium*. Ses caractères, d'après Jacquin, sont : calice très-petit, à trois divisions très-profondes; corolle formée de trois pétales plus grands que le calice, étalés, ovales et aigus; trois étamines à filets très-courts et à anthères didymes; un stigmate obtus et sessile sur l'ovaire. Le fruit est une drupe oblongue, arquée et succulente, marquée de trois points au sommet et contenant un noyau de même forme uniloculaire et monosperme.

Les espèces de ce genre sont encore en petit nombre, mais leur connaissance offre assez d'intérêt en raison des usages variés auxquels on les emploie, ou des dangereuses propriétés qu'on leur attribue. Ce sont des Arbres de moyenne grandeur, indigènes de l'Amérique méridionale et des Antilles. Nous citerons comme les plus remarquables :

La COMOCLADIE A FEUILLES ENTIÈRES, *Comocladia integrifolia*, L., figurée dans Sloane (*Jamaïc*. t. 222, fig. 1). Arbre de six à huit mètres de hauteur, branchu et portant des feuilles pinnées avec impaire, à folioles pétiolées, opposées, ovales, lancéolées, aiguës et très-entières; ses fleurs forment de grandes grappes axillaires et sont de couleur pourpre foncé. Il a pour patrie le pied des montagnes des Antilles. On lui donne à Saint-Domingue le nom impropre de *Brésillet*, parce qu'il fournit une couleur analogue à celle du bois de Brésil, *Cæsalpinia echinata*, mais d'un rouge terne plus foncé. Il sert à faire quelques ouvrages de tour et de menuiserie, quoiqu'on lui ait reconnu l'inconvénient de se tordre. Les jeunes créoles de la Jamaïque mangent son fruit lorsqu'il est mûr ; sa saveur est alors acidule, et il a une couleur pourpre foncée qui le fait distinguer de celui qui n'est pas mûr et dont la couleur est d'un rouge clair. Dans ce dernier état, participant aux propriétés générales des autres parties de l'Arbre, il ne serait pas sans danger. Celles-ci sont pleines d'un suc tellement caustique qu'il désorganise entièrement les tissus cutanés, ce qui l'a fait employer par des colons inhumains pour imprimer leur nom sur de malheureux nègres, comme nous le faisons avec le feu, en Europe, sur les bêtes de somme et sur les chevaux des régimens.

La Comocladie dentée, *Comocladia dentata*, Willd., est un autre Arbre de Saint-Domingue, que les habitans de la partie espagnole de cette île nomment *Guao*. Il ne diffère du précédent que par ses feuilles bordées de dents épineuses, et parce que ses fruits ne sont pas comestibles. L'odeur infecte d'Hydrogène sulfuré que dégagent ses feuilles lorsqu'on les froisse, indique des qualités assez actives : on va même jusqu'à dire que ses émanations sont si dangereuses que des personnes endormies sous son ombrage y ont péri, expérience que Jacquin a voulu jusqu'à un certain point vérifier, mais qui heureusement ne lui a pas réussi. Au reste, ces propriétés délétères que partagent avec les Comocladies quelques espèces de *Rhus* où elles sont même beaucoup plus exaltées, confirment les corrélations indiquées par Jussieu et De Candolle entre la nature et les formes extérieures des Plantes de même famille.

Les autres espèces sont d'une stature moins élevée que les précédentes, et sont bien moins intéressantes à connaître. (G..N.)

COMODI ou COMODY. BOT. PHAN. Syn. indou de *Jussiœa repens*. (B.)

COMOLANGA. BOT. PHAN. *V.* CAMALANGA.

* COMON. BOT. PHAN. (Aublet.) Espèce de Palmier de la Guiane, appelé aussi Coman, et qui paraît appartenir au genre Bactris. (B.)

* COMORICHA. BOT. PHAN. (Daléchamp.) Syn. illyrien du *Phylliræa* à feuilles étroites. (B.)

*COMOS ANDALOS. Selon Pausanias, c'était le nom grec d'une fleur dont les habitans d'une ville du Péloponèse faisaient des couronnes dans leurs fêtes religieuses. Cette fleur était une Jacinthe suivant quelques botanistes ; d'après l'Écluse, ce devait être la Tulipe rouge ; enfin C. Bauhin l'a rapportée au Lis rouge ou *Lilium bulbiferum*. (B.)

COMOSPERME. BOT. PHAN. Pour Comesperme. *V.* ce mot. (A. R.)

COMPAGNON. MAM. L'un des noms vulgaires du *Mus socialis* de Pallas, qui est un Campagnol. *V.* ce mot. (B.)

COMPAGNON BLANC. BOT. PHAN. Nom vulgaire de la variété de la Lychnide dioïque dont les fleurs sont blanches. (B.)

COMPAS-SCALLOP. MOLL. L'un des noms marchands du *Pecten pleuronectes. V.* PEIGNE. (B.)

COMPÈDES. OIS. Nom sous lequel divers auteurs distinguent les Oiseaux à pieds palmés, qui ont la majeure partie de la jambe engagée dans l'abdomen. (DR..Z.)

COMPOSÉE (FLEUR.) BOT. PHAN. Dans le Chardon, l'Artichaut, le Souci, la Chicorée, etc., les fleurs sont fort petites, rapprochées les unes contre les autres sur un réceptacle commun, et environnées de folioles disposées symétriquement. C'est à cet assemblage de fleurs que les anciens botanistes donnaient le nom de fleur composée. Mais cette expression impropre n'est plus employée aujourd'hui, et l'inflorescence des Plantes réunies dans la Syngénésie de Linné, est aujourd'hui considérée, et avec raison, comme un simple capitule. *V.* ce mot. Quelques auteurs lui ont donné le nom de Calathide. *V.* CALATHIDE. (A. R.)

Pendant fort long-temps, on a également nommé COMPOSÉES la famille naturelle de Plantes formée par la Syngénésie de Linné. Mais ce nom rappelant celui de fleur composée, dont il vient d'être question et dont on avait reconnu l'impropriété, le professeur Richard lui a substitué celui de Synanthérées, généralement adopté par les botanistes modernes. *V.* SYNANTHÉRÉES. (A. R.)

* COMPOSÉS (corps). Résultats de la combinaison naturelle ou artificielle de plusieurs corps simples. Ils sont binaires, ternaires, quaternaires, etc., suivant le nombre des principes qu'ils admettent dens leur composition. (DR. Z.)

*COMPOSITÉES. *Compositi.* BOT. CRYPT. (*Lycoperdacées.*) Nom donné par Link à une section de ses *Gastromyci. V.* LYCOPERDACÉES. (AD. B.)

*COMPOSITIFLORES. BOT. PHAN. (Gaertner.) Syn. de Synanthérées. *V.* ce mot. (B.)

COMPTONIE. *Comptonia.* BOT. PHAN. On appelle ainsi un genre de Plantes formé par Gaertner avec le *Liquidambar asplenifolia*, et qui vient se ranger dans la nouvelle famille des Myricées de Richard. Il se reconnaît aux caractères suivans : fleurs monoïques, disposées en chatons. Les chatons mâles plus nombreux sont placés à la partie supérieure des jeunes rameaux, naissant immédiatement au-dessus de la cicatrice des feuilles de l'année précédente, et sont alternes comme elles. Ils sont cylindriques et allongés. Les chatons femelles, au nombre de deux, plus souvent même solitaires, sont beaucoup plus courts que les chatons mâles, au-dessous desquels ils sont immédiatement

placés. Dans les chatons mâles, les écailles sont imbriquées, très-serrées les unes contre les autres. A leur base interne, on trouve quatre ou cinq étamines dont les filets sont fort courts et les anthères didymes. On trouve quelquefois des chatons dont toutes les fleurs sont à quatre étamines, et d'autres qui en présentent constamment cinq. Les chatons femelles sont beaucoup plus courts que les mâles ; ils sont ovoïdes, allongés, formés d'écailles également imbriquées. A la base interne de chaque écaille se trouve une fleur femelle. Celle-ci se compose d'un calice formé de trois folioles lancéolées et inégales, les deux latérales étant un peu plus longues. Chacune d'elles est accompagnée à sa base interne d'un petit corps charnu et comme glanduleux. Ces folioles s'accroissent sensiblement après la fécondation, et accompagnent le fruit. L'ovaire est sessile un peu comprimé à une seule loge, renfermant un seul ovule dressé. Le style est extrêmement court et à peine distinct du sommet de l'ovaire. Il se termine par deux stigmates subulés, glanduleux, beaucoup plus longs que les écailles du chaton. Le chaton fructifère est globuleux, hérissé d'écailles linéaires et ciliées sur leurs bords. Les fruits sont ovoïdes, allongés, un peu comprimés. Leur péricarpe est légèrement charnu en dehors, dur et crustacé en dedans ; il renferme une seule graine dressée. Ayant comparé avec la plus scrupuleuse attention, les caractères du genre *Comptonia*, que nous avons tracés avec quelque étendue, avec ceux du genre *Myrica*, nous n'avons trouvé aucune différence sensible entre ces deux genres, et nous pensons qu'ils doivent être réunis.

Une seule espèce forme le genre *Comptonia.* Elle est originaire de l'Amérique septentrionale et porte le nom de *Comptonia asplenifolia*, Michx. C'est un Arbrisseau rameux que l'on cultive quelquefois dans les jardins. Ses feuilles sont alternes et ont quelque ressemblance avec celles du Cétérach, c'est-à-dire qu'elles sont allongées, profondément crénelées et un peu velues en dessous.   (A. R.)

COMSAREN. BOT. PHAN. Syn. norwégien de *Prunella vulgaris*, L. *V*. PRUNELLA.   (B.)

CO-MUC. BOT. PHAN. Nom cochinchinois d'une Plante qui sert à teindre les cheveux, et qu'on croit être l'*Eclipta erecta*, L.   (B.)

CONABIBY. OIS. (Sonnini.) Syn. vulgaire à la Guiane de l'Autour de Cayenne, *Falco cayennensis*, L. *V*. FAUCON, division des Autours.   (DR..Z.)

* CONAMBAI-MIRI. BOT. PHAN. (Sloane.) Même chose qu'Ayenka. *V*. ce mot.   (B.)

* CONAMBAYA. BOT. CRYPT. (Pison.) Ptéride bipinnée qu'il est difficile de déterminer exactement.   (B.)

CONAMI. BOT. PHAN. Aublet, sous ce nom, a désigné un genre qui n'est autre chose qu'une espèce de *Phyllanthus*. Cette Plante paraît douée de propriétés narcotiques, et, mêlée à l'eau, jette les Poissons dans un état de stupeur. Aublet apprend que ce nom de *Conami* est appliqué dans la Guiane aux divers Végétaux qui ont le même effet, et, par suite, les mêmes usages.   (A. D. J.)

CONANA. BOT. PHAN. Nom de pays qui, à la Guiane, paraît être l'un de ceux qui désignent le Corossol. *V*. ce mot.   (B.)

CONANAM. BOT. PHAN. Aublet et Préfontaine mentionnent sous ce nom un Palmier de la Guiane, qui paraît être l'*Elais guianensis*.   (B.)

CONANI. BOT. PHAN. Pour Conami. *V*. ce mot.   (B.)

CONANTHÈRE. *Conanthera*. BOT. PHAN. Genre établi par Ruiz et Pavon dans la Flore du Pérou, placé dans l'Hexandrie Monogynie, L., et auquel ils ont donné les caractères suivans : périanthe supère, à six divisions réfléchies ; anthères réunies en forme de cône ; capsule oblongue, triloculaire et trivalve ; semences peu nombreuses et presque rondes. Une seule espèce constituait primitivement ce genre ; c'était le *Conanthera bifolia*, *Fl. Peruv.*, figurée par Trew, T. III, sous le nom de *Bermudiana pulposa*. Cette Plante est indigène du Chili ; ses fleurs sont d'un bleu violet, panachées à la base des pétales. On mange dans le pays ses bulbes, soit crus, soit cuits.

A cette espèce, Persoon a réuni une Plante qui, s'il est vrai qu'elle se rapporte bien au genre Conanthera, doit faire modifier ses caractères. C'est l'*Echeandia terniflora* d'Ortéga, dont la hampe est simple, les feuilles linéaires ; les fleurs jaunes et les filets des étamines garnis de points glanduleux. On ignore sa patrie ; mais elle est cultivée au Jardin des Plantes de Paris où nous l'avons souvent remarquée, surtout à cause de la soudure de ses anthères, cas très-rare chez les Monocotylédones. Dans cette espèce, le périanthe n'est point supère ; on voit, au contraire, un ovaire libre, sous lequel sont insérées les étamines ; ce n'est donc pas parmi les Narcissées qu'on doit placer cette Plante, ainsi qu'on l'a imprimé quelque part, mais bien plutôt près des Asphodélées, dont son organisation et son port indiquent l'affinité. Cavanilles avait également senti ces rapports, en la réunissant aux *Anthericum*. Nous pourrions ajouter qu'elle ressemble beaucoup par son *facies* à certains *Sisyrinchium* ; mais le nombre et l'insertion des étamines sont trop différens pour qu'on voulût les rapprocher.   (G..N.)

* CONASSI. BOT. PHAN. *V*. CODAGAPALA.

* CONASTELLO ET CONASTRELLO. BOT. PHAN. Syn. de Troëne dans quelques cantons de la Lombardie.   (B.)

CONCA DE MORU. OIS. Syn. sarde de l'Hirondelle de fenêtre, *Hirundo urbica*, L. *V*. HIRONDELLE.   (DR..Z.)

CONCANAUTHLI. OIS. (Hernandez.) Nom mexicain d'un Canard,

dont la description spécifique ne nous est pas encore parvenue.   (DR..Z.)

CONCEPTACLE. *Conceptaculum.* BOT. Sous le nom de *Conceptaculum seminum*, Jungius et Medikus ont désigné le péricarpe des fruits, quelle que fût sa forme ou sa nature, réservant le mot *Pericarpium* pour les péricarpes secs. On l'a aussi appliqué spécialement au réceptacle des organes reproducteurs des Végétaux cryptogames, tels que les Champignons, les Lichens, les Hypoxylées et les Algues ; mais cet organe a reçu des noms qui non—seulement diffèrent d'une famille à l'autre, mais qui sont encore très-multipliés dans la même famille. Ainsi le Conceptacle des Champignons est appelé Péridion, celui des Hypoxylées Sphérule, Lirvelle ; dans les Lichens, il est assez communément désigné sous le nom d'*Apothecium* ou *Apothecia*, quoiqu'on l'ait aussi nommé Scutelle, Orbille, Patellule, Gyrome, Globule, Cistule, Céphalode, etc. *V.* tous ces mots.   (G..N.)

CONCEVEIBA. BOT. PHAN. Aublet (Plantes de la Guiane, 923, tab. 553) nomme ainsi un Arbre dont on ne connaît jusqu'ici que les fleurs femelles. Elles sont portées sur des pédoncules épaissis et articulés, disposés sur un axe commun. Le calice est composé de cinq ou six divisions aiguës et roides, au-dessous desquelles sont extérieurement des glandes souvent bilobées. Le style est court, triparti ; les trois stigmates se partagent à leur extrémité ; l'ovaire est trigone, parsemé d'une poussière qu'on reconnaît, à l'aide de la loupe, être formée par des petits poils étoilés ; il présente trois loges, dont chacune, un peu velue à sa base, contient un ovule unique, surmonté d'un appendice plus ou moins long. Le fruit se sépare en trois portions, dont chacune se subdivise en deux valves, et les graines sont revêtues d'une coiffe charnue, bonne à manger. Les feuilles sont alternes, portées sur un long pétiole accompagné de stipules, lé-

gèrement dentées, glabres sur leur surface supérieure, et marquées sur l'inférieure d'un réseau de vaisseaux assez saillans. Le Conceveïba paraît appartenir aux Euphorbiacées.

    (A. D. J.)

***CONCHA TRILOBA.** CRUST. Nom sous lequel on a désigné anciennement les queues des Trilobites que l'on croyait être des Coquilles. *V.* TRILOBITE.   (AUD.)

CONCHELA. BOT. PHAN. C'est-à-dire *Petite Conque.* Syn. portugais de *Cotyledon Umbilicus-Veneris*, L.   (B.)

CONCHIFÈRE. *Conchifera.* ZOOL. Classe établie par Lamarck (Anim. sans vert. T. v, p. 411) pour les Mollusques acéphales de Cuvier. Une bouche au-dessus de laquelle se trouve un ganglion nerveux, que l'on regarde comme le cerveau, peut-elle être considérée comme une tête ? Nous ne le croyons pas ; car, pour tous les êtres organisés vivans, la tête est cette partie qui rassemble, outre un centre commun de rapport des sensations ou des irritations, quelques sens extérieurs, comme ceux de la vision, de l'ouïe, etc. Ceci n'existant pas dans les Conchifères, on peut donc aussi, avec Cuvier, leur donner le nom d'Acéphales ; mais il est difficile de croire avec lui que le manque de tête ne suffise pas, avec d'autres caractères organiques bien tranchés, pour faire des Animaux dont il s'agit une classe particulière, et de regarder ces caractères comme d'une valeur seulement égale à ceux qu'on tire du mode de marcher, lesquels ne sont que de simples modifications dans les organes respiratoires des Animaux mollusques proprement dits. Nous serons donc obligés de convenir que ces caractères ont trop d'importance pour pouvoir se comparer, et nous admettrons avec le célèbre auteur de l'Histoire Naturelle des Animaux sans vertèbres la classe des Conchifères. Cette classe est si naturelle qu'Aristote l'avait désignée sous le nom de Conques, dans lesquelles il faisait entrer comme genre les Huîtres qui comprenaient, par une acception étendue, toutes les Coquilles fixées sur les rochers ou au fond de la mer, ainsi que les Galades, les Cames, les Solens et quelques autres genres qu'il avait distingués. Ceci nous semble suffisant pour faire voir que, depuis Aristote, on reconnaissait parmi les Coquilles un genre ou plutôt une classe particulière pour les Bivalves. Comme cette partie s'est perfectionnée avec le reste de la science, et que son histoire y est liée intimement, ce sera à l'article CONCHYLIOLOGIE que nous la traiterons avec détail. Nous nous contenterons ici d'en établir les caractères et d'en exposer les divisions. Lamarck les a distingués par les caractères suivans : Animaux mollasses, inarticulés, toujours fixés dans une coquille, bivalve ; sans tête et sans yeux ; ayant la bouche nue, cachée, dépourvue de parties dures, et un manteau ample, enveloppant tout le corps, formant deux lobes lamelliformes, à lames souvent libres, quelquefois réunies par-devant ; génération ovo-vivipare ; point d'accouplement ; branchies externes, situées de chaque côté entre le corps et le manteau ; circulation simple ; le cœur a un seul ventricule ; quelques ganglions rares ; des nerfs divers, mais point de cordon médullaire ganglionné ; coquille toujours bivalve, enveloppant entièrement ou en partie l'Animal, tantôt libre, tantôt fixée ; à valves le plus souvent réunies d'un côté par une charnière ou un ligament ; quelquefois des pièces testacées accessoires et étrangères aux valves augmentent la coquille.

Les Conchifères, n'ayant point de tête, sont conséquemment dépourvus de tentacules ; leur bouche, cachée entre les lobes du manteau, n'est munie que d'appendices labiaux ; elle est toujours dépourvue de parties dures, parce qu'elle n'est destinée qu'à recevoir des alimens qui n'ont pas besoin d'être broyés ; c'est, à bien dire, l'entrée de l'œsophage qui lui-même est court, large, et aboutit directement à l'estomac qui n'en est qu'un renflement. Le système de circulation et de respiration se compose de branchies en nombre pair et variables, externes, grandes quelquefois autant que le manteau, formées de plusieurs feuillets résultant d'une multitude de petits vaisseaux parallèles, serrés, qui vont se rendre dans un tronc commun, lequel aboutit lui-même au cœur situé vers le dos. Quant au système nerveux, il est moins avancé dans sa composition ; un ganglion se remarque au-dessus de la bouche, et ce ganglion a été considéré comme le cerveau ; un autre plus éloigné est lié au premier par deux filets nerveux et par d'autres branches qui en partent ; il donne la sensibilité à presque toutes les parties. La manière dont les Conchifères se meuvent est bien différente de celle qu'emploient les Mollusques proprement dits ; ils n'ont point sous le corps un disque pour ramper, mais quelques-uns ont un corps charnu, musculeux, qui leur sert à s'avancer en s'enfonçant dans le sable, et même à exécuter des sauts ; et ce corps, devenant même tendineux, se divise en une multitude de filamens plus ou moins fins, sert à fixer l'Animal, et se nomme alors *Byssus*. Tous les Conchifères sont revêtus d'une coquille formée de deux pièces uniques ou principales, le plus souvent semblables, dures, testacées, réunies à leur base par un ligament élastique, ligament qui, par sa structure, agit toujours de la même manière, soit qu'il existe intérieurement, soit qu'il se montre à l'extérieur ; les valves sont encore retenues dans leur position par des dents cardinales plus ou moins nombreuses, disposées comme des engrénages dont les parties saillantes sont reçues dans des enfoncemens et réciproquement. Lamarck est le premier qui se soit servi du nombre des muscles pour diviser les Conchifères en deux ordres ; cette méthode a été adoptée en 1810 par Ocken, et depuis par presque tous les conchyliologues. Il a employé aussi des caractères secondaires non moins faciles à saisir : ces caractères consistent dans l'égalité ou la non égalité des valves, dans le bâillement plus ou moins considérable de ces valves, etc., caractères que nous ferons connaître en particulier, en parlant de chaque famille et de chaque genre. Les muscles des Conchifères laissent sur les coquilles des impressions plus ou moins profondes qu'il est toujours très-facile de reconnaître. Ces impressions sont subcentrales dans les Monomyaires (Conchifères à un seul muscle); alors le muscle traverse le corps de l'Animal dans son milieu; dans les Conchifères dimyaires (à deux muscles), au contraire, ils sont placés aux extrémités de la coquille, et semblent traverser ces mêmes extrémités; ces muscles sont fermes, durs, surtout vers les points d'attache.

Tous les Animaux de cette classe ne peuvent respirer que dans l'eau; ils vivent donc sans exception au milieu de cet élément. Le plus grand nombre habite les eaux de la mer; ceux qui se trouvent dans les eaux douces sont moins nombreux, quoique la quantité s'en augmente à mesure que les recherches et les observations se multiplient.

Plusieurs classes d'Animaux qui rentrent dans les Mollusques et parmi les Annelides de Cuvier, étant susceptibles de se couvrir d'un corps protecteur que l'on est convenu de nommer Coquille, c'est à cet article que nous renvoyons pour tous les détails de formation et de structure.

Nous allons réunir dans un seul et même tableau les divisions principales admises parmi les êtres qui composent cette classe. *V.* le tableau ci-joint. (D..H.)

* CONCHIKAS. BOT. PHAN. Syn. de *Cercis Siliquastrum* chez les Grecs modernes. (B.)

* CONCHILLE. BOT. PHAN. (Olivier de Serres.) Vieux nom du *Quercus coccifera. V.* CHÊNE. (B.)

*CONCHOCARPE. *Conchocarpus.* BOT. PHAN. Genre de Plantes proposé par Mikan (*Delect. Flor. et Faun.*

bras. 1, p. 2) et adopté par Nées d'Esenbeck et Martius dans le Travail qu'ils viennent de publier récemment sur le groupe des *Rutacées,* qu'ils nomment *Fraxinellées.* Voici les caractères que ces derniers lui assignent dans l'ouvrage que nous venons de citer : le calice est court, cylindrique et à cinq dents; la corolle se compose de cinq pétales soudés intimement de manière à représenter une corolle monopétale, tubuleuse, hypocratériforme, dont le limbe est à cinq divisions inégales. Des sept étamines, deux seulement sont fertiles et anthérifères; elles sont insérées vers la base du tube; leurs anthères sont allongées à deux loges, sans appendices à leur base; les cinq étamines stériles sont sous la forme de filamens subulés plus longs et glanduleux; l'ovaire est à cinq côtes et cinq loges, porté sur un disque hypogyne qui les recouvre dans leur partie inférieure; le style se termine par un stigmate cylindrique; le fruit se compose de cinq coques monospermes, coriaces, s'ouvrant intérieurement par une suture longitudinale.

Ce genre se compose de deux espèces qui croissent dans les forêts du Brésil. Ce sont deux Arbrisseaux à feuilles simples ou ternées, glabres, ponctuées, alternes, sans stipules, portant des fleurs d'un rose pâle, munies de bractées et disposées en grappes allongées. L'une, *Conchocarpus macrophyllus*, Mikan (*loc. cit.* 1, t. 2), a été trouvée dans la province des Mines au Brésil; elle porte des feuilles très-grandes, simples, pétiolées, elliptiques, allongées, arrondies à leur base. La seconde a été décrite et figurée par Nées d'Esenbeck et Martius (*Fraxinellœ,* p. 16, t. 21) sous le nom de *Conchocarpus cuneifolius.* Elle se distingue de la précédente par ses feuilles également pétiolées, mais rétrécies à leur base et cunéiformes. Elle croît au Brésil.

(A.R.)

*CONCHODERME. *Conchoderma.* MOLL. Olfers a donné le premier

NOMS DES FAMILLES.

CONCHIFÈRES {

ORDRE Ier. CONCHIFÈRES DIMYAIRES. {

Ier SOUS-ORDRE. Coquille régulière le plus souvent équivalve. . . . . . {

  Ire SECTION. Coquilles généralement béantes aux extrémités, les valves étant rapprochées. . . . . {

    Première sous-section. Conchifères crassipèdes. . . . . → TUBICOLÉES. PHOLADAIRES. SOLÉNACÉES. MYAIRES.

    Seconde sous-section. Conchifères ténuipèdes. . . . . {

      A. Ligament intérieur. . . → MACTRACÉES. CORBULÉES.

      B. Ligament uniquement extérieur. . . . . . → LITHOPHAGES. NYMPHACÉES.

    }

  }

  IIe SECTION. Coquille close aux extrémités, les valves étant rapprochées. . . . . → CONQUES. CARDIACÉES. ARCACÉES. TRIGONÉES. NAYADES.

}

IIe SOUS-ORDRE. Coquille irrégulière, toujours inéquivalve. . . . . → CAMACÉES.

}

ORDRE IIe. CONCHIFÈRES MONOMYAIRES. {

Ire SECTION. Ligament marginal allongé sur le bord. . . {

  Première sous-section. Coquille régulière transverse. . . . . → TRIDACNÉES.

  Seconde sous-section. Coquille longitudinale. . . . . → MYTILACÉES. MALLÉACÉES.

}

IIe SECTION. Ligament non marginal, resserré dans un court espace sous les crochets. . . . . . {

  Première sous-section. Coquille régulière, compacte, ligament intérieur. . . . . → PECTINIDES.

  Seconde sous-section. Coquille irrégul., feuilletée, ligament interno-externe. . . . . → OSTRACÉES.

}

IIIe SECTION. Ligament, soit nul ou inconnu, soit représenté par un cordon tendineux soutenant {

  Première sous-section. Ligament et animal inconnus, coquille très-inéquivalve. . . . . → RUDISTES.

  Seconde sous-section.

}

}

}

ce nom au *Lepas aurita* de Linné. Leach en a fait son genre Otion qui a été adopté par Lamarck. *V.* OTION.

(D..H.)

* CONCHOLÉPAS. *Concholepas.* MOLL. Le Concholépas est un de ces genres dont les caractères peu tranchés ont fait douter de la véritable place qu'il devait occuper. D'Argenville, qui fut le premier à faire connaître cette Coquille, la plaça parmi ses Lépas ou Patelles. Dacosta la plaça parmi ces mêmes Patelles, mais il lui trouva une forme analogue à celle d'une valve séparée. Favanne, se servant de cette comparaison, la nomma le grand *Concholepas*, parce que, dit-il, elle tient de la forme et des Conques et des Patelles. Schrœters admit le nom de Favanne, et Martini lui donna celui de *Conchopatella.* Bruguière, saisissant mieux que ses devanciers les vrais caractères génériques de cette Coquille, la plaça dans le genre Buccin, dont elle n'a pourtant pas tous les traits de ressemblance, et Lamarck sentit qu'il fallait en faire un genre séparé qu'il plaça près des *Monoceros.* Les conchyliologues, après lui, ont généralement admis ce genre. Cuvier, pourtant, n'en fait aucune mention, et Férussac (Tabl. Syst. des Moll. Prod. p. 25) le place dans le genre Pourpre, 1er sous-genre Pourpre à côté des Monoceros, des Cancellaires, etc. Cette Coquille singulière fut trouvée par Dombey sur les côtes du Pérou, où il l'observa marchant sur un disque charnu. Jusqu'à présent une seule espèce a été connue; elle a dû conséquemment servir de type au genre qui peut être caractérisé comme il suit : coquille ovale, bombée, en demi-spirale, à sommet incliné obliquement vers le bord gauche; ouverture ample, longitudinale, oblique, ayant inférieurement une légère échancrure; deux dents à la base du bord droit; Animal trachélipode, muni d'un opercule corné mince et oblong.

CONCHOLÉPAS DU PÉROU, *Conchole-*

pas peruvianus, D'Argenville (Conchyl. t. 6, fig. D); Dacosta (Elém. t. 2, fig. 7, et t. 5, fig. 9); Favanne (Conchyl. T. I, p. 543, t. 4, fig. H, 2); Martini (Conchyl. T. X, p. 322, t. min. fig. 19, A-B). Il paraît, d'après ce qu'en dit Bruguière (Encyc. pag. 252, n° 10), que le Concholépas peut prendre d'assez grandes dimensions, car celui qu'il décrit, long de trois pouces et demi, et large de deux pouces huit lignes, était un individu de moyenne taille. A l'extérieur, la coquille est chargée de côtes rugueuses ou squammifères, entre lesquelles se voient trois stries peu profondes. L'ouverture est ample, présente une légère échancrure à sa base, à côté de laquelle se remarquent deux dents, ce qui a déterminé Lamarck à placer, ainsi que nous l'avons dit, ce genre à côté de celui des Licornes. *V.* ce mot. (D..H.)

*CONCHYLIE. *Conchilium.* MOLL. Sous ce nom, Cuvier (Règn. Anim. T. II, p. 425) propose, parmi les Pectinibranches trochoïdes, un nouveau genre auquel il donne, comme sous-genres, les Ampullaires, les Mélanies, les Phasianelles et les Janthines. *V.* ces mots. (D..H.)

* CONCHYLIOLOGIE. ZOOL. La Conchyliologie, d'après l'étymologie du mot, ne devrait s'occuper que du test calcaire qui recouvre presque tous les Animaux mollusques et conchifères; mais dans l'état actuel de la zoologie on ne peut plus considérer séparément, ainsi qu'on l'a fait long-temps, et l'Animal et son enveloppe; la nature, qui marche selon des lois uniformes, a toujours mis en rapport les enveloppes extérieures avec les modifications de l'organisation ; que les enveloppes soient destinées, par leur solidité ou par les parties accessoires dont elles sont revêtues, à protéger plutôt certains organes essentiels que d'autres, elles n'en sont pas moins soumises à la loi générale. C'est ainsi, comme l'a dit Blainville, que dans les Mollusques univalves la coquille est destinée surtout à proté-

ger les organes de la respiration ; c'est sur ces organes qu'elle vient pour ainsi dire se mouler ; les modifications de la coquille seront donc des traces certaines de celles des organes de l'Animal qui l'habite. Cette proposition nous semble tellement rentrer dans l'ordre naturel, que nous ne chercherons pas à insister longtemps sur ce point ; et nous dirons seulement que les poumons des Vertébrés qui respirent l'air, que les branchies qui sont ces poumons modifiés pour respirer l'eau dans les Poissons, se trouvant parfaitement en rapport avec les enveloppes extérieures qui les protègent et en facilitent les fonctions, de même, dans les Invertébrés où la respiration n'est guère moins importante, et surtout dans les Mollusques dont l'organisation est la plus avancée, les parties protectrices de la fonction ont dû y être modifiées, et on doit voir sur elles comme dans tous les êtres les traces plus ou moins sensibles de cette modification.

Nous ne chercherons pas ici à prouver l'utilité de l'étude des Mollusques ; quand même leur connaissance ne fournirait aucune application utile à nos besoins et à nos arts, elle n'en serait pas moins nécessaire à l'histoire de l'ensemble des êtres. Mais en la présentant sous un autre point de vue, nous voulons parler de son application à la géologie, elle prend alors un intérêt que les anciens conchyliologues ne lui connaissaient pas. En effet, que sont les Coquilles, et en général les restes fossiles des autres Animaux, sinon d'antiques médailles qui sont la preuve la plus évidente des changemens qu'a éprouvés la surface de la terre ? Et en nous servant de justes comparaisons, ces débris nous mettent à portée d'apprécier jusqu'à un certain point les changemens qui se font d'une manière peu sensible sous nos yeux. Un autre fait où nous conduit cette application est celui relatif aux analogues : pour arriver à ce résultat, il a fallu étudier avec soin toutes les espèces en particulier, les

comparer ensuite avec les Coquilles fossiles des différentes régions, et constater l'analogie, non pas par une ressemblance même frappante, mais par une ressemblance exacte dans les plus petits détails. Quel a dû être l'étonnement du naturaliste, après une suite nombreuse de pareilles comparaisons, lorsqu'il a retrouvé au milieu des terres, dans d'autres climats, à des températures actuellement différentes, les Coquilles les plus parfaitement analogues ? Quelles conclusions a-t-il dû tirer d'un tel fait que l'on peut regarder comme général ? Deux idées se présentent en se rattachant à deux systèmes ; le premier, le plus ancien, qui admet des bouleversemens, des cataclysmes, d'énormes transports de terrains, et qui ne trouve plus de sectateurs aujourd'hui parmi les géologues. On supposerait alors que les Coquilles ainsi que les couches où elles se trouvent, auraient été déposées loin de l'endroit de leur première formation, et que des restes d'Animaux qui ne vivent plus que dans la zone torride, se seraient trouvés rejetés à plusieurs milliers de lieues dans les pays tempérés, et même septentrionaux, par un de ces bouleversemens que l'on a longtemps supposés pour se rendre compte des faits. Mais comment se ferait-il que des Coquilles, quelquefois très-minces et très-délicates dans leur structure, se soient trouvées transportées à des distances énormes, comme par enchantement, sans éprouver de fracture, sans même que de légères aspérités y aient été usées, quand nous voyons sur nos côtes, et même dans nos rivières, les Coquilles s'user et devenir méconnaissables en fort peu de temps, lorsqu'elles sont soumises au balottement des flots.

L'autre hypothèse qui acquiert chaque jour quelque nouveau degré de probabilité, est celle qui suppose un changement de température dans les lieux où les Animaux, dont nous trouvons les têts fossiles, ont vécu et ont été enfouis. Que le changement de température ait eu lieu par refroidissement de la terre, comme quelques-uns le pensent d'après Buffon, ou par toute autre cause que nous ne pouvons apprécier, le fait n'en est pas moins constant, et l'observation journalière faite sur les Fossiles, non-seulement des environs de Paris, mais encore des autres pays, nous apprend qu'ils ont autrefois vécu dans le lieu de l'enfouissement ou à très-peu de distance, puisque nous les retrouvons d'une conservation parfaite dans les parties les plus délicates et les plus fragiles.

Aristote a le premier consigné dans ses écrits quelques notions sur les Coquilles. Il les a distinguées, d'après leur habitation, en terrestres et en marines; il divise ensuite ces dernières en univalves et en bivalves. Il fait une section dans laquelle il place les Turbinées qu'il ne distingue que par le volume, la proéminence de la spire, la mollesse plus ou moins grande de l'Animal. Nous ferons observer ici que le nom de Mollusques a été appliqué par lui à des Animaux mous ou qui ont un os à l'intérieur, comme les Sèches, les Calmars, etc.; ceux-ci font aujourd'hui la troisième division des Céphalopodes de Lamarck. Les écrits du philosophe grec sont d'ailleurs remplis d'une foule d'observations très-justes; ne pouvant les consigner ici, nous renverrons le lecteur à son Histoire des Animaux (liv. 4, pag. 189, parag. 4, traduction française de Camus, 1783). Nous ne cherchons qu'à établir ce fait, que c'est à Aristote qu'on doit la division des Coquilles d'après leur habitation, division qui a été long-temps admise par beaucoup d'auteurs après lui. Pline et quelques naturalistes qui le suivirent, en ne faisant que répéter ce qu'avait écrit Aristote, n'ajoutèrent rien à l'histoire naturelle des Animaux que la postérité doit à ce grand homme. On peut même dire que depuis Aristote jusqu'à Daniel Major, en 1675, rien n'a été fait dans le véritable intérêt de la science; en effet, est-ce en réunissant des collections pour le vain plaisir de récréer les yeux, sans y

mettre d'autre soin que de les embellir par des objets d'un grand prix, riches en couleur, et souvent même dénaturés par le poli artificiel qu'on leur donne, que l'on peut faire marcher une science ? Pendant long-temps il en a été ainsi de la Conchyliologie, et, comme la plupart des autres parties d'histoire naturelle, elle a suivi à peu près les phases et les progrès de la philosophie moderne; présentant néanmoins, sous quelques rapports, un moindre intérêt aux zoologistes par le peu d'utilité dont ils la jugeaient et par le peu de connaissance qu'ils en avaient, ils l'abandonnèrent pour ainsi dire, et si quelques hommes supérieurs n'avaient tenté de la mettre au rang des autres parties de la science, et n'avaient jeté de temps à autre quelque lumière sur elle, Linné l'eût encore trouvée dans l'enfance.

Pour faire convenablement l'histoire de la Conchyliologie, il faut la diviser en deux grandes époques : 1° considérer ce qu'elle était avant Linné, établir par conséquent ses progrès et ses changemens avant l'apparition de ce génie réformateur; 2° la reprendre depuis Linné pour en suivre les modifications et l'avancement jusqu'à notre époque. Nous allons passer rapidement en revue, et par ordre chronologique, les principaux travaux qui, depuis Daniel Major, ont précédé ceux du célèbre professeur d'Upsal. En 1675, ce Daniel Major donna, à la fin du Traité de la Pourpre de Fabius Columna, dix tables synoptiques dans lesquelles il chercha à saisir quelques caractères généraux et spéciaux qui l'amenèrent à des coupes plus ou moins heureuses, et dont quelques-unes furent même long-temps admises. Comme il se borna, dans ce travail qu'il aurait pu rendre plus complet, à se servir des notes qu'il avait données dans l'ouvrage de Columna, il a dû nécessairement résulter de l'insuffisance des matériaux, une imperfection dépendant seulement du petit nombre d'objets observés. Nous devons néanmoins lui savoir d'autant plus de gré des efforts qu'il a faits, qu'il n'avait guère de modèles à suivre et aucun antécédent; tout son travail est le fruit de son propre génie. En 1679, Harder donna, dans une petite brochure in-12, quelques détails sur l'anatomie de l'Animal des Hélices, mais ce travail est incomplet, et se ressent beaucoup du temps où il a été composé; il ne présente d'ailleurs qu'un fait isolé. En 1681, Grew, secrétaire de la Société royale de Londres, déjà connu par de belles découvertes en physiologie végétale, donna, dans le *Museum regalis Societatis*, des tables systématiques des genres de Coquilles; ses principales coupes qui sont encore admises aujourd'hui, sont tirées du nombre des pièces : les Coquilles simples (nos Univalves), les Coquilles bivalves, et les multivalves. Il donne en outre beaucoup d'excellentes indications qui peuvent conduire à des genres établis sur de bons caractères. Heyde, en 1684, publia, sous le titre d'*Anatome Mytuli belgicè Mossel*, etc., un petit volume in-12 avec des figures fort médiocres. L'Animal qu'il décrit appartient, d'après ce que nous pouvons en juger, au genre Modiole de Lamarck, et peut-être à l'espèce connue sous le nom de *Modiola Tulipa*.

En 1684, Sibbald, dans la *Scotica illustrata*, divisa les Coquilles d'après Aristote, c'est-à-dire suivant leur habitation; ainsi il les rangea en deux ordres, les terrestres et les aquatiques, et ces dernières en fluviatiles et en marines. Du reste, rien qui puisse intéresser la science ne se trouve dans cet ouvrage. Tels étaient, en 1685, les antécédens de Lister. Placé dans des circonstances plus favorables, ce médecin de la reine Anne sut en profiter. Le commerce étendu de l'Angleterre, et ses nombreuses relations, le mirent en état d'embrasser l'universalité de ce qui était connu en Conchyliologie, et de donner un plus vaste champ à ses observations; cependant il s'attacha encore aux grandes divisions d'Aristote, et son système ne différa de celui du philosophe grec que par

quelques détails dont nous allons donner un aperçu.

Lister renferme toutes les Coquilles dans quatre livres : le premier comprend les Coquilles terrestres qu'il partage en deux parties; l'une traite *de Buccinis et Turbinibus terrestribus;* l'autre est intitulée : *Cochleæ nudæ terrestres, Limaces quibusdam dictæ.* Dans le second livre, il s'occupe des Coquilles d'eau douce qu'il divise également en deux parties; la première est consacrée aux Coquilles univalves, et la suivante aux bivalves. Le livre troisième traite des Coquilles bivalves marines, dans lesquelles l'auteur fait entrer les multivalves. La première partie de ce livre a pour titre : *Testaceis bivalvibus imparibus testis;* la seconde : *Testaceis bivalvibus paribus testis*, et la troisième : *Testaceis multivalvibus.* Il faut faire d'autant plus attention à cette distinction des Coquilles équivalves ou inéquivalves, qu'elle se trouve justifiée par la solidité des caractères, et que Lister est le premier qui s'en soit servi. Le quatrième livre renferme toutes les univalves marines divisées en seize sections, conduisant quelquefois à des familles assez naturelles ou à de bons genres, tels que les Patelles perforées au sommet (les Fissurelles), celles qui ont une lame intérieure courbée (les Calyptrées), etc., etc. L'ouvrage que nous venons d'analyser, est d'ailleurs précieux par le grand nombre de bonnes figures qu'il renferme. Après Lister, en 1705, Rumph publia en hollandais un ouvrage où il rassembla tout ce que les Coquilles d'Amboine offraient de curieux; mais comme il n'ajouta rien à la science, nous nous hâtons d'arriver enfin à notre célèbre Tournefort qui, après avoir soumis les Végétaux à une savante classification, essaya aussi d'en appliquer une aux Coquilles; mais Tournefort mourut en 1708, et ne la publia pas lui-même; son manuscrit fut communiqué à Gualtiéri qui en fit l'application dans son ouvrage. Voici sur quoi cette méthode est basée : Toutes les Coquilles, dit-il, peuvent être séparées en trois classes : les *Monotoma*, les *Ditoma* et les *Polytoma*. Les Monotomes sont divisés, d'après la forme générale, en univalves, c'est-à-dire les Patelles, en Coquilles spirales et en Coquilles fistuleuses ; les Ditomes sont considérés d'après un caractère auquel on n'avait fait jusqu'alors aucune attention, et dont on est entièrement redevable à notre grand naturaliste. Il comprit dans une première famille tous les Ditomes parfaitement clos, et dans une seconde tous ceux qui sont bâillans ; mais, par une erreur palpable, il rangea les Pholades dans sa première famille. Enfin, dans les Polytomes, où il plaça les Oursins, il établit encore deux familles : la première renferme les Oursins regardés comme des Coquilles articulées, et la seconde contient les Balanes dont les pièces sont réunies par un cartilage. — En 1711, Rumph, dans son *Thesaurus imaginum Piscium*, *Testaceorum*, *Cochlearum*, etc., sans établir des divisions méthodiques, sentit pourtant les rapports de certains genres, les moins difficiles à saisir il est vrai; ainsi il circonscrivit assez bien le genre Cône, celui des Porcelaines, celui des Ptérocères, et dirigea ensuite son attention sur les Coquilles operculées ; il les distingua en Coquilles dont l'opercule est rond comme celui des Turbots, et en Coquilles dont l'opercule est semi-lunaire comme celui des Nérites.

Langius, en 1722, se servit de plusieurs divisions établies avant lui, et se contenta de les modifier ; c'est ainsi qu'il réunit dans une même coupe les Balanes, les Lépas et les Vermisseaux de Tournefort, auxquels il ajouta, dans des sections séparées, les Coquilles enroulées sur elles-mêmes, telles que les Nautiles, les Porcelaines et les Cornes d'Ammon; dans une seconde partie, il rangea toutes les Coquilles dont la spire est saillante, et dans les sous-divisions il sut se servir de la forme de l'ouverture, ce qu'on n'avait pas fait jusqu'alors. Les Coquilles bivalves sont comprises dans une dernière grande division, et Langius se sert, pour les distinguer, des caractères tirés par Lister de l'égalité ou de l'inégalité des valves; mais comme les Coquilles inéquivalves sont en très-petit nombre, il les regarde comme des anomalies et les rejette dans une dernière section. Il ne fait pas mention des Multivalves.

Dans une dissertation publiée à Dantzick par Breyne, en 1732, celui-ci propose une nouvelle division qui est encore en usage aujourd'hui, parce qu'elle est juste dans l'application qu'il en fit ; mais, si l'on excepte cette idée saillante, tout le système est défectueux. L'auteur y sépare en deux sortes toutes les Coquilles, celles qui ont la forme d'un tube, et celles qui ont la forme d'un vase plus ou moins évasé. Il divise ensuite, 1° les Coquilles tubuleuses en Monothalames ou formées d'une seule cavité, et en Polythalames ou séparées en plusieurs cavités par des cloisons ; 2° les Coquilles en forme de vase sont divisées à leur tour en deux parties, les simples et les composées. Les Coquilles simples, sous le nom de Lépas, comprennent toutes les Univalves dont l'embouchure est large comme les Patelles, et les Coquilles composées renferment indistinctement les Bivalves, les Multivalves, les Balanes séparées des Anatifères, et les Oursins. Après Breyne, nous citerons dans l'ordre chronologique l'ouvrage de Plancus en 1739, qui le premier donna de l'intérêt aux Coquilles microscopiques. Il fit figurer avec soin celles que l'on trouve dans les sables de Rimini ; c'est ce travail qui a donné par la suite à Soldani l'idée d'en essayer un plus parfait. Gualtiéri, qui fit en 1742 l'application du système de Tournefort, publia un gros volume in-folio qui n'a pas même le mérite des bonnes figures ; il n'en a d'autre que d'en avoir rassemblé un assez grand nombre. La même année, D'Argenville, qui jouit long-temps d'une grande réputation, publia un ouvrage ayant pour titre : L'Histoire Naturelle éclaircie dans deux de ses parties, la Lithologie et la Conchyliologie ; mais, au lieu d'avancer cette science comme le titre semble l'annoncer, D'Argenville ne profita nullement de ce qui avait été fait avant lui, et se servit encore de l'habitation des Coquilles, comme Aristote l'avait fait le premier, pour établir de grandes divisions entre elles. Aussi, dans cet ouvrage, une première partie est destinée aux Coquilles marines, et une seconde aux Coquilles terrestres et fluviatiles ; les subdivisions sont les mêmes que celles qu'avaient établies les auteurs précédens ; seulement il rendit la méthode encore plus mauvaise, en plaçant dans les Multivalves les Oursins, les Tuyaux marins, les Glands de mer, les Pousse-Pieds, les Conques anatifères et les Pholades. On peut dire pourtant que, si l'ouvrage de D'Argenville est médiocre pour la distribution, il est un des premiers qui ait fixé l'attention sur les Animaux des Coquilles dont il fit figurer quelques espèces dans sa Zoomorphose ; ce travail est, néanmoins, trop incomplet pour servir de base à un système. — Entre D'Argenville et Linné nous avons encore à citer, en 1750, Spengler qui, le premier, proposa le genre Gastrochène admis depuis, mais avec d'autres caractères ; il le fit figurer avec son tube dans les *Nova Acta Danica*, chose à laquelle on ne fit pas attention en l'établissant de nouveau sans cette partie essentielle et caractéristique. Une suite d'observations qui nous sont propres, et que nous rapporterons avec détail à l'article Fistulane, prouvera que tous les Gastrochènes devront passer dans ce dernier genre. — En 1753, Klein proposa une nouvelle méthode pour classer les Coquilles ; mais cette méthode ne présente pas des coupes assez naturelles, pour être admise ; elle fut bientôt oubliée, quoiqu'elle eût le mérite d'avoir dirigé l'observation vers la forme de la bouche des Univalves ; la division principale est prise comme dans la plupart des systèmes antérieurs du nombre des parties. Au lieu des *Monotoma, Ditoma, Polytoma*

de Tournefort, ce sont des *Monoconchœ, Diconchœ, Polyconchœ*, ce qui revient absolument au même, et ce qui ramène à la division de Lister, et aux Univalves, Bivalves et Multivalves de Linné. — Enfin si nous ajoutons l'ouvrage de Valentyn, en 1754, qui n'est autre chose qu'un supplément à celui de Rumph, et qui est exécuté dans le même plan, nous aurons à peu près le tableau des auteurs de l'époque qui précéda Linné, quand ce législateur publia la sixième édition du *Systema Naturæ*. Ainsi, avant Linné, personne n'avait cherché à appliquer la zoologie aux Animaux testacés, et conséquemment on n'avait pas tenté de faire accorder la connaissance de l'habitant avec les caractères extérieurs de sa demeure. Il trouva néanmoins quelques idées justes solidement établies par ses prédécesseurs. En effet, Grew avait proposé la division en Univalves, Bivalves, Multivalves ; Lister avait fait voir que l'on pourrait tirer de bons caractères de l'égalité ou de l'inégalité des valves ; Tournefort y ajouta celui du bâillement ou du non bâillement des valves ; Breyne proposa les Monothalames et les Polythalames. Cependant une chose essentielle manquait à la partie des sciences qu'il fallait restaurer ; c'était les connaissances zoologiques. Aussi, dans les premières éditions de Linné, on s'aperçut facilement, quoique son système valût mieux que les précédens, qu'il manquait de fondemens solides.

C'est à l'époque où les six premières éditions du *Systema* se succédaient avec rapidité, que parut l'ouvrage si important d'Adanson, qui dut avoir sur la manière de voir de Linné une très-grande influence par le point de vue tout à la fois nouveau et juste dont notre savant compatriote considéra l'étude de la Conchyliologie ; et l'on vit aux éditions suivantes de son grand ouvrage combien Linné avait profité de celui du voyageur français. Comme nous ne voulons rendre compte de la méthode de Linné que lorsqu'elle eut atteint son dernier degré de perfection, c'est-à-dire d'après les éditions qui suivirent la publication de l'ouvrage d'Adanson, nous exposerons auparavant le résultat des observations de celui-ci. Adanson admet sous d'autres noms les trois divisions principales : les Limaçons sont ses Univalves, les Conques ses Bivalves, et les Conques multivalves ses Multivalves. Il divise les Limaçons en ceux qui sont sans opercules ou univalves proprement dits, et en ceux qui sont operculés. Les Limaçons proprement dits sont partagés en cinq familles : 1° ceux qui n'ont ni yeux ni cornes ; 2° ceux qui ont deux cornes ; et les yeux placés à la base de la partie interne ; 3° ceux qui ont quatre cornes, les extérieures portant les yeux à leur sommet ; 4° ceux qui ont deux cornes, les yeux à la base, au côté externe ou par derrière ; 5° enfin ceux qui ont deux cornes, les yeux vers le milieu, sur le côté externe. Les Limaçons operculés sont divisés en trois familles : 1° ceux qui ont deux cornes avec un renflement, et qui portent les yeux au-dessus de la base, au côté externe ; 2° ceux qui ont deux cornes sans renflement, les yeux à la base, au côté externe ; 3° ceux qui ont quatre cornes, dont les deux extérieures portent les yeux au sommet. Telles sont les divisions principales établies entre les Univalves ou Limaçons. Cette distribution où l'on n'a tenu compte que d'un caractère unique, fondé sur les tentacules et les organes qu'ils portent, a cet inconvénient grave qu'elle met en contact des êtres fort différens, tels, par exemple, que le Limaçon terrestre (*Helix*) et l'Haliothide ; tels encore que le Lépas ou Patelle, l'Yet qui est une espèce de Volute, et la Vis, etc. — Les Conques ou Bivalves sont distribuées en trois familles d'après la forme du manteau : 1° les Conques qui ont les lobes du manteau séparés dans tout leur contour ; 2° les Conques dont les deux lobes du manteau forment trois ouvertures sans aucun tuyau ; 3° les Conques dont les deux lobes du manteau forment trois ouvertures dont deux prennent la figure d'un tuyau assez long. Par ces caractères ; le genre Huître lui seul est bien circonscrit ; quant aux autres, et surtout celui du Jambonneau, ils rassemblent des Coquillages bien différens. On y voit des Modioles, des Moules, des Pinnes, des Avicules, et même une Cardite. De ses Conques multivalves il a judicieusement écarté tout ce que différens auteurs y avaient pour ainsi dire jeté au hasard, afin de n'y conserver que les Pholades et les Tarets.

Linné, auquel toutes les parties d'histoire naturelle sont redevables d'une sorte de régénération, qui porta sur chacune d'elles cet esprit investigateur et d'observation qui a été le cachet de ses nombreux écrits, n'a pu perfectionner, autant qu'il l'aurait voulu, la classification des Coquilles. Comme nous l'avons déjà fait observer, les connaissances zoologiques n'étaient point assez exactes, ni assez multipliées de son temps pour établir un système invariable ; cependant ce grand homme en sentit l'importance, et ouvrit la marche à cet égard, en faisant entrer pour quelque chose la forme de l'Animal dans la composition du genre. En vain l'on pourra objecter que la plupart de ses applications comparatives des Animaux mollusques étaient fausses, il ne reste pas moins à Linné le mérite d'avoir fait le premier cette application ; faisant abstraction de l'importance de cette idée, et considérant ensuite son système comme simplement basé sur les caractères des Coquilles, il l'emporterait encore de beaucoup sur tous ceux qu'on avait établis avant lui. On pourra se convaincre de cette vérité par l'exposé rapide que nous allons en faire. Linné admet les trois coupes principales établies avant lui : les Multivalves, les Bivalves et les Univalves. Les Multivalves comprennent trois genres : *Chiton, Lepas* et *Pholas.* Les Bivalves sont divisées, comme il suit, en quatorze genres : 1. *Mya ;* 2. *Solen ;* 3. *Tellina ;* 4. *Cardium ;* 5. *Mactra ;* 6. *Donax ;* 7. *Venus ;* 8. *Spondylus ;* 9.

Chama; 10. *Arca;* 11. *Ostrea;* 12. *Anomia;* 13. *Mytilus;* 14. *Pinna.* Toutes les Univalves, dont les Serpules, les Dentales et le Taret ne furent pas séparés, sont renfermées dans dix-neuf genres : 1. *Argonauta;* 2. *Nautilus;* 3. *Conus;* 4. *Cypræa;* 5. *Bulla;* 6. *Voluta;* 7. *Buccinum;* 8. *Strombus;* 9. *Murex;* 10. *Trochus;* 11. *Turbo;* 12. *Helix;* 13. *Nerita;* 14. *Haliotis;* 15. *Patella;* 16. *Dentalium;* 17. *Sabella;* 18. *Teredo;* 19. *Serpula.* La plupart de ces genres sont bien circonscrits; cependant, à mesure que la science, appuyée d'une saine observation, a marché vers son but, on a trouvé des caractères échappés à Linné, assez solides pour démembrer ses genres en plusieurs autres. Le système qui vient de nous occuper présente, on ne peut en disconvenir, plusieurs défauts; mais il a l'avantage sur tous les autres, d'avoir indiqué des rapports de relation d'un genre à son voisin; d'avoir, dans les Bivalves, considéré la forme de la charnière comme un caractère essentiel pour la circonscription du genre; et, dans les Univalves, la forme de la bouche; il a rendu plus facile par-là, ainsi que par ses phrases caractéristiques, la détermination exacte de l'espèce. Son auteur a senti, mieux que personne avant lui, la valeur de mots techniques qu'il n'a jamais employés que pour signaler des différences réelles. On peut dire qu'il a mis les naturalistes sur le vrai chemin nécessaire pour atteindre la perfection que l'on peut désirer à la science des Coquilles. Malheureusement il n'est qu'un petit nombre de naturalistes qui aient senti l'importance des préceptes qu'il a donnés, et nous voyons des auteurs systématiques tomber dans les erremens des premiers conchyliologues; mais, comme les ouvrages de la seconde époque se multiplient beaucoup, qu'un certain nombre ont suivi strictement la méthode de Linné, que d'autres se sont contentés de publier sans méthode des recueils plus ou moins complets de figures, que d'au-

tres ont encore admis d'anciens systèmes, et que d'autres enfin ont cherché à la modifier, en la rendant plus parfaite, nous citerons de préférence les ouvrages de Geoffroy, de Müller, de Bruguière, de Draparnaud, de Poli, de Daudebard de Férussac, de Cuvier, de Lamarck, comme étant du nombre de ceux qui ont fait faire les plus grands pas à la science, et qui l'ont enfin placée à la hauteur des autres parties de l'histoire naturelle. Comme nous nous proposons, à l'article MOLLUSQUE, de donner un précis historique des travaux qui concernent les connaissances anatomiques de ces Animaux, nous y renvoyons. Après Adanson et Linné, nous aurons à citer, en 1758, l'ouvrage de Séba, qui, quoique mal fait sous le rapport des descriptions, a le mérite, ainsi que ceux de Regenfusen de la même année et de Knorr en 1764, d'augmenter de beaucoup, par de bonnes figures, le nombre des espèces connues. En 1767, Geoffroy, médecin-régent de la Faculté de Paris, après avoir publié les Insectes des environs de la capitale qu'il habitait, donna aussi un traité sommaire des Coquilles, tant fluviatiles que terrestres, qui s'y trouvent. Ce petit ouvrage, dans lequel on s'est servi des Animaux pour établir des genres, est réellement précieux pour la quantité de bonnes observations que l'on y rencontre; il divise les Coquilles terrestres et fluviatiles en univalves et en bivalves. Les univalves renferment cinq genres : 1° le Limas, *Cochlea;* 2° le Buccin, *Buccinum;* 3° le Planorbe, *Planorbis;* 4° la Nérite, *Nerita;* 5° l'Ancyle, *Ancylus.* Les bivalves sont divisées en deux genres : 1° la Came, *Chama;* 2° la Moule, *Mytulus.* Tous ces genres sont établis avec netteté sur les caractères tirés des Animaux et des Coquilles.

Après Geoffroy, en 1769, commença à paraître le grand recueil de figures publié par Martini. Ce recueil, le plus complet que nous ayons encore, est remarquable par le grand nombre de figures qu'il contient, par leur belle coloration et leur exactitude. Quant au système adopté pour la classification, il est calqué sur celui de Linné. Cet ouvrage fut commencé par Martini qui en donna lui-même les trois premiers volumes; les huit autres sont de Chemnitz et de Schrœter.

Nous citerons, sans nous y arrêter, les ouvrages de Dacosta, en 1770; six numéros d'une Conchyliologie de Schrœter, de la même année; une Classification systématique des Coquilles terrestres, de Murray, 1771, publiée dans les *Amœnitates Acad.* T. VIII; l'Histoire naturelle des Coquilles terrestres, 1772, de Schiracs. Nous nous hâterons d'arriver aux ouvrages de Müller, qui ont commencé à paraître dès 1773. Mais des deux ouvrages de cet auteur, le dernier est bien préférable; c'est de celui-là seul qu'il sera question: de même que Linné, l'auteur y admet les trois grandes coupes ou familles d'Univalves, de Bivalves et de Multivalves. Les changemens qu'il a fait subir à la méthode de Linné sont sensibles, surtout dans les Univalves qu'il partage en trois sections: 1° *Testacea univalvia, testâ perviâ*, qui renferme les genres *Echinus, Spatangus Dentalium*; 2° *Testacea univalvia, testâ patulâ*. Nous y trouvons onze genres, ce sont: *Akera, Argonauta, Bulla, Buccinium, Cerithium, Vertigo, Turbo, Helix, Planorbis, Ancylus, Patella, Haliotis*; 3° la troisième section des *Testacea univalvia, testâ operculatâ*, ne contient que les cinq genres *Trilonium, Trochus, Nerita, Valvata* et *Serpula*. Parmi les Bivalves dont les genres sont presque les mêmes que ceux de Linné, nous remarquons qu'il a judicieusement séparé des *Anomia* de ce dernier le genre des Térébratules. On voit par ce léger aperçu de l'ouvrage de Müller que, s'étant servi, comme Adanson, de la forme des tentacules et de la position des yeux, il est tombé comme lui dans quelques rapprochemens évidemment faux, comme de la *Bulla* à l'*Argonauta*, comme de la *Serpula* à la *Nerita*, et de quelques autres; mais, en général,

les genres, pris séparément, sont bien circonscrits; ils ressemblent d'ailleurs pour la plupart à ceux de Linné, ou en sont déjà des démembremens. — Schrœter, qui fit tant de travaux pour la Conchyliologie, qui l'enrichit d'espèces nouvelles en général médiocrement figurées, publia, en 1774, le premier numéro de son Journal de Minéralogie et de Conchyliologie. On connaissait déjà ce savant par quelques ouvrages dont un a déjà été cité, et il acquit ensuite une réputation méritée, non-seulement par des Mémoires publiés dans divers journaux, par son Introduction à la Conchyliologie de Linné, mais encore par son Histoire des Coquilles fluviatiles, spécialement de celles qui vivent dans les eaux de la Thuringe. Il est fâcheux que les figures dont cet ouvrage est accompagné soient médiocres.

En 1776, Dacosta donna en anglais et en français des Élémens de Conchyliologie; mais le système de cet auteur diffère trop peu de celui de Linné pour que nous devions nous y arrêter. Il publia aussi, en 1778, une Conchyliologie britannique assez complète. — Soldani, si célèbre par ses nombreuses recherches sur les Coquilles microscopiques, avait été devancé par Plancus. Quoiqu'il eût surpassé de beaucoup son prédécesseur, il ne put jouir pendant sa vie d'une réputation acquise par tant d'années de travaux et de recherches. Son ouvrage ne se vendit pas, et il en éprouva tant de chagrin, qu'après avoir mis en vente la dernière partie dont il ne sortit qu'un seul exemplaire de chez le libraire, il se décida à la détruire. Le feu consuma toute cette partie, et laissa incomplet le reste de l'ouvrage. Ce fait a été recueilli sur les lieux par Ménard de la Groye qui nous l'a raconté plusieurs fois. Quoi qu'il en soit, ce qui nous reste de la *Testaceographia ac Zoophytographia parva et microscopica*, 1789, suffit pour illustrer à jamais son auteur. Cet ouvrage dont nous ne chercherons pas à faire l'analyse, a besoin d'être vu et consulté souvent pour qu'on puisse l'apprécier ce qu'il vaut.

Quoique le système de Linné ait prévalu chez presque tous les conchyliologues, nous voyons néanmoins Favanne, en 1780, se servir encore de la méthode de D'Argenville, de laquelle, en donnant pour ainsi dire une nouvelle édition, il se contente d'augmenter d'un nombre assez considérable les bonnes figures. Dans la même année parut l'ouvrage de Born, que nous ne considérons, comme le précédent, que par les estampes. Il est intitulé : *Testacea Musei Cæsaris Vindobonensis.* — Martyn, en 1784, publia un Traité de Conchyliologie universelle qui est accompagné de bonnes planches et d'espèces en général peu connues. Chemnitz, à peu près dans le même temps, donna, dans un volume in-4° avec des figures, des observations sur une famille de Coquilles multivalves, les Oscabrions, qu'il regarde comme des Animaux articulés. Enfin, en 1792, parut la première partie du premier volume de l'Encyclopédie fait par Bruguière, qui ramena la Conchyliologie à ce qu'elle devait être, et la replaça avec succès dans le chemin où Linné l'avait mise, et d'où elle avait dévié. Bruguière rendit à la Conchyliologie l'importance qu'elle n'eût jamais dû perdre en France où fut son berceau; il en sut habilement rassembler les matériaux épars dans les ouvrages de ses prédécesseurs; se servant du système de Linné comme d'une base solide, il le modifia en y faisant entrer, pour servir à ses divisions, des caractères déjà aperçus, mais qu'on avait trop souvent méconnus. C'est ainsi qu'il se servit, comme Linné, de l'ancienne division en Multivalves, Bivalves et Univalves. L'importance des travaux de l'illustre Bruguière est telle, qu'on trouvera soigneusement rapportés à chacun des genres de Coquilles traités dans ce Dictionnaire, les modifications et les changemens qu'il fit subir à la science.

C'est à l'époque où florissait Bru-

guière que commença à paraître l'important ouvrage de Poli, si utile aux conchyliologues par les belles anatomies de Mollusques que l'on y trouve. Que de regrets nous devons éprouver qu'un si habile observateur ne nous ait donné que la partie des Multivalves et des Bivalves ! Ses ouvrages sont des dépôts où l'on viendra long-temps puiser les observations les plus précieuses pour classer convenablement cette partie des Invertébrés. — L'ouvrage d'Olivi, publié la même année, est bien inférieur au précédent; il présente pourtant d'utiles détails sur le même sujet, et il donne une liste assez complète de ce qui se trouve dans les eaux du golfe Adriatique. Nous reprocherons néanmoins à l'auteur de n'avoir dédié, sous le nom de *Lamarkia*, au célèbre auteur de la Flore Française et de tant d'autres grands ouvrages, qu'un chétif genre de production marine, formé de l'*Alcyonium cydonium*, *Bursa*, et d'Eponges. *V.* Spongodium.

Lamarck, qui avait marqué son époque dans la botanique par des ouvrages qui auraient seuls suffi pour constituer une brillante réputation, devenu, au Muséum d'Histoire Naturelle, professeur de zoologie pour les Animaux sans vertèbres, soumit cette nombreuse partie des êtres vivans à cet esprit de philosophie analytique qui caractérise tout ce qui sort de sa plume sévère. Il embrassa d'un coup-d'œil rapide tous les Invertébrés; et chacune des parties de la science qui renferme ceux-ci, a subi entre ses mains des modifications et des changemens qui dévoilent avec quelle justesse et quelle sagacité l'illustre professeur a saisi les lois générales par lesquelles la nature se régit, et paraît avoir conçu le vaste ensemble des êtres organisés vivans. On peut déjà se faire une idée des premiers travaux de l'auteur dans l'ouvrage qui a pour titre Système des Animaux sans vertèbres, publié en 1801. Les observations zoologiques y sont déjà assez nombreuses pour établir un système basé sur elles ;

et l'auteur s'en sert déjà pour établir les grandes divisions en Mollusques céphalés et en Mollusques acéphalés. L'une et l'autre de ces coupes sont divisées ensuite en Mollusques céphalés nus et en Mollusques céphalés conchylifères, enfin en Mollusques acéphalés nus et en Mollusques acéphalés conchylifères. Ces divisions principales, qui ne permettent plus d'agglomérations de genres incohérens, excluent d'abord de la série les coquilles des Vermisseaux marins des anciens, dont les Animaux doivent former une classe à part sous le nom d'Annelides. Les genres eux-mêmes, dont le nombre est considérablement augmenté, sont rangés presque tous dans le meilleur ordre de rapport. Bruguière, qui des trente-cinq genres de Linné en avait fait soixante-un, n'avait pas encore approché du nombre convenable pour rendre ces genres rigoureusement distincts et précis. Lamarck les augmenta alors de quatre-vingt-dix-huit, ce qui les porta en tout à cent cinquante-neuf.

Malgré ces changemens notables et nécessaires, nous voyons néanmoins la plupart des conchyliologues anglais, comme Montagu, Pennant, Pery, etc., suivre encore à la lettre le système de Linné, et quelquefois adopter les modifications de Bruguière; on dirait qu'ils ne veulent admettre aucun perfectionnement qui vienne de la France. Bientôt après le second Essai de Lamarck, parurent, dans les Annales du Muséum, les Mémoires de Cuvier sur les Mollusques, Mémoires qui serviront toujours de modèle aux esprits justes quand ils voudront aider les rapides progrès à la science; ces précieux matériaux ont servi de base au système exposé dans le premier des deux tableaux ci-joints.

En 1803, Fichtel et Moll publièrent une brochure in-4°, qui renferme beaucoup de Nautiliacés microscopiques très-bien figurés. Cet ouvrage peut être considéré comme un complément à celui de Soldani.

Draparnaud, le meilleur ami de Bory de Saint-Vincent, dont la variété des connaissances égalait celle de notre savant collaborateur, et que les sciences ont perdu par une mort prématurée, Draparnaud laissa après lui un excellent ouvrage sur les Coquilles terrestres et fluviatiles de la France. Il adopta les deux grandes coupes de Lamarck, les Céphalés et les Acéphalés, et dans cette première division, sous le nom général de Gastéropodes, il rangea toutes les Coquilles terrestres qui rampent sur un disque ou pied placé sous le ventre. Il proposa plusieurs nouveaux genres tous établis avec cette sagacité qui le caractérisait, et décrivit un assez grand nombre de nouvelles espèces. Son ouvrage, orné d'excellentes figures dessinées par l'auteur et gravées par l'habile Grateloup, est nécessaire à quiconque veut s'occuper de la matière sur laquelle l'infortuné Draparnaud a jeté un si grand éclat. — Férussac, connu par son magnifique ouvrage des Coquilles terrestres et fluviatiles, donna, en 1807, une seconde édition d'un opuscule de son père, qu'il augmenta d'excellentes observations, et qui est important sous ce rapport qu'il présente un tableau de concordance dans la synonymie de Geoffroy, Poiret, Draparnaud, Müller et Linné. Suivant l'idée de son père, il propose de faire coïncider les caractères pris de l'Animal avec les caractères tirés de la coquille, chose ordonnée par l'exemple de Linné et qu'aucun conchyliologue ne devrait oublier. — Denis de Montfort, auquel on peut reprocher non-seulement de faire inutilement une foule de genres, mais encore le défaut plus grave de ne pas être toujours exact, donna, en 1808, deux volumes d'une Conchyliologie méthodique; le premier renferme les Coquilles univalves cloisonnées, et le second les Coquilles univalves non cloisonnées. Cet ouvrage présente quelques genres à conserver, et il a surtout le mérite d'avoir fixé l'attention des naturalistes sur les Coquilles cloisonnées microscopiques. —

En 1811, Megerle a donné, dans le Magasin de Berlin, un nouveau système de Conchyliologie dont la partie qui traite des Bivalves seulement a paru.

Lamarck, en 1812, dans une petite brochure intitulée Extrait du Cours, etc., fait pressentir les changemens qu'il se propose de faire subir à sa première méthode, changemens qu'il commença à établir en 1815, et qu'il termina en 1822. Cet ouvrage, l'un des plus importans qui aient été publiés sur les Animaux sans vertèbres, présente pour les Mollusques une division basée à la fois sur les caractères pris dans les Animaux, ce qui sert à former les principales coupes, et sur ceux tirés de la coquille, qui servent presque toujours seuls à former les genres. Le tableau que nous en donnons servira plus à l'intelligence du système, que ce que nous pourrions en dire. Nous renvoyons également au tableau des Conchifères, que nous avons présenté à ce mot. Il est inutile de dire que cette méthode, quelque bonne qu'elle soit, a pourtant des défauts : le plus grave, à notre avis, est d'avoir trop donné d'importance aux caractères tirés des Coquilles; mais aussi on peut dire que ces moyens présentent de très-grands avantages pour grouper par familles ou par genres, et mettre tout en rapport de formes.

Cuvier, en 1817, considérant les Mollusques plutôt d'après les rapports de structure interne que d'après tout autre, donna aux caractères tirés des différences organiques une bien plus grande importance que ne l'avait fait Lamarck lui-même, ce qui le ramena aussi à diminuer le nombre des genres, mais à admettre dans ceux-ci, avec la désignation de sous-genres, un certain nombre de coupes secondaires dans lesquelles rentrent presque tous les genres que Lamarck avait proposés dans la première édition de son Système.

Un auteur ingénieux dans ses systèmes, qui a jeté sur l'anatomie comparée de grandes lumières, aussi habile professeur que savant naturaliste,

Blainville, dès 1814, posa à son tour les fondemens d'une nouvelle classification des êtres vivans, à laquelle il donna quelques développemens, en 1816, dans le Journal de physique etc. (octobre). Voici, pour la partie des Mollusques, ce qu'il a proposé. Il divise les Mollusques ou Malacozoaires en deux classes, en Céphalophores et en Acéphalophores (Mollusques céphalés et acéphalés, Cuv.). Les Céphalophores se distinguent en espèces qui ont les organes de la respiration et la coquille symétriques, et en espèces qui ne sont pas symétriques. Les premières ou les symétriques sont distinguées : 1° en Cryptodibranches, 2° Ptérodibranches, 3° Polybranches, 4° Cyclobranches, 5° Inférobranches, 6° Nucléobranches, 7° Cervicobranches. Les non symétriques sont distinguées : 1° en Chismobranches, 2° Pulmobranches, 3° Syphonobranches, 4° Monopleurobranches. La seconde classe ou les Acéphalophores est divisée en trois ordres : 1° les Palliobranches, 2° les Lamellibranches, 3° les Hétérobranches, divisés eux-mêmes en fixés ou Ascidines simples et agrégés, et en libres ou Biphores simples et agrégés aussi. On voit par cet exposé que c'est sur la disposition des organes de la respiration que sont fondées les coupes principales. Pour juger de la solidité de ces coupes, il sera nécessaire d'en voir l'application détaillée que Blainville ne tardera pas sans doute à publier. On voit aussi que, d'après l'opinion de Desmarest, de Cuvier, etc., et contre celle de Lamarck, il admet les Tuniciers parmi les Mollusques, ce que Férussac a également fait depuis. La nouveauté de noms inusités et la plupart un peu longs, adoptés par le savant Blainville, sera le principal obstacle que pourra rencontrer l'adoption de son système, car telle est l'influence d'une nomenclature où l'harmonie n'est pas trop sacrifiée à l'exactitude, que celle de Linné fut l'un des principaux élémens du succès de ses immortels travaux.

Notre collaborateur Férussac, du-

			GENRES.
CÉPHALOPODES.			Sèches, Nautiles, Bélemnite, Hippurite, Ammonite, Camérines, Argonautes.
PTÉROPODES.	A tête distincte.		Clio, Clergodore, Cymbulie, Limacine.
	Sans tête.		Hyale.
GASTÉROPODES.	Nudibranches.		Doris, Polycère, Tritonies, Téthys, Scyllée, Glaucus, Éolides, Tergipe.
	Inférobranches.		Phyllidie, Diphyllide.
	Tectibranches.		Pleurobranche, Aplysie, Dolabelle, Notarches, Acéres.
	Pulmonés.	Pulmonés terrestres.	Limaces, Escargots, Clausilies, Agathines.
		Pulmonés aquatiques.	Onchydie, Planorbe, Lymnée, Physe, Auricule, Mélampe, Actéon, Pyramidelle.
	Pectinibranches.	Trochoïdes.	Sabot, Toupie, Conchylie, Nérites.
		Buccinoïdes.	Cornet, Porcelaine, Ovule, Tarière, Volute, Buccins, Cérithes, Rochers, Strombes.
		Cachés.	Sigaret.
	Scutibranches.	Non symétriques.	Hormier, Cabochons, Crépidules.
		Symétriques.	Fissurelle, Émarginule, Septaire, Carinaire, Calyptrée.
	Cyclobranches.		Patelle, Oscabrion.
ACÉPHALES.	Testacés. à un muscle.	Ostracés.	Huître, Anomie, Placune, Spondyle, Marteau, Vulselle, Perne.
			Aronde, Jambonneau, Arche.
	à 2 muscles	Mytilacés.	Moules, Anodontes, Mule, Cardites, Crassatelles.
		Bénitiers.	Tridacne.
		Cardiacés.	Came, Bucarde, Donaces, Cyclades, Corbeilles, Tellines, Loripèdes, Lucine, Vénus, Corbule, Mactre.
	Enfermés.		Mye, Gastrochène, Byssomie, Hyatelle, Solen, Pholade, Taret, Fistulane.
	Sans coquille	Simples.	Biphore, Ascidies.
		Composés.	Botrylle, Pyrosome, Polyclinum.
BRACHIOPODES.			Lingule, Térébratule, Orbicule. Lepas.

LES MOLLUSQUES.

LES GASTÉROPODES.	ne respirant que l'eau (*hydrobranches*).	Branchies dans une cavité particulière, dorsale		. . . Les CALYPTRACIENS.
		Branchies dans une cavité particulière, vers la partie postérieure du dos, et recouvertes, soit par le manteau, soit par un écusson operculaire.	Point de tentacules. . . .	. . . Les BULLÉENS.
			Des tentacules.	. . . Les LAPLYSIENS.
	Branchies rampantes sous la forme d'un réseau vasculaire dans une cavité ouverte à l'air atmosphérique (*pneumobranches*). . .			. . . Les LIMACIENS.
LES TRACHÉLIPODES.	Trachélipodes, sans siphon saillant, respirant en général par un trou, presque tous *phytiphages* munis de mâchoires. Coquille à ouverture entière. . .	Trachélipodes ne respirant que l'air. . .	Ceux qui habitent hors des eaux. . .	. . . Les COLIMACÉS.
			Ceux qui habitent les eaux, mais qui respirent l'air. . .	. . . Les LYMÉENS.
		Trachélipodes ne respirant que l'eau. . .	Coquille fluviatile, dont le bord gauche n'imite pas une demi-cloison. .	Coquille à bords désunis. . Les MÉLANIENS.
				Coquille à bords réunis. . . Les PÉRISTOMIENS.
			Coquille fluviatile ou marine, dont le bord gauche imite une demi-cloison.	. . . Les NÉRITACÉS.
			Coquille marine dont le bord gauche n'imite pas une demi-cloison,	Coquille flottante à la surface de l'eau. . Les JANTHINES.
				Coquille non flottante, ouverture très-ample; point de columelle. . Les MACROSTOMES.
				Ouverture sans évasement particulier; des plis à la columelle. . Les PLICACÉS.
				Point de plis à la columelle; les bords de l'ouverture réunis. . Les SCALARIENS.
				Point de plis à la columelle; bords de l'ouverture désunis. . Les TURBINACÉS.
	Trachélipodes à siphon saillant, ne respirant que l'eau. Tous marins *zoophages* sans mâchoires; ouverture de la coquille, canaliculée, échancrée ou versante à la base. . .		Coquille canaliculée à la base; bord droit de l'ouverture ne changeant point de forme avec l'âge. . .	. . . Les CANALIFÈRES.
			Coquille canaliculée à la base; bord droit changeant avec l'âge; et ayant un sinus inférieurement.	. . . Les AILÉES.
			Coquille ayant un canal court, ascendant postérieurement, ou une échancrure oblique en demi-canal, se dirigeant sur le dos.	. . . Les PURPURIFÈRES.
			Point de canal à la base de l'ouverture, mais une échancrure; des plis à la columelle. . . .	. . . Les COLUMELLAIRES.
			Coquille échancrée, enroulée, le dernier tour enveloppant presque entièrement tous les autres. . . .	. . . Les ENROULÉS.
Céphalopodes polythalames.	Coquille multiloculaire à cloisons simples. . .		Coquille droite ou presque droite; point de spirale. . .	. . . Les ORTHOCÉRÉES.
			Coquille partie en spirale, le dernier tour terminé en ligne droite.	. . . Les LITUOLÉES.
			Coquille semi-discoïde à spire excentrique. . .	. . . Les CRISTACÉS.
			Coquille globuleuse, sphéroïdale ou ovale; *tours enveloppans* ou tours réunis en tunique.	. . . Les SPHÉRULÉES.
			Coquille discoïde à spire centrale, loges rayonnantes du centre à la circonférence. . .	. . . Les RADIOLÉES.

LES ... USQUES.

quel il ne nous est pas permis de faire, dans un ouvrage où il travaille, un éloge mérité cependant par d'utiles travaux, vient d'ajouter aux ouvrages ci-dessus mentionnés une magnifique histoire des Coquilles terrestres et fluviatiles. Cet important Recueil, publié par livraisons, fut commencé en 1819, et se continue avec éclat. La beauté des planches, qui l'emporte sur tout ce que l'on a fait jusqu'ici, correspond à la perfection du texte. Sowerby publie également en Angleterre des figures de Coquilles fossiles, qui méritent l'estime dont elles jouissent parmi les savans.   (D..H.)

CONCHYLIOTYPOLITHES. On a donné ce nom aux empreintes de Coquilles fossiles dont le moule a disparu.   (B.)

* CONCHYTES. MOLL. FOSS. Nom générique appliqué autrefois aux Patelles et aux Conchifères fossiles.
          (D..H.)

CONCILIUM. BOT. PHAN. (Pline). Syn. probable de Jasione. *V*. ce mot.
          (B.)

* CONCIRRUS. POIS. Syn. de Cirrhite tachetée. *V*. CIRRHITE.   (B.)

CONCOMBRE. *Cucumis.* BOT. PHAN. L'un des genres les plus intéressans et les plus considérables de la famille des Cucurbitacées. Il se compose d'un grand nombre d'espèces annuelles, toutes exotiques et dont plusieurs sont cultivées dans nos jardins potagers, et nous offrent des fruits aussi salutaires que délicieux. Ses caractères consistent en : un calice adhérent par sa base avec l'ovaire infère, à cinq divisions recourbées; une corolle monopétale régulière, campanulacée et à cinq lobes, intimement soudée et confondue par sa base avec le calice. Dans les fleurs mâles, on trouve cinq étamines réunies en trois faisceaux, savoir : deux faisceaux ou filets soudés, portant chacun deux anthères linéaires et recourbées trois fois sur elles-mêmes, et un faisceau formé d'une seule étamine. Au centre des fleurs mâles, on voit un tubercule charnu, trilobé, recouvert par les étamines. Dans les

fleurs femelles, le style est court et surmonté par trois gros stigmates, ordinairement bilobés. Le fruit est une péponide de forme et de consistance variées; elle est ordinairement relevée de côtes plus ou moins nombreuses, tantôt entièrement charnue, tantôt plus ou moins dure et coriace à l'extérieur : tels sont les caractères du genre Concombre. Il se rapproche beaucoup du genre Courge, *Cucurbita*, dont il ne diffère guère que par sa corolle campanulée, qui est étalée et comme rosacée dans ce dernier genre.

On compte un grand nombre d'espèces de Concombres; mais nous n'entrerons dans quelques détails que pour les trois qui offrent le plus d'intérêt, savoir : le Concombre ordinaire, la Coloquinte et le Melon. Nous nous contenterons d'indiquer quelques autres espèces.

Le CONCOMBRE CULTIVÉ, *Cucumis sativus*, L. Cette espèce s'étale sur la terre. Sa tige est fort longue, rameuse, cylindrique, très-rude au toucher, ainsi que ses feuilles qui sont pétiolées, échancrées en cœur à leur base, découpées en cinq lobes aigus et inégaux. De l'aisselle des feuilles naissent de longues vrilles simples, tordues en spirale. Les fleurs sont monoïques; les mâles, plus nombreuses que les femelles, ont le calice campanulé, velu, à cinq divisions linéaires et réfléchies; la corolle campanulée, à cinq lobes acuminés à leur sommet. Dans les fleurs femelles, l'ovaire est très-allongé, hérissé de piquans très-rudes. La corolle offre la même forme. Les fruits sont allongés, obtus à leurs deux extrémités, ayant leur surface lisse ou hérissée, tantôt blanche, tantôt verte, tantôt jaune, suivant les variétés. Le Concombre est originaire d'Orient. Ses fruits forment un aliment assez agréable. Ils sont peu nourrissans, fort aqueux, et d'un goût peu prononcé; mais dans l'été, on les voit assez fréquemment paraître sur la table des riches de Paris, tandis que les pauvres du midi de l'Espagne s'en nourrissent habituellement. Ordinairement on les fait cuire et on les assaisonne de différentes manières. Quelquefois on les mange crus, après les avoir coupés par tranches minces que l'on arrose avec du vinaigre. Cette Plante présente plusieurs variétés qui tiennent à leur forme, à leur grosseur et à leur couleur : tels sont le *Concombre blanc*, dont la peau est blanchâtre et lisse, et que l'on estime beaucoup à Paris ; le *jaune* qui a la peau d'un jaune plus ou moins intense ; le *vert petit* connu surtout sous le nom de *Cornichons*, et dont on confit les fruits au vinaigre ; le *Concombre de Russie* qui est fort petit, presque rond, et dont les fruits sont groupés par bouquets ; c'est la variété la plus hâtive.

La culture du Concombre diffère peu de celle du Melon que nous exposerons tout à l'heure avec plus de détails. Les graines doivent être semées au commencement de mars sur des couches à Melon ; on repique les jeunes pieds en avril sur des couches sourdes, ou bien on les met en pleine terre, au commencement de mai, dans des trous que l'on a eu soin de remplir de bon terreau. Les graines de Concombre peuvent se conserver pendant huit à dix ans sans se détériorer.

Le MELON, *Cucumis Melo*, L. Originaire des contrées les plus chaudes de l'Asie, le Melon est cultivé en Europe depuis un temps immémorial. Il se distingue du Concombre par ses feuilles plus grandes, à lobes arrondis et moins profonds, et par ses fruits plus gros, globuleux ou ovoïdes, ayant la chair rougeâtre, fondante, sucrée et d'un goût agréable. Les Melons sont fort recherchés en été et font l'ornement des repas les plus somptueux. Aussi leur culture est-elle fort étendue et pratiquée avec un soin particulier. Le nombre des variétés qu'elle a produites est extrêmement considérable. On peut les rapporter à trois races principales qui ont pour types : le Melon Maraicher ou galeux, le Cantaloup et le Melon de Malte. Les variétés du *Melon Maraicher* sont faciles à reconnaître à leur

surface qui est grisâtre, crevassée et rugueuse. Elles manquent en général de côtes et sont peu estimées. On distingue surtout parmi elles : le *Sucrin de Tours*, dont la chair est rouge, ferme et très-sucrée ; le *Melon de Honfleur* qui est allongé, d'une grosseur très-considérable, très-fondant et d'un bon goût.

Les *Melons Cantaloups* sont sans contredit les plus estimés et les plus délicats. On les reconnaît à leurs côtes très-saillantes, séparées par des sillons profonds, à leur surface qui est verte, jaune ou quelquefois d'un brun plus ou moins intense, et très-inégale. Leur chair est fort épaisse ; mais il n'y a guère que leur moitié interne qui soit tendre et bonne à manger. On distingue parmi les meilleures variétés : le petit et le grand Prescott, la Boule de Siam, le Fin hâtif, etc.

Les *Melons de Malte*, qui forment la troisième race, se distinguent par leur peau fine, peu épaisse et lisse. Leur chair est blanche ou rouge, suivant les variétés qui sont peu nombreuses.

Dans certaines provinces du midi et même du centre de la France, les Melons n'exigent pas beaucoup de soins de la part du cultivateur. On les sème en plein champ, après avoir bien préparé et surtout bien fumé la place qu'ils doivent occuper, et là ils mûrissent leurs fruits ; mais à Paris, la culture des Melons, et surtout celle des bonnes espèces, telles que les Cantaloups, est fort dispendieuse. Nous allons la faire connaître en peu de mots. Lorsque l'on veut avoir des Melons de primeur, il faut semer les graines à la fin de janvier ou au commencement de février, sous châssis ou dans des baches convenablement chaudes. Pour cela, on enterre des pots d'environ quatre pouces d'ouverture, remplis de terreau bien consommé et dans lesquels on place une ou quelquefois deux graines. Quand les graines sont levées, on les accoutume graduellement au jour et à la température extérieure, en enlevant les paillassons et en soulevant légèrement les châssis dans les beaux jours, et surtout ceux où le soleil luit. Il est inutile de prévenir que, quand le froid est trop vif et surtout pendant la nuit, les paillassons, qui couvrent les châssis, ne doivent pas être enlevés. A l'époque où la jeune Plante a déjà poussé deux feuilles, sans compter les deux cotylédons ou feuilles séminales, on pince le bourgeon terminal, opération qui favorise le développement des bourgeons latéraux, sur lesquels les fleurs se développent principalement. C'est alors le temps de mettre en place les jeunes plants. A cet effet, on prépare une couche inclinée vers le midi, pleine de terreau, mélangée d'environ un sixième de terre franche, et recouverte de châssis; on place les jeunes plants sans les démotter, de manière à laisser entre eux un espace convenable, pour que leurs ramifications puissent se développer facilement. Tant que le froid ne permet pas de les exposer à l'air, on les recouvre des châssis que l'on ouvre plus fréquemment, à mesure que le temps devient plus doux et les jeunes plants plus vigoureux. Enfin, on les découvre entièrement, lorsque l'on n'a plus à redouter les gelées. On a soin d'arroser convenablement jusqu'à la parfaite maturité des fruits, et de retrancher les branches gourmandes ou les fleurs mâles surabondantes qui fatiguent inutilement le sujet. Lorsque les fruits approchent de leur maturité, on les soulève, on les place sur une tuile ou sur un morceau de planche. Ce procédé a l'avantage de permettre la libre circulation de l'air tout autour du fruit, et de faciliter sa maturation.

Lorsque l'on veut manger les Melons six semaines ou deux mois plus tard, on s'évite beaucoup de soins et de dépenses. On sème en avril sous châssis ou simplement sur couche bien préparée, et l'on recouvre d'une cloche chaque place où l'on a semé une graine. On recouvre les cloches de paille ou de paillassons pendant les nuits froides. On donne fréquem-

ment de l'air; et enfin on enlève les cloches quand la chaleur permet d'exposer les jeunes Plantes à l'air libre. Ce procédé, beaucoup moins dispendieux, donne des fruits incomparablement plus savoureux.

La Coloquinte, *Cucumis Colocynthis*, L., vulgairement Concombre amer. L'Asie septentrionale est la patrie de cette Plante. On la trouve également dans les îles de l'Archipel. Elle est annuelle, et présente une tige herbacée, couchée à terre ou s'élevant sur les corps voisins, au moyen des vrilles nombreuses qui naissent sur les côtes de ses feuilles; cette tige est charnue, cassante, cylindrique, et porte des feuilles alternes, subréniformes, aiguës, pubescentes, à cinq lobes dentés et aigus. Aux fleurs femelles succèdent des fruits globuleux, jaunes, de la grosseur d'une Orange, glabres et recouverts d'une écorce dure, coriace, assez mince, renfermant une pulpe blanche et spongieuse, dans laquelle on trouve des graines nombreuses, ovales, comprimées et blanches. Cette pulpe et ces graines sont d'une amertume excessive. On en fait usage comme d'un médicament violemment purgatif. La Coloquinte du commerce est le fruit dépouillé de son enveloppe crustacée. Elle est en masses blanches et spongieuses, désignées sous le nom vulgaire de Pommes de Coloquinte. Son excessive amertume provient de la résine qu'elle contient. C'est un drastique très-violent et que l'on ne doit administrer qu'avec de grandes précautions, et à fort petites doses, dans les hydropisies passives, la manie, l'apoplexie séreuse, etc. On donne six à douze grains de Coloquinte que l'on peut au plus porter jusqu'à vingt et vingt-quatre. (A. R.)

Les jardiniers nomment vulgairement:

Concombre de carême, une variété de Courge.

Concombre d'hiver ou de Malte, des variétés de Giraumont.

Concombre aux anes, le *Momordica Elaterium*.

On appelle à Cayenne CONCOMBRE SAUVAGE, le *Melothria pendula*. (B.)

*CONCOMBRES DE MER. ÉCHIN. Plusieurs Holothuries et quelques autres Echinodermes de forme allongée sont ainsi nommés par les marins et les pêcheurs de nos côtes. (LAM..X.)

CONCOMBRES PÉTRIFIÉS. ÉCHIN. FOSS. Des pointes d'Oursins et des Alcyons fossiles ont été nommés ainsi par les anciens naturalistes. (LAM..X.)

*CONCORDITA. POIS. Syn. sarde de *Mugil Cephalus*. *V*. MUGE. (B.)

CONCRÉTIONS. MIN. ZOOL. BOT. Toute substance solide, irrégulière, formée, dans des milieux moins denses, de particules qui se sont agglomérées plus ou moins lentement, a reçu le nom de Concrétion. On en rencontre dans les trois règnes ; mais l'acception de ce mot n'est pas toujours la même. En minéralogie, par exemple, tantôt on nomme Concrétion une substance pierreuse et saline dont la structure en couches parallèles s'emboîtant les unes dans les autres, indique une formation lente et successive ; ce n'est qu'un état différent du même corps. Ce cas est très-fréquent dans la nature : les Stalactites, les Stalagmites, l'Albâtre sont des Concrétions de Carbonate ou de Sulfate calcaires ; toutes les variétés de Minéraux, dites concrétionnées, se rangent aussi sous cette même manière de voir. *V*., quant à leur histoire particulière, chacune des espèces auxquelles elles appartiennent. Les minéralogistes entendent encore par Concrétions les nodules ou parties grossièrement arrondies que l'on rencontre dans l'intérieur de certaines roches ou des terrains calcaires, schisteux et argileux. Leur consistance est toujours plus grande que celle de ces terrains ; leur composition souvent dissemblable, et les formes bizarres qu'elles affectent quelquefois, les ont fait distinguer par des noms tirés des objets avec lesquels on a voulu leur trouver de la ressemblance. Ainsi plusieurs de ces Concrétions ont été nommées Priapolithe, Ostéocolle, Tête-de-Chat, etc. *V*. ces mots.

Les Animaux, de leur côté, n'offrent malheureusement que trop d'exemples de Concrétions. Comme ce sont des corps entièrement inorganiques et inertes, loin d'être essentiels à la vie, leur présence est presque toujours funeste ; elle indique d'ailleurs une précession de phénomènes morbides qui ont plus ou moins lésé les organes. Tels sont les calculs biliaires, arthritiques, etc. Cette classe de Concrétions est très-nombreuse ; non-seulement les calculs diffèrent entre eux par l'organe où ils sont logés, mais encore leur nature varie singulièrement dans le même organe : ainsi les calculs vésicaux, pour nous borner à un seul exemple, sont très-diversifiés, chimiquement parlant, quoiqu'ils se présentent tous sous forme concrétionnée. Les viscères de certains Animaux contiennent quelquefois des Concrétions auxquelles on attribuait jadis de merveilleuses propriétés, et que l'on nommait Bézoards. On a aussi appliqué la dénomination d'Egagropiles à celles dont la formation était due à des substances ingérées parmi les alimens des Animaux, et qui constituaient de véritables masses agglomérées. *V*. les mots CALCUL, BÉZOARD et EGAGROPILE.

Dans le règne végétal, les Concrétions sont plus rares ; cela tient probablement à la simplicité et à l'uniformité de leurs sucs alimentaires. Cependant on en a observé de bien singulières et dont il est difficile de concevoir la formation. Telles sont, par exemple, les Concrétions siliceuses du Bambou et d'autres Graminées. Dans la charpente toute calcaire de quelques Plantes aquatiques, comme celle de certains Chara qui, selon Théodore de Saussure, contiennent 74 pour 100 de Carbonate de Chaux, ne pouvons-nous pas aussi voir une sorte de Concrétion ? Ce sont en effet, de même que les calculs animaux, des corps produits par des dépôts successifs de molécules inorganiques et qui tendent à la désorganisation complète de l'individu. (G..N.)

CONDAGA. MOLL. Syn. malais de *Cypræamoneta*, vulgairement Cauris. (B.)

CONDALIE. *Condalia*. BOT. PHAN. L'absence des pétales et l'unité de style ont été les motifs qui ont engagé Cavanilles à établir ce genre rapporté aux Jujubiers par Ortéga, quoique ceux-ci aient tous des pétales et un double style. Si l'on conserve ce genre, il doit être placé parmi les Rhamnées et dans la Pentandrie Monogynie, L.; ses fleurs sont néanmoins assez souvent tétrandres, mais ses affinités avec les Rhamnus empêchent de les éloigner, quel que soit le système adopté. Il se compose d'une seule espèce, *Condalia microphylla* (*Cav. Icon.* T. VI, p. 16, t. 525) ou *Ziziphus myrtoides*, Ortéga. C'est un Arbuste épineux, indigène du Chili.

Ruiz et Pavon ont aussi établi un genre sous le même nom, mais qui est identique avec le Coccocypsile. *V.* ce mot. (G..N.)

* CONDANAROUSE. REPT. OPH. (Daudin.) Syn. indien de *Coluber lineatus*, L., espèce du genre Couleuvre. *V.* ce mot. (B.)

* CONDANG. BOT. PHAN. (Rumph.) Syn. malais de *Ficus bengalensis* que Loureiro rapporte à tort à son *Ficus auriculata*. *V.* FIGUIER. (B.)

* CONDANG-WARU. BOT. PHAN. (Burmann.) Syn. javanais d'*Hibiscus tiliaceus*. *V.* KETMIE. (B.)

CONDEA. BOT. PHAN. (Adanson.) Syn. de *Satureia americana*, Poir. *V.* SARIETTE. (B.)

* CONDENSATION. CHIM. MIN. Phénomène du rapprochement des molécules des corps, qui s'opère presque toujours au moyen d'une soustraction de calorique. (DR..Z.)

* CONDER. BOT. PHAN. (Avicenne.) Syn. arabe d'Encens. *V.* ce mot.

* CONDI, CONDISI ET CONDISIUM. BOT. PHAN. (Daléchamp.) Syn. arabe de *Gypsophila Struthium*. *V.* GYPSOPHILE. (B.)

CONDIO. MAM. Syn. finlandais d'Ours brun. (A. D..NS.)

* CONDI-PALI. BOT. PHAN. Une Clématite indéterminée de la côte de Coromandel. (B.)

CONDISI ET CONDISIUM. BOT. PHAN. *V.* CONDI.

CONDOMA. MAM. Espèce du genre Antilope. *V.* ce mot. (B.)

* CONDONDOUG. BOT. PHAN. Que Rumph nomme *Condondum*. Syn. malais de *Spondias amara*, L. *V.* SPONDIAS. (B.)

CONDOR. OIS. Espèce du genre Catharte. *V.* ce mot. (B.)

CONDORI ou CONDOUMANI. BOT. PHAN. *V.* ADENANTHERA.

CONDOUS. MAM. Même chose que Condoma. *V.* ce mot. (B.)

* CONDRACHANTE. INTEST. *V.* CHONDRACHANTE.

CONDRILLE. *Chondrilla*. BOT. PHAN. *V.* CHONDRILLE.

* CONDRIS ou CHONDRIS. BOT. PHAN. (Pline.) Syn. présumé de *Marrubium Pseudo-Dictamnus*. (B.)

* CONDRODITE ou CHONDRODITE. MIN. Brucite des Américains. Nom donné par Berzélius à une substance minérale qui ne s'est encore présentée que sous la forme de grains brunâtres, à texture lamelleuse, disséminés dans une gangue calcaire. Ce savant la regarde, d'après l'analyse qu'il en a faite, comme un Silicate de Magnésie, pénétré d'Oxide de Fer. Haüy lui assigne pour forme primitive un prisme rectangulaire dont la base est oblique, et repose sur une arête horizontale, en faisant avec le pan adjacent un angle de 112 d. 12'. Sa pesanteur spécifique est de 3,2. Elle a un degré de dureté suffisante pour rayer le verre. Elle est infusible sur le charbon; l'action de la chaleur lui fait perdre seulement sa couleur et la rend opaque. Elle fond avec le Borax en un verre transparent et légèrement coloré. Ce Minéral a été d'abord découvert à New-Jersey, aux Etats-

Unis, dans le Calcaire lamellaire qui renferme le Graphite; il y est disséminé en petites masses arrondies et jaunâtres, que les minéralogistes du pays prirent pour une variété de Titane silicéo-calcaire. La même substance a été retrouvée depuis en Finlande, dans la gangue de la Pargasite, et à Aker en Sudermanie, dans un Calcaire laminaire. Berzélius reconnut bientôt qu'elle devait former une espèce nouvelle, à laquelle il donna le nom de Condrodite. La chimie et la cristallographie concoururent ensuite à prouver l'identité du Minéral de Finlande avec celui des États-Unis. (G. DEL.)

* CONDUCTEUR DU REQUIN ET CONDUCTEUR DE L'ÆGLEFIN. POIS. Noms vulgaires d'espèces de Gade et de Centronote. *V.* ces mots. (B.)

* CONDUM-NAGOU. REPT. OPH. (Russel.) Probablement la même chose que Comban-Nagou. *V.* ce mot. (B.)

CONDUR. OIS. Même chose que Condor. *V.* ce mot.

CONDURDUM. BOT. PHAN. (Pline.) Plante qu'il est impossible de reconnaître sur ce que les anciens rapportent de ses propriétés antiscrophuleuses, et où cependant quelques-uns ont vu le *Valeriana rubra*, L. (B.)

* CONDURI. BOT. PHAN. Qu'il ne faut pas confondre avec Condori (*Adenanthera.*) Graine rouge marquée de noir que Linscot dit servir de monnaie à la Chine, et qui paraît être l'*Abrus precatorius*, L. (B.)

* CONDYLE. ZOOL. *V.* SQUELETTE et OS.

* CONDYLOCARPE. *Condylocarpus*. BOT. PHAN. Dans le huitième volume des Mémoires du Muséum (p. 119, t. 2), le professeur Desfontaines a décrit et figuré un nouveau genre de la famille des Apocynées, extrêmement rapproché du genre *Echites* dont il diffère seulement par son fruit. Le CONDYLOCARPE DE LA

GUIANE, *Condylocarpus guiannensis*, Desf. (*loc. cit.*), est un Arbrisseau dont la tige est ligneuse, les rameaux flexibles, noueux à la naissance des feuilles, très-légèrement striés et tuberculeux. Ses feuilles sont ternées, elliptiques, lancéolées, entières, lisses et persistantes, portées sur des pétioles grêles, longs de quatre à cinq lignes. On ne connaît point encore ses fleurs. Le fruit se compose de deux follicules dont un avorte quelquefois; ils sont formés chacun de trois ou quatre lobes oblongs, aplatis, un peu épais, articulés les uns à la suite des autres, rétrécis au point de jonction, longs d'un pouce ou plus, sur quatre à cinq lignes de largeur. Ils restent indéhiscens et se séparent les uns des autres à l'époque de leur maturité; chacun d'eux renferme une seule graine, allongée et sans aigrette.

Cet Arbrisseau a été découvert par Martin à la Guiane française. Nous en possédons un échantillon recueilli au Brésil par le baron de Langsdorff. (A. R.)

*CONDYLOPES. ZOOL. Nom formé de deux mots grecs qui signifient *nœud* et *pied*, et sous lequel Latreille (Mém. du Mus. d'Hist. Nat. T. VIII, p. 169) propose de désigner les Animaux articulés, à pieds articulés, ou les Insectes de Linné qui comprennent trois classes, les Crustacés, les Arachnides et les Insectes. *V.* ARTICULÉS. (AUD.)

CONDYLURE. MAM. Genre de Carnassiers insectivores, caractérisé par six incisives en haut, dont les deux intermédiaires sont très-larges, garnissent tout le bord de la mâchoire et sont creusées en cuiller, à tranchant un peu oblique; les deux incisives latérales, longues et coniques, ressemblent à des canines; quatre incisives en bas, aplaties, inclinées en avant et en forme de cuiller; trois fausses molaires coniques en haut, suivies de quatre vraies molaires formées chacune de deux replis d'émail dessinant deux tubercules aigus sur le côté interne, et une gouttière sur le côté externe ; il y a un talon évidé à la base interne de ces quatre dents qui vont en augmentant de volume jusqu'à la troisième, la quatrième et dernière étant moindre que celle qui la précède. Il y a en bas cinq fausses molaires à plusieurs lobes, dont la première, qui est de beaucoup plus grande, a trois lobes, ainsi que la seconde où le lobe postérieur est le plus apparent ; la troisième a quatre lobes, la quatrième est presque semblable à la troisième, et la cinquième ne diffère de la quatrième que par sa largeur qui égale presque celle de la première vraie molaire ; enfin les trois vraies molaires inférieures résultent aussi de deux replis d'émail dont les côtés se dessinent à l'opposite de ceux d'en haut. Il n'y a pas d'oreille extérieure ; les yeux sont très-petits ; les pieds de devant courts et larges ont cinq doigts avec de forts ongles propres à fouir ; les pieds de derrière très-grêles ont aussi cinq doigts. Ce genre paraît propre à l'Amérique septentrionale.

CONDYLURE A MUSEAU ÉTOILÉ, *Condylura cristata*, Buff., Supplément. T. VI, fig. 37. Reconnaissable au premier coup-d'œil par les nombreuses nodosités de la queue et le disque rayonné qui termine son museau. Ce long museau est supporté par un axe osseux, analogue à l'os du boutoir des Cochons. Les narines s'ouvrent au centre du disque dont les bords sont découpés en languettes cartilagineuses de couleur rose, mobiles et à surfaces granulées au nombre de vingt. Les deux languettes d'en haut et les quatre d'en bas, qui sont en dessus ou le plus près de la ligne médiane, sont un peu plus saillantes que les autres. Les pates représentent de petites mains larges, nues, écailleuses, à tranchant inférieur bien moins marqué que dans la Taupe. Les ongles sont bien moins forts qu'à la Taupe, mais plus longs. Les pieds de derrière, au contraire de ce qui existe dans la Taupe, la Chrysochlore, les Scalopes, sont plus grands

d'un tiers que ceux de devant ; les doigts en sont divisés profondément. Toutes les phalanges sont libres, tandis qu'aux pieds de devant une palmure correspond à la phalange métacarpienne. Le bord interne du pied est garni d'une large écaille membraneuse, mince. La queue est remarquable par des replis transverses, correspondant à chaque vertèbre, mais dont les intervalles ne sont pas renflés en nodosités, comme le représente la figure de Buffon. Les intervalles de ces replis donnent naissance à des poils plus rares et plus longs que ceux du reste du corps. Le pelage est un peu moins fin que celui de la Taupe, mais de la même couleur. Les moustaches ne proéminent pas de côté, mais se dirigent toutes parallèlement en avant. On voit plutôt la place des yeux indiquée par les poils du sourcil que par les yeux eux-mêmes. Le tranchant extérieur de la main est bordé d'une rangée de poils roides. D'ailleurs cet Animal n'a pas la physionomie lourde de la Taupe ; c'est plutôt la figure d'un Rat. Sa queue est le tiers ou la moitié de la longueur du corps qui a quatre pouces. Il n'est pas probable que le Condylure étoilé se serve de son museau pour fouir. Ses taupinières sont peu nombreuses et assez petites. Ses habitudes sont inconnues.

CONDYLURE A LONGUE QUEUE, *Condylura longicaudata*, Erxleben, Encycl. pl. 28, f. 5, Boddaert, *Elench. Animal*, *Sp.* 2. Pas de crêtes nasales ; queue aussi longue que la moitié du corps ; mains antérieures larges et conformées comme celles de la Taupe d'Europe ; pieds de derrière écailleux et parsemés de poils rares et courts ; les doigts en sont longs et grêles.

C'est le *Long-Tailed* mâle de Pennant, Syn. Quadrup. n° 244, tab. 18, f. 2. On ignore ses habitudes : il habite aussi l'Amérique septentrionale.

(A. D..NS.)

CONE. *Conus*. MOLL. Genre fort

nombreux en espèces, la plupart très-belles, et fondé sur des caractères si naturels, qu'il a été distingué par presque tous les premiers conchyliologues. Rumph les groupa assez bien d'après leur forme, en laissant parmi elles quelques Volutes. Bonanni (*Recreat.*, etc.) les nomma Cylindres, et les sépara des autres Coquilles. D'Argenville, dans sa Conchyliologie, adopta le nom de Bonanni et en fit une famille. Linné, enfin, établit le genre Cône sur des caractères saillans, qui ne permirent plus aucun mélange; et depuis, tous les conchyliologues l'ont admis en entier, excepté Montfort (Conchyl. Syst. T. II, p. 591 et suiv.) qui le démembra inutilement et sur des caractères de nulle valeur; c'est ainsi qu'il proposa les genres Cylindre, Rouleau, Hermes, Rhombe et Cône, distinctions futiles, plus nuisibles à la science qu'elles ne lui sont utiles. Bruguière, dans le Dictionnaire Encyclopédique, en décrivit avec soin un très-grand nombre d'espèces, cent quarante-six, qu'il vit dans la belle collection de Hwass; mais ces descriptions sans les figures auraient été pour la plupart insuffisantes si Lamarck n'avait eu soin de faire représenter toutes ces espèces dans l'Encyclopédie, d'après les types qui avaient servi aux descriptions de Bruguière, et d'y ajouter (Anim. sans vert. T. VII, p. 442) l'indication de la synonymie de ce savant. Nous devons aussi à Lamarck d'avoir augmenté le nombre des espèces jusqu'à cent quatre-vingt-une, ce qui est d'autant plus remarquable que le nombre des espèces fossiles est fort limité.

Les caractères de ce genre sont faciles à saisir; Lamarck (Anim. sans vert. T. VII, p. 440) les a exprimés ainsi : coquille turbinée ou en cône renversé, roulée sur elle-même; ouverture longitudinale, étroite, non dentée, versante à sa base. On peut y ajouter ce qu'Adanson nous a appris de l'Animal : tête cylindrique, surmontée de deux tentacules oculés près du sommet; le man-

teau est petit et sort par l'échancrure de la coquille sous forme d'un siphon placé au-dessus du cou de l'Animal; pied petit, elliptique, portant à son extrémité postérieure un très-petit opercule que l'on peut dire rudimentaire.

Les Cônes se rencontrent ordinairement sur les fonds de sable, à une profondeur de dix ou douze brasses, dans les mers des pays chauds où ils sont plus abondans que partout ailleurs. Pour obtenir leur coquille en bon état, il faut tâcher de les avoir pendant la vie de l'Animal; ils sont alors revêtus à l'extérieur de cette croûte nommée *Drap de mer*, qui, étant enlevée, laisse voir au-dessous les couleurs vives et brillantes qui caractérisent ce beau genre. Lamarck, pour faciliter la distinction des espèces, les a séparées en deux coupes : 1° les Cônes dont la spire est couronnée de tubercules plus ou moins saillans; 2° ceux qui ont la spire non couronnée. Dans l'une et l'autre de ces sections, nous citerons quelques espèces des plus remarquables, et nous y ajouterons les espèces fossiles qui présentent quelque intérêt.

† *Coquilles dont la spire est couronnée.*

CÔNE DAMIER, *Conus marmoreus.* Sur un fond d'un beau noir, il présente des taches blanches bien distinctes et triangulaires. C'est le *Conus marmoreus* de Linné (p. 3374, n. 1); le *Rhombus cylindro-pyramidalis* de Lister (*Synopsis*, t. 787, fig. 39); le *Cylindrus indicus* de Bonanni (*Recreat.*, p. 128, fig. 125). D'Argenville l'a nommé le vrai Tigre (pl. 15, fig. o); il est bien figuré par Martini (*Conchyl.* 2, t. 62, fig. 685) et dans l'Encyclopédie (pl. 317, fig. 5), où sont figurées plusieurs variétés (pl. 317, fig. 10, 6 et 8), excepté la variété δ qui l'est dans Chemnitz (*Conchyl.* 10, tab. 138, fig. 1279). Ce Cône vient des mers d'Asie.

CÔNE CÉDONULLI, *Conus Cedonulli.* Celui-ci, l'un des plus beaux et des plus recherchés du genre, présente un grand nombre de variétés ; celui qui sert de type à l'espèce est le *Cedonulli Amiralis* de Linné. Il offre, sur le milieu du dernier tour, deux fascies transverses et composées de taches irrégulières, blanches, circonscrites de brun ; de plus, outre les lignes ponctuées que toutes les variétés présentent, on remarque quatre cordonnets perlés, dont un au-dessus des fascies et trois au-dessous. Cette Coquille est figurée dans la Conchyliologie de D'Argenville (Append. pl. 1, fig. 5), dans Favanne (pl. 16, fig. D, 5, D, 8) et dans l'Encyclopédie (pl. 316, fig. 1). Les variétés, au nombre de huit, sont nommées par Bruguière dans l'Encyclopédie et par Lamarck (Hist. des Anim. sans vert. T. VII, pl. 447, n. 11) : 1° *Cedonulli Mappa* (Eucycl. pl. 316, fig. 7) ; 2° *Cedonulli Curassaviensis* (*ibid.* fig. 4) ; 3° *Cedonulli Trinitarius* (*ibid.* fig. 2) ; 4° *Cedonulli Martinicanus* (*ibid.* fig. 5) ; 5° *Cedonulli Dominicanus* (*ibid.* fig. 8) ; 6° *Cedonulli Surinamensis* (*ibid.* fig. 9) ; 7° *Cedonulli Granadensis* (*ibid.* fig. 5) ; 8° *Cedonulli Caracanus* (*ibid.* fig. 6). *V.* planches de ce Dictionnaire. Les mers de l'Amérique méridionale et des Antilles produisent cette Coquille précieuse.

CÔNE PIQURE DE MOUCHE, *Conus arenatus.* Celui-ci, sur un fond blanc, présente une multitude de points bruns ou rougeâtres parsemés irrégulièrement sur toute la surface. C'est encore un *Rhombus cylindro-pyramidalis* de Lister (*Synops.* t. 761, fig. 10). Rumph l'a nommé *Voluta arenata minor* (*Thes.* t. 33, fig. a, A), et Linné *Conus Stercus Muscarum.* Il l'a confondu avec des espèces voisines, car il ne le distingue que comme variété ordinairement couronnée. Ce Cône est bien figuré dans Favanne (Conchyl. p. 495, pl. 15, f. 2) et dans l'Encyc. (pl. 320, fig. 6). Il présente deux variétés, d'après Bruguière et Lamarck, la première prise dans des individus plus petits, qui offrent à leur surface des points plus petits et plus rapprochés. Nous croyons, d'après ce que nous avons observé, que cette variété n'appartient qu'à l'âge des individus. La seconde variété est toute granuleuse ; elle a une forme différente et pourrait bien être une espèce distincte. Toutes deux sont figurées dans l'Encyclopédie (pl. 320, fig. 5 et 4) parmi les Cônes couronnés.

CÔNE CROISÉ, *Conus decussatus,* N., espèce fossile que nous avons découverte aux environs de Paris dans les recherches que nous avons faites à Valmondois. Ce Cône, long d'un pouce neuf lignes, outre qu'il présente une spire bien étagée et élégamment couronnée, ce qui ne s'était pas encore remarqué parmi les espèces des environs de Paris, offre surtout dans les jeunes individus toute sa surface chargée de stries transverses, élevées, qui sont croisées par d'autres descendant perpendiculairement et par deux de chaque tubercule.

†† *Coquilles dont la spire n'est pas couronnée.*

CÔNE TIGRE, *Conus millepunctatus.* Ce Cône est pour ainsi dire le géant du genre. Sa Coquille épaisse et pesante présente, sur un fond blanc, un grand nombre de points disposés par lignes parallèles. Ces points varient, quant à la forme, à l'étendue, au nombre et à la couleur, ce qui a fait établir plusieurs variétés. Il est à noter que dans cette espèce les taches qui sont sur la spire sont plus grandes que les autres. La spire est elle-même assez aplatie, obtuse, et tous ses tours sont légèrement caniculés. Parmi les variétés, l'une a les taches brunes, semilunaires ; une autre sur un fond rougeâtre a des taches serrées, quadrangulaires, et des rangées de points interposées ; une quatrième enfin a des taches fauves et ovales. Toutes ces variétés sont figurées dans l'Encyclopédie (pl. 323, fig. 5, 3, 2, et pl. 324, fig. 3, 4). Les marchands nomment cette Coquille le Tigre ou le Cornet Millepoints. Il se trouve dans l'océan des Grandes-Indes.

CÔNE AMIRAL, *Conus Amiralis.* Le Cône Amiral est encore une de ces

Coquilles, que ses belles couleurs et ses variétés font rechercher avec empressement par les amateurs de conchyliologie. Cette espèce en effet rivalise pour la rareté et la beauté avec le Cône Cédonulli. Linné l'a nommée *Conus Amiralis* (p. 3378, n. 10); mais Rumph (*Thes.* t. 34, fig. 6) lui avait donné le nom d'*Architalassus primus*. Tous les auteurs, depuis Linné, lui ont conservé le nom d'Amiral, et l'on a désigné les variétés d'après le nombre des bandes; c'est ce que firent Born (*Ind. Mus. Cæsar*, p. 154 et 145, Tab. Min., fig. 6), Favanne (Conchyl. T. II, p. 370, pl. 17, fig. J, 1), Bruguière (Encycl., p. 658, n. 57, pl. 328, fig. 1, 2, 3, 4, 5, 6, 7, 8, 9), et Lamarck (Anim. sans vert. T. VII, p. 473, n. 69). Ce Cône, sur un fond jaune fauve, est parsemé de taches triangulaires blanc de lait; ces taches sont plus ou moins grandes; en général, elles le sont plus dans les variétés qui viennent des mers du Sud; le fond est interrompu par un plus ou moins grand nombre de bandes finement réticulées et d'un jaune citron peu foncé. Quelques variétés sont chargées de granulations comme chagrinées, ce qui les rend plus remarquables. On trouve cette belle Coquille dans les mers du Sud et celles des Grandes-Indes.

Cône strié, *Conus striatus*, Lamk. (Anim. sans vert. T. VII, pag. 506, n. 142), *Conus striatus*, Lin. (p. 3398, n. 58), Brug. (Encycl., n. 120, pl. 343, fig. 1, 3 et 4), *Voluta tigrina*, Rumph (*Thes.*, tab. 31, fig. F), le Méla, Adanson (p. 90, pl. 6, fig. 2), l'Ecorché, D'Argenville (Conchyl., 2° édit., p. 242, pl. 15, fig. c), et Favanne (Conchyl., pl. 19, fig. N). Cette belle Coquille, qui n'est pas rare, est finement striée en travers sur toute sa surface; elle est blanche rosée avec des taches irrégulières brunes ou fauves plus ou moins grandes. Elle présente quelques variétés qui dépendent de l'étendue des taches et de leurs couleurs.

Parmi les espèces fossiles que nous rapportons à cette section, nous citerons de préférence le Cône perdu, *Conus deperditus*, parce qu'il nous offre l'analogue remarquable du Cône treillissé qui vit dans l'océan Pacifique. Ce Cône se trouve très-communément à Grignon, et il varie beaucoup. Sa spire, peu élevée ordinairement et pointue, s'aplatit presque tout-à-fait dans quelques individus en passant par des transitions insensibles; les stries qui sont à la base de la coquille, assez prononcées vers le bas, diminuent à mesure qu'elles gagnent les parties supérieures, et disparaissent tout-à-fait; quelquefois se montrent saillantes sur toute la surface, et ce sont ces individus qui ressemblent le plus au Cône treillissé. C'est donc à tort que Bruguière, qui le premier en a fait connaître l'analogie, a donné le nom de Perdu à cette espèce, puisque effectivement elle est une de celles qui présentent une analogue. (D..H.)

CONE. *Conus.* BOT. PHAN. Dans les Pins, les Cèdres, les Sapins, etc., les fleurs femelles sont placées à l'aisselle d'écailles persistantes, ordinairement disposées en forme conique. C'est à cette espèce d'inflorescence que l'on a donné le nom de *Cône* ou de *Strobile*; de-là le nom de *Conifères*, donné aux Végétaux qui offrent ce mode particulier d'inflorescence. Cette disposition des fleurs n'est pas un caractère uniquement réservé aux Conifères proprement dites, c'est-à-dire à cette famille intéressante de Végétaux dont les Pins, les Sapins, les Cèdres et les Mélèses sont les modèles. On l'observe aussi dans quelques autres Arbres appartenant à d'autres familles, et en particulier dans l'Aune et le Bouleau dont le fruit est un véritable Cône. Il y a plus; quelques Arbres appartenant à la famille des Conifères, par l'ensemble de tous leurs autres caractères, n'offrent pas ce mode d'inflorescence; tels sont par exemple l'If, le Genevrier, le Gincko et plusieurs autres. *V.* Conifères. (A. R.)

CONE-D'OR ou CONE DORÉ.

BOT. CRYPT. Ce nom, emprunté de Tournefort, a été donné par Paulet à divers Champignons qu'il regarde comme des variétés d'une même espèce, en y ajoutant des épithètes non moins impropres.   (AD. B.)

CONEJITOS. BOT. PHAN. De *Conejo* (Lapin). Comme qui dirait *Petits Lapins*. Syn. espagnol d'*Antirrhinum hirsutum*, L.   (B.)

CONEMON ou CONOMON. BOT. PHAN. Nom de pays du Concombre du Japon. *V.* CONCOMBRE.   (B.)

CONEPATE ET CONOPALT. MAM. (Buffon et Hernandez.) Selon Cuvier, ce sont deux variétés de la Mouffette Zorille, dont l'une a six raies blanches sur le dos et l'autre deux. *V.* MOUFFETTE.   (A.D..NS.)

* CONESSI. BOT. PHAN. Pour Conassi. *V.* ce mot et CODAGAPALA. (B.)

CONFANON. BOT. PHAN. (Dodoens.) Vieux nom du Coquelicot. *V.* PAVOT.   (B.)

CONFERVE. *Conferva.* BOT. CRYPT. (*Confervées.*) Pline le premier mentionna, sous le nom de *Conferva*, une Plante aquatique, plus voisine, dit-il, de l'Éponge d'eau douce que de la Mousse et de l'Herbe, qui était creuse et qui croissait le plus souvent dans les fleuves des Alpes. Cette Plante passait pour souveraine dans les fractures, et l'on s'en servait afin de hâter la cicatrisation des blessures faites, non-seulement aux Animaux, mais encore aux Arbres. C'est de cette propriété qu'était venu le nom de la Conferve, qui signifiait souder et consolider. Les anciens botanistes, Lobel entre autres, ayant rapporté le nom employé par le naturaliste romain, à l'une des Plantes aquatiques à qui Dillen le conserva depuis, la désignation de Conferve s'étendit bientôt à toutes les Algues aquatiques et filamenteuses, auxquelles Linné l'a laissé. Ce nouveau Pline imposa à son genre Conferve les caractères suivans : fibres simples, uniformes, capillaires, filamenteuses,

continues et articulées. Ces caractères étaient bien vagues, et Gmelin ne les rendit pas plus précis en les réformant de la manière suivante : fibres simples ou rameuses, renfermant des gemmes globuleuses. Dillen avait, dans son Histoire des Mousses, apporté quelque attention sur les Conferves dont il fit connaître et figurer plusieurs espèces d'eau douce ou marines. Cependant Linné, qui se servit si utilement du beau travail de ce grand botaniste, ne mentionna pas tout ce que celui-ci avait décrit. On ne trouve guère dans son *Species* que vingt-une espèces de Conferves portées à cinquante-neuf par le compilateur Gmelin. Poussés par un goût naturel vers l'étude des productions aquatiques, nous fixâmes de bonne heure notre attention sur un genre linnéen où, dès le premier coup-d'œil, nous avions aperçu qu'il y avait des découvertes à faire, et nous ne tardâmes pas à voir combien les botanistes connaissaient mal des êtres chez lesquels nous trouvions de grands sujets de méditation. Dès l'an V de la république, et bien jeune encore, nous présentâmes à la Société naissante d'Histoire Naturelle de Bordeaux, un travail assez étendu, où, doublant le nombre des espèces d'eau douce, nous indiquâmes la nécessité de distribuer ces espèces dans plusieurs genres. Nous eûmes dès-lors l'opinion que plusieurs des êtres qu'on rangeait parmi les Conferves, pouvaient ne pas être des Plantes, mais nous n'affirmâmes point que toutes fussent des Animaux, ainsi que le fit bientôt Girod-Chantrans dont nous sommes loin d'adopter les idées. Notre travail confié à Belin de Baln, de qui nous suivions alors les leçons de grec, et auquel une intime amitié nous liait, fut si horriblement maltraité à l'impression, durant un voyage que nous avions entrepris, le microscope à la main, sur les rives de l'Océan, que nous ne voulûmes point permettre à notre retour qu'il fût livré au public. Quelques exemplaires cependant s'en répandirent ; et ce n'est pas sans surprise, que nous avons vu, jusqu'en Allemagne, publier plus d'une partie de ce travail sans la moindre indication de la source où l'on avait puisé. Quoi qu'il en soit, nous avions à cette époque inspiré du goût pour l'étude des Conferves, à notre savant ami Draparnaud de Montpellier, et nous préparions avec lui l'histoire générale des Conferves, quand une mort prématurée enleva ce naturaliste à la science. Les circonstances nous ayant arrachés à une étude dont nous nous promettions d'intéressans résultats, cette étude ne tarda pas néanmoins à obtenir une certaine vogue. Roth, professeur allemand, rappela l'attention des botanistes sur les Conferves. Le premier volume de ses *Catalecta botanica*, qui parut à la fin du siècle dernier, augmenta le nombre des espèces, en établissant à leurs dépens le genre *Ceramium*. Dans le second fascicule du même ouvrage imprimé en 1800, on trouve quelques additions, et la création du genre *Hydrodiction* que nous avions indiqué, cinq ans auparavant, sous le nom de *Réticuline*. Enfin, le même savant a publié en 1806 un troisième fascicule. En y reprenant l'histoire des Conferves dans le plus grand détail, il rétablit le genre Batrachosperme que nous avions formé dès l'an v, et ne créant que de simples divisions parmi le reste des Conferves, il en décrivit ou mentionna cent espèces, tant d'eau douce que marines. Cependant Vaucher, naturaliste genevois, observateur exact et rempli de sagacité, avait, en 1803, publié un essai sur les Conferves d'eau douce, ouvrage précieux rempli d'observations bien faites, où nous avons retrouvé avec une sorte d'orgueil plusieurs des découvertes que nous avions faites cinq ou six ans auparavant. Ce traité doit être considéré comme le meilleur ouvrage qui existe encore aujourd'hui sur cette matière. Vaucher y établit six genres parmi ce qu'il nommait Conferves, savoir : 1° *Ectospermum*, que nous considérons comme appartenant à la famille des Chara-

cées ; 2° *Conjugata*, dont nous avons formé une sous-famille d'Arthrodiées ; 3° *Polysperma*, coupe vicieuse où l'auteur avait confondu, sous des caractères faux, des espèces qui n'appartiennent pas même à des familles semblables ; 4° *Hydrodictyum*, que l'on doit s'empresser d'adopter ; 5° *Batrachospermum*, dont il a été question dans le second volume de cet ouvrage ; 6° *Prolifera*, groupe parfaitement naturel, dont le nom ne pouvant être adopté, parce qu'il pèche contre les règles de nomenclature établies, ne peut être mieux remplacé que par celui du savant qui découvrit le mode étrange de reproduction des espèces qui le composent. Deux genres de Vaucher, les Hydrodictyes et les Prolifères, sont seuls des Conferves dans le sens rigoureux du mot. De Candolle, dans sa Flore Française, s'occupant non-seulement des Conferves d'eau douce, mais encore des espèces marines, a considérablement amendé le travail de son compatriote ; mais dans le vaste plan qu'avait conçu ce savant, obligé de passer légèrement sur des classes où le secours du microscope était nécessaire, De Candolle n'a pu laisser sur les Conferves un travail qui pût suffire à leur étude. Changeant les caractères et jusqu'aux noms de genres, établis par ses prédécesseurs, rejetant dans les Céramies des uns des Conferves des autres, et dans les Conferves de ceux-ci des Céramies de ceux-là, il décrivit beaucoup de nouvelles espèces reportées dans les genres Diatome, Chantransie, Conferve, Batrachosperme, Hydrodictye et Vauchérie. Les Diatomes de De Candolle sont pour nous des Arthrodiées de la sous-famille des Fragillaires ; ses Chantransies, genre des plus incohérens, se répartissent dans nos Vauchéries, dans nos Lémanes, dans les Céramies, les Cadmus, les Salmacides, les Zygnémées, les Tyndaridées, etc. Ses Batrachospermes sont les nôtres, confondus avec les Draparnaldies et Thorées ; son Hydrodyctie est celui de tous les auteurs; ses Vauchéries, qui sont les Ectospermes de Vaucher, ont mal à propos reçu un nouveau nom, quand celui qu'avait établi l'inventeur était des plus significatifs et devait être conservé. Agardh, professeur à Lund en Suède, qui s'est beaucoup occupé d'hydrophytologie, et Lyngbye, savant danois, qui a publié récemment un fort bon ouvrage sur la Cryptogamie aquatique, ont aussi établi de nouvelles coupes parmi les Conferves, et changé plus ou moins la nomenclature. Leurs ouvrages sont excellens sous plus d'un rapport; enfin la Flore Danoise donne de bonnes figures d'espèces peu ou point connues. Dillwin, botaniste anglais, s'est aussi beaucoup occupé des Conferves entre lesquelles il n'a point admis de genres nouveaux, et qui lui ont fourni le sujet d'un ouvrage de luxe, dont les figures sont réputées magnifiques encore qu'elles ne nous paraissent pas dignes de leur célébrité. Ces figures sont reproduites en partie dans l'ouvrage de Sowerby.

Bonnemaison de Quimper vient de publier récemment, dans le Journal de Blainville, un Mémoire étendu sur ce qu'il nomme les Hydrophytes loculées, et dans lequel cet estimable naturaliste a traité de tout ce que la mer lui présenta de filamenteux et d'articulé. Il y établit, soit sous des noms nouveaux, soit sous des noms adoptés, d'après des caractères établis ailleurs ou réformés par lui, vingt-sept genres qui doivent être répartis dans les familles que nous avons reconnues exister dans ce que l'on avait si long-temps confondu sous la désignation impropre et commune de Conferves. Nous ne citerons pas ici le travail de Girod-Chantrans, qui n'a établi aucun ordre parmi les Conferves, qui n'a rien déterminé positivement, et qui, au lieu de caractériser des espèces, s'est borné à soumettre à ses lecteurs des conjectures et des hypothèses accompagnées de figures médiocres. C'est lui surtout qui s'est établi

le défenseur de l'idée que les Conferves étaient des Polypiers. Avancer un tel fait d'une manière absolue ne pouvait être qu'une erreur. Dans l'union d'êtres incohérens que l'on avait confondus sous le nom de Conferves, il se trouvait effectivement quelques espèces qui s'alliaient au règne animal; mais le plus grand nombre était des Plantes; ainsi la question de l'animalité des Conferves était oiseuse dans toute l'acception du terme. Ce point ayant été éclairci au mot ARTHRODIÉE, nous n'y reviendrons pas. Il suffit ici d'apprendre à nos lecteurs que, dans le genre *Conferva* de Dillen, de Linné et des auteurs qui ont suivi les traces de ces législateurs, nous avons trouvé les matériaux de familles dont une, celle des Arthrodiées, établit le passage des Plantes à l'animalité; la seconde, celle des Chaodinées, semble être le point de départ de l'organisation végétale, très-développée dans les deux dernières qui sont les Céramiaires et les Confervées. *V*. ces mots.

Le genre Conferve, qui sert de type à cette dernière famille et dont il sera ici spécialement question, a pour caractères : des filamens cylindriques renfermant une matière colorante qui paraît contenue dans un tube interne, tube qui n'atteint pas toujours au tube externe, et qu'interceptent des articulations paraissant formées par sections transverses à l'aide de valvules, ou indiquées par l'espace transparent qui sépare le tube interne rempli de matière colorante. Les Conferves ont leurs filamens simples, très-flexibles, généralement verts; elles adhèrent un peu moins au papier que la plupart des Chaodinées et des Céramiaires, se trouvent dans les eaux douces aussi bien que dans la mer, sont fort nombreuses et nous paraissent du nombre des Plantes aquatiques les plus répandues dans nos ruisseaux et dans nos étangs. Elles méritent que nous leur réservions avec Lyngbye, qui nous paraît avoir bien connu ce genre (encore qu'il ait confondu avec lui deux autres genres qui sont cependant fort distincts), le nom de *Conferva* sous lequel on confondit si long-temps tant d'espèces disparates. Le genre Conferva se divise en trois sous-genres qui, lorsqu'on aura acquis sur l'hydrophytologie des connaissances plus approfondies, pourront être totalement séparés.

†CONFERVES PROPREMENT DITES, où l'articulation évidemment formée au moyen de valvules fort distinctes, et qui se détachent en un trait vif et comme une section sur la transparence du tube, contient une matière colorante disposée en fascie transverse et généralement plus étroite dans le sens de la longueur de l'article. Les *Conferva compacta*, *zonata*, *fugacissima*, *dissiliens*, viennent se ranger dans ce sous-genre qui pourrait bien rentrer un jour parmi nos Zoocarpées, dont elles ont parfaitement l'aspect avant l'époque où ces dernières préparent intérieurement et émettent leurs gemmes vivantes. Telle est notre circonspection que, frappés d'une ressemblance de laquelle on ne nous eût même pas reproché de nous être autorisés, nous n'avons pas osé nous permettre un rapprochement que l'avenir eût pu désavouer. Il est bon d'observer que dans les figures données par Lyngbye du *Conferva fugacissima*, tab. 46, il n'y a que 1, 2 et 10, qui conviennent à cette espèce.

†† CHANTRANSIES, où l'articulation est absolument conformée comme dans les Conferves proprement dites; la matière colorante s'y agglomère en taches fort différentes des fascies, plus ou moins approchant de la forme carrée, et s'allongeant dans le sens de la longueur de l'article. Les espèces de ce sous-genre deviennent surtout percussaires en se desséchant, et leurs articles paraissent alors alternativement ovoïdes et comprimés en fil, ce qui leur donne plus communément qu'aux autres Conferves une figure qu'on ne peut guère comparer qu'à celle que présentent dans les boutiques de charcutiers des séries de saucisses ou de boudins. Le *Conferva Ericetorum*, s'il n'est un Leda, les *Conferva alpina*, *quadran-*

gula, *capillaris* et *fucicola*, sont les espèces les plus communes de ce sous-genre; la dernière abonde sur les Fucus qu'elle recouvre d'un duvet brunâtre; l'avant-dernière se rencontre dans nos eaux douces où on la confond souvent avec le *Rivularis* qui nous paraît appartenir à nos Zoocarpées, ou peut-être à nos Vauchéries, mais qui serait en litige entre les Conferves et les Chantransies, si elle devait demeurer dans le genre qui nous occupe.

††† LAMOUROUXELLES, où l'article n'est indiqué par aucune valvule ou par aucun trait vif remarquable sur le tube extérieur, mais où la matière colorante affecte dans l'intérieur la forme d'une série de carrés. Les *Conferva flacca*, *implexa*, *tortuosa* et *linum*, donnent d'excellens exemples de ce sous-genre où se range le *Conferva antennina* que nous découvrîmes à l'île de Mascareigue, et que depuis nous avons retrouvé sur nos côtes, tandis que notre savant ami Léon Dufour le rencontrait dans le port de Barcelone. (B.)

*CONFERVÉES. BOT. CRYPT. Famille que nous proposons d'établir parmi les Algues aquatiques de Linné aux dépens du genre *Conferva* de ce grand naturaliste. Ses caractères généraux sont : filamens tubuleux, cylindriques, vitrés, simples ou rameux, articulés au moyen de valvules qu'on distingue dans leur transparence, chez lesquels une matière intérieure colorante indique, quand les valvules ne sont pas perceptibles, des articulations dans un tube intérieur qui, pour n'être pas toujours facilement visible, n'en est pas moins existant. La fructification, quand elle est manifeste, paraît consister dans des gemmes intérieures que ne revêt aucune enveloppe. Les Confervées ont le plus grand rapport avec les Céramiaires qui en diffèrent par leur fructification externe, présentant déjà une organisation capsulaire bien distincte; elles ressemblent beaucoup aussi aux Chaodinées, mais n'en ont pas la mucosité ; les Arthrodiées de la sous-famille des Zoocarpées, ne seraient que des Conferves si leurs propagules n'étaient pas de véritables Animaux. Elles ont quelques points d'affinité avec les Ulvacées, par les espèces d'Ulves tubuleuses et la couleur généralement verte ; mais le tissu des filamens des unes et les expansions des autres les éloignent. Quant aux Ectospermes (*V*. ce mot) de Vaucher, dont les tubes ne sont jamais articulés, et dont la fructification extérieure mérite la plus grande attention, ils nous paraissent former un genre parfaitement circonscrit qui doit rentrer dans la famille des Characées. Cette affinité, pour avoir échappé à tout monde, n'en sera pas moins démontrée par la suite.

Les Conferves habitent les eaux, soit douces, soit salées, quelquefois la surface des bois pourris et des murs humides ; nous en avons rencontré jusque dans les infusions. La sécheresse les fait mourir et disparaître sans retour, et après qu'elles ont été desséchées, elles ne reprennent plus, comme la plupart des Céramiaires, des Ulves et des Chaodinées, l'apparence de la vie. Le genre Bryopsis, rapporté dans le second volume de ce Dictionnaire à la famille des Ulvacées, nous paraît, depuis que nous l'avons mieux examiné, devoir se ranger dans la famille dont il est question ; sa fructification est absolument inconnue, mais la matière colorante n'y est pas continue, et les séparations qu'on y aperçoit indiquent nécessairement un système d'articulation intérieure incompatible avec l'idée qu'on doit se faire des Ulvacées dont les Bryopsides d'ailleurs n'ont pas le tissu. Nous répartirons les Confervées dans les genres suivans :

† A filamens cylindriques généralement rameux (voisines des Céramiaires).

I. SCYTONÈME, *Scytonema*, Agardh. Filamens coriaces, cylindriques, marqués d'anneaux moniliformes intérieurement, sans que les ar-

ticles soient tranchés sur le tube extérieur.

II. SPHACELLAIRE, *Sphacellaria*, Lyngb. Filamens cylindriques, articulés par sections transversales ; chaque article marqué par une bande transversale de matière colorante ; fructification aux extrémités des rameaux légèrement renflés en massue.

III. LYNGBYELLE, *Lyngbyella*, N. Diffère du genre précédent en ce que les fascies de la matière colorante sont longitudinales dans les articles.

IV. PILAYELLE, *Pilayella*, N. Filamens articulés par sections transverses fort visibles, dépourvus de toute macule de matière colorante ; fructification formée par des globules qui se développent à la suite les unes des autres vers l'extrémité des rameaux.

†† Filamens généralement rameux où chaque article est renflé (voisines des Ulvacées).

V. LOMENTAIRE, *Lomentaria*, Lyngb. ; *Ulva articulata* des auteurs.

††† Filamens généralement simples (voisines des Arthrodiées).

VI. PERCURSAIRE, *Percursaria*, N. Un filament interne fort sensible parcourant d'une extrémité à l'autre le filament externe à travers les articles bien distincts qui s'y voient.

VII. MONILLINE, *Monillina*, N. Gemmes sphériques ou ovoïdes, solitaires dans chaque article bien indiqué par des valvules transverses.

VIII. GAILLONELLE, *Gaillonella*, N. Gemmes intérieures sphériques, transversalement coupées dans leur diamètre, de manière à présenter l'idée de petites boîtes à savonnette.

IX. VAUCHÉRIE, *Vaucheria*, N. ; *Prolifera*, Vaucher. Filamens bien articulés par sections transverses dont quelques-unes se renflent à l'époque de la reproduction et deviennent de grosses gemmes globuleuses. L'*Oscillatoria muralis* des auteurs est évidemment une Vauchérie.

†††† Douteuses (voisines des Ectospermes, et conséquemment des Characées).

X. Pusilline, *Pusillina*, N. Nous renverrons à l'article de ce genre obscur qui renferme les Conferves d'infusion, pour de plus amples détails.

On verra, quand l'ordre alphabétique nous aura donné les moyens d'exposer l'histoire particulière de chacun des genres qui viennent d'être indiqués, que plusieurs Végétaux aquatiques, regardés comme des Conferves, cessent d'en faire partie pour passer dans d'autres familles : tels sont particulièrement les *Conferva glomerata*, *fracta*, *cristallina* et *rupestris*, qui deviendront certainement des Céramies quand leur fructification sera connue.   (B.)

CONFITERO. BOT. PHAN. C'est-à-dire *Confiturier*. Nom espagnol d'une variété de Pépon dont on fait diverses confitures, conserves, etc.   (B.)

* CONFUSI, SINI ET COBUS. BOT. PHAN. Syn. japonais de *Magnolia glauca*.   (B.)

CONGA. BOT. PHAN. Qu'il ne faut pas confondre avec *Conghas*. Nom indien que feu Richard croyait convenir au *Bombax Gossypinum*, L. *V*. FROMAGER.   (B.)

* CONGE. BOT. PHAN. (Poiret.) Nom chinois d'une variété de Thé à feuilles étroites.   (B.)

* CONGÉLATION. Passage d'un liquide à l'état solide, occasioné par un abaissement de température.   (DR..Z.)

CONGÉLATIONS PIERREUSES. On donne ce nom très-impropre à des dépôts calcaires, cristallins ou gypseux, qui se forment sur les parois des grottes, et qu'il est plus convenable de nommer Stalagmites. *V*. ce mot.   (LUC.)

* CONGHAS. BOT. PHAN. Nom qu'on donne à Ceylan au *Schleichera* de Willdenow, dont Jussieu a fait son *Melicocca trijuga*.   (B.)

* CONGI. BOT. PHAN. Arbuste de la côte de Coromandel dont on n'a pas vu la fleur, et qu'on croit être un Sébestier ou un Ehretia.   (B.)

* CONGO - MAHOE. BOT. PHAN. Nom que les Nègres donnent à l'*Hibiscus clypeatus* de la Jamaïque, où ils croient que cette Plante a été apportée du Congo.   (B.)

* CONGONA ET CONGONITA. BOT. PHAN. Nom de pays du *Peperomia inæqualifolia* de Ruiz et Pavon. *V*. PEPEROMIA.   (B.)

* CONGONO. BOT. PHAN. (Aublet.) Syn. de *Piper trifolium* à Cayenne.   (B.)

* CONGOXA. BOT. PHAN. Syn. portugais de *Vinca major*. *V*. PERVENCHE.   (B.)

CONGRE. POIS. Espèce du genre Murène, qui est le type d'un sous-genre auquel cette espèce a donné son nom. *V*. MURÈNE.   (B.)

* CONGRE SERPET. POIS. (Laroche.) Syn. de *Murena mystax* en Catalogne. *V*. MURÈNE.   (B.)

CONGYLES. BOT. PHAN. (Columelle.) La Rave.   (B.)

CONHAMETRA. BOT. PHAN. L'un des noms portugais de Mauve, d'où *Conhametra brava*, syn. de *Malva alcea*.   (B.)

CONIA. BOT. CRYPT. Ventenat avait proposé de donner ce nom aux *Byssus pulvérulens* de Linné, qui forment actuellement le genre *Lepra* ou *Lepraria*. *V*. LEPRARIA. (AD. B.)

* CONIANGIUM. BOT. CRYPT. (*Lichens*.) Ce genre, fondé par Fries dans les Actes de l'Académie de Stockholm (1821, p. 330), présente beaucoup d'analogie avec le genre *Conioloma* de Floerke; sa fronde est crustacée, très-mince, adhérente; les apothécies sont sessiles, arrondies ou elliptiques, sans bord distinct; leur surface est formée par une membrane solide, rude, qui ne se détruit jamais, et qui recouvre des sporules pulvérulentes colorées très-abondantes.

Fries cite comme type de ce genre, sous le nom de *Coniangium vulgare*, le *Spiloma paradoxum*, Ach., Lichen., dont le *Lecidea dryina* n'est suivant lui qu'un état imparfait. Cette espèce est commune sur les écorces des Chênes, des Sapins, des Bouleaux, etc.   (AD. B.)

CONIANTHOS. BOT. CRYPT. (*Hépatiques*.) Palisot de Beauvois désignait sous ce nom un genre séparé des Jungermannes de Linné, et qui correspondait exactement aux *Jungermannia* de Micheli. Il était caractérisé par ses semences (fleurs mâles d'Hedwig) rassemblées en boules nues au sommet des rameaux ou des feuilles. *V.* JUNGERMANNIA. (AD. B.)

*CONICHYODONTES. POIS. FOSS. Syn. de Glossopètres. *V.* ce mot.

Gesner appelait généralement CONIC-TÉRÈTES, les dents de Poissons fossiles.   (B.)

CONIDIS. BOT. PHAN. Le *Plantago Psyllium* en Sicile.   (B.)

* CONIE. *Conia*. MOLL. Ce genre, proposé par Leach et adopté généralement, a été fait pour le *Lepas porosa* de Linné, et une nouvelle espèce encore peu connue. Ses caractères sont : test divisé en quatre parties bien distinctes; opercule formé de deux parties seulement.

La CONIE POREUSE, *Conia porosa*, est rare; elle vient des mers de l'Inde; récente, elle est verte à l'extérieur, noire en dessus et blanche en dessous. Il est étonnant que Bruguière ainsi que Lamarck n'aient point fait mention de cette espèce de Lépas de Linné, et se soient abstenus de la placer, l'un dans ses Balanites, le second dans ses Balanes. (D. H.)

CONIE. BOT. CRYPT. *V.* CONIA.

CONIELLE. BOT. PHAN. La Conyse squammeuse en Italie.   (B.)

CONIER. MOLL. L'Animal des Cônes. *V.* ce mot.   (B.)

CONIFÈRES. *Coniferœ.* BOT. PHAN. Groupe de Végétaux placé par Jussieu dans sa classe des Diclines, mais qui doit être rangé parmi les familles dicotylédones apétales super-

ovariées. Ainsi que l'indique son nom, cette famille réunit une foule d'Arbres intéressans dont le fruit est un cône, c'est-à-dire un assemblage d'écailles imbriquées, et dont l'ensemble approche plus ou moins de la forme conique. Cependant plusieurs genres, appartenant évidemment à la famille des Conifères par l'ensemble de tous leurs autres caractères, n'offrent point un cône pour fruit; tels sont l'If, le Genevrier, le Gincko, etc. Nous ferons connaître ces particularités en traçant avec détails les caractères généraux que présente la famille des Conifères.

Les Conifères s'éloignent de toutes les autres familles de Plantes phanérogames par plusieurs caractères de la plus haute importance : aussi décrirons-nous leur structure avec quelques détails. Dans tous les genres de cette famille, les fleurs sont constamment unisexuées, ordinairement monoïques, plus rarement portées sur deux individus distincts. Les fleurs mâles se composent essentiellement d'une seule étamine, en sorte que l'on doit compter autant de fleurs qu'il existe d'étamines. Tantôt ces étamines ou fleurs mâles sont isolées les unes des autres et entièrement nues, c'est-à-dire sans aucune écaille; tantôt elles sont réunies et diversement groupées, soit à l'aisselle, soit à la face inférieure d'écailles dont l'ensemble constitue généralement une sorte de cône. Dans ce dernier cas, ces étamines s'entregreffent souvent entre elles par le moyen de leurs filets, et sont monadelphes. Les anthères sont membraneuses, à une ou à deux loges généralement écartées l'une de l'autre, et s'ouvrant soit par une fente longitudinale, soit par un trou qui se pratique à leur partie supérieure. La disposition générale des fleurs mâles, c'est-à-dire leur mode d'inflorescence, offre aussi beaucoup de variations dans les différens genres; ainsi elles forment quelquefois des épis plus ou moins longs, dépourvus d'écailles (*Podocarpus, Phyllocladus, Salisburia,* etc.). D'autres fois elles sont placées à la face inférieure ou à l'aisselle d'écailles minces qui forment des cônes, des épis simples ou rameux. L'inflorescence des fleurs femelles n'est pas moins variable. Ainsi elles sont solitaires et axillaires dans le *Podocarpus*, le *Taxus*; solitaires et terminales dans le *Dacrydium*; réunies au nombre de trois à cinq au milieu d'un involucre formé d'écailles dans le Genevrier, l'*Ephedra*, le *Callitris*; enfin placées à l'aisselle d'écailles disposées en cônes dans une foule d'autres genres, tels que les Pins, les Sapins, les Cèdres, etc. Chacune des fleurs considérée en particulier offre une organisation qui a une analogie extrêmement frappante dans les différens genres; un calice monosépale, quelquefois renflé à sa partie inférieure, quelquefois très-comprimé, et formant latéralement une expansion membraneuse plus ou moins étendue, enveloppe un pistil libre ou semi-adhérent. Le calice se prolonge supérieurement en un tube plus ou moins étroit, dont le bord, quelquefois évasé, est entier ou bifide, et assez souvent épaissi par une substance glanduleuse. Il est extrêmement difficile de distinguer avec précision la véritable structure du pistil renfermé dans l'intérieur de ce calice. Il paraît être à une seule loge, et contenir un seul ovule. Le style et le stigmate sont simples et fort peu distincts des autres parties du pistil. La position des fleurs femelles n'est pas la même dans tous les genres; en effet, elles sont dressées dans un certain nombre, tandis qu'elles sont renversées dans d'autres; ainsi elles sont dressées dans les genres *Taxus*, *Phyllocladus*, *Salisburia*, *Ephedra*, *Juniperus*, *Thuya*, *Callitris*, *Cupressus*, *Taxodium*; elles sont au contraire renversées dans les genres *Podocarpus*, *Pinus*, *Abies*, *Cedrus*, *Larix*, *Agathis*, *Araucaria*.

Le fruit offre dans son aspect et sa consistance des différences fort notables. En parlant de l'inflorescence, nous avons déjà fait remarquer que les fleurs femelles étaient parfois solitaires, parfois réunies, et diversement grou-

pées. Ce caractère entraîne une différence très-marquée dans le fruit considéré d'une manière générale. Nous trouverons dans la famille des Conifères des fruits simples, c'est-à-dire provenant d'une seule fleur : tels sont ceux du *Taxus*, du *Podocarpus*; et des fruits agrégés ou composés, c'est-à-dire résultant d'un nombre plus ou moins considérable de fleurs : tels sont les fruits du Sapin, du Genevrier, du Cèdre, etc. Dans tous ces fruits le calice est persistant, et prend un accroissement plus ou moins considérable; ainsi, dans les genres qui ont les fleurs renversées, le calice se dilate sur ses parties latérales, et donne naissance à des expansions membraneuses en forme d'ailes (Pin, Sapin, Cèdre, *Agathis*, etc.); d'autres fois ce calice s'épaissit, devient plus ou moins charnu, et forme autour du véritable fruit une sorte de péricarpe accessoire (*Taxus*, *Dacrydium*, *Podocarpus*, *Gincko*, etc.).

Dans les genres dont les fleurs femelles sont munies d'écailles, celles-ci persistent constamment, et prennent dans le fruit un accroissement très-considérable. Dans le genre Genevrier, ces écailles, d'abord distinctes quand on les examine dans la fleur, finissent par se souder entre elles, s'épaissir, devenir charnues, recouvrir les véritables fruits, et leur former un péricarpe accessoire. Ainsi la partie charnue dans le Genevrier n'est pas du tout la même que celle de l'If. Dans le premier de ces genres, elle est formée par les écailles de l'involucre, tandis que c'est le calice qui la constitue dans le second cas.

Examinons maintenant la structure du fruit proprement dit, et dépouillé du calice qui l'enveloppe constamment. Remarquons d'abord que, dans certains genres et en particulier dans ceux qui ont les fleurs renversées, le calice est intimement soudé avec la paroi externe du péricarpe dans les trois quarts au moins de son étendue, en sorte qu'ils ne peuvent être isolés l'un de l'autre. Quoi qu'il en soit, le péricarpe est toujours assez mince , crustacé ou simplement membraneux , toujours indéhiscent , à une seule loge qui renferme une seule graine. Le tégument propre de la graine est peu distinct de la paroi interne du péricarpe, avec laquelle il contracte une adhérence plus ou moins intime. L'intérieur de la graine est rempli par un endosperme charnu contenant un embryon axillaire plus ou moins cylindrique , et dont la structure s'éloigne beaucoup de celle des autres Plantes phanérogames. Il est constamment renversé , c'est-à-dire que sa radicule est opposée au point d'attache de la graine. Cette extrémité radiculaire de l'embryon n'est pas libre , ainsi qu'on l'observe pour tous les autres Végétaux ; elle est intimement soudée et confondue avec l'endosperme dont on ne peut la séparer sans déchirement. C'est cette considération qui avait engagé le professeur Richard à former avec les Conifères et des Cycadées , dans lesquelles cette particularité s'observe également, une classe à part dans le règne végétal sous le nom de *Synorhizes*, c'est-à-dire Végétaux dont la radicule est soudée.

Le corps ou extrémité cotylédonaire de l'embryon n'est pas moins remarquable. Quelquefois il n'offre que deux cotylédons, mais dans un grand nombre d'espèces on trouve de trois à douze cotylédons. Quelques auteurs , pour ramener cette anomalie à la loi générale de l'embryon dicotylédon , ont dit que, dans les Conifères, il n'existait réellement que deux cotylédons , mais que souvent ces deux corps étaient divisés plus ou moins profondément en un certain nombre de segmens. Cette assertion n'est pas confirmée par l'observation ; en effet, dans le Pin-Pignon , par exemple , dont l'embryon offre de dix à douze cotylédons, chacune des incisions qui les séparent a la même profondeur, et , par conséquent , chacun d'eux doit être considéré comme distinct.

Les genres qui composent la famille des Conifères ne sont pas très-nombreux , et leurs caractères dis-tinctifs sont quelquefois fondés sur des différences assez difficiles à apprécier , tant est grande l'analogie qui existe entre eux. Cependant ces genres peuvent être facilement divisés en trois ordres distincts dont nous allons exposer brièvement les caractères , et indiquer les genres qui entrent dans chacun d'eux.

Ier ORDRE. — TAXINÉES.

Ce premier ordre renferme les genres ayant les fleurs femelles distinctes les unes des autres, attachées à l'aisselle d'une écaille , ou au fond d'une sorte de cupule. Les fruits sont simples ; les genres qui entrent dans cet ordre sont les suivans :

Podocarpus, Labillard.; Rich., Conif. , t. 1 , 29 , f. 1 ; *Dacrydium* , Rich., Conif., t. 2, f. 3; *Taxus* , L.; Rich., Conif. , t. 2, f. 1, 2; *Salisburia*, Rich. , Conif., t. 3, f. 1, t. 3 bis ; *Phyllocladus* , Rich., Conif., t. 3, f. 2 ; *Ephedra*, L.; Rich. , Conif. , t. 4, t. 29, f. 2.

IIe ORDRE. — CUPRESSINÉES.

Dans cet ordre les fleurs femelles sont dressées , réunies plusieurs ensemble à l'aisselle d'écailles peu nombreuses qui forment un fruit plus ou moins arrondi , quelquefois charnu. On compte dans cet ordre les genres : *Juniperus* , L.; Rich.; Conif. , t. 6 et 7 ; *Thuya* , L. ; Rich. , Conif., t. 8 , fig. 2 ; *Callitris*, Desfont.; Rich. , Conif., t. 8, f. 1 ; *Cupressus* , L.; Rich., Conif. , t. 9 ; *Taxodium* , Rich. , Conif., t. 10.

IIIe ORDRE. — ABIÉTINÉES.

Cet ordre renferme les véritables Conifères ; c'est-à-dire les genres qui ont pour fruit un cône formé d'écailles imbriquées , à l'aisselle de chacune desquelles on trouve deux fleurs femelles renversées. Voici les genres qui le composent :

Pinus, L. ; Rich. , Conif. , t. 11 et 12; *Larix*, Rich., Conif. , t. 13; *Cedrus*, Rich., Conif., t. 14 et t. 17, f. 1; *Abies*, Rich., Conif., t. 14, f. 2-3, t. 15, t. 16, t. 17, f. 2; *Cunninghamia*, Rich., Conif., t. 18, f. 3;

Agathis, Rich. ; Conif., t. 19; *Araucaria*, Juss.; Rich., Conif., t. 20 et 21.

La famille des Conifères n'est pas moins intéressante par ses usages dans l'économie domestique, les arts et la thérapeutique, que par les particularités de son organisation. La tige des Pins et des Sapins, qui souvent s'élève à une hauteur de quatre-vingt-dix à cent pieds, est employée avec avantage, comme bois de mâture, dans les constructions navales, et quoique le grain de ce bois soit un peu lâche, cependant on en fait un usage très-fréquent dans les ouvrages de menuiserie et de charpente. Les Conifères sont également fort remarquables par la grande quantité de substances balsamiques et résineuses qu'elles produisent. La plupart des Térébenthines, des Résines, des Baumes sont fournis par des Arbres appartenant à cette famille. *V.*, pour de plus longs détails, chacun des genres qui composent cette famille.   (A. R.)

* CONIFFEL. mam. Nom du Lapin chez les anciens Celtes, et d'où seraient venus *Cuniculus* des Latins, *Conejo* des Espagnols, *Coniglio* des Italiens, etc.   (B.)

CONILA. bot. phan. On attribue cet ancien nom à l'Origan.   (B.)

* CONILÈRE. *Conilera*. crust. Genre de l'ordre des Isopodes, établi par Leach, et ayant, suivant lui (Dict. des Scienc. natur. T. XII, p. 248), pour caractères : deuxième, troisième et quatrième paires d'ongles très-courbés ; les autres peu arqués ; les huit dernières pates de derrière épineuses, au moins à l'extrémité de leur article ; tête non saillante en avant ; yeux granulés, petits, écartés, nullement proéminens ; antennes supérieures, dont les premier et deuxième articles sont presque cylindriques ; côtés des articles de l'abdomen presque droits, involutes. Les Conilères, que Leach range dans la quatrième race de la famille des Cy-

mothoadées, avoisinent singulièrement les genres Rocinèles et Æga, et peuvent être réunies aux Cymothoés de Fabricius. Leach ne cite qu'une espèce, le CONILÈRE DE MONTAGU, *Col. Montagui*. Son corps est lisse, non ponctué ; le dernier article de l'abdomen est plus long que large ; les côtés sont arqués vers leur milieu ; l'extrémité est arrondie. Montagu n'a pu se procurer qu'un seul individu mâle ; il a été trouvé à Salcombe, sur la côte sud-ouest de l'Angleterre. On voit que tout concourt, dans cette circonstance, à jeter du doute sur l'établissement de ce nouveau genre.   (AUD.)

* CONILITE. *Conilites*. moll. foss. Sous ce nom générique, Lamarck (Anim. sans vert. T. VII, p. 598) a séparé des Bélemnites et des Hippurites, des Coquilles multiloculaires pétrifiées, qui paraissent se distinguer parfaitement de ces deux genres. Il paraîtrait que les Coquilles qui doivent y rentrer sont rares, ou sont restées confondues avec les genres voisins. Aussi Lamarck n'a proposé ce genre que pour signaler ces corps et en donner un bon exemple. Voici les caractères par lesquels il les sépare : coquille conique, droite, légèrement inclinée, ayant un fourreau mince, distinct du noyau qu'il contient ; noyau subséparable, multiloculaire, cloisonné transversalement. Ce qui distingue principalement ce genre, c'est le peu d'épaisseur du fourreau ; il sépare effectivement ce genre des Bélemnites qui sont toujours très-épaisses, et qui ne revêtent un cône cloisonné que par une faible portion de leur étendue. Une seule espèce a été signalée : c'est la CONILITE PYRAMIDALE, *Conilites pyramidata*, qui a été trouvée pétrifiée aux Vaches-Noires sur les côtes de Bretagne par Lucas. Nous ne connaissons pas cette Coquille longue de deux pouces, et qui est à l'état pyriteux comme presque toutes celles que l'on trouve dans cette localité.   (D..H.)

CONIOCARPE et CONIOCARPON. BOT. CRYPT. (*Lichens.*) De Candolle a établi dans la Flore Française un nouveau genre sous ce nom. Il correspond à celui qu'Acharius a nommé *Spiloma* dans sa Lichenographie universelle. Quoique cet ouvrage soit postérieur, sa nomenclature étant généralement adoptée, nous le suivrons. *V*. SPILOMA.

De Candolle n'a décrit que trois espèces de ce genre; la première, *Coniocarpon cinnabarinum*, se rapporte au *Spiloma tumidulum*, var. *rubrum* d'Acharius, qui appartient au genre *Conioloma* de Floerke; la seconde, *Coniocarpon olivaceum*, est le *Spiloma olivaceum*, Ach.; la troisième, *Coniocarpon nigrum*, est le *Spiloma melaleucum*, Ach. (AD. B.)

* CONIOLOMA. BOT. CRYPT. (*Lichens.*) Floerke a séparé sous ce nom un genre qui comprend quelques espèces de *Spiloma* d'Acharius; il est ainsi caractérisé : fronde crustacée, adhérente ; apothécies oblongues, irrégulières, déprimées, ensuite convexes, bordées; disque à surface inégale, portant de petites vésicules; bord pulvérulent ou floconneux, semblable à la croûte. Les espèces qui appartiennent à ce genre sont : 1. *Conioloma coccineum*, Floerke, *Spiloma tumidulum*, var. *B. rubrum*, Ach. — 2. *Spiloma vitiligo*, Ach. — 3. *Spiloma auratum*, Engl. Bot. 2078. — 4. *Spiloma tuberculosum*, Engl. Bot. 2556. Toutes ces espèces croissent sur les écorces des Arbres.

Le *Coniocarpon cinnabarinum* de De Candolle paraît appartenir à la première espèce de ce genre. (AD.B.)

* CONIOMYCES. *Coniomyci, Coniomycetes*. BOT. CRYPT. (*Urédinées.*) Nées réunit sous ce nom un grand nombre de petits Champignons caractérisés par l'absence de péridium, de membrane séminifère et de filamens réguliers; ils sont formés soit uniquement de petites capsules réunies en groupes sous l'épiderme des Plantes comme dans les Urédos, Puccinies, etc., soit d'une base charnue ou filamenteuse, sur laquelle ces capsules sont éparses. Pour nous conformer à la nomenclature adoptée dans la plupart des familles naturelles, nous avons proposé de nommer ce groupe URÉDINÉES, le genre Urédo pouvant en être regardé comme le type. *V*. ce mot.   (AD. B.)

CONION. BOT. PHAN. (Dioscoride.) Ce nom paraît bien certainement convenir au *Conium maculatum* de Linné. *V*. CIGUE.   (B.)

CONIOPHORE. *Coniophora*. BOT. CRYPT. (*Champignons.*) Ce genre fondé par De Candolle (Flor. Franç. T. VI, p. 34) est voisin des Théléphores dont il diffère par ses sporules réunies en amas nombreux et pulvérulens, qui forment des zônes concentriques sur la surface fructifère. Ces Champignons sont membraneux et charnus; ils adhèrent par toute leur surface stérile aux corps sur lesquels ils croissent.

De Candolle n'en a décrit qu'une espèce, le Coniophore membraneux, *Coniophora membranacea*, figuré par Sowerby sous le nom d'*Auricularia pulverulenta*, Sow., *Fung*. t. 214. Il croît sur les poutres dans les serres chaudes. Sa surface adhérente est noirâtre, l'autre est rousse. Persoon, dans sa *Mycologia europæa*, y a ajouté trois autres espèces sous les noms de *Coniophora fœtida* (*Thelephora fœtida*, Ehrénb.) ; *Coniophora cuticularis*, Pers.; *Coniophora cerebella* (*Thelephora cerebella*, Pers., *Synops*. p. 580.) Il pense que les *Thelephora olivacea, marginata, puteana* et *lactea*; doivent peut-être se rapporter à ce genre. *V*. THÉLÉPHORE.   (AD.B.)

* CONIOPHORUS. BOT. CRYPT. (*Mucédinées.*) Palisot de Beauvois donnait ce nom à un genre séparé du *Dematium* de Persoon, et qui faisait partie du genre *Byssus* de Linné. Il y rapportait le *Dematium Petræum*, Pers. (*Byssus aureus*, L.), et quelques autres espèces inédites. *V*. DEMATIUM.   (AD. B.)

* CONIPHYLIS. BOT. PHAN. Nom

proposé par Du Petit-Thouars (Hist. des Orchidées des îles australes d'Afrique) pour le *Bulbophyllum conicum*, et qui appartient à la section des *Phyllorchis*. *V.* ce mot. Cette Plante est figurée (*loc cit.*, t. 99).

(G..N.)

CONIROSTRES. ois. Qualification donnée par quelques ornithologistes à une famille d'Oiseaux dont le bec offre l'aspect d'un cône. (DR..Z.)

CONISE. BOT. PHAN. *V.* CONYSE.

*CONISPORÉES. BOT. CRYPT. (*Urédinées.*) Section des Hyphomycètes de Link, qui ne renferme que le seul genre *Conisporium*. *V.* ce mot.

(AD. B.)

* CONISPORIUM. BOT. CRYPT. (*Urédinées.*) Ce genre voisin des *Stilbospora* a été établi par Link (*Berl. Mag.* 1809, p. 8). Il est ainsi caractérisé : capsules (sporidies) oblongues, non cloisonnées, couvertes extérieurement d'une poussière fine, grumeleuse. Link pense que cette poussière est formée par les sporules. La seule espèce connue de ce genre, le *Conisporium olivaceum*, n'a encore été trouvée qu'en Portugal sur les Pins maritimes. Il y forme des groupes arrondis et irréguliers, verdâtres, d'une demi-ligne environ, composés de capsules agglomérées. Ce genre ne diffère des *Stilbospora* que par la poussière qui recouvre ses capsules. (AD. B.)

CONITE. MIN. Nom donné par Schumacher, d'après Retzius, à un Minéral d'un blanc grisâtre qui se trouve en morceaux roulés, plus ou moins gros. Il a une cassure compacte, un peu écailleuse, quelquefois conchoïde. Sa dureté est assez considérable pour faire feu sous le choc du briquet, mais point assez pour résister à l'acier qui raye facilement cette pierre. Elle fait effervescence avec l'Acide nitrique. Elle vient d'Islande. On avait regardé ce Minéral comme un mélange naturel de Chaux carbonatée et de Silice, et on l'avait rapporté à la substance pierreuse décrite par Saussure sous le nom de Si-

licicalce. On a aussi rapporté au Conite différentes variétés de Chaux carbonatée, et un Calcaire jaunâtre, dur, presque translucide sur les bords, qui se trouve aux environs de Meissner, et dans lequel Stromeyer a reconnu de la Silice. On a encore donné le nom de Conite spathique au *Schaalstein* ou *Tafelspath*.

(G.)

CONIUM. BOT. PHAN. Syn. de Conium. *V.* CIGUE.

CONIVALVE. MOLL. Dans les Leçons d'anatomie comparée de Cuvier, on trouve sous ce nom un groupe de genres que Lamarck a placés dans ses Calyptraciens avec quelques autres. Ces genres sont : Fissurelle, Patelle, Crépidule, Calyptrée. *V.* ces mots ainsi que CALYPTRACIEN. (D..H.)

*CONJUGÉES. ZOOL? BOT? Troisième tribu de nos Arthrodiées. *V.* ce mot. (B.)

CONJUGUÉE. *Conjugata.* ZOOL? BOT? (*Arthrodiées.*) Genre formé par Vaucher, adopté par De Candolle, sous le nom de *Conferva*, devenu type de l'une des tribus de nos Arthrodiées. *V.* ce mot. (B.)

CONJUGULA. BOT. PHAN. (Pline.) Syn. de Myrte. (B.)

CONNA. REPT. BATR. Syn. finlandais de Crapaud. *V.* ce mot. (B.)

CONNA. BOT. PHAN. Syn. malabare de Casse des boutiques, *Cassia Fistula*, L. (B.)

*CONNACONATI. BOT. PHAN. (Suriau.) Syn. caraïbe de *Phyllanthus Niruri*, L. (B.)

* CONNARACÉES. *Connaraceæ.* BOT. PHAN. Famille nouvelle proposée par R. Brown (*Botany of Congo*, p. 12) pour trois genres placés auparavant dans les Térébinthacées de Jussieu. Dans ces genres qui sont les *Connarus*, L., *Cnestis*, Juss., et *Rourea*, Aubl., l'insertion, quoique ambiguë, est néanmoins plutôt hypogyne que périgyne; mais ce qui les caractérise plus particulièrement, c'est la posi-

tion de deux ovules collatéraux à la base de chacun des pistils, et la situation de la radicule de l'embryon à la partie supérieure ou à l'extrémité opposée de la graine. Les Connaracées se lient aux Légumineuses par le genre *Connarus* qui se distingue de celles-ci seulement par la situation des parties de l'embryon, relativement à l'ombilic de la graine. D'un autre côté, l'affinité du genre *Cnestis* avec l'*Averrhoa*, et de celui-ci avec l'Oxalis, établit un passage entre la nouvelle famille et celle des Oxalidées. (G..N.)

CONNARE. *Connarus*. BOT. PHAN. Ce genre fondé par Linné, placé par Jussieu dans la famille des Térébinthacées, est devenu le type d'une nouvelle famille à laquelle R. Brown a donné le nom de CONNARACÉES. *V.* ce mot. Il appartient à la Monadelphie Décandrie, L., et ses caractères sont : calice à cinq divisions profondes ; corolle à cinq pétales plus longs que le calice ; dix étamines dont les filets sont soudés par la base ; cinq d'entre eux alternes, de la moitié plus courts ; un seul ovaire supportant un seul style et un seul stigmate. Le fruit est une capsule léguminiforme, un peu resserrée vers son milieu, à deux valves et monosperme, que Gaertner a figurée (*de Fruct.* t. 46) sous le nom d'*Omphalobium*. La graine présente à sa base un arille très-remarquable, et n'a point d'albumen.

Les Connares sont des Arbres ou Arbrisseaux, au nombre de sept ou huit espèces, indigènes de l'Afrique méridionale et des Indes-Orientales. Leurs feuilles sont composées, le plus souvent ternées ou imparipennées, ovales ou pointues, et marquées à la base inférieure de veines saillantes. Ils ont des fleurs nombreuses, petites, et disposées ordinairement en panicules. Lamarck (Dict. encycl.) a joint aux *Connarus* le *Rhus zeylanicus trifoliatus*, figuré dans Burmann (*Zeylon*. t. 89), et lui a donné le nom de *Connarus pentagynus*, rapprochement douteux selon Jussieu, à moins qu'on ne considère le fruit des Connares comme le seul survivant de cinq

carpelles dont l'ovaire est originairement composé. Une autre espèce de ce genre décrite par Lamarck (*loc. cit.*) est le *Connarus africanus* ou l'*Omphalobium indicum* de Gaertner. Jussieu observe que la graine de cette Plante germe dans la capsule, et que sa radicule se répand latéralement comme un appendice cirrhiforme ; mais cette prétendue radicule ne paraît être que l'arille remarquable dont nous avons fait mention dans le caractère générique. Les autres espèces sont peu connues, et ne nous semblent rien offrir qui puisse piquer la curiosité. Thunberg (*Rœmer Archiv. für die Botanik*. 1, t. 1) a réuni à ce genre, sous le nom de *Connarus decumbens*, l'*Hermannia triphylla* de Linné ; mais le port de cette Plante, très-différent de celui des autres *Connarus*, indique que ce n'est pas encore là sa véritable place. (G..N.)

CONNAROS ET CONNARUS. BOT. PHAN. (L'Écluse.) Syn. présumé de Paliure ou de *Rhamnus spina Christi*. (B.)

CONNAUBARIL. BOT. PHAN. Syn. de Brunsfelde à la Guadeloupe. (B.)

CONNECTIF. *Connectivum*. BOT. PHAN. Les deux loges qui forment l'anthère dans le plus grand nombre des Plantes phanérogames peuvent être réunies l'une à l'autre de trois manières principales : 1° tantôt elles sont accolées par leur côté interne et soudées sans le secours d'aucun autre corps intermédiaire ; 2° tantôt la partie supérieure du filet est placée entre elles et leur sert de moyen d'union ; 3° quelquefois enfin elles sont soudées par l'intermède d'un corps particulier, tout-à-fait distinct du filet, et qu'on nomme *Connectif*. Le Connectif est donc un corps très-variable dans sa forme, distinct du filet staminal, et servant à unir les deux loges de l'anthère, qu'il écarte plus ou moins l'une de l'autre. L'Éphémère de Virginie et surtout les diverses espèces du genre Sauge en offrent des exemples extrêmement marqués. Dans toutes les Sauges, le Connectif est sous la forme d'un filet plus ou moins recourbé et allongé, placé transversalement sur le sommet du filament comme les deux branches d'un T, et portant les deux loges de l'anthère à chacune de ses extrémités. Quelquefois l'une des deux loges avorte, comme par exemple dans la Sauge des prés. *V.* Éta-mine. (a.r.)

* CONNEMON. bot. phan. Selon Kæmpfer, c'est le nom d'une espèce de Concombre (*Cucumis Cononou,* Thunb.) dans lequel on introduit de la lie de bierre qui par la fermen-tation produit un mets agréable aux Japonais. (b.)

*CONNIKONNI. bot. phan. Syn. malabare d'Abrus. (b.)

CONNIL ou CONNIN. mam. Vieux noms du Lapin. (b.)

CONNILUS. ois. (Schwenckfeld.) Syn. de l'Engoulevent, *Caprimulgus europæus,* L. *V.* Engoulevent. (dr..z.)

CONNINA. bot. phan. (Cœsalpin.) Syn. de *Chenopodium Vulvaria.* (b.)

CONNORO. ois. Syn. d'Ara rouge, *Psittacus Macao,* L. *V.* Perroquet. (dr..z.)

CONOBÉE. *Conobea.* bot. phan. Aublet (Plantes de la Guiane, p. 640 et t. 258) a décrit et figuré, sous ce nom un genre que Jussieu (*Genera Plantarum*) a placé à la suite des Ly-simachiées ou Primulacées, et qui ap-partient à la Didynamie Angiosper-mie, L. Voici les caractères que son auteur lui a assignés : calice tu-buleux, à cinq dents, muni à sa base de deux petites bractées; corolle tu-buleuse, divisée en deux lèvres, la supérieure relevée et échancrée, l'in-férieure à trois lobes inégaux; quatre étamines didynames, à anthères sa-gittées; un style et un stigmate bi-lobé. Le fruit est une capsule pisifor-me, entourée par le calice, unilocu-laire, marquée de quatre sillons qui la divisent en quatre valves, poly-sperme. C'est à tort qu'Aublet lui don-ne un placenta central et s'élevant du fond de la capsule. Auguste Saint-Hilaire, dans son intéressant Mémoire sur les Plantes à placenta central, a fait voir que la capsule du *Conobea* est réellement à deux loges séparées par une cloison dont le milieu porte dans chaque loge un placenta volu-mineux. Ce caractère est décisif et fait placer le *Conobea* parmi les Scrophu-larinées de Brown, ce que confirment d'ailleurs ses étamines didynames, sa corolle irrégulière, le mode de déhis-cence de sa capsule et la ressemblance de son port avec le *Tozzia,* quoique, d'un autre côté, il ait aussi des rap-ports de physionomie avec l'*Anagallis.* La forme de l'embryon, observée par A. Saint-Hilaire, est aussi celle des Scrophularinées; car il est droit, à radi-cule tournée vers l'ombilic, occu-pant l'axe d'un périsperme charnu. L'espèce décrite par Aublet (*Conobea repens*) est une petite Plante herbacée, à tige perfoliée et traçante, à feuilles opposées et réniformes, à fleurs soli-taires au sommet d'un long pédon-cule axillaire. Elle croît à Cayenne le long des ruisseaux. Sprengel en a dé-crit deux nouvelles espèces sous les noms de *C. verticillaris* et *C. viscosa.* (o..n.)

CONOCARPE. *Conocarpus.* bot. phan. Genre de la famille des Com-brétacées de Robert Brown et de la Pentandrie Monogynie, que l'on re-connaît facilement à ses fleurs très-serrées les unes contre les autres, et formant des capitules globuleux ou ovoïdes. Chaque fleur est accompa-gnée d'une écaille persistante, et of-fre un calice adhérent avec l'ovaire infère, ayant son limbe oblique, ren-flé, caduc, à cinq divisions régulières. Il n'existe pas de corolle. Les étamines, dont le nombre varie de cinq à dix, sont saillantes au-dessus du calice, à la face interne duquel elles sont insé-rées. Leurs anthères sont cordiformes à deux loges, s'ouvrant par un sillon longitudinal. L'ovaire est infère ainsi que nous l'avons dit; il est comprimé, à une seule loge, du sommet de la-quelle pendent deux ovules attachés à deux podospermes filiformes. Le style se termine par un petit stigmate simple. Le fruit est agrégé et présente l’apparence d’un petit cône, c’est-à-dire qu’il se compose d’écailles imbriquées, à l’aisselle desquelles sont de véritables akènes imbriqués, renversés, convexes extérieurement, concaves du côté interne. Ils sont monospermes et restent indéhiscens. La graine qu’ils renferment est oblongue, terminée en pointe à sa partie supérieure. Son tégument propre est mince et membraneux. L’embryon en est immédiatement recouvert ; ses deux cotylédons sont foliacés et roulés sur eux-mêmes longitudinalement.

Ce genre ne se compose que de deux espèces qui sont de grands Arbrisseaux croissant sur les plages maritimes de l’Amérique et de l’Afrique. Leurs feuilles sont alternes, assez épaisses, coriaces, entières, dépourvues de stipules. Leurs fleurs, qui sont fort petites et hermaphrodites, forment des capitules plus ou moins nombreux. La première de ces espèces est le Conocarpe dressé, *Conocarpus erecta*, L., Jacq., *Am.* t.52, f.1. Kunth, auquel nous avons emprunté les caractères de ce genre, réunit à cette espèce, comme de simples variétés, le *Conocarpus procumbens*, Jacq., et *Conocarpus acutifolius*, Willd. *in Ræm. et Schult. Syst.* Cette espèce croît sur les bords de la mer, dans presque tout le continent américain et les Antilles. C’est un Arbre de trente à quarante pieds d’élévation, ou simplement un Arbuste étalé, suivant les localités dans lesquelles il se trouve. Les jeunes rameaux sont anguleux, ornés de feuilles alternes, obovales, allongées, tantôt aiguës, tantôt obtuses et simplement acuminées, entières, glabres et un peu coriaces. Leur pétiole, qui est très-court, est glanduleux latéralement. Les fleurs sont petites, formant des capitules nombreux disposés en une sorte de panicule.

La seconde espèce est nouvelle ; nous lui donnons le nom de Conocarpe a gros fruits, *Conocarpus macrocarpos*. Elle diffère de la précédente par ses feuilles plus grandes, plus épaisses, légèrement glauques, et

par ses cônes deux fois plus gros. Elle croît sur les rivages sablonneux de l’Afrique.

Quant au *Conocarpus racemosa*, L., il forme le genre *Sphænocarpus* de Richard, ou *Laguncularia* de Gaertner fils. *V.* Sphénocarpe.   (a. r.)

CONOCARPODENDRON. bot. phan. Sous ce nom, Boerrhaave (*Index Plantarum Horti Lugduno-Batavi*) a désigné un groupe de Protéacées que R. Brown a nommé Leucadendron. *V.* ce mot.   (b.)

* CONOCEPHALUM. bot. crypt. (*Hépatiques.*) Nom donné par Hill à un genre qu’on a appelé *Anthoconum. V.* ce mot et Marchantia.   (ad. b.)

CONOCHIA ou CONOCHIE. bot. crypt. (*Champignons.*) Nom vulgaire en Italie de l’*Agaricus procerus*, Pers. Espèce très-bonne à manger et d’un goût très-délicat.   (ad. b.)

* CONOCRAMBE. bot. phan. *V.* Cynocrambe.

CONOHRIA et CONONOU. bot. phan. *V.* Conori.

CONOMON. bot. phan. *V.* Conemon.

CONOOR. ois. Pour Condor. *V.* ce mot.   (dr. z.)

CONOPHORE. *Conophorus.* ins. (Meigen.) *V.* Ploas.

CONOPHOROS. bot. phan. (Petiver.) Syn. de *Protea rosacea*, L. (b.)

CONOPLÉE. *Conoplea.* bot. crypt. (*Urédinées.*) Ce genre, créé par Persoon, a été bien décrit par Link (*Berl. Mag.* 1815, p. 32) qui lui a réuni le genre *Exosporium* qu’il en avait d’abord séparé. Les Conoplées sont formées par un tubercule globuleux ou déprimé, solide et recouvert de sporidies ou capsules allongées, souvent cloisonnées : on connaît sept à huit espèces de ce genre. Elles croissent sur les feuilles ou les rameaux des Plantes mortes ; leur couleur est brune ou noire; elles diffèrent par la forme de leurs capsules et par celle de la base ou du tubercule sur lequel ces capsules sont portées.   (AD. B.)

CONOPOPHAGE. ois. Genre établi par Vieillot, et dans lequel il place deuxepèces du genreFourmilier: *Turdus auritus*, L., et *Pipria nœvia*, L. *V.* FOURMILIER.   (DR..Z.)

CONOPS. *Conops*. **ins.** Genre de l'ordre des Diptères, famille des Athéricères, tribu première des Conopsaires de Latreille (Règne Animal de Cuvier), établi par Linné, et ayant pour caractères : antennes beaucoup plus longues que la tête, droites, en massue ou presque en massue, de trois articles; le second fort long, cylindrique; le dernier court, conique, terminé par une petite pointe; trompe coudée à sa base, de trois articles, avancée, renfermant deux soies qui forment le suçoir; soie inférieure beaucoup plus longue que la supérieure; point de palpes ni de petits yeux lisses. Les Conops sont remarquables par une tête grosse, plus large que le thorax, présentant à sa partie inférieure un sillon pour recevoir la trompe; celle-ci, coudée seulement à sa base, se porte ensuite en avant et ne change plus de direction. Le thorax est court et cubique; il supporte des ailes étroites, écartées, atteignant l'extrémité de l'abdomen et des balanciers allongés; les pates sont minces et longues, munies de tarses à deux pelotes au bout et à crochets; l'abdomen est comme pétiolé; son extrémité libre se termine par une sorte de renflement ou de massue. Ces Insectes diffèrent des Myopes et des Bucentes par la direction de leur trompe; ils ressemblent, sous ce rapport, aux Zodions et aux Stomoxes; mais ils s'éloignent principalement de ces deux genres par le seul caractère tiré de la longueur des antennes. Les Conops, auxquels Latreille (*loc. cit.*) associe le genre Toxophore de Meigen, ont été confondus avec les Asiles et avec les Myopes par Geoffroy; on les trouve assez souvent sur les fleurs dont ils sucent le suc mielleux; il paraît que les femelles déposent leurs œufs dans les larves des Bourdons ou dans le corps de ces Insectes à l'état parfait. On peut considérer, comme type du genre, le CONOPS A PIEDS FAUVES, *Conops rufipes* de Fabricius. On le rencontre vers le milieu de l'été sur les fleurs des prairies. Latreille dit avoir observé plusieurs fois cet Insecte parfait sortir de l'abdomen des Bourdons. Lachat et moi avons présenté à la Société Philomatique, le 22 août 1818, un travail assez détaillé sur une larve apode que nous trouvâmes au mois de juillet dans le corps d'un Bourdon des pierres (*Bombus lapidarius* de Fabricius), et que nous supposâmes appartenir au Conops à pieds fauves. Cette larve blanchâtre (Mém. de la Soc. d'Hist. Natur. T. I, page 530, pl. 22), très-molle et sans pieds, était située entre les ovaires, au-dessus de l'estomac, entre celui-ci et l'aiguillon, et sous le vaisseau dorsal d'un Bourdon dépourvu de graisse; elle avait onze anneaux, un long cou, une bouche, deux lèvres, deux crochets et des mamelons dépendans de la peau; le reste de son corps était renflé, un peu sillonné, en dessus et en dessous, par une série longitudinale de points groupés ordinairement trois par trois sur les côtés de chaque anneau, qui lui-même paraissait légèrement étranglé. L'extrémité, opposée à la bouche correspondante au rectum du Bourdon, avait un anus fendu verticalement, et deux plaques latérales plus élevées, voisines l'une de l'autre, et très-curieuses par leur organisation et leur importance. Nous avons décrit avec assez de soin les différentes parties de cette larve curieuse que Bosc paraît avoir aussi étudiée, mais qu'il a confondue avec un Ver intestinal. On remarque d'abord deux membranes qui recouvrent tout le corps, l'une extérieure et l'autre interne; elles forment les deux mamelons saillans au-dessus de la bouche, parallèles entre eux et à la longueur du corps. Les organes de la digestion consistent en une bouche munie de deux crochets ; les premiers sont latéraux, d'un brun jaunâtre, comprimés, plus larges à leur moitié postérieure qu'en avant, où ils sont terminés par une pointe doucement infléchie en dehors, arrivant petit à petit depuis une brusque échancrure du bord extérieur. L'extrémité postérieure est étroitement unie aux tégumens et au tube digestif. Non loin de cette base ils ont entre eux une sorte de pivot très-grêle, transversal, concave en avant, dur et corné comme eux, qui les tient éloignés, et devient le centre de leurs mouvemens, dont les uns ont lieu de haut en bas et les autres latéralement ; ceux-ci, plus étendus, ne permettent cependant point aux bouts des crochets de se mettre en contact dans leur plus grand rapprochement. Les lèvres, placées horizontalement entre les crochets et moins avancées qu'eux, sont molles à leur base, et bordées d'une ligne qui paraît être cornée ; la supérieure est arrondie, et l'inférieure, moins large, est un triangle inéquilatéral. Pendant l'action des crochets, elles s'éloignent ou se rapprochent, et jouent lentement de bas en haut et de haut en bas. L'œsophage naît à leur base ; il est assez étendu et d'une égale largeur dans toute sa longueur ; l'estomac est très-spacieux ; il est muni de deux vaisseaux opposés qui se divisent presque aussitôt en deux branches, lesquelles sont remplies de grains miliaires jaunâtres, d'une finesse extrême. Les deux troncs de ces vaisseaux marquent le terme de l'estomac et l'origine du colon. En examinant un autre appareil situé sous le précédent, on est embarrassé pour en déterminer exactement la naissance. Il mesure la moitié antérieure de l'œsophage, se dilate et se divise en deux branches plus grosses, moins transparentes que leurs troncs, et qui s'engagent entre l'estomac et les vaisseaux aveugles. Au soleil, dans l'eau et au foyer d'une lampe, elles paraissent garnies au dedans de plaques hexagonales, pres-

que continues entre elles, obliquement alignées cinq par cinq, blanchâtres sur leur bord, diaphanes au centre. Elles ressemblent beaucoup aux plaques que Lyonnet a légèrement exprimées sur les vaisseaux soyeux de la Chenille, auxquels nous les comparons directement.

On voit à la partie postérieure et supérieure du corps de la larve deux éminences en forme de reins, dont le côté interne est concave, le gros bout en bas, la face postérieure d'un marron clair, bordée d'une teinte noirâtre très-légère, avec un point rond, blanc, transparent, central et un peu en dedans. Ces éminences sont parsemées d'un grand nombre de points de même couleur, disposés irrégulièrement deux par deux, trois par trois, quatre par quatre, rapprochés ou confondus par leurs côtés voisins. Chacun d'eux est composé d'autres points infiniment plus petits, saillans, dont la plupart sont circulairement arrangés dans leur étroite enceinte. Ils brillent comme des pierreries agréables. Les trachées reçoivent l'air par ces petits points, sont doubles et sur les côtés du corps où elles s'étendent comme deux Arbres taillés en quenouille, dont les racines seraient fixées à ces éminences, et le sommet se terminerait vers la bouche, dont les rameaux iraient se diviser sur l'enveloppe générale extérieure, et qui, par d'innombrables ramifications, la plupart à peine perceptibles à la loupe, ramperaient sur tous les tissus et lieraient tous les organes. En rassemblant tous ces faits, on trouve que la larve dont il est question, est composée d'une double enveloppe, d'un double organe pour la respiration, d'une sorte de tissu graisseux abondant, d'une bouche où sont deux crochets très-mobiles et deux lèvres, d'un anus situé au bout d'un canal intestinal très-étendu. On voit enfin qu'elle a un canal analogue aux vaisseaux soyeux des Chenilles.

Il existe quelques autres espèces de Conops : la plus grande a été nommée

Conops à grosse tête , *C. macroce-
phala* , L. Elle ressemble beaucoup
à une Guêpe. (AUD.)

CONOPSAIRES. *Conopsaria.* INS.
Famille de l'ordre des Diptères, éta-
blie originairement par Latreille
(*Gener. Crust. et Ins.* T. IV, p. 333),
et convertie depuis (Règn. Anim. de
Cuv.) en une section de la famille des
Athéricères. *V.* ce mot. (AUD.)

CONORI. *Conoria* ou *Conhoria.*
BOT. PHAN. Genre de la famille des
Violariées, établi par Aublet, mais
dont les auteurs modernes , en particulier Kunth, ont singulièrement
modifié les caractères, puisque ce
dernier y réunit les genres *Passura* ,
Riana, *Rinoria* et *Piparea* d'Aublet,
Alsodeia de Du Petit-Thouars et *Ceranthera* de Beauvois. Voici comment
on peut caractériser ce genre : son
calice est persistant, à cinq divisions
profondes et égales : sa corolle est
régulière, formée de cinq pétales
hypogynes , ainsi que les cinq étamines qui alternent avec eux. Leurs filets sont courts, libres ou réunis en
une sorte d'urcéole. Les anthères sont
à deux loges et surmontées d'un appendice membraneux. Il n'existe
point de disque ni d'appendice en
forme de corne, caractère qui paraît
tenir à la régularité de la corolle. L'o-
vaire est sessile et comme triangulaire,
surmonté d'un style simple. Le fruit
est une capsule coriace à parois épaisses, à une seule loge, s'ouvrant en
trois valves qui portent les graines sur
le milieu de leur face interne. L'embryon, qui a ses cotylédons planes et
sa radicule tournée vers le hile , est
renfermé dans l'intérieur d'un endosperme charnu.

Le genre *Conoria* forme avec le
Sauvagesia une petite section distincte dans la famille des Violariées.
La régularité de la corolle est en effet
un caractère remarquable dans une
famille où tous les autres genres ont
leurs fleurs plus ou moins irrégulières. C'est à ce groupe que Rob. Brown
avait donné le nom d'ALSODINÉES ,

et l'on pourrait l'appeler SAUVAGÉ-
SIÉES , si, comme le veut Kunth et
comme l'observation semble le con-
firmer, le genre *Alsodeia* de Du Petit-
Thouars doit rentrer dans le genre
Conoria.

Aublet (*Guian.* 1 , p. 239, t. 95) a
décrit et figuré une seule espèce de
Conoria, qu'il nomme *Con. flavescens.*
Il n'a vu et décrit cette Plante qu'en
fleurs. Mais son *Passura guianensis* , t. 380, n'est rien autre chose que
le *Conoria flavescens* en fruits, ainsi
que le professeur Richard s'en est
assuré en les recueillant sur un même
individu.

Les espèces de ce genre sont peu
nombreuses. Elles se composent des
espèces précédemment rapportées aux
genres *Riana* , *Rinoria*, *Piparea*, *Alsodeia* et *Ceranthera* , et en outre
d'une belle espèce très-voisine du *C.
flavescens* d'Aublet, que Kunth décrit et figure (*in Humboldt Nov. Gen.*
3 , p. 387, t. 91) sous le nom de *Conoria ulmifolia.* Les autres Conoris
sont des Arbres ou des Arbrisseaux à
feuilles alternes ou plus rarement opposées, entières ou plus ou moins
dentées , munies de stipules. Leurs
fleurs sont axillaires et terminales ,
disposées en grappes ou en panicules.
(A. R.)

***CONORO-ANTEGRI.** BOT. PHAN.
Nom de pays du *Norantea* d'Aublet.
V. ce mot. Il ne faut pas le confondre
avec Conori. (B.)

CONOSPERME. *Conospermum.*
BOT. PHAN. Smith a institué ce genre
dans le quatrième volume des Transactions de la Société Linnéenne de
Londres, p. 215, et l'a placé parmi
les Protéacées. Gaertner fils (*Carpol.*
3 , p. 198 , t. 215) et R. Brown (*Trans.
Linn.* , x , p. 153) l'ont adopté, en
confirmant le rapprochement que
Smith en avait fait, nonobstant l'opinion de Jussieu et de Ventenat qui l'a-
vaient placé dans les Thymélées. La
famille des Protéacées faisant le sujet
du Mémoire de R. Brown cité plus
haut, ce savant a dû, mieux que tout
autre botaniste , connaître l'organi-

sation du genre *Conospermum*, d'autant plus qu'il en a publié plusieurs espèces nouvelles. Ce sera donc à lui que nous emprunterons la description de ses caractères : calice ou périgone tubuleux irrégulier, staminifère ; la division supérieure concave ; trois anthères incluses, les deux latérales de la moitié plus petites que la supérieure qui est bilobée ; ces anthères sont d'abord réunies et constituent une loge par la connexion des lobes voisins ; stigmate libre. Le fruit est une sorte de noix obconique et surmontée d'une aigrette. Indépendamment de ces caractères, le Conosperme a un embryon droit, un style terminal ; et l'estivation de son calice est valvaire, ce qui le fait placer très-convenablement dans les Protéacées, rapprochement fortifié par ses affinités avec le *Simsia*, genre de cette dernière famille.

Tous les Conospermes ont pour patrie la Nouvelle-Hollande. Ce sont des Arbrisseaux dont le port est celui des Protées, à feuilles éparses très-entières, à épis axillaires ou terminaux, quelquefois en corymbes. Les fleurs sont solitaires et sessiles au sommet des pédicelles, blanches ou bleuâtres, et munies d'une bractée persistante. Smith en a figuré une jolie espèce sous le nom de *Conospermum longifolium* (*Exot. Bot.*, t. 82). Elle est cultivée dans les jardins.

Les espèces décrites par R. Brown sont au nombre de neuf, distribuées en trois tribus. Il les a recueillies près du port Jackson et dans la terre de Leuwin.   (G..N.)

*CONOSTEGIA. BOT. PHAN. Genre de la famille des Mélastomacées, séparé du genre *Melastoma* par David Don (*Mem. Soc. Werner. Edinb.*, IV, vol. II, p. 316) qui lui a donné les caractères suivans : calice à limbe indivis, conique, et formant une coiffe qui se sépare horizontalement du tube pendant l'estivation ; cinq à six pétales ; anthères munies de deux oreillettes à la base ; baie capsulaire à huit loges. La forme particulière du calice distingue suffisamment ce genre de ses voisins. Il est composé d'Arbres ou d'Arbrisseaux indigènes de l'Amérique équinoxiale et des îles de la Société. Son auteur y rapporte les *Melastoma glabra*, Forst.; *M. procera*, Swartz et Bonpl. ; *M. montana*, Sw.; *M. superba*, Bonpl. inéd.; *M. extinctoria*, Bonpl ; *M. Xalapensis*, Bonpl.; *M. calyptrata*, Lamk.; enfin, les *M. cucullata* et *holosericea*, Pavon, Mss.   (G..N.)

CONOSTOME. *Conostomum*. BOT. CRYPT. (*Mousses.*) Ce genre, établi par Swartz (Journ. Bot. de Schrader, vol. I, p. 24), est l'un des plus distincts de la famille des Mousses ; ses caractères le rapprochent des *Weissia* ; son port a beaucoup d'analogie avec celui des *Barthramia* parmi lesquelles même Bridel a placé le *Conostomum australe* de Swartz ; il est ainsi caractérisé : capsule terminale ; péristome simple à seize dents également espacées, réunies au sommet ; coiffe fendue latéralement. On ne connaît que deux espèces de ce genre : l'une, le *Conostomum boreale*, habite les montagnes des pays voisins du pôle arctique, tels que la Suède, l'Ecosse, le Kamtschatka, ou les hautes Alpes de la Suisse au-dessus de douze cents toises ; l'autre, le *Conostomum australe*, est propre aux régions voisines du pôle austral. Elle n'a été trouvée qu'auprès du détroit de Magellan par Commerson, et à la Terre-des-États par Menzies.

La première espèce a tout-à-fait l'aspect du *Barthramia fontana*, mais elle est beaucoup moins grande. C'est une des Mousses les plus rares d'Europe.   (AD. B.)

CONOSTYLE. *Conostylis*. BOT. PHAN. Genre de l'Hexandrie Monogynie, L., fondé par R. Brown (*Prodrom. Flor. Novæ-Holland.* p. 500) pour plusieurs Plantes de la Nouvelle-Hollande, qu'il place dans sa nouvelle famille des Hæmodoracées. Il l'a ainsi caractérisé : périanthe supère, persistant, coloré, campanulé, à six divisions profondes, régulières, couvertes de poils laineux et rameux; six étamines à anthères dressées; ovaire à trois loges polyspermes, surmonté d'un style conique dilaté et creux, et d'un court stigmate. La capsule déhiscente par son sommet, où l'on voit les débris du style divisé en trois, renferme un placenta central triquètre, auquel sont attachées des semences nombreuses. Ce genre est extrêmement voisin de l'*Anigosanthos* de Labillardière, dont il ne se distingue que par une légère différence dans la forme et la nature du périanthe, ainsi que par la persistance du style. R. Brown le fait différer encore du *Lanaria* d'Aiton, ou *Argolasia* de Jussieu, par la structure de l'ovaire et du fruit. Ainsi que l'*Anigosanthos*, il s'éloigne des autres genres de la famille par le nombre indéfini de ses graines; mais ce caractère n'est pas d'une telle valeur, qu'on doive pour cela les en distraire.

Les quatre espèces décrites par Brown et qu'il a nommées *Conostylis aculeata*, *C. serrulata*, *C. setigera* et *C. breviscapa*, habitent la côte méridionale de la Nouvelle-Hollande. Pursh (*Flor. Amer. septentr.* 1, p. 224, t. 6) a rapporté à ce genre une belle espèce de la Nouvelle-Jersey et de la Caroline, qu'il avait d'abord nommée *Argolasia aurea*. La figure qu'il en donne n'étant malheureusement pas accompagnée de détails, on est obligé de s'en rapporter à la description dans laquelle l'ovaire est donné comme supérieur. Ce caractère seulement devrait suffire pour admettre sa distinction d'avec le Conostylis. Nuttal observe judicieusement que le *Conostylis americana* de Pursh n'est probablement pas congénère des espèces de la Nouvelle-Hollande. Peutêtre devra-t-on rétablir en sa faveur le nom de *Lophiola aurea*, proposé dans le *Botanical Magazine*. (G..N.)

*CONOTROCHITES. MOLL. FOSS. C'est le nom sous lequel les anciens désignaient les espèces fossiles du genre Volute; mais il est à remarquer que ce genre renfermait les Cô-

nes dans la plupart des auteurs qui ont précédé Linné, et il ne serait pas étonnant que ce soit plutôt aux Cônes qu'à nos véritables Volutes qu'on ait appliqué ce nom. (D..H.)

CONOTZQUI. OIS. *V*. CENOTZQUI.

* CONOVALVE. *Conovalvus*, MOLL. (Du Dictionnaire de Levrault.) Pour Conovule. *V*. ce mot. (D..H.)

CONOVULE, *Conovula*. MOLL. Ce genre fait partie des Auricules. *V*. ce mot. (D..H.)

CONQUATOTOTL. OIS. (Séba.) *V*. CAQUANTOTOTL. (DR..Z.)

CONQUE. MOLL. Nom anciennement employé par Aristote pour désigner en général toutes les Coquilles bivalves, et adopté par Langius, dans sa Méthode, pour exprimer les mêmes objets; mais depuis il a été appliqué particulièrement à des Coquilles de différens genres, et il est devenu familier aux marchands qui, sous cette dénomination, ont l'habitude de désigner des Coquilles qui, pour la plupart, n'ont aucune ressemblance entre elles. C'est principalement parmi les Conchifères que l'on trouve cette application vulgaire, et surtout dans le genre Vénus de Linné. C'est ainsi qu'on nomma Conque de Vénus maléficiée la *Venus verrucosa*, L.; Conque de Vénus orientale, la *Venus dysera*; Conque de Vénus épineuse, la *Venus Dione*. On donna également le nom de Conques à des Coquilles du genre Cardium; le *Cardium pectinatum*, L., reçut celui de Conque de Vénus sans pointes; le *Cardium Isocardia*, celui de Conque tuilée, et le *Cardium costatum*, celui de Conque exotique. L'*Hippopus maculatus*, Lamk., fut nommé Conque onglée, et on alla même jusqu'à appliquer le mot Conque à des Coquilles univalves, le *Murex Tritonis*, L., et la *Purpura persica*, Lamk. Le premier nommé Conque de Triton, et le second Conque persique, en sont des exemples. Les anciens conchyliologues donnaient le nom de Conque de Vénus à toutes les Coquilles du genre

Porcelaine , et Rumph l'appliqua aux Trigonies fossiles. La Conque anatifère n'est autre chose que l'A-natife. *V*. ce mot ainsi qu'ANATI-FÈRE. Il est nécessaire aussi de con-sulter les mots CYTHÉRÉE, VÉNUS , PORCELAINE, BUCARDE, etc. (D.,H.)

CONQUES-OREILLES. BOT. CRYPT. Paulet a donné ce nom bar-bare à un groupe de Champignons formé d'espèces incohérentes et qui renferme des Auriculaires, des Tre-melles, des Collèmes et des Pezizes. *V*. ces mots. (AD. B.)

CONSANA. BOT. PHAN. (Adanson.) Syn. de *Subularia aquatica*. (B.)

CONSEILLER. OIS. Syn. vulgaire du Rouge-Gorge, *Motacilla rubecu-la*, L. *V*. BEC-FIN. (DR.,Z.)

CONSILIGO. BOT. PHAN. (Pline.) Syn. d'*Helleborus viridis*, ou du *fœ-tidus*, selon les uns , et d'*Adonis ver-nalis*, selon les autres. (B.)

*CONSIRE. BOT. PHAN. (Olivier de Serre.) Vieux nom de la Consoude. *V*. ce mot. (B.)

CONSOLIDA. BOT. PHAN. D'où Consoude, Consire , Consoli , etc. Noms qui désignent la Consoude , Plante des anciens, que les uns ont cru être une Bugle, d'autres une Dauphinelle, des Solidages, des Éper-vières , etc. (B.)

CONSOUDE. *Symphytum*. BOT. PHAN. Famille des Borraginées, Pen-tandrie Monogynie, L. Ce genre, éta-bli par Tournefort, adopté par Lin-né, Jussieu, Lamarck et Gaertner, est ainsi caractérisé : calice à cinq divisions profondes; corolle campa-nulée, tubuleuse, dont le limbe res-serré à sa base est à cinq lobes courts, droits et presque fermés; entrée du tube munie d'écailles oblongues, acu-minées et rapprochées en cône; stig-mate simple. Les fleurs des Consoudes sont terminales et axillaires, dispo-sées en panicules corymbiformes ; leurs feuilles caulinaires sont décur-rentes, hérissées de poils roides et épais, comme dans la plupart des

Borraginées; certaines espèces ont leurs feuilles florales géminées.

Le nombre des Plantes de ce genre n'est pas fort considérable; il ne s'é-lève qu'à sept ou huit, mais leur dis-position à varier a pu le faire augmen-ter inutilement. On cultive seulement dans les jardins de botanique les Con-soudes de l'Orient et de la Russie, telles que le *Symphytum orientale*, L., et le *Symphytum tauricum*, Willd. Leurs fleurs, d'un aspect agréable, diversement colorées de bleu et de rouge, de violet et de blanc, ont en-core l'avantage de durer pendant une bonne partie de l'été.

Des deux espèces qui croissent na-turellement en France nous ne parle-rons que de la plus vulgaire, à la-quelle son emploi thérapeutique a procuré une petite célébrité.

La CONSOUDE OFFICINALE, *Sym-phytum officinale*, L., est une Plante herbacée dont la tige, haute de cinq à six décimètres, est très-branchue, velue et succulente; elle porte des feuilles ovales, lancéolées, rudes au toucher, et des fleurs pédonculées au sommet de la tige, disposées sur une sorte de panicule dont le haut est courbé en crosse avant le développe-ment. La couleur des fleurs varie du rouge purpurin au blanc sale. Elle se trouve dans toute l'Europe, sur les bords des fossés et dans les lieux aquatiques. Sa racine fusiforme, char-nue et noirâtre extérieurement, dont l'astringence est tempérée par le mu-cilage abondant qu'elle renferme, convient dans la diarrhée, l'hémop-tysie, la leucorrhée, etc. Les phar-maciens en préparent un sirop, forme sous laquelle cette racine est le plus ordinairement administrée.

Le vulgaire donne aussi le nom de Consoude à des Plantes toutes diffé-rentes de celle-ci; ainsi il nomme PETITES CONSOUDES plusieurs espèces de Bugles, CONSOUDE ROYALE, le Pied-d'Alouette des jardins, *Delphi-nium Ajacis*, L., etc. (G.,N.)

* CONSTRICTEUR. *Constrictor*. REPT. OPH. Espèce du genre Boa dont

Oppel a étendu le nom à une famille d'Ophidiens qui contient les genres Boa et Erix. (E.)

* CONSUL. mam. (Salt.) L'un des noms abissins du Renard. (B)

* CONSUL. ois. Syn. présumé du Pétrel blanc, *Procellaria nivea*, Gmel. *V*. Pétrel. (DR..Z.)

CONSYRE. bot. phan. Même chose que Consire. *V*. ce mot.

* CONTACITRANI. bot. phan. (Préfontaine.) Arbre indéterminé de la Guiane, dont on dit le bois fort dur. (B.)

* CONTA-FASONA. ois. Syn. américain d'un Bec-Fin qui paraît avoir quelque rapport avec le Troglodyte. (DR..Z.)

CONTARENA. bot. phan. (Adanson.) Syn. de Corymbium. *V*. ce mot. (B.)

CONTARÉNIE. *Contarenia*. bot. phan. Une Plante du Brésil que l'on ne saurait positivement rapporter à sa famille naturelle, vu le défaut de renseignemens sur la structure de son fruit, a été décrite sous ce nom par Vandelli. Elle a un calice tubulé à deux divisions; une corolle monopétale divisée supérieurement en trois lobes; quatre étamines courtes; un style grêle persistant et une capsule à deux loges remplies de graines. Les fleurs sont petites et disposées en épis colorés, et les feuilles marquées de trois nervures. D'après ces caractères incomplets, on peut tout au plus assigner à ce genre une place près des Acanthacées ou des Scrophularinées. (G..N.)

* CONTIA. bot. phan. (Pline.) Une variété d'Olive. (B.)

* CONTILUS. ois. Gesner cite ce nom comme pouvant convenir aux Cailles ou aux Becs-Fins. (B.)

CONTOUR. ois. Syn. de Condor, *Vultur Gryphus*, L. *V*. Catharte. (DR..Z.)

CONTRA. ois. Espèce du genre Étourneau, *Sturnus bengalensis*, Briss. *V*. Étourneau. (DR..Z.)

CONTRA. bot. phan. Espèce éminemment vermifuge du genre Armoise. (B.)

*CONTRA-CAPETAN. bot. phan. On donne ce nom, à Carthagène en Amérique, à l'*Aristolochia anguicida*, Jacq., qui a, dit-on, la propriété d'être le poison le plus mortel pour les Serpens. (B.)

* CONTRA-COULEVRA. bot. phan. Sur les rives de l'Orénoque qui avoisinent la Guiane et le Brésil, non loin de San-Thomas de l'Angostura et de San-Carlos del Rio Negro, Humboldt et Bonpland ont trouvé une Plante qui exhale une odeur nauséeuse, dont les habitans vantent la décoction de la racine contre la morsure des Serpens, et qu'ils nomment pour cette raison *Contra-Coulevra*. Les feuilles sont aussi employées comme vulnéraire. Cette Plante est l'*Ægiphila salutaris*, Kunth, de la famille des Verbénacées. *V*. Ægiphile. (G..N.)

* CONTRACTILITÉ. zool. *Irritabilité* de Glisson et de Haller; *Contractilité animale et organique sensible* de Bichat; *Myotilité* de Chaussier, etc. Propriété qu'ont les muscles de se raccourcir avec effort, quand un corps étranger les touche, ou que la volonté le leur commande par l'intermédiaire des nerfs.

La *Contractilité* ou *irritabilité musculaire*, ressort général des mouvemens du corps, doit être étudiée dans ses phénomènes, dans ses conditions, dans ses causes. L'état du muscle contracté; la forme que prennent ses fibres quand il se contracte; la coopération du fluide sanguin dans la contraction; le rôle surtout que joue le nerf dans ce phénomène, sont autant de questions qui, comme chacun sait, ont successivement occupé presque tout ce qu'il y a eu d'habiles physiologistes depuis Haller. Nous renvoyons au mot Irritabilité le développement de ces questions importantes. (FL..S.)

CONTRA-MAESTRE. ois. (Azzara.) Nom donné à une petite famille d'Oiseaux du Paraguay , qui appartient au genre Sylvie. (DR..Z.)

CONTRAYERVA. BOT. PHAN. *V.* COANENEPILLI. — Espèces des genres Dorstenia et Milleria. — Syn. d'*Aristolochia triloba.* — Ce mot signifie à peu près contre-poison, antidote. Il a été écrit quelquefois *Contrayerba*, d'après la prononciation espagnole. (B.)

CONTREFAISANT. OIS. Syn. vulgaire de la Fauvette des Roseaux, *Motacilla Hippolais* ; L. *V.* SYLVIE. (DR..Z.)

CONTREMAITRE. OIS. Traduction du Contra-Maestre. *V.* ce mot. (DR..Z.)

CONTRE-UNIQUE. MOLL. On a généralement donné ce nom à toutes les Coquilles dont la spire, au lieu de tourner à droite, tourne à gauche, et il s'applique plus particulièrement à celles dans lesquelles cette disposition n'est qu'accidentelle, et conséquemment où on a la même Coquille à droite et à gauche. (D..H.)

CONTRIOUX. OIS. Syn. vulgaire du Cujelier ou Alouette Lulu , *Alauda arborea* ; L. *V.* ALOUETTE. (DR..Z.)

* **CONTSJOR** ou **TSJONKOR.** BOT. PHAN. Syn. malais de *Kæmpferia Galanga.* (B.)

* **CONTURNIX.** BOT. PHAN. (Cœsalpin.) Syn. de Plantain. *V.* ce mot. (B.)

CONULE. *Conulus.* ÉCHIN. Nom donné par Klein à un genre d'Oursins dans son ouvrage sur les Echinodermes; il n'a pas été adopté. Lamarck l'a réuni au genre Galérite. *V.* ce mot. (LAM..X.)

* **CONULE.** BOT. CRYPT. (Bridel.) Syn. de Conostome. *V.* ce mot. (B.)

CONUS. MOLL. *V.* CÔNE.

CONVALLAIRE. *Convallaria.* BOT. PHAN. Dans ce genre , qui fait partie de la famille des Asparaginées et de l'Hexandrie Monogynie, Linné et Jussieu ont réuni les genres *Polygonatum , Lilium Convallium* et *Smilax* de Tournefort. Mais les auteurs modernes, et particulièrement Mœnch

et Desfontaines , ont de nouveau divisé le genre *Convallaria.* Ainsi ils nomment *Polygonatum* les espèces dont le calice est allongé et plus ou moins cylindrique, comme par exemple les *Convallaria Polygonatum , Conv. multiflora ,* etc. Desfontaines appelle *Smilacina,* Mœnch et Roth *Maianthemum,* les espèces dont le calice est plane , rotacé, à quatre lobes et à quatre étamines ; telles sont les *Convallaria bifolia , trifolia , racemosa , stellata ,* etc. Enfin le genre *Convallaria* proprement dit ne renferme que les espèces dont le calice est en forme de cloche ou de grelot. Le *Convallaria maialis* est le type de ce genre qui correspond au *Lilium Convallium* de Tournefort. *V.* MAIANTHEMUM, POLYGONATUM, SMILACINA.

Le genre *Convallaria,* que l'on appelle vulgairement en français *Muguet ,* offre les caractères suivans : son calice est campanulé ou en forme de grelot ; à six divisions égales et peu profondes ; ses étamines sont incluses et au nombre de six ; leurs anthères sont cordiformes lancéolées ; leur ovaire est libre, à trois loges contenant chacune trois ou quatre ovules attachés à l'angle interne ; le style est épais, triangulaire, terminé par un stigmate à trois angles. Le fruit est une baie globuleuse , ordinairement à trois loges monospermes par suite de l'avortement d'un grand nombre des ovules.

Ce genre ne se compose guère que d'une seule espèce qui croît en Europe : c'est le MUGUET DE MAI, *Convallaria maialis,* qui au printemps embaume les bois de son odeur suave, et les pare de sa fleur d'un blanc d'ivoire. Sa racine, qui est vivace, pousse une tige haute de six à huit pouces, grêle, nue ; embrassée à sa base par trois ou quatre feuilles radicales, dressées, elliptiques, lancéolées, aiguës, très-entières , d'un vert clair, et glabres. Ses fleurs sont quelquefois lavées de rouge , pédicellées et renversées , et forment un épi unilatéral et recourbé. Cette Plante est extrêmement commune dans nos bois. On la cherche pour en faire des bouquets. On la cultive souvent en bordures dans les jardins.

Le *Convallaria japonica*, que l'on avait placé dans ce genre, forme le genre *Fluggea* du professeur Richard. *V*. FLUGGEA.   (A. R.)

*CONVALLARINE. *Convallarina.* INF. Genre microscopique dont nous proposerons l'établissement dans notre famille des Vorticellaires, et qui aura pour caractères : un corps sphérique, ovoïde dans l'état de contraction, devenant plus ou moins campanulé par le développement que peut lui donner l'Animal ; muni d'un pédoncule plus ou moins contractile, l'orifice est dépourvu de tout organe ciliaire, ou du moins on n'a pu encore les y découvrir. C'est par l'absence de tout organe ciliaire que les Convallarines diffèrent surtout des Vorticelles proprement dites, et par leur isolement sur chaque pédoncule qu'on les distingue des Dendrelles. Les Convallarines habitent les eaux sans exception, soit douces, soit marines, soit pures, soit putrides. On peut les distinguer en deux sections.

† A pédicule non contortile en tire-bouchon.

Cette division contient des espèces dont le pédoncule n'est guère plus long que le corps. Les *Vorticella putrina* et *inclinans* de Müller en donnent une idée. Ce savant a mentionné et figuré sous le nom de *Vorticella hians, var.* β (*Inf.*, pl. 45, f. 7) encore une espèce de ce genre que nous nommerons *Convallarina biloba*. Il a confondu avec elle des synonymes qui n'y peuvent absolument convenir, puisqu'ils font mention de cils, tandis que Müller convient lui-même qu'il n'en a jamais pu découvrir sur sa Vorticelle.

†† A pédicule contortile en tire-bouchon.

Peu de Microscopiques, si ce ne sont les Vorticelles et les Dendrelles, présentent un spectacle plus divertissant que celui dont les Convallarines de cette section amusent l'observa-

teur. Il faut voir ces petits Animaux s'allonger, et revenant brusquement sur eux-mêmes par le recoquillement du filament par lequel ils se fixent, donner l'idée de la pierre qui, lancée par une fronde, serait aussitôt rappelée au point de départ par une force secrète. Les *Vorticella globularis, nutans, Convallaria* et autres espèces de Müller, composent la section des Convallarines contortiles. Entre les plus remarquables nous citerons notre *Convallarina viridis* (*V*. Planch. de ce Dict., Psysichodiées), *Vorticella fasciculata*, Müll. Cette jolie petite créature qui forme par la réunion de milliers d'individus de petites taches d'un vert brillant sur les Conferves et sur le test des Coquilles des marais, présente, dans son développement, la figure d'une fleur de Liseron ou d'une petite Cloche qui s'étend en tous sens. Sa couleur est des plus brillantes. On la peut communément observer, dans les environs de Paris, au printemps et en automne.

(B.)

CONVERS. POIS. L'un des noms vulgaires de l'Alose jeune. *V*. CLUPE.

(B.)

CONVOLVULACÉES. *Convolvulaceæ*. BOT. PHAN. Le genre Liseron (*Convolvulus*) a donné son nom scientifique à cette famille dont il est le genre principal. Les Convolvulacées font partie des familles de Plantes dicotylédones, monopétales, hypocorollées, c'est-à-dire ayant la corolle attachée sous l'ovaire. Voici les caractères généraux qui distinguent les genres de cette famille : ce sont des Plantes herbacées ou frutescentes, souvent volubiles, c'est-à-dire dont la tige s'enlace autour des corps environnans, quelquefois lactescentes ; leurs feuilles sont alternes, dépouillées de stipules, simples, lobées ou profondément pinnatifides. Les fleurs sont quelquefois très-grandes, diversement groupées, tantôt axillaires, tantôt terminales. Leur calice est monosépale, persistant, à cinq divisions plus ou moins profondes. La corolle est monopétale, régulière, caduque, à cinq lobes égaux, qui sont ordinairement plus ou moins rabattus. Les cinq étamines sont attachées à la partie inférieure de la corolle ou vers la base de ses divisions. Leurs filets sont distincts ; leurs anthères à deux loges. L'ovaire est simple et libre, à deux ou quatre loges, contenant un très-petit nombre d'ovules. Un disque glanduleux environne l'ovaire à sa base ; dans la Cuscute, ce disque hypogyne manque et est remplacé par cinq appendices frangés recouvrant l'ovaire et naissant de la partie inférieure de la corolle. Dans un certain nombre de genres, on ne trouve qu'un style surmonté d'un, de deux ou de trois stigmates ; dans quelques autres on observe deux styles distincts. Le fruit est toujours une capsule qui présente d'une à quatre loges, contenant ordinairement une ou deux graines attachées à la base des cloisons. En général cette capsule s'ouvre en deux ou en quatre valves, dont les bords sont appliqués sur les cloisons qui restent en place ; quelquefois cette capsule s'ouvre par une scissure transversale, ou enfin reste close. Les graines sont en général dures et comme osseuses, à surface chagrinée ou hérissée de poils ; elles renferment un embryon roulé sur lui-même et dont les deux cotylédons qui sont planes, sont repliés plusieurs fois sur eux-mêmes. Cet embryon est placé au centre d'un endosperme peu épais, mou et comme mucilagineux.

Le genre Cuscute, qui fait évidemment partie de cette famille, s'en éloigne par quelques particularités dans la structure de son embryon ; celui-ci est cylindrique, roulé en hélice et parfaitement indivis à ses deux extrémités. Au lieu de dire, comme tous les auteurs, qu'il est dépourvu de cotylédons, n'est-il pas plus rationnel de penser que ses deux cotylédons sont soudés, ainsi qu'on l'observe fréquemment dans plusieurs autres embryons, tels que celui du Marronnier d'Inde, du Châtaignier, etc. ?

L'un des caractères les plus tranchés de la famille des Convolvulacées

consiste dans sa capsule dont les sutures correspondent aux cloisons, et dans leur embryon roulé sur lui-même au centre d'un endosperme mucilagineux. Ce dernier caractère a même paru assez important à R. Brown pour séparer des Convolvulacées les genres *Hydrolea*, *Nama*, *Sagonea* et *Diapensia*, qui ne le présentent point, et pour en former un ordre distinct qu'il nomme Hydroléées. Les Convolvulacées ont plusieurs points de ressemblance avec les Borraginées et les Polémoniacées ; mais elles se distinguent des premières par leur capsule à deux ou quatre loges déhiscentes, et des secondes par la position respective des valves et des cloisons de cette même capsule.

On peut grouper les genres qui composent cette famille en deux sections, suivant qu'ils offrent un seul ou deux styles.

† Un seul style.

Argyreia, Lour.; *Maripa*, Aublet; *Murucoa*, Aublet ; *Endrachium*, Juss.; *Ipomea*, L. ; *Convolvulus*, L.; *Polymeria*, Brown ; *Calystegia*, Brown ; *Calboa*, Cavanilles ; *Wilsonia*, Brown.

†† Deux styles.

Evolvulus, L. ; *Cladostyles*, Humb. et Bonpl. ; *Eryube*, Roxburgh ; *Porana*, Aublet ; *Cressa*, L. : *Breweria*, Brown ; *Dufourea*, Kunth : *Dichondra*, Forster ; *Cuscuta*, L., Juss.

(A. R.)

CONVOLVULOIDES. BOT. PHAN. (Mœnch.) Ce genre, formé aux dépens des Liserons et des Ipomées, dont les étamines sont velues à la base et le style muni d'un stigmate, n'a pas été adopté. *V.* LISERON et IPOMÉE.

(B.)

CONVOLVULUS. BOT. PHAN. *V.* LISERON.

CONYZE. *Conyza.* BOT. PHAN. Genre de la famille des Synanthérées, Corymbifères de Jussieu, tribu des Inulées de Cassini, et de la Syngénésie superflue, L. Ce genre, dont le nom a été tiré de celui que portaient dans l'antiquité diverses Plantes de Composées, doit son établissement à Tournefort. Linné l'a ensuite adopté, sauf le retranchement des espèces avec lesquelles il a formé le genre *Baccharis.* Voici ses caractères : involucre composé de plusieurs folioles imbriquées, linéaires et nullement scarieuses ; réceptacle nu ; fleurons nombreux, tubuleux et réguliers ; ceux du centre sont hermaphrodites, ou rarement mâles par avortement, et ceux de la circonférence, femelles ; aigrette poilue. Les plus grands rapports unissent ce genre avec celui des Baccharis, qui néanmoins s'en distingue suffisamment par le dicliuisme de ses fleurs, indépendamment de la différence qu'offre son port. Quelle que soit la méthode que l'on adopte pour arriver à des coupes heureuses dans la vaste famille des Synanthérées, il est impossible de distraire ces deux genres pour les placer dans deux tribus distinctes, surtout si l'on veut donner à celles-ci le nom de naturelles. Il nous semble donc contraire aux principes des affinités d'adopter la séparation opérée par Cassini des Astérées et des Inulées, à l'aide des *Baccharis* et des *Conyza.* Un des botanistes dont la sagacité est secondée par l'esprit d'observation le plus profond, Kunth a si bien vu la liaison de ces deux genres, qu'il les place ensemble dans la tribu des VERNONIACÉES.

Les Conyzes sont des Arbres, des Arbrisseaux ou des Herbes à feuilles alternes, décurrentes dans quelques espèces, à fleurs terminales, en corymbes ou en panicules, rarement solitaires. Le nombre de leurs espèces est très-considérable ; il s'élève aujourd'hui à plus de cent vingt, déduction faite de tous les *Gnaphalium*, *Baccharis* et autres Synanthérées qu'on y avait associées mal à propos ; elles sont pour la plupart indigènes des contrées chaudes tant de l'ancien que du nouveau continent. On n'en trouve dans toute la France qu'une seule espèce qui soit très-commune. C'est la Conyze rude, *Conyza squar*

rosa, L., Plante qui croît dans les terrains secs, les vignes et sur les bords des bois. Sa tige, haute de six à neuf décimètres, est droite, velue et rameuse ; elle porte des feuilles sessiles, ovales, lancéolées, et des fleurs jaunâtres disposées en corymbe terminal. Son odeur pénétrante et désagréable fait périr les Insectes, ce qui lui a valu le nom vulgaire d'Herbe aux Mouches. Les autres espèces européennes, au nombre de quatre, sont de petites Plantes sous-frutescentes, à fleurs jaunes et à feuilles étroites et blanches, qui leur donnent un air si particulier qu'on les reconnaît facilement au premier coup-d'œil. Dans le grand nombre des Conyzes étrangères à la France, nous citerons particulièrement comme modèle d'élégance et de beauté le *Conyza candidissima*, L., dont la tige, les involucres et le feuillage sont couverts d'un coton fin, serré et de la plus éclatante blancheur. Notre ami, le lieutenant de vaisseau Durville, nous l'a communiquée des rochers de Samos où elle croît en abondance.

Notre collaborateur Bory de Saint-Vincent a récolté dans les parties montueuses et fort élevées de l'île de Mascareigne plus de vingt espèces de Conyzes qu'il a communiquées au professeur De Candolle, et dont douze au moins avaient échappé aux botanistes qui herborisèrent dans ces mêmes lieux. Ces Plantes, pour la plupart frutescentes, forment avec les Huberties et un Bléria de petites forêts de six à huit pieds de hauteur, d'un aspect particulier. Les plateaux qu'on nomme Plaines des Cafres et des Chicots en sont couverts. Une espèce herbacée qui croît sur les pentes inférieures est appelée Sauge par les créoles, parce qu'elle a l'odeur de la Plante dont on lui a donné le nom. Sa feuille desséchée est fort agréable à fumer.

Dix-huit espèces de Conyzes, dont seize entièrement nouvelles, sont décrites dans la partie botanique du Voyage de Humboldt, publiée par Kunth. Il les a distribuées en deux sections, selon que la Plante est her-bacée ou frutescente. Parmi les Conyzes herbacées, Kunth a figuré les *Conyza sophyæfolia* et *Conyza gnaphalioides* (*loc. cit.* v. 4, t. 526 et 527). Les Péruviens donnent le nom d'*Ayaguachi* au *Conyza floribunda*, Kunth. Ils désignent également sous le nom de *Chingoyo*, le *Conyza Chingoyo*, espèce frutescente que Kunth a décrite et figurée (*loc. cit.* t. 528). Enfin l'espèce nommée par Kunth *Conyza riparia* était le type des genres *Tessaria*, Ruiz et Pav., et *Gynheteria*, Willd. (G..N.)

CONYZELLA. BOT. PHAN. (Dillen.) Syn. d'*Erigeron canadense*, L. (B.)

CONYZOIDES. BOT. PHAN. (Gesner.) Syn. d'*Erigeron acre*. (Tournefort.) Syn. de *Carpesium*. (B.)

* CONZAMBOE. BOT. PHAN. (L'Ecluse.) Syn. de *Pancratium maritimum*, L. (B.)

*COODO. MAM. (Marsden.) Qu'on prononce *Coudo*. Le Cheval dans la langue de Sumatra. (B.)

* COODOAYER. MAM. (Marsden.) Qu'on prononce *Coudeyer*. Syn. d'Hippopotame à Sumatra. (B.)

* COOK. OIS. Espèce du genre Perroquet, *Psittacus Cookii*, Temm. *V*. PERROQUET. (DR..Z.)

* COOK ET COOKE. POIS. Espèce indéterminée de Labre des côtes d'Angleterre. (B.)

COOKIE. *Cookia*. BOT. PHAN. Et non *Kookia*. L'Arbre que les Chinois nomment *Vampi* a été dédié au célèbre navigateur Cook par Sonnerat, auteur d'un Voyage aux Indes fort estimé pour les renseignemens qu'il a fournis à l'histoire naturelle. Ce genre, de la Décandrie Monogynie, et que Jussieu a placé dans la famille des Hespéridées, entre le *Murraya* et le *Citrus*, offre les caractères suivans : calice très-petit à cinq divisions; cinq pétales ouverts; dix étamines distinctes, courtes, à anthères presque arrondies; ovaire pédicellé, hérissé, ovale et pentagone; un style court, terminé par un stigmate capité. Le fruit est une petite baie ponctuée, multiloculaire et ne renfermant qu'une seule graine dans chaque loge. Selon Retz (*Obs. bot.* fasc. VI, p. 29), la baie du *Cookia* contient cinq capsules à semences solitaires et oblongues. Ce genre que Corréa de Serra (Ann. du Mus. T. VI, p. 584) a voulu éloigner des Hespéridées ou Aurantiacées, parce qu'il n'en connaissait le fruit que d'après des documens inexacts, paraît à Mirbel (Bull. Philom. 1813, n°75) et à Jussieu (Mém. du Mus. T. II, p. 437) devoir y rester. Corréa ajoute que son organisation le rapproche du *Quinaria Lansium* de Loureiro ou *Lausium sylvestre* de Rumph, et doit former avec lui une nouvelle famille qui se placera naturellement entre les Orangers et les Guttifères; mais il n'assure pas que la Plante de Loureiro soit bien le *Cookia punctata* de Sonnerat. Plusieurs auteurs néanmoins n'hésitent pas à donner ces Plantes comme synonymes.

La COOKIE PONCTUÉE, unique espèce du genre, est un Arbre à feuilles pinnées dont les folioles sont lancéolées, entières, l'impaire plus grande. Son écorce est verruqueuse et ses pétiolules hispides. Les fleurs sont disposées en panicules, et leurs pédoncules sont très-ramifiés. Elle croît naturellement dans la Chine méridionale, et on la cultive à l'Ile-de-France. (G..N.)

*, COOLÉET MANÉES. BOT. PHAN. Marsden donne ce nom à un Arbre de Sumatra qui produit une Cannelle médiocre; il paraît être une espèce de Laurier. (B.)

* COONIET. BOT. PHAN. Syn. de Curcume à Sumatra où l'on distingue le *Mera* qui est employé dans l'assaisonnement, et le *Tummo* qui l'est dans la teinture et dans la médecine. (B.)

COO-OW ou COO-OX. OIS. Syn. de l'Argus, *Phasianus Argus*, Lath., dans les Moluques. *V*. ARGUS. (DR..Z.)

*COOROUS. BOT. PHAN. Syn. de Carri. *V*. ce mot. (B.)

* COORZA. pois. (Pison.) Espèce indéterminée de Scombre, voisine des Maquereaux, et dont la chair est fort bonne à manger.   (B.)

* COOT. ois. Syn. vulgaire en Angleterre des Foulques et des Gallinules.   (DR..Z.)

* COOTFOOTED. ois. (Edwards.) Syn. anglais du Phalarope hyperborée, *Tringa fusca*, Gmel. *V.* PHALAROPE.   (DR..Z.)

* COOYOO. mam. (Marsden.) Qu'on prononce *Couyou*. Syn. de Chien à Sumatra.   (B.)

COP. ois. Syn. vulgaire du petit Duc, *Strix Scops*, L. *V.* CHOUETTE.   (DR..Z.)

COPAHU. bot. phan. Substance balsamique d'une consistance sirupeuse, transparente, d'un blanc jaunâtre, d'une odeur très-pénétrante, qui découle par incision de l'écorce du *Copaifera ufficinalis*, Arbre originaire du Brésil. Ce baume est employé en médecine comme astringent et antiblennorrhagique.   (DR..Z.)

On appelle COPAHU à Saint-Domingue le *Croton origanifolium*. (B.)

COPAIA. bot. phan. Nom de pays, devenu scientifique dans Aublet, d'une espèce de Bignone. C'est le *Coupaya* de Préfontaine.   (B.)

COPAIBA. bot. phan. *V.* COPAIER.

COPAIER. *Copaifera*. bot. phan. Jacquin, auteur de ce genre qu'il nomme *Copaiva*, pense qu'il est le même que le *Copaïba* de Marcgraaff et Pison, si incomplètement décrit et figuré par ces auteurs dans leur Histoire Naturelle du Brésil. Cette opinion a été partagée par Linné et Jussieu qui ont changé le nom de *Copaiva* en celui de *Copaifera*. Mais, ainsi que l'observe le professeur Desfontaines dans les observations qu'il a publiées sur le genre Copaifera (Mém. du Mus. 7, p. 575), le Copaiva de Jacquin diffère sous plus d'un rapport du Copaiba de Marcgraaff : son

calice n'a que quatre divisions. Le genre de Marcgraaff a une fleur à cinq feuilles. Plusieurs autres différences se font également remarquer entre ces deux genres. Ce point a donc encore besoin d'être éclairci de nouveau.

Le genre *Copaifera*, qui fait partie de la famille des Légumineuses et de la Décandrie Monogynie, offre les caractères que nous allons énoncer : les fleurs sont hermaphrodites, en général petites, sessiles et groupées en une sorte de grappe à l'aisselle des feuilles. Chacune d'elles en particulier est accompagnée d'une petite bractée ; leur calice est monosépale, à quatre divisions profondes, elliptiques, dont deux sont plus extérieures. Il n'existe pas de corolle. Les dix étamines sont tout-à-fait libres, égales entre elles et distinctes les unes des autres ; leurs filamens sont grêles et leurs anthères oblongues, à deux loges s'ouvrant par un sillon longitudinal ; l'ovaire, légèrement pédicellé, est globuleux, comprimé, renfermant deux ovules attachés à l'une des sutures ; le style qui naît du sommet de l'ovaire est filiforme et se termine par un stigmate glanduleux et simple. Le fruit est une gousse arrondie, à deux valves, contenant une seule graine enveloppée dans une substance pulpeuse.

On n'a long-temps connu qu'une seule espèce de Copaïer désignée par Linné sous le nom de *Copaifera officinalis*, et qui est celle dont on retire en Amérique la Térébenthine vulgairement nommée *Baume de Copahu*. Raeusch en a fait connaître une seconde espèce qu'il appelle *Copaifera disperma*, parce que les deux ovules sont fécondés et que la gousse contient deux graines. Enfin, très-récemment, le professeur Desfontaines a donné la description et la figure de deux espèces nouvelles qu'il nomme *Copaifera guianensis* et *Cop. Langsdorffii*. Ces quatre espèces sont toutes des Arbres élevés, croissant dans l'Amérique méridionale, et dont les feuilles alternes sont pinnées sans impaire.

Le COPAIER OFFICINAL, *Copaifera officinalis*, L., Jacq. (*Amer.* 133, t. 86), est un grand et bel Arbre touffu, d'une forme élégante, orné de feuilles alternes composées de cinq à huit folioles ovales acuminées, entières, très-glabres, un peu luisantes, ponctuées et presque sessiles. Les fleurs sont petites, blanchâtres, et forment des grappes rameuses, placées à l'aisselle des feuilles. Leur calice est à quatre lobes un peu inégaux, étalés, décrits par Jacquin et Linné comme une corolle de quatre pétales, tandis que cet organe manque réellement. Les dix étamines sont libres, égales et étalées. Le fruit, que l'on n'a pas encore observé à son état parfait de maturité, est orbiculaire, comprimé, bivalve, contenant une ou deux graines. Cet Arbre croît naturellement dans diverses contrées de l'Amérique méridionale, au Brésil, etc.

C'est des incisions que l'on pratique à son écorce, que découle la substance résineuse ou Térébenthine connue vulgairement sous le nom de *Baume de Copahu.* Elle est extrêmement fluide, incolore lorsqu'elle est récente, devenant un peu citrine en vieillissant. Elle contient à peu près le tiers de son poids d'huile volatile. Son odeur est forte et pénétrante, sa saveur âcre, chaude et térébinthacée. Dans ces derniers temps, les médecins en ont fait un fréquent usage dans les maladies des voies urinaires, et surtout à une forte dose dans les blennorrhagies rebelles.

Le COPAIER DE LANGSDORFF, *Copaifera Langsdorffii*, Desfont. (*loc. cit.*, p. 377, t. 12), a été observé par Langsdorff au Brésil. Sa tige est ligneuse; ses feuilles paripennées; à folioles elliptiques, obtuses, au nombre de dix; ses fleurs sont en panicules et ses pétioles pubescens.

Le COPAIER DE LA GUIANE, *Copaifera guianensis*, Desfont. (*loc. cit.*, p. 376, t. 13), est indigène des forêts de la Guiane et croît dans le voisinage du Rio Negro. Il se distingue par ses folioles opposées, au nombre de six à huit, glabres, très-entières,

elliptiques, mucronées et ponctuées.

COPAIFERA. BOT. PHAN. *V.* Copaier. (A. R.)

COPAIVA. BOT. PHAN. *V.* Copaier.

COPAJA. BOT. PHAN. Même chose que Copaïa. *V.* ce mot.

COPAL, COPALE ou COPALLE. BOT. PHAN. Matière résineuse improprement appelée Gomme, qui découle du *Rhus copallinum*, Arbre de l'Amérique, et qui, en desséchant, devient fragile, cassante, transparente, d'un blanc jaunâtre plus ou moins foncé. Elle est insoluble dans l'eau, et ne se dissout que très-difficilement dans l'Ether, l'Alcohol et les huiles essentielles. Cette résine forme la base des vernis les plus solides. Les Portugais et les anciennes pharmacies la connaissaient sous le nom d'*Animum.* (DR..Z.)

COPALLINE. BOT. PHAN. Matière résineuse qui découle du *Liquidambar styraciflua*, et dont l'Hirondelle à queue épineuse se sert, selon Bosc, pour coller les matériaux de son nid. On lui donne aussi le nom de COPALME. (B.)

COPALLI-QUAHUITL. BOT. PHAN. (Hernandez.) Nom mexicain du *Rhus copallinum.* *V.* SUMAC. (B.)

COPALME. BOT. PHAN. *V.* COPALLINE.

COPALON. BOT. CRYPT. L'un des noms vulgaires de l'Agaric élevé. (B.)

COPALXOCOTI. BOT. PHAN. Syn. mexicain de Savonnier, *Sapindus.* (B.)

COPAYER. BOT. PHAN. Pour Copaier. *V.* ce mot.

* COPAYERY. BOT. PHAN. Mot donné dans le Dict. de Déterville comme synonyme d'Arbre de la Folie, et auquel on renvoie, mais qui ne se trouve point dans l'ouvrage. (B.)

* COPEI. BOT. PHAN. Syn. caraïbe de *Coccoloba uvifera.* (B.)

* COPERTOIVOLE. BOT. PHAN. (Daléchamp.) L'un des noms vulgaires de *Cotyledon umbilicus*, L. (B.)

COPEVI. bot. phan. Même chose que Copaiba. *V*. ce mot.

* COPHER. bot. phan. Syn. hébreu de *Lawsonia inermis*. (b.)

* COPHOSE. *Cophosus*. ins. Genre de l'ordre des Coléoptères, section des Pentamères, famille des Carnassiers, tribu des Carabiques, indiqué sous ce nom par Ziegler dans sa collection et adopté par Dejean (Catal. des Coléopt. p. 13). Latreille pense que ce nouveau genre pourrait bien ne former qu'une division dans les Ptérostiques de Bonelli. Les antennes plus courtes, le prothorax proportionnellement plus long, la forme du corps étroite et cylindrique, sont les caractères distinctifs les plus importans. L'espèce désignée par Duffschmidt, sous le nom de *Cylindricus*, peut être considérée comme le type du genre. Elle est originaire de Hongrie. (aud.)

COPORAL. ois. Syn. vulgaire à Cayenne de l'Engoulevent varié, *Caprimulgus Cayennensis*, L. *V*. Engoulevent. (dr..z.)

* COPOUN-GAUNE. pois. (Risso.) Syn. à Nice de Scorpène jaune. (b.)

* COPOUS ou CHERBOSA. bot. phan. (Belon.) Il paraît que c'est la même chose que Chirbas, l'un des synonymes de Pastèque aux environs de Constantinople et dans la Troade. (b.)

* COPRA. bot. phan. (L'Écluse.) L'amande du Coco dépouillée et préparée pour être mise dans le moulin destiné à en extraire de l'huile. (b.)

* COPRIDE. ins. Traduction du nom latin *Copris*, en français Bousier. *V*. ce mot. (aud.)

* COPRINARIUS. bot. crypt. (*Champignons*.) Section du genre Agaric établie par Fries, et qui est très-voisine des *Coprinus* de Persoon. Ces Champignons se résolvent comme eux en un liquide noir; mais ils ne présentent pas la même singularité dans la disposition des sporules. Leurs capsules ont la même structure que celles des autres Agarics. Ils croissent, comme les Coprins, sur les fumiers. (ad. b.)

COPRINS. *Coprinus*. bot. crypt. (*Champignons*.) Persoon a donné ce nom à une des sections les plus remarquables du genre Agaric. Elle renferme la plupart des espèces qui croissent sur les fumiers; son caractère le plus facile à observer consiste dans la manière dont les lamelles se résolvent en une liqueur noire comme de l'encre à l'époque de la dissémination des sporules. Link a fait remarquer un autre caractère beaucoup plus difficile à observer, mais unique dans la famille des Champignons, qui consiste dans la disposition des sporules, dans les capsules (*Thecæ*, *Asci*) qui couvrent les lames du chapeau. Ces capsules sont beaucoup plus grandes que celles des autres Agarics. Elles sont éloignées les unes des autres et non rapprochées comme dans presque tous les Champignons, et au lieu de ne renfermer qu'un seul rang de sporules, elles en contiennent quatre rangées parallèles. Ces caractères très-remarquables avaient engagé Link à séparer ces Plantes des Agarics, et à en faire un genre distinct; mais le reste de la structure de ces Champignons, leur forme, etc., se rapprochent tellement de celles d'autres espèces de vrais Agarics, que nous pensons qu'on doit ne les regarder que comme une simple section.

Tous les Coprins sont minces, délicats; leur chapeau est membraneux en forme de cloche; leur pédicule est fistuleux, très-fragile; ils sont de peu de durée, et finissent par se résoudre entièrement en une liqueur d'un noir foncé. Ces Champignons sont très-communs sur les fumiers. (ad. b.)

COPRIOLA et COPRIOLE. bot. phan. Noms vulgaires en Italie du *Plantago Coronopus*. *V*. Plantain. (b.)

COPRIS. ins. *V*. Bousier et Copride.

COPROPHAGES. *Coprophagi*. ins.

Famille de l'ordre des Coléoptères , section des Pentamères, établie par Latreille (*Gener. Crust. et Insect.* T. II, pag. 73), et constituant aujourd'hui (*Règn. Anim. de Cuv.*) une division dans la famille des Lamellicornes. Ses caractères sont : antennes de huit à neuf articles ; chaperon arrondi presque demi - circulaire ; labre , mandibules et pièce terminant les mâchoires membraneux ; cette pièce large ou transversale ; palpes labiaux plus grêles ou allant en pointe vers leur extrémité supérieure ; écusson souvent nul ou distinct ; les deux pieds postérieurs plus rapprochés du bout de l'abdomen que dans les autres Coléoptères. A l'état de larve et d'Insectes parfaits, les Coprophages se nourrissent des excrémens des divers Animaux. Latreille divise cette famille en plusieurs genres qu'il groupe de la manière suivante :

I. Pieds de la seconde paire beaucoup plus écartés entre eux , à leur naissance, que les autres ; palpes labiaux très-velus , avec le troisième ou dernier article beaucoup plus petit que le précédent, ou peu distinct ; écusson nul ou à peine visible.

Genres : ATEUCHUS, GYMNOPLEURE, SISYPHE, ONITIS, BOUSIER, ONTHOPHAGE.

II. Tous les pieds séparés entre eux à leur naissance par des intervalles égaux ; palpes labiaux peu velus ou presque glabres, composés d'articles presque semblables et cylindriques ; un écusson très-distinct.

Genre : APHODIE.

V. ces mots. (AUD.)

COPROSE ET CORNROSE. BOT. PHAN. Syn. de Coquelicot. *V.* PAVOT. (B.)

COPROSME. *Coprosma.* BOT. PHAN. Ce genre, établi par Forster (*Characteres Generum Plantarum*, p. 138, n° 69), avait d'abord assez mal été caractérisé pour que Lamarck l'ait placé parmi les Gentianées. Son ovaire adhérent et la structure de son fruit le rapportent aux Rubiacées ,

ainsi que l'a indiqué Labillardière (*Nov. - Hollandiæ Plant. Specimen*, T. I, p. 70). C'est à cet auteur que nous emprunterons la description des caractères génériques suivans : fleurs hermaphrodites ; calice supère à cinq ou six divisions profondes ; corolle infundibuliforme, pareillement à cinq ou sept découpures ; cinq ou sept étamines incluses dans la Plante de Labillardière , et exertes dans les espèces de Forster ; deux styles très-longs et hérissés ; baie adhérente contenant deux coques accolées et des graines dont l'embryon à radicule inférieure est au centre d'un périsperme charnu. On y trouve des fleurs mâles et des fleurs femelles probablement résultantes d'avortemens. Les deux espèces que Forster a rapportées ont été publiées par Linné fils (Suppl. 178) sous les noms de *Coprosma lucida* et *C. fœtidissima.* Ce sont deux Arbrisseaux indigènes de la Nouvelle-Zélande , dont le port ressemble à celui des *Phyllis.* La dernière de ces espèces exhale, selon Forster , une odeur d'excrémens tellement puante , qu'elle fait reconnaître facilement cette Plante, et on s'est servi de ce caractère pour former le nom générique. Labillardière a décrit et figuré (*loc. cit.* t. 95) une troisième espèce qu'il a nommée *Coprosma hirtella.* C'est un Arbuste du cap de Van - Diémen à la Nouvelle-Hollande , à feuilles ovales, lancéolées , et possédant les stipules interfoliaires qui caractérisent si bien les Rubiacées. Malgré l'anomalie du nombre de ses étamines, Labillardière le place dans la Pentandrie Digynie, L. , parce que le nombre quinaire du système floral est le plus fréquent. (G..N.)

*** COPS** OU **COPSO.** POIS. L'un des noms de l'Esturgeon , selon Rondelet qui ajoute que Copse désigne l'*Accipenser Huso. V.* ESTURGEON. (B.)

COPTIS. BOT. PHAN. Famille des Renonculacées , tribu des Helléborées de De Candolle , Polyandrie Polygynie, L. Placé d'abord dans les

Hellébores par Linné et Jussieu, ce genre en a été séparé par Salisbury (*Transact. Societ. Linn.* T. VIII, 3o5); et De Candolle (*Systema Regn. Veget.* p. 521) a adopté cette distinction. Voici ses caractères génériques tels qu'ils sont exposés dans ce dernier ouvrage : calice à cinq ou six sépales colorés, pétaloïdes et caducs ; pétales en forme de petits capuchons ; vingt à vingt-cinq étamines ; six à dix capsules longuement stipitées, disposées en étoile, membraneuses, oblongues, terminées en pointe par le style persistant, à quatre ou à six graines. Ce genre, que distinguent suffisamment et son port et ses caractères, se compose de deux espèces indigènes des contrées boréales de l'un et l'autre continent. Ce sont de petites Plantes herbacées, vivaces et consistantes, à feuilles radicales longuement pétiolées, divisées en trois segmens dentés ou multifides, à fleurs blanches solitaires ou géminées au sommet d'une sorte de hampe, munies d'une très-petite bractée. Le *Coptis trifolia*, Salisb., *Helleborus trifolius*, L., croît dans les lieux humides et montueux du nord de l'Europe et de l'Amérique septentrionale, depuis le Canada jusqu'en Virginie. Le peuple de Boston emploie sa racine, qui est jaunâtre et purement amère sans mélange d'astringence, comme remède contre les aphtes de la bouche. L'autre espèce (*Coptis asplenifolia*, Salisb.) a été trouvée sur les côtes occidentales de l'Amérique boréale. On lui donne pour synonyme le *Thalictrum japonicum* de Thunberg (*Act. Soc. Linn.* T. II, p. 357).

(G. N.)

* **COPULATION.** ZOOL. Nous prendrons ce mot dans son acception la plus générale, et il nous servira à désigner l'acte de l'accouplement, quelle que soit d'ailleurs la manière dont il s'opère. Les recherches que nous avons fait connaître récemment, avec notre ami le docteur Prévost, sur l'histoire de la génération, jettent beaucoup de lumière sur les diverses circonstances de la Copulation, et nous permettent d'apprécier et d'expliquer les variations singulières qui s'y font remarquer. Nous allons parcourir ici quelques exemples, et nous montrerons ensuite quel est le lien commun qui peut les ramener à une loi générale. Le mâle adulte possède une liqueur prolifique caractérisée par la présence des animalcules spermatiques ; la femelle renferme des ovaires à l'intérieur desquels on remarque des corps globuleux de diverses dimensions : ce sont les œufs. Ceux-ci resteraient toujours inhabiles à se développer s'ils n'arrivaient au contact de la liqueur séminale. C'est afin de remplir cette condition que les Animaux se livrent à l'acte de l'accouplement, auquel ils sont d'ailleurs excités par le désir de se procurer une jouissance que la nature a su faire servir à la perpétuation des espèces.

Chez les Mammifères, le mâle est pourvu d'une verge qu'il introduit dans le vagin de la femelle, et qui lui sert à transporter ainsi tout près de l'ouverture de la matrice le liquide sécrété par les testicules. A l'instant de l'accouplement, l'appareil génital de la femelle éprouve un état d'orgasme et d'irritation dont Blundell a donné le premier une description soignée. Il a vu chez les Lapines sacrifiées au moment même où le mâle venait de terminer ses fonctions, le vagin et les cornes de la matrice se contracter rapidement, puis se dilater tout-à-coup et offrir les mouvemens péristaltiques les plus prononcés. Mais tous ces phénomènes ne se passaient point au hasard, et l'on voyait qu'ils avaient évidemment pour but de faire passer dans les cornes le liquide déposé dans le vagin. Celui-ci se contractait par exemple dans un point quelconque de sa longueur, tandis qu'au même instant l'ouverture béante des cornes s'avançait avec rapidité, de manière à faire pénétrer dans leur intérieur la semence ainsi comprimée. Ces observations nous expliquent tous les détails de l'accouplement des Mammifères, et suffisent pour montrer que les mouvemens dont les femmes assurent avoir la sensation à l'instant de la conception, ne diffèrent probablement pas des précédens. Il est du moins bien certain que l'accouplement ne sera pas fécond, si la liqueur séminale ne peut pénétrer jusque dans la matrice, et qu'il ne saurait y arriver qu'au moyen des contractions du vagin et d'une espèce de succion exercée par le museau de tanche. Peut-être qu'il existe des Mammifères chez lesquels le bout du gland peut atteindre l'orifice de la matrice, et nous avons quelque raison de penser que le Chien est dans ce cas. Quoi qu'il en soit, tous les Mammifères présentent cette espèce de Copulation qui amène la liqueur fécondante précisément dans l'organe où doivent se développer les fœtus.

Chez les Oiseaux et les Reptiles, c'est encore dans les oviductes ou les cornes de la matrice que se rend la liqueur fécondante, et l'acte qui sert à son introduction consiste le plus souvent en une simple application de l'orifice du cloaque du mâle sur celui de la femelle. Les recherches de Geoffroy de Saint-Hilaire ont éclairé toutes les difficultés que ce mode d'accouplement pourrait offrir, et l'on conçoit fort bien aujourd'hui comment les orifices des canaux déférens du mâle viennent seuls verser dans l'organe sexuel de la femelle la liqueur qu'ils reçoivent des testicules.

Dans les Grenouilles et les Crapauds, le mâle se place sur la femelle, la saisit vigoureusement au moyen de ses deux pates de devant et se cramponne à elle par les petits tubercules dont ses pouces se trouvent fournis. Il attend dans cette posture la sortie des œufs, et il les arrose au passage avec sa liqueur spermatique. Il paraît que la manière dont s'opère la fécondation des œufs chez les Poissons se rapproche beaucoup de ces conditions, à cela près que le mâle et la femelle restent entièrement séparés. Ce ne serait par conséquent qu'après la ponte que le mâle viendrait épancher le liquide prolifique, mais il est juste

d'avouer que nous connaissons peu les détails de cet acte dans cette classe d'Animaux. Il n'en est pas de même des Salamandres, et Rusconi nous a donné d'excellentes observations qui viennent à l'appui de celles du célèbre Spallanzani. Le mâle se place à côté de la femelle, la caresse avec sa queue en la frappant légèrement, et répand en même temps dans l'eau sa liqueur spermatique. Il est probable que la femelle aspire cette eau spermatisée, car à l'instant où elle se sépare du mâle, elle va pondre des œufs fécondés sur les Plantes que renferme l'étang. D'après nos idées sur la génération, il faut qu'elle ait un réceptacle propre à contenir le liquide prolifique, et nous sommes portés à penser que la vessie urinaire se charge de cette fonction. Il serait curieux et important de rechercher les animalcules spermatiques dans l'appareil sexuel de la femelle fécondée, et ce moyen serait le seul qui fût propre à lever tous les doutes.

Enfin, dans les Mollusques et les Insectes, il se présente des particularités dignes d'attention. Quant à ces derniers, Audouin pense que la vessie qui existe constamment dans l'appareil génital de la femelle et qui vient s'ouvrir dans le vagin, doit être considérée comme le réservoir de la semence. Les œufs se fécondent par conséquent au passage et non point dans l'ovaire. Chez un Bourdon, Audouin a trouvé l'organe mâle engagé dans le tuyau de cette vessie. Les recherches de cet anatomiste seront d'ailleurs exposées, avec tous les détails convenables, dans la nouvelle Théorie de la génération que nous publions dans ce moment (Annales des Sciences naturelles, 1re année). Les observations que nous avons eu l'occasion de faire sur le Colimaçon, avec notre ami le docteur Prévost, montrent qu'il en est de même pour les Mollusques. Nous avons trouvé les animalcules spermatiques dans l'organe désigné sous le nom de vessie au long col par Swammerdam. On ne les y rencontre qu'après l'accouplément et seulement dans l'Animal qui a fait fonction de femelle, car on sait, depuis les expériences de Gaspard, que bien que l'Escargot soit androgyne, l'accouplement s'opère de telle sorte qu'il n'en résulte qu'une fécondation. — Il est donc évident que la Copulation est toujours calculée de manière que le contact entre la liqueur spermatique et les œufs n'a lieu qu'après que ces derniers ont été expulsés de l'ovaire. Cet acte doit par conséquent éprouver beaucoup de modifications qui le mettent en harmonie avec les conditions d'existence de l'ovule. En effet, chez les Mammifères, l'éducation utérine du fœtus exige que la fécondation s'opère dans le sein de la mère. Aussi la liqueur séminale s'y trouve-t-elle portée pendant le coït. Chez les Oiseaux, l'action fécondante doit s'exercer dans un moment intermédiaire entre la chute de l'ovule et la formation de la coquille qui vient le recouvrir. La seule circonstance de l'existence d'une coque calcaire amène la nécessité d'une fécondation utérine dans les Reptiles et les Oiseaux, dont les organes semblaient tracés sur le plan d'une fécondation extérieure. Cette dernière a lieu chez les Batraciens dont les ovules perméables sont tout aussi propres à la fécondation au moment de la ponte que lorsqu'on les prend dans les oviductes.

Les circonstances de la Copulation ont été généralement négligées, et nous espérons qu'elles attireront désormais l'attention des naturalistes par la liaison intime qui existe entre les phénomènes de cet acte et l'importante fonction de la génération. (D.)

* COPUS. BOT. PHAN. Pour Copous. *V.* ce mot. (B.)

COPY-BARA. MAM. Même chose que Capybara. *V.* ce mot. (B.)

COQ. *Gallus.* OIS. (Brisson.) Genre de l'ordre des Gallinacées. Caractères: bec médiocre, robuste, assez épais, nu à sa base, courbé à la pointe; mandibule supérieure voûtée, convexe, plus longue que l'inférieure, dont la base (surtout chez les mâles) est garnie, de chaque côté, de membranes charnues; narines placées latéralement près de la base du bec, ovalaires, en partie recouvertes d'une membrane épaisse; tête surmontée d'une crête charnue, ou d'un fort bouquet de plumes longues, qui retombent en panache sur le bec; un espace nu sur les joues; quatre doigts: trois devant, réunis jusqu'à la première articulation; un derrière, articulé sur le tarse et posant rarement à terre; un éperon long et courbé; ailes fortement concaves et arrondies; la première rémige la plus courte, les troisième et quatrième les plus longues; queue ordinairement formée de deux plans verticaux réunis sur une arête; les rectrices intermédiaires les plus longues, retombant en arc.

Quoique les espèces et variétés du genre Coq soient généralement et très-abondamment répandues sur tous les points de la terre où l'Homme vit en société, on n'a su pendant long-temps quelle patrie assigner à la souche originaire de ces Oiseaux, dont la domesticité a fait oublier et presque disparaître l'état sauvage. L'on n'aurait même encore que des conjectures à cet égard, sans les recherches de Sonnerat. Ce voyageur a retrouvé le Coq sauvage dans la chaîne des Gates, qui sépare en deux grandes provinces la péninsule de l'Inde en-deçà du Gange; il en a rapporté l'espèce mâle et femelle. D'autres espèces ont, depuis, été trouvées dans l'immense archipel de l'Inde; et l'on assure qu'une autre encore a été aperçue dans la Guiane. La taille de cette dernière ne surpasserait guère celle du Pigeon. Ces Oiseaux, concentrés dans les forêts les plus épaisses, ne paraissent qu'accidentellement vers leurs lisières; ils font remarquer une défiance et une férocité qui contrastent avec la confiance et la douceur que témoignent nos Coqs domestiques, et qui, jusqu'ici, ont empêché que l'on pût recueillir des faits bien exacts sur leurs mœurs, leurs habitudes, et particulièrement sur tout ce qui concerne leur reproduction. Nous pourrions en revanche nous étendre longuement sur les faits que l'éducation du Coq reproduit chaque jour sous nos yeux ; mais comment se décider, dans un ouvrage où la place est précieuse, à entretenir le lecteur de choses qui ne peuvent lui être étrangères ? Comment tenter une esquisse après l'inimitable peinture que nous a laissée l'écrivain, qu'avec raison l'on a surnommé le Pline français ? Nous ne ramènerons donc point l'attention de nos lecteurs sur la noblesse et la gravité de la démarche du Coq, sur la fierté et le courage de cet Oiseau, qui, se développant et reprenant l'ascendant naturel dans des combats corps à corps, procurent souvent à l'Homme qui se pique de raison un amusement barbare ; sur sa vigilance, sur sa galanterie, sa tendresse, ses prévenances, ses soins envers des compagnes que, malgré leur multiplicité, il sait rendre toutes heureuses et fécondes ; sur la jalousie qui l'enflamme contre toute sorte de rivaux, particulièrement contre ceux de sa propre race ; sur son utilité par les ressources qu'il offre, dans tous les âges, comme aliment sain, léger et délicat, etc. Nous ne pouvons néanmoins nous dispenser, avant d'en venir aux détails spécifiques, de jeter un coup-d'œil sur cet Oiseau dans la basse-cour dont il est l'hôte le plus précieux.

Le nombre des races élevées en domesticité est assez grand ; les unes le sont par pure curiosité, d'autres dans des vues de croisement avantageux ; la plupart pour leur utilité réelle, et parmi ces dernières, on paraît s'être arrêté à celle qui a généralement reçu le surnom de Coq et Poule domestiques. On choisit un Coq dont la taille ne soit ni trop élancée, ni trop basse ; d'une allure noble et leste ; d'une voix bien sonore ; la poitrine large, les membres forts et nerveux, l'encolure épaisse. A l'âge de trois à quatre mois, il est en état de féconder les Poules qu'on lui donne, et dont on augmente progressivement le

nombre jusqu'à quinze et dix-huit, qui est jugé le plus favorable pour conserver la vigueur et la santé du sultan, et pour éloigner du sérail la jalousie et la discorde. Les Poules, d'après l'observation, doivent être d'une taille moyenne, d'une constitution robuste, d'un caractère à la fois vif et tranquille, gai, quoique enclin au silence ; on les préfère surtout avec la tête grosse, les yeux très-animés, la crête flottante et la couleur du plumage noire ou fort sombre. Quoique assurées d'une nourriture abondante, les Poules, conduites par le Coq, sont constamment occupées à gratter la terre, à fouiller le fumier pour y chercher des alimens moins bons, sans doute, que le grain ou la pâtée qu'on leur distribue, mais enfin qu'elles recherchent avec un goût particulier : or, il faut être attentif à leur procurer ce moyen de jouissance, qui, en définitive, ne laisse pas d'être avantageux, et qui quelquefois suffit à l'existence de ces Oiseaux. Dans cet état social, la Poule ne construit point de nid, et le Coq, non-seulement ne s'occupe pas de ces soins, mais ne songe pas même à les rappeler à la Poule : un enfoncement pratiqué négligemment dans la terre, dans le sable ou la poussière, et ordinairement dérobé à tous les regards, reçoit, chaque jour, l'œuf que la Poule y dépose, et qu'elle finit par couver lorsque le nombre s'en est accumulé jusqu'à un certain point. Pour éviter ces incubations furtives, qui pourraient se faire à contre-temps et contre la volonté du fermier, celui-ci a soin de construire, à proximité de l'habitation, un appartement peu élevé, et disposé de manière que les Poules puissent y pondre tranquillement et commodément, et s'y retirer tous les soirs avec le Coq. La ponte est continue ; elle n'a d'interruption que pendant le temps de la mue qui, pour cet Oiseau, est vraisemblablement une époque périodique de maladie. Cette mue a lieu ordinairement vers la fin de la belle saison ou pendant l'hiver. La Poule, aussitôt après la ponte, décèle sa délivrance par des accens joyeux; ces chants de plaisir avertissent son propriétaire qui bientôt court recueillir le tribut journalier. Lorsque la saison favorable, les besoins du fermier ou la disposition de la Poule, qui s'annonce par un gloussement, déterminent l'incubation, on accumule sous la couveuse des œufs bien choisis, fécondés, dont le nombre puisse être facilement contenu sous l'aile de la Poule, dont on soigne particulièrement la nourriture pendant cette opération qui dure environ vingt jours.

Les petits sont nommés Poussins; ils mangent seuls en naissant; ordinairement on dispose autour d'eux des miettes de pain trempé, qu'ils digèrent plus aisément que tout autre aliment. La mère, autant qu'elle le peut, tient rassemblée sous son aile protectrice sa jeune couvée, toujours disposée à prendre l'essor et à jouir d'une entière liberté; on ne saurait voir sans attendrissement l'amour attentif de ces mères passionnées qui, tour à tour, grondent et caressent leurs petits, leur montrent la nourriture dont, souvent, elles se privent avec le dévouement le plus absolu. Après trois ou quatre ans, le Coq est susceptible de s'énerver, de perdre sa vigueur; il convient alors de le remplacer; les Poules peuvent donner pendant cinq ou six ans; mais passé ce temps, il est également avantageux de pourvoir à leur renouvellement.

Linné et beaucoup d'autres méthodistes ont confondu dans un seul genre, les Coqs et les Faisans. A la description du petit nombre d'espèces jusqu'ici connues, nous avons cru devoir ajouter l'énumération des races ou variétés de Coqs mentionnées dans les principaux ouvrages d'ornithologie et d'économie rurale. Les croisemens multipliés qu'ont éprouvés ces races, et les dégradations infinies qui en sont résultées, rendent cette énumération assez conjecturale.

Coq d'Adria, Coq adriatique. Race de petite taille, vantée par les anciens, et que l'on élevait particulièrement aux environs de l'antique Adria en Italie.

Coq Agate. Variété dont les teintes du plumage ont de la ressemblance avec les couleurs qu'offrent certains Quartz-Agates.

Coq Alas, *Gallus furcatus*, Temm. Plumes de la nuque et du cou brunes à la base, d'un bleu irisé en violet vers le milieu, et d'un vert doré mêlé de noir à l'extrémité; plumes du dos brunes à la base, puis d'un noir doré, bordé de jaune terne; tectrices alaires semblables aux plumes dorsales, mais bordées de roux vif; rémiges d'un brun noirâtre; rectrices d'un vert doré; crête entière, non dentelée; un seul appendice membraneux sous le bec, l'une et l'autre d'un beau rouge violet ainsi que les autres parties nues de la tête; iris, bec et pieds jaunes; éperon très-aigu. Taille, deux pieds; celle de la Poule est de quatorze pouces; elle n'a en outre ni crête ni membrane sur la gorge; la peau nue qui entoure l'œil est d'un jaune rougeâtre; le sommet de la tête et le cou sont d'un gris brun; les parties supérieures d'un vert noirâtre doré, rayées et frangées de gris brun; la gorge blanche, duveteuse; les parties inférieures d'un cendré brunâtre; les rectrices brunes, bordées de roussâtre. De Java où il est nommé Ayam-Alas (Coq des bois) par les Indiens.

Coq d'Alexandrie. Variété du Coq domestique.

Coq ardoisé. Variété du Coq domestique; elle est huppée; la couleur dominante de son plumage est le gris bleuâtre.

Coq argenté. La variété précédente ornée de taches régulières d'un blanc pur.

Coq Ayamalas. *V*. Coq Alas.

Coq de Bahia. Variété du Coq domestique, dont la taille est très-élevée; dans son jeune âge, il reste duveteux beaucoup plus long-temps que les autres variétés.

Coq de Bankiva, *Gallus Bankiva*, Temm. Plumes de la nuque, du cou, du dos, et tectrices alaires (à l'exception des grandes qui sont noires irisées) d'un brun marron pourpré; tectrices caudales longues, pendantes, d'un jaune rougeâtre éclatant; rémiges noires, bordées de roux; parties inférieures et rectrices d'un noir irisé; crête, appendices membraneux et parties nues d'un rouge assez vif; bec et pieds gris; iris jaune. Taille, dix à onze pouces, la queue étant relevée. De Java.

Coq DE BANTAM, *Phasianus pusillus*, Lath. Paraît être une variété de l'espèce précédente, du moins il lui ressemble par la taille et les couleurs; il a en outre les pieds garnis, au côté extérieur, de plumes assez longues qui descendent jusque sur les doigts. Cette espèce se distingue, dans nos basse-cours, par son courage et son audace.

Coq BLANC A HUPPE NOIRE. Variété du Coq huppé.

Coq DE BRESSE. Variété du Coq domestique.

Coq DE CAMBOCHE. Race très-médiocre, dont les pates sont fort courtes et les ailes pendantes; ce qui occasione un sautillement presque continuel dans la marche de ces Oiseaux.

Coq DE CAUX, *Phasianus Patavinus*, Lath. Variété du Coq domestique, qui le surpasse en taille presque du double.

Coq CHAMOIS. Variété du Coq huppé; elle est d'un jaune tirant sur le fauve.

Coq DE CHOLCIDIE. Variété anciennement très-recherchée du Coq domestique.

Coq A CINQ DOIGTS, *Phasianus pentadactylus*, Lath. Variété du Coq domestique; elle a cinq doigts : trois en devant et deux en arrière. Cette monstruosité s'est transmise de génération en génération.

Coq COMMUN. *V.* Coq DOMESTIQUE.

Coq COULEUR DE FEU. Variété du Coq huppé.

Coq ou FAISAN COULEUR DE FEU. *V.* Coq IGNICOLOR.

Coq A CULOTTE DE VELOURS. Variété du Coq domestique; elle a le

ventre et les cuisses d'un beau noir velouté, la poitrine tachetée de la même teinte, une touffe de plumes noires sous la crête, et un cercle de plumes blanches autour des yeux; le bec est très-pointu et les pieds sont grisâtres.

Coq DEMI-Coq D'INDE. Race javane assez élevée.

Coq DOMESTIQUE, *Gallus domesticus*, Briss. Cette espèce, dont les couleurs du plumage ont extrêmement varié, se distingue des autres principalement par la crête d'un rouge vif, charnue, festonnée et souvent disposée en couronne, qui orne sa tête, et par les deux appendices membraneux, de même nature, qui pendent de chaque côté de la mandibule inférieure; sa queue est composée de quatorze rectrices relevées en deux plans verticaux et dont les deux intermédiaires, plus longues et fortement arquées, retombent en panache flottant; tarses armés d'ergots longs et fortement acérés. La Poule, beaucoup plus petite que le Coq, n'a point, comme lui, le cou et l'extrémité du dos couverts de plumes longues et étroites.

Coq DORÉ. Coq huppé dont la couleur dominante du plumage est le jaune doré fortement lustré.

Coq A DUVET DU JAPON, *Phasianus lanatus*, Lath. Plumage entièrement blanc, composé de barbules inadhérentes entre elles, ce qui donne aux plumes une apparence de duvet; crête, joues et parties nues de la gorge d'un rouge vif tirant sur le pourpré; bec et pieds d'un gris bleuâtre foncé : les derniers sont robustes et couverts de plumes extérieurement jusqu'à l'origine des doigts. Longueur, vingt-huit pouces. La Poule est plus petite, et la couleur de son plumage tire sur le gris.

Coq A ÉCAILLE DE POISSON. Variété du Coq huppé, dont les taches blanches, maillées, ressemblent à des écailles.

Coq DE LA FLÈCHE. *V.* Coq DE CAUX.

Coq FRISÉ, *Phasianus crispus*,

Lath. Cette espèce ou variété, que l'on assure être originaire des parties méridionales de l'Asie, est remarquable par la singulière disposition de ses plumes qui sont retournées et ont un aspect frisé. Ses couleurs sont aussi variées que celles du Coq domestique, et sa femelle est de la taille de la Poule ordinaire. Il est très-sensible au froid, ce qui est cause sans doute de sa rareté dans les pays du Nord.

Coq de Gates. *V*. Coq Sonnerat.

Coq de Hambourg. *V*. Coq a culotte de velours.

Coq herminé. Coq huppé blanc avec quelques taches noires.

Coq huppé, *Phasianus cristatus*, Lath. Diffère du Coq domestique en ce que la crête, extrêmement petite, est environnée et cachée par une touffe de plumes ordinairement assez longues et étroites, retombant en panache sur le bec. Ce Coq est souvent privé des caroncules membraneuses de la mandibule inférieure. La Poule, assez semblable à son Coq, est plus petite ; elle n'a point de longues plumes étroites sur le cou. Les couleurs de cette race, dont l'origine n'est pas bien connue, varient considérablement ; en général, on préfère le noir avec la huppe blanche, ou le blanc avec la huppe noire.

Coq huppé d'Angleterre. Variété à huppe très-petite et à jambes fort élevées.

Coq huppé tout blanc. Aldrovande, qui a figuré cette variété, lui donne une huppe conique et pointue.

Coq ignicolor, *Phasianus ignitus*, Lath. Parties supérieures d'un noir irisé, ainsi que la poitrine et le ventre ; tectrices alaires noires avec une large zône d'un vert doré à leur extrémité ; croupion garni de plumes larges, d'un rouge orangé, irisé en pourpre et en violet ; rectrices intermédiaires longues, d'un roux clair ; flancs variés de rouge orangé brillant ; huppe de la couleur du dos, formée d'un gros bouquet de plumes droites à barbules décomposées, en éventail ; une membrane d'un rouge violet sur la joue, se terminant en pointe à l'angle du

bec. Longueur, vingt-quatre pouces. La femelle est moins grande d'un sixième ; elle n'a point de membrane saillante aux joues, et diffère du Coq par la huppe et les couleurs qui sont d'un brun marron varié de brun clair et de noirâtre. De Sumatra.

Coq d'Italie. *V*. Coq de Caux.

Coq de l'isthme de Darien. Race de petite taille, dont la queue, dit-on, est droite et fort épaisse ; elle a au pied une manchette de plumes.

Coq Iago, *Gallus giganteus*, Temm. Espèce encore trop peu connue pour pouvoir en donner la description ; tout ce que l'on sait de plus positif, c'est que sa taille surpasse celle de toutes les autres espèces. De Sumatra.

Coq de Java. Race fort grande, très-élevée sur ses jambes, dépourvue de crête et de huppe, avec la queue longue et pointue.

Coq Javan. *V*. Coq Bankiva.

Coq laineux. *V*. Coq a duvet du Japon.

Coq de Lombardie. *V*. Coq de Caux.

Coq Macartney, *Gallus Macartnyi*, Temm. *V*. Coq ignicolor.

Coq de Madagascar. Race de très-petite taille encore peu connue.

Coq du Mans. *V*. Coq de Caux.

Coq de Médie. Race de grande et forte taille, très-recherchée des anciens, mais qui est maintenant oubliée.

Coq de Melon. *V*. Coq de Médie.

Coq de Mozambique, *Gallus Morio*, Temm. Plumage entièrement noir, ainsi que la peau et le périoste ; crête dentelée d'un violet noirâtre, ainsi que les appendices membraneux de la mandibule inférieure ; bec et pieds d'un bleu noirâtre. De l'Inde, d'où l'on prétend qu'il a été transporté dans l'Amérique méridionale.

Coq nain d'Angleterre. Race très-petite, de la grosseur d'un fort Pigeon ; sa couleur, originairement blanche, s'altère par les croisemens.

Coq nain de la Chine. Race encore plus petite que la précédente, et bigarrée de diverses couleurs.

Coq nain de Java, *Phasianus Pu-*

milio, Lath. Race très-petite et dont les pieds sont extrêmement courts. Elle a beaucoup de ressemblance avec le Coq nain d'Angleterre. Le Coq nain de France paraît être la même race qui aurait acquis un peu plus de force.

Coq nain pattu. De la taille d'un Pigeon ordinaire ; plumage blanc ou blanc varié de jaune doré.

Coq nain pattu d'Angleterre. Paraît être la race précédente qui aurait acquis une double crête.

Coq nègre. *V*. Coq de Mozambique.

Coq noir a huppe blanche. *V*. Coq huppé.

Coq de Padoue. *V*. Coq de Caux.

Coq pattu d'Angleterre, *Phasianus plumipes*. Race de moyenne taille, non huppée, avec les pieds emplumés.

Coq pattu de France. Race un peu moins forte que la précédente et qui en diffère encore en ce que souvent les doigts sont, ainsi que les pieds, couverts de plumes.

Coq pattu de Siam. Moins grand que le Coq domestique; entièrement blanc; pieds emplumés.

Coq de Pégu. *V*. Coq de Caux.

Coq de Perse. Race qui, d'après ce qu'en dit Chardin, a beaucoup de rapports avec le Coq de Caux.

Coq Périnet. *V*. Coq ardoisé.

Coq (petit) de Pégu. On assure qu'il n'est pas plus gros qu'une Tourterelle.

Coq des Philippines. Paraît être la race du Coq huppé d'Angleterre.

Coq Pierre. Variété du Coq huppé, dont le fond du plumage est blanc bigarré de diverses teintes.

Coq porte-soie. *V*. Coq a duvet du Japon.

Coq de Rhodes. Race très-grande que l'on a négligée à cause de son peu d'utilité dans les basse-cours.

Coq sans croupion. *V*. Coq Wallikikiti.

Coq sans plumes. Race douteuse qui paraît n'être autre que le Coq domestique auquel on arrache les plumes.

Coq sans queue, *Phasianus ecaudatus*, Lath. *V*. Coq Wallikikiti.

Coq de Sansevarre. Race persane qui, au rapport de Tavernier, est d'une taille gigantesque.

Coq a six doigts. Monstruosité dans la race du Coq domestique.

Coq Sonnerat, *Gallus Sonnerati*, Vieill. Tête et cou garnis de longues plumes étroites, aplaties, à barbes désunies et soyeuses, terminées par une espèce de palette ovalaire, d'un gris de perle luisant, bordée de roussâtre ; plumes du dos longues, étroites, rayées de blanc et de noir ; rémiges variées de roux et de blanchâtre, rayées de noir et de blanc ; tectrices caudales longues, flottantes, d'un violet noirâtre, irisé ; quatorze rectrices relevées en deux plans verticaux, les deux intermédiaires longues et arquées ; poitrine d'un roux luisant ; parties inférieures garnies d'un duvet noir et blanc ; tête ornée d'une crête d'un rouge vif, aplatie sur les côtés et découpée ; joues, côtés et dessous de la gorge nus, ainsi qu'une ligne longitudinale sur le sommet de la tête ; une tache de très-petites plumes grises entre la crête et l'œil ; bec et pieds noirâtres ; ergots coniques, allongés et pointus. Longueur totale, ving-huit pouces. La Poule est plus petite et diffère peu de la Poule domestique. De l'Inde.

Coq de Tanagra. Race ancienne sur l'existence de laquelle l'opinion n'est pas bien fixée.

Coq tout noir. Variété qui paraît identique avec le Coq de Mozambique.

Coq de Turquie. Variété du Coq domestique, remarquable par la beauté de son plumage où s'étendent des nuances d'or ou d'argent sur un fond ordinairement blanchâtre ; ailes noires ; queue verte et noire ; pieds bleuâtres ; la tête quelquefois ornée d'une huppe.

Coq veuf. Variété du Coq huppé; des petites taches blanches sur un fond noirâtre.

Coq villageois. *V*. Coq domestique.

Coq Wallikikiti, *Gallus ecau-*

datus, Temm. Plumes des parties supérieures d'un roux orangé; celles de la nuque noires, bordées de jaune, longues, effilées, à barbules décomposées; rémiges d'un brun mat; tectrices alaires intermédiaires noires, irisées en violet; plumes du bas du dos longues, effilées, arquées, d'un brun violet irisé; celles des parties inférieures brunes, bordées de jaune orangé; bas de la gorge noir, à reflets violets et pourprés; crête entière d'un rouge brillant, ainsi que les deux appendices de la mandibule inférieure; joues, oreilles et partie de la gorge nues; point de queue ni même de croupion; bec et pieds d'un gris brun; éperons robustes et très-aigus. Longueur, quinze pouces. Cette espèce, à laquelle on avait donné, lorsqu'elle était moins connue, la Perse et successivement l'Amérique septentrionale pour patrie, est originaire de Ceylan où le nom de Wallikikiti peut se traduire par celui de Coq sauvage; elle y construit son nid à peu près comme le font les Perdrix, il est composé d'herbes amoncelées sans ordre.

On a étendu le nom de Coq à beaucoup d'Oiseaux qui n'ont avec le genre dont il vient d'être question que peu ou point de rapports. Ainsi l'on a appelé :

Coq d'Amérique (Frish), le Hocco. *V.* ce mot.

Coq de bois, à la Guiane, le Coq de roche, *Pipra rupicola*, L. *V.* Rupicole. On donne encore le même nom au *Tetrao Urogallus*, L., et à la Huppe, *Upupa Epops*, L.

Coq des bois d'Amérique, le Tétras Cupidon, *Tetrao Cupido*, Lath., et la Gélinotte à fraise, *Tetrao umbellatus*, L.

Coq de bois d'Écosse (Gesner), le Tétras rouge, *Tetrao Scoticus*, Lath.

Coq de bouleau, le Tétras Birkhan, *Tetrao Tetrix*.

Coq Bruant, le Tétras Auerhan, *Tetrao Urogallus*, L. *V.* Tétras.

Coq de bruyère brun et tacheté (Ellis), la Gélinotte tachetée, *Tetrao canadensis*, L.

Coq de bruyère a fraise (Buffon), le *Tetrao umbellatus*, L.

Coq de bruyère (grand), le Tétras Auerhan, *Tetrao Urogallus*.

Coq de bruyère a longue queue de la baie d'Hudson, la Gélinotte à longue queue, *Tetrao phasianellus*.

Coq de bruyère noir et marqueté (Edwards), la Gélinotte tachetée, *Tetrao canadensis*. *V.* Tétras.

Coq de bruyère (petit) a deux filets a la queue, le *Ganga Cata*, *Tetrao Alchata*, L. *V.* Ganga.

Coq de bruyère piqueté, le Tétras des Saules, *Tetrao albus*.

Coq de bruyère a queue fourchue, le Tétras Birkhan, *Tetrao Tetrix*, L. *V.* Tétras.

Coq de Curaçao, le Hocco de Curaçao, *Crax globicera*, L. *V.* Hocco.

Coq d'été, la Huppe, *Upupa Epops*, L. *V.* Huppe.

* Coq Dido, d'après Gaimard, la grande Pie-Grièche de Levaillant (*Lanius corvinus*, Shaw) à Timor, dans les Moluques.

Coq d'Inde, le Dindon, *Meleagris Gallopavo*, L. *V.* Dindon.

Coq indien, le Hocco de Guiane, *Crax Alector*, L. *V.* Hocco.

Coq de Limoges, le Tétras Auerhan, *Tetrao Urogallus*, L.

Coq de marais, la Gélinotte, *Tetrao Bonasia*, L. *V.* Tétras.

Coq de mer, le Canard à longue queue, *Anas acuta*, L. *V.* Canard.

Coq de montagne, le Tétras Auerhan, *Tetrao Urogallus*, L. *V.* Tétras. On donne encore ce nom, au cap de Bonne-Espérance, à diverses espèces d'Aigles.

Coq noir (Gesner), le Tétras Rakkelhan, *Tetrao medius*, Meyer. *V.* Tétras.

Coq puant, la Huppe, *Upupa Epops*, L. *V.* Huppe.

Coq de roche, le Rupicole, *Pipra rupicola*, L., Buff., pl. enl. 39. *V.* Rupicole.

Coq sauvage, le Tétras à queue fourchue, *Tetrao Tetrix*, L. *V.* Tétras. (DR..Z.)

Selon Marsden , les Malais dési-
gnent les Coqs sous le nom générique
d'*Ayam*: *Ayam Manda* est le Poulet;
Ayam Alas , le Coq sauvage ; *Ayam
Bankeiva* , une race de métis ; *Ayam
Baroogo* , une Poule des bois ; *Ayam
Ham*, une Perdrix, etc.   (B.)

COQ. POIS. Nom vulgaire du *Zeus
Gallus. V.* GAL.   (B.)

COQ. MOLL. FOSS. L'un des noms
vulgaires des Térébratules qu'on
nomme aussi Poule et Poulette. (B.)

* COQ DE MER. CRUST. *V.* CA-
LAPPE.

* COQ DORÉ. POIS. Syn. du *Zeus
Vomer* , L., au Brésil. *V.* VOMER.
                                 (B.)
COQ DES JARDINS , HERBE
AU COQ ou MENTHE COQ. BOT.
PHAN. Noms vulgaires du *Tanacetum
Balsamita*, L. , ou *Balsamita suave-
olens*, Desf. *V.* TANAISIE et BAL-
SAMITE.   (B.)

COQU. OIS. Syn. vulgaire et ancien du Coucou, *Cuculus Canorus* ,
L. *V.* COUCOU.   (DR..Z.)

COQUALIN. MAM. Nom vulgaire
du *Sciurus variegatus* , L. *V.* ÉCU-
REUIL.   (B.)

* COQUANT. OIS. Syn. vulgaire de
la Marouette, *Rallus Porzana*, L. *V.*
GALLINULE.   (DR..Z.)

* COQUANTOTOTL. OIS. *V.* CA-
QUANTOTOTL.

COQUAR. OIS. Nom donné au
métis provenant du croisement du
Faisan avec la Poule de basse-cour.
                              (DR..Z.)
* COQUAR. BOT. PHAN. On donne
ce nom , dans le midi de la France,
à une variété très-double de la Rose
de Provins.   (B.)

COQUE. OIS. *V.* OEUF.

COQUE. INS. *V.* COCON.

COQUE. *Cocca.* BOT. PHAN. On
désigne communément sous ce nom
chacune des parties d'un péricarpe
sec, plus ou moins sphéroïdal et présentant à son contour des bosses ou
côtes bien manifestes, et ordinairement en nombre déterminé , séparées

par autant d'enfoncemens ou de sillons longitudinaux , et se détachant
les unes des autres par la séparation
de leurs cloisons en deux lames. De-
là les noms de fruits *Bicoque* , *Trico-
que* , etc. Cependant Gaertner a donné à ce mot une autre signification, en
l'appliquant au fruit lui-même qui se
compose ainsi de plusieurs parties
séparables les unes des autres. Voici
la manière dont il le définit : fruit plu-
riloculaire, oligosperme, muni d'u-
ne columelle centrale, s'ouvrant ordinairement par les cloisons en autant
de loges distinctes et renfermant exactement une ou deux graines renversées. La paroi interne de ces loges est
cartilagineuse ou même osseuse, et se
rompt ordinairement avec élasticité
en se dépouillant plus ou moins complètement de la partie extérieure du
fruit.

La vaste famille des Euphorbiacées
nous offre des exemples nombreux
de Coques. C'est à cette espèce de fruit
que, dans sa nomenclature carpolo-
gique, le professeur Richard donne
le nom d'Elatérie, *Elaterium*, nom
qui nous paraît devoir être préféré à
cause des acceptions diverses données
au mot Coque. *V.* ELATÉRIE. (A. R.)

COQUECULE. BOT. PHAN. Pour
Cocculus. *V.* ce mot.   (B.)

COQUE DU LEVANT ou CO-
QUES DU LEVANT. BOT. PHAN.
Fruits du *Menispermum Cocculus. V.*
COCCULUS.   (B.)

COQUELICOT. BOT. PHAN. Espèce
fort commune du genre Pavot. *V.* ce
mot.   (B.)

COQUELOURDE. BOT. PHAN. Nom
vulgaire appliqué au *Narcissus Pseudo-Narcissus* , à l'*Anemone coronaria*
ainsi qu'au *Pulsatilla*, mais plus particulièrement à l'*Agrostema coronaria.*
V. AGROSTÈME.   (B.)

COQUELUCHE. OIS. (Montbeil-
lard.) Syn. du mâle de l'Ortolan des
Roseaux , *Emberiza Schœniclus* , L.
V. BRUANT.   (DR..Z.)

COQUELUCHIOLE. *Cornucopiœ.*
BOT. PHAN. C'est un genre de Plantes

de la famille des Graminées, qui ne comprend aujourd'hui qu'une seule espèce, le *Cornucopiæ cucullatum*, L., Beauv., Agr. t. 4, fig. 3, 4, Lamk., Illust. t. 40. Originaire d'Orient, cette petite Plante est annuelle. Ses chaumes sont rameux et de six à huit pouces de hauteur, portant des feuilles dont la gaîne est renflée et comme vésiculeuse. De la gaîne des feuilles supérieures, qui sont courtes, naissent plusieurs pédoncules inégaux, recourbés, simples et terminés chacun par un involucre infundibuliforme, crénelé à son bord et strié longitudinalement. Dans l'intérieur de chaque involucre, on trouve un assez grand nombre de fleurs hermaphrodites, pressées les unes contre les autres et formant un capitule ovoïde, allongé, qui dépasse un peu l'involucre dans sa partie supérieure. Chaque fleur offre l'organisation suivante : la lépicène est composée de deux valves carénées, égales, obtuses, mutiques, soudées l'une à l'autre par leur partie inférieure, quelquefois même jusqu'au milieu de leur hauteur. La glume est formée d'une seule paillette de la même hauteur et quelquefois plus longue que la glume, bifide et obtuse à son sommet, recourbée autour des organes sexuels qu'elle recouvre entièrement. Les étamines sont au nombre de trois. Leurs filets sont capillaires et leurs anthères bifidos aux deux extrémités. L'ovaire est ovoïde, allongé, surmonté d'un style court et glabre qui se termine par deux stigmates capillaires et velus. Quelquefois il n'y a qu'un seul stigmate. La glumelle n'existe pas. Le fruit est recouvert par les écailles florales.

Ce genre fait partie de la section des Agrostidées. Il est très-voisin de l'*Alopecurus* dont il diffère par son involucre, par son style simple et ses écailles florales toutes mutiques, c'est-à-dire dépourvues d'arête. Plusieurs espèces qui y avaient été placées ont été portées dans d'autres genres. Ainsi le *Cornucopiæ alopecuroides*, L., est l'*Alopecurus utricula-*

tus de Schrader. Le *Cornucopiæ altissimum* de Walther est l'*Agrostis dispar* de Michaux; les *Cornucopiæ hyemale* et *perennans* de Walther font partie du genre *Trichodium* de Richard. (A. R.)

COQUELUCHON DE MOINE. MOLL. Nom vulgaire d'une espèce du genre Arche. *V*. ce mot.

COQUEMELLE. BOT. CRYPT. (*Champignons.*) On donne ce nom ou celui de *Cocoumelle* dans beaucoup de provinces, et particulièrement dans l'ouest de la France, à l'*Agaricus procerus* (*Agaricus colubrinus*, Bull., t. 78). Cette espèce, très-facile à reconnaître à son chapeau en large parasol légèrement convexe, d'une couleur un peu bistrée, couvert de taches d'un brun plus foncé, a son pédicule creux, renflé en un gros tubercule à la base, moucheté de brun, et qui porte vers sa partie supérieure un collier ou anneau libre; a la chair sèche, odorante, et est très-bonne à manger; elle a un goût beaucoup plus délicat que le Champignon de couche, et elle est très-estimée dans les provinces où elle croît abondamment. Elle est connue dans quelques-unes sous le nom de *Grisette*.

Il paraît qu'on donne, dans le midi de la France, le même nom de *Coquemelle* ou *Coucoumelle* à l'Oronge blanche (*Agaricus ovoideus*, DeCand., Fl. F., n. 562, A). Cette espèce est aussi très-estimée. *V*. ORONGE. (AD. B.)

COQUEMOLLIER. BOT. PHAN. Nom vulgaire adopté par quelques botanistes comme la désignation française du genre Théophrastée. *V*. ce mot. (B.)

COQUERELLE. BOT. PHAN. La Noisette dans ses enveloppes avant son entière maturité. On a aussi donné ce nom à l'Alkekenge. *V*. PHYSALIDE. (B.)

COQUERET. BOT. PHAN. Vieux nom français de l'Alkekenge, *Physalis Alkekengi*, donné par quelques botanistes modernes pour celui du genre Physalide. *V.* ce mot.   (B.)

COQUESIGRUE. bot. phan. Même chose que Coccigrue. *V.* ce mot.   (B.)

COQUETON. bot. phan. Vieux nom du Narcisse.   (B.)

COQUETTE. pois. Nom vulgaire du Bridé, espèce du genre Chœtodon aux Antilles.   (B.)

COQUETTE. ins. Nom vulgaire du Cossus de l'Hippocastane. *V.* Cossus.   (B.)

COQUETTE. bot. phan. L'un des noms vulgaires du Cyclame d'Europe et une variété de la Laitue cultivée.   (B.)

COQUILLADE. ois. (Buffon.) Syn. du Cochevis, *Alauda cristata*, L. *V.* Alouette.   (DR..Z.)

COQUILLADE. pois. Espèce du genre Blennie. *V.* ce mot.   (B.)

COQUILLAGE. moll. C'est ainsi que les écrivains du siècle dernier désignaient les Mollusques à coquilles. Cette expression n'est presque plus en usage; elle est d'ailleurs plus particulièrement le nom de l'Animal que celui de la Coquille. (D..H.)

COQUILLE. moll. On entend par ce mot un corps testacé calcaire, le plus souvent extérieur, quelquefois intérieur, c'est-à-dire développé dans l'épaisseur de la peau d'un Animal mollusque, mais, dans tous les cas, destiné à protéger l'Animal ou certaines de ses parties contre les chocs extérieurs. Plusieurs Animaux, autres que les Mollusques, sont pourvus de tels protecteurs. Tels sont les Echinides ou Oursins, quelques Annelides, les Crustacés; mais on ne peut confondre tous ces corps avec les véritables Coquilles. On distinguera les Oursins des Coquilles par leur porosité et leur cassure polygone, régulière, ce qui n'arrive jamais dans la Coquille dont la cassure est nette, quelquefois écailleuse; on reconnaît les tests des Annelides, en ce qu'ils sont tubuleux, arqués ou irrégulièrement contournés sur eux-

mêmes, et ne renferment jamais de pièces accessoires comparables à des valves de Conchifères. Il est très-facile d'apercevoir les différences qui existent entre une véritable Coquille et le test d'un Crustacé : l'une est articulée à charnière dans deux de ses principales parties ; l'autre, au contraire, présente un grand nombre d'articulations pour les mouvemens partiels des appendices ou des membres. Pour faciliter l'étude de la glossologie, nous diviserons cet article en trois parties : la première s'occupera des Coquilles des Cirrhipèdes, ou de la plupart des Multivalves des anciens; la seconde, des Coquilles des Conchifères ou Bivalves; et la troisième, de celles des Mollusques proprement dits ou Univalves.

Des Coquilles multivalves.

Les anciens, sous cette dénomination, rangeaient une multitude de corps différens : les Oursins, les Tuyaux marins, les Pouce-Pieds, les Pholades, les Tarets, etc. Aujourd'hui, que l'on a remis chaque chose à une place plus convenable, on ne peut plus entendre par Multivalves que les Coquilles des Cirrhipèdes, dont les parties ne sont point articulées en charnière, mais simplement soudées entre elles ou réunies par la peau elle-même où elles se sont développées. Nous renvoyons, pour beaucoup de détails, aux articles Cirrhipèdes, Balane, Anatife, et nous ajoutons seulement que l'on nomme *sériales*, dans les Cirrhipèdes pédonculés, des pièces dorsales symétriques, c'est-à-dire, qui, étant divisées par une ligne médiane, présentent deux parties parfaitement semblables, et *latérales*, celles qui forment, par leur plus ou moins grand nombre et par leur étendue variable, les parties latérales du test. Toutes ces pièces sont réunies au moyen du manteau ou de la peau dans laquelle elles se sont formées; elles sont symétriques par paires, et ne sont point articulées ; quelquefois elles reposent les unes sur les autres par des biseaux réciproques. Dans les Cirrhipèdes sessiles ou fixés, toutes les pièces, le plus souvent soudées entre elles, viennent se grouper autour d'une cavité centrale occupée par l'Animal. Cette cavité est quelquefois ouverte inférieurement, mais elle est toujours close supérieurement par deux ou quatre petites pièces mobiles dont l'ensemble se nomme opercule.

Des Coquilles bivalves.

Les Coquilles bivalves, ou formées de deux parties principales articulées à charnière, peuvent être considérées de plusieurs manières; mais avant tout, il est nécessaire de convenir dans quelle position nous les placerons, pour qu'il n'y ait point d'équivoque dans la position relative des parties. Si nous suivons ce que nous enseigne Linné, nous poserons la Coquille bivalve sur les crochets, de manière que le ligament se trouve en face de l'observateur. La valve droite est conséquemment à la droite, et la gauche à la gauche de celui qui observe la Coquille. Cette position, qui est arbitraire, n'a pas été admise par tous les conchyliologues. Bruguière, au lieu de placer le ligament devant l'observateur, le met à l'opposé, ce qui retourne la Coquille sur elle-même et sur le même plan; alors la valve qui, dans la manière de Linné, était à droite, est à gauche dans celle de Bruguière, et réciproquement. Une autre méthode a été proposée par Blainville dans le Dictionnaire des Sciences naturelles; il prétend que la manière la plus convenable est celle qui consiste à mettre la Coquille dans la position qu'elle a sur l'Animal, lorsqu'il marche devant l'observateur, c'est-à-dire placer la Coquille sur son bord tranchant, les crochets en arrière, le ligament en haut et en avant, ce qui fait que les valves restent réellement dans les mêmes rapports avec l'observateur, que dans la manière de Linné; la valve droite reste à droite et la valve gauche à gauche. Cette méthode vaut beaucoup mieux que les autres: aussi

nous l'adopterons, et, au lieu de nommer base la région des crochets, nous dirons que c'est le bord supérieur; le bord inférieur est celui qui est libre et tranchant; le bord antérieur, quelquefois allongé plus ou moins en bec, est celui qui donne passage aux siphons que porte l'Animal, et où vient s'insérer le ligament, et le bord postérieur, celui où se trouvent la courbure des crochets ainsi que la lunule. Nous donnerons tout à l'heure la définition de toutes ces parties; il y a également, pour la Coquille prise dans son ensemble, deux faces latérales qui correspondent à chacune des valves : ces faces sont bombées le plus ordinairement, quelquefois aplaties; d'autres fois l'une est bombée et l'autre plate. Nous examinerons bientôt tous ces détails.

On peut considérer les Coquilles des Conchifères, d'après leur habitation, en fluviatiles et en marines. Les *fluviatiles* sont celles qui vivent dans les eaux douces, et elles se distinguent en général par la nature et la couleur de l'épiderme qui les recouvre; celui-ci étant brun foncé ou vert foncé, et le plus souvent détruit, rongé vers les crochets : aussi dit-on que les Coquilles fluviatiles ont les crochets *rongés* ou *cariés*, lorsque l'épiderme et quelquefois même une partie de l'épaisseur du test se trouvent enlevés dans cet endroit. Il est plus difficile qu'on ne l'imagine vulgairement de préciser au juste les genres qui appartiennent à l'eau douce, pour les séparer de ceux qui ne se trouvent que dans la mer. En effet, des *Ethéries* ont été trouvées dans le Nil, et des Moules dans le Danube; ce qui, d'après ces observations récentes et authentiques, nous jette dans un embarras que les anciens conchyliologues ne connaissaient pas. Quoi qu'il en soit, il est encore difficile, dans l'état actuel de la science, de décider si ce sont les Coquilles marines qui, subissant des modifications, ont peuplé les eaux douces, ou si ce sont, au contraire, celles des eaux douces qui, descendues dans la mer, y ont éprouvé les changemens considérables qui constituent la différence existante entre celles-ci et les dernières. On peut dire seulement, encore avec la circonspection nécessaire lorsqu'il est question d'un fait qui n'est pas absolument matériel, mais simplement probable, qu'il y a des Coquilles marines qui, s'habituant d'abord à vivre à l'embouchure des fleuves dans des eaux peu salées, se sont insensiblement accoutumées à vivre dans un milieu différent, et ont éprouvé, par ce changement, des modifications plus ou moins notoires. Il en est de même pour quelques espèces fluviatiles, qui peu à peu sont devenues des races marines en prenant tous les caractères de celles-ci, et n'ont conservé qu'une analogie éloignée avec leur type primitif. Les Coquilles marines se distinguent, en général, en ce qu'elles sont presque toujours dépourvues d'épiderme, et qu'elles sont ordinairement chargées de côtes, d'aspérités, de sillons, d'épines, etc.

On peut également considérer les Coquilles bivalves, sous le rapport de la fixité, en *libres* et en *adhérentes*. Les Coquilles libres sont celles qui ne sont retenues par aucune attache et qui peuvent changer de lieu, à chaque moment, à l'aide du pied de l'Animal qui les habite. Les Coquilles adhérentes sont celles qui se fixent aux corps sous-marins, plus ou moins immédiatement par différens moyens. Les unes, comme les Ostracées et les Camacées, se fixent immédiatement, par la propre substance de la Coquille, sur les corps environnans; d'autres, comme les Mytilacées et les Malléacées, se fixent au moyen de ce qu'on appelle *Byssus*; d'autres enfin ne sont fixées que par un ligament postérieur qui s'attache aux crochets, comme dans les Brachiopodes, les Térébratules, les Lingules. Sous le rapport de la manière particulière de vivre, on trouve parmi les Bivalves: des Tubicoles qui vivent dans l'intérieur d'un tube accessoire aux valves; des

Lignicoles qui habitent dans le bois; des Pétricoles qui ont la faculté de percer la pierre en la dissolvant pour y demeurer à l'abri des accidens extérieurs; des Arénicoles qui vivent enfoncées dans le sable, etc. — Le plus grand nombre des Coquilles bivalves sont *symétriques*, c'est-à-dire formées de deux parties absolument semblables; quelques-unes pourtant ne le sont pas, et elles rentrent parmi celles que l'on nomme *Inéquivalves*. Les Coquilles *Equivalves* présentent deux valves semblables et égales dans toutes leurs dimensions; les *Inéquivalves* ont une valve plus grande ou plus profonde que l'autre. Parmi celles-ci, on en remarque qui sont *régulières*, et d'autres *irrégulières*; les premières sont celles dont tous les individus d'une même espèce sont absolument pareils; les Corbulées en sont un exemple. Les irrégulières présentent au contraire des différences dans les individus de même espèce, comme les Camacées et les Ostracées le font voir. — On entend par *Equilatérale*, une Coquille qui, partagée par une ligne médiane, dirigée des crochets vers le milieu du bord inférieur, présente deux parties semblables; *Subéquilatérale*, celle dont les deux parties sont presque semblables, et *Inéquilatérale*, celle dont les deux parties ne présentent aucune similitude. Toutes les Coquilles qui ne sont pas closes exactement, sont dites *bâillantes*; c'est ainsi que les Tubicolées, les Pholadaires, les Solénacées, etc., renferment toutes des Coquilles bâillantes. Par opposition, on nomme *closes* toutes les Coquilles dont les bords rapprochés ne laissent aucune ouverture, comme dans les Conques soit marines soit fluviatiles. Toutes les fois que l'espace compris entre les crochets et le milieu du bord inférieur est plus grand que celui compris dans un diamètre opposé, on nomme la Coquille *longitudinale*, comme dans les Mytilacées; lorsque, au contraire, la ligne comprise entre le bord antérieur et le bord postérieur, est plus grande que celle qui descend perpendiculairement des crochets, on dit que la Coquille est *transversale*, comme dans les Solénacées.

— Si l'on considère les accidens particuliers à quelques genres et même à quelques espèces, on dira qu'une Coquille est *auriculée*, toutes les fois que de chaque côté des crochets, ou d'un côté seulement, elle présentera des appendices saillans, comme dans les Peignes ; qu'elle est *rostrée* lorsqu'une de ses faces, ou les deux, présentent à un des angles un appendice plus ou moins long, comme dans quelques Anatines, quelques Tellines, etc. ; *barbue*, lorsque l'épiderme qui la recouvre est divisé en un grand nombre de poils roides, comme dans quelques Arches ; *tronquée*, si elle offre ses valves comme coupées dans une de leurs parties : quelques Donaces, quelques Bucardes en donnent des exemples. Quant à ce qui concerne la forme générale de la Coquille, on la dit *cylindrique* lorsque, également bombée des deux côtés, elle présente à peu près la forme d'un cylindre, comme quelques Modioles, surtout les Lithodomes, Cuv. ; *orbiculaire*, lorsque les valves, prises dans leur centre, présentent leurs bords également ou presque également éloignés : telles sont quelques Cythérées, une Huître à cause de cela nommée orbiculaire ; *globuleuse*, quand les valves très-gonflées présentent chacune la forme exacte d'un hémisphère ; *lenticulaire*, lorsque le centre, étant le point le plus élevé, diminue régulièrement en s'amincissant vers les bords, à peu près comme dans les Verres lenticulaires. On dit également qu'une Coquille est *comprimée* lorsque la cavité qui est entre les deux valves est peu considérable en épaisseur, la Coquille paraissant aplatie au-delà de ce qu'elle l'est ordinairement : la Cythérée écrite est une Coquille comprimée ; *cordée*, toutes les fois qu'elle présente la forme d'un cœur comme quelques Bucardes et surtout les Hémicardes, Cuv., ainsi que les Isocardes, etc. ; *linguiforme*, lorsqu'elle est aplatie, allongée et oblongue, comme

les Vulselles et la Lingule ; *naviculaire* ou *rhomboïdale*, celle qui approche dans la coupe transversale de la figure d'un petit bateau ou d'une nacelle, comme quelques Arches, les Cucullées, etc. ; *coudée*, lorsqu'elle est comme ployée dans toutes les parties, et s'approche plus ou moins du demi-cercle : une très-petite espèce de Modiole fossile, ainsi que quelques Arches et des Cardites, en offrent l'exemple ; *pliée*, toutes les fois que les valves présentent, l'une un pli saillant, et l'autre un pli rentrant, destiné à recevoir le premier : ce caractère est très sensible dans toutes les Tellines. L'expression *linéaire*, enfin, s'applique à toutes les Coquilles dont une des dimensions surpasse l'autre de beaucoup, comme dans le Solen Sabre, le Solen Gaîne, etc.

Pour mettre autant que possible de la méthode dans l'exposition des définitions nombreuses qui ont une application plus directe et qui sont d'une connaissance plus nécessaire, nous considérerons : 1º la face extérieure des valves ; 2º leur face interne ; 3º les bords ; 4º les moyens que la nature a employés pour réunir et tenir en contact les deux valves principales et les parties accessoires lorsqu'elles en présentent.

1º. La *face extérieure des valves* est toute cette surface, le plus souvent convexe, comprise entre les crochets, la lunule, l'insertion du ligament et les bords. Cette surface est *lisse* lorsque, dans sa courbure, aucun de ses points ne s'élève plus qu'un autre. C'est ainsi que la Telline Soleil-Levant, que beaucoup de Solens, de Cythérées, etc., etc., sont des Coquilles lisses ; *raboteuse*, lorsque des aspérités tronquées, relevées comme celles d'une râpe, se présentent à la surface, comme dans la Telline raboteuse, vulgairement la Langue de Chat ; *striée*, *sillonnée* et *à côtes* : ces trois mots expriment la même chose quant au fond ; il n'y a de différence que du plus au moins. Une Coquille est *striée* lorsque des enfoncemens et des élévations concentriques ou rayonnantes, très-serrées et très-délicées, se voient à la surface; elle est sillonnée lorsque ces alternatives sont plus espacées et plus grosses, et elle est à côtes lorsque ces espaces sont encore plus grands et plus relevés. Ces stries, sillons ou côtes, sont *aigus, tranchans, carrés* ou *arrondis*; on dit qu'ils sont *perpendiculaires* ou *longitudinaux* lorsque, partant des crochets, ils viennent se terminer au bord de la Coquille, comme dans les Vénéricardes, les Bucardes, etc.; ils sont *obliques* lorsqu'ils coupent obliquement les deux plans de la Coquille; ils sont *transverses* quand ils vont du bord antérieur au bord postérieur, en suivant parallèlement le bord inférieur de la Coquille. On entend par Coquille *treillissée* celle dont la surface présente ou des stries, ou des sillons, ou des côtes perpendiculaires, rencontrés ou traversés par d'autres transverses. Cette expression est synonyme de pectinée; *lamelleuse*, lorsque les stries ou les sillons, au lieu d'être obtus et élargis à la base, sont relevés en lames plus ou moins minces, plus ou moins élevées et plus ou moins nombreuses. C'est ainsi que cette belle Vénus lévantine, la Crassatelle lamelleuse, etc., sont des Coquilles lamelleuses. Il y a cette différence entre lamelleuse et feuilletée, que la première a un test solide à la surface duquel on remarque des lames saillantes, et qu'à la seconde c'est le test lui-même qui est formé de beaucoup de feuillets réunis dont les extrémités font souvent saillie au dehors, comme dans les Huîtres, par exemple; *crépue*, lorsque la surface étant lamelleuse, ces lames sont découpées régulièrement et quelquefois traversées à angle droit par des sillons. La Pholade crépue et quelques autres du même genre, les Corbeilles, la Vénus crépue, présentent cette structure; *onduleuse*, toutes les fois que les lames, les stries, les sillons et les côtes, au lieu d'être dirigés régulièrement d'un point vers un autre, sont brisés plusieurs fois en formant divers angles : telles sont les

stries du Solen rose, les côtes de la Moule de Magellan, de quelques Pinnes, de plusieurs Huîtres pétrifiées ou fossiles, etc.; *noduleuse*, lorsque des séries plus ou moins régulières, de petites élévations arrondies se montrent sur certains points de la Coquille vers le corselet ou la lunule. On l'appelle quelquefois *verruqueuse*, telle est la *Vénus verrucosa*, et même *tuberculeuse*, lorsque ces élévations sont placées sur une base plus large, comme dans quelques Trigonies pétrifiées; *rustiquée*, lorsque les côtes perpendiculaires dont est garnie la surface, se trouvent coupées transversalement par des stries d'accroissement. Les stries d'accroissement se distinguent des autres en ce qu'elles sont irrégulièrement espacées, et sont même un défaut dans la Coquille lorsqu'elles sont trop apparentes.

Une Coquille *épineuse* est celle qui présente sur toute sa surface ou seulement sur quelques-unes de ses parties, des cônes allongés, pointus, qui y sont implantés par la base. Les épines sont courtes, longues, courbées, tubuleuses. La Bucarde épineuse est couverte d'épines sur toute sa surface; la Cythérée épineuse n'en présente qu'autour du corselet; elle est *écailleuse* lorsque les côtes ou la surface présentent des éminences minces, aplaties et saillantes, toujours séparées des voisines par une échancrure qui se prolonge jusqu'à sa base, ou par l'espace qui sépare les sillons ou les côtes sur lesquelles elles sont fixées. Les écailles peuvent être simples, c'est-à-dire non découpées à leur bord, comme dans les Bénitiers. Elles peuvent être découpées ou divisées à leur circonférence en plusieurs appendices inégaux, comme dans la Came feuilletée. Elles deviennent quelquefois *tubuleuses* lorsque, les deux bords venant à se rapprocher et à se confondre, elles présentent un véritable tube cylindrique, comme il arrive souvent dans la Pinne rouge. Elles sont *tuilées* quand elles sont placées les unes au-dessus des autres sur des lignes parallèles ou sur les côtes de la Coquille, rangées de la même manière que des tuiles sur un toit; et enfin elles sont *voûtées* lorsqu'elles sont convexes d'un côté et concaves de l'autre. Une Coquille *rayonnée* est pour nous la même que celle qui est à côtes. Que les côtes partent d'un point ou d'un autre pour prendre une direction quelconque, ce ne sont pas moins des côtes, et nous pensons que Linné et Bruguière ont à tort séparé par deux expressions deux choses semblables. Effectivement, ils ont entendu par rayons les côtes qui descendent des crochets vers le bord des valves, par Coquille rayonnée celle qui présente à sa surface cette disposition, comme la plupart des Peignes, et ils ont réservé le nom de côtes à celles qui suivent la direction des bords de la Coquille et qui lui sont parallèles. Nous croyons qu'il vaut mieux désigner la direction des côtes, comme nous l'avons fait précédemment pour les stries, les sillons et les côtes, en perpendiculaires, longitudinales et obliques. Avant de terminer ce qui a rapport à la surface des valves, nous dirons que l'on est convenu d'appeler *ventre* la partie la plus saillante de la Coquille, *disque* cette partie convexe qui est au-dessous du ventre, et *limbe* la circonférence des valves depuis le disque jusqu'aux bords. Ces dénominations, qui ne sont presque plus usitées, présentent peu d'exactitude dans l'application qu'on en pourrait faire, puisqu'on ne peut en déterminer les limites qu'arbitrairement. Nous ajouterons également que l'on est convenu de nommer *carénée* la Coquille dont une partie offre une côte aiguë et saillante semblable à une crête, comme dans les Bucardes, nommées Hémicardes par Cuvier, et *sinueuse* lorsqu'une partie des valves et de leurs bords offre d'un côté un enfoncement, et de l'autre une partie saillante proportionnelle, comme la plupart des Térébratules, et surtout la Térébratule magellanique.

2°. La *face interne des valves*

est cette surface le plus souvent concave qui est en contact immédiat avec l'Animal renfermé entre les deux valves de la Coquille. Cette surface est limitée par la charnière et les bords, ou donne à ceux-ci une ligne ou deux de largeur. Cette face est presque toujours *lisse;* il arrive pourtant, et cela presque uniquement dans les Peignes, que les côtes qui sont à l'extérieur se voient à la partie interne, mais dans un ordre inverse; c'est-à-dire que les côtes saillantes en dehors sont creuses en dedans, tandis que les espaces qui les séparent et qui sont enfoncés font saillie au dedans; mais en général et à l'exception des Coquilles très-minces, on peut juger, par la seule inspection de la face interne, des nombreux accidens de cette nature qui peuvent se trouver à l'extérieur. La concavité des valves ne répond pas toujours à la convexité de la face extérieure; cela arrive lorsque la Coquille est épaisse, la matière calcaire qui les forme étant déposée en bien plus grande quantité sous les crochets que vers les bords. Les valves sont rarement colorées en dedans; si quelquefois elles présentent des couleurs, ce n'est jamais que dans certaines espèces et nullement par familles ou par genres, et en général ce sont des teintes douces et fondues qui n'ont aucun rapport avec la coloration extérieure, quelques cas rares exceptés; presque toujours elles sont blanches ou nacrées. Cette couleur nacrée paraît quelquefois être le propre de certains genres, comme celui des Mulettes, des Pernes, et surtout des Pintadines qui, à elles seules, fournissent presque toute la nacre employée dans les arts, et qui, de plus, produisent les perles si recherchées pour la parure. Nous remarquerons dans l'intérieur des valves des impressions qui sont les traces que l'Animal a laissées de son organisation. Les premières, les plus apparentes, les plus profondes, sont les *impressions musculaires.* Lamarck s'est servi avec avantage de ces impressions pour diviser les Conchifères en deux ordres : Conchifères à deux impressions musculaires , et Conchifères à une seule. Cette division repose évidemment sur des organisations différentes; l'Animal qui avait deux muscles a laissé deux impressions, celui qui n'en avait qu'un n'en a laissé qu'une. Ou nomme *Dimiaires* les Conchifères à deux muscles, et *Monomiaires* ceux à un seul muscle. Elles sont *latérales* lorsqu'étant au nombre de deux, l'une se dirige vers le bord antérieur et l'autre vers le bord postérieur; elles sont ordinairement *semi - lunaires*, d'autres fois *quadrangulaires*, et dans le seul genre des Lucines, l'une d'elles s'allonge et se rétrécit en se dirigeant en avant. Lorsqu'il n'existe qu'une impression , elle est *centrale* ou presque centrale; elle est alors le plus ordinairement *circulaire, enfoncée*, et d'autres fois elle est en *hache* ou *semi-lunaire*. Les autres impressions sont dues à ce que l'on nomme manteau ou enveloppe charnue et extérieure de l'Animal. Les diverses formes du manteau laissent diverses impressions; le plus ordinairement c'est une impression linéaire qui suit la direction du bord inférieur depuis les attaches musculaires, et qui quelquefois vers l'angle antérieur se découpe en un angle plus ou moins grand, comme dans les Tellines, les Cythérées , etc. Quelquefois au-dessous du manteau et dans les Lucines particulièrement, on remarque de petites élévations qui paraissent correspondre à des glandes ou à des organes particuliers parsemés sur le manteau.

3°. Les *bords des valves* comprennent toute la surface entre le bord extérieur et l'impression du manteau, c'est-à-dire à une ligne ou deux de largeur. Ils peuvent être *canaliculés* lorsqu'une partie de la circonférence intérieure des valves présente une gouttière, comme dans la *Venus Casina; simples* ou *lisses* quand ils n'offrent ni crénelures, ni dentures, ni stries, etc.; *striés* lorsque des stries perpendiculaires se remarquent à leur surface : elles aboutissent ordinaire-

ment à une dentelure très-fine ; *plissés*, lorsqu'ils sont composés de plis qui se reçoivent réciproquement dans chaque valve ; *crénelés*, quand ils présentent une dentelure intérieure arrondie, comme dans quelques Arches ; et *dentés*, toutes les fois que les bords sont armés de dents pointues ou quadrangulaires, comme dans la Bucarde poruleuse, la Bucarde dentée et d'autres.

Au commencement de cet article , nous avons distingué, d'après la position que nous avons adoptée pour examiner la Coquille, les bords en antérieurs, postérieurs , inférieurs et supérieurs. Ces bords, excepté le supérieur, ne présentent rien qui n'ait été indiqué plus haut, lorsque nous avons parlé des divers accidens qui se remarquent à la surface extérieure des valves; mais le bord supérieur nous offre plusieurs choses qu'il est nécessaire de bien connaître; ce sont les crochets , le corselet et la lunule.

Il arrive pourtant que le corselet et la lunule sont quelquefois placés de manière à appartenir, l'un au bord antérieur, l'autre au bord postérieur, et cela dépend uniquement de la forme générale de la Coquille. C'est ainsi que lorsque la Coquille est longitudinale, ces parties sont placées sur les bords antérieur et postérieur, tandis qu'elles sont placées sur le bord supérieur, lorsque la Coquille est transversale.

Les *crochets* ou *sommets* sont ces protubérances coniques plus ou moins recourbées l'une vers l'autre , et qui couronnent la charnière, c'est-à-dire qu'ils sont immédiatement au-dessus. Ils varient pour la forme. Ils sont *nuls* ou presque nuls, lorsqu'ils ne font pas ou presque pas de saillie venant se confondre dans le bord de la charnière, comme cela se remarque dans les Solens Gaîne, Silique, Sabre, etc. Ils sont *aplatis* lorsqu'à la place d'une saillie on remarque une dépression remarquable. Ils sont *crochus* lorsqu'ils s'inclinent l'un vers l'autre, en se dirigeant vers l'axe perpendiculaire de la Coquille, comme dans les Pétoncles. Ils sont *recour-* *bés* lorsqu'ils se dirigent vers la lunule. Cette direction est la plus ordinaire et la plus générale. Il n'y a que quelques espèces dans certains genres où l'on remarque le contraire, et, dans ce cas seulement, le ligament semble être placé dans la lunule par sa position et le rapport de forme et de direction des bords de la Coquille. C'est ce qui a lieu dans quelques Donaces et dans presque toutes les Tellines qui présentent par-là une exception à la règle générale, au moins pour les Coquilles régulières et Dimiaires. Ils sont *cornus* lorsque, fortement prolongés, ils sont tournés en spirale plus ou moins régulière, comme dans la Came unicorne et les Dicérates. Ils sont *appuyés* s'ils se touchent; *écartés* si la distance qui les sépare est au moins d'une ligne ; *éloignés*, si un plus grand espace les sépare, et *recouverts* si celui d'une valve recouvre ou cache une partie de celui qui lui est opposé, comme cela a lieu dans la Bucarde Cœur de Vénus. Ils sont *auriformes* lorsque, peu saillans et tournés en spirale, ils sont appliqués sur le ventre de la Coquille. Ils sont *volutés* quand ils offrent une spirale qui a plus d'un tour, comme les Isocardes. Ils sont *ridés* quand des côtes saillantes et onduleuses les garnissent, et *rongés* toutes les fois que l'épiderme qui les recouvre ou une portion de leur test sont enlevés et cariés; ces deux circonstances s'observent presque exclusivement dans les Coquilles fluviatiles.

Le *corselet*. Bruguière sépara du corselet l'*écusson* qui, à ce qu'il nous semble, doit en faire partie ainsi que les *lèvres*. La raison en est sensible, c'est que si l'on ôte les lèvres et l'écusson du corselet, il ne restera rien ou presque rien de ce dernier dans le plus grand nombre des Coquilles. Nous dirons en conséquence que le corselet est toute la partie antérieure des crochets, dans laquelle s'insère le ligament lorsqu'il est extérieur. Nous ajouterons qu'il est nécessairement séparé en deux parties, la moitié se

trouvant sur chaque valve. Il varie dans la forme ; tantôt il est *allongé*, quelquefois *raccourci*, d'autres fois *lancéolé*, *écussonné*. Il présente aussi des accidens qui lui sont communs avec ceux qui se remarquent à la surface des valves. Il est *épineux*, *lamelleux*, *carené*, *nu*. Il n'est pas nécessaire d'expliquer ce que c'est qu'un corselet allongé, raccourci, épineux, lamelleux, carené, nu. Ce que nous avons dit précédemment suffira pour faire apprécier ces mots à leur valeur. Il nous reste à dire seulement qu'il est *lancéolé*, lorsque présentant la figure d'un ovale allongé, cet ovale se termine inférieurement par une pointe plus ou moins aiguë ; *écussonné*, lorsqu'il est séparé en deux parties par une ligne, ou par des stries, ou par un changement de couleur. Cet écusson peut être *canaliculé*, c'est-à-dire creusé en gouttière dans toute sa longueur, comme dans la Donace Méroé; *litturé*, lorsqu'il présente des lignes colorées, semblables à des lettres mal écrites ; et *replié*, quand le bord des lèvres est recourbé vers l'intérieur des valves.

On est convenu de nommer *lèvres* les bords de la Coquille qui sont compris dans le corselet; ces lèvres ne devraient pas être distinguées du reste des bords. Elles en font une partie essentielle, et elles en présentent toutes les modifications et tous les accidens. Un seul pourtant leur est particulier, c'est lorsque la lèvre d'une des deux valves étant plus avancée, elle recouvre l'autre dans toute sa longueur ; elle est alors *appuyée*.

La *lunule* est cette partie ordinairement enfoncée, circonscrite par une ligne déprimée, qui se trouve au-dessous de la courbure des crochets. Ceux-ci se dirigeant presque toujours vers elle, chaque valve en présente la moitié. La lunule peut être *lancéolée*, *ovale-oblongue*, *ovale*, *en forme de croissant*. Tous ces termes n'ont plus besoin d'explication. Elle est aussi *bordée*, c'est-à-dire limitée par un bourrelet saillant ; *dentée*, lorsqu'elle est circonscrite par des dents ou des crénelures ; *cordée* , quand elle a la forme d'un cœur, et *ouverte* lorsque ses bords écartés présentent une ouverture ou un bâillement plus ou moins considérable, qui pénètre à l'intérieur des valves.

4°. Les *moyens d'union des valves* sont de deux sortes : la *charnière* et le *ligament*.

La *charnière* est cette partie du bord supérieur qui est modifiée de plusieurs manières pour assurer plus de solidité à l'articulation des valves. Les modifications de la charnière ont présenté des caractères faciles à saisir, pour établir des distinctions génériques. On s'est fondé ou sur l'absence de dents, ou sur leur présence en plus ou moins grand nombre, pour dire qu'une charnière est *édentée* ou *dentée*; on a donné le nom de *Cardinales* aux dents principales qui la forment. En la considérant sous le rapport de sa forme générale, nous reconnaîtrons qu'elle a le plus ordinairement celle du bord supérieur lui-même ; ainsi elle est *droite* lorsque ce bord est droit; elle est *courbée* lorsqu'il se courbe ; elle est *repliée* lorsque lui-même est replié ; et elle est *tronquée* lorsqu'il est tronqué. Lorsqu'elle est *anguleuse*, c'est qu'elle est en partie sur le bord supérieur et en partie sur le bord antérieur ou postérieur. La charnière est *terminale* lorsqu'elle est en dehors des crochets, comme dans les Limes, les Peignes, etc. Elle est *calleuse* lorsqu'à la place des dents on remarque un bourrelet arrondi et calleux, les Glycimères, par exemple. Les dents de la charnière sont ces parties saillantes, séparées par des intervalles ou fossettes. Les dents sont cardinales, lorsqu'elles sont placées vis-à-vis le sommet des crochets. Une dent peut être unique sur chaque valve, comme dans les Solens; il peut y en avoir deux, et on nomme *postérieure* celle qui est du côté de la lunule ; et *antérieure*, celle du côté du corselet ; s'il y en a trois ; celle du milieu se nomme *médiane* ; s'il y en a un plus grand nombre, on

les nomme *sériales*. Lorsqu'elles sont placées le long de la lunule ou du corselet, en suivant la direction du bord, on dit qu'elles sont *latérales*. Ces dents latérales peuvent être au nombre de deux : une de chaque côté des dents cardinales, comme dans les Cyrènes, les Cyclades et les Tellines, ou bien il n'y en a qu'une, comme dans les Cyprines. Si nous dirigeons notre attention vers les formes, nous verrons des dents *comprimées*, comme si, étant molles, on les avait serrées entre les doigts : celle de la Mye en est un exemple ; nous en trouverons de *bifides*, c'est-à-dire creusées à leur sommet par une petite gouttière; d'*auriculées* ou *en cuilleron*, lorsqu'elles présentent un aplatissement considérable et une cavité plus ou moins arrondie pour recevoir le ligament, comme dans les Lutraires et quelques Anatines; en *forme de* V, lorsqu'une dent mince et presque lamellaire est pliée sous un angle aigu, comme dans les Mactres; *lamelleuse*, lorsque deux surfaces opposées sont plus étendues que toutes les autres dimensions; *irrégulière*, lorsque sa saillie présente des enfoncemens ou des élévations qui n'ont rien de constant dans leur position ; *divisée*, lorsqu'une seule dent est divisée en plusieurs parties, comme celle de l'Hyrie.

Si l'on place une valve sur son côté convexe, sur un plan horizontal, et que les dents de la charnière y soient implantées perpendiculairement, on dira qu'elles sont *droites* ; elles seront *obliques* si elles forment un angle avec l'horizon, et *horizontales* lorsqu'elles seront parallèles au plan de l'horizon. Les dents sont *divergentes* quand, partant du sommet des crochets, elles se dirigent en rayonnant ; elles sont *parallèles* lorsqu'elles sont placées sur des lignes dont tous les points sont également distans ; quelquefois les dents, au lieu d'être lisses, comme dans la plupart des Coquilles, sont *striées* ou *sillonnées*, comme dans quelques Mulettes, les Trigonies, les Plicatules ; quelquefois elles sont *courbées* supérieurement, comme dans les Corbules; en *forme de crochets*, comme dans les Spondyles. Elles sont *fixées* lorsqu'elles retiennent en place les deux valves que l'on ne peut séparer sans les briser, comme dans les Térébratules. La lame perpendiculaire et saillante, qui coupe la cavité de la Coquille en deux parties inégales, qui sépare la cavité des crochets du reste, et sur laquelle se trouve la charnière, se nomme *lame cardinale*. Cette lame quelquefois n'existe pas, et la charnière repose sur le bord supérieur, comme dans la Glycimère.

Les *fossettes* sont les intervalles creux qui séparent les dents de la charnière; elles sont destinées à recevoir celles de la valve opposée. On consacre la même expression ou celle de *gouttière*, à la fossette présentant plus particulièrement cette forme, lorsque la charnière est sans dents, et que les deux valves ne sont retenues que par un ligament inséré dans la fossette; lorsque cette fossette est unique, elle se nomme *cardinale*, comme dans le Marteau; s'il y en a plusieurs sur une même ligne, comme les Crénatules et les Pernes en donnent un exemple, on dit alors qu'elles sont *sériales*.

Le *ligament* est cette substance solide, cornée, destinée à réunir solidement les deux valves de la Coquille et à les ouvrir pendant la vie de l'Animal; quelle que soit sa position, il tend toujours à les ouvrir, parce qu'il est comprimé toutes les fois que les valves sont rapprochées; et, comme il est formé d'une substance très-élastique, elle tend constamment à reprendre le volume que la compression lui a fait perdre; il agit indépendamment de l'Animal qui est dépourvu de muscles destinés à ouvrir la Coquille; il suffit qu'il ne contracte plus ceux qui la ferment pour que le ligament agisse par son élasticité, pour qu'il l'entrebâille autant qu'il est nécessaire aux fonctions de l'Animal. Lorsque le ligament est *extérieur*, il est inséré à la partie supérieure, ou

moyenne du corselet; et alors on le voit dans toute sa longueur; il est *extérieur enfoncé*, lorsque les saillies, sur lesquelles il est ordinairement fixé et que l'on nomme nymphes, sont enfoncées profondément sous les bords du corselet; il semblerait alors qu'il est interne, quoique réellement il soit externe; cela se remarque dans la Vénus Zig-Zag. Il est *intérieur* lorsqu'il ne se voit pas du tout à l'extérieur; il est placé alors sur une partie de charnière, dans une fossette particulière destinée à son insertion, comme dans les Crassatelles, les Mactres, etc.; il est *interno-externe* lorsque le même ligament s'aperçoit à l'extérieur et à l'intérieur des valves, comme dans les Huîtres, les Limes, etc.; il est *double* lorsqu'il y en a deux, l'un externe et l'autre interne. comme dans les Amphidesmes; il est *multiple* ou *interrompu* quand une série de cavités ou de fossettes, destinées à le recevoir, se montrent sur une même charnière, comme dans les Pernes, les Crénatules. Dans l'endroit où se terminent les nymphes inférieurement, on remarque un petit espace, une petite fente qui pénètre dans l'intérieur des valves : cette fente se nomme *suture*; et l'on dit que le ligament est *tronqué* lorsqu'il ne couvre pas la suture; il est *entier*, au contraire, lorsqu'il la recouvre entièrement; il est *bâillant* lorsque son extrémité inférieure est divisée en deux lames écartées; il est *saillant* toutes les fois qu'il se montre au-dessus des bords du corselet; il est *bombé* quand il est fortement saillant et recourbé sur lui-même, dans la Galathée, par exemple; il est *fourchu* lorsqu'il se bifurque pour se prolonger sous la courbure des crochets, comme dans les Isocardes; il est *long* lorsqu'il se prolonge sur tout le bord du corselet; il est *court* quand il n'en occupe qu'une petite étendue; il est *plat* ou *étalé* toutes les fois qu'il est disposé comme une toile collée derrière la charnière, comme dans les Cucullées, les Arches; il est *marginal* lorsqu'il est situé le long du bord supérieur. Lorsque le ligament est interne, il a la forme de la fossette elle-même sur laquelle il est implanté; il est *ovale* lorsque la fossette est ovale; il est *trigone* lorsqu'elle est triangulaire, et c'est la forme la plus ordinaire; elle se remarque dans les Peignes, la plupart des Huîtres, les Plagiostomes, les Gryphées, etc.

Avant de terminer ce qui a rapport aux Coquilles bivalves, nous ferons observer que dans les Coquilles qui ont une valve plus grande que l'autre (celles surtout qui sont fixées), on est convenu de nommer *operculaire* la plus petite des deux, comme cela a lieu dans les Huîtres, les Gryphées, les Cames, etc. On est également convenu qu'en mettant la préposition *sub* devant la plupart des mots dont nous avons donné l'explication, cela remplacerait presque, ou une périphrase équivalente; ainsi, on dit d'une Coquille qu'elle est *subovale*, *subcylindrique*, etc., lorsqu'elle est plus allongée ou plus raccourcie qu'un ovale ordinaire, ou lorsqu'elle approche de la forme cylindrique; on dit, dans le même sens, que la surface extérieure est *sublamelleuse*, *substriée*, etc. Toutes les expressions analogues à celles-ci n'ont au reste nullement besoin d'explication; on doit les entendre au premier mot.

Des Coquilles univalves.

Les Coquilles univalves ou formées d'une seule partie, le plus souvent tournée en spirale, sont distinguées, d'après l'habitation, en terrestres, *fluviatiles* et *marines*. Les *terrestres*, dont les Animaux vivent à l'air libre à la surface de la terre, ne se distinguent pas facilement des Coquilles fluviatiles et de certaines Coquilles marines. Elles sont pourtant généralement plus minces, ne présentent jamais d'épines, et très-rarement des tubercules; elles ont d'ailleurs la bouche arrondie, jamais canaliculée, seulement quelquefois anguleuse. Les Coquilles univalves fluviatiles, c'est-à-dire dont les Animaux vivent dans les eaux douces, tiennent, pour

la forme, des Coquilles terrestres et des Coquilles marines. On les distingue néanmoins par leur épiderme qui est vert ou brun. Quelques-unes sont tuberculeuses; il en est parfois qui sont épineuses, et, à l'exception des Mélanopsides, aucunes ne sont échancrées à la base. Les Coquilles marines sont généralement épaisses; présentent souvent des bourrelets, des épines ou d'autres traces d'une organisation particulière; le plus grand nombre est canaliculé à la base. Au reste, ces différences ressortiront mieux lorsque nous aurons considéré toutes les parties constituantes des Coquilles; mais avant de passer outre, et pour qu'il n'y ait point d'équivoque relativement à la position des parties, nous indiquerons quelle position nous donnons à la Coquille pour l'examiner. Nous la supposerons toujours, avec Bruguière et Blainville, placée sur l'Animal qui marche devant l'observateur, et nous nous figurerons qu'elle est placée entre six plans, un inférieur et un supérieur horizontaux, un antérieur, un postérieur et deux latéraux; l'un de ceux-ci droit et l'autre gauche. Alors toutes les parties, dirigées dans l'un de ces plans, seront antérieures, postérieures, latérales, supérieures, inférieures. Si maintenant nous plaçons la Coquille sur l'Animal entre ces plans, nous verrons que la partie antérieure est toute cette face où se montre l'ombilic, et que l'on nomme également la base; la partie postérieure correspondra au sommet de la spire; la face inférieure renfermera la bouche de la Coquille, et cette portion de spire qui est au-dessus; la partie supérieure comprendra le dos de la Coquille et la partie de spire qui le surmonte; enfin, des deux faces latérales, la droite correspondra à la lèvre droite, et la gauche à la lèvre gauche de la Coquille.

Parmi les Coquilles univalves, on en trouve, et c'est le plus grand nombre, qui ont une cavité simple, continue, non interrompue par des cloisons; on dit alors qu'elles sont *monothalames* ou *uniloculaires*; elles sont au contraire *polythalames* ou *multiloculaires* lorsque cette cavité est divisée par un nombre variable de cloisons, les Nautiles, les Ammonites, etc. Lorsque les Coquilles multiloculaires présentent à l'extérieur des traces de leurs cloisons, et que ces traces sont plus ou moins ressemblantes aux sutures qui unissent les os des Mammifères, on dit qu'elles sont *articulées*. Une Coquille est *canaliculée* ou *canalifère* lorsque de la base ou face antérieure part un canal plus ou moins long, ordinairement droit ou légèrement flexueux, comme dans les Fuseaux; elle est *échancrée* lorsque sa base, au lieu d'un canal, n'offre qu'une simple échancrure, comme dans les Pourpres, les Volutes, etc. Elle est *rostrée* lorsque le canal de la base se termine en un bec pointu, comme dans les Rostellaires. On nomme *globuleuse* une Coquille arrondie sur presque tous ses points, comme la plupart des Hélices, l'Hélice des jardins, les Natices, les Turbos, etc. On donne plus particulièrement le nom de *convexes* aux Coquilles dont l'ouverture est très-ample et très-évasée, comme dans quelques Patelles, des Calyptrées, etc. Si la surface extérieure de ces Coquilles est convexe, leur surface interne est *concave*; elle est *orbiculaire* lorsque la circonférence décrit un cercle, et qu'elle est d'ailleurs aplatie, les Nummulites, par exemple. *Discoïde* a la même signification qu'*orbiculaire*; *ovale* se dit d'une Coquille dont l'ensemble ou la coupe présente cette forme; *oblongue*, lorsque l'ovale est allongé; *ovoïde*, quand elle présente à peu près la forme d'un œuf; *conique*, lorsque sa forme est celle d'un cône plus ou moins aigu, comme les Troques, les Conilites, la plupart des Patelles; *conoïde*, lorsque sa forme approche de celle d'un cône; en *cône oblique*, quand la Coquille est conique, et que, placée sur sa base horizontale, elle se dirige obliquement en se courbant, comme les Cabochons et quelques Patelles.

Une Coquille est *uncinée* ou *pointue* lorsqu'ayant une large base, son sommet est aigu, comme dans les Cabochons, quelques Emarginules; elle est *perforée* quand le sommet est tronqué et remplacé par un trou, comme toutes les Fissurelles en donnent un exemple. *Enroulée* se dit des Coquilles dont le dernier tour enveloppe tous les autres en faisant disparaître l'ombilic et souvent la spire, comme dans les Bulles, les Ovules, les Porcelaines, les Cônes; *partiellement enroulée*, lorsque la Coquille est formée d'une simple lame courbée sur elle-même seulement d'un côté, comme dans la Bullée, la Dolabelle. Toutes les fois qu'une Coquille est enroulée de manière à laisser voir en saillie au-dehors les différens tours de cet enroulement, on dit qu'elle est *spirale* ou à *spire*; elle est *sans spire* lorsque cet enroulement ne paraît point au dehors, comme dans la plupart des Bulles; elle est *partie en spirale* quand elle a commencé à faire plusieurs tours de spire qui se terminent ensuite par une portion droite, comme dans la Lituole.

Tubuleuse se dit d'une Coquille qui ayant commencé sa spire régulièrement, se disjoint pour se terminer en tube plus ou moins régulier; le Vermet en est le seul exemple pour les Mollusques; quelques Annelides présentent à peu près la même disposition; *déprimée*, *aplatie*, lorsque, ayant une large base, la spire de la Coquille se trouve très-courte, comme dans le Troque-Éperon ou dans les Macrostomes, le Sigaret, l'Haliothide, etc. Elle est *droite* lorsqu'étant placée sur sa base horizontale, elle s'élève perpendiculairement, comme la Bélemnite; elle est *arquée* lorsque, placée de la même manière, elle s'élève en décrivant un arc de cercle, comme les Hippurites, les Orthocères, etc. Elle est *anguleuse* lorsque, sa base étant aplatie, elle forme avec la spire un angle aigu comme dans les genres *Imperator* et *Calcar* de Montfort. Elle est *carénée* lorsque, sur le milieu de la spire, s'élève une côte saillante et aiguë.

Souvent on a comparé la forme générale des Coquilles à des objets déjà connus. Aussi il y en a de *clypéiformes*, *d'ombrelliformes*, *d'auriformes*, de *cylindracées*, de *cylindriques*, de *fusiformes*, de *pyriformes*, de *réniformes*, de *lenticulaires*, de *sphériques*, de *naviculaires*, *d'infundibuliformes*. Ces expressions qui s'appliquent à des comparaisons assez exactes n'ont pas besoin d'explications; il nous suffira de donner un exemple de chacune d'elles : clypéiformes, les Parmophores; en ombrelliformes, les Ombrelles elles-mêmes que l'on nomme vulgairement Parasols chinois; auriformes, les Oreilles de mer des anciens ou Haliotides; cylindracées, la plupart des Maillots; fusiformes, les Fuseaux; pyriformes, les Pyrules; réniformes, les Rénulines, lenticulaires, les Nummulites, les Placentules, etc. ; sphériques, les Mélonies; naviculaires, les Argonautes; infundibuliformes, le Troque concave, vulgairement l'Entonnoir, et d'autres dont l'ombilic est largement ouvert, comme dans les Cadrans. Enfin on dit qu'une Coquille est *turriculée* quand la spire, formée d'un grand nombre de tours, s'élance en un cône allongé, comme les Cérites, les Turritelles, les Vis, etc. *Turbinées* se dit au contraire des Coquilles dont la spire est peu saillante et dont le dernier tour est presque enveloppant : les Cônes, les Olives, les Turbinelles, sont des Coquilles turbinées; on dit qu'elles sont *à diaphragme* lorsqu'une lame horizontale ou inclinée ferme une partie de l'ouverture de la Coquille, comme dans les Navicelles, les Crépidules et quelques Calyptrées.

Si nous considérons les Coquilles sous le rapport de leur consistance, nous en trouverons de *solides*, et c'est le plus grand nombre. Quelques-unes sont *osseuses*, c'est-à-dire qu'elles ont presque la structure et la fonction d'un os, comme celle des Sèches : quelques autres sont *cartilagineuses* quand elles ont

la consistance des cartilages qui revêtent les surfaces articulaires des os des Mammifères, comme celle des Clios, des Limaciens, des Laplysies.

Si on fait attention à la position qu'occupe la Coquille dans ses rapports avec l'Animal, on ne peut en trouver que de trois sortes : d'*externes*, lorsqu'elles sont entièrement extérieures : celles-ci sont en très-grand nombre; d'*interno-externes*, qui sont en partie internes et en partie externes, comme des Bulles, la Spirule; enfin, elles sont *internes* lorsqu'elles sont entièrement cachées par les parties molles de l'Animal, comme les Dolabelles, les Sigarets.

Toutes les dénominations dont nous venons de donner la signification, s'appliquent, comme on a dû le remarquer, d'abord à la forme générale ou d'ensemble de la Coquille univalve; ensuite à la consistance considérée également en général; enfin à sa position relative avec l'Animal. Il nous reste maintenant à donner celles qui sont relatives aux accidens indépendans de la forme, de la consistance et de la position, c'est-à-dire celles qui ont rapport à ce que l'on remarque à la surface. On voit, par exemple, des Coquilles dont on n'aperçoit pas toujours les couleurs, parce qu'elles sont cachées sous une enveloppe extérieure que l'on nomme *épiderme*, ou mieux *drap marin*, car ce n'est pas un véritable épiderme, comme nous le prouverons à l'article Mollusque. On en voit, au contraire, qui sont constamment dépourvues de cette croûte extérieure et qui se montrent avec tout leur coloris : celles-là sont nues, comme les Porcelaines, les Olives, etc. On en voit également qui sont pourvues d'une partie accessoire que l'on nomme *opercule*, lequel a la forme de l'ouverture de la Coquille, et destiné à la clore. Lorsque la Coquille présente cette partie, on la dit *à opercule* ou *operculée*, et *sans opercule* lorsqu'elle en est dépourvue. *V*. Opercule. Ensuite elles peuvent être *noduleuses*; lorsqu'elles présentent des aspérités arrondies sur une large base ; *à côtes*, lorsque des élévations ou protubérances, convexes ou aiguës, descendent en suivant l'axe de la Coquille ou dans le sens de l'axe : telles sont les Harpes ; *cerclées*, quand les côtes partent de l'ombilic ou du bord gauche de la Coquille pour se rendre en forme de ceinture vers la lèvre droite où elles se terminent, comme dans les Tonnes, les Monoceros ou Licornes, etc. Lorsqu'une Coquille est épineuse, et que ces épines sont creuses, on la dit *tubifère*, comme le Rocher tubifère en donne un exemple. Elle est *ailée* lorsque son bord droit se dilate largement, comme dans la plupart des Strombes et des Rostellaires. Elle est *digitée* quand ce même bord droit présente de longs appendices convexes, quelquefois noueux, en nombre variable, creusés en dessous en gouttière dans toute leur longueur, comme dans tous les Ptérocères. On dit qu'une Coquille est *variqueuse* lorsque sa spire offre des bourrelets plus ou moins réguliers dans leur position, et qui ne sont autre chose que les traces des accroissemens successifs de la Coquille. Les varices sont *régulières* lorsqu'elles se montrent à des espaces toujours les mêmes, comme dans les Rochers ; elles sont *opposées* quand il n'y en a que deux sur chaque tour, mais toujours éloignées de l'espace d'un demi-tour, comme dans les Ranelles : on dit alors que la Coquille est *bordée*. Elles sont *irrégulières* lorsqu'elles sont disposées sans ordre, comme dans les Tritons, quelques Cérites, etc. Enfin, elles sont *opposées* lorsqu'il y en a une du côté opposé à l'ouverture de la Coquille, comme dans quelques Tritons et quelques Cérites, dans le Cérite Obélisque, par exemple. Les Coquilles univalves présentent souvent des accidens extérieurs semblables à ceux que nous avons remarqués à la surface des Coquilles bivalves. Ainsi nous en trouvons de *lisses*, *tuberculeuses*, *épineuses*, *écailleuses*, *tuilées*, *lamelleuses*, *striées*, *sillon-*

nées, *rayonnées*, etc. Comme ces expressions ne changent point de valeur en s'appliquant à des Coquilles d'une autre classe, nous renvoyons à ce que nous avons dit en parlant des Bivalves au commencement de cet article.

Avant de parler et de définir les parties constituantes de la Coquille, nous dirons ce que l'on doit entendre par les dimensions ou diamètres. En général, les dimensions d'un corps sont limitées par l'espace qu'il occupe, et peuvent être prises dans la longueur, la largeur et l'épaisseur : ainsi l'on devra entendre par longueur de la Coquille l'étendue de son axe, pris depuis le sommet de la spire jusqu'à la base. La largeur sera prise à la partie la plus saillante du dernier tour, et l'épaisseur se mesurera à l'endroit le plus élevé du dernier tour, en supposant une ligne perpendiculaire qui traverse l'axe de la Coquille. On distingue dans une Coquille plusieurs portions, mais il y en a deux principales et plus essentielles à bien connaître : ce sont la base et la spire. Si l'on examine tout ce qui se remarque de particulier dans chacune d'elles, on aura une idée complète, en y ajoutant ce que nous avons déjà dit plus haut de la terminologie des Coquilles, Nous diviserons donc la Coquille en base et en spire. Examinons d'abord la première de ces parties.

La *base* est la partie la plus saillante opposée au sommet. Elle peut être *tronquée*, c'est-à-dire coupée et aplatie, comme dans les Troques. Elle est *simple* ou *entière* lorsqu'elle ne présente ni échancrure ni canal, comme dans les Natices. La base comprend : 1° l'ouverture ou la bouche qui répond quelquefois à la face inférieure de la Coquille ; 2° l'échancrure ; 5° le canal ; 4° l'ombilic.

1°. L'*ouverture* ou la *bouche* de la Coquille est cette partie ouverte, variable dans sa forme et ses dimensions, par laquelle l'Animal entre et sort de sa Coquille. L'ouverture prise dans sa forme en général est *longitudinale*, lorsqu'elle a plus de longueur que de largeur, et qu'elle est d'ailleurs parallèle à l'axe de la Coquille; *transversale*, au contraire, lorsqu'elle est plus large que longue, et dirigée parallèlement au sens de la largeur, comme dans les Hélices. Elle est *triangulaire*, *quadrangulaire*, *en croissant* ou *lunulée*, *demi-ronde*, *arrondie*, *circulaire*, *anguleuse*, lorsqu'elle a ou trois angles, la Janthine; ou quatre angles, le Cadran; ou qu'elle a la forme de croissant, le Planorbe, le Nautile; en demi-cercle, les Nérites; presque circulaire, les Turbos; tout-à-fait circulaire, les Cyclostomes; ou avec des angles variables, les Troques.

L'ouverture est *détachée* quand elle est tout-à-fait libre comme celle du Vermet, de quelques Scalaires. Elle est *dentée* ou *grimaçante*, lorsqu'elle est dentée sur tout son pourtour, comme celle de l'Anostôme, de quelques Auricules, des Clausilies; *renversée*, quand, au lieu de se trouver dans le sens des autres tours, elle se dirige vers le sommet de la spire, comme l'Anostôme en offre le seul exemple; *évasée*, toutes les fois qu'elle est très-ample, comme celle des Macrostomes, Sigarets, Haliothides, Stomate, Stomatelle; *linéaire*, lorsqu'elle est plusieurs fois plus longue que large, comme dans les Cônes, les Olives, les Porcelaines; *étroite* se dit dans les mêmes circonstances; *sinueuse*, lorsqu'elle présente plusieurs échancrures peu profondes et larges, comme dans la Struthiolaire. Elle est *oblique* lorsque les bords sont coupés obliquement au plan de l'axe. L'ouverture est *close* ou *fermée* lorsqu'une cloison est placée sur les bords ou s'aperçoit dans le fond. Cette *cloison* est le plus souvent lisse et concave : quelquefois elle est convexe, et d'autres fois elle est sinueuse, enfoncée vers les bords, comme dans les Ammonites, etc. Elle présente en outre différens accidens : elle est *fendue*, comme dans les Sphinctérules de Montfort; *percée*, quand un ou plusieurs trous s'y remarquent. Lorsque ces trous aboutissent à un canal cylindrique qui traverse toutes les cloisons, on dit que la Coquille est *siphonculée*. Le siphon peut être unique ou double; on n'en a jamais observé un plus grand nombre. Il varie dans sa position; c'est ainsi qu'il est *dorsal* lorsqu'il est placé le long du dos de la Coquille, comme dans les Ammonites; il est *marginal* lorsqu'il se trouve près d'un bord; il est *central* lorsqu'il occupe à peu près le centre des cloisons; il est en *entonnoir* lorsqu'il s'évase en entrant dans chaque cloison; enfin il est *articulé* quand chaque cloison présente une partie du siphon qui vient à la rencontre de son voisin pour s'unir avec lui.

L'ouverture, considérée dans ses parties prises séparément, est composée de bords ou de lèvres que Draparnaud a nommés *Péristome*. Ils se distinguent en droit et gauche ou columellaire; dans la position que nous avons assignée à la Coquille, le bord droit est à la droite de l'observateur, le bord gauche à sa gauche. Vus dans leur ensemble, les bords sont *bimarginés* ou formés de deux bords réunis; *continus*, lorsqu'ils n'offrent aucune interruption dans leur contour, comme ceux des Cyclostomes; *désunis*, lorsqu'ils sont séparés dans une portion de leur étendue, comme dans les Hélices; *tranchans*, lorsqu'ils s'amincissent comme ceux des Ombrelles; *simples*, lorsqu'ils n'offrent aucun accident particulier, comme dans les Planorbes, les Turbos, etc.; *échancrés*, quand, dans un point quelconque de leur circonférence, ils ont une ou plusieurs échancrures, les Pleurotomes; *réfléchis*, lorsqu'ils se renversent au dehors en forme d'entonnoir pour s'appliquer sur un bourrelet ou sur la columelle; *striés*, *crénelés*, *dentés*, *à gouttière*, lorsqu'ils présentent des stries ou des crénelures, ou des dents, ou des gouttières. Enfin ils sont *sinués* ou *sinueux*, quand on remarque dans leur contour des échancrures arrondies, peu profondes et larges; *à bourrelet*, lorsqu'un bourrelet plus ou moins prononcé les termine, comme dans quelques Cyclostomes ; et *renflés*, toutes les fois que leur épaississement diminue l'ouverture, comme cela a lieu dans les Colombelles.

Tout ce que nous venons de dire sur les bords pris dans leur ensemble peut s'appliquer particulièrement au bord droit de l'ouverture à l'exception de ceci : bords désunis, bords continus, qui ne peuvent s'entendre que pour les bords pris en même temps. Nous n'avons rien à ajouter qui concerne particulièrement ce bord. Nous examinerons sur-le-champ ce qui a rapport au bord columellaire ou gauche, et à la columelle elle-même.

Le *bord gauche* ou *columellaire* n'existe pas toujours ; les Volutes, par exemple, en sont dépourvues. Le plus souvent il est renversé et appliqué sur la région columellaire qu'il revêt dans sa longueur. Présentant cette disposition dans le plus grand nombre des cas, ce bord est *mince* et laisse quelquefois apercevoir les couleurs de la Coquille, comme celui du Casque pavé. Il est *épais* comme dans quelques Nasses ; *répandu*, lorsqu'il s'étend jusque derrière la columelle, ou qu'il couvre la face inférieure de la Coquille, comme dans la Struthiolaire, la Nasse Casquillon, la plupart des Casques. Il est *calleux* lorsqu'il se termine irrégulièrement par des éminences arrondies, comme dans les Natices. Il est *granuleux* lorsqu'il est parsemé de grains élevés, comme dans le Casque granuleux ; il est *tuberculeux* lorsque ces grains sont plus gros et plus irréguliers. Le bord gauche est libre ou relevé, lorsqu'il borde la Coquille du côté de la columelle, de manière à se mettre à la même hauteur que le bord droit, comme il arrive dans quelques Fuseaux et dans presque tous les Rochers, et en général dans toutes les Coquilles dont les bords sont continus.

La *columelle* est cette partie du côté gauche qui se voit dans l'intérieur et qui fait partie, ou mieux qui s'applique sur l'axe de la Coquille. Elle présente un grand nombre de modifications qui généralement présentent de bons caractères, soit pour former des genres, soit pour distinguer des espèces. Ces modifications sont les suivantes : *lisse*, lorsqu'elle ne présente d'aspérités d'aucun genre, comme dans les Fuseaux, les Pyrules, les Cônes ; *plissée*, lorsqu'elle offre un ou plusieurs plis ; ces plis sont distingués en obliques et en transversaux ; *dentée*, quand les plis sont remplacés par des dents sur une columelle ordinairement tranchante, comme dans les Nérites ; *calleuse*, lorsqu'elle se termine par un bourrelet arrondi, souvent strié, comme dans les Ancillaires, les Olives ; *ridée*, toutes les fois qu'elle présente des stries ou des sillons irréguliers et ployés sur eux-mêmes, comme dans plusieurs Casques ; *striée*, lorsqu'elle offre une série de stries transversales et obliques, comme dans les Olives.

La columelle est *aplatie* lorsqu'elle paraît avoir été comprimée dans toute sa longueur, comme celle des Planaxes. Elle est *tranchante* quand son bord libre s'amincit beaucoup dans toute sa longueur, comme celle des Nérites et des Néritines, surtout celle que l'on trouve dans la Seine ; *septiforme*, lorsqu'elle semble faire par sa saillie une cloison ou un diaphragme, comme dans les Navicelles. Elle est *droite* lorsqu'elle suit la direction de l'axe de la Coquille, comme dans les Cônes ; elle est *arquée* quand elle est courbée en arc de cercle, comme dans le plus grand nombre des Pourpres et des Buccins ; *torse*, toutes les fois qu'elle paraît comme tordue sur elle-même, comme celle du Cérite Télescope ; *oblique*, lorsqu'elle prend une direction oblique à l'axe de la Coquille ; elle est *tronquée* quand elle se termine brusquement, qu'elle est comme coupée transversalement avant d'avoir atteint la hauteur des bords, et ne se continue ni en échancrure, ni en canal, comme dans les Agathines ; elle est *atténuée* ou *pointue* lorsque, d'abord élargie, elle se termine par une pointe plus ou moins aiguë, comme dans la Pyrule Figue et la plupart des Buccins; elle est *saillante* quand elle dépasse les bords de la Coquille antérieurement, comme celle des Pyramidelles.

Il arrive quelquefois, mais cela est assez rare, que l'ombilic, au lieu d'être placé derrière la columelle, se trouve percé dans son intérieur; alors la columelle est *porforée* si l'ombilic est petit, comme dans les Pyramidelles, et *ombiliquée* lorsque l'ombilic est largement ouvert, comme dans les Eburnes.

2°. L'*échancrure* est cette sinuosité plus ou moins profonde, plus ou moins oblique, qui se voit à la base des Coquilles dites échancrées. Cette partie varie peu quant à la forme; mais il faut la distinguer du canal, ce qui n'est pas toujours facile lorsque le canal est très-court: aussi il arrive quelquefois que l'on serait porté à confondre des Coquilles canaliculées avec celles qui ne sont qu'échancrées. Pour ne point commettre d'erreur à cet égard, il suffit de se souvenir que le canal n'est presque jamais échancré. Nous observons des échancrures: *profondes* comme celle de la plupart des Volutes; nous en voyons de *superficielles* comme celle des Pourpres, des Mélanopsides; nous en trouvons quelquefois qui sont *bordées*, comme celles de la Nasse Casquillon, des Harpes, c'est-à-dire que leur contour est exactement suivi par un bourrelet.

3°. Le *canal* est ce prolongement convexe en dessus, concave en dessous, qui se remarque à la base des Coquilles, nommées à cause de cela Canaliculées, et qui forme pour ainsi dire un appendice à l'axe de la Coquille; le canal offre quelques modifications qu'il est nécessaire de comprendre: il peut être *très-court* ou *très-long*, et présenter ensuite tous les intermédiaires; il est *tronqué* lorsqu'il se termine comme s'il avait été coupé transversalement; il est *droit* lorsque sa direction est parallèle à celle de l'axe; il est *courbé* quand il forme un ou plusieurs arcs de cercle; il est *relevé* ou *ascendant* lorsqu'il se courbe subitement vers le dos de la Coquille, comme dans les Cassidaires et les Casques; il est *ouvert* lorsque dans toute sa longueur on aperçoit sa concavité découverte; il est *couvert* lorsqu'une lame cache sa concavité sans la fermer tout-à-fait, comme dans la plupart des Rochers; enfin il est *fermé* lorsqu'il présente la forme d'un véritable tuyau, la lame qui couvre sa concavité se réunissant aux deux bords, comme dans le Rocher tubifère et dans les Coquilles de notre genre Trifore.

4°. L'*ombilic* est cette cavité que l'on remarque au centre de la base de quelques Coquilles, et qui représente, comme le dit Bruguière, l'axe vide, autour duquel la spire tourne dans ses accroissemens. Cet ombilic est *simple*, s'il ne présente ni dentelures, ni stries, ni sillons, etc. Il est *fendu* lorsque la lèvre gauche ne l'a pas fermé entièrement, et qu'on n'aperçoit plus à la place qu'une petite fente, comme dans quelques Hélices, et notamment dans l'Hélice Vignerone; il est *canaliculé* lorsqu'il a dans son intérieur une gouttière spirale, comme dans les Cadrans; il est *crénelé* lorsqu'il est entouré de granulations ou de crénelures serrées; il est *denté* quand il présente près de son ouverture une ou plusieurs excroissances obtuses, ou que sa cavité est remplie de petites saillies dentiformes.

Tous les tours de spirale qui composent la Coquille, pris dans leur ensemble, se nomment *Spire*. La spire présente trois choses: les tours de spire, le sommet et les sutures. Avant d'en parler, nous considérerons la spire dans son ensemble; et depuis l'aplatissement le plus complet, qui fait qu'une Coquille est discoïde, jusqu'au moment où tous les tours sont placés pour ainsi dire les uns au-dessus des autres, ce qui fait une Coquille turriculée, on trouve une suite d'intermédiaires qui font passer insensiblement d'une modification à sa voisine pour lier les deux extrêmes; dans ce cas la spire ne varie que du plus au moins: aussi les mots qui expriment ces simples changemens n'ont pas besoin de définitions. Nous passerons donc de suite aux autres modifications qu'elle présente. La spire est *aiguë* lorsque l'ensemble de ses tours présente la forme d'un angle très-aigu, comme en général toutes les Coquilles turriculées; elle est *couronné* quand tous les tours sont surmontés par un rang de tubercules plus ou moins saillans, comme dans le Cône Damier; en *forme de tête*, lorsque tous les tours réunis offrent un renflement remarquable, comme dans le Rocher Scorpion. Presque tout ce que nous avons dit sur la Coquille considérée d'une manière générale, et surtout ce qui a rapport aux accidens extérieurs, peut s'appliquer à la spire prise aussi en général; nous ne répéterons pas ici des définitions de mots qui ont la même signification, et qu'il est si facile, d'ailleurs, d'appliquer parfaitement à l'objet qui nous occupe; il nous suffira de les indiquer: ainsi la spire, comme la Coquille, peut être *ovale*, *oblongue*, *discoïde*, *conique*, *pyramidale*, *aplatie*, *cylindracée*, *turriculée*, *turbinée*, *enroulée*, *bombée*, *bossue*, *tubuleuse*, *anguleuse*, *carénée*, *droite*, *noueuse*.

On entend par tour de spire une des circonvolutions de la Coquille autour de la columelle ou de l'axe. On les compte en suivant la direction de l'axe, et en prenant pour un celui où est l'ouverture. Ici peuvent s'appliquer la plupart des expressions que nous avons indiquées, pour désigner en général les modifications extérieures; nous nous contenterons de les rappeler. Les tours de spire peuvent être *lisses*, *noduleux*, *à côtes*, *cerclés*, *tubulifères*, *tuberculeux*, *épineux*, *écailleux*, *tuilés*, *variqueux*, *lamelleux*, *sillonnés*, *striés*, *rayonnés*. Nous ajouterons que les tours de spire sont *bifides* quand ils sont séparés en deux parties à peu près égales par un sillon transversal et spiral comme la Coquille elle-même, comme dans la Vis ordnelée; ils sont *canaliculés* lorsque leur bord supérieur est creusé par une gouttière qui se prolonge

jusqu'au sommet, comme dans le Cône Damier; ils sont *à rampe* lorsque leur bord supérieur, au lieu d'être creusé par une gouttière, est plat, et ressemble à une rampe pratiquée autour d'une tour pour atteindre son sommet, comme dans le Fuseau en escalier; *cordonnés*, lorsqu'ils sont bordés par une côte saillante, comme dans le Cérite cordonné. Les tours tournent à droite ou sont *dextres*, lorsque, comme cela arrive dans le plus grand nombre des cas, la Coquille présente la disposition de parties que nous avons indiquées plus haut; les tours tournent à gauche ou sont *gauches*, lorsque le bord droit se place à la gauche de l'observateur, et que la columelle qui est à gauche se place à droite. Dans ce cas il y a une inversion totale dans la position des parties; mais comme ce n'est qu'une anomalie assez rare, on n'a pas établi de dénomination nouvelle pour l'exprimer. Il y a des Coquilles qui naturellement tournent à gauche, et cela est constant dans une même espèce; il y en a d'autres où ce n'est qu'accidentel: aussi il est peu de genres où l'on ait eu quelquefois à remarquer cette anomalie. Trois seulement, d'après Bruguière, sembleraient n'en avoir point encore fourni d'exemple, et ce sont, parmi les Coquilles enroulées, les Cônes, les Porcelaines et les Bulles.

Linné a nommé *sutures* les points de contact des tours de spire ou la ligne spirale qui marque la limite d'un tour à son voisin, et l'endroit où ces tours sont liés entre eux. Les sutures sont *canaliculées* lorsqu'elles sont placées au fond d'un petit canal qui les suit, comme dans les Olives; elles sont *saillantes* lorsqu'elles sont marquées par un bourrelet, une côte ou une carène. Elles sont *effacées* lorsque l'union d'un tour à son voisin est si intime qu'on a peine à l'apercevoir, comme dans les Ancillaires; elles sont *doubles* lorsqu'un sillon qui leur ressemble est placé au-dessus d'elles, et les suit le long de la spire. Il est d'autres particularités qu'elles présentent, mais qu'il suffit d'indiquer : il y en a de *crénelées*, d'*obtuses*, d'*onduleuses*, d'*enfoncées*.

Il est facile de comprendre que le *sommet* est la partie supérieure la plus saillante de la spire et la plus opposée à la base. Le sommet, qui dans le plus grand nombre des Coquilles n'est qu'un point, ne présente qu'un petit nombre de modifications qui lui soient particulières. On en remarque pourtant qui sont *pointus* ou *acuminés*, et c'est pour le plus grand nombre de Coquilles ; d'autres sont *tronqués* ou *décollés*, lorsque cette partie de spire abandonnée par l'Animal est cassée, soit par lui-même ou par accident, et qu'il répare la cassure en la fermant complètement, comme dans le Bulime décollé et d'autres ; quelquefois il est *mamelonné*, c'est-à-dire qu'il est obtus et demi-sphérique, comme dans la Volute Couronne d'Éthiopie et d'autres du même genre ; *carié*, quand la pointe est dépouillée de son épiderme, et que le test lui-même est rongé d'une manière analogue aux crochets des Bivalves d'eau douce. Cette particularité ne se remarque que dans les Coquilles fluviatiles. Le sommet ne peut être *enveloppé*, *enfoncé* ou *ombiliqué* que lorsque la Coquille, étant enroulée, porte la spire très-près des bords, et peut être couverte ou enveloppée par la matière calcaire que l'Animal dépose au-dehors, comme dans la plupart des Porcelaines ; il est entouré lorsque, dans le même cas, il offre une dépression sans être caché tout-à-fait ; enfin il est ombiliqué, ou plutôt il n'existe pas, lorsqu'il est remplacé par un enfoncement semblable à celui de l'ombilic, comme on le remarque dans quelques Bulles, et notamment dans la Bulle Ampoule et la Bulle cylindrique.

Le mot de Coquille, que nous venons de traiter dans ses généralités, est quelquefois devenu spécifique quand il est accompagné de quelque épithète ; par exemple :

COQUILLE DES PEINTRES. Ce nom vulgaire s'applique ordinairement à l'*Unio pictorum* qui se trouve abondamment dans nos rivières, et quelquefois à de véritables Moules marines dont les Coquilles servent aussi à recueillir les couleurs préparées pour la peinture.

COQUILLE DE PHARAON. C'est encore un nom appliqué à une Coquille qui en a déjà reçu plusieurs, et qui n'est autre que le Monodonte vulgairement nommé Bouton de Camisole. *V.* ce mot, CLANCULUS et MONODONTE.

COQUILLE DE SAINT-JACQUES. On donne vulgairement ce nom à toutes les Coquilles du genre Peigne, qui, comme on le sait, étaient portées autrefois en colliers par les pélerins ; mais les marchands appliquent plus particulièrement ce nom au *Pecten jacobœus*. (D..H.)

COQUILLE. BOT. PHAN. L'un des noms vulgaires de la Mâche. *V.* VALÉRIANELLE. (B.)

COQUILLE D'OR. INS. (Geoffroy.) *V.* ADÈLE.

* COQUILLÈRE. BOT. CRYPT. *V.* COQUILLES.

COQUILLERS. BOT. CRYPT. Paulet a formé sous ce nom une famille de Champignons qu'il appelle aussi Polypore Coquiller. C'est un démembrement du genre Bolet de Linné. Ses espèces sont le Coquiller en plateau et le Coquiller en bouquets. Ces noms sont rejetés de la science. (B.)

COQUILLES. BOT. CRYPT. Paulet a recueilli ce nom trivial donné par le vulgaire à quelques Champignons, pour l'imposer à l'une de ses familles dont les espèces sont la *Coquille de l'Aune*, la *Coquille Tigre de l'Orme* et *du Noyer*, etc. Ce sont indifféremment des Agarics ou des Bolets. (B.)

* COQUILLO. BOT. PHAN. (Théodore de Bry.) Palmier peu connu du Chili, qui est peut-être la même chose que Coquito. *V.* ce mot. (B.)

* COQUINKO. BOT. PHAN. Syn. de Coco des Maldives. (B.)

COQUIOULE. BOT. PHAN. L'un

des noms vulgaires de l'*Avena fatua* et du *Festuca ovina*. (B.)

COQUITO. BOT. PHAN. Nom de pays du Jubæa de Kunth. *V.* JUBÆA. (B.)

* CORAB. POIS. Nom arabe du *Scomber ignobilis*, Forsk., qui appartient au sous-genre Caranx. (B.)

* CORACA. POIS. Syn. d'Ombre, *Sciæna Umbra*. *V.* SCIÈNE. (B.)

CORA-CALUNGA. BOT. PHAN. Syn. malabare de *Cyperus rotundus*, L. *V.* SOUCHET. (B.)

CORACAN. BOT. PHAN. Nom indien d'une espèce de Cretelle. *V.* ce mot. (B.)

CORACAS. OIS. Syn. grec du Corbeau, *Corvus Cornix*, L. *V.* CORBEAU. (DR..Z.)

CORACES. *Coraces*. OIS. (Vieillot.) Dénomination de la quinzième famille de la méthode de Vieillot. Elle renferme les genres CORBEAU, CASSICAN, CASSE-NOIX, ROLLIERS et autres dont les espèces ont le bec droit, épais, robuste et tranchant sur les bords des mandibules. (DR..Z.)

CORACIAS. OIS. Nom scientifique imposé par Linné au genre qui comprend les Rolliers. *V.* ce mot. Vieillot, d'après Brisson, a francisé ce nom et l'a appliqué à un genre qui n'est encore composé que de trois ou quatre espèces, dont la principale forme le type de notre genre Pyrrhocorax. (DR..Z.)

CORACIAS ou CORACITES. MOLL. FOSS. Nom que l'on employait autrefois pour désigner les Bélemnites de couleur noire. *V.* BÉLEMNITE. (D..H.)

CORACINE. *Coracina*. OIS. (Vieillot.) Genre de l'ordre des Insectivores. Caractères : bec gros, robuste, dur, anguleux, convexe en dessus, voûté, fléchi vers la pointe qui est comprimée et ordinairement échancrée, un peu déprimé à la base qui est garnie de poils roides et courts ; mandibule inférieure droite, aplatie en dessous ;

narines placées à la base du bec, arrondies, ouvertes en devant, fermées en arrière par une membrane quelquefois emplumée ; pieds forts et même robustes ; quatre doigts, trois antérieurs, presque égaux et plus longs que le tarse, l'externe uni à l'intermédiaire jusqu'à la première articulation, l'interne soudé à la base ; ailes assez longues ; les deux premières rémiges plus courtes que les troisième, quatrième et cinquième. Vieillot, créateur de ce genre, l'a composé de neuf ou dix espèces, dont la plupart avaient précédemment été confondues parmi les Corbeaux. Temminck, en retravaillant ce genre, en a séparé diverses espèces qu'il a réunies aux Echenilleurs de Cuvier ; en revanche, il y en a ajouté d'autres que Vieillot avait laissées dans ses Cotingas, ainsi que celle dont il a formé son genre Pianhau. Cette nouvelle composition qui nous a paru plus naturelle est celle que nous donnons ici. Les mœurs de ces Oiseaux que l'on assure être farouches, sont encore peu connues. Le Brésil, dont presque toutes les Coracines sont originaires, étant en ce moment exploré par des naturalistes très-versés dans les différentes parties des sciences naturelles, il est à espérer que bientôt leurs recherches nous expliqueront plusieurs points encore trop obscurs de l'histoire de ces Oiseaux.

CORACINE CENDRÉE, *Ampelis cinerea*, Vieillot, Levaill., Oiseaux rares, pl. 44. Parties supérieures d'un gris cendré ; les inférieures d'une teinte plus claire ; rémiges et rectrices brunâtres ; bec et pieds noirâtres. Taille, neuf pouces environ. De l'Amérique méridionale.

CORACINE CÉPHALOPTÈRE, *Coracina Cephaloptera*, Vieill. ; *Cephalopterus ornatus*, Geoffroy, Annal. du Muséum, v. pl. 15. Tout le plumage d'un noir luisant irisé ; tête garnie d'un bouquet de plumes flottantes et en partie décomposées, noires et blanches, qui retombent en panache sur le bec et l'occiput ; un appendice membraneux sous la gorge, garni de plumes allongées qui, se réunissant en faisceaux, laissent à découvert une partie de la peau du cou dont la couleur est bleue. Longueur, treize pouces. Du Brésil.

Coracine chauve, *Coracina gymnocephala*, Vieill.; *Corvus calvus*, Lath., Levaill., Oiseaux rares et nouveaux, pl. 49. Parties supérieures d'un roux brunâtre; parties inférieures un peu plus pâles; sommet de la tête dégarni de plumes; petites tectrices alaires rousses; les moyennes blanches, les grandes noirâtres; rémiges noires bordées de gris; rectrices noires, ainsi que le bec et les pieds; les jeunes ont la tête emplumée, grise, pointillée de blanchâtre. Taille, treize pouces. De la Guiane.

Coracine Choucari, *Coracina Papuensis*, Vieill. *V*. Échenilleur Choucari.

Coracine cou-nu, *Coracina gyranodera*, Vieill.; *Gracula fœtida*, Gmel.; *Corvus nudus*, Lath., Levaill., Oiseaux rares et nouveaux, pl. 45. Plumage noir, avec des reflets bleuâtres sur la queue et les tectrices alaires, ainsi que le bord extérieur des rémiges d'un gris bleuâtre; une grande partie du cou dénuée de plumes; un espace nu, jaunâtre au-dessous de l'œil; bec blanchâtre, noir à l'extrémité; iris rougeâtre; pieds noirs. Taille, seize pouces. De la Guiane.

Coracine a front blanc, *Coracina albifrons*, Vieill.; *Corvus pacificus*, Lath. Parties supérieures d'un gris cendré; les inférieures d'un gris rougeâtre; front blanc; sommet de la tête noir, ainsi que les rémiges et les rectrices qui en outre sont terminées de blanchâtre; gorge blanchâtre; bec et pieds noirs. Taille, dix pouces. Des îles de la mer du Sud.

Coracine Ignite; *Coracina scutata*, Tem., pl. color. 40; *Coracina rubricollis*, Vieill.; *Coracias scutata*, Lath. Tout le plumage noir, à l'exception d'un plastron rouge vif qui s'étend depuis le haut de la gorge jusque bien avant sur la poitrine; bec jaunâtre; iris et pieds d'un gris bleuâtre. Taille, quinze pouces. La femelle a les couleurs rouges plus ternes et moins

tranchées sur le fond noir. Elle a le bec brun. Du Brésil.

Coracine gymnocéphale. *V*. Coracine chauve.

Coracine gymnodère. *V*. Coracine cou-nu.

Coracine Kailora, *Coracina melanops*, Vieill.; *Corvus melanops*, Lath. *V*. Échenilleur Kailora.

Coracine ornée. *V*. Coracine Céphaloptère.

Coracine Pianhau, *Querula rubricollis*, Vieill.; *Muscicapa rubricollis*, Lath., Buff., pl. enl. 381. Tout le plumage noir, à l'exception d'un large hausse-col pourpre qui couvre presque toute la gorge; bec et pieds noirs; iris brun. Taille, onze pouces. La femelle est entièrement noire. De la Guiane.

Coracine ponceau, *Ampelis militaris*, Vieill.; *Coracias militaris*, Lath., Levaill. Parties supérieures d'un beau rouge, un peu plus pâle sur les parties inférieures; tête et partie du cou ornées de plumes longues et effilées; bec cramoisi, entouré à sa base de soies roides et de petites plumes qui cachent les narines; pieds gris. Longueur, quinze pouces. La femelle est un peu plus petite; elle a les parties supérieures d'un cendré brunâtre, les rémiges brunes, les parties inférieures blanchâtres et la huppe plus courte. De la Guiane.

Coracine a ventre rayé, *Coracina fasciata*, Vieill.; *Corvus Novæ-Guineæ*, Lath. *V*. Échenilleur a ventre rayé.

Coracine verte, *Coracina viridis*, Vieill. Plumage d'un vert foncé; tête, cou et parties inférieures tachetés de blanc qui termine aussi les rectrices; bec très-robuste, comprimé sur les côtés d'un gris noirâtre. Taille, douze pouces. De la Nouvelle-Hollande. Espèce douteuse, quant à sa classification.   (DR..Z.)

CORACINO. pois. *V*. Corassin.

CORACITES. moll. foss. Vieux nom donné aux Bélemnites. *V*. ce mot.   (B.)

* CORAÇONCILLO. BOT. PHAN. Pour Corazoncillo. *V.* ce mot. (B.)

* CORA-CORAS. REPT. OPH. (Lachênaye - Desbois.) Joli Serpent indéterminé d'Amérique, que les Portugais nomment Talieboebot. (B.)

* CORACORHYNCUS. POIS. On compare au bec des Corbeaux le museau de ce Poisson de l'Inde, qui est trop peu connu pour qu'on le puisse classer. (B.)

* CORAGHLAS. OIS. Syn. anglais du Héron, *Ardea cinerea,* L. *V.* HÉRON. (DR..Z.)

* CORAI-CODI. BOT. PHAN. Espèce indéterminée de Bryone de la côte de Coromandel. (B.)

CORAIL. *Corallium.* POLYP. Genre qui termine l'ordre des Gorgoniées dans la section des Polypiers corticifères, la dernière des flexibles ou non entièrement pierreux. Lamarck le place à la tête de ses Polypiers corticifères, et Cuvier parmi les Isis. Ses caractères sont : Polypier dendroïde, inarticulé, ayant l'axe pierreux, plein, solide, strié à sa surface, et susceptible de prendre un beau poli, recouvert par une écorce charnue adhérente à l'axe au moyen d'une membrane intermédiaire très-mince, invisible dans l'état sec; cette écorce devient crétacée et friable par la dessiccation. Le genre Corail diffère de ceux qui composent l'ordre des Gorgoniées par la substance de l'axe, d'une nature tellement particulière que les auteurs l'ont classé, tantôt parmi les Madrépores, tantôt parmi les Isis, quelquefois parmi les Gorgones.

Le CORAIL ROUGE, *Corallium rubrum,* Lamk.; N., Genr. Polyp., p. 37, t. 13, f. 3, 14. Cette seule espèce du genre *Corallium* était connue dès la plus haute antiquité; et les Grecs, en la nommant Korallion, nom composé de deux mots qui signifient *j'orne la mer,* ne l'avaient appelée ainsi que parce qu'elle était pour eux la plus élégante production de l'empire de Neptune. Malgré cette antiquité, les nombreux auteurs qui ont écrit sur le Corail ont ignoré long-temps la véritable nature de cette belle substance. Théophraste en fait mention comme d'une Pierre précieuse. Pline en parle dans son Histoire naturelle, et désigne les lieux d'où le retiraient les pêcheurs; il fait connaître les propriétés médicinales qu'on lui attribuait, ainsi que l'usage qu'on en faisait comme objet de luxe. De son temps, les Indiens avaient pour les grains de Corail la même passion que les Européens ont eue depuis pour les Perles. Les aruspices et les devins considéraient ces grains comme des amulettes, et les portaient comme un objet d'ornement agréable aux dieux; les Gaulois ornaient les boucliers, les glaives et les casques de cette production brillante; les Romains en plaçaient sur le berceau des nouveau-nés pour les préserver des maladies si dangereuses de l'enfance, et les médecins prescrivaient diverses préparations de Corail aux malades attaqués de fièvres, d'insomnies, de crachement de sang, d'ophthalmies, d'ulcères, etc. Enfin Orphée, dans ses chants, a vanté le Corail, et Ovide, dans ses Métamorphoses, compare à ce Polypier les corps qui durcissent avec le temps ou par le contact de l'air. Tournefort, le père de la botanique française, à qui son enthousiasme pour les Plantes faisait regarder presque toute la nature comme appartenant au règne végétal, et aux yeux duquel les Pierres même végétaient, Tournefort figura le Corail dans ses Institutions comme une Plante de la mer. Marsigli, imbu des principes du botaniste français, découvrant les Polypes du Corail, les décrivit comme des fleurs dont la corolle, composée de huit pétales ciliés, s'épanouissait sur des branches dépourvues de feuilles, et dont la couleur blanche était relevée par le rouge éclatant du rameau sur lequel cette fleur singulière se trouvait fixée. Enfin les travaux de Peyssonnel, Réaumur, Bernard de Jussieu, Donati, Ellis, en éclairant cette partie de la science, fixèrent définitivement la nature du Corail dans la classe des Polypiers, et les firent considérer comme un des premiers échelons de l'organisation animale. Linné classa le Corail parmi les Madrépores, sous le nom de *Madrepora rubra*. Pallas confondit le Corail avec les Isis, et l'appela *Isis nobilis*. Solander et Gmelin, ne reconnaissant pas dans ce Polypier les caractères qui distinguent les Isis, crurent y trouver ceux des Gorgones, et le placèrent dans ce genre : le premier sous le nom de *Gorgonia pretiosa*, et le second sous celui de *Gorgonia nobilis*. Enfin, Lamarck a fait du Corail un genre particulier sous le nom de *Corallium*, adopté maintenant par Cuvier, Bosc et tous les zoologistes modernes. Le Corail est un Polypier qui ressemble parfaitement, mais en petit, à un Arbre dépourvu de feuilles et de rameaux, et n'ayant que le tronc et les branches. Il est fixé aux rochers par un large empatement, et s'élève tout au plus à trois décimètres (environ un pied). Il est composé d'un axe calcaire et d'une écorce gélatino-crétacée. L'axe égale le Marbre en dureté, même au fond de la mer; et c'est par un préjugé fondé sur l'ignorance que l'on a cru long-temps, et que le vulgaire croit encore qu'il durcissait à l'air. Cet axe est formé de couches concentriques, faciles à apercevoir par la calcination; sa surface est plus ou moins striée; les stries sont parallèles et inégales en profondeur. Un corps réticulaire formé de petites membranes, de nombreux vaisseaux et de glandes remplies d'un suc laiteux, semble lier l'écorce à l'axe; ce corps réticulaire se trouve dans tous les Polypiers corticifères; l'écorce, d'une couleur moins foncée, d'une substance molle, est formée de petites membranes et de petits filamens très-déliés; elle est traversée par des tubes ou des vaisseaux, et couverte de tubercules épars, clairsemés, à large base, dont le sommet est terminé par une ouverture divisée en huit parties. Dans l'intérieur

existe une cavité dans laquelle se retire un Polypier blanc, presque diaphane et mou; elle renferme les organes destinés aux fonctions vitales de l'Animal. Sa bouche est entourée de huit tentacules coniques, légèrement comprimés et ciliés sur leurs bords. Cette courte description est extraite de celle que Donati a donnée dans ses ouvrages; elle ne laisse rien à désirer sous le rapport de l'exactitude, et prouve que le Polype du Corail possède une organisation analogue à celle de l'Alcyon lobé; organisation qui doit exister plus ou moins développée dans tous les Polypiers corticifères. Le précieux Polypier qui fait le sujet de cet article, croît dans différentes parties de la Méditerranée et dans la mer Rouge. Quelques auteurs ont cru qu'il ne s'attachait jamais qu'aux voûtes des grottes sous-marines, et que ses extrémités étaient toujours tournées vers le centre du globe. C'est une erreur qui a été reconnue; l'on s'est assuré que le Corail se dirigeait dans tous les sens, et que chaque tronc était perpendiculaire au plan sur lequel il avait pris naissance. Il se trouve à différentes profondeurs dans le sein des eaux; et malgré la densité du milieu dans lequel il existe, toutes les expositions ne lui conviennent pas. Sur les côtes de France il couvre les roches exposées au midi; il est rare sur celles du levant ou de l'ouest; celles qui sont inclinées vers le nord en sont toujours dépourvues. On ne le voit jamais au-dessus de trois mètres de profondeur, ni au-dessous de trois cents. Dans le détroit de Messine, c'est du côté de l'orient que se plaît le Corail; le midi en présente peu; les roches du nord et de l'ouest sont privées de ce beau Polypier. On le pêche à une profondeur qui varie de cent à deux cents mètres. Dans ce détroit, que les chants d'Homère et de Virgile ont immortalisé, les eaux, étant frappées par des rayons solaires plus perpendiculaires que sur les côtes de France, sont pénétrées par la chaleur à une plus grande distance, et le Corail se trouve encore à plus de trois cents mètres ; mais alors sa qualité ne compense pas la peine, les risques et les nombreuses difficultés que présente cette pêche. Sur les côtes de l'Afrique septentrionale, les coraïlleurs ne commencent à le chercher qu'à trente ou quarante mètres de profondeur, et à une distance de trois à quatre lieues de la terre ; ils l'abandonnent lorsqu'ils arrivent à deux cent cinquante ou trois cents mètres. L'influence de la lumière paraît agir d'une manière très-énergique sur la croissance du Corail. Un pied de cette production animale, pour acquérir une grandeur déterminée, a besoin de huit ans dans une eau profonde de trois à dix brasses, de dix ans si l'eau a dix à quinze brasses de profondeur, de vingt-cinq à trente ans à une distance de cent brasses de la surface, et de quarante ans au moins à celle de cent cinquante.

Le Corail des côtes de France, mieux choisi peut-être que celui des autres pays, passe pour avoir la couleur la plus vive et la plus éclatante ; celui d'Italie rivalise de beauté avec ce dernier ; sur les côtes de Barbarie, le Corail a plus de grosseur ; mais la nuance dont il est coloré est moins vive et moins brillante. On distingue dans le commerce jusqu'à quinze variétés de Corail, qui, à raison de la beauté de leurs couleurs, portent les noms de Corail écume de sang, Corail fleur de sang, Corail premier, second, troisième sang, etc. Aucun n'est plus en usage en médecine, si ce n'est comme absorbant : on s'en sert comme dentifrice, après lui avoir fait subir diverses préparations qui diffèrent très-peu les unes des autres ; elles consistent presque toutes à le réduire en poudre impalpable et à le confectionner en opiat. Si les médecins ont banni le Corail de leurs ordonnances, la mode capricieuse s'en est emparée de nouveau, et semble depuis plusieurs années s'être fixée pour employer cette brillante matière à une foule d'objets qui en ont considérablement augmenté le prix. Les diadèmes, les pei-

gnes qui ornent, relèvent ou retiennent d'une manière si élégante les cheveux des jeunes personnes, sont garnis de grains de Corail, unis ou taillés à facettes. Les colliers et les bracelets en sont quelquefois entièrement composés. L'Asie et l'Afrique recherchent toujours cette substance avec la même passion que du temps de Pline, et l'emploient aux mêmes usages. Maintenant encore le bramine et le faquir indiens s'en servent pour compter leurs prières. L'infatigable Bédouin, le dévot Musulman, le corsaire d'Alger, croiraient livrer au mauvais génie le corps de l'être chéri qu'on dépose dans la tombe, s'il n'était accompagné d'un chapelet de grains de Corail. Cette riche production orne toujours le poignard de l'Asiatique efféminé, fait ressortir la blancheur de l'esclave de Circassie ou l'ébène de la noire Africaine ; elle embellit la souple bayadère, et donne de l'éclat à la couleur olivâtre de son teint.

Le Corail pâlit ; il devient quelquefois blanc et poreux, lorsqu'il est porté sur la peau dans un lieu trèschaud. Quelle que soit sa densité, quelque belle, quelque foncée que soit sa couleur, elle se détruit par la transpiration de certaines personnes.

C'est par erreur que l'on indique le Corail dans les différentes mers des pays chauds ; le commerce le transporte dans tous les climats, chez tous les peuples ; mais c'est dans la Méditerranée seulement que croît et se développe le plus précieux de tous les Polypiers. (LAM..X.)

L'on appelait anciennement CoRAIL BLANC, dans les pharmacies, des rameaux d'Oculines ou de Caryophyllies, et CORAIL NOIR, les Antipathes. *V.* ces mots. (B.)

CORAIL. BOT. On a étendu ce nom à plusieurs Plantes dont la couleur de certaines parties, ou dont la forme rappelait le Corail, genre de Polypiers ; ainsi l'on a appelé :

CORAIL DES JARDINS, l'*Erythrina Corallodendron* et le *Capsicum an-*

nuum, d'où le mot provençal *Courals* qui désigne cette dernière Plante.

PETIT CORAIL, le Buisson ardent, *Mespilus Pyracantha*, L.

CORAIL TERRESTRE, la plupart des Cénomyces, et particulièrement le *Lichen rangiferinus*, L. (B.)

* CORAIL FOSSILE. POLYP. Les oryctographes donnent souvent ce nom aux Polypiers fossiles rameux. Le vrai Corail n'a pas encore été trouvé fossile dans la nature.

(LAM..X.)

CORAIONCILLO. BOT. PHAN. Pour Corazoncillo. *V*. ce mot. (B.)

* CORAI-PILLOU. BOT. PHAN. Espèce d'Eleusine et le *Schœnus coloratus* à la côte de Coromandel. (B.)

* CORAI-PON. BOT. PHAN. Un Souchet indéterminé de la côte de Coromandel. (B.)

CORAL. REPT. OPH. Syn. de *Boa constrictor* sur les bords de la rivière des Amazones. (B.)

CORALLACHATES. MIN. (Pline.) Agathes couleur de Corail, ou parsemées de points et de taches qui ont l'apparence de l'Or. (B.)

CORALLAIRES. POLYP. Blainville a donné ce nom à un ordre de Polypiers dans lequel il réunit les genres Corail, Isis et Gorgone. Il lui donne pour caractères d'avoir des Polypes à huit tentacules penniformes à la bouche, communiquant entre eux en plus ou moins grand nombre, au moyen d'une pulpe charnue, contractile, entourant un axe central, calcaire ou corné, plein ou articulé, formant un Polypier phytoïde fixé aux corps sous-marins par un empatement de sa base. Cet ordre n'est pas encore adopté par les naturalistes.

(LAM..X.)

* CORALLARIA. BOT. PHAN. (Rumph.) Syn. d'Adénanthère et de *Gadelupa*. *V*. ces mots. (B.)

CORALLE. *Corallus*. REPT. OPH. Daudin a établi sous ce nom, et aux dépens des Boas, un genre que Cuvier n'a même pas mentionné. Il lui attribuait pour caractères : un corps cylindrique ; une queue courte ; des écailles nombreuses sur la tête, le corps et la queue ; des rangées de doubles plaques sous le cou, des plaques entières sous le ventre et sous la queue. Il paraît que ces caractères qui par eux-mêmes seraient insuffisans, pourraient bien n'être même pas exacts. La seule espèce de Coralle mentionnée par le fondateur du genre est le *Boa Merremii* de Schneider, dont on ne connaît pas précisément la patrie, et qu'on suppose être un Serpent américain non venimeux.

(B.)

CORALLIGÈNES – SCYTALES. POLYP. Nom que l'on a donné aux Polypes des Coraux. (LAM..X.)

CORALLIN ou CORALLINE. REPT. OPH. (Séba, *Thes*., pl. 3o, f. 1.) Probablement une espèce de Boa d'Amboine et une Vipère. (B.)

CORALLINAIRES. POLYP. Blainville donne ce nom à la seconde division de la deuxième classe de son troisième sous-règne, appelé Hétéromorphes ou Agastrozoaires ; il y place comme en dehors du règne animal les Corallines où il n'a pu découvrir d'habitans, et que R. Brown réclame, selon lui, dans le domaine de la botanique. (B.)

CORALLINE. REPT. OPH. *V*. Corallin.

CORALLINE. MOLL. Nom marchand du *Pecten sanguineus*. *V*. PEIGNE. (B.)

CORALLINE. *Corallina*. POLYP. Genre de l'ordre des Corallinées, auquel il sert de type, dans la division des Polypiers flexibles. Lamarck le place parmi ses Polypiers corticifères. Cuvier en fait un groupe séparé auquel il conserve le nom de Corallines. Quelques naturalistes les regardent à tort comme des Végétaux. Voici le caractère de ce genre : Polypier phytoïdé, articulé, rameux, trichotome ; axe entièrement composé de fibres cornées ; écorce crétacée, cellulaire ; cellules invisibles à l'œil nu. Les Polypiers auxquels nous conservons le nom générique de Corallines varient peu, et offrent toujours des tiges articulées, plus ou moins comprimées, plus ou moins rameuses et trichotomes. Leurs couleurs, lorsqu'elles sont fraîches, sont en général rougeâtres ou purpurines. Exposées peu de temps à l'action de l'air, de la lumière et de l'humidité, elles présentent une grande quantité de nuances plus éclatantes les unes que les autres. Depuis le rose tendre et vif jusqu'au brun terne ou verdâtre, on observe des gradations infinies; toutes les Corallinées deviennent blanches assez promptement par l'action des fluides atmosphériques. Les Corallines se trouvent à toutes les latitudes, à toutes les profondeurs, et sur les côtes des cinq parties du monde. On observe cependant que dans les mers équatoriales elles sont plus grandes, plus brillamment colorées, et d'une forme plus singulière ou plus élégante. Fixées ordinairement sur les rochers ou d'autres corps durs presque immobiles, elles y bravent l'action des vagues, et sont bien rarement jetées sur les rivages. Deux ou trois espèces seulement de Corallines sont parasites sur les Thalassiophytes, tandis que la presque totalité des Janies ne croissent ou ne se développent que sur ces Végétaux. La grandeur des Corallines varie peu; elle dépasse quelquefois un décimètre; en général elle est plus petite; nous n'en connaissons point au-dessous de deux centimètres.

Les anciens faisaient un grand usage de la Coralline officinale comme un puissant anthelmintique et un absorbant. Au commencement du dix-huitième siècle, l'usage de ce Polypier était presque tombé en désuétude; depuis il a été remis en vogue par la réputation que s'est acquise le *Gigartina Helmintochorton* (*Fucus Helmintochorton* auct.), vulgairement appelé Mousse de Corse, et dont les propriétés paraissent de même nature. Nous avons visité très-souvent

la Coralline officinale des pharmacies, et l'avons trouvée constamment mêlée avec une foule de productions marines polypeuses ou végétales, qui n'altéraient en aucune manière son action sur l'économie animale. Il en est de même de la Mousse de Corse, dans laquelle nous avons reconnu plus de cent cinquante espèces de productions marines de tout genre. Bouvier de Marseille a donné une très-bonne analyse de la Coralline officinale, telle qu'elle existe chez les pharmaciens et dans les collections. Il l'a trouvée composée, sur mille grains, de : Sel marin, 10; Gélatine, 69; Albumine, 64; Sulfate de Chaux, 19; Silice, 7; Fer, 2; Phosphate de Chaux, 3; Magnésie, 23; Chaux, 420; Acide carbonique combiné avec la Chaux, 196; *idem* avec la Magnésie, 51; Eau 41. Total 1,000 grains. (Ann. de Chimie, T. VIII, p. 308 à 317.) Cette analyse ne diffère pas essentiellement de celle de la Mousse de Corse publiée par le même auteur; cependant on ne doit rien en conclure, parce qu'elles ont ont été faites sur des Polypiers dont l'espèce n'était pas bien certaine, et qui étaient dépouillés par la dessiccation, le froissement, l'exposition à l'air, à la lumière, à l'humidité, et peut-être encore par les lavages de beaucoup de substances animales, dissolubles ou friables. Il est probable qu'une analyse faite sur le Polypier en bon état, au sortir de la mer, et dont les Polypes seraient encore vivans, différerait beaucoup de celle de Bouvier qui n'a opéré que sur un squelette dépouillé de toutes les parties animales.

CORALLINE OFFICINALE, *Corallina officinalis*, L., Gmel., *Syst. Nat.*, XIII, f. 1, p. 3838; n° 2; N., Hist. Polyp., p. 283, n° 414. Aucune Coralline ne varie autant que l'Officinale; elle est dans ce genre ce que sont le Fucus vésiculeux et le Chondrus polymorphe parmi les Hydrophytes. Il est impossible de décrire ces nombreuses variétés à cause des nuances insensibles qui les lient entre elles. Néanmoins nous croyons qu'il serait possible de distinguer quelques espèces confondues avec l'Officinale, si l'on trouvait des mots pour exprimer de légères différences dans les caractères, mais constantes et indépendantes de l'influence des positions., etc. Nous avons dans notre collection des variétés de la Coralline officinale recueillies sur les côtes de toute l'Europe, sur celles de l'Afrique septentrionale, des Canaries, au cap de Bonne-Espérance, sur les côtes de la Nouvelle-Zélande, du Japon et du Kamtschatka. Est-ce une seule et même espèce?

CORALLINE DE CUVIER, *Corallina Cuvieri*, N., Genr. Polyp., p. 24, t. 59, f. 13-14. Elle est très-rameuse, à rameaux bipinnés avec des divisions planes partant de chaque article, et comme imbriquées entre elles. Les articulations sont presque globuleuses dans les tiges, comprimées dans les rameaux et les divisions, et cylindriques dans les pinnules. Des ovaires ovoïdes ou globuleux terminent quelquefois ces dernières. Cette belle espèce de Coralline habite les côtes de l'Australasie. Nous l'avons dédiée à l'Aristote de notre siècle.

CORALLINE GRÊLE, *Corallina gracilis*, N., Hist. Polyp., p. 288, n. 425, pl. 10, f. 1, a, B. Elle est remarquable par sa tige élancée, se courbant avec grâce, ainsi que par ses rameaux nombreux et allongés, composés d'articulations rapprochées, cylindriques dans la partie inférieure du Polypier, et comprimées dans les supérieures. Elle habite les mers australes.

CORALLINE DE TURNER, *Corallina Turneri*, N., Hist. Polyp., p. 288, n. 426, pl. 10, fig. 2, a, B. Nous avons dédié cette Coralline, une des plus élégantes qui existe, à Dawson Turner, auteur de bons et magnifiques ouvrages sur les Plantes marines; elle offre des articulations cunéiformes, comprimées sur les côtés dans les tiges et les principaux rameaux, et cylindriques dans leurs divisions. Elle se trouve dans les mers australes.

CORALLINE DU CALVADOS, *Corallina Calvadosii*, N., Genr. Polyp., p.

25, t. 23, fig. 14, 15. Solander, dans Ellis, regarde cette espèce comme une variété de la Coralline officinale. Elle se rapproche davantage de la Corall. palmée, originaire d'Amérique. Elle diffère de l'une et de l'autre par ses articulations irrégulièrement comprimées, quelquefois zonées et polymorphes. Nous l'avons trouvée sur les rochers du Calvados et dans les environs de Port-en-Bessin.

A ces espèces l'on doit ajouter les Corallines cuirassée, Sol. et Ellis. Méditerranée. — Corall. nodulaire, Pallas. Méditerranée. — Corall. allongée, Sol. et Ellis. Mers d'Europe. — Corall. polychotome, Lamx. Malte, Gibraltar, etc. — Corallin. lobée, Lamx. Canaries. — Corall. Cyprès, Esper. Ténériffe, Calvados. — Corall. écailleuse, Sol. et Ellis. Océan Européen. — Corall. granifère, Sol. et Ellis. Méditerranée, etc. — Corall. subulée, Sol. et Ellis. Antilles. — Corall. sagittée, *spec. nov.*, rapportée de l'Ile-de-France par Quoy et Gaimard, ainsi que la Coralline à petites panicules. — Corall. frisée, Lamx. Australasie. — Corall. pilifère, Lamx. Australasie. — Corall. simple, Lamx. Amérique. — Corall. palmée, Sol. et Ellis. Mers d'Amérique. — Corall. prolifère, Lamx. Indes-Orientales. — Corall. pinnée, Sol. et Ellis. Habitation inconnue.

Il existe dans les collections un grand nombre d'espèces nouvelles de ce genre déjà si considérable: nous avons cru inutile de les mentionner.

Fortis, dans ses Mémoires pour servir à l'histoire naturelle de l'Italie, T. I, p. 45, dit avoir trouvé des rameaux de Corallines fossiles dans les montagnes de Brendola en Italie. Ce fait est très-possible, puisque l'on découvre chaque jour des Flustres, des Alcyonées et d'autres Polypiers mous ou cornés parmi les débris de l'ancien monde. (LAM..X.)

* CORALLINE DE PAQUES. BOT. CRYPT. (*Lichens.*) Syn. de *Stereocaulon pascale*. (B.)

CORALLINÉES. *Corallineæ*. Ordre de la division des Polypiers flexibles dans la section des Calcifères. Il a les caractères suivans : Polypiers phytoïdes formés de deux substances : l'une, intérieure ou axe, membraneuse ou fibreuse, fistuleuse ou pleine.; l'autre, extérieure ou écorce, plus ou moins épaisse, calcaire et parsemée de cellules polypifères, très-rarement visibles à l'œil nu dans l'état de vie, encore moins dans l'état de dessiccation. Les auteurs anciens avaient réuni, sous le nom de Corallines, tous les Polypiers flexibles, tels que les Sertulariées, les Tubulariées; etc. Les auteurs modernes ont conservé cette dénomination à un groupe d'êtres que nous avons cru devoir diviser en plusieurs genres, à cause des nombreux caractères que l'on y observe; en effet, ces Polypiers diffèrent par le *facies*, la forme, la division des rameaux et par l'organisation, caractères essentiels qui ne permettent pas de douter que les constructeurs de ces élégans édifices, quoique présentant entre eux des rapports généraux, n'offrent des différences suffisantes pour constituer des genres; nous ne pensons même pas qu'un naturaliste puisse attribuer à des Animaux de même forme les *Cor. Peniculus, Tuna, flabellata, officinalis* et *rubens*, L. Tous les Polypiers de ce groupe ont été regardés par Linné comme des productions animales, à cause de la matière calcaire qui entre dans leur composition; le naturaliste suédois avait fondé son opinion sur ce principe, que tout être organisé dans lequel la Chaux entre comme principe constituant, ne peut être qu'un Animal. Spallanzani, considérant cette matière calcaire comme un dépôt des eaux de la mer, place les Corallines parmi les Végétaux, et prétend avoir découvert leurs graines. Les auteurs qui regardent, d'après Pallas et Spallanzani, les Corallines comme des Végétaux, disent que la Chaux est une terre primitive, et qu'elle n'est pas due uniquement aux Animaux; que tous les efforts que l'on a faits jusqu'à présent pour découvrir les Polypes des Corallines ont été vains, et que

s'ils existaient, ils n'auraient point échappé aux Ellis, aux Donati et à tant d'autres zoologistes célèbres : mais si l'on considère les détails anatomiques de l'Halimède Raquette, figurés par Ellis, et principalement ceux de la Coralline Rosaire, figurés dans Solander et Ellis, il sera facile de se convaincre de l'existence des Polypes, par celle des cellules qui leur servent de demeure. Les Corallines d'Europe ont leurs cellules polypeuses d'une telle petitesse, et si sujettes à s'oblitérer, qu'il n'est pas extraordinaire qu'on n'ait pu les découvrir; dans celles des mers équatoriales, les cellules sont beaucoup plus grandes, visibles souvent à l'œil nu, et il ne faut qu'une circonstance favorable pour faire découvrir les Animaux inconnus qui les habitent, et mettre à même d'étudier les divers phénomènes de leur nutrition, de leur croissance et de leur reproduction.

En parcourant les côtes du Calvados, nous avons trouvé plusieurs fois une Coralline très-grande, variété remarquable de la C. officinale; elle était couverte de filamens simples, longs d'un à deux millimètres, diaphanes, ayant un mouvement particulier, et disparaissant pour peu que l'eau fût agitée, ou qu'on exposât le Polypier à l'air; dans ce dernier cas, nous n'avons jamais pu découvrir avec une loupe très-forte les débris de ces filamens, ni leur point d'attache, ou leurs cellules, si c'étaient des Polypes; ce dont nous doutons, n'ayant pu observer ces filamens que dans la belle saison seulement sur quelques individus, et jamais dans l'hiver. L'on dira sans doute que ces filamens sont des Conferves gélatineuses; en adoptant cette hypothèse, les débris de ces Hydrophytes devraient exister desséchés sur la surface des Corallines; bien plus, tous les individus n'en seraient pas également pourvus. Et comme l'on ne découvre aucun atôme de ces filamens, et que lorsque l'on se trouve dans les circonstances favorables pour les observer, on les voit épars

sur le Polypier, exécutant des mouvemens particuliers, l'on est fondé à
les considérer comme les constructeurs de ces productions. Enfin dira-
t-on que les Nullipores, si répandus
dans toutes les mers, et dont on n'a
jamais pu découvrir les Animaux, ne
sont pas des Polypiers par la raison
qu'on n'a pu voir les Polypes? Cette
manière de raisonner serait fausse et
conduirait à des erreurs sans nombre.
Dans les rapports des êtres, il faut
souvent avoir recours à l'analogie,
et de même que l'on ne peut séparer
les Nullipores des Millépores, de même l'on doit réunir les Corallinées
aux autres Polypiers flexibles.

Pallas regarde les Corallines comme
des Plantes, et les place cependant
parmi les Zoophytes douteux; il y a
ajouté le *Dictyota pavonia* (*Fucus
pavonius auct.*), d'après sa ressemblance avec l'Udotée flabelliforme, et
l'Acétabulaire de la Méditerranée, à
cause de sa substance, quoiqu'il re-
connaisse dans ces êtres des différences de croissance et d'organisation. Il
a également observé la composition des
Corallines tubuleuses dont nous avons
formé notre genre Galaxaura; n'en
ayant décrit qu'une seule espèce, il
n'y a pas trouvé des caractères assez
tranchés pour en faire un genre particulier. Aucun zoologiste n'a encore
fait connaître les Corallines des mers
des Indes; on doutait même qu'il y en
existât. Bosc, dirigé par ce génie
particulier qui distingue le philosophe naturaliste, a avancé qu'il devait
s'y en trouver, et peut-être en plus
grande quantité que dans les autres
parties du monde. En effet, Péron et
Lesueur ont rapporté de leur voyage
plusieurs Corallines, plus élégantes
et plus singulières dans leurs formes
qu'aucune de celles que nous connais-
sions. Nous en avons reçu de très belles
de plusieurs autres naturalistes, principalement de Labillardière, Quoy,
Gaimard, Leschenault, etc.

On observe quelquefois dans les
Corallinées des genres *Corallina* et
Jania, de petits globules plus ou
moins volumineux et variant dans

leur substance; les tubercules que
l'on trouve sur les Amphiroës, les
Halimèdes, les Udotées et les Mélo-
bésies, nous semblent analogues. Ellis
pensait que les vésicules des premières étaient uniquement destinées à les
soutenir flottantes dans l'eau; mais
ces vésicules sont rarement vides; nous
les avons souvent trouvées solides ou
remplies de petits grains dont la nature
nous est inconnue. Ne serait-ce pas
des ovaires renfermant des germes de
nouveaux Polypiers? L'opinion d'Ellis
n'est basée sur rien, tandis que celle que
nous proposons est fondée sur l'analogie qui lie entre eux tous les Polypiers flexibles, se multipliant par des
ovaires. Les Corallinées varient prodigieusement dans leurs formes, et l'on
trouve tous les intermédiaires entre
les Janies capillaires et filiformes, et
les Udotées flabellées qui offrent une
expansion plane, en forme d'éventail.
La couleur des Corallinées varie peu;
elle dépasse quelquefois un décimètre; en général elle est plus petite; nous
n'en connaissons point au-dessous de
deux centimètres. La couleur des Corallinées varie beaucoup dans l'état de
dessiccation et de mort par l'action que
les fluides atmosphériques ont exercée sur ces élégans Polypiers. Les collections en présentent de toutes les
nuances depuis le blanc de neige jusqu'aux nuances les plus sombres et les
plus foncées; en général elles sont
parées de teintes jaunes, rouges, purpurines, vertes et bleues, isolées ou
fondues les unes dans les autres, en
nombre plus considérable. Ces variations de couleur, très-souvent dans
les mêmes espèces, rapprochent sous
ce rapport les Corallinées des Floridées dont le tissu est presque aussi délicat que celui des corolles des Plantes, et cependant quelle énorme différence entre ce tissu que l'on ne peut
toucher sans l'altérer, et cette écorce
pierreuse presque solide qui recouvre
les Corallinées! Il faut donc en faire
une nouvelle classe d'Hydrophytes.
Dans l'état de vie les Corallinées sont
en général rosâtres ou d'un vert
d'herbe clair et brillant, avec des

nuances intermédiaires entre ces deux couleurs. Elles habitent toutes les latitudes, se trouvent à toutes les profondeurs et sur les côtes des cinq parties du monde. On observe cependant que dans les mers équatoriales elles sont plus grandes, plus brillamment colorées et d'une forme plus singulière ou plus élégante. Fixées ordinairement sur les rochers ou d'autres corps durs presque immobiles, elles y bravent l'action des vagues, et sont bien rarement jetées sur les rivages. Quelques espèces seulement de Corallinées sont parasites sur les Hydrophytes, tandis que la presque totalité des Janies ne croissent ou ne se développent que sur ces Végétaux.

Les Corallinées se divisent en trois sous-ordres : le premier se compose du genre Galaxaura à tige et rameaux tubuleux ; le second comprend les genres Nésée, Janie, Coralline, Cymopolie, Amphiroë et Halimède à rameaux articulés ; le troisième n'est composé que des Udotées sans aucune sorte d'articulations. *V.* ces mots. (LAM..X.)

CORALLINITES. POLYP. FOSS. Les oryctographes désignent sous ce nom les Polypiers fossiles à petits rameaux. Ils appellent Corallites ceux dont les rameaux sont plus gros. (LAM..X.)

CORALLINOÏDES. BOT. CRYPT. (*Lichens.*) Hoffman avait désigné sous ce nom quelques Lichens appartenant aux genres *Sphærophoron, Stereocaulon* et *Cornicularia,* d'Achar. *V.* ces mots. (AD. B.)

*CORALLIOLE, *Coralliola.* POLYP. Mercati donne ce nom à quelques Polypiers de l'ordre des Milléporées, principalement au *Millepora truncata. V.* ce mot. (LAM..X.)

CORALLIS. MIN. (Pline.) Probablement un Jaspe rouge que les anciens tiraient de Syène. (B.)

CORALLITES. POLYP. FOSS. *V.* CORALLINITES.

CORALLODENDRON. POLYP. Séba a figuré et décrit sous le nom de *Corallodendron pertenue* l'*Eschara*

crustulenta de Pallas, et le *Melitea ochracea* sous le nom de *Corallodendron vulgare rubrum. V.* ESCHARE et MÉLITÉE. (LAM..X.)

CORALLODENDRUM. BOT. PHAN. C'est-à-dire *Arbre de Corail.* Espèces du genre Erythrine et du genre *Sophora.* Ce nom désignait une Rudolphie dans Plumier. (B.)

*CORALLO-FUNGUS. BOT. CRYPT. (*Champignons.*) Vaillant a donné ce nom à quelques espèces de Clavaires rameuses de la section des *Ramaria* de Persoon, dont la forme rappelle celle des Polypiers ou du Corail. Il a aussi désigné sous le nom de *Corallo-Fungus argenteus* le *Byssus parietina* de Linné, ou *Hypha argentea* de Persoon, et sous celui de *Corallo-Fungus niger compressus,* le *Rhizomorpha subcorticalis. V.* CLAVAIRE, HYPHA et RHIZOMORPHE. (AD. B.)

CORALLOIDE. BOT. PHAN. (Gesner.) Syn. de Dentaire ennéaphylle. *V.* DENTAIRE. (B.)

CORALLOIDES. POLYP. FOSS. Guettard, dans ses Mémoires, a donné ce nom à plusieurs Fossiles difficiles à caractériser, à cause d'une ressemblance grossière avec des rameaux de Corail. Ils paraissent appartenir à plusieurs genres.

Des Gorgones ont été nommées Coralloïdes par quelques anciens auteurs. (LAM..X.)

CORALLOIDES. BOT. CRYPT. Tournefort, Vaillant, Micheli et Paulet ont donné ce nom aux espèces de Clavaires rameuses et analogues par leur forme à certaines espèces de Polypiers. Dillen a appliqué ce même nom à plusieurs espèces de Lichens des genres Sphærophore et Cénomyce. Enfin, plus récemment, Bory de Saint-Vincent l'a employé dans son Voyage aux îles australes d'Afrique, pour désigner diverses espèces du genre Cénomyce. *V.* ces mots. (AD. B.)

CORALLOPÈTRES. POLYP. Nom appliqué indistinctement à tous les

Polypiers fossiles par quelques anciens oryctographes. (LAM..X.)

CORALLORHIZE. *Corallorhiza.* BOT. PHAN. Haller le premier, dans son Histoire des Plantes de la Suisse, a proposé ce nom pour une petite Plante de la famille des Orchidées, remarquable par sa racine formée de ramifications irrégulières et rougeâtres, qui offrent quelque ressemblance avec les branches du Corail. Linné fit de cette jolie Plante une espèce de son genre *Ophrys*, sous le nom d'*Ophrys Corallorhiza*. Plus tard, Swartz, dans son Mémoire sur les Orchidées, transporta cette Plante dans le genre *Cymbidium*. Enfin R. Brown, dans la seconde édition du Jardin de Kew, et le professeur Richard, dans son travail sur les Orchidées d'Europe, en ont fait un genre distinct sous le nom de *Corallorhiza*. Voici quels sont les caractères de ce nouveau genre : son ovaire est légèrement pédicellé, un peu tordu à sa base surtout. Les cinq divisions du calice sont un peu inégales, étalées ou rapprochées en casque. Le labelle est ovale oblong, légèrement canaliculé. A la base des divisions externes du calice et du labelle est une petite bourse ou pérule peu profonde, adhérente par son côté interne. Le gynostème est long, dressé, un peu canaliculé antérieurement. Le stigmate est concave, glanduleux, surmonté d'un petit appendice en forme de bec. L'anthère est terminale, et s'ouvre d'avant en arrière par le moyen d'une sorte d'opercule. Elle offre deux loges principales subdivisées chacune en deux autres cavités qui chacune contiennent une masse globuleuse de pollen solide.

Deux espèces composent ce genre. L'une est la *Corallorhiza Halleri*, Rich. (Orch. d'Europe), ou *Ophrys Corallorhiza*, L. Cette jolie Orchidée croît dans les Alpes, le Jura, etc. De sa racine qui se compose de tubercules allongés et irrégulièrement mamelonnés s'élève une tige simple, haute de six à dix pouces, dépourvue de feuilles qui sont remplacées par quelques écailles engaînantes, et terminée par une dixaine de fleurs blanchâtres, peu apparentes et formant un épi terminal. Son labelle est légèrement trilobé.

La seconde espèce, appelée par Willdenow *Cymbidium Odontorhizon*, est la *Corallorhiza Odontorhiza* de Nuttal. Elle croît en abondance dans la Pensylvanie, le New-Jersey. Elle diffère surtout de la précédente par sa racine plus rameuse, son labelle entier et marqué de pourpre. Du reste, ces deux espèces se ressemblent absolument par le port. (A.R.)

*CORAMBÉ ET CORAMBLÉ. BOT. PHAN. D'où probablement Corumb et Karumb des Maures. Noms grecs du Chou. (B.)

*CORANÇONCILLO. BOT. PHAN. Pour Corazoncillo. *V.* ce mot. (B.)

CORASSIN. POIS. Espèce du genre Cyprin. *V.* ce mot. Vulgairement Namburge et Coras en Hongrie. (B.)

*CORATOE ou CURAÇA. BOT. PHAN. Syn. d'*Agave vivipara* à la Jamaïque. (B.)

CORAX. OIS. Syn. grec du Corbeau noir, *Corvus Corax*, L. Aristote l'applique aussi au grand Cormoran, *Pelecanus Carbo*, L. *V.* CORBEAU et CORMORAN. (DR..Z.)

CORAX. POIS. Syn. de Trigle Hirondelle. *V.* TRIGLE. (B.)

CORAYA. OIS. Espèce de Batara. *V.* ce mot. (B.)

CORAZON. MOLL. C'est-à-dire *Cœur*. Syn. espagnol de Bucarde. *V.* ce mot. (B.)

CORAZONCILLO. BOT. PHAN. (L'Écluse.) C'est-à-dire *Petit Cœur*. L'un des noms vulgaires de l'*Hypericum humifusum*, donné quelquefois au *perforatum*. *V.* MILLEPERTUIS.

Les habitans de Carichana sur les rives de l'Orénoque donnent aussi le nom de Corazoncillo au *Convolvulus discolor*, Kunth (*Nova Genera et Sp.*

Am. T. III, p. 105, t. 212), Plante dont ils emploient les feuilles en décoction comme remède contre la blennorrhagie. (B.)

CORB. pois. Espèce du genre Sciène. (B.)

* CORBAT. ois. Syn. vulgaire du grand Cormoran, *Pelecanus Carbo*, L. *V.* CORMORAN. (DR..Z.)

CORBEAU. *Corvus.* ois. (Linné.) Genre de l'ordre des Omnivores. Caractères : bec droit, gros, comprimé sur les côtés, tranchant sur ses bords, courbé vers la pointe ; narines placées à la base du bec, ovalaires, ouvertes, cachées par des poils dirigés en avant, qui entourent la base du bec ; quatre doigts, trois en avant presque entièrement divisés, l'intermédiaire plus court que le tarse, un derrière ; ailes longues, pointues ; les deuxième et troisième rémiges plus courtes que la quatrième ; rectrices ordinairement égales, quelquefois arrondissant la queue.

Il n'est pas de genre dont les principales espèces, confondues sous la seule dénomination générique de Corbeau, se retrouvent plus fréquemment et plus universellement ; de même il est peu d'Oiseaux qui, sur toute l'étendue du globe, aient plus diversement fixé l'attention des Hommes. Considérés dans certains cantons comme des bienfaiteurs sans cesse occupés à purger la terre de Vers et d'Insectes, ou comme des envoyés du destin pour présider au sort des malades, on leur accorde toute espèce de protection ; dans d'autres pays, au contraire, en butte aux poursuites dirigées contre des bandes affamantes, leur tête mise à prix est l'objet d'un salaire public. Du reste, les persécutions que l'on exerce envers eux n'en diminuent pas sensiblement le nombre ; leurs troupes n'en couvrent pas moins, pendant la saison morte surtout, nos routes et nos campagnes ensemencées où leur présence paraît ne pas occasioner de dommages considérables. Ils s'y promènent d'un pas grave et tranquille ; ils ne s'effraient point de l'approche de l'Homme, à moins que celui-ci ne soit armé d'un fusil, ce qu'ils savent distinguer d'assez loin pour se tenir hors de sa portée. Ils sont d'un caractère turbulent, bavard, querelleur, défiant, et, soit prévoyance ou manie, ce qui est plus probable, puisqu'ils ne paraissent pas conserver le souvenir de leurs actions, ils cachent tout ce qu'ils accumulent, surtout en fait de provisions superflues. Ils se font assez facilement à la domesticité, retiennent les mots qu'on leur a répétés souvent dans leur jeunesse, et finissent par les rendre avec beaucoup de pureté dans la modulation. L'analogie de mœurs s'étend à tout le genre ; il est cependant quelques nuances particulières à différentes espèces ; les unes, par exemple, aiment les longs voyages, cherchent les frimas, donnent une préférence exclusive à la vie sociale, etc., etc. ; d'autres sont sédentaires, ne se montrent que par couples et dans toutes les saisons, etc. En général les Corbeaux sont monogames, et dès qu'ils ont contracté une union, elle paraît n'avoir de terme qu'à la mort de l'un des sexes. Il est peu d'Oiseaux dont l'instinct ou les facultés intellectuelles soient plus perfectionnés ; s'il faut en croire Dupont de Nemours (Mémoire sur l'instinct, lu à la classe des Sciences physiques et mathématiques de l'Institut de France, en 1806), académicien fort estimable, très-instruit, et bon philanthrope d'ailleurs, qui a passé deux hivers dans la société des Corbeaux, occupé à les observer dans l'état de liberté, ils ont un langage communicatif qu'il n'est pas impossible à l'Homme de comprendre. Cet observateur a même publié un fragment de son Dictionnaire d'un langage jusqu'ici non interprété, au moyen duquel il a traduit plusieurs de leurs mots. Il est à regretter qu'il n'ait point poussé plus loin ses recherches ; il fût peut-être parvenu à entamer des conversations, à entretenir des correspondances avec ces visiteurs des régions du tonnerre :

avec quelques mots ils nous en auraient plus appris que n'ont pu le faire Gay-Lussac et Biot à la suite d'un voyage des plus périlleux.

Linné a rendu son genre Corbeau très-nombreux en y admettant beaucoup d'espèces qu'il n'avait pu voir, et dont par la suite on a fait des genres nouveaux, ou que l'on a cru devoir disséminer dans d'autres genres connus. Il est même quelques auteurs, et Cuvier est de ce nombre, qui ont poussé la restriction jusqu'aux Pies et aux Geais dont les caractères n'ont pas paru à Temminck assez distincts de ceux des Corbeaux pour les en séparer.

CORBEAU ou CORNEILLE AQUATIQUE. *V.* CORBEAU CORNEILLE MANTELÉE.

CORBEAU AUSTRAL, *Corvus australis*, Gmel. Entièrement d'un noir brunâtre, avec les plumes de la gorge lâches, peu serrées ; bec épais à sa base et très-comprimé sur les côtés. Longueur, huit pouces. De l'île des Amis.

CORBEAU A BEC CROISÉ, *Corvus curvirostra*, Daudin. Variété présumée du Corbeau à duvet blanc, dont les deux mandibules seraient croisées l'une sur l'autre. De Porto-Rico.

CORBEAU ou CORNEILLE BÉDEAUDE. *V.* CORBEAU MANTELÉ.

CORBEAU BLANC, *Corvus Corax albus*, Gmel. Variété accidentelle du Corbeau noir, qui est en partie ou totalement blanche.

CORBEAU CALÉDONIEN, *Corvus caledonicus*, L. Cendré avec le bec, la queue et les pieds noirs. Taille, quinze pouces. De la Nouvelle-Calédonie. Espèce douteuse.

CORBEAU DU CAP. *V.* CORBEAU FREUX, jeune âge.

CORBEAU CENDRÉ. *V.* CORBEAU MANTELÉ.

CORBEAU ou CORNEILLE CHAUVE. *V.* CORBEAU FREUX, adulte.

CORBEAU DE LA CHINE, *Coracius Sinensis*, Lath. ; Rolle de la Chine, Vieill., Buff., pl. enl. 620. Parties supérieures et inférieures d'un vert d'aigue-marine pâle nuancé de vert jaunâtre ; front garni de plumes soyeuses rondes, dirigées en différens sens ; plumes de la nuque longues, effilées, susceptibles de se redresser en huppe ; les unes et les autres d'un vert jaunâtre ; une bande noire, partant de l'angle du bec, entoure l'œil et la nuque ; gorge et joues d'un vert jaunâtre ; petites tectrices alaires brunes ; rémiges brunes, olivâtres extérieurement et d'un brun marron à l'intérieur, les trois dernières progressivement terminées de blanc verdâtre ; bec et iris rouges ; la mandibule supérieure entourée de quelques soies noires ; pieds rougeâtres. Taille, onze à douze pouces.

CORBEAU CHOUC, *Corvus spermologus*, Frisch, Buff., pl. enl. 522. Plumage noir, irisé en vert et en violet ; yeux environnés de petits points blancs renfermés dans un demi-cercle très-noir. Taille, douze pouces six lignes. Du midi de l'Europe. La plupart des auteurs ont réuni cette espèce à la suivante dont ils la croient une simple variété.

CORBEAU CHOUCAS, *Corvus Monedula*, L. ; Buff. ; pl. enl. 523. Parties supérieures noires, irisées en violet, ainsi que le sommet de la tête ; occiput et partie supérieure du cou cendrés ; parties inférieures noires ; bec et pieds noirs ; iris blanc. Longueur, treize pouces six lignes. La femelle est d'un noir moins brillant ; elle est même grisâtre aux parties inférieures. On rencontre accidentellement des individus mélangés de blanc et même entièrement blancs. Habitans des tours, des clochers et des vieux châteaux, les Choucas y demeurent toute l'année ; chez eux la saison des amours s'annonce par une recherche bruyante ; les couples se réunissent ou se forment, se répandent dans les jardins où ils brisent les jeunes tiges d'Arbres ou d'Arbustes qui doivent servir à la construction ou à la réparation des nids qui sont toujours rassemblés dans le même édifice ou sur le même Arbre, et souvent accolés les uns contre les autres. La ponte est de cinq ou six œufs verdâtres parsemés de quelques taches brunes. Les familles restent unies long-temps encore après que les jeunes sont en état de pourvoir à leurs besoins ; et c'est même alors que les parens leur témoignent plus de tendresse, tant ils semblent redouter le moment de la séparation.

CORBEAU CHOUCAS GRIS DU BENGALE, *Corvus splendens*, Vieill. Plumage d'un cendré bleuâtre, à l'exception du sommet de la tête, des rémiges et rectrices, de la gorge, du bec et des pieds qui sont noirs. Taille, treize pouces.

CORBEAU CHOUCAS MOUSTACHE, *Corvus Hottentotus*, Lath., Buff., pl. enl. 226. Noir ; plumes du dessus du cou longues et flexibles, formant une espèce de crinière ; bec entouré de soies longues et étagées ; queue longue. Taille, quatorze pouces. Du cap de Bonne-Espérance. Espèce rare et douteuse.

CORBEAU A COLLIER. *V.* CORBEAU CHOUCAS.

CORBEAU COLOMBIEN, *Corvus columbiana*, Wils., Ornit. amér., pl. 20, f. 2. Plumage d'une teinte isabelle plus foncée aux parties inférieures ; rémiges bordées de noir bronzé ; un trait blanc sur l'aile, formé par la bordure de quelques rémiges ; rectrices blanches, les deux latérales noires ; bec cendré ; pieds noirs. Taille, treize pouces. De l'Amérique septentrionale.

CORBEAU CORBINE, *Corvus Corone*, L., Buff., pl. enl. 483. Plumage d'un noir lustré, irisé en violet ; plumes de la poitrine larges et arrondies à l'extrémité ; queue faiblement arrondie ; bec et pieds noirs ; iris brun. Longueur, dix-huit pouces. Varie accidentellement en gris, roussâtre ou en brun. D'Europe. Les Corbines paraissent être également communes sur les deux continens, du moins dans leurs régions septentrionales ; on les voit pendant l'hiver se réunir aux Frayonnes et aux Corneilles mantelées, et chercher en bonne intelligence la nourriture qui leur convient. Les troupes ne se séparent pas même au déclin du jour, tous les individus qui les composent prennent simultanément leur essor, et d'un vol rapide gagnent, en faisant retentir les airs d'un croassement désagréable, les bois ou les bosquets qu'ils ont adoptés pour retraite de toutes les nuits. Le matin les ramène tous ensemble aux champs pour y butiner de nouveau. Au printemps, ces grandes sociétés sont rompues ; les couples fidèles dans leur union se choisissent un domaine où les ressources soient assurées, et s'occupent isolément de tout ce qui est relatif à leur future famille. Le nid qu'ils placent sur l'Arbre le plus élevé, composé de branches épineuses entrelacées et mastiquées avec de la terre, est tapissé intérieurement de menues racines et d'herbes molles. La femelle y pond cinq à six œufs blanchâtres, marqués de taches et de traits obscurs, que les deux sexes couvent alternativement pendant vingt jours avec une extrême persévérance qui se change en tendresse non moins grande lorsque les petits sont éclos ; on voit alors les Corbines résister avec un courage opiniâtre aux attaques que des Oiseaux de proie, supérieurs en force, dirigent contre la jeune famille dont ils sont très-friands, et parvenir quelquefois, après un combat sanglant, à mettre l'assaillant à mort. Les Corbines sont omnivores, se jettent sur les charognes et attaquent même à leur tour le petit gibier. Leur chair noire et dure exhale une odeur fétide ; elle est dédaignée du pauvre qui n'y a recours que dans les cas de disette absolue.

CORBEAU CORBIVEAU, *Corvus albicollis*, Lath., Levaill., Ois. d'Afr. pl. 50. Plumage noir lustré, avec une grande tache blanche sur le cou ; cette tache forme de chaque côté une pointe qui s'étend sur la poitrine ; ailes plus longues que la queue qui est étagée ; bec très-courbé, noir à sa base qui est entouré de plumes roides dirigées en avant, blanchâtre à la pointe. Taille, dix-huit pouces. De l'Afrique orientale. Levaillant assure que cette espèce ne se contente pas de charognes, qu'elle attaque les Agneaux, les jeunes Gazelles, et qu'elle les dévore ; plus souvent elle se perche sur le dos des Buffles, des Éléphans et des Rhinocéros, et recherche les larves d'Insectes qui occupent les pustules dont la peau de ces grands Mammifères est ordinairement couverte.

CORBEAU A DUVET BLANC, *Corvus leucognaphalus*, Daud. Plumage noir avec la base des plumes garnie d'un duvet blanc. Taille, dix-huit pouces. Des Antilles.

CORBEAU FRAYONNE ou FREUX, *Corvus frugilegus*, Lath., Buff., pl. enl. 484. Plumage noir à reflets pourprés ; bec noir, raboteux, assez grêle et droit, blanchâtre à sa base qui est environnée d'une peau nue et calleuse ; iris d'un noir bleuâtre. Taille, dix-sept pouces six lignes. Cette espèce s'éloigne par ses mœurs de la Corbine avec laquelle une similitude de plumage l'a fait souvent confondre. Elle n'habite les climats tempérés que dans la saison des frimas ; aux approches du printemps, presque tous les Freux se retirent vers le Nord où ils s'occupent d'abord de leur reproduction. Leurs nids diffèrent de ceux des Corbines en ce qu'il n'entre point de mastic de terre dans leur construction, qu'ils sont en outre très-rapprochés les uns des autres sur le même terrain et souvent sur le même Arbre. La ponte consiste en trois, quatre ou cinq œufs oblongs, verdâtres, tachés de cendré brun. Les Freux ont beaucoup de tendresse pour leurs petits ; ceux-ci, au sortir du nid, ont la base du bec garnie de petites plumes qui disparaissent bientôt par le frottement continuel qu'éprouve cette partie que l'Oiseau enfonce dans la terre pour y saisir les graines, les Vers et les larves dont il fait, ainsi que des fruits, son unique nourriture ; il faut qu'il soit singulièrement tourmenté par la faim pour toucher aux charognes qui au contraire sont le mets favori des Corbines ; du reste, les deux espèces, également criardes et nombreuses en individus, couvrent pêle-mêle nos campagnes pendant l'hiver. La chair

du Freux, assez bonne et même délicate dans les jeunes, n'est point rebutée du pauvre comme celle du Corbeau noir et des Corbines.

CORBEAU-GEAI AZURIN, *Graculus cyaneus*, Vieill. Tout le plumage d'un bleu d'azur ; point de huppe ni d'aigrette sur la tête. Taille, treize pouces. Des Florides. Espèce douteuse que quelques auteurs prétendent n'être qu'une variété du Geai de Steller.

CORBEAU-GEAI DE LA BAIE DE NOOTKA. *V*. GEAI DE STELLER.

CORBEAU-GEAI BLANCHE-COIFFE. *V*. CORBEAU-PIE BLANCHE-COIFFE.

CORBEAU-GEAI BLEU DE L'AMÉRIQUE SEPTENTRIONALE, DU CANADA, et CORBEAU-GEAI BLEU HUPPÉ, *Corvus cristatus*, Lath., Buff., pl. enl. 529. Parties supérieures d'un bleu cendré luisant ; plumes du sommet de la tête longues et susceptibles de se relever en huppe ; front noir ; un collier de cette couleur entourant la gorge et formant une bande sur la nuque ; tectrices alaires et rectrices d'un beau bleu d'azur, rayées de noir et terminées de blanc, à l'exception des deux rectrices intermédiaires ; rémiges noires, d'un bleu cendré à l'extérieur ; gorge blanchâtre, bleuâtre chez les adultes ; poitrine d'un gris cendré qui s'éclaircit insensiblement sur l'abdomen ; bec et pieds noirs ; iris bleuâtre. Taille, onze pouces. Très-commun dans l'Amérique septentrionale où ses habitudes sont à peu près celles de notre Geai d'Europe.

CORBEAU-GEAI BLEU-VERDIN, *Graculus melanogaster*, Vieill., Lev., Oiseaux de Paradis, pl. 44. Parties supérieures et poitrine d'un cendré brunâtre nuancé de bleu et de vert ; rémiges et rectrices bleues, rayées de noir ; croupion et abdomen noirs, ainsi que le bec et les pieds ; iris bleu. Taille, douze pouces.

CORBEAU-GEAI BORÉAL. *V*. GEAI IMITATEUR.

CORBEAU-GEAI BRUN DU CANADA, *Corvus canadensis*, Lath. Parties supérieures brunes, plus foncées sur la tête; base du bec garnie de plumes blanchâtres; joues d'un gris roussâtre; ailes et queue brunes; celle-ci étagée et terminée de blanc; parties inférieures cendrées, avec la poitrine plus claire; bec et pieds noirs. Taille, dix pouces.

CORBEAU-GEAI DE CARTHAGÈNE, *Corvus argyrophtalmus*, Gmel. Noir, à l'exception de la poitrine, du bord extérieur des rémiges et d'une tache au bord de l'œil, qui sont d'un bleu foncé; extrémité des rectrices blanche. Taille, quatorze pouces. Latham pense que cette espèce n'est qu'une variété du Geai vert.

CORBEAU-GEAI DE CAYENNE. *V.* CORBEAU-PIE BLANCHE-COIFFE.

CORBEAU-GEAI DE LA CHINE A BEC ROUGE. *V.* CORBEAU-PIE BLEUE A BEC ROUGE.

CORBEAU-GEAI D'EUROPE, *Corvus glandarius*, L., Buff., pl. enl. 481, Levaill., Ois. Par., pl. 40 et 41. Parties supérieures d'un roux vineux, avec le croupion blanchâtre; tête garnie de plumes assez longues d'un cendré rougeâtre, parsemé de quelques traits noirs; tectrices alaires d'un bleu soyeux, rayé transversalement de nuances alternativement plus pâles et plus obscures; grandes rémiges noires avec la moitié du bord extérieur blanc; rectrices cendrées, noires à l'extrémité; parties inférieures d'un cendré rougeâtre; bec noir, blanchâtre à l'extrémité; iris bleu; pieds noirs. Taille, treize pouces. Les habitudes du Geai diffèrent peu de celles de la Pie; l'un et l'autre sont susceptibles de la même éducation, et si l'on semble accorder la préférence au Geai, ce n'est qu'en faveur de la beauté de son plumage. Il est d'un naturel pétulant, fort bavard et très-étourdi; il choisit de préférence pour sa nourriture les Glands, les Châtaignes, les fruits rouges et surtout les racines bulbeuses qu'il a l'art de découvrir et d'arracher avec le bec. Il construit assez négligemment son nid qu'ordinairement il place au sommet des Chênes les plus élevés; la ponte consiste en cinq œufs d'un gris

verdâtre, faiblement tacheté de brun. La tendresse du Geai pour ses petits est très-grande; il les garde même près de lui jusqu'à ce qu'une nouvelle couvée réclame pour d'autres les mêmes soins.

CORBEAU-GEAI GRIS-BLEU. Paraît être le Geai azuré dans son jeune âge.

CORBEAU-GEAI IMITATEUR, *Corvus infaustus*, Lath.; *Corvus Sibiricus*, Gmel., Buff., pl. enl. 608. Parties supérieures d'un gris cendré; tête huppée noirâtre; petites tectrices alaires et croupion d'un roux vif; rectrices intermédiaires cendrées, toutes les latérales rousses; parties inférieures roussâtres; abdomen d'un beau roux; bec noir avec sa base entourée de plumes blanches; pieds bruns. Taille, onze pouces. Des régions les plus septentrionales de l'Europe et de l'Asie.

CORBEAU-GEAI LONGUP, *Garrulus galericulatus*, Cuv., Levaill., Ois. Par. pl. 42. Noir, avec un collier blanc sur la nuque; deux longues plumes formant une huppe; bec et pieds noirâtres; iris blanchâtre. Longueur, dix pouces trois lignes. De Java.

CORBEAU-GEAI ORANGÉ, Levaill., Ois. de Paradis, pl. 47. *V.* CORBEAU-GEAI IMITATEUR.

CORBEAU-GEAI DU PÉROU, *Corvus Peruvianus*, Lath., Buff., pl. enl. 625. Parties supérieures d'un beau vert pâle; sommet de la tête orné d'une couronne blanche; œil entouré, ainsi que la base du bec, de plumes d'un bleu céleste; nuque bleuâtre; les trois rectrices latérales jaunes; gorge et devant du cou d'un noir pur; poitrine et parties inférieures jaunes; queue étagée; bec noirâtre. Taille, onze pouces.

CORBEAU-GEAI (PETIT) DE LA CHINE, *Corvus auritus*, Lath. Parties supérieures d'un gris cendré plus foncé sur la tête et le cou; rémiges et rectrices brunes; front blanc de même qu'une tache de chaque côté de la tête en dessous des yeux; gorge noire; parties inférieures d'un cendré clair; bec et pieds noirs; iris roussâtre. Longueur, neuf pouces.

CORBEAU-GEAI DE SIBÉRIE, *Cor-*

vus Sibiricus, Gmel., Buff., pl. enl. 608. *V.* GEAI IMITATEUR.

CORBEAU-GEAI DE STELLER, *Corvus Stelleri*, Lath. Parties supérieures d'un noir pourpré ; huppe brune, formée de plumes longues et étroites ; tectrices alaires brunes et d'un bleu foncé ; une partie des rémiges bleues rayées de noir, les autres noires bordées de vert bleuâtre ; rectrices bleues avec la tige noire ; parties inférieures d'un bleu céleste avec la gorge et la poitrine noires. Longueur, treize pouces. De l'Amérique septentrionale.

CORBEAU-GEAI A TÊTE POURPRÉE, *Corvus purpurascens*, Lath. Parties supérieures roussâtres avec la tête d'un rouge pourpré assez vif ; ailes et queue noires ; parties inférieures jaunes ; bec cendré ; pieds rougeâtres. Taille, douze pouces. De la Chine.

CORBEAU-GEAI VERT, *Corvus Surinamensis*, Gmel.; *Corvus argyrophtalmus*, Lath. Parties supérieures verdâtres avec le sommet de la tête d'un vert très-foncé et marqué de bleu ; tectrices alaires d'un vert irisé ; rémiges noirâtres terminées de bleu ; rectrices noirâtres terminées de blanc ; parties inférieures d'un vert foncé ; bec noirâtre ; iris blanc ; pieds rougeâtres. Taille, dix-sept pouces. De l'Amérique méridionale.

GRAND CORBEAU, *Corvus major*, Levaill., Ois. d'Afr., pl. 51. Ne diffère du Corbeau noir d'Europe que par sa taille plus élevée, son bec plus fort et plus courbé. Ce Corbeau se retrouve aussi dans l'Inde.

CORBEAU A GORGE BRUNE, *Corvus dauricus*, Var., Lath. Noir, à l'exception de la gorge qui est brune. Taille, onze pouces. De Sibérie.

CORBEAU D'HIVER. *V.* CORBEAU MANTELÉ.

CORBEAU HOCIZANA, *Corvus Mexicanus*, Lath. D'un noir azuré avec le bec et les pieds d'un noir mat. Taille, quatorze pouces. Du Mexique.

CORBEAU HOUPETTE, Vieill. (Pie Houpette, *V.* pl. de ce Dict.). Parties supérieures, ailes et base de la queue d'un beau bleu ; tête, front, cou,

gorge et poitrine supérieure noirs ; bas de la poitrine, parties inférieures et les trois quarts de la longueur des rectrices d'un blanc pur ; bec dont la base n'est pas couverte de plumes dirigées en avant, noir ainsi que les pieds. Taille, seize pouces. Du Brésil.

CORBEAU JACOBIN. *V.* CORBEAU MANTELÉ.

CORBEAU DE LA JAMAÏQUE, *Corvus Jamaïcensis*, Lath. Plumage tout noir ; bec moins fort que celui de la Corbine ; queue assez courte. Longueur, seize pouces.

CORBEAU MANTELÉ, *Corvus Cornix*, L., Buff., pl. enl. 76. Parties supérieures et inférieures cendrées ; tête, gorge, ailes et queue noires à reflet bronzé ; bec et pieds noirs ; iris brun. Taille, dix-neuf pouces. D'Europe. Ses mœurs ne diffèrent presque pas de celles du Freux ; les deux espèces hivernent dans nos climats et regagnent au printemps les chaînes élevées et les pays septentrionaux. Les Corneilles mantelées se nourrissent de graines, de fruits, de Vers, de Limaces, de Crabes et de petits Poissons ; dans l'extrême disette seulement, on les voit se repaître de charognes dont elles ne mangent que par nécessité.

CORBEAU MANTELÉ DE RUSSIE. *V.* CORBEAU CHOUCAS.

CORBEAU ou CORNEILLE MARINE. Surnom de la Corneille mantelée, que lui a valu sans doute l'usage qu'elle fait des petits Poissons après les avoir saisis à la manière des Mouettes.

CORBEAU MEUNIER. *V.* CORBEAU MANTELÉ.

CORBEAU MOISSONNEUR. *V.* CORBEAU FREUX.

CORBEAU NOIR, *Corvus Corax*, L., Buff., pl. enl. 495. Entièrement d'un beau noir à reflets pourprés ; queue fortement arrondie ; bec noir, fort ; iris d'un gris blanchâtre entouré d'un cercle brunâtre. Taille, vingt-quatre pouces. D'Europe. Reléguée dans les grandes forêts montagneuses, cette espèce se montre très-rarement dans les plaines ; elle fait sa nourriture de petites proies, de Levreaux, de Lapins, de Canards ; à défaut, elle se jette sur les charognes. Son nid, placé dans les anfractures de rochers, dans les crevasses de vieilles murailles, est construit comme ceux des Oiseaux de proie; la ponte est de trois à six œufs d'un vert salé, tacheté et rayé de brun noirâtre.

CORBEAU ou CORNEILLE NOIRE. *V.* CORBEAU CORBINE.

CORBEAU NOIR ET BLANC DE L'ILE DE FÉROÉ, *Corvus leucophœus*, Vieill. Plumage d'un noir azuré, à l'exception du sommet et des côtés de la tête, de la gorge, du ventre, des tectrices alaires et des caudales inférieures, de la plupart des rémiges, qui sont d'un blanc pur; toutes les plumes entourées d'un duvet gris; bec très-long et noir. Taille, vingt-quatre pouces. Cette espèce est vorace et féroce; on assure qu'elle attaque les Moutons et même les Veaux, qu'elle leur crève d'abord les yeux, etc. Divers auteurs la regardent comme une variété du Corbeau noir.

CORBEAU OSSIFRAGUE, *Corvus Ossifragus*, Wilson. Entièrement noir; des cils très-longs à la base supérieure du bec dont l'inférieure est dénuée de plumes; les deux mandibules à bords rentrans, la supérieure échancrée vers la pointe; yeux très-petits, rapprochés de l'angle du bec; iris bleu; pieds forts; ongles crochus et grands. Longueur, seize pouces. De l'Amérique septentrionale.

CORBEAU-PIE ACAHÉ, *Corvus pileatus*, Illig.; *Pica Chrysops*, Vieill., Temm., pl. color. 58. Parties supérieures d'un beau bleu, un peu plus pâle à l'occiput; sommet de la tête, gorge, côtés et devant du cou noirs; deux taches bleues semi-circulaires au-dessus et au-dessous de l'œil; queue arrondie, terminée de blanc; parties inférieures blanches; bec et pieds noirâtres; iris jaune. Taille, treize pouces six lignes. De l'Amérique méridionale.

CORBEAU-PIE DES ANTILLES, *Corvus Caribœus*, Lath. Parties supérieures brunes avec la tête et le cou bleus; une tache blanche tiquetée de noir va de l'origine du bec à la nuque; un

collier blanc; croupion et tectrices caudales jaunes; ailes d'un bleu verdâtre, nuancées de bleu; rectrices bleues rayées de blanc, les deux intermédiaires beaucoup plus longues, bleues et terminées de blanc. Taille, dix-huit pouces.

CORBEAU-PIE BLANCHE-COIFFE, *Corvus Cayanus*, Lath., Buff., pl enl. 373. Parties supérieures d'un noir violet; sommet de la tête, cou, parties inférieures, extrémité de la queue d'un blanc pur; front, joues, gorge et devant du cou noirs; une tache blanche à l'origine du bec, une autre autour des yeux dont l'iris est brun; bec et pieds noirâtres. Taille, treize pouces. De la Guiane.

CORBEAU-PIE BLEUE A BEC ROUGE, *Corvus erythrorynchos*, Lath.; *Coracias melanocephala*, *Coracias Sinensis*, Buff., pl. enl. 622, Levaill., Ornith. afr., pl. 57. Parties supérieures d'un cendré violet plus brun sur le dos, et tacheté de noir sur le sommet de la tête; une bande noire à l'occiput; rectrices étagées, bleues, bordées de blanc avec une tache de cette couleur vers l'extrémité qui est noire, les deux intermédiaires très-longues; front, cou et poitrine d'un noir velouté; parties inférieures d'un cendré rougeâtre clair; bec rougeâtre; iris orangé; pieds rouges avec les ongles blancs, longs et crochus. Longueur, dix pouces. De la Chine.

CORBEAU-PIE BLEUE DE CIEL et CORBEAU-PIE BLEUE ET NOIRE, *Pica cyanomelas*, Vieill. Parties supérieures d'un bleu foncé, irisé; front, côtés de la tête, gorge, devant du cou noirs; sommet tirant sur le brun; bec et pieds noirs. Taille, treize pouces six lignes. De l'Amérique méridionale.

CORBEAU-PIE BLEUE A TÊTE NOIRE, *Corvus cyanus*, L., Levaill., Oiseaux d'Afr., pl. 58. Parties supérieures bleues; sommet de la tête garni de longues plumes dont la couleur ainsi que celle des joues et de la gorge est le noir; rectrices terminées de blanc; parties inférieures d'un blanc sale; bec noir; pieds bruns. Taille, onze pouces. De la Chine.

CORBEAU-PIE A COU BLANC, *Pica albicollis*, Vieill., Labill., Voya. pl. 39. Noir, à l'exception du cou et de la partie supérieure du dos et du ventre qui sont blancs ; queue très-étagée ; bec jaunâtre avec l'extrémité noire ; pieds noirs. Longueur, vingt pouces. De la Nouvelle-Calédonie.

CORBEAU-PIE CULOTTE DE PEAU. *V.* CORBEAU-PIE RUFIGASTRE.

CORBEAU-PIE HOUPETTE, *Corvus cristatellus*, Temm., Ois. color., pL 193 (*V.* pl. de ce Dictionnaire). *V.* CORBEAU HOUPETTE.

CORBEAU-PIE A HUIT PENNES. *V.* CORBEAU-PIE RUFIGASTRE.

CORBEAU-PIE DES INDES A LONGUE QUEUE. *V.* CORBEAU-PIE DES ANTILLES.

CORBEAU-PIE AUX JOUES BLANCHES, *Corvus olivaceus*, Lath. Parties supérieures d'un brun ferrugineux ; tête noirâtre, fortement emplumée ; rectrices étagées, les latérales bordées de blanc extérieurement ; parties inférieures noirâtres avec la gorge et la poitrine variées de blanc ; bec et pieds noirâtres. De la Nouvelle-Hollande.

CORBEAU-PIE DE LA NOUVELLE-CALÉDONIE. *V.* CORBEAU-PIE A COU BLANC.

CORBEAU-PIE DU MEXIQUE. *V.* CORBEAU-PIE ZANOÉ.

CORBEAU-PIE PIAPIAC, *Corvus Senegalensis*, Lath., Buff., pl. enl. 538. Parties supérieures d'un noir lustré ; les inférieures d'un noir mat ; rémiges et rectrices latérales d'un brun noirâtre ; ces dernières très-étagées et pointues. Taille, treize pouces. De l'Afrique méridionale.

CORBEAU-PIE POURPRÉE, *Corvus africanus*, Lath. Parties supérieures brunes ; tête et cou d'un noir pourpré, avec chaque plume terminée de gris ; rémiges bleuâtres à l'extérieur ; rectrices blanches à leur extrémité ; parties inférieures cendrées. Taille, vingt pouces. D'Afrique.

CORBEAU-PIE ROUSSE DE LA CHINE, *Corvus rufus*, Lath., Levaill., Ois. d'Afr., pl. 59. Parties supérieures d'un roux jaunâtre, avec la tête et le cou bruns ; petites tectrices alaires d'un roux cendré ; les autres d'un gris clair ; rémiges noirâtres ; rectrices intermédiaires brunes à la base, grises dans l'autre moitié et terminées de blanc ; parties inférieures d'un blanc roussâtre ; bec et pieds noirs ; iris roussâtre. Taille, dix pouces.

CORBEAU-PIE RUFIGASTRE, *Corvus rufigaster*, Lath., Levaill., Ois. d'Afr., pl. 55. Plumage noir, irisé en bleu ; parties inférieures d'un roux clair, ainsi que les barbes extérieures des deux rémiges intermédiaires. Taille, douze pouces. D'Afrique.

CORBEAU-PIE SAN-HIA. *V.* CORBEAU-PIE BLEUE A BEC ROUGE.

CORBEAU-PIE DU SÉNÉGAL. *V.* CORBEAU-PIE PIAPIAC.

CORBEAU-PIE A TÊTE NOIRE. *V.* CORBEAU-PIE BLEUE A TÊTE NOIRE.

CORBEAU-PIE VAGABONDE, *Coracias vagabunda*, Lath. Parties supérieures brunes ; tête, cou et grandes tectrices alaires noires ; petites tectrices et rémiges intermédiaires d'un blanc bleuâtre ; rectrices cendrées dans leur moitié inférieure ; les intermédiaires entièrement noires ; parties inférieures d'un cendré bleuâtre ; queue très-longue, étagée. Taille, seize pouces. Des Indes.

CORBEAU-PIE VULGAIRE, *Corvus Pica*, Lin., Buff., pl. enl. 488. Tête, gorge, cou, haut de la poitrine et dos noirs ; rectrices très-étagées à reflets bronzés ; scapulaires, poitrine et ventre blancs ; bec, pieds et iris noirs. Taille, dix-huit pouces. D'Europe. Les Pies, dont les mœurs sont généralement connues, s'éloignent rarement des lieux qui les ont vues naître ; la conformation de leurs ailes, très-courtes relativement à la longueur totale de l'Oiseau, s'oppose à tout voyage qui demanderait un vol élevé et soutenu. Se posent-elles à terre ordinairement, elles y sautillent plutôt qu'elles n'y marchent. De toutes les espèces de ce genre, aucune ne s'accoutume plus facilement à la domesticité, et ne retient plus vite les mots et les phrases qu'on leur apprend. Ces mots, répétés avec une volubilité fatigante, ont donné lieu à un vieil adage qui, dans la société, s'applique au babil insipide de la sottise, mais dont trop souvent on abuse envers le sexe qui sait répandre tant de charmes sur ses moindres expressions. La Pie met beaucoup d'art dans la construction de son nid; elle le place au sommet des plus grands Arbres, le fortifie extérieurement avec des buchettes et du mortier de terre, le garnit en dedans de racines filamenteuses, et y pond quatre à cinq œufs d'un vert bleuâtre, parsemé de taches brunes. Pendant l'incubation, elle a continuellement l'œil au guet, se bat vigoureusement contre les Corneilles qui approchent du nid, et les oblige à fuir : la témérité de ce faible Oiseau est telle en ce moment, qu'on l'a vu attaquer même le Faucon qui cherchait à s'emparer de sa couvée. On rencontre quelquefois des Pies tout-à-fait blanches.

CORBEAU-PIE ZANOÉ, *Corvus Zanoe*, Lath. Plumage noir, à l'exception de la tête et du cou qui sont d'un brun fauve. Longueur, seize pouces. Du Mexique.

CORBEAU A PLUMES GRISES. Paraît être une variété métis provenant de la Corbine et de la Corneille mantelée; elle a le dos mélangé de noir et de gris. On la trouve assez communément en Sibérie.

CORBEAU A RABAT, *Corvus clericus*, Lath. Variété du Corbeau noir, dont quelques parties du corps sont blanches ou rousses.

CORBEAU DE ROYSTON et CORBEAU SAUVAGE. *V*. CORBEAU MANTELÉ.

CORBEAU A SCAPULAIRE BLANC, *Corvus dauricus*, Lath., Buff., pl. enl. 327. Tête, gorge, dos, ailes et queue d'un noir luisant irisé ; le reste du plumage blanc ; bec et pieds noirs ; queue arrondie, assez courte. Taille, onze pouces. De l'Afrique et de la Chine.

CORBEAU ou CORNEILLE DU SÉNÉGAL. *V*. CORBEAU A SCAPULAIRE BLANC.

CORBEAU SOLITAIRE. *V*. CORBEAU NOIR.

CORBEAU DES TERRES AUSTRALES,

COR

Corvus australis, Lath. Plumage noir, irisé, avec les rémiges et les rectrices d'un brun noirâtre; les plumes de la gorge molles et peu serrées ; bec très-épais à sa base et fort comprimé sur les côtés, noir ainsi que les pieds. Taille, dix-huit pouces. De l'Océanique.

CORBEAU TIGRÉ. *V*. CORBEAU A SCAPULAIRE BLANC.

CORBEAU VARIÉ, *Corvus Cacalotl*, H. Variété du Corbeau noir, dont le plumage est tacheté de noir. Du Mexique.

CORBEAU VAUTOURIN. *V*. CORBEAU CORBIVEAU.

CORBEAU VERSICOLOR, *Corvus versicolor*, Lath. Plumage d'un brun sombre, irisé de vert et de pourpré; bec et pieds noirs. Taille fort élevée. Espèce douteuse. (DR..Z.)

On a étendu le nom de Corbeau à plusieurs espèces d'Oiseaux très-différentes. Ainsi on a appelé :

CORBEAU AQUATIQUE, au Mexique, l'*Ibis Acalot*, *Tantalus mexicanus*, Lath. *V*. IBIS.

* CORBEAU DU BENGALE, le *Corvus brachyurus*, L., Buff., pl. enlum. 258. *V*. BRÈVE.

CORBEAU BLANC, le Catharte Papa, *Vultur Papa*, L., au Paraguay. *V*. CATHARTE.

CORBEAU BLEU (Edwards), le Rollier vulgaire, *Coracias Garrula*, L. *V*. ROLLIER.

CORBEAU CHAUVE, le *Pyrrhocorax Coracias*, *Corvus Graculus*, L., dans sa vieillesse. *V*. PYRRHOCORAX.

CORBEAU CHAUVE, le *Corvus calvus*, Lath. *V*. CORACINE.

CORBEAU DE CORNOUAILLES, le *Pyrrhocorax Coracias*, *Corvus Graculus*, Gmel. *V*. PYRRHOCORAX.

CORBEAU CORNU, le Calao de Malabar, *Buceros malabaricus*, Lath. *V*. CALAO.

CORBEAU DU DÉSERT, le *Pyrrhocorax Coracias*, *Corvus Graculus*, L. *V*. PYRRHOCORAX.

CORBEAU DES INDES, le Calao des Moluques, *Buceros hydrocorax*, Lath. *V*. CALAO.

CORBEAU A MASQUE NOIR, le *Corvus melanops*, Lath. *V.* ECHENILLEUR KAILORA.

CORBEAU DE MER, le grand Cormoran, *Pelecanus Carbo*, L. *V.* CORMORAN.

* CORBEAU DU MEXIQUE, le *Corvus mexicanus*, Gmel. Syn. du Troupiale Yapou. *V.* ce mot.

CORBEAU DE LA NOUVELLE-GUINÉE, le *Corvus Novæ-Guineæ*, L. *V.* ECHENILLEUR A VENTRE RAYÉ.

CORBEAU NU, *Corvus nudus*, L. *V.* CORACINE.

CORBEAU DE NUIT, la Hulotte, *Strix Aluco*, L., et l'Engoulevent, *Caprimulgus europœus*, L. *V.* CHOUETTE et ENGOULEVENT.

CORBEAU DE PARADIS, le Tyran de Savana, *Muscicapa Tyrannus*, Lath. *V.* GOBE-MOUCHE.

CORBEAU RHINOCÉROS, le Calao Rhinocéros, *Buceros Rhinoceros*, Lath. *V.* CALAO.

CORBEAU A VENTRE JAUNE, le *Corvus flavus*, L.; Geai à ventre jaune, Buff., pl. enlum. 249. *V.* GOBE-MOUCHE.   (B.)

CORBEAU DE MER. POIS. Même chose que Corax. *V.* ce mot.   (B.)

CORBEDWYN. BOT. PHAN. Syn. gallois de *Betula nana*. *V.* BOULEAU.   (B.)

CORBEGEAU ou CORBIGEAU. OIS. Syn. vulgaire du Courlis d'Europe, *Scolopax arcuata*, L. *V.* COURLIS.   (DR. Z.)

CORBEILLE. *Corbis.* MOLL. Ce genre établi par Cuvier (Règn. Anim. T. II, p. 480), avec la *Venus fimbriata* de Gmelin, a été adopté par presque tous les conchyliologues. En effet, il présente des caractères saillans qui le font distinguer facilement. Megerle l'a proposé sous le nom de *Fimbria*; Bruguière, dans les planches de l'Encyclopédie, l'avait placé parmi les Lucines, et Lamarck l'avait également admis au nombre de celles-ci, lorsqu'il l'adopta dans son Histoire des Anim. sans vert. (T. V, p. 536, 1818). Il lui donne les caractères suivans: coquille transverse, équivalve, sans pli

irrégulier au bord antérieur, ayant les crochets courbés en dedans et opposés; deux dents cardinales; deux dents latérales, dont une plus rapprochée de la charnière; impressions musculaires simples. Ce genre a évidemment des rapports avec les Tellines par sa charnière; il n'en diffère que par le pli irrégulier qu'elles ont toutes, et dont il est presque toujours dépourvu; il se rapproche également des Lucines par la charnière; mais il ne présente pas leur impression musculaire en languette. Il a d'autant plus de rapports avec les Tellines, que par une anomalie singulière on a observé un individu de la collection de feu Valenciennes, qui est actuellement dans la riche collection de Duclos, présentant un pli sinueux, semblable à celui des Tellines. Ce genre est peu nombreux en espèces: une seule à l'état frais ou vivant, et deux fossiles. Nous allons les faire connaître.

CORBEILLE RENFLÉE, *Corbis fimbriata*, Cuv. (Règn. Anim. T. II, p. 480) et Lamk. (Anim. sans vert. T. V, p. 536). C'est la *Venus fimbriata* de Linné, figurée dans l'Encyclopédie (pl. 286, fig. 3, A, B, C). Cette Coquille, qui vient de l'océan Indien, est ovale, transverse, gonflée, élégamment striée; les stries coupées perpendiculairement par des lames obtuses et onduleuses qui suivent la direction des bords; ceux-ci sont obtus et crénelés. Elle est longue de deux pouces et large de deux et demi.

CORBEILLE PÉTONCLE, *Corbis Petunculus*, Lamk. (Anim. sans vert. T. V, p. 537); Defrance (Dict. des Sciences Nat.). Cette belle et grande Coquille fossile, que l'on ne connaissait que des falaises de Valognes, a été également trouvée aux environs de Paris, à Parne et à Chaumont. Sa forme est presque orbiculaire, plus aplatie que l'espèce vivante, striée suivant la longueur et lamelleuse suivant les bords. Les lames sont simples dans toute leur longueur, excepté vers le bord antérieur de la Coquille où elles sont crénues. Les bords sont crénelés et épais.

L'individu de notre collection a trois pouces trois lignes de long sur trois pouces six lignes de large.

CORBEILLE LAMELLEUSE, *Corbis lamellosa*, Lamk. (Anim. sans vert. loc. cit.), *Lucina lamellosa* (Ann. du Mus. T. VII, p. 237, et T. XII, pl. 42, fig. 3), figurée dans l'Encyclopédie (pl. 286, fig. 2, A, B, c). Cette espèce, plus petite que les deux précédentes, présente également une forme elliptique. Elle est finement striée longitudinalement, et les stries sont coupées par des lames saillantes, quelquefois assez écartées entre elles, simples dans toute leur étendue, excepté vers le côté antérieur de la Coquille où elles sont dentées. Cette espèce est généralement plus inéquilatérale que les deux précédentes, et ses bords crénelés sont moins épais. Cette Coquille se trouve abondamment aux environs de Paris, à Grignon, à Parne et d'autres lieux. Elle a quelquefois deux pouces trois lignes de large et un pouce neuf lignes de long. Le test est proportionnellement plus mince que dans les deux autres espèces. On en trouve à Bracheux près Beauvais une variété dont les stries sont plus fines, les lames plus nombreuses, les bords plus épais et plus finement crénelés.
(D..H.)

CORBEILLE D'OR. BOT. PHAN. Nom vulgaire de l'*Alyssum saxatile*, mérité par le bel effet que produisent au printemps ses fleurs cultivées dans nos jardins. *V.* ALYSSON. (B.)

CORBEL. OIS. Syn. ancien du Corbeau noir, *Corvus Corax*, L. *V.* CORBEAU. (DR..Z.)

* CORBI. REPT. SAUR. (Dapper.) L'un des noms arabes du Crocodile.
(B.)

* CORBI-CALAO. OIS. (Levaillant.) Syn. du Philedon cornu, *Meliphaga corniculata*, Temm. *V.* PHILEDON.
(DR..Z.)

CORBICHET. OIS. Syn. vulgaire du Courlis, *Scolopax arcuata*, L. *V.* COURLIS. (DR..Z.)

CORBICHONIA. BOT. PHAN. (Scopoli.) *V.* TALINUM.

CORBICULE. *Corbicula*. MOLL. Ce genre, proposé par Megerle pour la *Tellina fluminalis* de Gmelin et d'autres espèces voisines, présente des caractères absolument semblables à ceux des Cyrènes : effectivement, trois dents cardinales et deux dents latérales conviennent au genre de Megerle comme à celui de Lamarck. Le genre Cyrène étant plus généralement adopté, nous y renvoyons. *V.* CYRÈNE. (D..H.)

CORBIGEAU. OIS. *V.* CORBEGEAU,

CORBILLARD ou CORBILLAT. OIS. Surnom vulgaire du jeune Corbeau. (DR..Z.)

CORBIN. OIS. Syn. ancien du Corbeau noir, *Corvus Corax*, L. *V.* CORBEAU. (DR..Z.)

CORBINE. OIS. Espèce du genre Corbeau, *Corvus Corone*, L., Buff., pl. enlum. 483. Oiseau d'Europe. *V.* CORBEAU. (DR..Z.)

* CORBIS. OIS. Syn. vulgaire de la Corbine, *Corvus Corone*, L. *V.* CORBEAU. (DR..Z.)

CORBIS. MOLL. *V.* CORBEILLE.

* CORBIVEAU. OIS. Espèce du genre Corbeau, *Corvus albicollis*, Lath., Levaill., Oiseaux d'Afrique, pl. 50. *V.* CORBEAU. (DR..Z.)

* CORBULAIRE. *Corbularia*. BOT. PHAN. Genre indiqué par Salisbury dans les Transactions de la Société Horticulturale de Londres, vol. 1, p. 349-351, et caractérisé par Haworth (*Suppl. Plant. succulent. et Narcissorum Revisio*, p. 120). Ces auteurs l'ont établi aux dépens du genre *Narcissus* de Linné, dont il ne doit probablement être considéré que comme une section de même que les genres *Ajax*, *Queltia*, *Schizanthes*, *Ganymedes*, *Phylogyne* et *Hermione*. *V.* tous ces mots à l'exception du premier qui, n'ayant pas été décrit à sa place, sera traité ici très-succinctement.

Le *Corbularia* se compose des Narcisses dont les étamines ascendantes et courbées ont leurs filets égaux et renfermés dans le périanthe; trois sont insérés sur le tube lui-même et trois à la base de ce tube; les segmens du périanthe sont étroits, plus petits que la couronne qui est très-grande et turbinée. Les espèces de Corbulaires sont au nombre de cinq, savoir : *Corbularia tenuifolia*, *C. lobulata*, *C. obesa*, *C. albicans* et *C. Bulbocodium*. Ce sont des Plantes indigènes des pays montueux de la péninsule espagnole, que l'on cultive dans les jardins d'Angleterre, et qui sont remarquables par leurs feuilles filiformes et creusées en gouttières.

Le genre *Ajax* a une organisation bien semblable à celle du précédent, c'est-à-dire qu'il n'est, comme lui, qu'une section du grand genre *Narcissus* de Linné et qu'il offre les mêmes caractères génériques. *V.* NARCISSE. De légères modifications dans les organes de la reproduction ont paru suffisantes pour les différencier : ici les étamines sont droites, leurs filets sont libres, égaux, insérés à la base du tube, un peu adhérens à ses côtés et souvent trois fois moindres que la couronne, laquelle est grande, égale aux segmens du périanthe, et en forme de coupe évasée. Haworth énumère quatorze espèces d'Ajax qu'il divise en deux sections, selon la longueur relative du tube du périanthe. Mais à en juger d'après les descriptions elles-mêmes, nous ne pouvons voir dans plusieurs d'entre elles que de simples variétés. Il est difficile, par exemple, de considérer comme espèces distinctes de l'*Ajax festalis*, Salisb., ou *Narcissus Pseudo-Narcissus*, L., les *Ajax serratus*, *spurius* et *nobilis*. Ce sont des Plantes européennes, pour la plupart indigènes des pays méridionaux, très-printanières, munies de bulbes tuniqués, arrondis inférieurement et coniques supérieurement, à feuilles planes, canaliculées, striées de grosses nervures, et plus ou moins glauques. (G..N.)

CORBULE. *Corbula.* MOLL. Ce genre a été établi par Bruguière dans les planches de l'Encyclopédie; et com-me il offre des caractères saillans et bien tranchés, il a été adopté par presque tous les conchyliologues qui l'ont suivi; mais il a varié dans la place qu'il a occupée dans la série. Bruguière, le confondant avec quelques espèces d'Anatines, l'a placé près des Myes et des Capses qui renferment aussi les Sanguinolaires. Lamarck (Animaux sans vert., 1801), ne considérant que l'inégalité des valves, l'a éloigné, mais à tort, de sa véritable place, pour le mettre, ainsi que les Pandores, en relation avec les Houlettes et les Anomies qui appartiennent à un ordre différent. Quoiqu'inéquivalve, la Corbule est une Coquille régulière dont le test est compacte et solide, qui présente deux impressions musculaires, ce qui doit la remettre dans l'ordre et près des genres où Cuvier l'a placée, à côté des Mactres. Lamarck (Anim. sans vert. T. v, pl. 494, 1818) l'a replacée dans ses rapports les plus convenables en la séparant, avec la Pandore, en une famille distincte qui a des rapports avec les Mactracées. Il a satisfait au caractère de l'inégalité des valves, anomalie presque unique dans les Coquilles Dimyaires régulières, et à celui de l'insertion du ligament qui est interne, comme dans les Mactres. Voici, d'ailleurs, les caractères qu'il lui donne : coquille régulière, inéquivalve, inéquilatérale, point ou presque point bâillante. Une dent cardinale sur chaque valve, conique, courbée, ascendante, et à côté une fossette; point de dents latérales; ligament intérieur fixé dans les fossettes. Les Corbules sont généralement des Coquilles d'une taille fort médiocre : elles sont rares et recherchées à l'état vivant; certaines espèces fourmillent à l'état fossile dans certaines localités du calcaire grossier désagrégé des environs de Paris. Les espèces les plus remarquables sont :

CORBULE AUSTRALE, *Corbula australis*, Lamk. (Anim. sans vert. T. v, p. 495, n. 1). Cette espèce, une des plus grandes du genre, est ovale, très-inéquilatérale, un peu bâillante latéralement; son bord antérieur est allongé, subrostré, anguleux; elle est blanchâtre, les crochets peu proéminens. Une de ses variétés est plus petite et plus comprimée antérieurement. Elle a un pouce quatre lignes de largeur, et se trouve notamment à la Nouvelle-Hollande au port du roi Georges.

CORBULE SILLONNÉE, *Corbula sulcata*, Lamk. (Syst. des Anim. sans vert., p. 107, et Hist. des Anim. sans vert. T. v, p. 495, nº 2), figurée dans l'Encyclopédie (pl. 230, fig. 1, A, B, C). Celle-ci présente de gros sillons à l'extérieur : elle est épaisse, bombée, ovalaire, subrayonnée, subinéquilatérale; ses crochets sont proéminens, d'un rouge pourpré ; le reste de la Coquille est brunâtre ou verdâtre. C'est avec doute qu'on l'indique de l'océan Indien ; elle n'a que neuf à dix lignes de largeur.

Parmi les espèces fossiles, nous citerons d'abord :

La CORBULE GAULOISE, *Corbula gallica*, Lamk. (Ann. du Mus. T. VIII, p. 466), figurée dans les Vélins (nº 40, fig. 5.), et probablement que c'est elle que l'on a voulu représenter dans l'Encyclopédie (pl. 230, fig. 5, A, B, C). Cette espèce est sans contredit la plus grande du genre. Nous en possédons un individu qui a un pouce neuf lignes de large. C'est à tort que Lamarck (Anim. sans vert. T. v, p. 497, nº 11) a établi l'espèce qu'il a nommée Corbule à petites côtes; ce n'est réellement, comme il l'avait d'abord dit dans ses Annales (*loc. cit.*), que la petite valve de la Corbule gauloise. Comme il est rare de rencontrer encore réunies les valves d'un même individu de cette espèce, il n'est pas étonnant qu'on en ait fait deux espèces : mais comme nous avons eu occasion, dans nos recherches aux environs de Paris, d'en recueillir huit ou dix individus parfaits, il nous a été facile de rectifier cette erreur. Cette Coquille est ovale, transverse, ventrue; ses crochets très-proéminens; la plus grande valve est lisse, tandis que l'autre présente or-

dinairement des petites côtes irrégulières peu saillantes; elle est peu ou point bâillante ; les dents cardinales sont remarquables par leur saillie. On trouve fréquemment cette Coquille à Grignon, à Parne, à la Chapelle près Senlis, etc.

CORBULE A GROS SILLONS, *Corbula exarata*, N. Cette Corbule très-belle et très-rare, que nous avons trouvée à l'état fossile à Saint-Félix près Beauvais dans les calcaires grossiers, est remarquable par sa taille autant que par les gros sillons transverses réguliers qui se remarquent sur la valve inférieure, tandis que la supérieure est lisse, ovale, transverse, inéquilatérale; la valve inférieure est très-grande, bombée, à crochet très-saillant, très-inéquivalve; la valve supérieure subtriangulaire, lisse, ou présentant de petites côtes longitudinales inégales, semblables à celles que nous avons indiquées sur la valve supérieure de la Corbule gauloise, à crochet peu saillant ; elle est généralement très-aplatie ; et nous l'aurions regardée comme appartenant à une espèce distincte, si nous n'en avions trouvé nous-mêmes un individu complet qui est figuré dans les planches de ce Dictionnaire. La valve inférieure est longue d'un pouce trois lignes, large d'un pouce et demi. La valve supérieure est longue seulement de onze lignes, et large d'un pouce deux lignes. (D..H.)

* CORBULÉES. MOLL. Lamarck, en établissant cette famille, a rempli une indication très-juste. En effet les Corbulées ne peuvent se rapporter à aucune famille déjà établie. Leur ligament intérieur les rapproche sans contredit des Mactracées, mais l'inégalité constante des valves les éloigne de tout ce qui les avoisine. La régularité de la coquille les place d'ailleurs fort loin des Camacées, et plus loin encore des Ostracées ou des Pectinides. Cette famille, qui n'a d'autres caractères que ceux-ci : coquille inéquivalve, ligament intérieur, fait partie des Conchifères ténuipèdes. Elle

se compose seulement des genres Corbule et Pandore. *V*. ces mots. (D..H.)

CORCAT. BOT. CRYPT. Syn. gallois de *Lichen tartaræus*, L. (B.)

CORCELET. INS. *V*. CORSELET.

CORCHORON. BOT. PHAN. Selon Cœsalpin, c'est le nom que l'antiquité donnait au Mouron rouge. Il est devenu la racine du mot *Corchorus*. *V*. CORÈTE ou CORETTE. (B.)

*CORCHORUS. POIS. Ce mot, qui chez les anciens désignait une Plante, a été également appliqué à un petit Poisson dont on ne sait rien, sinon que sa chair était peu recherchée. (B.)

CORCHORUS. BOT. PHAN. *V*. CORÈTE ou CORETTE.

CORCOITA. BOT. PHAN. La Courge chez les Basques où ce nom, qui vient évidemment de *Cucurbita*, prouve que les Courges y ont été introduites au temps des Romains. (B.)

* CORCOLEN. BOT. PHAN. (Ruiz et Pavon.) Nom de pays du genre Azzara. *V*. ce mot. (B.)

* CORCOPAL. BOT. PHAN. (C. Bauhin.) Probablement une espèce de Jacquier et peut-être l'*integrifolius*. (B.)

* CORCORADA. POIS. Poisson absolument indéterminé de l'Inde, que Marcgraaff et Ray disent avoir la chair préférable à celle de tous les autres. (B.)

CORCOROS ET CORCORUS. BOT. PHAN. Pour Corchorus. *V*. CORÈTE ou CORETTE.

*CORCULUM. BOT. PHAN. *V*. EMBRYON.

* CORCURBORCHIS. BOT. PHAN. Dans le tableau qui est en tête de l'ouvrage de Du Petit-Thouars, intitulé : Histoire des Orchidées des îles australes d'Afrique, c'est ainsi que se trouve désignée une sous-division de la seconde section des Orchidées ; mais ce mot est ainsi écrit par erreur typographique. *V*. CORYMBORCHIS. (G..N.)

*CORDA. BOT. CRYPT. *V*. CHORDA.

* CORDA ANGUINA ou CORDA

MARINA. ÉCHIN. Des Oursins fossiles, en général du genre Spatangue, portent ce nom dans les ouvrages des anciens naturalistes. Klein a particulièrement appliqué le dernier de ces noms à une section des Pleurocystes, l'une des classes qu'il avait établies parmi les Oursins. (LAM..X.)

* CORDE. POIS. *V*. LAMPROIE.

CORDE A VIOLON. BOT. PHAN. *V*. ACHYRY.

*CORDÉ. *Cordatus*. BOT. *Ayant la figure d'un cœur*. Cet adjectif s'emploie pour désigner les corps planes dont la figure approche plus ou moins de celle d'un cœur de carte à jouer. En général, la plupart des naturalistes confondent ensemble les expressions destinées à représenter la figure des corps et celles qui s'appliquent à leur forme. Il y a cependant une très-grande différence entre elles. Les expressions figuraires ne peuvent s'employer que pour les corps planes ; les expressions formaires au contraire ne conviennent qu'aux corps munis des trois dimensions, la largeur, la longueur et l'épaisseur. Ainsi les mots Ovale, Cordé, Elliptique, etc., étant des expressions figuraires signifiant qui a la figure ovale, celle d'un cœur ou d'une ellipse, ne peuvent être employés que pour des corps planes, tels que les feuilles, les pétales, etc., tandis que les mots Ovoïde, Cordiforme, Ellipsoïde, étant des expressions formaires signifiant qui a la forme d'un œuf, d'un cœur ou d'une ellipse, ne peuvent s'appliquer qu'à des corps munis des trois dimensions, tels que des fruits, des bourgeons, des bulbes, des tubercules, etc. C'est donc à tort que l'on voit la plupart des naturalistes négliger ces différences et dire des feuilles *ovoïdes*, des fruits *ovales*. Nous croyons avoir suffisamment fait sentir l'impropriété de ces expressions. (A. R.)

CORDELIÈRE. MOLL. Par une de ces comparaisons qui sont loin d'être justes, et qui sont consacrées dans le vulgaire plutôt par habitude que par raison, on a donné ce nom à des

Coquilles qui sur un fond blanc présentent des séries de nœuds ou d'aspérités bleuâtres ou brunes, les comparant ainsi à la corde qui servait à ceindre les cordeliers. (D. H.)

* CORDELIÈRES. BOT. PHAN. Nom vulgaire des diverses Amaranthes à longues panicules, que l'on cultive dans nos jardins. (B.)

COR DE MER. MOLL. (Rondelet.) Syn. de *Murex olearium*, L. (B.)

CORDERA. BOT. PHAN. *V*. KORDERA.

CORDIA. BOT. PHAN. *V*. SÉBESTIER.

CORDIÉRITE. MIN. Même chose que Dichroïte. *V*. ce mot.

* CORDIFORME. ZOOL. BOT. *Qui a la forme d'un cœur*. Cette épithète ne s'applique qu'aux corps solides et épais : ainsi on dit un fruit, une graine cordiformes, etc. *V*. CORDÉ. (A. R.)

CORDILIA. BOT. PHAN. *V*. CORDYLIE.

* CORDISTE. *Cordistes*. INS. Genre de l'ordre des Coléoptères, section des Pentamères, famille des Carnassiers, tribu des Carabiques, établi par Latreille (Hist. des Coléopt. d'Europe, 1re livr., p. 77) aux dépens des Odacanthes de Fabricius, et correspondant au genre *Calophœna* de Klug. Nous avons exposé à ce mot les caractères génériques, et nous avons présenté à l'article CARABIQUES un tableau qui fait voir les rapports qu'il a avec les genres Casnonie et Odacanthe. Dejean (Catal. des Coléopt. p. 2) mentionne deux espèces qu'il désigne sous les noms de *maculatus* et *acuminatus*; la première est nouvelle et la seconde avait été décrite sous ce nom par Olivier. L'une et l'autre sont originaires de Cayenne. (AUD.)

* CORDMI. BOT. PHAN. Syn. macassar de *Cassytha corniculata*, Plante qui pourrait bien ne pas appartenir au genre auquel on la rapporte. (B.)

CORDON BLEU. OIS. Espèce du genre Cotinga, *Ampelis Cotinga*; L. *V*. COTINGA. On a aussi donné ce nom à une espèce du genre Gros-Bec, *Fringilla bengalensis*, L. *V*. GROS-BEC. (DR..Z.)

CORDON BLEU. MOLL. Nom marchand d'une espèce du genre Ampullaire. *V*. ce mot. (B.)

* CORDONCILLO. BOT. PHAN. Nom donné par les habitans de la république de Vénézuéla, entre Guigue et Villa-de-Cura, au *Peperomia speciosa*, Kunth (*Nova Genera et Sp. Amer.* 1, p. 59). *V*. PÉPÉROMIE. (G..N.)

CORDON DE CARDINAL. BOT. PHAN. Nom vulgaire du *Polygonum orientale*, L. *V*. RENOUÉE. (B.)

CORDONNIER. OIS. Syn. vulgaire du Goëland brun, *Larus Catarrhactes*, L. *V*. MAUVE. (DR..Z.)

CORDONNIER. POIS. Nom vulgaire d'un Poisson indéterminé du golfe de Guinée, qu'on dit avoir deux barbillons aux côtés de la bouche, et grogner comme le Cochon. (B.)

CORDONNIER. INS. Nom vulgaire de la Noctouecte dans le midi de la France, par allusion aux mouvemens que font ses avirons quand cet Insecte nage. (B.)

* CORDON NOIR. OIS. Espèce du genre Sylvie, *Sylvia melanoleucos*, L., Ois. d'Afrique, pl. 160. *V*. SYLVIE. (DR..Z.)

CORDON OMBILICAL. ZOOL. et BOT. *V*. FŒTUS, FRUIT et GÉNÉRATION.

* CORDONS PISTILLAIRES. *Chordæ pistillares*. BOT. PHAN. Outre les vaisseaux destinés à porter la nourriture aux jeunes ovules renfermés dans l'intérieur de l'ovaire, on en rencontre d'autres dans les parois de cet organe, auxquels paraît être confié le soin de transmettre aux jeunes embryons l'action vitale, au moment où la fécondation s'opère. C'est à ces vaisseaux généralement disposés par faisceaux simples ou ramifiés, que l'on a donné

le nom de Cordons pistillaires. En général, ils s'accolent avec les vaisseaux nourriciers du péricarpe et constituent les nervules de Mirbel. Ils s'étendent depuis les ovules auxquels ils parviennent en traversant le trophosperme, jusqu'au stigmate où ils se changent insensiblement en un tissu cellulaire plus ou moins fin et délicat. Leur nombre est en général rigoureusement déterminé, et correspond exactement au nombre des trophospermes ou de leurs divisions. *V*. PISTIL. (A. R.)

CORDUBA ou CORRUDA. BOT. PHAN. (L'Écluse.) Syn. d'*Asparagus acutifolius* en Espagne, où diverses espèces d'Asperges accrochantes et à feuilles poignantes remplissent les terrains incultes. (B.)

CORDYLE. *Cordylus*. REPT. SAUR. Sous-genre et espèce du genre Stellion. *V*. ce mot. (B.)

CORDYLE. *Cordyla*. INS. Genre de l'ordre des Diptères, famille des Némocères, tribu des Tipulaires, fondé par Meigen, et qu'on peut réunir, suivant Latreille (Règn. Anim. de Cuv.), au genre Simulie. Les antennes sont courtes, grosses, en forme de fuseau et perfoliées comme dans les Bibions. Mais elles sont composées de douze articles, et la tête ne présente pas d'yeux lisses, ce qui est un caractère distinctif. La forme générale du corps et les pieds épineux rapprochent les Cordyles des Mycétophiles. Meigen (Descr. syst. des Diptères d'Europe, T. I, p. 274) décrit deux espèces. Il désigne la première sous le nom de *Cordyla fusca*, et figure la tête et une des ailes; la seconde espèce porte le nom de *Cordyla crassicornis*. Elle est représentée en entier (tab. 10, fig. 1). (AUD.)

CORDYLE. BOT. PHAN. Pour Cordylie. *V*. ce mot. (B.)

*CORDYLÉE. REPT. SAUR. Excrémens de Lézards, soit du Stellion, soit du vrai Cordyle, soit enfin du Monitor, que des empiriques employèrent comme médicament. (B.)

CORDYLIE. *Cordylia*. BOT. PHAN. Genre fondé par Loureiro (*Fl. Cochinch.*, II, p. 500) pour un Arbre de la Monadelphie Polyandrie, L., mais qui n'a pas encore été rapporté à l'une des familles naturelles. Il offre pour caractères : calice campanulé à quatre découpures; corolle nulle; étamines nombreuses et monadelphes; ovaire libre surmonté d'un style; baie pédicellée, uniloculaire et polysperme. Le *Cordylia africana* est un grand Arbre dont les branches sont très-étalées, garnies de feuilles alternes et ailées, à folioles glabres, petites et obcordées. Les fleurs nombreuses sont supportées par des pédoncules solitaires et latéraux. Loureiro l'a trouvé sur les côtes orientales de l'Afrique. (G..N.)

CORDYLINE. *Cordyline*. BOT. PHAN. Genre établi par Commerson, et faisant partie de la famille des Asparaginées, et de l'Hexandrie Monogynie, L. Son calice est campanulé, caduc, à six divisions égales; les six étamines sont insérées à la base de ces divisions; leurs filets sont subulés, glabres, non dilatés dans leur partie moyenne, comme dans les *Dracæna*, ni à leur partie supérieure, comme dans les *Dianella*. Les anthères sont bifides à leur base; l'ovaire est à trois loges polyspermes, surmonté par un style que termine un stigmate trilobé. Le fruit est une baie globuleuse généralement à trois loges contenant plusieurs graines, très-rarement une seule par l'avortement des autres.

Ce genre ne se compose que de trois espèces qui ont quelque ressemblance avec certains Palmiers. Elles sont vivaces et sous-frutescentes; leurs feuilles sont très-allongées, entières, striées longitudinalement; leurs fleurs constituent des panicules rameuses; elles sont en général articulées avec le pédicelle qui les supporte. Des trois espèces qui forment ce genre, l'une a été mentionnée par Commerson sous le nom de *Cordyline hemichrysa*. Thunberg l'avait placée dans le genre *Dracæna*, et Lamarck parmi les *Dia-*

nella. Elle croît au cap de Bonne-Espérance et aux îles de France et de Bourbon. La seconde est le *Cordyline cannæfolia* de R. Brown, qui croît à la Nouvelle-Hollande ; enfin la troisième a été décrite par Kunth (*in Humb. et Bonpl. Nov. Gen.*) sous le nom de *Cordyline parviflora*. Elle est originaire du Mexique.　　(A. R.)

CORDYLOCARPE, *Cordylocarpus*. BOT. PHAN. Desfontaines , dans sa Flore Atlantique, est l'auteur de ce genre qui fait partie de la famille des Crucifères et de la Tétradynamie siliqueuse, et que De Candolle place dans sa tribu des Cakilinées. On peut caractériser ce genre de la manière suivante : les quatre sépales sont dressés et égaux; les pétales sont onguiculés à leur base; leur limbe est entier; les filets des étamines sont dépourvus de dents ; les siliques sont cylindriques, un peu toruleuses, indéhiscentes, renflées dans leur partie supérieure en un appendice globuléux , monosperme, hérissé de pointes, et surmonté par le style qui est persistant ; les graines sont au nombre de trois à quatre dans chaque silique ; elles sont ellipsoïdes et comprimées.

Ce genre ne se compose que d'une seule espèce , *Cordylocarpus muricatus* , Desf. , Fl. Atl. 2 , p. 79, t. 152. C'est une Plante annuelle dont la tige est dressée, rameuse, glabre ou légèrement poilue, portant à sa base des feuilles lyrées, et dans sa partie supérieure des feuilles lancéolées ; les fleurs sont jaunes, et forment des épis allongés. Desfontaines a trouvé cette Plante sur la lisière des champs dans le royaume d'Alger. Ce genre , voisin de l'*Erucaria*, s'en distingue surtout par la structure de la silique.　　(A. R.)

CORÉ. INS. Pour Corée. *V.* ce mot.

* CORÉA. OIS. (Gaimard.) Syn. de Bécasseau, *Tringa Ochropus*, L., à Owhyhée, Mowée et Wahou , îles Sandwich.　　(B.)

CORÉA. BOT. PHAN. Le *Coris monspeliensis* en Portugal où cette Plante est fort commune.　　(B.)

* CORÉA OURIRI. OIS. (Gaimard.) Syn. d'Echassier grisâtre à Sandwich.　　(B.)

* COREDULA. OIS. On prétend que c'est un Oiseau de proie qui ne mange que le cœur des Animaux qu'il chasse. Du reste il est totalement inconnu.　　(B.)

CORÉE. *Coreus*. INS. Genre de l'ordre des Hémiptères, section des Hétéroptères , établi par Fabricius aux dépens du grand genre *Cimex* de Linné, rangé d'abord par Latreille (Considér. génér. p. 254) dans la famille des Corisies, à laquelle il avait donné son nom, et placé ensuite (Règn. Anim. de Cuv.) dans celle des Géocorises. Ses caractères sont : antennes droites, toujours découvertes, de quatre articles, dont le dernier plus court que le précédent est renflé ou en massue, insérées au bord supérieur du museau , au-dessus d'une ligne idéale tirée des yeux à l'origine du labre ; bec courbé, presque parallèle au corps, de quatre articles un peu différens en longueur ; tarse à trois articles, dont le premier et le dernier longs. Ces Insectes ont en général la tête trigone, sans cou apparent, enfoncée dans le prothorax, supportant des yeux proéminens, mais petits. Le prothorax est étroit antérieurement et large à la partie postérieure. L'écusson est triangulaire et très-apparent. Les élytres égalent l'abdomen en longueur; elles sont coriaces avec l'extrémité membraneuse. Les pates sont longues et grêles. L'abdomen est déprimé sur sa face inférieure et relevé sur les côtés.

Les Corées ont de très-grands rapports avec les Alydes qu'on pourrait à la rigueur leur associer. En effet , ce dernier genre fondé par Fabricius n'en diffère guère que par la forme du dernier article des antennes, qui est allongé, presque cylindrique et de la longueur du précédent. Il partage ce caractère et ressemble d'ailleurs beaucoup aux Lygées, et surtout aux Géris qui sont des Alydes très-allongés. Les Corées se rencontrent pendant l'été sur plusieurs Plantes. Ils en pompent le suc au moyen de leur bec, et se nourrissent aussi dans leurs différens états de toutes sortes d'Insectes. Les femelles pondent une grande quantité d'œufs qu'elles collent sur les feuilles à côté les uns des autres. Ce genre est assez nombreux en espèces européennes.

Le CORÉE BORDÉ, *Coreus marginatus* ou le *Cimex marginatus* de Linné, décrit par Geoffroy (Hist. des Ins. T. I, p. 446) sous le nom de Punaise à oreilles, peut être considéré comme le type du genre. Il a été figuré par Wolff (*Icon. Cimic.* fasc. 1, p. 20, t. 5, fig. 20). Cette espèce répand une forte odeur de Pomme. On la trouve aux environs de Paris.

Le CORÉE PORC-ÉPIC, *Coreus Hystrix* de Latreille. Cet Insecte bizarre par sa forme a été rencontré aux environs de Paris. Il y est très-rare, et se trouve assez communément dans le midi de la France. Sparmann a recueilli au cap de Bonne-Espérance une espèce voisine de celle-ci, et qui est le *Coreus paradoxus* de Fabricius. On en trouve une bonne figure dans l'atlas du Dict. des Sciences Naturelles publié par Levrault.   (AUD.)

* CORÉENE. MAM. Variété dans l'espèce Mongolique ou Altaïque du genre Homme. *V.* ce mot.   (B.)

CORÉGONE. *Coregonus*. POIS. Sous-genre de Saumons. *V.* ce mot.   (B.)

* CORÉIGARAS. OIS. C'est-à-dire Corbeau de Corée. Oiseau japonais peu connu et fort rare dont on offrit un individu en présent à l'empereur, au rapport de Kœmpfer.   (B.)

CORELLIANA. BOT. PHAN. (Pline.) Variété de Châtaigne fort estimée à Rome où Corellius Chevalier l'avait introduite par le moyen de la greffe.   (B.)

* COREMBLOEM. BOT. PHAN. (Mentzel.) Syn. belge de Bluet, *Centaurea Cyanus*, L.   (B.)

COREMIUM. BOT. CRYPT. (*Mucédinées*.) Ce genre, établi par Link, (*Berl. Mag.* 1809, p. 19), est voisin des genres *Penicilium*, *Aspergillus*, etc. Il est ainsi caractérisé : filamens entrecroisés en forme de capitule stipité ; capitule et stipe couverts de filamens en pinceau qui portent des sporidies éparses.

Ce genre a l'aspect des *Stilbum* et des *Isaria*, mais il est évidemment formé par des filamens simplement entrecroisés et non réunis en une seule masse. Link n'en décrit qu'une seule espèce sous le nom de *Coremium glaucum*; elle croît sur les fruits confits qui se sont pourris. Le *Monilia Penicillus* de Persoon appartient probablement à ce genre.   (AD. B.)

CORÉOPE. BOT. PHAN. *V.* CORÉOPSIDE.

CORÉOPSIDE. *Coreopsis*. BOT. PHAN. Famille des Synanthérées, Corymbifères de Jussieu, tribu des Héliauthées de Cassini, et Syngénésie frustranée. Linné retira des genres *Bidens* et *Corona solis* de Tournefort, quelques espèces dont il fit un nouveau genre qu'il nomma *Coreopsis*. Les auteurs ont ensuite ajouté à celui-ci un grand nombre de Plantes dont quelques-unes doivent en être séparées. Ces additions étrangères ont fait varier les caractères génériques que l'on a pourtant fixés de la manière suivante : calathide radiée ; fleurons du disque tubuleux, nombreux et hermaphrodites ; ceux de la circonférence sur un seul rang, en languettes et neutres ; involucre formé de plusieurs folioles disposées sur deux rangs, les extérieures foliacées et étalées, les intérieures appliquées et presque membraneuses ; réceptacle plane et paléacé ; akènes comprimés, terminés par deux barbes persistantes, non crochues et nues selon Kunth, se confondant avec des rudimens de *squamellules barbellulées* d'après Cassini. Ce genre est composé de Plantes herbacées ou quelquefois mais rarement frutescentes, à branches et à feuilles opposées, le plus souvent partagées en un grand nombre de segmens filiformes, à fleurs terminales et ordinairement jaunes.

Quarante espèces à peu près ont été décrites soit sous le nom de *Coreopsis*, soit sous d'autres noms génériques. Ainsi les *Coreopsis amplexicaulis*, *C. fœtida* et *C. heterophylla* de Cavanilles, ont été réunis par Persoon qui en a fait le genre *Simsia*. Ce dernier n'a pas été admis, car il existe un autre *Simsia* fondé par R. Brown, et placé dans la famille des Protéacées. Le *Coreopsis alata*, Pursh, et le *C. procera*, Ait., forment le genre *Actinomeris* de Nuttal. Mœnch a voulu aussi séparer le *Coreopsis lanceolata*, L., sous le nom de *Coreopsoides*. *V.* tous ces mots.

La plupart des Coréopsides habitent les contrées boréales de l'Amérique; leur culture est assez facile en Europe, dans les jardins d'agrément qu'elles continuent d'embellir quand le règne des autres fleurs a cessé. C'est en effet au commencement de l'automne que ces Plantes fleurissent chez nous; à cette époque, plusieurs espèces, et entre autres les *Coreopsis ferulæfolia*, Jacq., *C. tripteris*, L., *C. verticillata*, L., et le *C. tinctoria*, espèce introduite récemment en Europe, produisent des corymbes élégans de fleurs dont les rayons, d'un jaune intense, contrastent élégamment avec le brun obscur de leur disque. (G..N.)

* **CORÉOPSIDÉES.** *Coreopsideæ.* BOT. PHAN. Section formée par H. Cassini dans la tribu des Hélianthées, famille des Synanthérées. Elle est caractérisée par un ovaire tétragone, comprimé antérieurement et postérieurement, de sorte que son plus grand diamètre est de droite à gauche. Cette section comprend les genres *Bidens*, *Heterospermum*, *Glossocardia*, Cassini; *Coreopsis*, *Cosmos*, *Dahlia* ou *Georgina*, *Sylphium* et *Parthenium*. Les *Verbesina* et les *Spilanthus*, que l'on regardait comme voisins des *Bidens*, tellement que Lamarck avait fondu en un seul ces deux derniers genres (*Bidens* et *Spilanthus*), se trouvent maintenant distribués dans deux sections différentes,

vu l'importance attachée par Cassini à la diversité de l'organisation de leurs fruits. (G..N.)

CORÉOPSOIDES. BOT. PHAN. Genre proposé par Mœnch pour le *Coreopsis lanceolata*, L., dont les akènes sont muriqués et un peu différens, quant à la forme, de ceux des autres *Coreopsis*. Sa dénomination est trop vicieuse pour qu'on ne lui en substituât pas une autre, si on se déterminait à l'adopter; mais ce cas n'est pas probable, attendu le peu de gravité des caractères. (G..N.)

* **CORÉRÉVA.** ÉCHIN. (Gaimard.) Syn. d'Holothurie à O-whyhée, Mowée et Wahou, îles Sandwich. (B.)

CORETA. BOT. PHAN. (Browne, *Jam.* p. 147). Espèce du genre Corchorus. *V.* CORÈTE ou CORETTE. (B.)

CORÈTE ou **CORETTE.** *Corchorus.* BOT. PHAN. Famille des Tiliacées et Polyandrie Monogynie, L. Ce genre, fondé par Tournefort et adopté par Linné, offre les caractères suivans : calice à cinq divisions profondes et caduques; cinq pétales; étamines en nombre indéfini, à anthères arrondies; un à trois stigmates portés par un style court qui quelquefois n'existe pas; capsule allongée en forme de silique à deux ou cinq loges polyspermes. Dans une savante dissertation sur les Malvacées, Tiliacées et Buttnériacées, publiée en 1822, Kunth observe que le genre *Antichorus* mériterait à peine d'être distingué du *Corchorus*, puisqu'il n'en diffère que par le nombre quaternaire des parties. Ces deux genres ont d'ailleurs le même *facies*. Les Corètes sont des Plantes herbacées ou rarement des Arbrisseaux, qui habitent les climats chauds de l'Amérique et des Indes-Orientales. Elles ont des feuilles simples, quelquefois munies, à la partie inférieure du limbe, de dents qui se prolongent en une barbe sétacée; les fleurs sont petites, jaunes et axillaires. Le nombre des espèces décrites n'est pas très-considérable; il ne s'élève qu'à une quinzaine, et encore faut-il en retrancher celles qu'on avait placées dans ce genre par défaut d'observation attentive. Le *Corchorus japonicus* de Thunberg (*Flor. Japon.*, p. 227), Plante que l'on cultive assez communément en Europe dans les jardins d'agrément, n'est autre chose que le *Rubus japonicus*, L., suivant De-Candolle qui a vu cette Plante dans l'Herbier de Linné. Cet auteur en a constitué un nouveau genre sous le nom de *Kerria*. *V.* ce mot. Nous nous bornerons ici à une description succincte de l'espèce la plus remarquable par ses usages économiques.

La CORÈTE POTAGÈRE, *Corchorus olitorius*, L., pousse des tiges herbacées peu rameuses, hautes de six à huit décimètres; ses feuilles sont glabres, alternes, pétiolées et lancéolées, à dentelures aiguës; les inférieures prolongées en filets sétacés; ses capsules sont un peu ventrues et fusiformes. Cette Plante, qui habite les trois continens de l'Asie, de l'Afrique et de l'Amérique, est cultivée dans l'Inde et en Egypte comme Plante alimentaire. Selon Olivier, les Egyptiens mangent ses feuilles avec plaisir, soit crues, soit bouillies, et assaisonnées avec de l'huile d'Olive; mais cet aliment est plus agréable que sain et nourrissant. Elles participent aux propriétés générales des Tiliacées, c'est-à-dire qu'elles sont mucilagineuses et par conséquent émollientes.   (G. N.)

CORÈTHRE. *Corethra.* INS. Genre de l'ordre des Diptères établi par Meigen, et rangé par Latreille (*Règn. Anim.* de Cuv.) dans la famille des Némocères, tribu des Tipulaires. Ses caractères sont : antennes filiformes, plumeuses et verticillées dans les mâles, poilues dans les femelles, de quatorze articles pour la plupart ovoïdes, les deux derniers plus longs et plus grêles; palpes de quatre articles dont le premier très-court; ailes couchées horizontalement sur le corps.

Les Corèthres ont de grands rap-

ports avec les Chironomes, et surtout avec les Tanypes auxquels Latreille (*loc. cit.*) les réunit. Leurs pâtes antérieures, de même que dans ces deux genres, sont longues, avancées et rapprochées de la tête, et il n'existe guère de différence que dans le nombre des articles des antennes et dans leur forme. Les larves des Corèthres sont aquatiques et très-abondantes dans les étangs. Meigen (Descr. syst. des Dipt. d'Europe, T. I, p. 14) décrit trois espèces; parmi elles nous remarquerons:

La CORÈTHRE A ANTENNES PLUMEUSES, *Corethra plumicornis*, ou le *Chironomus plumicornis* de Fabricius (*Syst. antl.*), et la *Corethra lateralis* de Latreille (*Gener. Crust. et Ins.* T. IV, p. 247), figurée par Meigen (*loc. cit.* T. I, fig. 22), et décrite par Degéer sous le nom de *Tipula cristallina*. Réaumur (Mém. sur les Ins. T. V, p. 40, t. 6, fig. 4–15) nous a donné des détails curieux sur les métamorphoses de cette espèce, et l'a représentée avec soin dans les différens états. Les larves qui vivent dans l'eau sont parfaitement transparentes, droites, roides, immobiles par intervalles, et donnant des coups de queue lorsqu'elles veulent changer de place. Du dessous de leur tête part un grand crochet qui se porte en avant et se contourne en bas et en arrière. Ce crochet qui paraît simple est composé de deux parties semblables, exactement appliquées l'une contre l'autre, mais qui peuvent s'écarter à la volonté de l'Animal. C'est vers l'origine de ces deux crochets que la bouche est placée; à chaque côté de celle-ci est une mâchoire un peu aplatie et bordée d'épines. Auprès des crochets on voit à droite et à gauche une tache brune ; à quelque distance de la tête, on remarque en dessus, mais dans l'intérieur du corps, deux parties brunes qui ont chacune la forme d'un rein; deux corps de même figure, plus petits et moins bruns, se voient aussi dans l'intérieur à peu de distance de l'extrémité postérieure. Celle-ci se termine par deux appendices droits et charnus. Au-dessous d'eux et vers leur origine est une nageoire verticale, placée dans le sens de la longueur du corps, d'une grande transparence et de forme ovale; du point où elle s'attache partent des lignes qui, comme des rayons, se dirigent vers différens endroits du contour de l'ovale. Vers le mois de juillet ou d'août ces larves se transforment en nymphes. Celles-ci ressemblent pour l'arrangement et la disposition des jambes à celles de plusieurs autres Tipules; mais elles ont deux appendices qui s'élèvent au-dessus de leurs têtes. Grêles et aplaties à leur origine, ces sortes de cornes s'élargissent et se rétrécissent de nouveau pour finir en pointe assez aiguë. La nymphe tient ordinairement leur extrémité au-dessus de la surface de l'eau, et on ne peut guère douter qu'elles ne soient des organes respiratoires. Réaumur croit que ces parties, dont la surface examinée au microscope paraît chagrinée, sont formées par les deux corps antérieurs en forme de rein qu'on aperçoit dans la larve. Quoi qu'il en soit, l'extrémité postérieure des corps présente deux nageoires égales et semblables, foliacées, transparentes et parcourues par des rameaux trachéens. L'état de nymphe dure peu de temps, et on voit éclore l'Insecte parfait au bout de dix ou douze jours.

La CORÈTHRE CULICIFORME, *Corethra culiciformis* ou la *Tipula culiciformis* de Degéer (Mém. Ins. T. VI, p. 572, t. 23, fig. 3-12) qui a étudié cette espèce avec le même soin que Réaumur la précédente. La larve ressemble assez à celle de la Corèthre à antennes plumeuses; elle a toujours une position horizontale, ce qui la distingue de celle des Cousins. Sa tête grosse, arrondie, distincte du corps, n'offre pas de crochets, mais simplement des barbillons. La nageoire caudale est remplacée par un assemblage de poils placés en rayons et qui sert évidemment à la natation. Les organes qui ressemblaient à des reins se retrouvent également, mais

ils affectent aux deux extrémités du corps une toute autre forme. Ils sont oblongs et paraissent être des réservoirs d'airs. La nymphe présente aussi deux cornes qu'elle fait sortir de l'eau afin de respirer.

Latreille pense qu'on doit rapporter au genre Corèthre la Tipule crucifiée, *Tipula crucifixa*, représentée par Slabber dans ses Observations microscopiques. Elle est, dit-il, très-voisine de la Corèthre culiciforme. (AUD.)

* CORETT. POIS. (Nieuhoff.) Espèce de Scombre que Pison appelait *Alba Coretta*, qui paraît le *Guarapucu* de Marcgraaff, et qui pourrait être l'Albicor de Sloane. (B.)

CORETTE. BOT. PHAN. *V.* CORÈTE.

COREVIA ET KORAVIA. BOT. PHAN. Syn. arabe de Carvi. (B.)

* COREX. OIS. (Klein.) Syn. présumé du Serin, *Fringilla Serinus*, L. *V.* GROS-BEC. (DR..Z.)

CORF. OIS. Syn. vulgaire de la Corbine, *Corvus Corone*, L. *V.* CORBEAU. (DR..Z.)

CORF ET CORFO. POIS. (Gesner.) Syn. de *Sciæna Umbra*. (B.)

CORGNE ET CORGNIOLA. BOT. CRYPT. Et non *Corgue*. Noms italiens appliqués à un Champignon qui paraît être l'*Agaricus Eryngii*. (B.)

CORGNO ou ACURNI. BOT. PHAN. Fruits du Cornouiller appelé Acurnier dans le midi de la France. (B.)

* CORGOLOIN. GÉOL. (Saussure.) Nom d'une espèce de Marbre en Bourgogne; c'est un Calcaire oolithique assez compact, homogène, dur et susceptible de poli. (B.)

CORGUE. BOT. CRYPT. *V.* CORGNE.

CORI. MAM. Syn. de Cochon d'Inde dans l'Amérique espagnole. *V.* COBAIE. (B.)

CORIACES *Coriaceæ*. INS. Famille de l'ordre des Diptères établie par Latreille, et embrassant le grand genre Hippobosque de Linné, qui appartient (Règn. Anim. de Cuv.) à la famille des Pupipares. *V.* ce mot.   (AUD.)

*** CORIACESIA ET CALLICIA.** BOT. PHAN. Les anciens donnaient ce nom à une ou deux Plantes qu'ils n'ont indiquées que par la propriété vraie ou supposée de faire coaguler l'eau sous forme d'une gelée.   (B.)

CORIAIRE. *Coriaria.* BOT. PHAN. Quoique la structure de ce genre soit parfaitement connue, on n'a pu néanmoins jusqu'à présent le rapporter avec certitude à aucun des ordres naturels établis. Aussi allons-nous donner quelques développemens à ses caractères, afin de tâcher d'en faciliter la classification naturelle. Il se compose de quatre à cinq espèces; trois sont originaires du Pérou, une de la Nouvelle-Zélande et une des contrées méridionales de l'Europe. C'est cette dernière, la seule que nous ayons été à même d'observer vivante, que nous aurons particulièrement en vue en décrivant les caractères du genre *Coriaria.*

Les fleurs sont généralement polygames, tantôt monoïques, tantôt dioïques; leur calice est persistant, à cinq divisions égales et dressées; les étamines, au nombre de dix, saillantes et deux fois plus longues que le calice; leurs filets sont grêles et distincts; leurs anthères ovoïdes, allongées, introrses et à deux loges qui s'ouvrent par un sillon longitudinal; en face et en dehors de chacune des étamines qui alternent avec les lobes du calice, on trouve une écaille dressée, épaisse, convexe en dehors, recourbée sur les pistils, et à peu près de la même longueur que le calice, lesquelles ont été considérées par Linné et un grand nombre d'auteurs comme une corolle formée de cinq pétales; les pistils sont au nombre de cinq, réunis sur un réceptacle charnu peu développé, et adhérens latéralement entre eux; ils sont attachés au réceptacle par leur moitié supérieure seulement, l'inférieure restant libre; chaque pistil se compose d'un ovaire ovoïde, allongé, terminé en pointe à la partie supérieure, à une seule loge qui renferme un ovule renversé, et remplissant exactement la cavité de la loge; de la partie supérieure et un peu latérale de l'ovaire, naît un long stigmate filiforme, subulé et glanduleux, trois ou quatre fois plus long que le calice, un peu recourbé en dehors dans sa partie supérieure. Le fruit offre la structure suivante : le calice persiste, et ses lobes s'épaississent un peu; ils sont d'abord étalés, puis se renversent. Les cinq écailles dont nous avons fait mention prennent un très-grand accroissement; elles s'allongent, deviennent charnues, épaisses, et forment cinq cornes saillantes au-dessus des fruits. Ceux-ci sont au nombre de cinq, disposés sous forme d'étoile en dedans des cinq appendices charnus. Chacun d'eux est ovoïde, terminé en pointe à son sommet, strié et légèrement charnu extérieurement. Il reste indéhiscent, et contient une graine renversée, composée de son tégument propre, et d'un gros embryon ayant la même direction, et dont les cotylédons sont épais et charnus.

Les espèces qui forment ce genre sont des Arbustes ou des Arbrisseaux dont les rameaux sont souvent anguleux et garnis de feuilles opposées, simples, sessiles et dépourvues de stipules; les fleurs sont solitaires ou en épis; l'espèce que l'on voit assez fréquemment dans les jardins est la Coriaire à feuilles de Myrte, *Coriaria myrtifolia*, L., *Hort. Cliff.* C'est un Arbuste rameux haut de cinq à six pieds, et qui croît naturellement dans le midi de la France, en Espagne et en Barbarie, aux lieux secs et pierreux des coteaux bien exposés. Ses feuilles sont ovales, allongées, aiguës, légèrement pétiolées, marquées de trois nervures. Ses fleurs sont d'une teinte pourpre obscure. On le cultive en pleine terre sous le climat de Paris.   (A. R.)

CORIANDRE. *Coriandrum.* BOT. PHAN. Famille des Ombellifères, Pentandrie Digynie, L. Ce genre, fondé par Tournefort, adopté par Linné et Jussieu, est ainsi caractérisé : involucre nul ou composé d'une seule foliole linéaire ; involucelles de plusieurs folioles ; calice à cinq dents ; pétales infléchis et cordiformes, les extérieurs plus grands ; akènes sphériques ou didymés. L'organisation de ce genre le place dans la section des Cicutariées (Ach. Rich., Bot. médicale, p. 467) avec les genres *Conium*, *Æthusa* et *Cicutaria*. C. Sprengel le fait entrer dans sa tribu des Smyrniées, et adopte la séparation du *Cor. testiculatum*, L., proposée par Hoffmann pour en former le genre *Bifora* ; seulement, et on ne sait pourquoi, il change la désinence de celui-ci, et l'appelle *Biforis*.

La CORIANDRE CULTIVÉE, *Coriandrum sativum*, L., Plante originaire d'Italie, mais que sa culture extrêmement facile a presque naturalisée en France, porte des fleurs blanches, rosées, plus grandes à la circonférence de l'ombelle. L'involucre général manque, mais chaque ombellule est munie à sa base d'un involucelle de quatre à huit folioles linéaires. Le fruit est un diakène globuleux, couronné par les dents du calice et les styles, et séparable en deux portions hémisphériques ; la racine est annuelle, fusiforme, surmontée d'une tige un peu rameuse, couverte de feuilles à segmens très-étroits, les inférieures bipinnatifides ; celles du collet de la racine presque entières ou incisées-cunéiformes. Toute la Plante, lorsqu'elle est fraîche, exhale une odeur de Punaise, d'où elle a tiré son nom ; mais les fruits acquièrent par la dessiccation une odeur et une saveur si agréables, que les confiseurs et les liquoristes en font une grande consommation comme un des meilleurs aromates et condimens indigènes. En médecine ils passent pour stomachiques et carminatifs.

La CORIANDRE TESTICULÉE, *Coriandrum testiculatum*, L., *Bifora testiculata*, Hoffm., est remarquable par son involucre monophylle foliacé, ses fleurs égales et ses fruits didymes bosselés, ayant deux pores au sommet du raphé. Elle habite les contrées méridionales de l'Europe. Marschall de Bieberstein ((*Suppl. Fl. Taurico-Caucas.*) distingue deux espèces dans le *Coriandrum testiculatum* de sa Flore, n. 568. En adoptant le genre proposé par Hoffmann, il nomme l'une *Bifora radians*, qui est particulière aux champs de la Taurie où elle croît si abondamment que son odeur, pénétrante et désagréable, se fait sentir de fort loin. La seconde, qu'il appelle *Bifora flosculosa*, serait la même que notre espèce occidentale.

Divers auteurs ont à tort fait entrer dans le genre Coriandre des Plantes qui appartiennent certainement à d'autres genres ; ainsi on a nommé *Coriandrum Cicuta*, le *Cicuta virosa* ; *C. maculatum*, la grande Ciguë ; *C. Cynapium*, l'*Æthusa* ou la petite Ciguë ; et *C. latifolium*, le *Sium* ou la Berle à larges feuilles. (G..N.)

CORIAR. ois. Syn. anglais de la Perdrix grise, *Tetrao Perdix*, L. *V.* PERDRIX. (DR..Z.)

CORIARIA. BOT. PHAN. *V.* CORIAIRE.

*** CORICARPE.** *Coricarpus.* BOT. PHAN. Nouveau genre de la famille des Malvacées et de la Monadelphie Polyandrie, indiqué par Auguste Saint-Hilaire dans son premier Mémoire sur le Gynobase (Mém. Mus. 10, p. 160), et qui se compose de deux espèces encore inédites, recueillies par cet habile botaniste dans le Brésil. Les caractères principaux de ce genre consistent dans son double calice à cinq divisions, dans sa corolle formée de cinq pétales entiers. Son androphore est cylindrique, chargé d'étamines dans toute sa longueur. L'ovaire est à cinq loges parfaitement distinctes, insérées obliquement par leur base sur un réceptacle court et conique. Le style est simple et s'insère, non sur les lobes de l'ovaire, mais sur le réceptacle qui est un véritable gyno-base. Les stigmates sont au nombre de dix. Dans chaque loge on trouve un seul ovule dressé et très-rapproché de la paroi voisine du style. Ce genre est voisin de l'*Urena*.   (A. R.)

CORICUS. POIS. *V.* SUBLET et LABRE.   (B.)

CORIDE. *Coris.* BOT. PHAN. Une petite Plante, qui croît en abondance dans les lieux découverts et pierreux des provinces méridionales de la France et de l'Espagne, constitue ce genre de la famille des Primulacées et de la Pentandrie Monogynie, L. Le *Coris Monspeliensis* offre à peu près le port d'une Bruyère. Sa tige est sous-frutescente à sa base, étalée, très-rameuse, cylindrique, pubescente, longue de huit à dix pouces. Les feuilles sont éparses, très-nombreuses, sessiles, étroites, linéaires, planes, glabres, légèrement sinueuses. Les fleurs sont roses et forment un épi-terminal à la partie supérieure des ramifications de la tige. Chacune d'elles est sessile et offre un calice vésiculeux cylindrique, à dix stries qui se terminent chacune par une dent aiguë. L'entrée du calice est garnie de cinq lames triangulaires conniventes, et qui la bouchent exactement lorsqu'elles se rapprochent. Chacune de ces lames offre vers son milieu une grosse glande saillante. La corolle est monopétale irrégulière, longuement tubulée à sa base, évasée dans sa partie supérieure qui présente cinq lobes écartés inégaux, obtus, bifides, dont trois supérieurs sont plus longs. Les cinq étamines sont insérées vers le milieu du tube de la corolle; elles sont opposées aux lobes de son limbe, caractère qui s'observe dans presque tous les autres genres de la famille des Primulacées. Les filets sont subulés; les anthères d'abord ellipsoïdes, obtuses à leurs deux extrémités, deviennent planes et lenticulaires lorsque le pollen s'en est échappé. L'ovaire est globuleux, entouré à sa base d'un disque annulaire qui en est à peine distinct.

Le style est long, grêle et terminé par un stigmate simple, orbiculaire et comme pelté. Cet ovaire offre une seule loge presque totalement remplie par un gros trophosperme qui en occupe les deux tiers inférieurs, qui est porté à sa base par un pédicule central, et adhère par son sommet à la base du style au moyen d'un prolongement manifeste. La face supérieure du trophosperme offre cinq petites fossettes superficielles contenant chacune un ovule attaché par sa face inférieure. Le fruit est renfermé dans l'intérieur du calice qui est persistant. C'est une capsule globuleuse déprimée, offrant cinq sutures qui ne sont marquées que dans la moitié supérieure et par lesquelles elle s'ouvre en cinq valves. Le trophosperme remplit encore presqu'à lui seul l'intérieur de la capsule. Cette structure du trophosperme est extrêmement remarquable et n'existe pas dans les autres genres de la même famille.   (A. R.)

* **CORIDESTRAES.** ZOOL. Animal marin qu'on ne peut rapporter exactement aux Poissons, et qui est mentionné dans Hesychius.   (B.)

CORIDON. INS. Nom vulgaire donné par Geoffroy au *Papilio Janira* de Linné.   (AUD.)

CORIGUAYRA. MAM. Syn. américain de Sarigue. *V.* DIDELPHE. (B.)

* **CORIM.** MIN. Syn. de Quartz commun.   (LUC.)

CORIMBE. BOT. PHAN. Pour Corymbe. *V.* ce mot.   (B.)

CORINDE, *Corindum.* BOT. PHAN. Espèce du genre Cardiosperme, *V.* ce mot, dont le nom a été étendu à tout le genre dans les Dictionnaires précédens.   (B.)

CORINDON. *Korund* et *Cornudum.* MIN. L'une des espèces de la classe des Pierres, dont le caractère essentiel est d'être composée d'Alumine pure, et d'avoir pour forme primitive un rhomboïde aigu de 86° 38' et 93° 22'. Les joints parallèles aux faces de ce rhomboïde ne se montrent avec netteté que dans une partie des cristaux; dans d'autres ils sont à peine sensibles, et l'on aperçoit alors des joints surnuméraires dont la direction est perpendiculaire à l'axe du rhomboïde primitif. La pesanteur spécifique du Corindon varie entre 5,9 et 4,3. C'est la Pierre la plus dure après le Diamant. Il possède la réfraction double à un faible degré. Il est infusible au feu du chalumeau. Les Acides sont sans action sur lui. Klaproth a obtenu, par l'analyse du Corindon bleu, dit Saphir oriental, 98,5 d'Alumine sur 100 parties, et 1,5 de Chaux et d'Oxide de Fer. Le Corindon du Bengale, dit Spath adamantin, lui a donné 89,50 d'Alumine, 5,50 de Silice et 1,25 d'Oxide de Fer.

Le système de cristallisation de cette substance est remarquable par le grand nombre des doubles pyramides hexaèdres qu'il présente ; presque toutes les variétés de formes semblent avoir pour type immédiat le prisme à six pans ; mais il est facile de les faire dériver du rhomboïde à l'aide de décroissemens intermédiaires sur les angles latéraux. Il existe un cas où la double pyramide hexaèdre peut résulter d'un décroissement ordinaire sur les mêmes angles ; et ce résultat est réalisé dans une variété de Corindon qu'Haüy nomme ternaire, parce que les lames qui la produisent décroissent de trois rangées de molécules en largeur. Parmi les variétés les plus communes, qui partagent avec la précédente la forme du dodécaèdre bipyramidal, nous citerons le Corindon assorti du Pégu, dont les pyramides sont beaucoup plus allongées. Dans d'autres cristaux, plusieurs dodécaèdres se combinent soit entre eux, soit avec le prisme hexaèdre régulier ; et dans quelques-uns, les faces du rhomboïde primitif reparaissent vers les deux sommets.

Si l'on considère maintenant l'ensemble des variétés du Corindon relativement à la texture, on pourra les partager avec Haüy en trois séries principales sous les noms de Corindon hyalin, Corindon harmophane et Corindon compacte, suivant que leur cassure sera vitreuse, ou lamelleuse, ou terne ; ou bien avec d'autres minéralogistes, en deux sous-divisions dont l'une comprendra tous les cristaux transparens sous le nom de Saphir, de Télésie ou de Gemme orientale, et l'autre sera composée des cristaux opaques qui ont été décrits sous la dénomination de Spath adamantin, et dont le rapprochement avec la Pierre orientale est dû aux recherches de Romé de l'Ile. Le Corindon hyalin se présente dans la nature sous les couleurs les plus variées ; et, vu sa grande dureté et l'intensité de son éclat, il fournit au commerce des lapidaires un grand nombre de Pierres dont quelques-unes sont presque estimées à l'égal du Diamant, lorsqu'elles jouissent de toute leur perfection. Les principales teintes sont celles de rouge cramoisi, de bleu d'azur et de jaune, et les variétés qui les présentent portent dans le commerce les noms de Rubis, de Saphir et de Topaze d'Orient. Quelques cristaux sont en partie limpides, et en partie colorés ; d'autres offrent par réflection une couleur différente de celle que la réfraction fait apercevoir. Le Corindon prismatique de la côte de Malabar présente sur sa base une teinte de bronze, que le poli rend très-sensible. Certaines variétés montrent dans la même direction, c'est-à-dire sur un plan perpendiculaire à l'axe, une étoile blanchâtre à six rayons qui, lorsque ce plan est un hexagone, tombent perpendiculairement sur le milieu des côtés. Les lapidaires désignent ces variétés par le nom d'Astérie. Le Spath adamantin se rencontre souvent en doubles pyramides allongées, et plus ou moins déformées par des arrondissemens et des renflemens qui les ont fait comparer à un fuseau : de-là le nom de fusiforme que l'on donne à cette variété. Le Corindon, en se mêlant au Fer, constitue une variété de mélange, qui est le Corindon ferrifère ou l'Emeril. Sa cassure est granulaire ; sa couleur est le brun, le gris bleuâtre, et quelquefois le rougeâtre. Son action sur l'aiguille aimantée est très-sensible. Sa poudre est d'un grand usage dans les arts, pour polir les Métaux, les glaces et les pierres fines.

Le Corindon paraît appartenir exclusivement aux terrains primitifs, et principalement aux terrains granitiques. Celui de la Chine, qui se rapporte à la modification nommée harmophane, est sous la forme de petites masses d'un gris obscur, dans un Granite qui renferme de la Fibrolite et du Fer oxidulé en masse. Le Corindon du Thibet est dans une roche analogue, mélangée de Stéatite verdâtre. On a trouvé au Saint-Gothard, près d'Ayrolo, des Corindons qui paraissent avoir aussi un Granite pour gangue. A Gellivara, en Suède, c'est le Fer oxidulé qui enveloppe immédiatement le Corindon. Le Corindon compacte, qu'on a découvert près de Mozzo en Piémont, est engagé dans un Feldspath altéré, qui paraît provenir de la décomposition d'un Granite. Le Corindon harmophane de Carnate a pour gangue immédiate une substance blanche lamellaire, qui a beaucoup d'analogie avec le Feldspaht, et à laquelle Bournon a donné le nom d'Indianite.

Le Corindon hyalin n'a été trouvé jusqu'ici qu'en cristaux épars dans des terrains d'alluvion, au Pégu, dans l'île de Ceylan, et en France sur les bords du ruisseau d'Expailly, près la ville du Puy. Quant au Corindon granulaire ou à l'Émeril, on ne connaît son gissement que dans une seule localité, à Ochsenkoph en Saxe, où il est engagé dans des couches de Talc subordonnées à un Schiste primitif.

(G. DEL.)

CORINDUM. BOT. PHAN. Dans Tournefort, ce mot est synonyme de Cardiosperme; Adanson et Mœnch ont prétendu le rétablir. (B.)

CORINE ou CORINNE. MAM. Espèce du genre Antilope. *V.* ce mot. (B.)

CORINE. POLYP. *V.* CORYNE.

*CORINGIA. BOT. PHAN. Ce nom, que Persoon a adopté pour un petit groupe de Crucifères du genre *Brassica* de Linné, est employé dans le *Systema Vegetabilium universale* de De Candolle, pour désigner une section du genre *Erysimum*. Elle est caractérisée par un style court, des pétales dressés et des glandules situées entre le pistil et les étamines. Ce sont des Plantes en général très-glabres, à feuilles amplexicaules, et à fleurs blanches ou jaunes pâles. Elle ne renferme que trois espèces dont deux étaient les *Brassica alpina* et *Br. orientalis* de Linné. Adanson et Heister ont employé le mot de *Couringia*, pour exprimer le même genre que celui de Persoon. (G..N.)

CORINOCARPE. BOT. PHAN. *V.* CORYNOCARPE.

CORINTHEN. BOT. PHAN. Ce nom qui, chez les Allemands, désigne le Raisin de Corinthe, a été étendu au Groseiller rouge. (B.)

CORION. BOT. PHAN. (Hippocrate.) Syn. de Coriandre. (Dioscoride.) Syn. de Sainfoin commun, *Hedysarum Onobrychys.* (B.)

CORIOPE. BOT. PHAN. Pour Coréopside. *V.* ce mot. (B.)

CORIOPHORE, *Coriophora.* BOT. PHAN. Espèce du genre Orchis, qu'on a aussi nommée Coriosmites. *V.* ORCHIS. (B.)

CORIOTRAGEMATODENDROS. BOT. PHAN. Nous ne citons ce nom, donné par Plukenet à deux espèces de Myrica, que pour faire remarquer quel abus les botanistes avant Linné faisaient des étymologies pour composer des noms presque impossibles à prononcer et surtout à retenir. (B.)

CORIPHÉE. OIS. Espèce du genre Sylvie, Levail. (Ois. d'Af., pl. 120, f. 1 et 2). *V.* SYLVIE. (DR..Z.)

CORIS. POIS. Genre institué par Lacépède, qui n'a pas été adopté et qui rentre parmi les Labres. *V.* ce mot. (B.)

CORIS. MOLL. L'un des noms vulgaires du *Cypræa Moneta. V.* CYPRÉE. (B.)

CORIS. BOT. PHAN. *V.* CORIDE.

*CORISANTHÉRIE. *Corisanthe-ria.* BOT. PHAN. Jussieu appelle ainsi la onzième classe de sa méthode, qui renferme les Végétaux dicotylédons à corolle monopétale épigyne, dont les anthères sont distinctes et non soudées. Telles sont les Dipsacées, les Valérianées, les Rubiacées, les Caprifoliacées et les Loranthées. (A. R.)

CORISE. *Corixa.* INS. Genre de l'ordre des Hémiptères, section des Hétéroptères, établi par Geoffroy (Hist. des Ins. T. I, p. 477), et rangé par Latreille (Règn. Anim. de Cuv.) dans la famille des Hydrocorises avec ces caractères : antennes insérées et cachées sous les yeux, très-courtes, en forme de cône allongé, de quatre articles dont le dernier plus grêle et pointu ; bec fort court et triangulaire, strié transversalement, percé d'un trou à son extrémité ; pieds antérieurs beaucoup plus courts que les autres, courbes, terminés par un tarse d'un seul article, comprimé, cilié et sans crochets ; les autres pates allongées avec les tarses de deux articles ; deux longs crochets à l'extrémité des tarses de la seconde paire ; point d'écusson ; élytres couchées horizontalement. Si on ajoute à ces caractères que les Corises ont une forme allongée, le corps aplati avec la tête large et verticale, les yeux triangulaires, le prothorax plus développé transversalement que d'avant en arrière, et prolongé en une pointe dans ce dernier sens, on pourra distinguer facilement ce genre de celui des Nauçores, et principalement de celui des Notonectes qui l'avoisine davantage.

Ces Insectes sont aquatiques, ils nagent avec facilité à l'aide de leurs tarses postérieurs qui sont élargis, allongés et munis de poils roides. Jamais ils ne se tiennent sur le dos, mais constamment sur le ventre. Cette partie de leur corps présente inférieurement les deux rangs de stigmates, et ils viennent souvent à la surface de l'eau pour mettre ces ouvertures en contact avec l'air. Les Corises sont carnassières ; elles se nourrissent d'Insectes aquatiques qu'elles sucent à l'aide de leur bec. Ce bec est très-aigu, et lorsqu'on les saisit, elles cherchent à l'insinuer dans la peau ; la douleur qui suit cette piqûre est très-sensible, et il en résulte quelquefois un gonflement assez considérable. Ce genre est peu nombreux en espèces.

La COUISE STRIÉE, *Cor. striata,* Fabr., peut être considérée comme type du genre. Geoffroy n'en connaissait pas d'autre ; il l'a décrite avec soin et en a donné une figure assez médiocre (pl. 9, fig. 7). On la trouve abondamment en Europe dans les étangs et les mares. (AUD.)

CORISIES. *Corisiæ.* INS. Famille de l'ordre des Hémiptères, section des Hétéroptères, établie par Latreille qui lui assignait pour caractères : gaîne du suçoir formée de quatre articles distincts et découverts ; labre très-prolongé au-delà de la tête, en forme d'alène et strié en dessus ; tarses ayant toujours trois articles distincts, dont le premier presque égal au second ou plus long que lui. Les Corisies sont rangées (Règn. Anim. de Cuv.) dans la famille des Géocoris. *V.* ce mot. (AUD.)

CORISPERME. *Corispermum.* BOT. PHAN. Genre de la famille des Chénopodées, établi par Linné, et ainsi caractérisé : périgone divisé en deux parties, supportant une, deux, trois, quatre ou cinq étamines ; deux styles ; cariopse ovale comprimée, plane d'un côté, bossue de l'autre, entourée d'un rebord membraneux, et non recouverte par le périgone. Quoiqu'on place communément ce genre dans la Monandrie Digynie, L., peut-être serait-il plus convenable de le reporter dans la Pentandrie, comme Kitaibel l'a proposé. Il ne serait pas alors éloigné des *Salsola* et des *Salicornia,* avec lesquelles il a beaucoup d'affinités de port et de structure. Les Corispermes sont des Plantes herbacées, à tiges effilées et garnies de feuilles ordinairement étroites, à fleurs axillaires, solitaires et sessiles. On en connaît une douzaine d'espèces qui croissent dans les endroits sablonneux de l'ancien continent et principalement vers le littoral des mers Méditerranée, Caspienne, et du lac Baïkal en Sibérie. Il est probable qu'on confond deux Plantes sous le même nom de *Corispermum hyssopifolium* parmi les Végétaux de la Flore Française, et que l'on trouve aussi dans les environs de Montpellier une espèce identique avec le *Corispermum nitidum* de Kitaibel; du moins c'est ce qu'autorise à présumer la diversité de l'aspect de cette Plante. (G..N.)

*CORITHAIX. ois. Illiger a donné ce nom au genre Touraco. *V.* ce mot. (DR..Z.)

* CORIUM. bot. crypt. (*Champignons.*) Nom donné par Wibel aux Bolets du sous-genre que Persoon a nommé *Poria.* Ces espèces ont quelquefois l'aspect du cuir, et sont étendues sur les morceaux de bois presque sans chapeau distinct; elles font partie du genre Polypore de Fries. *V.* ce mot. (AD. B.)

* CORIVE. bot. phan. (De Candolle.) Petite variété de Châtaigne. (B.)

CORIXA. ins. *V.* Corise.

CORIZÈME. bot. phan. Pour Chorizème. *V.* ce mot. (B.)

* CORIZIOLA. bot. phan. (Rauvolf). Syn. de Scammonée dans le Levant. (B.)

*CORKBOON. bot. phan. (Mentzel.) Syn. de Liége en Belgique. Les Anglais disent Corktrée. (B.)

CORKIR. bot. *V.* Korkir.

CORKTRÉE. bot. phan. *V.* Corkboon.

CORLI, CORLIS, CORLU, COURLEU et COURLUI. ois. Syn. vulgaires de Courlis, *Scolopax arcuata,* L. *V.* Courlis. (DR..Z.)

CORLIEU. ois. Espèce du genre Courlis, *Scolopax Phdopus,* L., Buff., pl. enl. 842. *V.* Courlis. Cuvier en a fait le type d'une sous-division de son genre Courlis. On a encore appelé :

Corlieu blanc (Catesby), l'Ibis blanc d'Amérique.

Corlieu brun, l'Ibis brun.

Corlieu rouge, l'Ibis rouge. (DR..Z.)

CORMARAN ou CORMORIN. ois. Syn. vulgaire de grand Cormoran, *Pelecanus Carbo,* L. *V.* Cormoran. (DR..Z.)

CORMIER. bot. phan. Nom vulgaire du Sorbier domestique dans le midi de la France où l'on appelle Corme le fruit de cet Arbre. (B.)

CORMORAN. *Carbo.* ois. *Hydrocorax,* Vieill. Genre de l'ordre des Palmipèdes. Caractères : bec assez long, droit, comprimé, arrondi en dessus; mandibule supérieure sillonnée, très-courbée à la pointe; l'inférieure comprimée, plus courte, obtuse et peu courbée; narines linéaires, placées à la base du bec qui est engagé dans une petite membrane qui s'étend sur la gorge qui est nue ainsi que la face; pieds courts, robustes, retirés dans l'abdomen; quatre doigts réunis par une seule membrane, l'extérieur le plus long, celui de derrière s'articulant intérieurement; l'ongle du doigt intermédiaire dentelé en scie; ailes médiocres; la première rémige plus courte que la deuxième qui est la plus longue.

Les Cormorans appartiennent à cette petite division que Cuvier a qualifiée de Totipalmes, et qui, peu nombreuse en espèces comme en genres, ne comprend que les Oiseaux dont la conformation du pied offre la plus grande ressemblance avec la rame antique. Grands consommateurs de Poissons, de ceux de rivière surtout, ils les poursuivent avec une rapidité extraordinaire. Dès que le Cormoran a aperçu la proie qui nage paisiblement au sein du fleuve, en un clin-d'œil il plonge, saisit d'une de ses rames la victime qui chercherait en vain à se dégager de la fatale membrane, et la ramène, en s'aidant de l'autre pied, à la surface de l'onde ;

là, par une manœuvre agile, le Poisson lancé en l'air, retombant immédiatement la tête la première, est reçu sans résistance de la part des nageoires dont les rayons sont alors naturellement couchés en arrière, dans le gosier très-dilatable de l'Oiseau. Si ce dernier manque d'adresse, ce qui arrive rarement, le Poisson n'a point pour cela échappé à la voracité de son terrible adversaire; il est de nouveau saisi et lancé jusqu'à ce que sa chute se soit faite d'une manière convenable. Dans plusieurs pays on a réussi à utiliser l'habileté des Cormorans à la pêche, et on les a amenés à rendre au pêcheur les mêmes services que le chasseur obtient du Faucon qu'il a dressé. Cette pêche, autrefois très-usitée en Angleterre, l'est encore, à ce que l'on assure, dans toute la partie orientale de l'Asie : le Cormoran domestique, portant au cou un anneau assez juste, debout sur l'extrémité de la nacelle que dirige son maître, plonge, s'élance sur le Poisson qu'il a aperçu, et le rapporte à bord avec une fidélité dont sans doute le plus sûr garant est l'anneau qui interdit l'entrée du Poisson dans l'estomac du Cormoran. La plupart de ces Oiseaux, aussi bons voiliers que grands nageurs, recherchent la société de leurs congénères; hors la saison des amours, pendant laquelle ils sont constamment appariés, on les voit presque toujours par petites troupes. Leur grande consommation de nourriture en fait le fléau des étangs, et les empêche de rester long-temps sédentaires dans le même canton. Le Poisson dont ils paraissent le plus friands est l'Anguille, du moins c'est celui que l'on a trouvé plus souvent dans l'estomac des Cormorans qui ont été examinés. Leur chair fétide et noire est un aliment qui répugne : aussi n'en fait-on usage que par nécessité. Le Cormoran est du petit nombre des Palmipèdes doués de la faculté de percher, et c'est ainsi que, sur les plages désertes, ils se livrent au sommeil. C'est aussi sur des Arbres plus souvent que dans des anfractures

de rochers, qu'ils établissent leurs nids composés d'herbes fines, placées au milieu d'un tissu grossier de joncs. La ponte ordinaire est de trois ou quatre œufs parfaitement ovales.

Les Cormorans avaient été confondus par Linné avec les Fous, les Frégates et les Pélicans, sous cette dernière dénomination.

CORMORAN AFRICAIN, *Pelecanus africanus*, Gmel. *V.* CORMORAN NIGAUD, jeune âge.

CORMORAN A AIGRETTE BOUCLÉE, *Pelecanus cirrhatus*, Gmel. Parties supérieures noires avec une tache blanche sur les tectrices alaires ; nuque ornée d'un faisceau de plumes longues et droites, dont l'extrémité s'incline sur le front ; un espace nu entourant l'œil ; quatorze rectrices ; parties inférieures blanches ; bec et pieds d'un brun jaunâtre. Taille, trente pouces. De l'Australasie.

CORMORAN CARONCULÉ, *Pelecanus carunculatus*, Lath. Parties supérieures noires avec une bande blanche sur les tectrices alaires ; côtés de la tête nus, rouges et couverts de caroncules; membrane aréolaire de l'œil, grise ; l'orbite bleue, avec une caroncule au-dessus de l'œil ; parties inférieures blanches ; bec noirâtre ; iris blanc ; pieds rougeâtres. Taille, vingt-six pouces. De l'Australasie.

CORMORAN DE LA CHINE, *Pelecanus Sinensis*, Lath. Parties supérieures d'un brun noirâtre ; les inférieures blanchâtres, tachetées de brun avec la gorge blanche ; douze rectrices; bec jaune; iris bleu; pieds noirâtres. Cette espèce est celle que les Chinois dressent à la pêche.

CORMORAN DILOPHE, Vieill.; *Pelecanus Nævius*, L.; *Pelecanus punctatus*, Lath. Parties supérieures noires ; un bouquet de plumes noires sur la tête, et un autre plus effilé sur la nuque; une longue bande blanche de chaque côté du cou ; membrane aréolaire de l'œil rouge ; tectrices alaires brunes avec une tache noire à l'extrémité de chacune d'elles ; rémiges et rectrices noires ; gorge et parties inférieures d'un noir irisé ; bec rougeâtre ; pieds jaunâtres. Les jeunes n'ont point de huppe, leur gorge est blanchâtre ; ils ont aussi des traits de cette couleur sur le ventre. Taille, vingt-quatre pouces. Australasie.

GRAND CORMORAN, *Pelecanus Carbo*, L., Buff., pl. enl. 927. Parties supérieures d'un brun bronzé, avec le bord des plumes d'un noir verdâtre irisé ; quatorze rectrices noires ainsi que les rémiges ; parties inférieures d'un noir verdâtre ; un large collier blanchâtre sous la gorge ; membrane aréolaire de l'œil d'un jaune verdâtre, ainsi que la membrane ou poche gutturale ; bec noirâtre ; iris vert ; pieds noirs. Taille, vingt-sept à vingt-neuf pouces. Plumage d'amour : une huppe de longues plumes irisées sur la nuque ; des plumes effilées blanchâtres sur la tête, le cou et les cuisses ; le collier parfaitement blanc. Les jeunes ont les plumes des parties supérieures cendrées, bordées de brun, les parties inférieures cendrées, variées de blanchâtre. La femelle diffère peu du mâle. Du nord des deux continens.

CORMORAN GRIS-BRUN, *Hydrocorax fuscescens*, Vieill. Parties supérieures brunes avec les plumes bordées de cendré, qui est aussi la couleur de la tête, du cou, des tectrices alaires et caudales ; parties inférieures blanches ; bec noirâtre ; pieds bruns. Longueur, vingt-quatre pouces. De l'Australasie.

CORMORAN LARGUP, *Pelecanus cristatus*, Lath. Parties supérieures bronzées, avec le bord de chaque plume noir ; rémiges et rectrices noires ; le reste du plumage d'un vert foncé ; douze rectrices courtes ; bec effilé, brun, jaunâtre à sa base ; iris vert ; pieds noirs. Dans la saison des amours, une touffe de plumes larges et épanouies couronne le sommet de la tête, indépendamment de la huppe composée de plumes subulées, qui garnit l'occiput. Taille, vingt-six pouces. Des parties les plus septentrionales de l'Europe.

CORMORAN LEU-TZÉ. *V.* CORMORAN DE LA CHINE.

CORMORAN MAGELLANIQUE, *Pelecanus magellanicus*, Lath. Parties supérieures noires avec des reflets verdâtres sur la tête et le cou ; membranes des joues et de la gorge rougeâtres ; une tache blanche derrière l'œil ; parties inférieures blanches ; bec noir ; pieds bruns. Taille, vingt-sept pouces. De la Terre-de-Feu.

CORMORAN NIGAUD, *Pelecanus Graculus*, Gmel. Plumage d'un noir verdâtre mat, avec les tectrices alaires cendrées, bordées de noir ; membranes aréolaire de l'œil et gutturale d'un jaune rougeâtre ; douze rectrices très-longues, très-étagées ; bec noir en dessus, rougeâtre en dessous ; iris brun, pieds noirs. Taille, vingt-quatre pouces. Plumage d'amour : une touffe de longues plumes vertes, irisées sur l'occiput ; de petites plumes effilées, soyeuses, blanches sur la tête, le cou et les cuisses ; parties supérieures d'un noir verdâtre, bronzé avec les plumes bordées de noir velouté. Les jeunes ont un peu de cendré sur la gorge ; les parties supérieures sont cendrées, bordées de brun, les inférieures brunes, etc. C'est alors le *petit Fou de Cayenne*, Buff., pl. enl. 974. Des deux continens.

CORMORAN NOIR, *Hydrocorax niger*, Vieill. Entièrement noir, avec le bec rougeâtre. Taille, dix-huit pouces. Des Indes.

CORMORAN NOIR ET BLANC, *Hydrocorax melanoleucos*, Vieill. Parties supérieures noires ; sourcils, joues et parties inférieures blancs ; bec et pieds noirâtres. Taille, vingt pouces. D'Australasie.

CORMORAN OURIL, *Pelecanus Urile*, Lath. Parties supérieures d'un noir irisé ; tête et cou d'un vert noirâtre ; quelques plumes blanches éparses sur le cou ; parties inférieures noires ; membrane aréolaire rouge ; bec d'un vert rougeâtre ; pieds noirs. Longueur, vingt-quatre pouces. De la Sibérie.

PETIT CORMORAN. *V.* CORMORAN NIGAUD.

PETIT CORMORAN D'AFRIQUE. *V.* CORMORAN NIGAUD, jeune âge.

CORMORAN PYGMÉE, *Pelecanus Pygmæus*, Lath. Parties supérieures cendrées avec chaque plume bordée de noir brillant; tête, cou et parties inférieures d'un noir verdâtre; des petits points blancs au-dessus des yeux; membranes aréolaire et gutturale noires; douze rémiges longues et très-étagées; bec et pieds cendrés. Longueur, vingt-un pouces. Les jeunes ont la tête d'un brun noirâtre, la gorge blanche, les parties inférieures d'un cendré blanchâtre, etc. Le plumage d'amour est plus brillant, les plumes du cou et des cuisses ont la tige blanche. Du nord de l'Europe où il est très-rare.

CORMORAN TACHETÉ. *V.* CORMORAN DILOPHE.

CORMORAN TINGMIK. *V.* CORMORAN LARGUP.

CORMORAN URILE. *V.* CORMORAN OURILE.

CORMORAN VARIÉ, *Pelecanus varius*, Lath. Parties supérieures brunes; tectrices alaires bordées de blanc; rémiges et rectrices noires, ces dernières bordées de blanc; parties inférieures blanchâtres; dessus du bec noir, le dessous jaune, ainsi que la membrane aréolaire de l'œil; pieds rougeâtres. Les jeunes ont le plumage plus ou moins varié de blanchâtre. Taille, vingt-quatre pouces. De l'Australasie.

CORMORAN À VENTRE BLANC, *Hydrocorax leucogaster*, Vieill. Parties supérieures d'un noir irisé en violet; gorge et poitrine noires; parties inférieures blanches; membrane aréolaire bleue; bec et pieds noirâtres. Taille, vingt-quatre pouces. De Russie.

CORMORAN VIGUA, *Hydrocorax Vigua*, Vieill. Parties supérieures noires irisées; quelques plumes blanches de chaque côté de la tête et sur le cou; parties inférieures noires; dessus du bec noir, le dessous jaune, la base entourée d'un trait blanc; iris vert; douze rectrices. Les jeunes n'ont point de plumes noires sur la tête et le cou, mais ils ont des veines blanches sur la gorge et les couleurs plus ternes. De l'Amérique méridionale.

CORMORAN VIOLET, *Pelecanus violaceus*, Lath. Entièrement noir, avec des reflets violets. Du Kamtschatka.

CORMORAN ZARAMAGULLAN. *V.* CORMORAN VIGUA, jeune âge.   (DR..Z.)

* CORMORAN PIAILLEUR DES AMAZONES. OIS. Syn. vulgaire à la Guiane des Cathartes Aura, *Vultur Aura*, L., et Urubu, *Cathartes Urubu*, Vieill. *V.* CATHARTE. (DR..Z.)

* CORMUS. BOT. CRYPT. Willdenow donne ce nom général à la partie des Plantes cryptogames qui s'élève hors de terre ou des corps qui servent de supports à ces Plantes, et qui supporte la fructification et les feuilles lorsqu'il en existe; cette partie a reçu, suivant les familles, les noms de Tige, de Stipe, de Fronde, de Thallus, de Filamens, etc. *V.* CRYPTOGAMIE.   (AD..B.)

CORNACCHIA. OIS. Syn. italien de la Corneille mantelée, *Corvus Cornix*, L. *V.* CORBEAU.   (DR..Z.)

CORNACCHIONE. OIS. Syn. italien du Freux, *Corvus Frugilegus*, L. *V.* CORBEAU.   (DR..Z.)

* CORNACCIA. BOT. PHAN. L'un des noms vulgaires du *Valeriana rubra*, L. *V.* CENTRANTHE.   (B.)

* CORNAL. OIS. (Temminck.) Espèce du genre Pintade, *Numida cristata*, Lath. *V.* PINTADE.   (DR..Z.)

CORNARD ET CORNARET. BOT. PHAN. Noms vulgaires du *Martynia*, que quelques botanistes français ont adoptés malgré l'idée bizarre qu'ils présentent. *V.* MARTYNIE.   (B.)

CORNE. *Cornea*. MOLL. Ce genre que Megerle proposa pour la *Tellina cornea* de Gmelin, depuis long-temps était fait et adopté par la plupart des conchyliologues. Bruguière l'avait indiqué dans les planches de l'Encyclopédie; il est vrai qu'il y réunissait les Cyrènes, mais séparées depuis, les Cyclades présentaient un genre bien caractérisé, d'après l'article du Dictionnaire des Sciences Naturelles. Il serait difficile de reconnaître dans les caractères énoncés un genre réellement connu, et auquel les citations d'espèces puissent se rapporter. En effet, des Coquilles qui auraient trois dents cardinales et six dents latérales seraient pour nous tout-à-fait nouvelles, et si nous n'avions été conduits par induction, d'après les espèces indiquées qui appartiennent toutes au genre Cyclade, nous aurions en peine à reconnaître l'erreur. *V.* CYCLADE. (D..H.)

CORNE D'ABONDANCE. MOLL. Tel est le nom que l'on donne vulgairement à l'Huître plissée. *V.* HUÎTRE. (D..H.)

CORNE D'ABONDANCE. BOT. CRYPT. (*Champignons.*) Nom vulgaire du *Merulius cornucopioides* de Persoon (*Peziza cornucopioides*, Bull. t. 150). — Paulet a donné ce même nom à une espèce d'Agaric qu'il a figurée tab. 28, fig. 1–3, de son Traité des Champignons. (AD. B.)

CORNE D'AMMON. MOLL. FOSS. Tout le monde sait que l'on représentait Jupiter Ammon la tête armée de deux cornes de Bélier enroulées sur elles-mêmes et presque dans le même plan, observant une forme analogue à celles des Coquilles pétrifiées appelées Ammonites. On leur a conservé long-temps le même nom qui a été remplacé dans les ouvrages de conchyliologie par celui d'Ammonite. *V.* ce mot. (D..H.)

CORNE DE CERF. BOT. Ce nom a été donné à diverses Plantes très-différentes, telles qu'au *Plantago Coronopus*, à une espèce de Sysimbre, à une Sauge, à un Hypoxylon, etc. (B.)

CORNE DE CERF, CORNE DE DAIM. BOT. CRYPT. Ce nom est donné à quelques espèces d'*Hydnum* du sous-genre des *Hericium*, à quelques Clavaires et aux espèces de Sphæries à tiges rameuses, telles que le *Sphæria Hypoxylon* (*Clavaria Hypoxylon*, Li.) et le *Sphæria digitata* (*Clavaria digitata*, Bull. tab. 220), auxquelles on trouve quelque ressemblance avec les bois de Cerfs. (AD. B.)

CORNE DE DAIM. POLYP. Des Millepores grands et rameux portent

ce nom dans quelques anciens auteurs et chez des marchands d'objets d'histoire naturelle. On l'a appliqué, mais rarement, aux Madrépores de Linné. (LAM..X.)

CORNÉE. ZOOL. Première membrane de l'œil. *V.* ce mot. (B.)

CORNÉENNE. MIN. Ce nom a été donné par les auteurs à des Minéraux bien différens. Brongniart l'adopte pour désigner un Minéral caractérisé par Dolomieu, et qui a pour type la pâte brune tirant sur le violet des Variolites de Drac (*Mandelstein*). Les caractères qu'il lui assigne sont : d'être généralement compacte et solide, d'avoir la cassure raboteuse ou irrégulière, l'aspect terne, et de répandre par l'insufflation une odeur argileuse très-sensible. Ce Minéral est difficile à casser, fait rebondir le marteau et offre une sorte de ténacité qui l'éloigne du Wake en le rapprochant du Basalte : il a souvent assez de dureté pour ne point se laisser rayer par le Cuivre qui y imprime sa trace. Le Fer même a quelquefois de la peine à l'entamer.

La Cornéenne se présente rarement seule et en masse ; elle est presque toujours la base de diverses roches mélangées. C'est une pâte qui les réunit, et dans laquelle on ne peut voir à l'œil nu et même à l'aide de la loupe aucune agrégation distincte de Minéraux différens. Brongniart ne doute cependant pas que la Cornéenne ne soit réellement le résultat de l'agrégation de plusieurs espèces minérales qui, réduites en particules d'une grande ténuité, échappent à nos sens : le résultat de leur mélange est regardé par lui comme homogène. Cette homogénéité étant admise, on peut considérer cette pâte comme espèce réelle et rigoureuse ; car elle ne peut être regardée avec certitude comme de l'Amphibole compacte et terreux, ni comme du Pyroxène : elle ne se rapporte à aucune des variétés du Quartz qui portent les noms de Silex corné et de Jaspe schistoïde (*Kieselschiefer*) ; ce n'est ni une Argile, ni un Basalte, ni un Schiste ou Wake : c'est donc une espèce bien distincte qui doit être dénommée et caractérisée séparément des roches mélangées dont elle fait la base.

Toutes les variétés de Cornéenne agissent presque toujours sur l'aiguille aimantée; elles se fondent assez facilement en un émail noir et brillant. Ce dernier caractère les distingue du Schiste, lorsqu'elles en ont la texture, et du Jaspe schisteux, quand leur dureté les en rapproche. On a analysé plusieurs variétés de Cornéennes, et l'on a vu dans leurs principes constituans une permanence et une constance de proportion fort remarquables. En prenant le terme moyen de toutes ces analyses, on voit qu'en général ce Minéral est composé d'environ cinquante parties de Silice, quinze d'Alumine, six de Chaux, une de Magnésie, dix-huit de Fer, et six de Soude et de Potasse.

Les Cornéennes ont été regardées par beaucoup de minéralogistes, comme un mélange intime et invisible d'Amphibole et d'Argile; mais aucune observation directe ne le prouve. Le nom de Cornéenne a été admis par presque tous les minéralogistes qui lui ont donné des acceptions très-variées. Nous allons chercher à en éclaircir la synonymie. Les Cornéennes compactes et les Cornéennes Trapp de Brongniart, présentent entre elles si peu de différences, que ces deux variétés ont été désignées indistinctement par le nom de Cornéenne ou celui de Trapp. Cronstedt et Wallerius ont employé ce dernier nom pour désigner des Roches de Norwège et de Suède, qui appartiennent nonseulement aux Cornéennes Trapp, mais à la pâte des Roches composées, que Brongniart nomme Variolite, et dont la Variolite de Drac est le type. Faujas a employé le nom de Trapp dans ce sens, et, par conséquent, les Roches homogènes, qu'il nomme ainsi, appartiennent toutes à la vraie Cornéenne. Ce minéralogiste paraît le seul qui ait circonscrit l'espèce dans les mêmes limites que Brongniart, en lui appliquant le nom de Trapp. Haüy a donné le nom de Roche Cornéenne

à la Variolite de Drac, dont la pâte ou base appartient à la vraie Cornéenne; mais il a réuni sous ce nom trois autres Roches dont la pâte paraît différente: depuis, il a changé le nom de Cornéenne en celui d'*Aphanite*. Le genre *Corneus* de Wallerius, qu'il divise en *Corneus Trapezius* et *Corneus fissilis, durior* et *mollior*, est la deuxième et peut-être la troisième variété du professeur Brongniart. Les Pierres vulgairement nommées Pierre de Corne et Roche de Corne ou *Hornstein* des Allemands, sont, tantôt des Silex, tantôt des Pétrosilex: ce sont le plus souvent, selon De Saussure, des Diabates à petits grains, des Eurites schistoïdes noirâtres, etc. Laméthrie comprend sous le nom de Cornéenne une seule des variétés de la Cornéenne de Brongniart; enfin Cordier a appliqué ce nom à des Schistes argileux tendres, etc., et a donné pour caractère à ce genre, de ne renfermer aucune concrétion en forme d'amande. Ce caractère, tout-à-fait opposé à celui de la Variolite de Drac dont la pâte est le type du genre Cornéenne tel que nous l'adoptons, fait croire qu'il a en vue des Minéraux très-différens de ceux que nous allons décrire.

Brongniart a établi trois variétés de Cornéenne.

La CORNÉENNE COMPACTE est solide, compacte, difficile à casser. Sa cassure est raboteuse, passant à la cassure conchoïde. Nous donnerons comme exemples de cette variété, la pâte brune de la Variolite de Drac, que Dolomieu, avons-nous dit, considère comme une Cornéenne bien caractérisée la pâte noirâtre des Variolites du Derbshire, appelée *Toadstone*, etc.;

La CORNÉENNE TRAPP est dure; elle use le Fer, mais n'est point scintillante; son grain est fin, serré, absolument mat, et surtout homogène, même au microscope. Le Trapp se distingue du Basalte, parce que ce dernier offre toujours dans sa cassure un grain un peu cristallin, et dans sa poussière des grains de diverse nature. La couleur du Trapp est ordinairement noire; mais il y en a de rougeâtre, de bleuâtre et de verdâtre; il se brise en morceaux parallélipipédiques, et a quelquefois la cassure conchoïde. Le mot Trapp signifie escalier, et l'on donne ce nom à cette variété, parce que, en raison de sa cassure, les montagnes qui en sont composées, présentent dans leurs pentes escarpées des espèces de gradins. Faujas fit ressortir des petits cristaux de Felspath, de Trapps dont la surface a été polie en les laissant séjourner pendant quelques jours dans de l'Acide sulfurique étendu d'eau. Le Trapp est très-commun dans diverses parties de la Suède; il est rare dans les autres parties de l'Europe. Le sommet de la colline nommée le Petit-Donnon de Minguette, près de Rothau dans les Vosges, en est formé.

La Cornéenne Lydienne est noire, terne, compacte : elle est plus tendre que le Trapp et n'a pas sa texture parallélipipédique. La Lydienne se laisse rayer par le Fer et par le Cuivre, lorsqu'on agit avec l'angle ou la pointe d'un morceau de ce dernier Métal; mais si c'est avec sa partie plane ou arrondie, elle en reçoit la trace. Cette propriété de recevoir la trace du Cuivre, distingue cette Cornéenne du Schiste, qui est toujours rayé par ce Métal et n'en reçoit jamais la trace. C'est sur cette propriété qu'est fondé l'usage que l'on fait de cette Pierre pour juger par aperçu du titre de l'Or; elle porte vulgairement le nom de Pierre-de-Touche. Les anciens la connaissaient sous celui de Lydienne; mais il n'en vient plus de Lydie. Celles dont on fait usage actuellement, viennent de Saxe, de Bohème et de Silésie. On ne peut cependant assurer que les Pierres-de-Touche de ces pays se rapportent toutes à la Cornéenne dont nous nous occupons; il est même probable que plusieurs sont des Basaltes. Ludovici (Dict. du commerce, Leipsick, 1768) dit que les Pierres-de-Touche se trouvent près de Hidelsheim et de Goslar. Il paraît qu'on se sert aussi pour le même usage du Basalte de Stoplen en Misnie.

La Pierre-de-Touche des orfèvres et essayeurs de Paris, est la vraie Cornéenne Lydienne; on dit qu'on en trouve dans le Rhône près de Lyon. Outre l'emploi qu'en font les orfèvres, on s'en sert pour polir le Stuc et le Calcaire marneux dur de Château-Landon, qui est employé à la construction des grands monumens.

Les Cornéennes appartiennent aux terrains primordiaux, anciens ou transitifs. Elles se présentent tantôt en masses dans lesquelles la stratification n'est pas sensible, tantôt elles forment des couches épaisses. *V.*, pour le gissement, les articles Variolite et Trappite.   (G.)

* CORNEILLAR et CORNEILLON. ois. Nom vulgaire des jeunes Corbeaux.   (DR..Z.)

CORNEILLE. ois. *V.* Corbeau. On a appelé Corneille de mer le *Corvus Eremita*, et Corneille de Cornouailles, le *Corvus Graculus*, L. *V.* Pyrrhocorax.   (B.)

CORNEILLE. bot. phan. L'un des noms vulgaires de la Lysimache commune.   (B.)

* CORNEJA. ois. Syn. espagnol de la Corbine, *Corvus Corone*, L. *V.* Corbeau.   (DR..Z.)

CORNELIA. bot. phan. (Arduin.) Syn. d'*Ammania baccifera*; Plante originaire de la Chine, qui s'est, dit-on, naturalisée en Italie.   (B.)

CORNEROTTE. ois. Syn. vulgaire du moyen Duc, *Strix Otus*, L. *V.* Chouette-Hibou.   (DR..Z.)

CORNES. zool. Faisceaux pleins ou tubuleux formés d'une espèce particulière de fibres épidermiques, quant à la composition chimique, et fort analogues aux poils.

La meilleure manière de démontrer cette analogie, c'est de comparer la Corne du Rhinocéros ou même la base de celles des vieux Bœufs et surtout du Buffle du Cap, ou du Bœuf musqué, au poil de l'Hippopotame. En séparant des fibres de la Corne d'un Rhinocéros, on leur trouve une grande ressemblance avec le bouquet de filamens rugueux et grossiers, qui termine chaque poil de la moustache ou de la queue de l'Hippopotame. Le corps même de ce poil, au-delà du bouquet, est absolument semblable à la corne des Bœufs ou des Moutons, à la dureté près. Mais la cohésion des fibres n'est guère inférieure à celle de la Corne des Rhinocéros. La structure pileuse des Cornes sera donc évidemment démontrée pour qui aura pu examiner les poils de l'Hippopotame.

En définissant le mot Cornes, nous en avons déjà distingué deux espèces : les faisceaux tubuleux ou Cornes creuses ont des chevilles osseuses qui sont des prolongemens de l'os frontal ; les faisceaux pleins ou Cornes solides reposent par une base plane ou peu concave sur les os du nez par l'intermédiaire du derme qui, à cet endroit, prend plus de cohésion. Il est une troisième espèce de Cornes qui, sous le rapport anatomique et physiologique, tient le milieu entre les Cornes creuses et le bois des Cerfs. Ce sont les Cornes de la Girafe.

Voici, d'après Cuvier (Anat. comp. T. II, leç. 14), le mécanisme de la formation des Cornes creuses qui sont un des caractères des genres Bœuf, Antilope, Chèvre et Mouton.

1°. Au troisième mois de la conception, dans le genre Bœuf, l'os frontal du fœtus, encore cartilagineux, ne diffère en rien d'un frontal ordinaire. Mais au septième mois, en partie ossifié, chaque frontal développe un petit tubercule par le soulèvement de quelques lames osseuses. Bientôt ces tubercules proéminent et soulèvent la peau qui devient même calleuse en cet endroit : après la naissance, le prolongement osseux entraîne devant lui la callosité qui se durcit et devient Corne en s'allongeant. La gaîne du prolongement osseux est donc à l'origine le derme même ; mais la texture du derme change par son adossement à l'os : c'est ainsi que la peau

humaine devient cornée par l'accumulation de la matière épidermique là où s'exerce trop de frottement ou de compression. Mais il est douteux que la partie supérieure du fourreau de peau entraîné par le prolongement osseux, continue de produire de la fibre cornée. L'allongement de la gaîne se fait par la production continuelle des fibres de la base, immédiatement sessiles sur la peau qui, en cet endroit, offre une structure particulière. *V*. Peau.

2°. Dans la Girafe, les chevilles osseuses sont cylindriques, ne prennent qu'un accroissement en hauteur et en diamètre, très-borné ; elles se terminent par une face plane : le fourreau de peau, entraîné par la cheville, ne change pas de nature ; il continue de produire des poils semblables à ceux du reste du corps ; seulement la surface terminale est calleuse, et les poils y sont usés par les frottemens que l'Animal fait subir à cette partie : le quart inférieur de cette cheville osseuse est dilaté par d'énormes cellules continues à celles du frontal. Cette cheville n'est pas, comme dans les Cerfs, les Bœufs, les Antilopes, etc., une continuation de l'os frontal. Sur la jeune Girafe rapportée par Delalande, la base de chaque Corne, déjà longue d'environ trois pouces (la moitié de sa longueur finale), est séparée du frontal et du pariétal, par un espace membraneux ; c'est comme un os vormien dont les rayons osseux ne se sont pas encore rencontrés avec les bords dentelés des os voisins.

3°. Les Cornes des Rhinocéros, simples ou doubles suivant les espèces, reposent par l'intermédiaire du derme sur les os du nez soudés ensemble et fort épais. Quand on scie cette Corne en travers, dit Cuvier, on peut distinguer à la loupe une infinité de pores, indices des intervalles qui séparent les poils agglutinés : si la section est faite sur la longueur, des sillons nombreux, longitudinaux et parallèles, démontrent encore cette structure. Nous avons vu les mêmes dispositions à l'œil nu sur le corps du poil de l'Hippopotame, d'autant plus aisément que les fibres cornées sont agglutinées d'une manière moins serrée, et que, se séparant en bouquet dès le second quart de leur longueur, on peut suivre plus facilement leur continuité. L'on peut dire avec vérité que chaque poil de l'Hippopotame est une petite Corne.

Dans le Rhinocéros unicorne, entre l'os et le derme sous la base de la Corne, il y a une sorte de matière crétacée interposée, qui se solidifie après la mort par l'évaporation. Il en existe probablement une semblable dans les autres espèces.

Les organes les plus analogues aux Cornes dans les Mammifères, sont les ergots tubuleux des pieds de derrière dans les mâles de l'Echidné et de l'Ornithorinque : c'est une véritable Corne creuse canaliculée sur son axe comme les crochets venimeux de la Vipère pour l'écoulement d'un liquide probablement vénéneux. Mais il n'y a aucune cheville osseuse, ainsi que nous nous en sommes directement assurés avec notre ami Laurillard, conservateur du Muséum d'Anatomie comparée.

Chez les Oiseaux, les tarses des Gallinacées ; parmi les Echassiers, ceux du Kamichi et autres Macrodactyles ; les doigts de l'aile dans le même Kamichi et autres Echassiers, dans l'Oie de Gambie chez les Palmipèdes, et enfin dans les Casoars, sont aussi armés de productions très-analogues aux Cornes ; néanmoins, leur cohésion les rend peut-être encore plus comparables aux ongles. Enfin chez les Oiseaux, les protubérances osseuses de la tête, dans les Calaos, la Pintade, le Casoar, sont revêtues d'une gaîne ou calotte de matière réellement cornée, quoiqu'on n'y voie pas de disposition fibreuse. Ces protubérances osseuses sont creusées d'innombrables cellules dans le Casoar et les Calaos ; mais dans le Crax Pauxi et dans une espèce dont on ne connaît que le crâne mutilé, et

qui sans doute sera le type d'un genre nouveau, cette protubérance est d'une dureté pierreuse.

Nous parlerons, au mot DENT, de la Corne qui revêt les mâchoires des Oiseaux et de quelques Reptiles ; au mot ONGLE, de la Corne des pieds des Ruminans et des Solipèdes. *V.* ces articles et celui de chacun des genres cités ici.   (A. D..NS.)

* CORNES. MOLL. On a appliqué improprement ce nom aux tentacules des Limaçons.   (B.)

*CORNES. INS. Ordinairement les Antennes. *V.* ce mot.   (AUD.)

CORNET ET CORNETE. MOLL. Autrefois (et c'est D'Argenville qui l'avait pour ainsi dire consacré), on donnait ce nom à toutes les Coquilles du genre Cône ; on l'appliquait même quelquefois à des Olives. Il n'est pas besoin de dire que ce nom avait été donné pour la ressemblance que l'on trouvait entre un Cornet de papier et la forme de ces Coquilles. Les habitans des bords de la Manche nomment aussi Cornets les Calmars. *V.* ce mot.   (D..H.)

CORNET. BOT. PHAN. On appelle ainsi les appendices variés creux et évasés, que l'on observe dans certaines fleurs irrégulières. Ainsi, dans la fleur des Asclépiades, on trouve cinq Cornets. Les pétales de l'Ancolie, des Hellébores, ont souvent été décrits sous le nom de Cornets.   (A.R.)

* CORNET A BOUQUIN. MOLL. *V.* ARGONAUTE.

* CORNET DE MILLE POINTS. MOLL. Syn. de Cône Tigre. *V.* CÔNE.

CORNET DE POSTILLON, CORNET DE SAINT-HUBERT ET CORNET CHAMBRÉ. MOLL. Noms vulgaires employés pour désigner la Spirule. *V.* ce mot.   (D..H.)

CORNICABRA. BOT. PHAN. Nom vulgaire en Espagne du Térébinthe.   (B.)

*CORNICHE. MOLL. *V.* CALMAR.

CORNICHON. BOT. PHAN. Variété du Concombre cultivé, qui se confit dans le vinaigre ou dans la saumure, et qui est d'un grand usage pour les assaisonnemens. (B.)

CORNICHUELO. ois. Syn. espagnol du petit Duc, *Strix Scops*, L. *V*. CHOUETTE. (DR..Z.)

CORNICULAIRE. *Cornicularia*. BOT. CRYPT. (*Lichens*.) Ce genre, établi par Hoffmann, a été adopté par Achar et par De Candolle; il est ainsi caractérisé : fronde cartilagineuse, solide ou celluleuse intérieurement, rameuse et en forme de buisson; apothécies terminales, orbiculaires, en forme de scutelles, entièrement formées d'une substance analogue à celle de la fronde, entourées d'un rebord peu saillant, quelquefois cilié. Les espèces de ce genre sont peu nombreuses; la plupart croissent sur les collines sèches et dans les bruyères, et plusieurs sont particulières aux montagnes assez élevées; la plus commune est le *Cornicularia aculeata*, qui croît abondamment dans toutes les collines sablonneuses des environs de Paris, et jusque sur le sable mobile des dunes de l'Océan où Bory de Saint-Vincent l'a observé; sa tige est d'un brun marron, arrondie ou peu comprimée, plus ou moins rameuse, à rameaux roides et pointus.

Une autre espèce de ce genre, le *Cornicularia pubescens*, Ach., Syn. 302, mérite d'être examinée de nouveau avec attention; elle croît sur les rochers continuellement arrosés, et ses rameaux capillaires, filamenteux, l'ont fait regarder par quelques auteurs récens, tels que Dillwyn et Agardh, comme une Conferve : le premier l'a figurée sous le nom de *Conferva atro-virens* (Conf. Brit., tab. 25); le second l'a rangée sous le même nom spécifique dans son genre *Scytonema*. Achar assure, sur l'autorité de Schræder, que cette Plante présente des apothécies, ce qui l'a déterminé à la placer parmi les Lichens. (AD. B.)

CORNICULES. *Corniculæ*. INS.

Nom vulgaire et impropre sous lequel on a quelquefois désigné les antennes des Insectes. *V*. ANTENNES. (AUD.)

CORNIDIE. *Cornidia*. BOT. PHAN. Ruiz et Pavon (*Syst. Veget. Flor. Peruv.* p. 91) ont donné ce nom générique à une Plante qui appartient à l'Octandrie Triginie, L., mais que le défaut de renseignemens empêche de rapporter parfaitement à l'une des familles naturelles établies. Ses caractères sont : calice à trois angles peu prononcés, très-entier, à demi-adhérent à l'ovaire; corolle à quatre pétales; styles divergens : capsule à trois valves corniculées, et triloculaire; semences nombreuses. Le *Cornidia umbellata* est un Arbre très-élevé, indigène des forêts du Pérou. Ce genre est dédié à Cornide, naturaliste espagnol fort habile, qui habitait la Corogne, et auquel on doit, entre autres bons ouvrages, un Traité à la manière linnéenne sur les Poissons des côtes de Galice. (G..N.)

CORNIER. BOT. PHAN. L'un des noms vulgaires du Cornouiller. (B.)

CORNIFLE ou CORNILLE. BOT. PHAN. Des botanistes français ont désigné sous ces noms le genre *Ceratophyllum*. *V*. CÉRATOPHYLLE. (B.)

CORNILLET. BOT. PHAN. Même chose que Carnillet. *V*. ce mot et CUCUBALE. (B.)

CORNILLON. ois. Syn. vulgaire du Choucas, *Corvus Monedula*, L. *V*. CORBEAU. (DR..Z.)

CORNIOLA. BOT. PHAN. Syn. de *Genista tinctoria* et de Cornouille en Italie. (B.)

CORNIOLA. BOT. CRYPT. Même chose que Corgniola. *V*. CORGNE. (B.)

CORNIOLE. BOT. PHAN. L'un des noms vulgaires de la Macre et de la Coronille. *V*. ces mots. (B.)

CORNIOLLE. ois. Syn. vulgaire du Corlieu, *Scolopax Phdopus*, L. *V*. COURLIS. (DR..Z.)

CORNIOLLO. BOT. PHAN. Qui vient du latin *Cornus*, ainsi que les

Cornejo, *Corniola*, *Cornizo* et *Corni-zolos* des Espagnols. Syn. italien de Cornouille.   (B.)

CORNIX. ois. Nom scientifique d'une espèce du genre Corbeau. *V.* CORBEAU.   (DR..Z.)

CORNOUILLE. BOT. PHAN. Fruit du Cornouiller,   (B.)

CORNOUILLER. *Cornus.* BOT. PHAN. Ce genre se compose d'une vingtaine d'espèces, dont les deux tiers environ sont originaires des diverses contrées de l'Amérique septentrionale. Ce sont toutes des Arbrisseaux ou des Arbustes, portant des feuilles simples opposées, rarement alternes, dépourvues de stipules, et dont les fleurs généralement blanches offrent divers modes d'inflorescence ; mais plus généralement elles sont disposées en cime, rarement en panicule. Quelquefois elles sont accompagnées d'un involucre formé de plusieurs folioles. Dans toutes, l'ovaire est globuleux, adhérent, couronné par le limbe du calice qui offre quatre dents, quelquefois très-petites, et par un disque épigyne, concave à son centre pour l'insertion du style; celui-ci est simple, et se termine par un stigmate glanduleux également simple. La corolle est formée de quatre pétales étalés, ordinairement sessiles ; les étamines, en même nombre que les pétales, alternent avec eux. Leurs anthères sont à deux loges, tournées vers le centre de la fleur. Ces étamines s'insèrent en dehors du bourrelet formé par le disque. Coupé en travers, l'ovaire présente deux loges, dans chacune desquelles existe un seul ovule attaché vers la partie supérieure. Le fruit est une drupe charnue, globuleuse, ombiliquée à son sommet, contenant un noyau osseux à deux loges monospermes.

Ce genre a été placé dans la famille des Caprifoliacées de Jussieu. Mais sa corolle vraiment polypétale, ses étamines immédiatement épigynes, forment des caractères assez saillans, pour que nous ayons cru devoir considérer ce genre, ainsi que le Lierre qui offre les mêmes particularités, comme le type d'un nouvel ordre naturel, formant le passage entre les Caprifoliacées et les Araliacées, c'est-à-dire entre les Monopétales et les Polypétales épigynes, et auquel nous avons donné le nom d'Hédéracées. (*V.* Botanique médicale, 2ᵉ part. Paris, 1823).

Nous citerons parmi les espèces de ce genre, les suivantes :

Le CORNOUILLER MALE, *Cornus mascula*, L., est un Arbre de moyenne grandeur qui abonde dans nos bois. Son tronc est inégal, peu élevé, et d'une très-grande dureté. Il se divise en branches très-nombreuses sur lesquelles s'épanouissent des petits bouquets de fleurs jaunes, qui se montrent avant le développement des feuilles; celles-ci sont opposées, ovales, aiguës, entières, légèrement pubescentes à leur face inférieure. Les nervures sont convergentes et parallèles. Les fleurs forment des petits sertules ou ombelles simples, composées de dix à quinze fleurs pédicellées, et environnées à leur base d'un involucre de quatre folioles régulières, égales entre elles et jaunâtres. A ces fleurs qui s'épanouissent dès le mois de février, succèdent des drupes ovoïdes de la grosseur d'une Cerise, mais allongées, ordinairement rouges, quelquefois jaunes extérieurement. Elles ont une saveur acerbe assez agréable. On les mange dans les campagnes sous les noms de *Cormes* ou *Cornouilles*.

Le CORNOUILLER SANGUIN, *Cornus sanguinea*, L., forme un Arbrisseau d'un port élégant, qui figure agréablement dans nos jardins et nos bosquets. Sa hauteur est d'une dixaine de pieds environ. Ses rameaux sont dressés, effilés, d'un rouge plus ou moins vif, surtout aux approches de l'hiver. Ils sont ornés de feuilles opposées, pétiolées, ovales, aiguës, entières, plus grandes que dans l'espèce précédente et également pubescentes à leur face inférieure. Les fleurs sont blanches et forment une cime étalée à la partie supérieure des ramifications de la tige. Ces fleurs sont remplacées par de petites drupes globuleuses, pisiformes, ombiliquées, d'une couleur noirâtre à l'époque de leur parfaite maturité. Cet Arbrisseau est indigène des forêts de l'Europe. On le trouve également dans l'Amérique septentrionale.

Le CORNOUILLER BLANC, *Cornus alba*, L. Pour le port, cette espèce ressemble beaucoup à celle qui précède. Comme elle, c'est un Arbrisseau de huit à dix pieds d'élévation, ayant ses rameaux effilés, verdâtres et parsemés de tubercules. Ses feuilles sont pétiolées, ovales, aiguës, entières, encore plus grandes que dans le Cornouiller sanguin, glabres des deux côtés, glauques et blanchâtres à leur face inférieure. Les fleurs qui sont blanches constituent une cime ombelliforme au sommet des principales ramifications de la tige. Les fruits sont pisiformes, d'une couleur blanche, laiteuse et comme transparente, lorsqu'ils sont mûrs. On cultive fréquemment cet Arbrisseau dans nos jardins d'agrément. Originaire de l'Amérique septentrionale, il passe très-bien l'hiver en pleine terre sous le climat de Paris.

Plusieurs autres Cornouillers sont encore cultivés dans nos jardins ; tels sont :

Le CORNOUILLER A FLEURS, *Cornus florida*, L., qui, dans l'Amérique septentrionale, sa patrie, peut acquérir une trentaine de pieds d'élévation. Il se fait surtout remarquer par ses fleurs petites, jaunâtres, disposées en sertules environnés d'un involucre de quatre grandes folioles blanches, irrégulièrement cordiformes, en sorte qu'au premier abord, chaque sertule ressemble à une grande fleur blanche.

Le CORNOUILLER DU CANADA, *Cornus Canadensis*, L., L'Héritier (*Cornus*, T. I), offre le même mode d'inflorescence ; mais c'est un petit Arbuste rampant, presque herbacé, dont les feuilles supérieures sont verticillées.

Le CORNOUILLER A FEUILLES ALTERNES, *Cornus alternifolia*, L'Hérit. (*loc. cit.* T. VI), se distingue par ses feuilles alternes, ovales, aiguës, blanchâtres à leur face inférieure. Ses fleurs blanches forment des cimes déprimées.

Le CORNOUILLER SOYEUX, *Cornus sericea*, L'Hérit. (*loc. cit.* T. II), a ses feuilles ovales, aiguës, pubescentes et comme ferrugineuses inférieurement. Ses fruits sont d'une belle couleur bleue.

Les Cornouillers ne sont pas difficiles sur la nature du terrain, et leur culture n'exige presque aucuns soins. Ils réussissent mieux à l'ombre que dans les lieux trop exposés au soleil. On les multiplie de graines, de marcottes, ou en greffant les espèces exotiques sur le Cornouiller mâle. (A. R.)

CORNTREON. BOT. PHAN. Le *Cornus mascula* dans l'île d'Anglesey. *V.* CORNOUILLER. (B.)

CORNU. ZOOL. Espèce des genres Chœtodon et Blennie ; c'est aussi un Caméléon. *V.* ces mots. (B.)

CORNU. BOT. PHAN. Espèce du genre Coudrier. *V.* ce mot. (B.)

CORNUCOPIÆ. MOLL. FOSS. Espèce d'Hippurite fossile, décrite par le docteur Thompson. *V.* HIPPURITE. (D..H.)

CORNUCOPIÆ. BOT. PHAN. *V.* COQUELUCHIOLE.

CORNUE DIGITALE. MOLL. Nom vulgaire du *Pterocera Lambis*, Lamk. Espèce du genre Ptérocère. *V.* ce mot. (D..H.)

CORNUELLE. BOT. PHAN. L'un des nom vulgaires de la Macre. (B.)

* CORNUET. BOT. PHAN. Syn. vulgaire de *Bidens tripartita*. *V.* BIDENT. (B.)

* CORNU HAMMONIS. MOLL. Klein, dans son Ostracologie, désignait ainsi la Spirule. *V.* ce mot. (D..H.)

CORNULACA. BOT. PHAN. *V.* CORNULAQUE.

CORNULAIRE. *Cornularia*. POLYP. Genre de l'ordre des Tubulariées dans la division des Polypiers flexibles, à cellules non irritables, ou cellulifères, établi par Lamarck dans la section de ses Polypiers vaginiformes. Il lui donne pour caractères : Polypier corné fixé par sa base, à tiges simples, en forme de long entonnoir, contenant chacune un Polype ; Polypes solitaires terminaux à bouche munie de huit tentacules pinnés disposés sur un seul rang. Les Cornulaires, quoique placées parmi les Tubulariées, présentent une organisation plus compliquée que celle des Animaux de cet ordre, et nous ne doutons point qu'on ne les place avec les Tubiporées, lorsque ces Animaux seront mieux connus. D'après les figures que l'on en a données, pl. 473 de l'Encyclopédie méthodique, figures copiées dans Cavalini, les Polypes ont une bouche au centre d'un petit disque entouré de huit tentacules ciliés ; sous le disque se voit un corps cylindrique enfermé dans une large enveloppe, de la base de laquelle partent six à huit filamens qui se perdent dans l'intérieur du tube. Cette description ne diffère presque pas de celle que l'on doit faire du Polype des Lobulaires, de celui du Tubipore musique. Ainsi l'on ne doit pas considérer comme exacte la classification des Cornulaires. Le Polypier présente une tige rampante, stolonifère, qui supporte des jets épars, en forme de cornet ou de long entonnoir à surface ridée transversalement, de substance cornée et de couleur jaunâtre. Ces caractères éloignent les Cornulaires de tous les genres connus.

Ce genre n'est encore composé que d'une seule espèce, la CORNULAIRE RIDÉE, *Tubularia Cornucopiæ*, Cavalini, Polyp. mar., p. 250, tab. 9, fig. 11, 12. Elle se trouve dans la Méditerranée. Nous croyons que c'est par erreur que Pallas l'indique dans les mers d'Amérique.   (LAM..X.)

CORNULAQUE, *Cornulaca*. BOT. PHAN. Delile, dans la Botanique du grand ouvrage d'Égypte, a décrit et figuré (p. 62, t. 22) sous le nom de *Cornulaca monacantha* une Plante voisine des *Salsola*. Voici les caractères que cet auteur assigne à son nouveau genre : involucre épais, formé de poils pressés autour du calice entre trois bractées ; calice persistant à cinq divisions dont une seule porte, sur le milieu de sa face dorsale, une épine dressée ; les cinq étamines qui sont hypogynes ont leurs filets réunis à leur base en un tube membraneux terminé par cinq dents obtuses, alternes avec les filets anthérifères ; la graine est déprimée ; l'embryon est roulé en spirale.

Ce genre, ainsi que l'indiquent les caractères énoncés ci-dessus, est très-voisin de la Soude, dont il diffère surtout par l'absence des cinq appendices membraneux qui, dans le genre *Salsola*, bouchent l'ouverture du calice, par ses filets monadelphes et l'épine de son calice. Il se rapproche surtout du genre Kochia de Roth, dont il diffère par son embryon roulé en spirale.   (A. R.)

CORNULUS. BOT. PHAN. (Heister.) Une espèce de Cornouiller.   (B.)

* CORNUO. POIS. Probablement une Clupe qui remonte la Loire avec l'Alose à laquelle on dit qu'elle ressemble beaucoup, dont la chair, peu estimée, fait la nourriture des pauvres, et qui n'est pas encore déterminée.   (B.)

CORNUPÈDES. MAM. Désignation vieillie et peu usitée des Animaux qui ont les pieds munis de corne.   (B.)

CORNUS. BOT. PHAN. *V.* CORNOUILLER.

CORNUTIE. *Cornutia*. BOT. PHAN. Vulgairement Agnanthe. Plumier a, le premier, fait connaître ce genre, et figuré la Plante qui le constitue (Plum. *Gen.* 32, *Ic.* 106, f. 1). Il a été adopté par Linné et Jussieu qui l'ont caractérisé ainsi : calice court à cinq dents ; corolle beaucoup plus longue, dont le limbe est à quatre divisions inégales ; étamines dont deux exertes ; style très-long terminé par un stigmate bifide ; baie monosperme entourée par le calice persistant. Ce genre, de la Didynamie Angiospermie, L., a été placé par Jussieu dans la famille des Gattiliers ou Verbénacées. Il ne se compose que d'une seule espèce, le *Cornutia pyramidata*, Arbre des Antilles et de la côte de Campêche, dont les feuilles sont ovales, très-entières, et les fleurs disposées en panicules terminales, allongées et portées par des pédoncules trichotomes. Jussieu indique avec doute, comme congénère de cette Plante, le *Tittius*, Rumph (Amboin. T. III, t. 20). Mais la différence de patrie de ces deux Arbres donne à penser que leur réunion n'est que conjecturale ; d'ailleurs, observe l'illustre auteur du *Genera Plantarum*, le limbe de la corolle dans la Plante de Rumph est à cinq lobes. (G..N.)

CORNUTIOIDES. BOT. PHAN. Syn. de Premna. *V.* ce mot. (B.)

CORO. POIS. (Lacépède.) Espèce du genre Sciène. (B.)

*CORCOCORO. POIS. (Marcgraaff.) Poisson des mers du Brésil, dont la chair est bonne à manger, qui paraît être voisin des Perches, mais qui n'est pas déterminé. (B.)

* COROKORBEI. MOLL. (Gaimard.) Syn. de Nautile à la terre des Papous. (B.)

* COROLLARES. ÉCHIN. Nom donné par Klein à un genre d'Oursins dans son ouvrage sur les Echinodermes ; il n'a pas été adopté. (LAM..X.)

COROLLE. *Corolla.* BOT. PHAN. La plus intérieure des deux enveloppes florales d'un périanthe double. C'est, en général, la partie de la fleur la plus apparente, celle qui, par l'éclat et la variété des couleurs dont elle est peinte, la délicatesse de son tissu, l'odeur suave qu'elle exhale fort souvent, attire principalement les regards du vulgaire, et constitue à ses yeux la véritable fleur. Le périanthe simple ne doit jamais être considéré comme une corolle, quels que soient d'ailleurs sa forme, son tissu, sa coloration, etc. La présence de la Corolle nécessite constamment celle d'un calice. Toutes les fois en effet qu'il n'existe qu'une seule enveloppe florale autour des organes sexuels, cette enveloppe unique est un calice. Telle est l'opinion professée par le savant auteur du *Genera Plantarum*, et par tous les botanistes sectateurs de la méthode des familles naturelles. *V.* le mot CALICE où nous avons développé ce principe. On a dit que le calice était un prolongement de la partie externe de l'écorce, et la Corolle un appendice du liber. Cette opinion nous paraît peu exacte : aucune des deux enveloppes de la fleur n'est un prolongement de l'écorce ; elles reçoivent leurs vaisseaux de l'intérieur de la tige.

La Corolle peut être formée d'une seule pièce ; on dit alors qu'elle est monopétale. Elle peut être composée de plusieurs pièces distinctes tombant séparément les unes des autres, et qu'on nomme pétales ; dans ce cas, la Corolle est appelée polypétale. Considérée d'une manière générale, la Corolle peut être régulière ou irrégulière. Nous étudierons bientôt cet organe sous ces divers points de vue, qui servent de caractères pour la distinction des Végétaux et leur classification. La structure anatomique de la Corolle est à peu près la même que celle des feuilles : ce sont des vaisseaux provenant de la tige, se ramifiant, s'anastomosant entre eux, et formant un réseau dont les mailles sont remplies par un tissu cellulaire lâche et peu résistant. Parmi ces vaisseaux on trouve des trachées roulées en spirale, qui existent surtout dans la nervure moyenne de certains pétales. Ces organes ont la plus grande analogie avec les filets des étamines, et l'on voit fréquemment ces derniers se changer en pétales. Cette transformation se fait en quelque sorte sous nos yeux dans les fleurs qui doublent. Ce phénomène en effet n'est que le résultat du changement des filets staminaux en pétales. On peut en quelque sorte suivre pas à pas tous les degrés de cette transmutation : on voit successivement les filets s'élargir, devenir minces, planes, et, à mesure qu'ils absorbent les fluides destinés au développement de l'étamine, l'anthère se flétrit, diminue, et finit par disparaître complètement. Rien ne prouve mieux la grande analogie, et en quelque sorte l'identité qui existe entre ces deux organes; aussi plusieurs auteurs pensent-ils que les pétales ne sont jamais que des étamines transformées et stériles. La famille des Renonculacées nous offre un grand nombre de faits propres à étayer cette opinion.

Étudions maintenant les modifications principales de la Corolle.

De la Corolle monopétale. — Toute Corolle monopétale offre à considérer trois parties, savoir : le tube ou partie inférieure plus ou moins rétrécie et tubuleuse ; le limbe qui surmonte le tube, et qui est tantôt évasé et tantôt plane, et la gorge ou ligne de démarcation entre le tube et le limbe. Chacune de ces trois parties, par les variations qu'elle éprouve, sert à fournir des caractères de genres ou d'espèces. Il est une chose digne de remarque, c'est que, lorsque la Corolle est monopétale, elle porte constamment les étamines, et détermine, par conséquent, leur insertion. Ce caractère sert à distinguer les Corolles vraiment monopétales des pseudomonopétales qui, généralement, ne donnent pas attache aux étamines. Plusieurs genres de la famille des Rutacées offrent des exemples de cette dernière conformation. La Corolle monopétale peut être régulière ou irrégulière ; dans le premier cas, on dit qu'elle est : 1.° campanulée, campaniforme ou en cloche, lorsqu'elle n'a point de tube, et qu'elle s'évase insensiblement de la base vers le sommet, de manière à ressembler à peu près à une cloche, par exemple, les Liserons, les Campanules, etc. ; 2.° infundibuliforme ou en entonnoir, quand son tube est surmonté d'un limbe qui va en s'évasant, comme dans le Tabac; 3.° hypocratériforme, si le tube est long et terminé par un limbe plane, ainsi qu'on l'observe dans le Jasmin, le Lilas; 4.° rotacée ou en roue, celle dont le tube est excessivement court ou nul,

et le limbe étalé à plat, telle est celle de l'Anagallis, de la Bourrache ; 5.° urcéolée, quand elle est presque globuleuse et resserrée à son orifice, comme celle de certaines Bruyères.

La Corolle monopétale irrégulière porte également différens noms, suivant sa forme. Ainsi on l'appelle : 1.° bilabiée, lorsque son limbe est partagé en deux lèvres écartées l'une de l'autre ; de-là le nom de Labiées donné aux Plantes qui présentent cette conformation, comme la Sauge, le Thym, etc.; 2.° personnée, quand les deux lèvres sont rapprochées, comme dans la Linaire ; 3.° anomale, quand sa forme est bizarre, et ne peut être rapportée ni à la Corolle bilabiée, ni à la Corolle personnée ; celle de la Digitale, de l'Utriculaire, etc. La Corolle monopétale irrégulière et anomale présente assez fréquemment à sa base un appendice creux en forme de sac ou de cornet, et qu'on nomme éperon ; de-là le nom de Corolle éperonnée donné à celle qui offre cette particularité.

De la Corolle polypétale. — La Corolle monopétale tombe d'une seule pièce ; la Corolle polypétale au contraire tombe en autant de pièces qu'il y a de pétales. Cependant il y a certaines Corolles vraiment polypétales qui se détachent d'une seule pièce, telle est, par exemple, la Corolle d'une foule de Malvacées dont les cinq pétales sont soudés à leur base par la substance des filets des étamines. Un autre caractère propre à distinguer ces deux espèces de Corolle, c'est que la Corolle polypétale ne donne réellement jamais attache aux étamines. Le nombre des pétales est extrêmement variable; il est tantôt déterminé, tantôt indéterminé. Il y a des Corolles de deux, de trois, de quatre, de cinq, de six pétales ; de-là les noms de Corolle dipétale, tripétale, tétrapétale, pentapétale, hexapétale. Lorsque le nombre est plus considérable et indéterminé, on dit simplement de la Corolle qu'elle est polypétale. La figure, la forme, la grandeur, la disposition des pétales sont fort variables. En général tout pétale se compose de deux parties, savoir : la lame ou partie élargie et supérieure, et l'onglet ou partie inférieure plus ou moins longue et rétrécie. — De même que la Corolle monopétale, la polypétale peut être régulière ou irrégulière. D'après le nombre et la disposition générale des pétales, la Corolle polypétale régulière prend les noms : 1° de cruciforme, quand elle est formée de quatre pétales étalés et disposés en croix, comme dans toutes les Crucifères ; 2° rosacée, composée de cinq pétales étalés en forme de Rose, comme dans la famille des Rosacées ; 5° caryophyllée, formée de cinq pétales longuement onguiculés et renfermés dans un calice tubuleux, comme l'OEillet, le Silène, l'Agrostemma, etc. La Corolle polypétale irrégulière porte le nom de papilionacée quand elle se compose de cinq pétales inégaux et irréguliers, mais qui, affectant constamment une même disposition respective, ont reçu des noms particuliers. Ainsi on nomme étendard le pétale supérieur plus grand que les autres qu'il enveloppe généralement; ailes, les deux pétales latéraux qui sont égaux et semblables entre eux; carène, les deux pétales inférieurs également semblables et souvent soudés par leur côté inférieur. La famille des Légumineuses nous offre des exemples de cette forme de Corolle. La Corolle polypétale est dite anomale quand ses pétales sont inégaux et dissemblables, mais n'offrent pas la disposition qui constitue la Corolle papilionacée, par exemple, celle de la Capucine, de la Fraxinelle, des Violettes, etc.

Assez généralement, le nombre des pétales est le même que celui des étamines, et, dans ce cas, ils alternent avec elles. Quelquefois cependant les pétales, au lieu d'alterner avec les organes sexuels mâles, leur sont opposés. Cette circonstance assez rare est importante à noter, et fournit un caractère souvent fort utile pour distin-

guer certaines familles. Ainsi les pétales sont opposés aux étamines dans tous les genres qui composent la famille des Berbéridées, dans la Vigne, etc. Il en est de même quand la Corolle est monopétale. Les lobes de son limbe alternent généralement avec les étamines. Il est fort rare qu'elles leur soient opposées, ainsi qu'on le remarque dans la famille des Primulacées, par exemple. (A. R.)

*COROLLÉ, ÉE. *Corollatus, a.* BOT. PHAN. Qui est muni d'une corolle. Expression par laquelle on désigne les Plantes ou simplement les fleurs munies d'une corolle, c'est-à-dire d'un périanthe double. (A. R.)

* COROLLIFÈRE. *Corolliferus.* BOT. PHAN. Ce mot a la même signification et s'emploie dans le même sens que celui de Corollé. (A. R.)

* COROLLIFLORES. BOT. PHAN. Végétaux dont les fleurs sont munies d'une corolle hypogyne. Ce mot est employé par opposition à celui de Calyciflores. (A. R.)

* COROLLULE. *Corollula.* BOT. PHAN. Plusieurs auteurs appellent ainsi la corolle des fleurs dans les Plantes de la famille des Synanthérées. (A. R.)

COROMSAP. BOT. PHAN. (Adanson.) Une espèce de Grewia au Sénégal. (B.)

CORONA. BOT. PHAN. Ce nom latin, passé dans les dialectes méridionaux, signifie couronne, d'où l'on a nommé :

CORONA ou CORONILLA DE FRAYLE, le *Globularia Alypum* en Espagne.

CORONA ou CORONILLA DE REY, le Mélilot et le *Coronilla Valentina.*

CORONA REAL et CORONA DEL SOL, l'*Helianthus annuus*, L., en Espagne et en Italie.

CORONA DE CHRISTO, divers *Mespilus.*

CORONA SOLIS, un groupe de Plantes dans Tournefort, qui contient les Hélianthes, les Rudbecks, les Coréopsides, etc. (B.)

* CORONALES. ÉCHIN. Nom donné par Klein à un genre d'Oursins dans son ouvrage sur les Échinodermes; il n'a pas été adopté. (LAM..X.)

CORONDÉ. BOT. PHAN. L'un des noms de la Cannelle à Ceylan. (B.)

CORONE. OIS. Syn. grec conservé en latin pour spécifier la Corbine, *Corvus Corone*, L. *V*. CORBEAU.

(DR..Z.)

CORONELLA. BOT. PHAN. L'un des noms vulgaires du Mélilot dans les dialectes méridionaux. (B.)

CORONELLE. *Coronella*. REPT. OPH. (Laurenti.) *V*. COULEUVRE.

CORONEOLA. BOT. PHAN. Pline désignait sous ce nom quelque Rosier sauvage dont on faisait des couronnes. Cœsalpin le donne au *Genista tinctoria*. D'autres l'ont étendu à la Lysimache commune, d'où est peut-être venu le nom vulgaire de Corneille, sous lequel on a quelquefois désigné cette dernière Plante.

(B.)

CORONILLA DE FRAYLE. BOT. PHAN. *V*. CORONA.

CORONILLE. *Coronilla*. BOT. PHAN. Famille des Légumineuses, Diadelphie Décandrie, L. Sous ce même nom Linné réunit les genres *Emerus*, *Securidaca* et *Coronilla* institués par Tournefort. Cette réunion, quant au premier de ces genres, fut depuis généralement adoptée, excepté par Miller qui fit revivre l'*Emerus*, et en caractérisa les espèces. A l'égard du *Securidaca*, Gaertner, Mœnch, Lamarck et Jacquin ne firent point de difficultés pour le séparer du *Coronilla*. Necker lui avait donné inutilement le nouveau nom de *Bonaveria*; et De Candolle (Fl. Française, 2ᵉ édition), tout en adoptant le genre, modifia sa dénomination en celle de *Securigera*. Si, ayant égard à l'organisation certainement bien différente de celui-ci, on admet sa distinction, et que l'on conserve la réunion de l'*Emerus* avec le *Coronilla*, à cause de la moindre valeur de ses caractères, on trouvera pour ce der-

nier genre les caractères suivans : calice court, persistant, bilabié, à cinq dents, dont deux supérieures rapprochées, et trois inférieures plus petites; étendard de la même longueur à peu près que les ailes ; pétales munis d'un onglet souvent plus long que le calice; légume cylindrique, très-long, divisible, au moyen d'articulations (peu apparentes dans le *Coronilla Emerus*), en plusieurs segmens monospermes; graines cylindriques et oblongues. Les Coronilles sont des Herbes ou rarement des sous-Arbrisseaux qui ont leurs feuilles imparipennées, les stipules distinctes du pétiole, et les fleurs en ombelles, soutenues par des pédoncules axillaires ou terminaux. On en a décrit une vingtaine d'espèces, sans compter quelques Plantes que certains auteurs y ont ajoutées, comme, par exemple, le *Coronilla Sesban* de Willdenow, qui se rapporte au *Sesbania ægyptiaca* de Persoon. D'un autre côté il est douteux que le *Coronilla cretica*, L., doive être séparé pour former le genre *Artrolobium*, ainsi que Desvaux l'a proposé dans le Journal de Botanique.

Les Coronilles peuvent à juste titre être regardées comme Plantes de la région méditerranéenne, puisqu'à l'exception du *Coronilla varia* qui se trouve par toute l'Europe, et du *C. minima*, que l'on rencontre dans l'intérieur jusque près de Fontainebleau, elles sont indigènes du midi de la France, de l'Espagne, de l'Italie et de la Grèce. Une d'entre elles, il est vrai, se trouve en Cochinchine selon Loureiro ; et Plumier en a décrit une autre de l'Amérique méridionale. Parmi les espèces de ce joli genre, nous ne mentionnerons ici que les deux plus intéressantes.

La CORONILLE EMERUS, *Coronilla Emerus*, *Emerus major* et *minor*, Miller (*Icones*, tab. 132), est un Arbrisseau dont le port a quelque analogie avec celui du Baguenaudier ; mais qui est glabre dans toutes ses parties. Sa tige très-ramifiée est couverte de feuilles ailées à cinq ou sept folioles ovales, obtuses et comme tronquées au sommet, les stipules petites et caduques. Les fleurs sont jaunes avec une nuance rougeâtre en dehors de l'étendard, au nombre de deux à trois sur chaque pédoncule; ceux-ci sont extrêmement multipliés, ce qui donne à la Plante un aspect très-fleuri; les onglets des pétales sont, dans cette espèce, extraordinairement longs. Cet Arbrisseau croît spontanément dans la France méridionale; il est surtout fort commun le long de la chaîne du Jura, aux environs de Genève et en Savoie, où l'abondance de ses belles fleurs jaunes lefaitremarquer au milieu des haies et des buissons. La culture en a fait un Arbuste domestique, et il est maintenant répandu dans tous les parcs et les jardins d'agrément. Ses feuilles, douées de propriétés purgatives, lui ont valu le nom vulgaire de SÉNÉ BATARD. On lui donne aussi les noms de FAUX BAGUENAUDIER et de SECURIDACA DES JARDINIERS.

La CORONILLE BIGARRÉE, *Coronilla varia*, L., a ses tiges couchées, cannelées et longues de cinq à six décimètres. Aux aisselles de ses feuilles ailées avec impaire naissent des pédoncules supportant dix à douze fleurs disposées en couronnes, dont le mélange agréable des couleurs rose, blanche et violette, ajoute encore à leur élégante symétrie. Cette Plante qui croît abondamment dans les fossés, sur le bord des chemins et des champs, est respectée par les bestiaux, auxquels un instinct admirable a sans doute appris qu'elle était nuisible; peut-être aussi ne la trouvent-ils pas de leur goût, quand, d'ailleurs, ils peuvent se procurer un meilleur pâturage. (G..N.)

*CORONOBO ET MORONOBO. BOT. PHAN. Syn. de Moronobea d'Aublet. *V.* ce nom. (B.)

CORONOPE. *Coronopus*, BOT. PHAN. Haller, Gaertner et Lamarck ont donné ce nom à un genre de Crucifères que Smith (*Fl. Brit.* 2, p. 591) a beaucoup étendu. Dans les Mémoires de l'ancienne Société d'Histoire Naturelle de Paris pour l'an VII, et dans la Flore Française, De Candolle en avait retranché les espèces dont la silicule est échancrée au sommet et didyme, et avec lesquelles il avait constitué le genre *Senebiera*. L'examen d'un plus grand nombre de Crucifères a plus tard déterminé ce savant (*Syst. Veg. Nat.* 2, p. 521) à réunir les deux genres sous le nom commun de *Senebiera*. *V.* ce mot. Le *Coronopus*, malgré son antériorité, a disparu de la famille des Crucifères, parce que dans les divers auteurs ce mot désigne un grand nombre de Plantes très-différentes. Ainsi, le *Coronopus* de Dioscoride est évidemment le *Plantago Coronopus*, L.; le *Coronopon* de Pline paraît être une Cinarocéphale; dans Tragus c'est le *Myosurus minimus*; dans Ruellius enfin, il désigne le *Cochlearia Coronopus*, L., ou *Senebiera*, D. C. Pour se reconnaître au milieu d'une telle confusion, il était convenable de supprimer ce mot comme nom générique, ou de le conserver pour la section des Plantains, dont le *Plantago Coronopus* est le type, ainsi que Tournefort et plusieurs auteurs anciens d'un très-grand poids l'ont admis.
(G..N.)

CORONOPIFEUILLE. BOT. CRYPT. Pour *Coronopifolia*. *V.* ce mot.

CORONOPIFOLIA. BOT. CRYPT. (*Hydrophytes*.) Stackhouse, dans la deuxième édition de sa Néréide Britannique, donne le nom de Coronopifolia à son vingt-troisième genre composé d'une seule espèce, le *Fucus coronopifolius* de Turner. Il appartient à notre genre Gélidie. *V.* ce mot. (LAM..X.)

CORONULE. *Coronula*. MOLL. Ce genre était resté confondu avec les Balanes, et tous les anciens conchyliologues le plaçaient parmi les Multivalves. Lamarck (Anim. sans vert. T. V, p. 385), apercevant des caractères propres à en faire un genre distinct, le proposa et le plaça parmi les Cirrhipèdes sessiles à côté de la Tubicinelle avec laquelle il a beaucoup de rapports. Leach, qui fit subir de nouvelles divisions aux Cirrhipèdes (*V.* ce mot), adopta le genre de Lamarck; mais il fit avec lui et deux autres sa famille des Coronulides qui est la première de son second ordre. Lamarck l'a caractérisé de la manière suivante : corps sessile, enveloppé dans une coquille, faisant saillir supérieurement des bras petits, sétacés et cirrheux; coquille sessile, paraissant univalve, mais réellement formée de six pièces soudées, suborbiculaire, conoïde ou en cône rétus, tronquée aux extrémités, à parois épaisses, intérieurement creusées en cellules rayonnantes; opercule de quatre valves obtuses. Les bords de la coquille ne présentent jamais ce bourrelet qui forme les bords de celle des Tubicinelles, et encore moins cette série d'anneaux circulaires et horizontaux qui composent celle de ces dernières. L'ouverture est ovale et arrondie, fermée en partie par l'opercule qui est trop petit pour la remplir, et en partie par une membrane mince qui adhère au pourtour. La cavité intérieure est conique et entièrement tapissée par le manteau; la lame qui recouvre les cellulosités, et qui dans les Balanes est toujours incomplète, est ici entière et descend jusqu'au fond. On a remarqué que l'un des caractères des Balanes est d'être fermées inférieurement par une lame testacée, adhérente; dans les Coronules, l'ouverture inférieure est simplement close par une membrane assez épaisse. La coquille dont l'épaississement va en augmentant vers la base est composée d'une multitude de lames rayonnantes, dont les unes sont complètes, c'est-à-dire qu'elles s'étendent de la paroi interne à la paroi externe, tandis que d'autres intermédiaires partent de la paroi externe pour ne s'avancer que jusqu'au milieu de la cavité que laissent entre elles les premières. Les Coronules sont toutes adhérentes par leur base. Le plus grand nombre se fixe sur la peau des grands Animaux marins, s'y enfonce de quelques lignes et s'y montre quelquefois en grande abondance; d'autres se fixent sur les Tortues, même sur toutes espèces de corps durs, sous-marins, comme des Coquilles, etc. Ce genre est peu nombreux en espèces; trois seulement sont connues, ce sont les suivantes :

CORONULE DIADÈME, *Coronula Diadema*, Lamk. (Anim. sans vert. T. v, p. 587, n. 1); *Lepas Diadema*, Linné (p. 5208, n. 4); *Balanus Diadema*, Bruguière (Encycl. n. 18, pl. 165, fig. 13 et 14). Cette Coronule est subcylindrique, tronquée, sexangulaire; les angles sont formés de quatre côtes longitudinales, crénelés inférieurement par des lignes de points élevés, très-serrés. Les intervalles des angles sont lisses; l'ouverture est ovale, subhexagone, fermée par l'opercule et la membrane où il est placé. Nous possédons un individu de cette espèce qui a été desséché avec soin; voici ce qu'il nous a offert : un opercule bivalve, semi-lunaire, en croissant, petit, remplissant à peine le quart de l'ouverture supérieure qui du reste est close par une membrane qui est probablement une partie du manteau desséché. Cette membrane est fendue entre les deux cornes du croissant de l'opercule, et son bord est garni d'une portion membraneuse libre, qui l'entoure comme un jabot. Cette même membrane était destinée sans doute à clore cette partie de l'ouverture que l'opercule, par sa petitesse, ne pouvait fermer.

CORONULE RAYONNÉE, *Coronula balœnaris*, Lamk. (*loc. cit.* n. 2); *Lepas balœnaris*, L. (*loc. cit.* n. 5); *Pediculus balœnaris*, Chem. (Conch. t. 8, t. 99, fig. 845 et 846); *Balanus balœnaris*, Brug (Encycl. pl. 165, fig. 17 et 18). Celle-ci se distingue facilement de la précédente; elle est orbiculaire, convexe, pourvue de six rayons étroits, striés transversalement; les intervalles qui séparent les rayons sont également striés, mais les stries sont rayonnantes en partant du sommet pour se diriger à la base. Linné dit que l'opercule est seulement formé de deux parties, et qu'il est presque membraneux.

CORONULE DES TORTUES, *Coronula testudinaria*, Lamk. (*loc. cit.* n. 5); *Lepas testudinarius*, L. (*loc. cit.* n. 6); *Pediculus testudinarius*, Chem. (Conch. t. 8, pl. 99, fig. 847 et 848); *Verrua testudinaria*, Rumph. (Mus. t. 48, fig. k), et *Balanus testudinarius*, Brug. (Encycl. pl. 165, fig. 15 et 16). Cette espèce est généralement plus aplatie que les deux autres; elle est convexe, blanche; son ouverture est ovale, fermée par un opercule quadrivalve. Elle présente six rayons étroits, striés transversalement et séparés par des espaces lisses. La cavité intérieure est plus grande inférieurement que supérieurement. C'est le contraire dans la Coronule Diadème. (D..H.)

* CORONULIDES. *Coronulidea.* MOLL. Famille nouvelle proposée par Leach pour circonscrire avec plus de précision et pour séparer des Animaux qui, quoique ayant beaucoup de rapports, présentent pourtant des différences notables. *V.* BALANIDES. Les genres de cette famille se reconnaissent par le défaut de lame testacée, fermant l'ouverture inférieure de la Coquille, cette ouverture étant close seulement par une membrane plus ou moins mince, et le test formé de deux lames, l'une interne, l'autre externe, réunies par une multitude de cloisons rayonnantes. Les genres qui la composent sont Coronule, Tubicinelle, Chélonobie. *V.* ces mots. (D..H.)

COROPHIE. *Corophium.* CRUST, Genre de l'ordre des Amphipodes, établi par Latreille et ayant pour caractères : quatre antennes, les inférieures beaucoup plus grandes que les deux supérieures, en forme de pieds, coudées, grosses, et dont la dernière pièce n'est composée que de trois articles, et paraît se terminer par un petit crochet. Ces Crustacés ont plusieurs points de ressemblance avec les Talitres; mais ils s'en distinguent par les articles peu nombreux de la dernière pièce des antennes. Ils avoisinent singulièrement les genres Podocère

et Jasse de Leach, que Latreille (Règne Animal de Cuvier) leur a réunis. Les Corophies ont le corps presque cylindrique, les yeux saillans, comprimés; leur tronc est divisé en sept anneaux supportant chacun une paire de pates; la première paire et la seconde sont terminées par une main ou serre monodactyle; ces doigts sont crochus, mobiles et presque égaux entre eux. Suivant d'Orbigny qui a donné (Journ. de physique, t. 93, pag. 194) des détails curieux sur ces Crustacés, il existe près de la base inférieure des pieds des femelles, à l'exception de la première paire, des lames membraneuses en forme d'écailles, dont la réunion forme une espèce de poche : elles servent à retenir les œufs et même les petits, jusqu'à ce qu'ils aient acquis assez de force pour s'isoler. L'abdomen est également divisé en sept anneaux qui offrent chacun en dessous une paire de fausses pates, sous forme de filets divisés en deux branches très-mobiles et analogues aux pieds nageurs et branchiaux des Stomopodes. L'extrémité de l'abdomen est courbée en dessous et munie d'appendices natatoires.

On ne connaît encore qu'une espèce propre à ce genre, le COROPHIE LONGICORNE, *Coroph. longicorne*, Latr., ou le *Cancer grossipes* de Linné, et le *Gammarus longicornis* de Fabricius. Il a été représenté et décrit par Pallas (*Spicilegia Zoologica*, p. 59, t. 1, fig. 9) sous le nom d'*Oniscus volutator*. On en trouve une meilleure figure dans l'Encyclopédie méthodique (24e partie, pl. 528, fig. 7 et 8). D'Orbigny (*loc. cit.*) a fait connaître les mœurs de ces singuliers Crustacés qui paraissent se multiplier pendant la belle saison. En automne, on en observe de toutes les grandeurs, et l'on rencontre souvent des femelles portant des œufs ou des petits depuis le mois de juin jusqu'au mois de septembre. Ils ne sautent point comme les Talitres et les Crevettes, et ne nagent point sur le côté, mais sur le ventre et dans une position horizontale. Ils s'accouplent à la manière des Insectes ; le mâle se place sur la femelle ; et celle-ci, pendant le temps de l'accouplement qui dure plusieurs heures, peut faire usage des organes de la locomotion, quoique ayant le mâle attaché à elle, et qui n'exécute aucun mouvement. On trouve les Corophies dans le limon ou la vase des bords de l'Océan ; ils se nourrissent principalement de plusieurs Annelides des genres Néréide, Aphrodite, Arénicole, Thalassème, etc., et leur font une guerre sans relâche. Il est curieux, à ce que dit d'Orbigny, de voir à marée montante des myriades de ces petits Crustacés s'agiter en tous sens, battre la vase de leurs grandes antennes, la délayer pour tâcher d'y découvrir ou faire sortir leur proie : ont-ils rencontré une Néréide, une Arénicole, souvent cent fois plus grosse que chacun d'eux, ils se réunissent et semblent agir d'accord pour l'attaquer et ensuite la dévorer ; ils ne cessent leur carnage que lorsqu'ayant fouillé et aplani toute la vasière, ils ne trouvent plus de quoi assouvir leur voracité ; alors ils se jettent sur les Mollusques et les Poissons qui sont restés à sec pendant la marée basse, et sur les Moules qui se sont détachées des palissades des bouchots. Ce nom de *bouchot* exige une définition. On désigne ainsi dans le golfe de Gascogne, et principalement dans les communes d'Esnandes et Charon, près La Rochelle, des espèces de parcs à Moules artificiels, formés par des pieux et des palissades avancés quelquefois d'une lieue en mer. Ces pieux et palissades sont tapissés de Fucus, et les Moules qui s'attachent à ces végétations marines, sont recueillies par des pêcheurs qui portent le nom de *Boucheleux*. Lorsque la marée est basse, le boucheleux se rend à son bouchot ; mais pour y arriver et afin de ne pas enfoncer dans la vase, il fait usage d'une sorte de nacelle qu'il dirige et pousse en mettant un pied dehors et l'appuyant obliquement sur le sol mou. Sans l'usage de cette nacelle, la récolte des Moules serait im-

possible. Ces détails, qui pourraient paraître étrangers à notre sujet, s'y rattachent d'une manière bien singulière. Pendant l'hiver, le vent qui règne le plus souvent du sud au nord-ouest, rend la mer très-grosse ; la vase est délayée et inégalement amoncelée ; le sol de l'intérieur des bouchots a l'aspect d'un champ préparé en sillons presque égaux et souvent élevés de trois pieds. Lorsque la saison devient chaude, les sommets de ces sillons restant exposés à l'ardeur du soleil pendant le temps de la mer basse, s'égouttent, se durcissent, et les petites nacelles des boucheleux ne pouvant surmonter de semblables obstacles, la pêche des Moules devient dès-lors impraticable. Ce que des milliers d'hommes ne parviendraient pas à exécuter dans tout le cours de l'été, nos Corophies l'achèvent en quelques semaines ; ils démolissent et aplanissent plusieurs lieues carrées couvertes de ces sillons ; ils délayent la vase qui est emportée hors des bouchots par la mer à chaque marée, et peu de temps après leur arrivée, le sol de la vasière se trouve avoir une surface aussi plane qu'à la fin de l'automne précédent. A cette époque seulement, le boucheleux peut recommencer la pêche des Moules.—Soit que les Corophies s'enfoncent profondément dans la vase pour y passer l'hiver, soit qu'à la manière de la plupart des Crustacés, ils se retirent pendant la saison froide dans des mers plus profondes, ce qui est plus probable, ils ne commencent à paraître dans les bouchots que vers le milieu du mois de mai, et ce temps est celui où les Annelides dont ils se nourrissent sont le plus abondantes. C'est vers la fin d'octobre qu'ils quittent les bouchots ; l'émigration est générale, et il n'est pas rare alors de n'en plus rencontrer un seul là où ils étaient très-nombreux quelques jours avant.

(AUD.)

COROPSIS. BOT. PHAN. (Adanson.) Pour *Coreopsis. V.* CORÉOPSIDE. (B.)

COROSSOL ou CACHIMENT. BOT. PHAN. Fruit du Corossolier, quelque-

fois nommé Pomme Cannelle. *V.* Corossolier et Anone. (B.)

COROSSOLIER. bot. phan. Syn.
d'*Anona muricata*, L., dans les colonies françaises. *V.* Anone. (B.)

COROSSOLO. ois. Syn. italien du
Merle de roche, *Turdus saxatilis. V.*
Merle. (DR..z.)

* COROTTAI. bot. phan. Une
Bryone indéterminée de la côte de
Coromandel. (B.)

COROUCOCO. rept. oph. Vi-
père brésilienne peu connue et très-
venimeuse. (B.)

CO-ROUJHO. ois. Syn. vulgaire
du Rossignol de muraille, *Motacilla
Phœnicurus*, L. *V.* Sylvie. (DR..z.)

* COROUKAI. bot. phan. L'un
des noms vulgaires de l'*Eleusine Coracana* à la côte de Coromandel.
(B.)

* COROWIS. ois. Syn. présumé
de *Loxia philippina. V.* Gros-Bec.
(DR..z.)

COROYA. ois. Espèce du genre
Batara, *Turdus Coroya*, L., Buff.,
pl. enl. 701. *V.* Batara. (DR..z.)

COROYÈRE. bot. phan. L'un
des noms vulgaires de *Rhus Coriaria*
et de *Coriaria myrtifolia*, L. *V.* Sumac et Coriaire. (B.)

COROZO. bot. phan. Nom de
pays de l'*Alfortia oleifera* et du *Martinezia caryotœfolia. V.* Alfortie et
Martinézie. (B.)

CORP. pois. (Gesner.) Vieux
nom du *Sciœna Umbra. V.* Sciène.
(B.)

*CORPOO. bot. phan. Nom qu'on
donne aux Moluques à un Arbuste
peu connu, mentionné par Rumph
sous le nom d'*Olus crepitans, Corpuo
Laki-Laki*, et qui paraît être une
Apocinée. (B.)

* CORPS. On nomme Corps tout
ce qui est susceptible d'exercer sur
nos organes une influence quelconque, de produire en nous une sensa-

tion physique. Les Corps diffèrent
par leurs propriétés que les méthodistes pourraient diviser en naturelles et en chimiques. Les propriétés
naturelles seraient celles qui s'offrent
directement à nos sens, telles que la
consistance soit solide, liquide ou
fluide; la pesanteur ou densité, la dureté, la forme, la couleur, la transparence, l'éclat, la sonorité, l'odeur, la
saveur, etc., etc. On considérerait
comme chimiques les propriétés qui
ne se développent que par le secours
de divers agens dont on fait successivement usage. Ces propriétés sont:
l'électricité, le magnétisme, la pola-
rité, la capacité pour le calorique ou
calorique spécifique, l'affinité, la ténacité, la fusibilité, la combustibi-
lité, l'inflammabilité, la comburité,
la dissolubilité, l'acidité, l'alcalinité, etc. *V.* ces mots. Les Corps sont
considérés comme simples, lorsque
ayant épuisé sur eux tous les moyens
connus de la chimie, il n'a plus été
possible d'amener ces Corps à une séparation en principes différens. Ils
sont composés tant que, subissant l'é-
preuve des réactifs, ils ne présentent
pas le caractère de l'homogénéité chimique.

On a proposé de diviser les Corps
en organiques, c'est-à-dire doués de
la vie et se perpétuant par génération, et en inorganiques, ayant été
produits par dépôts successifs ou par
agrégation régulière ou irrégulière;
mais cette division, étant susceptible
d'un grand nombre d'exceptions, n'a
point reçu une application aussi générale qu'on avait cru d'abord
qu'elle pouvait l'être. On a encore
divisé les Corps en pondérables et
impondérables. *V.* Matière. (DR..z.)

* CORPS COTYLÉDONAIRE.
bot. phan. *V.* Cotylédon.

*CORPS LIGNEUX. bot. phan. *V.*
Bois.

* CORPS RADICULAIRE. bot.
phan. *V.* Radicule.

CORR. ois. Syn. anglais du Héron, *Ardea cinerea*, L. *V.* Héron.
(DR..z.)

CORRAGO. bot. phan. (Apulée.) Syn. de Bourrache. *V.* ce mot.　(b.)

CORRÉE. *Correa.* bot. phan. Ce nom, qui rappelle celui du savant carpologiste Correa de Serra, a successivement été porté par plusieurs Plantes. D'abord Smith, qui l'a employé le premier, l'a consacré à quelques Arbrisseaux originaires de la Nouvelle-Hollande qui font partie de la famille des Rutacées et de l'Octandrie Monogynie. C'est ce même genre que le voyageur Labillardière (Voy. à la recherche de Lapeyrouse) a nommé *Mazeutoxeron.* Les genres *Feronia*, *Doryanthes*, etc. , ont également reçu le nom de *Correa*; mais ce nom ne doit être conservé que pour le genre établi par Smith dans la famille des Rutacées. Or voici quels sont les caractères qui le distinguent : son calice est monosépale , campanulé , ayant son bord tronqué et denté; la corolle est tantôt monopétale tubuleuse , à quatre divisions , tantôt formée de quatre pétales dressés et distincts les uns des autres ; les étamines, au nombre de huit, ont leurs filets attachés autour d'un disque hypogyne , même lorsque la corolle est monopétale , ce qui prouve qu'elle ne l'est qu'accidentellement par la soudure des quatre pétales entre eux; les anthères sont introrses et attachées par leur base ; l'ovaire est libre , à quatre côtés obtuses et saillantes , à quatre loges contenant chacune deux ovules superposés, insérés à leur angle interne; le style est long et terminé par un stigmate à quatre lobes aigus ; cet ovaire est supporté par un disque hypogyne , souvent plus large que la base de l'ovaire, et présentant quatre lobes ; le fruit se compose de quatre capsules écartées les unes des autres dans leur partie supérieure, s'ouvrant par leur côté interne au moyen d'une suture longitudinale; chacune d'elles contient une ou deux graines ; la paroi interne de leur péricarpe, c'est-à-dire l'endocarpe, se sépare de la paroi externe, et forme comme un tégument particulier aux graines ; une petite portion de cet endocarpe adhère à chaque graine, et constitue comme une sorte d'arille par sa position ; chaque graine contient un embryon cylindrique, ayant la radicule supérieure, placé au centre d'un endosperme charnu.

Les espèces de ce genre, encore peu nombreuses , sont des Arbrisseaux à feuilles opposées , entières , sans stipules , à fleurs axillaires , croissant sur les côtes de la Nouvelle-Hollande. On en cultive plusieurs dans nos jardins : tels sont le *Correa alba*, Vent., Malm., t. 13. C'est un Arbrisseau de cinq à huit pieds de hauteur, ayant le port d'un Croton. Ses feuilles sont opposées , pétiolées , ovales , arrondies , obtuses , blanchâtres et recouvertes de petites écailles furfuracées , surtout à leur face inférieure; les fleurs sont blanches, à quatre pétales, situées au nombre de deux à quatre à l'aisselle des feuilles supérieures.

Le *Correa rubra* de Smith, ou *C. speciosa*, Andrews, Bot. Mag. t. 1746, que quelques auteurs considèrent à tort comme une simple variété du précédent, s'en distingue par ses feuilles ovales , lancéolées , denticulées, et surtout par ses fleurs rouges dont la corolle est monopétale et tubuleuse.

Les espèces de ce genre doivent être rentrées dans la serre tempérée pendant l'hiver.　　　　(a. r.)

CORRÉGONE. pois. Pour Corégone. *V.* ce mot et SAUMON.　(b.)

CORREGUELA, **CORREVELA**, **CORRITOLA**, etc. bot. phan. Le Liseron des champs en Espagne et en Portugal.　　　　　(b.)

CORRÉIE. *Correia.* bot. phan. Le genre établi sous ce nom par Velozo a été réuni au Gomphia par De Candolle. *V.* GOMPHIE.　　(a. r.)

CORRENDERA. ois. Espèce du genre Pipi, *Anthus Correndera*, Vieill. *V.* PIPI.　　　　　(dr..z.)

*CORRESO. ois. (Dampierre.) Syn. présumé du Hocco, *Crax alector*, L. *V.* Hocco.　　　　(dr..z.)

CORREVELA. bot. phan. *V.* CORREGUELA.

CORRFANADL. bot. phan. Syn.

gallois de *Genista tinctoria*, L. *V*. Genêt.   (B.)

CORRIGIOLE. *Corrigiola*. bot.
phan. Genre de la famille des Portulacées et de la Pentandrie Trigynie ,
L., ainsi caractérisé : calice persistant , à cinq divisions membraneuses et blanchâtres sur les bords ;
cinq pétales très-courts ; cinq étamines à anthères incombantes ; trois stigmates sessiles. Le fruit est une sorte
de noix recouverte par le calice, arrondie et triquètre , renfermant une
seule graine attachée par un cordon
ombilical au fond de la noix. Ce genre
que Vaillant avait désigné autrefois
sous le nom impropre de *Poligonifo-
lia*, ne diffère réellement du *Tele-
phium*, avec lequel il a une grande
ressemblance de port, que par l'organisation de son fruit, ici monosperme,
sans placenta proéminent, dans l'autre
polysperme avec un placenta central.
On n'en connaît que trois espèces
dont deux indigènes de France. Celle
qui a servi de type au genre, la Corrigiole des rives, *Corrigiola littoralis*, L., est une Plante couchée et
traçante, à feuilles stipulées et à fleurs
blanches très-petites et ramassées en
bouquets aux extrémités des rameaux
et des tiges. Elle habite toute la France
méridionale et centrale jusqu'à la
latitude de Paris où elle se trouve
encore assez abondamment, surtout
à Saint-Léger. La seconde espèce, *Corrigiola telephiifolia*, Pourret, qui n'é-
tait autrefois regardée que comme une
variété de la précédente, croît dans
les Pyrénées-Orientales et aux environs de Narbonne. Willdenow a aussi
distingué sous le nom de *Corrigiola
capensis* une Plante du cap de Bonne-
Espérance que Thünberg avait confondue avec le *Corrigiola littoralis*.
                                  (G. N.)

CORRINANTHOA. bot. crypt.
Du Dictionnaire de Déterville. Pour
Conianthos. *V*. ce mot.   (B.)

CORRIOLA. bot. phan. Syn. de
Corrigiola dans plusieurs dialectes du
midi de l'Europe.   (B.)

*CORRIONE BIONDO. ois. Syn.

italien du Court-Vite isabelle, *Charadrius gallicus*, Gmel. *V*. Court-Vite.   (DR..Z.)

CORROGA BARZA. ois. Syn.
sarde de la Corneille mantelée, *Corvus
Cornix*, L. *V*. Corbeau.   (DP...Z.)

CORROSON. ois. Même chose que
Correso. *V*. ce mot.

CORROYÈRE. bot. phan. Mê-
me chose que Coroyère. *V*. ce mot.

CORRUDA. bot. phan. *V*. Corduba.

CORS. mam. Parties des cornes ou
andouillers qui dans les Cerfs sortent de la tige qu'on nomme Perche
en terme de vénerie. *V*. Cerf.   (B.)

CORSAC ou KORSAC. mam. Syn.
d'Adire ou Adive. *V*. ces mots et
Chien.   (B.)

*CORSAIRE. ois. (Sonnini.) Nom
donné par les marins à l'Épervier ,
Falco Nisus, L., quand il voltige au-
dessus de la Méditerranée pour prendre les Cailles à leur passage.
                                  (DR..Z.)

CORSELET. ins. C'est le premier
anneau du thorax, qui a pour caractères de ne jamais supporter d'ailes
et de donner insertion à la première
paire de pates ; on s'est beaucoup
mépris et on a jeté une grande confusion dans le langage, lorsqu'on a
appliqué , dans certains ordres d'Insectes, le nom de Corselet à l'ensemble
du thorax. *V*. ce mot et Prothorax.
                                  (AUD.)

CORSELET. moll. Le Corselet
est cette partie , dans les Coquilles
bivalves, où le ligament s'insère lorsqu'il est extérieur. *V*. ce que nous en
avons dit à l'article Coquille. (D..H.)

*CORSINIE. *Corsinia*. bot. crypt.
(*Hépatiques*.) Le genre décrit d'abord
sous ce nom par Raddi dans les *Opus-
culi scientifici di Bologna*, Vol. II, 1818,
a été publié peu de temps après par
Treviranus (*Iahrb. der Gewachskunde
von* Sprengel, Schrader und Link,
1800), qui l'a désigné par le nom de
Gueutheria. Le nom de Raddi , étant
le plus ancien, doit être adopté; mais

on doit observer que si ces auteurs ont décrit deux Plantes du même genre, ces Plantes, quoique rapportées toutes deux à la même figure de Micheli, *Nov. Gen.* p. 106, t. 57, fig. 1, paraissent former deux espèces très-distinctes. Ces Plantes poussent sur la terre humide des frondes d'un beau vert, semblables à celles des Marchanties, mais dont la surface est régulièrement réticulée, ce qui les distingue au premier aspect des feuilles des Marchanties et des Jungermannes, avec lesquelles on pourrait sans cela facilement les confondre. Ces feuilles présentent, vers leur partie moyenne, plusieurs petites excavations recouvertes par une sorte d'involucre formé d'une, de deux ou de trois petites folioles insérées au pourtour de cette excavation. Sous cet involucre, on trouve de deux à cinq capsules enveloppées chacune dans une coiffe membraneuse indéhiscente ; ces capsules renferment des sporules dépourvues d'élaters ou filamens en spirale. Cette description s'applique également aux deux espèces, si ce n'est que Raddi n'a pas parlé de l'enveloppe membraneuse propre à chaque capsule. Les deux espèces de ce genre ayant été confondues, nous allons indiquer leurs différences.

CORSINIE MARCHANTIOIDE, *Corsinia marchantioides*, Raddi, *loc. cit.* t. 1, fig. 1 ; *Riccia major Coriandri sapore*, etc., Micheli, *Nov. Gen.* p. 106, t. 57, fig. 1 ; *Riccia coriandrina*, Sprengel. Anleit. 3. Frondes de plus d'un pouce de long, à deux ou trois lobes profonds, réunies en rosette par leur base ; involucre formé d'une seule foliole qui recouvre les capsules comme une sorte d'opercule et reste attachée à un des côtés du pourtour de l'excavation qui renferme les capsules ; celles-ci sont au nombre d'une à cinq. Cette espèce, observée d'abord en Italie, croît aussi aux environs de Paris dans les parties humides de la forêt de Montmorency où nous l'avons recueillie.

CORSINIE ODORANTE, *Corsinia graveolens*, *Gueutheria graveolens*, Trevir. ; *loc. cit.* Ses frondes sont toutes

simples et n'ont que trois à quatre lignes de long. Chaque involucre est formé de deux ou trois petites folioles courtes et dentelées au sommet, et recouvre deux ou trois capsules. Elle croît en Allemagne.

Ce genre se rapproche par ces caractères beaucoup plus des Targionies et des Sphærocarpes, que des véritables Riccies dont il est parfaitement distinct.
(AD. B.)

* CORSIUM. BOT. PHAN. (Théophraste.) Probablement la Colocasie, espèce du genre *Arum*. *V*. GOUET. (B.)

CORSOIDE. MIN. (Pline.) Pierre comparée par les anciens aux cheveux gris de l'Homme, qui conséquemment ne saurait être un Jaspe, et qui paraît être l'Amiante. *V*. ce mot. (B.)

CORTALE. *Cortalus*. MOLL. Ce genre de Montfort est un de ceux qu'il conviendrait de conserver. Quoique microscopique, il présente une transition remarquable entre les Polythalames dont les tours s'enroulent sur un même plan, et ceux dont la spire s'élève en cône allongé comme dans la Turrilite. Il présente la forme d'un Trochus ; et le type en a été pris dans les figures de Soldani (Testac. t. 85, vas. 162, x). Voici ses caractères : coquille libre, univalve, cloisonnée, à spire saillante, élevée en cône ; base aplatie ; bouche triangulaire, ouverte, recevant verticalement le retour de la spire ; dos caréné et armé ; cloisons unies. L'espèce qui sert de type au genre est le CORTALE PAGODE, *Cortalus Pagodus*, Coquille mince, diaphane, irisée, dont on voit les cloisons à travers le test ; elle est carenée, et sa carène est découpée en festons ; elle n'a qu'une ligne de diamètre. On la trouve dans la Méditerranée, particulièrement à Livourne.
(D. H.)

CORTAPAO. OIS. Syn. portugais du grand Pic noir, *Picus principalis*, L. *V*. PIC.
(DR. Z.)

* CORTELINA. BOT. PHAN. (Séguier.) L'un des noms vulgaires du *Vallisneria spiralis* en Lombardie. (B.)

CORTÉSIE. *Cortesia.* BOT. PHAN. Un Arbrisseau des Pampas de Buenos-Ayres a reçu ce nom générique de Cavanilles (*Icon. Rar.* 4, p. 53, t. 377) qui lui assigne pour caractères : calice monophylle à cinq dents, persistant et velu sur ses deux faces; corolle monopétale, à cinq découpures dont le tube égale celui du calice, et le limbe est étalé; cinq étamines exertes; ovaire libre, ovale, surmonté d'un long style bifide et de deux stigmates globuleux; fruit bacciforme, ovale, pulpeux, et contenant deux semences planes d'un côté et convexes de l'autre. Le fruit ainsi décrit ne conviendrait guère à celui d'une Borraginée, quoiqu'on ait rapporté ce genre à la famille de ce nom; mais en admettant ces affinités, il y a eu sans doute erreur, soit sur le nombre, soit sur la nature des parties qui le composent, et si c'est bien une Borraginée, elle doit se placer dans la section de celles à fruit en baie, à côté des *Tournefortia, Varronia,* etc. D'un autre côté, le rapprochement que l'auteur fait de cette Plante avec le *Rochefortia* de Swartz, que l'on indique dans la famille des Rhamnées, donne à penser qu'on doit être en garde sur l'adoption de ce qu'en a dit à ce sujet Cavanilles. Au surplus, la Cortésie cunéiforme, *Cortesia cuneiformis,* Cav., unique espèce de ce genre dédié à la mémoire de l'intrépide Fernand Cortès, conquérant du Mexique, est une Plante dont les tiges, hautes d'un mètre et plus, sont très-rameuses, et portent des feuilles alternes, sessiles, cunéiformes, à trois lobes mucronés et munis de tubercules de chacun desquels sort un poil blanc et caduc. Les fleurs sont solitaires, non pédonculées et le plus souvent terminales. (G..N.)

CORTEZA DE LOXA. BOT. PHAN. C'est-à-dire *Écorce de Loxa* ou *de Loja.* L'un des noms espagnols, passé dans la pharmacie, du *Cinchona officinalis. V.* QUINA. (B.)

CORTICAIRE. *Corticaria.* INS. Genre de l'ordre des Coléoptères, section des Tétramères, établi par Marsham (*Entomol. Britannica*) et ayant, suivant ce naturaliste, pour caractères : antennes en massue, perfoliées; tête proéminente; corselet et élytres bordés; corps presque linéaire, le plus souvent déprimé. Ce genre, qui ne paraît avoir été adopté par aucun entomologiste, comprenait les Lyctes de Fabricius et les espèces désignées sous le nom de *Notoxus bipunctatus* et *Cucujus dermestoides.* (AUD.)

*** CORTICIFÈRE.** ACAL. Genre de l'ordre des Acalèphes fixes établi par Lesueur pour des Animaux voisins des Zoanthes. Ce sont des Polypiers dont les parois s'encroûtent pour ainsi dire de matière sablonneuse, se collent les unes contre les autres et produisent de larges expansions à la surface des corps sous-marins. Telles sont à peu près les expressions du rédacteur du Journal de physique en rendant compte du Mémoire de Lesueur sur les Actinies. Ne le connaissant pas, nous ne pouvons donner aucun autre détail sur ce genre, ni sur les espèces qui le composent. Ces espèces habitent les côtes de l'Amérique septentrionale. (LAM..X.)

***CORTICIFÈRES.** POLYP. Troisième section de la division des Polypiers flexibles ou non entièrement pierreux. Les caractères des Corticifères sont d'être composés de deux substances : une extérieure et enveloppante, nommée écorce ou encroûtement; l'autre appelée axe, placée au centre, soutient la première. Trois ordres appartiennent à cette section; ce sont ceux des Spongiées, des Gorgoniées et des Isidées. *V.* ces mots. (LAM..X)

CORTICIUM. BOT. CRYPT. (*Champignons.*) Persoon a désigné sous ce nom une section des Théléphores, renfermant les espèces qui sont étendues et entièrement adhérentes par l'une de leurs surfaces aux corps qui les supportent, et dont la surface libre est recouverte par la membrane séminifère. *V.* THÉLÉPHORE. (AD. B.)

CORTICULAIRE. ZOOL. C'est,

d'après Léman, le nom employé par Luide, pour désigner une dent fossile indéterminée. (B.)

*CORTICUS. INS. Dejean (Catal. des Coléopt., p. 67) désigne sous ce nom un petit genre voisin de l'*Orthocerus* de Latreille ou *Sarrotrium* de Fabricius. On n'en connaît jusqu'à présent qu'une seule espèce, le *Corticus Celtis*, Dej. Elle n'a guère qu'une demi-ligne de longueur; on l'a trouvée en Dalmatie. (AUD.)

CORTINARIA. BOT. CRYPT. (*Champignons.*) Sous-genre d'Agarics, dans la méthode de Persoon, caractérisé par un tégument filamenteux qui forme sur les feuillets un réseau semblable à une toile d'Araignée, dont une partie adhère au pédicule, et l'autre au bord du chapeau.

Plusieurs espèces d'Agarics, remarquables par leurs couleurs agréables et brillantes, appartiennent à ce sous-genre; telles sont toutes les variétés de l'*Agaricus araneosus* figurées par Bulliard, t. 250, t. 431, t. 344, et de l'*Agaricus castaneus*, Bull., t. 268, etc. (AD. B.)

CORTINE. *Cortina.* BOT. CRYPT. On donne ce nom à une sorte de frange filamenteuse qui entoure le chapeau de plusieurs Champignons du genre Agaric, et qui est produite par les débris d'un tégument membraneux très-mince qui couvrait le dessous du chapeau avant son développement complet, tégument qui s'est déchiré par suite de son extension. *V.* TÉGUMENT. (AD. B.)

*CORTOM. BOT. PHAN. Même chose que Chartram. *V.* ce mot. (B.)

*CORTOMI. BOT. PHAN. (Rumph.) Syn. de *Cassytha corniculata* dans l'Inde. (B.)

CORTON. MAM. Le Mulot chez les Espagnols. *V.* RAT. (B.)

CORTUSE. *Cortusa.* BOT. PHAN. Famille des Primulacées, Pentandrie Monogynie, L. Ce genre, que Tournefort confondait avec l'Androsace et quelques Primules, sous le nom

d'*Auricula Ursi*, a été distingué par Linné qui lui a donné les caractères suivans : calice à cinq divisions ; corolle rotacée dont l'anneau qui entoure la gorge est situé très-haut, ou, en d'autres termes, dont le tube s'élargit insensiblement en un limbe à cinq lobes ; cinq étamines à anthères adnées et linéaires ; un seul stigmate ; capsule s'ouvrant par le sommet en cinq valves, selon Linné, et en deux valves, d'après Gaertner.

La CORTUSE DE MATTHIOLE, *Cortusa Matthioli*, L., Jacq. (*Icones*, t. 32), a des feuilles radicales au nombre de trois ou quatre, pétiolées, arrondies et divisées en plusieurs lobes peu profonds et très-dentés, hérissées de poils épars; les fleurs d'une couleur rose violette forment une sorte d'ombelle au sommet d'une hampe cylindrique haute d'un à deux décimètres. Il est à regretter qu'une Plante aussi élégante soit très-rare dans la nature et dans l'état sauvage. Elle est exclusivement le partage des Alpes d'Italie et d'Autriche; car, quoi qu'en ait dit Lapeyrouse, il est certain qu'on ne l'a rencontrée ni dans les Pyrénées, ni même sur le revers occidental des Alpes françaises et piémontaises. Bory de Saint-Vincent l'a trouvée en abondance sur les monts qui environnent le lac d'Halstadt dans la Haute-Autriche. C'est à cette Plante que l'on a imposé, pour la première fois parmi les modernes, un nom patronimique. L'Écluse, en la dédiant à son ami Cortusus, a fait revivre un usage accrédité chez les anciens, et dont on accuse plusieurs auteurs contemporains d'abuser, sans réfléchir que ces noms patronimiques valent mieux que les noms génériques significatifs qui finissent presque toujours par devenir contradictoires.

Il existe en Sibérie une autre Cortuse qui a le calice plus long que sa corolle. C'est le *Cortusa Gmelini*, Linné (*Amœn.*, II, p. 340), dont Gmelin a donné une figure (*Flora Sibirica*, IV, t. 43, fig. 1). (G..N.)

CORU. BOT. PHAN. (Daléchamp.)

Apocinée de l'Asie orientale, qui paraît voisine des *Tabernœmontana* et du *Nerium antidyssentericum*. (B.)

CORUDALE. BOT. PHAN. (Adanson.) Syn. de Laurier. (B.)

CORUJA. OIS. Syn. portugais de Hulotte, *Strix Stridula*, L. *V.* CHOUETTE. (DR..Z.)

* CORUMB. BOT. PHAN. *V.* CORAMBÉ.

CORUNDUM. MIN. *V.* CORINDON.

CORUZ. OIS. Syn. italien du Courlis de terre, *Charadrius œdicnemus*, L. (DR..Z.)

* CORVA. POIS. (Delaroche.) Syn. de *Sciœna nigra*, Bloch. *V.* SCIÈNE. (B.)

* CORVETTO. POIS. (Gesner.) Syn. de *Sciœna Umbra*. *V.* SCIÈNE.

* CORVINA. POIS. (Delaroche.) Syn. de *Sciœna cirrhosa*, L., aux îles Baléares. *V.* SCIÈNE. (B.)

* CORVINE. POIS. Syn. de *Sparus chiliensis*. *V.* SPARE. (B.)

CORVISARTIE. *Corvisartia.* BOT. PHAN. Le docteur Mérat, dans sa Flore Parisienne, a proposé l'établissement de ce genre dans la famille des Synanthérées Corymbifères pour l'*Inula Helenium*, L. Ce genre a ensuite été adopté par H. Cassini. Néanmoins il nous paraît difficile d'établir un caractère générique uniquement fondé sur la forme des écailles de l'involucre, dont les extérieures sont foliacées et dilatées dans le genre *Corvisartia*, tandis qu'elles sont minces et étroites dans les autres espèces d'Inules. Cette différence étant la seule entre ces deux genres, nous pensons que tous deux doivent demeurer réunis. *V.* INULE. (A. R.)

*CORVO. OIS. Syn. de Corbeau en Italie où l'on nomme *Corvo imperiale*, le *Corvus Corax* ; *Corvo marino*, le Cormoran ; *Corvo mezzano*, le *Corvus Corone* ; *Corvo Picolo*, le *Corvus Monedula*. (B.)

*CORVO. POIS. Même chose que Corvetto. *V.* ce mot. (B.)

CORVUS. OIS. Nom scientifique du genre Corbeau. *V.* ce mot. (DR..Z.)

* CORYBANTES. MOLL. FOSS. L'un des vieux noms des Bélemnites. *V.* ce mot. (B.)

CORYBAS. BOT. PHAN. La Plante décrite par Salisbury (*Parad. Lond.* t, t. 83), sous le nom de *Corybas aconitifolius*, paraît être la même que le *Coryzanthes bicalcarata* de Brown. *V.* CORYSANTHES. (A. R.)

CORYCION. *Corycium.* BOT. PHAN. Quelques Orchidées du cap de Bonne-Espérance, auparavant éparses dans les genres *Ophrys*, *Satyrium* et *Arethusa*, ont été réunies en un même genre par Swartz, dans son travail sur les genres de cette famille. Les Corycions ont l'ovaire légèrement tordu en spirale ; quatre des divisions du calice sont extérieures, dressées ; les trois supérieures sont rapprochées, soudées entre elles, et forment un casque terminé à sa partie postérieure et inférieure par deux bosses obtuses, creusé d'un sillon profond dans toute sa longueur ; la division inférieure est également dressée, légèrement bombée dans sa partie inférieure, tronquée à son sommet. L'organisation et surtout la position des deux divisions internes est extrêmement singulière, et forme le caractère tranché de ce genre. Du sommet du gynostème, au-dessus de l'anthère, naissent : 1° antérieurement le labelle, qui est petit, spathulé, crénelé à son bord, rétréci et onguiculé inférieurement ; 2° un peu au-dessus du labelle, également du sommet du gynostème, deux appendices membraneux placés de champ, arrondis à leur partie antérieure, se prolongent insensiblement à leur partie postérieure en une sorte de queue recourbée qui recouvre la face postérieure du gynostème, et descendent ainsi jusqu'au fond du casque. Ces deux appendices sont soudés à leur partie antérieure et inférieure, et paraissent être ou du moins remplacer la sixième division du calice. Le gynostème est court et porte l'anthère à sa face antérieure et supérieure; celle-ci se compose de deux loges ovoïdes ou globuleuses un peu écartées l'une de l'autre, s'ouvrant par un sillon longitudinal et contenant une masse pollinique caudiculée à sa base, qui se termine par un rétinacle. Ces deux masses polliniques, et par conséquent l'anthère qui les renferme, nous ont paru renversées; ce qui expliquerait la singulière position du labelle et de la division interne du périanthe.

Swartz rapporte à ce genre quatre espèces, toutes originaires du cap de Bonne-Espérance, savoir : *Corycium orobanchoides*, Sw., qui est le *Satyrium orobanchoides* de Linné et de Thunberg, et qui se distingue par ses feuilles étroites, linéaires et presque distiques. La seconde, *Corycium crispum*, Sw., est l'*Arethusa crispa* de Thunberg. Ses feuilles sont élargies et engaînantes à leur base, allongées, sinueuses sur leurs bords, et terminées par une longue pointe. Elle est figurée dans Buxbaum, Cent. 3, T. xi. Les deux autres sont les *Corycium vestitum* et *Cor. bicolor.* Celles-ci ont été mentionnées par Thunberg sous le nom générique d'*Ophrys*.

(A. R.)

CORYDALE. *Corydalis.* INS. Genre de l'ordre des Névroptères, famille des Planipennes, tribu des Hémérobins (Règn. Anim. de Cuv.), établi par Latreille aux dépens du genre *Hemerobius* de Linné et ayant pour caractères : cinq articles à tous les tarses; premier segment du tronc, grand, en forme de corselet; ailes couchées sur le corps; mandibules fort coniques, étroites, pointues, avancées, en forme de cornes; antennes sétacées. Latreille (*loc. cit.*) réunit les Corydales, les Chauliodes et les Sialis au genre Semblide. On n'en connaît encore qu'une espèce :

La CORYDALE CORNUE, *Corydalis cornuta* ou l'*Hemerobius cornutus* de Linné et de Fabricius. Elle a été décrite et représentée par Degéer (*Mem. Ins.* T. iii, p. 559, pl. 27, fig. i) et par Palisot de Beauvois (In-

sect. recueillis en Afrique et en Amérique, 1re livr., Névropt., pl. 1, fig. 1). Cet Insecte a été trouvé dans l'Amérique septentrionale.

(AUD.)

CORYDALIDE. *Corydalis.* BOT. PHAN. Le genre Fumeterre avait été placé dans la famille des Papavéracées dont il se rapproche par plusieurs points, mais dont il s'éloigne cependant par des caractères importans. De Candolle a pensé que ce genre devait être considéré comme le type d'un nouvel ordre naturel. Déjà Gaertner avait divisé le genre *Fumaria* en deux, appelant *Capnoïdes* les espèces dont le fruit est une capsule uniloculaire et polysperme. C'est ce genre Capnoïdes de Gaertner que Ventenat a nommé plus tard *Corydalis*, nom qui a prévalu. Enfin le genre *Corydalis* lui-même a été successivement divisé en plusieurs autres genres peu distincts, de sorte qu'aujourd'hui on compte six genres dans la famille des Fumariacées, qui se compose uniquement du genre *Fumaria* de Linné. Les caractères qui distinguent le genre *Corydalis* tel qu'il a été circonscrit par les travaux récens des auteurs, et en particulier par De Candolle (*Syst. Nat.* ii, p. 113), sont : calice formé de deux sépales opposés, généralement très-petits et caducs, souvent prolongés à leur base au-dessous de leur point d'attache; corolle tubuleuse et composée de quatre pétales irréguliers et inégaux, quelquefois légèrement soudés entre eux par la base. Le supérieur est le plus grand; il se prolonge à sa partie inférieure au-dessous de son point d'attache en un éperon obtus et plus ou moins recourbé; le pétale inférieur est de la même forme et de la même largeur que le supérieur, mais n'offre point d'éperon; les deux latéraux sont égaux et semblables, et presque entièrement recouverts par les deux pétales supérieur et inférieur. On compte six étamines diadelphes; chaque androphore, dont l'un est supérieur et l'autre inférieur, est plane, étroit, et porte à son sommet trois anthères, dont la moyenne est biloculaire, et les deux latérales uniloculaires (structure singulière propre à toutes les Plantes qui composent la famille des Fumariacées); l'ovaire est allongé, comprimé, et se termine insensiblement en un style grêle que couronne un stigmate glanduleux et simple. Le fruit est une capsule allongée, comprimée à une seule loge, contenant plusieurs graines réniformes attachées à deux trophospermes suturaux. Cette capsule s'ouvre en deux valves.

Dans le second volume du *Systema Naturale Vegetabilium*, De Candolle décrit vingt-huit espèces de ce genre. Ce sont toutes des Herbes annuelles ou vivaces, ayant la racine fibreuse ou formée d'un tubercule charnu, la tige herbacée, simple ou rameuse, quelquefois nue ou simplement écailleuse dans sa partie inférieure, portant des feuilles décomposées alternes, rarement opposées ; des fleurs jaunes ou purpurines, disposées en épis terminaux. Toutes ces espèces, ainsi que le remarque De Candolle, croissent dans l'hémisphère boréal. On en trouve sept en Europe, dix dans l'Asie septentrionale, deux en Tauride, deux en Orient qui sont les seules dont les feuilles soient opposées, quatre au Japon et deux dans l'Amérique septentrionale. Parmi les espèces indigènes de ce genre nous ferons mention des suivantes :

La CORYDALIDE JAUNE, *Corydalis lutea*, D. C., Fl. Fr., *Fumaria lutea*, L., *Capnoïdes lutea*, Gaertner (*de Fr.* 2, p. 165, t. 115, f. 5). D'une racine fibreuse s'élèvent plusieurs tiges grêles, hautes de huit à dix pouces, charnues, portant des feuilles découpées profondément en un grand nombre de lobes ou folioles pétiolées, obtuses, d'un vert glauque ; les fleurs sont jaunes et forment un épi terminal. Cette espèce qui est vivace croît dans les lieux humides et dans les fentes des vieux murs.

La CORYDALIDE BULBEUSE, *Corydalis bulbosa*, D. C., Fl. Fr., *Fu-*

maria bulbosa, L. Un tubercule solide, irrégulièrement arrondi, enveloppé de tuniques membraneuses, donne naissance par sa partie inférieure à des fibres radicales, et par sa partie supérieure à une tige d'abord simple, nue inférieurement où elle porte des écailles au lieu de feuilles. Celles-ci, au nombre de deux à trois seulement, naissent de la partie supérieure de la tige ; elles sont trois fois divisées en pétioles portant des folioles oblongues entières ou trifides; la tige se termine par un épi de fleurs purpurines assez petites, supportées par des bractées multifides. Cette espèce croît dans des lieux ombragés et humides de l'Europe tempérée.

La CORYDALIDE TUBÉREUSE, *Corydalis tuberosa*, D. C., Fl. Fr. Cette espèce ressemble beaucoup à la précédente, dont elle diffère par son tubercule généralement creux, par sa tige feuillée dès sa base, par ses folioles cunéiformes, ses fleurs plus grandes et ses bractées indivises. Elle se montre dans les mêmes localités.

On cultive quelquefois dans les jardins la *Corydalis nobilis*, Jacq.; *Hort. Vind.*, t. 116, originaire de Sibérie. La racine de celle-ci est tubérifère, souvent creuse ; sa tige est simple et dépourvue d'écailles ; ses feuilles sont bipinnées à lobes cunéiformes, incisés au sommet. Ses fleurs d'un jaune pâle et assez grandes constituent un épi terminal.

Plusieurs Plantes, d'abord placées dans ce genre, en ont été séparées pour former des genres nouveaux. Ainsi les *Corydalis cucullaria* et *Cor. spectabilis* de Persoon forment le genre *Diclytra. V.* ce mot. Le *Corydalis fungosa*, Vent., constitue le genre *Adlumia. V.* ce mot. Le *Corydalis vesicaria*, Pers., le genre *Cysticapnos. V.* ce mot. Le *Corydalis enneaphylla*, D. C., Fl. Fr. Suppl., le genre *Sarcocapnos. V.* ce mot.　　(A. R.)

CORYDALION. BOT. PHAN. Dioscoride désignait une Fumeterre sous ce nom dont on a tiré le nom du genre Corydalide, *Corydalis. V.* ce mot. (B.)

CORYDALOS. ois. Syn. grec de la Calandre, *Alauda Calandra*, L. *V*. ALOUETTE. (DR..Z.)

* **CORYDON**. ins. Nom donné par Geoffroy (Hist. des Ins. T. II, p. 49) au *Papilio Janira* de Linné. (AUD.)

CORYDONIX. ois. Syn. latin de Toulou, nom que Vieillot a appliqué au genre Coucal. *V*. ce mot. (DR..Z.)

CORYDORAS. POIS. Genre établi par Lacépède qui lui attribue pour caractères la position de la bouche au bout du museau; une dorsale double; pas de dents; de grandes lames à chaque côté du corps et de la queue; des pièces larges et dures qui couvrent la tête; point de barbillons, et plus d'un rayon à chaque nageoire du dos. Cuvier n'a même pas fait mention de ce genre qui paraît appartenir à la famille des Siluroïdes, et dont une seule espèce a été mentionnée. On ne connaît pas la patrie de celle-ci qui a été dédiée à Geoffroy de Saint-Hilaire; la couverture de ses narines est double; la caudale est fourchue; les lames latérales disposées sur deux rangs très-larges et hexagonales. Le second rang de la dorsale est denté. (B.)

CORYDOS. ois. (Aristote.) Syn. grec d'Alouette. *V*. ce mot. (DR..Z.)

CORYLUS. BOT. PHAN. *V*. COUDRIER.

CORYLUS. ois. *V*. CÉRYLE.

CORYMBE. *Corymbus*. BOT. PHAN. Mode particulier d'inflorescence dans lequel un nombre plus ou moins considérable de fleurs sont portées sur des pédoncules partant de points différens de la tige, mais arrivant tous à la même hauteur. Le Sorbier, la Matricaire, la Millefeuille et plusieurs autres Corymbifères en offrent des exemples. Ce mode d'inflorescence a la plus grande analogie avec la cime et l'ombelle. *V*. ces mots. (A. R.)

* **CORYMBETRA**. BOT. PHAN. (Ruell.) L'un des synonymes grecs de Lierre. *V*. ce mot. (B.)

CORYMBIFERA. BOT. PHAN. Nom donné par Rai à l'*Achillæa microphylla*, L (B.)

CORYMBIFÈRES. *Corymbiferæ*. BOT. PHAN. Ce groupe, établi par Vaillant dans la famille des Synanthérées, correspond à peu près aux Radiées de Tournefort. Il a été adopté par Jussieu dans son *Genera*. Si l'on voulait chercher dans cette division de la vaste famille des Synanthérées une réunion bien naturelle de genres ayant tous entre eux des rapports intimes, ce groupe, que Jussieu considère comme une famille distincte, n'offrirait pas cet avantage. En effet, il existe de très-grandes différences entre les genres extrêmement nombreux qui le composent. Cependant il n'est point impossible de caractériser les Corymbifères de manière à les distinguer des Chicoracées et des Carduacées, qui sont les deux autres grandes sections des Synanthérées. Les travaux de plusieurs botanistes modernes sur cette famille, et en particulier ceux de Cassini, de R. Brown et de Kunth, ont fait voir qu'elle ne présentait aucune coupe bien nette ni bien tranchée, et que, pour coordonner ses genres de manière à conserver leurs affinités mutuelles, il fallait établir un grand nombre de petits groupes ou tribus naturelles. Mais tous ces auteurs s'accordent sur ce point, qu'il est impossible d'assigner à ces tribus des caractères tranchés. C'est dans l'ensemble de leurs différens organes floraux qu'il faut saisir les ressemblances d'après lesquelles on peut les réunir. Nous allons donc faire connaître les caractères généraux des Corymbifères, après quoi nous indiquerons les divisions qu'on leur a fait subir.

Les capitules sont tantôt tous flosculeux, c'est-à-dire entièrement composés de fleurons tubuleux et réguliers; tantôt, et plus fréquemment, ils sont radiés, c'est-à-dire que leur centre est occupé par des fleurons, et leur circonférence par des demi-fleurons. Dans le premier cas, les fleurons sont tous hermaphrodites, ou les uns sont hermaphrodites, les autres unisexués ou même neutres. Quand les capitules sont ainsi flosculeux, les Corymbifères ressemblent beaucoup aux Carduacées. Cependant elles en diffèrent par les caractères suivans : 1° jamais leur réceptacle ou phoranthe n'est chargé d'un aussi grand nombre de soies ou de paillettes, que dans les Carduacées. Quand il en porte, il n'y en a jamais qu'une seule pour chaque fleur, tandis qu'on en compte toujours plusieurs pour chacune d'elles dans toutes les Carduacées ; 2° un caractère commun à toutes les Carduacées ; c'est qu'au sommet de leur style, immédiatement au-dessous du stigmate, on trouve un renflement plus ou moins considérable, généralement chargé de poils glanduleux auxquels Cassini donne le nom de collecteurs. Ce renflement, qui forme le caractère distinctif des Carduacées, n'existe jamais dans les Corymbifères. Mais quand les capitules sont radiés, ce qui est beaucoup plus fréquent, la distinction entre ces deux familles est très-facile, puisque les Carduacées sont toujours flosculeuses. Les fleurons qui occupent le centre sont généralement hermaphrodites, tandis que les demi-fleurons sont unisexués mâles ou femelles, stériles ou fructifères. La corolle des premiers a son limbe tantôt régulièrement évasé et à cinq dents, tantôt à quatre ou même à trois dents seulement. Il en est de même des demi-fleurons qui présentent un nombre variable de dents à leur sommet. L'involucre varie beaucoup dans sa forme, le nombre et la disposition des écailles ou folioles qui le composent. Le phoranthe ou réceptacle n'offre pas des différences moins nombreuses. Il est plane, concave ou convexe, et même presque conique, nu ou garni d'écailles, de soies, d'alvéoles, etc. Le style et le stigmate fournissent dans les modifications qu'ils présentent des caractères d'une haute importance pour la formation et la coordination des genres. Il en est de même du fruit dont

la forme présente des variations sensibles ; et qui tantôt est nu, tantôt couronné par un simple bord membraneux, tantôt par une aigrette dont la structure présente de précieux caractères génériques.

Si maintenant nous étudions le port et les caractères généraux que présentent les Corymbifères dans leurs organes de la végétation, nous verrons que ce sont tantôt des Plantes herbacées, annuelles ou vivaces, tantôt des Arbustes ou même des Arbrisseaux ; que leurs feuilles, généralement alternes, mais quelquefois opposées, sont ou simples ou profondément divisées en lobes plus ou moins nombreux ; leurs fleurs ou capitules sont assez communément disposées en corymbe : de-là leur nom de Corymbifères ; mais très-souvent ils n'offrent pas ce mode d'inflorescence, et sont ou solitaires ou diversement groupés.

Dans son *Genera Plantarum*, Jussieu a divisé les Corymbifères en neuf sections artificielles dont les caractères sont principalement tirés : du réceptacle nu ou paléacé, des fruits couronnés ou non-par un aigrette, ou des fleurs flosculeuses ou radiées, etc. Henri Cassini, avons-nous dit, rejetant la division primaire des Synanthérées en trois grandes familles, dispose les divers genres d'abord placés dans les Corymbifères en treize tribus qui sont : 1° les Vernoniées, 2° les Eupatoriées, 3° les Adénostylées, 4° les Tussilaginées, 5° les Mutisiées, 6° les Sénécionées, 7° les Astérées, 8° les Inulées, 9° les Anthémidées, 10° les Ambrosiées, 11° les Hélianthées, 12° les Calendulées, 13° les Arctotidées. Ces tribus dont quelques-unes pourraient être facilement réunies, tant leur distinction est difficile, sont certainement beaucoup plus naturelles que les sections établies par le célèbre auteur du *Genera* ; mais elles ont le grand inconvénient de ne pouvoir être nettement définies, et ne peuvent, par conséquent, être employées dans la pratique, soit pour la classification des herbiers, soit dans les ouvrages généraux qui doivent servir à faire connaître les Végétaux. Dans l'état actuel de la science, il est donc indispensable d'employer encore pour la classification des genres de cette famille un arrangement artificiel, mais d'une application facile, d'autant plus que le nombre des genres qui y sont renfermés est extrêmement considérable. Nous allons énumérer les genres principaux des Corymbifères en les disposant dans un ordre qui nous paraît facile et commode dans son application. Nous ferons remarquer que cette énumération est loin d'être complète, et que notre intention a seulement été de citer les genres principaux appartenant à chacune des divisions que nous allons établir.

CORYMBIFÈRES.

PREMIÈRE SECTION.

Phoranthe nu.

† *Point d'aigrette ou aigrette marginale.*

α. Fleurs radiées.

Calendula, L. ; *Osteospermum*, L. ; *Chrysanthemum*, L. ; *Matricaria*, L. ; *Bellis*, L. ; *Cenia*, Commers.

β. Fleurs flosculeuses.

Cotula, L. ; *Gymnostyles*, Juss. ; *Hippia*, L. ; *Ethulia*, L. ; *Piqueria*, Cavanilles ; *Flaveria*, Juss. ; *Grangea*, Adans. ; *Carpesium*, L. ; *Balsamita*, Desf. ; *Tanacetum*, L. ; *Artemisia*, L.

†† *Aigrette formée d'écailles ou d'arêtes.*

α. Fleurs flosculeuses.

Calomeria, Vent. ; *Sphæranthus*, Burm. ; *Ageratum*, L. ; *Hymenopappus*, L'Hérit. ; *Cephalophora*, Cav. ; *Adenostemma*, Forst. ; *Stevia*, Cavan.

β. Fleurs radiées.

Tagetes, L. ; *Schuhria*, Roth ; *Pectis*, L. ; *Boltonia*, L'Hérit. ; *Bellium*, L. ; *Arctotis*, L. ; *Gorteria*, L. ; *Chabræa*, De Cand. ; *Chætanthera*, Ruiz et Pav. ; *Arnica*, L. ; *Doronicum*, L.

††† *Aigrette poilue ou plumeuse.*

α. Fleurs radiées.

Inula, L. ; *Pulicaria*, Gaert. ; *Aster*, L. ; *Solidago*, L. ; *Senecio*, L. ; *Ci-*

neraria, L. ; *Tussilago*, L. ; *Othonna*, L. ; *Erigeron*, L.

β. Fleurs flosculeuses.

Critonia, Browne ; *Porophyllum*, *Cacalia*, L. ; *Cœlestina*, Cassini ; *Eupatorium*, L. ; *Chrysocoma*, L. ; *Baccharis*, L. ; *Gnaphalium*, L. ; *Culcitium*, Humb. et Bonpl.

SECONDE SECTION.

Phoranthe paléacé.

† *Aigrette poilue.*

Filago, L. ; *Micropus*, L. ; *Balbisia*, Willd. ; *Andromachia*, Bonpl. ; *Rhantherium*, Desf. ; *Athanasia*, L. ; *Dumerilia*, D. C. ; *Neurolœna*, Browne ; *Conyza*, L.

†† *Aigrette formée de paillettes ou d'arêtes.*

α. Aigrette aristée.

Melananthera, Rich. ; *Spilanthus*, L. ; *Salmia, Bidens*, L. ; *Synedrella*, Gaertn. ; *Verbesina*, L. ; *Coreopsis*, L. ; *Cosmos*, Cavan. ; *Zinnia*, L. ; *Didelta*, L'Hérit. ; *Sanvitalia*, Cavan. ; *Amellus*, L.

β. Aigrette paléacée.

Eclypta, L. ; *Galinsoga*, Cavan. ; *Sylphium*, L. ; *Helianthus*, Juss. ; *Helenium*, L. ; *Galardia*, Juss. ; *Tithonia*, Desf. ; *Persoonia*, Rich. *in Mich.*

††† *Aigrette marginale ou nulle.*

α. Aigrette marginale.

Rudbeckia, L. ; *Dahlia*, Desf. ; *Wedelia*, Jacq. ; *Chrysogonum*, L. ; *Melampodium*, L. ; *Buphthalmum*, L. ; *Pascalia*, Ortéga ; *Anthemis*, L. ; *Anacyclus*, L. ; *Pyrethrum*, Gaertner.

β. Aigrette nulle.

Santolina, L. ; *Milleria*, L. ; *Blatimora*, L. ; *Dysodium*, Persoon ; *Alcina*, Cavan. ; *Acmella*, Rich. ; *Sclerocarpus*, Jacq. ; *Sigesbeckia*, L. ; *Unxia*, L. ; *Polymnia*, L. ; *Tetragonotheca*, L. ; *Encelia*, Adans. ; *Ximenesia*, Cavan. ; *Eriocephalus*, L. ; *Achillæa*, L. ; *Seriphium*, L. ; *Parthenium*, L. (A. R.)

CORYMBIOLE. *Corymbium.* BOT.

PHAN. Genre établi par Linné qui le rapportait à sa Syngénésie Monogynie, mais que Willdenow, Rœmer et Schultes ont placé dans la Pentandrie Monogynie. Persoon, d'un autre côté, en a fait un genre de sa Syngénésie ségrégée. Adanson lui a donné, postérieurement à Linné, le nom de *Contarena*. Ses caractères, d'après Jussieu, sont : calice long, cylindrique, composé de deux folioles glumacées, conniventes, ne renfermant qu'une seule fleur flosculeuse, et muni à la base d'un calicule très-court et tétraphylle ; stigmate bifide ; akène oblong, velu, couronné par le calice urcéolé et paléacé. Si les auteurs sont loin de s'accorder sur la place que doit occuper ce genre dans le système sexuel, la détermination de ses affinités naturelles est peut-être encore moins résolue. De Jussieu, tout en convenant qu'il n'a point d'analogue parmi les Cinarocéphales, le place dans cette dernière tribu ; mais l'anomalie de ses caractères et la singularité de son port indiquent qu'on doit peut-être l'en éloigner. Attendons qu'une description complète et exacte éclaire nos recherches sur ce point important. On connaît quatre ou cinq espèces de ce genre, toutes indigènes du cap de Bonne-Espérance ; ce sont des Plantes herbacées dont la tige, haute de trois à quatre décimètres, est sous ligneuse ; les feuilles radicales longues, alternes, graminiformes, roides et à plusieurs nervures ; celles de la tige sont plus courtes et amplexicaules ; les fleurs sont nombreuses, terminales et disposées en corymbes. Lamarck (Illustrat. t. 725, f. 1 et 2) en a très-bien figuré deux espèces : les *Corymbium scabrum*, L., et *C. glabrum*, L.   (G..N.)

* CORYMBIS. BOT. PHAN. C'est le nom d'une espèce d'Orchidée proposée par Du Petit-Thouars (Hist. des Orchidées des îles australes d'Afrique). Elle appartient à la sous-division que ce savant nomme *Corymborchis*, et au genre *Centrosis* de Swartz. Du Petit-Thouars l'a recueillie à l'île de Mascareigne, et l'a figurée (*loc. cit.* t. 37).   (G..N.)

* CORYMBITES. BOT. PHAN. (Pline.) Probablement l'*Euphorbia Characias*, L. *V*. EUPHORBE.   (B.)

CORYMBIUM. BOT. PHAN. *V*. CORYMBIOLE.

* CORYMBORCHIS. BOT. PHAN. Nom proposé par Du Petit-Thouars (Hist. des Orchidées des îles australes d'Afrique) pour une sous-division de la seconde section des Orchidées. Elle se compose d'une seule Plante qui paraît correspondre au genre *Centrosis* de Swartz.   (G..N.)

CORYNE. *Coryna*. POLYP. Genre de l'ordre des Polypes nus de Cuvier et de Lamarck, établi par Bruguière d'après Gaertner ; nommé Capsulaire par Ocken, Clava par Gmelin, et confondu avec les Hydres par Müller. Il offre un corps renflé en massue ou oviforme, charnu, à bouche terminale, supporté par un pédicule plus ou moins long et charnu, simple ou rameux ; alors le Polype est composé de plusieurs individus ; ce corps est couvert d'appendices épars et mobiles. Ce genre, disent Bruguière, Bosc et Lamarck, est très-voisin des Hydres par ses rapports naturels. Il existe cependant une très-grande différence entre les Animaux de ces deux groupes ; cette différence est telle que nous ne les avons réunis dans le même ordre que pour suivre l'opinion de nos célèbres professeurs. Dans le premier groupe, des tentacules environnent la bouche ; dans le second, ces tentacules n'existent point, ou bien, n'étant plus situés autour de la bouche ou des parties qui en dépendent, on ne peut les regarder comme tels, quoique Gaertner dise expressément que ces appendices servent à saisir la proie et à l'approcher de la bouche ; il faut, dans ce cas, que ces tentacules soient susceptibles de beaucoup de mouvemens, ou que le corps soit éminemment contractile. Bosc, au contraire, pense que ces prétendus tentacules ne sont que la base des bourgeons qui doivent par la suite donner naissance à de nouveaux individus. Cette dernière hypothèse nous semble préférable, ne serait-ce que par les rapports de forme qui existent entre ces appendices et le Polype parfait.

Les Corynes sont des Animaux presque microscopiques portés sur un pédicule long et très-souple qui leur permet toutes sortes de mouvemens; leur bouche, très-apparente, est située au sommet du corps; l'un et l'autre se contractent, se dilatent et s'allongent d'une manière remarquablé; les unes sont portées sur un pédicule simple, les autres forment un petit Arbuscule par leur réunion. Ce pédicule est uni, contourné ou annelé; à la base du corps et des appendices se voient souvent des bourgeons graniformes qui se détachent à des époques inconnues pour produire d'autres Animaux. Les Corynes paraissent vivre dans la mer Atlantique, depuis l'équateur jusque dans la mer du Nord. On ne connaît pas celles des autres parties de l'Océan, qui ne doivent pas en être dépourvues d'après la dissémination des espèces décrites par les auteurs.

CORYNE MULTICORNE, *Coryna multicornis*, Lamk., Anim., II, p. 62, n. 3; Encycl. Méth., pl. 69, fig. 12, 13. Elle est très-petite, à pédicule court et simple, un peu en massue, terminé par un corps oblong couvert de nombreux appendices sétacés; elle a été trouvée sur des Hydrophytes de la mer Rouge.

CORYNE ÉCAILLEUSE, *Coryna squammata*, Bosc, II, p. 239; Encycl. Méthod., pl. 69, fig. 10, 11. Elle habite la mer du Nord et présente un pédicelle simple, cylindrique, portant un corps ovale, terminé en pointe ou tronqué suivant la forme que l'Animal donne à sa bouche. Des bourgeons graniformes ou écailleux sont placés au bas du corps.

CORYNE GLANDULEUSE, *Coryna glandulosa*, Lamk., II, p. 62, n. 2; Encycl. Méth., pl. 69, fig. 15, 16. Cette espèce a été décrite par Gaertner auquel l'on doit la formation du genre Coryne. Elle n'est pas rare sur les Hydrophytes et les Sertulaires du nord de la France, de l'Angleterre et de la Belgique.

Il faut ajouter à ces espèces la Coryne sétifère de l'Atlantique, Bosc, II, tab. 22, fig. 7.—Coryne amphore, Bosc, pl. 22, fig. 6. Sur le *Fucus natans* comme la précédente.—Coryne prolifique, Bosc, pl. 22, fig. 8. Sur le même Fucus.—La fig. 14, pl. 69 de l'Encycl. Méth., représente une Coryne que Lamarck n'a pas décrite. On pourrait la nommer *Coryna pistillaris*. Le *Clava parasitica* de Gmelin est regardé par Bosc comme une Coryne. Le *Conferva stipitata* de *l'Engl. Botan.* se rapproche de ce genre.   (LAM..X.)

*CORYNE. BOT. CRYPT. (*Champignons*.) Sous-genre établi parmi les Tremelles par Nées et adopté par Fries (*Syst. myc.* 11, p. 216); il renferme plusieurs espèces dont la forme se rapproche de celle des Clavaires, mais que leur structure ne permet pas de séparer des Tremelles; elles sont droites, en forme de massue; les sporidies sont placées vers le sommet. La plupart des espèces de ce sous-genre avaient été placées par Persoon, dans sa Dissertation sur les Champignons claviformes, parmi les *Acrospermium*. Les espèces les plus connues sont : *Tremella sarcoïdes*, Pers., Fries, *Engl. Bot.* (*Tremella dubia*, Pers. *Syn.*; *Tremella amœthystea*, Bull., tab. 499, fig. 5); *Tremella clavata*, Pers., *Myc. Eur.* T. 1. p. 106.
                    (AD. B.)

CORYNÉPHORE. *Corynephorus.* BOT. PHAN. Dans son Agrostographie, Palisot de Beauvois a proposé de séparer du genre *Aïra* les espèces qui ont la valve externe de la glume entière au sommet, et portant à leur base une arête tordue dans son milieu, et renflée à son sommet; telles sont l'*Aïra canescens* et l'*Aïra articulata*, L.; mais ces différences nous semblent trop légères pour constituer un genre. *V.* AÏRA.   (A. R.)

CORYNÈTE. *Corynetes.* INS. Paykull (*Fauna suecica*, p. 55), et par suite Fabricius, ont désigné sous ce nom un genre de l'ordre des Coléoptères correspondant au *Necrobia* de Latreille. *V.* Nécrobie. (AUD.)

* CORYNEUM. BOT. CRYPT. (*Urédinées.*) Genre fondé par Nées d'Esenbeck et caractérisé de la manière suivante : sporidies fusiformes, opaques, annelées, insérées par un pédicelle plus mince et renflé à sa base sur une base granuleuse.

Ce genre, voisin des *Exosporium* d'une part, et des *Puccinia* de l'autre, croît sur les rameaux morts de divers Arbres ; il sort de dessous l'écorce qu'il rompt et sur laquelle il forme de petites taches noires. On n'en connaît qu'une espèce figurée par Nées (*Syst. der Schwam*, tab. 11, fig. 51).

(AD. B.)

CORYNOCARPE. *Corynocarpus.* BOT. PHAN. Genre de la Pentandrie Monogynie, L., établi par Forster et ainsi caractérisé : calice à cinq sépales ; corolle de cinq pétales ; cinq petites écailles alternes avec les pétales, les plus petites pétaliformes, munies de glandes intérieurement à la base ; cinq étamines sur les onglets des pétales, à anthères oblongues ; un seul style et un seul stigmate. Le fruit est une sorte de noix conoïde et monosperme. A.-L. Jussieu a placé ce genre à la fin des Berbéridées, mais De Candolle, dans la Monographie de cette famille (*Syst. Véget. nat.* T. II, p. 3), pense qu'il doit en être éloigné à cause de l'insertion, et reporté dans la sous-classe qu'il a proposée sous le nom de Calyciflores. Une seule espèce le constitue, c'est le *Corynocarpus lœvigata*, Forst. et L., Pl. Suppl., Arbrisseau de la Nouvelle-Zélande, à feuilles alternes, entières et obovées, et à fleurs terminales et disposées en panicules. (G. N.)

CORYPHE. *Corypha.* BOT. PHAN. Famille des Palmiers, Hexandrie Monogynie, L.; genre établi par Linné et adopté par Gaertner, R. Brown et Kunth qui l'ont ainsi caractérisé : fleurs hermaphrodites; périanthe double, l'un et l'autre à trois divisions profondes ; six étamines dont les filets sont distincts et dilatés à la base ; trois ovaires adhérens par leur face intérieure ; styles soudés surmontés d'un stigmate indivis ; fruit bacciforme, réduit à un seul carpelle à la maturité, sphérique et monosperme ; albumen creux ; embryon basilaire. Ce genre, dont C. Kunth a fait le type de la première section des Palmiers, se compose d'environ quinze espèces : ce sont des Arbres de diverses grandeurs, ayant leur cime garnie de frondes élégamment palmées, et leurs régimes rameux enveloppés dans une spathe polyphylle. Ils ne croissent que dans les climats équatoriaux, mais on en rencontre également dans l'ancien comme dans le nouveau monde.

Le CORYPHE PARASOL, *Corypha umbraculifera*, L., peut être considéré comme le type du genre. Cet Arbre est d'ailleurs la première espèce décrite et la plus intéressante à connaître; sa beauté, ses usages et ce que les voyageurs en ont rapporté, nous imposent l'obligation d'en donner une description abrégée. Au sommet d'une colonne droite parfaitement cylindrique et élevée de vingt à vingt-cinq mètres, sort un faisceau de huit à dix feuilles disposées en parasol, et si grandes qu'elles occupent un espace d'environ quarante mètres de circonférence. Ces feuilles sont composées de folioles plissées et jointes ensemble par leur partie inférieure, de manière à ce qu'elles paraissent palmées quoique en réalité elles soient pinnées le long du prolongement du pétiole qui est bordé de petites dents épineuses. Vers les deux tiers de leur longueur, ces folioles se séparent et laissent à découvert un petit filet par lequel elles étaient réunies. Au centre des feuilles qui couronnent la tige, s'élève un spadice conique, allongé, couvert d'écailles imbriquées, et produisant latéralement des rameaux simples alternes et couverts également d'écailles. L'aspect de ce pédoncule général ainsi ramifié et d'une hauteur qui atteint jusqu'à dix mètres, est celui d'un immense candelabre. Les fleurs sont disposées en panicules nombreuses, qui sortent des écailles du spadice, et qui sont formées d'épis cylindriques et pendans. Il leur succède des baies sphériques, grosses comme des Pommes de Reinette, lisses, vertes et succulentes, contenant un noyau dont l'amande a une chair ferme.

Ce luxe de floraison que la nature déploie dans un Arbre remarquable par sa beauté, entre les Palmiers même, semble être une compensation de la stérilité dont elle l'a frappé pendant de longues années. Jusqu'à trente-cinq ans, le Coryphe ombraculifère ne fait que s'accroître en hauteur, et produire des couronnes de feuilles, qui font un effet magnifique, car leur grandeur est telle, qu'une seule d'entre elles peut couvrir et protéger quinze ou vingt personnes contre les injures du temps. Mais tout-à-coup l'exertion des fleurs se manifeste, et l'Arbre est orné de superbes spadices florifères, auxquels succèdent des fruits dont le nombre est quelquefois si prodigieux, qu'un seul Palmier en produit, dit-on, jusqu'à vingt mille ; ces fruits continuent de mûrir durant quatorze mois. Ce phénomène ne se représente plus, l'Arbre reste épuisé par un tel excès générateur, et sa vie demeure languissante, jusqu'à ce qu'enfin la mort succède à cet excès de fécondité.

Le Coryphe ombraculifère croît dans les endroits montueux des Indes-Orientales, à la côte du Malabar et à Ceylan. Rai l'a mentionné dans son Histoire des Plantes, n. 1367; Rhéede (*Hort. Malab.* III, pl. 1, t. 1 à 12) l'a décrit et figuré sous le nom de *Coddapañña*, et on lui a donné aussi le nom vulgaire de Talipot de Ceylan. Nous avons dit que ses feuilles simulaient de vastes parasols, sous lesquels beaucoup de personnes pouvaient se mettre à l'abri ; les Indiens ont en cela imité la nature ; ils font avec ces feuilles des tentes et des parapluies, et ils s'en servent aussi pour couvrir leurs habitations. Les livres des Malais en sont composés : leur épiderme supérieur, pénétré par la pointe d'un stylet de fer, avec lequel ces peuples tracent leurs caractères, conserve des empreintes ineffaçables. On fait avec les noyaux de ces fruits, tournés, polis et peints en rouge, des colliers qui imitent le Corail. Enfin, il suinte des spathes, lorsqu'on les coupe, un suc qui, desséché au soleil, devient un vomitif très-violent, au moyen duquel les matrones du pays expulsent de la matrice le fœtus mort, et dont elles font souvent un usage condamnable.

Ce n'est pas ici le lieu de décrire les autres espèces de *Corypha*, malgré l'intérêt que présentent des Arbres aussi remarquables. Nous nous bornerons à avertir que le *Corypha minor*, Jacq., forme le genre *Sabal* d'Adanson, *V.* ce mot, et qu'on trouve dans le bel ouvrage sur les Plantes équinoxiales de Humboldt et Bonpland, publié par C. Kunth, la description de plusieurs espèces de Coryphes, dont quelques-unes offrent des particularités assez piquantes. (G..N.)

* CORYPHÉE. ois. Espèce du genre Sylvie, *Sylvia Coryphœus*, Vieill., Levaill. Ois. d'Afr. pl. 120. *V.* SYLVIE. (DR..Z.)

CORYPHÈNE. POIS. Pour Coryphœne. *V.* ce mot.

CORYPHÉNOIDE. *Coryphœnoides.* POIS. *V.* CORYPHOENE et CORYPHOENOIDE. (B.)

* CORYPHINÉES. *Coryphinœ.* BOT. PHAN. Nom de la première section des Palmiers, établie par C. Kunth (*in Humb. et Bonpl. Nova Genera et Spec. Plant. æquin.* T. I, p. 239) et caractérisée par ses trois ovaires monospermes dont deux avortent, le plus souvent. Elle comprend les genres *Corypha, Phœnix, Morenia, Livistonia, Chamœrops,* etc. (G..N.)

CORYPHOENE. *Coriphœna.* POIS. Genre de l'ordre des Thoraciques de Linné, placé par Cuvier dans celui des

Acanthoptérygiens, famille des Scombéroïdes, de la division de ceux qui ont une seule dorsale et les dents en carde ou en velours; enfin rangé par Duméril parmi les Lophiodontes. Ses caractères sont : dorsale naissant sur la tête qui est carénée et comme tranchante en dessus; opercules lisses; pas de carène à la queue; corps ovale, allongé, comprimé et revêtu de fort petites écailles. Les Coryphœnes peuvent être mis au rang des plus brillans habitans de la mer. Presque tous habitent les hauts parages, et l'un d'eux la Méditerranée. « Il faut, dit Bosc, avoir vu ces Poissons suivre les vaisseaux en troupes plus ou moins nombreuses, pour se former une idée de leur beauté. En effet, lorsqu'ils nagent à la surface de la mer, et surtout lorsque le soleil luit, leur corps brille de l'éclat de l'or uni à celui des saphirs, des émeraudes ou des topazes, et frappe les yeux de mille nuances plus resplendissantes les unes que les autres, selon l'aspect sous lequel ces Poissons se présentent. La vivacité, la variété et la grâce de leurs mouvemens ajoutent encore au magnifique assortiment de couleurs dont ils sont parés. C'est un spectacle qu'on ne peut se lasser d'admirer, lorsque, isolé au milieu des mers, le voyageur rencontre pour la première fois ces Poissons.» Nous avons, comme Bosc, admiré en pleine mer les Coryphœnes nageant en troupes autour des vaisseaux et faisant jaillir du sein des flots ces reflets de lapis, d'or, d'émeraude et d'argent, qui leur valurent une si grande célébrité parmi les marins.

La beauté de ces Poissons ayant frappé tous les regards, on s'est trop peu arrêté à leurs formes; il a suffi de mentionner des reflets dont on était ébloui, et l'on s'est moins occupé de leurs caractères; ces reflets disparaissant dès que l'Animal meurt, trop fugitifs pour être conservés sur leurs dépouilles préparées, nous pensons qu'il en résulte quelque confusion sur l'histoire spécifique des Coryphœnes, dont il existe plus d'espèces qu'on ne le suppose communément.

Nous avons nous-mêmes été induits en erreur, quand nous avons cru reconnaître un Coryphœne déjà décrit dans l'espèce que nous observâmes dans le grand Océan équatorial, et qui, mieux examinée depuis par Draparnaud, nous avait été dédiée dans une monographie demeurée inédite par la mort de cet ami.

Les Coryphœnes sont des Poissons voraces, hardis et très-agiles; ils paraissent à peine se mouvoir dans les flots qu'ils sillonnent, et l'on pourrait les y croire poussés par une force de projection des plus irrésistibles, si l'on ne découvrait dans la vélocité de leur marche un mouvement d'ondulation continuel sur la longue dorsale dont ils sont ornés; mouvement qui contribue à multiplier les reflets qui jaillissent de leur surface. Ils poursuivent avec acharnement les Poissons volans, et voyagent par bandes à la suite des troupes que forment ces petits Animaux, se renvoyant pour ainsi dire ceux-ci, comme les chasseurs lancent le gibier qu'ils poursuivent avec leurs meutes. L'Exocet qui n'est pas dévoré par le Coryphœne dont la poursuite le détermina à s'élancer de l'Océan, l'est par celui près duquel il retombe, lorsque l'Oiseau vorace ne se saisit pas de lui à son passage dans les airs. Les Coryphœnes ne mâchent pas, ils avalent; et l'on a trouvé tout entiers dans leur estomac de grands Poissons volans de six à huit pouces. Telle est la voracité des Coryphœnes, qu'engloutissant tous les objets qui tombent des navires et qui peuvent être admis par leur bouche, on a rencontré jusqu'à de grands clous dans leur ventre. On les prend fort aisément à la seine, et lorsqu'ils se rapprochent des côtes pour jeter leur frai, la ligne est encore une excellente manière de s'en procurer. Il suffit de disposer un bouchon auquel on fixe deux petites plumes avec du fil, pour imiter tant bien que mal les ailes d'un Exocet, d'y laisser pendre l'hameçon en guise de queue, et de faire filer ce grossier appât à l'arrière du bâtiment, pour voir, dès que le mouvement du tangage fait que le bouchon s'élance hors de l'eau, les Coryphœnes se disputer à qui doit mourir. Nous en avons vu manquant le bouchon et n'atteignant que le fer aigu, y laisser une partie de leur mâchoire, et, continuant à nager, revenir à la charge, tandis que la mâchoire accrochée servait d'amorce à quelque autre Coryphœne qui s'y prenait.

Ce genre de pêche n'est pas seulement divertissant, il est fort utile à bord où, lorsque depuis long-temps on ne vit que de viande salée, d'adobages, de légumes vermoulus, ou de Poulets malades, la chair fraîche et savoureuse d'un Poisson bon à manger, vient faire diversion à la monotonie de la mauvaise chère. Les Coryphœnes ont la chair excellente et fort saine. On les accommode de diverses manières ; mais on s'en dégoûte bientôt, peut-être ; comme l'observe fort judicieusement Bosc, parce que l'on en prend trop, quand on commence à les pêcher, après avoir fait une longue abstinence ou beaucoup de tristes repas.

Le genre Coryphœne, tel que Linné l'avait établi, a été divisé en plusieurs genres dont le principal, auquel on a conservé l'ancien nom tiré du grec, se subdivise de la manière suivante, et renferme une quinzaine d'espèces que Draparnaud eût portées à dix-huit dans la monographie dont il a été question.

† CENTROLOPHES. Ils ont en avant de la dorsale des proéminences épineuses, mais tellement courtes qu'elles se sentent à peine quand on presse la peau avec le doigt; on n'y voit d'ailleurs ni carène à la queue, ni épines libres devant l'anale, ni fausses nageoires ; leur corps est comprimé, leurs écailles menues ; leur tête oblongue et obtuse, et les dents fines sur une seule rangée. Lacépède avait formé de ces Coryphœnes un genre que Cuvier n'a pas cru devoir adopter.

Le POMPILE, Lac., Poiss. T. III, p. 198 ; *Coryphœna Pompilus*, L., Gmel., *Syst. Nat.*, XIII, t. I, p. 193;

le Lumpuge, Encycl. Pois., p. 60, pl. 34, fig. 130; Centrolophe nègre, Lac., Pois. T. IV, p. 442, pl. 10, f. 2 (par double emploi). Cette espèce connue des anciens, qui tire son nom d'un mot signifiant pompe et cortége, parce que ces anciens avaient remarqué le goût qu'ont les Pompiles à suivre les vaisseaux, se trouve dans l'Océan et dans la Méditerranée. Il dépasse un pied de longueur ; sa forme est postérieurement un peu acuminée; la surface de son corps est grasse et onctueuse au toucher; son dos est marqué de bandes jaunâtres; une raie dorée en forme de sourcils surmonte ses yeux, et lui mérita l'un des noms vulgaires qu'il porte parmi les pêcheurs ; la mâchoire inférieure est plus longue que la supérieure, et la caudale un peu moins fourchue que dans la plupart des autres espèces. D. 8/33, P. 14, V. 6, A. 2/24, C. 16.

Le CORYPHOENA FASCIOLATA de Pallas, Gmel., *Syst. Nat.* XIII, t. I, p. 1193; l'Ondoyane, Encycl. Pois., p. 60, pl. 54, fig. 129, est encore une espèce de Centrolophe dont les rayons des nageoires sont : B. 6, D. 54, P. 19, V. 5, A. 27, C. 17.

†† LEPTOPODES, Cuv. (Règn. Anim. T. XI, p. 328); Oligopodes, Risso. Ils ont, comme les Centrolophes, des proéminences dorsales sensibles seulement au doigt; mais leur dorsale et leur anale s'unissent à la caudale qui finit en pointe, et il n'y a qu'un rayon aux ventrales. On n'en connaît qu'une espèce.

LEPTOPODE NOIR, *Oligopodus ater*, Risso, pl. 11, fig. 41. Ce petit Poisson, découvert dans la mer de Nice, faible et timide, se tient toute l'année dans les plus grandes profondeurs des eaux, et n'approche du rivage que vers le mois d'août pour y déposer des œufs d'un bleu foncé liés par un réseau blanc; sa chair, est molle et d'une saveur fade ; son museau est arrondi; ses yeux petits, noirâtres, avec l'iris doré ; sa taille est de six pouces, et sa teinte générale d'un noir d'ébène, avec de beaux reflets d'un rouge violet.

††† CORYPHÈNES PROPREMENT DITS. Ils ont leur belle dorsale étendue depuis la nuque jusqu'au voisinage de la caudale, dont elle est cependant toujours distincte. Cette caudale est fourchue, rectiligne, arrondie ou lancéolée.

α. Caudale fourchue.

L'HIPPURE, *Coryphœna Hippurus*, L., Gmel., *Syst. Nat.* XIII, t. 1, p. 1189; Bloch, pl. 174; le Dauphin, Encycl. Pois., p. 59, pl. 33, f. 125. Cette belle espèce est la plus grande de toutes; elle atteint jusqu'à cinq pieds de long; elle se trouve dans l'Océan et dans la Méditerranée. Sa longue dorsale est à peu près parallèle au corps, et l'angle que forme la fourche de sa queue très-aigu. Son dos est d'un vert de mer, parsemé de taches orangées; le ventre est argenté; la ligne latérale jaune; la dorsale, qui est d'un bleu céleste, a ses rayons couleur d'or; la caudale est environnée d'une teinte verte; les autres nageoires sont jaunes. Ce Poisson est celui que les peintres ont l'habitude de représenter, en le défigurant, comme le véritable Dauphin qui, placé sur les enseignes ainsi que parmi les constellations célestes, était devenu l'insigne armorial d'une province dont le titre est porté par l'héritier de la couronne de France. Les marins supposent qu'il porte une couronne sur la tête, et prétendent qu'il est le mâle de l'espèce suivante. B. 710, D. 60, P. 19-21, V. 6, A. 26-27, C. 18-20.

Le DORADON, *Coryphœna œquifelis*, L., Gmel., *Syst. Nat.* XIII, t. 1, p. 1190; Encycl. Pois., p. 50 (sans figure); *Coryphœna aurata*, Lac., Pois. III, p. 185, pl. 10, fig. 2. Cette belle espèce que Linné et Cuvier pensent être la même que la précédente, en est cependant parfaitement distincte, ainsi qu'on en peut juger par la figure très-exacte qu'en a donnée Plumier, et que Lacépède a fait graver dans son Histoire des Poissons. Ici la dorsale est plus courte, quoique toujours parallèle au

corps. Cette nageoire n'a d'ailleurs pas ses rayons jaunes, mais bleus comme la membrane. La queue, très-profondément anguleuse et bifide, a dans toute sa surface l'éclat et la couleur de l'or poli. Le reste de ce Poisson est varié des plus riches couleurs; ces teintes sont disposées avec la plus suave harmonie. Sa taille est moins grande que celle de l'Hippure; ce qui sert encore à le distinguer de l'espèce précédente dont les matelots, qui l'appellent plus particulièrement Dorade, la disent être la femelle. Ce Poisson est des mers de l'Inde, et, dit-on, fort rare. C. 6, D. 53, P. 19, V. 6, A. 25, C. 20.

CORYPHÈNE DE BORY, *Coriphœna Boryi*, Drap., Inéd.; N., Voyag. aux quatre îles d'Afrique, T. 1, p. 116, pl. 10, f. 3, sous le faux nom d'Hippure (*V*. planches de ce Dict.). Il suffit de comparer le dessin très-exact que nous avons fait de ce Poisson sur le vivant, pour se convaincre qu'il appartient à une espèce très-différente de toutes celles qui avaient été jusqu'ici décrites. Il pourrait bien être le Guaracapema de Marcgraaff (Brasil., p. 160). Nous avions, dès le temps où nous découvrîmes cette magnifique espèce, hésité sur l'identité, et en la donnant comme l'Hippure des auteurs, nous y trouvions des différences. Cette espèce, peut-être la plus belle de tous les Poissons de la mer, tient le milieu entre le Doradon et le Chrysure. Comme ce dernier, sa dorsale commence bien plus en avant, et loin d'être parallèle au corps, c'est-à-dire pas plus large en avant qu'en arrière, elle est très-haute sur le vertex, disposée en crête, et va toujours en diminuant vers la queue. Elle est du plus beau bleu de lapis-lazuli, variée de lignes obliques, irrégulièrement parallèles, d'un bleu d'indigo beaucoup plus foncé. Le dessus de sa tête est d'un beau brun qui va se fondant et se mariant avec des teintes d'émeraude sur le dos; les flancs sont, ainsi que la queue, couleur d'or, avec des teintes grisâtres et le ventre argenté; le reste des nageoires est jaune. La caudale est si profondément bifide, qu'on dirait que les deux portions sont implantées sur l'extrémité de l'Animal et sans rapport entre elles. L'anale est parallèle au corps, et ne présente pas antérieurement des rayons plus longs, comme dans le Doradon ou dans le Chrysure. La forme du Poisson, bien plus ovoïde que celle de ses congénères et renflée vers le milieu, rappelle celle de la Sole ou d'autres Pleuronectes voisins. Cette espèce n'atteint guère plus de deux pieds de long; sa chair est fort savoureuse. Nous l'avons pêchée dans l'Océan atlantique intertropical. B. 6, D. 57, 64, V. 6, P. 20, A. 25, 26.

Le CHRYSURE, *Coryphœna Chrysurus*, Lac., Pois. T. III, p. 186, et tab. 2, pl. 18, fig. 2. Cette belle espèce a été découverte dans la mer du Sud par Commerson, et gravée par Lacépède, d'après le dessin de ce naturaliste. Elle a le corps très-allongé et non ovoïde, comme dans l'espèce précédente; l'anale présente en avant quelques rayons plus longs que les postérieurs, et la queue fourchue n'est pas disposée en large croissant. Les belles teintes de cet Animal sont rehaussées par des taches bleues, lenticulaires, disposées au hasard et assez nombreuses; sa queue brille du plus grand éclat et de la teinte de l'or pur; la gorge et la poitrine ont la couleur de l'argent; le dos d'un bleu céleste; la dorsale tachetée de jaune, et les pectorales ont la teinte de l'azur. La chair des Chrysures est exquise. Commerson trouva son estomac rempli de petits Poissons volans. B. 6, D. 58, P. 20, V. 5, A. 28, C. 5.

Le SCOMBÉROÏDE, *Coryphœna Scomberoides*, Lac., Pois. III, p. 192; *C. argentea*, Commers. Mss., et le Coryphœne jaune, *Coryphœna lutea*, Schneider, des mers du Sud et de Tranquebar, appartiennent encore à cette première division des Coryphœnes.

β. Caudale rectiligne.

Le RECHIGNÉ, Encycl. Poiss., p. 61 (sans figure); le Camus, Lacép., Pois. T. III, p. 207; *Coryphœna*

Sima, Gmel., *Syst. Nat.* XIII, T. I, p. 1194. Poisson des mers d'Asie. D. 52, P. 16, V. 6, A. 9-16, C. 16.

γ. Caudale arrondie.

Le CHINOIS, *Coryphœna chinensis*, Lac., Pois. T. III, p. 209. Cette espèce a été décrite d'après une peinture chinoise, de sorte qu'on ne connaît ni les habitudes ni le nombre des rayons des nageoires de ce Poisson dont l'existence n'est pas même suffisamment garantie.

δ. Caudale lancéolée.

Le *Coryphœna acuta*, L., Gmel., *Syst. Nat.* XIII, t. I, p. 1194. Espèce peu connue des mers d'Asie, et la seule dont se compose jusqu'ici cette section. D. 45, P. 16, V. 6, A. 9, C. 6.

Les *Coryphœna viridis* et *galeata* sont des espèces si imparfaitement décrites, que la forme de leur queue n'est pas même mentionnée, de sorte qu'on ne sait dans quelle section les ranger.

Les *Coryphœna Novacula*, *pentadactyla*, *cœrulea*, *Psittacus* et *lineata* de Linné, ont été détachés de ce genre pour former celui auquel Cuvier a donné le nom de Rason. *V.* ce mot.

Le *Coryphœna Plumerii* de Bloch n'est qu'un Labre; et le *rupestris* un Macroure.

Il paraît que les Coryphœnes se rencontrent à l'état fossile, du moins Faujas Saint-Fond (Ann. Mus. T. I, pl. 24) a fait graver l'empreinte d'un Poisson trouvé dans le calcaire de Nanterre près Paris, qui paraît avoir dû être fort voisin du Chrysure.

††††CORYPHOENOÏDES. Ils diffèrent des Coryphœnes proprement dits par leur tête encore plus comprimée et tranchante, assez loin de laquelle commence la dorsale beaucoup moins longue que dans les espèces précédentes. L'ouverture des branchies est peu distincte.

L'HOUTTUYNIEN, Lacép., Pois. III, p. 220; *Coryphœna Branchiostega*, L., Gmel., *Syst. Nat.* XII, t. I, p. 1194. Espèce peu connue d'après ce qu'en dit Houttuyn qui seul l'a mentionnée, et qui la dit des mers du Japon. Ce Poisson n'a guère plus de six pouces de longueur ; sa couleur tire sur le jaune. D. 24, P. 14, V. 6, A. 10, C. 16. Cuvier semble regarder cette espèce comme douteuse.

††††† OLIGOPODES. Ils ont une énorme dorsale et une anale non moins étendue. Cette seconde est si longue qu'elle égale presque la première en grandeur, et détermine l'ouverture de l'anus presque sous la gorge. Les ventrales sont extrêmement petites, formées d'un seul rayon, placées en avant des pectorales. Le corps est fort comprimé ; les dents disposées sur un seul rang en haut, et sur deux en bas. Leurs écailles sont plus grandes que celles des autres Coryphœnes, et légèrement épineuses. On n'en connaît qu'une espèce.

L'ÉVENTAIL, Encycl. Poiss., p. 60, pl. 54, fig. 128 ; *Coryphœna velifera*, Gmel., *Syst. Nat.*, t. I, p. 1195. Ce beau et singulier Poisson des mers de l'Inde a son corps fort comprimé et oblong, d'une teinte brune, couvert de points blancs, ainsi que les nageoires qui sont prodigieusement grandes, tachetées, et donnent au Poisson la forme générale d'un losange dont les angles seraient arrondis. B. 7, D. 55, P. 14, V. 1, A. 51, C. 22. (B.)

CORYPHOENOIDES. *Coryphœnoides.* POIS. Genre établi par Lacépède, qui n'a pas même été conservé par Cuvier comme sous-genre, mais que nous avons cru néanmoins devoir respecter à l'article CORYPHOENE. *V*, ce mot. (B.)

CORYSANTHES. *Coryzanthes.* BOT. PHAN. R. Brown, dans son Prodrome de la Flore de la Nouvelle-Hollande, a formé ce nouveau genre dans la famille des Orchidées pour trois petites Plantes qu'il avait recueillies sur les côtes de la Nouvelle-Hollande. Voici le caractère qu'il lui assigne : son calice est inégal et comme à deux lèvres ; le casque est grand et concave ; le labelle est très-grand, également concave, et cache la lèvre inférieure qui est fort petite et à quatre divisions ; l'anthère est placée au sommet du gynostème ; elle est persistante, s'ouvre en deux valves incomplètes, et renferme, dans sa loge qui est simple, quatre masses de pollen pulvérulentes.

Les Plantes dont ce genre se compose sont petites, herbacées, et croissent dans les lieux ombragés ; leur racine est munie d'un petit tubercule arrondi ; leur tige est simple, grêle et parfaitement glabre ; elle porte une seule feuille, et se termine par une fleur unique, tantôt droite, tantôt penchée, ayant assez de ressemblance extérieure avec les fleurs du genre *Cypripedium*.

Brown en a figuré et décrit une espèce (*Gener. Remarcks*, p. 78, t. 10) avec le soin et l'exactitude qui distinguent cet habile observateur : c'est le *Coryzanthes fimbriata* déjà mentionné par lui dans son Prodrome, p. 328. Cette petite Plante, remarquable par son labelle cilié sur son bord, est assez commune aux environs de la ville de Sydney dans la colonie de Port-Jackson.

Le genre *Corybas* de Salisbury (*Paradis.* t. 85) paraît devoir être réuni au genre *Coryzanthes* de Brown. (A. B.)

CORYSTE. *Corystes.* CRUST. Genre de l'ordre des Décapodes, famille des Brachyures, section des Orbiculaires, établi par Latreille et ayant, suivant lui, pour caractères : test ovale ; antennes extérieures longues, avancées, ciliées : second article des pieds-mâchoires extérieurs allongé, rétréci en pointe obtuse à son sommet, avec une échancrure au-dessous ; yeux écartés, situés à l'extrémité d'un pédicule de longueur moyenne, presque cylindrique, un peu courbe ; longueur des trois premières paires de pieds diminuant progressivement ; les deux antérieurs beaucoup plus longs dans les mâles que dans les femelles. Les Corystes ont de grands rapports avec les Leucosies et les Thies ; ils s'éloignent des premiers par la longueur de leurs antennes, l'allongement du pédoncule des yeux, la forme du second article des pieds-mâchoires, la cavité ovale qui est carrée, et par leur test qui est moins bombé. Cette partie du corps est oblongue, ovale, tronquée postérieurement. Les régions indiquées par Desmarest y sont légèrement marquées, et représentent dans certains individus une sorte de figure humaine grimacée; les branchiales ou latérales sont très-allongées; la cordiale manque. Les Corystes diffèrent des Thies par des caractères analogues, à l'exception que leur carapace est plus oblongue; l'abdomen, nommé improprement queue, est composé de sept anneaux dans les femelles, et seulement de cinq dans les mâles; mais ce petit nombre est évidemment dû à la soudure de deux d'entre eux; quoi qu'il en soit, les deux premiers segmens sont plus larges que les suivans. L'abdomen des femelles est presque ovale; celui des mâles a la forme d'un triangle allongé.

On ne connaît encore qu'une espèce propre à ce genre, le CORYSTE DENTÉ, *Corystes dentata* de Latreille, ou l'*Albunea dentata* de Fabricius (*Suppl.*, p. 398), qui est le même que le *Corystes cassivelaunus* de Leach (*Malacost. Brit.*, fasc. 6, tab. 1). Il a été figuré par Pennant (*Brit. Zool.* T. IV, tab. 7), ainsi que par Herbst qui l'a nommé *Cancer personatus*. On le rencontre sur les côtes d'Angleterre; d'Orbigny l'a souvent pêché dans le golfe de Gascogne, sur une assez grande étendue en mer. Il n'est pas certain que ce genre se trouve à l'état fossile; cependant Desmarest (Hist. des Crust. foss., p. 125) pense qu'on pourrait y rapporter une carapace ellipsoïde, dentelée sur ses bords latéraux antérieurs, découverte dans la craie d'Angleterre par Mantell.

(AUD.)

CORYSTION. POIS. Genre formé par Klein pour des Poissons à grosse tête; il n'a pas été conservé, et les espèces en ont été réparties parmi les Callyonimes, les Uranoscopes, les Trachines, les Cottes, les Trigles, etc. *V.* tous ces mots. (B.)

CORYTHAIX. OIS. (Illiger.) Syn. du Touraco. *V.* ce mot. (B.)

CORYTHUS. OIS. Nom scientifique du genre Dur-Bec établi par Cuvier, et qui comprend quelques Gros-Becs. *V.* ce mot. Il est tiré de *Corythos* qui, chez les Grecs, désignait un Oiseau qui n'est plus connu. (B.)

CORYZA. BOT. PHAN. (Tournefort.) Syn. de *Stœbe africana*, L. *V.* STOEBE. (B.)

CORZA. MAM. La femelle du Daim dans la péninsule Ibérique. (B.)

COS. OIS. Syn. hébreu de la Huppe, *Upupa Epops*, L. *V.* HUPPE. (DR..Z.)

COS. MIN. Chez les anciens la Pierre à aiguiser. *V.* PSAMMITE. (B.)

* COSA - COSAMACHO. BOT. PHAN. (J. Jussieu.) Le *Pavonia spinifera* au Pérou. (B.)

COSAIRE. *Cosaria.* BOT. PHAN. Pour Kosaria. *V.* ce mot. (B.)

COSALON. BOT. PHAN. (Dioscoride.) Une Sauge. (B.)

* COSARIA. BOT. PHAN. Syn. de *Lysimachia vulgaris* dans le Frioul. (B.)

COSATEC ou KOSATEC. BOT. PHAN. Syn. d'*Iris germanica* dans les dialectes esclavons. (B.)

COSCAQUAUTLI. OIS. Syn. mexicain du Catharte Aura, *Vultur Aura*, L. *V.* CATHARTE. (DR..Z.)

* COSCINIUM. BOT. PHAN. Dans le treizième volume des Transactions de la Société Linnéenne de Londres, le docteur Colebrooke fait, sous ce nom, un genre nouveau du *Menispermum fenestratum* de Gaertner (*de Fruct.* T. 1, p. 219, t. 46, f. 5). Le caractère distinctif de ce genre consiste surtout dans ses étamines au nombre de six seulement et monadelphes. Cette Plante est sarmenteuse, grimpante et originaire de Ceylan. *V.* MÉNISPERME. (A. R.)

COSCINODON. BOT. CRYPT. (*Mousses.*) Ce genre, séparé des *Weissia* par Sprengel et par Bridel, en diffère par un caractère trop léger et trop peu constant pour qu'on puisse l'admettre; la seule différence consiste dans les dents de péristome qui présentent, dans les espèces que Bridel range dans son genre *Coscinodon*, une série de petits trous ; du reste la structure de la capsule et la forme de la coiffe est la même que celle des vrais *Weissia*. Le port des espèces est aussi le même; ainsi le *Cosc. nudum* a trop d'analogie avec le *Weissia nigrita*, et le *Cosc. lanceolatum* avec les *Weissia Starkeana* et *affinis*, pour qu'on puisse les placer dans des genres différens. Bridel lui-même avait regardé long-temps cette dernière espèce comme une simple variété du *Weissia lanceolata* ou *Coscinodon lanceolatum*. *V*. WEISSIA.

(AD. B.)

COSCOJA. BOT. PHAN. Et non *Coscoia*. On donne en Espagne ce nom, qui paraît dériver du *Quisquilium* de Pline, au *Quercus coccifera*, quand il est chargé de Kermès. *V*. ce mot et CHÊNE. (B.)

COSCOROBA. OIS. Espèce du genre Canard, division des Oies, *Anas Coscoroba*, Lath. *V*. CANARD.

(DR..Z.)

COSCUI. MAM. (Coréal.) Syn. de Pécari. *V*. COCHON. (B.)

* COSH. MAM. L'un des noms africains du Buffle. *V*. BŒUF. (B.)

COSLORDILOS. REPT. SAUR. (Tournefort.) Syn. de Stellion dans le Levant. (B.)

COSMÉE. *Cosmea*. BOT. PHAN. Ce mot, substitué par Willdenow à celui de *Cosmos*, donné à un genre de Synanthérées par Cavanilles, est aujourd'hui rejeté en faveur du nom primitif. *V*. COSMOS. (G..N.)

COSMÉLIE. *Cosmelia*. BOT. PHAN. Genre de la famille des Epacridées de R. Brown, établi par cet illustre botaniste et ainsi caractérisé : calice foliacé ; corolle tubuleuse, portant et renfermant les étamines dont les anthères sont adnées aux sommets ciliés des filets ; cinq petites écailles hypogynes ; fruit capsulaire à placentas adnés à une colonne centrale, et libres à chaque extrémité.

La COSMÉLIE ROUGE, *Cosmelia rubra*, R. Brown, unique espèce du genre, est un Arbrisseau des marais des côtes méridionales de la Nouvelle-Hollande, élevé, muni de branches nombreuses et dépouillées sans traces de cicatrices, à feuilles demi-embrassantes et cuculliformes à la base. Les fleurs, d'un rouge vif, sont terminales au sommet des branches latérales, solitaires et penchées. (G..N.)

COSMIBUENA. BOT. PHAN. Ruiz et Pavon ont successivement proposé deux genres sous ce nom ; mais l'un rentre dans le genre *Hirtella* ; c'est celui qu'ils avaient établi dans leur Prodrome. L'autre ne diffère nullement du genre *Cinchona*. *V*. QUINQUINA. (A. R.)

COSMIE. *Cosmia*. BOT. PHAN (Dombey.) *V*. TALIN. (B.)

COSMORO. OIS. Syn. portugais de l'Ara rouge, *Psittacus Macao*, L. *V*. ARA. (DR..Z.)

COSMOS. BOT. PHAN. Famille des Synanthérées, Corymbifères de Jussieu, section des Hélianthées de Kunth et des Coréopsidées de Cassini, Syngénésie frustranée, L. Ce genre, fondé par Cavanilles (*Icones*, 1, p. 10), a été adopté par Willdenow et Persoon qui, lui ajoutant quelques espèces, ont changé sans nécessité son nom en ceux de *Cosmea* et de *Cosmus*. Rétablissant dans sa pureté le nom donné par son auteur, C. Kunth (*Nova Genera et Spec. Plantar. æquinoct.* 4, p. 239) exprime ainsi les caractères de ce genre : involucre double, l'un et l'autre à huit divisions profondes ; réceptacle plane paléacé; fleurons du disque tubuleux et hermaphrodites, ceux de la circonférence, au nombre de huit environ, ligulés et stériles ; akènes tétragones amincis au sommet et surmontés de deux ou quatre barbes persistantes et couvertes de poils dirigés en arrière. De grands rapports de structure unissent le *Cosmos* au *Coreopsis*, et cependant ce sont deux genres bien distincts. Le *Cosmos bipinnatus*, espèce qui a servi de type au genre, et que l'on cultive au Jardin du Roi à Paris, a un *facies* très-différent des *Coreopsis* de son voisinage. Peut-être que les espèces ajoutées par Willdenow, telles que les *C. sulphureus* et *C. parviflorus*, qui étaient des Coréopsis de Jacquin, se distinguent aussi, de ce dernier genre, par le port. Nous avons sous les yeux la figure du *Cosmos chrysanthemifolius* de Kunth, dont l'aspect rappelle un peu celui du *C. bipinnatus*, quoique la Plante soit naine en comparaison de cette dernière. Les caractères assignés par les auteurs à ces deux genres, ne sont pourtant pas tranchés, car Willdenow et Persoon, tout en avertissant que la seule différence consiste dans la structure de l'involucre, n'expriment cette différence que par la distinction des folioles de celui-ci dans le Coréopsis, ou, en d'autres termes, que par son involucre absolument polyphylle. Kunth ne s'est pas contenté de ce caractère unique et si léger, il y a ajouté, pour le *Cosmos*, celui des barbes ou aigrettes à poils rebroussés. Il a donné des descriptions extrêmement soignées de huit espèces, parmi lesquelles se trouvent deux de celles anciennement connues, savoir : le *C. bipinnatus* et le *C. parviflorus*. Ce sont des Plantes herbacées à branches et à feuilles opposées, très-incisées et décomposées. Les fleurs sont terminales ou pédonculées, elles ont des rayons le plus souvent de couleur rose ou pourprée, ce en quoi les *Cosmos* diffèrent encore des *Coreopsis* où les rayons sont presque toujours jaunes. Elles sont exclusivement indigènes du Mexique et des vastes contrées du nord de l'Amérique méridionale. En parlant du *C. bipinnatus*, Kunth assure que sa Plante est bien identique avec celle cultivée sous ce nom au Jardin des Plantes à Paris, et il observe qu'elle ne diffère du *Cosm. bipinnatus* de Cavanilles, que par ses akènes chauves. D'après cela, il serait tenté de réunir cette Plante au *Georgina* ou *Dahlia*. La réalité de ce rapprochement nous semble en effet justifiée et par le port et par les caractères. *V.* Géorgine.   (G..N.)

COSMUS. BOT. PHAN. Persoon n'adoptant ni le mot *Cosmos* imposé à un genre de Synanthérées par Cavanilles, ni son changement en celui de *Cosmea* par Willdenow, a latinisé ainsi de son côté ce nom générique. Cependant la terminaison en *os* étant d'ailleurs admise pour d'autres genres, on se sert aujourd'hui de l'ancien nom. *V.* Cosmos.   (G..N.)

COSQUAUHTLI. OIS. Même chose que Coscaquautli. *V.* ce mot.
                             (DR..Z.)

COSSAC. MAM. Même chose que Corsac. *V.* ce mot.   (B.)

COSSARD ET COSSARDE. OIS. Syn. vulgaires des Buses. *V.* Faucon.
                             (DR..Z.)

COSSE. BOT. PHAN. Syn. vulgaire de Légume. *V.* ce mot.   (B.)

COSSIGNIE. *Cossignia* ou *Cossinia*. BOT. PHAN. Genre de la famille des Sapindacées et de l'Hexandrie Monogynie, L., établi par Commerson en l'honneur de son ami Cossigny, auteur d'un Traité sur l'Indigoterie, et l'un des cultivateurs les plus zélés de l'Ile-de-France. Jussieu (*Genera Plantarum*, p. 248) et Lamarck (Encycl. méth.) l'ont caractérisé de la manière suivante : calice persistant, divisé profondément en cinq parties ovales, concaves et cotonneuses en dehors; quatre pétales, rarement cinq, onguiculés à la base; six étamines; ovaire supérieur obtusément trigone, surmonté d'un style court et d'un stigmate entier; capsule ovée, cotonneuse, trigone, s'ouvrant par le sommet en trois loges à deux ou trois graines globuleuses et fixées à un réceptacle central.

Les Plantes de ce genre sont des Arbrisseaux à feuilles ternées ou pinnées composées de cinq folioles. Leurs fleurs sont axillaires, terminales et disposées en panicules. On ne connaît encore que les deux espèces primitivement rapportées par Commerson; l'une, *Cossignia triphylla*, Lamk., qui se trouve au mont du Rempart de l'île Mascareigne; et l'autre, *Cossignia pinnata*, Lamk., que l'on rencontre à l'Ile-de-France. Cette dernière a été

figurée par Lamarck (Illust., t. 256).
(G..N.)

COSSIPHOS. ois. Syn. grec du Merle, *Turdus Merula*, L. *V.* MERLE.
(DR..Z.)

COSSIR ou CAJU-SOULI. BOT. PHAN. Syn. présumé d'*Urtica interrupta* dans quelques-unes des Moluques. *V.* ORTIE. (B.)

COSSON. *Cossonus*. INS. Genre de l'ordre des Coléoptères, section des Tétramères, établi par Clairville (Entomol. helvétique), adopté par Fabricius et rangé par Latreille (Règn. Anim. de Cuv.) dans la famille des Rhinchophores avec ces caractères : antennes insérées sur un avancement antérieur de la tête, en forme de trompe, coudées, n'ayant que neuf articles distincts, dont le dernier en massue ovoïde ou conique ; corps étroit, allongé et presque cylindrique ; jambes terminées par un fort onglet ; tarses filiformes. Les Cossons, confondus d'abord avec les Charansons, sont très-voisins des Calandres, se rapprochent encore davantage du genre *Bulbifer* qui a été créé à leurs dépens par Megerle. Ce sont des Insectes petits, vivant sous les écorces des Arbres, et dont les espèces sont encore peu nombreuses et très-peu connues. Dejean (Catal. des Coléopt., p. 99) en mentionne six :

Le COSSON LINÉAIRE, *Cossonus linearis*, Clairv. (Entom. helv. T. 1, p. 60, tab. 1, fig. 12), figuré par Olivier (Entom., n° 83, pl. 35, fig. 534, a, b, c), peut être regardé comme le type du genre. On le trouve dans toute l'Europe.

Le COSSON LYMEXYLON, *Cossonus Lymexylon*, figuré par Olivier (*loc. cit.*, n° 83, pl. 35, fig. 538), a été considéré par Megerle comme type de son genre *Bulbifer*. *V.* ce mot. (AUD.)

* COSSU. ois. Espèce du genre Souï-Manga, *Certhia pulchella*, Lath., Levaill., Ois. d'Afrique, pl. 295. *V.* SOUÏ-MANGA. (DR..Z.)

COSSUS. MAM. (Blainville, *Nov. Bull. Soc. phil.*, 1816.) Race indienne de Chèvre. *V.* ce mot.

COSSUS. *Cossus*. INS. Genre de l'ordre des Lépidoptères, famille des Nocturnes, tribu des Bombycites (Règn. Anim. de Cuv.), fondé par Fabricius et adopté avec quelque restriction par Latreille qui lui assigne pour caractères : langue nulle ; palpes extérieurs cylindriques, assez épais, couverts d'écailles ; antennes sétacées de la longueur de la tête et du tronc, avec une série de dents courtes, transverses, obtuses, le long de leur côté intérieur ; ailes en tôit. Les Cossus ont quelques rapports avec les Bombyces dont la larve est très-différente, mais qui ne s'en distinguent guère à l'état parfait que par les antennes ; ils ressemblent beaucoup aux Hépiales qui s'en éloignent aussi par les antennes. Enfin, ils ont les plus grands rapports avec le genre Zeuzère qui a été créé à leurs dépens, et c'est encore dans les antennes que se trouvent les caractères distinctifs. Les Cossus volent la nuit et vivent très-peu de temps à l'état de Papillons. Ils déposent leurs œufs aux pieds de plusieurs espèces d'Arbres. Leurs chenilles sont nues ou presque rases, lisses et peu variées en couleurs. Elles ont seize pates. On les trouve dans le tronc des Arbres qu'elles rongent profondément, à la manière des larves des Capricornes, et auxquels elles font le plus grand tort ; elles filent une sorte de coque qu'elles composent avec des débris de bois mêlé de terre, et elles subissent dans son intérieur leur métamorphose en nymphe. Celle-ci présente, au pourtour de chaque anneau, des petites dents ou épines qui leur servent, dit-on, à cheminer dans l'intérieur des galeries, et à se rapprocher de l'écorce de l'Arbre afin d'en sortir facilement à l'époque de la dernière transformation. Cette observation ne pourrait s'accorder avec l'existence d'une coque qu'en supposant qu'elle n'est pour la nymphe qu'une demeure provisoire et que celle-ci s'en échappe avant l'état parfait.

Ce genre n'est pas très-nombreux en espèces.

Le Cossus Gate-Bois, *Cossus Ligniperda* de Fabricius, peut être considéré comme type du genre ; il a été figuré sous le nom de *Cossus* par Engramelle (Papill. d'Eur. pl. 189, fig. 246, A, 1, et pl. 190, fig. 246, H, 1, K). Il est commun dans toute l'Europe. Sa chenille est très-nuisible à l'agriculture ; elle détruit un nombre prodigieux d'Ormes, et est tellement commune aux environs des villes, qu'il n'est guère d'Arbres de cette espèce, âgé de plus de quinze ans, qui n'en soit attaqué, et que les plus vieux meurent ordinairement par suite de ses ravages. Ce mal est d'autant plus redoutable qu'on ne connaît aucun moyen efficace de préservation. On ne peut jusqu'à présent arrêter l'étendue des désastres, qu'en diminuant le nombre des Cossus au moyen des chasses faites au moment où ils viennent d'éclore et avant qu'ils aient eu le temps de s'accoupler ou de pondre.

Cette chenille, si remarquable par ses dégâts, a fourni au célèbre Lyonnet le sujet d'un travail non moins admirable par son exécution que par la patience qu'il a exigée de la part de l'observateur. Nous donnerons un extrait de ce travail à l'article LARVE.

La chenille du Cossus Gâte-Bois a une odeur extrêmement désagréable, qui paraît être due au liquide huileux qui suinte de toutes les parties de son corps, et principalement de sa bouche. Cette particularité ne permet pas de supposer, avec Linné, que ce soit cette même larve dont parle Pline sous le nom de *Cossus*, et qui était pour les Romains un mets délicieux. Il paraît très-probable que le Cossus des anciens appartenait au genre Lucane ou Capricorne.

On peut rapporter encore au genre dont il est question, et tel qu'il a été circonscrit par Latreille, les *Cossus terebra* de Fabricius, *lituratus* et *nebulosus* de Donavan, et la *Phalæna strix* de Linné ; ces trois dernières espèces sont fort grandes et exotiques.

Le Cossus du Marronnier, *Cossus Æsculi*, décrit et figuré par Réaumur

(Mém. Ins. T. 11, p. 468, tab. 38, fig. 3-4), appartient au genre Zeuzère dont il est le type. *V.* ce mot. (AUD.)

COSSUTA. BOT. PHAN. Même chose que *Caladium. V.* ce mot.   (B.)

COSSYPHE. *Cossyphus.* INS. Genre de l'ordre des Coléoptères, section des Hétéromères, établi par Olivier (Entom., n° 44 *bis*) et rangé par Latreille (Règn. Anim. de Cuv.) dans la famille des Taxicornes avec ces caractères : antennes terminées en une massue perfoliée ; le dernier article des palpes maxillaires plus grand que les précédens, en forme de hache ; corps ovale, très-plat, en forme de bouclier, débordé tout autour par le corselet et les élytres ; prothorax presqu'en demi-cercle cachant la tête. Les Cossyphes, dont le caractère essentiel est d'avoir la tête entièrement recouverte par le corselet, présentent des antennes plus courtes que le prothorax, composées de onze articles, et dont les quatre dernières seulement sont en massue ; une lèvre supérieure cornée, arrondie, ciliée ; des mandibules cornées, arquées, bifides ; des mâchoires également bifides, avec la division interne, courte, presque cylindrique, et la division externe plus grande, renflée, terminée en pointe ; enfin une lèvre inférieure cornée, légèrement échancrée, munie de palpes triarticulés, le premier article plus petit, les deux autres presque égaux. Les mœurs de ces Insectes singuliers ne sont pas connues. Olivier ne représente et ne décrit qu'une espèce, le COSSYPHE DÉPRIMÉ, *Cossyphus depressus* ou le *Lampyris depressa* de Fabricius et de Fuesly (*Arch. Ins.* T. IVII, p. 171, n° 2, tab. 46, fig. 7). Cet Insecte se trouve dans les Indes-Orientales, en Barbarie et en Egypte.

On a décrit, sous le nom de Cossyphe d'Hoffmansegg, une seconde espèce qui avait été regardée comme une variété de la précédente. On la trouve en Barbarie, dans l'île de Corse, en Espagne. Enfin on en connaît une troisième espèce encore inédite et recueillie en Egypte par Savigny. (AUD.)

COSSYPHEURS. *Cossyphores*. INS. Famille de l'ordre des Coléoptères, section des Hétéromères, fondée par Latreille (Dict. d'Hist. Nat., première édit., tom. 24, p. 52), et comprenant les genres Cossyphe et Hélée ; elle a été depuis réunie (Règn. Anim. de Cuv.) à celle des Taxicornes. *V.* ce mot. (AUD.)

COSSYPHORES. INS. Pour Cossypheurs. *V.* ce mot.

COSSYPHUS. OIS. Syn. de Martin, *V.* ce mot. (B.)

COSTA. BOT. PHAN. (Camérarius.) Syn. d'*Hypochœris maculata.* (Cœsalpin.) Syn. d'Opopanax. *V.* PANAIS. Le *Costenkraut* des Allemands est la Plante de Camérarius. (B.)

COSTE. *Costus.* BOT. PHAN. Famille des Balisiers de Jussieu ou Scitaminées de Brown, Monandrie Monogynie, L.—Lamarck(Encycl.méth.) réunit aux Amomum ce genre établi par Linné et adopté par Jussieu ; mais les genres de la famille des Balisiers étaient, à cette époque, trop imparfaitement connus, pour que cette décision fût irrévocable. Tous les auteurs ont ensuite, au contraire, continué de distinguer le *Costus.* W. Roscoë, dans un Mémoire spécial sur les Plantes de la Monandrie (*Trans. Linn. Societ.* T. VIII, pag. 330), après avoir divisé les genres de Balisiers en deux groupes qu'il nomme Cannées et Scitaminées, place parmi celles-ci le genre *Costus,* et fixe ainsi ses caractères : anthère double ; filet placé en dehors de l'anthère, allongé, plane et ovale, lancéolé à son sommet; capsule triloculaire, s'ouvrant en dehors, contenant un grand nombre de graines. A ces caractères essentiels nous ajouterons, pour faire mieux connaître le genre *Costus,* ceux qu'il partage plus ou moins avec les autres genres de la famille : le périanthe extérieur est trifide, bossu, l'intérieur tripétaloïde; nectaire auquel est adné le filament

lancéolé ; style filiforme ; stigmate bilobé. Selon Roscoë(*loc. cit.*), les Plantes de ce genre se distinguent des autres Scitaminées par leurs tiges inclinées ou spirales, fréquemment hérissées et quelquefois frutescentes. R. Brown (*Prodr. Florœ Novœ-Hollandiœ*, p. 308) ajoute encore un caractère qui fait distinguer, dit-il, les *Costus* même sans fructification; c'est la structure particulière de la gaîne qui, au-dessus de l'insertion de la feuille, forme une sorte de réservoir (*Ocrea*).

On a décrit une quinzaine d'espèces de ce genre, parmi lesquelles figuraient autrefois plusieurs *Alpinia* de Jacquin. A l'exception du *Costus speciosus*, Smith, espèce fondamentale du genre et dont nous allons donner une description très-succincte, elles sont toutes indigènes des Antilles, de la Guiane, du Pérou et des autres contrées chaudes d'Amérique.

Le COSTE ÉLÉGANT, *Costus speciosus*, Sm. et Rosc., pousse des tiges feuillées, simples et hautes d'environ un mètre. Ses feuilles sont alternes, acuminées, très-grandes, vertes supérieurement, et couvertes de poils soyeux en dessous; épi terminal, court, sessile, conoïde et imbriqué d'écailles ovales et terminées en pointe. Les fleurs ne s'épanouissent que successivement; leur périanthe soyeux extérieurement est blanc ou jaunâtre, composé de trois pièces dont une fort grande et repliée en dehors. La racine de cette Plante est blanche, rampante, noueuse, tendre et très-fibreuse. C'est d'elle que Commelin et Linné ont cru que provenait le Coste arabique si vanté autrefois dans les préparations monstrueuses de la pharmacie. Mais est-il probable qu'une racine aussi peu odorante et aussi aqueuse que celle de notre Plante, fût, même dans sa patrie, celle qu'on nous décrit comme d'un goût âcre, amer et très-aromatique; et, selon Lamarck, le *Costus arabicus* des anciens ne serait-il pas plutôt le Gingembre même? Nous ne nous arrêterons pas davantage sur cette substance que l'on distinguait jadis en Coste arabique, en Coste amer et en Coste doux, à laquelle on attachait un prix d'autant plus grand que son origine était plus mystérieuse, mais qui aujourd'hui est presque entièrement oubliée, soit comme parfum, soit comme médicament. Le *Costus speciosus* croît à Java, Sumatra et dans les autres îles de la Sonde. Cette Plante a été très bien figurée par Rhéede (*Hort. Malab*, vol. XI, t. 8) sous le nom de *Tsajana Kua*. Lamarck l'a reproduite, avec quelques modifications dans ses divers organes, sous celui d'*Amomum hirsutum* (Illust. tab. 3), et lui a donné pour synonyme le *Costus arabicus* de Linné. Mais tout porte à croire que celui-ci avait en vue une toute autre Plante, et, selon Rœmer et Schultes, ce serait une Plante des Antilles, pour laquelle, d'après Willdenow, Roscoë, etc., ils réservent le nom de *Costus arabicus*; dénomination vicieuse, puisqu'elle induit en erreur sur la patrie de l'espèce, et qui ne convient pas même à la Plante figurée par Rhéede, qui est exclusive à l'archipel Indien. (G..N.)

* COSTIPÈDES. ois. On a donné ce nom à certains Oiseaux dont les jambes se trouvent placées de manière à ce que le corps soit dans un parfait équilibre. (B.)

COSTOTOL. ois. Espèce du genre Troupiale, *Oriolus Costotol*, Gmel. Du Mexique. *V*. TROUPIALE. (DR..Z.)

COSTUS. bot. phan. *V*. COSTE.

COSUA. bot. phan. Syn. cochinchinois de Phyllanthe urinaire. (B.)

* COSZHI. ois. Syn. vulgaire au Malabar de la Poule domestique. *V*. COQ. (DR..Z.)

COTA. bot. phan. (Dioscoride.) Même chose que Cotula, et une espèce de Camomille. *V*. ces mots. (B.)

COTAN. moll. Pour Cotau. *V*. ce mot.

COTANE. bot. phan. Syn. arabe de *Cicer arietinum*, L. *V*. CHICHE. (B.)

COTAU. moll. Adanson (Voy. au Sénég. p. 224) donne ce nom à la *Venus evoleta* de Linné, qui est pour nous une Cythérée. *V*. ce mot. (D..H.)

COTAVIA - MARINA. pois. La Coquillade chez les Portugais. *V*. BLENNIE. (B.)

COTE. *Costa*. zool. *V*. SQUELETTE.

COTE. *Costa*. bot. phan. On donne généralement ce nom aux lignes saillantes qui se dessinent sur la surface de certains organes, ou à des saillies plus ou moins volumineuses de cette même surface. C'est ainsi que l'on dit la Côte du fruit dans le Melon et les autres fruits. On donne aussi le nom de Côte à la nervure principale et moyenne des feuilles. (A. R.)

COTEAU. géol. Pente douce qui ne mérite pas encore le nom de colline. Premier passage des plaines aux montagnes. (B.)

COTÉE. ois. Syn. ancien du Morillon, *Anas Fuligula*, L. *V*. CANARD. On a aussi donné ce nom à la Poule d'eau ordinaire, *Gallinula Chloropus*, L. *V*. GALLINULE. (DR..Z.)

COTELETS. bot. phan. L'un des noms vulgaires du Citharoxyle. *V*. ce mot. (B.)

COTES. géol. On désigne par ce mot les rives de la mer. Leur adoucissement indique des fonds bas. Quand elles sont acores, c'est-à-dire brusques, elles dénotent un fond considérable, et souvent les traces de grandes révolutions physiques. *V*. MER. (B.)

COTETTE. bot. phan. L'un des noms vulgaires des Graminées du genre Cynosure. *V*. ce mot. (B.)

* COTÉVET. ois. Syn. vulgaire de la Corbine, *Corvus Corone*, L. *V*. CORBEAU. (DR..Z.)

COTHURNO. ois. Syn. italien de la Bartavelle, *Perdix græca*, Briss. *V*. PERDRIX. (DR..Z.)

COTIA. mam. L'un des noms de pays de l'Agouti. (B.)

COTINGA. *Ampelis*. ois. (Linné.) Genre de l'ordre des Insectivores. Caractères : bec médiocre, un peu déprimé, plus haut que large, trigone à sa base, comprimé à l'extrémité, assez dur ; mandibule supérieure convexe, carénée, échancrée vers la pointe qui est courbée, l'inférieure un peu aplatie en dessous ; narines placées à la base et sur les côtes du bec, arrondies, à demi-fermées par une membrane et couvertes par quelques soies ; pieds médiocres ; quatre doigts, trois devant, dont les deux extérieurs réunis jusqu'à la deuxième articulation, un derrière, aussi long que l'extérieur ; ailes assez courtes ; la première rémige moins longue que la deuxième qui surpasse toutes les autres. Ces Oiseaux dont le caractère sauvage, défiant et taciturne, ne répond ni au luxe ni à l'éclat de leur robe, n'ont encore été trouvés que dans les régions méridionales de l'Amérique ; ils y vivent solitaires et se tiennent de préférence dans les lieux humides et ombragés ; les fruits savoureux et sucrés, quelques Insectes forment leur nourriture. Leurs voyages courts et momentanés ne paraissent être déterminés que par le caprice et la gourmandise, car leurs migrations ne se font point à des époques fixes, ainsi qu'on le voit chez presque tous les Oiseaux voyageurs. Les précautions que prennent les Cotingas pour mettre leurs couvées hors de la portée de quelques Quadrupèdes grimpeurs, qui en sont très-friands, ont jusqu'ici dérobé aux regards de l'Homme le berceau qui renferme la famille naissante de la plupart des espèces qui constituent ce genre ; l'on ne saurait établir des généralités sur ce point, d'après quelques nids trouvés au hasard sur les Arbres les plus élevés, et qui même ne sont que soupçonnés être ceux d'une espèce de ce genre : il vaut mieux attendre que l'observation et le temps viennent confirmer des faits qui ne sont encore que des conjectures.

Le genre Cotinga, tel qu'il a été établi par Linné, quoique peu nombreux en espèces, a fourni des types à plusieurs divisions génériques, et Vieillot, auquel on n'adressera pas le reproche de n'avoir point assez multiplié les genres, a néanmoins laissé parmi ses Cotingas des espèces dont Temminck n'a pû s'empêcher de former un genre nouveau qui avait aussi été indiqué par Desmarest. *V.* AVÉRANO.

COTINGA BLANC. *V.* AVÉRANO CARONCULÉ.

COTINGA BLEU, *Ampelis Cotinga*, Lath., Buff., pl. enl. 186. Le plumage d'un bleu azuré éclatant, à l'exception de la gorge, du cou et de la poitrine qui sont d'une belle couleur de pourpre, des rémiges et des rectrices qui sont noires ainsi que le bec et les pieds. Taille, huit pouces six lignes. La femelle est d'un brun noirâtre avec des reflets verdâtres aux parties inférieures ; chaque plume est légèrement bordée de blanc ; elle a la gorge et les tectrices caudales inférieures rousses. Les jeunes ressemblent aux femelles ; cependant leurs teintes sont plus sombres, et le liséré des plumes est roussâtre. De la Guiane.

COTINGA DU BRÉSIL ou CORDON-BLEU, Buff., pl. enl. 188. Parties supérieures d'un bleu d'azur très-vif ; parties inférieures d'un violet pourpré avec une bande bleue qui traverse la poitrine ; rémiges, rectrices, bec et pieds noirs. Taille, huit pouces. Les jeunes ont les parties inférieures parsemées de taches de feu. Du Brésil. Cette espèce avait été réunie à la précédente, comme une simple variété de sexe, mais Vieillot, d'après les observations de Levaillant, qui a reconnu deux espèces distinctes dans ces Cotingas, en a effectué la séparation.

COTINGA BRUN, *Ampelis fusca*, Vieill. Parties supérieures d'un brun très-foncé, les inférieures brunes, rayées longitudinalement de blanchâtre sur la poitrine et le milieu du ventre ; flancs violets ; abdomen blanc ; bec et pieds noirs. Taille, cinq pouces. Du Brésil.

COTINGA CARONCULÉ. *V.* AVÉRANO CARONCULÉ.

COTINGA DE CAYENNE. *V.* COTINGA QUEIREVA.

COTINGA CENDRÉ. *V.* CORACINE CENDRÉE.

COTINGA CORDON-BLEU. *V.* COTINGA DU BRÉSIL.

COTINGA CUIVRÉ, *Ampelis cuprea*, Merrem, *Icon. Av.* pl. 2. Parties supérieures d'un olivâtre cuivreux ; sommet de la tête rouge ; joues orangées; plumes de la poitrine et du ventre d'un rouge sanguin, bordées de vert; bec jaune ; pieds bruns. Taille, sept pouces. De Surinam. Espèce douteuse.

COTINGA DORÉ, *Ampelis aurata*, Vieill. Parties supérieures pourprées; sommet de la tête, petites tectrices alaires, poitrine et flancs d'un jaune brillant; rectrices blanches. Du Pérou.

COTINGA A FLANCS ROUX, *Ampelis Hypopyrra*, Vieill. Parties supérieures d'un gris foncé, verdâtre sur le dos et le bord extérieur des rectrices; parties inférieures cendrées ; flancs , poignets, extrémité des petites rectrices alaires et des rectrices d'un roux orangé; bec et pieds noirs. Taille, sept pouces. De la Guiane.

COTINGA A GORGE NUE. *V.* AVÉRANO A GORGE NUE.

GRAND COTINGA. *V.* CORACINE PONCEAU.

COTINGA GRIS, *Ampelis cinerea*, Lath. *V.* COTINGA PACAPAC, dont ce n'est qu'un jeune individu.

COTINGA GRIS-POURPRÉ. C'est le jeune Pacapac prenant la livrée adulte.

COTINGA GUIRA-PANGA. *V.* AVÉRANO CARONCULÉ.

COTINGA HUPPÉ, *Ampelis cristata*, Lath. Parties supérieures rouges avec une huppe de cette couleur sur le sommet de la tête ; rémiges et rectrices noires ; joues et parties inférieures blanches. Levaillant présume que ce Cotinga est une variété d'âge de la Coracine ponceau.

COTINGA JAUNE , *Ampelis lutea*, Lath. Parties supérieures d'un brun

olive, plus foncé sur les ailes ; une moustache blanche de chaque côté du bec ; rectrices jaunâtres , les deux intermédiaires noires dans leur milieu ; parties inférieures jaunes avec l'abdomen blanc ; bec et pieds noirs. Taille, six pouces six lignes. Espèce douteuse.

COTINGA DES MAYNAS, *Ampelis maynana*, Lath., Levaill., Ois. rares, pl. 43; Buff., pl. enl. 229. Parties supérieures , poitrine et ventre couverts de plumes d'un violet pourpré , blanches à leur base, bleues à leur extrémité ; les plumes de la tête et du cou longues, étroites, brunes à leur base, puis d'un bleu éclatant; rémiges et rectrices brunes , bordées de bleu ; gorge violette ; bec brun ; pieds noirs. Taille, sept pouces.

COTINGA DU MÉXIQUE , *Ampelis Cacastal*, Briss. Plumage varié de bleu et de noirâtre ; tête petite ; bec noir allongé ; iris jaune. Taille, huit pouces. Espèce douteuse.

COTINGA OUETTE, *Ampelis Carnifex*, L. , Buff., pl. enlum. 578. Parties supérieures d'un rouge obscur , qui s'éclaircit vers le croupion et la queue ; une espèce de huppe d'un rouge vif , composée de plumes étroites et roides; extrémité des rectrices d'un rouge brun ; tectrices alaires d'un brun roux, bordées de rouge ; rémiges brunes rougeâtres ; parties inférieures rouges, nuancées de brun; bec rougeâtre ; pieds jaunâtres, garnis postérieurement d'un léger duvet. Longueur, sept pouces. La femelle est privée de huppe , son plumage tire davantage sur le brun. De l'Amérique méridionale.

COTINGA PACAPAC, *Ampelis Pompadora*, L., Buff., pl. enl. 279; Levaill., Ois. rares, pl. 34, 35 et 36. Parties supérieures d'un rouge pourpré foncé, avec la base des plumes blanche ; rémiges et tectrices alaires inférieures blanches; grandes tectrices longues , étroites , roides , pointues, formant la gouttière, ayant leurs barbes désunies ; parties inférieures d'un pourpre plus clair de même que la queue; bec d'un brun rougeâtre ;

pieds noirâtres. Taille, sept pouces six lignes. Les jeunes sont d'un gris cendré, plus clair sur les parties inférieures, les rémiges et les rectrices. On assure que les femelles ont un plumage mixte entre celui des jeunes et celui de l'adulte. De la Guiane.

COTINGA A PLUMES SOYEUSES. *V.* COTINGA DES MAYNAS.

COTINGA POMPADOUR et COTINGA POURPRÉ. *V.* COTINGA PACAPAC.

COTINGA QUEREVA, *Ampelis Cayana*, Lath., Buff., pl. enl. 624; Levaill., Ois. rares, pl. 27, 28, 29 et 30. Parties supérieures d'un bleu changeant en vert, paraissant tachetées de noir par la couleur de la base des plumes, qui perce çà et là; tectrices alaires, rémiges et rectrices noires, frangées de bleu verdâtre; un plastron violet pourpré sur la gorge et le haut de la poitrine; parties inférieures un peu plus pâles que les supérieures; bec et pieds noirs. Taille, huit pouces. La femelle est un peu plus petite; en outre, elle a les parties supérieures d'un brun nuancé de vert, les tectrices alaires roussâtres, frangées de vert ainsi que les rémiges et les rectrices qui sont noires; les parties inférieures d'un brun cendré, nuancé de vert. Les jeunes ont les parties supérieures d'un brun plus ou moins foncé avec chaque plume frangée de roux; les parties inférieures nuancées de roussâtre, dans un âge plus avancé. Ils ressemblent davantage à la femelle; ils ne prennent leur beau plumage de noces qu'à l'âge de dix-huit mois. De l'Amérique méridionale.

COTINGA ROUGE DE CAYENNE. *V.* COTINGA OUETTE.

COTINGA TACHETÉ. Paraît être le jeune mâle de l'Avérano caronculé. *V.* AVÉRANO. (DR..Z.)

COTINOS. BOT. PHAN. (Théophraste.) Syn présumé d'Olivier sauvage. (B.)

COTINUS. BOT. PHAN. Espèce du genre Sumac, déjà indiquée sous le même nom au temps de Pline. (B.)

COTIQUE BLANC. MOLL. Nom

vulgaire et marchand du *Cypræa Annulus. V.* CYPRÉE. (B.)

* COTNERA – SÉGUIAR. BOT. PHAN. L'un des noms égyptiens du Coton. (B.)

COTO. POIS. Le Chabot chez les Espagnols. (B.)

COTOGNA et COTOGNO. BOT. PHAN. Syn. de Coing et de Coignassier dans les dialectes méridionaux. (B.)

COTOGNIA MARINA. POLYP. Les Italiens et quelques autres nations des bords de la Méditerranée donnent ce nom à plusieurs espèces d'Alcyonées, principalement à l'*Alcyonium Cydonium* et à quelques Tubulaires. (LAM..X.)

COTON. *Gossypium.* BOT. PHAN. *V.* COTONNIER.

* COTONARIA. BOT. PHAN. (Dodoens.) Syn. d'*Athanasia maritima*, L., *Diotis* de Desfontaines. *V.* ce mot. (B.)

COTONEA. BOT. PHAN. Syn. de Coing. *V.* ce mot. La Plante ainsi nommée dans les pays vénitiens, est probablement l'Origan. (B.)

* COTONEASTER. *Cotoneaster.* BOT. PHAN. Lindley, dans sa Dissertation sur le groupe des Pomacées, a rétabli ce genre proposé par Medicus pour quelques espèces de *Mespilus* qui offrent les caractères suivans : leurs fleurs sont polygames, ayant le calice turbiné, à cinq dents obtuses; la corolle formée de cinq pétales courts et dressés; les étamines incluses, plus longues que les trois styles qui sont glabres; le fruit consiste en trois akènes osseux attachés aux parois du calice qui les recouvre.

Ce genre se compose de quatre espèces qui sont des Arbustes à feuilles simples, entières, lanugineuses à leur face inférieure, portant des fleurs axillaires ou en corymbes latéraux. Ces espèces sont : 1º Le *Cotoneaster vulgaris*, Lindley, ou *Mespilus Cotoneaster*, Willd., qui croît dans les Alpes de l'Europe et de la Sibérie; 2º le

Cotoneaster tomentosa, Lindley, ou *Mespilus tomentosa*, Willd., qui habite les Alpes du Tyrol; 3° le *Cotoneaster affinis*, Lindley, voisin du précédent, mais distinct par ses feuilles atténuées en pointe à leurs deux extrémités; 4° le *Cotoneaster acuminata*, Lindley (*Trans. Lin. Soc.* XIII, t. 9, p. 101), qui a été découvert dans le Napaul par Wallich.   (A. R.)

*** COTONEUM**. POLYP. Pallas a donné le nom spécifique de *Cotoneum* à l'*Alcyonium pyramidale* de Bruguière, différent de l'*Alcyon Cydonium* de Linné, que des auteurs ont confondu avec le Polypier décrit par Pallas.   (LAM..X.)

COTONNEUX. BOT. CRYPT. Paulet donne ce nom à l'une de ses familles si bizarrement établies et qui rentre dans le grand genre Agaric. *V.* ce mot.   (B.)

COTONNIER. *Gossypium*. BOT. PHAN. Ce genre, l'un des plus intéressans du règne végétal, fait partie de la famille des Malvacées et de la Monadelphie Polyandrie. On peut le caractériser de la manière suivante : son calice est double; l'extérieur est à trois divisions larges, profondes et frangées; l'intérieur, beaucoup plus petit, est en forme de soucoupe presque plane, ayant son bord sinueux et obscurément lobé. La corolle se compose de cinq pétales dressés, se recouvrant par leurs parties latérales et soudés entre eux à leur base par le moyen de la substance des filets staminaux. Les étamines sont fort nombreuses; leurs filets sont soudés, monadelphes, et forment un tube cylindrique plus ou moins allongé, mais généralement plus court que la corolle. Les anthères sont cordiformes. L'ovaire est simple, globuleux, acuminé, et se termine par un style simple, un peu épaissi à son sommet, offrant de trois à cinq sillons qui semblent annoncer qu'il se compose de cinq styles intimement soudés. Le nombre des stigmates varie de trois à cinq, et se trouve en rapport avec celui des sillons du style et des loges de l'ovaire. En effet, quand on coupe celui-ci transversalement, il présente de trois à cinq loges contenant chacune plusieurs ovules. Le fruit est une capsule ovoïde, à trois ou cinq sillons longitudinaux, accompagnée à sa base par le calice, offrant de trois à cinq loges qui contiennent chacune de trois à huit graines recouvertes de la substance nommée Coton. Cette capsule s'ouvre en autant de valves qu'il y a de loges.

Les Cotonniers sont des Arbustes plus ou moins élevés, généralement parsemés de glandes. Leurs feuilles sont alternes, pétiolées, divisées en lobes digités plus ou moins profonds, et accompagnées à leur base de deux stipules. Leurs fleurs sont grandes, purpurines ou jaunâtres, solitaires à l'aisselle des feuilles supérieures, et portées sur des pédoncules plus ou moins longs.

L'histoire botanique des Cotonniers est loin d'être éclaircie dans tous ses points. La même remarque peut également être faite pour la plupart des Végétaux utiles qui sont l'objet d'une culture étendue et soignée. En effet, quelques auteurs doutent encore de l'existence des Cotonniers en Amérique avant l'arrivée des Européens. Néanmoins tout porte à croire que les habitans du nouvel hémisphère possédaient ce précieux Végétal, mais qu'ils ignoraient tous les avantages qu'on peut en retirer. Il paraît donc prouvé que les Cotonniers sont tout à la fois originaires de l'ancien et du nouveau continent. La détermination des espèces de ce genre est le point le plus difficile de son histoire. Comment en effet pouvoir nettement reconnaître les modifications de forme et de structure, que plusieurs siècles d'une culture assidue ont dû apporter aux espèces primitives de ce genre, lorsque nous songeons au nombre infini de variétés que la culture a produites dans les genres Pommier, Poirier, Pêcher, etc.? Par quels caractères peut-on parvenir à distinguer nettement parmi les Cotonniers ce que l'on doit regarder comme espèce, ou ce qu'il ne faut considérer que comme de simples variétés? Cependant cette distinction des espèces est très-importante, puisque les unes, par exemple, fructifient deux fois par année, les autres une fois seulement; celles-ci donnent un Coton dont les fils sont longs, fins et d'une blancheur éclatante; celles-là n'en fournissent qu'un d'une médiocre qualité; quelques-unes produisent de huit à dix onces de Coton par pied, tandis que d'autres en donnent à peine une once. De quelle importance n'est-il donc pas pour le colon, pour le négociant, de pouvoir reconnaître par des caractères certains les variétés qui méritent la préférence? Mais c'est ici que gît la difficulté. Quels sont les organes d'après lesquels devront être pris les caractères? Les feuilles varient dans leur figure, dans le nombre de leurs lobes, non-seulement chez les individus d'une même espèce, mais encore d'une même variété; la grandeur et la couleur des fleurs ne sont pas fixes. Il en est de même des stipules et des glandes qui ont tour à tour été considérées par certains auteurs comme fournissant les caractères les plus constans. Le docteur Rohr qui a résidé pendant un grand nombre d'années à Sainte-Croix, l'une des Antilles, où il a cultivé avec un soin extrême les diverses espèces de Cotonniers, et auquel on doit le meilleur traité sur la culture de ce Végétal, a reconnu l'insuffisance des caractères tirés des organes de la végétation. Une longue expérience et une étude approfondie lui ont appris que les graines seules fournissaient, dans leur forme et les diverses modifications qu'elles peuvent présenter, les vrais caractères distinctifs des espèces. Il est donc arrivé, par ce procédé, à établir les différences caractéristiques qui existent entre elles. Malheureusement il est à regretter que Rohr, qui était très-versé dans la botanique, n'ait pas cherché à distinguer botaniquement les espèces qu'il a établies, et qu'il ne leur ait donné que des noms vulgai-

res, sans les rapporter aux espèces déjà connues et établies par les botanistes; en sorte qu'aujourd'hui l'on ne peut déterminer exactement si les trente variétés qu'il a reconnues et qu'il considère comme des espèces distinctes, doivent être rapportées à une ou à plusieurs espèces établies précédemment. Ce point mérite cependant toute l'attention des naturalistes, et il serait important de l'éclaircir. Pour cela il faudrait posséder des échantillons des diverses sortes de Cotonniers cultivées en Amérique et en Asie, pouvoir les étudier comparativement dans tous leurs organes, en suivre le développement depuis la germination jusqu'à l'époque de leur fructification. Par ce procédé, on parviendrait enfin à connaître ce qui dans ce genre doit être considéré comme espèce, ou ce qui constitue de simples variétés, et surtout on ferait concorder ensemble les dénominations vulgaires avec les noms systématiques. Ce travail a déjà été fait pour les Orangers et pour une foule d'autres Arbres fruitiers. Les Cotonniers, plus qu'eux tous, méritent la préférence par leur importance dans l'économie domestique, le commerce et les arts manufacturiers.

Nous allons d'abord faire connaître les espèces principales de ce genre, telles qu'elles ont été établies par les naturalistes; nous indiquerons ensuite les variétés cultivées en Amérique et les noms vulgaires sous lesquels on les connaît; nous terminerons cet article par exposer en peu de mots les procédés divers suivis pour la culture des Cotonniers.

Linné n'a décrit (*Species Plantarum*) que quatre espèces du genre qui nous occupe, et leur a donné les noms de *Gossypium herbaceum*, *G. Barbadense*, *G. arboreum*, *G. hirsutum*. Dans l'Encyclopédie méthodique, Lamarck en fait connaître huit, savoir les quatre décrites par Linné et quatre autres qu'il nomme *Gossypium indicum*, *G. vitifolium*, *G. tricuspidatum* et *G. glabrum*. Cavanilles, dans sa sixième Dissertation sur les Plantes monadelphes, décrit et figure les diverses espèces connues de ses prédécesseurs, et en fait connaître deux autres nouvelles qu'il appelle *Gossypium micranthum* et *G. peruvianum*. De plus il réunit ensemble les *G. vitifolium* et *G. glabrum* de Lamarck. Le *Gossypium - rubrum* de Forskalh paraît être une simple variété du Cotonnier en Arbre. Enfin Desfontaines, Poiret et Rœusch ont chacun décrit une espèce nouvelle sous les noms de *G. purpurascens*, Desf., *G. racemosum*, Poir., et *G. glandulosum*, Rœusch. Ces trois espèces nous sont inconnues. En réunissant ces diverses publications, on voit que le nombre des espèces de Cotonniers est d'environ douze à treize. C'est à ces espèces, dont quelques-unes ne sont probablement que de simples variétés, qu'il faut rapporter toutes les sortes de Cotonniers cultivées dans les quatre parties du monde.

Le Cotonnier herbacé, *Gossypium herbaceum*, L., Cavanilles, Diss. 6. t. 164, f. 2. Cette espèce est fort variable dans son port. C'est quelquefois une Plante herbacée annuelle, s'élevant à peine à une hauteur de dix-huit à vingt pouces; tandis que d'autres fois elle forme un Arbuste de quatre à six pieds d'élévation, dont la tige est ligneuse et vivace à sa partie inférieure. Le nom de Cotonnier herbacé est donc fort impropre. Delile en a formé deux variétés auxquelles il a donné les noms de Cotonnier herbacé annuel et de Cotonnier herbacé frutescent. Les rameaux sont cylindriques, d'un brun rougeâtre inférieurement, velus et parsemés de petits points glanduleux et brunâtres. Les feuilles sont alternes, longuement pétiolées, vertes, molles, pubescentes, divisées en cinq lobes inégaux, assez courts, entiers, obtus et brusquement acuminés. On remarque sur leur nervure médiane une glande verdâtre située près de la base de la feuille. Les deux stipules sont lancéolées, étroites et entières. Les fleurs naissent à l'aisselle des feuilles supérieures et sont portées sur des pédoncules solitaires. Les

divisions de leur calicule ou calice extérieur sont larges, terminées en pointe très-allongée et déchiquetées profondément sur leurs bords; la corolle est jaune; chaque pétale est marqué d'une tache pourpre à la base de la face interne; par sa forme et sa grandeur, elle ressemble beaucoup à celle de la Ketmie des jardins (*Hibiscus syriacus*, L.). Les capsules sont ovoïdes, acuminées au sommet, enveloppées dans le calice, ordinairement à trois loges et s'ouvrant en trois valves terminées par une pointe brusque au sommet, portant une cloison sur le milieu de leur face interne. Ce Cotonnier croît en Egypte, en Syrie, en Arabie, dans quelques îles de l'Archipel et dans l'Inde. On le cultive en Sicile et à Malte; c'est également avec cette espèce que l'on a tenté des essais en Italie et dans le midi de la France. Elle se distingue surtout par les lobes de ses feuilles qui sont courts, arrondis et terminés par une pointe brusque, et par la glande qui existe à leur base.

Le Cotonnier arborescent, *Gossypium arboreum*, L., Cavan., *loc. cit.*, t. 165, constitue un Arbrisseau qui peut s'élever jusqu'à la hauteur de quinze à vingt pieds. Sa tige est tout-à-fait ligneuse dans sa partie inférieure; ses rameaux cylindriques sont glabres, excepté dans leur partie supérieure où ils sont pubescens. Les feuilles, portées sur de longs pétioles velus, sont divisées en cinq lobes digités, profonds, lancéolés, terminés par une petite pointe sétiforme; à la base des pétioles existent deux stipules subulées. Les fleurs sont pédonculées, axillaires et solitaires, tout-à-fait purpurines; les trois divisions de leur calicule sont quelquefois entières, plus rarement un peu denticulées; les capsules sont ovoïdes, acuminées, à trois ou quatre loges et à autant de valves; on trouve dans chaque loge trois ou quatre graines recouvertes d'un Coton d'une excellente qualité. Cet Arbrisseau croît dans l'Inde, l'Arabie et l'Egypte. Il a été transporté aux Canaries et en

Amérique où on le cultive depuis fort long-temps.

Le Cotonnier de l'Inde, *Gossypium indicum*, Lamk., Enc. T. 11, p. 154, Cavan., *loc. cit.*, t. 169. Cette espèce paraît tenir le milieu entre les deux précédentes. Sa tige, ligneuse inférieurement, est élevée de dix à douze pieds et persiste pendant plusieurs années; ses rameaux sont velus et même presque laineux à leur partie supérieure; ils portent des feuilles alternes, pétiolées, généralement petites, à trois ou cinq lobes allongés aigus, et non arrondis et acuminés comme dans le Cotonnier herbacé. Leur face inférieure est pubescente, et, selon Cavanilles, porte une glande sur la nervure médiane. Lamarck, au contraire, dit qu'elles en sont dépourvues. Les fleurs sont généralement jaunes, avec une tache pourpre à la base de chaque pétale. Nous possédons un échantillon de cette espèce qui a les fleurs entièrement rouges comme dans le Cotonnier arborescent. Les divisions du calicule sont généralement entières. Les capsules sont ovoïdes, allongées, à quatre loges et à quatre valves. Ce Cotonnier est originaire de l'Inde.

Le Cotonnier velu, *Gossypium hirsutum*, L., Cavan., *loc. cit.*, t. 167. L'Amérique méridionale est la patrie de ce Cotonnier, qui se distingue des autres espèces par sa tige herbacée annuelle ou bisannuelle, cylindrique, rameuse, velue ainsi que les pétioles qui soutiennent des feuilles larges, molles, pubescentes des deux côtés, divisées en cinq lobes peu profonds, acuminés à leur sommet, inégaux, celui du milieu étant manifestement plus grand que les autres. Une glande est placée sur la nervure médiane de chaque feuille. Les stipules sont lancéolées. Les fleurs sont jaunes et solitaires. Les divisions du calicule sont entières ou trifides à leur sommet.

Le Cotonnier a feuilles de vigne, *Gossypium vitifolium*, Lamk., *loc. cit.*, Cavan., *loc. cit.*, t. 166. Cet Arbuste porte des feuilles grandes, découpées en cinq lobes profonds.

(Les feuilles de la partie supérieure des rameaux n'en présentent que trois.) Ces lobes sont ovales, lancéolés, très-aigus, glabres en dessus, légèrement pubescens à leur face inférieure, et portant chacun une glande sur leur nervure médiane, très-près de leur base. Les deux stipules sont très-longues et étroites. A l'aisselle des feuilles supérieures naissent les fleurs qui sont grandes, pédonculées, solitaires, jaunes, avec une tache rouge à la base interne de chaque pétale. Les découpures du calicule sont très-grandes, profondément laciniées. Le calice est court et à cinq dents. La capsule est ovoïde, à trois loges qui contiennent chacune de six à dix graines noirâtres. On trouve ce Cotonnier dans les Indes-Orientales. On le cultive à l'Ile-de-France où Commerson l'a observé. Selon les observations manuscrites de cet infatigable naturaliste, il existe en dehors et à la base du calicule et du calice trois grosses glandes. Le nombre de stigmates et celui des loges de la capsule varient de trois à cinq.

Le Cotonnier religieux, *Gossypium religiosum*, L., Cavan.; *loc. cit.*, t. 164, fig. 1; *Gossypium tricuspidatum*, Lamk. L'un des caractères les plus marqués de cette espèce consiste dans son style extrêmement long et qui, même avant l'épanouissement de la fleur, est saillant au-dessus de la corolle. Lamarck avait déjà remarqué que son Cotonnier à trois pointes n'était probablement pas différent du Cotonnier religieux de Linné. C'est un petit Arbuste de trois à quatre pieds d'élévation, dont la tige est dressée, cylindrique, rougeâtre et poilue; dont les feuilles sont pétiolées, glabres, tantôt entières, tantôt, et plus fréquemment, partagées en trois ou cinq lobes peu profonds; une seule glande est placée sur la nervure moyenne de chaque feuille. Les fleurs axillaires, solitaires et pédonculées, sont d'abord blanchâtres, puis roses et enfin rouges. Les lanières du calicule sont velues et laciniées. Le style est saillant au-dessus de la corolle. La capsule est ovoïde, acuminée, à trois loges et à trois valves. On ne sait pas positivement la patrie de ce Cotonnier. Lamarck dit qu'il le croit originaire des contrées les plus chaudes de l'Amérique ; Cavanilles prétend qu'il vient du cap de Bonne-Espérance. On le cultive dans diverses contrées, à l'Ile-de-France par exemple. Il paraît qu'il offre deux variétés principales. Dans l'une, le Coton est d'une blancheur éclatante ; dans l'autre, il est d'une couleur rousse.

La nature de ce Dictionnaire ne nous permet pas de décrire les autres espèces de ce genre. Nous allons actuellement indiquer les variétés principales de Cotonniers qui sont l'objet d'une grande culture.

Nous ne répéterons pas ici ce que nous avons dit précédemment des difficultés attachées à la distinction des variétés de Cotonniers qui sont cultivées. Nous ne possédons sur ce sujet important que les notions que nous a transmises Rohr dans son excellent ouvrage : encore n'a-t-il parlé que des variétés cultivées à Sainte-Croix, les autres Antilles et la Guiane française. Mais nous n'avons rien de positif sur celles des autres parties de l'Amérique, ni sur celles des Indes. A chaque pas de l'histoire du Cotonnier, on sent le besoin d'une monographie de ce genre, faite par un homme qui, à des connaissances botaniques, joigne des notions sur la culture et le commerce de ce précieux Végétal dans le nouveau ainsi que dans l'ancien continent. C'est, ainsi que nous l'avons dit, d'après les diverses modifications des graines que, selon Rohr, on peut reconnaître les nombreuses variétés de Cotonniers cultivées. Cet habile observateur en a établi trente-quatre, qu'il range en quatre sections. On pourrait aussi diviser ces variétés en deux groupes, suivant qu'elles donnent une ou deux et même plusieurs récoltes dans l'année. Cette distinction nous paraît même de la plus haute importance pour décider le choix du planteur qui, toutes choses égales d'ailleurs, devra préférer les variétés

qui donnent deux récoltes, si ces variétés viennent aussi bien dans le terrain qu'il cultive. Il y a encore une distinction à faire entre les Cotonniers, suivant que le Coton qu'ils produisent est blanc, ce qui a lieu pour la plupart, et suivant qu'il est fauve ou roussâtre comme dans le Coton de Siam et plusieurs autres. Il est à remarquer que les variétés ou espèces qui donnent deux ou même plusieurs récoltes dans une année, joignent à cet avantage celui de fournir en général un Coton de la plus belle qualité et des plus estimés. Telles sont, par exemple, les variétés désignées sous les noms de Sorel rouge, Cotonnier indien, Cotonnier de la Guiane ou de Cayenne, Cotonnier de Siam couronné brun, Cotonnier de Siam blanc, Cotonnier de Saint-Domingue couronné, etc. Mais à laquelle des espèces précédemment décrites faut-il rapporter ces variétés ? Nous l'ignorons, ou du moins nous n'avons rien de certain à cet égard. Indiquons sommairement les caractères des variétés reconnues par Rohr.

A. *Cotons dont les graines sont rudes et noires.*

Coton nu ou sauvage. — Nullement estimé. Il produit à peine deux gros de Coton épluché par Arbre.

Coton à petits flocons. — Peu estimé, peu cultivé. Sa graine porte seulement quelques fils en haut, des deux côtés de sa suture.

Coton couronné vert ou Coton fin de la Martinique. — Ainsi nommé parce que le duvet qui se trouve sur la pointe de la graine fraîche est vert. Ses fils sont très-fins, estimés et très-blancs. Il s'élève à trois pieds environ, s'étend peu. Sa récolte est facile et donne environ deux onces et demie de Coton net par pied.

Sorel vert. — La pointe de la graine est garnie de quelques fils clairsemés, plus courts que la pointe, s'étendant un peu le long de la suture. Bonne variété donnant à peu près quatre onces de Coton net par récolte.

Sorel rouge. — On le confond généralement aux Antilles avec le précédent, dont il diffère par la teinte rouge répandue sur ses tiges et ses feuilles. Il donne deux récoltes par an et fournit de sept à huit onces d'un Coton très-fin et très-blanc. C'est une des variétés les plus estimées. Il réussit mieux dans les terrains secs et sablonneux.

Coton à barbe pointue. — La graine est longue et très-pointue. Le duvet qui garnit la pointe est court et frisé. Il donne environ trois onces de Coton net.

Coton à crochet barbu. — La graine porte une petite houpe de duvet au-dessus du crochet qui la termine. Il produit chaque année environ cinq onces de Coton fin et blanc.

Year Rund. — La graine a une petite houpe de duvet sur la pointe et au-dessus du crochet. On en distingue deux sortes : Year Rund grossier et Year Rund fin. L'un et l'autre donnent un Coton fin blanc, très-long, mais plus fin dans la seconde sorte. Chaque récolte fournit environ sept onces de Coton net.

Coton à gros flocons. — Les graines sont grosses et portent autour de la pointe un duvet qui s'étend le long de la suture. Quelques taches velues s'observent fréquemment sur leur surface. Il est peu estimé, parce que son Coton se salit très-facilement. Il donne à peu près quatre onces de Coton net.

Coton de la Guiane. — Il est aussi connu sous les noms de Coton de Cayenne, de Surinam, de Demerary, de Berbice et d'Essequebo. C'est un des plus estimés en Europe, à cause de la blancheur, de la finesse, de la force et de la longueur de ses fils. Aussi est-ce celui que l'on cultive en plus grande abondance dans la Guiane et une partie des Antilles. Il lui faut un terrain humide. Il prend alors un très-grand accroissement, donne deux récoltes par an et fournit de dix à douze onces du plus beau Coton. Dans chaque loge de la capsule les graines sont étroitement serrées les

unes contre les autres en forme de pyramide longue et étroite.

Coton du Brésil. — Il diffère du précédent par ses graines formant une pyramide courte et large dans chaque loge du fruit. Son Coton est également très-fin. C'est l'espèce cultivée principalement au Brésil. Il n'existe ni à la Guiane ni dans les Antilles.

B. *Cotons dont les graines sont lisses, d'un brun noir et veinées.*

Coton indien. — L'une des variétés qui portent deux fois l'année. La pointe de sa graine n'a que des fils sur le dos ; la suture et le crochet sont peu marqués. Son Coton est très-blanc et plus fin qu'aucune des variétés précédentes. Il donne de sept à huit onces de Coton net. On le cultive dans quelques parties de l'Amérique.

Coton lisse de Siam brun. — Sa graine est très-pointue. La pointe est plus élevée que la suture, et porte quelques fils sur le dos. Son crochet est très-visible. Ses fils sont très-fins et de couleur nankin, mais il ne donne guère que trois onces de Coton net.

Coton de Saint-Thomas. — Quoique ce Cotonnier ne soit pas extrêmement productif, puisqu'il ne donne guère que trois onces à trois onces et demie par année, il est fort estimé, parce que son Coton est très-fin, très-blanc et très-long. On le reconnaît à sa graine oblongue ayant sur la pointe un duvet épais, à poils pénicilliformes plus longs que la pointe. Le crochet est très-apparent.

Coton aux cayes. — Sa graine est comprimée d'un côté, convexe de l'autre. Le crochet est à peine marqué ; la pointe est garnie d'un duvet court. Son Coton est fin, très-long et de bonne qualité. Son produit n'est que de deux onces et demie par récolte.

Coton de Siam brun couronné. — Il produit deux récoltes par année. Ses fils sont très-fins, élastiques et d'une couleur nankin pâle. Néanmoins sa culture est peu étendue, parce qu'il ne donne qu'environ trois onces de Coton net par année.

Coton de Carthagène. — On en distingue deux sortes sous les noms de Coton Carthagène à petits flocons et de Coton Carthagène à gros flocons. Ils donnent l'un et l'autre, mais en petite quantité, un Coton fin et blanc.

Coton de Siam blanc. — Il réunit à des fils d'une blancheur éclatante, très-fins, très longs et très-élastiques, l'avantage de produire deux récoltes par année et environ six onces d'un Coton extrêmement recherché. Sa graine est courte, presque globuleuse inférieurement; le duvet placé autour de la pointe est long. Le crochet est peu marqué.

C. *Cotons à graines dont la surface est garnie de poils courts et clairsemés.*

Coton de Curaçao. — La graine est petite, garnie d'un petit nombre de poils couchés. La pointe est courte et recourbée. Son Coton est extrêmement fin et d'une grande blancheur. On récolte sur chaque pied environ sept onces et demie de Coton nettoyé.

Coton de Saint-Domingue couronné. — Il donne deux récoltes par année et fournit jusqu'à douze onces et demie d'un Coton très-fin et très-blanc. Sa graine, oblongue et garnie de poils clair-semés, a la pointe courte, droite, et le crochet très-marqué.

Coton rampant. — Ainsi nommé parce que sa tige s'étale et rampe sur le sol. Peu estimé et peu productif.

D. *Cotons à graines couvertes presqu'en totalité de duvet très-serré qui la cache entièrement.*

Coton lisse tacheté. — Sa graine est grosse, à angles obtus, raboteuse et toute couverte de poils roux. Son Coton est fin, d'une couleur de rouille claire.

Coton gros. — La graine, presque cylindrique, est couverte d'un duvet grisâtre. Il est peu productif et généralement peu cultivé.

Coton de Siam brun. — Le duvet qui recouvre sa graine est d'un brun rougeâtre. Ses fils sont très-fins et de

couleur isabelle, très-forts et élastiques.

Coton Mousseline. — On en connaît quatre variétés : le Coton Mousseline à gros grains, dont les fils sont rudes, blancs, et la récolte de trois à quatre onces; le Coton Mousseline rougeâtre ayant les fils fins, incarnat, mais ne produisant au plus qu'une once et demie par Arbre; le Coton Mousseline de la Trinité; ses fils sont extrêmement fins et d'une blancheur pure : il donne quatre onces de Coton par année; enfin le Coton Mousseline Remire ne donne qu'un Coton grossier d'un blanc sale.

Coton à feuilles rouges ou Coton rouge. — Ses jeunes pousses, ses pétioles et les veines de ses feuilles sont d'un rouge intense. Sa graine est couverte de poils à l'exception de la pointe. Son Coton est extrêmement fin; mais on n'en récolte qu'une once et demie par année.

Coton des nonnes de Tranquebar. — La graine est petite, presque globuleuse, couverte d'un duvet gris blanchâtre. Il fournit très-peu. C'est la seule variété que Rohr ait rapportée à une espèce décrite; c'est, selon lui, le *Gossypium religiosum*, L.

Coton de Porto-Rico. — Ses graines sont disposées en pyramide longue et étroite comme dans le Cotonnier de la Guiane; elles sont de plus toutes couvertes de duvet. Chaque pied donne environ douze onces d'un beau Coton.

Telles sont les diverses variétés observées par Rohr dans la petite île de Sainte-Croix, une partie des Antilles et la Guiane; mais combien d'autres n'en existe-t-il pas sur le continent américain, dans les Indes-Orientales et les autres contrées du globe où l'on s'occupe de la culture du Cotonnier! Il serait maintenant important de comparer les variétés des Indes avec celles du nouveau continent.

Le Coton paraît avoir été connu par les anciens; mais cependant l'usage d'en former des tissus n'était pas aussi répandu que celui des tissus de laine. On lit dans Pline qu'il existe dans la partie de la Haute-Egypte qui avoisine l'Arabie un petit Arbuste que les uns nomment *Xilon* et les autres *Gossypion*, et dont les graines sont entourées d'un duvet d'une blancheur éclatante, qui sert à fabriquer des tissus précieux très-recherchés par les prêtres égyptiens; mais ce ne fut qu'à une époque beaucoup plus reculée que l'usage d'employer les étoffes de Coton à faire des vêtemens devint plus général. L'Europe dut, à cet égard, être l'une des dernières à profiter de cet avantage, ne possédant pas le Cotonnier parmi les Végétaux de son sol. En effet, ceux qui aujourd'hui sont cultivés dans les îles de l'Archipel, à Malte, en Sicile et dans quelques parties méridionales du continent européen, y ont été transportés primitivement, à une époque plus ou moins reculée, soit de l'Egypte, soit de l'Asie-Mineure, ou de la Perse. Mais aujourd'hui que la libre communication entre l'Europe et les autres contrées du globe a facilité l'introduction des denrées coloniales, et en a si considérablement diminué le prix, l'usage des étoffes de Coton est devenu presque universel, et a considérablement diminué la consommation des tissus de Chanvre et de Lin. Cependant ces derniers l'emportent de beaucoup sur les autres dans une foule de circonstances, et, malgré la modicité du prix du Coton, les toiles faites avec nos tissus indigènes sont incomparablement préférables pour l'usage et la durée. Aujourd'hui le Coton doit être considéré comme une des denrées les plus importantes dans la balance commerciale. Le gouvernement français l'avait bien senti à une époque où le système continental séparait en quelque sorte l'Europe du reste du globe. Aussi chercha-t-on alors à introduire la culture du Cotonnier en Italie, en Corse, et jusque dans nos départemens méridionaux. Cette culture a réussi dans plusieurs endroits, mais on a peu à peu abandonné cette branche d'agriculture, qui, malgré son importance, ne peut offrir d'avantage

qu'en temps de guerre, lorsque les Cotons européens n'ont pas à soutenir de concurrence avec les Cotons étrangers, ni pour le prix ni pour la qualité.

Kirkpatric, consul des Etats-Unis à Malaga, introduisit aux environs de cette ville la culture du Cotonnier, qui avait été négligée même des Arabes. Cet utile citoyen planta ce Végétal précieux dans le village de Churriana, au pied de la Sierra de Mijas. Notre collègue Bory de Saint-Vincent a visité ces lieux qui peu auparavant étaient incultes. Le Coton a tellement réussi dans cette exposition, ainsi qu'à Motril et jusqu'à Alméria, le long de la côte méditerranéenne, qu'il y est aujourd'hui la source d'un commerce considérable. L'exportation en était telle quand nos armées occupaient l'Andalousie, en 1810, que le gouvernement français, imaginant que l'on introduisait sous le nom de Coton d'Espagne des Cotons étrangers, exigea un rapport des autorités militaires au sujet de l'état prospère où étaient les plantations de Malaga, et quelle quantité elles fournissaient. Gêné dans ses exportations, Kirkpatric imagina d'établir des filatures; celles-ci faisaient vivre plus de trois mille ouvriers dans un village qui, peu d'années auparavant, était des plus misérables. Mais, à l'instigation d'un agent anglais, la populace détruisit ces filatures, et arracha même les plants de Cotonniers dont Churriana tirait son aisance, dès que les troupes françaises furent parties. La culture du Cotonnier a cependant repris faveur sur les côtes d'Andalousie, et Motril en produit toujours abondamment et d'excellente qualité.

Les Cotonniers en général sont peu difficiles sur la nature des terrains : ils viennent à peu près dans tous les sols et à toutes les expositions. Cependant ils réussissent beaucoup mieux au voisinage de la mer, dans les lieux très-aérés, dans des terres fortes, légèrement sèches et chaudes. Quelques variétés ne viennent bien que dans un sol humide et profond. Le Cotonnier de la Guiane, l'une des variétés les plus estimées, est dans ce cas, et à cet égard il est difficile d'établir des règles générales bien fixes, car il est quelques variétés qui demandent un terrain dont la nature est entièrement opposée. Lorsque l'on a choisi un emplacement pour y établir une plantation de Cotonniers, il faut commencer par le préparer au moyen de labours profonds et d'engrais que l'on répand à sa surface; on pratique ensuite des trous de quelques pouces de profondeur que l'on espace à trois pieds environ les uns des autres. La graine doit être bien choisie pour la qualité et pour l'espèce qui convient le mieux à la nature du terrain et à son exposition. Ces graines doivent avoir été dépouillées des fils de Coton. Quelques planteurs ont l'habitude de les laisser tremper dans l'eau pendant quelques heures, et de les rouler ensuite dans du sable, de la cendre ou une terre légère, afin de les isoler les unes des autres et de faciliter ainsi leur dispersion. D'autres les y laissent pendant vingt-quatre heures, surtout lorsque le temps est très-sec. Par ce procédé on accélère singulièrement leur germination. On place deux ou trois graines dans chaque trou que l'on recouvre ensuite de terre. Au bout de huit jours, surtout quand il a plu, les graines commencent à se montrer au-dessus du sol. Quelquefois cependant elles mettent un temps beaucoup plus long, ce qui en général a lieu quand le temps est resté sec. Lorsque les jeunes pieds sont levés, on retranche ceux qui sont les plus faibles, de manière à n'en laisser qu'un seul à chaque trou. Il faut avoir soin de sarcler fréquemment, et de biner autour des Cotonniers afin d'enlever toutes les mauvaises herbes qui nuiraient au développement des jeunes plants, et finiraient même par les étouffer. Dans les lieux où cela est possible, on suppléera au manque de pluie par des irrigations fréquentes. Lorsque les jeunes plants ont acquis à peu près un pied de hauteur, on pince leur bourgeon terminal. Cette pratique a pour but de retarder leur accroissement en hauteur, de faciliter le développement des branches latérales, et de donner de la force au pied. On retranche aussi, à mesure que l'individu s'accroît, quelques-unes des feuilles inférieures qui absorbent inutilement une grande quantité de sève. Ces soins doivent être continués jusqu'à l'époque de la floraison et de la maturité des fruits, époque qui varie singulièrement suivant les contrées et les variétés cultivées, puisque quelques-unes donnent deux récoltes chaque année. Cette époque s'annonce constamment par l'écartement spontané des valves de la capsule. Il est alors temps de commencer la récolte. Celle-ci se fait par deux procédés différens; dans l'un, qui se pratique généralement en Orient, on cueille les capsules entr'ouvertes, et on les place dans des sacs ou des paniers; dans l'autre, qui est beaucoup plus répandu, on se contente d'en enlever les graines en laissant les capsules en place. Le premier de ces procédés qui paraît plus expéditif offre cependant d'assez graves inconvéniens en ce que les folioles qui forment le calicule se brisent en fragmens très-petits, se mêlent au Coton dont il est difficile, et surtout fort long de les séparer. Quel que soit le procédé que l'on mette en usage, cette opération doit être faite le matin, avant que le soleil, en entr'ouvrant trop les capsules, n'en ait détaché les graines qui, en tombant à terre, se salissent et se détériorent. On doit continuer la récolte tous les quatre à cinq jours, et tant que l'Arbre donne de nouvelles capsules. En général, lorsque la saison a été favorable, on peut récolter le Coton sept à huit mois après qu'il a été semé. Un arpent de Cotonniers peut, dans un bon terrain et dans une année favorable, donner de trois à quatre cents livres de coton net et épluché. On ne doit pas s'occuper de récolter le Coton immédiatement après la pluie; il faut attendre que le soleil l'ait séché de nouveau.

C'est principalement aux Antilles,

à la Guiane et dans les vastes contrées du Brésil, qu'on cultive la plus grande quantité de Cotonniers. Les variétés y sont très-multipliées, ainsi qu'on a pu le voir par l'énumération que nous en avons donnée d'après Rohr. En général ils n'y durent guère que de quatre à six ans, après quoi il faut les renouveler. Quand les sujets sont parvenus à une hauteur de quatre à cinq pieds, on les étête afin d'en faciliter la récolte. Lorsque celle-ci est faite, on recèpe les jeunes pieds de la base afin de renouveler les jeunes branches. Dans quelques contrées, cette opération ne se pratique que tous les deux ou même tous les trois ans.

A mesure que la récolte du Coton a lieu, l'on doit s'occuper de le faire sécher. Pour cela on l'étend sur des claies ou des nattes que l'on expose au soleil ou que l'on place dans une étuve. Cette opération est indispensable. En effet, si l'on emmagasinait le Coton encore humide, ou bien il pourrait se moisir, ou bien il entrerait en fermentation, et l'on a vu dans ce cas d'énormes quantités de Coton s'enflammer. Tantôt on épluche le Coton et on le prive de ses graines immédiatement après la récolte; tantôt on attend qu'il soit sec. Cette dernière opération est la plus dispendieuse et la plus longue, car les fils du Coton adhèrent fortement à la graine, et si l'on réfléchit à la légèreté de cette denrée, on verra combien il faut de temps pour le bien nettoyer. Avant l'emploi des machines à cylindres, un homme ne pouvait guère faire au-delà d'une livre de Coton net dans l'espace de vingt-quatre heures, ce qui devait augmenter considérablement le prix de cette denrée; mais aujourd'hui, par l'emploi de machines fort simples et qui se composent surtout de deux cylindres tournant en sens inverse et entre lesquels on fait passer les graines chargées de Coton, un seul homme peut nettoyer de trente à cinquante livres de Coton, suivant la construction de la machine. On en trouve la description détaillée et

la figure dans le Traité de la culture du Cotonnier par Lasteyrie. Le même auteur dit qu'en ces derniers temps on a inventé sur le continent de l'Amérique du nord des moulins qui expédient de huit à neuf cents livres de Coton par jour, et qui n'exigent, pour être servis, qu'un petit nombre d'ouvriers. Ici l'on pourrait se demander si, par ces procédés économiques, on n'altère pas la qualité et par conséquent la valeur du Coton, en détruisant le parallélisme de ses fils? Mais l'expérience a déjà répondu à cette question, et comme les négocians et les fabricans ne s'en plaignent pas, il est très-probable qu'ils ne portent aucun préjudice à ceux qui en font usage. Cependant dans la plus grande partie de l'Inde, l'usage des machines est inconnu, et tout le Coton se nettoie à la main. Plusieurs personnes attribuent à cette coutume la supériorité des fils et des tissus de Coton des Indes. Ce point aurait besoin d'être éclairci; mais néanmoins on ne fera jamais renoncer le planteur à l'immense économie qu'il retire de l'emploi des machines à cylindres.

Le Coton, bien épluché et bien sec, est mis en balles et enveloppé dans des toiles de chanvre très-fortes pour être livré au commerce de l'exportation. Celui qui nous vient d'Orient est contenu dans des toiles faites avec des poils de Chèvre. Le poids de ces balles varie de trois cents à trois cent cinquante livres. On a inventé en certains endroits des machines propres à fouler le Coton, afin de lui faire occuper le moins d'espace possible. Cette pratique est surtout avantageuse pour le Coton que l'on importe en Europe, afin d'en pouvoir placer une plus grande quantité sur les navires.

Les graines dépouillées du Coton servent à plusieurs usages : une partie est réservée pour servir à la semence. En général on peut conserver les graines de Cotonniers pendant un ou deux ans; cependant quelques variétés doivent être plantées presque immédiatement après avoir été récoltées. Le surplus de celles qui sont employées à la semence, sert à la nourriture des Chevaux, des Bœufs, des Anes, des Mulets, etc. On peut aussi en extraire l'huile grasse qu'elles contiennent, et qui est employée à plusieurs usages économiques.   (A. R.)

On a étendu le nom de Cotonnier à d'autres Végétaux, et appelé :

* COTONNIER DE FLÉAU ou COTONNIER STOT, le *Bombax gossypinum*.

* COTONNIER MAPOU, le *Bombax Ceiba. V.* FROMAGER.   (B.)

COTONNIÈRE. BOT. PHAN. On a donné ce nom à des Filages et à des Gnaphalies. *V.* ces mots.   (B.)

COTORIA ET COTTOBIA. OIS. Et non *Cotovia*. Même chose que Cotrelus en portugais.   (B.)

* COTORITA. OIS. Syn. vulgaire au Paraguay de Perruche couronnée d'or, *Psittacus aureus*, L. *V.* PERROQUET.   (DR..Z.)

COTORRA. OIS. Espèce du genre Perroquet, *Psittacus Cotorra*, Vieill. Les Espagnols et les Portugais appellent les Perroquets Cotorrero. *V.* PERROQUET.   (DR.?Z.)

COTRELUS ou COTRIOUX. OIS. Syn. vulgaire du Cujelier, *Alauda arborea*, L. *V.* ALOUETTE. (DR..Z.)

COTSJELETTI. BOT. PHAN. (Adanson.) Syn. de Xiris. *V.* ce mot. (B.)

COTSJOPIRI. BOT. PHAN. La Plante décrite par Rumph (Herb. Amb. 7, p. 26) sous ce nom, est selon Linné, Lamarck et Jussieu, la même que le *Gardenia florida. V.* GARDÉNIE. Ce Végétal n'a aucun rapport avec la Rose de la Chine (*Hibiscus Rosa sinensis*), malgré le rapprochement qu'en a fait Rumph.   (A. R.)

COTTA. OIS. (Aldrovande et Charleton.) Syn. de la Macroule, *Fulica aterrima*, L. *V.* FOULQUE. (DR..Z.)

* COTTA-AVERARI. BOT. PHAN. Syn. de *Psoralea tetragonoloba* à la côte de Coromandel.   (B.)

COTTAM. BOT. PHAN. (Rhéede,

Malab. 10, tab. 117.) Syn. d'*Ocymum petiolare*, Lamk. Espèce du genre Basilic. *V.* ce mot.   (B.)

COTTANA. BOT. PHAN. (Pline.) Variété de Figue de Syrie.   (B.)

COTTE. *Cottus.* POIS. Genre établi par Artedi qui lui donna pour désignation scientifique le nom que portait, chez les anciens, le Chabot, l'une de ses espèces; adopté depuis par tous les ichtyologistes; placé par Linné dans l'ordre des Thoraciques, et par Cuvier dans la section de la famille des Percoïdes qui sont munies de deux dorsales, section qui précède les Scombéroïdes dans l'ordre des Acanthoptérygiens. Les espèces de ce genre sont assez nombreuses et d'un aspect généralement hideux, soit par la grosseur de leur tête, soit par la forme de leur corps, soit par la tristesse des teintes de leur peau que recouvre un enduit muqueux auquel ces Poissons doivent la faculté de s'échapper facilement en glissant entre les doigts du pêcheur qui les voudrait saisir. La plupart habitent les eaux douces, vivent de proie, sont agiles, voraces, et se cachent sous les pierres aux lieux obscurs; plusieurs même passent pour se creuser de petits terriers, à l'orifice desquels on les voit épier l'approche des autres petits Poissons ou des Vers et des larves aquatiques sur lesquels ils se jettent; mais leur hardiesse et leur gloutonnerie causent souvent leur perte; les Brochets et autres gros Poissons qui sont friands de leur chair les dévorent. Malgré la chasse que leur font ces tyrans des fleuves et des ruisseaux, la race des Cottes ne diminue guère, et leur fécondité fait qu'ils sont des Poissons généralement fort communs aux lieux qu'ils habitent. Les Cottes ont de grands rapports, surtout par l'étrange aspect de leur tête, avec les Scorpènes; ils s'en rapprochent par leurs grandes pectorales, leurs ventrales, leurs thorachiques; et par toute leur structure interne; ils se rapprochent encore des Uranoscopes par l'aplatissement horizontal de leur tête, et en ce que leur dorsale antérieure ou épineuse est entièrement distincte de la molle ou postérieure. Leurs intestins et leurs mœurs sont les mêmes. Quand on les irrite, ils renflent encore leur tête en remplissant leurs ouies d'air ; ils peuvent, par ce moyen, vivre assez long-temps hors de l'eau ; plusieurs font entendre un grognement distinct, mais qu'on aurait tort de prendre pour une voix, parce qu'il n'est dû qu'à l'émission violente de cet air, provoquée par l'irritation lorsqu'on tourmente l'Animal. Les caractères du genre sont : tête un peu conique plus large que le corps ; des aiguillons ou des tubercules sur la tête ou sur ces opercules ; deux ou trois dorsales, dont une adipeuse ; plus de trois rayons aux pectorales ; six rayons aux branchiostèges. Les yeux sont situés verticalement et munis d'une membrane clignotante. Lacépède a formé aux dépens des Cottes ses genres Aspidophore et Aspidophoroïde ; le premier seul, parfaitement caractérisé par l'absence de toute dorsale, nous ayant paru devoir être adopté contre le sentiment même de Cuvier, nous a déjà occupé dans ce Dictionnaire ; le second ne paraît devoir constituer qu'un simple sous-genre. Nous diviserons le genre Cotte en cinq sous-genres :

† CHABOTS. Tête presque lisse ; une ou deux épines seulement au préopercule ; deux dorsales ; écailles fort petites à peine visibles ; corps arrondi.

Le CHABOT, *Cottus Gobio*, L. ; Gmel., *Syst. Nat.* XIII, t. I, p. 1211 ; Bloch, pl. 38, fig. 1-2 ; Encycl. Pois., p. 68, pl. 57, fig. 149 ; Lacép., Poiss. T. III, p. 252. Cette espèce commune dans les ruisseaux de l'Europe, de la Sibérie et de l'Amérique septentrionale, n'atteint guère que cinq pouces de longueur ; sa chair, qui n'est pas recherchée, sans doute à cause du dégoût qu'inspirent la figure et la viscosité de ce Poisson, n'en est pas moins saine et fort savoureuse ; Aristote l'avait déjà signalée comme l'une des meilleures ; elle devient rouge

en cuisant. Très-féconde, mais encore plus vorace, la femelle dévore quelquefois ses propres œufs ; bien loin de leur porter une grande tendresse, comme on le pense communément, on lit dans Lacépède, et le Dictionnaire de Levrault l'a textuellement répété : « La femelle plus que le mâle, ainsi que celle de tant d'autres espèces de Poissons, paraît comme gonflée dans le temps où ses œufs sont près d'être pondus. Les protubérances formées par les deux ovaires qui se tuméfient pour ainsi dire à cette époque en se remplissant d'un très-grand nombre d'œufs, sont assez élevées et assez arrondies pour qu'on les ait comparées à des mamelles, et comme une comparaison peu exacte conduit souvent à une idée exagérée, et une idée exagérée à une erreur, de célèbres naturalistes ont écrit que la femelle du Chabot avait non-seulement un rapport de forme, mais encore un rapport d'habitude avec les Animaux à mamelles, qu'elle couvait ses œufs et qu'elle perdrait plutôt la vie que de les abandonner. » Quoi qu'il en soit, le Chabot, aussi indifférent pour sa progéniture que les autres Poissons, est d'un brun noirâtre sur le dos, parsemé de taches plus foncées dans le mâle et jaunâtres dans la femelle. Le ventre est gris dans l'un et blanc dans l'autre. Les nageoires sont également jaunâtres ou tachetées. B. 4, D. 7-17, P. 14, V. 4, A. 12-13, C. 8-10.

Le COTTE NOIR, *Cottus nigricans*, Lacép. ; Pois. T. III, p. 251, dont on n'indique ni la patrie ni le nombre de rayons, et qui a été décrit d'après les manuscrits de Commerson, rentre dans ce premier sous-genre.

†† SCORPIONS. Ils ne diffèrent des Chabots que par les épines dont leur tête est hérissée.

Le SCORPION ou CRAPAUD DE MER, *Cottus Scorpius*, L., Gmel., *Syst. Nat.* XIII, t. I, p. 1210 ; Bloch, pl. 39 ; Encycl. Pois., p. 67, pl. 37, fig. 148 ; Lacép., Pois. III, p. 256. La figure de ce Poisson est effrayante sans être positivement horrible ; modèle d'agilité, il est armé de piquans redoutables qui menacent la main qui le voudrait saisir ; il parcourt les parages septentrionaux, et à l'abri de toute attaque par ses armes, il fait une guerre cruelle aux Clupées et autres Animaux jetés sans défense au milieu des mers. Sa chair est médiocre : aussi n'est-elle pas recherchée, mais les Groenlandais emploient son foie pour faire de l'huile. Il est extrêmement vorace. Son corps est varié de couleurs qui, pour être sombres, ne sont pas sans beauté et ajoutent à la singularité de sa figure, ainsi que les raies noires, blanches ou rouges, qui, selon les sexes, décorent les nageoires. D. 7-10. 14-17, P. 16. 17, V. 3. 4, A. 10. 13, C. 81. 8.

Le QUADRICORNE, *Cottus Quadricornis*, L. ; Gmel. ; *Syst. Nat.* XIII, t. I, p. 1208 ; le Quatre-Cornes, Encycl. Pois., p. 67, pl. 37, fig. 146. Non moins vorace que le Scorpion et non moins bien armé, le Quadricorne, à l'aide de ses pectorales encore plus développées, nage avec une plus grande rapidité. Il acquiert une taille moins considérable. Sa chair est meilleure. Il habite les mêmes mers. D. 9-14, P. 17, V. 4, A. 14, C. 12.

Le BUBALE, *Cottus Bubalis*, Euphras. ; le *Cottus Diceraus*, Pall., et le *Cottus Hemilepidotus*, Til., appartiennent à ce sous-genre.

†††CRIPTÈRES A TROIS NAGEOIRES DORSALES. Ce sous-genre fort remarquable par une disposition de nageoires, qui pourrait presque suffire pour motiver une séparation plus tranchée, ne se compose jusqu'ici que de deux espèces, le *Cottus hispidus* de Schneider, et le *Cottus acadianus* de Pennant. Ces deux Poissons, qui sont d'une petite taille, habitent les côtes de l'Amérique septentrionale.

††††ASPIDOPHORES. Ce sont des Cottes cuirassés enveloppés de plaques écailleuses serrées comme des pavés, et qui rendent leur corps anguleux ou prismatique.

L'ARMÉ, *Cottus cataphractus*, L., Gmel., *Syst. Nat.* t. I, p. 1205 ; Bloch, pl. 38, f. 3-4 ; Encycl. Pois., p. 66, pl. 37, f. 145 ; l'Aspidophore armé, Lac., Pois. T. III, p. 222. La forme singulière de ce Poisson et la manière dont il est vêtu, le rapprochent des Syngnathes et des Pégases. Il acquiert un peu plus d'un pied de long, a sa mâchoire inférieure munie de barbillons, vit dans les mers du Nord, non loin des rivages sablonneux et semés de rochers. Il se nourrit de petits Poissons et de Crustacés. Moins constitué pour l'attaque que pour la défense, ce Cotte est aussi moins agile et moins audacieux que ne le sont les espèces du second sous-genre. D. 5-7, P. 15. 16, V. 2. 3, A. 6. 7, C. 10. 11. Lacépède pense que le *Cottus Brodame*, reproduit par Bonnaterre (Encycl. Pois., p. 67) d'après Olaffen et Müller, n'est tout au plus qu'une variété de l'Armé.

Le JAPONAIS, *Cottus Japonicus*, Gmel., *Syst. Nat.* XIII, t. I, p. 1213 ; le Lisiza, Encycl. Pois., p. 67, pl. 38, f. 150 ; Aspidophore Lisiza, Lac., Pois. T. III, p. 225. C'est le plus allongé des Cottes ; il habite les côtes du Japon et des Kuriles, où il atteint un peu plus d'un pied de longueur. B. 6, D. 6-7, P. 12, V. 2, A. 8, C. 12.

Le *Cottus Stelleri* de Schneider avec l'*Agonus decagonus* du même auteur, et l'*Agonus stagophtalmus* de Tilésius, complètent ce sous-genre.

†††††PLATYCÉPHALES. Ils ont la tête plus aplatie que les autres Cottes ; ses larges sous-orbitaires la font ressembler à une sorte de bouclier ou de disque. Cette tête est moins tuberculeuse, mais seulement armée de quelques épines. Les ventrales, quoique portées sur un appareil suspendu aux épaules, sont cependant chez eux situées manifestement en arrière des pectorales, et très-écartées.

Le RABOTEUX, *Cottus scaber*, L., Gmel., *Syst. Nat.* XIII, t. I, p. 1209 ; Bloch, pl. 180 ; Encycl. Pois., p. 67 (sans figure) ; Cotte raboteux, Lac.,

Pois. T. III, p. 245. Ce Poisson a ses écailles petites, mais fortement attachées, dures et dentées; quatre piquans se voient sur sa tête qui est allongée, et dont la mâchoire inférieure est plus longue que la supérieure. Sa bouche est très-grande. Il habite les mers de l'Inde. B. 6. 7, D. 6-12, P. 18, V. 6, A. 11.12, C. 12.16.

L'Insidiateur, Lac., Pois. III, p. 247; *Cottus insidiator*, Forsk., fig. Arab. p. 25, n° 8; Gmel., *Syst. Nat.* XIII, t. I, p. 1215; *Platycephalus Spatula*, Bloch, pl. 424; le Raked, Encycl. Pois. p. 68 (sans figure). Cette espèce, qui habite la mer Rouge et dont les teintes sombres n'ont rien de remarquable, vit dans le sable, et s'y cache pour saisir sa proie. Cuvier soupçonne que ce Poisson est le *Callionymus indicus* de Linné, dont le compilateur Gmelin aurait fait un double emploi, et le Calliomore indien de Lacépède. B. 8, D. 8-13, P. 19, V. 6, A. 14, C. 15.

Le Madecasse, Lac., Pois. III, p. 249, pl. 11, f. 1-2 (en dessus et en dessous); *Cottus Madagascariensis*, Commers., Mass. Cette espèce, observée à Madagascar, aux environs du fort Dauphin, acquiert jusqu'à deux pieds de longueur. Sa tête est armée, de chaque côté, de deux aiguillons recourbés; elle est profondément sillonnée entre les deux yeux. Son corps est couvert d'écailles assez grandes, et la mâchoire inférieure est plus avancée que la supérieure. La caudale paraît échancrée en trois lobes, exemple à peu près unique parmi les Poissons dont l'éducation dans nos viviers ou dans des bocaux n'a pas altéré la forme. D. 8-13, P. 12, V. 5.6, A.? C.? (B.)

COTTERET-GARU. ois. Syn. vulgaire de Combattant, *Tringa Pugnax*, L. *V.* Bécasseau. (DR..Z.)

COTTON-GRASS. bot. phan. Syn. anglais de Linaigrette. *V.* ce mot. (B.)

COTTONS. (Labat.) Oiseaux des Antilles que divers naturalistes, d'après le récit des voyageurs, regardent comme des Chouettes, et d'autres comme des Pétrels. (DR..Z.)

COTTON-TRÉE. bot. phan. Syn. de *Populus deltoides* à la Caroline, appelé aussi vulgairement Coton en Arbre. (B.)

* COTTORNO ou COTURNO. ois. Syn. italien de la Bartavelle, *Tetrao rufus*, L. *V.* Perdrix. (DR..Z.)

COTTUS. pois. *V.* Cotté.

COTULE. *Cotula.* bot. phan. Famille des Synanthérées, Corymbifères de Jussieu, Syngénésie superflue, L. — Vaillant (Act. Acad. Paris, 1719, pag. 289) distingua le premier ce genre sous le nom d'*Ananthocyclus*, et Linné, en lui imposant la dénomination définitivement adoptée, le caractérisa de la manière suivante: involucre court, hémisphérique, polyphylle; fleurons du centre hermaphrodites, tubuleux, à corolle quadrifide, et à quatre étamines; fleurons de la circonférence femelles, ayant le plus souvent la même apparence que ceux du centre; réceptacle ordinairement dépourvu de paillettes; akènes munis d'un rebord au sommet. Depuis l'établissement de ce genre et même parmi les espèces décrites par Linné, les auteurs ont introduit plusieurs changemens. Ainsi, le *Cotula turbinata*, L., est devenu le type du genre *Cenia* de Commerson et Jussieu. Desfontaines rapporte à son genre *Balsamita*, le *Cotula grandis*, L. Bergius a établi, et Jussieu, ainsi que Willdenow, ont adopté le genre *Lidbeckia* aux dépens des *Cotula quinqueloba* et *Cotula stricta*, L.; mais Lamarck (Illustr. t. 701) a changé le nom générique en celui de *Lancisia*. Persoon, qui a admis ce changement, ne s'est servi du mot *Lidbeckia* que pour désigner une section de ce genre. D'un autre côté, le *Grangea* d'Adanson, que Linné confondait avec ses *Artemisia*, et dont plusieurs auteurs n'ont fait qu'une sous-division du *Cotula*, en a été séparé par Jussieu, Lamarck et Desfontaines. Ces transpositions de Plantes, placées d'abord dans le même groupe, nous indiquent assez que Linné et ses contemporains s'étaient souvent mépris sur les affinités de ces Corymbifères, et ce n'est guère étonnant puisque nous voyons aujourd'hui les botanistes, qui se sont occupés spécialement de cette famille, être encore loin de se comprendre; mais, comme les genres nouvellement proposés ont été accompagnés de descriptions et sont reçus dans les ouvrages de botanique, chacun d'eux sera traité sous sa dénomination respective.

Les Cotules sont des Plantes herbacées qui, par le port, se rapprochent des Anacycles et des Tanaisies; elles sont indigènes des contrées chaudes de l'Europe méridionale et du cap de Bonne-Espérance. On n'en a décrit qu'une douzaine d'espèces, déduction faite de celles qui constituent maintenant de nouveaux genres. Persoon en mentionne vingt-deux; mais outre qu'il agglomère plusieurs genres distincts, il adopte aussi la réunion du *Cotula pyrethraria*, L., unique espèce américaine qui, à cause de son réceptacle paléacé, pourrait, par la suite, être aussi séparée et constituer un genre nouveau. Aucune espèce n'est cultivée comme Plante d'agrément ou pour des usages économiques.　(G..N.)

COTUM. BOT. PHAN. L'un des noms africains du Coton. *V.* ce mot.
(B.)

COTURNIX OIS. Nom scientifique de la Caille, *Perdix Coturnix*, L. Les Italiens appellent aussi Coturnice et Coturnise la Bartavelle. *V.* PERDRIX.
(DR..Z.)

COTYLÉDON. BOT. PHAN. *V.* COTYLET.

COTYLÉDON-MARIN. POLYP. Ce nom a été donné par Lobel et par quelques autres naturalistes anciens à l'Acétabulaire de la Méditerranée, *Tubularia Acetabulum* de Gmelin. *V.* ACÉTABULAIRE.
(LAM..X.)

COTYLÉDONAIRE (CORPS.) BOT. PHAN. *V.* COTYLÉDONS.

COTYLÉDONS. *Cotyledo*. BOT. PHAN. Dans tout embryon végétal, on distingue trois parties principales, savoir: 1° l'extrémité inférieure ou corps radiculaire qui doit former la racine; 2° la gemmule ou premier bourgeon de la Plante; 3° enfin le corps cotylédonaire ou extrémité supérieure de l'embryon. Dans le Haricot, la Belle-de-Nuit, etc., le corps cotylédonaire est séparé en deux parties distinctes qui portent le nom de *Cotylédons*. Dans le Blé, l'Orge, l'Asperge, le Lis, etc., le corps cotylédonaire est simple, indivis et formé d'un seul Cotylédon. De-là les noms de Plantes monocotylédonées ou dicotylédonées, suivant qu'ils offrent un ou bien deux Cotylédons. Tous les Végétaux phanérogames présentent l'une de ces deux modifications, c'est-à-dire que leur embryon est à un seul ou à deux Cotylédons. De-là la division des Végétaux phanérogames en deux groupes principaux: les MONOCOTYLÉDONS et les DICOTYLÉDONS. *V.* ces mots. Cependant il y a certaines Plantes dont le nombre des Cotylédons excède constamment deux; ainsi on en compte trois dans le *Cupressus pendula*, quatre dans le *Pinus Inops* et dans le *Ceratophyllum demersum*; cinq dans le *Pinus Laricio*; six dans le Cyprès chauve; huit dans le *Pinus Strobus*; enfin, dix ou douze dans le Pin-Pignon.

Dans certains Végétaux dicotylédons, les deux Cotylédons que l'on nomme aussi quelquefois *Lobes séminaux* sont plus ou moins soudés ensemble, de manière qu'au premier abord le corps cotylédonaire paraît simple; c'est ce que l'on observe dans le Marronnier d'Inde, certaines espèces de Chênes, et probablement dans la Cuscute que l'on considère généralement comme privée de Cotylédons.

Les Cotylédons sont d'autant plus épais et plus charnus que l'embryon est privé d'endosperme, c'est-à-dire qu'il est immédiatement recouvert par le tégument propre de la graine. Ainsi dans le Pois, le Haricot, le Marronnier, les deux Cotylédons sont charnus et très-épais ; ils sont au contraire minces et foliacés dans les graines munies d'un endosperme, comme le montrent les Euphorbiacées par exemple. Les Cotylédons, surtout quand il n'y a pas d'endosperme, paraissent destinés à fournir au jeune embryon, au moment où il commence à germer, les premiers matériaux de son accroissement. Aussi les voit-on se faner, diminuer de volume à mesure que la jeune Plante se développe. Tantôt les deux Cotylédons restent cachés sous la terre, après l'évolution du germe, tantôt ils sont élevés au-dessus du sol par l'accroissement de la tigelle. Dans le premier cas, on dit qu'ils sont *hypogés* ; on les nomme *épigés* dans le second cas, où ils forment les feuilles séminales, comme dans le Haricot. Dans les Plantes munies d'un endosperme, les Cotylédons sont en général minces et comme foliacés ; c'est alors l'endosperme qui fournit aux premiers développemens du jeune embryon. *V.* EMBRYON et GERMINATION. (A. R.)

COTYLÉPHORE. POIS. Espèce du genre Asprède. *V.* ce mot. (B.)

* COTYLES. *Cotylæ.* ACAL. Péron et Lesueur ont donné ce nom à des organes particuliers situés sur les bras de quelques Méduses, appelés par Pallas *bras cotylifères* à cause de ces appendices ou feuilles séminales semblables à certains cotylédons végétaux. Ils n'appartiennent qu'à un très-petit nombre d'espèces, et semblent constituer les organes de la génération suivant Péron et Lesueur. (LAM. X.)

COTYLET. *Cotyledon.* BOT. PHAN. Genre de la famille des Crassulacées et de la Décandrie Pentagynie, L., fondé par Tournefort, adopté et caractérisé par Linné de la manière suivante : calice court, à cinq divisions profondes ; corolle monopétale, campanulée ou tubuleuse, à cinq découpures ; dix étamines insérées sur la corolle, à anthères arrondies ; cinq ovaires supérieurs, coniques, chacun muni à sa base externe d'une écaille concave, nectarifère, et se terminant aussi chacun en un style de la longueur des étamines, à stigmates simples, courbés en dehors. A ces ovaires succèdent autant de capsules oblongues, ventrues, pointues, uniloculaires et s'ouvrant longitudinalement par le côté intérieur ; semences petites et nombreuses. Adanson a séparé de ce genre toutes les espèces dont le système floral est quaternaire, et en a constitué le genre *Kalanchoë*, qui a été adopté par De Candolle et Haworth. Nous avons suivi leur exemple, et dans la précédente description générique, nous n'avons eu égard qu'aux Cotylets décandriques et à corolles quinquéfides. Si nous admettions également le genre *Umbilicus* formé par De Candolle (Plantes grasses, t. 156) avec les deux variétés du *Cotyledon Umbilicus* de Linné, que l'on rencontre fréquemment dans la France méridionale, et auxquels on joindrait les espèces d'Orient et de Sibérie, il s'ensuivrait que tous les vrais Cotylets seraient étrangers à l'Europe, et se réduiraient à environ une trentaine. *V.* d'ailleurs les mots KALANCHOE et UMBILICUS.

Les Cotylets sont en général des Plantes grasses, herbacées ou frutescentes, à feuilles opposées, quelquefois alternes, à fleurs terminales, en corymbes ou en épis, indigènes du Cap de Bonne-Espérance et de l'Afrique méridionale. On les cultive avec la plus grande facilité dans les jardins d'Europe où la singularité de leurs tiges et de leurs feuilles attire l'attention. Quelques espèces ont, en outre, des fleurs assez agréables à l'œil ; tels sont les *Cotyledon orbiculata*, L., *C. fascicularis*, H. Kew, et *C. spuria*. Comme ces Plantes sont d'une nature succulente et aqueuse, elles exigent en été une exposition méridienne, abritée des grands vents et de la grêle, et en hiver une serre sèche, aérée, jamais imprégnée d'une humidité stagnante. Ce sont néanmoins des Végétaux dont la vie est, si l'on peut s'exprimer ainsi, excessivement tenace; nous avons laissé un individu de *Cotyledon orbiculata*, L., exposé à toute la rigueur de l'hiver de 1822 à 1823, et l'été suivant, la Plante n'en a pas moins continué à végéter avec la plus grande vigueur. (G..N.)

COTYLIER, BOT. PHAN. Même chose que Cotylet. *V.* ce mot. (B.)

COTYLISQUE. *Cotyliscus*. BOT. PHAN. Desvaux a proposé ce genre pour le *Cochlearia nilotica* de Delile (Descript. de l'Egypte, p. 101, tab. 34, fig. 2). De Candolle, dans le second volume de son *Systema Naturale*, le réunit au genre *Senebiera* où il forme une section particulière caractérisée par ses silicules non émarginées au sommet, concaves d'un côté, n'ayant leurs valves ni rugueuses, ni ornées d'une crête sur leur dos. *V.* SÉNÉBIÈRE. (A. R.)

COTYPHOS OU **COTTYPHOS**. OIS. Syn. grec du Merle, *Turdus Merula*, L. *V.* MERLE. (DR..Z.)

* **CÓTZ**. BOT. PHAN. *V.* BRAYERA.

COU. ZOOL. et BOT. Partie du corps de L'Animal qui unit la tête au tronc. Il n'existe guère que dans les Vertébrés; encore n'y est-il pas toujours distinct, puisque les Cétacés et les Poissons n'en offrent pas d'exemple. Il est toujours sensible dans les autres Mammifères, quoique grossièrement prononcé dans quelques-uns, tels que l'Éléphant, souvent indécis dans les Reptiles, et très-remarquable chez les Oiseaux où il s'allonge ordinairement d'une manière démesurée. Chez ces derniers la couleur ou la forme de cette partie a déterminé divers noms spécifiques; ainsi l'on a appelé :

COU BLANC (Albin), le Motteux.

* COU COUPÉ (au Sénégal), le Gros-Bec fascié.

COU JAUNE (Buffon), une Fauvette de Saint-Domingue.

COU ROUGE (dans le midi de la France), le Rouge-Gorge.

*COU TORT (dans le même pays), le Torcol, etc.

Des Plantes, par allusion à la ressemblance qu'offrent quelques-unes de leurs parties, ont aussi reçu le même nom, et l'on a appelé :

COU DE CHAMEAU, le Narcisse des poëtes.

COU DE CICOGNE, l'*Erodium Ciconium*.

COU DE PENDU, en Provence, une variété de Figues. (B.)

COUA, COUAS OU **COULICOU**. *Coccyzus*. OIS. (Vieillot.) Genre de l'ordre des Zygodactyles. Caractères : bec robuste, épais à sa base, comprimé dans toute sa longueur, convexe en dessus, avec une arête distincte, courbé légèrement, fléchi à la pointe; narines placées à la base du bec et sur ses côtés, ovales, à moitié fermées par une membrane nue; pieds grêles; quatre doigts; deux devant, dont l'extérieur beaucoup moins long que le tarse, deux derrière; ongles courts peu courbés; ailes courtes, arrondies; les cinq premières rémiges étagées, la cinquième la plus longue; dix rémiges à la queue.

Les Couas dont la séparation d'avec les véritables Coucous a été indiquée par Levaillant, s'éloignent de ces derniers autant par différentes nuances de mœurs que par quelques caractères physiques ou extérieurs dont les plus saillans sont : l'absence des plumes longues et flottantes qui garnissent l'origine du tarse chez les Coucous : la longueur graduée des rémiges qui donne à l'aile des Couas un développement régulièrement arqué, etc, etc. Les Couas ont en général une forme plus raccourcie, ils paraissent plus robustes; leur chant grave et plein ne tient aucunement des sons plaintifs et langoureux qu'exprime celui des Coucous. Ils construisent eux-mêmes leurs nids et les placent soit sous l'abri touffu qu'offrent plusieurs branches entrelacées, soit dans le tronc d'un vieux Arbre carié; leurs pontes consistent ordinairement en quatre ou cinq œufs d'un blanc verdâtre tiqueté de brun; ils élèvent leurs petits, et leur tendresse pour ces fruits de leur amour égale celle que l'on remarque dans la plupart des aimables hôtes des bocages. Ils se nourrissent de fruits et d'Insectes.

En citant Levaillant comme créateur du genre Coua, Vieillot n'a cependant pas jugé à propos de lui conserver le nom qu'avait employé le célèbre voyageur; il lui a substitué celui de Coulicou qui ne paraît pas présenter une idée plus exacte; et qui sans doute, de même que celui de Coua, ne peut exprimer qu'un cri de l'Oiseau. Cuvier paraît tendre à approuver la séparation qu'a faite Vieillot du genre Coua ou Coulicou de l'espèce Tacco pour en former un genre nouveau; Temminck et Dumont n'ont pas jugé cette séparation rigoureusement nécessaire.

Coua aux ailes rousses, *Cuculus americanus*, Lath., Buff., pl. enl. 816. Parties supérieures grises, s'irisant sous certains aspects; rémiges bordées de roux extérieurement; rectrices latérales noires terminées de blanc; parties inférieures blanchâtres; bec noirâtre; iris rougeâtre; pieds noirs. Taille, onze pouces. La femelle a les parties supérieures brunâtres sans reflets; on en a fait une espèce sous le nom de Cendrillard ou Coucou de Saint-Domingue.

Coua Atingacu. *V.* Coua Cornu.

Coua des barrières, *Coccyzus septorum*, Vieill. Parties supérieures grises; rectrices terminées de blanc; parties inférieures blanchâtres avec la gorge cendrée; bec noirâtre; pieds cendrés. Taille, onze pouces. De la Guiane.

Coua a bec rouge, *Coccyzus rubrirostris*. Parties supérieures d'un gris cendré, passant au noirâtre irisé de vert et de bleu sur les ailes et la queue; rectrices longues, étagées et termi-

nées de blanc; joues, gorge et devant du cou d'un roux vif; poitrine et ventre cendrés; le reste des parties inférieures d'un roux fauve; bec d'un rouge vif; pieds gris. Taille, seize pouces. De Java. Un individu à peu près semblable et que nous soupçonnons être une femelle, nous a été envoyé de Bornéo; il n'en diffère que par le plastron qui est d'un brun terne.

Coua brun varié de roux, *Cuculus Nævius*, L., pl. enl. 812. Parties supérieures brunes variées de cendré et de roussâtre; plumes du sommet de la tête assez longues et terminées par une tache roussâtre qui est aussi la couleur qui borde les scapulaires; gorge et devant du cou roussâtres, avec quelques petits traits bruns; parties inférieures blanchâtres; rémiges et rectrices brunes, bordées de roux; bec noir, roussâtre en dessous; pieds noirâtres. Longueur, dix pouces six lignes. De la Guiane.

Coua a calotte noire, *Coccyzus melacoryphus*, Vieill. Parties supérieures brunes avec le sommet de la tête et un trait de chaque côté au-dessus de l'œil, noirâtres; rectrices intermédiaires brunes, les autres noires, toutes sont terminées de blanc; parties inférieures blanches, tiquetées de roux; bec noir; iris brun; pieds d'un cendré bleuâtre. Taille, dix pouces six lignes. De la Guiane.

Coua cendré, *Coccyzus cinereus*, Vieill. Parties supérieures d'un brun cendré avec les rectrices terminées de blanc que précède une ligne noire; gorge et devant du cou d'un cendré pâle; parties inférieures blanches avec les flancs roussâtres; bec noir; iris brun; pieds verdâtres. Taille, huit pouces six lignes. De l'Amérique méridionale.

Coua Cendrillard. *V.* Coua aux ailes rousses.

Coua Chochi, *Coccyzus Chochi*, Vieill. Parties supérieures d'un brun noirâtre avec les plumes bordées de cendré et de roussâtre, celles de la nuque longues, noires et bordées largement de roux foncé; sourcils blancs ; tectrices alaires brunes , bordées de cendré et de roussâtre, ce qui forme sur l'aile trois espèces de bandes brunes cendrées et roussâtres ; tectrices caudales longues ; rémiges frangées de blanchâtre ; rectrices étagées plus ou moins terminées de blanc ; les latérales presque entièrement noires en dessous ; cette couleur est aussi celle du poignet ; parties inférieures cendrées, roussâtres sur la gorge et vers l'anus, blanchâtres sur les flancs ; bec roussâtre, noir sur l'arête ; pieds cendrés. Taille, onze pouces. De la Guiane.

COUA CHIRIRI, *Coccyzus Chiriri*, Vieill. Parties supérieures noirâtres avec les plumes de la nuque assez longues et étroites, noires, terminées de roux ; le bas du dos et le croupion roux rayés de noirâtre ; quatre traits blancs en dessus et en dessous de l'œil ; gorge et devant du cou fauves, rayés de noir ; parties inférieures blanchâtres nuancées de brun ; bec noir, blanchâtre en dessous à sa base ; pieds blanchâtres. Taille, neuf pouces. Le mâle, dans la saison des amours, a les tectrices et les rémiges terminées de brun vif, et une bande blanche sur le milieu de l'aile. De la Guiane.

COUA CORNU, *Cuculus cornutus* et *Coccyzus cornutus*, Vieill. Parties supérieures d'un brun foncé, avec la nuque garnie de longues plumes formant une double huppe ; rectrices noirâtres terminées de blanc ; parties inférieures cendrées ; bec verdâtre ; iris rouge ; pieds cendrés. Taille, douze pouces. Du Brésil.

COUA GEOFFROY, *Coccyzus Geoffroyi*, Temm., pl. color. 7. Parties supérieures vertes avec le bord des tectrices roussâtre ; des plumes écaillées de fauve et de noir sur le front ; une huppe bleue d'acier sur le sommet de la tête ; bord des moyennes rémiges bleu ; grandes rémiges et tectrices d'un brun violet ; rectrices latérales bordées de vert ; gorge et devant du cou maillés de brun et de fauve ; un demi-collier noir sur le haut de la poi-

trine ; ventre fauve ; abdomen d'un roux brunâtre. Taille, vingt pouces. Du Brésil.

COUA HUPPÉ DE MADAGASCAR, *Cuculus cristatus*, Lath.; Coulicou Coua, Vieill., Buff., pl. enl. 589. Parties supérieures d'un cendré verdâtre, avec la nuque ornée de longues plumes susceptibles de se redresser ; rémiges et rectrices d'un verdâtre irisé extérieurement, les dernières étagées et terminées de blanc ; parties inférieures blanchâtres avec la poitrine rougeâtre ; bec et pieds noirs ; iris orangé. Taille, quatorze pouces.

COUA GRAND VIEILLARD. *V*. COUA AUX AILES ROUSSES.

COUA OISEAU DE PLUIE, *Cuculus pluvialis*, Lath. *V*. COUA TACCO.

COUA DES PALÉTUVIERS, *Cuculus seniculus*, Lath., Buff., pl. enl. 815. Parties supérieures cendrées ; une bande grise à l'angle postérieur de l'œil ; rectrices bleuâtres terminées de blanc, les deux intermédiaires totalement grises ; parties inférieures jaunes ; bec et pieds noirâtres. Taille, douze pouces. La femelle a la gorge et le haut de la poitrine blanchâtres. De la Guiane.

COUA PETIT COULICOU, *Coccyzus minutus*, Vieill.; *Cuculus cayenensis*, Var., Lath. Parties supérieures d'un marron pourpré ; rémiges bordées et terminées de brun ; rectrices bordées de blanc ; gorge et poitrine d'une teinte plus pâle que le dos ; parties inférieures d'un marron foncé ; bec et pieds bruns. Taille, dix pouces. La femelle a les couleurs moins foncées. De la Guiane.

COUA PETIT VIEILLARD. *V*. COUA DES PALÉTUVIERS.

COUA PIAYE, *Cuculus Caianus*, Lath., Buff., pl. enl. 211. Parties supérieures d'un marron pourpré avec les rémiges terminées de brun et les rectrices blanches à l'extrémité qui a aussi une raie noire ; gorge et poitrine d'un marron clair ; parties inférieures cendrées ; bec et pieds bruns. Taille, seize pouces. De la Guiane. On trouve quelquefois une variété à tête rousse et à poitrine grise; une autre à tête grise, à poitrine rousse et à ventre noirâtre, etc.

Coua pointillé, *Coccyzus punctulatus*, Vieill., *Cuculus punctulatus*, Lath. Parties supérieures brunes légèrement irisées, avec chaque plume terminée de roux; rémiges et rectrices d'un brun foncé, tachetées de roux à l'extrémité; parties inférieures blanchâtres; bec noir. Taille, neuf pouces. De la Guiane. Quelques auteurs pensent que ce n'est qu'une variété du Coua Chiriri.

Coua a poitrine bleuatre, *Cuculus Caïanus*, Var., Lath. Parties supérieures d'un cendré bleuâtre; front, gorge et partie du cou d'un roux vif; sommet de la tête, dessus et côtés du cou, poitrine d'un bleu cendré; parties inférieures d'un brun marron; bec rougeâtre; pieds cendrés. Taille, quinze pouces. Du Brésil.

Coua-Quapactol, *Cuculus ridibundus*, Lath. Parties supérieures d'un brun fauve; gorge, devant du cou et poitrine cendrés; ventre et tectrices caudales inférieures noirs; bec noirâtre; iris blanc; pieds noirs; Taille, seize pouces. Du Mexique.

Coua roux, *Coccyzus rutilus*, Vieill. Parties supérieures d'un roux ardent; nuque garnie de longues plumes susceptibles de se relever en huppe; gorge et poitrine roussâtres; parties inférieures cendrées; bec jaunâtre; pieds bruns; queue très-étagée. Taille, dix pouces. Du Brésil.

Coua de Saint-Domingue. *V.* Coua aux ailes rousses.

Coua Tacco, *Cuculus vetula*, L., *Cuculus pluvialis*, L., *Saurathera vetula*, Vieill., Buff., pl. enl. 772. Parties supérieures d'un cendré olivâtre; rectrices étagées, les latérales terminées par deux taches, l'une noire et l'autre blanche; gorge et poitrine cendrées; parties inférieures rousses; bec brunâtre; iris brun; peau nue qui entoure les yeux rouge; pieds cendrés. Taille, seize pouces. La femelle est plus petite; elle a les couleurs plus claires; la gorge et la poitrine blanchâtres, etc. De la Guiane.

Coua tacheté de Cayenne. *V.* Coua brun varié de roux.

Coua tacheté de la Chine, *Cuculus maculatus*, Lath., Buff. pl. enl. 764. Parties supérieures d'un gris verdâtre, variées de blanc et de brun à reflets dorés; tête et cou noirs avec quelques taches blanches au-dessus des yeux; rectrices rayées de blanc et de brun; gorge et poitrine variées de blanc et de brun; les parties inférieures rayées de ces mêmes couleurs; bec noirâtre, jaune en dessous; pieds jaunâtres, couverts par les plumes tombantes de la jambe. Taille, quatorze pouces.

Coua Tait-Sou, *Cuculus cœruleus*, Buff., pl. enl. 295, fig. 2. Tout le plumage d'un bleu foncé irisé sur les ailes et principalement sur la queue où les reflets verts et violets sont très-éclatans; bec et pieds noirs; yeux entourés d'une membrane rouge. Taille, dix-sept pouces. Les jeunes sont d'un bleu vert sans reflets. De Madagascar.

Coua a tête dorée, *Cuculus aurocephalus*, Miller, pl. 48. Parties supérieures d'un cendré brun, plus clair sur le cou, avec le croupion et la tête jaunes; tectrices alaires noires, bordées de cendré; rectrices jaunes rayées transversalement de noir; gorge jaune; poitrine grise rayée de brun; parties inférieures blanchâtres; bec et pieds bruns; yeux entourés d'une tache noirâtre. Taille, huit pouces six lignes. De l'Amérique méridionale.

Coua a tête rousse, *Coccyzus ruficapillus*, Vieill. Parties supérieures variées de blanc et de brun; sommet de la tête garni de longues plumes rousses; une tache rousse de chaque côté de la tête; nuque et parties inférieures blanches; bec et pieds rougeâtres. Taille, huit pouces. De l'Australasie.

Coua Tingazu, *Coccyzus Tingazu*. Parties supérieures d'un brun jaunâtre; rémiges et rectrices brunes; gorge et devant du cou brunâtres;

parties inférieures cendrées, teintées de roux ; bec verdâtre ; iris et paupières rouges ; pieds noirâtres. Taille, dix-neuf pouces. De l'Amérique méridionale.

Coua verdatre, *Cuculus madagascariensis*, Lath., Buff., pl. enl. 815. Parties supérieures brunes variées d'olivâtre ; rectrices latérales terminées de blanc ; gorge olivâtre, nuancée de jaune ; poitrine fauve ; parties inférieures brunes ; bec noir ; iris orangé ; pieds d'un brun jaunâtre. Taille, vingt-un pouces. D'Afrique.

Coua Vieillard. *V.* Coua Tacco. (DR..Z.)

COUA-BOUE. ois. Syn. de Merle de roche en Piémont. (B.)

COUACHO. ois. L'un des noms languedociens de la Bergeronnette. *V.* ce mot. (B.)

COUAGGA. mam. Espèce du genre Cheval. *V.* ce mot. (B.)

* COUAHOUHOU. ins. (Gaimard.) Nom d'une Punaise des bois à Owhyhée, îles Sandwich. (B.)

* COUAI. ins. (Gaimard.) Syn. aux îles Carolines de *Pediculus capitis*. *V.* Pou. (B.)

COUALE. ois. L'un des noms vulgaires de la Corneille mantelée. *V.* Corbeau. (B.)

COUALIOS. ins. Les œufs tardifs et le couvin de rebut des Vers à soie dans les provinces de France où l'on élève de ces Animaux. (B.)

COUAMELLE et COUANELLE. bot. crypt. *V.* Colmelle.

COUANA. bot. phan. Chou, ou plutôt bourgeon fort bon à manger et qui a le goût de la Noisette, provenant d'un Palmier du genre Avoira à Cayenne. (B.)

COUANDOU. mam. Pour Coendou. *V.* ce mot.

COUA-NEIRA. ois. Le Merle à plastron blanc en Piémont. (B.)

* COUAOUROU. bot. phan. (Gai-

mard.) Nom que les insulaires de Nowée, Owhyhée et Vahou, Archipel des Sandwich, donnent à un Liseron palmé. (B.)

* COUAQUE. bot. phan. La Cassave à la Guiane.

COUARCH. bot. phan. *V.* Coarh.

COUA-ROUS, COUA ROUSSA et COUA ROUSSOT. ois. Noms vulgaires du Rouge-Queue dans les Alpes. (DR..Z.)

COUAS. ois. *V.* Coua, et Syn. de Corneille dans quelques parties de la France. (B.)

COUATA. mam. Même chose que Coaïta. *V.* Atèles et Sapajou. (B.)

COUATI. mam. Pour Coati. *V.* ce mot.

* COUB. zool. (Gaimard.) Syn. d'Ongle aux îles Carolines. (B.)

COUBLANDIE. *Coublandia*. bot. phan. Dans sa Flore de la Guiane, Aublet avait formé ce genre et lui attribuait le feuillage d'une Mimeuse et le fruit du *Mullera*. Le professeur Richard, qui a visité pendant huit années les mêmes contrées qu'Aublet, a reconnu que ce prétendu genre n'existait pas et que cette erreur avait été causée par l'entrelacement du *Mullera moniliformis* et d'une espèce de *Mimosa*. (A. R.)

COUCAI. ois. L'un des noms vulgaires de l'Épouvantail, *Sterna fissipes*, L. (B.)

COUCAL. *Centropus*. ois. (Illiger.) Genre de l'ordre des Zygodactyles. Caractères : bec robuste, dur, plus haut que large, courbé surtout à la pointe, comprimé ; arête élevée en carène ; narines placées à la base du bec et sur les côtés, étroites, diagonalement fendues, à demi-fermées par une membrane nue ; quatre doigts ; deux devant soudés à la base, deux derrière dont l'extérieur versatile ; ongle du pouce allongé, presque droit, subulé ; ailes courtes ; les trois premières rémiges également étagées ; la quatrième presque égale à la cinquième qui est la plus longue. C'est encore du démembrement indiqué dans le genre Coucou par Levaillant, qu'est résulté la création du genre Coucal dont les espèces, il est vrai, tiennent de près aux véritables Coucous tant par leurs formes générales que par quelques-unes de leurs habitudes, mais qui cependant s'en éloignent suffisamment par divers caractères bien prononcés et surtout par celui qu'offrent l'extrème longueur et l'amaigrissement de l'ongle du pouce. La longueur de cet ongle qui rappelle la conformation du pied de l'Alouette, n'est probablement pas un attribut inutile accordé à ces Oiseaux; mais jusqu'ici l'observation n'a pu faire deviner l'intention de la nature dans une modification que l'on serait tenté de regarder comme un écart, si elle ne se faisait remarquer dans tous les congénères. Les Coucals, après avoir successivement reçu les noms de *Centropus*, de *Polophilus* et de *Corydonix*, qui leur ont été imposés dans les méthodes publiées par Illiger, Leach et Vieillot, viennent enfin d'être réintégrés par Temminck dans leur nom primitif dont aucun motif suffisant ne paraît avoir déterminé le changement, et que les convenances au contraire devaient faire respecter. Le synonyme latin emprunté à Illiger est également un acte de justice.

Coucal Faisan, *Cuculus Phasianus*, Lath. Parties supérieures variées de jaune, de noir et de roux, formant sur la queue des raies transversales; parties inférieures noires, ainsi que la tête et le cou; bec et pieds noirâtres. Taille, dix-sept pouces. De l'Australasie.

Coucal ferrugineux, *Cuculus Bengalensis*, Lath. Parties supérieures variées de brunâtre, striées de blanc et de noir; les premières rémiges brunes rougeâtres; les autres rayées de noir et de brun; parties inférieures brunes; bec et pieds noirâtres. Taille, huit pouces. Du Bengale.

Coucal Géant, *Corydonix giganteus*, Vieill., Levaill., Ois. d'Afrique,

pl. 223. Parties supérieures d'un roux verdâtre, avec un trait blanc sur le milieu des tectrices alaires qui sont aussi traversées par des bandes noirâtres; rectrices d'un brun noir, terminées de blanchâtre; gorge, devant du cou et poitrine variés de fauve et de brun; parties inférieures fauves, rayées de brun; bec et pieds noirâtres. Taille, vingt-trois pouces. De l'Australasie.

Coucal Houhou, *Cuculus ægyptius*, *Cuculus senegalensis*, Lath., Buff., pl. enl. 342. Parties supérieures d'un vert obscur, irisé; tectrices alaires d'un roux verdâtre; rémiges rousses, terminées de vert; croupion brun; rectrices vertes, avec des reflets brillans; parties inférieures d'un blanc roussâtre; bec noir; iris rouge; pieds noirâtres. Taille, quinze pouces. Du Sénégal.

Coucal Latham, *Corydonix Lathami*, Vieill. Parties supérieures roussâtres avec la tête et le cou noirs, des bandes obscures sur les tectrices alaires et les rémiges tachetées de noir; rectrices noires rayées de blanchâtre; parties inférieures noires, avec quelques taches blanchâtres. Espèce douteuse.

Coucal Nègre, *Corydonix nigerrimus*, Vieill., Levaill., Ois. d'Afrique, pl. 222; *Cuculus Æthiops*, Cuv. Parties supérieures noires; les inférieures d'un noir tirant sur le brun chez la femelle; bec et pieds noirs. Taille, onze pouces. De l'Afrique méridionale.

Coucal Noirou, *Cuculus nigrorusus*, Cuv., Levaill., Ois. d'Afrique, pl. 220. Le plumage noir à l'exception des ailes qui sont rousses; rectrices à barbes fort larges; bec et pieds noirs et robustes; iris brun. Taille, dix-huit pouces. La femelle est un quart plus petite. De l'Afrique et de l'Inde.

Coucal des Philippines, *Corydonix pyropterus*, Vieill.; *Cuculus ægyptius*, Var. A. Lath., Buff., pl. enl. 824. Plumage d'un noir brillant, à l'exception des ailes qui sont rousses. Longueur, quinze pouces.

Coucal rougeatre et tacheté,

Corydonix maculatus, Vieill. *V*. COU-
CAL FERRUGINEUX.

COUCAL RUFULBIN. *V*. COUCAL
HOUHOU.

COUCAL RUFIN, *Corydonix rufinus*,
Vieill., Levaill., Ois. d'Afrique, pl. 221.
Parties supérieures d'un roux brunâtre, rayées longitudinalement de
roux jaunâtre; tectrices alaires rousses; rémiges secondaires largement
rayées de brun; rectrices d'un roux
clair, rayées transversalement de brun;
parties inférieures blanchâtres, lavées
de roux; bec et pieds jaunâtres. Taille,
onze pouces. D'Afrique.

COUCAL TOULOU, *Cuculus Tolu*,
Lath., Buff., pl. enl. 295, fig. 1. Parties
supérieures d'un brun noirâtre, avec
le milieu des plumes d'un blanc roussâtre; scapulaires et tectrices alaires
d'un brun marron, bordées de noirâtre; gorge rousse variée de brun;
parties inférieures, croupion et rectrices d'un vert noirâtre; bec brun;
pieds noirâtres. Taille, quatorze pouces. De Madagascar.

COUCAL VARIÉ, *Corydonix variegatus*, Vieill. Parties supérieures brunes, variées de roux et de noir, avec
une partie du dos et du croupion garnie de plumes noires, à barbes filamenteuses, désunies; rectrices très-
longues, étagées, brunes, rayées transversalement de roux; parties inférieures d'un brun roussâtre avec la tige
des plumes blanche et roide; bec et
pieds rougeâtres. Taille, vingt-un pouces. De la Nouvelle-Hollande.

COUCAL A VENTRE BLANC, *Corydonix leucogaster*, Vieill. Parties supérieures noires, rayées transversalement de blanc; tête, cou et parties
inférieures noirs avec la tige des
plumes blanches; plumes des jambes
jaunes; bec et pieds noirs. De l'Australasie.

COUCAL VERT ANTIQUE, *Cory-
donix viridis*, Vieill.; *Cuculus ægyptius*, Var. β, Lath. Le plumage d'un
vert noirâtre, à l'exception des ailes
qui sont d'un rouge brun foncé; les
barbes des plumes roides et effilées,
portant elles-mêmes d'autres barbes
assez longues; bec et pieds noirs.

Taille, seize pouces. De la Nouvelle-
Guinée.   (DR..Z.)

*COUCARELA. BOT. PHAN. (Gouan.)
Variété de Figue jaune en dehors,
rouge en dedans.   (B.)

COUCARELO. BOT. PHAN. L'un
des noms vulgaires du Cotylet Ombilic.   (B.)

COUCHES. GÉOL. *V*. TERRAINS.

COUCHES CORTICALES. BOT.
PHAN. *V*. ÉCORCE.

COUCHES LIGNEUSES. BOT.
PHAN. *V*. BOIS.

COUCHES LIGNEUSES. HY-
DROPH. Aucun naturaliste ne reconnaît de véritables Couches ligneuses
dans les Hydrophytes; cependant nous
en avons démontré l'existence dès 1809
dans un Mémoire lu à la Société
Philomatique de Paris. Un extrait en
a été inséré dans le Bulletin que publie cette savante compagnie, ainsi
que dans notre Essai sur les genres
des Thalassiophytes inarticulées. Les
Couches ligneuses sont très-apparen-
tes dans les tiges desséchées des grandes Laminaires, des Fucus et de
quelques autres Plantes de la classe
des Hydrophytes qui vivent plusieurs
années.   (LAM..X.)

* COUCHILLE. BOT. PHAN. (Olivier de Serre.) Vieux nom du Chêne
Kermès. *V*. CHÊNE.   (B.)

COUCHOCHA. OIS. Syn. languedocien de Litorne.   (B.)

* COUCLA. OIS. Syn. de Pigeon
Pompadour, *Columba Pompadora*,
Lath. *V*. PIGEON.   (DR..Z.)

*COUCOIDE. OIS. Espèce du genre
Faucon, *Falco cuculoides*, Temm. pl.
color. 110. *V*. FAUCON, division des
Autours.   (DR..Z.)

COUCOU. *Cuculus*. OIS. (Linné.)
Genre de l'ordre des Zygodactyles.
Caractères: bec médiocre, de la longueur de la tête, légèrement arqué,
comprimé; mandibules non échancrées; narines placées à la base du
bec et près des bords de la mandibule, entourées d'une membrane
saillante; pieds emplumés au-dessous

du genou, assez courts; deux doigts devant soudés à leur base, et deux derrière entièrement divisés, dont l'extérieur reversible; queue longue, ordinairement étagée; dix rectrices; ailes médiocres; la première rémige de moyenne longueur; la deuxième un peu plus courte que la troisième qui est la plus longue.

Une habitude que des physiologistes ont prétendu faire dépendre de la position de quelques viscères dans la constitution physique des Coucous, distingue, isole même ces Oiseaux de tous les autres. Cette habitude, en opposition avec les lois naturelles, et qui, d'après divers observateurs dignes de foi, n'est point particulière à certaine espèce, mais commune à toutes celles qui composent le genre, porte les femelles à déposer le fruit de leurs amours dans des nids étrangers, souvent même dans ceux de très-petites espèces de Sylvies. Ce fait, unique dans l'histoire des Oiseaux, devait nécessairement ne point échapper à l'observation des premiers temps : aussi a-t-il donné lieu aux conjectures les plus ridicules et les plus erronées sans que l'on soit parvenu encore à en pénétrer la véritable cause. Parmi les probabilités suggérées par l'imagination, on remarque celle du collaborateur de Buffon ; elle serait déduite de l'instinct de la femelle du Coucou à dérober sa future famille à la gloutonnerie du mâle qui, dévorant en général dans les nids les œufs qu'il y rencontre, n'épargnerait pas même sa progéniture. Cette supposition, bien hasardée, est néanmoins celle à laquelle il répugne le moins de s'arrêter. Aux conjectures sur ce qui peut condamner la triste femelle du Coucou à ignorer les douceurs de l'incubation, douceurs bien grandes sans doute, puisque souvent on les a vues préférées à la conservation de l'existence, en ont succédé d'autres sur les motifs qui faisaient choisir le nid d'un très-petit Oiseau, plutôt que tel autre où le jeune Coucou, au sortir de l'œuf, se trouverait plus à l'aise; on a pensé que le même instinct portait les femelles à démêler, parmi les Oiseaux, l'espèce qui témoignait le plus de tendresse dans l'éducation de ses petits, celle qui se nourrissait des mêmes alimens, celle encore peut-être qui ne serait pas douée d'une force suffisante pour se venger sur le jeune Coucou, à l'instant où il viendrait à éclore, de la supercherie de la mère. Ces conjectures ne sont pas moins admissibles que les précédentes, mais qu'elles peuvent être loin encore de la réalité ! On a cru long-temps que la femelle du Coucou faisait sa ponte directement dans le nid qu'elle avait choisi ; mais comment penser qu'un aussi gros Oiseau pût s'accroupir dans un très-petit nid sans le déformer et le détruire, qu'il pût se soutenir sur le branchage faible et flexible où se trouve construit un semblable nid? Levaillant, qui assure avoir saisi sur le fait la mère trop prudente ou la marâtre insensible, selon que l'on voudra prendre la chose, dit que l'œuf, d'abord déposé par terre, est immédiatement avalé par la femelle, de manière qu'il passe intact de l'oviducte dans l'œsophage avant d'arriver au nid, ce qui est un fait absolument particulier. Les quatre à six œufs, dont se compose la ponte, sont ainsi successivement déposés dans autant de nids différens ; ce seul œuf n'alarme pas la couveuse, dont l'attachement pour les siens lui fait surmonter la répugnance de partager ses soins entre eux et un étranger, lequel, presque aussitôt après sa naissance, se trouve forcé d'user d'ingratitude et de rejeter furtivement l'un après l'autre, du lit qui ne pourrait les contenir tous ensemble, ses possesseurs naturels et légitimes.

Le vol des Coucous est en général bas et tortueux; on ne les voit presque jamais se poser à terre; il est vrai que la conformation de leurs pieds et de leurs cuisses les rend peu propres à la marche; leur chant, que tout le monde connaît, a beaucoup d'analogie dans les diverses espèces, et toutes ne le font entendre que pendant la saison des amours; ils fréquentent de préférence les bois et y vivent solitaires ; quoique peu sauvages , ils se laissent difficilement approcher ; bien des fois ils ont, par un mouvement continuel qui indique chez eux beaucoup d'inquiétude , poussé à bout la patience du chasseur ; ils ne se nourrissent que d'Insectes, de larves et de Vers, ce qui les confine dans les pays chauds et ne les porte à visiter les climats tempérés que dans la saison où les Insectes s'y montrent.

Le genre Coucou, que Linné avait rendu très-nombreux, a été partagé, dans les méthodes plus récentes, en divers autres genres ; tels sont : les Coucous proprement dits , les Coua, Coucal , Courol , Indicateur , Malcoha , Couraco , etc.

Coucou d'Andalousie, *Cuculus Andalusiæ*, Briss. ; *Cuculus glandarius*, Gmel. Parties supérieures brunes noirâtres ; tête garnie de plumes grises, soyeuses , assez longues pour se relever en huppe ; une bande noire traversant les yeux ; rémiges et tectrices alaires terminées par une tache blanche ; rectrices étagées , noirâtres en dessus, cendrées en dessous ; les latérales terminées de blanc ; parties inférieures d'un roux brunâtre ; bec et pieds noirs. Taille, seize pouces. D'Afrique ; de passage dans le midi de l'Europe.

Coucou Aravereva, *Cuculus Taitensis*, Lath. Parties supérieures brunes , rayées et traversées de roux ; deux traits blancs de chaque côté de la tête ; rectrices longues, étagées , avec de nombreuses raies brunâtres , terminées de blanc ; parties inférieures blanchâtres , rayées de brun ; bec noirâtre en dessus, blanc en dessous ; iris jaune ; pieds noirâtres. Taille , dix-huit pouces. De l'Océanique.

Coucou barriolé, *Cuculus variegatus*, Vieill. Parties supérieures variées de brun et de blanc ; rémiges brunes , avec des espèces de festons blancs ; rectrices brunes, bariolées de blanc, égales ; gorge , devant du cou et poitrine bleuâtres ; parties infé-

rieures blanches. Longueur, quatorze pouces. De l'Australasie.

Coucou du Bengale. *V*. Coucal ferrugineux.

Coucou bleu de la Chine. *V*. Corbeau-Pie bleue a bec rouge.

Coucou bleu de Madagascar. *V*. Coua Tait-Sou.

Coucou bleuatre, *Cuculus cærulescens*, Vieill. Parties supérieures d'un brun cendré ; rectrices longues, rayées de noir et de blanc ; parties inférieures d'un cendré bleuâtre , blanches sur l'abdomen ; bec brun ; pieds rougeâtres. Taille, huit pouces. De l'Australasie.

Coucou Boutsallick, *Cuculus Scolopaceus*, Lath. , Buff. , pl. enl. 586. Parties supérieures brunes , tachetées de fauve ; parties inférieures tachetées de blanc, de roux et de noir ; queue étagée ; bec et pieds jaunâtres. Taille, quatorze pouces. Du Bengale.

Coucou brun et jaune a ventre rayé, *Cuculus radiatus*, Lath. Parties supérieures d'un brun noirâtre ; sommet de la tête cendré ; côtés de la tête et gorge rougeâtres ; rectrices noires , rayées et terminées de blanc ; parties inférieures jaunâtres , rayées de noir ; bec noir ; iris orangé ; pieds roux. Taille , quatorze pouces. Des Indes.

Coucou brun piqueté de roux, *Cuculus punctatus*, Lath. , Buff. , pl. enl. 771. Parties supérieures brunes, rayées et tachetées de roux ; une bande rousse de chaque côté de la tête ; parties inférieures rousses, finement rayées de noirâtre ; queue étagée ; bec grisâtre ; pieds bruns. Taille, dix-sept pouces. La femelle a les taches moins marquées et les parties inférieures d'un roux très-clair. Des Indes.

Coucou brun rayé a croupion roussatre. *V*. Coucou commun, femelle.

Coucou brun et tacheté des Indes. *V*. Coucou Boutsallick.

Coucou brun varié de noir. *V*. Coucou Aravereva.

Coucou brun varié de roux. *V.* Coua Chochi.

Coucou du cap de Bonne-Espérance, *Cuculus Capensis*, L., Buff., pl. enl. 390. Parties supérieures d'un brun roussâtre ; rectrices terminées de blanc ; rémiges brunes ; gorge et devant du cou roussâtres ; parties inférieures blanches, rayées transversalement de cendré ; bec et pieds noirâtres. Taille, douze pouces. Divers auteurs pensent que c'est une variété du Coucou d'Europe.

Coucou de la Caroline *V.* Coua aux ailes rousses.

Coucou de Cayenne, *V.* Coua Piaye.

Coucou cendré, *Cuculus cinereus*, Vieill. Plumage cendré, plus clair sur le ventre et l'abdomen ; rémiges et rectrices bordées inférieurement d'une petite dentelure blanche ; queue étagée ; bec brun ; pieds gris. Taille, onze pouces. De la Nouvelle-Hollande.

Coucou Cendrillard. *V.* Coua aux ailes rousses, femelle.

Coucou Chalcite, *Cuculus Chalcités*, Illig., Temm., pl. color. 102, fig. 2. Parties supérieures d'un brun faiblement bronzé, avec le bord des tectrices d'un brun fauve foncé ; sommet de la tête et dessus du cou d'un fauve foncé ; rémiges et rectrices bordées de fauve ; ces dernières étagées et terminées de blanc ; les latérales coupées de taches blanchâtres ; parties inférieures blanches ; bec cendré ; pieds bruns. Taille, cinq pouces six lignes. De la Nouvelle-Hollande.

Coucou a collier, Coucou a collier blanc. *V.* Coucou huppé a collier.

Coucou commun. *V.* Coucou d'Europe.

Coucou Cornu. *V.* Coua Cornu.

Coucou Coua. *V.* Coua petit Coulicou.

Coucou Coukeel, *Cuculus orientalis*, Lath., Buff., pl. enl. 274, fig. 1. Tout le plumage noir, irisé en vert, violet et pourpré ; bec et pieds gris. Taille, seize pouces. Du Bengale.

Coucou Criard, *Cuculus clamosus*, Lath., Levaill., pl. 204 et 205. Plumage d'un noir bleuâtre ; rémiges noires vers l'extrémité ; rectrices étagées, terminées de blanc ; bec noir ; pieds jaunâtres. La femelle a les plumes des parties inférieures bordées de roux, et le jeune mâle a les parties traversées de lignes rousses. Taille, douze pouces. De l'Afrique, où ses cris, presque continuels et diversement répétés, ont valu à cet Oiseau le nom qui lui a été imposé.

Coucou Cuil, *Cuculus honoratus*, L., Buff., pl. enl. 294. Parties supérieures noirâtres, avec deux taches blanches à l'extrémité de chaque plume ; une seule tache termine les tectrices caudales ; rémiges cendrées ; rectrices noirâtres ; les unes et les autres rayées transversalement de blanc ; parties inférieures blanches, rayées de cendré ; bec et pieds gris ; iris orangé. Taille, douze pouces. Des Indes.

Coucou Cuivre, *Cuculus cupreus*, L. Parties supérieures vertes, à reflets cuivreux, brillans ; une tache triangulaire blanche à l'extrémité de chaque rectrice latérale ; parties inférieures d'un beau jaune ; bec et pieds noirs. Taille, huit pouces. D'Afrique.

Coucou Didric, *Cuculus auratus*, L., Buff., pl. enl. 657 ; Levaill., Ois. d'Afriq., pl. 210 et 211. Parties supérieures d'un vert doré, avec cinq bandes blanches sur la tête ; rémiges d'un brun verdâtre, tachetées de blanc ; rectrices peu étagées, terminées de blanc ; les latérales tachetées de blanc ; parties inférieures blanches ; bec et pieds bruns ; iris orangé. Taille, sept pouces six lignes. La femelle a les parties supérieures rougeâtres et les inférieures roussâtres. Le jeune mâle a ces dernières parties nuancées de gris.

Coucou de Saint-Domingue. *V.* Coua aux ailes rousses, femelle.

Coucou éclatant, *Cuculus lucidus*, Lath., Temm., pl. color. 102, fig. 1. Parties supérieures brunes, à reflets brillans, dorés et verdâtres ; chacune des plumes bordée de blanchâtre; parties inférieures blanchâtres, rayées transversalement de brun doré; rectrices inférieures rousses à leur origine ; les latérales entièrement tachetées de blanc et de noir; bec et pieds noirâtres. Taille, six pouces. La femelle a le sommet de la tête d'un brun cendré; les reflets des parties supérieures absolument verts; les parties inférieures d'un blanc sale, rayées de brun. Elle paraît être le Coucou Poopo-Arowro.

Coucou Édolio, *Cuculus ater*, Gmel. ; *C. edolius*, Cuv. ; *C. serratus*, Spar., Levaill., Ois. d'Afriq., pl. 207 et 208, Buff., pl. enl. 872. Plumage noir, avec les plumes de la nuque longues et effilées; rémiges et rectrices à reflets verts; une plaque blanche sur les rémiges intermédiaires ; bec noir; pieds bruns. Taille, douze pouces. La femelle, Buff., pl. enl. 872, a les parties inférieures et l'extrémité de la queue blanches. Le jeune mâle a les parties supérieures d'un noir brunâtre et les inférieures d'un blanc grisâtre. D'Afrique et des Indes.

Coucou a épaulettes. *V*. Coua brun varié de roux.

Coucou Faisan. *V*. Coucal Faisan.

Coucou (grand) de Madagascar. *V*. Courol Vouroudriou.

Coucou (grand) tacheté. *V*. Coucou d'Andalousie.

Coucou gris-bronzé, *Cuculus æreus*, Vieill., Levaill., Ois. d'Afriq., pl. 215. Parties supérieures d'un vert foncé et brillant; les inférieures grises, avec quelques reflets verts; bec jaunâtre; pieds noirs. Taille, douze pouces. D'Afrique.

Coucou gris d'Europe, *Cuculus Canorus*, L., Buff., pl. enl. 811. Parties supérieures d'un cendré bleuâtre, plus foncé sur les ailes, plus clair sur la gorge et la poitrine; des taches blanches sur les barbes internes des rémiges ; rectrices noirâtres, tachées et terminées de blanc; parties inférieures blanchâtres, rayées transversalement de noir ; bord du bec, iris et pieds jaunes. Taille, onze pouces. Les jeunes ont les plumes tachées de roux

et bordées de blanc ; dans un âge très-avancé, la teinte générale est olivâtre, avec des bandes roussâtres; les parties inférieures sont blanchâtres, rayées transversalement de cendré, de roussâtre et de noir. C'est cette espèce si répandue dans nos campagnes sur laquelle on a débité tant de fables, et qui sert vulgairement de texte à de vieilles plaisanteries rejetées de la bonne société.

Coucou a gros-bec, *Cuculus crassirostris*, Vieill., Ois. d'Afriq., pl. 214. Entièrement noir, avec des reflets bleus sur les ailes et la queue; bec verdâtre ; pieds d'un brun jaunâtre. Taille, douze pouces. La femelle a les parties inférieures d'un brun brunâtre. D'Afrique.

Coucou huppé du Brésil. Syn. de *Cuculus Piririqua*, Vieill. *V*. Ani.

Coucou huppé a collier, *Cuculus coromandus*, L., Buff., pl. enl. 274, fig. 2; Levaill., Ois. d'Afrique, pl. 213. Parties supérieures noirâtres avec les plumes bordées de roux ; des plumes longues et larges forment sur la nuque une huppe assez roide; une petite tache grise près de l'œil ; un collier blanc sur le cou; parties inférieures blanches avec la gorge rousse ou noirâtre; queue noirâtre, longue et étagée; bec et pieds cendrés; iris jaunâtre. Longueur, douze pouces. La femelle a les ailes roussâtres et la gorge blanche. De la côte de Coromandel.

Coucou huppé de Coromandel. *V*. Coucou huppé a collier.

Coucou huppé de la côte de Coromandel. *V*. Coucou Édolio.

Coucou huppé de Guinée. *V*. Touraco.

Coucou huppé de Madagascar. *V*. Coua.

Coucou Indicateur. *V*. Indicateur.

Coucou Jacobin huppé. *V*. Coucou Édolio, femelle.

Coucou de la Jamaïque. *V*. Coua Tacco.

Coucou Klaas, *Cuculus Klaasii*, Cuv., Levaill., Ois. d'Afrique, pl. 212. Parties supérieures d'un vert cuivreux; un petit trait blanc au-dessus de l'œil; rémiges d'un vert noirâtre bronzé, tachetées de blanc en dessous; rectrices cuivrées, les trois latérales presque entièrement blanches; parties inférieures blanches avec quelques traits longitudinaux sur l'abdomen; bec et pieds bruns; iris jaune. Taille, huit pouces. D'Afrique.

Coucou a long bec de la Jamaïque. *V*. Coua Tacco.

Coucou a longs brins. *V*. Drongo a raquettes.

Coucou de Madagascar. *V*. Coucal Toulou.

Coucou de Malabar. *V*. Coucou Cuil.

Coucou Maroc ou Moroc, *Cuculus Abyssinicus*, Lath. Parties supérieures brunes avec quelques mouchetures blanches; tête noirâtre; rémiges terminées de blanc, les primaires rousses extérieurement; rectrices noirâtres terminées de blanc; parties inférieures d'un blanc jaunâtre; bec brun, avec la base de la mandibule inférieure jaunâtre. Taille, quatorze pouces six lignes. De l'Égypte.

Coucou noir du Bengale, *Cuculus Bengalensis niger*, Briss. Tout le plumage d'un noir irisé en vert pourpré; bec orangé; pieds bruns. Taille, neuf pouces. Du Bengale. On présume que, malgré la différence de taille, cette espèce pourrait bien être la même que le Coucou Coukeel.

Coucou noir de Cayenne, *Cuculus tranquillus*, Gmel., Buff., pl. enl. 512. *V*. Tamatia a bec rouge.

Coucou noir huppé, *Cuculus ater*, Lath. *V*. Coucou Edolio.

Coucou noir des Indes. *V*. Coucou Coukeel.

Coucou des palétuviers. *V*. Coua des palétuviers.

Coucou de Paradis. *V*. Drongo.

Coucou perlé, *Cuculus perlatus*, Vieill. Parties supérieures brunes, tachetées de noirâtre; rectrices tachetées de brun et de blanchâtre; parties inférieures rousses avec des traits longitudinaux bruns; bec et pieds cendrés. Taille, dix pouces. D'Afrique.

Coucou (petit) de l'île Panay. *V*. petit Coucou a tête grise et ventre jaune.

Coucou (petit) noir de Cayenne, *Cuculus tenebrosus*, Lath., Buff., pl. enl. 505. *V*. Tamatia a pieds jaunes.

Coucou (petit) Sonnerat ou des Indes, *Cuculus Sonneratii*, Lath. Parties supérieures d'un brun rougeâtre, rayées transversalement de noir; quelques taches noires irrégulières sur la tige des rectrices; parties inférieures blanches, rayées transversalement de noir; bec, iris et pieds jaunes. Taille, dix pouces.

Coucou (petit) a tête grise et ventre jaune, *Cuculus flavus*, Lath., Buff., pl. enl. 804. Parties supérieures brunes; sommet de la tête et gorge cendrés; rectrices noires, rayées de blanc; parties inférieures d'un jaune roussâtre; bec jaune, noir à la base; iris et pieds jaunes. Taille, huit pouces. De l'île Panay.

Coucou des Philippines. *V*. Coucal des Philippines.

Coucou Playe. *V*. Coua Playe.

Coucou Piririqua, Vieill. *V*. Ani.

Coucou a plaques dentelées aux ailes. C'est le Coucou Edolio, mâle.

Coucou Poopo-Arowro. *V*. Coucou éclatant, femelle.

Coucou a queue en éventail, *Cuculus flabelliformis*, Lath., Synops. pl. 126. Parties supérieures noires; rectrices, à l'exception des deux intermédiaires, ondulées de blanc à l'intérieur; parties inférieures d'un jaune obscur; bec noir; pieds jaunes. Taille, dix pouces. De la Nouvelle-Hollande.

Coucou rayé de roux, *Cuculus rufo-vittatus*. Parties supérieures d'un brun noirâtre, rayées de roux vif; plumes du front blanches à leur base; rémiges brunes dentelées de roux à leurs bords; rectrices largement bordées de roux, avec l'extrémité blanche, d'un roux fauve en dessous; gorge, devant et côtés du cou, poitrine blancs, finement rayés de noirâtre; parties inférieures d'un blanc roussâtre; bec noir, brun en dessous à sa base ; pieds d'un jaune rougeâtre. Taille, sept pouces. La femelle a fauve tout ce qui est d'un roux vif chez le mâle ; elle a le sommet de la tête cendré, la gorge et les côtés du cou teints de fauve, et toutes les parties inférieures rayées de noirâtre. De Java.

Coucou rouge huppé du Brésil. *V*. Couroucou a ventre rouge.

Coucou rougeatre a ventre tacheté de blanc et de noir. *V*. Coucal ferrugineux.

Coucou roussatre, *Cuculus rufulus*, Vieill. Parties supérieures variées de brun et de roussâtre ; rémiges cendrées ; rectrices grises bordées de roussâtre ; gorge et poitrine roussâtres, pointillées de blanc ; parties inférieures d'un cendré blanchâtre ; bec noir ; pieds gris. Taille, neuf pouces. De la Nouvelle-Hollande.

Coucou roux et brun, *Cuculus pyrrophanus*, Vieill. Parties supérieures brunes ; tête d'un cendré bleuâtre ; rectrices terminées de blanc ; parties inférieures rousses ; bec et pieds noirâtres. Taille, huit pouces. La femelle et le jeune ont les teintes plus pâles et les pieds rougeâtres. De la Nouvelle-Hollande.

Coucou Rufalbin. *V*. Coucal Houhou.

Coucou de Saint-Domingue. *V*. Coua Cendrillard.

Coucou du Sénégal. *V*. Coucal Houhou.

Coucou solitaire, *Cuculus solitarius*, Vieill. Parties supérieures noirâtres avec l'extrémité des barbules cendrée ; rectrices terminées de blanc, les tiges des latérales tachées de blanc ; grandes rémiges noirâtres ; gorge roussâtre ; devant du cou, poitrine et ventre ondés et rayés transversalement de noirâtre ; parties inférieures rousses ; bec brun, jaunâtre en dessous à sa base. Taille, dix pouces. La femelle a les parties supérieures rousses, rayées de brun. Le jeune est d'un brun roux en dessus et roussâtre en dessous. Il se rapproche beaucoup, si toutefois ce n'est pas la même espèce,

du Coucou du cap de Bonne-Espérance.

Coucou Sonnerat. *V*. petit Coucou des Indes.

Coucou tacheté du Bengale. *V*. Coucou Boutsallick.

Coucou tacheté de Cayenne. *V*. Coua brun varié de roux.

Coucou tacheté de la Chine. *V*. Coua tacheté de la Chine.

Coucou tacheté de l'île Panay, *Cuculus Panayanus*, Lath., Sonnerat, Voy. pl. 78. Parties supérieures brunes, tachetées de roux jaunâtre ; rémiges rayées de roux et pointillées de blanc ; rectrices rousses, rayées de noir ; gorge noire tachetée de roux ; parties inférieures roussâtres, rayées de noirâtre ; pieds cendrés. Taille, douze pouces.

Coucou tacheté des Indes. *V*. Coucou brun piqueté de roux.

Coucou tacheté de Malabar. *V*. Coucou Cuil.

Coucou tacheté de Mindanao, *Cuculus Mindanensis*, Lath., Buff., pl. enlum. 277. Parties supérieures d'un brun verdâtre, irisées, tachetées de blanc et de roussâtre ; rémiges rayées transversalement de blanc roussâtre ; rectrices égales irisées en vert doré brillant, rayées transversalement de roussâtre et souvent terminées de blanc ; parties inférieures blanches, tachetées et rayées en travers de noirâtre ; bec noir, roussâtre en dessous ; pieds d'un gris brun. Taille, quatorze pouces six lignes.

Coucou Tachirou. Est, selon Levaillant qui l'a figuré pl. 216 des Oiseaux d'Afrique, le même que le Coucou Cuil.

Coucou Tait-Sou. *V*. Coua Tait-Sou.

Coucou a tête bleue, *Cuculus cyanocephalüs*, Lath. Parties supérieures brunâtres, pointillées et rayées de blanc ; sommet de la tête, nuque et côtés du cou d'un bleu noirâtre ; rectrices longues et presque égales ; gorge et devant du cou jaunâtres ; parties inférieures blanches, rayées transversalement de noir ; bec et pieds bleuâtres. Taille, neuf pouces. De la Nouvelle-Hollande.

Coucou a tête grise, *Cuculus poliocephalus*, Lath. Parties supérieures d'un cendré plus obscur sur la tête et le cou; rectrices blanchâtres, rayées transversalement de noirâtre; parties inférieures blanches, rayées de cendré; bec et pieds brunâtres. Taille, huit pouces. De l'Inde.

Coucou a tête grise et ventre jaune. *V*. Petit Coucou a tête grise et ventre jaune.

Coucou tiqueté de blanc, *Cuculus albo-punctulatus*. Plumage d'un noir irisé, avec des points blancs sur la tête, les rectrices alaires et les parties inférieures; rémiges inférieures marquées d'une tache blanche; rectrices terminées par un petit point blanc sur la tige, les deux latérales beaucoup plus courtes et rayées de blanc en dessous, de même que les tectrices caudales inférieures; bec et pieds noirs; quelques plumes à moitié blanches sur les plumes des jambes qui garnissent aussi un côté des tarses. Taille, huit pouces. De Java. Nous regardons comme variété d'âge ou de sexe, un individu entièrement privé des points blancs qui, dans cette espèce, ornent la tête, les ailes et le dessous du corps; quant au reste, il est absolument semblable et nous a été envoyé des mêmes régions.

Coucou a trois doigts. C'est le coucou Maroc dont la description a été faite d'après un exemplaire incomplet.

Coucou varié de Mindanao. *V*. Coucou tacheté de Mindanao.

Coucou a ventre fauve, *Cuculus pyrogaster*. Parties supérieures d'un brun bronzé, rayées transversalement de fauve; sommet de la tête tirant sur le cendré; rémiges intermédiaires bordées à l'extérieur de taches fauves; rectrices intermédiaires dentelées de fauve, les latérales de blanc, toutes étagées et terminées de blanc; gorge, dessous du cou, poitrine et ventre d'un fauve pâle, rayés transversalement de brun et de blanc; parties les plus inférieures fauves;

bec noir, brunâtre à sa base en dessous; pieds rougeâtres Taille, huit pouces six lignes.

Coucou a ventre noir, *Cuculus melanogaster*, Vieill. Parties supérieures ferrugineuses; sommet de la tête cendré; rectrices longues, étagées, noires et terminées de blanc; gorge, devant du cou et poitrine roussâtres; parties inférieures noires. Taille, quinze pouces. De Java.

Coucou a ventre rayé, *Cuculus striatus*. Parties supérieures d'un brun cendré, bleuâtre; rémiges brunes, frangées de blanchâtre, les deux premières dentelées de roussâtre; rectrices peu étagées, noirâtres, avec l'extrémité et des taches le long de la tige blanches; gorge et devant du cou d'un cendré bleuâtre, très-clair; parties inférieures blanchâtres, rayées transversalement de noir; bec noir, roussâtre en dessous à sa base; pieds rougeâtres. Taille, douze pouces. De Java. On nous a communiqué sous le nom de *Cuculus Dasypus*, une espèce de même taille venant également de Java, qui pourrait bien être le Coucou à ventre rayé dans son jeune âge; il en diffère en ce que les parties supérieures sont toutes traversées de bandes rousses, et que la gorge et le devant du cou sont semblables au reste des parties inférieures.

Coucou a ventre rayé de l'île de Panay. *V*. Coucou brun et jaune a ventre rayé.

Coucou verdâtre de Madagascar. *V*. Coua verdâtre.

Coucou vert d'antique. *V*. Coucal vert d'antique.

Coucou vert et blanc, *Cuculus palliolatus*, Lath. Parties supérieures d'un vert sombre; sommet de la tête, côtés du cou et rémiges noirs; rectrices courtes, tachetées de blanc à l'extrémité; parties inférieures blanches; dessous des ailes jaunâtre; bec brun; iris orangé; pieds bleuâtres. Taille, douze pouces. De la Nouvelle-Hollande.

Coucou vert du cap de Bonne-Espérance. *V*. Coucou Didric.

Coucou vert doré et blanc. *V.* Coucou Didric.

Coucou vert huppé de Guinée. *V.* Touraco.

Coucou vert huppé de Siam. C'est le Drongo à raquettes dans son jeune âge, et dont on a cru les plumes assez longues de la nuque susceptibles de se relever en huppe. (dr..z.)

On a étendu le nom de Coucou non-seulement à d'autres Oiseaux qui n'ont pas de rapport avec les espèces qui composent le genre dont il vient d'être question : *Coucou rouge*, par exemple, pour l'Engoulevent d'Europe, et *Coucou vert* pour un Touraco et un Drongo ; mais encore on l'a donné à des Animaux de classes différentes, et même à des Plantes. Ainsi l'on a appelé Coucou : une Raie et un Trigle, le Cocon du Ver à soie, une variété de Fraisiers, la Primevère officinale et l'Agaric Orange. (b.)

COUCOU (fleur de). bot. phan. Nom vulgaire du *Lychnis Flos Cuculi* et du *Narcissus Pseudo-Narcissus*. *V.* Lychnide et Narcisse. (b.)

COUCOU (pain de). bot. phan. Nom qu'on donne vulgairement à la Primevère officinale. *V.* Primevère. (a. r.)

COUCOUAT. ois. Nom vulgaire donné aux jeunes Coucous. (dr..z.)

* COUCOUDA. ois. (Paulin.) Syn. vulgaire de la Poule dans diverses provinces de l'Inde. *V.* Coq. (dr..z.)

COUCOULIADO. ois. Syn. vulgaire du Cochevis, *Alauda cristata*, L. *V.* Alouette. (dr..z.)

COUCOUMELLES. bot. crypt. On donne ce nom, en Languedoc, à plusieurs espèces d'Amanites, et particulièrement à l'Oronge blanche, *Amanita ovoidea*, et à l'Amanite engaînée, *Amanita vaginata*. La première porte plus spécialement le nom de Coucoumelle blanche, et la seconde celui de Coucoumelle grise. On donne quelquefois celui de Coucoumelle jaune ou orangée à la véritable Oronge. *V.* Oronge ou Amanite. (ad. b.)

COUCOUNASSOUX. bot. phan. Vieux nom du Concombre. (b.)

COUCOURDE. bot. phan. Pour Cougourde. *V.* ce mot.

COUCOURELO. bot. phan. Nom provençal de la variété de Figue nommée petite Violette. (b.)

* COUCOUREN–MASSON. bot. phan. Nom provençal du *Momordica Elaterium*, L. (b.)

COUCUT. ois. Et non *Coucu*. Syn. gascon de *Cuculus Canorus*. *V.* Coucou. (dr..z.)

* COUDA. mam. (Gaimard.) Syn. timorien de Chèvre. (b.)

* COUDE. mam. C'est, dans l'Homme, l'articulation du bras et de l'avant-bras, qui sert de comparaison en botanique pour désigner les parties des Végétaux qui font un angle, et qu'on appelle *Coudées* ou *en coude*. (b.)

COUDÉRLO. bot. crypt. Nom languedocien d'un Champignon qu'on ne spécifie pas. (b.)

COUDEY. ois. Espèce du genre Jacana, *Parra indica*, Lath. *V.* Jacana. (dr..z.)

COUDIOU. ois. Syn. vulgaire du Coucou gris d'Europe, *Cuculus Canorus*, L. *V.* Coucou. (dr..z.)

COUDOU et COUDOUS. mam. Même chose que Condoma. *V.* Antilope. (b.)

* COUDOUGAN ou COUDOUGNAN. ois. (Levaillant.) Syn. de Loriot à tête noire de la Chine, *Oriolus melanocephalus*, L. *V.* Loriot. (dr..z.)

COUDOUGIÉ ou COUDONIER. bot. phan. Syn. languedocien de Coignassier. *V.* ce mot. (b.)

COUDOUMBRE. bot. phan. L'un des noms du Concombre dans les dialectes méridionaux. (b.)

COUDRE. bot. phan. Ce nom vulgaire s'applique indifféremment au Coudrier et au Viorne. *V.* ces mots. (b.)

COUDRIER. *Corylus*. bot. phan.

D'abord placé dans la famille des Amentacées de Jussieu et dans la Monœcie Octandrie, L., ce genre fait aujourd'hui partie du groupe établi par le professeur Richard sous le nom de Cupulifères. *V.* ce mot. Le Coudrier se reconnaît aux caractères suivans : ses fleurs sont monoïques ; les mâles forment de longs chatons cylindriques et pendans. Chacune d'elles se compose d'une écaille profondément bifide, soudée avec une autre écaille plus extérieure, entière, plus grande que la précédente et l'enveloppant, de huit étamines à filets courts et grêles, à anthères ovoïdes allongées et uniloculaires, marquées d'un seul sillon longitudinal par lequel elles s'ouvrent. Les fleurs femelles sont en général réunies plusieurs ensemble à l'aisselle d'écailles qui constituent quelquefois une sorte de bourgeon conoïde. On trouve pour chaque fleur un involucre monophylle, persistant, recouvrant complètement la fleur, tantôt profondément biparti, tantôt simplement denté à son bord, et que tous les auteurs considèrent à tort comme le calice. Celui-ci, en effet, est adhérent avec l'ovaire qui est infère et plus ou moins globuleux : son limbe est fort court et irrégulièrement denticulé. Coupé en travers, l'ovaire offre deux loges , très-petites comparativement à sa masse, et dans chacune d'elles , un ovule renversé est attaché à sa partie supérieure et un peu interne. Du sommet de l'ovaire naissent deux stigmates subulés, plus longs que l'involucre et finement glanduleux. Le fruit est un véritable gland osseux, enveloppé dans un involucre monophylle ou cupule foliacée plus longue que lui, au fond de laquelle il est attaché par une base large. Le péricarpe est osseux, indéhiscent, plus ou moins globuleux, terminé en pointe à son sommet où il offre un petit ombilic formé par les dents du limbe calicinal. Ce péricarpe offre en général une seule graine et une seule loge, plus rarement deux loges et deux graines séparées par une cloison mince , irrégulière et cellu-

leuse. La graine est dépourvue d'endosperme et se compose d'un gros embryon dont les deux cotylédons sont très-épais.

Ce genre se compose d'environ six espèces dont deux croissent en Europe (*Corylus Avellana* et *Corylus tubulosa*), une en Orient (*Corylus Colurna*) et trois dans l'Amérique septentrionale (*Corylus americana, Corylus rostrata* et *Corylus humilis*). Ce sont des Arbres ou plus souvent des Arbrisseaux, à feuilles alternes et entières , munies à leur base de deux stipules écailleuses et caduques. En général, leurs fleurs s'épanouissent avant que leurs feuilles commencent à se développer. Nous allons mentionner quelques-unes des espèces les plus intéressantes.

Le Coudrier commun ou Noisetier, *Corylus Avellana*, L., croît en abondance dans nos bois et nos forêts. Il forme un Arbrisseau de dix à douze pieds d'élévation , dont les jeunes rameaux sont effilés, cylindriques et pubescens. Ses feuilles sont alternes, courtement pétiolées, cordiformes, arrondies , acuminées au sommet, doublement dentées en scie sur leurs bords, pubescentes et un peu rudes au toucher sur leurs deux faces. Les deux stipules qui accompagnent chaque feuille, et qui constituaient les écailles du bourgeon, dans lequel elles étaient d'abord renfermées, sont très – caduques. Les chatons mâles sont longs , cylindriques , et pendent de la partie supérieure des jeunes rameaux de l'année précédente. Chaque fleur se compose de huit étamines à anthères vraiment uniloculaires et barbues à leur sommet. Les fleurs femelles constituent une sorte de petit bourgeon conique. Il leur succède des fruits ou glands désignés sous le nom de Noisettes, enveloppés dans un involucre ou cupule monophylle et foliacée, plus longue qu'eux. Cet Arbrisseau est depuis fort long-temps cultivé dans nos jardins, et, par le moyen de la culture, on est parvenu à se procurer plusieurs variétés remarquables. Les principales sont :

le Coudrier franc à fruits blancs, le Coudrier à amandes rouges et l'Avelinier. Cette dernière variété, la plus estimée de toutes, se distingue par ses fruits et ses amandes très-grosses et rougeâtres. L'amande du Noisetier est très-agréable et très-recherchée, surtout lorsqu'elle est récente. Elle a une saveur douce et contient une quantité considérable d'huile grasse, que l'on peut en extraire par le moyen de la pression. Le Coudrier n'est pas difficile sur la nature du terrain dans lequel on le plante. Cependant les terres légères et un peu humides sont celles qui lui conviennent le mieux. On le multiplie soit par le moyen des rejets nombreux qui poussent de son pied, soit par les graines. Les sujets que l'on obtient par ce dernier procédé sont plus vigoureux. Le bois du Coudrier est blanc, tendre et peu estimé. Les vanniers l'emploient à former la charpente de leurs ouvrages.

Le COUDRIER DE BYZANCE, *Corylus Colurna*, L., *Corylus Byzantina*, Desf. Cette espèce se distingue de la précédente par sa tige en Arbre, par ses stipules étroites et lancéolées, par ses feuilles plus velues et comme anguleuses, par ses fruits enveloppés d'un double involucre, l'un extérieur multiparti, l'autre interne à trois divisions. Ces fruits sont plus gros que dans l'espèce vulgaire, mais leur enveloppe osseuse est plus épaisse et plus dure. Cet Arbre que l'on cultive fréquemment dans nos jardins croît naturellement aux environs de Constantinople. L'Écluse fut le premier botaniste qui cultiva le Coudrier de Byzance. Il en reçut des graines de Constantinople en 1582. Linné dit qu'en 1736 il en existait un très-bel individu dans le Jardin botanique de Leyde, qui avait été planté par L'Écluse.

Le COUDRIER D'AMÉRIQUE, *Corylus americana*, Mich. Fl. Bor. Am. Cette belle espèce qui croît dans les diverses contrées de l'Amérique septentrionale, et que nous conservons facilement en pleine terre sous le climat de Paris, se fait distinguer par ses feuilles beaucoup plus larges que dans les deux espèces mentionnées plus haut. L'involucre qui environne ses fruits est évasé et comme campanulé, irrégulièrement découpé, chargé de poils glanduleux. Le fruit est déprimé. On mange son amande.

On cultive encore quelquefois dans nos jardins le COUDRIER CORNU, *Corylus rostrata*, Michx., qui vient de l'Amérique septentrionale, et qui se distingue par son involucre très-allongé, un peu tordu, et formant une sorte de corne. Ses fruits mûrissent en France et donnent des amandes bonnes à manger. (A. R.)

* COUÉ ET COUI. MAM. (Gaimard.) Syn. de Marsouin aux îles Carolines. (B.)

* COUÉ-COÉ. ANNEL. (Gaimard.) Syn. de Ver de terre ordinaire, *Lumbricus terrestris*, L., à Owhyhée, îles Sandwich. (B.)

COUENDOU. MAM. *V*. COENDOU.

COUÉPI ou COUPI. *Couepia* et *Acioa*. BOT. PHAN. Aublet (Plantes de la Guiane, p. 520 et 699) a distingué sous ces deux noms deux Arbres de Cayenne que les Galibis nomment l'un *Couepi* et l'autre *Coupi*. Jussieu et Lamarck ont indiqué les grands rapports qui unissent ces Plantes. Enfin, Schreber et Willdenow les ont comprises dans un seul genre auquel ils ont donné le nom d'*Acia*. Ses caractères sont : calice tubuleux ou turbiné à cinq lobes; corolle de cinq pétales inégaux; étamines nombreuses dont les filets sont soudés en une membrane épaisse insérée sur le calice entre les deux plus petits pétales; ovaire légèrement pédicellé ou fixé à un processus du fond du calice; un seul style et un seul stigmate; drupe ovée, sèche, couverte d'une écorce épaisse et coriace qui se fendille par la maturation; semence unique, grosse, enveloppée dans un tégument fragile.

Ce genre a été placé par Jussieu dans la famille des Rosacées, section des Amygdalées, et il appartient à l'I-cosandrie Monogynie, L. Les deux espèces dont il se compose habitent les forêts de la Guiane; ce sont deux Arbres d'une élévation considérable, à feuilles stipulacées, alternes et ovales, très-rameux et garnis de fleurs terminales disposées en corymbes. L'un est le *Couepia guianensis*, Aubl. (*loc. cit.* t. 207) ou *Acioa amara*, Willd.; l'autre, l'*Acioa guianensis*, Aubl. (*loc. cit.* tab. 280), ou *Acioa dulcis*, Willd. L'amande du premier est très-amère, tandis que celle du second, au contraire, a une saveur si agréable que les habitans de la Guiane les mangent avec autant de plaisir que nous mangeons en Europe nos Noisettes et nos Cerneaux. Elle fournit aussi une huile analogue, pour sa fluidité et sa saveur, à l'huile d'Amandes. (G..N.)

COUETTE. ois. et bot. Syn. vulgaire de la Mouette rieuse, *Larus cinerarius*, L. *V.* Mauve. Ce mot désigne encore la queue dans les dialectes méridionaux de la France, et de-là le nom donné vulgairement à l'*Alopecurus monspeliensis*, L. (DR..Z.)

COUGAR et COUGUAR. mam. Espèce du genre Chat. *V.* ce mot. (B.)

COUGHIOULO. bot. phan. Ce nom s'applique indifféremment dans quelques parties du midi de la France au *Primula veris* et à l'*Avena fatua*. (B.)

COUGOURDE et COUGOURLÉ. bot. phan. Vieux nom du *Cucurbita lagenaria*, L. (B.)

COUGOURDETTE. bot. phan. Duchesne, dans son travail sur les Courges, conserve ce nom vulgaire à une sous-variété de Pépons. *V.* ce mot. (A. R.)

COUGOURLO, COUGHÈTE, COURJHETO et COURJHO. bot. phan. Les Gourdes et Calebasses en Languedoc. (B.)

COUGUAR. mam. *V.* Cougar et Chat.

* COUGUERECOU. bot. phan.

Syn. de *Xylopia frutescens* à la Guiane. (B.)

COUGUOU. ois. L'un des noms vulgaires du Coucou gris d'Europe, *Cuculus Canorus*, L. *V.* Coucou. (DR..Z.)

CQUHIEH ou COUHYEH. ois. Genre établi par Savigny dans la famille des Accipitrins pour y placer un Oiseau d'Egypte, le Blac de Levaill., *Falco melanopterus*, Lath. *V.* Faucon. (DR..Z.)

COUI. rept. chel. Espèce de Tortue. (B.)

* COUI. bot. phan. Syn. de *Crescentia Cujete* à la Guiane. On a étendu ce nom à tous les fruits dont l'enveloppe peut se travailler en vases, et ces vases ont pris le même nom. (B.)

* COUIARELI. bot. phan. (Surian). Espèce d'Erigeron, voisine du *Canadense*, si elle n'est la même. (B.)

*COUIGNIOP. ois. Syn. du Merle vert d'Angole, *Turdus nitens*, Var., L. *V.* Stourne. (DR..Z.)

*COUIL. ois. C'est, suivant Paulin de Saint-Barthélemy, le nom malabare d'une espèce de Merle qui, sans doute, se trouve décrite sous quelque autre dénomination. (DR..Z.)

* COUIPO. bot. phan. (Préfontaine.) Arbre indéterminé de la Guiane, dont on distingue deux variétés, le blanc et le rouge. Ce nom, qui signifie Cœur de roche, indique la dureté de son bois. (B.)

* COUIROU. bot. phan. (Surian.) Nom caraïbe d'un Liseron et du Daléchampia. (B.)

* COUIS. bot. phan. Même chose que Coui. *V.* ce mot. (B.)

COUIY. mam. (Azzara.) Le Coendou au Paraguay. (B.)

*COUJA. mam. (Dapper.) Race de Cochons rouges de la côte d'Afrique. (B.)

COUJHO. bot. phan. *V.* Cougourlo.

COUKEEL. ois. Espèce du genre

Coucou, *Cuculus orientalis*, L., Buff., pl. enl. 274. *V.* Coucou. (DR..Z)

COULA ET COULAK. pois. Même chose que Cola et Colac. Syn. d'Alose sur les bords de la Garonne et de la Dordogne. (B.)

*COULABOULÉ. bot. phan. (Su · rian.) Syn. caraïbe d'*Eugenia racemosa* et de *Fagara trifoliata.* (Nicolson.) Syn. de *Serjania triternata.* (B.)

COULACISSI. ois. Perruche que divers ornithologistes regardent comme espèce particulière, et d'autres comme une variété de la Perruche à tête bleue, *Psittacus galgulus*, Lath. Des Philippines. *V.* Perroquet. (DR..Z.)

* COULAOUAHEU. bot. phan. Syn. caraïbe d'*Erithalis fruticosa*, L. . (B.)

COULARD ou COULART. bot. phan. Variété de Cerisier, appelé aussi Cerisier de Hollande, et qui porte de très-petits fruits. (B.)

COULASSADE. ois. Syn. vulgaire de la Calandre, *Alauda Calandra*, L. *V.* Alouette. (DR..Z.)

COULAVAN. ois. Espèce du genre Loriot, *Oriolus sinensis*, L., Buff., pl. enl. 570. *V.* Loriot. (DR..Z.)

* COULCOUL-HÉBULBEN. bot. phan. Nom turc de *Staphylea pinnata*, L. *V.* Staphylie. (B.)

COULECOU. ois. *V.* Couroucou.

COULEMELLE, COLOUMELLE, COLEMELLE ou COUAMELLE. bot. crypt. (*Champignons.*) Noms qu'on donne, suivant les provinces, à l'*Agaricus procerus* et à l'*Agaricus colubrinus*, l'un des Champignons les plus délicats, et qu'on mange dans tous les pays. La tige, droite, ferme, parfaitement cylindrique et semblable à une colonne, leur a peut-être fait donner ces divers noms vulgaires. Paulet a donné les noms de Coulemelles de terre et de Coulemelles des Arbres à diverses espèces d'Agarics. Les premières sont des variétés de

l'*Agaricus procerus* ; les secondes paraissent se rapporter à l'*Agaricus subsquamosus*, Schœff. (AD. B.)

COULEQUIN. bot. phan. Syn. de Cécropie. *V.* ce mot. (B.)

* COULE-SANG. rept. oph. Nom qu'on donne à la Martinique à la Vipère Fer-de-lance. *V.* Vipère. (B.)

COULEUVRE. *Coluber.* rept. oph. Genre, fort nombreux en espèces, de l'ordre des vrais Serpens non venimeux, caractérisé par l'absence de crochets mobiles dans la bouche, par des scutelles ou plaques abdominales, et par de doubles plaques sous la queue. Quoiqu'on en ait à juste titre séparé les espèces venimeuses, les Couleuvres, telles qu'on les distingue aujourd'hui, forment le genre le plus difficile à étudier de la classe des Reptiles; se ressemblant entièrement par leur forme extérieure, les couleurs susceptibles de s'altérer par la conservation, la taille et le nombre des plaques plus ou moins variables, en forment presque les seuls caractères qu'on ne peut pas toujours apprécier exactement. La tête des Couleuvres est généralement aplatie, ovale, oblongue, ayant le museau obtus et même un peu échancré, couverte de plaques plus grandes, au nombre de neuf; leur langue est fourchue, et s'agite avec vivacité. Le vulgaire la prend pour un dard, et pense que dans ses pointes réside un venin mortel qui n'existe cependant pas. Des écailles un peu plus grandes que celles du reste du corps revêtent les lèvres; des dents aiguës et recourbées garnissent les mâchoires; des écailles imbriquées, ordinairement en forme de losange, couvrent le corps. Toutes les espèces paraissent être ovipares, et déposent, dans les lieux où la chaleur peut les faire éclore, leurs œufs de forme arrondie, oblongue, souvent disposés en chapelets, et revêtus d'une enveloppe blanchâtre, membraneuse comme du parchemin, se durcissant à l'air. Le jeune Animal, contourné et nageant dans une matière albumineuse semblable au blanc de l'œuf de la Poule, y est muni d'un véritable cordon ombilical qui aboutit sous le ventre un peu au-dessus de l'anus. Les Couleuvres fort innocentes, susceptibles de se familiariser avec l'Homme et d'acquérir une certaine éducation, inspirent cependant une sorte d'horreur aux Européens, tandis que des peuplades sauvages ou demi-civilisées les révèrent et regardent comme d'un bon augure qu'elles fréquentent leurs habitations. L'accouplement des Couleuvres n'a pas été bien observé. Ces Animaux changent de peau comme les autres Serpens; ils se nourrissent de proie et de substances animales, telles qu'Insectes, petits Poissons, Têtards, Grenouilles, Reptiles, petits Oiseaux, Souris et Coquillages. Pour s'emparer de ces diverses proies, elles nagent dans les eaux, s'insinuent dans les terriers, et grimpent agilement aux Arbres. Leurs mâchoires sont très-dilatables, et l'on voit les Couleuvres avaler des Animaux beaucoup plus gros qu'elles. C'est ainsi que nous avons trouvé des Crapauds gros comme le poing, dans le corps de Couleuvres communes qui n'avaient pas le cou épais d'un pouce; et plusieurs fois nous y avons trouvé des Grenouilles qui n'étaient pas mortes, ce qui prouve qu'avant d'avaler leur victime, les Couleuvres ne les brisent pas toujours dans leurs replis. C'est un préjugé généralement reçu des gens de la campagne, que les Couleuvres, très-friandes du lait des troupeaux, ont l'habitude de teter les Vaches, et que, non contentes d'épuiser les mamelles de celles-ci du suc nourricier qu'elles y venaient chercher, elles sucent jusqu'à ce que le sang vienne. Certains bergers ignorans sont persuadés que les Couleuvres se tortillent autour des jambes des Vaches pour atteindre à leurs pis. D'autres disent qu'elles entrent souvent dans le corps des campagnards assez imprudens pour s'endormir sous l'ombrage des bois habités par les Couleuvres, et des médecins ont gravement répété ces erreurs, en indiquant les moyens de faire sortir

du corps les Couleuvres qui s'y seraient introduites; ces préjugés datent du temps d'Hippocrate et d'Aristote.

Il est des espèces qui n'excèdent pas quelques pouces de longueur; il en est qui acquièrent plusieurs toises. Leurs couleurs sont souvent fort brillantes et de la plus grande élégance; leur voix est une sorte de sifflement, quelquefois très-aigu; elles s'enfoncent en hiver dans la terre où la plupart s'engourdissent. Nous en avons alors rencontré dans les trous des racines d'Olivier et autres Arbres, ou sous les pierres et dans les endroits sombres des habitations. Aux premiers jours du printemps, on les voit sortir pour venir se réchauffer aux rayons du soleil; elles se plaisent à s'en pénétrer, et deviennent d'autant plus agiles qu'il fait plus chaud; elles se roulent alors dans les endroits les plus exposés à la lumière, comme pour en savourer l'influence dans un grand état de repos, et pour peu que le moindre bruit appelle alors leur attention, on les voit relever la tête en regardant de tout côté, et prêtes à fuir comme un trait au moindre péril. Lorsqu'on les irrite, elles s'élancent sur qui les menace et mordent comme les Lézards, mais sans qu'il en résulte le moindre danger. On assure que leur existence est fort longue; elles peuvent supporter une longue abstinence, et, transpirant peu, vivre long-temps dans les lieux presque privés d'air. Linné, qui ne distinguait pas les Couleuvres des Vipères, en comptait cent soixante-onze espèces, et quoique le nombre des espèces réelles de Couleuvres se soit augmenté, ce genre, depuis qu'on en a séparé celles qui sont munies de crochets, se trouve réduit à cent douze par Latreille, dans le Buffon de Déterville. Ce nombre sera certainement doublé quelque jour, si l'on réfléchit que, depuis qu'on a mieux examiné celles d'Europe, on en a trouvé beaucoup plus qu'on n'en supposait exister. L'ancienne médecine employait la chair des Couleuvres comme remède; on la mange en divers cantons où ces Animaux sont vulgairement appelés Anguilles de haie ; on prétend même que cette chair est excellente et surtout fort saine ; leur graisse passe pour un des meilleurs topiques calmans et résolutifs qu'on puisse employer. Les genres formés par Daudin entre les Couleuvres de Linné, n'ont été adoptés par Cuvier que comme des sous-genres que nous allons successivement faire connaître.

† PYTHONS. Ils ont des plaques ventrales plus étroites et des crochets à l'anus. Les Pythons deviennent fort grands ; ils ont beaucoup de ressemblance, pour l'aspect et pour la taille, avec les Boas, et il paraît que tous les prétendus Boas de l'ancien continent ne sont que des Pythons.

La COULEUVRE DE JAVA, *Coluber Javanicus*, Schn., Python Améthiste, Daud., ou grande Couleuvre des îles de la Sonde, appelée vulgairement dans le pays *Oularsawa* ou *Ular-Sawa*, et dont Séba a donné plusieurs figures, parvient à plus de trente pieds de long. On voit au Muséum d'Histoire Naturelle un fort beau squelette de cette Couleuvre.

Le BAY-ROUGE, *Coluber annulatus*, L., Encycl. Oph., p. 19, pl. 25, f. 51 ; l'Annelée de quelques ouvrages, qu'il ne faut pas confondre avec le *Coluber doliatus*. Cette Couleuvre américaine, qui acquiert à peu près deux pieds de longueur, est remarquable par les taches hémisphériques qui forment, en alternant, une ligne sur le dos. P. 190, E. 96.

Le PYTHON TIGRE de Daudin, qui paraît être le *Boa castanea* de Schneider, les *Boa reticulata*, *ordinata* et *rhombea* du même Schneider, et le *Bora* de Rossel, appartiennent à ce sous-genre. Le *Coluber Betin* de Ceylan en fait peut-être également partie, ainsi que l'Hikkanelle.

†† HURRIA. Ils ont les plaques de la base de la queue constamment simples, mais celles de la pointe doubles. Cuvier regarde de tels caractères comme de simples anomalies. L'espèce de ce

sous-genre, à laquelle on a conservé son nom de pays et qu'a figurée Rossel, a été reproduite par Daudin. Elle est de l'Inde.

††† DIPSAS. Leur corps est comprimé, moins large que la tête, et la rangée d'écailles qui règne le long de l'épine du dos, est plus grande que les autres, comme dans les Bongares avec lesquels Oppel les a confondus. C'est à Laurenti qu'on doit l'établissement de ce genre. Le nom de Dipsas est emprunté des Grecs qui le donnaient à un Serpent dont ils prétendaient que la morsure causait une inextinguible soif, et qui lui-même était si tourmenté du besoin de boire, qu'il buvait souvent jusqu'à en crever. Il ne faut pas confondre, comme l'ont fait Linné et Daudin, le *Dipsas indica* avec le *Vipera atrox*, qui est un Serpent venimeux.

La CARENÉE, *Coluber carinatus*, L., appartient peut-être à ce sous-genre ; du moins Linné nous dit que cette Couleuvre de grande taille présente sur le dos une carène dont les écailles paraissent avoir une autre forme que celles du reste du corps. On pourrait peut-être y rapporter encore le Minime, *Coluber pullatus*, L., Encycl. Oph., pl. 27, f. 57 ; et le Moqueur, *Coluber vittatus*, L., Encycl. Oph., pl. 15, f. 22, qui ont le corps latéralement comprimé et le dos conséquemment disposé en carène.

†††† COULEUVRES PROPREMENT DITES, qui sont les plus nombreuses et celles qui réunissent sans aucune sorte d'aberration les caractères imposés au genre *Coluber*. Daudin, qui en mentionne déjà soixante-dix espèces, les divise en huit sections.

α. Qui ont deux dents simples, plus longues, et dont le type est la Couleuvre cannelée.

β. A tête de Vipère ; Couleuvre à stries.

γ. A neuf grandes plaques sur la tête ; Couleuvre à collier.

δ. A ventre plat ; Couleuvre comprimée.

ε. Filiformes ; le Boiga.

λ. A large tête ; la Couleuvre tête large.

μ. A tête cylindrique ; la Couleuvre à tête écarlate.

ν. Anguiformes ; la Couleuvre anguiforme.

On a encore divisé les Couleuvres en deux grandes sections, selon que leurs écailles sont plates et unies ou qu'elles sont relevées par une cannelure longitudinale en saillie.

Nous nous bornerons à mentionner ici les espèces auxquelles on a donné un nom particulier, et à faire connaître avec quelque détail celles qu'on sait aujourd'hui se trouver en Europe.

‡ *Espèces européennes.*

COULEUVRE A COLLIER, *Coluber Natrix*, L., Gmel. *Syst. Nat.* T. I, p. 1100; Encycl. Oph., p. 44, f. 35, f. 3 (fort bonne description, mais mauvaise figure). Espèce fort commune en France, où on la nomme vulgairement Serpent d'eau ou Serpent nageur, parce qu'on la trouve ordinairement au voisinage des mares, où elle nage avec facilité par un mouvement sinueux rempli de grâce, et tenant sa tête hors de l'eau. Elle acquiert jusqu'à trois pieds de longueur. Une tache lui forme derrière la tête un collier qui lui valut son nom. Le dessus de son corps est brun tirant sur la teinte de l'acier et varie un peu pour la couleur ; on assure que ce Serpent innocent est élevé en Sardaigne par des dames qui, loin de le craindre, lui prodiguent toutes sortes de caresses. On lui a rapporté comme variétés des Serpens bleus ou verts, diversement variés, qui n'ont pas le même nombre de plaques et de demi-plaques soit sous le corps, soit sous la queue, et qui conséquemment deviendront des espèces distinctes quand on les aura mieux examinées. P. 168-170, C. 53-80.

La CORONELLE, *Coluber Coronella*, Laurenti ; la Lisse, Encycl. Oph., p. 51, pl. 36, f. 2. Cette Couleuvre, quoique assez commune dans nos provinces septentrionales, avait, dit Bonnaterre, échappé jusqu'ici aux naturalistes. Elle diffère surtout de la précédente par ses écailles parfaitement lisses. Deux taches triangulaires jaunes se voient derrière la tête qui est ovale et revêtue de très-grandes écailles. Le dessus du corps est bleuâtre, avec deux rangs de taches noirâtres lenticulaires, placées de manière que celles d'une rangée correspondent aux intervalles de celles de l'autre ; les côtés sont roux, obscurcis de quelques nuances plus foncées. Ce Serpent a l'œil fort brillant. On dit qu'il se retrouve aux Grandes-Indes. Il se plaît dans les endroits humides et ombragés. P. 178, E, 46.

La COULEUVRE COMMUNE OU VERTE ET JAUNE, *Coluber viridiflavus*, Lac., Serp., pl. 6, fig. 1 ; Encycl. Oph., p. 28, pl. 58, f. 3. Cette belle espèce est la plus répandue dans le midi de la France, particulièrement aux environs de Bordeaux où nous eûmes souvent occasion de l'examiner et où elle acquiert de deux à cinq pieds de long. Sa tête est assez grosse ; tout le dessus de son corps est de la plus grande beauté, chaque écaille étant ou d'un noir brillant ou d'un vert agréable. Le ventre et les parties inférieures du corps sont d'un jaune tendre. On voit souvent cette espèce dans les Arbres. Elle fait la guerre aux petits Oiseaux ; le moindre coup sur le dos lui cause la mort ; la queue est ornée de lignes jaunes et noires. P. 206, E. 107.

La LISSE, *Coluber austriaca*, Laurenti. D'un gris roussâtre, très-luisant en dessus, à cinq petites lignes derrière les yeux ; une bande derrière la tête, et deux rangs de taches alternes le long du dos brunes ou noirâtres ; le dessous est marbré et de couleur d'acier. Cette espèce ne se trouve pas seulement en Autriche, comme l'indiquerait son nom ; nous l'avons fréquemment retrouvée aux environs de Bordeaux et jusqu'en Espagne. Elle est de la taille des petites Couleuvres à collier.

La VIPÉRINE, *Coluber viperinus*, Latreil. D'un brun grisâtre, avec des taches dont le centre est jaune et le pourtour noirâtre, formant un zig-zag le long du dos; une rangée d'autres petites taches occellées règne de chaque côté. Le ventre est tacheté en damier de noir et de grisâtre; les écailles sont carénées. Nous avons rencontré en Espagne cette espèce qui se trouve assez fréquemment dans le midi de la France.

La TÉTRAGONE, *Coluber tetragonus*. Latreille nous apprend que cette petite Couleuvre, qui atteint rarement un pied de longueur et qui se trouve dans quelques parties de la France, est luisante, a ses écailles lisses, sa couleur d'un gris verdâtre, cendré, avec une série dorsale de points noirs; deux lignes pareilles règnent sur les côtés de l'abdomen dont la couleur tire sur le fauve. Le corps est quadrangulaire. P. 188, E. 40.

La COULEUVRE A QUATRE RAIES, *Coluber quadrilineatus*, Lacép., Encycl. Oph., p. 44, pl. 59, f. 1; *Coluber Elaphis*, Shaw. C'est le plus grand de nos Serpens d'Europe. Il parvient à plus de six pieds de long. On le trouve en Provence et en Italie. Il est probable que c'est ce Serpent que les anciens désignaient sous le nom de Boa. Le dessus de son corps est fauve, avec quatre lignes longitudinales noires ou brunes. Le ventre est noir, luisant, semblable à de l'acier poli. Les écailles du dos sont carénées; celles des flancs sont lisses. P. 218, E. 73.

Le SERPENT D'ESCULAPE, *Coluber Esculapii*, Shaw; *Coluber flavescens*, Scopol., qu'il ne faut pas confondre avec le *Coluber Esculapii* de Linné, si mal à propos appelé du nom d'une divinité grecque, puisque le Serpent désigné ainsi est un Animal américain que les anciens ne purent conséquemment consacrer au Dieu d'Épidaure. Cet Animal, l'un des plus épais de son genre, proportionnellement à sa longueur, se trouve dans le midi de la France et sur les côtes de l'Adriatique. Nous l'avons rencontré quelquefois dans les environs de Bordeaux. Son sifflement est plus fort que

celui des autres Couleuvres européennes; sa couleur est d'un gris terreux, avec une bande longitudinale plus obscure sur chaque côté du corps; les écailles voisines des plaques abdominales sont blanches, bordées de noir en dessous; le ventre est blanchâtre, marbré de gris; les écailles du dos sont lisses ou presque lisses. Jacquin rapporte qu'un individu de cette espèce qu'il tua, et dont le corps était fort renflé, avait dans l'estomac cinq Fauvettes, un Muge et un Lézard commun.

La PROVENÇALE, *Coluber meridionalis*, Daud. Son dos est grisâtre, avec de grandes taches cendrées sur la tête et derrière les yeux, ainsi que des plaques latérales vertes; quatre rangées longitudinales de taches cendrées, nombreuses, marquées presque toutes de noirâtre autour des écailles. Les taches dorsales se touchent alternativement, et toutes celles des flancs sont séparées. L'extrémité des plaques transversales est noire, leur milieu est blanc avec des taches noires, carrées, alternes. Le dos est légèrement caréné. Cette petite espèce se trouve dans l'Occitanie et la Provence. P. 148, E. 50.

La BORDELAISE, *Coluber Girondicus*, Daud. Cette espèce, que nous avions dès long-temps observée dans nos départemens méridionaux avant que Daudin la fît connaître, a sa tête comprimée sur les côtés. Elle est teinte d'un gris cendré, a ses écailles lisses, des bandes transversales nombreuses, et formées par le bord noir des écailles; le ventre tacheté de jaune et de noir en damier, avec une marque en croissant sur le front. Elle acquiert tout au plus deux pieds de long.

La SANGUINOLENTE, *Coluber sanguinolenta*, N. Cette espèce, que nous avons trouvée quelquefois dans le département de la Gironde, et qui a échappé à tous les naturalistes, ressemble assez, pour la forme, à la Couleuvre d'Esculape dont elle a à peu près la taille et les mœurs. Sa couleur est d'un brun cendré; des taches arrondies d'un rouge tirant sur le brun, et quelquefois munies au centre d'un point noir, sont disposées sur tout son corps, comme seraient des gouttes de sang ; sa tête est épaisse ; ses écailles sont carenées.

Nous avons observé plusieurs autres espèces de Couleuvres, soit dans nos départemens méridionaux, soit en Espagne ; mais ayant égaré les descriptions et les figures que nous en avions faites, il nous devient impossible de les publier.

Rasoumonsky, dans son Histoire Naturelle du mont Jura, a fait encore connaître deux Couleuvres européennes qui doivent se trouver en diverses parties de la France ; il appelle l'une d'elles la Chatoyante, et l'autre la Vulgaire. Celle-ci est la Suisse de Lacépède. La première n'est pas plus grosse qu'une plume d'Oie. La seconde acquiert deux pieds de longueur. Ces Animaux sont aussi innocens que les autres Couleuvres, encore que les habitans de la campagne les disent venimeux.

Scopoli mentionne comme habitant du Tyrol un *Coluber bipes* qui vit, dans les eaux, de Poissons et de Grenouilles, et qu'il dit être brun tacheté de blanc, ainsi qu'un *Coluber Tyrolensis* dont il ne donne aucune description. Laurenti mentionne encore sous le nom de *Coluber longissimus* un autre Ophidien européen, qui est le Très-Long de l'Encyclopédie par ordre de matières.

†† *Espèces exotiques.*

L'Africaine, *Coluber africanus*, Bonnat. Vulgairement Serpent bleu d'Afrique. Espèce élégante dont le dos est bleuâtre et le dessous blanc avec des taches transversales. P. 142, E. 60.

L'Agile, *Coluber agilis*, L., Encycl. Oph., p. 48, pl. 16, f. 26. Sa tête est ovale, un peu aplatie ; son corps est alternativement marqué de bandes brunes et de bandes blanchâtres. Cette espèce habite les Indes. P. 181-184, E. 44-50.

L'Alidre, *Coluber Alidris*, L. Es-

pèce des Grandes-Indes dont la couleur est entièrement blanche, P. 121, E. 58.

L'Anguleuse, *Coluber angulosus*, L., Encycl. Oph., p. 41, pl. 10, f. 11. Sa tête ovale est à peine distincte du tronc ; le corps est anguleux, d'une couleur grisâtre tirant sur le brun ; avec des bandes transversales. Elle est asiatique. P. 117, 120, E. 60, 70.

L'Annelée, *Coluber doliatus*, L.; la Cerclée de quelques-uns. Très-petite espèce qui n'a guère que six à huit pouces de long, dont le corps blanchâtre est marqué d'anneaux noirâtres circulaires qui, de deux en deux, sont plus rapprochés. Cette espèce vient de la Caroline. P. 164, E. 43.

L'Apre, *Coluber scaber*, L., Encycl. Oph., p. 22, pl. 22, f. 43. La nuque marquée d'une tache noire fourchue ; les écailles carenées ; des taches noires disposées en nuages sur tout le corps. Cette espèce est indienne. P. 228, E. 44.

L'Arabe, *Coluber arabicus*. On ne sait pourquoi Bonnaterre, en décrivant ce Serpent d'après Gronou, lui donne Surinam pour patrie. Il est bien véritablement arabe. Sa couleur est sombre ; il atteint à plus de trois pieds de longueur. P. 170-174, E. 54-60.

L'Argentée, *Coluber argenteus*, Daud. On ignore le pays de cette Couleuvre dont l'individu décrit avait trois pieds de longueur. P. 270, E. 177.

L'Argus, *Coluber Argus*, L., Encycl. Oph., p. 25, pl. 30, f. 66. Cette belle espèce a sa tête large et comme formée postérieurement de deux lobes prononcés. Son corps est couvert de plusieurs rangs de taches ocelliformes. Il est africain. Le nombre de ses plaques n'a pas été compté.

L'Asiatique, *Coluber asiaticus*, Lacép. Cette petite espèce, envoyée au Jardin des Plantes sous le nom de Malpolon, ne paraît pas être la même que les Serpens décrits par Séba et par Ray sous ce nom. Elle n'a du reste rien de remarquable. P. 187, E. 76.

L'AUDACIEUSE , *Coluber audax*. Daudin qui, le premier, fit connaître ce Serpent d'après un individu conservé dans sa collection , et dont il ignorait la patrie, assure, sur on ne sait quelle indication, qu'il est fort agile et très-hardi. P. 205, E. 99.

L'AULIQUE, *Coluber aulicus*, L.; le Losange, Encycl. Oph., p. 40, pl. 16, f. 28; la Couleuvre Laphiati de quelques-uns. Espèce américaine, grisâtre , avec plusieurs fascies linéaires blanches et deux taches trigones confluentes sur la nuque. Elle n'a guère plus de six pouces de longueur. P. 184, E. 60.

L'AURORE, *Coluber Aurora*, L., Encycl. Oph., p. 53, pl. 14, f. 20. Belle espèce à laquelle sa couleur orangée a mérité le nom qui la caractérise. Elle n'a que deux pieds de longueur ; mais sa circonférence n'a pas moins de deux pouces ; on la trouve dans les parties chaudes de l'Amérique. P. 17, E. 37.

L'AZURÉE, Lacép., Serp., p. 276. Cette belle Couleuvre , de couleur d'azur, vient du Cap-Vert. P. 171, E. 64.

La BALI, *Coluber plicatilis*, L., Encycl. Oph., p. 55, pl. 9, f. 7. Serpent épais , de couleur livide , avec une bande brunâtre sur chaque côté. Originaire de Ternate. P. 130, E. 56.

La BANDE NOIRE , *Coluber nigrofasciatus*, L., Encycl. Oph., p. 40, pl. 15, f. 23. Ce Serpent, qui parvient à la longueur de deux pieds , paraît se trouver dans la région chaude des deux Mondes ; on en cite des individus rapportés de l'Inde, de Guinée et de l'Amérique méridionale. Son corps est gris, traversé par des bandes qui lui ont mérité le nom qu'on lui a donné. Il se pourrait cependant que plusieurs espèces fussent ici confondues, si l'on en juge par la différence d'*habitat* et du nombre des grandes plaques comptées sur différens Serpens rapportés à cette espèce. P. 158-189, E. 42-44.

La BARIOLÉE, *Coluber variegatus*.

On ignore la patrie de cette espèce décrite par Gronou , et qui, toute blanche, a son dos traversé de petites lignes noires. P. 153, E. 50.

La BLANCHE, *Coluber albus*, L., Encycl. Oph., p. 10, pl. 11, f. 13. Ce Serpent, totalement blanc et sans taches, est originaire de l'Inde. Il n'a qu'un pied de long, et n'est pas plus gros que le doigt. P. 170, E. 20.

La BLANCHATRE, *Coluber candidus*, L., Encycl. Oph., p. 39, pl. 21, f. 41. Sa tête est semblable pour la forme à celle de l'Anguille ; sa couleur blanche est parsemée de quelques teintes brunes sur le dos. Ce Serpent se trouve dans les Indes-Orientales. P. 220, E. 50.

La BLEUATRE , *Coluber cœrulescens*, L., Encycl. Oph., p. 13, pl. 29, f. 61. Ce joli Serpent , dont le nom indique la couleur, vient des Indes ; il présente quelque ressemblance avec le Boiga. P. 213, E. 170.

Le BLUET, *Coluber cæruléus*, L., Encycl. Oph., p. 20, pl. 10, f. 12. Grande espèce américaine, dont la queue fort déliée est d'une couleur bleue beaucoup plus foncée que celle du reste du corps. P. 165, E. 24.

Le BOIGA, Lac., Serp., pl. 223, pl. XI, f. 1 ; *Coluber Ahœtulla*, L., Encycl. Oph., p. 28, pl. 27, f. 55. Il n'était pas nécessaire d'exagérer la beauté de cet admirable Serpent de l'Asie. Pour en donner une idée brillante, il suffisait de le décrire exactement sans lui prêter l'éclat du diamant, du saphir et du cristal. Un Serpent en pierres précieuses serait fort éblouissant sans doute ; mais il n'en existe pas de tels dans la nature qui a orné le Boiga par la seule disposition de ses teintes d'un bleu vif et d'un brun tendre agréablement nuancés. Ce beau Serpent fort délié, que nous ne comparerons pas au Paon , mais aux Couleuvres les plus agiles, a le dessus de la tête d'un vert brillant, d'où s'échappent des lignes minces longitudinales qui règnent sur tout le dos, dont certains reflets changeans relèvent l'élégance en donnant quelque chose de métallique et de cuivreux à l'Animal lorsqu'il se meut ; le ventre est blanc ; une bandelette noire règne de l'extrémité du museau jusque derrière les yeux, en séparant ainsi les couleurs qui ornent la tête. Le Boiga s'apprivoise ; les habitans de Bornéo, où ce Serpent se trouve le plus communément, se plaisent à l'entortiller autour de leur cou comme un ornement ; et nous avons des raisons de croire que la Couleuvre américaine qu'on a confondue avec le Boiga est notre *Coluber Richardi* ou Serpent Liane, animal fort différent, quoiqu'il offre quelque ressemblance avec l'espèce qui nous occupe. Le Boiga fait la chasse aux petits Oiseaux, et se plaît sur les Arbres ; il fait entendre un sifflement qui lui est propre, et qui ressemble à celui des habitans de l'air dont il fait sa proie. P. 163, E. 160.

Le BRUN, *Coluber brunneus*. Cette espèce, décrite par Gronou, et qui lui venait de Surinam, est d'un brun pâle avec des taches plus foncées sur le dos et sur les côtés. Il a près de deux pieds de longueur. P. 202, E. 96.

La CABÈRE, *Coluber Caberus*, Daud. Cette Couleuvre, dont Schneider a fait une Hydre, et qui a sa tête assez grosse, a les couleurs et l'aspect de la Vipère noire ; on la trouve au Bengale ; ses écailles sont larges et carenées. P. 144, E. 59.

Le CALAMAR, *Coluber Calamaria*, L., Encycl. Oph., p. 43, pl. 8, f. 5. Ce petit Serpent américain n'a guère que huit pouces de long, et la grosseur d'un tuyau de plume d'Oie ; le dessous de son corps, peint de taches carrées, imite le damier le plus régulier. P. 140, E. 22.

Le CAMUS, *Coluber Simus*, L. La forme de la tête de ce Serpent de la Caroline, qui rappelle la tête d'un Singe, suffit pour le rendre remarquable. Son corps est panaché de noir et de blanc. P. 124, E. 46.

Le CARACARA, *Coluber Caracara*. Une figure élancée, une queue mince qui occupe le tiers de la longueur totale de l'Animal, des couleurs brillantes disséminées en taches noires,

vertes et purpurines sur un fond rougeâtre, caractérisent ce Serpent du Brésil et de Surinam, qui acquiert trois pieds de longueur. P. 190, E. 135.

La CARÉNÉE ou le CARÉNÉ, *Coluber carinatus*. *V.* le sous-genre DIPSAS. P. 157, E. 115.

La CATÉNULAIRE, *Coluber catenularis*, Daud. Cette espèce du Bengale, longue de deux pieds environ, est nommée dans le pays *Tra-Tutta*. P. 229, E. 95, 97.

Le CENCHRUS, Lac., Serp., 248. Il ne faut pas confondre cette espèce asiatique avec un Serpent figuré par Séba sous le même nom. Cette Couleuvre n'a rien de remarquable. P. 150, E. 17.

Le CENCO, *Coluber Cenchoa*, L., Encycl. Oph., p. 55, pl. 29, f. 60. Cette charmante Couleuvre est l'une des plus sveltes qui existent ; tandis que sa taille s'étend à plus de quatre pieds, son diamètre n'excède guère celui d'une plume d'Oie ; la queue équivaut au tiers de la longueur totale ; la tête est presque globuleuse ; le dessous du corps d'un blanc éblouissant, ainsi que des bandes au nombre de plus de vingt qui règnent dans toute la longueur du dos sur un fond brunâtre parsemé de taches pâles. Il en existe une variété non moins élégante, également originaire de l'Amérique méridionale. P. 220, E. 124.

Le CENDRÉ, *Coluber cinereus*, L. Le corps de ce Serpent de l'Inde est de la couleur qu'indique son nom ; son ventre est anguleux. P. 200, E. 137.

La CHAÎNE, *Coluber Getulus*, L., Encycl. Oph., p. 45, pl. 18, f. 33. Cette belle espèce, originaire de Caroline où la découvrit Catesby, est d'un bleu noirâtre en dessus, avec de petites lignes transversales jaunes, imitant la figure de chaîne, et qui, s'arrêtant aux plaques centrales, ne font pas le tour de l'Animal, lequel n'a guère que deux pieds de longueur. P. 215, E. 44.

Le CHAPELET, *Coluber margaritiferus*, Lac., Serp., p. 246 ; Encycl.

Oph., p. 56, pl. 41, f. 1. On ignore la patrie de cette jolie Couleuvre, dont le corps est orné de trois bandelettes longitudinales blanches ; celle du milieu est formée de petites taches imitant un chapelet. P. 166, E. 103.

La CLÉLIE, *Coluber Clelia*, Daud. Espèce rare de Surinam, qui a deux ou trois pieds de longueur ; le dessus du cou et du dos est d'un brun foncé ; la nuque est marquée d'une grande bande transversale blanche ; le ventre est blanchâtre. P. 209, E. 93.

Le COBEL, *Coluber Cobella*, L., Encycl. Oph., p. 49, pl. 12, fig. 16. On réunit sous ce nom plusieurs Couleuvres de Surinam qu'on regarde comme des variétés d'une même espèce, et dont les caractères communs consistent dans la forme de la tête qui est ovale oblongue, et dans la couleur du corps qui est noire avec de petites lignes transversales blanches. P. 138-150, E. 51-62.

Le COLLIER, *Coluber Monilis*, L. Cette petite espèce, qui se trouve également en Amérique et au Japon où on la nomme *Kokura*, ne parvient guère à dix-huit pouces ; son corps est brun avec des bandes transversales, blanchâtres, lisérées de noir. P. 164-170, E. 82-85.

La COURERESSE, *Coluber cursor*, Lac., Serp. p. 281 ; Encycl. Oph., p. 27, pl. 42, fig. 3. Son corps est vert en dessus, marqué de taches blanches allongées, disposées sur deux rangs ; le dessous et les côtés du corps sont blanchâtres. Cette espèce habite la Martinique. P. 185, E. 105.

La CRAVATE, *Coluber torquatus*, a son corps de couleur livide ; l'extrémité des écailles est blanche, ainsi qu'un collier qui caractérise cette Couleuvre dont la patrie est la Guinée. P. 201, E. 68.

La CUIRASSÉE, *Coluber scutatus*, Pall. Cette espèce, qui atteint jusqu'à quatre pieds de longueur, se trouve sur les bords du Jaïck dans l'Asie septentrionale. Sa couleur est noire, mais le dessous présente des taches carrées d'un jaune blanchâtre, posées alternativement de droite à gauche.

Elle a les habitudes du Natrix. P. 190, E. 50.

Le DABOIE, *Coluber Daboia*, Lac., Serp. p. 255 ; Encycl. Oph., p. 18, pl. 42, fig. 1. Ce Serpent innocent et d'une humeur familière purge le voisinage des habitations de l'Afrique occidentale d'Insectes, de Rats et de Serpens venimeux. Aussi, méritant la reconnaissance des peuples de ces contrées, il est devenu l'objet d'un véritable culte. C'est le Serpent idolâtré de Juida, tant célébré par les voyageurs. Sa taille n'excède guère trois pieds. Ses couleurs sont agréables, et les rois nègres qui punissent, dit-on, de mort ceux qui tuent ce Serpent, ont défendu, à ce que rapportent les voyageurs, qu'on en livrât les dépouilles aux étrangers. On leur élève des autels, on leur construit des temples. Leur retraite est un lieu d'asile, et si les hommes civilisés trouvent une telle superstition ridicule, qu'ils se rappellent le Serpent d'Épidaure, et cette Rome pour laquelle nos études de collége inspirent tant de respect, recevant avec une admiration religieuse le Reptile que la Grèce révérait comme le compagnon d'Esculape. P. 169, E. 46.

Le DARD, *Coluber jaculatrix*, L. Ce Serpent de Surinam a sa tête ovale et petite, et son corps de couleur de cendre relevé par trois bandes noirâtres. P. 153, E. 77.

Le DÉCOLORÉ, *Coluber exoletus*, L., Encycl., p. 10, pl. 33, fig. 47. Cette espèce, assez ressemblante au Boiga, à l'éclat des couleurs près, et qui, de même que ce dernier, habite les Indes, a son corps d'un gris bleuâtre. P. 147, E. 132.

Le DHARA, *Coluber Dhara*. Forskalh a le premier fait connaître ce Serpent qu'il a observé dans l'Arabie Heureuse ; il n'a que deux pieds de long ; ses écailles sont roussâtres, bordées de blanc. P. 235, E. 48.

La DIONE, *Coluber Dione*. Pallas a fait connaître cette Couleuvre qui se plaît dans les déserts imprégnés de sel et parmi les rochers arides des environs de la mer Caspienne

Le dessus de son corps est d'un gris bleuâtre, relevé par trois bandelettes brunes et blanches alternativement placées. P. 190-200, E. 58-66.

La DOUBLE RAIE, *Coluber bilineatus*, Lac., Serp. p. 220; Encycl., p. 42, pl. 40, fig. 3. On présume que cette espèce vient de l'Inde. Son corps est d'un roux foncé avec deux bandelettes d'un jaune doré. Les écailles sont bordées de la même couleur. P. 205, E. 99.

La DOUBLE TACHE, *Coluber bimaculatus*, Lacép., Serp., p. 222. On ignore la patrie de cet Animal, remarquable par deux grandes taches situées sur la partie postérieure de la tête qui est fort élargie, et par d'autres taches occelliformes répandues sur son corps roussâtre. P. 297, E. 72.

L'ECLATANT, *Coluber splendidus*. On ignore la patrie de ce Serpent, décrit par Gronou, dont le museau est large et obtus, et la couleur noire, relevée par la belle couleur de citron de son ventre et de ses flancs. P. 164, E. 115.

Le FARINEUX, *Coluber farinosus*, L. Cette espèce, qui vient de Guinée, a le corps brun parsemé de petits points d'une blancheur éclatante, disposés avec une certaine symétrie. P. 142, E. 55.

Le FER A CHEVAL, *Coluber Hippocrepis*, L., Encycl. Oph., p. 26, pl. 28, f. 58. Ce Serpent américain porte une marque en forme de croissant sur la nuque. P. 232, E. 94.

Le FIL, *Coluber filiformis*, L., Encycl. Oph., p. 57, pl. 27, f. 56. Cette Couleuvre, qui égale à peine un tuyau de plume ordinaire en diamètre, et qui n'a pas moins d'un pied et demi de longueur, vient des Indes. Elle est parfaitement noire en dessus, et totalement blanche en dessous. Elle est d'un naturel fort doux et vit habituellement sur les Arbres des Indes. P. 165, E. 158.

La GÉMONE, *Coluber Gemonensis*. On ignore le pays d'où vient ce Serpent que Laurenti fit connaître d'après des individus conservés dans la belle collection du comte de Turri. Son corps est couvert de taches jaunes bordées de brun, disposées symétriquement sur la partie antérieure du dos, et confusément sur la postérieure. On n'a mentionné le nombre, ni de ses plaques ventrales, ni des demi-plaques caudales.

Le GRENOUILLER, *Coluber raninus*. Gronou a fait connaître cette espèce de Surinam, qui se nourrit de Grenouilles et fréquente les marais, n'a guère que dix-sept pouces de longueur, et dont le corps blanchâtre est varié de lignes et de taches noires. P. 149, E. 63.

Le GLIRICAPA, *Coluber Gliricapa*. On peut regarder comme fort douteuse l'existence de ce Serpent que Gronou n'a fait connaître que d'après un individu mutilé, dont il ne put déterminer la forme de la queue qu'il dit être pentagone. On ne sait si le Gliricapa vient positivement de Ceylan ou de Surinam. P. 176, E. 166?

La GRIVELÉE, *Coluber virgata*. Cette espèce, qui est originaire de Surinam, a le corps noirâtre sur le dos, et varié sur les côtés de lignes transversales noires, brunes et blanches; les écailles du dos sont grandes et carrées. Il a dix-huit pouces de longueur. P. 160, E. 60.

Le GRISON, *Coluber canus*, L., Encycl. Oph., p. 59, pl. 18, f. 32. Cette Couleuvre, qu'on dit se trouver indifféremment dans les Indes et dans l'Amérique méridionale, est blanchâtre, marquée de bandes transversales brunes, tachetées de points couleur de lait de chaque côté. P. 188-200, E. 64-70.

La GRONOVIENNE, *Coluber Gronovianus*. Laurenti a dédié cette espèce à Gronou, auquel les naturalistes doivent la connaissance de tant de Serpens. On ignore sa patrie. Son corps est bleuâtre, ondé de petites lignes noires transversales. Le dessous est noir. P. 178, E. 46.

Le GROS-NEZ, *Coluber Nasica*. Suivant Gronou, ce Serpent a un pied environ de longueur. Son museau est surmonté d'une membrane ronde et relevée qui donne à sa tête un aspect particulier. Son corps brun est parsemé de petites taches noires. P. 149-154, E. 42-43.

La GROSSE TÊTE, *Coluber capitatus*, Lac., Serp., p. 280; Encycl. Oph., p. 46, pl. 42, f. 2. Cette espèce se trouve en Amérique. Sa couleur est foncée avec des zônes plus pâles. P. 193, E. 77.

Le GUIMPE, *Coluber ovivorus*, L. C'est sur une indication de Marcgraaff et de Pison que l'on connaît ce Serpent brésilien. Ces voyageurs disent qu'on leur en apporta un individu long de quatre pieds, et dont le ventre était d'une couleur argentée fort éclatante. Le reste du corps est mélangé de noir et de blanc. Ce Serpent entre dans les basse-cours pour y dévorer les œufs de Poule. P. 205, E. 73.

Le GUINÉEN, *Coluber Guineensis*. Ce Serpent, dont le nom indique la patrie, a sa tête ovale, aplatie, le corps blanchâtre, panaché de taches transversales, entremêlées de noir et de blanc. P. 135, E. 42.

L'HAJE. *V.* VIPÈRE.

L'HÉBÉ, *Coluber Hebe*, Daud. La teinte générale de cette Couleuvre qu'on croit à tort venimeuse sur la côte de Coromandel, est d'un gris cendré avec des taches obscures, et une vingtaine de bandes transversales étroites sur le dos, toutes blanches ou jaunâtres; le ventre est nacré. P. 192, E. 62.

L'HÉLÈNE, *Coluber Helena*, Daud. Cette espèce de l'Inde est remarquable par sa beauté qui lui mérita le nom qu'elle porte. Très-agile, elle étouffe les Poulets dans ses replis, et devient souvent un fléau des basse-cours. P. 222, E. 93-95.

L'HOTTAMBŒIA. Gronou à qui l'on doit la connaissance de cette Couleuvre dit qu'elle vient de Ceylan; que son corps est d'un roux tirant sur le blanc, avec le derrière de la tête jaunâtre. Sa longueur est d'environ deux pieds. P. 159, E. 42.

L'HYDRE, *Coluber Hydrus*. Pallas, qui nous a fait connaître cette Couleuvre, dit qu'elle habite la Caspienne et les fleuves qui se jettent dans cette mer, sans qu'il l'ait jamais vue sur le rivage. P. 180, E. 66.

L'IBIBOBOCA, *Coluber Ibiboboca*, Daud. Cette Couleuvre vient de Coromandel; elle a le dessus du corps orangé varié de beau noir luisant; sa taille dépasse trois pieds de longueur. P. 209, E. 129.

L'IBIBOCA, *Coluber Ibiboca*, Encycl. Oph., p. 25; *Coluber Corais*, Daud. Corais est le nom qu'on donne au Brésil à ce Serpent, tandis qu'Ibiboca, employé par Séba, désigne le Mangeur de Chèvres. C'est une grande espèce qui acquiert jusqu'à cinq pieds et demi. P. 176, E. 121.

La JANTHINE, *Coluber Janthinus*, Merrem.; Très-Verte de Daudin, *Col. viridissimus*, L. C'est une espèce de Surinam, qui est fort élégante et n'a guère que dix-huit pouces de long. P. 217, E. 128.

Le LACTÉ, *Coluber lacteus*, L., Encycl. Oph., p. 16, pl. 16, fig. 27. Cette petite espèce qui pourrait être confondue avec le Rouleau, *V.* ORVET, si des caractères génériques ne l'en distinguaient, vient des Indes. P. 205, E. 32.

Le LABÉRIS, *Coluber Laberis*, L., est une espèce peu connue du Canada, dont le corps est marqué de raies noires. P. 110, E. 50.

Le LEMNISQUE, *Coluber lemniscatus*, L., Encycl. Oph., p. 47, pl. 24, f. 49. Cette petite Couleuvre qui n'a guère plus de six pouces de longueur, et dont la grosseur est celle d'une plume de Cygne, est décorée de fascies blanches et noires disposées par anneaux. Elle est asiatique. P. 241-250, E. 50-57.

Le LIEN, *Coluber constrictor*, L., Encycl. Oph., p. 15, pl. 23, f. 46. Catesby rapporte que ce Serpent, qui parvient souvent à la longueur de six pieds, fait la guerre aux Rats, les poursuit avec une incroyable vitesse jusque sur les toits des maisons, et qu'il dévore même les Serpens à sonnette. Il est brave, se défend avec acharnement et s'entortille autour du corps et des jambes des chasseurs qui l'attaquent. Du reste il n'est pas venimeux, et on le considère comme très-utile. Ses couleurs sont fort sombres. Il est noir en dessus et bronzé en dessous. P. 186, E. 92.

Le LUTRIX, *Coluber Lutrix*, L. Ce beau Serpent dont on ne connaît pas la patrie a le dos et l'abdomen bleuâtres avec les côtes jaunes. P. 134, E. 27.

Le MALPÔLE, *Coluber sibilans*, L., Encycl. Oph., p. 55, pl. 19, f. 34; *Coluber Malpolon*, Daud. Ce Serpent, dont les couleurs produisent le plus agréable effet, parvient à une grande taille ; il habite l'Inde. P. 160, E. 100.

Le MAURE, *Coluber Maurus*, L. Le dos de ce Serpent est brun avec deux lignes longitudinales qui finissent par se confondre avec l'abdomen, lequel est d'un beau noir ; ses écailles sont carénées. Il se trouve sur la côte d'Afrique aux environs d'Alger. P. 152, E. 66.

Le MEXICAIN, *Coluber mexicanus*. On n'a d'autre indication sur ce Reptile que ce qu'en dit Linné qui nous apprend qu'il a cent trente-quatre grandes plaques abdominales et vingt-sept paires de plaques sous la queue.

Le MILIAIRE, *Coluber miliaris*, L. Ce Serpent de l'Inde, qui n'a guère plus de six pouces et qui n'est pas plus gros que le doigt, a sa tête ovale, couverte d'écailles vertes et le corps brun tacheté de blanc. Il est d'une certaine élégance. P. 162, E. 59.

La MINERVE, *Coluber Minervæ*, L. Cette espèce se trouve dans les Indes. On ne sait ce qui lui a mérité le beau nom qu'elle porte. Elle n'est pas plus grosse que le petit doigt. Sa couleur est le vert de mer avec une bandelette brune sur le dos. P. 238, E. 90.

Le MOLOSSE, *Coluber Molossus*, Daud. Cette espèce que Latreille a nommée Cannelée se trouve à la Caroline, et ressemble par sa taille au Molure et par ses couleurs au Boà Devin. Ses mœurs sont très-douces. P. 222-226, E. 60-64.

Le MOLURE, *Coluber Molurus*, L., Encycl. Oph., p. 26, pl. 40, f. 2,

est l'une des plus grandes espèces de ce genre, si elle ne les surpasse toutes par sa taille. Elle dépasse six pieds de longueur, et présente par sa forme assez d'analogie avec les Boas. On la trouve dans les Indes. P. 248-255, E. 59-65.

Le MOUCHETÉ, *Coluber guttatus*, L., Encycl. Oph., p. 25, pl. 23, f. 48. Ce beau Serpent, qui joint l'élégance des formes à l'éclat des couleurs, habite la Caroline où l'on dit qu'il se nourrit de Patates ; il est couvert de taches d'un rouge vif. P. 223-230, E. 60.

Le MUQUEUX, *Coluber mucosus*, L., Encycl. Oph., p. 34, pl. 28, f. 59. Cette Couleuvre des Indes est des plus tristes, et n'a guère qu'un pied de longueur. P. 200, E. 140.

Le NASIQUE DU BENGALE, *Coluber Mycteriscus*, Daud. Il ne faut pas confondre cette Couleuvre avec le *Mycteriscus* de Linné, qui est le Nez retroussé, Serpent américain. Celle-ci n'est pas plus venimeuse que l'autre. Elle est extrêmement grêle et souvent mutilée. P. 175-178, E. 48-66.

Le NÉBULEUX, *Coluber nebulosus*, L., Encycl. Oph., p. 56, pl. 20, f. 38. Son corps est nuancé de brun et de gris ; le dessous est blanchâtre et moucheté de brun. Il habite l'Amérique. P. 185, E. 81.

Le NEZ RETROUSSÉ, *Coluber Mycteriscus*, Encycl. Oph., p. 53, pl. 38, f. 62 ; le Fouet de cocher, *Coluber flagelliformis*, Daud. La mâchoire supérieure de ce Serpent d'Amérique se prolonge en nez retroussé, ainsi que l'indique son nom. Le corps est couleur de chair avec une bandelette pâle sur chaque côté. Cet Animal varie pour les couleurs. Il est des individus bleus, d'autres qui sont variés de vert et de brun. Ce Serpent n'est pas venimeux, quoique Linné l'ait signalé comme tel. P. 192, E. 167.

L'ŒILLÉ, *Coluber occellatus*. Laurenti mentionne deux variétés de ce Serpent qui paraissent être originaires de l'Afrique, de Ceylan et de la Chine. L'une et l'autre ont sur le dos des taches occelliformes de couleur écarlate. Les plaques abdominales n'ont pas été comptées.

Le PADÈRE, *Coluber Padera*, L. Ce Serpent des Indes, long d'un pied, a le corps blanc, avec des taches noires, disposées par paires sur le dos et réunies par une petite ligne longitudinale. D'autres taches isolées se voient sur les côtés. p. 198, E. 55.

La PALE, *Coluber pallidus*, L., Encycl. Oph., p. 33, pl. 16, f. 29. Espèce des Indes dont le corps pâle, semé de taches grises et de points bruns, a deux petites lignes noirâtres de chaque côté. P. 153-158, E. 94-98.

Le PANACHÉ, *Coluber varius*. On ne connaît pas la patrie de ce Serpent que Gronou dit être panaché de blanc, de bleu, de noir et de couleur de rouille. p. 136, E. 49.

La PANTHÉRINE, *Coluber Pantherinus*, Daud. Sa taille est de trois pieds; sa couleur générale, le brun cendré, avec quelques taches plus brunes. Sa patrie est inconnue : c'est peut-être un Bongare : ses plaques paraissent ne pas avoir été comptées.

Le PARQUETÉ, *Coluber tessellatus*. Laurenti qui ne donne ni le nom du pays de ce Serpent, ni le nombre de ses plaques abdominales, le dit marqué de taches noires et brunes qui forment une sorte de compartiment très-régulier.

Le PÉLIAS, *Coluber Pelias*, L.; la Pélie de l'Encyclopédie. Ce Serpent n'est connu que par une note de Linné, qui nous apprend qu'il est de l'Inde; qu'il a deux bandelettes noires sur le dos, le dessous vert et une bandelette jaune de chaque côté. P. 187, E. 103.

Le PÉTALAIRE, *Coluber petalarius*, L., Encycl. Oph., p. 48, pl. 26, f. 54. On prétend que cette Couleuvre, qui se trouve à Amboine et dans les Indes, se rencontre aussi au Mexique; son corps brun est marqué d'environ cinquante bandelettes transversales de couleur blanche, et qui s'élargissent sur les côtes. P. 219-212, E. 102-106.

Le PÉTHOLE, *Coluber Pethola*, L.,

Encycl. Oph., p. 43, pl. 25, f. 52. Espèce africaine assez triste, de couleur plombée, avec des bandes brunes annulaires; sa taille est de deux pieds environ. Laurenti avait fait de cette espèce le type de son genre *Coronella*, lequel contenait sept autres espèces qui ne paraissent être que de simples variétés selon Gmelin. Ses caractères consistaient dans la grandeur des plaques supérieures de la tête, dont la frontale plus considérable que les autres. P. 207-209, E. 83-90.

La PLUTONIE, *Coluber Plutonius*, Daud. On ignore la patrie de ce Serpent dont l'aspect est effrayant, et que Merrem confondit à tort avec le Minime. P. 212, E. 107.

Le PONCTUÉ, *Coluber punctatus*, L. Cette Couleuvre de la Caroline a le corps cendré en dessus, jaune en dessous, et marqué de trois rangées de points noirs. P. 136, E. 43.

Le POURPRÉ, *Coluber purpurascens*. Selon Scheuchzer et Gronou, cette Couleuvre de Surinam a le corps pourpré, avec des taches noires irrégulières sur le dos. P. 189, E. 122.

La PYTHONISSE, *Coluber Pythonissa*, Daud., qui est une Hydre de Schneider, a les mêmes habitudes que l'Hydre de Pallas, mais habite le Bengale; ses écailles dorsales, relevées par une cannelure, ont encore cette particularité qu'elles sont ciliées. P. 159, E. 52.

Le RAYÉ, *Coluber lineatus*, L., Encycl. Oph., p. 58, pl. 17, f. 30, est un Serpent d'Asie dont le corps est bleuâtre, marqué de quatre lignes brunes avec une bande plus bleue sur le milieu du dos. P. 165-169, E. 80-83.

Le RÉGINE, *Coluber Reginæ*, L., Encycl. Oph., p. 14, pl. 12, f. 17. Ce petit Serpent, qui vient des Indes, n'a guère que dix pouces de longueur; il a une bandelette verte derrière les yeux, le corps brun en dessus, et tacheté en dessous de blanc et de noir. P. 137, E. 70.

Le RÉSEAU NOIR, *Coluber atro-reticulata*. Ce Serpent de Guinée, figuré par Scheuchzer (*Phys. sacr.*, pl. 746, f. 3), a le corps d'un blanc tirant sur le bleu, avec ses écailles bordées de noir. P. 141, E. 56.

Le Réticulaire, *Coluber reticulatus*, Lac., Serp., 555; Encycl. Oph., p. 24, pl. 42, f. 4. Cette Couleuvre a été rapportée de la Louisiane; elle a le corps couvert d'écailles lisses, grisâtres, bordées de blanc. P. 218, E. 80.

Le Rhomboïdal, *Coluber rhombeatus*, Encycl. Oph., p. 29, pl. 16, f. 24. Cette espèce est originaire des Indes; trois rangées de taches noirâtres, rhomboïdales et bleues vers leur centre, sont disposées sur son dos qui est bleuâtre. P. 157, E. 70.

La Couleuvre de Richard, *Coluber Richardi*, N. (*V.* pl. de ce Dict.) Le nom vulgaire de Couleuvre Liane, donné à cette élégante espèce par les habitans de la Guiane, indique d'avance sa forme élancée et sa flexibilité. En effet, ce Serpent que nous allons faire connaître, et que nous dédions à la mémoire de Richard, notre illustre maître, est l'un des plus sveltes, des plus élégans et des plus minces qui existent. Nous en avons fait la description sur trois individus rapportés par feu notre savant ami; sa taille est de trois à quatre pieds; la queue très-fine est fort longue et équivaut pour le moins au tiers de la longueur totale; le corps n'est guère plus gros que le doigt; le cou, très-aminci et bien distinct, supporte une tête allongée, ovale, un peu élargie vers l'occiput qui est aplati; elle est couverte de neuf grandes plaques d'un beau vert de topaze; les écailles sont légèrement carenées sur le dos, mais le sont plus sensiblement sur les flancs; le ventre blanc est plat; le dessus est d'un brun chatoyant, qui produit des reflets comme le ferait du cuivre de Rosette; trois lignes d'un brun clair vif et brillant règnent dans toute la largeur du Serpent; une petite bande noire, partant de la pointe du museau et passant sous l'œil, sépare la teinte verte du vertex, de la couleur blanche qui règne sur les mâchoires; celles-ci ont leurs lèvres garnies d'écailles un peu plus grandes que celles qu'on trouve sur le reste de l'Animal, y compris les écailles des commissures, et une impaire en avant; il y en a dix-neuf en haut, et treize en bas. Cette espèce présente quelques rapports avec le Boïga, et a peut-être été confondue avec ce Serpent que nous croyons être particulier à l'ancien monde, et conséquemment fort différent. Il a également quelque ressemblance avec le Saurite; mais la forme de sa tête l'en distingue; il est d'ailleurs encore plus mince et proportionnellement plus allongé. P. 163-171, E. 150.

Le Rouge-Gorge, *Coluber jugularis*, L. Cette espèce, qui se trouve en Egypte, est bien caractérisée, selon Hasselquitz, par sa tête blanche; son corps noir et sa gorge rouge; sa longueur est de quatre pieds. P. 195, E. 102.

La Rousse, *Coluber rufus*, Lacép. On ignore la patrie de ce Serpent dont le corps est rouge en dessus et blanc en dessous; sa longueur est d'un pied et demi environ. P. 224, E. 68.

Le Rubané, *Coluber fasciata*. Laurenti lui attribue des yeux à peine visibles, un corps blanc d'une grosseur égale, et orné de bandelettes brunes irrégulières obliquement disposées. Cet auteur n'indique ni son pays ni le nombre de ses plaques abdominales.

Le Saurite, *Coluber Saurita*, L., Encycl. Oph., p. 58, pl. 23, f. 45. Ce Serpent, fort allongé, élégant et agile, se trouve dans la Caroline; le dos est brunâtre, avec trois raies longitudinales bleuâtres ou blanches. P. 156, E. 121.

Le Saturnin, *Coluber Saturninus*, L., Encycl. Oph., p. 46, pl. 21, f. 40. Ce Serpent est peut-être le plus mince de tous; il n'a pas quatre lignes de diamètre, et sa longueur, dont la queue fait le tiers, est au moins de trois pieds; il est assez élégamment nuancé de teintes bleuâtres et livides, et se trouve depuis l'Inde jusqu'en Guinée. P. 147-149, E. 120-125.

Le Schokari, *Coluber Schokari*. Forskalh a fait connaître cette Couleuvre qu'il a trouvée en Arabie; elle est remarquable par deux bandelettes blanches qui règnent le long de son corps, et dont une seule est liscrée de noir. P. 183, E. 144.

Le Serpent des Dames, *Coluber Domicella*, L., Encycl. Oph., p. 38, pl. 9, f. 8. Cet Animal est encore du nombre de ceux chez lesquels l'élégance des couleurs obtient grâce pour la forme. On prétend que les dames du Malabar en élèvent un certain nombre, et qu'elles se plaisent à les mettre dans leur sein, pour se rafraîchir durant les grandes chaleurs; il n'a guère que huit à dix pouces de long; il est gracieusement varié de blanc et de noir. P. 118, E. 60.

Le Serpent domestique, *Coluber domesticus*, L. La familiarité avec laquelle ce Serpent entre dans les maisons, lui a valu le nom qui le désigne; on le trouve en Barbarie où il est fort commun. P. 245, E. 94.

Le Sibon, *Coluber Sibon*, L., Encycl. Oph., p. 33, pl. 19, f. 55. Cette Couleuvre est africaine; sa couleur est un mélange de rouille et de blanc; les parties inférieures sont tachetées de brun. P. 180, E. 85.

La Sillonnée, *Coluber porcatus*. Bosc., à qui l'on doit la connaissance de cette espèce, l'a trouvée dans la Caroline, et dit ses écailles carenées; elle vit de Grenouilles et habite le bord des eaux. P. 128, E. 68.

Le Sipède, *Coluber Sipedon*. On ne connaît cette espèce, qui est de l'Amérique septentrionale et de couleur brune, que parce que Linné lui assigne cent quarante-quatre plaques abdominales et soixante-treize paires de caudales.

Le Sirtale, *Coluber Sirtalis*. Linné nous apprend que cette Couleuvre, qui se trouve au Canada, a cent cinquante plaques abdominales et cent quatorze caudales.

Le Situle, *Coluber Situla*, L. Ce Serpent a trois pieds de longueur environ; il est d'une couleur grise rembrunie; une ligne noirâtre règne latéralement de chaque côté comme pour séparer le dos du ventre. On trouve cette espèce en Égypte. P. 235, E. 45.

Le Sombre, *Coluber fuscus*, L., Encycl. Oph., p. 14, pl. 20, f. 39. Cette espèce, qui offre quelques rapports de conformation avec le Boiga, mais qui n'en a pas les brillantes couleurs, habite l'Asie. P. 149, E. 117.

Le Strié, *Coluber striatus*, L. Ce Serpent de la Caroline a de cent vingt-six à cent trente-huit plaques abdominales, et de vingt-cinq à quarante-cinq caudales.

Le Superbe, *Coluber speciosus*. Gronou assigne près de quatre pieds pour la taille de ce Serpent du Brésil, qui a le corps rayé de blanc et de noir. P. 272, E. 70.

Le Symétrique, *Coluber symetricus*, Lac., Serp., p. 250. Cette espèce, qui vient de Ceylan, parvient à dix pouces environ de longueur. Elle a le corps brun avec de petites taches noires de part et d'autre, rangées en file. P. 142, E. 26.

Le Tacheté, *Coluber maculatus*, Lac., Serp., p. 329. On trouve cette Couleuvre à la Caroline et à la Louisiane; elle y acquiert deux pieds de longueur; son corps, blanchâtre ou d'un brun pâle, a sur le dos des taches rousses rhomboïdales, bordées de noir et formant une bande en zigzag. P. 119, E. 70.

La Tête-Noire, *Coluber melanocephalus*, L., Encycl. Oph., p. 54, pl. 12, f. 15. Ce Serpent, qui est originaire d'Amérique, a sa tête variée de blanc et de noir, avec tout le corps brun. P. 140, E. 62.

Le Tigré, *Coluber Tigrinus*, Lac., Serp., p. 130. Le nom de cette Couleuvre, dont on ignore la patrie, indique la disposition des couleurs qui la décorent. Elle a treize pouces et demi de longueur. P. 233, E. 67.

Le Triangle, *Coluber Triangulum*, Lac., Serp., p. 331. Ce Serpent vient d'Amérique. Sa tête, un peu ovale, est marquée sur le sommet de deux figures en triangle; le corps est blanchâtre avec des taches rousses bordées de noir et éparses sur le dos, et disposées à la file sur les côtes. P. 213, E. 48.

Le TRIANGULAIRE, *Coluber Bucca-tus*, L. Le corps de ce Serpent des Grandes-Indes est brun avec environ trente bandelettes blanches transversales. P. 107, E. 72.

Le TRISCALE, *Coluber Triscalis*, L. Ce joli Serpent des Indes, qu'on dit se trouver aussi en Amérique, a le dessus du corps d'une belle couleur de vert de mer avec quatre lignes rousses qui se réunissent en une seule à l'extrémité du corps. P. 195, E. 86.

Le TRIPLE-RANG, *Coluber tetrordinatus*, Lac., Serp., p. 352; Encycl. Oph., p. 50, pl. 42, f. 5. Le corps blanchâtre de ce Serpent d'Amérique offre trois rangées de taches brunes sur le dos. P. 150, E. 52.

Le TROIS-RAIES, *Coluber terlineatus*, Lac., Serp., p. 254; Encycl. Oph., p. 42, pl. 41, f. 3. Le nom de cette Couleuvre, dont on ignore la patrie, indique que trois fascies longitudinales règnent sur son corps qui est de couleur rousse. P. 169, E. 34.

Le TYPHIE, *Coluber Typhius*, L. Ce Serpent des Indes a son corps d'un vert foncé avec ses écailles relevées en arêtes. P. 140, E. 53.

Le TYRIE, *Coluber Tyria*, L. Hasselquitz, qui a trouvé ce Serpent en Égypte, dit qu'il a sa bouche dépourvue de dents et le corps blanchâtre, avec des taches brunes rhomboïdales disposées sur trois rangs. P. 210, E. 85.

Le VAMPUM, *Coluber fasciatus*, L.; Encycl. Oph., p. 31, pl. 11, f. 14. Cette espèce est encore l'une de celles que la vivacité de ses couleurs fait rechercher dans les collections. Elle habite la Caroline. P. 128, E. 67.

Le Verdâtre, le Vert, le Vert et Bleu, la Violette, sont des espèces exotiques dont les noms indiquent la couleur et à peu près le principal caractère. Le Serpent Nain de l'Encyclopédie méthodique, ainsi que l'Anguiforme, la Tête-Ronde et la Spatule du même ouvrage, *Coluber anguiformis*, *cerastoïdes* et *latiros-*

tris de Laurenti, sont d'autres espèces trop imparfaitement connues, pour que nous devions nous y arrêter.

Le Chayque ou Chayquarona, que quelques naturalistes continuent à placer parmi les Couleuvres, nous paraît devoir être une Vipère; quoique les crochets vénéneux dont elle est munie soient très-petits, ils n'en existent pas moins au fond de la gorge de ce Serpent.

La Peinte, l'Obscure, la Perlée, la Couleuvre à banderolles, la Triste, la Couleuvre Thalie, l'Écarlate, la Maligne, la Serpentine, la Crotaline, la Treillissée, l'Ombrée, la Schnédérienne, le Porte-Croix, le Dora, la Duberrie, la Couleuvre à ventre étroit et l'Iphise, ne complètent pas encore toutes les espèces qu'ont mentionnées Linné, Gmelin, Daudin et autres naturalistes. D'autres Serpens, décrits comme des Couleuvres par les mêmes auteurs, appartiennent à des genres différens. Telles sont la Couleuvre à lunette qui est un Naja, la Couleuvre Chersea qui est une Vipère, la Nymphe et la Couleuvre veinée, qui sont des Bongares, etc. *V*. tous ces mots. (B.)

COULEUVRÉE, BOT. PHAN. Nom vulgaire de la Bryone. (B.)

*COULEUVRIN. REPT. OPH. Syn. d'Erix. *V*. ce mot. (B.)

COULIAVAN. OIS. *V*. COULAVAN.

COULICOU. OIS. (Vieillot.) *V*. COUA.

COULILABAN ou COULILAVAN. BOT. PHAN. Pour Culilaban. *V*. ce mot. (B.)

COULIN. OIS. Syn. vulgaire de Ramier, *Columba Palumbus*, L., *V*. PIGEON, et de Martin chauve, *Gracula calva*. *V*. MARTIN. (DR..Z.)

*COULLOU-CAVALE. BOT. PHAN. Syn. de *Galega villosa* à la côte de Coromandel. (B.)

COULMOTTE ET COULSÉ, BOT. CRYPT. Même chose que Coulmel ou Coulmelle. *V*. ces mots. (B.)

COULOMBA. bot. phan. Variété du Mûrier, dont les Vers à soie sont très-friands dans le midi de la France. (B.)

COULON. ois. Syn. vulgaire de tous les Pigeons de colombiers. (DR..Z.)

COULON-CHAUD. ois. Nom donné par plusieurs auteurs au genre que, dans la Méthode de Temminck et de plusieurs autres, l'on distingue sous le nom de Tourne-Pierre, *Strepsilas*, Illig. *V.* ce mot. (DR..Z.)

* **COULON-DE-MER.** ois. Syn. vulgaire de la plupart des Mouettes. *V.* Mauve. (DR..Z.)

* **COULORT.** bot. phan. (Léchenault.) Syn. de *Glycine tomentosa* aux environs de Pondichéry où la racine de cette Légumineuse se donne cuite aux Chevaux en guise d'Avoine. Jussieu dit qu'on étend ce nom à divers Haricots à la côte de Coromandel. *V.* Glycine. (B.)

COULOUBRIGNÉ ou **COULOUBRINÉ.** bot. phan. Noms vulgaires du Sureau dans diverses parties de la France. (B.)

COULOU-CAVALAY. bot. phan. *V.* Cavalé. Ce nom désigne encore le *Galega villosa.* (B.)

COULOUMB, COULOM et **COULOUN.** ois. Vieux noms français des Pigeons, du latin *Columba.* (B.)

COULOUMBADA. ois. Syn. piémontais du Lagopède, *Tetrao Lagopus*, Gmel. *V.* Tétras. (DR..Z.)

COULOUN. ois. Même chose que Coulon. *V.* ce mot.

COULSE. bot. crypt. (*Champignons.*) Nom vulgaire, dans les départemens de l'Arriège et des Hautes-Pyrénées, de l'*Agaricus procerus. V.* ce mot. (AD. B.)

* **COULTERNEB.** ois. Syn. vulgaire en Ecosse du Macareux, *Alca arctica*, L. *V.* Macareux. (DR..Z.)

COUMA. bot. phan. *V.* Coumier.

COUMAROU. *Coumarouna.* bot. phan. Genre de la famille des Légu-

mineuses et de la Diadelphie Décandrie, L. , établi par Aublet et adopté par Jussieu avec les caractères suivans : calice coriace , turbiné , à trois divisions, dont les deux supérieures sont dressées , très-grandes , l'inférieure très-petite , aiguë ; corolle papillonacée formée de cinq pétales dont les trois supérieurs dressés et marqués de veines violettes ; les deux inférieurs déclinés et plus petits ; huit étamines réellement monadelphes , quoique le genre ait été placé dans la Diadelphie du système sexuel. Le fruit est une espèce de noix ovée oblongue , extérieurement drupacée et cotonneuse, renfermant une seule semence oblongue ayant l'apparence d'une amande. Willdenow a substitué au nom de *Coumarouna* celui de *Dipterix*, et lui a ajouté comme congénère le *Taralea oppositifolia* d'Aublet.

Sans nous arrêter à vérifier l'exactitude de ce rapprochement, nous ne parlerons ici que de l'espèce primitive, *Coumarouna odorata* , Aublet (Plantes de la Guiane , t. 296), Arbre qui s'élève jusqu'à vingt-cinq mètres sur un mètre de largeur. Il est très-rameux au sommet ; ses feuilles sont grandes alternes et pinnées, et ses fleurs purpurines, disposées en grappes axillaires et terminales. Cet Arbre croît dans les grandes forêts de la Guiane, et particulièrement à Sinémari et dans le comté de Gène. Son nom de Coumarou est celui que lui donnent les Galibis et les Garipons. L'amande de son fruit que Gaertner a figuré sous le nom de *Baryosma Tongo* (de Fructib. 2., p. 73 et t. 93) est remarquable par la suavité de son odeur ; on la connaît en Europe sous le nom de *Fève de Tonka* où elle est employée principalement à parfumer le Tabac. Les naturels de la Guiane enfilent ces amandes pour faire des colliers odorans. Le tronc de l'Arbre est d'une telle dureté que les créoles l'emploient aux mêmes usages que celui du Gayac , et même lui donnent à tort le nom de Gayac. (G..N.)

* **COUMAROUVANA**. BOT. PHAN. Syn. garipon du *Taralea* d'Aublet. *V*. ce mot. (B.)

* **COUMELON**. BOT. PHAN. Syn. de *Gmelina asiatica* à la côte de Coromandel. (B.)

COUMÈNE. BOT. PHAN. L'un des noms vulgaires du Lycôpe européen. (B.)

* **COUMÉTÉ**. BOT. PHAN. Nom galibi d'un *Eugenia* adopté par Aublet.

COUMIER. *Couma*. BOT. PHAN. Genre de Plantes dicotylédones monopétalées établi par Aublet (Plantes de la Guiane, Suppl., p. 59, t. 392), et dont on n'avait pu jusqu'à présent déterminer ni la place systématique, ni les rapports naturels, ses fleurs étant inconnues. Ce genre avait même paru tellement obscur au savant auteur du *Genera*, qu'il n'en a fait aucune mention et ne lui a même pas assigné de place parmi les *Genera incertæ sedis*. Nous sommes assez heureux pour pouvoir dissiper entièrement cette obscurité, ayant en notre possession la Plante d'Aublet, ornée de ses fleurs, et dans un état parfait de conservation. Cette Plante a été recueillie par feu Richard pendant son séjour à la Guiane. Elle appartient évidemment à la famille des Apocynées et vient se placer auprès du genre *Ambelania*. *V.* notre Mémoire sur ce genre (*Ann. Hist. Nat.* t. 1.)

Le **COUMIER DE LA GUIANE**, *Couma guianensis*, Aubl. (*loc. cit.*), est un Arbre laiteux qui croît sur le bord des fleuves. Il peut s'élever à une trentaine de pieds. Ses jeunes rameaux sont triangulaires, recouverts d'une écorce grisâtre et glabre. Ses feuilles sont verticillées par trois et non trifoliolées. Elles sont ovales, acuminées, entières, très-glabres des deux côtés, presque cordiformes à leur base qui se termine par un pétiole membraneux en gouttière, long d'environ un pouce. Les pétioles des trois feuilles, surtout dans celles qui occupent le sommet des rameaux, se réunissent, s'em-

boîtent les uns dans les autres, de manière à simuler un pétiole commun portant trois folioles. C'est ce qui a induit en erreur les auteurs qui ont attribué à cet Arbre des feuilles trifoliolées. Les fleurs sont roses, de la grandeur du Jasmin; elles forment à la partie supérieure des jeunes rameaux des panicules trichotomes, dont les pédoncules et leurs ramifications sont triangulaires et comme articulés. Le calice est turbiné, à cinq divisions étroites, dressées et persistantes; la corolle est monopétale, tubuleuse; son tube cylindrique est un peu renflé vers sa partie moyenne; le limbe est étalé, à cinq divisions étroites, aiguës, réfléchies; l'entrée du tube est garnie d'une grande quantité de poils; les étamines, au nombre de cinq, sont insérées à la partie inférieure du renflement que l'on remarque vers le milieu du tube calicinal. Les filets sont courts, grêles, un peu velus; les anthères sont biloculaires, allongées et sagittées; l'ovaire est déprimé, enveloppé dans sa moitié inférieure par un disque assez mince dont le bord est sinueux. Cet ovaire présente une seule loge, dans laquelle un grand nombre d'ovules sont attachés à deux trophospermes pariétaux. Le style est subulé, glabre, et atteint à peu près la hauteur des étamines; le stigmate est à deux lobes allongés et rapprochés, au-dessous desquels on voit une petite lame disciforme. Les fruits sont de la grosseur d'une Prune, arrondis, un peu déprimés, roussâtres, renfermant de trois à cinq graines dans une pulpe de couleur ferrugineuse. Ces fruits, d'abord âcres, deviennent ensuite doux et agréables. On les vend dans les marchés de Cayenne sous le nom de *Poires de Couma*.

" Dans le Choix des Plantes de la Guiane, publié par Rudge, on trouve, pl. 48, sous le nom de *Cerbera triphylla*, le *Couma guianensis* d'Aublet; mais l'auteur, en décrivant la Plante qu'il représente, n'a pas reconnu celle d'Aublet, qui ne peut, en aucune manière, être rapportée au genre *Cerbera*. (A. R.)

COUMON. BOT. PHAN. Fruit d'un Palmier indéterminé de la Guiane, avec lequel on fait une boisson fort agréable. (B.)

* COUNANA. INS. Nom vulgaire à Cayenne de la larve du *Bruchus Bactris*, L. *V*. BRUCHE. (B.)

* COUNA - CONATI. BOT. PHAN. (Surian.) Syn. caraïbe de *Phyllantus Niruri*. (B.)

* COUNDOU-MANI. BOT. PHAN. On appelle ainsi dans l'Inde l'*Abrus precatorius*. *V*. ce mot. (A. R.)

* COUPAN. POIS. (Ruysch.) Syn. présumé de Rémore, nommé par les matelots hollandais Coupan-Visch. *V*. SCHÉNÉIDE. (B.)

COUPAYA. BOT. PHAN. *V*. COPAIA.

COUPE-BOURGEON, BÊCHE, LISETTE ou PIQUE-BROTS. INS. On a donné ces noms vulgaires à plusieurs Insectes des genres Attelabe, Gribouri, Eumolpe, Pyrale, qui font beaucoup de torts aux bourgeons des Vignes, aux greffes des Abricotiers et des Pêchers. Parmi ces Insectes, on connaît davantage l'Eumolpe de la Vigne, *Eumolpus Vitis*, Fabr. *V*. EUMOLPE. (AUD.)

COUPE-FAUCILLE. BOT. PHAN. L'un des noms vulgaires de la Linaire et de l'*Anthirrinum Orontium*, espèces de Mufflier. (B.)

COUPEROSE ou VITRIOL. MIN. Noms imposés par le vulgaire à la combinaison de l'Acide sulfurique avec quelques bases métalliques. Les Couperoses bleue, verte et blanche sont les Sulfates de Cuivre, de Fer et de Zinc. (DR. Z.)

COUPET. MOLL. (Adanson, Voy. au Sénég. p. 94, pl. 6.) Cône hébraïque. *V*. CÔNE. (D. H.)

COUPEUR-D'EAU. OIS. Syn. qui convient particulièrement au Bec-en-Ciseaux, *Rhynchops*, L.; mais qui, dans diverses relations de voyages, s'étend à presque tous les Pétrels. *V*. BEC-EN-CISEAUX. (DR. Z.)

COUPI. BOT. PHAN. *V*. GOUÉPI.

COUPOUI. BOT. PHAN. Aublet a décrit sous le nom de *Coupoui aquatica* (Guian., Suppl. p. 16, t. 377) un Arbre originaire de la Guiane dont le fruit seulement est connu, et qui paraît se rapprocher de la famille des Myrtacées. Ses feuilles sont pétiolées, obovales, aiguës, échancrées en cœur à leur base et très-grandes. Les fruits sont ovoïdes de la grosseur d'un Citron, couronnés par les cinq lobes du calice; ils contiennent une seule amande. (A. R.)

COUQUELOURDE. BOT. PHAN. Pour Coquelourde. *V*. ce mot.

*COURAATHES. INS. L'Insecte de Ceylan ainsi désigné comme une espèce de Fourmi n'appartient peut-être pas à ce genre, et n'est encore guère connu que par son nom. (B.)

COURADI ET PAI - PAROEA. (Rhéede, *Malab.* v., t. 46.) Syn. de *Grewia orientalis*, L. *V*. GREWIER. (B.)

* COURAGE. BOT. PHAN. Vieux nom de la Bourrache. (B.)

COURAKAI. BOT. PHAN. L'un des noms de l'*Eleusine Coracana* aux environs de Pondichéry. (B.)

COURANT. GÉOL. Mouvement progressif qui s'exerce dans les fluides en raison d'une impulsion qu'impriment la différence des niveaux et la dilatation ou la raréfaction des milieux environnans. L'air comme l'eau a ses Courans sur lesquels l'effet du poids des diverses couches de l'atmosphère est très-sensible. Les Courans de l'air influent à leur tour et dans beaucoup de circonstances sur ceux des eaux. Ils sont communément produits par l'abaissement ou par l'élévation alternative de la température, et par la figure des continens sur lesquels ils roulent en causant les vents et les tempêtes. Leur action se confond tellement avec celle de ces météores, que c'est au mot VENT que nous en entretiendrons le lecteur. Il ne sera question dans cet article que des Courans de l'eau. On en a cherché la raison dans une multitude de causes, en les distinguant en deux sortes : les Courans variables ou particuliers et les Courans sidériques ou généraux. Ces derniers ne sont proprement point des Courans ; ils appartiennent à un tout autre ordre de phénomènes. Il en sera traité à l'article Marées. Les véritables Courans, ceux que l'on comprend dans l'idée commune de ce mot, ne nous paraissent avoir nul rapport avec la température, ou du moins celle-ci doit peu influer sur leur action que nous attribuons principalement aux pentes sur lesquelles ils glissent.

Quelque hypothèse qu'on ait imaginée sur la différence de niveau de certaines parties de l'Océan, il est impossible de concevoir que les unes soient plus élevées que les autres ; et les lois de la nature auxquelles obéissent les fluides ne sauraient permettre une aberration capable de renverser toutes les idées reçues. Il est vrai que la mer Rouge se trouve, à l'instant du flux, élevée de quelques mètres au-dessus de l'extrémité syriaque de la Méditerranée, et qu'on a des raisons de supposer que la surface des eaux au fond du vaste golfe Mexicain est un peu plus haute que dans le reste de l'Océan ; mais ces deux exceptions, les seules avérées, sur de grandes masses d'eau, tiennent à des circonstances particulières : la première à la forme de la mer Rouge où l'eau de l'océan Persique-Africain est poussée, comme nous voyons quelquefois les vents s'engouffrer dans une impasse, et en sortir moins vite qu'ils n'y sont entrés ; la seconde à la pression latérale que doit exercer contre les côtes qu'il longe, le grand Courant connu des marins sous le nom de *Gulf-Stream*. Il est même probable que le fond de plusieurs grands golfes allongés et rétrécis, particulièrement de la plupart de ceux qui ne se lient à l'ensemble des mers que par un détroit, sont dans le cas des cornes de la mer Rouge, sur lesquelles les nivellemens des officiers de l'expédition d'Egypte ont opéré. Ainsi la mer Noire et l'extrémité de la Baltique pourraient bien être un peu plus hautes que l'Océan. De même le côté le plus voisin des rivages longés par les Courans pourrait bien être un peu plus élevé que le côté opposé, auquel l'étendue des eaux ne présente pas tant de résistance. Mais ces faits certains ou probables ne sont rien contre d'imprescriptibles lois. Les fluides tendent sans cesse à se mettre en équilibre, et ce n'est que de la forme de leur contenant que les eaux de la mer peuvent recevoir quelque impulsion déterminante des Courans qu'on y remarque. Les ruisseaux, les rivières et les fleuves nous indiquent la marche que suit partout la nature dans la production et pour la direction des Courans. Les eaux de ceux-ci, suivant la pente du terrain, roulent avec vitesse, se ralentissent et coulent avec une molle lenteur, selon que le terrain est rapide ou s'aplatit. En débouchant dans la mer, le Courant des fleuves y continue donc à travers une masse d'eau qui repose sur un fond anfractueux, et doit nécessairement suivre encore ces anfractuosités, quoiqu'en se ralentissant. La réunion de ces Courans divers et l'opposition invincible que leur présente bientôt le poids de la masse totale des eaux qu'ils grossissent, doit produire un Courant général, vaste fleuve marin, à peu près parallèle aux côtes, proportionné en étendue et en rapidité aux tributs qu'il reçoit des continens, et dont les rivages sont d'un côté ceux des continens même, et de l'autre la masse centrale des flots amers. Les vents ou Courans atmosphériques peuvent favoriser, accélérer ou contrarier les Courans marins. Le flux et le reflux doivent aussi ou les déplacer ou causer des altérations alternatives dans leur marche, mais ils demeurent existans, et les pêcheurs qui conduisent leurs bateaux jusqu'au milieu des écueils les connaissent fort bien. L'habitude apprend à ceux-ci à démêler leurs moindres effets. « La connaissance et la marche des Courans, dit le savant Rossel, forme une branche importante de l'art nautique. C'est elle qui apprend aux marins que, si le principal lit du Courant leur devient contraire, ils peuvent dans certains cas se transporter dans les lieux voisins, où ils en trouveront de favorables. Certains livres de navigation sont destinés à leur indiquer ceux qui se rencontrent dans les parages connus; mais une connaissance raisonnée de la matière dont ils agissent peut leur faire juger, à l'inspection des côtes et à l'aide de la direction du principal Courant, quels sont les lieux qui, dans des parages inconnus, leur procureront les mêmes avantages. »

Les Courans se distinguent aisément dans les rivières et les fleuves, par leur rapidité toujours plus grande, où des objets immobiles de comparaison se présentent aisément aux environs comme pour faire apprécier leur vitesse. Il n'en est pas de même de ceux de la haute mer dont le navigateur éprouve les effets sans en distinguer la marche. Cependant des corps entraînés, quelquefois une teinte différente du reste des eaux qu'ils traversent, et une surface ou ligne d'écume et de débris flottans, servent de loin à les faire reconnaître. Nous avons plus d'une fois, de la paume du grand mât, distingué au loin, sur la mer tranquille, de ces traces sinueuses qui ressemblaient aux cours d'eau dont on suit les replis au milieu de la prairie dominée par quelque roc sourcilleux et du sommet duquel on peut contempler la campagne. Ces traces écumeuses doivent être soigneusement observées par les naturalistes voyageurs. Les débris qui les composent et qu'entraînent les Courans marins leur indiqueront la direction de ceux-ci. S'ils y trouvent dans la Zône torride des productions du Nord, ils en concluront que le Courant passa par le voisinage d'un cercle polaire; si au contraire, vers les glaces septentrionales, on y observe quelques fragmens des productions intertropicales, ils concluront que le Courant vient du voisinage de la ligne équinoxiale. Au milieu de la confusion des corps entraî-

nés, les naturalistes pourront trouver des objets inconnus, mais alors ils doivent se garder d'en indiquer la patrie au lieu où se sera faite la découverte.

La marche de plusieurs Courans pélagiens est aujourd'hui aussi exactement déterminée que le peut être, sur une carte géographique, celle de la Seine ou de la Loire. Le plus remarquable de tous est le Courant atlantique septentrional, vulgairement appelé Gulf-Stream; il parcourt, en trois ans à peu près, un cercle irrégulier, immense, de trois mille huit cents lieues au moins de contour. Des Canaries, vers lesquelles il circule à partir des côtes d'Espagne, il pourrait conduire en treize mois aux côtes de Caracas. Il met dix mois à faire le tour du golfe du Mexique d'où il se jette pour ainsi dire, par une accélération de vitesse, dans le canal de Bahama, après lequel il prend le nom de Courant des Florides; il longe alors les Etats-Unis et parvient en deux mois vers le banc de Terre-Neuve qui doit peut-être son existence à ses dépôts; et que Volney a ingénieusement comparé à la barre d'un grand fleuve. Ce banc se trouve en effet au point de contact d'un autre grand Courant septentrional qui pourrait bien être déterminé par le fleuve Saint-Laurent. De Terre-Neuve aux Canaries, en passant près des Açores et se dirigeant vers le détroit de Gibraltar d'où il se courbe au sud-ouest, le Gulf-Stream achève de parcourir la fin de sa révolution en dix ou onze mois. C'est dans l'intérieur de ce cercle que se trouvent surtout ces amas flottans de Sargasses dont furent si fort surpris les premiers investigateurs du grand Océan, qui les signalaient sur leurs cartes informes; quand ces amas, portés par le balancement des flots, atteignent aux limites du Courant, ils sont entraînés par lui jusqu'à ce qu'ils trouvent quelque disposition favorable à leur accumulation. Cette disposition se rencontrant surtout dans l'espèce de grand bassin que forment les Canaries, les îles du Cap-Vert et les côtes d'Afrique, c'est dans cet espace surtout que les Sargasses s'accumulent en immenses bancs flottans qui, d'après nos observations, paraissent n'avoir pas végété dans les profondeurs des parages sur lesquels on traverse ces sortes de forêts ou plutôt de prairies océaniques. Un autre Courant, qui part de l'équateur en se dirigeant au nord-est, se porte au fond du golfe de Guinée, et passant ensuite entre les îles du Prince, de Saint-Thomas et la côte voisine, se perd vers l'embouchure du Zaïre. On trouve un autre Courant dans l'hémisphère austral, dont nous avons observé la ligne écumeuse, et qui, se dirigeant vers le cap de Bonne-Espérance, s'y embranche avec un Courant qui paraît venir du canal de Mozambique, doubler la pointe méridionale de l'Afrique et se diriger vers le nord le long des côtes désolées qui s'étendent dans la même direction. Dans les mers de l'Inde, les Courans paraissent alterner et suivre la marche des vents alisés ou réglés. Ce fait est certain : aussi n'avons-nous pas prétendu nier que les vents ne puissent avoir une telle influence, mais nous ne reconnaissons pas à ces vents l'importance exclusive qu'on a voulu leur donner. La Polynésie est remplie de Courans contraires et peu connus, dont plusieurs sont fort dangereux. Du sud de la Nouvelle-Hollande partent encore de grands Courans, et l'océan Pacifique offre aussi son Gulf-Stream. En général les Courans partiels longent les côtes, tournent les caps et deviennent plus rapides dans les passages rétrécis : c'est ainsi qu'on en trouve de violens dans le détroit de Magellan et dans le canal de Mozambique. Dans le golfe de Gascogne, on observe un Courant très-sensible qui se dirige au nord-est ; il reçoit, en longeant la côte de France, les eaux de la Garonne, de la Charente, de la Loire et de la Vilaine, et, passant entre les îles et la côte de Bretagne, il va se perdre dans l'Océan. On assure que la Manche n'en offre pas de traces bien sensibles, non plus que le pourtour des îles Britanniques. Le

canal Saint-George, au sud duquel débouche la rivière de Bristol, devrait cependant en offrir un assez considérable, si l'on en juge par analogie. La côte du Labrador offre un Courant qui, dans toutes les saisons, se dirige du nord au sud. Depuis le mois de mai jusqu'en octobre, un Courant de la mer des Indes se dirige dans le golfe Persique, qui semble se dégorger durant les six autres mois. En général, les Courans, partis du grand Océan, se portent par les détroits dans les différentes mers intérieures : c'est ainsi qu'on voit les eaux de l'Atlantique entrer dans la Méditerranée sous la forme d'un large Courant, dont la vitesse est accélérée par le rapprochement des côtes. Les eaux affluentes, introduites par le détroit de Gibraltar, longent la lisière septentrionale, tournent entre l'île de Crète et les côtes de Syrie, et, baignant les côtes d'Afrique, s'enfoncent dans les régions inférieures de la Méditerranée, d'où elles ressortent par-dessous, de façon qu'entre la pointe méridionale de l'Espagne et l'extrémité septentrionale de l'empire de Maroc il existe un Courant supérieur et un Courant inférieur. On observe un fait semblable dans le canal de Bahama.

L'on a pensé que le mouvement de rotation du globe déterminait les Courans de la mer ; si ce mouvement en était la vraie cause, tous suivraient la même direction. Nous avons vu que plusieurs se dirigeaient perpendiculairement à l'écliptique, et que ceux qui se rapprochaient le plus de cette ligne ne le faisaient qu'obliquement. Ce mouvement de rotation ne doit pas avoir plus d'influence sur les eaux que sur le continent, si ce n'est par rapport aux marées que nous ne considérons pas comme l'effet des Courans, mais comme subordonnées à l'influence des astres. La vitesse des Courans est souvent très-rapide ; elle tient à la profondeur des vallées sous-marines qui les déterminent, et l'on peut supposer assez raisonnablement qu'à mesure que les mers diminueront et que les continens augmenteront, les Courans deviendront de grands fleuves dont on pourrait d'avance figurer le cours sur la mappemonde. *V.* FLEUVES.

Il est des Courans locaux et irréguliers dont on ne peut trop expliquer les causes, à moins qu'on ne les suppose déterminés par quelques gouffres où s'engloutissent les eaux, et d'où elles peuvent être ensuite repoussées. Tel est celui de l'Euripe, entre l'Eubée et les côtes de la Grèce ; tel est surtout ce célèbre Malstroem qui, dans le voisinage de la Norwège et par le soixante - huitième degré de latitude nord, passe pour attirer et engloutir les Animaux marins, et jusqu'aux vaisseaux qui s'en approchent imprudemment.   (B.)

* COURAQUET. ois. Syn. vulgaire de la Rousserolle, *Turdus arundinaceus*, L. *V.* SYLVIE.   (DR..Z.)

COURATARI. BOT. PHAN. Le grand et bel Arbre décrit et figuré par Aublet (Guian., 724, t. 290), sous le nom de *Couratari guianensis*, a ses rameaux étalés, ses feuilles alternes, pendantes, courtement pétiolées, elliptiques, acuminées, très-entières, parfaitement glabres, longues d'environ quatre à cinq pouces, larges de deux à trois pouces, un peu coriaces, ayant les nervures latérales très-rapprochées, dépourvues de stipules. Les fleurs sont grandes, d'un blanc agréablement lavé de pourpre et formant des épis axillaires plus courts que les feuilles. Chaque fleur est brièvement pédonculée et articulée vers la base de son pédoncule. Le calice est court, turbiné inférieurement, à six divisions très-profondes aiguës et persistantes. La corolle, beaucoup plus grande et presque étalée, se compose de six pétales un peu inégaux, arrondis, très-obtus, soudés ensemble à leur base par les filets staminaux et semblant former une corolle monopétale rotacée. Les étamines sont fort nombreuses, leurs filets se réunissent pour constituer un androphore concave, pétaloïde, décliné, un peu plus long que

les pétales, et dont la face supérieure ou concave est chargée d'anthères. Cet organe est généralement décrit comme un nectaire. L'ovaire est semi - infère, déprimé, et se termine par un style simple et assez court. Le fruit offre une forme et une structure extrêmement singulières. C'est une capsule ligneuse, oblongue, évasée et presque campaniforme, tronquée à son sommet, quelquefois à trois angles obtus, peu marqués. Ses parois sont parsemées de points blanchâtres. Elle est fermée supérieurement par une sorte d'opercule circulaire qui se prolonge, dans sa partie interne ou inférieure, en une columelle ou axe central triangulaire, marqué de trois dépressions longitudinales, lequel se prolonge jusqu'au fond de la capsule. Les graines, au nombre de huit à douze, sont oblongues, aplaties, membraneuses sur leurs bords. Elles contiennent un embryon recourbé, ayant la radicule longue, cylindrique et appliquée sur la face d'un des cotylédons qui sont minces, foliacés et chiffonnés. Jusqu'à présent, on ne connaissait que les fruits de cet Arbre qui ont été figurés par Aublet, et qu'on rencontre fréquemment dans les collections. C'est pour la première fois que la fleur de cet Arbre est décrite et figurée (*V.* pl. de ce Dictionnaire). Nous avons tracé ses caractères d'après de beaux échantillons de cet Arbre recueillis par feu le professeur Richard à la Guiane. Ce genre a les plus grands rapports avec le *Lecythis* et pourrait même y être réuni. Néanmoins, il en diffère par la forme de son fruit, ses graines membraneuses, attachées au fond de la capsule, et par la structure de son embryon. *V.* LECYTHIS et LÉCYTHIDÉES.   (A. R.)

COURATOUN. ois. (Bonelli.) Syn. piémontais du Courlis de terre, *Charadrius Œdicnemus*, L. *V.* ŒDICNÈME.   (DR..Z.)

COURBARIL. BOT. PHAN. *V.* HYMENÆA.

COURBAS, COURBATAS ET

COURBEAU. ois. Syn. vulgaires de Corbeau dans le midi de la France. *V.* CORBEAU. (DR..Z.)

* COURBINE. pois. Pour Corbine. *V.* ce mot.

COURCHO. ins. Les Vers à soie qui se changent en Chrysalide sans filer de cocon. (B.)

COURCOUSSOU. ins. Nom languedocien d'un Coléoptère indéterminé qui vit dans les bois. (B.)

COURDI. bot. phan. *V.* COURONDI.

COURE. mam. Syn. guarani de Pécari. *V.* COCHON. (B.)

COURÉJHOLO. bot. phan. Le Liseron commun en Provence. (B.)

COURELIOU. ois. Syn. de Courlis. *V.* ce mot.

COURESSE ou COURERESSE. rept. oph. Espèce du genre Couleuvre. *V.* ce mot. (B.)

COUREUR. *Corrira.* ois. Aldrovande a le premier décrit cet Oiseau que depuis l'on n'a jamais revu. Cet Animal, qui devrait faire le type d'un genre particulier, laisse de grands doutes sur son existence, et plusieurs auteurs présument que la bonne foi d'Aldrovande a été surprise par des récits mensongers ou par un Oiseau fabriqué artificieusement avec des parties empruntées à d'autres Oiseaux de genres différens. On a donné le surnom de Coureur à une espèce du genre Traquet, *Ænanthe cursoria*, Levaill., Ois. d'Afrique, pl. 190. *V.* TRAQUET. (DR..Z.)

* COUREUR DE COUSINS. ois. Syn. présumé de Gobe-Mouche gris, *Muscicapa Grisola*, L. *V.* GOBE-MOUCHE. (DR..Z.)

COUREURS. *Cursores.* ois. Douzième ordre de la méthode ornithologique de Temminck. Caractères : bec médiocre ou court ; pieds longs, nus au-dessus du genou ; les doigts, au nombre de deux ou de trois seulement, dirigés en avant. Cet ordre se compose des genres Autruche, Rhéa,

Casoar, Outarde et Coure-Vite. Il en est peu qui renferment moins d'espèces, et nos climats n'en comptent guère que trois ou quatre. Le nom de Coureurs leur a été imposé à cause de la grande aptitude qu'ils ont pour la course aux dépens du vol qui même, faute d'organes convenables à son exécution, est absolument interdit à plusieurs espèces de ce genre. Ils habitent de préférence les plaines les plus vastes et même les déserts. L'herbe tendre, les graines, les Insectes concourent indistinctement à leur nourriture. Ils fuient la société et paraissent se dérober surtout aux regards des Hommes ; ils mettent peu de soins à la construction de leurs nids, et ceux qu'ils apportent dans l'incubation se ressentent du peu de tendresse, du peu d'empressement qu'en général on observe dans la recherche mutuelle des deux sexes. (DR..Z.)

COURE-VITE. *Cursorius.* ois. (Lath.) Genre de l'ordre des Coureurs. Caractères : bec plus court que la tête, grêle, presque cylindrique, déprimé à la base, faiblement voûté et courbé à la pointe ; narines ovales, surmontées d'une petite protubérance ; tarse élevé, grêle ; trois doigts en avant très-courts, presque entièrement divisés ; l'intérieur moins long de moitié que l'intermédiaire ; ongles très-petits ; point de pouce ; ailes médiocres, la deuxième rémige la plus longue ; tectrices recouvrant entièrement les rémiges.

Les Oiseaux de ce genre sont particuliers aux contrées brûlantes de l'ancien continent, et ce n'est qu'improprement que l'on a donné le nom d'Européenne à l'une des espèces d'Afrique, parce que quelques individus égarés ont été trouvés par hasard sur les plages de l'Italie, de l'Espagne et même de l'Angleterre. Ces Oiseaux sauvages et fugitifs, retirés dans les sables arides et déserts, ont encore été fort peu étudiés, et le petit nombre d'individus qui parent les collections, ont succombé par surprise dans des pièges, car la rapidité de leur course peut, à ce qu'on assure, les mettre hors de toute atteinte des armes à feu. Tout ce qui concerne leur nidification, l'incubation, l'éducation de leurs petits et leurs différentes mues, est absolument ignoré.

COURE - VITE DE COROMANDEL, *Cursorius asiaticus*, Lath.; *Charadrius coromandelicus*, Gmel., Buff., pl. enl. 892. Parties supérieures brunes; croupion et tectrices caudales blancs; sommet de la tête, devant du cou et poitrine d'un roux marron; rémiges et bas-ventre noirs; cuisses et tectrices anales blanches; un trait blanc et un autre noir derrière l'œil; rectrices cendrées, avec une tache noire vers l'extrémité qui est blanche: bec noir; pieds jaunâtres. Taille, huit pouces. De l'Inde.

COURE-VITE A DOUBLE COLLIER, *Cursorius bicinctus*, Temm.; *Tachydromus collaris*, Vieill. Parties supérieures d'un brun cendré; chaque plume bordée de blanc roussâtre; tectrices alaires intermédiaires rousses; rémiges noires; croupion blanc; un collier noir, fort étroit au bas du cou, et un autre plus large sur la poitrine; parties inférieures roussâtres. Taille, dix pouces. D'Afrique.

COURE-VITE ISABELLE, *Cursorius europœus*, Lath.; *Cursorius isabellinus*, Meyer; *Charadrius gallicus*, Gmel., Buff., pl. enl. 795. Plumage d'un roux isabelle; une double raie noire, séparée par un trait blanc derrière l'œil; sommet de la tête roux; tectrices alaires bordées de cendré; rémiges noires; une tache noire entourant l'extrémité des rectrices qui est blanche; les deux intermédiaires unicolores; bec noir; pieds cendrés. Taille, neuf pouces. D'Afrique. Il a été observé quatre fois en Europe. (DR..Z.)

COURGE. *Cucurbita*. BOT. PHAN. L'un des genres les plus considérables de la famille des Cucurbitacées, qui en a tiré son nom. On peut le caractériser de la manière suivante: ses fleurs sont monoïques; dans les mâles, le calice est campanulé, à cinq dents ou à cinq lanières étroi-

tes; la corolle est monopétale, régulière, campaniforme, ou plus ou moins plane, à cinq lobes quelquefois très-profonds; les étamines, au nombre de cinq, sont portées sur trois androphores, dont deux soutiennent chacun deux anthères, et le cinquième une seule; ces anthères sont linéaires, repliées plusieurs fois sur elles-mêmes; les filets des étamines sont plus ou moins rapprochés à leur base, et recouvrent un corps central et glanduleux, qui paraît être le pistil avorté. Les fleurs femelles ont la corolle absolument semblable à celle des fleurs mâles; leur calice est ovoïde, allongé et intimement adhérent avec l'ovaire infère; le style est court, terminé par trois stigmates plus ou moins profondément échancrés; le sommet de l'ovaire est couronné, soit par une sorte de disque circulaire, soit par trois appendices courts qui sont les étamines avortées. Le fruit offre les plus grandes variétés de forme et de consistance. Sa grosseur varie depuis un jusqu'à trente et même trente - six pouces de diamètre. Il est tantôt globuleux et lisse, tantôt relevé de côtes, ovoïde, allongé en forme de bouteille, de massue, etc. Sa consistance ne varie pas moins; dans quelques variétés, son péricarpe, lorsqu'il est parfaitement mûr, est sec, dur et crustacé; d'autres fois il reste charnu; dans tous les cas, il est indéhiscent et pulpeux intérieurement. Les graines sont ovoïdes, très - comprimées, tantôt échancrées en cœur à leur sommet et minces sur leurs bords, tantôt entières et entourées dans leur contour d'un rebord un peu élevé.

Ce genre est extrêmement voisin du Concombre (*Cucumis*), dont il ne diffère essentiellement que par ses graines échancrées en cœur, quand elles sont minces sur les bords, ou entourées d'un rebord saillant lorsqu'elles sont entières. Il se compose d'un assez grand nombre d'espèces qui toutes sont originaires des contrées les plus chaudes de l'ancien et du nouveau Continent. Ce sont toutes des Plantes herbacées, annuelles, ayant la tige charnue, armée de vrilles, et acquérant souvent de très-grandes dimensions. Les fleurs sont généralement grandes et portées sur des pédoncules axillaires. Elles sont tantôt blanches et tantôt jaunes. Les fleurs mâles sont en plus grand nombre que les femelles. Les espèces de ce genre qui ont les fleurs jaunes, la corolle campaniforme, les graines entières et relevées d'un rebord saillant, constituent le genre Pépon du professeur Richard, qui ne laisse dans le genre *Cucurbita* que les espèces dont la corolle est étalée, et qui ont les graines minces sur les bords et échancrées en cœur à leur sommet. Nous considérerons seulement le genre Pépon comme une simple section du genre *Cucurbita*.

§ I. Pépon, *Pepo*, Rich. *Fleurs jaunes à corolle campanulée, à graines entières, entourées d'un rebord saillant.*

Courge Potiron, *Cucurbita Pepo*, L.; *Cucurbita maxima*, Duchesne; *Pepo macrocarpus*, Rich. Le Potiron est l'une des Plantes herbacées qui, dans le cours de quelques mois, acquièrent les plus grandes dimensions et produisent les fruits les plus volumineux. En effet, sa tige, qui reste étalée sur la terre, s'y étend quelquefois de vingt-cinq à trente pieds. Dans quelques variétés, cependant, elle est beaucoup moins longue. Elle est toujours cylindrique, fistuleuse, ramifiée et couverte de poils rudes, qui existent également sur les feuilles et les calices. Les feuilles sont fort grandes, alternes, pétiolées, cordiformes, arrondies, à cinq lobes obtus. Les fleurs sont très-grandes, jaunes, monoïques et placées à l'aisselle des feuilles. Les fruits sont d'une grosseur énorme. On en voit qui ont deux pieds et demi et même plus de diamètre; et qui pèsent de quarante à cinquante livres. Ils sont, en général, globuleux, déprimés au sommet et à la base, relevés de côtes peu marquées. Leur chair est jaunâ-

tre, peu fondante; leur écorce mince et non crustacée; leur intérieur est creusé d'une vaste cavité aux parois de laquelle sont attachées les graines, au moyen de filamens celluleux. Celles-ci sont blanches, ovoïdes, très-comprimées, entourées d'un rebord saillant, et entièrement recouvertes par le tissu cellulaire qui pend aux parois de la cavité. Cette Plante est originaire de l'Inde. On la cultive dans nos jardins, où elle n'exige pas de très-grands soins. On sème ses graines dans des pots que l'on met sous châssis. Lorsqu'elles sont bien germées et qu'on n'a plus à redouter la gelée, on les met en place dans des trous que l'on a remplis de bon terreau. On doit encore pendant quelque temps les recouvrir d'une cloche et de paille pendant la nuit. Ses fruits sont mûrs vers les mois d'octobre et de novembre.

Cette espèce présente quatre variétés principales, savoir : 1° le gros Potiron jaune, qui est la plus commune; 2° le petit Potiron jaune, qui est la plus hâtive; 3° le gros Potiron vert; 4° enfin le petit Potiron vert. Le Potiron est généralement peu estimé. Sa chair est ferme et peu savoureuse. On en forme, en le faisant cuire dans du lait, des potages assez bons.

Courge polymorphe, *Cucurbita polymorpha*, Duchesne; *Cucurbita Pepo*, Var. Il nous semble bien difficile de distinguer cette espèce de la précédente, si ce n'est par sa corolle plus allongée et comme infundibuliforme, et par ses fruits dont la peau est généralement dure et crustacée. Elle offre une foule de variétés qui, pour la plupart, sont recherchées et conservées comme ornemens, plutôt qu'elles ne sont employées comme aliment. Les plus remarquables sont : 1° les Orangins et les Coloquinelles, *Cucurbita colocyntha*, Duch. Les premiers ont le fruit de la grosseur et de la couleur d'une Orange, avec la peau crustacée. On les appelle aussi fausses Oranges. Les Coloquinelles ou fausses Coloquintes n'en diffèrent que par leur peau plus mince, panachée de blanc et de vert. 2°. Les COUGOURDETTES ; leurs fleurs sont fort petites et très-nombreuses ; les fruits ont la forme d'une Poire ou sont ovoïdes ; leur peau est solide, crustacée, d'un vert foncé, parsemée de taches blanches ; les graines sont fort allongées ; la pulpe est fibreuse. 3°. La BARBARINE ou BARBARESQUE SAUVAGE, *Cucurbita verrucosa*, L. Plus grosse que les précédentes, tantôt déprimée, tantôt ovoïde et allongée ; sa peau, qui est quelquefois verruqueuse et bosselée, est mince et non crustacée. On mange ses jeunes fruits. 4°. Le TURBANÉ, *Cucurbita piliformis*, Duch. Remarquable par sa forme singulière, il semble formé de deux fruits superposés, dont l'inférieur présente des côtes très-saillantes, tandis que le supérieur, qui est lisse et moins gros, se termine par quatre cornes dressées. Ces deux moitiés sont séparées par un étranglement circulaire, garni de petites verrues grisâtres ; leur peau est solide, mais leur pulpe est bonne à manger quand elle est cuite. 5°. Les CITROUILLES et les GIRAUMONS. Cette race a des fruits beaucoup plus gros, dont la chair, qui est bonne à manger, est recouverte d'une pellicule mince et crustacée. Le nombre des variétés que présente cette race, est extrêmement considérable. 6°. Le PASTISSON, *Cucurbita Melopepo*, Duchesne ; *Pepo clypeiformis*, Rich. Les Pastissons ont la peau très-fine, la chair ferme. Leur forme est extrêmement variable ; on en voit de ronds, avec des côtes très-saillantes, se prolongeant à la partie supérieure ou inférieure, et formant une sorte de couronne ; d'autres sont allongés et en forme de Concombre ; quelques-uns ont la forme d'un Champignon non épanoui, c'est-à-dire qu'ils sont très-renflés dans leur moitié supérieure qui se prolonge inférieurement en une sorte de pédicule ; leur chair est en général peu savoureuse et ne se mange que cuite et apprêtée de diverses manières.

COURGE PASTÈQUE, *Cucurbita Citrullus*, L. ; *Cucurbita Anguria*, Duchesne. C'est à cette espèce que l'on donne vulgairement le nom de Melon d'eau et que l'on cultive en si grande abondance dans toutes les contrées de l'Europe méridionale. Elle se reconnaît facilement à ses feuilles, dont les lobes sont profondément laciniés, à ses fruits globuleux ou ovoïdes, lisses, verts, mouchetés de blanc ; sa chair est rose ; son intérieur est plein et ne présente pas de cavité centrale, comme les Melons et les Potirons ; les graines sont violettes, un peu rugueuses, placées dans autant de petites cavités creusées dans la chair. Celle-ci est très-aqueuse et fondante, d'une saveur fort agréable. Aussi les Pastèques sont-ils extrêmement recherchés dans les contrées méridionales de la France, en Espagne, en Italie, en Egypte, etc.

La COURGE MELONÉE ou CITROUILLE MUSQUÉE, *Cucurbita moschata*, Duch., n'est, suivant plusieurs auteurs, qu'une simple variété de la Courge polymorphe, dont elle ne diffère que par son calice resserré dans sa partie supérieure et ses feuilles plus molles et couvertes d'un duvet plus doux. Le fruit est globuleux, déprimé ou ovoïde. Sa chair est jaune ou rougeâtre. On cultive en abondance cette Plante dans les provinces méridionales de la France, où elle est très-recherchée comme aliment.

§ II. COURGE, *Cucurbita*. *Fleurs blanches, à corolle étalée ; graines minces et sans rebords, échancrées en cœur à leur sommet.*

COURGE CALEBASSE, *Cucurbita Lagenaria*, L. ; *Cuc. leucantha*, Duch. Cette espèce, qui est mollement pubescente et gluante dans toutes ses parties, se reconnaît facilement à sa tige grimpante et sillonnée, à ses feuilles cordiformes, denticulées, molles et blanchâtres ; ses fleurs sont monoïques, blanches et grandes ; leur corolle est étalée et à cinq lobes ; les fruits ont toujours leur partie externe dure et crustacée ; mais leur forme varie à l'infini; les graines qu'ils contiennent sont presque planes, minces sur les bords, et légèrement échancrées à leur sommet. On cultive en abondance cette variété qui ne demande d'autre précaution que d'être placée près d'un treillage, afin de pouvoir s'accrocher et grimper. Les variétés principales sont les suivantes : 1° la COUGOURDE ou GOURDE DES PÉLERINS. Le fruit a la forme d'une bouteille; lorsqu'il est parfaitement mûr, on le vide avec soin et l'on en fait des bouteilles dont se servent les militaires et les voyageurs ; 2° la GOURDE est plus grosse que la précédente et presque globuleuse ; 3° la MASSUE ou la TROMPETTE : dans cette variété singulière ; les fruits sont très-allongés, presque cylindriques, renflés dans leur extrémité supérieure, de manière à ressembler beaucoup à une massue.

Nous aurions pu augmenter de beaucoup l'énumération des variétés que présentent les espèces de ce genre, et insister davantage sur leurs caractères ; mais nous aimons mieux renvoyer les personnes, qui voudraient avoir des détails plus étendus sur ce sujet, aux articles que Duchesne de Versailles a donnés sur ces Plantes dans l'Encyclopédie méthodique. (A. R.)

COURGNÉ. BOT. PHAN. Syn. de Cornouiller. *V.* ce mot. (D.)

COURICACA. OIS. (Buffon, Vieill.) *V.* TANTALE.

* COURIKIL. OIS. (Paulin.) Syn. vulgaire, au Malabar, d'une espèce d'Hirondelle qui n'a pas encore été déterminée avec exactitude. (DR. Z.)

* COURIL. OIS. (Gaimard.) Syn. de *Psittacus Novæ-Hollandiæ*, L., à la Nouvelle-Galles du sud. *V.* PERROQUET. (B.)

COURIMARI. BOT. PHAN. Le Végétal décrit par Aublet dans son Supplément des Plantes de la Guiane, p. 28, pl. 384, est trop imparfaitement connu pour qu'on en puisse déterminer les rapports naturels. C'est un Ar-

bre de quatre-vingts pieds d'élévation dont le tronc est supporté à sa base par des espèces d'arcades de six à huit pieds de hauteur, formées par les racines qui s'élèvent ainsi au-dessus du sol. Les feuilles sont simples, alternes, entières, vertes et glabres à leur face supérieure, couvertes inférieurement de poils roussâtres et ferrugineux. Leur longueur est de quatre à cinq pouces sur une largeur de deux pouces à deux pouces et demi. On n'en connaît pas les fleurs. Mais à en juger par ce qui en reste avec le fruit non parvenu à sa maturité, elles se composent d'un calice et d'une corolle persistante à cinq découpures très-profondes. L'ovaire est libre, et devient un fruit globuleux, charnu, à cinq loges qui contiennent chacune une seule graine. (A. R.)

COURINGIE. *Couringia.* BOT. PHAN. — Les *Brassica orientalis* et *Brassica campestris* avaient été retirés du genre Chou par Heister qui en avait formé un genre sous le nom de *Couringia.* Ce genre n'a point été adopté. *V.* CHOU et CORINGIA. (A. R.)

COURITIS. BOT. PHAN. (Dioscoride.) Syn. de Verveine.

COURJO ET COURJÆTO. BOT. PHAN. *V.* COUGOURLO.

COURLAN ou COURLIRI. *Aramus.* OIS. (Vieillot.) Genre de la seconde famille de l'ordre des Grulles. Caractères : bec plus long que la tête, dur, épais, comprimé latéralement, droit, incliné à la pointe qui est renflée ; mandibule supérieure légèrement sillonnée ; l'inférieure renflée vers le milieu, angulaire, pointue ; narines linéaires, latérales, placées assez loin de la base du bec dans de longues fosses nasales et percées de part en part ; tarse élevé ; quatre doigts entièrement divisés ; trois devant, lisses en dessous, longs et grêles ; un derrière, articulé sur la partie postérieure du tarse et portant à terre sur plusieurs articulations ; ailes médiocres ; la première rémige assez courte, la troisième la plus longue.

L'histoire du Courlan, encore très-peu connue, ne nous offre que des données assez incertaines sur les mœurs et les habitudes de cet Oiseau sauvage et solitaire. Habitant les plaines arides et désertes des contrées équatoriales du nouveau continent, il semble prendre un soin particulier à se dérober aux regards, et part comme un trait pour s'élever à perte de vue, lorsqu'il se croit découvert. On présume que, pour la nourriture et la reproduction, il se rapproche des Hérons avec lesquels il a pendant long-temps été confondu. Cependant Azzara, qui a découvert dans le Paraguay une seconde espèce de Courlan, assure que cet Oiseau n'est point pêcheur, que jamais il n'entre dans l'eau, qu'il dédaigne pour sa nourriture les Poissons et les Serpens, etc. Cet observateur ajoute qu'il cache soigneusement son nid au sein des savannes; que la ponte consiste en deux œufs, et que les petits, aussitôt après leur naissance, se trouvent en état de suivre leurs parens. Il est possible qu'Azzara ait été induit en erreur, car les faits qu'il rapporte sont un peu contradictoires.

Le Carau , *Aramus Carau* , Vieill. Parties supérieures d'un brun noirâtre, qui prend une teinte pourprée sur le dos et le croupion; plumes des côtés de la tête, de la gorge et du cou, blanches à leur centre; parties inférieures brunes, tachetées de blanc sur le ventre; bec jaune, noirâtre aux deux extrémités; iris roussâtre; pieds cendrés. Taille, vingt-six pouces. Du Paraguay.

Le Courlan, *Ardea scolopacea* , Gmel., Buff., pl. enl. 848. Plumage d'un brun foncé, irisé de vert et de rougeâtre sur les rémiges et les rectrices; gorge blanche dans sa partie supérieure; les plumes du cou de cette couleur, mais bordées de blanc; bec d'un cendré roux, bleuâtre à la pointe; pieds noirâtres. Taille, trente-deux pouces. De la Guiane.

Il faut avouer qu'il y a bien peu de différence entre ces deux espèces, et Temminck, dont l'opinion en ornithologie est d'un grand poids, les regarde comme identiques.   (DR..Z.)

COURLERET. ois. Syn. vulgaire du grand Courlis cendré, *Scolopax arcuata* , L. *V*. Courlis.   (DR..Z.)

COURLERIC. ins. Même chose que Courlerole. *V*. ce mot.   (B.)

COURLEROLE. ins. Nom vulgaire de la Courtilière et de la larve du Hanneton commun.   (B.)

COURLI. moll. Nom vulgaire et marchand du *Murex houstellum*, L. *V*. Rocher.   (B.)

COURLI ÉPINEUX. moll. L'un des noms vulgaires et marchands de la Massue d'Hercule, *Murex Branderis*, L.   (B.)

COURLIRI. ois. *V*. Courlan.

COURLIS ou COURLIEU. *Numenius*. ois. (Briss.) Genre de la seconde famille de l'ordre des Gralles. Caractères : bec très-long, grêle, arqué, un peu comprimé, presque rond; mandibule supérieure dépassant l'inférieure, faiblement obtuse vers l'extrémité, cannelée jusqu'aux trois quarts de sa longueur; narines placées latéralement dans la cannelure près de la base du bec, linéaires et longitudinales; face entièrement emplumée; pieds grêles; quatre doigts, les trois antérieurs réunis jusqu'à la première articulation; le postérieur articulé sur le tarse et posant à terre; ailes médiocres, la première rémige la plus longue.

Les rives fangeuses, les marais bourbeux sont les retraites favorites des Courlis; on les trouve aussi quelquefois sur les dunes humides; mais ce n'est que pendant leurs voyages, lorsque sur leur route ils ne trouvent point de plages marécageuses; forcés de descendre pour prendre leur nourriture, ils s'abattent sur ces sables trempés où la multitude énorme de Vers et de Mollusques dont ils sont le refuge, serait plus que suffisante pour nourrir des milliers de Courlis, si la nature, en donnant à l'extrémité du long bec de ces Oiseaux une consistance assez flexible, ne les eût destinés en quelque sorte à choisir de préférence la vase des marais. Quoi qu'il en soit, les Courlis s'éloignent peu des côtes, et rarement on les rencontre à une grande distance de celles-ci ou des rivages des grands fleuves ; ils entreprennent de longs voyages, en troupes assez nombreuses, et ne se séparent qu'au temps de la ponte ; cette ponte consiste en quatre ou cinq œufs que l'on trouve ordinairement sur quelques brins de Joncs ou Gramens amoncelés au centre de quelques touffes d'Herbes ou de Bruyères élevées qui les cachent ; quelquefois ces œufs sont déposés dans des fossettes sur le sable des dunes arides et sauvages. Les Courlis soignent peu leurs petits qui, presqu'en naissant, sont aptes à chercher eux – mêmes leur nourriture et à se passer des soins paternels. Quoique d'un naturel beaucoup plus farouche que les Chevaliers et les Bécasseaux, les Courlis se plient cependant à la domesticité dans les jardins clos ; mais les Vers et les Limaces qu'ils y trouvent ne pouvant suffire à leurs besoins, ils ne tardent pas à périr autant d'inanition que d'ennui. Ces Oiseaux sont peu estimés des amateurs de gibier ; dans certains cantons l'on recherche leurs œufs, avec lesquels on confond ceux de presque tous les autres Gralles qui nichent dans les mêmes lieux. Les Courlis dont le nom français dérive de leur cri, et que la forme du bec a fait appeler *Numenius* par les latinistes, paraissent avoir partagé avec les Ibis les honneurs divins chez les peuples de la haute antiquité soumis au culte d'Isis : du moins on en reconnaît des figures sur les hiéroglyphes qui sont parvenus jusqu'à nous. Ce genre, quoique peu nombreux en espèces, est répandu sur tous les littoraux des deux mondes ; il doit sa formation à Brisson qui l'a détaché des *Scolopax* de Linné. Cuvier a distrait de ce genre le Corlieu,

dont il a fait le sous-genre *Phœopus*, et le plus petit des Courlis qui est devenu le sous-genre Falcinelle. Temminck, en adoptant cette dernière séparation, s'est contenté de placer l'espèce qui en est l'objet parmi les Bécasseaux.

COURLIS ADDARANA, Rafinesque, *Numenius aterrimus*, Vieill. Tout le plumage noir ainsi que le bec et les pieds. Cette espèce paraît être l'*Ibis noir* de Savigny, laquelle n'est elle-même qu'une variété de l'*Ibis vert*. *V.* IBIS FALCINELLE.

COURLIS D'AFRIQUE, *Scolopax africana*, L. Parties supérieures cendrées ; les inférieures blanches, tachetées de brunâtre ; bec et pieds bruns. Taille, huit pouces. C'est le Bécasseau Cocorli dans son plumage d'hiver.

COURLIS DE LA BAIE D'HUDSON, *Numenius Hudsonicus*, Lath. *V.* COURLIS CORLIEU.

COURLIS A BEC GRÈLE, *Numenius tenuirostris*, Vieill. Parties supérieures brunes avec les plumes bordées de roussâtre ; rémiges brunes ; rectrices rayées transversalement de blanc sur un fond brun ; parties inférieures, devant du cou, poitrine et ventre couverts de taches allongées brunes ; bec long et mince, jaunâtre à sa base, brun dans sa longueur ; pieds bruns. Taille, quinze pouces. D'Egypte.

COURLIS A BEC NOIR, *Numenius melanopsis*, Vieill. ; *Scolopax arcuata*, Var., Gmel. Parties supérieures roussâtres, striées de brun noirâtre ; sommet de la tête noir ; les quatre premières rémiges noires à l'extérieur ; celles rapprochées du dos entièrement tachetées de brun ; rectrices roussâtres tachetées de brun à l'intérieur ; parties inférieures d'un blanc roussâtre avec quelques traits bruns ; bec noir ; pieds noirâtres ; plumage des jeunes un peu différent ; ils ont la tête brune avec une bande rousse sur le milieu, les sourcils blancs, des taches noires sur le dos et brunes sur les flancs ; de larges raies noires sur les rectrices, etc., etc. Taille, seize à dix-huit pouces. De l'Amérique septentrionale.

COURLIS BLANC. *V*. IBIS BLANC D'AMÉRIQUE.

COURLIS BORÉAL, *Numenius borealis*, Lath. Parties supérieures brunes avec les plumes bordées de gris blanchâtre ; front brun tacheté de brunâtre ; tête blanchâtre, tachetée de brun ; parties inférieures d'un blanc jaunâtre, avec le cou et la poitrine finement tachetés de brun ; rémiges brunes ; rectrices courtes, brunes, rayées de blanchâtre ; bec très-mince, noirâtre, avec la base de la mandibule inférieure jaune ; pieds noirâtres. Taille, douze pouces. De l'Amérique septentrionale.

COURLIS DU BRÉSIL. *V*. IBIS ROUGE.

COURLIS BRILLANT. *V*. IBIS ROUGE.

COURLIS BRUN. *V*. IBIS BRUN.

COURLIS BRUN D'AMÉRIQUE. *V*. COURLIS GOUARAUNA.

COURLIS A CALOTTE NOIRE, *Numenius atricapillus*, Vieill. ; *Scolopax Luzoniensis*, Gmel., Sonnerat, Voyage à la Nouvelle-Guinée, pl. 48. Parties supérieures brunâtres avec le bord des plumes tacheté de blanc ; sommet de la tête noir ; parties inférieures blanches avec des traits longitudinaux noirs ; rémiges noires ; rectrices roussâtres rayées de noir ; bec et pieds noirs. Taille, dix-huit pouces. De l'île de Luçon.

COURLIS CARNAY ou COURLIS CHIHI, *Numenius Chihi*, Vieill. Parties supérieures noirâtres, irisées de vert et de violet ; tête et cou garnis de plumes très-serrées, d'un brun foncé, bordées de blanc ; parties inférieures noirâtres avec des reflets violets ; bec cendré ; pieds bruns. Taille, dix-huit pouces. Du Paraguay.

COURLIS COMMUN. *V*. GRAND COURLIS CENDRÉ.

COURLIS CORLIEU, *Scolopax Phæopus*, L., Buff., pl. enl. 842. Parties supérieures brunes, avec les plumes bordées de brunâtre ; sommet de la tête brun avec une raie variée de blanc dans le milieu ; joues blanchâtres, finement rayées de noirâtre ;

traversées par une raie obscure qui part de l'angle du bec et s'étend un peu au-delà de l'œil ; grandes rémiges noirâtres avec la tige blanchâtre ; les autres bordées de taches blanches et terminées de cette couleur ; rectrices cendrées, rayées de brun ; gorge et abdomen d'un blanc assez pur ; le reste des parties inférieures marqué de taches et de traits bruns ; bec court et presque droit dans les jeunes, long et arqué dans les adultes, brun avec la base de la mandibule inférieure blanchâtre ; iris brun ; pieds cendrés. Taille, seize pouces. D'Europe, d'Asie, etc.

COURLIS A COU BLANC. *V*. IBIS A COU BLANC.

COURLIS A COU VARIÉ ou CURUCAU. *V*. COURLIS CHIHI.

COURLIS CRIARD, *Numenius vociferus*, Lath. Tout le plumage cendré avec les plumes bordées de blanc ; rectrices brunâtres, les intermédiaires les plus longues, les latérales les plus courtes et entièrement blanches ; bec très-long, d'un noir verdâtre, plus clair à la base ; yeux grands placés près du sommet de la tête ; iris brun ; pieds grêles et longs, cendrés. Taille, vingt-quatre à vingt-cinq pouces. De l'Amérique septentrionale.

COURLIS D'ÉGYPTE. *V*. COURLIS A BEC GRÊLE.

COURLIS EPHOUSKICA, *Tantalus pictus* ; Bart. *V*. COURLIS CRIARD.

COURLIS DES ESQUIMAUX. *V*. COURLIS CORLIEU.

COURLIS ESPAGNOL. *V*. IBIS BLANC D'AMÉRIQUE.

COURLIS D'EUROPE. *V*. GRAND COURLIS CENDRÉ.

COURLIS GOUARAUNA, *Scolopax Gouarauna*, L. ; *Numenius americanus fuscus*, Briss. Parties supérieures brunes variées de roussâtre, avec des reflets verts ; tête et cou bruns avec les plumes bordées de blanchâtre ; rémiges et rectrices brunes, irisées à l'extérieur, tachetées ou rayées à l'intérieur ; parties inférieures d'un brun marron ; bec jaunâtre à sa base, brun à la pointe ; pieds cendrés. Taille, vingt-cinq pouces. Du Brésil et de la Guiane.

Courlis (grand)d'Amérique. *V*. Tantale d'Amérique.

Courlis (grand) de Cayenne. *V*. Ibis a cou blanc.

Courlis (grand) cendré, *Scolopax arcuata*, L., Buff., pl. enl. 818. Parties supérieures d'un cendré clair varié de brun noirâtre ; sommet de la tête brun, avec le bord des plumes cendré ; front brunâtre ; joues et cou cendrés avec chaque plume rayée longitudinalement de brun dans son milieu ; croupion blanchâtre ; rémiges noirâtres extérieurement, tachetées de cendré à l'intérieur ; rectrices cendrées, rayées transversalement de brun et de roussâtre ; gorge et parties inférieures blanchâtres ; poitrine et ventre rayés longitudinalement de brun ; bec noirâtre, jaunâtre à la base de la mandibule inférieure ; iris brun ; pieds cendrés. Taille, vingt-cinq à vingt-six pouces. D'Europe et d'Asie.

Courlis de l'ile de Luçon. *V*. Courlis a calotte noire.

Courlis d'Italie. *V*. Ibis Falcinelle.

Courlis de Madagascar, *Scolopax madagascariensis*, Buff., pl. enl. 198. Parties supérieures brunes avec les plumes bordées de cendré ; rémiges noirâtres à l'extérieur, tachetées de blanc à l'intérieur ; rectrices cendrées, rayées transversalement de brun ; gorge blanche ; devant du cou blanchâtre, rayé de brun ; poitrine d'un gris roussâtre, tachetée de brun ; abdomen blanc ; tectrices caudales inférieures roussâtres, variées de brun ; bec rougeâtre à la base, noir vers la pointe, blanchâtre en dessous ; pieds d'un brun rougeâtre. Taille, vingt-six pouces.

Courlis marron. *V*. Ibis Falcinelle.

Courlis (petit). *V*. Courlis Corlieu.

Courlis (petit) d'Amérique. *V*. Ibis Matuiti.

Courlis a pieds bleus, *Numenius cyanopus*, Vieill. ; *Numenius arcuatus*, Var., Lath. Plumage d'un brun ferrugineux varié de noirâtre ; bec très-long ; iris jaune ; pieds bleuâtres. Taille, vingt-cinq pouces. De la Nouvelle-Hollande. Divers ornithologistes pensent avec Latham que ce n'est qu'une variété du grand Courlis cendré, altéré par la différence de climats.

Courlis (le plus petit des), *Numenius pygmæus*, Lath. *V*. Bécasseau Cocorli.

Courlis rouge. *V*. Ibis rouge.

Courlis roussatre. *V*. Courlis a bec noir.

Courlis de Surinam. *V*. Ibis.

Courlis tacheté. *V*. Courlis a calotte noire.

Courlis de terre. *V*. Œdicnème Criard.

Courlis a tête blanche, *Numenius leucocephalus*, Lath. Plumage d'un bleu très-foncé avec les rémiges et les rectrices noires ; tête et partie du cou blanches ; bec rouge ; pieds cendrés. Taille, vingt-quatre pouces. Du cap de Bonne-Espérance.

Courlis a tête nue. *V*. Ibis a tête nue.

Courlis Tewrea, *Numenius Tahitiensis*, Lath. Parties supérieures brunes, bordées de brun roussâtre ; tête et cou d'un blanc rougeâtre avec de petites lignes longitudinales brunes ; sommet de la tête brun ; sourcils blanchâtres ; rémiges noirâtres ; rectrices fauves, rayées de brun ; parties inférieures d'un brun roussâtre avec quelques taches noires sur les cuisses ; bec brun, rougeâtre à la base ; pieds d'un cendré bleuâtre. Taille, douze pouces. De l'Océanique.

Courlis varié du Mexique. *V*. Ibis Acalat.

Courlis vert. *V*. Ibis Falcinelle.

Courlis vert de Cayenne. *V*. Ibis des bois.　　　　(DR..Z.)

* COURMOTTE. bot. crypt. Même chose que Coulmotte. *V*. ce mot.
　　　　　　　　　　　　　(B.)

COURNAC. ois. Syn. piémontais

du Freux, *Corvus Frugilegus*, L. *V.* CORBEAU. (DR..Z.)

COURNAJA. OIS. Syn. piémontais de la Corneille mantelée, *Corvus Cornix*, L. *V.* CORBEAU. (DR..Z.)

COURNÉ. BOT. PHAN. Une variété de Courge longue dans le midi. (B.)

***COURNEBIOOU.** BOT. PHAN. (Gouan.) Syn. de *Vicia lutea* et *hybrida* en Provence et en Languedoc. (B.)

***COURNIAOU.** BOT. PHAN. (Gouan.) Nom languedocien et provençal d'une variété d'Olive fort allongée. (B.)

COUROL. *Leptosomus.* OIS. (Vieillot.) Genre de l'ordre des Zygodactyles. Caractères : bec presque triangulaire, déprimé à la base, comprimé à la pointe ; mandibule supérieure fortement carenée, un peu courbée, l'inférieure droite ; narines placées au milieu du bec, fendues diagonalement, légèrement évasées, recouvertes et à demi-fermées par le prolongement de la substance cornée ; quatre doigts, deux devant soudés à leur base ; deux derrière ; ailes allongées ; les trois premières rémiges étagées, la quatrième la plus longue ; douze rectrices toutes égales et longues.

COUROL VOUROUDRIOU, *Cuculus Afer*, Lath., Buff., pl. enl. 587 et 588 ; Levail., Ois. d'Afr., pl. 226 et 227. Parties supérieures et sommet de la tête d'un vert foncé irisé ; front, joues, gorge, devant du cou cendrés ; occiput, derrière du cou d'un gris bleuâtre ; un trait noir entre l'œil et le bec ; parties inférieures blanchâtres ; bec brun ; iris orangé ; pieds rougeâtres. Taille, quinze pouces. La femelle est sensiblement plus grande ; elle a les parties supérieures roussâtres, maillées de brun ; le croupion, la gorge et la poitrine orangés avec le bord des plumes brun ; les parties inférieures blanchâtres avec de larges écailles rousses ; les grandes tectrices alaires d'un brun noirâtre irisé. Les jeunes mâles tiennent du plumage des femelles. De l'Afrique.

La grande différence que l'on observe dans la robe des deux sexes a fait penser à plusieurs auteurs qu'il aurait bien pu se faire que ce fût deux espèces ; mais Levaillant a dissipé les doutes à cet égard en publiant diverses observations qu'il a été à portée de faire sur ces Oiseaux pendant son séjour en Afrique. Le Courol, sédentaire dans les parties les plus boisées, ne se montre guère à la lisière des forêts ; il s'y nourrit particulièrement de fruits et, quelquefois d'Insectes. L'on n'a aucune donnée certaine sur sa nidification, mais Levaillant est très-porté à croire que la ponte consiste en deux œufs, car il n'a jamais vu au-delà de deux petits sous la conduite protectrice des parens. Les mâles de ces Oiseaux sont appelés par les naturels *Vouroug-Driou* et les femelles *Cromb*. On ignore les motifs qui ont déterminé Vieillot à substituer au nom imposé par Levaillant au type unique de ce genre, celui que l'on avait ajouté comme spécifique. L'un et l'autre n'offrant pas à l'esprit un sens plus déterminé, l'innovation est purement gratuite et ne peut qu'embrouiller la nomenclature au lieu de la simplifier. Le seul Courol qui soit encore connu avait été précédemment placé parmi les Coucous. (DR..Z.)

COURONDI. BOT. PHAN. Rhéede a décrit sous ce nom (*Hort. Malab.*, 4, p. 103, t. 50) un grand Arbre du Malabar que l'on n'a pu encore rapporter à aucun genre connu ni déterminer ses affinités naturelles. Il porte des feuilles opposées, ovales, lancéolées, lisses ; des fleurs assez nombreuses groupées aux aisselles des feuilles. Ses fleurs sont petites ; leur corolle est formée de cinq pétales ; les étamines sont nombreuses. L'ovaire est libre et se change en un fruit charnu, arrondi, mou, de couleur safranée, contenant un seul noyau dans son centre. Cet Arbre est aussi désigné sous le nom de *Courdé*. On ne pourra déterminer la place que ce genre doit occuper dans la série des ordres naturels, que quand de nouveaux renseignemens, et surtout la possession de la Plante, que l'on ne connaît encore que par la description incomplète et la figure de Rhéede, en auront mieux fait connaître la structure. (A. R.)

COURONNANT. *Coronans*. BOT. PHAN. Les feuilles des Palmiers placées en forme de couronne au sommet du stipe; celles de quelques Joubarbes, de la Fritillaire impériale sont couronnantes. (A. R.)

COURONNE. ZOOL. Nom donné à plusieurs Animaux, particulièrement de la classe des Mollusques :—

COURONNE DE SERPENT, l'*Anatifa mitella*, L.

COURONNE D'ÉTHIOPIE, une Volute et un Cône.

COURONNE IMPÉRIALE, un autre Cône.

COURONNE PAPALE, le *Voluta Mitra*, etc. (B.)

COURONNE. *Corona*. BOT. PHAN. H. Cassini appelle ainsi dans la famille des Synanthérées l'ensemble des fleurs qui occupent la circonférence d'un capitule, quand ces fleurs sont manifestement différentes de celles du disque, comme dans la plupart des Corymbifères, des Centaurées, etc. De-là les noms de Capitule ou Calathide *couronnée* ou *incouronnée*, suivant que les fleurs extérieures sont ou ne sont pas plus grandes et différentes. Cette expression n'a pas été adoptée par les autres botanistes. (A. R.)

On a donné vulgairement le nom de Couronne à plusieurs Plantes avec quelque épithète caractéristique. Ainsi l'on a appelé :

COURONNE D'ARIANNE (Rumph, *Amb.*, t. 5), une espèce d'Apocinée encore mal connue.

COURONNE DES FRÈRES, le *Carduus Eriophorus*.

COURONNE DE MOINE, le Pissenlit.

COURONNE DE SOLEIL, l'*Helianthus annuus*.

COURONNE DE TERRE, le Glécome hédéracé.

COURONNE IMPÉRIALE, le *Fritillaria imperialis*.

COURONNE ROYALE, le Mélilot officinal, etc. (B.)

COUROUALY. BOT. PHAN. L'un des noms malabares du *Canna indica*, L. *V.* BALISIER. (B.)

COUROUCOU. *Trogon*. OIS. (Linné.) Genre de l'ordre des Zygodactyles. Caractères : bec plus court que la tête, épais, convexe, plus haut que large à la base qui est garnie de poils roides et longs; mandibule supérieure arquée, courbée à la pointe qui est émoussée, l'inférieure presque droite; à toutes deux les bords dentelés chez les adultes; narines placées à la base du bec, rondes, ouvertes et cachées sous les poils; pieds trèscourts; tarse moins long que le doigt externe; ongles peu courbés et aigus; ailes médiocres; les trois premières rémiges étagées, les quatrième et cinquième les plus longues; queue large et longue.

Le luxe et l'éclat de la parure sont pour ainsi dire les seuls dons échus en partage aux Couroucous : l'élégance de formes, la noblesse de maintien, l'agilité de vol, ni la docilité et l'amabilité de caractère ne se retrouvent chez eux. On pourrait les comparer à ces Orientaux stupides qui s'efforcent de cacher des difformités naturelles sous de brillans tissus d'or et de pourpre. Leur cou très-raccourci, joint à la volumineuse accumulation de leurs plumes sous lesquelles se cachent de très-petits pieds, enlèvent à ces Oiseaux toute espèce de grâce, et leur donnent, à ce que l'on assure, l'aspect d'un paquet de feuilles mortes. Perchés ou blottis sur une branche du bocage touffu qui les dérobe aux regards, il est difficile de les apercevoir. Ils conservent silencieusement cette attitude pendant toute la journée, et s'ils viennent à être découverts, loin de chercher leur salut dans une fuite tortueuse, ils se laissent nonchalamment approcher, et donnent au chasseur qui les recherche pour la délicatesse de leur chair tout le temps de ne pas les manquer. La nourriture des Couroucous consiste exclusivement en Insectes ; et, pour la rechercher, ils abandonnent leur retraite aux deux extrémités du jour, ce qui tendrait à faire croire que, comme les Chouettes, ces Oiseaux peuvent avoir l'organe de la vue extrêmement sensible. L'époque des amours, qui se renouvelle plusieurs fois dans l'année, vient arracher le Couroucou à la solitude; pendant toute sa durée aussi, il rompt le silence, et fait entendre des chants ou plutôt des cris assez tristes exprimés à peu près par son nom qui en est dérivé. Le mâle et la femelle unissent leurs soins pour creuser ou préparer assez négligemment un nid dans le tronc carié de quelque vieil Arbre; ce nid reçoit trois à quatre œufs. En naissant, les petits sont absolument nus, et ce n'est qu'au bout de quelques jours qu'un léger duvet commence à les couvrir. Plus tard pousse leur robe qui, sujette à plusieurs changemens successifs, a produit de la confusion qui peut n'être pas encore totalement dissipée dans la détermination rigoureuse des espèces. Le caractère sombre et taciturne des Couroucous se décèle de bonne heure chez les jeunes. Dès qu'ils peuvent se passer des soins de leurs parens, ils les quittent pour se répandre dans les forêts, et probablement ne se reconnaître jamais. La peau, cet organe si faible chez un grand nombre d'Oiseaux, quoique chez tous il soit destiné à résister à de grands efforts, à supporter directement l'appareil pennaire, est d'une délicatesse extrême chez les Couroucous : la plus légère tension la déchire, et les plumes s'en détachent avec une facilité qui fait le tourment de ceux qui cherchent à rendre à la dépouille des Oiseaux les formes et les attitudes des Animaux vivans. Levaillant a observé en outre que les Couroucous ont vers la région occipitale un grand espace dénudé, ce

qui ajoute encore aux difficultés dont nous parlons.

Couroucou albane, *Trogon Albanus*, Levaill., Ois. Cour., pl. 5. Parties supérieures vertes, irisées en bleu et en violet; scapulaires et grandes tectrices alaires noires ainsi que la face; tête, cou et haut de la poitrine d'un bleu purpurin; parties inférieures blanches, avec les flancs noirs ; rectrices latérales noires terminées de blanc; bec et pieds gris. Taille, onze pouces. De l'Amérique méridionale. Les jeunes ont la tête, le cou, la poitrine et les flancs d'un cendré foncé, tirant sur le roussâtre; les parties inférieures d'un blanc roussâtre, etc. Vieillot regarde cette espèce comme identique avec le Couroucou Leverian, et Temminck comme un individu décoloré de l'espèce Ourroucouai.

Couroucou aurora, *Trogon rufus*, Gmel., Levaill., Cour., pl. 9; Buff., pl. enl., 736. Parties supérieures d'un roux ferrugineux, ainsi que la gorge et le haut de la poitrine ; tectrices rayées de noir et de blanc; rectrices intermédiaires d'un rouge vif, terminées par un liséré jaune et une bande noire; les latérales noires rayées de blanc; parties inférieures jaunes ; bec et pieds bruns. Taille, huit pouces. De l'Amérique méridionale.

Couroucou a bande blanche, *Trogon fasciatus*, Lath., Ind. Zool., pl. 5. Parties supérieures brunâtres; tête et cou noirs; tectrices alaires variées de blanc et de noir; rémiges noirâtres bordées de blanc; rectrices longues, terminées de noir; une bande blanche sur la poitrine; parties inférieures orangées; bec et pieds noirâtres. Taille, dix pouces. De l'Inde.

Couroucou du Brésil. *V.* Couroucou Rosalba.

Couroucou bunguaïmi, *Trogon indicus*, Lath. Parties supérieures noirâtres, tachetées de roussâtre; tête et cou noirs rayés de blanc; une ligne blanche partant de l'angle du bec et se dirigeant au-delà de l'œil; rectrices longues, rayées transversalement de noirâtre; parties inférieures.d'un blanc jaunâtre, rayé de noirâtre; bec bleuâtre, très-crochu; pieds cendrés. Espèce douteuse.

Couroucou Caleçon rouge. *V.* Couroucou Damoiseau.

Couroucou Canelle, *Trogon rutilus*, Vieill., Levaill., Cour., pl. 14. Parties supérieures d'un roux brunâtre; tête et cou d'un vert foncé; rectrices intermédiaires terminées de noir, les latérales noires et tachées de blanc à l'extérieur; rémiges noires avec la tige blanche; tectrices alaires finement rayées de vert noirâtre et de blanc; parties inférieures d'un rose foncé; bec et pieds noirâtres. Les jeunes ont les parties supérieures d'un roux pâle, et les inférieures blanches. De Ceylan.

Couroucou de Cayenne. *V.* Couroucou Ourroucouai.

Couroucou cendré de Cayenne, *Trogon Strigilatus*, Lath., Buff., pl. enlum. 765. *V.* Couroucou Ourroucouai, femelle.

Couroucou a chaperon violet, *Trogon violaceus*, Lath. Parties supérieures d'un vert foncé à reflets dorés; tectrices alaires brunes, pointillées de blanc; rémiges d'un brun noirâtre; rectrices intermédiaires terminées de noir, les latérales noires et terminées de blanc; front et côtés de la tête noirs; sommet de la tête, cou, gorge et poitrine d'un violet foncé; bec cendré à la base, blanchâtre à la pointe; pieds noirâtres. Taille, neuf pouces six lignes. De l'Amérique méridionale. Espèce douteuse que l'on soupçonne identique avec le Couroucou Ourroucouai.

Couroucou Damoiseau, *Trogon Roseigaster*, Vieill., Levaill., Cour. pl. 13. Parties supérieures d'un vert d'aigue-marine très-brillant; tectrices alaires finement rayées de noir verdâtre et de blanc; rémiges noires tachetées de blanc; rectrices intermédiaires d'un bleu verdâtre, les latérales étagées, blanches en dehors et à l'extrémité; la plus extérieure a une tache d'un noir verdâtre; gorge, devant du cou et poitrine d'un gris clair, irisé; le reste des parties inférieures

d'un rose foncé; bec et pieds jaunes. Taille, trois pouces. De l'Amérique méridionale.

Couroucou Dame anglaise. *V.* Couroucou Damoiseau.

Couroucou Géant, *Trogon Gigas*, Vieill., Levaill., Cour., pl. 12. Parties supérieures d'un vert jaunâtre doré; tectrices alaires finement rayées de blanc et de vert noirâtre; rémiges d'un noir brun en dessus et cendrées en dessous; rectrices cendrées en dessous, étagées; poitrine et parties inférieures blanches; bec jaune; pieds bruns. Taille, dix-huit pouces. De Java.

Couroucou a gorge bleue, *Trogon asiaticus*, Lath. Parties supérieures vertes; front rouge bordé de blanc; tête rougeâtre variée de blanc et de noir; rémiges et rectrices noires; gorge bleue avec une tache rouge; parties inférieures verdâtres ainsi que les pieds. Taille, huit pouces six lignes. De l'Inde.

Couroucou (grand) a ventre blanc. *V.* Couroucou Géant.

Couroucou (grand) a ventre jaune de la Guiane. *V.* Couroucou Ourroucouai.

Couroucou (grand) a ventre rouge de la Guiane. *V.* Couroucou Rocou.

Couroucou gris a longue queue de Cayenne, Buff., pl. enl. 737. *V.* Couroucou Rocou, jeune âge.

Couroucou de la Guiane, Buff., pl. enl. 765. *V.* Couroucou Ourroucouai, jeune âge.

Couroucou Kondea. *V.* Couroucou a bande blanche.

Couroucou Leverian, *Trogon Leverianus*, Lath. Parties supérieures vertes à reflets dorés; tête, cou et poitrine d'un violet foncé, irisé en bleu; rémiges noires, les plus grandes bordées de blanc; rectrices noires, irisées en vert, les deux latérales bordées de blanc; parties inférieures d'un blanc roussâtre; bec d'un cendré bleuâtre; pieds noirs. Taille, onze pouces. De l'Amérique méridionale. Temminck pense que cette espèce est

une variété du Couroucou Ourroucouai.

COUROUCOU DU MEXIQUE, *Briss.*
Oiseau mal décrit et que l'on a vraisemblablement placé au hasard parmi les Couroucous.

COUROUCOU MONTAGNARD, *Trogon*
Oreskios, Temm., Ois. color. pl. 181.
Parties supérieures d'un brun marron
tirant sur l'orangé; ailes noires avec
les tectrices rayées transversalement
de blanc; sommet de la tête, joues
et nuque d'un vert olivâtre; rectrices
intermédiaires brunes, terminées de
noir, les autres noires avec les trois
extérieures terminées de blanc; devant du cou et abdomen jaunes; le
reste des parties inférieures orangé;
cuisses noires; bec et pieds d'un noir
bleuâtre. Taille, neuf à dix pouces.
De Java.

COUROUCOU NARINA, *Trogon Nari-*
na, Vieill., Levaill., Ois. d'Afr., pl.
227 et 228, Cour. pl. 10 et 11. Parties
supérieures d'un vert doré, ainsi que
la gorge et le devant du cou; grandes
tectrices alaires grises, rayées de zig-
zags noirâtres; rectrices latérales
blanches en dehors, noires intérieurement; parties inférieures d'un rouge de roses foncé; bec jaune avec la
pointe noire; pieds bruns. Taille,
neuf pouces. La femelle a le front, la
gorge et le devant du cou d'un roux
brunâtre, le haut de la poitrine d'un
brun cendré; les rémiges noirâtres
avec la tige blanche, etc., etc. Les
jeunes ont la gorge, le cou et la poitrine d'un cendré roux; les parties
inférieures d'un gris rosé. D'Afrique.

COUROUCOU ORANGA, *Trogon atri-*
collis, Vieill., Levaill., Cour., pl. 7
et 8. Parties supérieures vertes à reflets dorés; front, joues et gorge
noirs; tectrices alaires grises, finement rayées et pointillées de noir
verdâtre; rémiges d'un noir brunâtre avec les tiges jaunâtres; rectrices
intermédiaires terminées de noir, les
latérales étagées, noires, rayées et terminées de blanc; devant du cou et
poitrine d'un vert doré, irisé en bleu;
parties inférieures jaunes; bec jaune;
pieds bruns avec le tarse duveteux,

noir. Taille, huit pouces six lignes.
Les jeunes ont la majeure partie du
plumage d'un *roux brunâtre avec le*
ventre fauve. Temminck pense que
cette espèce est identique avec le Couroucou Aurora. De l'Amérique méridionale.

COUROUCOU OURROUCOUAI, *Trogon*
viridis, Lath., Buff., pl. enlum. 765;
Levaill., Cour., pl. 3 et 4. Parties supérieures d'un vert doré, irisé en
bleu; front, joues et gorge noirs;
cou bleu; rectrices intermédiaires terminées de noir, les latérales blanches
en dehors, noires à l'intérieur; rémiges primaires lisérées de blanc;
poitrine et parties inférieures d'un
jaune orangé; bec et pieds verdâtres.
Taille, onze pouces. La femelle a la
tête, le cou, la poitrine, les scapulaires, les rémiges et les rectrices
d'un noir nuancé de gris; les tectrices alaires sont grises, très-finement
rayées de noir; les rectrices latérales
sont noires, barrées de jaune et de
blanc; le ventre est d'un jaune rougeâtre, etc., etc. De l'Amérique méridionale.

COUROUCOU (PETIT) A VENTRE JAU-
NE D'AMÉRIQUE. *V.* COUROUCOU
ORANGA.

COUROUCOU (PETIT) A VENTRE
ROUGE D'AMÉRIQUE. *V.* COUROUCOU
ROSALBA.

COUROUCOU A QUEUE ROUSSE DE
CAYENNE. *V.* COUROUCOU AURORA.

COUROUCOU REINWARDT, *Trogon*
Reinwardtii, Temm., Ois. color.,
pl. 124. Parties supérieures d'un vert
doré, tirant à l'olivâtre sur la tête et
le cou; rémiges noires, frangées extérieurement de blanc; rectrices noires à reflets brillans verts et bleus;
les trois latérales étagées, bordées
extérieurement et terminées de blanc;
gorge et devant du cou d'un beau
jaune; poitrine d'un vert olivâtre;
parties inférieures d'un jaune vif qui
prend une teinte orangée vers l'anus;
bec rouge; pieds d'un brun rougeâtre. Taille, treize pouces. De Java.

COUROUCOU ROCOU, *Trogon Curu-*
cui, Lath., Buff., pl. enlum. 452;
Levaill., Cour. pl. 1 et 2. Parties su-

périeures d'un vert brillant, doré et irisé de pourpre ; face et menton noirs ; rémiges noires avec la tige blanche ; tectrices alaires cendrées, rayées de zig-zags d'un vert noirâtre ; rectrices latérales noires, la plus extérieure marquée de zig-zags cendrés ; devant du cou vert, entouré d'une ligne blanche ; parties inférieures rouges ; bec orangé, pieds bruns. Taille, huit pouces six lignes. Le jeune a les parties supérieures d'un cendré noirâtre ; les inférieures d'un rouge terne, et les rectrices latérales rayées de noir et de blanc. De l'Amérique méridionale.

COUROUCOU ROSALBA, *Trogon collaris*, Vieill., Levaill., Cour., pl. 6. Parties supérieures d'un vert d'émeraude ; gorge verte ; un collier blanc sur le cou ; parties inférieures rouges ; les trois rectrices latérales barrées alternativement de noir et de blanc ; bec et pieds bruns. Taille, sept pouces. Les jeunes ont les parties supérieures roussâtres et les inférieures d'un cendré rouge. De la Guiane.

COUROUCOU ROUX A VENTRE JAUNE DES MOLUQUES. *V.* COUROUCOU AURORA.

COUROUCOU ROUX A VENTRE ROUGE DE CEYLAN. *V.* COUROUCOU CANELLE.

COUROUCOU SURUCURA, *Trogon Surucura*, Vieill. Parties supérieures vertes à reflets dorés ; tête et cou noirs, irisés en bleu et en pourpré ; croupion d'un bleu doré ; rémiges noirâtres, bordées de blanc ; grandes tectrices alaires tiquetées de blanc et de noir ; rectrices intermédiaires bleues, terminées de noir, les latérales tachées de blanc à l'extrémité, et la plus extérieure blanche sur ses bords avec le reste noir ; parties inférieures rouges ; bec blanchâtre ; pieds bruns. Taille, dix pouces. La femelle a les parties supérieures d'un cendré noirâtre, les tectrices alaires noires rayées de blanc, les six rectrices intermédiaires terminées de noir, les six autres noires, terminées de blanc. Du Paraguay.

COUROUCOU TEMMINCK. *V.* COUROUCOU GÉANT.

COUROUCOU TACHETÉ, *Trogon maculatus*, Lath., Brown, Illustr, pl. 13. Parties supérieures d'un vert foncé avec les rémiges terminées de blanc ; rectrices noirâtres rayées transversalement de blanc ; cou, poitrine et parties inférieures brunâtres, rayées transversalement de noirâtre ; bec et pieds bruns. Taille, six pouces. De Ceylan. Espèce douteuse.

COUROUCOU VARIÉ DU MEXIQUE, Briss. Espèce mal déterminée et douteuse.

COUROUCOU A VENTRE BLANC D'AMÉRIQUE. *V.* COUROUCOU LEVERIAN.

COUROUCOU A VENTRE JAUNE DES MOLUQUES. *V.* COUROUCOU AURORA.

COUROUCOU A VENTRE JAUNE DE SAINT-DOMINGUE. *V.* COUROUCOU OURROUCOUAI, passant à l'état adulte.

COUROUCOU A VENTRE ROUGE D'AFRIQUE. *V.* COUROUCOU NARINA.

COUROUCOU A VENTRE ROUGE DE CAYENNE. *V.* COUROUCOU ROCOU.

COUROUCOU A VENTRE ROUGE DE CEYLAN. *V.* COUROUCOU CANELLE.

COUROUCOU A VENTRE ROUGE DE SAINT-DOMINGUE. *V.* COUROUCOU DAMOISEAU.

COUROUCOU VERT DU BRÉSIL. *V.* COUROUCOU ROCOU.

COUROUCOU VERT DE CAYENNE. *V.* COUROUCOU OURROUCOUAI.

COUROUCOU VERT A VENTRE BLANC DE CAYENNE. *V.* COUROUCOU LEVERIAN. (DR..Z.)

COUROUCOUAI, COUROUCOAIS ou CURUCUIS. ois. Syn. brésiliens de Couroucou. *V.* ce mot. (B.)

COUROUCOUCOU. ois. Cet Animal n'est connu que d'après une figure qu'en a donnée Séba dans le tome 1er, p. 102, de son *Thesaurus*. Quoique depuis Séba plusieurs auteurs aient placé, ainsi que lui, cet Oiseau dans le genre Coucou, rien n'est moins certain, non-seulement que ce soit sa véritable place, mais encore que l'auteur hollandais n'ait pas décrit une espèce idéale. Quoi qu'il en soit, on le représente ayant la tête rouge surmontée d'une huppe d'un rouge plus vif et variée de noir; le bec rougeâtre, ainsi que le dessous du corps; le dessus d'un rouge brillant, avec les rémiges et les rectrices jaunes, nuancées de noirâtre. Sa taille serait de dix pouces.

(DR..Z.)

* COUROUGOBROU. bot. phan. (Gaimard.) Syn. d'Orange aux îles Carolines. (B.)

COUROU-MOELLI ou CAROU MOELLI. bot. phan. (Rhéede, *Malab.* vol. 5, t. 39.) Syn. de *Flacurtia sipriaria* de Roxburg, et que Linné avait rapporté mal à propos au *Sideroxylum spinosum.* (B.)

COURQUMOU. ois. Syn. de Roi des Vautours, *Vultur Aura*, L., à la Guiane. *V.* Catharte. (DR..Z.)

COUROUPITE. *Couroupita.* bot. phan. Aublet, dans ses Plantes de la Guiane, a décrit et figuré sous le nom de *Couroupita guianensis*, p. 708, t. 282, un Arbre très-singulier qui croît dans les forêts de la Guiane. Son tronc s'élève à une hauteur de trente à cinquante pieds, et se divise en branches et en rameaux plus ou moins étalés, recouverts d'une écorce grisâtre, qui se sépare facilement en longues lanières avec lesquelles on peut fabriquer diverses espèces de cordages; les feuilles sont alternes, très-rapprochées les unes des autres à la partie supérieure des jeunes rameaux; l'Arbre s'en dépouille deux fois dans l'année. Elles sont obovales allongées, entières, acuminées au sommet, glabres, finissant insensiblement à leur base en un pétiole canaliculé de huit à douze lignes de longueur; les fleurs sont extrêmement grandes, ayant de trois à quatre pouces de diamètre, et d'une belle couleur pourpre; elles forment des épis de plus d'un pied de longueur, qui naissent en général sur les grosses branches, mais quelquefois cependant sur les rameaux; chaque fleur est pédonculée, articulée avec la partie supérieure du pédoncule qui est accompagné à sa base d'une bractée étroite; ces fleurs sont très-caduques, mais les pédoncules persistent pendant un temps plus ou moins long; le calice est turbiné à sa base qui est adhérente avec l'ovaire, ouvert et à six divisions épaisses et obtuses dans sa moitié supérieure; il est persistant; la corolle est formée de six pétales un peu inégaux, concaves, très-obtus, réunis à leur base par l'intermède des étamines, et simulant ainsi une corolle monopétale rotacée; elle tombe en effet d'une seule pièce, comme cela a lieu dans un grand nombre de Malvacées, emportant avec elle les étamines; celles-ci sont excessivement nombreuses, monadelphes et réunies toutes ensemble par leurs filets de manière à former un androphore urcéolé, concave, très-peu saillant d'un côté, déjeté du côté opposé et formant une sorte de languette très-large, très-creuse, laciniée à son sommet qui est tronqué et recouvert dans toute sa paroi interne d'une multitude innombrable d'étamines; les filets de ces étamines qui sont libres dans une certaine étendue sont renflés dans leur partie supérieure, qui se termine par une anthère cordiforme, biloculaire, échancrée à ses deux extrémités. L'ovaire est à demi-infère; la partie saillante au-dessus du tube calicinal est déprimée, et vers son centre elle se termine par un petit mamelon conique, tenant lieu de style, et offrant six petits lobes dressés glanduleux sur leur face interne, et qui sont autant de stigmates ou les divisions d'un stigmate unique; coupé transversalement, l'ovaire présente six loges; de l'angle interne de chacune d'elles on voit saillir un trophosperme longitudinal sur lequel sont attachés un très-grand nombre d'ovules. De toutes les fleurs qui composent chaque épi, une seule en général est fertile; toutes les autres sont caduques et infécondes. Le fruit parvenu à sa maturité est sphérique, de la grosseur de la tête d'un enfant, très-pesant lorsqu'il est frais, offrant vers la réunion de son tiers supérieur avec ses deux tiers inférieurs une sorte d'anneau, légèrement saillant, présentant les six lobes du limbe caliciual qui ont éprouvé peu d'accroissement; la surface externe du péricarpe est d'une couleur brune et ferrugineuse, rude et inégale, et ressemble beaucoup à un objet de fer un peu rouillé, ce qui, joint à la forme du fruit, lui a fait donner le nom vulgaire de *Boulet de canon*; le péricarpe est épais de cinq à six lignes; sa partie externe est dure et presque osseuse, assez mince; la partie interne est pulpeuse, charnue, et renferme une énorme noix de la même forme que le péricarpe lui-même dont elle est la paroi interne. Assez souvent la partie charnue intermédiaire entre la noix et l'épicarpe se dessèche, et la noix est vacillante dans l'intérieur du fruit. Cette noix est elle-même pulpeuse à son intérieur, qui est partagé par six cloisons membraneuses. Les graines sont éparses au milieu de la pulpe, à laquelle elles adhèrent fortement par toute leur surface externe. Ce fruit reste constamment indéhiscent. Chaque graine se compose d'un double tégument; l'externe plus épais et recouvert de fibrilles à sa face intérieure; l'interne mince et comme pellucide renferme immédiatement l'embryon. Celui-ci offre une radicule très-longue, cylindrique, roulée en cercle et renfermant au centre de l'anneau qu'elle forme les deux cotylédons qui sont minces et chiffonnés sur eux-mêmes.

Ce genre singulier a les plus grands rapports avec le Lecythis, et Willdenow l'y avait réuni sous le nom de *Lecythis bracteata*. Néanmoins il s'en distingue par la forme de son stigmate et par son fruit qui reste constamment indéhiscent. Il appartient à la Monadelphie Polyandrie, L. Jussieu l'avait placé à la fin de la famille des Myrtées, dont il se distingue par plusieurs caractères importans. Le professeur Richard l'a placé dans sa nouvelle famille des Lécythidées, qui se compose des genres *Bertholetia*, *Gustavia*, *Lecythis*, *Couroupita* et *Couratari*. Cette petite famille nous paraît tenir le milieu entre la famille des Myrtées et celle des Malvacées dont elle se rapproche peut-être davantage. *V.* LÉCYTHIDÉES. Cet Arbre, dont le fruit porte le nom vulgaire de Boulet de canon, est désigné sous les noms de Callebasse-Bois, Calebasse à Colin. (A. R.)

***COUROUPITOUTOUROU.** BOT. PHAN. Nom galibi du genre *Couroupita* d'Aublet. *V.* ce mot. (B.)

***COURPATA.** POIS. (Risso.) Syn. de *Tetragonurus Cuvierii* à Nice. *V.* TÉTRAGONURE. (B.)

COURPATAS. OIS. Syn. vulgaire de Corbeau, *Corvus Corax*, L. *V.* CORBEAU. (DR..Z.)

*** COURPENDU, COURT-PENDU.** OIS. Syn. vulgaire du Loriot d'Europe, *Oriolus Galbula*, L. *V.* LORIOT. (DR..Z.)

COURREGEOLO. BOT. PHAN. Même chose que Courejholo. *V.* ce mot. (B.)

COURRETTE. REPT. OPH. Couleuvre de la Martinique encore indéterminée. (B.)

COURRIER. OIS. Syn. vulgaire du Chevalier aux pieds rouges, *Tringa gambetta*, Gmel. *V.* CHEVALIER. (DR..Z.)

COURRUGIANO. POIS. Syn. d'Ophidie barbue à Marseille. *V.* OPHIDIE. (B.)

COURTE EPINE. POIS. Syn. de *Diodon Attinga*. *V.* DIODON. (B.)

*** COURTE – LANGUE.** OIS. *V.* OKEITSOK. (DR..Z.)

COURTEMOTTE. BOT. CRYPT. Même chose que Coulmotte. *V.* ce mot. (B.)

COURTEROLLE. INS. *V.* COURLEROLE. (B.)

COURTILIERE. *Gryllo-Talpa*. INS. Vulgairement Taupe-Grillon. Genre de l'ordre des Orthoptères, famille des Sauteurs (Règn. Anim. de Cuvier), établi par Latreille aux dépens des Grillons de Fabricius, et ayant pour caractères : pieds postérieurs propres pour le saut ; tarses à trois articles ; ceux des pates moyennes et postérieures terminés par deux crochets ; antennes composées d'un grand nombre d'articles ; jambes et tarses des deux pieds antérieurs, larges, aplatis, dentés, en forme de mains et propres à fouir la terre. Ces Insectes ont beaucoup de rapports avec les genres Tridactyle et Grillon proprement dit ; ils se distinguent du premier par les tarses des deux paires de pates postérieures, ainsi que par les antennes ; ils diffèrent du second par la présence de pieds servant à fouir la terre, et par l'absence d'une tarière saillante à l'extrémité postérieure de l'abdomen. Les Courtilières ont une forme très-singulière ; leur corps est allongé ; leurs yeux sont petits, ovales, de couleur brune ; les yeux lisses sont assez apparens ; leur tête est ovale, avancée, non verticale, mais penchée et profondément enfoncée dans le prothorax. Celui-ci, beaucoup plus long d'avant en arrière, que transversalement, est remarquable par le développement du tergum ou de la pièce supérieure ; en effet elle ressemble à la carapace d'un Crustacé, en ce sens qu'elle se prolonge sur les côtés, et que, au lieu de s'aboucher avec les flancs, elle les recouvre et semble les protéger. Si on enlève cette pièce supérieure, on voit au-dessous d'elle le sternum à peine visible à l'extérieur, et les flancs composés de l'épisternum et de l'épimère, qui se rapprochent insensiblement l'un de l'autre, finissent par se souder vers leur sommet et constituent une sorte d'anneau corné tout-à-fait indépendant du tergum ou de la pièce supérieure. Nous reviendrons sur cette particularité importante, aux mots Prothorax et Thorax ; nous l'avons d'ailleurs signalée dans nos travaux sur le système solide des Animaux articulés (*V.* Annales des Sciences naturelles, 1re année, 1824). Les élytres sont courtes chez le mâle, beaucoup plus encore dans la femelle, où elles recouvrent des ailes plus longues que l'abdomen, et terminées en lanières plus ou moins recourbées et

enroulées sur elles-mêmes ; les deux pates antérieures sont remarquables par leur volume et leur forme. L'abdomen est allongé, très-mou, terminé postérieurement dans chaque sexe par deux appendices sétacés et articulés, dont on ne connaît pas bien l'usage. Quelques observateurs ont étudié anatomiquement ces Insectes. Marcel de Serres a décrit avec soin le canal intestinal dans la Courtilière de notre pays (Ann. du Mus. d'Hist. Nat. T. xx, p. 215). Suivant lui, le tube intestinal est très-allongé : il se compose d'un œsophage étroit, cylindrique, fort long, s'étendant jusque dans l'abdomen. L'estomac, dont la forme approche de celle d'une cornemuse, est situé sur le côté et forme un angle obtus avec l'œsophage. Quant aux ouvertures cardiaque et pylorique, elles sont situées à côté l'une de l'autre et presque conniventes, tandis que le ventricule présente à son autre extrémité un cul-de-sac très-ample, et qu'il est susceptible d'acquérir un grand volume. De l'ouverture pylorique, part un canal étroit de même nature que l'œsophage, qui en paraît une continuation et qui fait communiquer le ventricule avec le gésier. Celui-ci, situé en arrière de l'estomac, est charnu et fort épais ; sa forme approche assez d'une sphère allongée ; si on l'examine à l'intérieur, on y voit six rangées doubles d'écailles saillantes, dentées, et d'une nature cornée, analogue à celles dont sont composées les dents des mâchoires des Insectes. La disposition de ces rangées est telle, que toutes sont parallèles, et vont se terminer avant l'extrémité supérieure et inférieure du gésier, par des écailles moins fortes et moins cornées. Il en résulte que le gésier peut, dans ses contractions, acquérir un très-petit diamètre à ses deux extrémités. Le gésier se trouve comme enveloppé par deux poches biliaires qui s'insèrent vers son extrémité, ayant cependant leurs ouvertures dans le duodénum. Ces poches, très-larges et très-développées, sont arrondies et garnies à leur sommet qui est comprimé d'une houppe de petits vaisseaux capillaires dont la longueur est peu considérable. Ces vaisseaux sont sécréteurs. En fendant ces poches que Marcel de Serres nomme biliaires, on observe qu'elles sont plissées longitudinalement : leurs plissures, très-amples, sont au nombre de six ou de huit. Quant à leurs membranes, la seule muqueuse est très-développée; enfin, l'ouverture de ces vaisseaux hépatiques supérieurs est telle, qu'elle correspond à la partie inférieure du gésier, au lieu précis où commence le premier intestin et un peu au-dessus du point où se terminent les écailles dont le gésier est revêtu. Suivent les intestins qu'on peut distinguer en plusieurs portions; la première est cylindrique et assez étroite; elle paraît moins remplir les usages de duodénum que la seconde. Celle-ci, ou le duodénum proprement dit, est la plus longue et la plus grosse des trois portions. Vers son milieu sont placés les vaisseaux hépatiques qui y sont fixés par un seul canal déférent, dans lequel tous les autres viennent s'ouvrir. Ces vaisseaux très-longs, fort déliés et fort nombreux, flottent librement dans l'intérieur du corps où ils ne sont retenus que par le seul canal déférent : Cuvier les compare à une queue de cheval en miniature. La membrane muqueuse du duodénum est très-prononcée et garnie d'une infinité de lacunes ou de cryptes, disposés chez quelques individus avec une certaine régularité et comme sur quatre lignes parallèles; la valvule qui ferme le duodénum, résulte de l'étranglement des membranes de cet intestin, dont les plis se rapprochent toujours de plus en plus. Le rectum ou la troisième portion de l'intestin est la plus grosse et la plus extensible. On remarque encore des cryptes glanduleux dans les membranes; un sphincter assez distinct termine le tube intestinal. On trouve la représentation du canal intestinal dans un Mémoire de Cuvier sur la nutrition dans les Insectes (Mém. de l'ancienne Société d'hist. nat. de Paris, an VII). Les Courtilières dont le nom paraît

évidemment dériver du vieux mot français *Courtille*, qui signifiait un grand jardin entouré de murailles, sont des Insectes très-nuisibles à l'agriculture, et malheureusement très-communs dans toute l'Europe; ils creusent dans l'intérieur de la terre de nombreuses galeries et font périr les Végétaux en coupant leurs racines. On les désigne vulgairement sous les noms de *Jardinière*, et encore sous celui de *Taupe-Grillon*, à cause de la ressemblance qu'ils présentent pour la forme avec les Grillons, et pour les mœurs avec les Taupes.

Ce genre est peu nombreux en espèces. Celle de notre pays, la COURTILIÈRE COMMUNE, *Gryllo-Talpa vulgaris*, Latr., ou le *Gryllus Gryllo-Talpa* de Linné, est figurée et décrite par Roesel (Ins. tom. II, Grill. tab. 14, 15), et représentée par Panzer (*Faun. Ins. Germ.* fasc. 88, fig. 5). Féburier, membre de la société d'Agriculture de Versailles, a donné (Nouv. Cours d'Agriculture, deux. édit. tom. V, p. 163) des détails fort curieux sur cette espèce, et que nous allons extraire. La Courtilière commune pratique de préférence ses galeries dans les jardins légumiers, dans les pépinières, et souvent même dans les prairies et les terres à blé. Après avoir passé l'hiver dans un trou plus ou moins profond, suivant la qualité de la terre et l'intensité du froid, sans avoir fait de provisions, comme quelques auteurs le supposent, mais dans un état d'engourdissement, elle remonte au retour de la belle saison, en prolongeant son trou par une ligne verticale jusqu'à la surface de la terre, à moins que quelques obstacles ne la forcent à l'incliner; rendue à la surface, elle travaille à former une infinité de galeries à un demi-pouce, un pouce et quelquefois deux pouces de la surface, suivant la saison. Elle les prolonge plus ou moins, en raison de l'abondance de la nourriture, et elle a l'attention de faire plusieurs galeries en pente, et qui viennent aboutir au trou vertical, à quatre, six pouces, et jusqu'à un pied de profondeur pour parvénir à sa retraite et s'échapper quand elle est poursuivie. Cet Insecte travaille fort vite et ruine en peu de temps les espérances du cultivateur, s'il ne prend promptement des mesures pour leur destruction, non parce qu'il mange les racines des Plantes, comme on l'a prétendu, mais parce qu'il les coupe quand elles se trouvent sur son passage; en effet les Courtilières, suivant l'observation de Féburier, sont carnivores; il le prouve à l'aide de plusieurs faits. On remarque d'abord que leurs galeries sont d'autant plus multipliées que la terre contient moins d'Insectes; on voit ensuite que dans les jardins où les Végétaux sont plantés avec ordre, et où on a l'attention de détruire les mauvaises herbes, leurs galeries ne vont pas d'une Plante à une autre en ligne directe, qu'elles passent même fréquemment à un quart de pouce des racines sans y toucher, et qu'elles ne les détruisent que lorsqu'elles sont tendres et offrent moins de résistance que la terre qui les environne; si celle-ci est humide, elles préfèrent allonger leur route pour la creuser. Enfin, si on place auprès d'un terrain où il y a des Courtilières un tas de fumier, et principalement de celui de Vache, elles s'y rendront quand il n'y aurait pas un brin d'herbe sur ce fumier, et ce n'est pas pour y pondre, comme on l'a cru, afin que la chaleur fasse éclore plus facilement leurs œufs, puisqu'elles choisissent toujours un terrain dur pour y faire leurs nids, et que lorsque la terre des planches n'a point de consistance, elles préfèrent les sentiers pour y pondre; elles ne sont donc attirées vers les fumiers que par la certitude qu'elles ont d'y rencontrer un plus grand nombre d'Insectes. Féburier a d'ailleurs acquis positivement la preuve qu'elles sont carnivores; en ayant placé plusieurs dans un pot de terre, l'une d'elles a été dévorée par ses compagnes.

Lorsque la température devient plus élevée, les mâles viennent à l'entrée de leurs galeries, et se font entendre des femelles par un petit bruissement assez analogue à celui du Grillon, mais beaucoup plus faible; il paraît résulter du frottement de quelques parties extérieures, peut-être du corselet sur les autres pièces du thorax, ou des pates contre les ailes, ou de celles-ci entre elles. L'accouplement ayant eu lieu, la femelle s'occupe de construire son nid. Après avoir choisi une terre ferme pour que les pluies ne la fassent pas ébouler, elle trace une galerie circulaire, et se creuse une nouvelle retraite à quelques pouces de-là, si la sienne est trop éloignée. Ensuite elle fait son nid au centre de cette galerie, à un, deux, trois pouces et plus de profondeur, suivant la chaleur, c'est-à-dire qu'elle le creuse plus profondément à mesure que la chaleur augmente. Il en est de même des galeries. Ce nid consiste en un trou dont les parois sont lisses et consistantes : il adhère fortement aux terres environnantes, et il est impossible à la Courtilière de le remuer, ainsi qu'on l'a prétendu, pour élever ou enfoncer ses œufs suivant le changement de temps et de température. La ponte a lieu dans le printemps, à des époques variées suivant le retard ou l'avancement de la chaleur; elle est très-considérable; on compte depuis cent quatre-vingts jusqu'à deux cent vingt œufs. Les petits éclosent après un mois; ces petits en sortant de l'œuf sont blancs; ils ne diffèrent de leur mère que par la couleur et par l'absence des ailes qui ne leur poussent qu'au retour du printemps et après la quatrième ou la cinquième mue. Féburier pense qu'ils ne sont susceptibles de se reproduire que la troisième année. Suivant quelques auteurs les petits se disperseraient après le premier changement de peau; ce qui est certain, c'est que jusqu'au moment de leur émigration la mère en prend le plus grand soin, et ne les quitte que pour aller chercher des provisions.

Les agriculteurs ont dû s'occuper de trouver des moyens de détruire cet Insecte nuisible, ou du moins d'en arrêter le plus possible les ravages.

Les procédés mis en usage se réduisent aux suivans : le premier point était de savoir distinguer les lieux habités par les Courtilières. On les reconnaît à plusieurs signes ; on voit souvent dans les prés, les champs et les potagers de grandes places jaunes dont la végétation est éteinte, qui sont leur ouvrage. On remarque aussi des élévations qui représentent en petit celles des Taupes, et qui correspondent aux galeries supérieures que l'Insecte s'est creusées ; elles aboutissent au carrefour de leur habitation ou à ce trou vertical qui s'enfonce en terre. On aperçoit encore, surtout au commencement de l'été, des ouvertures nombreuses pratiquées à la surface de la terre ; chacune d'elles aboutit à un nid. La présence du nid se manifeste encore dans les champs ou sur le gazon par de petits espaces presque circulaires où la végétation est languissante. C'est principalement dans ces divers endroits que l'agriculteur doit tenter un moyen de destruction fort simple, mais qui n'est guère exécutable à cause du temps qu'il exige ; c'est de faire la chasse aux nids et aux Insectes comme on la fait individuellement aux Taupes. Comme les Courtilières aiment beaucoup le fumier, on a proposé d'en établir de petits tas de distance en distance ; elles s'y réfugient, et on peut ensuite les atteindre et les faire périr plus facilement. On emploie aussi l'huile en arrosement ; mais ce procédé qui fait périr l'Insecte en bouchant les trachées ne produit l'effet désirable que dans les couches. On se sert encore de pots remplis aux deux tiers d'eau ; on les enfonce en terre au niveau ou même un peu au-dessous de sa surface, et les Courtilières tombent souvent dedans. Ces divers moyens et plusieurs autres que nous passons sous silence sont consignés en détail dans l'ouvrage de Féburier. Cet observateur, s'étant aperçu que les Chats étaient très-friands de Courtilières, a mis à profit cette découverte, et il est parvenu à dresser ces Animaux pour faire la chasse pendant la nuit ; mais nous doutons fort que de pareils chasseurs puissent être très-avantageux aux agriculteurs ; la recherche de leur proie devant entraîner des dégâts d'un autre genre.

La COURTILIÈRE DIDACTYLE, *Gryllo-Talpa didactyla*, originaire de Cayenne et de Surinam, avait été regardée par Olivier comme une variété de la Courtilière commune. Latreille en fait une espèce distincte ; elle est de moitié plus petite que la nôtre.

(AUD.)

COURTINE. BOT. PHAN. Nom vulgaire du *Plantago Lagopus. V.* PLANTAIN. (B.)

COURT-PENDU. OIS. *V.* COURPENDU.

* COURT-PENDU. BOT. PHAN. *V.* CAPENDU.

COURTRIAUX. OIS. Syn. vulgaire de l'Alouette Lulu, *Alauda arborea*, L. *V.* ALOUETTE. (DR..Z.)

*COURTRIOUX. OIS. Syn. vulgaire du Proyer, *Emberiza miliaris*, L. On donne aussi ce nom, comme celui de Courtriaux, à l'Alouette Lulu, *Alauda arborea*, L. *V.* BRUANT. (DR..Z.)

COURY. OIS. (Edwards.) Syn. du Gros-Bec tacheté de Java. *V.* GROS-BEC. (DR..Z.)

COUS. POIS. Espèce de Pimélode. *V.* ce mot. (B.)

COUSAMBI. BOT. PHAN. On présume que la matière grasse et végétale connue à Timor sous ce nom, et dont on fait des chandelles dans cette île, provient du *Croton sebiferum. V.* CROTON. (B.)

COUSCOU, COUSSECOUCHE ET COUCHECOUSSE. BOT. PHAN. Syn. d'*Holcus spicatus*, L., à Saint-Domingue où l'on étend ce nom aux graines mondées du Maïs. (B.)

COUSCOUL. INS. Même Chose que Courcoussou. *V.* ce mot.

COUSCUILLE. BOT. PHAN. (De Candolle.) Syn. de *Ligusticum pelo-*

ponensq dans certaines parties des Pyrénées. (B.)

COUSI - COUSI. MAM. Nom de Pays du Singe-de-Nuit. *V.* SAPAJOU. (B.)

COUSIN. *Culex.* INS. Genre de l'ordre des Diptères, établi par Linné et rangé par Latreille (Règn. Anim. de Cuv.) dans la famille des Némocères, tribu des Culicides. Ses caractères sont : antennes filiformes de quatorze articles, plumeuses dans les mâles, simplement poilues dans les femelles ; trompe longue renfermant un suçoir de cinq pièces ; ailes couchées horizontalement sur le corps, avec des écailles sur les nervures. A l'aide de ces caractères, on pourrait distinguer facilement les Cousins des Tipules, des Tanypes, des Cératopogons et autres genres voisins ; mais nous allons entrer dans plusieurs détails d'organisation extérieure qui rendront la distinction encore plus facile. Les Insectes dont il s'agit ont le corps fort allongé, grêle, cylindrique et monté sur des pates très-longues et très-minces. La tête est petite, arrondie, beaucoup plus basse que le thorax ; elle est privée d'yeux lisses ; mais elle supporte de grands yeux à réseau, verdâtres, et à reflets rouges dans quelques espèces ; des antennes poilues qui, dans les mâles, sont très-longues, verticillées, et représentent des panaches ; enfin une trompe sur l'organisation de laquelle il est important de fixer ses idées ; elle se compose de deux parties assez distinctes : 1° le fourreau ou l'étui, fendu supérieurement dans presque toute sa longueur, est composé de deux portions égales soudées sur la ligne moyenne, et qui, terminées en bouton, représentent la lèvre inférieure des Mouches ; 2° l'aiguillon, c'est-à-dire les autres pièces de la bouche au nombre de quatre, selon Réaumur, et de cinq suivant Swammerdam, sont réunies, mais non soudées entre elles, et contenues dans le fourreau. Deux de ces pièces paraissent ordinairement dentées ; elles pénètrent

toutes ensemble dans les corps que le Cousin pique ; ces corps sont la chair de l'Homme et des Animaux, et quelquefois aussi les Végétaux. Réaumur (Mém. Ins. T. IV, p. 583) est le premier observateur qui ait examiné avec soin ce curieux mécanisme. Il le décrit de la manière suivante : « Après qu'un Cousin m'avait fait la grâce de se venir poser sur la main que je lui avais offerte, je voyais qu'il faisait sortir du bout de sa trompe une pointe très-fine, qu'il tâtait avec le bout de cette pointe successivement quatre à cinq endroits de ma peau. Il sait choisir apparemment celui qui est le plus aisé à percer, et celui au-dessous duquel se trouve un vaisseau dans lequel le sang peut être puisé à souhait. Enfin il a bientôt fait son choix, et on sent qu'il l'a fait ; on en est averti par la petite douleur que la piqûre cause sur-le-champ. La pointe de l'aiguillon composé, car, pour nous exprimer plus brièvement, nous ne regarderons désormais que comme une seule pointe celle qui est formée de plusieurs pointes extrêmement fines, et que comme un seul aiguillon l'assemblage de plusieurs ; la pointe, dis-je, de l'aiguillon s'introduit dans la peau ; elle y pénètre, elle sort par le bout du bouton qui termine l'étui. A quoi sert donc la fente qui est presque tout du long de cet étui? C'est ce qui mérite le plus d'être expliqué, ou plutôt d'être vu ici ; c'est ce que la mécanique de la trompe des Cousins a de plus particulier. L'aiguillon doit pénétrer dans la chair, et la nature ne l'a pas fait capable d'être allongé, ou au moins d'être allongé d'autant qu'il doit y pénétrer. Cependant il ne saurait s'introduire dans la chair couvert de son étui ; car le diamètre de cet étui étant beaucoup plus grand que celui de l'aiguillon, l'ouverture capable de laisser passer l'étui serait beaucoup plus grande que celle que l'aiguillon peut faire ; le bout de l'étui reste donc nécessairement sur le bord de la plaie. Si cet étui n'était composé que d'une seule membrane très-mince et très-flexible, il pourrait se plisser pendant que l'aiguillon s'enfonce, et lorsque l'aiguillon serait sorti de la chair, le ressort de cette membrane lui ferait reprendre sa première forme. Mais les pièces déliées qui composent l'aiguillon demandaient un fourreau plus solide que ne serait une membrane si mince, et quelque mince qu'elle eût été, il eût été difficile qu'elle se fût plissée assez, et qu'elle eût été réduite à assez peu de volume, car l'aiguillon doit pénétrer presque tout entier dans la chair; il s'y enfonce jusqu'auprès de son origine. La nature a donc eu besoin d'employer ici une toute autre mécanique pour que l'étui auquel de la solidité était nécessaire pût être raccourci, à mesure que la partie de l'aiguillon qui est hors de la plaie devient plus courte. Le moyen auquel elle a eu recours est simple; l'étui, quoique solide, a une sorte de flexibilité; il se courbe à mesure que l'aiguillon pénètre dans la chair; il s'éloigne de l'aiguillon qui doit toujours rester tendu et droit; l'étui qui s'ouvre peut se tirer en arrière, et s'y tirer sans y amener l'aiguillon. Mais celui-ci a besoin d'être soutenu immédiatement au-dessus du bord du trou. Aussi l'étui ne fait-il, comme nous venons de le dire, que se courber. Il devient d'abord un arc dont l'aiguillon est la corde. Le bouton de l'étui doit toujours rester sur le bord du trou pour aider à y maintenir et à empêcher de vaciller un instrument délicat et faible. C'est par un expédient semblable que les ouvriers qui ont percé de très-petits trous dans des corps durs, savent maintenir la pointe déliée du foret. Enfin à mesure que l'aiguillon pénètre, l'étui se courbe de plus en plus. Il s'y fait même quelque part un angle dont le sommet est variable; au moins ne nous a-t-il pas toujours paru placé dans le même endroit. Cet angle d'abord obtus le devient de moins en moins; il passe à être aigu, et l'est à un tel point, quand l'aiguillon a pénétré aussi avant qu'il lui est possible, c'est-à-dire quand la tête du Cousin est prête à toucher la

peau, qu'alors l'étui est plié en deux; sa moitié inférieure est alors appliquée contre sa moitié supérieure. » La piqûre d'un seul Cousin, surtout des espèces de notre pays, n'est rien en elle-même; il en résulte une tumeur plus ou moins rouge et plus ou moins cuisante, qui paraît due à un liquide irritant que l'Insecte dépose dans la plaie; mais lorsque ces Insectes sont très-nombreux, ils incommodent singulièrement. L'Homme s'en garantit aisément, mais il est difficile d'en préserver les Animaux. La multiplicité des blessures les affaiblit et les tourmente quelquefois au point de les faire périr. On observe principalement ces fâcheux résultats dans les endroits marécageux des parties chaudes de l'Amérique, où ils portent le nom de *Maringouins*. Ils sont aussi très-communs en Laponie, et les habitans de ces tristes contrées ne s'en garantissent qu'en s'enduisant le corps de matière grasse et en allumant des feux autour de leurs cahutes. Dans les contrées méridionales de la France, on s'en préserve pendant la nuit au moyen de gaz dont on entoure les lits, et qu'on nomme Cousinières. Lorsqu'on a été piqué, le remède le plus simple est de comprimer ou de sucer la petite plaie afin d'en faire sortir un peu de sang qui dégorge les vaisseaux capillaires, et entraîne en tout ou en partie le liquide vénéneux qui y a été introduit. Si l'irritation était trop considérable, on devrait appliquer sur la partie enflammée des cataplasmes de Plantes émollientes.

Les autres parties qu'on observe extérieurement dans le Cousin sont le thorax et l'abdomen. Le thorax est fort élevé, il supporte des pates très-grêles, munies à leur extrémité d'une petite pelote et de deux crochets; supérieurement il donne insertion aux ailes, qui sont membraneuses et garnies seulement dans l'étendue des nervures de petites écailles pétiolées. Il n'existe pas de cuilleron; mais les balanciers sont très-distincts; l'abdomen est long, cylindroïde et recouvert principalement sur les côtés de poils et d'écailles ; il se termine dans la femelle par deux petits appendices en pelote ; le mâle est pourvu de deux ou quatre crochets qui lui servent à saisir la femelle et à s'accoupler.

L'accouplement paraît avoir lieu le soir et dans les airs ; il dure fort peu de temps, et les entomologistes observateurs ont rarement eu occasion d'en être témoins ; quelques-uns, Duméril entre autres, ont même pensé qu'il n'y avait pas de jonction des sexes, et que la fécondation des œufs avait lieu après la ponte ; l'existence d'appareils copulateurs très-développés chez le mâle ne nous paraît pas venir à l'appui de cette opinion.

Outre que les femelles sont très-fécondes, et que chacune d'elles donne naissance à deux cents ou à trois cents œufs environ, il y a de cinq à six générations par année. Les œufs sont allongés, oblongs, pointus supérieurement, et rétrécis brusquement à l'extrémité opposée en un petit col dont l'ouverture circulaire paraît bouchée par une membrane. Tous ces œufs sont réunis en un tas qui s'enfonce un peu dans l'eau, et qui vogue à sa surface à la manière d'un radeau dont le dessous serait formé par l'assemblage des espèces de petits goulots dont nous avons parlé, et dont la face supérieure serait hérissée par le bout pointu de chaque œuf. Il était curieux de connaître la femelle au moment de la ponte, et de voir comment elle s'y prenait pour opérer cet heureux arrangement. La difficulté était de saisir l'heure à laquelle tout cela se faisait. Réaumur ayant découvert que c'était vers les six heures du matin, en a été témoin à plusieurs reprises, et il en a donné une description fort exacte. La femelle pour commencer la ponte se fixe, à l'aide des deux paires de pates antérieures, sur une feuille ou quelque corps plus léger que l'eau. Les pates postérieures sont croisées en X, et des deux angles qui en résultent, l'intérieur, c'est-à-dire celui compris entre le point de contact des

branches et l'anus, est destiné à soutenir les premiers œufs qui sont pondus ; le pénultième anneau de l'abdomen de la femelle touche l'eau, et le dernier au contraire se redresse au-dessus de la surface du liquide ; c'est alors qu'on voit sortir un œuf qui est poussé dans une direction verticale, et est placé immédiatement dans l'angle formé par l'entrecroisement des pates. De pondre un œuf, dit Réaumur, et de le mettre en place, est pour le Cousin l'affaire d'un instant ; et dès qu'il en a fait sortir un, il en expulse un autre de son corps, et peut ainsi en pondre plus de trente en moins de deux minutes. Ils ne tardent donc pas à s'accumuler, étant collés les uns aux autres, et toujours soutenus par les pates à la surface de l'eau ou au-dessus ; mais à mesure que la petite masse s'allonge, l'endroit où les jambes se croisent devient plus éloigné du derrière, et enfin ces deux jambes finissent par se poser parallèlement, soutenant toujours le petit bateau que l'Insecte n'abandonne que lorsque, la ponte étant terminée, il se trouve en état de flotter sans danger.

Au bout de deux ou trois jours environ, des larves sortent par le col de ces œufs. On se rappelle que ce col plonge dans l'eau, et que les larves, qui sont aquatiques, se trouvent à leur sortie dans un milieu indispensable à leur existence. Ces larves sont apodes ; leur corps est allongé et formé par dix anneaux ; la tête qui constitue le premier anneau est grosse, déprimée, arrondie à son contour, et présente une bouche autour de laquelle on voit plusieurs espèces de houppes ou barbillons que le Cousin fait mouvoir avec beaucoup de vitesse, ce qui paraît déterminer des petits courans de liquides qui se dirigent vers elle ; on remarque aussi des espèces d'antennes ou de palpes velus. Le second anneau, qui correspond au thorax de l'Insecte parfait, est garni de trois faisceaux de poils ; chacun des autres segmens n'en porte plus qu'un seul ; le dernier anneau du corps est très-remarquable : il est comme fourchu et se termine par deux tuyaux allongés, dont le premier assez court contient le rectum, et est terminé par quatre lames minces, transparentes, posées par paires; le second tuyau est un organe destiné à venir respirer l'air à la surface du liquide. Ces larves changent trois ou quatre fois de peau en quinze jours ou trois semaines, suivant la température. Lorsque le Cousin veut quitter une dépouille, il se met, dit Réaumur, à la surface de l'eau dans une position différente de celle où il avait coutume de s'y tenir : d'abord allongé et étendu, ayant le dos en dessus, il se recourbe ensuite un peu, enfonce sa tête et sa queue sous l'eau, à fleur de laquelle est l'anneau correspondant au thorax. Suivant Duméril, cet anneau se fend alors par un véritable desséchement; bientôt la fente se prolonge, et elle devient assez considérable pour laisser sortir le corselet de la larve et successivement les autres parties : à l'époque de la transformation en nymphe, le changement de peau a lieu de la même manière. Cette nymphe a une apparence lenticulaire, la tête et le thorax formant une seule masse qui s'augmente par le repliement de l'abdomen autour de ces parties; mais cette forme change toutes les fois que l'Animal déploie sa queue. Sous cette forme comme sous celle de la larve, le Cousin est porté naturellement par sa légèreté à la surface de l'eau; il est obligé de donner des coups de queue quand il veut descendre dans le liquide; et dès qu'il cesse de se mouvoir il est ramené à la surface. Dans son nouvel état il n'a plus besoin de prendre de nourriture, et il n'a plus d'organes propres à la recevoir; mais il a toujours besoin de respirer l'air. Ce que la métamorphose nous offre ici de plus singulier, c'est la différente position des organes par lesquels il respire; en se défaisant de l'enveloppe de larve, il a perdu ce long tuyau qu'il avait à la partie postérieure de l'abdomen, et il a acquis deux sortes de cornets ou tuyaux respiratoires qui prennent naissance sur le thorax.

Nous voici enfin arrivés au dernier terme de tous les changemens : la nymphe, après dix jours, se transforme en Insecte parfait. La manière simple et agréable dont Réaumur décrit cette intéressante formation, nous engage à ne pas en priver le lecteur. « L'Insecte qui est parvenu au moment où ses enveloppes ne lui sont plus nécessaires, et qui veut s'en tirer, se tient, comme auparavant, en repos à la surface de l'eau; mais au lieu que dans les autres temps où il ne changeait pas de place, la partie postérieure de son corps était contournée et comme roulée en dessous, il redresse alors cette partie, et la tient étendue à la surface de l'eau, au-dessus de laquelle son corselet est élevé. A peine a-t-il été un moment dans cette position, qu'en gonflant les parties intérieures et antérieures de son corselet, il oblige la peau de se fendre assez près de ces deux stigmates, ou même entre les deux stigmates qui ont la figure d'oreilles ou de cornets; cette fente n'a pas plutôt paru, qu'on la voit s'allonger et s'élargir très-vite; elle laisse à découvert une portion du corselet de l'Insecte parfait. Dès que la fente a été assez agrandie, et l'agrandir assez est l'affaire d'un instant, la partie antérieure du Cousin ne tarde pas à se montrer; bientôt on voit paraître sa tête qui se lève au-dessus des bords de l'ouverture. Mais ce moment et ceux qui suivront jusqu'à ce que le Cousin soit entièrement hors de sa dépouille, sont des momens bien critiques pour lui, des momens où il court un terrible danger.

» Cet Insecte qui vivait dans l'eau, qui serait péri s'il en eût été tenu dehors pendant un temps assez court, a subitement passé à un état où il n'a rien autant à craindre que l'eau; s'il était renversé sur l'eau, si elle touchait son corselet ou son corps, c'en serait fait de lui. Voici comment il se conduit dans une situation si délicate. Dès qu'il a fait paraître sa tête et son corselet, il les élève autant qu'il peut au-dessus des bords de l'ouverture qui leur a permis de paraître au jour. Le Cousin tire la partie postérieure de son corps vers la même ouverture, ou plutôt cette partie s'y pousse en se contractant un peu et s'allongeant ensuite ; les rugosités de la dépouille dont elle s'efforce de sortir, lui donnent des appuis. Une plus longue portion du Cousin paraît donc à découvert, et en même temps la tête s'est plus avancée vers le bout antérieur de la dépouille ; mais à mesure qu'elle s'avance vers ce côté, elle se redresse et s'élève de plus en plus. Ce bout antérieur du fourreau et son bout postérieur se trouvent donc vides. Le fourreau alors est devenu pour le Cousin une espèce de bateau dans lequel l'eau n'entre point, et où il serait bien dangereux qu'elle entrât. Le Cousin est lui-même le mât du petit bateau qui le porte. Les grands bateaux qui doivent passer sous les ponts ont des mâts qu'on peut coucher ; dès que le bateau est hors du pont, on hisse son mât en le faisant passer successivement par différentes inclinaisons ; on l'amène à être perpendiculaire au plan horizontal. Le Cousin s'élève ainsi successivement jusqu'à devenir lui-même le mât de son petit bateau, et un mât posé verticalement. Toute la différence qu'il y a ici, c'est que le Cousin est un mât qui devient plus long à mesure qu'il s'élève davantage ; à mesure qu'il s'élève une nouvelle partie du corps sort du fourreau ; quand il est parvenu à être presque dans un plan vertical, il ne reste plus dans le fourreau qu'une portion assez courte de son bout postérieur. On a peine à s'imaginer comment il a pu se mettre dans une position si singulière qui lui est absolument nécessaire, et comment il peut s'y conserver. Ni les jambes ni les ailes n'ont pu l'aider en rien ; celles-ci sont encore trop molles et comme empaquetées, et les autres sont étendues et couchées tout du long du ventre ; ses anneaux seuls ont pu agir. Le devant du bateau est beaucoup plus chargé que le reste :

aussi a-t-il beaucoup plus de volume.

» L'observateur qui voit combien ce devant de bateau enfonce, combien ses bords sont près de l'eau, oublie dans l'instant que le Cousin est un Insecte auquel il donnera volontiers la mort dans un autre temps. Il devient inquiet pour son sort, et il le devient bientôt davantage pour peu qu'il s'élève de vent, pour peu que ce vent agisse sur la surface de l'eau. On voit pourtant d'abord avec plaisir la petite agitation de l'air, qui suffit pour faire voguer le Cousin avec vitesse ; il est porté de différens côtés ; il fait différens tours dans le baquet. (C'était dans un baquet rempli à moitié d'eau ou aux trois quarts que Réaumur faisait ses observations.) Quoiqu'il ne soit que comme une espèce de bâton ou de mât, parce que les ailes et les jambes sont appliquées contre le corps, il est peut-être, par rapport à son petit bateau, une voilure plus grande qu'aucune de celles qu'on ose donner à un vaisseau. On ne peut s'empêcher de craindre que le petit bateau ne soit couché sur le côté, ce qui arrive quelquefois dans les temps ordinaires, et très-souvent lorsque les Cousins se transforment dans des jours où le vent a trop de prise sur la surface de l'eau du baquet. Dès que le bateau a été renversé ; dès que le Cousin a été couché sur la surface de l'eau, il n'y a plus de ressource pour lui. Il est pourtant plus ordinaire que le Cousin parvienne à faire son opération heureusement ; elle n'est pas de longue durée. Tout le danger peut être passé dans une minute. Le Cousin, après s'être dressé perpendiculairement, tire les deux premières jambes du fourreau, et il les porte en avant ; il tire ensuite les deux suivantes. Alors il ne cherche plus à conserver sa position gênante ; il se penche vers l'eau ; il s'en approche ; il pose dessus les jambes ; l'eau est pour elles un terrain assez ferme et assez solide qui, sans céder trop, peut les soutenir, quoique chargées du corps de l'Insecte. Dès que le Cousin est ainsi sur l'eau, il est en sûreté; ses ailes achèvent de se déplier et de se sécher, ce qui est fait plus vite qu'on ne peut le dire. Enfin le Cousin est en état d'en faire usage, et bientôt on le voit s'envoler, surtout si on tente de le prendre. » Cette description intéressante que, malgré son étendue, on n'aura sans doute pas eu de regret de trouver consignée ici, a été faite principalement sur le Cousin commun, *Culex pipiens* des auteurs. Il a été décrit et représenté par Degéer (Mém. sur les Insectes, T. VI, p. 127 et tab. 27) et par Geoffroy (Hist. des Ins. T. II, p. 579, tab. 19, fig. 4). Réaumur (*loc. cit.* tab. 43 et 44) figure tous les détails dont il vient d'être question. Cet Insecte est très-abondant dans toute l'Europe. *V.*, pour les autres espèces, Meigen (Descrip. systém. des Diptères d'Europe, T. I, p. 1) qui en décrit quatorze espèces, et l'Encyclopédie méthodique. Bory de Saint-Vincent cite, dans la Relation de ses voyages, sous le nom de Bigaye, *V.* ce mot, une espèce de Cousin des îles Maurice et de Madagascar, dont la piqûre cause de grandes douleurs.   (AUD.)

COUSIN. BOT. PHAN. Nom vulgaire dans les Antilles de quelques Plantes dont les fruits chargés d'aspérités s'accrochent aux habits des passans, comme le font ceux de la Bardane en Europe. Tels sont la plupart des *Triumfetta. V.* ce mot.   (B.)

COUSINES ou COUSINET. BOT. PHAN. Noms vulgaires des *Vaccinium Myrtillus* et *Oxycoccus*, L. *V.* Airelle et Oxiococcus.   (B.)

COUSINETTE ou COUSINOTTE. BOT. PHAN. Variété de Pomme. *V.* Pommier.   (B.)

COUSSA. BOT. PHAN. L'un des noms vulgaires de Houx dans certains cantons de la France occidentale.   (B.)

* COUSSAIBA. BOT. PHAN. (Suriau.) Nom caraïbe de bois de Savonette bâtard, Arbre du genre Dalbergia. *V.* ce mot.   (B.)

COUSSAIRE. BOT. PHAN. Syn. d'*Urena lobata* à Saint-Domingue.   (B.)

COUSSAPIER. *Coussapoa.* BOT.

PHAN. Genre établi par Aublet (Plantes de la Guiane, p. 955) et placé, par Jussieu et Lamarck, dans la famille des Urticées ou parmi les genres qui l'avoisinent. La description incomplète de ce genre rend sa place fort douteuse, quoique Lamarck dise (Encyclop. méth.) qu'il a des rapports avec les *Artocarpus* et les *Mithridatea.* En effet, sa fleur est entièrement inconnue; on sait seulement que le fruit est un réceptacle sphérique chargé de semences ou plutôt de capsules enveloppées dans une pulpe. Les deux espèces décrites par Aublet et figurées (*loc. cit.*, tab. 362 et 363) sont appelées l'une et l'autre *Coussapoui* par les indigènes. Ce sont des Arbres pleins d'un suc jaune, résineux, à feuilles alternes, dont les plus jeunes sont, comme dans le Figuier, accompagnées de stipules toutes caduques et laissant des vestiges. Les réceptacles sont disposés en grappes dans les aisselles des feuilles.   (G..N.)

COUSSAPOUI. BOT. PHAN. *V.* Coussapier.

COUSSARÉE. *Coussarea.* BOT. PHAN. Genre de la famille des Rubiacées et de la Tétrandrie Monogynie, L., établi par Aublet (Plantes de la Guiane, p. 99, t. 38), et adopté par Jussieu (Mém. sur la famille des Rubiacées, p. 10) qui lui donne pour caractères : un calice à cinq dents ; une corolle dont le tube est court, et le limbe à quatre divisions aiguës ; anthères oblongues, presque sessiles, quoique saillantes hors de la corolle; stigmate à quatre ou cinq lobes; baie environnant une graine solitaire (par avortement?), enveloppée d'un tégument coriace. Une seule espèce (*Coussarea guianensis*), décrite et figurée par Aublet, compose ce genre. C'est un Arbrisseau de la Guiane, dont les fleurs peu nombreuses sont portées par un pédoncule commun, court et terminal. Jussieu (*loc. cit.*) donne comme synonyme de ce genre le *Pecheya* de Scopoli. Il doute que dans ce genre le calice soit vraiment quinquefidé; et en effet il serait étonnant que cet organe ne correspondît point, pour le nombre des parties, à la corolle et aux étamines.   (G..N.)

COUSSEGAL. BOT. PHAN. Syn. de Blé Méteil dans certains départemens. *V*. FROMENT.   (B.)

COUSSINET. BOT. Nom donné à la Canneberge qui constitue aujourd'hui le genre Oxycoccus. *V*. ce mot. C'est encore le nom spécifique d'une Mousse, *Bryum pulvinatum*, L., du genre *Dicranum*. *V*. DICRANE. (B.)

COUSSOU. OIS. Syn. de Perroquet dans quelques parties de l'Afrique. *V*. PERROQUET.   (DR..Z.)

COUSSOU. INS. Syn. languedocien de Calandre des Blés. *V*. CALANDRE.   (B.)

COUTARDE. BOT. PHAN. Nom appliqué par quelques botanistes français au genre Hydrolée. *V*. ce mot.   (B.)

COUTARÉE. *Coutarea*. BOT. PHAN. Genre de la famille des Rubiacées et de l'Hexandrie Monogynie, L., établi par Aublet, et adopté par Jussieu qui le caractérise ainsi : calice à six divisions subulées; corolle grande, infundibuliforme, dont l'entrée du tube est renflée et courbée, et le limbe à six parties; six étamines insérées au haut du tube, à anthères longues, linéaires et saillantes; stigmate sillonné; capsule obovée ressemblant à celle du *Cinchona*, mais plane, comprimée, sillonnée sur le milieu de chaque côté, à deux loges et à deux valves carenées, dont les bords rentrans constituent une petite cloison; semences nombreuses, orbiculées, membraneuses sur leurs bords, fixées et imbriquées sur le placenta appliqué aux bords communs des valves par où s'opère la déhiscence du fruit. Linné et Jacquin ont confondu ce genre avec le *Portlandia*, malgré l'anomalie du nombre des étamines. Pour bien en fixer la distinction, il a été nécessaire à Jussieu d'en donner plutôt une description qu'un caractère différentiel.

La COUTARÉE ÉLÉGANTE, *Coutarea speciosa*, Aubl. (Plantes de la Guiane,

t. 122); *Portlandia hexandra*, Jacq. (*Amer.*, ed. pict. t. 65), est un Arbre indigène des forêts de la Guiane et de Carthagène en Amérique. Ses belles fleurs, agréablement odorantes, de couleur de chair, et ayant jusqu'à un décimètre de longueur, sont souvent au nombre de trois, pédonculées et munies de bractées. Le nombre des parties du système floral est variable selon Aublet, qui en a rencontré des individus à sept étamines et à sept divisions à la corolle.   (G..N.)

COUTEAU. POIS. Espèce d'Able. *V*. ce mot.   (B.)

COUTEAU. MOLL. Nom vulgaire du genre Solen ou Manche de couteau. *V*. SOLEN.   (B.)

COUTELO. OIS. Vieux nom de la Poule, *Phasianus Gallus*, L. *V*. COQ.   (DR..Z.)

COUTELOU. OIS. Syn. vulgaire de l'Alouette des champs, *Alauda arvensis*, L. *V*. ALOUETTE.   (DR..Z.)

COUTILLE. BOT. PHAN. L'un des noms vulgaires de la Fétuque dorée. *V*. FÉTUQUE.   (B.)

COUTOIR. MOLL. Nom vulgaire de la *Venus Clonissa*. *V*. VÉNUS. (B.)

COUTOUBÉE. *Coutoubea*. BOT. PHAN. Famille des Gentianées, Tétrandrie Monogynie, L. Ce genre établi par Aublet (Plantes de la Guiane, I, p. 72); et adopté par Jussieu et Kunth avec les caractères subséquens, avait été réuni aux *Exacum* par Wahl (*Symbol.* 3, p. 17). Schreber, quoique admettant sa distinction générique, a changé inutilement son nom en celui de *Picrium*. Il se distingue des autres genres de Gentianées par les différences suivantes : calice quadripartite et accompagné de trois bractées; corolle hypocratériforme dont le tube est court, la gorge resserrée, et le limbe quadripartite étalé; quatre étamines à filets élargis, munis à leur base de quatre écailles, et à anthères sagittées; un seul style terminé par un stigmate composé de deux lamelles ; capsule biloculaire selon Kunth , uniloculaire d'après Jussieu ; mais ce caractère n'a qu'une faible importance, si l'on fait attention à la structure de la capsule des Gentianées, qui, d'uniloculaire qu'elle est dans les genres formant les types de la famille, devient biloculaire dans beaucoup d'autres par l'introflexion de leurs valves. La place de ce genre ne saurait être douteuse; par l'inflorescence de ses espèces, il a des rapports que Jussieu a indiqués avec les *Erythræa*; mais le nombre quaternaire du système floral, et surtout les écailles des étamines et la forme des anthères suffisent pour l'en distinguer.

Les deux espèces primitives décrites et figurées par Aublet (*loc. cit.* t. 27 et t. 28), sous les noms de *Coutoubea spicata* et *C. ramosa*, habitent les bords des ruisseaux de la Guiane. Ce sont des Plantes herbacées à feuilles oblongues opposées et à fleurs disposées en épis simples ou rameux. Celles-ci sont pourpres dans la seconde espèce à laquelle Lamarck (Illust. p. 519) donne pour cette raison le nom de *C. purpurea*. Il a également changé le nom spécifique du *C. spicata* par un motif semblable, et l'a appelé *C. alba*. Cavanilles a décrit et figuré (*Icon.* IV, p. 14, t. 528) une troisième espèce indigène de Panama, à feuilles ternées ; mais il y a lieu de croire que ce n'est qu'une variété accidentelle de la précédente ; les feuilles opposées ayant beaucoup de disposition à devenir verticillées par trois dans les espèces d'Erythræa et d'autres genres voisins. Kunth (*Nova Genera et Species Plant. æquin.*, vol. 3, p. 79) a encore ajouté une nouvelle espèce d'une stature exiguë , à laquelle il donne le nom de *C. minor*. Elle a été recueillie par Humboldt et Bonpland sur les rives de l'Orénoque. Ces illustres voyageurs ont aussi trouvé le *C. spicata* d'Aublet près de Honda , dans les montagnes chaudes de la Nouvelle-Grenade , à une hauteur de cent mètres au-dessus du niveau de la mer. (C.,N.)

COUTOUBOU. bot. phan. Même chose que Conami franc à la Guiane. *V*. Baillère.

COUTOUILLE. ois. Syn. vulgaire du Torcol, *Yunx Torquilla*, L. *V*. Torcol. (DR..Z.)

COUTRIAUX. ois. Syn. de Cujelier, *Alauda arborea*. *V*. Alouette. (B.)

COUTURIÈRE. ois. Espèce du genre Sylvie, *Sylvia sutoria*, Lath. *V*. Sylvie. (DR..Z.)

COUVAIN. ins. On désigne vulgairement sous ce nom les larves d'Abeilles contenues dans les alvéoles. *V*. Abeilles. On l'applique aussi aux œufs des Vers à soie. *V*. Bombyce. (AUD.)

COUVE. bot. phan. Syn. de *Pinus Cembra* dans les Alpes. (B.)

COUVÉE. ois. On nomme ainsi la quantité d'œufs que peut faire éclore une femelle. Cette quantité varie , selon les espèces , depuis un jusqu'à vingt et même plus. (DR..Z.)

COUVERCLE. moll. Syn. d'Opercule. *V*. ce mot.

*** COUVERTURES.** ois. *V*. Tectrices.

COUX. ois. Syn. Vulgaire du Coucou, *Cuculus Canorus*, L. *V*. Coucou. (DR..Z.)

COUXIO. mam. Nom de pays du *Simia Satanas*, Hoffmann. *V*. Sapajou. (B.)

COUYON-MARON. mam. (Barrère.) Et non *Mouron*. Syn. de Lamantin à la Guiane. (B.)

COUYONNE. bot. phan. L'un des noms vulgaires de l'*Avena fatua*, L. (B.)

COVALAM. bot. phan. Même chose que Belou. *V*. ce mot et Églé.

*** COVARELLA.** ois. Syn. de Cochevis, *Alauda cristata*, L. *V*. Alouette.

COVATERRA. ois. Syn. vulgaire en Italie de l'Engoulevent d'Europe,

Caprimulgus Europœus, L. *V*. En-
gouleyent. (dr..z.)

* COVEL. bot. phan. (Rhécde.)
Probablement une espèce du genre
Momordique. *V*. ce mot. (b.)

COVET. moll. (Adanson, Voyag.
au Sénég. p. 114, pl. 8, fig. 9.) Syn. de
Buccinum Condor, L. (d..h.)

* COVUR. mam. (Molina.) Nom
générique des Tatous au Chili. (b.)

COWAGE. bot. phan. Syn. de
Dolichos urens dans les colonies an-
glaises. *V*. Dolic. (b.)

COWALAM. bot. phan. Syn. malabare de *Cratœva Marmelos*, L. *V*.
Cratæva. (b.)

* COXÈLE. *Coxelus*. ins. Genre
de l'ordre des Coléoptères, section
des Hétéromères, établi par Ziegler,
et adopté par Dejean (Catal. des Coléoptères, p. 67). Ce petit genre dont
nous ignorons les caractères comprend le *Boletophagus pictus* de
Sturm. (aud.)

COXILTLI ou COXILITLI. ois.
(Temminck.) Espèce du genre Hocco,
Crax rubra, T. *V*. Hocco. (dr..z.)

COXOCISSO ou COXOLITLI.
ois. Espèce du genre Hocco, *Crax rubra*, Temm. Du Mexique. *V*. Hocco.
(dr..z.)

CO-XUOC. bot. phan. Nom cochinchinois d'une espèce d'Achyran-
the dont Loureiro a formé son genre
Cyathule. *V*. ce mot. (b.)

COY. mam. Nom de pays du *Lepus
minimus*, L., que plusieurs naturalistes
ne regardent pas comme un Lièvre,
mais croient être le même Animal
que le Cobaie, ou du moins l'une de
ses variétés les plus petites. (b.)

* COYALITI. bot. phan. (Surian.)
Probablement une espèce du genre
Gaurea. *V*. ce mot. (b.)

COYAMETL et QUAUHCOYA-
MELT. mam. Syn. de Pécari. *V*. Cochon. (b.)

COYAU. pois. Espèce indéterminée du genre Spare, dont Bosc dit que
l'on prend de grandes quantités sur
les côtes de Bretagne où sa chair est
peu estimée. (b.)

* COYEMBOUC. bot. phan. Il
est dit dans le Dictionnaire de Levrault que ce mot signifie la même
chose que Cohyne, mais Cohyne ne
se retrouve pas dans l'ouvrage. (b.)

COYOLCOS ou COYOLCOZQUE.
ois. (Hernandez.) Espèce du genre
Perdrix, *Tetrao Coyolcos*, L. Du Mexique. *V*. Perdrix, division des Colins. (dr..z.)

* COYOLLI. bot. phan. (Hernandez.) Syn. mexicain de Cocotier. *V*.
ce mot. (b.)

COYOLTOTOTL. ois. (Hernandez.) Syn. mexicain du Cotinga Ouette, *Ampelis Carnifex*, Gmel. *V*. Cotinga. (dr..z.)

* COYOLXOCHITL. bot. phan.
(Hernandez.) Probablement une espèce du genre Alstroémérie. *V*. ce
mot. (b.)

COYOPOLIN. mam. Pour Cayo-
polin. *V*. ce mot. (b.)

COYOTÉ. bot. phan. L'un des
noms donnés dans les îles des Philippines au Coton de Nankin. (b.)

*COYOTOMATL. bot. phan. (Her-
nandez.) Espèce de Physalide du
Mexique, à qui l'on donne ailleurs le
nom de Coanénépilli, appliqué ailleurs à une Passiflore. (b.)

COYOTZIN. bot. phan. (Hernandez.) Syn. mexicain de *Canna*. *V*.
Balisier. (b.)

COYPOU, COYPU ou COYPUS.
mam. (Molina.) Espèce du genre
Hydromis. *V*. ce mot. (b.)

COYUTA. rept. oph. Syn. brésilien de Cenco ou Cencoalt. *V*. Bongare. (b.)

* COYYROU. bot. phan. Plante
grimpante des Antilles, nommée aussi
Liane aux yeux, mais qui n'est pas
encore déterminée. (b.)

COZCAQUAUHTLI. ois. Syn.
mexicain de Roi des Vautours. (b.)

* COZIRIHAN. bot. phan. (Rau-

wolf.) Syn. de *Seryvhium latifolium* dans le Levant. (B.)

* COZOLMECATL. BOT. PHAN. (Hernandez) Espèce de Smilace indéterminée du Mexique. (B.)

COZQUAUHTLI. OIS. Probablement la même chose au Mexique que Cozcaquauhtli. *V.* ce mot. (DR..Z.)

* COZTICPATLI. BOT. PHAN. (Hernandez.) Espèce mexicaine de Thalictrum. *V.* PIGAMON. (B.)

COZTIOCOTEQUALLIN ou QUAUHTECALLOTLQUAPACH - TLI. MAM. Dont Buffon a, par con-traction, fait Coqualiu, espèce d'E-cureuil. *V.* ce mot. (B.)

* COZTICMETL. BOT. PHAN. Nom mexicain d'une espèce d'Agave indéterminée. (B.)

COZTOTOTOLT ET COZTO-TOTL. OIS. La description que fit Hernandez ne particularise point assez cet Oiseau pour lui assigner sa véritable place dans la méthode : aussi quelques auteurs en ont fait un Troupiale, tandis que d'autres le regardent comme un Gros-Bec. Son plumage est jaune avec l'extrémité des ailes noire. Il a la taille du Chardonneret. (DR..Z.)

FIN DU TOME QUATRIÈME.

Notes de M. le Dr. de Sauvage, de l'œuvre?)
Relatives à Mr. Audoin).
Relative à l'article Cœur:

En suite d'une lettre que m'écrivit il y a
déjà longtemps votre collaborateur M.
P. Proudon, il m'annonça qu'il m'avait
cité à l'occasion de mes expériences sur la
circulation du sang dans les poissons, à l'art.
Cœur de votre Dict. class. d'hist. nat.
J'ai cherché l'art., et j'ai vu que M. B.
a reproduit dans tout son beau l'erreur
de M. de Blainville que j'avais combattue
dans ce mémoire adressé à la soc. phil.
qui a souscrit et s'est perdu corps et
biens dans sa poche, et que mon
nom est là tout juste pour appuyer
la grosse erreur.

L'oreillette unique du Cœur ne reçoit
que le sang des veines du corps, et non celui
des branchies. Ce sang est projetté par le
ventricule dans l'artère qui est uniquement
branchiale. Le sang est donc en totalité porté
aux branchies, et nécessairement il en revient
par les veines branchiales. Ces dernières
s'réunissent et se réduisent peu à peu comme
de manière à ne plus former qu'un vaisseau
qui est l'aorte. Ainsi le sang respiré ne
revient plus au cœur. Il circule uniquement
sous l'influence du système capillaire branchial,

et on ne peut Dire que l'action des parois
artérielles y contribue, puisque Dans quelques
poissons (esturgeons &) l'aorte réduite à sa membrane
interne, est creusée dans le corps du vertèbres.

Ce mode de circulation bien Spécial
que l'on peut comparer à celui du système
porte Dans les Mammifères, est susceptible
de fournir des inductions précieuses pour
la Physiologie humaine, et M. B.
Devrait bien trouver aux mots Veines,
système veineux &c l'occasion de réparer
la méprise, et D'ue me faire tenir un langage.